胡道和水泥工程科研论文集

胡道和 编著

中国建材工业出版社

图书在版编目（CIP）数据

胡道和水泥工程科研论文集/胡道和编著．—北京：中国建材工业出版社，2010.6

ISBN 978-7-80227-734-2

Ⅰ．①胡… Ⅱ．①胡… Ⅲ．①水泥—文集 Ⅳ．①TQ172-53

中国版本图书馆 CIP 数据核字（2010）第 076757 号

内 容 简 介

本书是胡道和教授和她的学生们多年来在各类学术期刊、国际、国内学术会议上公开发表的科学研究成果汇编，介绍了胡道和教授从事现代水泥工程技术，特别是新型干法预分解窑技术、磷石膏分解技术，以及工程测试技术和研究方法等领域的主要科研见解、认识与创新性成果。这些知识教育了一代人，影响了一代人，甚至更久远。本书中提出的许多真知灼见对目前工作在水泥工业领域的工程技术、科研、管理人员、研究生，甚至一线的生产操作人员在深层次上理解水泥工程技术，增强创新意识，创造性地开展工作都有指导意义。

胡道和水泥工程科研论文集

胡道和　编著

出版发行：中国建材工业出版社

地　　址：北京市西城区车公庄大街 6 号

邮　　编：100044

经　　销：全国各地新华书店

印　　刷：北京中科印刷有限公司

开　　本：787mm × 1092mm　1/16

印　　张：36

字　　数：899 千字

版　　次：2010 年 6 月第 1 版

印　　次：2010 年 6 月第 1 次

书　　号：ISBN 978-7-80227-734-2

定　　价：80.00 元

本社网址：www.jccbs.com.cn

本书如出现印装质量问题，由我社发行部负责调换。联系电话：（010）88386906

自　　述

一、入门“结缘”

我于1952年大学毕业留校从教，却与水泥行业结下了终生的不解之缘。在恩师时钧教授的率领下，参与了水泥专业的筹建工作，开始了解与认识水泥生产的全过程。1954年又在苏联专家的指导下，涉足了石棉水泥制品领域，并有少量入门之作。

随后由于无法回避的干扰，教学与科研工作均被迫中断。

二、再度“修行”

改革开放，春风拂面，本想捲袖拼搏，却发现水平与外界差距拉大。浏览国外资料，很多内容十分陌生，有的根本看不懂，尤以化学工程内涵延伸更为深广。已有知识无法适应教学改革要求，被迫开始了为时三年的“再修行”之旅，从工程数学、化学反应工程、冶金反应工程到高等传热学、理论流体力学等，以及计算机原理及应用和各类专题资料的学习，和年轻老师一道认真修炼基本功，使我获益匪浅，从而提升了教学与科研工作的信心。

三、虔心“作业”

随着形势发展的需要，开展了教学改革和科技攻关两方面工作。

首先在原国家建材局王燕谋局长的大力支持下和沈慧贤教授一道组织全教研组老师经十余年努力探讨，完成了“硅酸盐工程”新专业的筹建工作；共同编写了五本专业用新教材；创立了“硅酸盐工程学”新学科；建成了相应的实验室和科研基地，开始为水泥行业培养工程型人才。获国家级教学改革成果一等奖。

与此同时，水泥行业在快速发展中，也出现了不少生产技术问题，如引进的窑外分解新技术、新设备却难以掌握或复制，自主设计的新生产线却又难以顺利运行和达产等，都需要各方面协作探讨解决。在这样的大背景下，结合高校特点，启发了我们许多联想，于是酝酿移植和开发了一些适用于新型干法水泥生产技术的新研究方法和测试技术，为消化吸收先进技术和自主创新新技术提供了科学手段。在承担“六五”、“七五”、“八五”国家科技攻关任务中又开展了一系列有关窑外分解、磷石膏联产水泥和硫酸新技术的基础研究和开发创新性研究，从而深化了对先进技术的认识，也明确了某些评价的判据和创新的方向。到20世纪90年代初期又开始探索以数学为工具，试图实现某些在实验室中难以再现的条件下求得新的生产规律。这就是数学模拟和CFD（Computational Fluid Dynamics）方法在水泥生产技术中的应用，从而为改进现有生产技术和开发更高层次的新技术、新设备提供帮助。

四、“善果”共享

工程类研究课题工作量较大，往往需要集体合作进行。从所选录的论文中也不难看出，我除了长期参与研究工作，并作为领头人之外，许多工作都是由团队（当年的研究生、现在的同事和朋友）共同完成的。其中尤其是叶旭初、李昌勇、蔡玉良、考宏涛、张薇诸位教授，他们不仅付出了辛勤的劳动，而且在主导思想的方向上与时俱进地有所发挥，使研究工作得以深入。此外，还有其他一些同志在不同时期参与了工作，做出了贡献。因此，如果说这本论文集的内容还有若干可取之处，其成果理当共享。尤其令我难忘的是和他们一道奋斗在实验室、生产现场、交流讲台上的艰辛与激动，都是生命中最美好的回忆。几十年来，我们相处是师生，是战友，是亲人。他们在工作中给了我极大的支持。在我晚年生活中又给了我热情的关爱，我将永远铭记在心。

五、种“籽”得瓜

最让我欣慰的是我当年的学生们，他们现在都已成为教育战线或水泥及其他行业的栋梁之材。我一直以为所播下的仅仅是一粒粒小小的种子，却在国家政策的哺育下，在博大宽容的环境中，竟相成长为硕大的瓜果。他们传承了老一辈的优良传统，爱祖国，爱科学，在各自的岗位上发出耀眼的光芒，体现出了“胜于蓝”的时代风貌。

六、小爱无涯

我生平自诩有四个小小的偏爱：爱教师职业；爱水泥行业；爱学生；爱家人。我有幸有个一生呵护和支持我的老伴，我们有幸有两个自知努力上进的儿子，自然生命得以延续；我还有许多志同道合的年轻战友，学术生命也得以延续。我很满足、很幸福，我的生活仍然是春天。

七、谢意绵绵

这次将论文集结成册，首先要感谢叶旭初教授（博士生导师）、张静（副研究员）夫妇，是他们热情倡议鼓励并具体承担了检索、编排和联系出版的工作，付出了大量的心血和劳动。还要感谢徐德龙院士，顾大公、肖国先、周松林、陆雷、简森夫、周迈、彭新战、金春祥诸位教授、高工在与我合作中所给予的帮助和支持。对下一代在读的工程研究生小战友们的劳动也应一并致谢。

胡道和

2010 年 4 月

作者简介

胡道和：女，汉族，1931 年生，安徽合肥人。

1952 年毕业于南京大学化工系。师从时钧教授，参与水泥工艺专业建设。1958 年院系调整到南京化工学院（现南京工业大学），主要从事水泥专业的教学和科研工作。1986 年升任教授，同年获全国优秀教师称号。

20 世纪 80 年代初提出改革教学模式新概念。组织筹建了“硅酸盐工程”新专业，并创立了相应的学科体系。率先培养了硅酸盐行业的工程型研究生，取得良好的效果。获国家级优秀教学成果一等奖。

先后承担了“六五”、“七五”、“八五”国家科技攻关任务，开展了一系列有关窑外分解、磷石膏联产水泥和硫酸新技术的基础研究和开发创新性研究。合作发表论文百余篇。先后获国家级、省级、部级科技进步奖共四项。

曾担任南京化工学院硅酸盐工程研究所所长，西安建筑科技大学、上海建材学院等四所高校的兼职教授；《硅酸盐学报》、《水泥》等五种专业期刊编委；建材部教材编审委员会委员等。主编专业教材及专门著述四本，翻译和合译专著三本。

译作如下：

1. 布德尼科夫著（俄译中）. 合译. 苏联水泥化学会议论文集［M］. 北京：中国工业出版社，1964。

2. F. M. Lee 著（英译中）. 合译. 水泥和混凝土化学［M］. 北京：中国建筑工业出版社，1980。

3. 塞克力著（英译中）. 全译. 气固反应［M］. 北京：中国建筑工业出版社，1986。

主编如下：

1. 沈慧贤，胡道和主编. 硅酸盐热工工程［M］. 武汉：武汉工业大学出版社，1991。

2. 胡道和主编. 水泥工业热工设备［M］. 武汉：武汉工业大学出版社，1993。

3. 胡道和主编. 气固过程工程学及其在水泥工业中的应用［M］. 武汉：武汉工业大学出版社，2003。

获奖如下：

1. 立筒预热器工作原理，化工部科技进步二等奖，1986 年。

2. 新型干法水泥窑系统计算机模拟和反求工程方法的应用研究，江苏省科技进步三等奖，1990 年。

3. SF、RSP、SLC、MFC 四类分解炉性能评议研究，国家建材局科技进步一等奖，国家

目　录

第一部分　新型干法水泥煅烧技术的研究

第二部分 磷石膏联产水泥与硫酸生产技术

第三部分 其他

第四部分　外文

第一部分

新型干法水泥
煅烧技术的研究

第一篇　新研究方法与测试技术的移植与开发

反求工程方法在水泥工业中的应用

胡道和　李昌勇　周　迈　王　伟　蔡玉良

（南京化工学院，南京水泥工业设计研究院）

【摘　要】 反求是技术开发研究、设计、制造的逆过程。反求工程是对引进技术和传统技艺进行消化吸收、理论升华和创新改造的一种新的科学方法。

本文以水泥生料分散、预热和预分解系统为主要研究对象，结合实际需要，简单阐述了反求工程的研究目的、依据和一般内容之后，扼要地介绍了研究方法。通过所列举的冷、热态实物模型试验，计算机模拟试验，计算机程序破译，生产中隐参数计算和设计意图的反求等大量实例，阐明反求工程方法对于深化认识，掌握生产和开创新技术的指导作用。

随着科学技术的不断进步，特别是三传（动量、质量热量传递）和化学反应工程学理论的发展与电子计算机的出现，使人们对于许多技术问题的实质，有了深入认识和灵活掌握的可能条件。近年来，许多国家在化工领域中采用这些先进理论和手段来解决实际问题方面都有了不少的进展。如设计计算方案的优化、CAD 辅助设计、相似实物模型试验、电子计算机模拟试验、模拟培训乃至过程仿真等，相继投入了使用。但在水泥行业中，反求工程还刚刚引起重视。国外虽有所报道，但因技术保密，实质性内容了解尚不具体。反求工程的计算和模拟试验方法等的应用正是为适应我国水泥工业技术发展的需要而开始探索研究的。

所谓反求工程[1]是指对已经投入运行证明效果良好的新产品、新技术、新设备进行全面、系统、深入的科学检测、计算、分析和研究，找出其技术关键和控制方法。“全面”是指对尽可能多的同类产品和技术进行详尽具体的分析和评议；“系统”是研究各技术环节的特点及其相互关系；而“深入”是要求运用近代科学测试与计算手段，分析了解其细节和内在联系。因此，反求工程可以认为是开发研究与设计制造的逆过程，也是当前技术市场竞争中的保密技术关键的一种“破译”手段。

实际上，世界各国70%以上的技术都不是本国独创，而需要由国外引进。要掌握这些技术，了解竞争对手的水平和动向，或者将本国的优秀传统技艺上升为先进技术，正常的、科学的途径都需要通过反求工程方法去研究和探讨。日本的经济振兴曾经就得力于反求工程。如本田公司为了开发新型摩托车，曾对五百多种摩托车进行过反求工程研究，博采众长，开发了有自己特色的摩托车，从而能垄断国际市场。又如日本各大公司先后引进了洪堡型、维达格型、多波尔型各类旋风预热器窑生产线，并以此为起点，进行反求研究，再认识，再创新，从而开发了水泥预分解新技术而风靡全球；美国的富乐公司引进了日本小野田公司的 O-Sepa 高效选粉机，经过研究再认识和改进后大量出售；丹麦 F. L. 史密斯公司对日本卧式旋风筒也作了大量反求工作，揭示了它的弱点，转而开发了高效低阻型旋风筒。我国水泥工业近年来引进了许多先进技术，迫切需要通过反求工程来研究和消化这些引进技术，开发新技术和新设备，在近代理论指导下促进水泥工业的技术进步。

一、反求工程研究目的

就水泥工业而言，对引进设备、技术乃至生产线系统进行反求工程的研究，其具体目的是：

1. 深入认识该项技术功能实质，了解各参数间的变化规律，适应条件波动情况下最佳工况的实现；

2. 对同类技术、设备进行对比分析、综合评价，提出科学的改进意见；

3. 提供开发系列化设计的科学依据；

4. 积累大量科学反求资料，集中同类技术的优点，提出新观点，作为开发新技术、新设备的依据。

总之，消化吸收先进技术可以通过反求工程研究达到认识、掌握、开发和创新的目的。

二、反求工程研究的内容

反求工程是以引进的先进设备、技术、生产线系统为具体研究对象。在正常、稳定的运转情况下，以各给定的生产条件与操作参数（包括原始设计、设备结构与尺寸、在线测定、记录显示、单项测定、全面标定和广泛收集的有关辅助资料、数据等）为依据而开展研究工作的。

反求工程的研究内容很广泛，大体包括以下内容：

1. 系统工艺设计的指导思路和主要意图；
2. 关键设备的功能分析和过程原理；
3. 各子系统的最佳匹配；
4. 最佳工况和调节控制方法的分析；
5. 条件变化后生产情况预测；
6. 根据不同的目标函数，对系统进行科学评议；
7. 对已取得的关键性计算机程序进行“破译”，复元原始模型。

以上内容都要求获得定量结果，以便指导生产与开发工作。

三、反求工程研究方法

根据反求的不同要求，可通过以下步骤和方法来实现：

1. 数据处理求统计规律

大量收集具有代表性数据，包括原、燃料特性，操作参数，设备结构参数和物理化学特性参数等，通过数理统计的方法或借助其他工程数学方法（如集合、映射的对应关系寻求参数间的经验性相关关系和肯定无相关性的独立因素、参数的允许波动范围和约束性条件等）作为生产控制、理论分析、模型试验和计算机模拟时的参考。

2. 冷、热态的物理、化学模拟试验

为探索设备或系统的工作原理、经验模型、运行规律、确定联式系数指数或观察实际现象、描述物料运动状态与轨迹乃至化学反应过程等都需要进行专门的模型试验。

一般来说，冷态模型试验主要解决气、固两相运动的规律问题，包括气流运动类型，气固混合、分散、分离过程和动力消耗之间的关系，以及分析其对换热、反应速率的影响等。热态模型试验是研究换热过程、能量利用和反应动力学的实际规律。

所有的模型试验都要求尽可能模拟实际生产条件，但这是有一定困难的。经验表明，对于水泥生料预热器（SP）系统和预分解（NSP）系统来说，多数情况下用与实物设备几何相似模型，在自模化区域内模拟实物的流动状态和压力损失，有相当的可信度，而热态模型对研究换热能力也很有参考价值。据报道，最近已设计出能完全模拟分解炉反应过程的试验装置。据说所得数据与生产实际吻合得很好，即能表达生料和燃料的反应动力学特征，有很大实用价值。据此均可说明，随着模型试验方法、装置和手段的不断改进，模型试验的可靠性将更进一步提高。

3. 建立子系统乃至全系统的数学模型进行运行参数的反求

根据系统繁简程度和人们对过程认识的深度，可以分别建立经验模型、半经验模型和理论模型。纯经验模型局限性大。理论模型适应性强，但难度大。水泥工业窑炉系统至今还未建立器完备的能实际应用的理论模型，大多还需要辅以实物模型试验或给以必要的约束条件来推导出半理论模型。

对于复杂的工程问题，在建立数学模型时往往需要根据实际情况作必要的简化假设，这种假设既要使模型简化可解，又要尽可能不失真，因此是很重要的。

对于硅酸盐窑炉系统来说，数学模型一般是建立在现代化工理论（包括传递工程、反应工程、化工热力学与动力学的理论）指导之下。最通用的方法是确定物料平衡、能量平衡、动量平衡的关系以及某些特殊的关联式或反应动力学关联式等。联立方程可求得相应未知数，如系分区或组合系统，则可构成矩阵方程，利用在线显示或易测参数为已知值，在计算机上求解。反算出大量“隐参数”（指不能在线测量或难于测定的重要参数），作为分析讨论、评议对比工作状态、设备性能和技术水平的科学依据，深化对新技术的再认识。当然，很多情况下某些关联式的系数和指数待定，则需要通过物理、化学的模型试验来加以确定。

4. 计算机数学模拟试验

利用经过校验修正、比较完善的数学模型可以进行计算机数学模型试验，即人为输入给定的主变量，计算出相应参数的变化值，从而找出变量波动造成的后果，推算出各项指标可能的变化。它可以对全部可变量进行大范围的试验，可取代费时费资、甚至不可能进行的中间试验和生产试验，还可进行参数寻优、事故预测、报警、调试、控制以及系列化设计等一些极为有用的工作。

5. 计算机程序的破译

有关生产控制和设计计算的计算机程序，往往是最能集中反映设计思想与方法的重要资料。因此选择关键性的已有程序进行阅读、理解和反复试验，再配合理论分析，复原其程序编制的依据或数学式、数学模型等。对深入认识技术关键也是很重要的。这个工作有一定的难度，并不是所有程序均能深刻理解，这对工作人员素质的要求也很高。

在运用这些反求工程的研究方法解决实际问题时，还会遇到许多困难，这就需要硅酸盐专业人员与计算机应用及仪表自动化方面的技术人员，相互协作，相互渗透，才可能获得圆满解决。

四、反求工程方法的应用

近年来，在有关单位协作下，根据生产、设计中存在的不同问题和要求，开展了一系列的反求研究。兹就此类方法的具体应用成果，列举部分实例，以阐明其对某些新技术认识、掌握、开发与创新的指导作用。

（一）克虏伯型立筒预热器冷、热态模型试验反求其工作原理[2]

克虏伯型立筒预热器是水泥生料粉的一种悬浮预热设备，具有结构简单、对原料的适应性强、结构上能自承重、投资相对较低等优点，适合在中、小回转窑上使用，在国内已有上百台设备投产。但其运行的效果普遍不理想，多数达不到原定指标。原因固然是多方面的，但未能掌握这一粉体悬浮态换热的运行规律是重要原因之一，为此开展了冷、热态模型试验。

模型按某厂实际设备的尺寸缩小，相似常数取12:1，缩口直径 d_0 与立筒直径 D 之比为1:2，两缩口之间称为一室，作为立筒的一个单元，如图1所示。

根据试验结果和生产数据归纳出克虏伯型立筒预热器工作原理的要点有：

1. 立筒内气体流动图形和生料粉运动规律

冷态气体流畅测定和二维床示踪试验证实气流经过缩口后形成限制性很强的射流运动，其速度仍具有正态分布的基本特征。按等速线分布可将立筒每室中射流运动划分为若干个区（图2）：

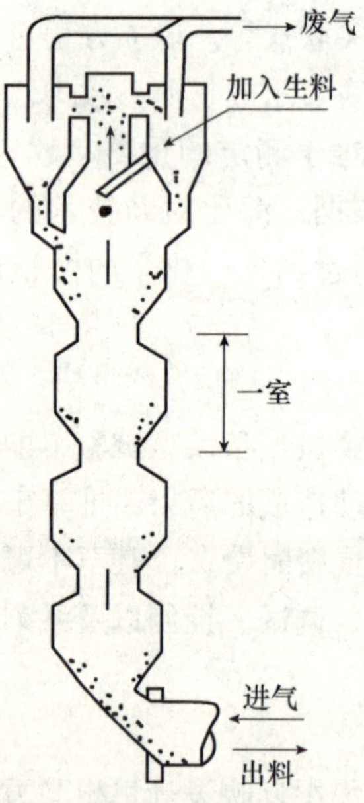

图1　立筒预热器流程示意图

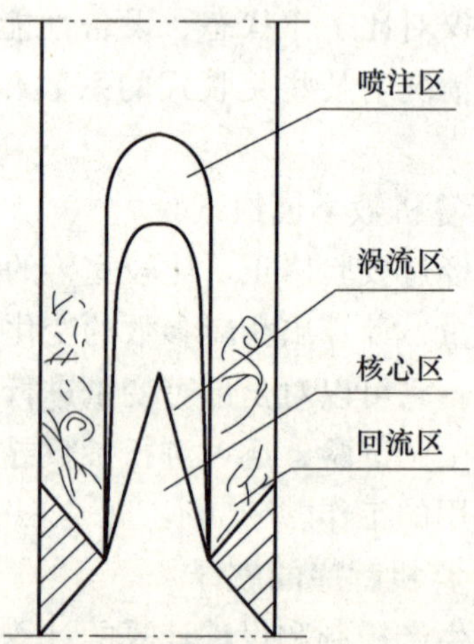

图2　立筒射流运动分区示意

核心区：其高度　$L_1 = 2.2d_0$

喷注区：$L_2 = 8.6d_0$

涡流区：$L_3 = 3.1d_0$

回流区：气体产生反向运动。由于生料粉很细，为40μm左右。其运动规律在很大程度上受气流动所支配，结合高速摄影，观察与分析，粉料在立筒中运动过程可描述如下：

→…→粉料分散

（在核心区）

→气固分离

（在喷注区与回流区）

→粉料堆积

（在缩口斜坡上）

→料块花落→…→分散

（穿过缩口落入下一室）

如此重复，直至入窑。粉料运动过程是否正常稳定，决定了立筒主要换热功能发挥的好坏。

2. 立筒内气固换热

在热态模型试验的基础上，经过理论分析与论证，对立筒内气固两相换热给出了某些重要概念。

换热类型——对流换热为主；

换热方式——同流换热为主，多级串联形成总体料流逆向运动；

换热速率——在固气比 $<2kg/m^3$、粒径 $<500\mu m$ 的条件下，按集总热容法处理非稳态换热数学模型计算换热所需时间 $<0.04s$；

换热特征——以核心区换热最激烈，说明分散充分是有效换热的前提条件。

3. 立筒内气固分离

气固分离是粉料形成逆向串联运动的必要条件，分离能力直接关系到预热器的热效率。反求试验通过流场测定绘出流线图（图3）表明：立筒内产生气固分离的基本原因是涡流环（封闭流线）的存在。而涡流分离靠的是径向分速度。测定数据给出立筒中径向速度的值与可比条件下离心分离的切向速度相比，前者要小一个数量级，可见立筒的分离效率远不及旋风筒高。因此，立筒不能单独存在，它必须匹配一台分离效率高的旋风筒，以弥补其先天不足。

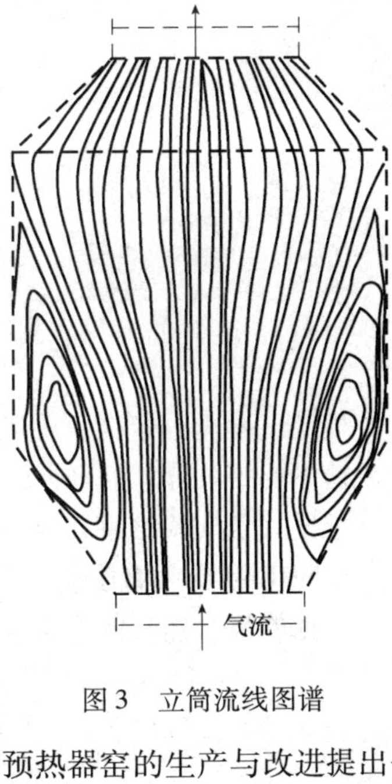

图3　立筒流线图谱

4. 粉料在立筒内的停留时间

随着缩口风速的提高，粉料在立筒内的停留时间相对延长，说明返混程度提高。在可比条件下，粉料在立筒内停留时间比旋风筒长。从表观上看气固换热更充分，但实验证明，粉料真正悬浮在气流中的时间只占总停留时间的3%～5%，因此，对于分散不佳的料块来说，换热时间可能不充分也是立筒预热器效率不高的原因之一。

在对立筒预热器工作原理深入认识的基础上，可以对立筒预热器窑的生产与改进提出一些看法：

（1）立筒的每一室相当于旋风筒的一级，同样具有分散、换热、分离等过程，并通过室间串联形成粉料宏观逆流运动。因此，立筒并不具有如一般资料所强调的逆流换热的潜在优势，对其换热效果极限也不可作过高要求。

(2) 立筒内气固分离效率很低，因此应以匹配高效旋风筒（$\eta>90\%\sim95\%$）为其正常运行的前提条件，在设计与生产中应予以充分重视。

(3) 立筒预热器窑的操作要稳定，参数配合要合理（主要表现在温度分布和气速分布）。它不适于低温或低负荷下运转，因温度低、产量低、风量小，料块难以分散，粉料悬浮停留时间短，均会恶化换热效果，引起恶性循环。

(4) 立筒中物料在斜坡上堆积并随机滑落时，往往成为团块。为使其充分分散，立筒缩口斜坡的几何形状可改为双曲线型，并应装有效的撒料装置。

(5) 立筒设计不宜留有过多余量，否则换热作用难以充分发挥。

(6) 试验表明，立筒实际缩口风速以 10～12m/s 为宜，每一室的高径比在 1.1～1.3 范围较合适。

(二) NHE 型系列旋风预热器冷态模型试验反求工作特性作为系列设计的依据[3]

南京水泥工业设计院参照 FLS 型预热器，结合国情和生产需要，设计了一套有自己特色的 NHE 型五级高效低阻旋风预热器，并按图 4 流程安排了冷态模型试验。目的是反求其工作特性和机理，供系列设计、制造、调试及生产参考。

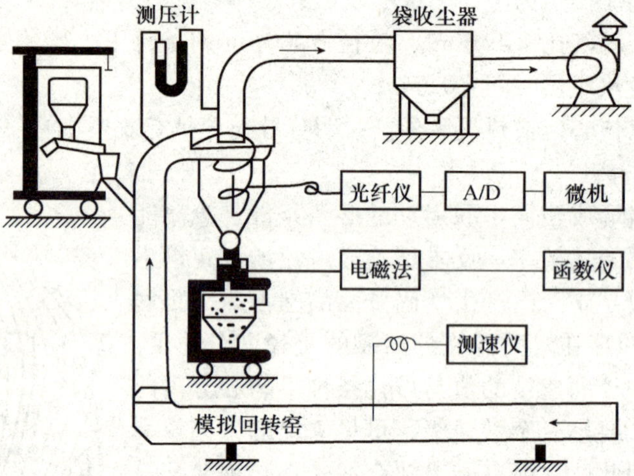

图 4　NHE 型旋风筒冷态模型实验装置

模型试验内容包括：旋风筒的三维速度分布、压力分布、分级效率和分离效率；粉料在旋风筒中的平均停留时间及返混程度；旋风筒流体阻力变化规律和粉体浓度分布规律。

根据大量实验结果，对 NHE 型旋风筒的工作特性有如下认识：

1. NHE 型旋风筒压损的变化规律和数学模型

根据旋风自然长的概念和实测数据，归纳推导出各级旋风筒阻力系数 ξ 的数学表达式：

$$\xi=\frac{\Delta P}{\frac{\rho}{2}u_1^2}=[(K_1K_2)^{-2n}-1]+\frac{4\pi f\cdot s\cdot K_2^2}{de(K_1^2-1)}$$

式中　ΔP——旋风筒压损，N/m^2；

ρ——气体密度，kg/m^3；

u_1——旋风筒入口风速，m/s；

K_1——旋风筒内筒（出口风管）无因次直径，$K_1=\frac{de}{D}$（D 为柱体直径，de 为内筒直径）；

K_2——涡核中因次直径，$K_2=\frac{da}{de}$，da 为旋风筒流场中所测得的兰金涡核的直径；

f——范宁摩擦系数，一般取 0.005；

s——内筒插入深度，m；

n——流场分布速度方程指数，表征旋转流动特征，其值由实测回归而得。

根据计算，方程中后一项远比前一项小，可见旋风筒阻力主要取决于 u_1、K_1、K_2 和 n 值。而旋风筒尺寸如 D、de 等的选择和 n 值有关，故 n 值又受结构形式的制约。

按此式计算结果用实测值校验，误差 12%，NHE 型旋风筒 ξ 值小（在 2.5 ~ 3.0 范围内），说明其结构合理、流阻低。

实验结果还表明：NHE 型旋风筒负载时的阻力损失比空载时小，从动力消耗的角度考虑，$u_1=18$m/s 是合理而可行的选择，五级旋风串联总阻力为 2930Pa。

2. NHE 型旋风筒的分离效率 η

实验得出的各级旋风筒的分离效率值，列于表 1。表 1 表明，在工况条件下，旋风筒分离效率较高且组合也基本合适。这是由于旋风筒内具有良好的主流型和较少的次级干扰流动的结果。

表 1　NHE 型旋风筒分离效率

旋风筒级数	C_1	C_2	C_3	C_4	C_5（无内筒）
分离效率 η	95	94	85	85	83

NHE 型旋风筒的分离功能还有如下特点：

（1）固气比的波动对 η 影响很小，能适应生产条件的波动。

（2）在工况条件下进口风速 u_1 增大，η 会下降，其规律不同一般。取 $u_1=18$m/s，较为有利。

（3）NHE 型旋风筒入口旋流室与柱体之间设计成斜面变径过渡，使内筒端面处的气流轴向速度矢量图呈马鞍形特征（图 5）。图 5 中心向下的气流将起到抑制粉尘携出，提高 η 的作用。

（4）与轴向速度呈马鞍形分布相呼应，实测 NHE 型旋风筒内粉体浓度的分布也是在内筒端面附近区域比较稀（图 6）。这说明即使内筒直径设计比较大仍能保持较高 η 的原因。

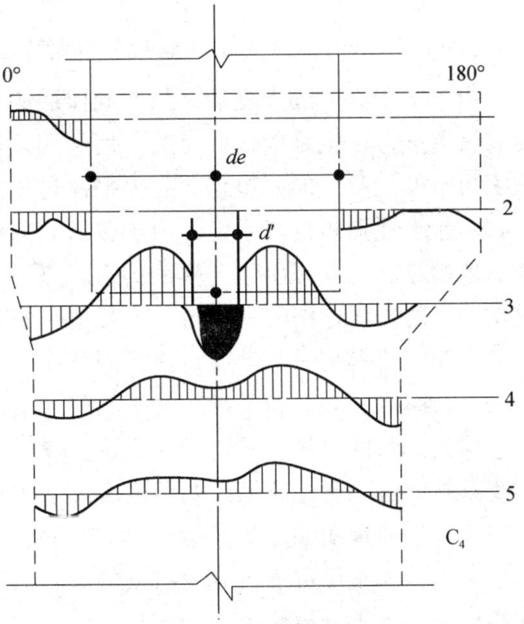

图 5　轴向速度分布

（5）根据实测分级效率、曲线，归纳出分离效率 η 的计算式：

$$\eta = \frac{P_1}{P_2}\left(1 - e^{-4.082\frac{dp}{dc}}\right)$$

式中 P_1——入口料中粒径 dp_1 的百分含量；

P_2——回收料中粒径 dp_2 的百分含量；

dc——在给定工况条件下100%粒子能分离的粒径（称临界粒径）。

3. 生料粉在NHE型旋风筒内停留时间的分布特征

通过实测与计算，各级旋风筒内物料的平均停留时间及方差值列入表2。从表2可知，生料粉在旋风筒内分离过程进行得很快，因此气固换热不能主要依靠旋风筒来完成。同时方差值 σ^2 特别小，表示粉料返混程度低。筒内回旋风与入射风几乎不相交，这也是分离效率高的另一原因。

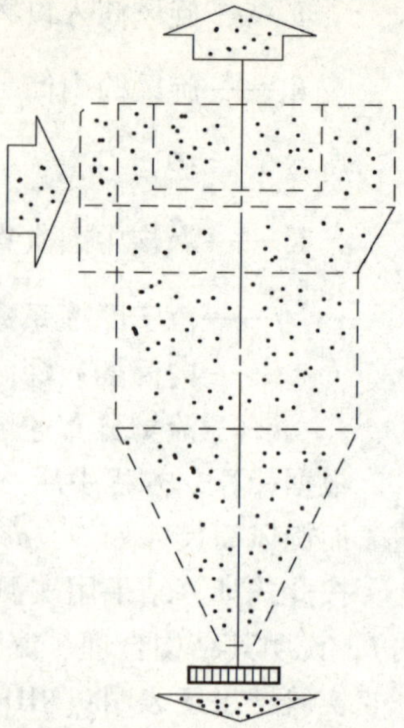

图6 浓度场分布示意图

总之，NHE型旋风筒结构合理，流型理想，体型小，高温下可以取消内筒而仍然能保持全系统低阻降与高效率。这种旋风筒对工况条件波动的敏感性不强，给生产调试带来有利条件。

表2 NHE型旋风筒停留时间分布值

参数 \ 旋风筒级数	C_1	C_2	C_3	C_4	C_5
平均停留时间 $\bar{\tau}$(s)	1.83	1.71	1.63	1.63	1.29
方差 σ^2	0.032	0.00	0.00	0.00	0.024

（三）计算机模拟试验以探讨预分解系统操作规律[4]

由于水泥生产过程复杂，某些规律性的探讨在大型生产设备上进行是困难的，甚至在实验装置上进行，也是费钱费时的。而利用计算机模拟试验的方法，可进行多工况的比较，是现实可行的。唯一的前提是要有能描述过程主要特征的数学模型。

对于水泥熟料煅烧系统，由于多组分烧成动力学的问题至今还未能圆满解决，给模型建立造成困难。为此提出建立模型的新思路：即利用预分解系统中的某些约束条件的给定来绕过动力学的困难，同时利用可控变量的“负反馈”调节及过程“自适应”性来保证约束条件的实现，使模型具有动态特点。因此在作必要的简化假设后，建立了预分解系统热力学平衡关系及明确了某些涉及动力学平衡的约束性条件，整理得到三对角矩阵。

模拟试验的安排，采用了回归正交设计方法，可大大减少试验次数。为适应分解炉系统的复杂性，选用可逐步逼近的可变容差法求解。

模拟试验框图如图7所示。

根据所编程序可进行庞大数量的预测估算工作，以及模拟各种操作状态甚至事故状态下的生产情况，供分析探讨。

为了说明模拟试验所能提供信息的能力，可举若干计算结果并分析其规律。

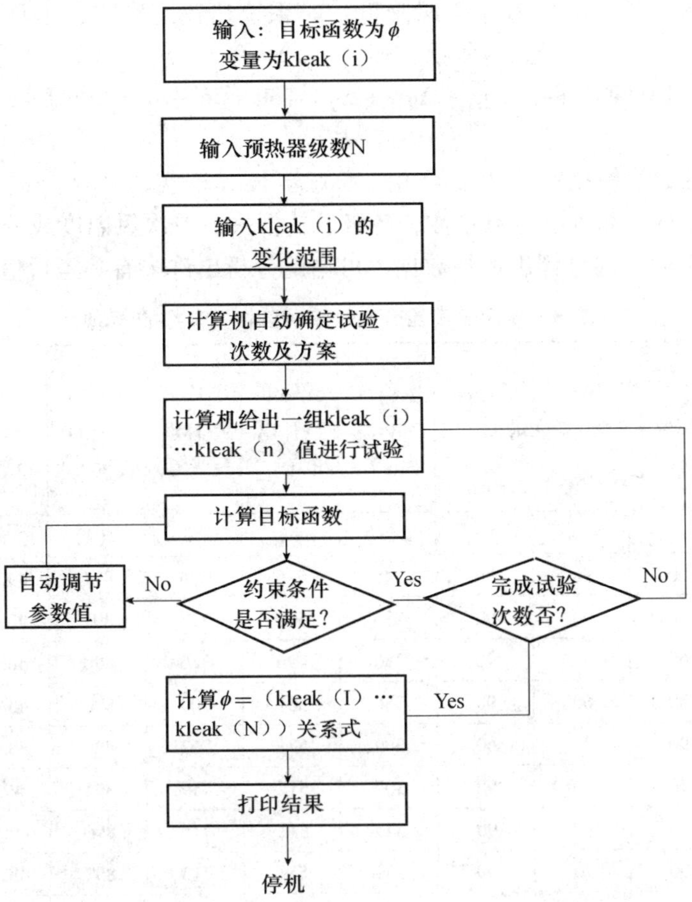

图7　模拟试验框图（以各级漏风系数对热效率的影响为例）

以日产700t熟料的带4级旋风的预分解窑某实际工况条件为依据，进行各级旋风筒分离效率$\eta(i)$变化对系统热效率ϕ、热耗ρ和废气量V的影响试验。选择12组试验计算结果列于表3。由表3可见：

（1）各级$\eta(1)$对ϕ的影响程度不一，如用$\eta(1)$由90%降到60%时，所引起热耗值增高Δq_{c1}表示测得（见试验2、3、4、5组）：

$$\Delta q_{c1}=32\text{kJ/kg 熟料};\Delta q_{c2}=39\text{kJ/kg 熟料}$$

$$\Delta q_{c1}=56\text{kJ/kg 熟料};\Delta q_{c4}=61\text{kJ/kg 熟料}$$

可列出$\eta(1)$对ϕ的影响顺序为：

$$\eta(4)\geqslant\eta(3)\geqslant\eta(2)\geqslant\eta(1)$$

（4级筒）（3级筒）（2级筒）（1级筒）

这一结论与目前的一般看法有矛盾。这是由于所用模型有约束条件，考虑了交联作用，并具有动态特性的结果，理应更接近实际。但从降低料耗、减轻净化气体的负荷角度考虑，仍应强调Ⅰ级筒的收尘效率，因此其顺序可调整为：$\eta(1)\geqslant\eta(4)\geqslant\eta(3)\geqslant\eta(2)$，与一般观点一致。

（2）$\eta(1)$降低使高于i级的各级（$i=1$，$i=2$，…）气体出口温度下降，降低i级的（$i+1$，$i+2$，…）各级气体出口温度上升，这是由于固气比变化所造成的。

（3）若几级预热器的分离效率同时降低，对系统热耗的影响，不具有简单加和性，而是大于加和的效果，如第 1 组试验所示，即：$\eta(1)=90°$，$\eta(2)=\eta(3)=\eta(4)=60°$时，总热耗变化 $\Delta q_z=244$kJ/kg 熟料，$\Delta q_{c2}+\Delta q_{c3}+\Delta q_{c4}=39+56+61=156$kJ/kg 熟料，可见交联作用显著。

与此类同，凡数学模型中的变量均可按任意步长（现实、必要）进行对目标函数影响的大量模拟试验计算。如各级漏风系数，各级散热损失、二次风温度或分解炉用燃料热值改变等对 ϕ 和 q 的影响，均可算出大量数据，可据此分析出许多有参考价值的规律和概念。

表 3　旋风分离器分离效率对各相关参数的影响

试验编号	各级分离效率（%）（变量）				出 C_1 的气体温度（℃）	出 C_2 的气体温度（℃）	出 C_3 的气体温度（℃）	出 C_4 的气体温度（℃）	系统热效率（%）	单位热耗（kJ/kg 熟料）	单位废气量［m^3（表）/kg 熟料］
	$\eta(1)$	$\eta(2)$	$\eta(3)$	$\eta(4)$	$tw(1)$	$tw(2)$	$tw(3)$	$tw(4)$	ϕ	q	v
1	90	90	90	80	345	536	726	891	49.39	3554	1.66
2	60	90	90	90	286	506	715	891	48.96	3586	1.674
3	90	60	90	90	350	496	710	890	48.86	3593	1.677
4	90	90	60	90	366	561	704	890	48.63	3610	1.683
5	90	90	90	60	369	571	762	890	48.56	3615	1.686
6	70	90	90	90	307	517	719	891	49.1	3676	1.669
7	90	70	90	90	349	511	716	890	49.06	3579	1.671
8	90	90	70	90	359	553	713	891	48.89	3591	1.677
9	90	90	90	70	360	557	748	890	48.89	3591	1.676
10	90	60	60	60	412	553	715	890	46.23	3798	1.756
11	60	60	60	90	279	452	652	891	46.79	3752	1.738
12	80	80	80	0	341	531	720	890	48.5	3620	1.687

（四）新型 O-Sepa 选粉机系统软件的破译和补遗，供选型和设计计算之用

在引进 O-Sepa 选粉机系统时未附计算软件，但在技术交流过程中获得了一部分不完整且无任何说明材料的热工计算软件。尽管这份软件程序对于 O-Sepa 系统选型和设计计算都有很重要的应用价值，但也无法使用，为此急需进行反求破译。

该项工作内容包括：计算机操作系统的转换、软件整理、理论分析、补遗、调试，最终破译成原始的可供理解掌握的数学模型。在此基础上经过开拓演绎，其程序可推广用于计算配有旋风式选粉机 Sturfevent 选粉机和 O-Sepa 选粉机的各种闭路粉磨系统的物料恒算和热工参数计算，如系统沿程产品温度计算及相应的物理量对产品温度影响的曲线图等。

反求破译可得数学模型，参见有关资料[5]，此软件具体功能有：

1. 计算沿程产品与气体温度

（1）磨机出料温度 TA；

（2）磨机出口气体温度 TL；

（3）O-Sepa 出料温度 TF；

（4）O-Sepa 出口气体温度 TI。

2. 输出以下 10 个图形表达变量对四种温度（TA、TL、TF、TI）的影响

（1）粉磨量（F）对四种温度的影响；

（2）磨机内物料通过量（A）对四种温度的影响；

（3）磨机通风量（L）对四种温度的影响；

（4）O-Sepa 分级空气量（LB）对四种温度的影响；

（5）O-Sepa 冷却风量（B）对四种温度的影响；

（6）磨机输入功率（N）对四种温度的影响；

（7）磨机内喷水量（W）对四种温度的影响；

（8）熟料温度（T_m）对四种温度的影响；

（9）石膏的温度（T_z）对四种温度的影响；

（10）环境温度（T_c）对四种温度的影响。

图形的分辨率可根据需要调整。

根据破译补遗后整理的程序计算结果与原资料所附例图核算，一致性很好，说明达到可以直接应用的目的。

实例：某 ϕ3.9×11.8m 水泥磨采用 O-Sepa 高校选粉机，在给定系统中，运算所得磨内物料通过量（A）和磨内通风量（L）变化时，四种温度变化曲线如图 8、图 9 所示。引进技术的软件资料，往往包含了某些技术关键，因此破译工作也是消化吸收的重要内容之一。

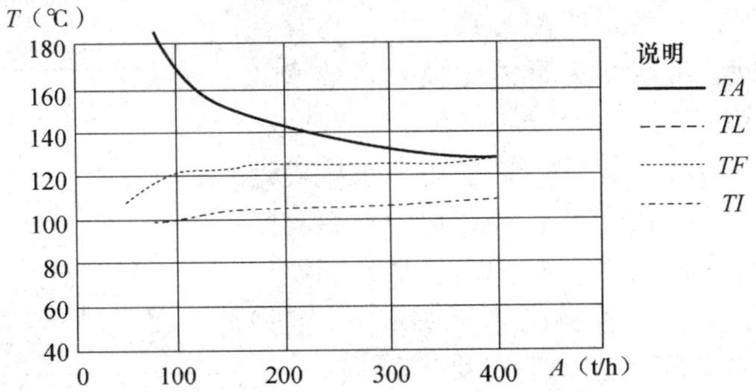

图 8　磨内物料通过量（A）对 TA、TL、TF、TL 的影响

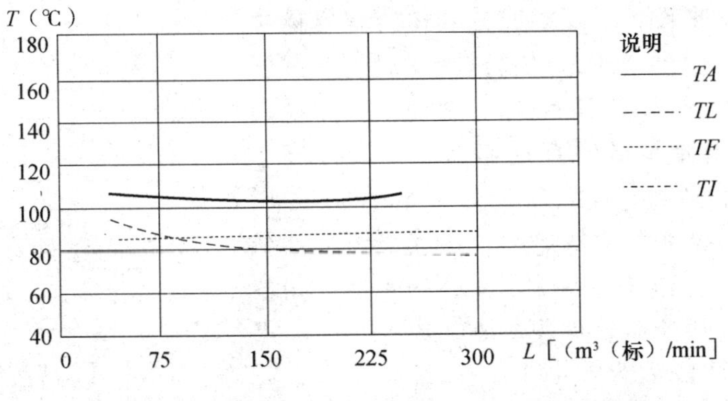

图 9　磨内通风量（L）对 TA、TL、TF、TI 的影响

（五）对引进生产系统进行参数反求计算，以掌握新技术的实质并可作为评议的依据

曾经对引进的预分解系统进行过反求计算[6]，建立数学模型时所作的基本假设为：

1. 生料中物理水在最上一级旋风筒（C_1）入口管道中脱除；

2. 生料中化合水在 C_2 入口管道中脱除；

3. $MgCO_3$、$CaCO_3$ 分别在上升烟道、分解炉和最下一级旋风筒（设为 C_4）中分解，但其分解量的分布为需反求的值；

4. 关联使用的旋风筒，设操作对称，不加区别；

5. 关于物料、气体的比热和温度的关系，散热损失的计算式均采用拟合关联式（另列）。

系统进一步划分为若干子系统，根据需要确定。建立各子系统的各类平衡方程，联立成矩阵方程：

$$\vec{A}\cdot\vec{X}=\vec{B}$$

式中 $\vec{A}$、$\vec{B}$——该矩阵方程的系数矩阵和常数矩阵，基本上都是温度、原燃料组成和特性（如燃料热值）等参数的函数。

$\vec{X}$——希望反求的未知量所构成的矢量，如各子系统进出口料流量、气流量、含尘飞灰量、分解量等易求参数，再延伸计算其他需要的参数值。

反求计算的程序框图如图 10 所示。

根据以上方法和步骤曾对某些引进 NSP 系统进行过大量反求计算。所得定量结果对于深化认识，反求出原始设计意图，了解子系统匹配关系以及分析存在的问题等均很有帮助。可以认为是消化吸收新技术的一种有效方法，已引进广泛的兴趣，例如对 4000t/d MFC分解炉引进生产线反求计算结果表明该系统设计思想很有特点。它充分利用生料在 MFC 炉中停留时间长的优势，选用了低炉温（830～850℃），低过剩空气系数（$a<1.0$）和低风速（管道风速仅 13m/s）的操作方案，其优点是结皮堵塞少、生产稳定性高，NO_x 排放量少，散热少，热效率高。这种操作的结果是分解炉本身的分解率不高（66.5%）。这就要求将上升烟道作为第二分解炉来设计，既要充分利用窑尾气体中过剩的氧气使分解炉出来的未燃物进一步燃烧，又要求进一步提高生料的分解率（分解量占总量的 17.5%），因而上升烟道既要有足够高度（设计高于 15m），又要选取合适的气速（实际为 4.5m/s 左右）。与此同时，为了保证系统的低热耗，在旋风预热器结构设计和操作参数的选取上都做了精心的考虑。如各级预热器断面风速偏低而分离效率却很高（>85%），且匹配合理，其具体值为：$\eta(1)$（94.5%）>$\eta(4)$（89.1%）>$\eta(3)$（87.8%）>$\eta(2)$（86.7%）。所有

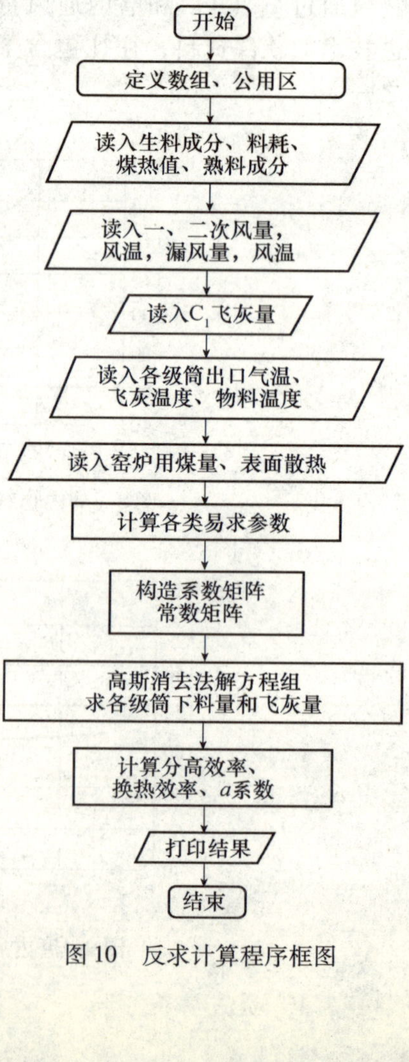

图 10　反求计算程序框图

这些措施的综合效果是：系统单位废气量少［1.59m^3（标）/kg 熟料］、废气温度低（320℃）、压降低（<4000MPa）、单位热耗低（<3344kJ/kg 熟料），换热效率高（75%左右），因而全系统的技术经济指标较优。由此也可得到这样的启迪，即子系统的合理组合匹配是总体优化的重要内容，也是优化设计的高层次的发展。可以预见，今后的新技术的开发将更加多种多样、各有追求、各具特色。这就要求科技人员更开拓思想，进行多方案的设计对比，以取得更好的经济效益。

五、结语

通过上述实例足以说明反求工程的研究方法在水泥工业中的应用是有广阔前景的。它既是消化吸收引进先进技术的科学方法，也是提高我国固有传统技艺，进行理论升华的有效途径，已经引起了广泛的兴趣和重视。不言而喻，这种方法不仅可应用于干法回转窑系统，也可应用于湿法窑、立窑系统，甚至均化、粉磨、分级、干燥、冷却等各种工序，以及硅酸盐工业的其他分支。因此可以肯定还有大量工作急待开展，希望反求工程方法能得到更多的应用，从而能为实现20世纪末水泥工业技术进步的总目标做出贡献。

参考文献

［1］夏禹龙，等．反求工程［N］．光明日报，1983－4－1.
［2］胡道和，等．立筒预热器工作原理的研究［J］．硅酸盐报，1987，15（2）．
［3］王伟，等．NHE 型高效低阻旋风预热器阻力与分离效率特性测定及其数学模型的建立［J］．水泥 石灰，1988，2.
［4］张有卓，胡道和．预分解窑系统的计算机模拟［J］．南京化工学院学报，1987，3.
［5］蔡玉良，梁益华．水泥磨系统计算软件的消化与调试报告．内部资料，1988，11.
［6］蔡玉良，PC 系统的反求［D］．南京化工学院硕士论文，1988，5.

窑外分解窑系统技术参数的反求

蔡玉良　张有卓　胡道和

（南京水泥工业设计研究院，广州暨南大学，南京化工学院）

【摘　要】 在动量、能量、质量传递和化学反应的基础上，采用反求的方法，建立了窑外分解窑系统的反求数学模型，利用现有易测参数，反求计算出其他难以直接测量的数据，并与相应厂家的实际生产记录比较，结果吻合得很好。实践证明，该方法是消化、吸收、引进工厂设计指导思想的有效工具，同时还可补充现有引进厂商缺少的某些控制监视画面，有利于实际生产过程的操作、控制与管理。

【关键词】 窑外分解，技术参数，反求

一、前言

自1971年第一台窑外分解窑（PC窑）在日本投产以来，因为它的一系列特殊优点使之成为当今世界水泥生产发展的主导方向。

我国为了加速水泥工业的发展，自1979年起先后从国外一些水泥公司引进了一系列水泥生产技术、设备与生产线。因此，加强对引进技术的消化、吸收是科研设计单位的重要工作之一。

对引进技术的消化、吸收可借助于新兴的反求工程学[1-3]。反求是一种特殊的科学研究方法，其特点是在实践的基础上，借助反求工程方法探索原始设计的基本指导思想、原理和方法，以及调节控制操作的条件和波动范围，以便更深入地掌握系统中各主要设备的性能和相互间的匹配关系，为调节、控制、稳定生产服务。

本文拟以从国外引进的MPC和NSF-PC两个系统为研究对象，进行某些隐性技术参数（难测或不常测的技术参数）的反求计算，希望为这一工作的开展探索出一条可行之路。

二、方法概要

系统的设计总是遵循一定的指导思想来完成的，而这一指导思想往往通过一些特殊参数及相关系数来反映。因此，要了解这些特殊的技术参数，首先必须建立能够合理反映系统中各参数间关系的数学模型。为了作初步探索，本文以N厂的MFC-PC系统（图1）和J厂的NSF-PC系统（图2）为研究对象，进行了一系列隐性技术参数如分离效率、分解率、热效率等的反求。

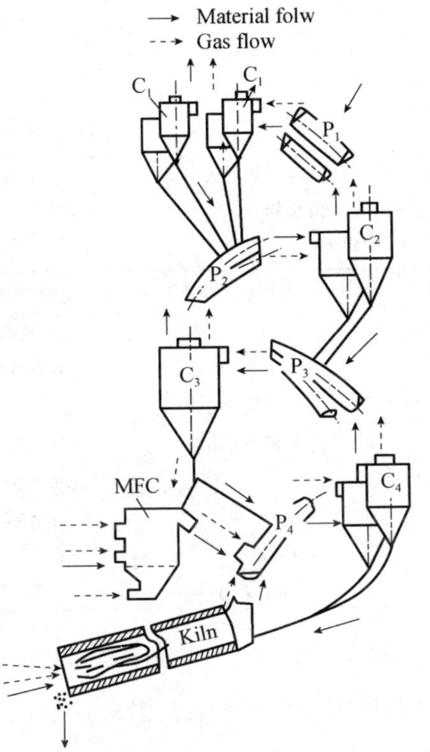

图1　MFC-PC 系统示意图

Fig. 1　MFC-PC system

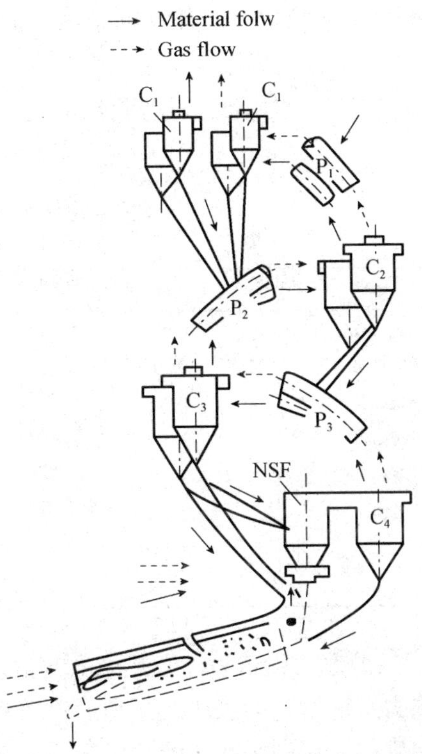

图2　NSF-PC 系统示意图

Fig. 2　NSF-PC system

（一）系统的划分

为了分析问题的需要，根据系统的结构特点将图1及图2所示系统划分为不同的子系统（表1）。

表1　系统的划分

Table1　Division of the system

System NO.	1	2	3	4	5	6	7	8	9	10
MFC - PC system	C_1	P_1	C_2	P_2	C_3	P_3	C_4	P_4	MFC	Kiln
NSF - PC system	C_1	P_1	C_2	P_2	C_3	P_3	C_4	NSF	Kiln	—

（二）系统模型建立的假设条件[4,5]

1. 生料在预热器系统内按下述过程发生物理化学变化：

（1）生料中的物理水（毛细水、吸附水）及有机物的分解脱除在 P_1 内进行；

（2）生料中的化合水均在 P_2 内脱去；

（3）生料中的碳酸盐（$CaCO_3$、$MgCO_3$）的分解分别在 P_3、P_4、MFC 或 NSF 分解炉和 Kiln 内进行，其分解所占的比例是反求的量。

2. 全系统中多个旋风筒并连使用时，在操作的情况下完全对称。

3. 在平衡计算时，双系列合成一体，不加区别。

（三）经验数据的准备

在建立系统反求模型之前，有关物性参数如比热（C_p）及综合给热系数（α）与温度

(T) 的关系必须拟合成计算机能够查用的公式。

1. Cp 与 T 的关系

根据文献[4]提供的数据拟合如下：

$$C_p = \alpha_0 + \alpha_1 T + \alpha_2 T^2 \tag{1}$$

表 2　物性曲线 $C_p = \alpha_0 + \alpha_1 T + \alpha_2 T^2$ 的系数

Table2　Cofficients in the formula

Type	α_0	α_1	α_2	Relative coefficient
Raw meal	0.815	8.335×10^{-4}	-4.820×10^{-7}	0.9963
Fly - ash	0.808	3.252×10^{-4}	-7.917×10^{-8}	0.9884
Clinker	0.752	3.290×10^{-4}	-6.709×10^{-8}	0.9895
Coal	1.095	1.634×10^{-4}	-5.852×10^{-8}	0.9999
Gas	1.375	2.452×10^{-4}	-3.731×10^{-8}	0.9998
CO_2	1.639	8.485×10^{-4}	-2.645×10^{-7}	0.9982
Air	1.287	1.123×10^{-4}	-9.447×10^{-9}	0.9978
Steam	1.476	1.947×10^{-4}	3.994×10^{-8}	0.9974

2. 动静态力设备表面散热系数与温度、风速的关系

热力系统设备的散热主要是通过自然风形成的对流散热和辐射散热，因此其综合散热系数是温度和风速的函数，即：

$$\alpha = \alpha(\Delta T, W) \tag{2}$$

式中　α——综合散热系数，kJ/(m^2·h·℃)；

ΔT——表面温度与环境温度之差,℃；

W——自然风速，m/s。

根据预热器和管道是静止的特点及计算精度要求拟合成具体的形式：

$$\alpha = \alpha_0 + \alpha_1\Delta T + \alpha_2\Delta T^2 + \alpha_3\Delta T^3 + b_1W + b_2W^2 + b_3W^3 \tag{3}$$

式中　a_i 和 b_i——拟合系数。

回转窑、回转冷却机或回转烘干机等动态热力设备，考虑其动态特性，拟合时增加了 ΔT 与 W 一次交互项对散热系数的影响，其具体形式为：

$$\alpha = \alpha_0 + \alpha_1\Delta T + \alpha_2\Delta T^2 + \alpha_3\Delta T^3 + b_1W + b_2W^2 + b_3W^3 + c(\Delta TW) \tag{4}$$

根据文献[4]提供的数据，经拟合处理得各系数，见表3。

由表3可见，相关系数均在0.990以上，具有高度的相关性，且与统计点的最大误差小于5%，已能满足工程计算的需要。

表 3　散热系数 $\alpha=\alpha(\Delta T, W)$ 的拟合系数

Table3　Coefficients in the formulas

Type of equipment	α_0	α_1	α_2	α_3	b_1
Statical equipment	21.67	2.382×10^{-1}	6.111×10^{-4}	-2.082×10^{-8}	27.484
Dynamic equipment	27.65	2.974×10^{-1}	5.079×10^{-4}	-2.571×10^{-8}	33.064

Type of equipment	b_2	b_3	c	Relative coefficient	Maximum error
Statical equipment	-3.561	0.2088	—	0.9999	<5%
Dynamic equipment	0.2424	0.1013	-6.211×10-3	0.9960	<4%

3. 各子系统散热损失的计算

预热器和管道属静态热力设备，其散热损失可按下式计算：

$$Q = \alpha(T - T_0)A/M \tag{5}$$

式中　Q——各静态子系统散热损失，kJ/kg-cl

T，T_0——设备表面的平均温度与环境温度，℃；

A——相应子系统散热面积，m^2；

M——系统的生产能力，kg-cl/h。

回转窑是动态热力设备，表面温度通常采用行走式高温辐射计监测，因此，在稳定操作下，易于形成温度（T）与位置（X）的对应关系，具体表达如下：

$$T = F(X) = \alpha_0 + \sum_{i=1}^{n} \alpha_i X_i \tag{6}$$

式中　n 可以根据计算的精度要求通过模拟试验后选取，继而可采用下式计算出回转窑筒体的散热损失。

$$Q = \frac{\pi D_k}{M}\int_{k\ 0}^{D} \alpha(T - T_0)\,\mathrm{d}x$$

$$= \frac{\pi D_k}{M}\int_{0}^{Lx} \alpha(\alpha_0 + \sum_{t=2}^{z} \alpha_t X_t - T_0)\,\mathrm{d}x \tag{7}$$

式中　D_k——回转窑的筒体外径，m；

L_x——回转窑的筒体长度，m；

$\mathrm{d}x$——回转窑长度方向的微元，m。

四、模型建立

根据上述的假设条件建立各子系统的化学反应方程式、物料平衡方程式、热量平衡方程式，找出未知数后，经整理形成矩阵方程：

$$A \cdot X = B \tag{8}$$

式中　A——系数矩阵；

B——常向量，A、B 均是各子系统进口处的记录温度、原燃料的化学成分、燃料的热值等的函数；

X——需要反求的未知数构成的向量。

对于 MFC-PC 系统，则 X 的构成为：

$X_{\text{MFC-PC}}$ =（各子系统进出口的物料流量、各子系统物料的分解率、燃料的分配比）^{T}

对于 NSF-PC 系统，则 X 的构成为：

$X_{\text{NSF-PC}}$ =（各子系统进出口的物料流量、各子系统物料的分解率、燃料的分配比、窑体散热热量）^{T}

若已知各子系统进出口温度、原燃料的化学成分、燃料的低位热值等，则 A、B 已确定，从而可以解得 X，进而可以求得分离效率、分解率、热效率等。

三、反求计算结果、分析、验证

根据上述建立的数学模型，编制计算机程序，输入相应系统的生产记录值或热工标定数据，在DUAL-68K计算机上进行反求计算，所得结果见表4及表5。

表4　MFC-PC系统反求计算结果

Table4　Back calculation results for MFC-PC system

Subsystem No.	C_1	P_1	C_2	P_2	C_3	P_3	C_4	P_4	MFC	Kiln	Unit
Material flow	0.087	1.852	0.262	0.215	0.215	1.596	0.173	1.427	0.896	0.184	kg/kg-cl
Gas flow	1.495	1.495	1.412	1.344	1.344	1.344	1.309	1.309	0.701	0.548	Nm^3/kg-cl
Out material	1.765	—	1.428	1.381	1.381	—	1.255	—	—	1.000	kg/kg-cl
Heat loss	12.415	11.077	13.083	11.620	11.620	24.787	23.824	17.890	17.890	197.129	kJ/kg-cl
Thermal efficiency	41.720	39.33	38.92	4018	4018	40.57	37.49	34.20	68.08	56.75	%
Separation efficiency	95.31	—	84.52	86.52	86.52	—	87.91	—	—	—	%
Air excess coefficient	1.302	—	1.226	1.172	1.172	—	1.134	1.309	0.982	1.227	—
Decompsoition fraction	0.000	0.000	0.000	0.000	0.000	0.920	0.000	17.550	66.540	14.990	%
Others	Fuel ratio(kiln) = 13.00%, Material ratio = 9.53%										

表5　NSF-PC系统反求计算结果

Table5　Back calculation results for NSF-PC system

Subsystem No.	C_1	P_1	C_2	P_2	C_3	P_3	C_4	NSF	Kiln	Unit
Material flow	0.108	1.913	0.266	2.029	0.243	1.760	0.190	1.535	0.297	kg/kg-cl
Gas flow	1.699	1.699	1.603	1.603	1.514	1.514	1.446	1.446	0.477	Nm^3/kg-cl
Out material	1.804	—	1.573	—	1.517	—	1.344	—	1.000	kg/kg-cl
Heat loss	36.157	13.878	7.190	5.727	13.460	5.977	13.836	25.999	190.73	kJ/kg-cl
Thermal efficiency	39.26	37.78	38.72	42.97	37.80	38.33	36.87	59.24	40.34	%
Separation efficiency	94.33	—	85.52	—	86.17	—	87.60	—	—	%
Air excess coefficient	1.330	—	1.263	—	1.194	—	1.124	1.124	1.119	—
Decompsoition fraction	0.000	0.000	0.000	0.000	0.000	0.620	0.000	85.780	13.600	%
Others	Clinker = 0.9808kg-cl, Fuel ratio(kiln) = 38.04%; Heat loss calculation by the second method = 200.331kJ/kg-cl									

（一）反求计算结果分析与论证

1. 物料流量

正常生产情况下，PC系统的废气含尘量为80~120g/kg-cl，针对MFC预分解炉系统统计的结果为82.5~135g/kg-cl，统计平均值为99g/kg-cl[6]。本文反求的结果，MFC-PC系统为87g/kg-cl，NSF-PC系统为108g/kg-cl，均在此范围内，结果是合理的。

回转窑飞灰量（窑尾）与窑尾风速有关，一般认为窑尾飞灰量为入窑物料量的12%~15%。本文计算的MFC-PC系统为14.7%，NSF-PC系统为22.0%，稍高，这是由NSF-PC系统结构及操作条件决定的。

对 MFC-PC 系统，燃料分配比的实际值为43.26%（回转窑），本文的反求值为43.00%；对 NSF-PC 系统，实际生产值为38.00%，反求值为38.04%，吻合得很好。

对于 NSF-PC 系统，出窑熟料设定值为1.000kg，本文反求计算结果为0.9808kg(相对误差为1.92%)。回转窑体散热采用两种计算方法，第一种方法如同 MFC-PC 系统计算法；第二种方法，将回转窑体散热作为未知数进行反求，结果：

$$Q_{s1} = 190.733\text{kJ/kg-cl}$$

$$Q_{s2} = 200.331\text{kJ/kg-cl}$$

两种方法求得的结果相对误差为4.9%

2. 关于碳酸盐分解量的评论

碳酸盐在800℃左右已开始分解，从实际的记录数据可见，出四级筒的气体温度在800℃以上，因此在PS管道内碳酸盐就有分解，此时分解的主要是碳酸镁及少量的碳酸钙。根据反求结果，对 MFC-PC 系统（N厂）碳酸盐在 PS 中分解 0.92%，在 P_4 中分解17.55%，在 MFC 中分解66.54%，在回转窑内约有14.99%分解，即物料入窑前已有85%分解。对 NSF-PC 系统（J厂），生料中的碳酸盐在PS管道中分解0.62%，在NSF分解炉中碳酸盐分解85.78%，在回转窑内分解13.60%，即入窑物料已有86.40%分解。

产量相同时，燃料分配比基本一致，生料在MFC内的分解量没有在NSF内的高。但物料在MFC和垂直烟道内的分解量总和（17.55% +66.54% =84.09%）和物料在NSF内分解量（85.78%）基本相等。MFC-PC 系统较 NSF-PC 系统而言，MFC 分解炉的工作温度（800～850℃）较 NSF 炉（840～900℃）低，减少了结皮，使生产得以稳定，NO_x 排放浓度（391×10^{-6}）较 NSF-PC 系统（503×10^{-6}）低，减少了对环境的污染。但 MFC-PC 系统由于垂直烟道的存在，使得散热损失（35.78kJ/kg-cl）高于 NSF-PC 系统（26.00kJ/kg-cl），同时由于 MFC 分解炉需要流化空气，使得 MFC-PC 系统的电耗较其他系统高0.7kW/t-cl。

3. 气体流量

一般情况下，生料悬浮预热器的废气量约为1.4～1.5Nm^3/kg-cl，本文中反求结果：MFC-PC 系统为1.495Nm^3/kg-cl。在此范围内，NSF-PC 系统为1.669Nm^3/kg-cl，比较高，对 NF-PC 系统的实测结果也证明了这一点，这是系统不同操作的结果所致。

4. 空气过剩系数

如表4及表5所示，值得注意的是分解炉内的空气过剩系数，MFC 内为0.982，NSF 内为1.124。比较可知，工作条件是不同的，原因在于两个系统存在着较大的差别。对 MFC-PC 系统，分解炉和回转窑采用并联的形式（图1），经过回转窑内的气体不直接经过 MFC 分解炉，为了提高入窑生料的分解率，在窑尾废气温度不能过高的情况下，只有提高分解炉的燃料比例。但为了保持 MFC 分解炉的工作温度适中，只有将一部分燃料再移至窑尾的垂直烟道内燃烧，根据N厂的实际生产记录可知，MFC 分解炉在缺氧的条件下工作（空气过剩系数为0.8～1.0），产生还原性无焰燃烧，保持 MFC 在适当温度（800～850℃）下操作，使部分分解产生的可燃气体被气流带入垂直烟道，并与来自回转窑的过剩空气进一步燃烧，燃烧所产生的热量可以完全用于生料的分解，从而达到提高入窑物料分解率的目的，相应地也提高了窑外分解系统的生产能力。对 NSF-PC 系统，分解炉与回转窑采用串连的方式（图2），经过回转窑的气体也经过分解炉，因此分解炉内的空气过剩系数必须大于1，燃烧才比较充分，生料的分解也比较完全，从而使得生料在 NSF 炉内的分解率明显比在 MFC 分解炉内的分解率高。

5. 旋风筒的分离效率的分布

由表4及表5可知，两个系统的旋风筒分离效率的分布是一致的，即 $S_{\theta1} > S_{\theta4} > S_{\theta3} > S_{\theta2}$。过去人们在设计中常采用 $S_{\theta1} > S_{\theta2} > S_{\theta3} > S_{\theta4}$，理论分析与计算结果都表明这是不合理的，因其未考虑到PC系统的耦合关系和压降、热效率的综合影响。

可以认为，为了减少整个系统的压力损失，一般情况下，$S_{\theta1}$ 为95%左右，这一点在设计中至关重要。其他各级旋风筒分离效率的大小顺序都是由系统压降最低、热效率较高两个因素综合作用的结果，关于各级旋风筒的分离效率对系统压降的影响，文献［7］已有详细论述，从PC系统的热效率来看，分离效率对系统热效率的影响程度的次序为：

$$C_1 < C_2 < C_3 \approx C_4$$ [3]

由此可见，三、四级旋风筒的分离效率的提高将比一、二级筒分离效率的提高对系统热效率的贡献大，因此，上述分离效率的分布是合理的。

四、运用前景

反求、消化、吸收的最终目的在于开发运用。目前，国内引进的几种类型的PC系统在线显示参数还不够全面，因而控制不够及时。反求所得一些隐性参数是非常重要的，其中有些参数厂里采用定时人工取样分析，不仅工作量较大，而且需时较长、滞后严重。因此，可以利用本文中提供的方法，采用如图3所示系统实现隐性参数分布群的在线显示及控制。

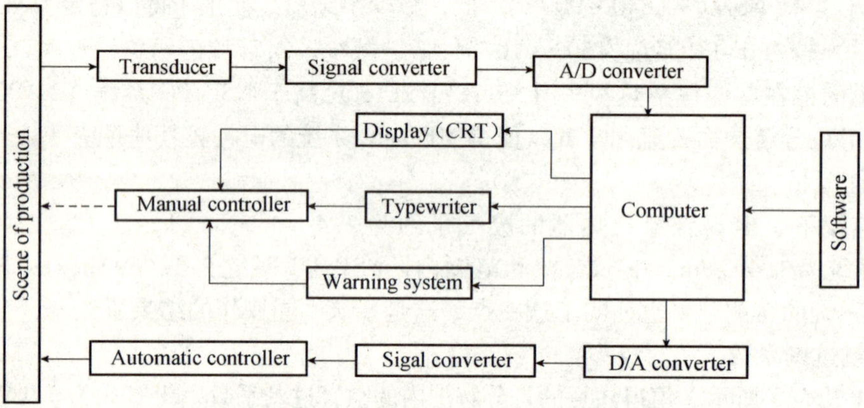

图3　PC系统的监测控制系统

Fig. 3　Monitored control system of PC

通过CRT可以显示如下几幅画面：

（1）表格型监视画面（表4、表5）

（2）图表型监视画面

图4为各级旋风筒分离效率的图示法，其优点一目了然，便于观察。表4及表5各参数的分布均可用这种方法表示。

（3）时控型监视画面

图5为分离效率分布的时控型监视画面。横坐标是时间，“Δ”表示数据采集处理周期，纵坐标是分离效率 S_θ，A、B 两条虚线代表一级筒正常工作时分离效率安全运行限。如果 $S_{\theta1}$ 的值低于 B 线以下或更低，一级筒下料管有可能被堵或者漏气过于严重，可通过

警报器或 CRT 获得信息后立即采取相应的措施，使其恢复正常。该显示法的优点是，能了解各参数的前后变化情况，有利于系统的控制操作。同样，其他各参数也可用这种方法显示。

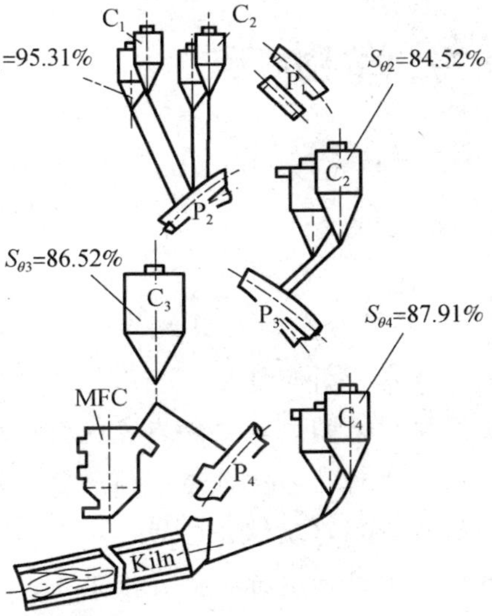

图 4　分离效率的图示法

Fig. 4　Illustration of separation efficiency

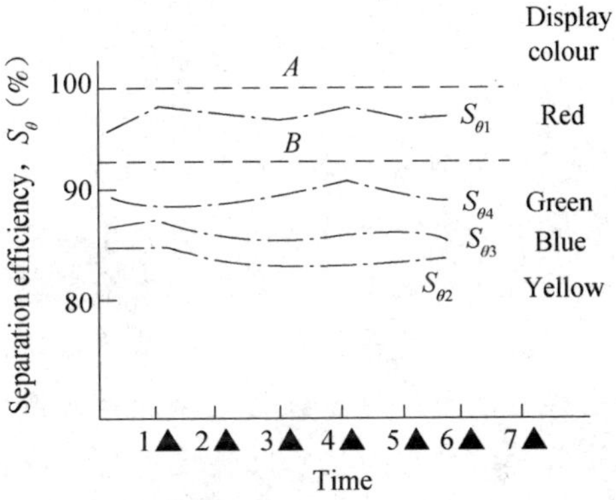

图 5　分离效率的时控显示

Fig. 5　Display of separation efficiency vs time

五、结论

1. 反求工程方法是消化、吸收现有引进技术设备生产系统的有效方法，可为设计意图的反求提供论证的依据。

2. 利用反求结果可实现引进生产系统中某些重要参数的在线显示，增加监视画面，便于系统的控制和管理。

3. 利用反求工程方法可为实际生产系统的评价补充更丰富的数据资料。

4. 利用反求工程方法可为进一步优化设计的探讨、系统模拟软件的开发打下基础。

参考文献

[1] 胡道和. 水泥　石灰，1989，4，2.

[2] 夏禹龙. 反求工程 [N]. 光明日报，1983，4，1.

[3] 张有卓，胡道和. 南京化工学院学报，1987，4，11.

[4] GB 4179—84 水泥回转窑热平衡、热效率综合能耗计算方法.

[5] 徐德龙，胡道和. 硅酸盐学报，1987，4，15 (295).

[6] 日本水泥协会. 关于 SP 和 NSP 窑的调查报告. 燃料专业委员会（内部资料），1981.

[7] 蔡玉良. 水泥　石灰，1989，2，12.

窑外分解煅烧系统诊断学

胡道和

（南京化工学院硅酸盐工程研究所，210009）

【摘　要】 根据我国窑外分解技术发展的需要，提出了窑外分解煅烧系统诊断学的判断方法，它综合了多学科的近代理论，并在近年来所开展的技术分析与评议、气固相特性检测新手段的研制及对热工标定补充修改等实践成果基础上开发出来的。其主要内容包括：原、燃料在悬浮状态下的易分解性、易燃性和粉体高温流动性、生料的易烧性等；预热器、分解炉的冷态模型试验；隐参数的反求计算；系统运行中的热态检测以及综合分析、诊断等。根据系统诊断的结果可为技术改造提供科学依据，为当前生产中达产达标提供直接服务，同时诊断学的发展与完善，还将反馈延伸以改进系统的设计与控制，不断推动煅烧技术的发展与创新。

【关键词】 诊断学，窑外分解技术，反求计算

【Abstract】 On the necessity of the development of cement precalcining technology in China, a newmethod called diagnostics on cement precalcining system is put forward. It comprises modern theories of various subjects and developments on the basis of technical analysis and discussions made in recent years; the research achievements on new measuring and testing techniques for gas and solid phases and the practical outcomes from technical modification based on thermal calibration of existing system. The main contents involve the calcinability and combustility tests of raw materials and fuels under suspension condition; the high temperature flowability test of powder materials, the burnability test of raw meal; the cold-state model test of preheater and precalciner: the back finding calculation of latent parameters; the hot-state measurements and overall analysis during operation of the system, etc. The results of the diagnosis can be immediately served as a scientific basis for technical modification, forachieving the expected targets after commissioning of the system. Meanwhile the development and improvement of diagnostics will be further extended as a feed back to improve the design and control of the system so as to continuously promote the development of cement burning.

【Keywords】 diagnostics, cement precalcining technology, back finding calculation

窑外分解技术的问世已有二十余年的历史，它不仅在使水泥生产大型化方面有新的突破，更重要的是它指标的先进性和技术上的实用性已为全世界所瞩目，而无可辩驳地成为当前水泥煅烧技术的发展方向。

但窑外分解技术本身的先进性却与过程的复杂性并存，由于窑尾增设了悬浮态的预热器

和分解炉，使得气固两相在不同温度下经历了流动、分散、混合、燃烧、换热、分解、传质、分离、预烧、烧成和冷却诸多化工过程，彼此交叉衔接而又耦合。因此这项技术涉及了许多学科领域如流体力学、两相流动、粉体工程、流态化、燃烧学、化学工程中的“三传一反”、化工热力学、工业反应动力学、优化理论、系统工程、自控技术以及电子计算机技术等，并需要综合运用于生产。掌握窑外分解煅烧系统较之过去掌握中空窑系统要困难得多，远不是凭借经验所能满足的。

近年来，我国陆续引进和自行建造了规模不等、总数达数十条的窑外分解生产线，其中除部分引进的大型窑系统外，多数生产线存在运转率低，长期达不到设计指标等严重问题，难以体现新技术的优越性。其原因是多方面的，但系统本身存在着这样那样的问题，也是主要矛盾的一个方面。因此，在基础理论指导下，开发一种针对窑外分解煅烧系统本身的科学诊断方法，找出各自存在的主要问题，从而能有的放矢地进行技术与设备的改造，或调整操作参数间的合理匹配与控制，从而为尽快达产、达标提供技术服务，是一项十分紧迫而有意义的工作。

诊断学在工业上的应用，已经不是新鲜事，在机械、航空、汽车、电子工业中早已收到“望、闻、问、切”的效果。至于将诊断学的方法具体移植到水泥生产技术中则尚属创新的设想。

近几年，我们对正在运行的几条窑外分解生产线的技术分析和评议[1]，以及据此开展的技术改造的效果进行了总结。在此基础上，又进一步开发了原、燃料在模拟工况条件下特性检测的若干新方法和新手段。同时对于窑外分解窑系统的热态检测有了新的补充和进一步完善的设想，汇总归纳这些方面的成果形成“窑外分解煅烧系统诊断学”（以下简称“NSP诊断学”）。

NSP诊断学的开发思路是：

气固间的化学行为——用高温反应器和模拟分解炉来检测；

气固间的物理行为——用冷态模型来观测并用工况条件来进行修正；

系统中潜在隐参数——用反求计算方法求得；

工况下实际参数——用热态检测来直观求取。

对于NSP诊断学所包括的内容，可概括如下。

一、原、燃料高温特性测定

水泥熟料是生料在高温条件下气固相化学反应的产物。因此，原、燃料的分解、燃烧、烧结反应的能力及运动特性在环境条件（如温度、气体成分、气固接触状况等）变化时的行为规律，都最直接地影响系统的设计、运行及效果。为此，需要做某些工业反应动力学及粉体流动规律的探讨，即尽可能在模拟工况条件下测定其特性。

（一）石灰石和配合生料的易分解性测定[2]

主要是模拟在分解炉内，气固处于悬浮态下，测定其分解特性以及工况条件在一定幅度内波动时，对其分解特性的影响规律。

试验是在我院硅酸盐工程研究所开发的“气固悬浮态高温反应试验台”[1]（又称“模拟分解炉”）上进行的。

模拟分解炉流程示意如图1所示，该炉的主要特点是：

（1）能模拟生料在分解炉中的加热条件；

（2）反应区稳定，能模拟粉料稳定的悬浮状态；

（3）炉温（反应器中反应区段的温度）在1200℃，以下可调、可控；

（4）炉内气氛（主要指CO_2浓度）可以任意配定；

（5）炉内气体工况可控（气体流速、温度、固气比等）；

（6）加料方便灵活，数量可自行给定；

（7）试验时间短，结果可通过残渣分析做校核，可靠性较高；

（8）数据经计算机处理可消除输入信号与相应值之间的系统误差，精度进一步提高。

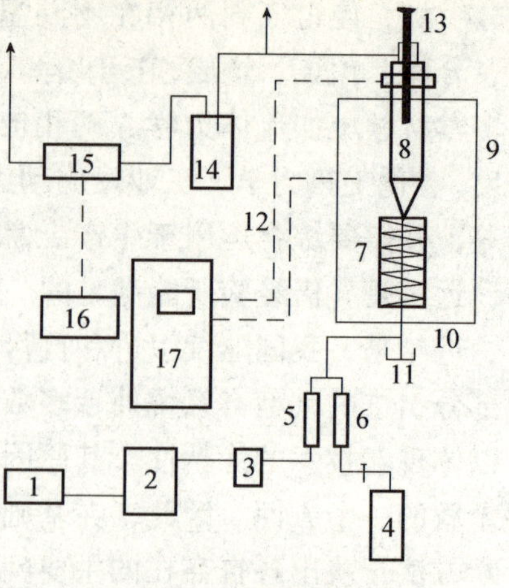

图1　模拟分解炉

1—空压机；2—稳压器；3—减压阀；4—CO_2气瓶；5—转子流量计；6—转子流量计；7—管式预热器；8—反应器；9—电炉；10—排料管；11—集料器；12—热电偶；13—加料器；14—平衡瓶；15—检测仪；16—记录仪；17—控制柜

在模拟分解炉内，可以对诸多因素如：原料品种（$CaCO_3$含量、结晶形态、特征）、分解炉温度（T）、分解炉中CO_2含量（P_{CO_2}）、粉料粒径（d_p）以及配合生料中外加组分种类（Al_2O_3、SiO_2、Fe_2O_3等）和含量对原（生）料分解进程的影响做出定量检测。大量实验表明：

（1）原（生）料在工况条件下，分解反应要进行完全，需要很长时间，通常分解率Φ随时间τ的变化规律如图2所示。它基本能表达实际分解特性，图2中曲线水平段被定名为该工况下的“终态分解率——Φ_{end}”，此值表明尽管时间延长，但反应完全度的提高很慢。

（2）各厂石灰石或配合生料在相同工况下分解曲线形状相似，但数值有明显差别，其Φ_{end}相差可达15%～20%，如图3所示。

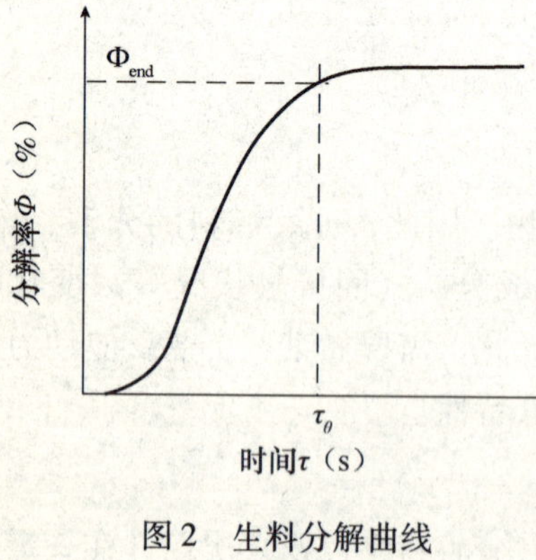

图2　生料分解曲线

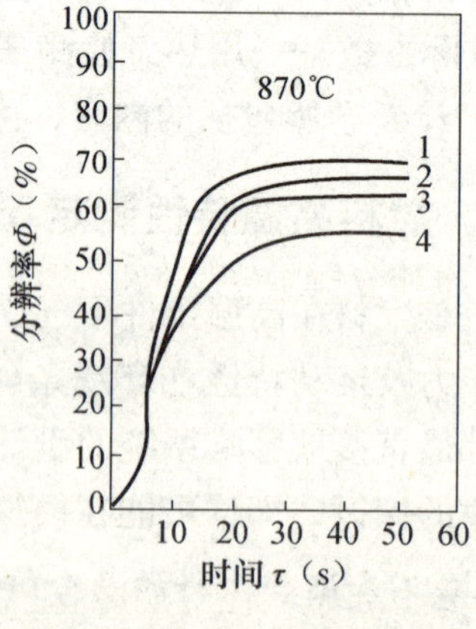

图3　几个厂生料分解曲线

1—宁国生料；2—江西生料；3—顺昌生料；4—柳州生料

（3）堆积态与悬浮态下，分解进程类似，但达到Φ_{end}所需时间，可相差40～80倍。

（4）生料的Φ_{end}与工况（主要是温度T和CO_2分压P_{CO_2}）条件具有指数关系，即

$$\Phi_{end} = A_1(A_2 - P_{CO_2})EXP(-B/T)$$

式中　A_1、A_2、B 均取决于原料品种。

为了对比各厂原（生）料在工况悬浮态下的分解能力，特定义“易分解指数 Φ_r”新概念。其具体含义是指“在人为设定条件：即 $T=1173K$，$P_{CO_2}=0.2atm$（为一般工况）时所测得生料的终态分解率”。Φ_r 数值的大小可以定量比较生料分解的难易程度。表1给出几个厂生料易分解指数值。

表1　四个厂生料易分解指数值

工厂	宁国厂	顺昌厂	柳州厂	江西厂
$\Phi_r(\%)$	82.19	80.45	75.23	74.90

由此可知，根据各厂样品测定结果，可以对该厂分解炉的结构、尺寸、炉温、流程（P_{CO_2}）分解能力限度做出科学分析和预测。

（二）燃料（煤粉）的易燃性测定

一般情况下，粉燃烧速率相对比 $CaCO_3$ 分解的速率更慢些，往往是制约因素，同时煤粉在炉内的燃烧状况也直接影响分解炉功能的发挥，因此是至关重要的。

煤粉燃烧特性测定，可在综合热分析仪、分散态高温炉和模拟分解炉（悬浮态）中进行，分别可测出反应热效应、静止态燃烧过程、悬浮态燃烧过程、着火温度及燃烬条件等。为评议燃烧状况和组织高温余氧有焰燃烧（窑内）和低温低氧无焰燃烧（炉内）条件下合理的燃烧制度提供科学依据，以保证全系统热能适时地充分供给。

（三）生料易烧性测定

易烧性反映各种生料在高温环境中烧成熟料的反应能力，用 *f*-CaO 值表达。在同样条件下，*f*-CaO 高的生料难烧。具体试验可按国家标准（GB 9965—88）进行测定，其结果可供判断配料和烧成过程操作参数选择的合理性作依据。

（四）高温粉体流动性测定[3]

移植常温 Jenick 流动性检测原理和手段，应用于高温下，研究有害成分对生料流动性的影响及与结皮堵塞的内在联系，供操作事故分析作参考。

二、冷态模型试验[4]

窑尾预热器和分解炉中，气固两相的运动特征，直接关系到各自特定功能的发挥，冷态模型试验可在通用的试验台上进行。

试验基于对物理量分布的测定，利用统计方法和平均效应的数学处理，来探讨预热器分解炉内气固运动特征和规律，进而从工作机制上来分析和评价各类设备的结构、性能。

大量试验工作表明：在自动模化流动区域内，冷模与生产实际之间，存在相应的对照关系可作参考。

冷模试验内容主要包括：气体三维流场分布[5]；气固相浓度场分布[6]；气固混合特征——颗粒分散状况，气固在容器内停留时间概率分布 τ_m、τ_g 及其比值 τ_m/τ_g[7,8]；压降的变化规律。

上述各项测定，已开发有专用测试手段，运用计算机采样及数据处理，经长期使用证明简便可靠。试验内容还可根据实际需要，改变若干影响变量，求得各参数波动时对分解炉特性指标的影响幅度，为评议、改进和操作控制提供科学依据。

三、系统隐参数的反求计算[9、10]

对已有生产线，在稳定操作条件下，以可测的参数作为已知量，通过平衡关系或“三传一反”规律建立数学模型，以计算出能反映系统工况特征的若干重要隐参数（指难测或无法检测的实际参数）。反求计算的基本方法与步骤如下：

（1）划分作为计算单元的若干子系统。

（2）就系统内“三传一反”的特征，结合实际作某些合理的假设，以简化计算。

（3）建立方程，组合成数学模型，如：子系统物料平衡方程、子系统热平衡方程、经验方程、动力学方程。

在去除不独立和病态方程后选定未知量，编制程序。

（4）选定已知数值。

（5）计算机求解。

（6）计算结果可包括：各级预热器分离效率及其匹配情况；各子系统换热能力、换热效率及其分布；分解功能的分布；分解炉燃烧完全度；各子系统内的特征速度。

四、NSP 系统热态检测（简称热态检测）

长期以来，评议回转窑工作状况，计算单位产品热耗，分析能量分配中存在的问题以及提出改进意见，都是采用热工标定的方法（GB 4179—84）。但这种方法只能诊断流程简单的老式窑系统，因为它所能反馈的技术信息很有限，不能满足 NSP 窑复杂系统的需要。为此，原热工标定的检测内容、方法、手段以及计算部分均要做大幅度的修改和补充，对此，特命名为“NSP 系统热态检测”以便与原热工标定区别。

热态检测的目的是直观地了解系统工作状况，并尽可能给出量化指标。

热态检测的特点之一，是检测界面呈多元式，即将全 NSP 系统分解为若干子系统，检测内容除满足子系统各项平衡的需要外尚需补充以下新的检测项目：物料在分解炉、预热器内实际停留时间测定；煤粉在分解区的燃烬度测定；悬浮态气固两相温度差的测定；入炉三次风量的测定；窑尾烟气中 NO_x 的测定；有害成分富集值的测定。

通过对运行中窑系统全面的热态检测后可以进行如下的分析计算和表达，直接获得运行状况的各种信息，如：子系统及全系统的热平衡、热效率、热经济分析；子系统及全系的㶲平衡、㶲效率、㶲经济分析；表面散热的分布图；燃烧进程图（$\varepsilon_{燃烬度}-\tau$）；分解进程图（$\Phi-\tau$）；子系统及全系统换热量及分配；换热效率的比较；物料在设备中平均停留时间的概率分布 $E(\tau)=f(\tau)$；求得平均停留时间 τ_m，最可几停留时间 τ_n，最大、最小停留时间 τ_{max}、τ_{min} 等；漏风量分布；（预热）器 -（分解）炉 - 窑 -（篦冷）机能力匹配；窑内火焰状况估计及控制；有害成分及其富集情况；热能消耗及分析。

至于热态检测的方法和手段，除一部分选用已有仪器外，还有相当一部分尚待开发专用仪器，如便携式气体分析仪（包括测 NO_x）、热态物料停留时间测定装置、气固相对流速测定仪等，均有相当难度。在解决手段问题后，可编制出适用于窑外分解系统热态检测规范作为诊断学的主要内容之一。

五、综合检测、诊断

在上述工作的基础上，汇总能反映系统总体及内部实际工作状况的全部数据后，编制成完整的计算机程序，据此对系统以下诸方面进行综合分析、评议与诊断。如：（1）系统流程选择的合理性；（2）设备选型的合理性；（3）设备规格尺寸设计的合理性；（4）对原、燃料行为特性进行评价；（5）系统、设备的功能分析及功能发挥的情况；（6）设备的匹配情况；（7）系统主要参数控制的合理性；（8）探讨设计原始意图及现实状况并给出评价；（9）分解炉气固运动情况分散程度、均布状况及容积有效利用率分析；（10）窑与炉燃烧组织的合理性；（11）有效热能利用状况及用能评价；（12）系统运行中反映出原设计中存在的主要原则问题及论证等。针对情况，全面诊断系统所存在的主要问题，提出改进思路，再经过工程实验室进行专门改进方案研究，选定方案作为改进设计的科学依据。

六、结语

窑外分解煅烧系统是个复杂的高温反应系统，涉及近代发展起来的若干学科领域的综合。因此利用多学科的新知识对其进行科学诊断是一种创新，是一种进步，既是生产上迫切的需要，也是现实可行的。1993 年 9 月我们在江西水泥厂曾应用诊断学原理，对日产 2000t 的 RSP 窑进行过诊断与改造，主要从改进和调整分解炉 SB、SC 室的旋流强度和 MC 室生料分散度着手，结合厂内冷却机改造，经一段时间调试后取得如下效果，见表 2。

表 2　江西厂 RSP 窑诊断改造前后对比

	改造前 1992 年平均	改造后 1993 年平均
入窑生料粉解率（%）	81.34	90.30
台时产量（t/h）	73.3	79.0
C_3 堵塞占故障（%）	13.55	0
运转率（%）	59.27	68.4
出 SC 燃烬度（%）	30	74.8

1994 年最高日产 2100t，入窑生料分解率平均在 92% ~ 98% 之间，运转率达 75% ~ 85%，月产由 1992 年平均 3.2 万 t，提高到 1994 年 4 月 4.7 万 t(提高 40% 以上)。由此可以看出，诊断学既能直接为工厂达产、达标服务，也能用于正在建设的系统，预测其运行情况，为投产作好技术准备。从长远看，诊断学的发展将可反馈延伸以改进工厂设计，并在此基础上开拓创新的思路，推动行业的技术进步，为提高水泥工业的经济效益和社会效果做出贡献。

参考文献

[1] 武汉工业大学研究生部等 . NSF、MFC、SLC、RSP 型预分解窑技术分析与评价（内部资料），1990.
[2] 李安平等 . 水泥生料在模拟分解炉内分解特性的研究（内部资料），1994.

[3] 张跃金．高温状态下生料流动性初探［J］．水泥，1993，8.
[4] 南京化工学院，等．NSF、MFC、SLC、RSP 型分解炉冷模试验研究报告（内部资料），1989.
[5] 简淼夫，李昌勇．新型气体三维流场智能化测量系统的开发研究［J］．水泥技术，1991，1.
[6] 简淼夫，李昌勇．新型粉尘浓度测定仪的开发研究［J］．南京化工学院学报，1990，4.
[7] 胡道和，周迈．水泥生料停留时间概率分布的测定［J］．南京化工学院学报，1986，2.
[8] 李昌勇，简淼夫．粉料停留时间在线测定仪在预热器中的应用［J］．武汉工业大学学报，1991，3.
[9] 胡道和，等．反求工程在水泥工业中的应用．水泥技术，1990，5.
[10] Cai Yuliang，Hu Daohe. The parameters of back calcula-tion for PC system proceeding of 2nd BISCC，1989.

窑外分解煅烧系统诊断学的应用

陆 雷 周松林 李昌勇 彭新战 胡道和

一、引言

窑外分解技术的问世已有二十余年的历史，它不仅使水泥生产在大型化方面有新的突破，更重要的是它指标的先进性和技术上的实用性。但窑外分解技术本身的先进性却与过程的复杂性并存，掌握窑外分解煅烧系统较之过去掌握中空窑系统要困难得多，远不是凭借经验所能满足的。

我国已陆续引进和自行建造了数十条窑外分解生产线，其中除部分引进的大型窑系统外，多数生产线存在运转率低、长期达不到设计指标等严重问题，难以体现新技术的优越性。为了掌握系统本身存在的问题，南京化工大学硅酸盐工程研究所综合十几年来在窑外分解领域的研究成果，开发了一种针对窑外分解煅烧系统本身的科学诊断方法——窑外分解煅烧系统诊断学（NSP 系统诊断学）。窑外分解煅烧系统的诊断学主要借助气固两相间的化学行为测定和物理行为测定。系统中隐参数分析及热态工况参数检测等几个方面对系统设计的科学性，系统各设备间的匹配合理性及系统和操作的先进性等诸多技术经济指标做出全面的综合评价，可作为操作优化和系统技术改造的依据和指导。诊断学的研究主要包括以下几项内容：

1. 原、燃料特性试验

在特别的悬浮态高温反应试验台上对石灰石原料及生料的易分解特性测定，煤粉的易燃性测定；在高温燃烧炉内进行生料易烧性测定以及高温粉体流动性测定。

2. 冷态模型试验

主要是对窑外分解煅烧系统的单体设备以一定的模拟准则为依据，在缩小的设备模型里测定气固流动的速度分布、浓度分布，以及动力耗损、停留时间分布、旋风筒分离效率等综合指标参数。

3. 系统参数反求

通过建立系统运行的“三传一反”数学模型，由计算机求解系统中各隐参数数值，包括各预热器分离效率。各子系统换热能力、分解率分布、燃烧度分布以及流动参数等；模拟分析系统中某些操作参数的变化对系统操作与控制的影响。

4. NSP 系统热态检测

不同于传统的热工标定内容，NSP 系统的热态检测在硅酸盐工程研究所的努力下，借助自行开发的新的检测手段，补充和完善了热工标定项目，使之能更全面地反映系统运行时的工况各参数分布，更准确地反映系统运行状态。

二、NSP系统诊断学工程应用概述

NSP系统诊断学的工程应用，主要可概括为四个方面：

（1）对已投入运行的NSP系统进行诊断评议，为掌握认识技术关键和提高生产水平提供资料。

（2）对即将投入运行的NSP系统进行预测分析，为生产准备工作提供依据。

（3）对NSP系统中薄弱环节进行专项研究，为技术改造提供方向及论证资料。

（4）汇总各厂大量信息资料，总结运行经验进行理论分析，提炼出新观点、新概念．作为优化设计、开发创新的基础。

具体而言，NSP诊断学可对系统以下诸方面进行综合分析、评议与诊断：

（1）系统流程选择、设备选型以及设备规格尺寸设计的的合理性；

（2）原、燃料特性及对设备的适应性；

（3）系统和设备的功能分析及其能力利用率；

（4）设备之间的匹配情况；

（5）系统主要参数控制的合理性；

（6）探讨设计原始意图及实际状况并做出评议；

（7）分解炉气固运动情况、分散程度、均布状况及容积有效利用率分析；

（8）窑与炉燃烧器的合理性；

（9）有效热能利用状况以及用能评价；

（10）系统运行中反映出原设计中存在的主要原则问题并进行论证。

近年来，以系统诊断学研究方法为指导，先后为滇西水泥厂、山西水泥厂的NSP系统作预测分析研究，对耀县水泥厂的NSP系统、新疆水泥厂短窑系统进行了诊断评议，对江西水泥厂NSP系统进行专项改造研究，均取得相应的成果，加深了对系统设计思想、系统匹配及工艺线技术关键的认识，有助于工厂作生产准备工作或技术改造工作。

三、NSP诊断学的应用例证

1. 滇西厂原料的诊断分析

滇西水泥厂1000t/d的1号RSP窑在1994年建成投产之际，委托我方对其原料进行综合诊断分析，希望帮助研究生产高强度等级水泥的生料配料方案，并给出窑系统主要参考操作条件。该厂采用RSP新型水泥线生产，首先由于地处海拔2145m的云南滇西高原地区就有其特殊性，其次是该厂供应的原料种类较多，特别是其提供的七种黏土原料中，厂方优先考虑的剥离土和风化土的SiO含量均较低，硅率只有1.21～1.60，不能满足生产要求，必须增加硅质校正原料进行配料。

我所根据滇西水泥厂生产普通硅酸盐水泥和大坝水泥的要求，结合该厂RSP窑的生产特点及燃料特性，确定“一中两高”的配料方案，为充分论证三种配料方案的可行性，采用诊断学的研究方法，通过开展三种配料的易磨性，综合热分析、易燃性、易分解性能、易烧性能、碱含量及一次挥发度测定、液相量计算、熟料的X射线衍射分析和岩相分析等项的试验研究工作，证实了三种配料方案是确实可行的，并预测以研究工作为指导的基础上烧出625水泥的熟料。

一些重要的诊断结论如下：

(1) 作为硅质校正原料的下仓甸砂岸是以石英为主的石英砂，晶粒较粗大，鉴于易烧性研究的结论认为，在粉磨生料时，应严格控制生料中200μm以上的颗粒含量在1%以下，否则将影响向水泥熟料质量。

(2) 悬浮态反应动力学实验表明三种配料方案的生料分解特性比较好。在炉温900℃左右，炉内CO_2分压为0.25～0.30bar，保证生料分散良好，煤粉燃烧正常，三种配料的生料在分解炉内的分解率可达到90%左右，满足入窑生料分解指标。

(3) 三种生料的易烧性能均较理想。因此，预测在正常操作条件下，按给出的三种方案配制的生料可烧出高质量的熟料。其液相量的计算表明，三种生料的液相量基本正常。岩相分析和X射线衍射分析表明，三种配料煅烧的熟料中硅酸盐矿物含量超过75%，熔剂矿物在20%左右，熟料岩相结构良好，CaO含量很少，充分肯定了对未来生产强度的预测。

(4) 碱含量和一次挥发度测定表明，三种配料中碱的含量都很低，且一次挥发度也很低，对预热器、分解炉的操作有利，对熟料质量也无影响。

该生产线于1995年投入生产，我方选择的配料方案煅烧熟料，取得了65MPa以上的熟料强度，充分肯定了工作的正确性和可靠性。

2. 滇西水泥厂系统匹配的诊断

前已述及，滇西水泥厂系在大气压为585.4mmHg的滇西高原上生产。由于气压低，气体的密度也将以较大幅度降低，因此在原设计中仿照1000t/d的生产线对滇西水泥厂的各单体设备的规格和能力均进行了放大处理。由于该生产线在国内无参考比较资料，规格放大是否合适，特别是放大后的系统匹配是否恰当等问题都需进行研究。

南京化工大学硅酸盐工程研究所开展了该系统的预热器、分解炉的冷态模型试验以收集各单体设备的性能数据，并通过建立该厂的过程参数计算模型，进行参数预测计算。以上述研究数据为依据，对窑系统的主要设备（窑、分解炉、预热器、冷却机、排风机）生产能力的匹配关系进行了综合分析。诊断分析认为：

(1) 滇西水泥厂由3.5m×50m回转窑的熟料产量可达1100～1190t/d之间。考虑到高原地区气体密度低的特点，该窑对1000t/d熟料产量是可以保证的，其增产潜力在10%左右。

(2) 分解炉的能力有较大富余，如果考虑提高产量必然增加的分解炉截面风速对分解炉内物料停留时间t_m影响不大，估算有30%左右的生产富余能力。

(3) 滇西水泥厂预热器体形过大，断面风速过低，本可有较大的生产富余能力，但由于设计的入口风速已达17～18m/s。即使按增加到22m/s的入口风速计算，可增产20%左右。进一步提高入口风速将造成能耗的大幅度增加，而且还可能恶化分离操作，所以并不可取。

(4) 冷却机采用规格为3.8/4.3/3.8m×42m的单筒冷却机，估计尚有30%左右的富余能力。

(5) 主排风机铭牌风量为300000m^2/h，风压为800mmH_2O(0.77atm)，由于风机为特制的高原专用风机，其风压较高，生产中有较大的富余能力。

综合分析表明，滇西水泥厂窑系统的各部分匹配基本合理，增产潜力在10%上下，增产主要受窑能力的制约。

投产后表明：煅烧系统不存在任何工艺热工上的薄弱环节，按提供的方案配料窑日产量可达1000～1050t，熟料质量28d强度可达65MPa以上，与预测报告结果完全一致。

3. 山西水泥厂 NSP 系统预测研究与诊断

山西水泥厂 2000t/d RFC 预分解窑系统是我国引进富勒史密斯公司的第一条带再循环分解炉的生产线。该系统的主要工艺特点是采用分解炉外循环新工艺和短窑煅烧水泥熟料，该工艺为国内首次采用，国外也并不成熟，投产前，我所受厂方委托对该系统进行综合研究，主要诊断和预测内容有：

（1）通过对山西厂原、燃料的综合特性试验，结合短窑煅烧的特点，确定配料方案。研究表明：配合生料易分解指数大于 90%，终态分解率高，易烧性试验表明：生料反应活性较好，其易烧性能对煅烧时间的影响并不敏感，且液相量较高，可适应短窑快速煅烧的特点，岩相分析与 X 射线衍射分析均表明热料质量较好，预测工厂投产后，在合理操作条件下，可烧出优质的水泥熟料。

（2）山西厂煤粉热值较高，但挥发分含量低（14% 左右，测定其在悬浮态下着火温度范围为：623℃ ±20℃），在 900℃时达到特征燃烬度 85% 所需时间约 l5s，反应活性很差；冷态模型试验表明，RFC 分解炉容积较大，但因结构并不合理，分解炉内料气停留时间比仅为 3.7，物料一次通过的总停留时间为 13.3s，预测煤粉在炉内的一次燃烬度较低，会造成较严重的不完全燃烧。

（3）由悬浮态分解特性试验，在操作温度时，生料一次通过分解炉的分解率仅为 60% 左右，因此必须采用炉外循环。根据分解炉循环率与物料分解率之间关系的数学模型，计算表明，循环率从 0 增至 90% 时，分解率提高显著，而循环率在 100% ~200% 时，强化分解的效果逐渐减弱；而当循环率大于 200% 时，其对分解率的贡献已很小，因此建议工厂实际操作时选取循环率在 100% ~200% 之间。

1995 年底试生产表明：按本所提供的配料方案，只要合理操作与控制，熟料 28d 后抗压强度达 65 ~70MPa 范围，短窑完全能烧出优质水泥熟料。试生产阶段，由于再循环系统尚未投入应用，煤粉不完全燃烧较严重，物料入窑分解率偏低，与研究预测报告结论一致。

4. 新疆水泥厂熟料质量的诊断分析

新疆厂 2000t/d Pyroclon 预分解短窑，自 1992 年投产以后，熟料强度等级长期偏低。为诊断熟料强度等级偏低的原因，提高熟料质量，我所与厂方密切合作，对工厂提供的十种原、燃料和生料进行了详尽的特性试验。根据试验结果，结合工厂原、燃料资源的实际情况，提出了可行的替代原料和优化配料方案，经工厂生产试验表明，熟料质量已有大幅度提高。主要诊断结论如下：

（1）岩相分析表明新疆厂砂页岩中石英含量较高且晶粒粗大，其含量高达 25% 以上，另有 SiO 形式存在的少量燧石结构，易磨、易烧性差，反应活性低；由于砂岩中 R: O 含量高，厂方提供的生料中 R: O 高达 1.34%，而一次挥发度又偏低，仅为 32.8%，熟料中R、O 含量高。这是熟料质量偏低的主要原因。

（2）所用艾矿石灰石岩体中含有一定量的方解石脉，且发育较明显，而石脉中方解石结晶完整，晶粒较大，其易磨性属特难磨与难磨之间。厂方提供的尤其与砂岩配合的生料易烧性能属“很差”，即表明反应活性很差。

（3）出磨生料颗粒级配不合理，且粗颗粒几乎全是难磨的石英，由于其活性差，粒度大，难以快速形成理想的热料矿物。

（4）生料均化效果差，入窑生料成分波动大，合格率低；所用煤种多，成分波动大，煅烧制度不稳定，难以适应抗干扰能力较弱的短窑煅烧的特点。

（5）管道分解炉结构简单，气体流形单一。其容积利用率比复合型分解炉明显偏低，炉内料气停留时间比仅为2.05，但因管道容积大，长度高，和C_5配合能适应新疆厂原、燃料及生料的反应特性，入窑物料分解率可达90%以上。

（6）短窑由于分解带、过渡带缩短，与普通窑相比，分解产物和固相产物活性要高，有利于烧成，如果原燃料、生料活性较好，操作合理，熟料质量可以保证。新疆厂由于部分原料、生料反应活性差，在短窑内煅烧时间略显不足，难以形成理想的Alite矿物，这从熟料的岩相结构也可得到证实。

5. 耀县水泥厂煤种的选择问题

煤种的选择不仅要根据煤粉本身的化学成分与工业分析及热值选取，我们认为，还需要对煤粉燃烧的动态特性有进一步认识才行，因为燃烧行为对生产操作控制有更为直接的影响在对耀县水泥厂DD炉系统的诊断研究中发现，该厂所提供的两种煤粉的悬浮态燃烧性能相差较大。耀县煤粉的热值较低，但挥发分含量高，易着火，在550℃就能着火，650℃的环境中能稳定燃烧，且其燃烬时间较短，是较理想的燃料；而另一种延庄煤粉的燃烬时间长，试验表明即使在952℃悬浮态下燃烬度要达到90%所需时间至少要14.27s。说明DD炉仍可能有相当程度的不完全燃烧。

煤粉的悬浮燃烧特性与生产中在分解炉内悬浮燃烧的条件比较接近，因此具有更直接的指导意义。对耀县厂的DD分解炉的研究表明，该炉有效容积偏小（249.8m^2），物料停留时间较短（9.4s），因此操作中对燃料变动的适应性较差。尽管分解炉内流动分布合理，返混较大，湍动强烈，该炉对煤粉的悬浮态燃烧特性仍有较高要求。耀县厂的现用煤的燃烧特性优良，燃烧时间较短，能较好地满足生产要求。但在1994年5~6月份，由于煤粉中掺入了一定量的延庄煤，生产操作中发现炉内煤粉燃烧不完全，造成煤粉在五级筒、四级筒甚至三级筒内的后续燃烧，使预热系统温度过高，甚至温度倒挂、结皮堵塞事故频繁发生。这在研究报告中已经指出。这就进一步说明：对于已投产的系统，研究原、燃料特性的适应性是至关重要的。

四、结论

应用多学科交叉理论对窑外分解煅烧系统进行科学的诊断是一种进步和创新。几年来的实践表明，该方法的应用既是生产的迫切需要，也是切实可行行之有效的研究手段。诊断学能直接为工厂达产、达标服务，也能用于在建的系统，预测其运动情况为作好投产前的准备工作提供科学依据。

参考文献

[1] 窑外分解煅烧系统诊断学［J］. 水泥，1995.

[2] 南京化工大学硅酸盐工程研究所. 滇四水泥厂1号窑NSP系统反求研究与技术分析研究报告，1994，12.

[3] 南京化工大学酸硅盐工程研究所. 山西水泥厂NSP系统反求研究与技术分析研究报告，1994，12.

[4] 南京化工大硅酸盐工程研究所. 新疆水泥厂4号窑窑尾系统反求及熟料质量分析研究报告，1996，8.

[5] 南京京化工大学硅酸盐工程研究所，耀县水泥J－5号NSP系统反求研究与技术分析研究报告，1995，4.

水泥生料停留时间分布的测定

胡道和 周 迈

【摘 要】 水泥生料停留时间分布是悬浮预热与窑外分解设备的一个重要参数。本文基于示踪激发－应答技术，提出了一种脉冲式重铬酸钾（$K_2Cr_2O_7$）示踪测试方法，在实验室冷态模试验研究中，可以有效地测定水泥生料通过这类模型设备的停留时间分布及其数字特征，据此对这类设备的开发研究、设计放大与结构改进等提供有用的信息和依据。

本文着重介绍脉冲式 $K_2Cr_2O_7$ 示踪原理、实验装置与步骤，并举实例叙述测试方法的过程。

【关键词】 停留时间分布，水泥生料，脉冲式示踪法，重铬酸钾，悬浮预热器

DETERMINATION OF THE RESIDENCE TIME DISTRIBUTION OF CEMENT RAW MIX

Hu Daohe Zhou Mai

【Abstract】 One of the important paramenters of suspension preheaters and precalciners is the residence time distribution（RTD）of cement raw mix in them. A pulse-type $K_2Cr_2O_7$ tracing method has been presented on the basis of tracer excitation-answer technology. If this method is used to study the models of these equipments under cold conditions in laboratory, we can determine the RTD and numeral characters of raw mix in them effectively. The results obtained will provide some useful informations and bases for developing the research. Simplifying the design and improving the structure, etc.

In this paper, the principle of pulse-type $K_2Cr_2O_7$ tracing method, the test device and experimental steps are deseribed, and the test processes are illustrated with a practical example.

【Key words】 the residence time distribution（RTD）, cement raw mix, the pulse-type tracing method, $K_2Cr_2O_7$, the suspension prcheater.

一、前言

在各种水泥生料悬浮预热器和预分解炉内，生料如何流动与混合、分散与分离、换热与传质以及如何进行碳酸钙分解反应，一直是人们所关心的问题。通过测定生料停留时间分布这一硅酸盐工程中的重要参数，将会对这一问题的认识有着重要意义。

众所周知，不同结构的预热与预分解设备会使生料产生不同类型的流动与返混，形成不同的生料浓度分布场，也可能改变（缩短或者延长）生料的停留时间。由于生料在时间上存在着所谓的“逆向混合”现象，所有颗粒的停留时间呈现一种分布。因此，

自然可以设想利用停留时间分布特征来判断与研究设备内的流动情况，从而对这类设备的开发研究、设计放大与结构改进等提供信息与依据。所以，通过测定停留时间分布（Residence Time Distribution，简称 RTD）来判断生料流动状况，是一个直接而有效的手段。

本文提出了一种脉冲式重铬酸钾（$K_2Cr_2O_7$）示踪测定水泥生料通过悬浮预热器的停留时间分布的有效方法。

二、实验原理

1. 停留时间分布及其数字特征

设想一个处于稳定运行的预热设备，其生料流量为 V(kg 料/s)，在其进口处迅速（脉冲）加入少量的某种示踪物料（激发讯号），同时在出口处间断地测定该示踪物料的浓度 C(kg 示踪物/kg 料)(应答讯号)。若以浓度 C 为纵坐标，时间 τ(s) 为横坐标，绘得结果如图 1 所示。

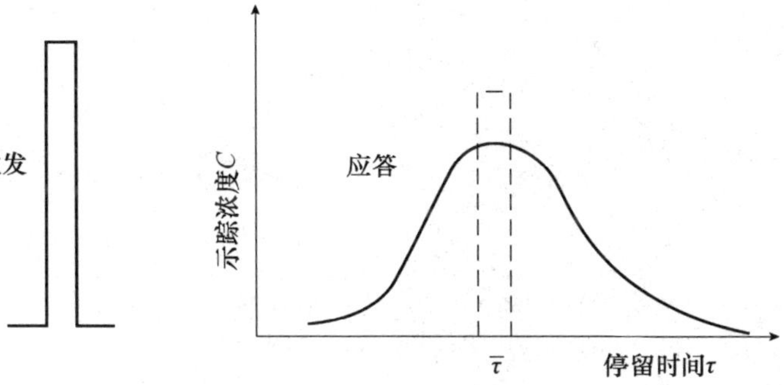

图 1　示踪物激发 - 应答技术

显然，如果所测试的设备内的流动属平推流流动，那么，出口处测得的示踪物浓度变化则为图 1 虚线所示。即与输入的讯号完全相同，这是理想平推流状态。然而实际设备中物料总是存在一定的返混，则出口处示踪物料浓度变化将如图 1 实线所示。这表明总有一部分示踪物料的实际停留时间 τ 小于平均停留时间 $\bar{\tau}$；而另一部分示踪物料在平均停留时间 $\bar{\tau}$ 之后才排除，因此必有部分物料的实际停留时间大于平均停留时间 $\bar{\tau}$，所以，形成了生料的停留时间分布。

但是，图 1 只定性地描述了停留时间分布概貌与返混存在与否的情况。为了进行定量分析，设在物料进口处附近加入示踪物总量 G(g)，其值与出口示踪物总量 $V\int_0^{\infty} C(\tau)\mathrm{d}\tau$ 相平衡，即

$$G = \int_0^{\infty} C(\tau)\mathrm{d}\tau$$

在出口处，停留时间在 τ 和 $\tau + \Delta\tau$ 的间隔内，相应的示踪物量应为 $VC(\tau)\Delta\tau$，占加入示踪物总量的分率为：

$$\frac{VC(\tau)\Delta\tau}{V\int_0^{\infty} C(\tau)\mathrm{d}\tau} = \frac{C(\tau)\Delta\tau}{\int_0^{\infty} C(\tau)\mathrm{d}\tau}$$

令 $E(\tau)=\dfrac{C(\tau)}{\int_0^{\infty}C(\tau)\mathrm{d}\tau}$，则停留时间在 τ 和 $\tau+\Delta\tau$ 间隔内的生料分率为 $E(\tau)\Delta\tau$，因此 $E(\tau)$ 称为停留时间分布密度。

对于停留时间小于某一时间 τ 的物料所占的分率可作如下推导：即停留时间小于 τ 的示踪物料应等于 $V\int_0^{\infty}E(\tau)\mathrm{d}\tau$，如图 2（a）中阴影面积，占全部示踪物的分率为 $F(\tau)$，则 $F(\tau)=\int_0^{\tau}E(\tau)\mathrm{d}\tau$，$F(\tau)$ 称为停留时间分布函数，上式说明 $F(\tau)$ 是 $E(\tau)$ 的定积分结果。

对于图 2 所示的 $E(\tau)$ 图与 $F(\tau)$ 图，可以统称为停留时间分布曲线，简称 RTD 曲线。

综上所述，对于某一设备内的停留时间分布，可以通过一个简单的示踪实验，并经过简易的处理和标绘，就可以获得 RTD 曲线。

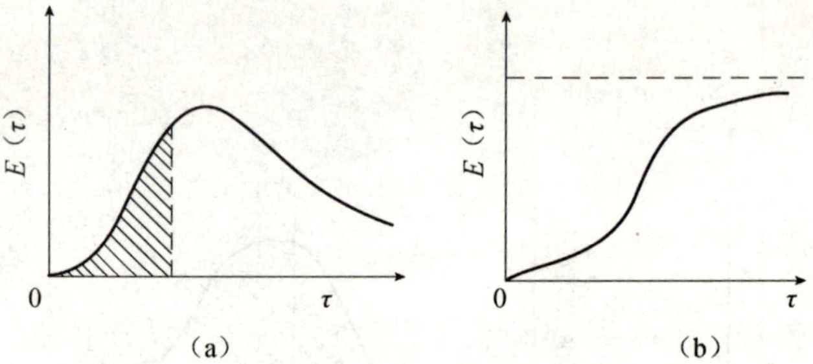

图 2　常见的 RTD 曲线
(a) $E(\tau)$ 图；(b) $F(\tau)$ 图

对于实验所得的 RTD 曲线，因其很难用数学函数形式严格描述，为了便于数据处理与分析研究，我们运用数理统计方法，用一些数字特征值表示，一般采用如下两种数字特征：

（1）停留时间分布的数学期望，即 $\bar{\tau}=\int_0^{\infty}\tau E(\tau)\mathrm{d}\tau$，以差分表示，则有 $\bar{\tau}=\dfrac{\Sigma\tau E(\tau)\Delta\tau}{\Sigma E(\tau)\Delta\tau}$，用来表示平均停留时间。

（2）停留时间分布的离散度：即 $\sigma_\tau^2=\int_0^{\infty}(\bar{\tau}-\tau)^2E(\tau)\mathrm{d}\tau$，以差分表示，则有 $\sigma_\tau^2=\dfrac{\Sigma(\tau-\bar{\tau})^2E(\tau)\Delta\tau}{\Sigma E(\tau)\Delta\tau}$，在实际运用中，常用无因次时间表示，则有 $\sigma^2=\dfrac{\sigma_\tau^2}{\bar{\tau}^2}$，用来表示物料停留时间对 $\bar{\tau}$ 偏差的某种度量。

以上分析可知停留时间分布用 RTD 曲线与其数字特征值来完整地表达，据此可以作为分析研究的依据。

2. 示踪物的选择

对于脉冲式示踪法测定生料流过设备而产生的停留时间分布，所选取的示踪物应具备如下基本要求：

（1）不改变生料的流动状态，能完全随生料流动，重度和粒度分布与生料相近。

（2）不与生料起反应，无挥发与粘附现象。

（3）具备某种易于检测的示踪性质。

本文选用 $K_2Cr_2O_7$ 物质作为示踪物，可以满足以上要求，用来测定生料停留时间的分布。为了示踪生料的运动，还需将 $K_2Cr_2O_7$ 机械粉碎并磨细，通过 0.080mm 方孔筛，使其粒度分布接近生料。鉴于 $K_2Cr_2O_7$ 不与生料起化学反应，又易于定量分析测定，故 $K_2Cr_2O_7$ 的停留时间分布可以用来模拟生料在设备中的流动情况。

三、实验装置

测定水泥生料以稳定速度喂入和排出悬浮预热器时的停留时间分布是按示踪激发－应答技术进行的，其实验装置框如图 3 所示。

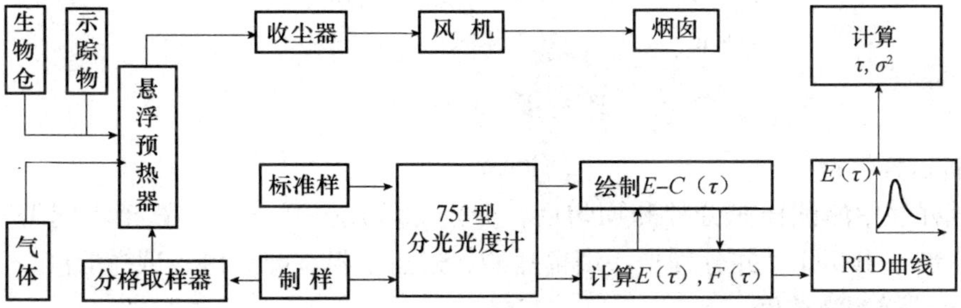

图 3　示踪实验装置框图

在悬浮预热器冷模装置上，当系统运行稳定时，瞬间一次加入一定量 $K_2Cr_2O_7$ 示踪物，同时，在出口处采用自制的分格取样器，每隔一段时间，取样一次，然后，将样品配制成一定要求下的试样溶液，经 751 型分光光度计测定消光率 E^0，查标准溶液曲线，求出试样中 $K_2Cr_2O_7$ 浓度，并计算出 $E(\tau)$、$F(\tau)$ 值。最后，绘制 RTD 曲线，求得 $\bar{\tau}$、σ^2 值，从而获得停留时间分布的全部信息。

四、实验步骤

1. 制备示踪剂

将块状的 $K_2Cr_2O_7$ 样品，经碾碎成细粉。用 0.080mm 方孔筛筛下的 $K_2Cr_2O_7$ 细粉作为实验所用的示踪剂，经烘干至含水量 $<1\%$，备用。

2. 取样

当被测系统处于稳定流动状况下，瞬间一次性加入 $K_2Cr_2O_7$ 示踪剂 $15g \pm 0.001g$，用秒表计时，在出口处，转动分格取样器取样，每间隔 0.5s 取样一次，分别装入按时间编号的试样袋中，待测。

3. 制备标准溶液

（1）称取 $2.0g \pm 0.001g$ $K_2Cr_2O_7$ 示踪剂，加蒸馏水稀释到 500mL。

（2）为了满足不同浓度的试样测定，可配制高、低示踪剂浓度的标准溶液。方法如下：分别取一组 0.2mL、0.4mL、0.6mL、0.8mL、1.0mL $K_2Cr_2O_7$ 溶液，另一组 2.0mL、4.0mL、6.0mL、8.0mL、10.0mL$K_2Cr_2O_7$ 溶液，置入容量瓶，再各自稀释至 100mL，作为标准液使用。

（3）在 751 型分光光度计上 $\lambda = 440nm$ 及 $\lambda = 350nm$ 时，分别定量测出各标准溶液的消光率 E^0，实测结果如图 4 所示，可供定量比色分析时查图使用。

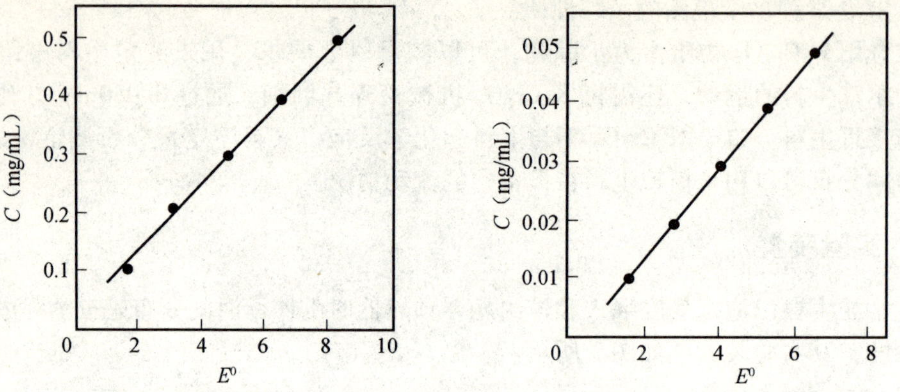

λ=440nm　　　　λ=350nm

图4　E^0～C 标准曲线

4. 制备试样溶液

将各试样袋中的试样充分拌和均匀后，分别称取 2g±0.001g。置于不同编号的锥形瓶内，加入蒸馏水 100mL，并分别加一滴稀盐酸，过滤生料，配制得各试样溶液。

5. 测定试样溶液浓度

在 751 型分光光度计上定量测出各试样溶液的消光率 E^0，查如图 4 所示的标准曲线，读出各试样的 *C* 值。

6. 定量分析

本实验采用等时间的间断取样，故属离散型。经推导，计算公式为：

$$E(\tau)=\frac{V}{G}C(\tau)$$

$$F_n(\tau)=\sum_{i=1}^{n}E(\tau_i)\Delta\tau_i$$

$$\bar{\tau}=\frac{\Sigma\tau E(\tau)}{\Sigma E(\tau)}$$

$$\sigma_\tau^2=\frac{\Sigma(\tau-\bar{\tau})^2 gE(\tau)}{\Sigma E(\tau)}$$

$$\sigma=\frac{\sigma\tau^2}{\bar{\tau}^2}$$

绘制 RTD 曲线，并对 RTD 曲线进行分析研究，从而对悬浮预热器的流动状态做出科学的评价。

五、应用举例

试以南京化工学院硅工系提出的一种喷旋预热器（简称 SWP）冷模试验为例，说明本方法的应用。图 5 为 SWP 实验装置。

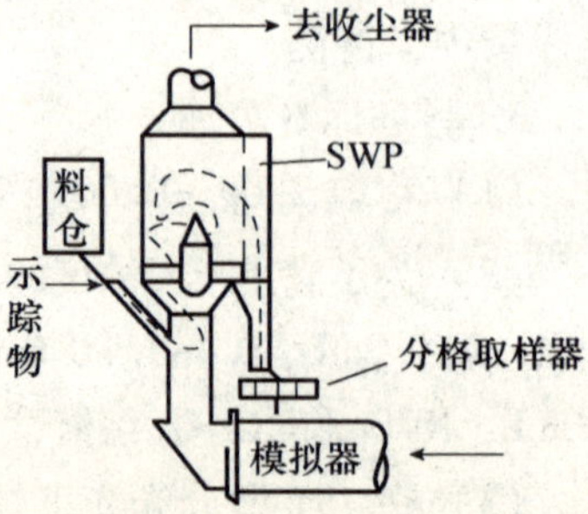

图5　SWP 实验装置

实验室在断面风速 U_0=2.5m/s 与 3.0m/s 两种情况下进行的。改变下料量，测定结果如图 6 所示的 RTD 曲线，经计算得平均停留时间及方差，列入表 1 中。

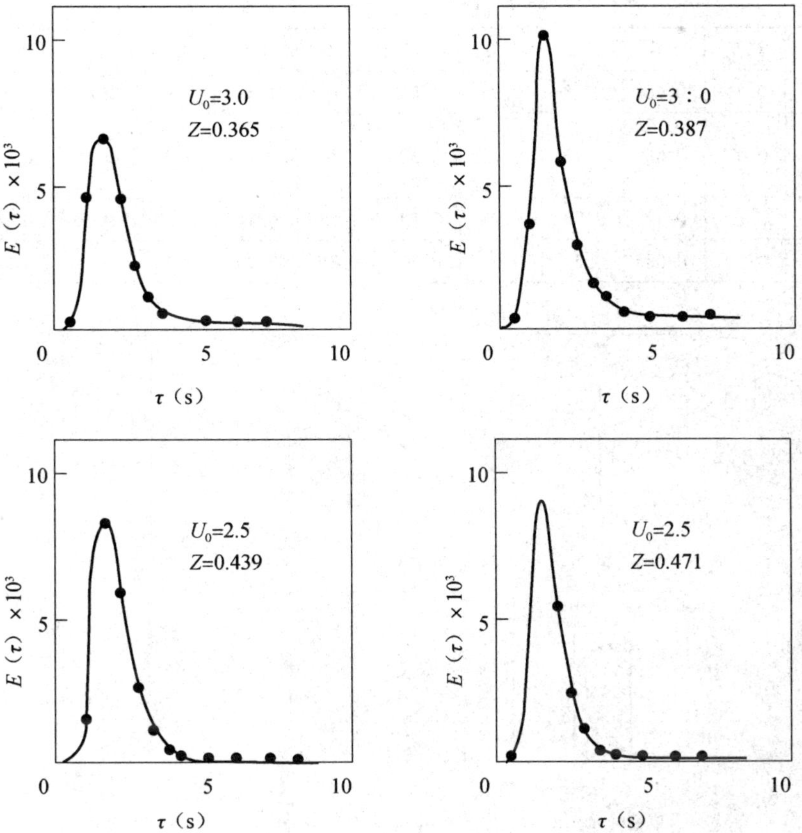

图6　单级 SWP RTD 曲线（图中 Z 为固气比，单位 kg/kg）

表1　SWP 中不同风速、不同固气比时停留时间分布的数字特征

序号	风速 U_0（m/s）	生料浓度 $\bar{C}$（g/m³）	固气比 Z（kg 料/kg 气）	平均停留时间 t（s）	方差 $\sigma\tau^2$	无因次时间方差 σ^2
1	2.5	0.54	0.439	1.93	0.50	0.13
2	2.5	0.57	0.471	1.97	0.63	0.16
3	3.0	0.45	0.368	2.05	1.49	0.36
4	3.0	0.47	0.387	2.13	1.44	0.32

对实测的 RTD 曲线分析如下：

（1）当 $U_0=2.5$m/s 时，固气比 $Z=0.44\sim0.47$，$\sigma^2\approx0.15$，表明 SWP 流动形式较接近于平推流，且返混不大。从 SWP 系统分离要求来看，希望接近平推流，故实测结果证实 SWP 结构与内部流动较为合理。

（2）在 $U_0=3.0$m/s，固气比 $Z=0.37\sim0.41$ 的条件下，计算 $E(\tau)$，$F(\tau)$，结果见表2，并做出 RTD 曲线对比图，如图7所示。说明 SWP 的 RTD 曲线介于平推流动与全混流动之间，并接近于平推流型。

表 2　$E(\tau)$、$F(\tau)$ 计算结果

τ(s)	0.5	1.0	1.5	2.0	2.5	3.0	3.5	4.0	5.0	6.0	7.0	8.0
$\phi(\tau/\bar{\tau})$	0.24	0.48	0.72	0.96	1.20	1.44	1.69	1.93	2.41	2.89	3.37	3.85
$C(\tau)\times10^3$ (g 示踪/g 生料)	0.02	0.66	1.18	0.75	0.39	0.19	0.12	0.06	0.06	0.04	0.03	0.01
$E(\tau)\times10^3$	0.10	0.32	8.09	5.77	2.59	1.28	0.76	0.42	0.29	0.24	0.17	0.10
$F(\tau)$	0.00	0.08	0.32	0.62	0.79	0.86	0.90	0.93	0.95	0.97	0.99	1.00

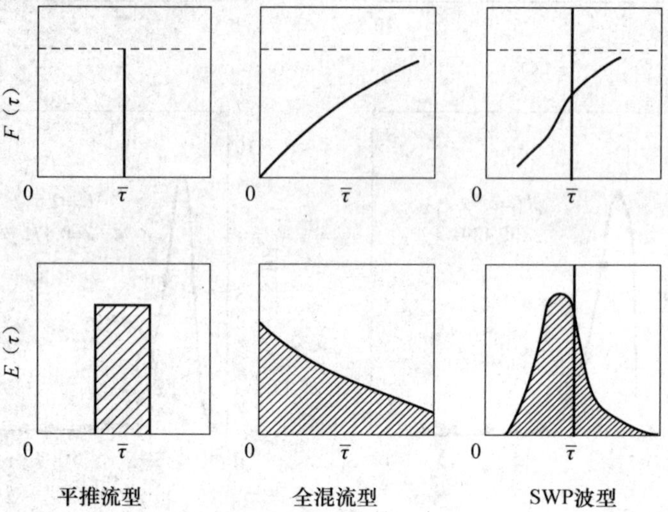

图 7　RTD 曲线对比

（3）当 $U_0=2.5$m/s 增大到 $U_0=3.0$m/s 时，平均停留时间稍有延长，但返混程度 σ^2 却由 0.15 增加到 0.34。说明 U_0 的提高，使生料返混程度加剧，这不利于分离过程。

（4）对于料粉返混原因，可分析如下：

①在旋流空间中，料粉运动到挡板内侧，撞回到旋流空间，引起与气流相反的料流运动。

②由于垂直于气流运动方向的截面上，三维速度分布不均匀，同一截面上不同半径处，生料因速度不等，导致停留时间不同，造成具有不同停留时间的生料间的混合。

③沉料空间内，仍有三维速度，一些未凝集的细小料粉被二次飞扬到旋流空间，形成返混现象。

（5）综上所述，生料在单级 SWP 内的平均停留时间约 2s，系属低返混的非理想流型。

六、结论

1. 本文提出的脉冲式重铬酸钾（$K_2Cr_2O_7$）示踪法测定生料停留时间分布的方法，可以用来测定实验室冷态模型，诸如各种悬浮预热器、预分解炉等涉及生料流动设备的停留时间分布及其数字特征值，对这类设备的开发研究，设计放大与结构改进等提供重要参数。

2. 脉冲式（$K_2Cr_2O_7$）示踪法基于激发－应答技术，设备简单，实验重复性较好，结果稳定可靠，为硅酸盐工业热工过程的研究提供了一种有效的研究手段。

3. 应用实例实测喷旋预热器（单级）模型的 RTD 曲线，结果表明平均停留时间约 2s，方差约 0. 15，表明物料流动属低返混的非理想流动模型。

参考文献

[1] Levenspiel, O.: Chemical Reaction Engineering, Second edition. Johu Wiley. New York, 1972.
[2] 陈敏恒，翁元垣，等. 化学反应工程原理［M］. 北京：化学工业出版社，1982.

利用光纤仪测定水泥生料悬浮体浓度的新方法

周　迈　胡道和

（南京化工学院）

粉体浓度是硅酸盐热工过程及气固两相运动中的重要参数之一。

在各类水泥悬浮预热器的内部，料粉处于复杂的三维气体流场中，气固两相呈现稀相悬浮态，使得测定粉体浓度十分困难，长期以来，没能研究出简易而又灵敏的测试方法。

光导纤维作为20世纪70年代初发展起来的光学传感器开始用于测量技术中，上海化工研究院于1983年研制的GQY型光纤测定仪是根据悬浮在气相中的固相颗粒对光束具有瑞利散射现象的原理进行设计的，其结构是将发射光的光纤和接收光的光纤组成光缆，安装在直径为6mm的不锈钢管内，光纤直径为15mm，股数为5000根，光缆端面磨光并加装石英玻璃窗口加以保护。光纤仪测试粉体浓度场的装置原理如图1所示。简单说明如下：仪器中采用两只硅光敏管：一只用以检测光源强度，另外一只用以测量光束经过粉体浓度场后的散射光，将其参比的光信号和测量的光信号输入放大器后，经函数记录仪快速记录波形，或经电压－电流转换器变换成电流值，送入光线示波器显示波形。光纤仪的应用已表明可实时，快速地测定气相中粉体的相对浓度值，能真实地反映探头端面微小区域内固相浓度的变化。可是，实测结果（图2）仅反映测点处光纤输出电信号E随时间τ变化的瞬间值$E(\tau)$及在某一段时间$\Delta\tau$内的平均值$\overline{E}$(mV)，而建立粉体浓度场需要的是得到空间各点的绝对浓度$\overline{C}(g/m^3)$值，这就存在一个急待解决的标定绝对浓度$\overline{C}$的问题，即建立如下函数关系式：$\overline{C}=f(\overline{E})$，这一函数关系式的理论计算尚不可能。由于气固两者比重悬殊，稳定性差，流动时又呈现不均匀性、随机性和复杂性，所以对稀相悬浮态下粉体绝对浓度的标定实为一难题，至今还无法制造出一个比较均匀混合的已知浓度的气固校正设备来作为基准。本文试图采用对比形式，用经典的重量法对光纤进行标定试验，建立$\overline{C}$与$\overline{E}$之间的定量关系式。从而，用于测定各类悬浮预热器内的料粉浓度分布场，作为研究探讨各类设备功能的有效手段。

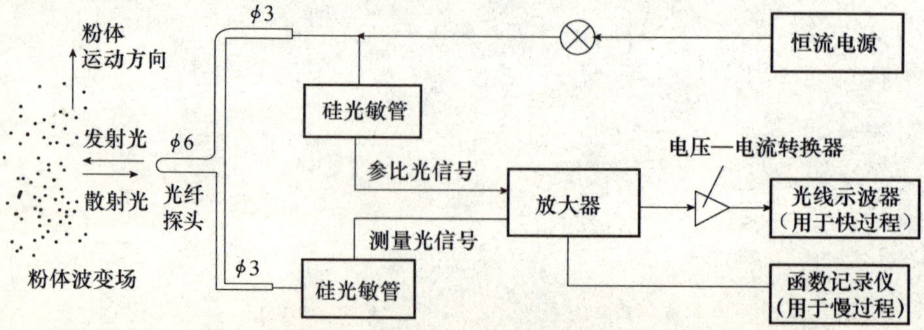

图1　光纤仪测试装置原理图

一、实验方法

1. 标定方法简介

采用经典的重量法简单可靠，能快速测量，并能比较准确地反映实际情况，我国已规定用重量法作为测定物料浓度的标准方法。该法的测定是由集料管、滤筒、流量计及真空泵组成。测量浓度时先将已知重量的滤筒置入集料管内，再把集料管端面取样孔置于水平管道的中心测点上，以等速取样方式抽取气固两相混合流体，物料被滞留在滤筒内，取样结束后，称出带物料的滤筒增量，再根据抽气量，就可计算出单位体积的物料量 $\overline{C}$(g/m^3) 值。

光纤法是由 GQY 型光纤仪、函数记录仪及求积仪组成。采用重量法对光纤法进行标定时，将光纤探头与集料管取样探头同时置于间隔一定、适宜距离的测点上，如图 3 所示。在保证两个测点共同处于稳定气固两相流动段上，采用同步操作，光纤仪可实时记录输出电信号，经求积仪处理求得输出电信号的平均峰高 E 值。而重量法则可经取样称重求出 $\overline{C}$ 值，然后，根据一一对应关系，建立 $\overline{C}$ 与 $\overline{E}$ 的之间定量关系，以此解决定量标定问题。

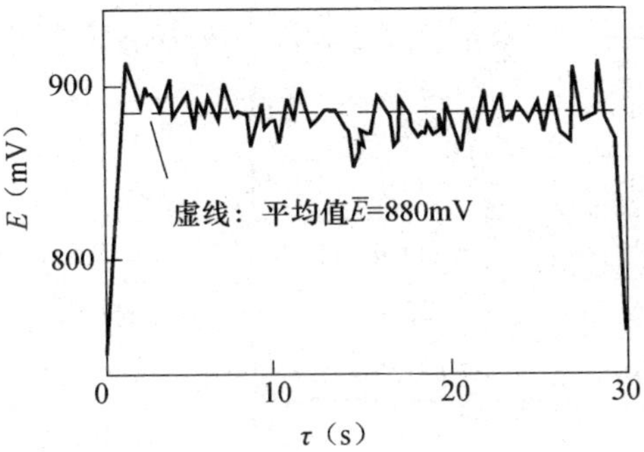

图 2　光纤实测记录电信 $E(\tau)$ 曲线

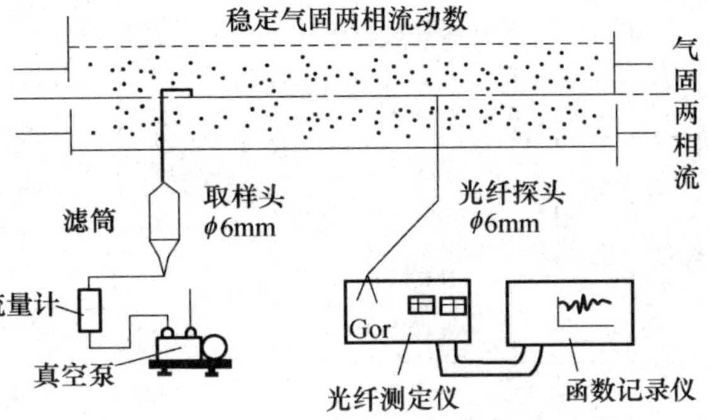

图 3　重量法与光纤法测点位置

2. 标定装置

设计的标定装置是由三部分组成，如图 4 所示。

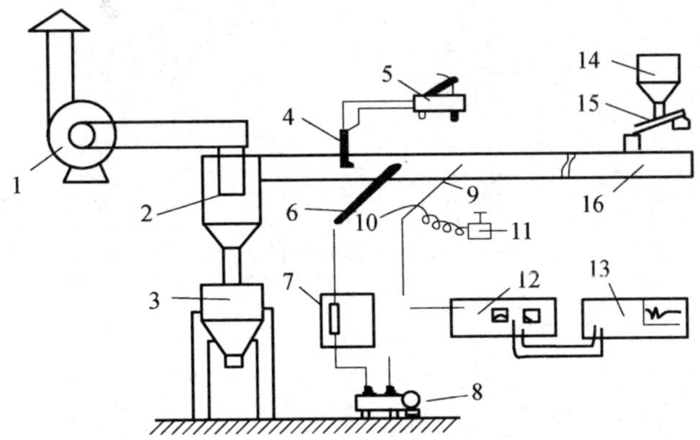

图 4　标定试验装置流程图

1—风机；2—收尘器；3—集料斗；4—毕托管；5—微压机；6—集料管；7—流量计；8—真空泵；9—光纤探头；10—振动器；11—调压器；12—光纤仪；13—记录仪；14—料仓；15—给料器；16—风窗

（1）光纤测定装置由图 4 中 9 ~ 13 组成；

（2）气固定量装置由图 4 中 4 ~ 8 组成；

(3) 稀相悬浮体制备装置由图 4 中 1 ~3、14 ~16 组成。

3. 试验参数

GQY 型光纤仪灵敏度为 2.0；选取测量范围为小于 600g/m^3。

函数记录仪量程为 100mV/cm。

风管直径为 100mm，中心风速为 15 ~20m/s。

取样时间为 30s。

试样：采用南京水泥厂水泥生料，含水量小于 1%，平均粒径约 20μm。

二、结果及讨论

在标定试验过程中，改变断面风速及下料量，共取得样本数为 44 组，表 1 中列出了光纤记录的平均峰高 $\overline{E}$ 值与重量法测得的生料平均浓度 $\overline{C}$ 值。图 5 是根据样本值绘得的标定曲线。

表 1 标定试验实测数据

序号	平均峰高 $\overline{E}$（mV）	物料浓度 $\overline{C}$（g/m^3）	序号	平均峰高 $\overline{E}$（mV）	物料浓度 $\overline{C}$（g/m^3）
1	88.3	52.7	23	732.0	249.4
2	120.0	62.5	24	740.0	263.1
3	95.0	64.7	25	743.0	263.5
4	136.7	72.7	26	723.0	267.9
5	131.7	75.4	27	687.0	269.7
6	287.5	116.0	28	792.5	271.3
7	351.2	125.0	29	808.0	282.2
8	387.5	148.6	30	817.0	299.6
9	428.3	151.8	31	760.0	308.6
10	425.8	152.3	32	973.0	332.3
11	385.8	158.4	33	998.0	346.4
12	451.7	159.2	34	933.3	366.8
13	396.7	175.1	35	948.0	367.2
14	442.5	184.0	36	978.0	371.3
15	530.0	204.6	37	1095.0	376.4
16	649.0	219.0	38	1042.0	383.1
17	599.0	220.9	39	1027.5	394.7
18	602.0	221.1	40	981.0	401.3
19	584.2	221.9	41	1236.0	424.3
20	616.0	223.8	42	1232.0	445.5
21	560.0	241.9	43	1230.0	464.9
22	694.0	244.7	44	1486.0	544.2

为了建立 $\overline{C}$ 与 $\overline{E}$ 之间的定量关系，将 44 组样本数据经 PC-1500（SHARP）袖珍微电脑进行最小二乘拟合计算，得到如下标定回归方程：

$$\overline{C}(g/m^3)=18.203+0.347\overline{E}(mV)$$

为了衡量相关性的密切程度，计算得相关系数 $R_1=0.990$。

为了衡量回归方程的精度，计算得标准偏差 $\sigma=17.22(g/m^3)$。

标定试验结果表明光纤输出电信号 $\overline{E}$ 与绝对浓度 $\overline{C}$ 之间呈较好的线性关系，标定试验过程简易、快速，可适合不同种类粉体浓度的标定。

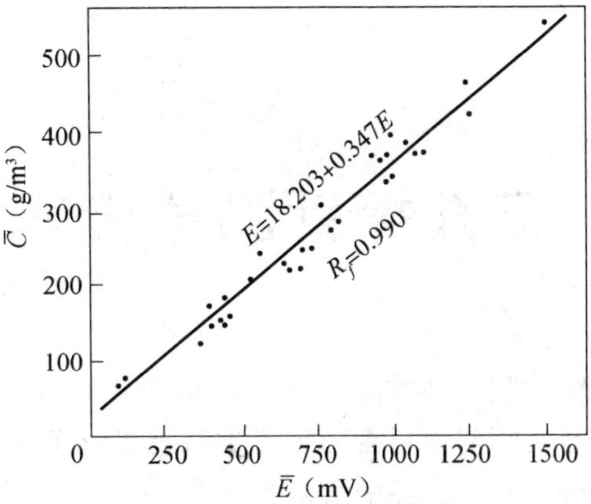

图 5　物料绝对浓度 $\overline{C}$ 与平均电压峰高 $\overline{E}$ 的关系

利用线性回归方程可以得到测点处随时间 τ 变化的瞬间波形曲线及在其一段时间内的平均浓度 $\overline{C}$ 值，从而解决气固定量问题。

三、结语

应用光纤仪测定稀相悬浮态下的粉体浓度场，使得对水泥生料悬浮预热器的研究，可以深入到微分表达的领域，探明各类设备内料粉运动规律，有助于对内部结构性能的认识及进行各种机理性的研究。

采用重量法作为 GQY 型光纤仪标定绝对浓度的方法，简易可靠，且能快速测定，比较符合实际情况，有一定的实用意义。

光纤探头具有对流体影响小、无滞后、高的精度和灵敏度。其局限性是在一些具有玷污或粘附现象的场合，需采用一些防范措施才能有效地使用。

五孔探针测速微机处理程序设计及其应用

周　迈　胡道和

【摘　要】 本文介绍了应用微型计算机对五孔探针仪测定悬浮预热器的三维流场数据进行计算及绘制流场图的方法，叙述了计算过程、程序框图、PC-1500（SHARP）微机计算程序与绘图程序，并附有应用实例。

一、前言

在流体机械及两相流系统设备的科学研究和生产过程中，常常要求分析和测试气体或流体在设备内三维空间的流动状况，如在各种悬浮预热器、分解炉以及旋风收尘器内，固体颗粒离散地分布在连续气流中，尤其在稀相悬浮状态下气体的行为对固体颗粒的运动起着重要的作用。而设备内流场分布又取决于设备自身的结构形式，故测定并掌握流体的运动规律，是这类设备科学研究的基础和合理设计结构的理论依据之一。

一种常用且行之有效的测试方法是由 V. d. Hegge-Zijnen 提出的五孔球形探针法[1]。该方法可以用来测量马赫数 M 小于 0.8 的亚音速流体在空间的流动参数（三维速度的大小、方向及静压、全压），其结构与装置如图 1 所示。五孔探针测定原理是基于流体绕流通过直径很小（约为 4~6mm）的球面上的五个内径（约为 0.5mm）相同的感压孔时，球体表面感应的压力与流体方向存在确定的函数关系。测定方法如下：把五孔探针置入流场中，绕支柄轴心线转动五孔探针，使 4、5 孔传压管连接的 U 形管处于平衡，即 $H_4=H_5$，此时，来流方向处在 1、2、3 孔所在的平面之内，而与 4、5 孔对称，这样，利用探针尾部的转向刻度盘即可确定来流方向与水平面（或垂直面）的夹角 α'。为了确定三维空间流动的流速方向，尚需确定来流方向所在平面与 2 孔中心线的夹角 β。由于 1、2、3 三个孔各感受的压力值与 β 角的大小有关，因而，可用 1、2、3 三个孔感受的压力组成一个 β 角度校正系数 K_β。对于

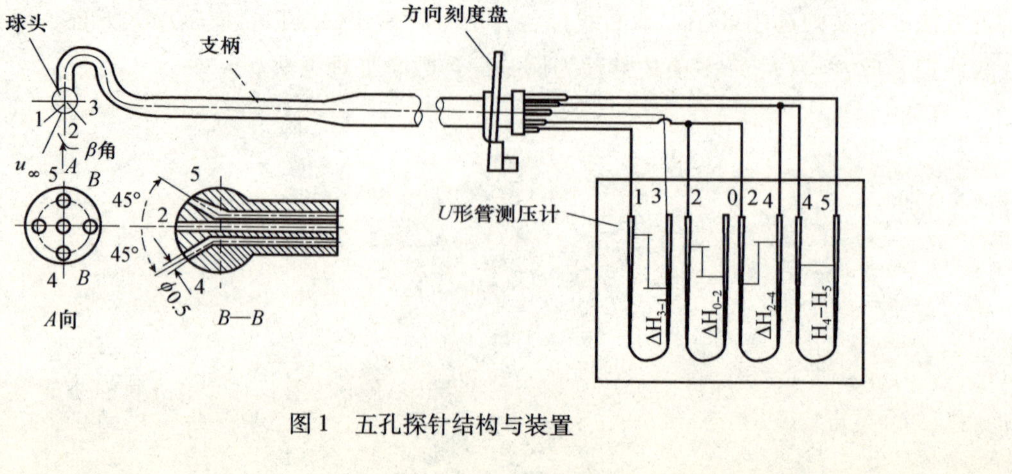

图 1　五孔探针结构与装置

某一台特定的五孔探针仪，均可通过预先在风洞内标定得到如图2所示的特定的校正曲线中的 $K_\beta-\beta$ 曲线[3]。在实际使用时，先计算 $K_\beta=\dfrac{H_1-H_3}{H_2-4}=\dfrac{\Delta H_{1-3}}{\Delta H_{2-4}}$值，再由 K_β 值查 β 角，以此确定三维速度的大小和方向。

五孔探针法的探测系统装置简单，操作方便，测定快速，其制造误差和校正误差均可在1%以下，具有一定的精度。文献[4~6]报道了成功应用五孔探针对某些设备进行三维流场分析和结构改进的实例。

但是，测定数据后，需进行繁杂的处理工作，既费时又易出差错，如对每一个测点的数据处理，需要反复查校正曲线五次，运用计算式六次。而对测定某一设备内空间三维流场，则需测定数百个测点，这样，反复查图及计算的工作量就很大，而且查图的人为误差也较大，同样，绘制三维速度分布图的工作量也很大。

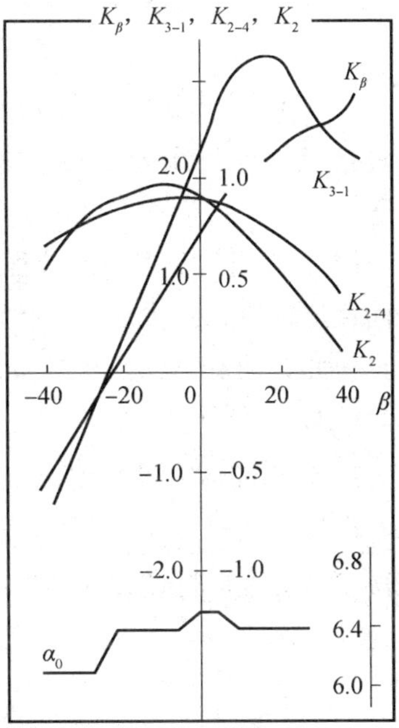

图2 校正曲线

针对以上存在的问题，为了减轻人工劳动，提高处理计算速度和精度，本文试用PC-1500(SHARP) 袖珍微电脑对五孔探针测定三维流场的数据进行处理计算，下面介绍如何用BASIC语言编制微机处理程序和利用微机绘图功能编制绘图程序。

二、计算过程

通过实验，用五孔探针的每一个测点上可以探测到四个原始数据：α'、ΔH_{3-1}、ΔH_{2-4}、ΔH_{2-0}。其处理计算过程如下：

1. 计算 β 角的校正系数 K_β，即 $K_\beta=\dfrac{\Delta H_{3-1}}{\Delta H_{2-4}}$。通常，在人工处理时，查校正曲线，找出 β、K_{3-1}、K_{2-4}、K_2、α_0 值。在此，为满足微电脑处理要求，必须将校正曲线用数学表达式来描述，根据计算数学方法原理，可以采用最小二乘曲线拟合或Lagrange插值拟合等数值分析方法。本文则选用最小二乘曲线拟合方法将各校正曲线拟合成多项式方程，试将以 $K_\beta-\beta$ 曲线拟合成 $\beta=f(K_\beta)$ 多项式方程为例，简述数学处理方法。

(1) 在 $K_\beta-\beta$ 曲线上取定一组结点 $K_{\beta0}<K_{\beta1}<\cdots<K_{\beta m}$ 及对应于这组结点的函数值 β_1、β_2、$\cdots\beta_m$，建立一个 $n(n<m)$ 次多项式：

$$\beta(K_\beta)=\sum_{i=0}^{n}\alpha_i K_\beta^i$$

使 $\sigma=\sum\limits_{i=0}^{m}\left[\beta\ (K_{\beta_i})\ -\beta\right]^2=\sum\limits_{i=0}^{m}(\sum\limits_{i=0}^{n}\alpha_i K_{\beta_i}^i-\beta_i)^2$ 达到最小值，即有 $\partial\sigma/\partial\alpha_k=0(k=0,1,\cdots,n)$。

(2) 采用Gauss-Jordan方法，当 $\partial\sigma/\partial\alpha_k=0(k=0,1,\cdots,n)$ 时，得到的正规方程组：

$$\sum_{i=0}^{m}\alpha_i\sum_{i=0}^{m}K_{\beta_i}^{i+k} = \sum_{i=0}^{m}\beta_i K_{\beta_i}^{k}(k = 0,1,\cdots,n)$$

（3）利用求出的 α_i 得到 $\beta = f(K_\beta)$ 式，算出各点函数值与给定函数值比较，若误差超过给定的允许误差精度（E），则令多项式次数 $n+1$，再重新计算 α_i，直到满足精度为止。

（4）若用一个多项式方程拟合整条曲线，当难以满足一定精度时，可以采用分段拟合，从而保证精度，减少误差。

仿此，可以拟合得其余校正曲线方程 $K_{3-1} = f(\beta)$，$K_{2-4} = f(\beta)$，$K_2 = f(\beta)$，$\alpha_0 = f(\beta)$。

2. 计算流体三维速度及压力值[2]

由校正曲线可知，β 角小时宜用 K_{1-3}，β 角大时宜用 K_{2-4}，这可以避开曲线的平坦区，获得较高精度。这样，流体的绝对速度值可计算如下：

$$|\vec{U}| = \begin{cases}\sqrt{\dfrac{2\Delta H_{3-1}g\gamma}{\rho K_{3-1}}} & (\beta < \beta_{K3-1,\max}) \\ \sqrt{\dfrac{2\Delta H_{2-4}g\gamma}{\rho K_{2-4}}} & (\beta \geqslant \beta_{K3-1,\max})\end{cases}$$

柱坐标下，测点处的流体三维速度及压力值分别用下式求得：

切向速度 $U_\theta = |\vec{U}| g\cos\alpha g\cos\beta$ （m/s）

径向速度 $U_r = |\vec{U}| g\sin\beta$ （m/s）

轴向速度 $U_z = |\vec{U}| g\sin\alpha g\cos\beta$ （m/s）

静压 $P_s = \Delta H_{2-0} - \dfrac{K_2 g\Delta H_{2-4}}{K_{2-4}}$ （mm 液体柱）

全压 $P_t = P_s + \dfrac{|\vec{U}|^2 g\rho}{2}$ （mm 液体柱）

其中，五孔探针绕轴向自转角度：

$$\alpha = \alpha' + \alpha_0$$

三、程序设计

（一）设计步骤

首先，建立校正曲线多项式方程，进行分段拟合，编制最小二乘曲线拟合程序。其次，汇总各校正曲线方程、流场计算公式，编制流场计算程序。

最后，利用微电脑绘图功能，编制各流场图的绘图程序。

（二）程序框图

1. 校正曲线最小二乘拟合程序，从略，可参见资料［7］。

2. 流场计算程序框图，如图3（a）所示。

3. 流场图绘制程序框图，如图3（b）所示。

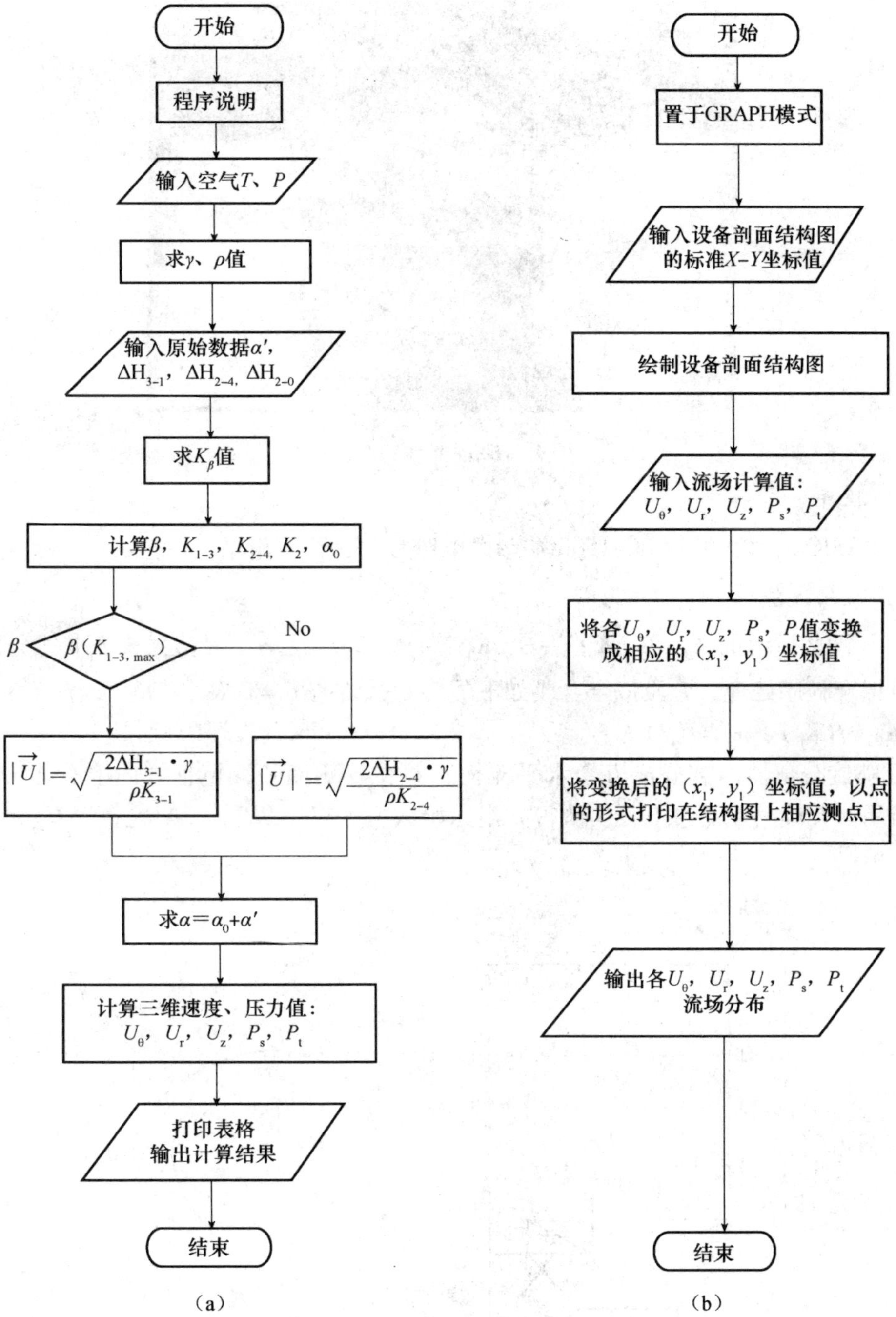

图 3　程序框图

（a）流场计算程序框图；（b）流场图绘制程序框图

四、应用示例

试以南京化工学院硅工系研制的新型水泥生料悬浮预热器－喷旋预热器冷态模型三维速度的测定为例，实测装置如图 4 所示，说明本程序设计及其应用。

图 4　五孔探针实测装置

（一）程序

采用 BASIC 语言，编制 PC-1500 袖珍微电脑程序，详见附录。

（二）使用方法

1. 将如图 2 所示的 $K_\beta-\beta$、$K_{3-1}-\beta$、$K_{2-4}-\beta$、$K_2-\beta$、$\alpha_0-\beta$ 五条校正曲线分别经最小二乘曲线拟合程序处理，分段拟合合成如下的多项式方程 $\beta=f(K_\beta)$、$K_{3-1}=f(K_\beta)$、$K_{2-4}=f(K_\beta)$、$K_2=f(K_\beta)$、$\alpha_0=f(\beta)$。

2. 在喷旋分离器内部分成五个水平测面，并在各测面长、短轴方向上分布 n 个测点，如图 5 所示。在纯气流通过下，实测得 n 组原始数据（α'、ΔH_{3-1}、ΔH_{2-4}、ΔH_{2-0}）。

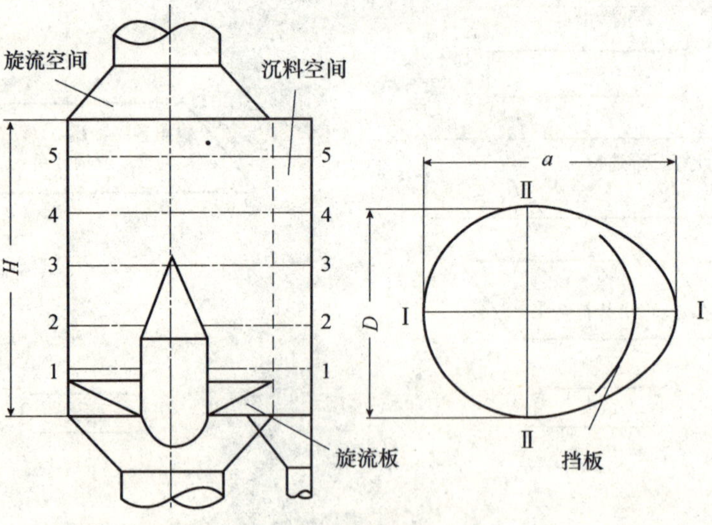

测面：1–1，2–2，3–3，4–4，5–5

测面：长轴Ⅰ-Ⅰ，短轴Ⅱ-Ⅱ

测点：……

参数：U_D=3.0m/s，H/D=1.4，α=375mm

尺数：L　0　100　200 mm

图 5　喷旋分离器流场测点分布

3. 将全部实测数据按：α'、ΔH_{3-1}、ΔH_{2-4}、ΔH_{2-0}顺序输入流场数据计算程序，并以表格形式打印三维速度 U_θ、U_r、U_z 值及压力 P_s、P_t 值。

4. 再将各计算结果分别输入流场绘图程序，绘制出如图 6 所示的喷旋分离器三维速度分布及压力分布图。

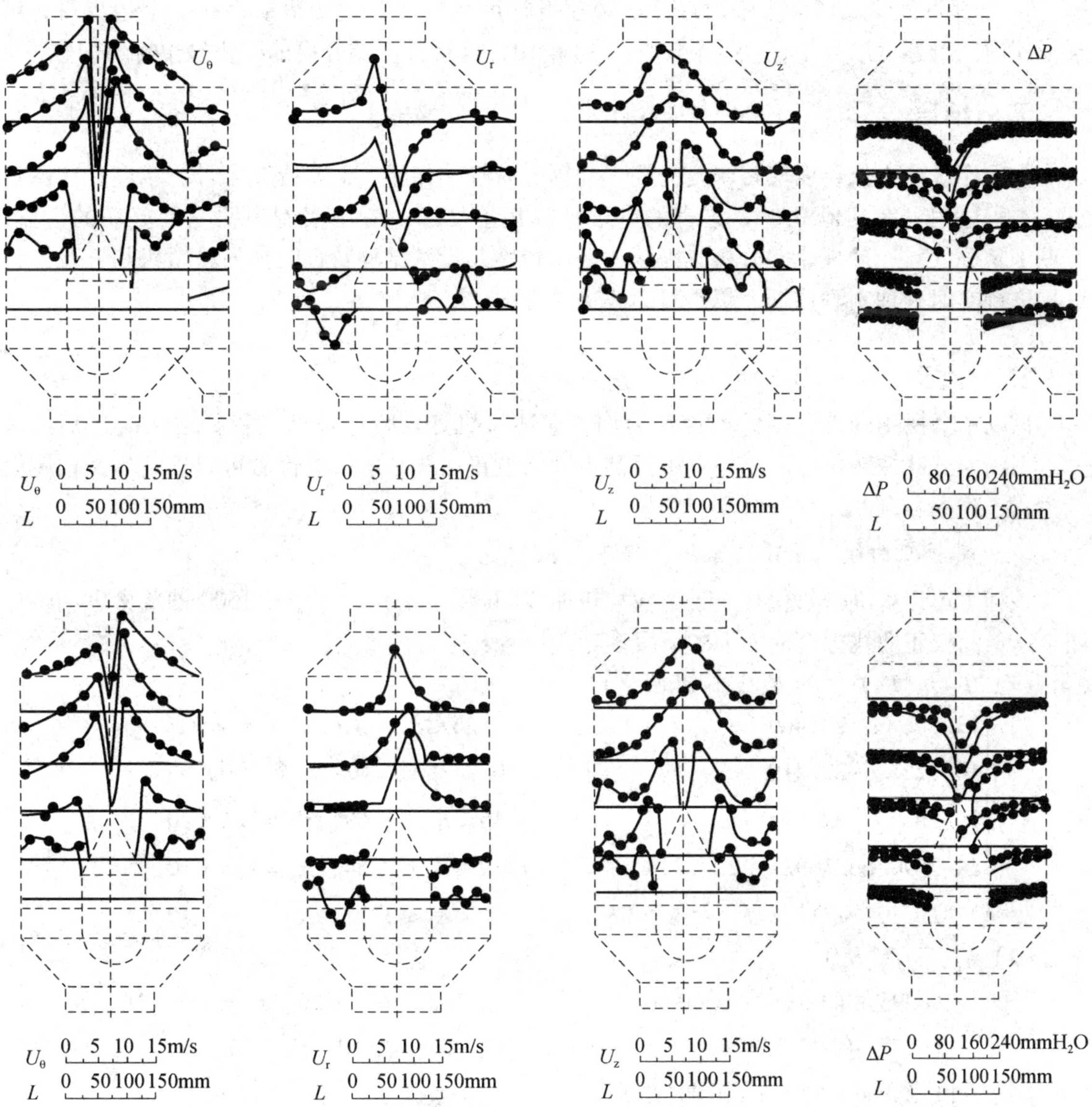

图 6　喷旋分离器三维速度分布及压力分布（微机打印）

（三）流场分析

根据实测数据及微机处理结果，可以分析如下：

1. 从整个流场分布可看到气体三维速度及压力分布呈较好的对称性，仅在靠近旋流板上方径向速度 U_r 较为紊乱。

2. 从水平面分布来看，旋流空间是由刚性强制涡与平面准自由涡所组成，将实测值拟合成下列平面准自由涡方程：$U_\theta = 3.8/r^{0.5}$。

3. 从立面分布来看，所有轴向速度 U_z 均大于零，无立面涡存在。

4. 气体的主流是由水平面的刚性强制涡与准自由涡组成的切向速度与绝大部分沿径向背离轴心向外流动的源流所组成，这说明旋流空间内大部分搜集分离区已处于平面源旋叠加的流场内，这将会有利于气固两相的分离过程。

5. 在邻近筒体及挡板边壁附近，三维速度梯度均较大，说明边壁存在一个边界层，沉料空间内三维速度已较小，约为旋流空间的1/10，这将会使被分离的固相易于排料回收。

五、结语

本程序设计不仅可以代替繁复的人工计算，减轻工作量，而且提高了计算精度和作图精度。本程序也可在其他 BASIC 语言的电子计算机上使用，应用实例表明三维流场的建立，有助于掌握气体运动规律，分析气固两相运动特性及设备结构特性。如何将微机与五孔探针联用进行实时处理实测数据，仍是努力改进的方向。

六、附录

试以本文所用的五孔探针测速仪为例，简述微机处理程序设计过程。由于改造加工因素，不同的五孔探针仪经风洞标定可得到不同的校正曲线，所以，读者可以仿制本文程序设计过程，建立各自的五孔探针测速微机程序。

(一)(校正曲线)最小二乘拟合程序[7]

该程序可以解决微机代替人工查找校正曲线问题。为此，使用 PC-1500 袖珍微电脑将如图 2 所示的校正曲线拟合成如下的分段多项式方程：

(1) $\beta=f(K_\beta)$ （R_n 为标准偏差）

$$\beta=\begin{cases}13.896K_\beta-23.469 & (-1.24\leqslant K_\beta<-0.47,\ R_n=0)\\ 16.126K_\beta-22.419 & (-0.47\leqslant K_\beta<0.46,\ R_n=0)\\ 16.463K_\beta-22.573 & (0.46\leqslant K_\beta<1.69,\ R_n=1.1\times10^{-9})\\ 54.367-66.369K_\beta+22.223K_\beta^2 & (1.69\leqslant K_\beta<2.54,\ R_n=2.8\times10^{-2})\\ -429.121+316.84K_\beta-53.490K_\beta^2 & (2.54<K_\beta\leqslant3.08,\ R_n=2.6\times10^{-2})\end{cases}$$

(2) $K_{3-1}=f(K_\beta)$

$$K_{3-1}=\begin{cases}1.293+0.0683\beta+0.000423\beta^2 & (-40\leqslant\beta<-20,\ R_n=1.3\times10^{-2})\\ 1.275+0.0588\beta & (-20\leqslant\beta<0,\ R_n=0)\\ 1.288+0.0504\beta-0.00173\beta^2 & (0\leqslant\beta<30,\ R_n=3.4\times10^{-2})\\ 2.878-0.0848\beta+0.00106\beta^2 & (30\leqslant\beta\leqslant40,\ R_n=3.8\times10^{-2})\end{cases}$$

(3) $K_{2-4}=f(\beta)$

$$K_{2-4}=\begin{cases}0.9116-0.00362\beta-0.000258\beta^2 & (-40\leqslant\beta<10,\ R_n=9.1\times10^{-3})\\ 1.030-0.0178\beta+0.0000421\beta^2 & (10\leqslant\beta<40,\ R_n=4.8\times10^{-3})\end{cases}$$

(4) $K_2=f(\beta)$

$$K_2=\begin{cases}0.9316-0.0107\beta-0.000504\beta^2 & (-40\leqslant\beta<20,\ R_n=4.5\times10^{-2})\\ 1.090-0.0284\beta+0.0000486\beta^2 & (20\leqslant\beta\leqslant40,\ R_n=4.2\times10^{-2})\end{cases}$$

（5）$\alpha_0 = f(\beta)$

$$\alpha_0 \begin{cases} 6.1 & (-40 \leqslant \beta < -25,\ R_n = 0) \\ 0.06\beta + 7.6 & (-25 \leqslant \beta < -20,\ R_n = 0) \\ 6.4 & (-20 \leqslant \beta < -5,\ R_n = 0) \\ 0.02\beta + 6.5 & (-5 \leqslant \beta < 0,\ R_n = 0) \\ 6.5 & (0 \leqslant \beta < 5,\ R_n = 0) \\ -0.02\beta + 6.6 & (5 \leqslant \beta < 10,\ R_n = 0) \\ 6.5 & (10 \leqslant \beta \leqslant 40,\ R_n = 0) \end{cases}$$

（二）流场数据处理程序

1. 采用 BASIC 语言，根据流场计算过程，编制如下所示的流场数据处理源程序：

```
1000: REM Program of data computation of flow profilc of one
1005: READ X, Y, N
1010: READ T P
1015: D1 =790
1020: D2 =0.4648 * P/(273.16 +T)
1025: DIM AO(N), H3(N), H2(N), HO(N), KB(N), B(N), K3(N), K4(N),
1030: DIM A(N), U(N), UO(N), UZ(N), UR(N), PS(N), PT(N), K2(N)
1035: FOR I =1 TO N
1040: READ AO(I)
1045: NEXT I
1050: FOR I =1 TO N
1055: READ H3(I)
1060: NEXT I
1065: FOR I =1 TO N
1070: READ H2(I)
1075: NEXT I
1080: FOR I =1 TO N
1085: READ HO(I)
1090: NEXT 1
1095: FOR I =1 TO N
1100: KB(I) =H3(I)/H2(I)
1105: NEXT I
1110: FOR 1 =1 TO N
1115: IF KB(I) < -0.47 AND KB(I) > = -1.24 THEN 1145
1120: IF KB(I) <0.46 AND KB(I) > = -0.47 THEN 1155
1125: IF KB(I) <1.69 AND KB(I) > =0.46 THEN 1135
1130: IF KB(I) <2.54 AND KB(I) >1.69 THEN 1150
1135: B(I) =16.463 * KB(I) -22.573: GO TO 1165
```

```
1140：IF KB(I) < =3.08 AND KB(I) > =2.54 THEN 1160
1145：B( I ) =13.896 × KB( I ) -23.469：GO TO 1165
1150：B( I ) =54.367 -66.369 × KB( I ) +22.223 × KB( I ) × KB( I )：GO TO 1165
1155：B( I ) =16.129 × KB( I ) -22.419：GO TO 1165
1160：B( I ) = -429.121 -316.841 × KB( I ) -53.490 × KB( I ) × KB( I )
1165：NEXT  1
1170：FOR  I =1  TO  N
1175：IF  B( I ) > = -20  AND  B( I ) <0  THEN  1195
1180：IF  B( I ) > = -40  AND  B( I ) < -20  THEN  1200
1185：IF  B( I ) > =0  AND  B( I ) <30  THEN  1210
1190：IF  B( I ) > =30  AND  B( I ) < =40  THEN  1205
1195：K3( I ) =1.275 +0.0585 × B( I )：GO TO  1215
1200：K3( I ) =1.293 +0.0683 × B( I ) +4.225E -4 × B( I ) × B( I )：GO TO  1215
1205：K3( I ) =2.878 +0.0848 × B( I ) +1.061E -3 × B( I ) × B( I )：GO TO  1215
1210：K3( I ) =1.288 +0.0504 × B( I ) -0.001725 × B( I ) × B( I )
1215：NEXT  I
1220：FOR  I =1  TO  N
1225：IF  B( I ) > = -40  AND  B( I ) <10  THEN 1235
1230：IF  B( I ) > =10  AND  B( I ) < =40  THEN 1240
1235：K4( I ) =0.9116 -0.003621 × B( I ) -2.579E -4 × B( I ) × B( I )：GO TO 1245
1240：K4( I ) =1.030 -0.01783 × B( I ) -4.214E -5 × B( I ) × B( I )
1245：NEXT  I
1250：FOR  I =1  TO  N
1255：IF  B( I ) > = -40  AND  B( I ) <20  THEN 1270
1260：IF  B( I ) >20  AND  B( I ) < =40  THEN 1265
1265：K2( I ) =1.090 -0.02879 × B( I ) +0.0000486 × B( I ) × B( I )：GO TO  1275
1270：K2( I ) =0.932 -0.0107 × B( I ) -5.04E -4 × B( I ) × B( I )
1275：NEXT  I
1280：FOR  I =1  TO  N
1285：IF  B( I ) > = -40  AND  B( I ) < -25  THEN LET A( I ) = AO( I ) -6.1
1290：IF  B( I ) > = -25  AND  B( I ) < -20  THEN LET A( I ) = AO( I ) -0.06
1295：IF  B( I ) > = -20  AND  B( I ) < -5  THEN LET A( I ) = AO( I ) -6.4
1300：IF  B( I ) > =0  AND  B( I ) <5  THEN LET A( I ) = A( I ) -6.5
1305：IF  B( I ) > =5  AND  B( I ) <10  THEN LET A( I ) = AO( I ) +0.02 ×
      B( I ) -6.6
1310：IFBB( I ) > = -5  AND  B( I ) <0  THEN  LET  A( I ) = AO( I ) -0.02 ×
      B( I ) -6.5
1315：IF  B( I ) =10  AND  B( I ) < =40  THEN  LET  A( I ) = AO( I ) -6.5
1320：NEXT  I
```

```
1325: FOR  I =1  TO  N
1330: IF  K3( I ) <0  THEN  1350
1335: IF  K4( I ) <0  THEN  1355
1340: IF  B( I ) >10  OR  H3( I ) =0  THEN  1350
1345: IF  B( I ) <10  THEN  1355
1350: U( I )0. 14007 ×SQR(H2( I ) ×D1/D2/K4( I )): GO TO  1360
1355: U( I )0. 14007 ×SQR(H3( I ) ×D1/D2/K3( I ))
1360: UO( I ) =U( I ) ×COS(A( I )) ×COS(B( I ))
1365: UZ( I ) =U( I ) ×SIN(B( I )) ×COS(B( I ))
1370: UR( I ) =U( I ) ×SIN(A( I ))
1375: PS( I ) = -(HO( I ) +K2( I ) ×H2( I )/K4( I )) ×0. 790
1380: PT( I ) =PS( I ) +D2 ×U( I ) ×U( I )/19. 62
1385: NEXT  I
1390: CSIZE  I
1395: LPRINT"Data of Tests";"(X:"—"Y:"";)"
1400: A $ ="…………"
1405: LPRINT(A $ +A $ +A $ )
1410: LPRINT" ×";"a";"H3 -H1";"H2 -H4";"H0 -H2"
1415: LPRINT"(…)";"(0)";"(mmH2O)";"(mmH2O)";"(mmH2O)"
1420: LPRINT(A $ +A $ +A $ )
1425: FOR  I =1  TO  N
1430: LPRINT USING" × × ×"; I ;
1435: LPRINT USING" × × ×"、": ""AO( I );H3( I );H2( I )"HO( I )
1440: NEXT  I
1445: LPRINT(A $ +A $ +A $ )
1450: LF  5
1455: LPRINT"Results"
1460: LPRINT(A $ +A $ +A $ )
1465: LPRINT"Uθ";"UZ";"Ur";"Ps";"Pt"
1470: LPRINT"(m/s)";"(m/s)";"(m/s)";"(mmH2O)";"(mmH2O)"
1475: LPRINT(A $ +A $ +A $ )
1480: FOR  I =1  TO  N
1485: LPRINT USING" × × ×. × ×";Uθ( I );"";UZ( I );"";UR( I )
1490: LPRRINT USING" × × ×. ×"; Ps( I );"";Pt( I )
1495: NEXT  I
1500: LPRINT(A $ +A $ +A $ )
```

2. 流场数据处理程序简要说明

行号：1000～1090，输入原始数据；

行号：1095～1320，计算校正系数；

行号：1325～1385，计算三维速度及压力值；

行号：1390～1505，打印计算结果。

T——温度，℃；

P——大气压，mmHg；

D1——酒精密度，kg/m^3；

D_2——空气密度，kg/m^3；

A0(N)，H3(N)，H2(N)，H0(N)——分别为测得的原始数据 α'，ΔH_{3-1}，ΔH_{2-4}，ΔH_{2-0}；

B(N)——β 角；

$K_3(N)$，$K_4(N)$——分别为动压校正系数 K_{3-1}，K_{2-4}；

$K_2(N)$——全压校正系数 K_2；

U(N)——测点的绝对速度值 $|\overline{U}|$；

$U_\theta(N)$，$U_R(N)$，$U_Z(N)$——分别为切向速度 U_θ，径向速度 U_r，轴向速度 U_z。

3. 计算示例

(1) 编制主程序

试以喷旋分离器为例，编成主程序，送入微机处理。

主程序：

```
10: DATA 4, 90.8                                         ——测面，测向，测点
20: DATA 29.5, 760                                       ——温度，压力
30: DATA 357, 355, 0, 345.5, 343.5, 343, 26              ——α'测定值
40: DATA 8, 10.2, 13.2, 17, 22.2, 51.6, 162, -62         ——ΔH3-1测定值
50: DATA 7.6, 8.6, 11.6, 13.6, 19.4, 36.8, 65.6, 42      ——ΔH2-4测定值
60: DATA 25.4, 27, 29, 34, 40, 2, 50.8, 189, 180         ——ΔH2-0测定值
70: GOSUB 1000                                           ——转子程序
80: END                                                  ——结束
```

经微机处理计算，以表格形式输出原始数据表及计算结果表，见表2。

表2　Data of Tests (4…90…*)

*	a	H_3-H_1 (mmH_2O)	H_2-H_4 (mmH_2O)	H_0-H_2 (mmH_2O)
1	375.0	8.0	7.6	25.4
2	355.0	10.2	8.6	27.0
3	0.0	13.2	11.6	29.0
4	355.0	17.0	13.8	34.0
5	345.5	22.2	19.4	40.2
6	343.5	51.6	36.8	50.8
7	343.0	162.0	65.6	189.0
8	26.0	-62.2	42.0	180.0
U_θ(m/s)	U_Z(m/s)	U_r(m/s)	P_s(mmH_2O)	P_t(mmH_2O)
10.29	1.70	0.95	-26.3	-19.8

续表

U_θ(m/s)	U_Z(m/s)	U_r(m/s)	P_s(mmH_2O)	P_t(mmH_2O)
10.87	2.20	0.59	-28.4	-21.0
12.80	1.44	0.86	-32.5	-22.5
13.77	2.79	0.56	-38.1	-26.4
15.65	5.95	1.08	-47.7	-31.1
21.02	8.92	0.20	-69.7	-38.6
33.19	14.36	-17.6	-194.3	-98.0
0.00	0.00	24.02	-305.0	-240.6

4. 流场绘图程序（略）

符号说明

K_2——全压校正系数

K_{3-1}，K_{2-4}——动压校正系数

K_β——β 角校正系数

M——马赫数

P——大气压力（mmHg）

T——大气温度（℃）

P_s——静压（mmH_2O）

P_t——全压（mmH_2O）

$|\vec{U}|$——测点处的速度绝对值（m/s）

U_0——喷旋分离器断面风速（m/s）

U_r——径向速度（m/s）

U_θ——切向速度（m/s）

U_z——轴向速度（m/s）

r——到喷旋分离器轴心的距离（m）

u——五孔探针绕轴向自转角度

α_0——五孔探针制造角度误差

α'——五孔探针绕轴向自转角度实测值

β——五孔探针沿轴向旋转角度

$\beta_{K_{3-1},max}$——对应于 K_{3-1} 最大值的 β 角度

γ——U 形管测压计液体重度（N/m^3）

σ——标准偏差

ΔH_{2-0}——孔 2 与大气之间的压力差（mm 液体柱）

ΔH_{2-4}——孔 2 与孔 4 之间的压力差（mm 液体柱）

ΔH_{3-1}——孔 3 与孔 1 之间的压力差（mm 液体柱）

ρ——液体密度（kg/m^3）

参考文献

[1] Hegge-Zjinen V. d. , Kgl, Akad. Van Wetenschapen. Amsterdam, 1929, 32, 1.

[2] 郑治馀，鲁钟琪．流体力学［M］．北京：机械工业出版社，1980，3.

[3] Krisam F. ZFM 23 1932, S, 369.

[4] Hu Daohe, Xu Delong. Spout-Whirl Preheater and analysis of flow Profiles in its rotational flow space. Zement-Kalk-Gips, 1985, 11.

[5] 柳绮年，贾复，等．旋风分离器三维流场的测定［J］．力学学报，1978，3，P182.

[6] 陈明绍，等．除尘技术的基本理论和应用［M］．北京：中国建筑工业出版社，1981.

[7] 中国科学院沈阳计算技术研究所．电子计算机常用算法［M］．北京：科学出版社，1983.

新型气固反应试验装置的开发和应用

张 薇 简森夫 胡道和

（南京化工学院，210009）

【摘 要】 作者开发的新型气固反应试验装置，是目前国内比较先进的气固反应动力学试验装置，它能够对各种粉体物料进行悬浮态气固反应规律和反应动力学研究，所得结果与生产实际状况很接近，可用来定量地指导工业反应器的设计和操作。

【关键词】 悬浮，气固反应，反应动力学

一、前言

许多粉体物料的高温工艺过程，如炉内水泥生料的分解和煤粉的燃烧、沸腾焙烧炉内矿石的焙烧分解等，都属于悬浮态气固反应的范畴。由于在悬浮态气固反应器中，既有粉体物料的流动、传热、传质等物理过程存在，也有气固和固固之间的反应等化学过程发生，而且固体粉料本身的分散、凝结等随工艺过程的不同是多种多样，固体粉料的这些结构特征必然会影响反应体系的宏观反应动力学特性。所以悬浮态气固反应与气液、液液反应相比，更为复杂。

悬浮态气固反应器的设计和操作，应以工业反应动力学作为理论依据，主要是指固体物料的反应速度，即包括传递过程在内的宏观综合反应速度与温度、固相转化率、气相反应物浓度和颗粒外部传质条件的定量关系。以往的气固反应动力学试验装置，大多是静态的（如热天平、差热等），物料均处于堆积状态，或半静态的（如单颗粒悬挂或把物料铺在网板上悬挂在气流中），其试验结果和生产中常见的粉体（粒径小于200μm）悬浮在气流中所进行反应有很大差距。20 世纪 70 年代以后，D. Kupper[1]、A. Muiller[2]、B. Vosteen[3]等先后开发了一些动态反应装置，进行了分解动力学的研究，得到了一些有价值的结论。然而，这些研究工作在研究方法和测试手段上还不够完善，其结果的应用受到一定的限制。而在绝大多数场合，人们采用热模试验来进行不同物料的反应特性测定，因此不同反应器和不同的要求往往需要不同的热模装置。为此我们开发研制了一种新型的气固反应试验装置，它不仅能保持高温，而且可以保持粉体物料稳定地悬浮，在成分一定的气体中进行悬浮态气固反应，并且可以实时检测出反应的进程，进行真正的悬浮态气固反应动力学试验，其结果只与物料本身的特性有关，可用来定量地指导工业反应器的设计。

二、新型气固反应试验装置简介

作者研制的新型气固反应试验装置流程，如图 1 所示，试验所用的气体经配气混合后进入预热器，被加热到所需的高温，粉体物料由反应器的顶部间歇式加入，稳定地悬浮在热气流中进行反应，与反应器出口相接的多组分气体分析仪可对反应进行在线检测，其结果输送到计算机进行数据处理。由于物料量少且处于悬浮状态，故在反应器内可以进行充分的气固反应，其他影响可以忽略，因此试验结果与反应器的形式无关。反应器内设置多支热电偶以检测，控制反应器的温度，从而保证反应器内温度的均匀性。

在物料气固反应过程中，气体组分发生变化，可通过气体分析仪对反应进行在线检测，但检测仪所测得的气体组分变化，即测试系统的输出还不是反应器中物料的真实变化。因为反应器容积大，而且反应区到气体检测探头还有一定长度的管道和附属装置，所以气体检测的结果不是实际反应的纯滞后，而是被该反应器、流程和气体检测系统特有的组合滞后歪曲了的信号。图 2 是用该反应器做出的碳酸钙真实分解率 $\varphi(t)$ 与系统输出函数 $Y(t)$ 的关系曲线。作者仔细地研究了本系统的动态特性，通过向系统输入阶跃函数而求得系统的传递函数，对测量数据进行了动态补偿。如果作者用 $W(s)$ 表示系统的传递函数，$Y(s)$ 表示系统响应函数，$Y(t)$ 的傅里叶变换，$C(s)$ 表示系统输入函数，$C(t)$ 的傅里叶变换，则：

$$W(s) = \frac{Y(s)}{C(s)}$$

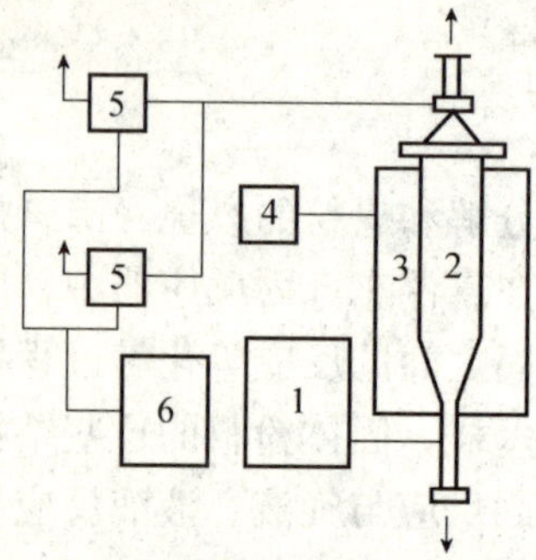

图 1　试验装置流程图

1—气源；2—反应器；3—加热器；4—温度控制器；5—气体分析器；6—数据处理系统

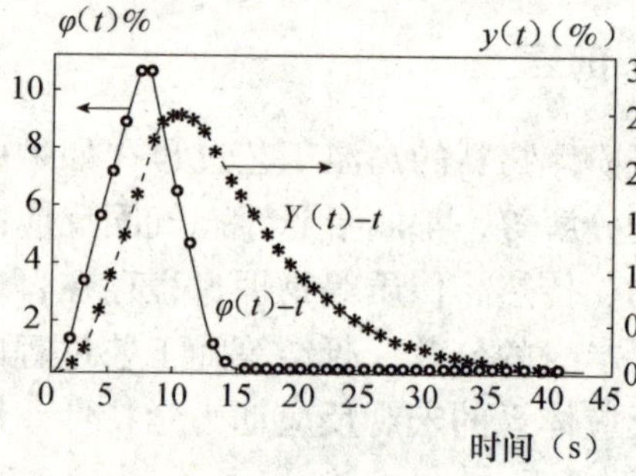

图 2　碳酸钙真实分解率 $\varphi(t)$ 与测试系统输出函数 $Y(t)$

当系统的传递函数 $W(s)$ 通过阶跃函数确定后，在反应器内进行粉体物料气固反应时由分析仪测得的输出函数 $Y(t)$ 经傅里叶变换后为 $Y(s)$，则反应器内气固反应后气体的真实浓度为：

$$C(t) = F^{-1}\left[\frac{Y(s)}{W(s)}\right]$$

由于在大多数情况下，系统的传递函数不发生变化，因此 $C(t)$ 仅仅依赖于 $Y(t)$，即通过 $Y(t)$ 可以确定 $C(t)$。通过这样的动态补偿，获得了较为可靠的瞬时反应曲线。

此试验装置操作稳定，功能性强，气体分析系统自行研制，独具特色，整个测试系统综合误差小于 4%。

三、试验装置的反应

在此新型气固反应试验装置上，分别进行了石灰石分解动力学、水泥生料分解动力学、煤粉燃烧动力学和含硫铜精矿氧化焙烧动力学规律的研究，其部分试验结果如下：

1. 碳酸钙分解规律的研究

图 3 是三种原料——耀县石灰石、柳州石灰石和顺昌石灰石分解动力学曲线。从曲线上

可以看出，产地不同，其分解特性不同。在相同温度下，顺昌石灰石累积分解率最大，耀县石灰石次之，柳州石灰石最小，说明顺昌石灰石最易分解。

图4是同一原料、不同温度的分解率曲线，可以看出，温度越高，其累积分解率越高，且反应速度越大。在850℃以上时，碳酸钙达到反应终态时的分解时间约为20～30s，比静态方法（如热重分析法等）所需的时间要短得多。这一结果表明，悬浮态分解试验结果和生产实际状况比较接近。

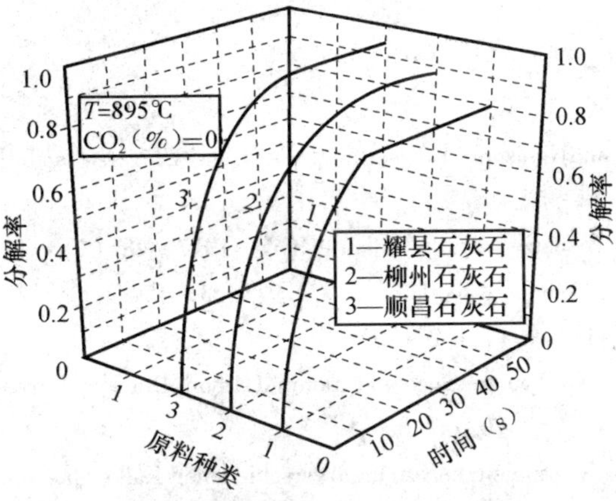

图3　分解率随原料种类的变化

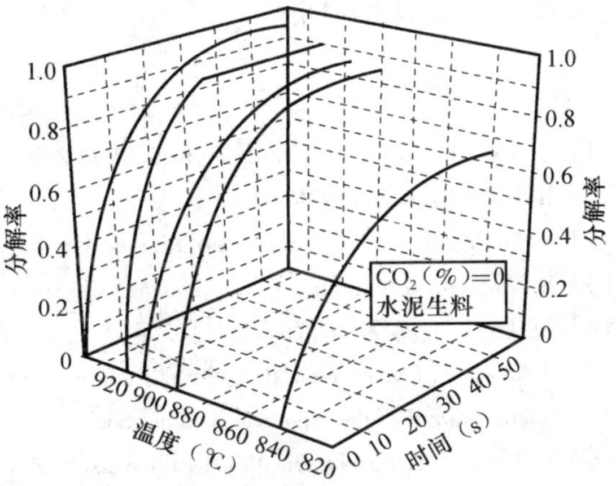

图4　分解率随温度的变化

2. 含硫铜精矿氧化焙烧的特性研究

铜矿石的焙烧是铜冶金生产中的重要环节。由于产地不同，各种铜矿石的化学组成和矿物结构差异很大，所以，在设计沸腾培烧炉时，应对原料的特性进行焙烧动力学的研究，以确定最佳的焙烧温度和适宜的操作条件。我们选用某厂的原料进行了氧化焙烧动力学研究。

从脱硫率和温度的关系曲线上（图5）看：在同一温度下，B矿的残渣含硫率低于A矿，可见B矿所需的焙烧温度低于A矿，说明不同种原料其焙烧特性不同。

图6是铜精矿反应动力学曲线。从曲线上可以看出铜精矿的氧化反应时间很短，大约在20s后就可以接近动力学的反应终态。

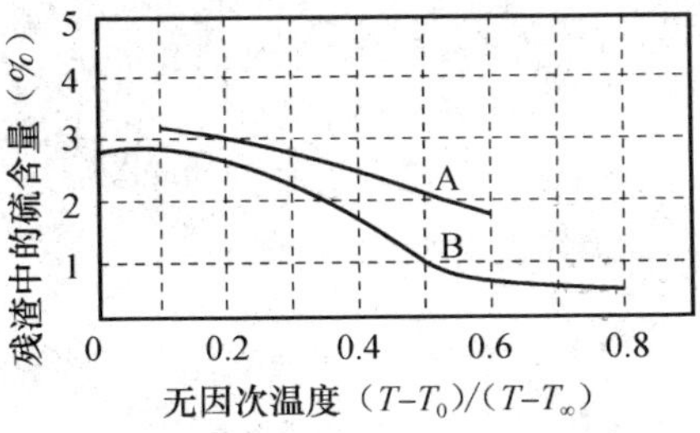

图5　残渣中硫含量和温度关系

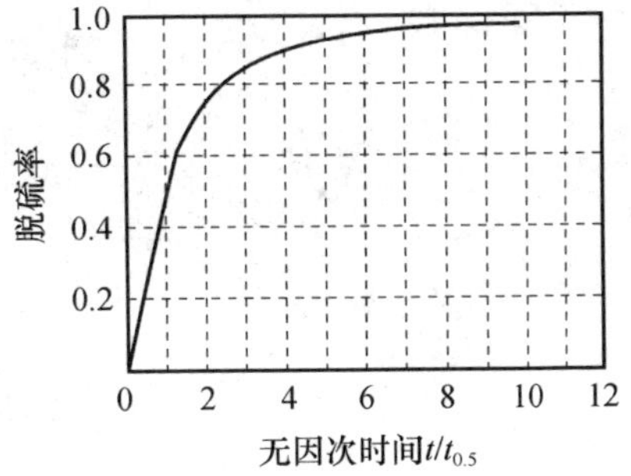

图6　反应动力学曲线

四、结论

以上的结果表明，作者研制的新型气固反应试验装置，是目前国内较为理想的气固反应动力学试验装置，它能够比较接近生产实际状况地对粉体物料进行反应动力学的研究，试验的结果和反应器的形式无关，只和物料本身的反应特性有关，所得规律可定量地指导工业反应器的设计和操作。

符号说明

T_o——氧化焙烧最低反应温度（K）；

T_∞——氧化焙烧最高反应温度（K）；

t——反应时间（s）；

$t/t_{0.5}$——无因次时间。

参考文献

[1] Detlev Kupper. Entsauerungsverhalten von Zenent-Rohstoffgemiscn. [dissertion] Deutsche Universi-tatsbibliothek Clausthal, 1984.

[2] A. Muller. B. Dahm, J Stark. Zur Kinetik der Kalzium-barbonatzersetzung Silikattechnik, 1977, 28 (1): 4.

[3] B. Vosteen. Vorwarmung und villkommene Kalzination von Zement-Kalk-Gips, 1974. 9: 433 ~ 450.

[4] 葛庆仁. 气固反应动力学 [M]. 北京：原子能出版社, 1991, 192 ~ 295.

[5] Edmond P. Hyantt Ivan B. Cutler. Milton E. Wadsworth: Carbonate Decompositionin Carbon Dioxlde Atmosphere. Journal of the America Ceramic Society, 1985, 14 (2): 70.

[6] H. Kainer, E. Specht. Die Poren diffusions Reaktion-und Warmeleitkeoffizienten verschiedener Kalkstelne und ihr Einfluss auf die Zerserzungszeit. Zement-Kaik-Gips, 1986, 5, 259 ~ 268.

注：本项目由建材科学发展基金资助。

研究分解炉内煤粉燃烧特性的新方法

张　薇　简森夫　胡道和
（南京化工大学硅酸盐工程研究所）

【摘　要】 煤粉的燃烧动力学参数，即燃烬时间和燃烬率对分解炉的设计和操作过程影响很大，不同种类的燃料，其燃烧反应特性差异很大，故应对分解炉所用的煤粉进行燃烧动力学试验。作者开发的高温、悬浮态气固反应试验台，可以模拟分解炉的工况，进行煤粉悬浮态燃烧动力学方面的试验研究，其数据可用来定量地指导分解炉的设计和操作过程。
【关键词】 煤粉燃烧，燃烬率，分解炉，悬浮

【Abstract】 The parameters for burning kinetics for pulverized coal i. e. the burning time and the rate of burning out are critical points for the design of precalciner and very important for its operation. Different type of fuel will cause big difference on burning performance. Therefore, it is necessary to test on burning kinetics for different coal used in the precalciner. A testing platform for high temperature suspension state gas-solid reaction test is developed by the authors for simulating the working conditions of a precakiner, and it is possible to carry out burning kinetics test for pulverized coal. The parameters obtained form the rest would be a quantitative quidence for the design and operation of precalciner.
【Key words】 puloerized coal burning, rate of burning out, precalciner, suspension

一、引言

在分解炉内，煤粉与生料混合悬浮在热气流中，煤粉燃烧放热，碳酸盐吸热分解，分解炉内加入的煤粉占水泥生产过程中所需总量的40%～60%。由于回转窑窑头的煤粉燃烧过程是处于物料的烧成带，燃烧环境温度高，可使燃料迅速地达到着火温度；也有利于窑头的燃烧温度维持在一个较高的平衡水平。而分解炉内的燃烧是处于物料的分解区域，强烈的吸热反应迅速吸收燃烧放出的热量，燃烧温度较低，仅800～900℃，因此和回转窑窑头的情况相比，分解炉内的煤粉燃烧速度要慢得多，且缺少调节手段，化学反应速率对燃烧过程影响很大，燃烬时间通常大于生料分解所需的时间，所以分解炉内煤粉的燃烧速率制约水泥生料的分解，其燃烬程度影响水泥生产的热耗。故目前世界主要的水泥工业研究部门都十分重视如何保证燃料在分解炉内的燃烬。

煤是由结构非常复杂的高分子碳氢化合物组成，其分子结构至今仍不是很清楚。不同种类、不同产地的煤，其燃烧特性，即化学反应特性差异很大，对分解炉的设计和操作影响也很大。所以，工业分解炉应以所用煤种的燃烧特性为依据，并结合生料的分解特性进行

设计。故在分解炉设计之前，应对煤粉的燃烧特性进行试验研究，以便定量地指导分解炉的设计和操作。

但是，由于分解炉内物料是悬浮在热气流中，其流动状态和气固接触方式都比较复杂。以往的气固反应动力学试验装置，大多是静态的（如热天平、差热等），物料均处于堆积状态，或半静态（如单颗粒悬挂或把物料铺在网板上悬挂在气流中），其试验结果对于生产中常用的粉体（粒径 <200μm）则有很大差距，特别是进行煤粉燃烧动力学试验时，煤粉和氧气的接触方式与实际情况相比，差异更大。因此，模拟分解炉的煤粉燃烧过程进行煤粉燃烧特性的研究，对分解炉设计和操作过程是非常必要的。为此，作者开发了高温、悬浮态气固反应试验台，可针对我国使用的燃料进行试验，它能保持燃料在反应区域稳定地悬浮，在热气流中进行燃烧反应，真实地反映悬浮态下工业反应动力学规律，并能在线实时检测，所得规律对于评议、改造现有分解炉，设计、开发新型分解炉以及对分解炉的操作，有重要的指导意义。

二、高温、悬浮、气固反应试验台

粉体物料的高温、悬浮态气固反应试验台流程如图 1 所示，试验所用气体经配气混合后进入预热器，被加热到所需高温，再从下部送入反应器，反应后的气体从反应器顶部流出。反应器中的气体温度可控制在 1000～1200℃之间，以满足不同的需要。煤粉由反应器的顶部间歇式加入，稳定地悬浮在热气流中进行燃烧反应，与反应器出口相接的多组分气体分析仪可对反应产物（CO_2）进行在线检测，其结果输送到计算机进行数据处理，再通过 CO 或 O_2 的检测加以校正，从而反映煤粉燃烧的情况和燃烬率的变化。反应器内设置多支热电偶以检测、控制反应器的温度，以保证反应器内温度的均匀性。

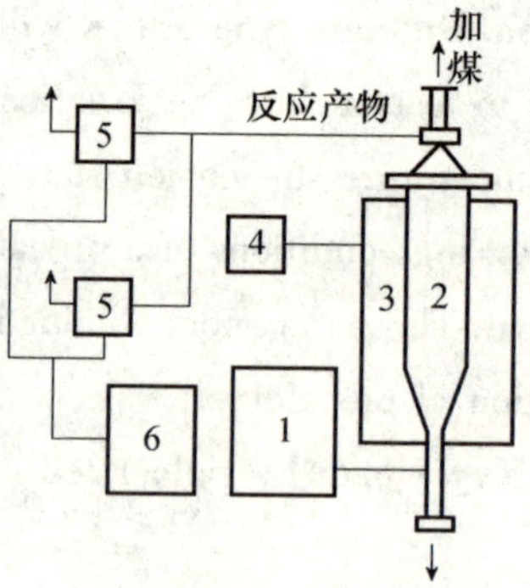

图 1　试验装置流程图

1—气源；2—反应器；3—加热器；4—温控器；5—气体分析仪；6—数据处理系统

在煤粉燃烧过程中，气体组分发生变化，可通过气体分析仪对反应总产物进行在线检测，但检测仪所测得的气体组分变化还不是反应器中煤粉燃烧产物的真实变化。因为，反应器容积大，而且反应区到气体检测探头还有一定长度的管道和附属装置，所以气体检测的结果不是实际反应的纯滞后，而是被该反应器、流程和气体检测系统特有的组合滞后歪曲了的信号。作者仔细地研究了本系统的动态特性，通过向系统输入阶跃函数而求得系统的传递函数，用计算机对测量数据进行了动态补偿，获得了较为可靠的瞬时反应曲线。图 1 为试验置流程图。

三、煤粉燃烧过程的研究

作者在高温、悬浮态气固反应试验台上，进行了大量的试验检测，在此，以国内两厂煤粉的燃烧动力学试验结果作以说明。试验选用的煤粉细度均在 80～90μm 的窄筛分范围。A、B 两种煤粉的工业分析数据见表 1。

表 1　煤粉工业分析　%

煤种	组成				热值
	W_{ad}	A_{ad}	V_{ad}	FC_{ad}	（kJ/kg）
A	4.01	17.55	28.66	49.78	25870
B	1.30	18.36	14.65	65.69	28478

从工业分析数据可以看出，煤粉 A 的挥发分含量较高，B 的挥发分含量较低，而两种煤粉的热值都比较高。

在高温、悬浮态气固反应试验台测定出两种煤粉的燃烧特性曲线如图 2 所示。

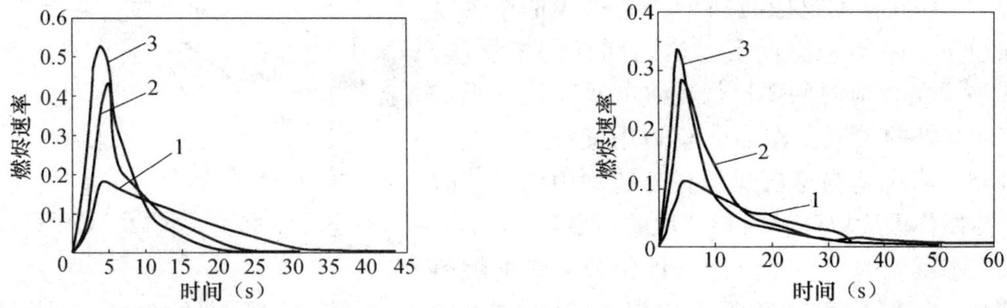

1—828℃；2—888℃；3—922℃　　1—828℃；2—885℃；3—932℃

图 2　燃烧速率与温度的关系

可以看出，温度越高，燃烧速率越快。特别是初始燃烧速率增加得越迅速。

图 3 是两种煤粉的燃烬率与温度的关系，从中可以看出燃烧温度对反应时间和燃烬率影响很大。这里定义温度为 900℃时，达到的 85% 燃烬率（特征燃烬率）时所用的时间为易燃性指数。将其不同燃烬率对应的反应时间和易燃性指数列于表 2。

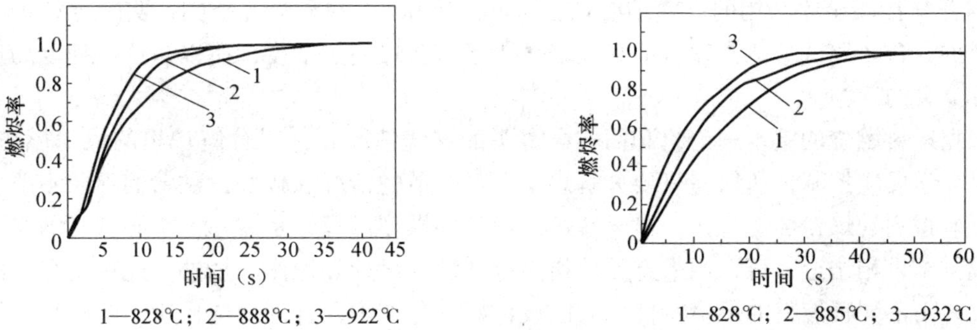

1—828℃；2—888℃；3—922℃　　1—828℃；2—885℃；3—932℃

图 3　燃烬率与温度的关系

表 2　不同温度下燃烬时间

煤粉种类	燃烬率（%）	反应时间（s）				易燃性指数
		50	80	90	100	
A	828℃	6	13.5	19	34	11
	888℃	5.5	10	3	27	
	922℃	5	8.5	10	22	

续表

煤粉种类	燃烬率（%）	反应时间（s）				易燃性指数
		50	80	90	100	
B	828℃	12	23	29	50	15
	870℃	10	19	24	44	
	885℃	8	17	23	40	
	920℃	6	13	18	37	

从表 2 和图 4 可以看出，煤粉 A 的燃烧特性好于煤粉 B，在同样的反应时间里，煤粉 A 的燃烬率高于煤粉 B，在同一温度下，达到同样的燃烬率，煤粉 A 所需的反应时间要比煤粉 B 短，温度和反应时间存在互补的关系。作为分解炉用燃料，若选用煤粉 B 就应考虑适当延长煤粉在分解炉中的停留时间或提高操作温度以弥补粉料特性的不足。

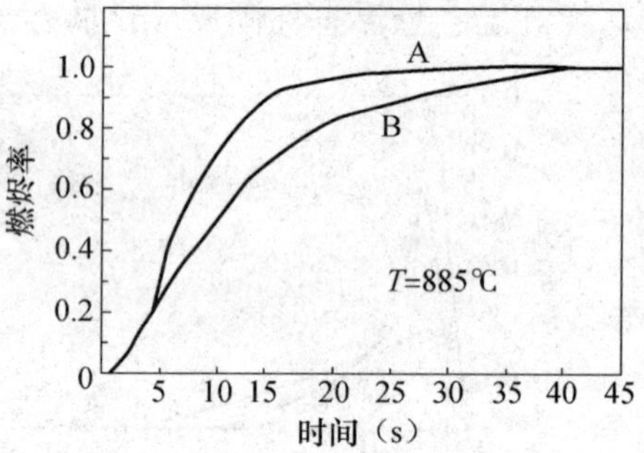

图 4　两种煤粉的燃烬率对比

悬浮态试验的结果可以用来评价分解炉的燃料燃烧特性，实际应用时还须考虑以下几个方面的因素：

（1）悬浮态反应器试验条件是均匀的，实际分解炉的工况参数，如温度、气氛等是渐变的，特别是温度差异更大，壁面温度和中心温度差可达 100～200℃；

（2）二者物料停留时间和气体停留时间的比值不同；

（3）实际分解炉流动状态是高度湍动的，而悬浮态反应器中湍流度较低，无法做到与实际分解炉的动力相似；

（4）悬浮态试验采用的煤粉细度是在（70～90μm）的窄筛分范围，实际分解炉所用煤粉粒度的分布要比试验范围宽，但绝大部分小于试验煤粉的细度，所以，这一细度的选取是有实际意义的。

根据燃料燃烧的基本理论，和回转窑窑头的燃烧情况相比，分解炉里的煤粉燃烧过程，主要是化学反应控制，所以，只要分解炉里燃料分散的情况比较好，贴壁的现象不严重，悬浮态试验得到的煤粉燃烧规律，对分解炉的设计和操作过程，是有一定指导意义的，如和冷模试验的结果相结合，可以用来定量地指导分解炉的设计和操作。另外，此种研究方法，可直观反映出不同种燃料的燃烧特性，对已设计好的分解炉，合理地选择所用的燃料，是非常必要的。

四、结论

由以上研究可以看出，煤粉的燃烧特性对分解炉的设计和操作过程影响很大，不同种类的燃料，其燃烧反应特性差异很大，故对分解炉所用的煤粉进行燃烧动力学试验是有益的，可用来定量地指导分解炉的设计和操作。

参考文献

[1] 沈曾荣，祁兴久，耿光斗．水泥工艺进展［M］．北京：中国建筑工业出版社，1989，253～257.

[2] Zhang Wei，Jian Miao-fu. Application of test apparatus for high temperature suspension gas-solid reaction，ln，Edited by Organizing Committee fo CJF-5. Fluidization 94 Science and Technology. Chemical industry Press. China，1994，305～312.

[3] 张薇，简森夫，胡道和，周松林．高温、悬浮态气固反应试验台的开发和水泥生料分解动力学的研究［J］．水泥技术，1994，(5)：25～28.

预分解窑系统的计算机模拟数学模拟和最优化方法在水泥工业中的应用

张有卓　胡道和

【摘　要】 在建立了由旋风预热器、分解炉和回转窑组成的包括一系列约束条件的全系统数学模型的基础上，开发了具有模拟和优化功能的计算机模拟系统。此系统利用了回归正交设计方法，可进行多变量变化的各种模拟试验；并利用了可变容差法，可进行各种优化试验，以求得使目标函数达最优时，各种参数的值。该系统还具有控制功能，根据约束条件提出一系列控制目标，利用控制变量的反馈，维持控制目标值。本文举例说明了一些模拟试验及结果，可供设计或调试参考。

【关键词】 计算机，模拟，分解窑，优化，水泥

一、前言

由于水泥生产过程复杂，引进技术的消化吸收和改造创新工作在大型生产设备上或实验装置上进行都比较困难，有时甚至不可能。而利用计算机模拟反求新技术规律与机理则是现实可行的好办法。我们选择了水泥生产中广泛关注的预分解窑系统作为研究对象，从建立窑外分解系统热力学平衡及关系到动力学平衡所需的工艺约束条件为出发点的数学模型着手，用Fortran-77语言开发了具有模拟和优化功能的软件，并在68000计算机上进行了模拟试验以及优化计算。

二、数学模型

（一）预分解窑系统数学模型建立的基本思想

数学模型的建立是本项工作的关键，也是难点。由于包括气固流动、传热和反应在内的气固反应过程的复杂性，加上对很多动力学过程机制的认识至今仍未被完满地解决，这就给全过程数学模型的建立带来了困难。我们在建立模型的过程中，试图利用约束条件来绕过动力学方面的困难，另一方面还利用了可控变量的负反馈调节以及过程的“自适应”特点来保证这些约束条件的实现，使模型具有动态特点，目的是使结果基本符合实际情况。例如，分解炉中大致有三个过程，即：燃烧、传热和$CaCO_3$分解过程。由于气固悬浮传热面积极大，传热始终不是控制过程。在一般分解炉的操作温度范围内，以及水泥生料粉平均粒径在30μm左右的条件下，燃料的燃烧过程是个控制过程。此时，在分解炉中有多少燃料燃烧就有相应的$CaCO_3$分解，根据经验，我们假定煤粉在分解炉及最下一级预热器中基本上完全燃烧。因此，在这样的约束条件下，就可回避直接对分解及燃烧进行动力学计算，而可以根据用煤量确定入窑的真实

分解率。根据水泥生产过程的情况，我们选取了一系列的约束条件。

（二）模型的简化

在模型建立的过程中，我们做出了下列简化：

1. 各种物料以及气体的比热与温度呈线性关系；
2. 分解炉用燃料在分解炉及其后的 N 级预热器中完全燃烧；
3. 分解炉中，燃烧过程为整个过程的制约因素；
4. 回转窑中，燃料在窑中完全燃烧；
5. 在各级预热器及分解炉中，传热过程有效，因此气体和物料之间只存在有限的温度差（$\Delta t=30$℃）；
6. 生料中 MgO 和 Al_2O_3 从原料中分解放出结晶水的吸热过程主要在 2 级预热器中进行；
7. 各级预热、分解炉和回转窑的散热量为常数（kcal/kgcl）。

（三）数学模型表达式

我们建立的是全系统的数学模型（图 1、图 2），模型中包括了所有的系统参数及状态函数，这样在模拟和优化过程中才能讨论所有这些参数及状态函数之间的关系。模型的建立见附录 1。

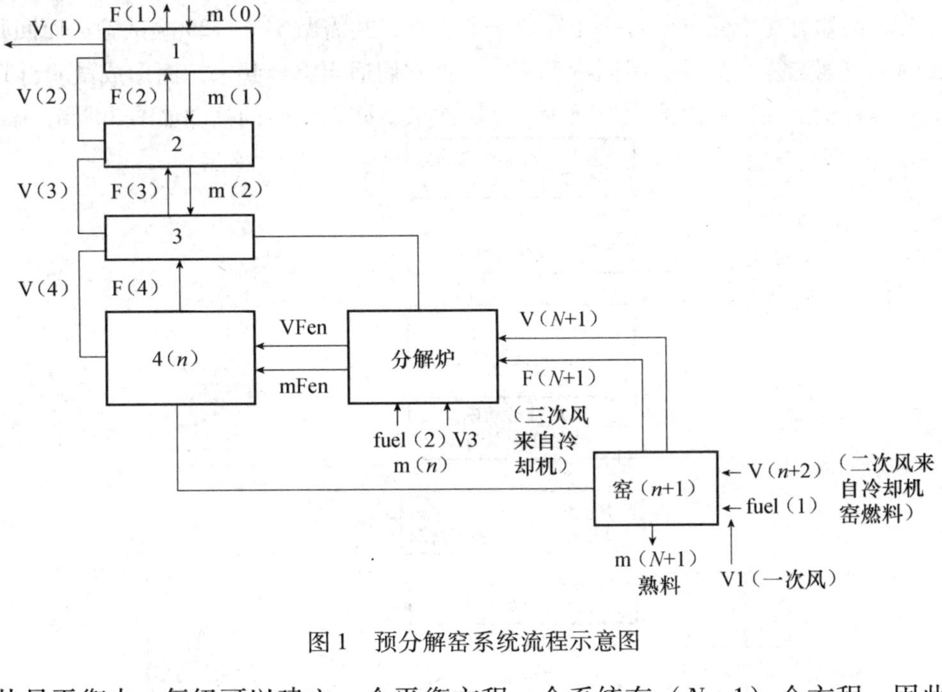

图 1　预分解窑系统流程示意图

在热量平衡中，每级可以建立一个平衡方程，全系统有（$N+1$）个方程，因此可以写成一个具有（$N+1$）行的矩阵形式，这是一个三对角矩阵的模型，它具有下列形式：

$$\begin{pmatrix} a_1 & b_1 \\ a_2 & b_2 \\ & \vdots \\ a_{n+1} & b_{n+1} \end{pmatrix}\begin{pmatrix} Tv(1) \\ Tv(2) \\ \vdots \\ Tv(n+1) \end{pmatrix}=\begin{pmatrix} d_1 \\ d_2 \\ \vdots \\ d_{n+1} \end{pmatrix}$$

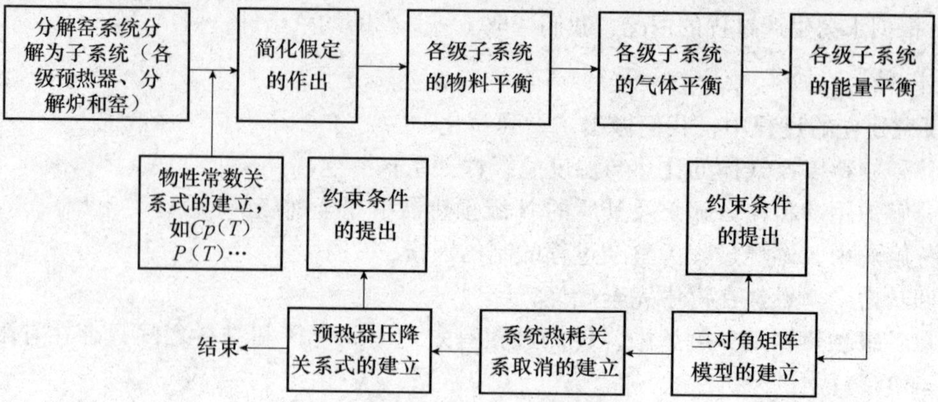

图 2　数学模型建立过程框图

三、计算机模拟和目标函数优化

（一）模拟试验安排

在模拟试验安排上，为了兼容正交和回归方法的优点，采用了试验次数少，而得到的非线性回归方程精度高的回归正交设计方法。通常计算非线性回归方程的系数，所要做的试验次数是比较多的。例如有 5 个变量，每个变量取 5 个水平，共需做 $5^5=3125$ 次试验。而回归正交设计法是在因子空间选择几类具有不同特点的点，把它们适当组合起来，而形成试验计划，并且保证此试验具有正交性，从而大大地减少了试验次数。模拟试验的框图如图 3 所示。

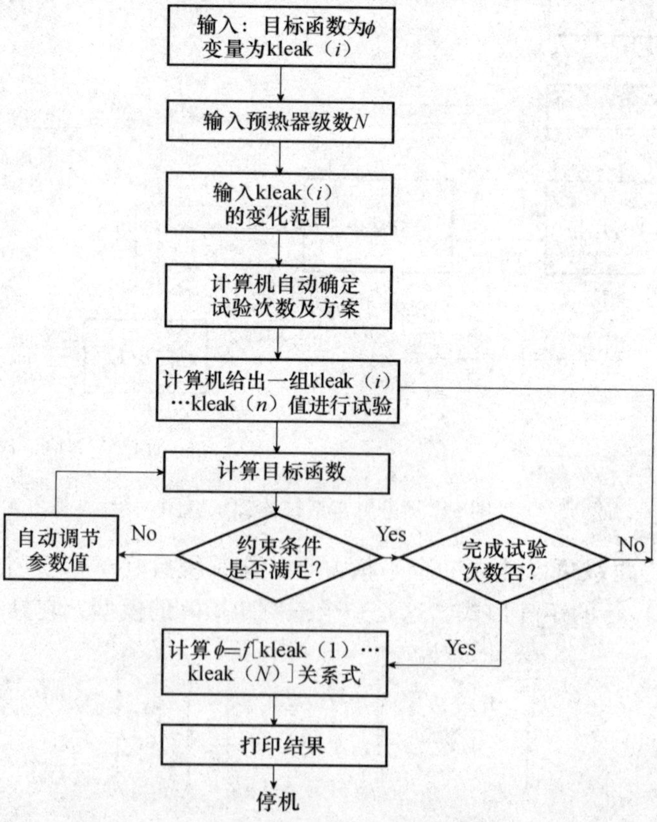

图 3　模拟试验框图（以各级漏风系数对热效率的影响为例）

（二）优化方法

由于分解窑系统的复杂性，表现在具有非线性约束的特点，并且不宜用求导方法进行优化，因此需要采用逐步逼近的可变容差法（1）。这种方法不需要像一般的非线性规划那样花大量的时间来检验严格的可行性（即约束条件的满足）。它对约束条件的容差限是变化的。而在迭代过程中逐步逼近约束条件，最后完全满足约束条件。优化计算框图如图4所示。

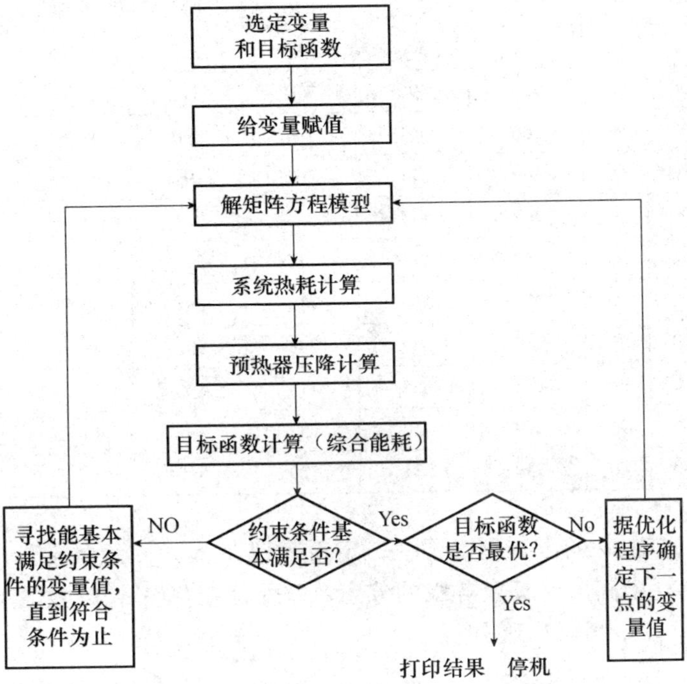

图4　优化计算框图

四、模拟试验和结果分析

开发了数学模型和模拟优化程序后，就可以进行庞大数量的预测估算工作以及模拟各种操作情况，甚至事故状态下的情况。为了说明模拟试验提供信息的能力，本文仅用几个模拟试验结果来论证优化计算和模拟试验方法的实用性和优越性。试验对象：带4级旋风筒的预分解窑系统。

主要参数：

产量	700t/d	熟料出窑温度	1400℃
出窑尾气温度	1048℃	二次风温度	750℃
三次风温度	550℃	燃料热值	5824kcal/kg 煤
各级漏风系统	5%	入窑真实分解率	80% ~90%

四级旋风筒出口气体温度　约890℃

（一）各级旋风筒分离效率 $\eta(i)$ 对系统热效率 Φ 的影响试验

设各级旋风筒的分离效率在60% ~90%之间变化，计算出一系列配合的实验结果，其中部分结果见表1。由表1可以得出如下信息：

表1 旋风分离器分离效率对各相关参数的影响

试验编号	各级分离效率（%）				出C_1的气体温度（℃）	出C_2的气体温度（℃）	出C_3的气体温度（℃）	出C_4的气体温度（℃）	系统热效率（%）	单位热耗（kcal/kgcl）	单位废气量[Nm^3/kgcl]
	$\eta(1)$	$\eta(2)$	$\eta(3)$	$\eta(4)$	$t_v(1)$	$t_v(2)$	$t_v(3)$	$t_v(4)$	Φ	q	v
1	90	90	90	90	345	536	726	891	49.39	850.3	1.66
2	60	90	90	90	286	506	715	891	48.96	857.8	1.674
3	90	60	90	90	350	496	710	890	48.86	859.5	1.677
4	90	90	60	90	366	561	704	890	48.63	863.7	1.683
5	90	90	90	60	369	571	762	890	48.56	864.91	1.686
6	70	90	90	90	307	517	719	891	49.1	855.4	1.669
7	90	70	90	90	349	511	716	890	49.06	856.1	1.671
8	90	90	70	90	359	553	713	891	48.89	859.1	1.677
9	90	90	90	70	360	557	748	890	48.89	859.1	1.676
10	90	60	60	90	412	553	715	890	46.23	908.5	1.756
11	60	60	60	90	279	452	652	891	46.79	897.5	1.738
12	80	80	80	80	341	531	720	890	48.5	866	1.687

（1）各级$\eta(i)$对Φ的影响程度不一，定量表现在Δqc_i[i级预热器的$\eta(i)$由90%降为60%时引起的热耗增高值，其余各级的分离效率保持在90%]的数值上。它们的数值为：

$$\Delta qc_1 = 7.5\text{kcal/kgcl} \qquad \Delta qc_2 = 9.2\text{kcal/kgcl}$$

$$\Delta qc_3 = 13.4\text{kcal/kgcl} \qquad \Delta qc_4 = 14.6\text{kcal/kgcl}$$

可见$\eta(i)$变化对Φ的影响次序为$C_1 < C_2 < C_3 \approx C_4$。

（2）降低C_i级的$\eta(i)$使大于C_i的各级出口气体温度均降低，而小于C_i的各级气体温度均升高。

（3）如果几级分离效率同时降低，则对系统热耗的影响程度（以表1中第一组试验的q值为比较基准的热耗增值用$\Delta_{p\Sigma}$表示）将是包括交联影响在内的综合结果，而不是简单的算术和。如$\eta(1)=90\%$，$\eta(2)\sim\eta(4)$均为60%（见表1中第10组试验），则：

$$\Delta_{q\Sigma} = 58.2\text{kcal/kgcl} > \Delta_{qc_2} + \Delta_{qc_3} + \Delta_{qc_4} = 37.2\text{kcal/kgcl}$$

需要强调的是，模拟试验结果与过去国内有些文献的结论是不一致的，这是因为本文所用模型附带有约束条件，考虑了交联影响，具有动态性能，故更接近于实际情况。我们的试验结果认为与分解炉相邻的两个旋风筒（此例中为C_3、C_4）的分解效率$\eta(3)$和$\eta(4)$改变对Φ的影响最为显著，这可以用图5来说明。当$\eta(1)$下降时，由于部分已预热生料飞扬使热损失增加，但另一方面，为保证系统产量，必须增大冷生料的供给量，这样使浓度相应升高，增加了单位气体与粉料的接触换热表面，使换热量有所增加，表现如图5所示C_1及以后各级温度下降，由此可补偿一部分飞扬所损失的热量，使系统热效率得到缓解。相反，如果只有C_3的$\eta(3)$降低，则由于热料返混，使上面各级（C_1和C_2）的气体温度升高，而下一级C_4的出口温度作为约束条件不能降低（为保证一定的分解率），因而分解炉内因为要提供补偿热量而增加了用煤量，废气量也相应略有提高，所有这些综合交联的结果，使热损失增加较多，Φ 明显降低，图6表达了这一趋势。

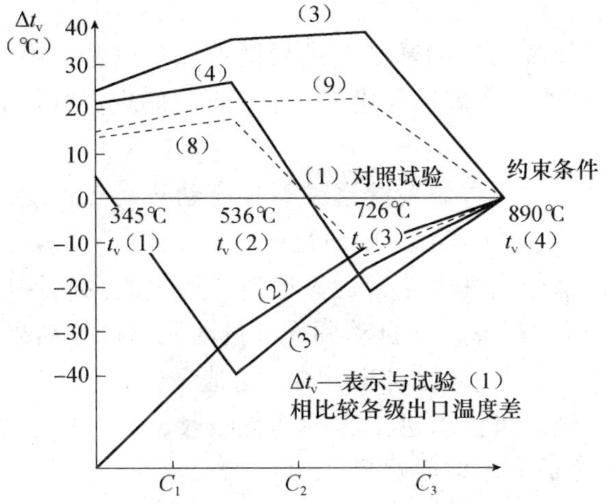

图5　各级分解效率变化与对照试验（1）相比的温差

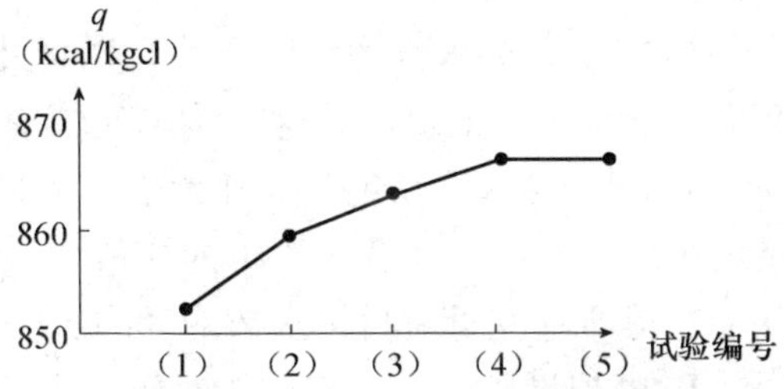

图6　各级分离效率对系统热耗的影响

从定量的观点来看，分离效率对系统的影响很可观，因此有必要修正过去各级分离效率的要求。模拟试验结果表明，C_1 从料耗和气体净化的负担考虑应适当提高其分离的要求，但从热效率的角度来看，与分解炉相邻近的两级 C_3、C_4 分离效率的重要性更大，不可忽视，由此也说明有的设计采用两个三级筒和选用高效低阻四级筒是合理的。最后模拟试验还回归出了下列函数关系式：

$$\begin{aligned}\phi =& 47.93\% + 3.99\times10^{-3}\eta(1) + 4.91\times10^{-3}\eta(2) + 6.36\times10^{-3}\eta(3) + 5.92\times10^{-3}\eta(4)\\ &+ 3.49\times10^{-4}\eta(1)\eta(2) + 8.67\times10^{-5}\eta(1)\eta(3) + 9.37\times10^{-4}\eta(1)\eta(4) - 9.38\\ &\times10^{-4}\eta(2)\eta(3) - 8.67\times10^{-5}\eta(2)\eta(4) - 3.49\times10^{-4}\eta(3)\eta(4) - 1.95 + 10^{-4}\eta(1)^2\\ &- 4.29\times10^{-4}\eta(2)^2 - 6.53\times10^{-4}\eta(3)^2 \times 8.32\times10^{-4}\eta(4)^2\end{aligned}$$

（二）各级漏风系数 kleak(i) 对系统热效率 Φ 的影响试验

这一问题在生产中至今未给予足够的重视，而且也未明确堵漏工作的重点。我们将各级漏风系数在8%～30%范围内改变进行一系列试验，同样也得出大量数据，为简化描述，仅将略去非线性项目的回归函数式列出：

$$\begin{aligned}\varphi = f[\mathrm{kleak}(i)] =& 45.37\% - 6.45\times10^{-4}\mathrm{kleak}(1) - 2.59\times10^{-2}\mathrm{kleak}(2)\\ &- 7.48\times10^{-3}\mathrm{kleak}(3) - 1.81\times10^{-3}\mathrm{kleak}(4) + \cdots\cdots\end{aligned}$$

可以看出，各级漏风系数对热效率影响有下列关系：

kleak（1）: kleak（2）: kleak（3）: kleak（4）: =1∶4∶11∶28

说明四级筒同样漏风10%，其对 Φ 的影响比一级筒大28倍。这个数值比已有资料[2]所列数值要更大，这是因为本模型考虑的漏风产生的交联作用所造成的。若按静态观点，所考虑的仅仅是漏风本身的影响，假如考虑到下一级漏风，将造成上面几级旋风筒固气比的变化，从而影响到换热量的动态交联作用，则影响将是迭加的，因而比值更大些。这是对过去计算的修正，也可以说明具有动态特性模型考虑更为全面合理的例证。

另外，还进行了旋风筒尺寸优化计算，分解炉中烧劣质煤模拟试验、二次风温对系统热

效率 Φ 的影响等，本文中不再一一介绍。

五、结论

1. 在建立能反映主要生产过程实际情况的数学模型的基础上进行模拟优化试验，可以代替费时、费钱甚至无法实现的生产性试验，可作为掌握现代化工厂生产规律的现实可行的办法。

2. 以工艺要求作为约束条件，以优化计算作为手段，使静态模型具有动态特点，绕过高温反应动力学的难点，这一构思使模拟试验更接近于实际，因而是可取的。

3. 由于模型可以包含各种参数，因此模拟试验内涵丰富、运算迅速，所编制的软件使模型中所包含的一切合乎逻辑的变量均可进行试验运算，并自动调优，自动回归计算结果，从而获得所选变量对目标函数的动态影响规律，可谓“呼之即出，有求必应”。

4. 模拟试验的用途广泛，对于水泥工业来说，可供引进工程的消化吸收、生产厂参数调优、人员技术培训、设计方案的优选和技术改造的效果预测等。

六、附录1　模型的平衡关系

1. 气体平衡

由窑开始逐级进行气体平衡，其计算式如下：

入窑二次风：　$V(N+2) = fuel(1) \times V_t \times \alpha(N+1) \times (1 - K_{first})$

入窑一次风：　$V_1 = fuel(1) \times V_t \times \alpha(N+1) \times K_{first}$

出窑气体量：　$V(N+1) = V_{CO_2k} + exair(N+1) + Fgk$

式中　$V_{CO_2k} = \mathrm{Fen}(1) \times V_{CO_2}$

$$V_{CO_2} = \frac{loss}{(100 - loss) \times 1.97}$$

$$exair(N+1) = [\alpha(N+1) - 1] \times Fuel(1) \times V_t$$

燃烧所需理论空气量：　$V_t = \dfrac{1.01 \times Q_u^y w}{1000}$

燃烧产生理论烟气量：　$V_t = \dfrac{89 Q_D^y w}{1000} \times 1.65$

出 N 级气体量：　$V(N) = Fg + V_{CO_2} + exair(N)$

式中　$exair(N) = [\alpha(N) - 1] \times airt$

$Fg = fuel \times V_T$

$airT = fuel \times V_t$

对于1至（$N-1$）级旋风筒：$V(i) = V(i+1) + leak(l)$　　（$i=1$，$N-1$）

式中　$leak(i) = kleak(i) \times airT$　　（$i=1$，$N-1$）

2. 物料平衡

入窑生料量：　$m(N) = m_{CO_2} \times Fen(1) + F(N+1) + m(N+1)$

式中　$m(N+1) = 1$（kg/kgcl）

$$m_{CO_2} = \frac{V_{CO_2} \times 44}{22.4}$$

入分解炉生料量：　$m(N-1) = m_{CO_2} + m(N+1) + F(N)$

入各级预热器的生料量：　$m(i-1) = m(i) + F(i) - F(i+1) \quad (i = 1, N-1)$

式中　$$F(i) = \frac{[1-\eta(i)] \times m(i)}{\eta(i)} \qquad (i=1,\ N-1)$$

3. 热量平衡

i 级热平衡方程式：

$$m(i-1)\int_{T_o}^{Tm(i-1)} C_{pm}\mathrm{d}t + V(i+1)\int_{T_o}^{T_V(i+1)} C_{pv}\mathrm{d}t + F(i+1)\int_{T_o}^{T_l(i+1)} C_{pm}\mathrm{d}t + Qleak(i)$$

$$= m(i)\int_{T_o}^{T_m(i)} C_{pm}\mathrm{d}t + V(i)\int_{T_o}^{T_V(i)} C_{pv}\mathrm{d}t + F(i)\int_{T_o}^{T5(i)} C_{pf}\mathrm{d}t + Qloss(i)(i = 1, N-1)$$

式中　$C_{pm} = a_m + b_m t$　　$C_{pt} = a_f + b_l t$

$C_{pu} = a_v + b_v t$　　$Qleak(i) = airt \times kleak(i) \times C_{pair} \times Tair(i=1,\ N)$

对于分解炉和窑的热平衡要考虑燃烧放热及反应热。二级筒要考虑 MgO 和 Al_2O_3 从原料中分解放出结晶水的反应热。

4. 旋风筒的压降

根据文献[3]选用了国内外常用的类似洪堡型的旋风筒，其压降关系式为：

$$\Delta p(i) = K \times \left[\frac{D(i)}{h_1(i) + h_2(i)}\right]^{0.376} \times \frac{p(i)}{2} \times \frac{a(i) \times b(i)}{d(i)^2} \times W(i)^2$$

七、附录 2 符号说明

$V(i)$ ——入 i 级气体量，Nm^3/kgcl

$V_{CO_2}k$——窑中 $CaCO_3$ 分解产生的 CO_2，Nm^3/kgcl

V_{CO_2}——$CaCO_3$ 分解产生的 CO_2，Nm^3/kgcl

m_{CO_2}——$CaCO_3$ 分解产生的 CO_2，kg/kgcl

$exair(i)$ ——i 级空气过剩量，Nm^3

$\alpha(i)$ ——i 级空气过剩系数

V_t——燃烧需理论空气量，Nm^3/kg 燃料

V_f——燃烧生成理论烟气量，Nm^3/kg 燃料

$Q_o^y w$——燃料低发热量，kcal/kg 燃料

Fg——理论烟气量，ND^3/kglc

Fgk——窑烟气量，ND^3/kglc

$Fen(1)$ ——窑中 $CaCO_3$ 分解的百分数

$fuel(1)$ ——窑耗燃料，kg/kgcl

$fuel(2)$ ——分解炉耗燃料，kg/kgcl

$fuel$——总的燃料消耗，kg/kgcl

$m(i)$ ——出 i 级的物料量，kg/kgcl

$\eta(i)$ ——i 级旋风筒分离效率，%

C_{pm}——物料比热，kcal/(kg · ℃)

K_{first}——一次风占入窑空气比例，%

loss——生料烧失量,%

C_{pt}——飞灰比热，kcal/(kg·℃)

C_{pv}——烟气比热，kcal/(Nm^3·℃)

leak(i)——i 级空气泄露系数,%

Qleak(i)——i 级漏风带入热量，kcal/kgcl

Qloss(i)——i 级热损失，kcal/kgcl

$\Delta p(i)$——i 级旋风筒压降，mmH_2O

$p(i)$——i 级旋风筒流体密度，kg/m^3

$D(i)$——i 级旋风筒外筒内径

$d(i)$——i 级旋风筒内筒内径，m

$h_1(i)$——i 级旋风筒内圆柱形筒体高，m

$h_2(i)$——i 级旋风筒圆锥体高，m

$a(i)$——i 级旋风筒进口长，m

$b(i)$——i 级旋风筒进口宽，m

$W(i)$——流体工作态流速，m/s

$C(i)$——i 级旋风预热器

airT——燃烧需理论空气量，Nm^3/kgcl

K——旋风筒压降公式系数

参考文献

[1] 希梅尔布劳.D.M实用非线性规划［M］.北京：科学出版社.

[2] 李昌勇，胡道和.各级预热器特性对系统热效率影响的计算分析，85年水泥窑外分解年会.

[3] 谢泽，赵正一.旋风预热器的结构型式与气流流动［J］.水泥，1982，11.

[4] 余立毅，刘述祖.水泥窑外分解技术［M］.北京：中国建筑工业出版社.

[5] 黄文熙.悬浮预热器的温度分布及其影响因素［M］.85年水泥窑外分解年会.

[6] 彭飞.水泥回转窑旋风预热器系统的热志模拟分析［J］.武汉建材学院学报，1985，2.

CFD 技术与工程应用

叶旭初　胡道和
（南京工业大学材料科学与工程学院，南京，210009）

一、前言

20 世纪 80 年代以来，科技发展进入高科技时代。科学技术迅猛发展，涌现了电子信息、生物、空间、海洋、新材料、新能源等六大高科技群，成为现代经济发展最主要的驱动力。进入 20 世纪 90 年代，知识经济时代已初见端倪。利用高新技术改造传统产业，促进传统产业的发展是必然的趋势。

高新技术向传统产业的渗透是当某项高新技术出现后，其相应技术创新群向传统产业扩散，并通过与原有生产技术条件相结合而使传统产业技术水平得到提高产生效益的过程。这个过程是一个动态过程，它需要经过包含三个环节，高新技术供给、高新技术转移以及高新技术消化吸收如图 1 所示。

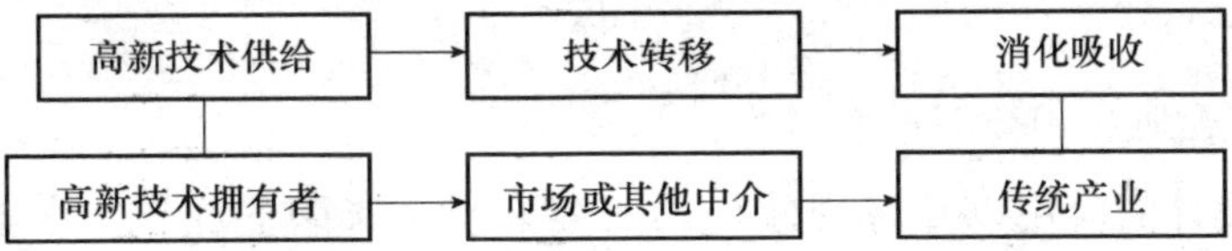

图 1　高新技术与传统产业的结合过程示意图

高新技术向传统产业的渗透有两个途径：一是通过高新软技术知识渗透，它通过学习与引进将高新技术与传统产业中的技术及管理结合；二是通过物化技术渗透，即通过购买高新技术装备与材料，从而使企业技术水平提高。高新技术的面非常广，本文仅就 CFD 技术的发展、应用做些简介。

二、CFD 技术的发展概况

CFD 是 Computational fluid dynamics 的缩写，是流体力学理论研究的一个分支（计算流体动力学）。现将对工程中的流体流动、传热、燃烧、化学反应、多相流等的数值预测及工程应用一般简称为 CFD 技术。CFD 技术的发展总的来说是随着计算机技术及数值计算方法的发展而发展的，从 20 世纪 60 年代至今，其发展过程可以分为三个阶段。

（一）初始阶段（1965～1974 年）

初始阶段的主要研究内容是解决计算流体力学中的一些基本的理论问题，如模型方程（湍流、流变、传热、辐射、气体－颗粒作用、化学反应、燃烧等），数值方法（差分格式、代数方程求解等），网格划分，程序编写与实现等，并就数值结果与大量传统的流体力学实验结果及精确解进行比较，以确定数值预测方法的可靠性、精确性及影响规律。著名的研究成果如 Patankar 和 Spalding 于 1967 年发表的描述外部绕流问题的抛物线型偏微分方程的 P-S 方法。1975 年推出的解决内流问题的 SIMPLE 算法等。

另一方面，为了解决工程上具有复杂几何区域内的流动问题，人们开始研究网格的变换问题，如 Thompson，Thams 和 Mastin 提出了采用微分方程来根据流动区域的形状生成适体坐标体系，从而使计算流体力学对不规则的几何流动区域有了较强的适应性，逐渐在 CFD 中形成了专门的研究领域——“网格形成技术”。

（二）开始走向工业应用阶段（1975～1984 年）

随着数值预测、原理、方法的不断完善，关键问题是如何得到工业界的认可，如何在工业设计中得到应用，因此，该阶段的主要研究内容是探讨 CFD 在解决实际工程问题中的可行性、可靠性及工业化推广应用。同时，CFD 技术开始向各种以流动为基础的工程问题方向发展，如气固、液固多相流、非牛顿流、化学反应流、煤粉燃烧等。但是，这些研究都需要建立在具有非常专业的研究队伍的基础上，软件没有互换性，自己开发，自己使用，新使用的人通常需要花相当大的精力去阅读前人开发的程序，理解程序设计意图，改进和使用。1977 年，Spalding 等开发的用于预测二维边界层内的迁移现象的 GENMIX 程序公开，其后，他们首先意识到公开计算源程序很难保护自己的知识产权。因此，在 1981 年，组建的 CHAM 公司将包装后的计算软件（PHONNICS——凤凰）正式投放市场，开创了 CFD 商业软件的先河，但是，在当时，该软件使用起来比较困难，软件的推广并没有达到预期的效果。我国 20 世纪 80 年代初期，随着与国外交流的发展，科学院、部分高校开始兴起 CFD 的研究热潮。

（三）快速发展期（1985 年～）

CFD 在工程设计的应用以及应用效果的研究取得了丰硕的成果，在学术界得到了充分的认可。同时 Spalding 领导的 CHAM 公司在发达国家的工业界进行了大量的推广工作，Patankar 也在美国工程师协会的协助下，举行了大范围的培训，皆在推广应用 CFD，然而工业界并没有表现出太多的热情。

1985 年的第四界国际计算流体力学会议上，Spalding 做了 CFD 在工程设计中的应用前景的专题报告。在该报告中，他将工程中常见的流动、传热、化学反应等过程分为十大类问题，并指出 CFD 都有能力加以解决，分析了工业界不感兴趣，是因为软件的通用性能不好，使用困难。如何在 CFD 的基础研究与工程开发设计研究之间建立一个桥梁？如何将研究结果为高级工程设计技术人员所掌握，并最大限度地应用于工程咨询、工程开发与设计研究？这正是本时期应用基础研究所追求的目标。此后，随着计算机图形学、计算机微机技术的快速进步，CFD 的前后处理软件得到了迅速发展，如 GRAPHER，GRAPHER TOOL，ICEM-CFD 等。同时，一些经济实力雄厚的实体也见到了 CFD 应用软件的巨大商机，纷纷介入。如美国的 FLUNENT，ANSYS 及英国的 AEA 等。我校引进的 CFD 软件是 AEA 公司的 CFX4 系列。

三、CFD 的应用范围

CFD 能够分析与研究在各种复杂几何形状的空间（装置）内、外发生的下列工程问题：（1）流体流动；（2）高温传热（导热、对流、辐射换热、流固偶合传热）；（3）气－

固、液－固、气－液、液－液等多相流（如均化库、增湿塔、气力输送等）；（4）非牛顿流体流动（流变，如粉体、混凝土、膏状物等）；（5）多孔介质流；（6）化工反应流；（7）煤粉燃烧、气态燃料燃烧、油雾燃烧、多种燃料混合及多氧化流燃烧（如燃烧器、分解炉、烘干炉等）；（8）爆炸、爆燃和着火（如煤粉仓的爆炸与防治）；（9）搅拌反应釜；（10）环保（气体、水污染的扩散与防治、脱硫、NO_x 等）。

CFD 分析研究可以提供工程设计、生产管理、技术改造中所必需的参数，如流体阻力（阻力损失），流体与固体之间的传热量（散热损失等），气体、固体颗粒的停留时间，产品质量，燃烬程度，反应率，处理能力（产量）等综合参数以及各种现场可调节量（如风量、风温、组分等）对这些综合参数的影响规律性。还可以提供流动区域内精细的流场（速度矢量）、温度场、各种与反应进程有关的组分参数场，通过对这些场量的分析，发现现有装置或设计中存在的不足，为创新设计、改造设计提供依据，相当于是一个通用的、多功能的大型冷、热态试验场（数值试验）。

四、CFD 技术促进传统产业的技术创新

传统产业技术进步的一个重要表现为：加速对制造机械、装置的开发进程，具有较大的处理能力、较高的处理精度、较低的处理成本或能简化处理工艺，将是该领域今后的技术发展方向。实践证明，完美的工艺只有通过性能优良的装置单体，并经过优化的组合才能达到理想的效果。一个制造成本更低、效率更高的装置将会为老生产线的技术改造带来新的经济增长点。未来传统工业的市场竞争，同样是新技术的竞争，应用高新技术加速改造传统产业的竞争，拥有知识面更宽、实际工作能力更强、综合素质更高的人才的竞争等。通过技术人员的努力，达到创新、开发与推广应用的目标。

传统工程开发研究主要是采用试验方法，如冷态预测试验、热态预测试验、中间试验、工业化试验等，人们依靠试验取得的数据和经验公式以及试验中所发现的问题，改进设计，推动工程技术的进步。然而，由于试验方法会受到各种客观条件的限制，如规模大小的限制、影响因素多样化的限制、测试技术的限制，试验研究一般情况下只能给出单个物理量之间的关系，从而降低了试验结果的应用价值。另一方面，试验的主要理论依据是相似原理，人们利用试验结果对实际的工程应用给出预测，这种预测很大程度上取决于经验，在实际应用中必然存在较大的风险。当然，为了提高工程放大设计的准确性，在试验结果的基础上，人们也试图借助于分析法，如零维模型理论分析法、一维模型理论分析法等，尽可能地提高工程放大设计的准确性。这种研究，一般是周期长，投资大，放大预测的可靠性差。

随着近代科学技术及测试技术的进步，人们对工程中常见现象的理论基础研究已达到了一个崭新的境界，如工程力学、流体力学、传热学、燃烧学、化学反应机理、气－固、液－固多相流、多组分化学反应流等的描述数学方程、理论模型或经验模型在大量的实验研究及工程应用中得到证实，这些理论由于是从根本上揭示了自然规律，无论是在模型中还是在实际装置中都是适用的。然而，这些理论到底有多少被工程设计人员所掌握？又有多少能用来指导工程开发与设计研究？产生如此现象，我认为主要是由于如下几个因素：一是理论研究与工程应用研究的脱节，按照传统学科分类，上述的机理研究是属于理科，而工程应用是工科；二是由于上述理论体系往往需要很强的数学基础，其描述方程基本是复杂的偏微分，再加上工程问题的复杂性、专业性，用这些方程来解决工程问题，即使数学家也显得无能为

力；三是认识问题，正是由于前两个原因的长期存在，在工程设计人员中必然会产生对理论研究结果的不信任。随着高性能计算机、并行计算技术、数值计算方法的发展和编程技术的普及，针对工程上常见的宏观物理、化学现象的资料处理、解释、数值预测、可视化等都将变为可能。定量地预测工程结果的数值预测作为常规的工程分析、辅助设计手段已为期不远。CFD 技术在各种尖端武器的设计、中长期天气、海浪预报、汽车外形、离心机械、风机、发动机、化学反应器的设计、锅炉燃烧、金属冶金等领域已取得了大量成功的先例。运用该技术可以对水泥工业中的分解炉、燃烧器、烘干炉、换热器、均化、增湿、旋转机械等内的流体流动、传热、传质、燃烧、分解反应等进行数值预测研究，给出相应的温度场、压力场、组分浓度场、颗粒浓度场、三维流场、燃烬率、分解率等信息，预测过程的显示直观、生动，可视化效果好，为分析、方案优化、多媒体教育等提供依据与素材，提高设计水平，促进技术进步。比较于传统的工程研究方法，快速、经济。但是，预测与现有的工程开发研究、工程设计经验的衔接是正确应用该高新技术的关键，仍需要进一步研究。CFD 技术是 20 世纪 90 年代来工程应用基础研究的一大突破，在工程开发、设计中应用 CFD 技术是 21 世纪的重要发展方向。

传统的工程设计及新产品设计投产过程如图 2 所示，其开发周期长，费用高昂。

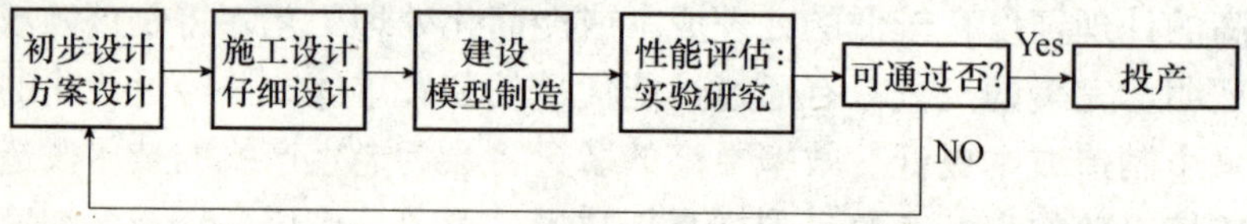

图 2　传统设计及新产品的投产过程

理想的工程设计、新产品现代设计过程如图 3 所示，据此过程，对提出的改进方案只需重新采用 CFD 计算一次就可以评估改进是否有效，试验的目的最多是进一步验证性能与可行性。

图 3　理想的现代设计过程

总之，CFD 预测技术在工程设计、开发中所起的独特作用如下：

1. 对已建工程的预测分析研究，指导改进

运用 CFD 预测技术对已建工程中关键装置、设备进行直接的热态预测分析，给出比较精细的研究结果，通过对已经掌握的热工标定数据、经验数据、现场控制参数、现场可测试参数的比较分析，来提高对 CFD 技术的认识和标定 CFD 技术的可靠性，增加使用 CFD 技术的经验。在此基础上进一步预测分析各种改进设想的可行性及改进后的效果，让改造带来的风险降到最低。

2. 对新开发装置的预分析研究，指导开发与设计针对具有一定使用目标的新型装置或设备，提出创意后，先采用 CFD 技术进行预测分析，优化结构参数，再对优选结果进行必要的模型实验研究，检验实际应用上的可行性（不一定每一种预测都需要进行实验论证）或标定 CFD 技术，运用 CFD 技术进行直接工程放大预测，推广应用。

3. 提高素质，促进创新

通过 CFD 技术提供的精细研究结果，加深了对过程的认识与理解，提高了工程设计人员的理论素养，必定会增加创新的欲望，从而进一步推动技术的进步。

五、CFD 技术在水泥工业中的应用实例

（一）结构参数对燃烧过程的影响

本研究以多通道燃烧器的结构参数——拢焰罩长度发生改变对燃烧火焰的影响为研究对象，探讨 CFD 技术预测的精确度及分辨率（分辨率是指当流动区域的结构、操作条件发生微小改变时，预测结果能否区别出这种变化的能力）。拢焰罩在燃烧器的结构上是一个比较微小的变化，但是，实践经验表明，拢焰罩对燃烧有影响，CFD 能否预测出这些影响？部分研究结果如下：

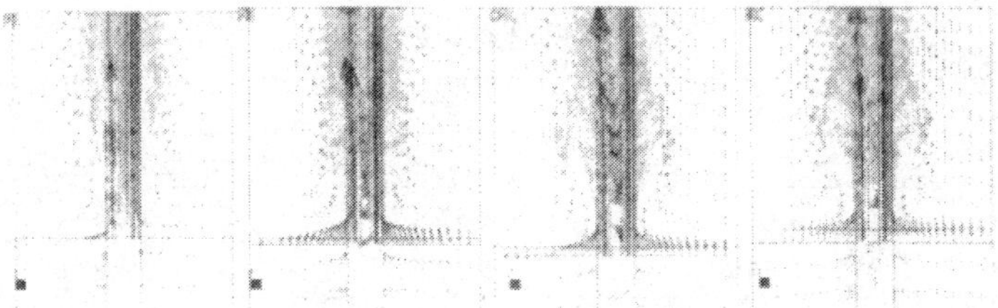

（0mm）　（50mm）　（100mm）　（150mm）

图 4　燃烧器出口回流强度比较

对于 4 个典型拢焰罩长度（0、50mm、100mm、150mm），图 4 是 CFD 的预测出的燃烧器出口附近的回流速度矢量分布图。从图 4 上可以看出，随着拢焰罩长度的增加，燃烧器出口中心处的回流强度不断增大，当拢焰罩长度达 150mm 以后，拢焰罩继续增长反而会降低出口附近的回流强度。

不同拢焰罩长度下的火焰形状如图 5 所示。从图 5 上可以看出，由于拢焰罩的使用，使得窑内火焰被拉长，这与实际经验是吻合的。

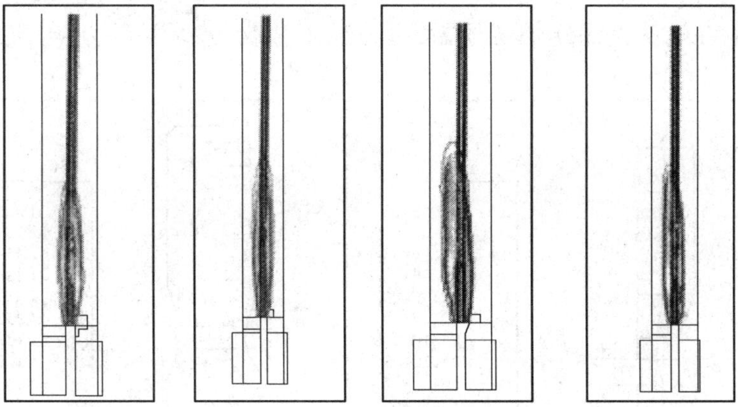

（0mm）　（50mm）　（100mm）　（150mm）

图 5　回转窑内火焰形状的比较

窑内沿轴线方向的平均温度如图 6 所示。此外，不同拢焰罩长度下窑内的最高温分别为：（a）2004℃；（b）1976℃；（c）1965℃；（d）1949℃。由此可见，虽然拢焰罩的使用对窑内平均温度的分布只有很微弱的影响，但是却明显地降低了窑内的最高温度，这样就有效地避免了窑内可能出现的局部高温，同时，也为根据生料的易烧性、熟料强度要求合理地设计燃烧器提供了一种分析手段。

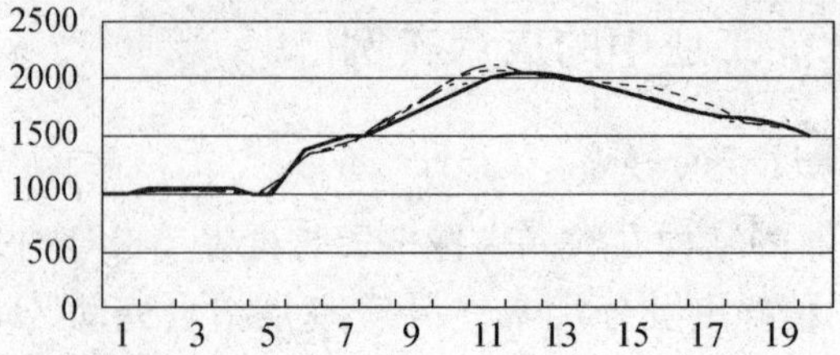

图 6　窑内沿轴方向的平均温度分布曲线

不同拢焰罩长度下煤粉燃烬率的情况见表 1。

表 1　煤粉燃烬率比较

序号	a	b	c	d
燃煤量（kg/s）	1.0556			
挥发分燃烧量（kg/s）	0.1858	0.1858	0.1858	0.1858
固定碳燃烧量（kg/s）	0.5436	0.5703	0.5758	0.5800
煤粉燃烬率（%）	94.66	98.12	98.83	99.35

随着拢焰罩长度的增加，煤粉燃烬率增大。比较有拢焰罩和无拢焰罩的情况可以发现，在燃烧器前端加了拢焰罩之后，煤粉燃烬率增加了 3.46%，达到 98.12%。随着拢焰罩长度的加大，煤粉燃烬率也逐继续增加。当拢焰罩长度为 150mm 时，煤粉燃烬率高达 99.35%，煤粉几乎完全燃烧。拢焰罩运用 CFD 技术却能反映出对燃烧的影响，因此，可以认为 CFD 技术具有较高的分辨率，即能较客观地反映出实际变化规律。

（二）D-D 分解炉的热态预测结果

图 7 是 D-D 分解炉的热态数值预测的温度场分布规律，除在喷煤的附近存在一定的高温区（1250℃），在炉的大部分区域内温度基本趋于常数（908℃），这与分解炉内的实际情况是相吻合的。

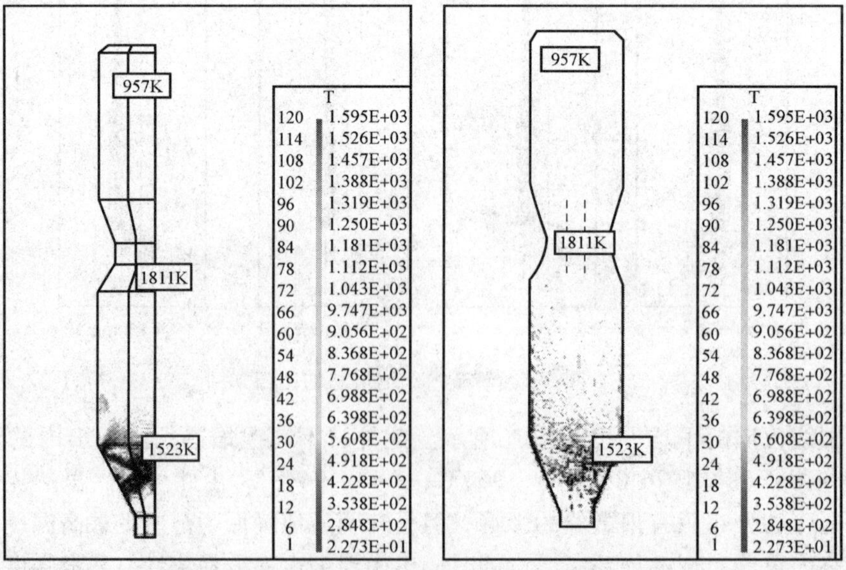

图 7　D-D 分解炉内的典型破面剖面上热态数值预测的温度场分布图

六、CFD 技术的应用展望

CFD 技术可以提供大量的精细研究结果以及与工程设计相关的工艺参数，如何运用这些信息？如何与具体的工程设计相结合？实现真正意义上工程设计的“数字化”，提高设计的清晰度，优化工程。我认为：所有这些结合的经验、成果都将构成自己的知识产权。CFD 技术应用于工程问题分析、技术改造方案的评价、生产管理的指导、优化操作等是完全可行的，该技术的推广应用，必将为我国的水泥工业带来新的生机。

如何应用 CFD 技术解决本企业在生产中出现的实际问题，具体步骤如下：

（1）提出问题，或提出不能解释的现象，或提出对设备改造的设想和创意等，或试图更换燃煤的种类，或试图提高产量等；

（2）主要相关设备的几何尺寸（如分解炉、燃烧器、增湿塔、均化库、预热器等）；

（3）现场所有可以控制的、可以检测的或实验室内能测试的参数（如温度、压力、流量、煤的工业分析、颗粒的粒度分布等）；

（4）希望实现的目标。

针对上述的具体课题，通过 CFD 综合的研究分析，提供完备的技术研究报告，供决策使用，力求使工程实践的风险尽可能降低，并指导生产操作，节约运行成本，获取更的利润。

预分解系统单体模拟与实践应用

蔡玉良[1] 丁苏东[1] 叶旭初[2] 胡道和[2]
（1. 中材国际南京水泥工业设计研究院，南京 210029；2. 南京工业大学，南京 21009）

【摘 要】 本文从工程应用的角度出发，采用 CFD 技术对新型干法水泥熟料生产技术中主要的设备单体进行了数值模拟计算。从机理上解释了歪锥旋风筒的良好防堵性能，并且预测了旋风预热器的压损，预测结果与工程实际数据吻合较好。针对 5000t/d 系统分解炉分别燃用烟煤和无烟煤的情况，预测分解炉燃烧与分解性能，取得了建设性的结果，从而指导实际的工程设计，达到个性化设计的目的。
【关键词】 分解炉，旋风筒，数值计算，个性化设计

本文从工程应用的角度出发，采用 CFD 技术对新型干法水泥熟料生产技术中主要的单体设备旋风预热器和分解炉进行数值模拟计算，取得相应预测结果以指导工程的个性化设计。

目前，在计算流体力学技术应用方面，各国工程界倾向于尽量利用大型、高速计算机来处理问题。一方面，许多学者一直在努力地编写着能够反映流体运动和传热过程的精细而又复杂的通用计算程序。无论在在经济性上还是在软件的可靠性和适应性上均获得了成功。另一方面，随着计算机技术的发展，在求解流动和传热问题时，可以根据工程计算容量和规模的大小，选择和利用并行处理系统的超级计算机（CRAY、IBM、SGI 等）进行计算，也可以在 PC 级工作站上完成，使得 CFD 技术的应用更为普及。

我国在计算流体力学的研究领域，始于 20 世纪 60 年代中期，与国外的发展历程基本相同，伴随计算机技术的发展而发展。由于国防的需要，推动了计算流体力学的发展。与国防相关的航天工业和核工业等部门所属的高校、研究院和试验基地是我国计算流体力学发展的重要支柱单位。近年来，CFD 技术已经被我国的工业界逐渐接受，作为一种研究与开发的辅助工具，已经被广泛地应用于各种工业过程研发和应用的技术预测中，推动研究方法的革新和技术的进步，创造了一定的经济效益。

本研究的对象是中材国际南京水泥研究设计院自主研发的 5000t/d 烧成系统用喷旋管道式分解炉和与之相配套的旋风预热器。该类型的分解炉具有旋风式分解炉和喷腾式分解炉的双重特点，在分解炉内部，三次风和煤粉由分解炉底部向下切向进入分解炉，使炉内的气体和物料形成旋流运动，因而具有旋风式分解炉的特点；同时，窑尾烟气从分解炉的底部沿轴向喷入分解炉，使炉内形成喷腾运动，因而具有喷腾式分解炉的特点。该分解炉的另一个特点就是加长了气流管道，使物料在分解炉中具有充分长的停留时间，有利于煤粉的燃烧及生料的分解。

为了充分掌握分解炉的性能，并为优化设计提供依据，本研究主要探讨了以下几个方面

的问题：（1）生料细度对分解炉内燃烧、分解率的影响规律；（2）喷煤口位置对分解炉内燃烧、分解率的影响规律；（3）具有不同燃烧动力学参数的煤粉对分解炉内燃烧、分解率的影响规律。

为了深入分析我院独特的偏心、大蜗壳、短柱体、歪锥旋风预热器的低压损特性和显著的防堵特性，通过计算不同的入口速度情况下的旋风预热器的压力损失以掌握其压损特性，通过捕捉歪锥处的涡流来分析其防堵原理和功效。

一、预分解系统数值模拟研究的模型选择

（一）旋风预热器的计算模型

生产实践证明，预热器系统各级旋风筒的主要作用是气固分离，气固流动是其主要过程，因此，在旋风筒物理场模拟过程中，不考虑内部可能发生的微量化学反应和温度的变化，对其内部的物理场进行模拟。

1. 气相方程包括连续性方程和动量方程

$$\frac{\partial \rho}{\partial \tau} + \nabla \cdot (\rho U) = 0$$

$$\frac{\partial}{\partial \tau}\rho U + \nabla \cdot (\rho U \otimes U) - \nabla \cdot (\mu_{eff} \nabla U) = - \nabla p' + \nabla \cdot [\mu_{eff}(\nabla U)^T] + B$$

式中　ρ、U——分别表示流体的密度和速度；

μ_{eff}——有效黏度，其定义式为 $\mu_{\mathrm{eff}} = \mu + \mu_{\mathrm{T}}$，$\mu_{\mathrm{T}}$ 为湍流黏度，对于 $k-\varepsilon$ 模型，假定：$\mu_{\mathrm{T}} = C_{\mu}\rho \dfrac{k^2}{\varepsilon}$；

B——表示体积力。

在湍流模型选择方面，由于普通的 k-ε 模型是在涡扩散各向同性的假设基础上建立的，在描述旋风筒内流体强旋流动时，受到了较大的限制。因此，涡扩散各向异性的 Reynolds 应力模型（RSM）是描述旋风筒内部湍流流动的合适选择。

2. Reynolds 湍流应力模型（RSM）

$$\frac{\partial \rho\, \overline{U'U'}}{\partial \tau} + \nabla \cdot (\partial \rho\, \overline{U'U'U}) - \nabla \cdot \left[\rho \frac{C_3}{\sigma_{RS}} \frac{k}{\varepsilon} \overline{U'U'}(\nabla \overline{U'U'})^T\right] = P + \Pi - \frac{2}{3}\rho \varepsilon I$$

$$\frac{\partial \rho \varepsilon}{\partial \tau} + \nabla \cdot \left(\rho \frac{C_3}{\sigma_{\varepsilon}} \frac{k}{\varepsilon} \overline{U'U'}\right) \cdot \nabla \varepsilon = C_1 \frac{\varepsilon}{k} P - C_2 \rho \frac{\varepsilon^2}{k}$$

模型中相应常数见表 1。

表 1　RSM 涡流模型常数

C_1	C_2	C_3	C_4	C_5
1.8	0.6	0.22	1.375	1.0

（二）分解炉的计算模型

在分解炉的物理场模拟计算过程中，除了气固的流动，还存在着燃烧和气固反应。因此，在模型的选择上，除了上述通用的连续性方程，动量方程外，描述分解炉的其他特征模型如下：

在分解炉的模拟计算过程中，与旋风预热器不同，采用涡扩散各向同性 k-ε 湍流模型较为合适。具体如下：

1. 能量方程

$$\frac{\partial \rho H}{\partial \tau} + \nabla \cdot \left[\rho U H - \left(\frac{\lambda}{C_P} + \frac{\mu_T}{\sigma_H}\right)\nabla H\right] = \frac{\partial \rho H}{\partial \tau} + Q_R$$

其中，H 代表流体的焓，Q_R 为流体中发生的化学反应的反应热。

2. k-ε 湍流模型

相应的湍流动能 k 和湍流耗散率 ε 的定义式分别为：

$$\frac{\partial}{\partial \tau}\rho k + \nabla \cdot (\rho U k) - \nabla \cdot \left[\left(\mu + \frac{\mu_T}{\sigma_k}\right)\nabla k\right] = P + G - \rho\varepsilon$$

$$\frac{\partial}{\partial \tau}\rho \varepsilon + \nabla \cdot (\rho U \varepsilon) - \nabla \cdot \left[\left(\mu + \frac{\mu_T}{\sigma_\varepsilon}\right)\nabla \varepsilon\right] = C_1 \frac{\varepsilon}{k}\left[P + C_{3,\max}(G,0)\right] - G_2 \rho \frac{\varepsilon^2}{k}$$

其中，P 和 B 的定义分别为：

$$P = \mu_{\text{eff}} \nabla U[\nabla U + (\nabla U)^T] - \frac{2}{3}\nabla \cdot U(\mu_{\text{eff}} \nabla \cdot U + \rho k)$$

$$G = G_{\text{buoy}} + G_{\text{rot}} + G_{\text{res}}$$

上式中的 G_{buoy}、G_{rot} 和 G_{res} 分别代表浮力、旋转和阻力的作用。方程中各常数的值见表2。

表2　k-ε 湍流模型常数

C_μ	C_1	C_2	σ_k	σ_ε
0.09	1.44	1.92	1.0	1.3

无论在旋风筒颗粒场描述，还是分解炉内颗粒场描述中，均采用 Lagrange 跟踪法。

3. 煤粉燃烧采用双挥发反应模型

双挥发反应模型认为：挥发反应分两步进行，采用两个具有不同速度常数和挥发分产率的反应方程对煤粉的裂解进行描述。第一个方程适用于温度较低的阶段，得出一个较低的挥发分产率 Y_1；而第二个方程适用于温度较高的阶段，得出一个较高的挥发分产率 Y_2；最终的挥发分产率 Y 取决于颗粒的升温过程，并随温度的增加而增大，但 Y 值介于 Y_1 和 Y_2 之间。

根据该模型，单位质量的煤粉颗粒经过 τ 时间以后，其中未反应的煤粉质量为 C_0；已经生成的焦炭质量为 C_{ch}；颗粒中的灰分质量为 A。显然，C_0 的初始值为（$1-A$）。上述两个反应过程的速度常数 k_1 和 k_2 决定了未反应煤粉的转化速率：

$$\frac{dC_0}{dt} = -(k_1 + k_2)C_0$$

挥发分的产生速率为：

$$\frac{dV}{dt} = (Y_1 k_1 + Y_2 k_2)C_0$$

焦炭的产生速率为：

$$\frac{dC_{ch}}{dt} = [(1 - Y_1)k_1 + (1 - Y_2)k_2]C_0$$

k_1，k_2 由 Arrhenius 公式定义，表达式为：

$$k_1 = A_1 \exp\left(\frac{E_1}{RT_P}\right) \qquad k_2 = A_2 \exp\left(-\frac{E_2}{RT_P}\right)$$

式中　Y_1、A_1 和 E_1 由煤粉工业分析试验测定；Y_2、A_2 和 E_2 由高温干馏试验测得。

4. 石灰石分解模型

$$\frac{dX}{d\tau} = \frac{3M_{CaCO_3}}{r_P \rho_P} \cdot k \cdot (P_{e,CO_2} - P_{CO_2})(1 - X)^{\frac{2}{3}}$$

式中　X——碳酸钙分解率（无量纲）；

τ——反应时间，s；

M_{CaCO_3}——碳酸钙摩尔质量，kg/mol；

r_p——碳酸钙颗粒半径；m；

ρ_P——碳酸钙颗粒的密度；kg/m^3；

k——反应常数，mol/(m^2 · s · atm)；

P_{CO_2}——炉内环境中 CO_2 气体的分压，atm；

P_{e,CO_2}——当地温度 CO_2 气体的平衡分压，atm。

二、计算结果分析与讨论

（一）旋风预热器模拟结果与分析

NC-3 型大蜗壳旋风筒是我院预分解系统的核心组成单元，与 NC 型喷旋管道式分解炉共同构成我院预分解系统的核心技术。NC-3 型旋风筒在结构设计上，采用了多心大蜗壳、短柱体、等角变高过渡连接、偏锥防堵设计、内用挂片式内筒、导流板、整流器、尾涡隔离等技术，使旋风筒单体具有低阻耗、高分离效率、低返混度、良好的防堵塞性能和空间布置性能。

1. 网格系统

现就我院 5000t/d 预分解系统的 C_4 级旋风筒为例进行研究。其三维几何模型和结构如图 1 所示。

网格系统采用非结构四面体网格，并在旋风筒壁面添加壁面层，以提高计算的准确度。图 2 为网格示意图，可以看出在出气管的壁面上附着 3 层边界网格（三棱柱体网格）。

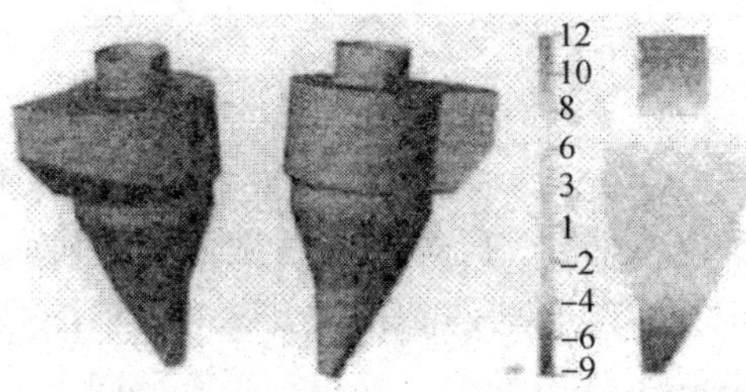

图 1　C_4 筒几何模型（不同视角及模型 Z 轴标尺）

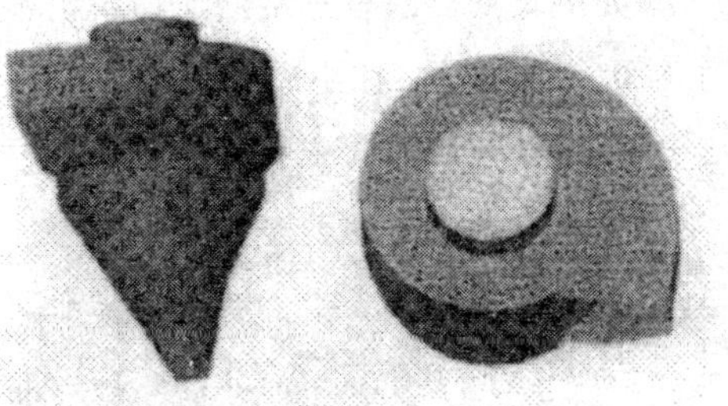

（a）　（b）

图 2　C_4 级旋风筒网格示意图

（a）模型表面网格；（b）旋风筒顶盖与出气口的网格

2. 边界条件

采用工况情况下的边界条件，以预测该旋风筒在工作状态下的阻力值，具体参见表3。

表3　C_4 级旋风筒计算边界条件

入口风速	出口负压	流体组成	气体温度
17m/s	2460Pa	分解炉烟气	805℃

假设旋风筒器壁是光滑壁面，进口气流的湍流强度为中等强度（5%），采用 TRANS（非稳态）方案进行计算，时间步长为0.05s，计算时间宽度为2s。

3. 结果分析

（1）阻力损失

由于采用瞬态计算方式，C_4 旋风筒进出口压力差随时间而变化，图3是其变化过程。在计算过程中，开始阶段的时间步长（0～0.6s），总压降随时间呈增长趋势，在0.6s之后，压力降稳定在一个伪稳态值，即600MPa上下波动，因此，C_4 旋风筒在给定的边界条件下其压力损失为600Pa。此外，从计算的变化过程还可以看出，旋风筒的流动模式是伪稳态的，在小时间尺度内表现为非稳态特性。根据压降，可计算出该旋风筒的阻力系数为12.9。实际生产标定结果，相应 C_4 级旋风筒压降为640MPa，两者误差为6.25%。误差原因可能来自标定过程中所测定压降包含其进出口相应管道的压力损失，此外，本计算中仅限于旋风筒自身，而不包含气体裹挟颗粒对压降的影响。

图4是1.1s时刻旋风筒纵向主截面上的压力分布图。从图4中可以看出，在旋风筒中心存在一个较低压力区，这个低压区的压力与旋风筒外围的压力差值就是产生中心涡流的原动力。

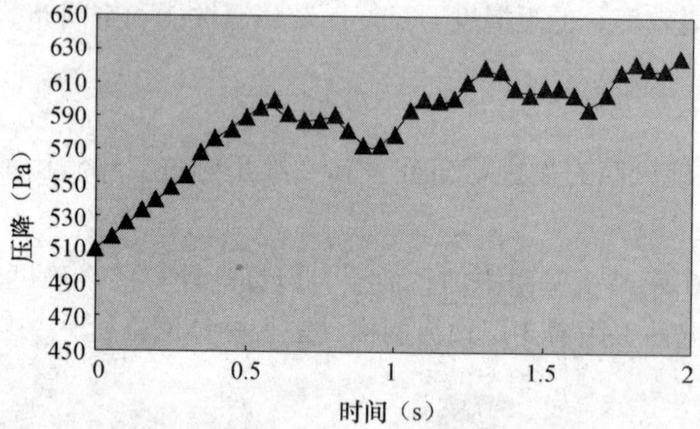

图3　C_4 旋风筒压降计算值随时间发展趋势图

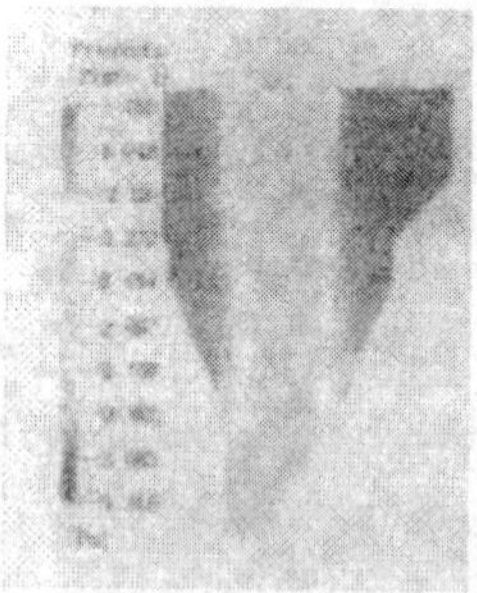

图4　C_4 旋风筒主纵向剖面压力图

（2）流场分析

图5是旋风筒涡流面，图6是旋风筒内流线，图7是 C_4 旋风筒纵向主截面的速度矢量图。图7左图是整个截面速度矢量图，右上图是旋风筒出气管处的流场放大图。右下图是歪锥处的流场放大图，从图中可以看出：就旋风筒内的流体流动来看，呈现外围旋转向下，中心汇流向上，但也有小部分流体直接通过出气管流出旋风筒，该部分少量气体裹挟少量细粉料，逃离旋风筒，这就说明了当旋风筒分离效率达到一定程度后，难以进一步提高的原因。

由于歪锥壁面对流体的作用，在歪锥底部形成了两个不同旋向涡，构成物料的翻动，阻碍了该处汇集物料的静止结拱。物料歪锥壁面对流体的作用，使得流体在小时间尺度内表现为非稳态的这一现象不难从图7的右下图看出。

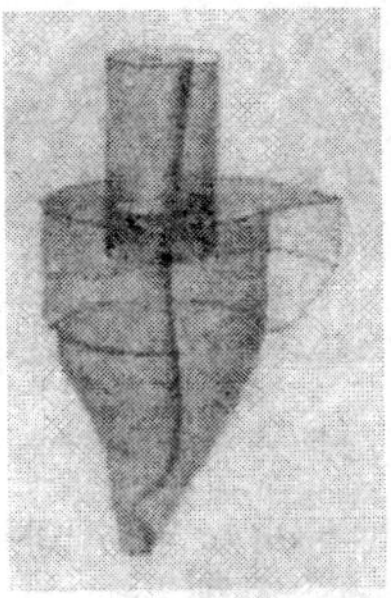

图5　C_4 旋风筒涡流图

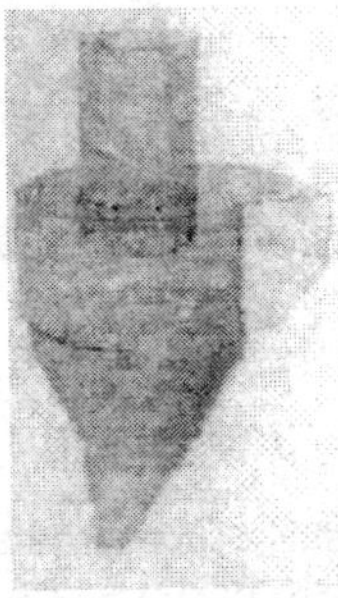

图6　C_4 旋风筒内流线

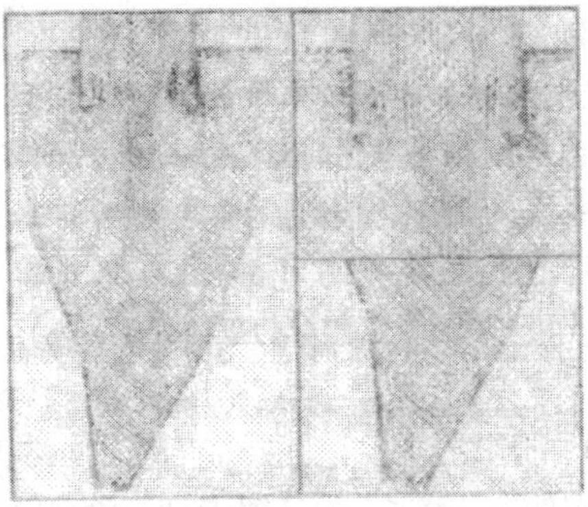

图7　C_4 旋风筒流畅矢量图

图8是 $z=8$m 截面上的切向与轴向速度沿半径方向的分布曲线，此位置处于旋风筒的出气管上。由切向速度曲线可知，出气管中的气流仍属于强制涡，结合轴向速度曲线可知，靠近管壁的气流速度较中心高得多（几乎是3倍于中心轴向速度），呈双峰分布。

图9是 $z=4$m 截面的切向与轴向速度的曲线。$-2\sim2$m 是内筒所处的半径范围，从图9中看出，虽然旋风筒内筒内部与外部的轴向速度相反，但是其切向速度方向相同，即内筒中的刚性涡的旋转方向与外部的准自由涡的旋转方向相同，轴向速度也呈双峰分布。

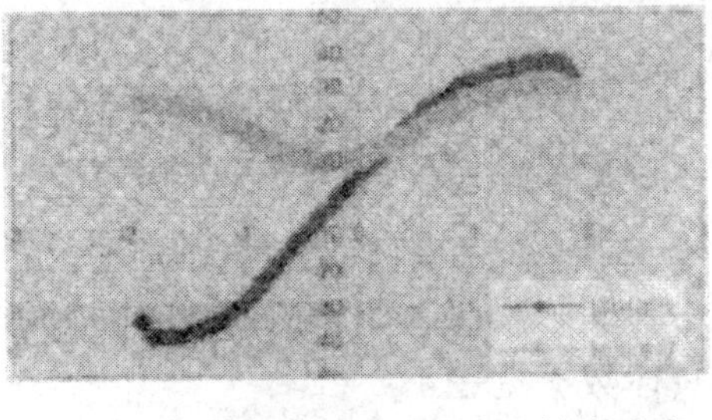

图8　$z=8$m 截面的切向速度和轴向速度

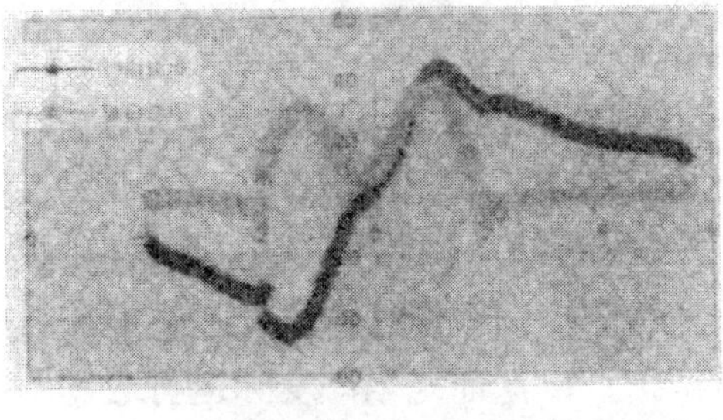

图9　$z=4$m 截面的切向速度和轴向速度

图10、图11是旋风筒柱体和锥体截面的切向与轴向速度曲线，两者的切向速度分布方式相同，最大切向速度值达到40m/s，相对于轴向速度大得多。两者的轴向速度与出气管中的双峰分布方式不同，为单峰分布方式。

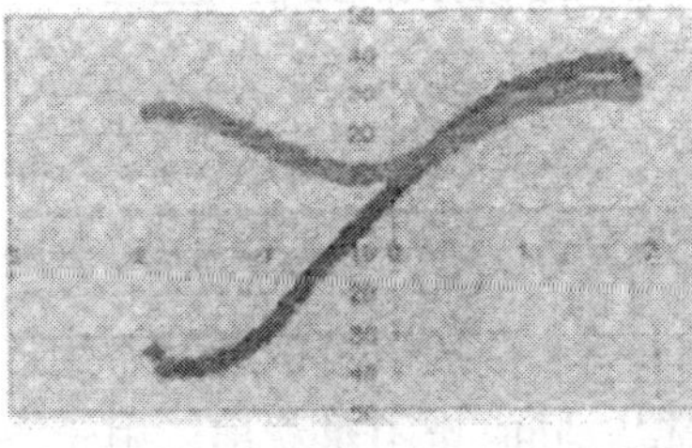

图10　$z=1$m 截面的切向速度和轴向速度

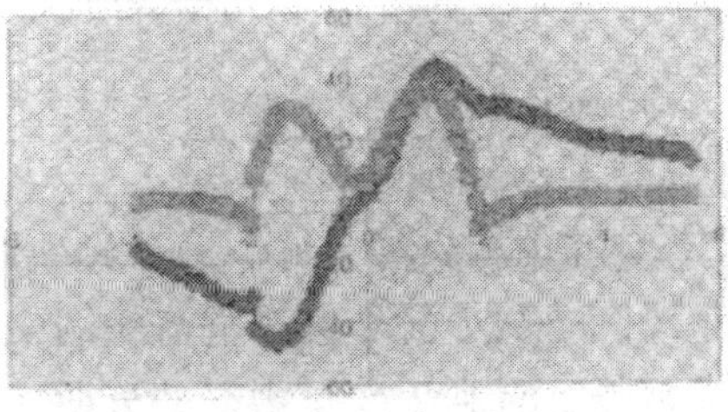

图11　$z=-3$m 截面的切向速度和轴向速度

图12是不同截面的静压分布曲线，从图12中可以看出，刚性涡中心的压力较外围低得

多，这是产生中心刚性涡流的原因。

（二）分解炉单体模拟结果与分析

实际工程应用中，直接影响分解炉性能的因素有生料、燃料（煤粉）的特性，以及生料与煤粉喷入点的相对位置等。为了从理论上定量地分析这些问题，采用数值模拟技术对其进行研究，以指导分解炉系统的个性化设计。

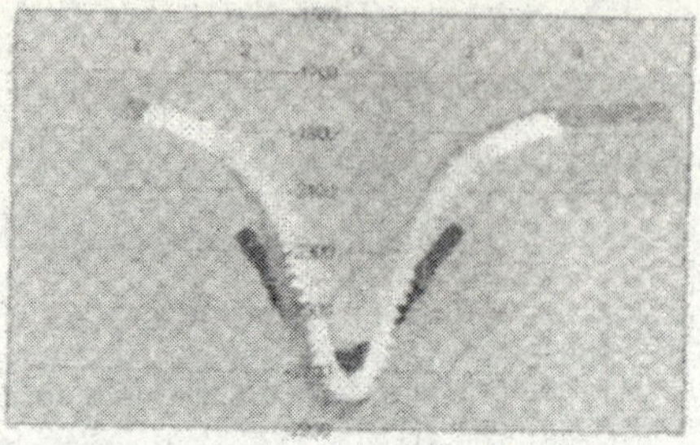

图 12　各截面静压值曲线

1. 网格系统

在模拟我院 5000t/d 喷旋管道式炉的计算过程中，基于喷旋管道炉的结构特征和提高非规则区域单元体内的计算精度要求。特选择采用六面体结构分块网格划分技术，对分解炉进行细致的网格划分，生成高质量的网格坐标下的六面体结构化网格系统。不同区域的网格形势分别如下：图 13 为分解炉计算域网格方案；图 14为三次风管周围的网格划分方案，图 15 为喷旋管道炉主体部分横截面网格。

图 13　计算域网络方案

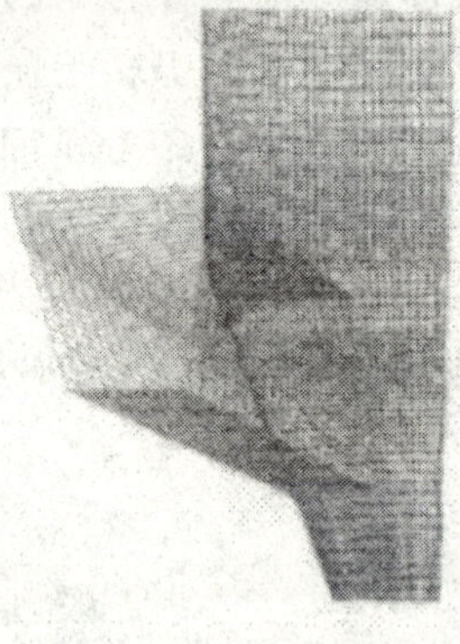

图 14　三次风管网格方案

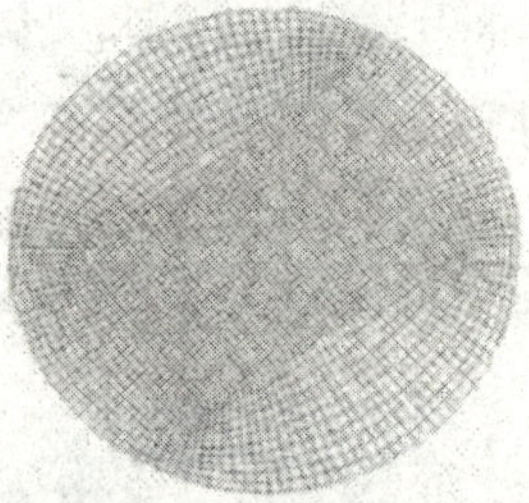

图 15　筒体截面网格方案

2. 边界条件

在分解炉的模拟计算过程中，所用数据均采用中材国际南京院研发的 5000t/d 喷旋管道式分解炉，以保证与生产实际运行数据的一致性。具体数据见表 4。

表 4　NC5000 型喷旋管道炉设计参数

类别	熟料产量（t/d）	窑尾风量 [Nm^3/(kg · cl)]	三次风量 [Nm^3/(kg · cl)]	煤风量 [Nm^3/(kg · cl)]	窑尾温度（℃）	三次温度（℃）	空气过剩系数
量值	5500	0.46	0.46	0.35	1100	880	1.1

3. 结果分析

（1）燃用烟煤时的场量分析

图 16 是燃用烟煤时分解炉内各种物理场量分布图。图 16（a）为分解炉中心剖面上的速度矢量场图，从分解炉锥部的流场图中不难看出，由于喷旋两股气流的相互作用，形成底部的强湍流场，有利于强化物料的分散、换热过程的进行。同时也不难看出，由于三次风的引入，喷腾床轴向风速单峰分布发生了偏移，当气流超过三次风入口后进入柱体时，气体风速仍呈现中心高的特征，但随着气流进入柱体段后，在旋流的作用下，很快发展成活塞流特

征，使主体炉段呈现出均匀的物理场特征，这些不难从图16（a）~（e）各物理场的实际分布图中得到验证。图16（b）为CO浓度场云图，从图中不难看出，CO的浓度主要集中在燃烧嘴喷出的有限空间内，且靠近底部，有利还原和控制窑尾烟气中NO_x含量，当气流进入柱后，在一定过剩空气（α=1.05~1.10）环境下，CO接近消失，这也不难从图16（c）空气浓度场中得到验证，主炉体段下部分布着一定浓度的空气，进一步燃烧后，使出炉的空气量大约在主炉体一半处降到最低，底部三次风口的空气含量最高。图16（d）为分解炉的压力场分布，从图中不难看出整个分解炉的压力场分布是均匀的。图16（e）为分解炉的温度场，从图中不难看出，炉底温度较高，主要因为窑尾废气温度（≤1150℃）和煤粉燃烧形成的气体温度（≤950℃）偏高的缘故，当两股混合后的高温气流进入主炉段后，与大量来自上游的预热生料混合和分解，控制了气流温度的进一步上升，最终使分解炉的温度控制在（860~900℃）之间。从图中的温度云图不难看出，炉内的温度的均匀性。这些为分解炉的稳定操作奠定了基础。

图16　各种物理场量的分布图

（2）燃用无烟煤时的场量分析

为了拓展喷旋管道式分解炉燃用各种煤质的适应性，尤其是燃用各种品质的无烟煤，通常采用的方法是控制燃烧区和生料混入区重叠范围。也即通过调节燃烧嘴与生料入点之间的距离或相对位置，以适应燃用不同品质的无烟煤。图17为燃烧嘴与生料入点之间不同间距情况下的温度分布云图。通过比较不难看出，同种煤种不同间距，其燃烧的高温区域的长短

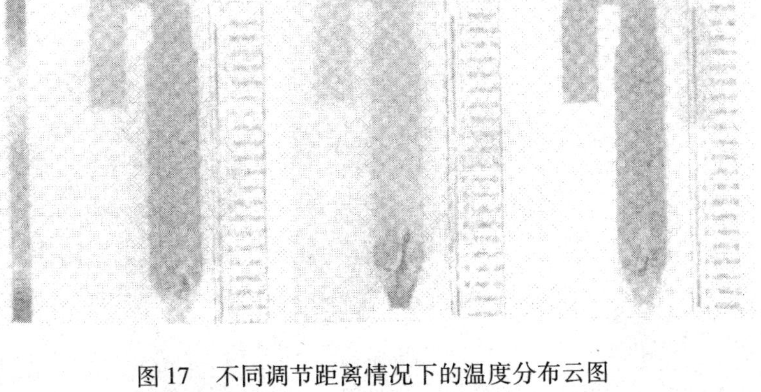

图17　不同调节距离情况下的温度分布云图

和炉温存在着差异，对于难燃的无烟煤，燃烧嘴与入料点间距越长，煤粉高温区域段加长，有利于煤粉的充分燃烧和碳酸盐的分解。当间距较短时，燃烧高温区域将深入主炉体内，当间距缩短到一定的距离后，由于生料的加入和分解，控制了分解炉的炉温，同时也抑制了难燃煤的继续燃烧，导致炉温偏低。因此，在实际生产过程，要根据无烟煤的不同品质和粉磨细度，确定合适的位置关系，以保证无烟煤的充分燃烧和碳酸盐的分解。

三、结论

（1）通过模拟计算，可以精确地捕捉到了旋风筒内部的涡，由于NC旋风筒的歪锥对流体的作用，使得旋风筒锥部流场呈现复杂的复合旋流运动，说明了歪锥旋风筒具有防堵特性的原因。

（2）旋风筒内的流动不是稳态的流动模式，而是一种伪稳态的流动，流动模式周期性地围绕某个状态上下波动。

（3）以工程应用中的实际参数为边界条件，可以较为准确地得到旋风筒的压损。

（4）通过对分解炉的数值模拟，可以准确地得到分解炉内部的各种物理量的分布，预测分解炉系统的性能，根据实际的原、燃料条件，业主的特殊要求进行个性化设计。

（5）在工程实际中，采用数值模拟技术来研究、预测预分解系统性能，使得我们可以在系统投入商业运行之前，对其性能具有充分的掌握。此外，针对特殊的原、燃料特性（例如无烟煤的燃烧），进行个性化的设计，以确保系统运行稳定且高效。

第二篇　预热器的研究

立筒预热器内气固相逆流运动规律的探讨
——冷态模型试验小结

胡道和　顾大公　展秀芳　许荣庆

【摘　要】 本文系配合立筒窑外分解中间试验而开展的冷态模型试验报告，目的在于通过了解立筒内气固相逆流运动的特点和规律，来探讨改进立筒内物料的分散性和提高入窑生料分解率的措施。

试验对带有缩口的立筒内物料运动的特征做了细致的观察和分析，发现粉料颗粒大多沿筒壁附近沉降并滑落到缩口斜坡上停滞堆积，随机地有大料团塌落，使生料粉在热气流中失去大量有效的换热表面，因而是立筒换热效果不高的主要原因之一。

文中探讨了立筒 - 旋风筒系统分离效率、循环负荷及停留时间与立筒本身分离效率的关系，认为立筒的分离作用是立筒有效运行的重要指标，并进一步研究了影响立筒分离效率的诸因素，提出了立筒内部结构和操作流速是主要影响因素的看法。

此外，还测定了立筒和立筒 - 旋风筒系统的生料停留时间分布密度曲线［$\tau - E(\tau)$ 曲线］，数据表明立筒系统粉料停留时间的离散程度（用方差 σ^2 量度）偏高，需要采用更合理的结构来改善，以便进一步提高立筒的热效率与换热效果。

最近根据冷态模型的初步研究，建议了一种三角格子拱结构以代替立筒缩口，认为可以提高粉料的分散性和立筒的分离效率，延长停留时间，改善离散程度，在生产上试验后，取得一定效果，尚待继续完善。

一、前言

立筒窑外分解中间试验，经过几个月的运转，证明利用立筒兼作预热器和分解炉，在工艺和热工上是可行的，但目前还存在一些问题，其中入窑生料分解率不高和窑内经常窜料是影响充分发挥回转窑的能力和稳定热工制度的重要原因。

经过分析，我们认为，生料分解率低（40% ~50%）和窜料频繁，很可能是一种原因的两种表现。这个原因就是生料在立筒内分散不好，成团集聚的生料在立筒内运动过快、停留时间太短，颗粒表面没有充分暴露，从而限制了分解率的提高。但究竟生料粉在立筒内的分散状况如何？哪些因素影响生料的分散和沉降？有什么可行的措施可以改善当前的状况？为了更直观地、单一条件地研究这些问题，我们进行了立筒冷态模型试验，试验的主要内容包括：

（1）观察与研究立筒内气固相运动的特征和规律；

（2）探讨立筒 - 旋风筒系统的分离效率、循环负荷及粉料在立筒内停留时间等参数间的相互关系及影响因素；

（3）提出对立筒结构和操作参数的改进意见。

二、试验流程和设备规格

1. 试验流程图（图1）

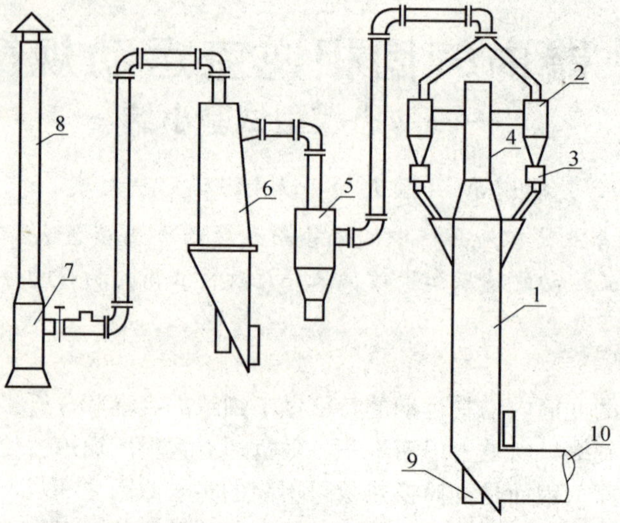

图1　试验流程图

1—立筒；2—旋风筒；3—闪动加料阀；4—生料加料口；5—旋风收尘器；6—扩散收尘器；7—排风机；8—排风管；9—立筒排料口；10—进风口

2. 设备

立筒：$\phi200\times840$mm 有机玻璃制；带两个小旋风筒 $2\times\phi100\times340$mm 附闪动阀。

旋风收尘器：$\phi220\times380$mm 有机玻璃制（一级收尘）。

扩散式收尘器：$\phi160$mm 处理气量 $450\sim600m^3/h$（二级收尘）。

离心式排风机：8-18-12，$5^{\#}$；

风量：$1980\sim1500m^3/h$；

风压：$586\sim573mmH_2O$。

3. 测量方法

流速用 QDF-2A 型热球式风速计，加料量用可控硅整流经直流电机调节铰刀转速，查标定电压 - 下料量关系曲线而得。

沉降量：称量。

示踪物：$K_2Cr_2O_7$ 用分光光度计定量。

三、试验结果与分析

1. 物料在立筒内的运动规律和轨迹的描述

根据立筒预热器实际生产估计，工作态气体中粉料浓度为 $C=200\sim600g/m^3$，或 $\mu=0.45\sim1.3$kg/kg 气。有的资料以单位截面粉料流率计，数据范围为 $S=0.4\sim0.8kg/(m^2\cdot s)$，因此，可以认为是属稀相流态化范围。

将粉料 G 加在净空立筒内（相当于垂直管道）气流由底部上升，很明显，物料的运动可以分为：随气流飞扬的顺流物料 $G_{顺}$ 和沉降下落的逆流物料 $G_{逆}$ 两部分，如图 2 所示。

此时，粉料的运动规律是（以一定时间内加入粉料量 G(kg) 为基准）

气体流速高：$G_{顺} > G_{逆}$；

气体流速低：$G_{顺} < G_{逆}$。

若以 $\frac{G_{逆}}{G} \times 100\%$ 来定义立筒的分离效率（$\eta_{立}^{0}$），则立筒中断面风速 ω_0(m/s) 增高，$\eta_{立}^{0}$ 显著下降，使多数粉料将随风而去。模型试验结果如图 3 所示。

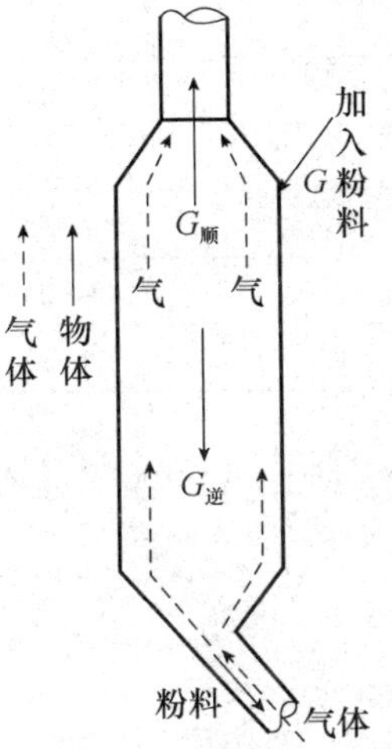

图 2 净空立筒中物料运动

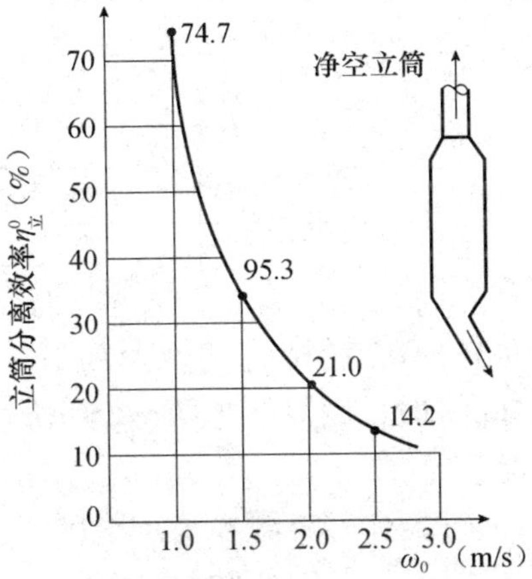

图 3 立筒断面风速 ω_0 对 $\eta_{立}^{0}$ 的影响

所得为一条指数曲线，整理后可用下式表达：

$$\eta_{立}^{0} \doteq 0.747\omega_0^{-1.88}$$

这一现象，简单地可以从自由沉降的原理来给以解释，因为一定大小的粉粒，有一定的沉降速度，当上升气流速度大于沉降速度，则该颗粒只好随风而去。

各种大小颗粒在空气中的自由沉降速度 u_t 可按适用范围较广的 Тодес 公式计算：

$$u_t = \frac{(\gamma_s - \gamma_g)d_p^2}{18\mu + 0.61d_p\sqrt{\frac{d_p(r_s - r_g)r_g}{g}}} (\text{m/s})$$

式中 d_p——固体颗粒粒径，m；

γ_s——固体重度，kg/m^3；

γ_g——气体重度，kg/m^3；

μ——气体黏度，kg·s/m^3；

g——重力加速度。

在试验条件下，已知

粉料 $\gamma_s = 2700$kg/m^3

空气 $\gamma_g = 1.2$kg/m^3

$\mu = 1.85 \times 10^{-6}$kg·s/m^3；

将计算结果列于表 1 中。

表 1　各种粒径粉料在空气中自由沉降速度

生料粒径 d_p(μm)	沉降速度 u_t(m/s)	雷诺准数 Re_t
10	0.008	0.005
20	0.032	0.042
30	0.069	0.138
40	0.120	0.32
50	0.182	0.60
60	0.253	1.00
70	0.333	1.54
80	0.420	2.22
90	0.513	3.05
100	0.610	4.03
150	1.135	11.25
250	2.192	36.23

由表 1 可知，立筒断面上升风速在 1m/s 时，只有 d_p 接近 150μm 的颗粒才有可能沉降；而风速为 2.0m/s 时，则只有当 $d_p = 250$μm 左右时才会沉降。

而由试验测得：

$\omega_0 = 1$m/s 时，有 75% 颗粒能沉降；

$\omega_0 = 2$m/s 时，尚有 21% 颗粒能沉降。

而所用粉料中 $d_p > 88$μm 的颗粒不足 15%，因此粉料在立筒中的沉降可能有其他几方面的原因：

（1）颗粒相互碰撞集聚[3]，成为粒度较大的团块而沉降；

（2）沿立筒断面，风速分布不一致，经测定如图 4 所示，在距壁面 3.5mm 以内为低速区，粉料在此区内易于沉落。

（3）个别粗颗粒自由沉落。

通过实际观察，可以很清楚地看到这一现象，即物料运动的轨迹在断面上是不均匀的，愈接近筒壁，粉料的沉落就愈多，在筒壁上明显留有粉料流落的迹线，随着流速加大，逆流量明显减少，筒壁上滑落的物料变粗，而中心往往看不到落料。对于生料粉来说，当断面平均流速超过 3.3 ~ 3.6m/s，则逆流量不到加料量的 1%。

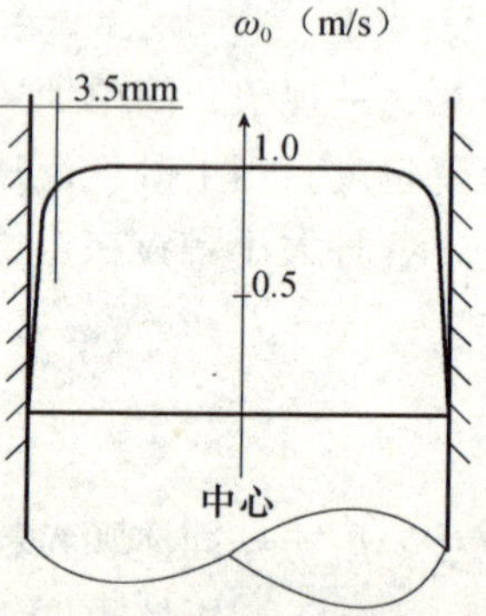

图 4　立筒断面流速分布

在立筒模型加装缩口以后（缩口断面与立筒断面之比取 1∶3.33 和 1∶4，缩口间距离为立筒直径的 1.5 倍），则粉料的沉落更加困难。例如，当立筒断面风速 $\omega_0 = 2$m/s，缩口风速已达 8.0m/s，从模型试验中几乎观察不到任何颗粒是以沉降的方式通过缩口。看来能产生物料逆向运动的条件，主要是边壁效应。由于气固相相对流动，特别是中心高速气流的冲散作用使一部分生料运动到筒壁附近的低速区，沉降在缩口斜坡上，堆积到一定程度，成块塌落，迅猛地俯冲下来。由于惯性，也可能不再被分散而离开立筒，这就造成当缩口直径小而净空断面风速很大时的气流湍动程度大，从而破坏了粉料在立筒内的正常沉降，引起严重的塌落崩料现象，如图5所示。

2. 立筒的分离效率和系统的分离效率

立筒的分离效率是立筒结构的重要特性，它不仅影响到物料在系统内的停留时间和系统的循环负荷，也直接关系到立筒的热效率，应该给予足够的重视。

（1）影响立筒分离效率 $\eta^0_{立}$ 的因素

①粉料浓度对 $\eta^0_{立}$ 的影响

考虑到粉料浓度大，颗粒间集聚机遇增多，沉降的可能性大，会提高立筒的分离效率，我们在生产可能的浓度范围内 $200 \sim 800g/m^3$（相当于冷态 $\mu = 0.167 \sim 0.67kg/kg$）进行了试验，为方便计，我们采用的是未装缩口的立筒，试验结果如图6所示。

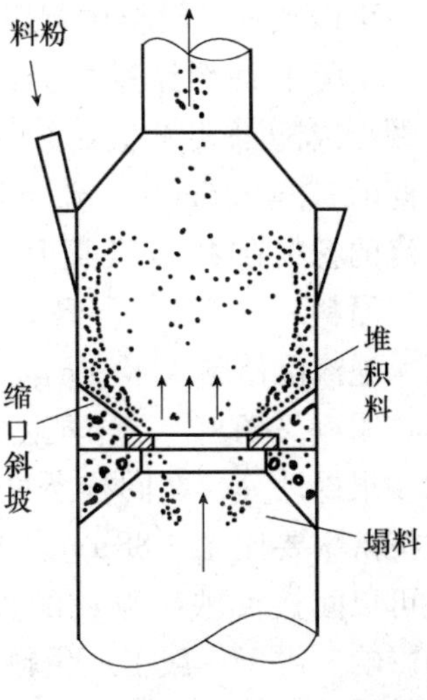

图5　缩口处堆料与塌料

资料［4］介绍国外试验结果，$\mu = 0.6 \sim 0.8kg/kg$（气体），$\eta^0_{立}$ 随粉雾浓度增大而稍有加大，我们在试验中没有发现这种规律性，说明气固相在试验浓度范围内，集聚的机会并未因浓度略为增大而有明显变化，但若粉尘浓度超过 $670g/m^3$ 后，情况如何，尚待进一步探讨。

②加装缩口对 $\eta_{立}$ 的影响

在 ϕ200mm 净空立筒中加装两道缩口：直径（上）ϕ110mm，（下）ϕ100mm，彼此距离300mm（距离/立筒直径 = 1.5），则其分离效率有明显下降，而且数据不很稳定。按平均值计，当相同断面流速时，空立筒分离效率 $\eta^0_{立}$ 与装缩口后的分离效率 $\eta_{立}$ 绘得关系曲线（图7）近乎一条直线，说明彼此间有一定内在联系，其具体关系为：

$$\eta_{立} = 0.4\eta^0_{立} - 5.6$$

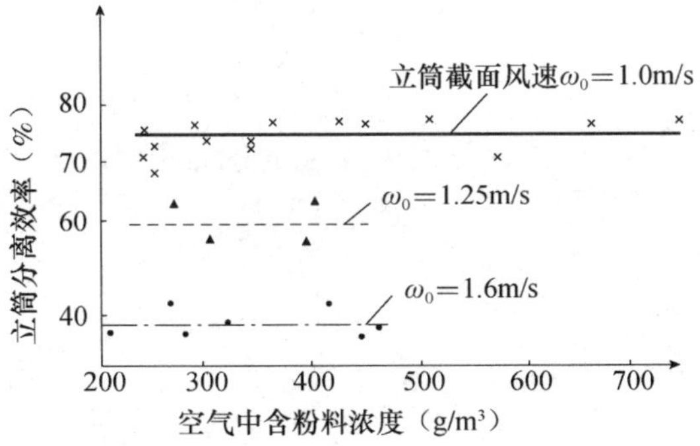

图6　粉料浓度对立筒分离效率的影响

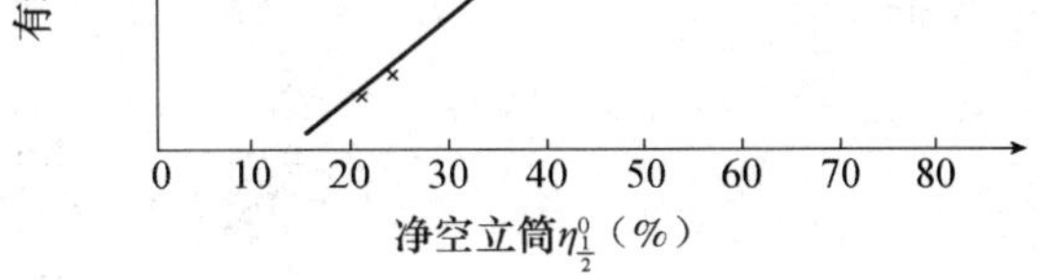

图7　净空立筒与装缩口立筒分离效率关系

应该说明，这些定量关系，只适用于这类几何尺寸的立筒与缩口，不能任意推广应用。

③立筒断面风速对 $\eta_{立}$ 的影响

加装缩口后立筒的分离效率也是随流速的增大而急剧下降。当 $\omega_0 \to 2.5m/s$ 时，$\eta_{立} \to 0$（图8）。但应该说明，加装缩口后对 $\eta_{立}$ 的影响与缩口尺寸和间距有很大关系，这一点不容忽视。

④粉料粒度对 $\eta_{立}$ 的影响

可以预见，粉料中粗颗粒含量多，$\eta_{立}$ 会增大。实际上每次经过立筒的分离作用后，粉料的颗粒级配都要发生比较明显的变化，以净空立筒的 $\omega_0 = 2.6\mathrm{m/s}$，$\eta_{立}^0 = 12.3\%$ 为例，顺流和逆流的粉料在 4900 孔筛上的筛余值分别为：

原料　　$R_{4900} = 15.3\%$

逆流沉落料　　$R_{4900} = 24.2\%$

顺流飞扬料　　$R_{4900} = 9.6\%$

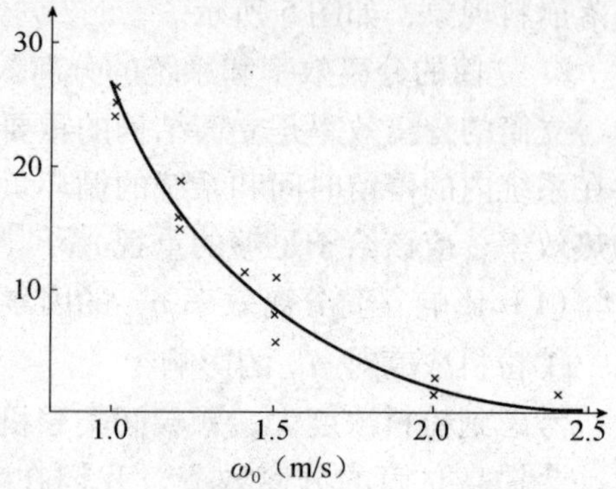

图 8　立筒断面风速 ω_0 对 $\eta_{立}$ 影响

根据计算，在同样条件下，$d_p > 88\mu m$ 的颗粒沉落率要比 $d_p < 88\mu m$ 的颗粒大 1 倍左右。这也可以间接反映出颗粒的大小对立筒分离效率的影响。由于一般工厂生料粒度波动不大，未进一步作这方面的深入研究。

（2）系统的分离效率 $\eta_{系}$

将立筒与旋风筒串联成统一系统以后，由于大量粉料在系统内部循环，使立筒所接受的物料量 G，远比加入系统的物料量 $G_{加}$ 为多，因此，若以 $\dfrac{G_{逆}}{G_{加}} \times 100\%$ 定义为系统分离效率（$\eta_{系}$），则由于 $G_{逆} = G\eta_{立}$，G 的数值增大了，因此系统的分离效率 $\eta_{系}$ 往往比立筒的分离效率 $\eta_{立}$ 高。

很明显，如图 9 所示，总的系统分离效率除了与 $\eta_{立}$ 有关外，还与旋风筒的分离效率 $\eta_{旋}$ 有关。

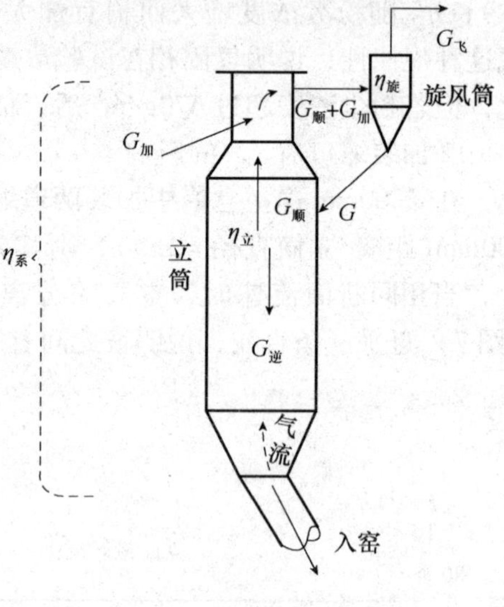

图 9　物料的分配

根据推导：

$$\because \quad \eta_{立} = \frac{G_{逆}}{G} \times 100\%$$

$$\eta_{系} = \frac{G_{逆}}{G_{加}} \times 100\%$$

而

$$G_{加} = G_{逆} + G_{飞}$$

$$(G_{顺} + G_{加})\eta_{旋} = G$$

$$(G_{顺} + G_{加}) \cdot (1 - \eta_{旋}) = G_{飞}$$

$$\therefore \quad \eta_{系} = \frac{G_{逆}}{G_{加}} = \frac{G_{逆}}{G_{逆} + G_{飞}} = \frac{G\eta_{立}}{G\eta_{立} + G_{飞}} = \frac{\eta_{旋}\ \eta_{立}}{\eta_{旋}\ \eta_{立} + (1 - \eta_{旋})} \times 100\%$$

$$= \frac{\eta_{立}}{\eta_{立} + 1 - \dfrac{1}{\eta_{旋}}} \times 100\%$$

其相互关系如图 10 所示，这是一簇渐增的曲线，最终汇集于一点，最上面是一根斜率为 1 的直线。这就说明当 $\eta_{立}$ 一定时，系统的分离效率随旋风筒的分离效率增大而增大，同时也说明旋风筒分离效率是系统分离效率的极限值，即 $\eta_{立} = 1$ 时，$\eta_{系} = \eta_{旋}$。值得注意的是当旋风筒分离效率偏高时，这簇曲线彼此很接近，也就是说立筒分离效率对系统分离效率影响程度较小。因此，有可能出现这种情况，即系统分离效率能达到设计要求，但立筒实际上分离效率却偏低，造成了大量的循环料。这种过高的循环负荷，将不利于立筒热效率的提高。我们认为，在生产上只强调对系统的分离效率的要求是不全面的，还需要探讨在操作条件下，立筒本身的分离作用。

显然，立筒和旋风筒的分离效率，除与设备本身的结构有关外，还与操作参数，如风速、粉料粒度、浓度，甚至系统内温度变化等也有直接关系，这就需要探讨其内在规律并对设备做合理的匹配，以更好地发挥系统的预热和分解作用。

(3) 昆山厂立筒的 $\eta_{系}$ 与 $\eta_{立}$

根据昆山厂热工标定数据（图 11），可作近似估算：

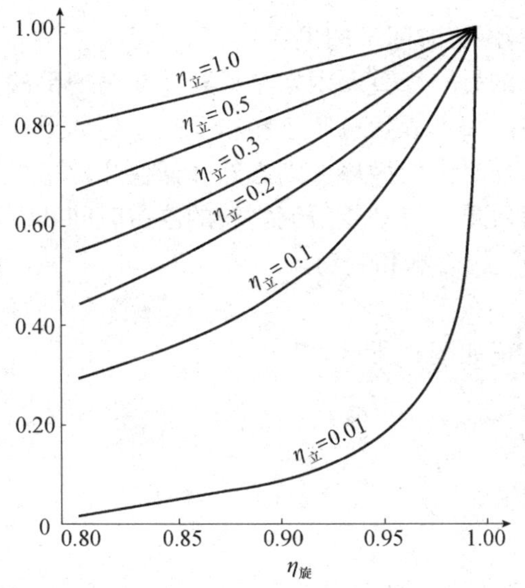

图 10　$\eta_{系}$ 与 $\eta_{立}$ 及 $\eta_{旋}$ 的关系

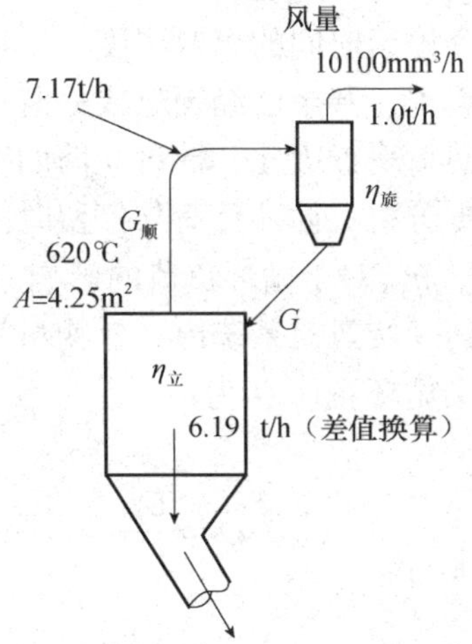

图 11　昆山厂立筒实测物料量

$$\eta_{系} \doteq \frac{6.17}{7.17} \times 100\% \doteq 86\%$$

此时立筒出口断面风速≤2.0m/s。

由于条件限制，未进行旋风筒分离效率实际测定，但根据前述原理，$\eta_{旋}$ 与 $\eta_{立}$ 应该具有如下的对应关系：

$\eta_{旋}$	$\eta_{立}$
90%	68.2%
91%	60.7%
92%	52.3%
93%	46.2%
94%	39.1%
95%	32.2%

根据中国建筑材料研究总院对洪堡窑旋风筒分离效率的试验结果，以及我们的模型试验结果，旋风筒断面风速在 3.0m/s 左右，其分离效率约 90% ~95%。今设昆山厂旋风筒实际

分离效率为92%，则立筒本身的分离效率可望在50%以上。这一结论与冷态模型试验结果有很大出入，分析其原因可能有：

①生产用立筒，两缩口间距离的绝对值（3.6m）比模型高11倍，这就使随中心高速气流上升的粉料，有更多的机会移动到筒壁附近，增大了沿壁沉落的可能性。

②生产立筒的斜坡上，堆积的粉料数量很多，塌落严重时，在下一钵内可能来不及再分散，冲落入窑，造成逆流料量显著增加。

③循环负荷增大后，粉料浓度相应增高，在高温下，气体承载能力小，而且相互粘结的可能性增大，故沉降量增多。

结合粉料在立筒内运动的特征，我们认为尽管立筒本身的分离效率在实际生产中并不算低，但并不意味着粉料分散沉降得好，若逆流运动主要靠成团结块，这对于立筒的传热效果是不利的。

3. 立筒的分离效率与循环负荷 Q 及物料停留时间 τ 的关系

在生产上，影响立筒分解炉预热和分解的另一个重要因素是粉料在立筒内部的平均停留时间 τ 和停留时间的离散程度。平均停留时间长，固然有利于料粉受热，但如果存在有大量返混的料子，甚至已经预热或分解的料子，长时间的循环，则必然降低换热效果，从而也降低总的热效率。因此，探讨立筒的预热分解效果，有必要研究物料的停留时间和循环负荷。

根据分析，循环负荷与停留时间均受 $\eta_{立}$ 的影响和制约。

（1）$\eta_{立}$ 对于循环负荷的影响

立筒－旋风筒系统内，各物料间的关系仍如图9所示。

定义循环负荷 Q 为：

$$Q=\frac{G_{顺}}{G_{加}}=\frac{G-G_{逆}}{G_{加}}=\frac{\dfrac{G_{逆}}{\eta_{立}}-G_{逆}}{G_{加}}$$

$$=\frac{G_{逆}}{G_{加}}\left(\frac{1}{\eta_{立}}-1\right)=\eta_{系}\left(\frac{1}{\eta_{立}}-1\right)=f(\eta_{立}\cdot\eta_{旋})$$

（2）$\eta_{立}$ 对于颗粒平均停留时间的影响

根据稀相悬浮态受阻沉降的表观线速度计算[5]，颗粒平均停留时间为：

$$\tau=\frac{L}{\dfrac{\mu_d}{1-\varepsilon}}$$

令
$$\mu_d=\frac{S}{r_s},\quad 1-\varepsilon=\frac{C}{r_s}$$

式中　τ——固体颗粒在立筒内的平均停留时间，s；

μ_d——颗粒的表观线速度，m/s；

L——立筒的高度，m；

S——颗粒通过单位立筒断面逆气流下沉的流率，$kg/(m^2\cdot s)$；

r_s——颗粒的重度 kg/m^3；

ε——稀相悬浮体的空隙率,%

C——稀相悬浮体中固体颗粒的浓度，kg/m^3。

将关系合并，并化简为下式：

$$\frac{L}{\frac{\mu_d}{1-\varepsilon}} = \frac{L}{\frac{S}{r_s} \times \frac{r_s}{C}} = \frac{L \cdot C}{S}$$

∵
$$C = \frac{G}{N},\quad S = \frac{G_{逆}}{A}(s)$$

代入原式得：

$$\tau = L \cdot \frac{G}{N} \cdot \frac{A}{G_{逆}} \times 3600 = \frac{V_{立}}{\eta_{立} N} \times 3600(s)$$

式中　$V_{立} = L \times A$，为立筒的有效容积 m^3；

N——通过立筒的小时风量 m^3/h；

A——立筒断面积 m^2。

可见，物料在立筒内的停留时间与立筒容积 $V_{立}$ 呈正比，与立筒分离效率与小时风量的积呈反比。

将有机玻璃模型试验所测得的数据进行计算列于表 2 中。

表 2　粉料在立筒（未与旋风筒联接）内的停留时间（$V_{立} = 0.026m^3$，$L = 0.8m$）

流速 ω_0 (m/s)	粉料浓度 C (kg/m^3)	气体流量 N (m^3/h)	固体沉落流量 S [$Kg/(m^2 \cdot s)$]	$\eta_{立}$ (%)	τ(s)	
					LC/S	$\frac{V_{立}}{\eta_{立} N} \times 3600$
1.0	0.342	113.4	0.072	21.1	3.8	3.91
1.0	0.556	113.4	0.14	25.1	3.18	3.29
1.2	0.267	135	0.08	25.2	2.67	2.75
1.2	0.267	135	0.079	24.8	2.70	2.79
1.3	0.482	146.4	0.107	17.1	3.6	3.74
1.8	0.235	202.8	0.038	8.9	4.94	5.19

（3）昆山厂立筒分解炉的循环负荷与平均停留时间估算

昆山厂立筒分解炉尺寸为 $\phi2.8 \times 4m + \phi2.4 \times 13.9m$，循环负荷和停留时间的可能范围可作如下估计：

测得：立筒面积　　$V_{立} \doteq 80m^3$

出口风量　　$N = 33300m^3/h$（相应 $\omega_0 \doteq 2.0m/s$）

系统分离效率　　$\eta_{系} \doteq 86\%$

计算结果列于表 3 中。

表 3　估算昆山厂立筒与范围

$\eta_{立}$ (%)	Q (%)	τ (s)
90	40	12.7
91	55.7	14.3
92	78.4	16.5
93	100.1	18.7
94	134.0	22.1
95	181	26.7

（4）粉料在立筒内停留时间的离散程度

粉料在系统内的平均停留时间，固然应该满足换热时间的要求，但由于流动模型不同，返混程度可能有很大差别，即使平均停留时间很长，但由于其离散程度大，对于生料的预热和分解也是不利的。为此，曾对粉料在冷模立筒内及在全系统中（立筒与旋风筒联接）的停留时间的离散程度做了初步的探讨和试验[6]。

停留时间的离散程度系根据实测的停留时间分布密度曲线（或称 E 曲线），以其方差来量度[7,8,9,10]。

我们选用 $K_2Cr_2O_7$ 作为示踪物，以脉冲示踪法将 $K_2Cr_2O_7$ 一次加入生料流中，由于 $K_2Cr_2O_7$ 与生料的比重、粒度都相近，彼此又无任何反应，因此，实测得料中 $K_2Cr_2O_7$ 量也可直接反映生料在设备中的运动和停留时间。在模型上定点定时取样，用分光光度计，分别测得各试样的浓度，绘得 $\tau-E(\tau)$ 曲线。

①物料在立筒内的停留时间测定

试验情况及测定所得分布密度曲线如图 12 所示。

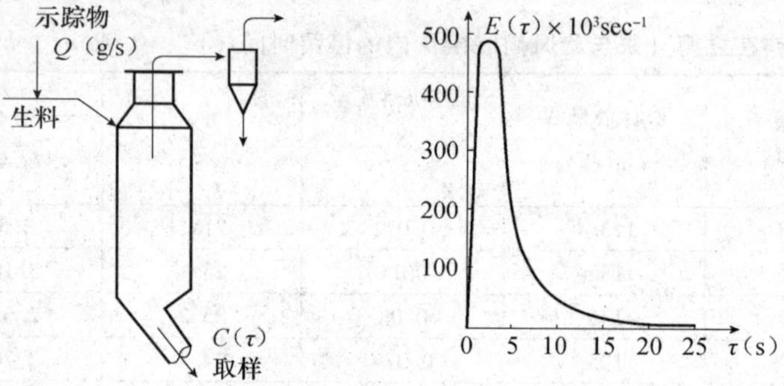

图 12　粉料在立筒内停留时间测定及 $\tau-E(\tau)$ 曲线

根据分布密度曲线计算：

数学期望：$$\bar{\tau}=\frac{\Sigma\tau E(\tau)\Delta\tau}{\Sigma E(\tau)\Delta\tau}=\frac{1602.8}{349.4}=4.59(\mathrm{s})$$

方差：$$\sigma^2=\frac{\dfrac{\Sigma\tau^2E(\tau)\Delta\tau}{\Sigma E(\tau)\Delta\tau}-\bar{\tau}^2}{\bar{\tau}^2}=\frac{\dfrac{14322}{349.4}-4.59^2}{4.59}=0.95$$

即平均停留时间　$\bar{\tau}=4.59$（s）

离散程度　$\sigma^2=0.95$

结果很接近理想的混合模型，返混现象很严重，不利于提高立筒内的平均分解率。

②物料在立筒－旋风筒内停留时间测定（图 13）

数学期望：$$\bar{\tau}=\frac{\Sigma\tau E(\tau)\Delta\tau}{\Sigma E(\tau)\Delta\tau}=\frac{893.7}{86.9}=10.3(\mathrm{s})$$

方差：$$\sigma^2=\frac{\dfrac{\Sigma\tau^2E(\tau)\Delta\tau}{\Sigma E(\tau)\Delta\tau}-\bar{\tau}^2}{\bar{\tau}^2}=0.45$$

即平均停留时间　$\bar{\tau}=10.3(\mathrm{s})$

离散程度　$\sigma^2=0.54$

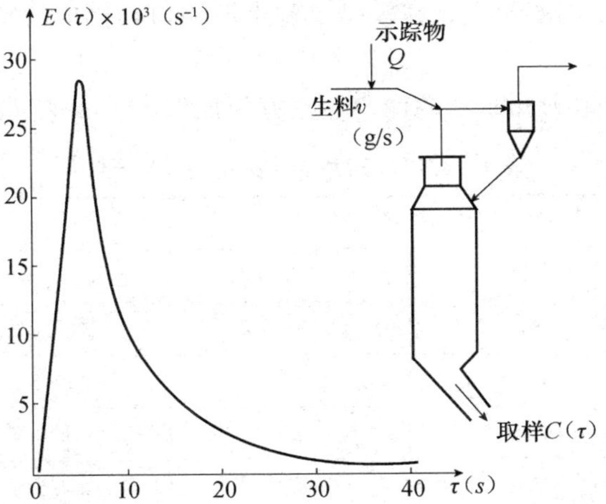

图 13　粉料在立筒 – 旋风筒内停留时间测定及 $\tau-E(\tau)$ 曲线

返混现象有所改善。

由此对比可以说明：物料在全系统内比在单立筒内运动，不但停留时间延长而且离散程度减小，这对于生料的预热和分解是很有利的。但应指出，就全系统而言，方差 σ^2 仍偏高，尚待改变结构以进一步减小停留时间的离散程度，使生料粉具有均匀的受热机会。

4. 关于立筒内部结构的改进意见

缩口的设置，本来是希望加大气流扰动，以延长生料在预热器内停留时间，从而能强化传热。但从稀相悬浮体运动的实际情况看，往往还会伴随有相反的效果，因此希望再探讨一些其他结构，既能具有强化传热的作用而又能消除其缺陷，具体要求是：

（1）能加大立筒内气流扰动，强化气固间换热；

（2）有利于粉料的均匀分散，克服堆滞崩料现象；

（3）流体阻力小；

（4）分离效率较高，而停留时间不过短。

为此，我们设计了一种三角形挡板，并初步进行了一些试验。三角形挡板的结构和排列如图 14 所示。

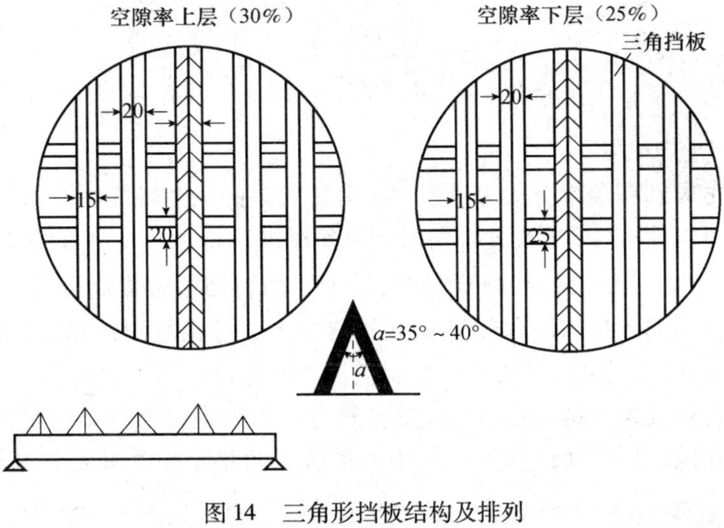

图 14　三角形挡板结构及排列

为了便于比较两种结构的特点，在模型试验上取缩口与挡板的实际通风面积和间距基本一致。

试验结果，从 $\eta_{立}$、阻力和布料的均匀性三方面加以比较（表4）。

表4　缩口与三角形挡板的 $\eta_{立}$ 与压降

立筒净空流速 ω_0（m/s）	三角挡板（二层）		缩口（二道）	
	$\eta_{立}$（%）	ΔP（mmH_2O）	$\eta_{立}$（%）	ΔP（mmH_2O）
1.00	61	—	23.6	1~2
1.20	53.4	1	17.8	6~6
1.50	43.9	2	8.8	9~10
1.80	32.8	2	4.5	12~13
2.00	31.5	2	2.0	17~18
2.20	18.5	3	—	—
2.60	12.5	3~4	—	24~26

除此之外，从观察到的粉料运动轨迹来看，改用三角挡板结构比之净空或带缩口的立筒，边壁效应不那么明显突出，并完全消除了物料堆滞现象。这可能是因为断面上装了三角挡板后，流速的分布复杂化了，高速区与死角区交替出现，如图15所示。加上三角挡板夹角仅35°~40°，很难使物料堆滞停留，因此颗粒沉降机会多，使 $\eta_{立}$ 提高，而且分散程度也能得到改善。经取立筒断面上沉落的物料量进行分布情况的测定，也表现出比装缩口的立筒更均匀些。

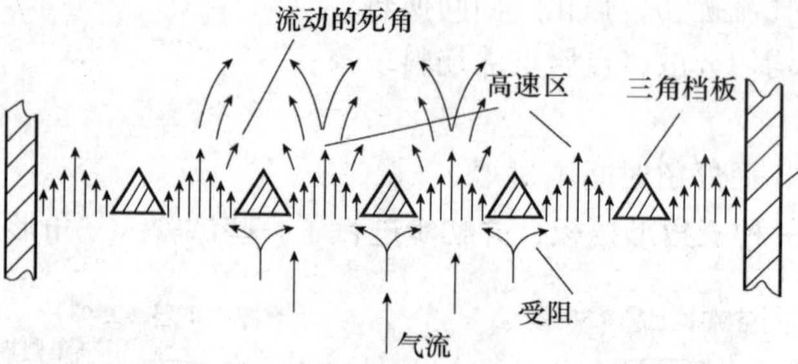

图15　装三角挡板后立筒内流速分布

所测结果绘于图16中。

与此同时，考虑到在颗粒下落的过程中，有比较多的机会碰撞在三角挡板的两侧，引起了减速作用，也可以使 $\eta_{立}$ 增大而使停留时间缩短的缺陷得到一定程度的补偿。

还有资料[13]介绍，稀相悬浮换热器的管道中，加装挡板可提高气固间的传热效果。有试验结果表明，在相同传热条件和传热任务的情况下，可比空管换热高度降低约60%。也有资料[12]指出，挡板不仅可以增大颗粒在反应器内的停留时间，而且可能减小其离散程度，并加大气固间的传热效果，这一点，对立筒预热分解炉来说也是意义重大的。

为此曾建议在昆山厂中间试验的立筒中，加装三角格子拱，其结构和架设情况如图17所示。

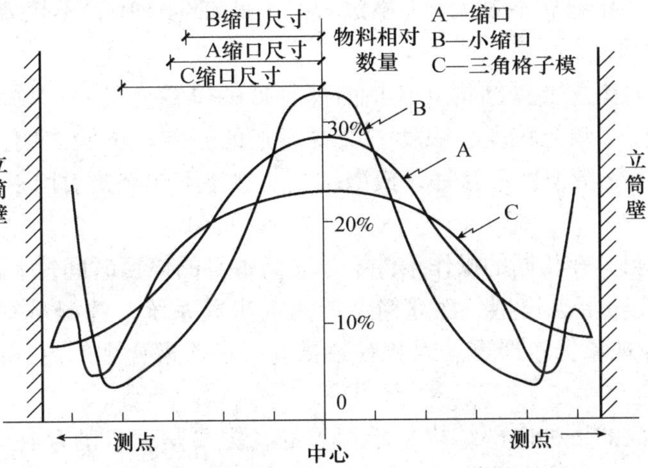

图 16　不同结构立筒断面上粉料分布曲线

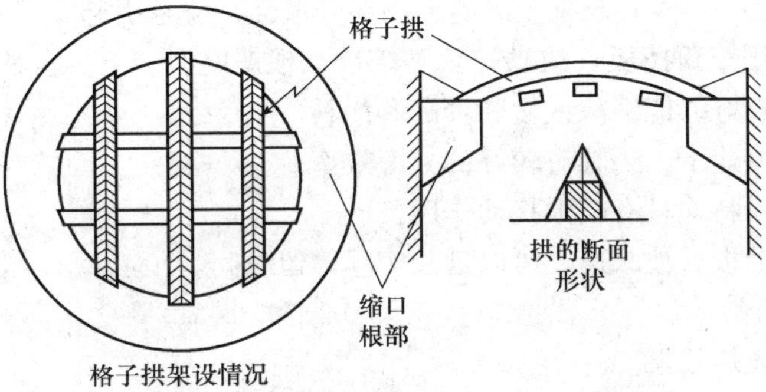

图 17　建议立筒加装三角格子拱的架设情况

此方案在生产上应用后，已取得了一定效果，使入窑生料分解率有所提高，但尚需进一步完善。

四、结语

根据立筒内气固逆向运动流体力学特性的模型试验结果，我们认为：

1. 立筒预热分解炉工作效能的发挥与立筒操作时本身实际分离效率 $\eta_{立}$ 有密切关系。

根据推导：

系统总分离效率：

$$\eta_{系} = \frac{\eta_{立}}{\eta_{立} - 1 + \frac{1}{\eta_{旋}}} \times 100\%$$

系统循环负荷：

$$Q = \eta_{系}\left(\frac{1}{\eta_{立}} - 1\right)$$

物料在立筒内的平均停留时间：

$$\tau = \frac{V_{立}}{\eta_{立} N} \times 3600(\mathrm{s})$$

在换热过程中，希望 Q 不过大，τ 不过短。因此在生产中，不仅要考虑 $\eta_{系}$，更重要的还要保持一定的 $\eta_{立}$ 值。

2. 立筒的分离效率主要受结构（包括内部装置的位置、尺寸、数目及砌筑方式等）及操作参数（气流速度、颗粒粒度、浓度、温度等）的影响。试验表明，结构与气流速度的影响最为突出，但由于模拟性不够好，模型试验的规律不能直接引用于生产，只能说明变化趋势。

3. 根据模型实测，在相同的操作条件下，立筒本身的停留时间短，而离散程度大（σ^2 = 0.95）基本上属于完全混合模型，而立筒－旋风筒串联系统，情况虽有改善，但 σ^2 仍偏高（ >0.5），说明返混现象仍较严重。因此有必要进一步探索合理的内部结构，来提高预热分解的效果。

4. 缩口作为立筒的一种内部结构是不理想的，主要是缩口的存在，使粉料沉降受到阻碍，物料的逆流运动主要只能依靠边壁效应，使堆积塌落成为不可避免，这将极大地损失粉料的有效表面，降低了传热的效果，严重时甚至会影响窑的操作稳定，可能是立筒预热器效率不高的根本原因之一。因此改善立筒内部物料分散性，应是引起重视的课题。

5. 在立筒内采用三角挡板（或拱）代替缩口，根据模型试验，它具有如下优点：

（1）粉料分散较好，能消除或缓和堆滞和崩料。

（2）在较高的流速下，仍具有较好的分离效率。

（3）对气流和粉料均具有较大扰动作用。

（4）粉料碰撞挡板后被减速，可以延长实际停留时间。

（5）流体阻力小。

（6）可以提高换热效果。

参考文献

[1] 南京化工学院，昆山建材厂．昆山建材厂带分解室立筒预热器窑中间试验设计说明书，1977.

[2] 南京化工学院，昆山建材厂．昆山建材厂带分解室立筒预热器窑中间试验小结，1978.

[3] Zenz. othmer Fluidization and Fluid-Partical Systems，1960.

[4] 水泥厂工艺设计手册编写组．水泥厂工艺设计手册（上）[M]．北京：中国建筑工业出版社，1977.

[5] 郭慕荪．流态化—垂直系统中均匀球体和流体的运动 [M]．北京：科学出版社，1973.

[6] J. Szekely，R. Carr. Heat transfer in cycion. Chem. Eng. Sci，1966，01，21（119）.

[7] 陈敏恒．科学通报，1963，11.

[8] 卢天雄．化学世界，1966，85，2.

[9] J. C. R. Turner. Brit ~ h chem. Eng，1964，12，1（9）.

[10] 国井大藏．流态化工程 [M]．北京：石油化工出版社，1977.

[11] 郭慕荪．对稀相换热的一些初步看法．科学院化工冶金研究所，1959.

[12] 陈敏恒．化学世界，1963，185，4.

立筒预热器粉料运动特性指标的分析

胡道和　顾大公

（南京化工学院）

一、引言

我国立筒预热器窑的生产长期处于较落后的状态，其原因之一是对于其工作原理认识不深，因而在操作中存在着盲目性。本文针对立筒预热器粉料运动的某些特性指标，如分离效率、循环负荷、停留时间、实际粉料浓度等，根据已提出的喷射气流中粉料运动的物理模型为出发点，来进行分析讨论，试图能对立筒结构设计、系统配套及操作参数的选取等提出一些参考意见。

二、立筒内粉料运动的物理模型简介

粉料进入立筒后，由于喷射气流的作用，形成了立筒空间的特殊两相运动。根据高速摄影的直接观察以及大量的试验结果，将粉料在 Krupp 型正锥缩口立筒内的运动规律加以归纳，用如下物理模型来描述。

料粉以团块状自上一钵落入，由于重力作用运动到下一钵缩口喷射流的核心区并被分散，分散后的碎粒随气流上升，被卷吸扰动而进入涡流区，受方向不定的气体推移到近壁处而产生气固分离，经回流区而落在缩口斜坡上，堆积到一定程度，又成团块状滑落穿过缩口逆向流入下一钵。重复以上过程，直至入窑。简言之，即："分散→分离→堆积→滑落"逆流而下。喷射气流的区域划分及粉料运动的物理模型如图 1 和图 2 所示。

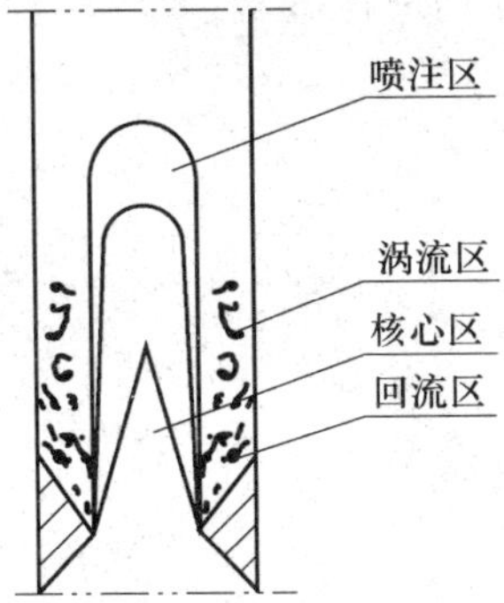

图 1　立筒中射流运动分区示意

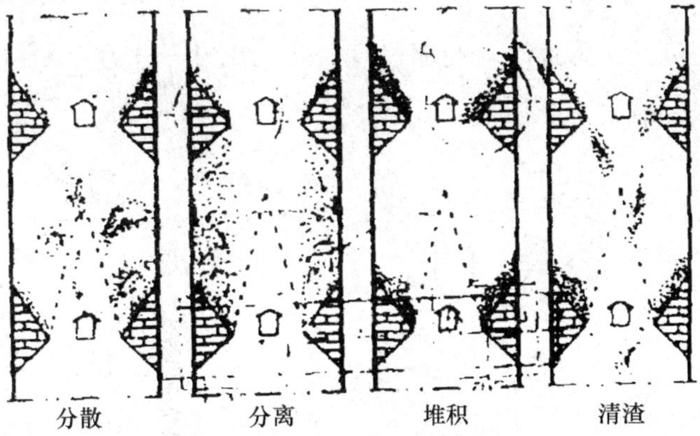

图 2　在 Krupp 立筒中粉料运动的物理模型

应该强调指出的是，物料在立筒中的运动并非过去习惯上认为的那样：粉雾凝聚后单纯地以缕线状逆流沉降，而是在缩口喷射流的作用下（包括同流分散在内的复杂运动）经多级串联而达到宏观逆流的效果。

正因为如此，料团在核心区的同流分散必然伴随着气固换热。根据计算与实测，同流换热速率是非常快的。其换热效果，主要取决于分散程度。这个观点已被广泛接受。因此，解决立筒预热器换热效率差的问题，着眼于研究气固流动与分散，看来是正确的。从这个观点来探讨物料运动的一些特性指标，也是有现实意义的。

三、立筒内粉料运动特性指标的分析与讨论

（一）分离效率

立筒顶部通常都串接有一组旋风筒，如图3所示。粉料进入系统，经过复杂的运动，必将表现出宏观的分离效应。定义各种分离效率为：

系统分离效率 $\eta_{系}=\dfrac{G_{逆}}{G_{加}}\times100\%$

立筒分离效率 $\eta_{立}=\dfrac{G_{逆}}{G_{z}}\times100\%$

旋风筒分离效率 $\eta_{旋}=\dfrac{G_{z}}{G_{加}+G_{顺}}\times100\%$

根据物料平衡，推得三者之间的关系为

$$\eta_{系}=\frac{\eta_{立}}{\eta_{立}+1+\dfrac{1}{\eta_{旋}}} \tag{1}$$

下面将分别探讨各类分离效率的变化规律及其相互影响。

1. 系统分离效率 $\eta_{系}$

立筒－旋风筒全系统的分离效率，反映了操作中的物料平衡关系，是一个表观的度量指标。只有当物料在气流中运动经历了物理模型所描绘的全过程，即经过几个缩口的反复分离分散作用后，系统的分离效率指标才能既表示物料流向又能表达换热的有效程度，因而其数值才是愈高愈好。

在半径为200mm的模型立筒中，与相匹配的旋风筒串接组合，立筒内装一道或两道正锥形缩口。立筒直径 D 与缩口直径 d_0 之比 $\left(\dfrac{D}{d_0}\right)$ 为2。在模型上分别进行试验，结果同时标绘在图4中。

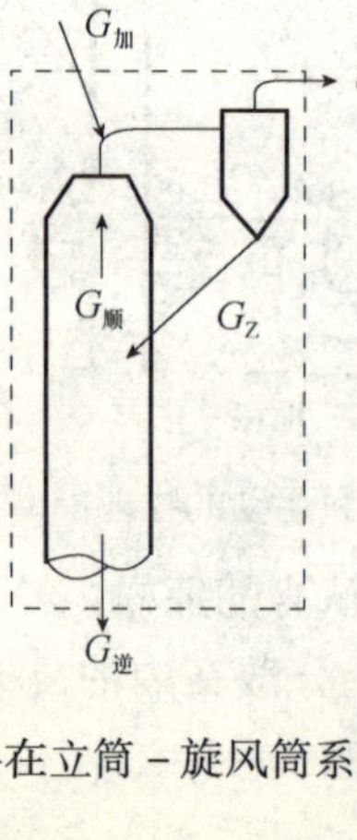

图3 粉料在立筒－旋风筒系统的流程示意

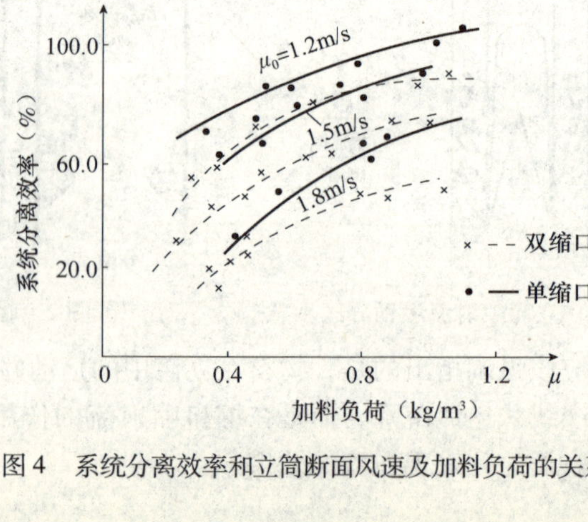

图4 系统分离效率和立筒断面风速及加料负荷的关系

很明显，无论是一道缩口还是两道缩口，$\eta_{系}$ 与断面风速 u_0 和加料负荷 μ 的关系，具有相同的变化趋势和规律。这可以用物理模型来加以解释。

断面风速大，相应缩口风速更大，缩口斜坡上滑落的料团易于被吹散，并随气流夹带上升，故回流向上的数量增多，$\eta_{系}$ 降低。但当加料负荷（指单位重量流动气体中所加入粉料的重量）增多，气流中物料量也增多，则瞬间滑过缩口进入下一钵的机遇也增大，故 $\eta_{系}$ 升高。

显然，缩口数目多，相对 $\eta_{系}$ 要低些，同时阻力损失也大些。但缩口多，能造成物料多次分散分离，有利于换热。

总之，在每一钵内粉料能得到相当充分分散的前提下，$\eta_{系}$ 是愈高愈好。但究竟通过什么途径来达到高 $\eta_{系}$ 值，则尚需进一步分析。

2. 立筒分离效率 $\eta_{立}$

立筒本身的分离效率除了与操作参数，如断面风速、加料负荷等有关外，尤其重要的是与其本身的几何结构，如缩口形状、尺寸、数目等有关。没有缩口的立筒，由于不存在喷射气流的分散作用，成团沉落的料粉往往还能表现出较高的 $\eta_{立}$。在模型试验中为了方便起见，采取直接测定 $\eta_{系}$ 与 $\eta_{旋}$ 的方法，通过式（1）计算求得 $\eta_{立}$。两道缩口间距 H 的无因次值 $\frac{H}{d_0}=7.8$ 的立筒，在不同操作条件下 $\eta_{立}$ 值如图 5 所示。其规律如 $\eta_{立}$，这是不难理解的。但比较后发现，串接旋风筒会使 $\eta_{系}$ 升高，这是因为循环料的回收，增多了立筒内物料的数量，即使分离作用不变，逆流物料的绝对量也增多了。

应该强调，对 $\eta_{立}$ 有显著影响的另一因素，是料粉在缩口斜坡上堆积成团块尺寸的大小。在模型立筒上分别装置了斜坡长度各为 100mm 和 140mm 的缩口，虽在缩口风速相同的条件下，长坡缩口 $\eta_{立}$ 明显地比短坡大，如图 6 所示。这是因为长坡上粉料堆积时间长，压实成团块尺寸大，比较难于分散返混的缘故。由此也可以推断，立筒尺寸大，缩口风速应该相应提高才能保证一定的分散性，否则尽管 $\eta_{立}$ 表观数值比较高，但团块得不到反复分散换热的机会，仍会使立筒换热效果恶化。目前，国内生产中就存在着立筒尺寸偏大，缩口和立筒断面风速偏低，产量低因而加料量少，固气比小，均在操作上导致表观 $\eta_{立}$ 高而热效率低的情况。

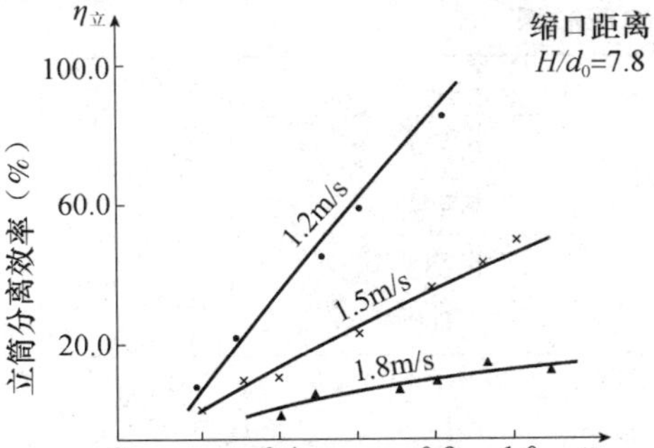

图5　立筒分离率与立筒断面风速及加料负荷的关系

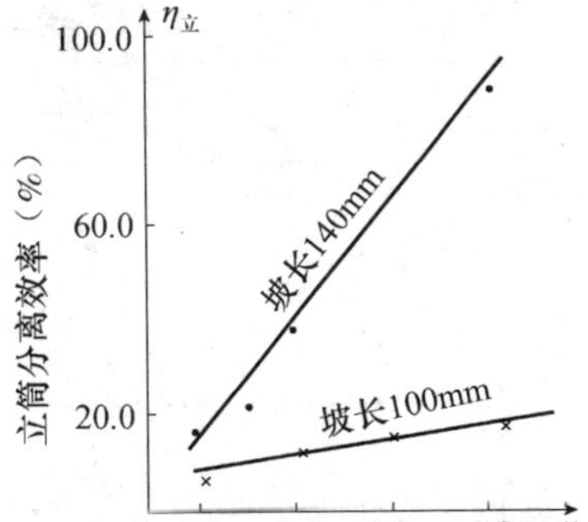

图6　缩口直径、加料负荷对立筒分离效率的影响

这就说明，立筒在特定条件下，要保证物料的充分分散，其 $\eta_{立}$ 将受到一定限制，二者是有矛盾的。我们认为，对于预热器来说，主要矛盾在于分散。因此，在生产上不宜过分追求 $\eta_{立}$ 的表观高值。另一方面，根据试算，欲通过提高 $\eta_{立}$ 的办法来达到提高 $\eta_{系}$ 数值的目的，效果也是不显著的，见表1。因此可以认为，提高 $\eta_{系}$ 不宜，也不能主要依靠提高 $\eta_{立}$ 来达到。

表1　$\eta_{立}$ 对 $\eta_{系}$ 值的影响

$\eta_{旋}$	$\eta_{立}$	$\eta_{系}$	$\Delta\eta_{系}/\Delta\eta_{立}$
0.95	0.30 0.40	0.850 0.885	0.35
0.90	0.30 0.40	0.730 0.783	0.33
0.85	0.30 0.40	0.630 0.694	0.64

3. 旋风筒分离效率 $\eta_{旋}$

旋风筒分离效率问题过去只单纯地从减少飞损的角度去认识，未引起足够重视，有必要进行较深入的论证。

为研究 $\eta_{旋}$ 对 $\eta_{系}$ 的影响趋势，对式（1）求偏微分：

$$\left.\frac{\partial\eta_{系}}{\partial\eta_{旋}}\right|_{\eta_{立}=常数} = \frac{\eta_{立}}{[(\eta_{立}-1)\eta_{旋}+1]^2} > 0 \quad 增函数 \tag{2}$$

可知，$\eta_{系}$ 随 $\eta_{旋}$ 提高而增大，且其增值幅度相对比较显著，定量试算值见表2。尤其在低 $\eta_{立}$ 时，$\eta_{旋}$ 增大1%，$\eta_{系}$ 可相应提高到2%以上，这对于为了改善立筒分散能力而加大断面风速，因而导致 $\eta_{立}$ 降低的后果，用提高 $\eta_{旋}$ 是可以得到有效的补偿，使分散作用既能得到保证，而系统分离效率又可以比较高。从这个观点来认识，$\eta_{旋}$ 的提高是设计和操作中的关键，它不仅仅是为了回收飞扬损失，更重要的是能改善立筒的工作状况，使在较大的风速下，取得较好的综合效果。在生产中进一步提高 $\eta_{旋}$ 的现实办法是再串接一级旋风筒，应该强调第二级旋风筒主要是其收尘作用。

表2　$\eta_{系}$ 对 $\eta_{立}$ 值的影响

$\eta_{立}$	$\eta_{旋}$	$\eta_{系}$	$\Delta\eta_{系}/\Delta\eta_{旋}$
0.4	0.85 0.95	0.694 0.883	1.89
0.3	0.85 0.95	0.630 0.850	2.20

（二）循环负荷 Q

循环负荷 Q 是指加入系统中物料在立筒内随气体顺流上升的倍率，即

$$Q = \frac{G_{顺}}{G_{加}}$$

很明显，Q 值表示了料粉在立筒内被反吹向上的数量，也在一定条件下表征了分散的程度，它同样与 $\eta_{立}$ 和 $\eta_{旋}$ 有密切关系，根据推导：

$$Q=\frac{\eta_{旋}-\eta_{系}}{1-\eta_{旋}}=\frac{\eta_{旋}-\dfrac{1}{\eta_{立}+\dfrac{1}{\eta_{旋}}-1}}{1-\eta_{旋}} \tag{3}$$

对 Q 偏微分：

$$\frac{\partial Q}{\partial \eta_{立}}\bigg|_{\eta_{旋}=C}=\frac{-1}{\eta_{旋}\left(\eta_{立}+\dfrac{1}{\eta_{旋}}-1\right)}<0 \quad 减函数 \tag{4}$$

$$\frac{\partial Q}{\partial \eta_{旋}}\bigg|_{\eta_{立}=C}=\frac{1}{(1-\eta_{旋})^2}>0 \quad 增函数 \tag{5}$$

它们之间具有相互制约的关系，而 Q 是个因变量，对其数值可以做这样的分析。Q 高表征粉料在立筒钵内分散得比较好，并在一定程度上提高了系统内部的粉料浓度，延长粉料在立筒内的停留时间，为分离和换热创造条件。为此希望控制 Q 值高些好。当然，Q 值过高，会增大旋风筒负荷，也可能会降低其分离效率，增大动力消耗。同时过多的已预热生料返回到低温区会增加总的热损失，降低预热器的热效率，是其不利的一面。因此，Q 值应有合适的取值范围。

根据上述观点，建议将 Q_X 与 $\eta_{系}$ 同时作为表征立筒物料运动状况的重要指标。

（三）物料在立筒中的停留时间和返混程度

1. 平均停留时间与离散程度

由于气固相在立筒中运动的复杂性，粉料的停留时间只能用示踪的办法实测。

模型取双缩口，$\frac{D}{d_0}=2.0$，间距 $\frac{H}{d_0}=7.8$，加料负荷 $\mu=0.5$kg/kg 气，测定结果见表3。立筒断面风速 u_0 分别为 1.2m/s、1.5m/s、1.8m/s 时，试验结果按下式计算：

数学期望 $$\bar{\tau}=\frac{\Sigma\tau E(\tau)\Delta\tau}{\Sigma E(\tau)\Delta\tau}$$

方差 $$\sigma^2=\frac{\dfrac{\Sigma\tau^2E(\tau)\Delta\tau}{\Sigma E(\tau)\Delta\tau}-\bar{\tau}^2}{\bar{\tau}^2}$$

式中　τ——取样时间，s；

$E(\tau)$——停留时间分布密度函数，计算结果列于表3中。

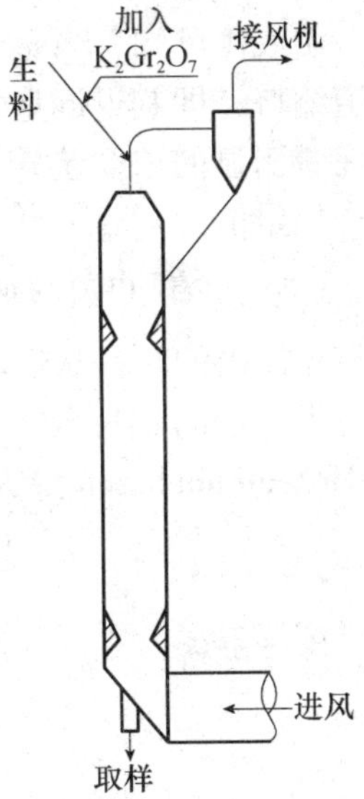

图7　停留时间测定示意图

表3　立筒断面风速对停留时间的影响

立筒断面风速 u_0（m/s）	1.2	1.5	1.8
平均停留时间 $\bar{\tau}$（s）	22.7	23.8	29.3
离散程度 σ^2	0.229	0.237	0.307

可见，在小模型中粉料的平均停留时间已经在20s以上。加大断面风速，平均停留时间

相应延长。从数量级上看，完全可以满足细粉悬浮换热的时间要求。

从方差值看，停留时间的离散程度不算很大（活塞流动时 $\sigma^2=0$），但停留时间的峰值一般都出现在13s左右，说明仍有相当部分粉料走了短路，不利于充分换热。

2. 粉料在缩口间的返混程度

按照物理模型运动的料粉，在从缩口斜坡上塌落下来时，有可能被缩口高风速夹带而返混回到上一钵，其数量与落料大小有一定的关系。为了表达返混程度，今定义缩口的分离效率 $\eta_{缩}=\frac{\eta''_{系}}{\eta'_{系}}$，其中 $\eta'_{系}$、$\eta''_{系}$ 分别表示安装一道缩口和两道缩口时的相应系统分离效率。这个定义有两个特点：一是以单位加料量作为基准；二是排除了系统内其他影响分离效率的因素干扰。因此 $\eta_{缩}$ 的物理意义可以进一步明确为，生料通过第一道缩口后又能以多大比例再通过第二道缩口。因此，$1-\eta_{缩}$ 就表示了该缩口处的返混程度。

根据试验求得模型中缩口的分离效率与各参数间的关系见表4。

表4　不同立筒断面风速 u_0 和加料负荷 u 时的 $\eta_{缩}$

断面风速（m/s）＼加料负荷（kg/m^3）	0.4	0.5	0.6	0.7	0.8
1.2	0.86	0.89	0.89	0.89	0.89
1.5	0.79	0.80	0.80	0.81	0.81
1.8	0.76	0.76	0.77	0.76	0.77

由表4可知，当 $u_0=1.2\sim1.8m/s$ 时，通过第一道缩口的粉料有76%～89%能再通过下一道缩口，即其返混量为11%～24%，随风速增高而加大。这一现象，说明立筒各个钵内存在着明显的浓度差异，自上而下，逐钵减小。而加料负荷的大小，对 $\eta_{缩}$ 几乎没有影响，是个稳定值。

（四）立筒内料粉的平均实际浓度 μ_{eff}

立筒内的粉料从运动方向来说，有顺流料与逆流料之分，但它们在空间不计流向时总是表现为一定的实际浓度。就立筒作为一个整体而言，这种浓度可记为平均浓度。根据 W. Hohenhinnebusch 等人的定义：

$$\mu_{eff}=\frac{G_{顺}+G_{逆}}{G_{气}}\qquad(kg料/kg气)\tag{6}$$

推导可得：

$$\mu_{eff}=(Q+\eta_{系})\mu=\frac{\eta_{旋}(1-\eta_{系})}{1-\eta_{旋}}\mu\tag{7}$$

求偏微分可得：

$$\frac{\partial\mu_{eff}}{\partial\eta_{旋}}\bigg|_{\mu=C}^{\eta_{系}=C}=\frac{1-\eta_{系}}{(1-\eta_{旋})^2}\mu>0\tag{8}$$

$$\frac{\partial\mu_{eff}}{\partial\eta_{系}}\bigg|_{\mu=C}^{\eta_{旋}=C}=-\frac{\eta_{旋}\mu}{1-\eta_{旋}}<0\tag{9}$$

$$\frac{\partial\mu_{eff}}{\partial\eta_{系}}\bigg|_{\eta_{旋}=C}^{\eta_{系}=C}=\frac{\eta_{旋}(1-\eta_{系})}{1-\eta_{旋}}>0\tag{10}$$

根据试验将计算结果列于表5。

表5　不同立筒断面风速 u_0 及加料负荷 μ 时的 μ_{eff}、$\eta_{系}$ 值

断面风速（m/s） \ 加料负荷（kg/m³）	0.25		0.41		0.54		0.72		0.96		1.20	
	μ_{eff}	$\eta_{系}$	μ_{eff}	$\eta_{系}$	μ_{eff}	$\eta_{系}$	μ_{eff}	$\eta_{系}$	μ_{eff}	$\eta_{系}$	μ_{eff}	$\eta_{系}$
1.2	0.72	0.40	0.73	0.62	0.77	0.72	0.82	0.77	0.96	0.82	—	—
1.5	0.88	0.32	1.13	0.44	1.30	0.54	1.40	0.62	1.47	0.70	1.60	0.75
1.8	1.24	0.12	1.66	0.26	1.96	0.35	2.17	0.44	2.62	0.51	3.01	0.55

由表5可见，平均实际浓度随 u_0 加大而明显提高，也随 μ 增大而增大。但在 u_0 与 μ 均改变时，其值存在某种程度的叠加，而与 $\eta_{系}$ 无明确关系。意即在 $\eta_{系}$ 某定值时，其 μ_{eff} 有很大差异，说明钵内平均实际浓度是操作参数以及 $\eta_{旋}$ 的敏感函数。由此也进一步表明旋风筒的特性对立筒内部工作状况的关系很密切。

粉料在立筒内平均实际浓度同样也表征呈悬浮状态的物料量，在可比条件下也反映了在立筒内的停留时间。因此，其值高对气固热交换显然是有利的。但对这一指标过去缺乏实测数据，还很难得出准确的数值概念，根据分析还有几点值得提出：

（1）根据 W. Hohenhinnebusch 及 R. Vogel 等人的意见，立筒中的生料粉是凝聚成雾状或团球，在超过气流承载能力时呈缕线沉降而下。则可以想到，立筒内物料的 μ_{eff} 值愈高，$\eta_{系}$ 必然愈大。但实际计算结果却并非如此。μ_{eff} 高，$\eta_{系}$ 不一定大，甚至反而很小，可见云雾沉落的理论是难以成立的。

（2）在加料量恒定且旋风筒正常工作，当立筒内出现大团块冲料时，$\eta_{系}$ 不正常增大，此时由于 Q 的显著降低，会使 μ_{eff} 值急剧减小，见表6，因而它也可在一定程度上反映操作的不正常性。

表6　$\eta_{系}$ 不正常升高时，μ_{eff} 的计算值

（$\eta_{旋}=87\%$，$\mu=0.72$kg 料/kg 气）

项目	试验值	不正常情况			
$\eta_{系}$	0.44	0.54	0.64	0.74	0.84
Q	3.3	2.55	1.76	1.0	0.23
$Q+\eta_{系}$	3.74	3.09	2.40	1.74	1.07
μ_{eff}	2.69	2.22	1.66	1.25	0.77

（3）μ_{eff} 虽然能较明确地反映料粉的运动状况，但它是指全立筒的平均值，实际上各钵内的浓度值是不同的，目前 μ_{eff} 值还未作直接测定，也难于作为控制生产的指标。

（五）立筒预热器物料运动特性指标的匹配

从上述分析可以看出，要简便而全面地了解立筒系统内物料运动的工作状况，主要可通过 $\eta_{系}$ 与 Q 两个指标来反映。在设计中应该从改进立筒的内部结构和选取合理操作参数入手，来满足这两个指标的要求。在生产中，应该考核这两个指标的实际值来评价操作水平和分析存在的问题。

为了取得系统最佳效果，下面根据模型试验结果，通过试算比较，确定各指标的合理取值范围，供选择时参考。由于试验模型尺寸较小，数据有局限性，尚待生产中修正。指标的匹配关系见表7。

表7　指标的匹配关系

给定$\eta_{旋}$ / $\eta_{立}$（相应Q）/ 要求$\eta_{系}$	0.88	0.90	0.33	0.95	0.96
0.95	×	×	×	1.0(0)	0.39(1.5)
0.90	×	1.0(0)	0.68(0.43)	0.47(1.0)	0.18(4.0)
0.88	1.0(0)	0.81(0.2)	0.55(0.71)	0.39(1.4)	0.16(5.0)
0.85	0.77(0.25)	0.63(0.5)	0.43(1.4)	0.30(2.0)	0.12(6.5)
0.80	0.54(0.7)	0.44(1.0)	0.30(1.9)	0.20(3.0)	0.08(9.9)

注：表中“×”——表示$\eta_{立}>100\%$不可能出现的情况；“——”表示Q与$\eta_{立}$可取范围。

由表7可见，指标应有合理的匹配，使$\eta_{旋}$、$\eta_{系}$、$\eta_{立}$与Q均在合理与可能的范围内，不可片面追求某一指标，也不可脱离实际条件。一般情况下较佳的取值范围是：$\eta_{旋}=0.90\sim0.98$，$Q=1.0\sim2.0$，$\eta_{系}=0.80\sim0.85$，在这种情况下，立筒预热器系统有可能取得较好的生产效果。

由此出发，在改革立筒结构和调整操作参数时，应以保证立筒内物料的分散性为前提。通过试验和试算，$\eta_{立}$在30%~40%范围是可取的。如前所述，$\eta_{旋}$取值高，可以补偿$\eta_{立}$的不足。反之，若由于物料结成团块造成冲料而使$\eta_{立}$与$\eta_{系}$不正常升高是要避免的，这从Q的不正常减小可以反映出来。

值得强调的是过去在设计立筒时，有人主张尺寸取大值。其理由是留有余地，使有充裕的换热空间以保证有效回收热量。其实这种观点是错误的。也有人主张提高立筒内气流速度，出发点是提高对流换热系数，其实提高气速主要应提高缩口风速，目的应是改善物料的分散性，形成悬浮态以充分暴露粉料的表面积，从而达到更好的换热效果。

四、总　结

基于物理模型的认识，通过对各操作参数和特性指标的分析、计算和讨论，归纳如下几点看法：

（1）$\eta_{系}$值取决于立筒缩口结构、操作参数和串联旋风筒的效率。对于Krupp型正锥缩口而言，$\eta_{旋}$是稳定操作的决定性因素。因此，对立筒预热器的设计和操作，必须给以足够的重视。这一点特别要强调。

（2）$\eta_{系}$的指标值必须与系统的循环负荷Q合理匹配，才能既保证逆流料量又能达到较理想的换热目的。因此，保持相当数量的物料在系统内部循环是必须的。它在一定程度上间接地反映了物料的分散程度。建议考核系统工作状况时，应取$\eta_{系}$与Q两个指标。

（3）为了改善立筒内物料的分散性，除采取结构改进，增装撒料器等以外，适当提高缩口风速也是有效的，由此导致$\eta_{立}$的下降，可通过选用高$\eta_{旋}$系统得到有效补偿。

（4）从换热的要求看，现有立筒内物料平均停留时间已能满足要求，不必再采取进一步延长平均停留时间的措施。

立筒预热器工作原理的研究*

胡道和　顾大公　李昌勇

（南京化工学院）

【摘　要】本文对Krupp型正锥缩口的水泥生料预热器的工作原理，包括喷射气体的流型、物料在立筒内的运动过程、落料的分散、气固两相在立筒内的传热方式与速率、气固分离以及物料在立筒内停留时间的概率分布等实质性问题，在理论分析和模型试验的基础上进行了比较深入的探讨，修正了过去将立筒预热器归入逆流换热类型的传统看法。明确指出立筒是以同流为主的多级换热设备，并归纳出若干基本认识和概念。基于这些新概念，作者还对立筒预热器的操作和结构改进提出了一些看法。

RESEARCH ON WORKING PRINCIPLE OF KRUPP（SHAFT）PREHEATER

Hu Dauhe　Gu Dagong　Li Changyong

（Nanjing Institute of Chemical Technology）

【**Abstract**】 On the basis of the theoretical analysis and model test, a through study was made on Lhe working principle of Krupp suspension preheater for cement raw meal with nozzle type construction, including jet stream pattern, process of raw meal motion, dispersion of falling lumps, mode and rate of heat transfer, gas-solid separation and probable distribution of residence time of raw meal in the shaft etc. Practical measurements show that the velocity pattern of jet stream in a much limited space remains the character-istics of Gaussts distribution and can be divided into four regions of core, spout, vortex and back flow, and each region plays a different role in particlar motion. The process of raw meal motion in a compartment may be depicted as a clear physical model of dispersion-separation-piling-slippingv through practical observation and measurements by the aid of high speed photography. Theoretical derivation and experiments turn out that the rate of transient convective heat transfer is more effective and heat exchange mainly takes place in the core region. Therefor gas-solid heat exchange in Krupp preheater is carried out in co-current mode, which corrects the traditional view point that shaft was considered a counter-current heat exchanger. Meanwhile, comparison between stream line illustration and distribution diagram of powder concentration indicates that separation function of gas-solid in a compartment is due to the existence of the circular vortex. Practical measurements show that the radical velosity in the shaft is one order of magnitude smaller than tangential velosity in cyclone.

Based on above research results, a new and fairly complete working principle of Krupp preheater is created. The authors also put forward some views to improving the operation and construction of Krupp preheater, which may be of value in production, design and development.

立筒预热器投入生产使用已经有二十多年了，其典型的结构和流程如图1所示。从20世纪50年代末期开发性试验研究以来，对于Krupp型立筒的工作原理，有过一些不尽相同的看法，但由于涉及设备的专利权，这类观点很少有机会公开争论。就目前收集到的资料来看，国外已有一些基本论点可归纳如下：

（1）立筒是典型的气固逆流换热设备，潜在换热能力比旋风筒大。

（2）缩口的存在造成立筒中气流的死区，使物料凝结成缕线，因而能达到逆流沉落的目的。

（3）立筒内存在临界负荷，当钵内浓度超过临界值时，物料就会沉降下来。

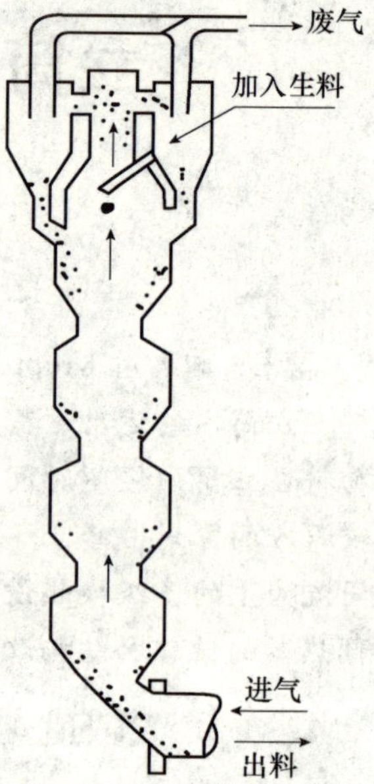

图1 立筒预热器流程示意图
Fig. 1 Schematic diagram of Krupp preheater

我国从1969年第一台立筒预热器投产以来，普遍认为加装立筒预热器是适宜于干法中小型窑改造的一个可行的技术途径。然而，多年来立筒预热器窑的生产指标不很理想。各生产厂和科研设计单位为了改善立筒预热器的效率做了大量工作，但未得到肯定的效果和统一的意见。

我们通过两年多实验室模型试验，结合生产现场的调查研究，归纳形成了立筒预热器工作原理的若干基本观点，其中有许多与国外学者们的看法不尽一致，特提出供讨论。

一、立筒中气体的流动图形

Krupp型立筒所处理的生料粉，平均粒径仅30μm左右，因此，粉体运动在很大程度上取决于气流的运动图形。所以，测定立筒内部流体流动的规律性是探讨立筒工作原理的基础。

出回转窑的高温气体在立筒中做总体向上的流动，但经过缩口就形成了限制性很强的射流运动。

通过模型试验$\left(\phi 200\text{mm},\ \dfrac{D^*}{d_0}=2.0\right)$所测定的速度值以及二维床示踪试验的结果表明，立筒中速度分布仍然具有正态分布的基本特征。

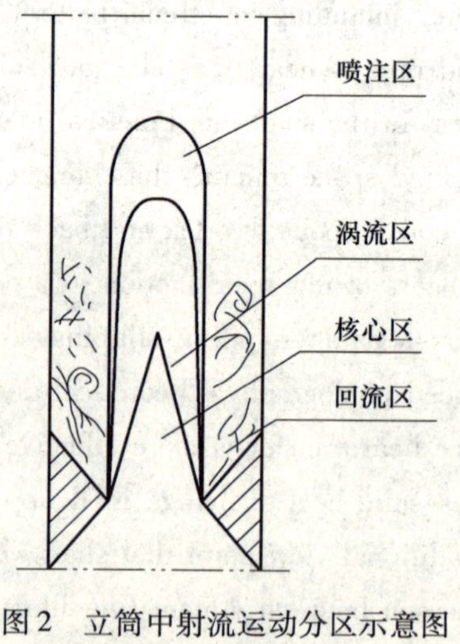

图2 立筒中射流运动分区示意图
Fig. 2 Regions of jet-flow in Krupp preheater

将与主流方向相一致且速度值u相等的各点连成一线，称为等速线。根据等速线的分布，可以将两个缩口之间的钵体分为气流运动的四个区域。

1. 核心区

保持喷射速度不变，以缩口截面积为底的一个圆锥体区域，其高度L_1基本不变，经最小二乘法数据处理后得：

$$L_1 = 2.2d_0$$

2. 喷注区

指流向不变而中心风速开始衰减的区域。当缩口风速 u_0 变化时，其中心风速具有不同的衰减规律，可拟合成下列方程：

$$\frac{u_m}{u_0} = \frac{1}{5.98\alpha_z/d_0 - \sigma^2}$$

上式均方差 $\sigma^2 = 0.002$；α 为喷射系数，轴对称时取 0.07。

统计得出喷注区高度 L_2 为：$L_2 = 8.6d_0$

3. 涡流区

气体微团做剧烈的无定向运动并与边界处气体质点进行动量交换的区域。

实测涡流区速度沿径向衰减，当断面中心以外某点的径向坐标为 x，令同断面上速度衰减到只有中心速度的1/2时该点径向坐标为 $X_{0.5}$，在 $x/x_{0.5} > 0.9$ 的环形区域中，射流速度分布的规律性已经消失，出现了强烈扰动，此即涡环。从二维床泡沫粒子示踪也可直接看到这种涡环的存在。涡流区的高度 L_3 为：

$$L_3 = 3.1d_0$$

4. 回流区

气体产生反向运动的区域，是由涡流作用对周围气体的卷吸压差而形成的。

二、物料在立筒中运动的物理模型

粉料进入立筒以后，形成了特殊的两相流动，根据高速摄影的直接观察以及大量试验结果，可将粉料运动规律加以归纳，并用如下物理模型来描述：

粉料以团块状自上一钵落下，由于重力作用进入下一缩口的核心区并被分散，分散后的细粉随气流上升，被卷吸扰动而进入涡流区，受方向不定的气体推移到近壁处而产生气固分离，经回流区而沉落在缩口斜坡上，堆积到一定程度凝并成团块，滑落穿过缩口逆气流而落入下一钵，重复以上过程直至入窑。高速摄影结果与运动物理模型分别示意于图 3 与图 4。分离—堆积—滑落的过程是在不同的气流区域中进行的，又分别对完成立筒主要功能起着各自的作用。

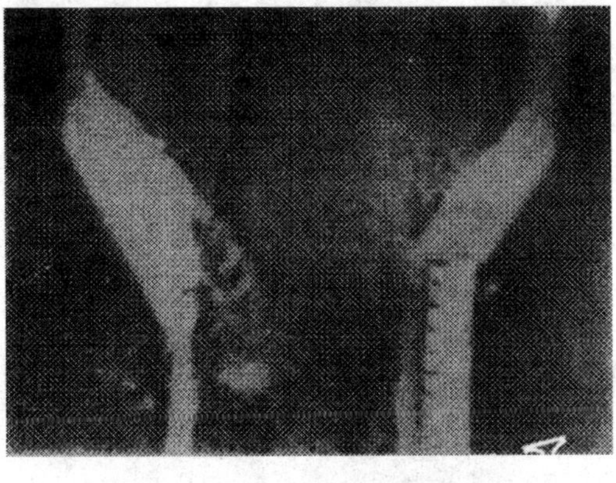

图 3　立筒中物料运动的高速摄影

Fig. 3　High speed photo of the motion of raw material in Krupp preheater

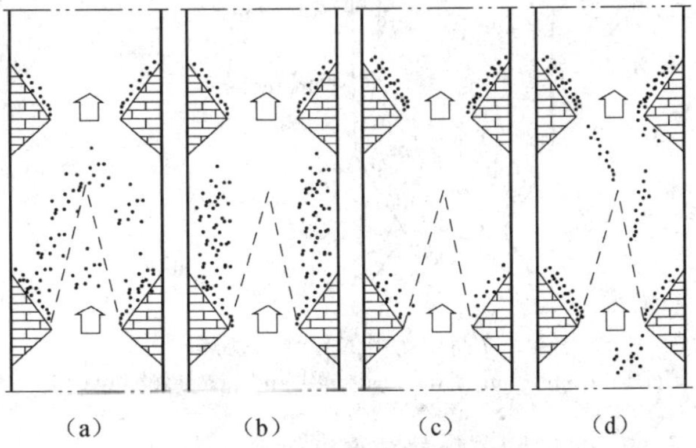

图 4　立筒中物料运动的物理模型

Fig. 4　Physical model for the motion of raw materials

(a) Dispersion; (b) Seperation; (c) Piling; (d) Slipping

三、立筒内的气固换热

由于立筒中物料的状态（特别是凝结的状态）和运动情况很复杂，因而对气固之间的换热很难进行理论分析。只能根据气流、物料运动特征及换热模型试验并作一些简化假设后，对立筒中的气固换热的某些关键性概念作如下探讨。

1. 立筒内气固之间的换热方式

中外学者一致认为立筒中气固之间以对流为主要的换热方式，但对于气固换热时的流动方向——同流换热或逆流换热却存在着分歧。

以往的资料[6,7]都强调立筒是典型的逆流换热器，并指出其卡路里效率 φ 有可能达到1.0。但这种理论只具有宏观意义，实际上，料粉只有在缩口喷射气流的作用下，按照所揭示的物理模型运动才有可能有效地完成换热任务。

现简化取单一钵体作为分析对象，如图5所示。由上缩口滑入的团块可能有两种情况，即部分小团块被速度为 u_0 的上升气流再度扬起，在上一个钵内进行同流换热；另一部分团块瞬间冲过缩口落入下一钵，当团块进入到下缩口的大范围锥形体核心区时，在高速气流的冲击下使之剥离、碎裂而分散。被分散细粉的沉降速度 u_t 大大低于核心区气速 u_0，因而必然会在被分散的瞬间改变其流动方向，相对气流而言，由逆流转变为同流。此后，被分散的物料在上升气流中不断被加速，成为典型的同流加速段非稳态的有效换热。

热态试验在单一立筒钵内进行，测定了钵体中各空间点加料前后温度变化值 ΔT_g，并取其中一个断面为例绘出径向 ΔT_g 的分布（图6）。显然，ΔT_g 愈大，表示换热量愈多。在对应核心区位置可以清楚地看出，气固换热在核心区内进行得最为激烈。

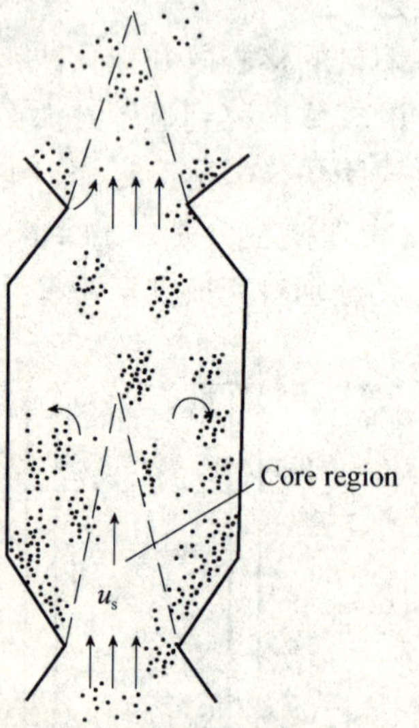

图5　立筒中物料的分散与换热

Fig. 5　Dispersion of raw materials and heat exchange

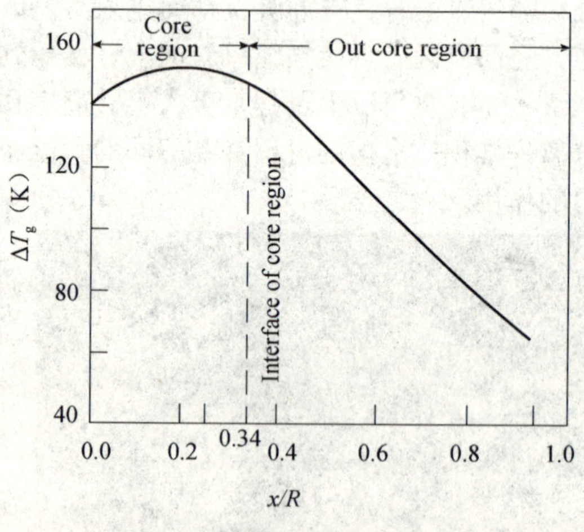

图6　ΔT_g 沿径向分布曲线

Fig. 6　Radial distributed curve of ΔT_g

2. 气固同流换热速率

团块在核心区被分散，物料运动的速度矢量 $\vec{u}_s$ 有个从0转向的转折点，由此开始成为类似稀相输送床的同流加速段换热，借鉴有关的研究成果，即在固气比很小（＜2kg/Nm），颗粒很小（<500μm），颗粒内部热阻可以不计（$Bi<<0.1$），按集总热容的方法处理以对流为主的非稳态换热条件下，计算求得达不同粒径时的近似平衡温度（取理论换热温度值的99.5%）所需的有效换热时间和有效换热距离，并绘出图7。

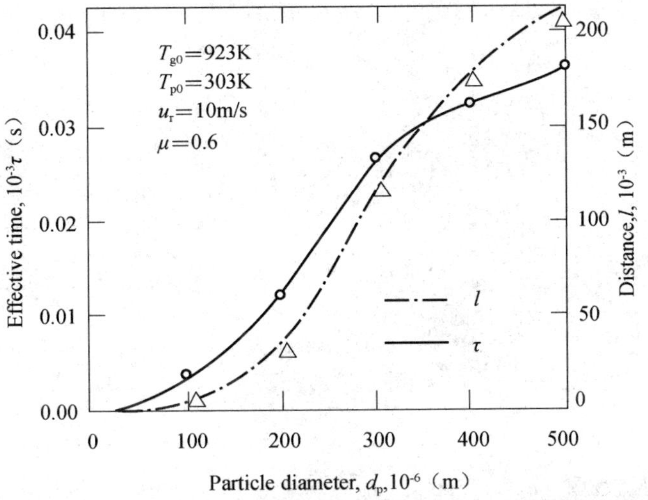

图7　立筒内气固同流换热时颗粒充分换热所需时间及其移动距离

Fig. 7　Distance and time of heat exchange between gas and particals with different partical sizes

可见生料粉的换热是在很短的时间内（<0.04s）完成的。因此，可以认为立筒中下落的团块在核心区被分散的同时进行了热交换。所以，在立筒中，斜坡上积料形成的团块既要能穿过第一个缩口落到下一钵，又要在经过下一钵缩口的气流核心区时能够被充分分散，并随气体同流上升，这样才能保证钵内的有效传热。

四、物料的分散

立筒钵间粉料宏观的逆流运动主要依靠缩口斜坡堆积形成团块的滑落。模型试验表明，在正常情况下，这种滑落是脉冲式随机性的，团块的结构是疏松的，容重比较小。在专门设计的二维床（200mm×20mm）中，将团块置于一定风速下使之吹散，测定其吹散率 $f\left(1-\frac{\text{经吹散后下落料量}}{\text{团块原始重量}}\right)$，结果与理论分析都表明，团块分散主要靠核心区高速气流的冲击作用来实现。ϕ35mm的团块，要求 $u_0 \geqslant 10$m/s 才能充分分散，而且立筒中落料点不宜过高，否则吹散率反而下降，这就限制了钵高。同时对缩口几何形状的改进和加装散料装置将有助于控制团块的尺寸，保证分散程度。

五、立筒内的气固分离

分散和换热后的粉料必须与气体分离，才能实现气固多级接触和宏观逆流运动的目的。试验表明，立筒内能产生气固分离的基本原因在于涡流环的存在。

立筒作为轴对称的圆柱结构，在射流的作用下，在自模化区域（$u_0>7.5$m/s）所测立筒的流场图及流线图示于图8和图9。

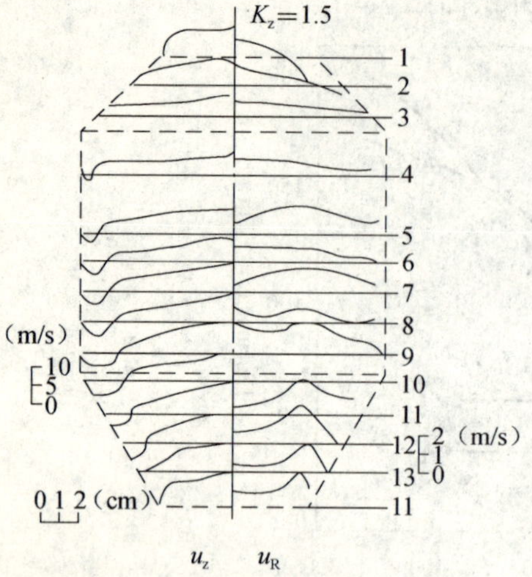

图 8　立筒中二维流场图（u = 2.75m/s）
Fig. 8　Two dimensional field of flow in Krupp preheater(u = 2.75m/s)

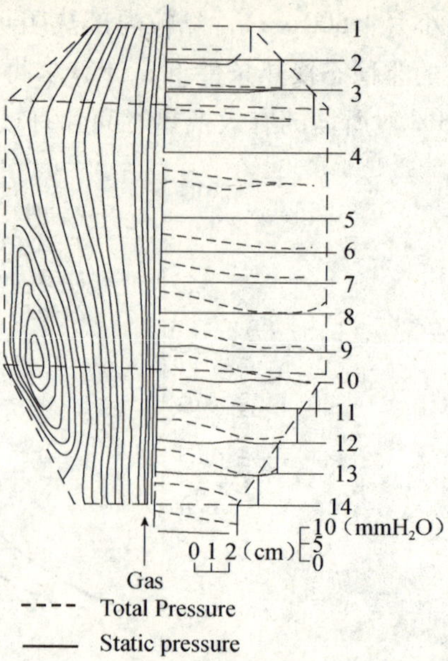

图 9　立筒中流线图和压力分布（u = 2.75m/s）
Fig. 9　Stream lines and distribution of pressure(u = 2.75m/s)

在图 9 中，壁面附近存在一个相当大的涡环（封闭流线区），由距缩口高度 z 为 0.1D 延伸到 1.1D 处。由图 8 可见，此区域不仅有由中心向四周的源流速度 $+u_R$，而且还有自上而下的回流速度 $-u_z$。

源流推动着已被预热的粉料向四周运动，由于惯性的作用而与气流分离，到达立筒壁附近的粉料在重力和回流气体的作用下，沿壁面沉落到缩口斜坡上。

涡环形成的原因是缩口后截面渐扩及在黏性曳力和逆向压力梯度的影响下边界层分离的结果。

对于上面数据进行回归，可按下式进行涡环体积 V_V 的计算：

$$V_v = \pi\int_0^{z_v}(\tilde{r}_\omega^z - \tilde{r}_v^2)R^3 d\tilde{z}_v$$

式中，$\tilde{r}_v = \dfrac{r_v}{R}$，$\tilde{z}_v = \dfrac{z_v}{R}$，$\tilde{r}_\omega = \dfrac{r_\omega}{R}$

为了探明立筒几何结构对分离作用的影响，对不同高径比 $K_z\left(\dfrac{H}{D}\right)$ 和缩口比 $K_0\left(\dfrac{D}{d_0}\right)$ 分别进行了流场及单钵阻降测定。

结果表明，高径比不同的立筒 u_z 与 u_R 的分布规律基本一致。因而可推断其涡环结构和流场基本特征没有改变，其分离能力也不致因钵高的增高而强化。同时，钵体高度对流体阻力系数也基本没有影响。这说明立筒钵体的流动阻力主要是涡环所产生的涡团损失。

但当 K_0 改变时，流场速度分布的绝对值却有明显变化（图 10）。根据试验数据对比三种不同 K_0 时的涡环结构可见，K_0 愈大（缩口尺寸愈小），涡环的几何特征值如高度、宽度和体积均相应增大，说明分离的区域和机遇也增大，但阻力系数也随之增大。

再从立筒钵内浓度分布测定结果来看（图 11），在核心区底部，粉料浓度大且有很大随机性，无规律，说明这一区域流体湍动强烈，有利于分散料团，不存在分离效应。而在相应的涡

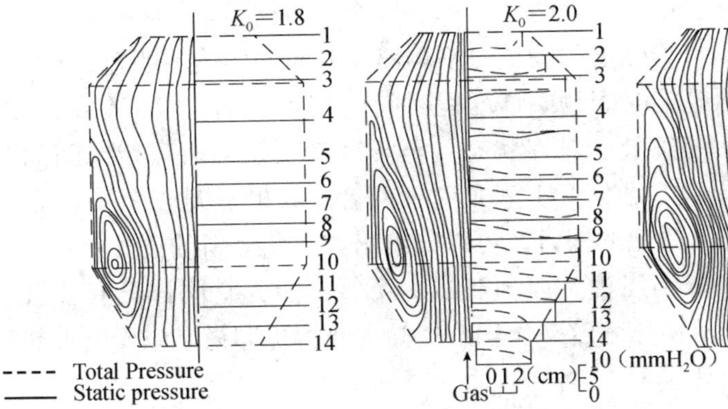

图 10 不同缩口比立筒的流线图

Fig. 10 Stream lines of Krupp preheater with conical constriction of different diameters

环区内，愈近壁面附近，粉体浓度愈大，其分离效应表现得很明显。但在立筒上部涡环以外（即图 11 中号 3 号面以上），整个断面上浓度很低而且很均匀。

因此可以肯定，立筒分离有效区是在涡环区内。随着立筒直径加大，涡环区的实际容积增大，分离的路径长，效果会更好。

从分离机理来看，涡流分离主要靠径向速度，而离心分离主要靠切向速度。一般来讲，立筒中实测的径向速度比旋风筒的切向速度要小一个数量级，因此立筒分离效率总是比不上旋风筒，这是客观事实。

各级预热器的分离效率 η，对于系统的热利用效率有影响，其中顶部预热器 η_1 的作用最为显著[10]。由此可知，对于立筒系统来说，匹配的旋风筒分离效率是影响全局的重要参数。

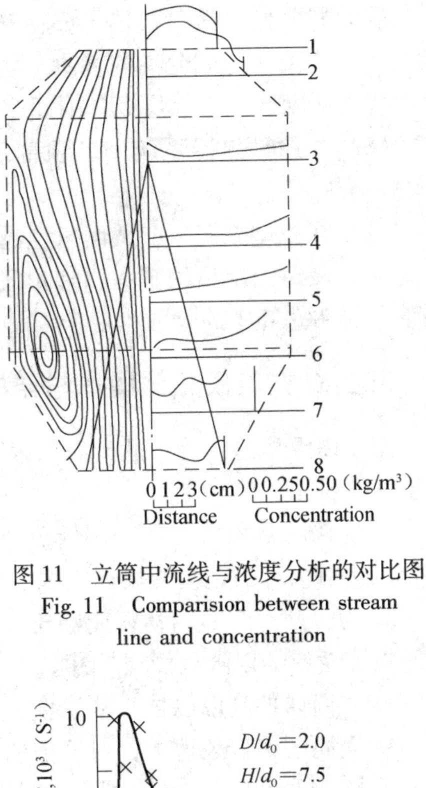

图 11 立筒中流线与浓度分析的对比图

Fig. 11 Comparision between stream line and concentration

六、生料粉在立筒内的停留时间分布

根据脉冲示踪法实测 ϕ200mm 立筒模型内停留时间概率分布的规律是：

1. 无论是单钵还是立筒全系统，料粉在其中停留时间都呈概率分布（图 12）。

2. 冷态模型中每钵的平均停留时间 $\tilde{\tau}=10\sim15$s；离散程度 $\sigma^2=0.23\sim0.32$，因此物料流动偏离了活塞流。立筒钵体之间有一定返混。因而在稳定操作条件下，各钵的平均浓度不一样，上浓下稀，这在实际观察中也能看到。

3. 影响 $\bar{\tau}$ 的因素

（1）u_0 的影响：风速增高时，停留时间延长，返

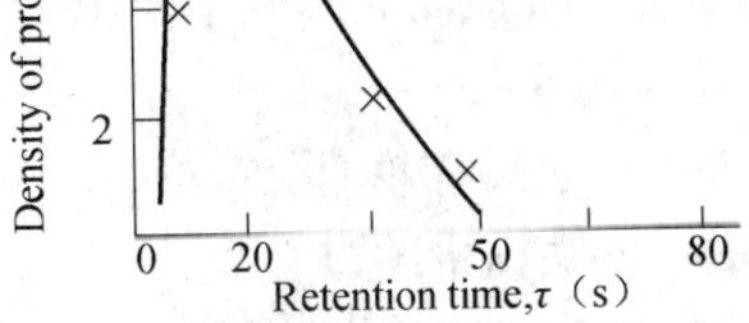

图 12 粉料在立筒中停留时间分布

Fig. 12 Retention time distribution of raw materials

混趋势增大。

（2）加料负荷，也即料粉浓度的改变对平均停留时间的影响不明显。

（3）在立筒钵中粉料悬浮时间和凝结堆积时间的相对比例，根据估算，约为28:1，即整个停留时间内只有3%～5%处于悬浮状态。至于冷态与热态时停留时间的差异，根据半工业性对比试验测定结果[11]，即使在1273K时，两者差异也不大。

根据对立筒预热器工作原理的探讨，可以归纳出如下几个新的概念：

（1）立筒预热器每个钵相当于旋风预热器一个级，因为它同样具有分散、换热、分离和落料四个完整的过程。从换热角度来认识，立筒预热器也同样是以同流换热为主，只是钵间串联才形成宏观逆流运动。

（2）气体通过立筒内缩口，形成了有明显规律的、限制性很强的射流运动，其速度分布可清楚地划分为核心区、喷注区、涡流区和回流区。

（3）立筒中物料按“分散—分离—堆积—沉落”的物理模型运动。

（4）粉料的分散与换热主要在气流核心区内改向的瞬间同时完成。

（5）立筒中气固分离的基本动力是涡环的源流速度。据实测，立筒中源流速度比旋风筒中切向速度低一个数量级，因而分离能力较差。

（6）立筒预热器系统中，顶部旋风筒的分离效率对整个系统的热效率有特别重要的影响。

（7）在模型立筒中，截面风速越高，粉料停留时间越长。

（8）从对流换热的基本原理出发，结合生产实际数据分析，立筒中气固实际换热量取决于生料在立筒中的分散程度。

八、对立筒预热器操作与结构改进的几点看法

基于以上概念，为了达到有效换热的最终目的，对于立筒预热器窑的操作与结构改进有以下几点看法：

1. 立筒预热器窑不适宜在低负荷下生产，因为窑的产量低，立筒中气速降低，缩口射流难以使料团冲散，会使换热效果明显恶化，造成恶性循环。

2. 为了使每个钵内物料能够充分分散，立筒预热器中缩口斜坡的几何形状应加以改进，最好加装撒料器以限制团块尺寸。

3. 立筒钵的高度以核心区高度1.10～1.30为宜，过高对团块分散反而不利。

4. 立筒的缩口风速大，对冲散料团有利，同时能延长物料停留时间，但过大会造成严重的返混，循环负荷过大，也会影响热效率，并增大流体阻力。

5. 立筒中气固分离能力差，因此要与一级高效旋风筒匹配使用，才能组成完整有效的预热系统，旋风筒分离效率要求大于90%[9]。

符号说明：

D——立筒有效内径，m

d_0——立筒中缩口直径，m

u——立筒净空断面风速，m/s

L_1——气流核心区高度，m

u_0——立筒缩口处气速，m/s

u_m——立筒中任意高度 z 处中心沿主流方向气速，m/s

a——喷射系数

z——以立筒缩口处为起点的高度，m

σ^2——均方差或离散程度

L_2——气流喷注区高度，m

x——以立筒中心线为原点的径向坐标，m

$x_{0.5}$——立筒中某处气速为同截面中心风速的 0.5 倍时该处的径向坐标，m

L_3——气流涡流区高度，m

φ——卡路里效率

u_t——颗粒沉降速度，m/s′

T_g——气体温度，K

u_s——物料运动速度，m/s

Bi——BiOt 准数

τ——有效换热时间，s

l——有效换热距离，m

d_p——颗粒直径，m

T_{RO}——缩口处气体温度，K

T_{PO}——缩口处颗粒温度，K

u_τ——气固相对运动速度，m/s

μ——固气比，kg/Nm^3

f——团块吹散串率

u_R——气流径向分速度，m/s

u_Z——气流轴向分速度，m/s

V_V——涡环体积，m^3

z_v——涡环高度，m

r_ω——立筒锥体壁面半径，m

r_v——涡环半径，m

R——立筒柱体部分半径，m

K_z——立筒高径比（H/D）

K_0——立筒缩口比（D/d_0）

H——立筒有效高度，m

参考文献

[1] R. Vogel. Sillikattechnik，17，1966，273.

[2] W. Hohenhinnebsch and W. Derks. Zement-kalk-Gips，1969，2，66.

[3] W. Triebel. Zement-Kalk-Gips，1969，9，397.

[4] 顾大公．在 Krupp 型立筒预热器内气固两相运动规律的研究［D］．南京化工学院硕士研究生论文，1983，17.

[5] 顾大公，胡道和．第三届全国流态化会议论文集，1984，190.

[6] H. D. Walter. Cement-Data-Book. 2nd Edition，1977.
[7] 南京化工学院，西安冶金建筑学院，同济大学，等. 硅酸盐工业热工过程及设备（下册：水泥工业热工设备）[M]. 北京：中国建筑工业出版社，1980.
[8] 徐德龙，胡道和. 中日第二届流态化会议论文集，1985，446.
[9] 胡道和，顾大公. 南京化工学院学报，1984，2.
[10] 李昌勇. 水泥生料预热器工作原理的研究 [D]. 南京化工学院硕士研究生论文，1984.
[11] 贾齐. 关于镁矿粉在悬浮烧炉中停留时间分布的研究 [D]. 西安冶金建筑学院毕业生论文，1985.

克虏伯（Krupp）型立筒预热器结构改进的冷模试验

胡道和　顾大公

【摘　要】 本文关于粉料在Krupp型立筒内运动的物理模型，通过冷态试验，探讨了立筒钵的主要功能并提出改进立筒内部结构；采用双曲型缩口和加装撞击式撒料器的具体方案。同时从立筒工作原理出发，论证了每个钵体的合理高度和两级旋风筒立筒组合方式，供中间试验采用。

近年来，由于生产发展的需要，我国已投产了不少的Krupp型立筒预热器窑，但普遍存在着热效率不高，生产指标达不到设计要求，与国外相比差距较大的问题。长期的实践摸索，耗费了大量的人力、物力，改进的效果均不显著。主要原因之一是对立筒的功能与工作原理缺乏认识。因此在实践中带有相当的盲目性。近年来，在这方面开展了一些基础研究，有助于对问题的分析。本文即拟根据最近提出的“粉料在立筒中运动的物理模型”为基础，来探讨并提出一些对目前生产中使用的立筒进行结构改进的意见，其中不涉及立筒的改型问题。

从生料预热的工艺要求出发，立筒应具有逆流供料和对流换热的功能。进一步分析，对每一个立筒钵体来说，又必须起到使料团分散、气固换热和分离的作用，从而能逐级循环以保证最终逆流运动和换热目的的实现。

首先从理论分析和试验测定已经证明[1]：在Krupp型立筒中气体运动是一种低速度、低动量、在限制性较大的空间中发生的射流运动。根据对于$\frac{立筒直径（D）}{缩口直径（d_0）}=2.0$的立筒内速度场的测定结果表明流动具有自模化特性，并可以划分为四个各具特点的流区，即：

核心区——气流速度和方向都保持不变的一个圆锥体区域，该区的无因次高度$\frac{L_1}{d_0}=2.2$；

喷注区——中心气速不断衰减，但气流方向保持不变的区域；其无因次高度$\frac{L_2}{d_0}=8.6$；

涡流区——由于与外边界的气体质点发生动量交换而使气流无一定方向的环道区域；其无因次高度$\frac{L_3}{d_0}=3.1$；

回流区——缩口附近的近壁区，气流方向与射流方向相反。

其中：L_1：缩口至核心区的高度，

L_2：缩口至喷注区的高度；

L_3：缩口至涡流区的高度。

各区分布示意于图1中。

粉料进入立筒以后，形成了在立筒空间中的特殊两相运动。根据高速摄影的直接观察

（图 2）以及大量试验结果，将粉料运动规律加以归纳，并用如下的物理模型来描述：

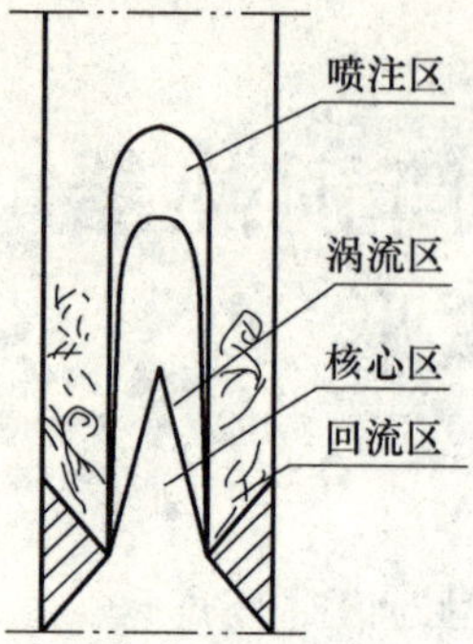

图 1　立筒中射流运动分区示意图

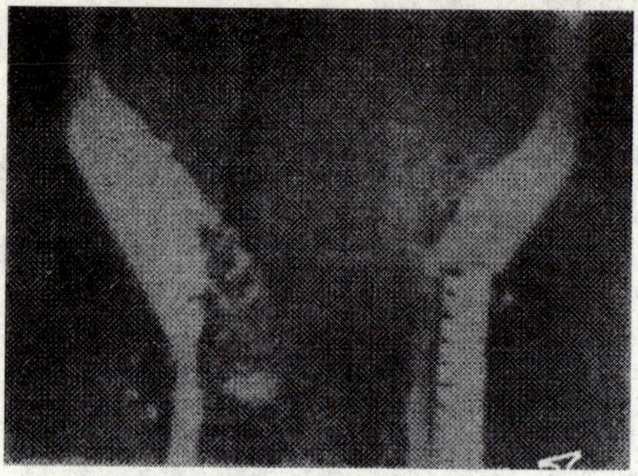

图 2　粉料运动的高速摄影照片

粉料以团块状自上一钵落入，由于重力作用进入下一缩口的核心区并被分散，分散后的碎粒随气流上升，被卷吸扰动而进入涡流区，受方向不定的气体推移到近壁处而产生气固分离，经回流区而沉落在缩口斜坡上，堆积到一定程度，滑落穿过缩口逆流入下一钵，重复以上过程直至入窑，如图 3 所示。

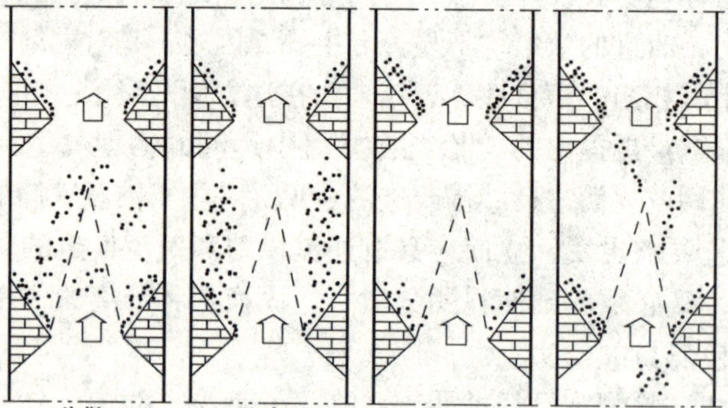

图 3　粉料运动的物理模型

试验还表明：粉料在立筒中经历的分散—分离—堆积—滑落的过程，是在不同的气流域中进行的，又分别对于完成立筒的功能起着各自的作用。

如分散过程，是立筒中气固有效换热所必需，主要在核心区气流中进行。

又如分离过程，是粉料在立筒中逆向运动所必需，主要在涡流区气流中进行。

堆积和滑落，它既保证了逆向供料，又造成一定程度的回流返混，延长物料在立筒中的停留时间，改善换热效果。

因此，可以认为各个过程缺一不可，合理配合是提高立筒效能的基础。

应该指出，过去习惯上认为立筒的工作原理是纯逆流操作，而旋风筒预热器是同流操作的，并对两者的热优良度进行对比分析。现在看来，情况并非如此，立筒就单一钵体而言，与一级旋风筒的情况相类似，也是同流操作，只是两者气固分离机制略有不同而已。也和旋风筒一样通过多级（钵）串接而达到逆流的效果。因此，应该认为立筒钵体本身也是按同流方式操作的。

基于以上认识，通过冷态模型试验（其流程如图4所示），对于现有立筒的结构改进，作一些初步的探讨。

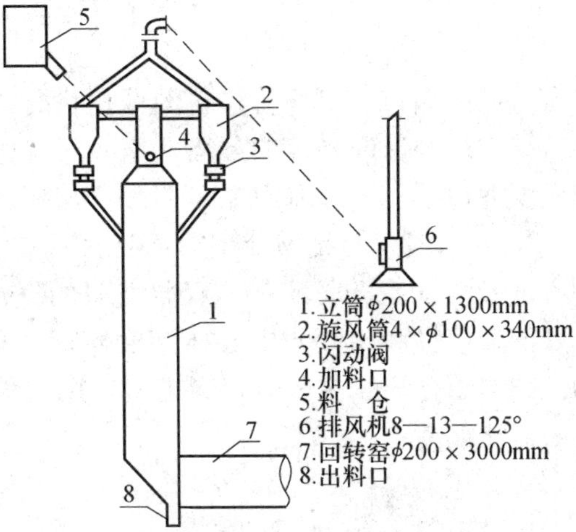

图4　模型试验流程图

一、缩口的型式

生料粉是一种流动性较差的粉体[2]，高温下易于聚集[3]。目前，国内生产用的立筒预热器的缩口都是正锥形的，其断面收缩率是渐增的[4]，堆积在缩口斜坡上的料粉在滑动时摩擦阻力比较大[5,6]，对于粉料来说，所受的压实力也不断增大，因而使生料粉在坡面上堆积成团。立筒直径愈大，斜坡长度愈长，团块的尺寸也就可能愈大。一旦破坏平衡，形成大块塌落，这种团块迅速通过缩口，且在下一钵也难以分散而造成“冲料”，严重地恶化了气固间的换热。这种情况的出现是立筒预热器热效率不高的主要原因之一[7,8]。因此，从立筒的功能要求考虑，有必要改进缩口的结构型式，克服落料过大的缺陷，提高逆流供料的均匀性。

改进缩口型式的依据，是使缩口坡面具有恒定的收缩率，从而使堆积其上的粉料的压实性也相对稳定而不增大。在此需进一步探讨缩口改进的具体型式及其功能和操作特点：

1. 缩口的坡面方程

为了明确概念，首先定义断面收缩率为：每单位横断空间面积上缩口高度对其面积的变化率。

今要求该收缩率为恒定值 C，即可表达为：

$$-\frac{\mathrm{d}A}{A\mathrm{d}Z}=C \tag{1}$$

式中　A——高度为 Z 时缩口空间的断面积；

Z——以缩口斜面上端起点为 O 点的纵向高度（令向下为正，图5）；

C——断面收缩率恒值。

初始条件：$A\mid Z_{=0}=A_0=\frac{\pi}{4}D^2$

由式（1）解得　　$A=A_0\mathrm{e}^{-CZ}$

立筒缩口空间曲面方程还可表达为：

$$x^2+y^2=\frac{D^2}{4}\mathrm{e}^{-CZ} \tag{2}$$

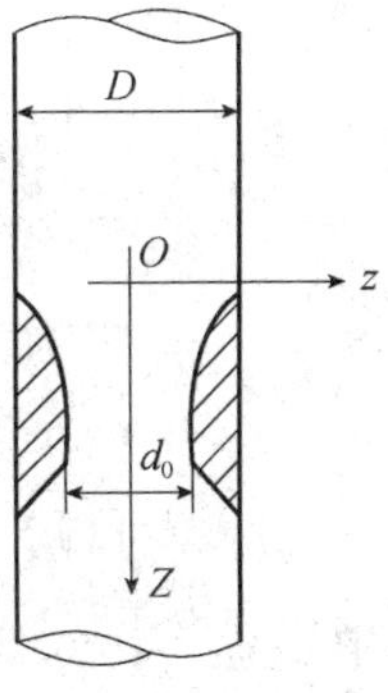

图5　双曲型缩口示意

式中　x，y——空间水平面上的坐标；

D——立筒有效内径。

这就是说，欲设计收缩率恒定的缩口，其坡面曲线应按式（2）变化，称为双曲型缩口，如图5所示。式中恒值 C 大，坡面平坦；C 值小，坡面陡峭。考虑到生料流动性差，坡面不宜平坦，但过陡，则势必增大缩口高度，也不合适。经试算比较按适中取值，选定缩口收缩率 $C=1.0$。即实际加工缩口时应按下列方程砌筑成曲面：

$$x^2 + y^2 = \frac{D^2}{4} e^{-Z} \tag{3}$$

这样的缩口，可改善粉料的堆积状况，使滑落团块尺寸不致过大，但也不能过细，因为缩口结构既要保证系统的分离效率，又要保证在下一钵的同流换热，即足够的停留时间和一定程度的返混。为此双曲缩口的特点及其与常用的正锥缩口进行一些对比试验是必须的。

2. 双曲缩口的流场分布

试验结果明显表示[1]，双曲缩口的气流运动，具有与正锥缩口完全相类似的特征，如良好的自模性和相似的中心风速衰减律、相同的流场分区等，只是在某些特征值上略有区别。如对于分离和分散过程起主要作用的核心区和涡流区的无因次高度值略有不同。

对比如下：

	L_1/d_0（核心区）	L_3/d_0（涡流区）
正锥缩口	2.26	3.18
双曲缩口	2.57	2.63

从机理上分析，双曲缩口核心区增大，有利于分散与换热。至于涡流区的降低，是否会影响系统的分离效率，则尚需通过试验来确定。

3. 双曲缩口的系统分离效率（$\eta_{系}$）

在如图6所示的组合系统模型中进行了双曲缩口 $\eta_{系}$ 的测定，其结果列于图7中。数据表明，双曲缩口和正锥缩口系统分离效率与立筒断面风速 u_0 和加料负荷 μ 具有完全相同的变化规律，即：$\eta_{系}$ 随 u_0 增大而降低，随 μ 值增大而提高。图7上的数据还说明，双曲缩口气固分离作用仍然主要是在涡流区内完成，钵体过高，对分离过程的强化，作用不大。

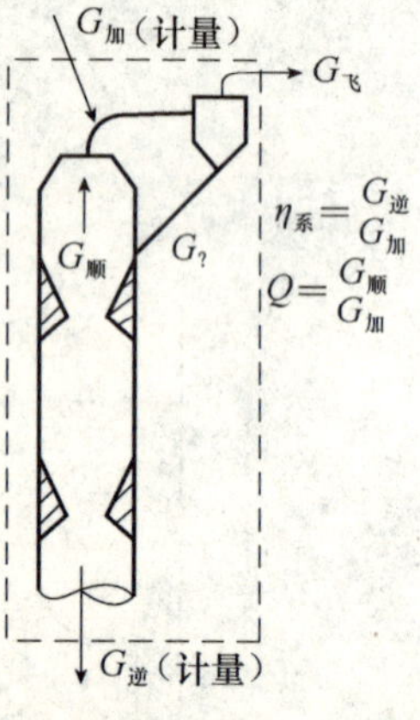

图6　测定 $\eta_{系}$ 的流程图

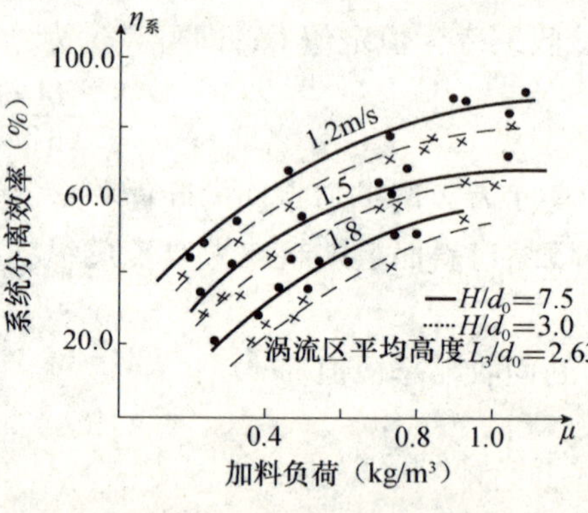

图7　双曲缩口的立筒风速与加料负荷对 $\eta_{系}$ 的影响

在完全可比的条件下，两种缩口 $\eta_{系}$ 数值的比较见表1。

表1　两种缩口 $\eta_{系}$ 的比较 $\left(\frac{D}{d_0}=2.0\right)$

立筒断面风速（m/s） \ 系统分离效率（%） \ 加料负荷（kg/m³）		0.40	0.50	0.60	0.70	0.80
1.2	正锥	67	73	77	80	83
	双曲	61	67	72	77	80

续表

系统分离效率（%） 加料负荷（kg/m³） 立筒断面风速（m/s）		0.40	0.50	0.60	0.70	0.80
1.5	正锥	49	56	62	66	83
	双曲	46	53	58	62	66
1.8	正锥	31	38	44	47	50
	双曲	29	37	42	48	52

可见两者差异并不明显，仅1%～5%。

4. 缩口坡面上的稳定积料量

在立筒中逆流料量相等时，坡面上稳定积料量在一定程度上可以反映料团的压实程度，因而也能反映落料块度的大小。

为了衡量料粉的堆积程度，在模型立筒上采用截捕法[9]测定稳定积料量。所谓截捕法就是当立筒处于稳定操作时，突然插入两块横向插板，将缩口封闭起来，然后称量在缩口斜坡堆积的料量称为稳定积料量，如图8所示。

在不同操作条件下，双曲缩口斜坡上的稳定积料量 $G_{0双曲}$ 是个基本恒定的数值，见表2。

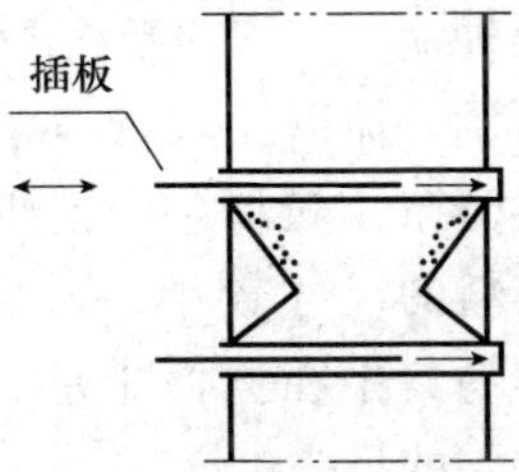

图8　截捕法示意图

表2　双曲缩口不同操作条件下的稳定积料量

积料量（g） 加料负荷（kg/m³） 缩口风速（m/s）	0.23	0.34	0.45	0.60
5.0	103	100	110	110
7.0	113	90	95	130
8.0	100	110	95	115
10.0	110	95	120	110

表2说明 $G_{0双曲}$ 与缩口风速和加料负荷均无直接关系，既不因缩口风速高而阻碍落料，使坡面上堆料增多，也不因空间粉料浓度高而增加斜坡积料的厚度。同样方法测定正锥缩口的稳定积料量数据见表3。

表3　正锥缩口不同操作条件不稳定积料量

积料量（g） 加料负荷（kg/m³） 缩口风速（m/s）	0.23	0.34	0.45	0.60
5.0	/	212	230	208
7.0	211	200	223	211
8.0	203	200	235	213
10.0	212	208	216	216

二者相比，具有同样的规律，但积料量的平均值之比为：

$$G_{0正锥}:G_{0双曲}=214:106=2.07:1$$

这就说明，双曲缩口上料堆所受的压挤力要小一些，相应的压实程度小些，落料的均匀性也可能好些，料块的尺寸也会小些。当然，斜坡积料量小，料粉在斜坡上停留时间也会相应减少，但由于堆积料与气体换热面积有限，时间略有减少对换热效果不致有明显影响，这是可以预计的。

因此，可以认为双曲缩口对于克服冲料是有作用的，尤其对于长坡面的大立筒更为有利。

5. 双曲缩口立筒中粉料的空间分布

用在截面上等距离取样的方法，分别测两种缩口在同一断面上粉料的空间分布如图9所示。加以比较可以清楚地看出双曲缩口粉料分布比较均匀，这也可反证经过缩口逆向落料的尺寸较小，因为落料的块度愈大，愈容易集中在立筒中部，且愈难分散，故趋于均匀的势头也慢。

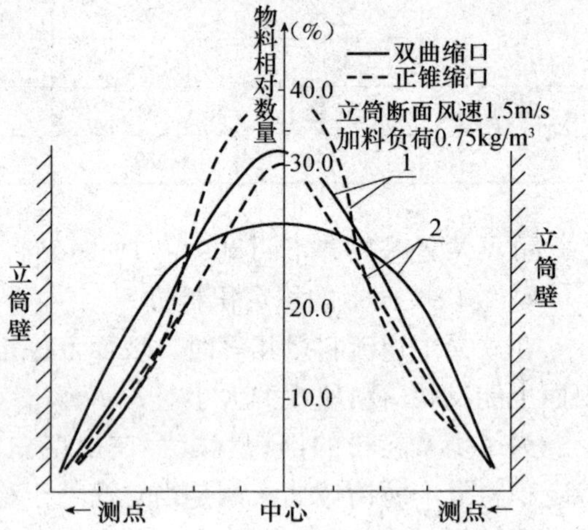

图9　两种缩口立筒中不同高度的截面上粉料分布（距缩口高度1，$H/d_0=6.72$，$H/d_0=4.7$）

6. 粉料在系统中的停留时间分布

采用脉冲示踪法，测得粉料在两种缩口立筒中的停留时间分布——$E(\tau)-\tau$ 曲线如图10所示。

试验条件：$D/d_0=210$　　$L/d_0=7.5\sim7.8$

$u_0=1.5\text{m/s}$　　$\mu=0.5\text{kg}$ 生料/m^3 气

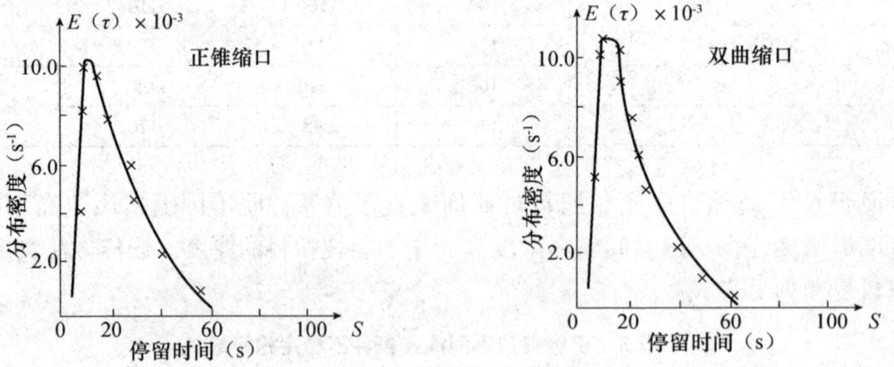

图10　立筒中的 $E(\tau)-\tau$ 曲线

由图10计算而得：

正锥缩口

数学期望 $\bar{\tau}=\dfrac{\sum\tau E(\tau)\Delta\tau}{\sum E(\tau)\Delta\tau}=\dfrac{1092.5}{45.9}=23.8(\text{s})$

方　　差

双曲缩口　$\sigma^2=\frac{(\sum\tau^2E(\tau)\Delta\tau/\sum E(\tau)\Delta\tau)-\bar{\tau}^2}{\bar{\tau}^3}=\frac{134.5}{566.4}=0.237$

数学期望　$\bar{\tau}=\frac{1131}{49.5}=22.9(\mathrm{s})$

方差　$\sigma^2=\frac{125.8}{522}=0.241$

说明缩口形状的改变，不仅没有改变气体流动的基本规律，也没有改变粉料运动的基本特征。

7. 双曲缩口的压降和阻力系数

有资料介绍[10]，容器内壁的扩张角为60°时，气体流动边界层会全部分离产生周期性脉动，使其阻力损失达到最大。而双曲缩口是一种缓扩缩口，扩张角是变化的，在一定程度上可以避开这一峰值，减小压力损失。试验结果证明了这一分析，见表4。

表4　两种缩口的压降比较

缩口风速（m/s）	4.8	8.0	10.0	12.0	14.4	16.0
$Red_0\times10^4$	3.2	5.3	6.7	8.0	9.6	10.7
ΔP 正锥（mmH_2O）	3.5	8.6	13.0	18.0	25.0	33.0
ΔP 双曲（mmH_2O）	2.5	7.0	10.0	14.0	21.0	27.0

若采用局部阻力系数来表示，则可得两种缩口的 $Eu=f(Re)$ 或阻力系数 $\xi=f(Re)$ 的关系曲线，如图11所示。由曲线可知，当缩口雷诺准数 $Red_0>5.5\times10^4$，进入自模化区，则两缩口的不变局部阻力系数分别为：

正锥缩口：$\xi=3.4$

双曲缩口：$\xi=2.7$

ξ 值约降低了20%，这对于节约能源是颇为有利的。综上所述，可以对两种缩口的特性做一个全面的比较。列于表5中。

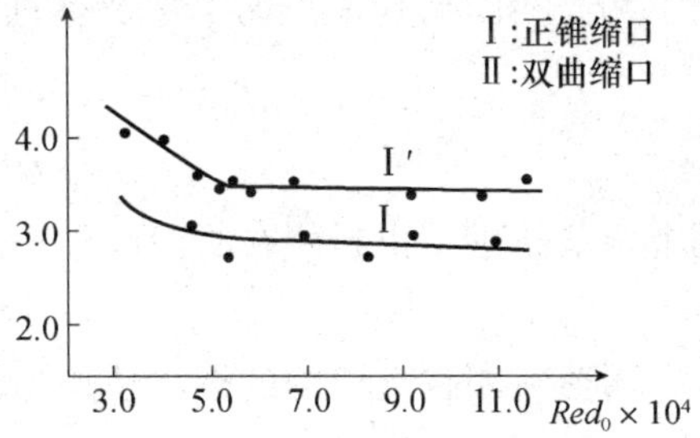

图11　两种缩口 ξ-Red_0 图

表5　两种类型缩口的综合比较

缩口类型	d_0（mm）	D/d_0	缩口 $\frac{H}{d_0}$	断面收缩率	核心区 L_1/d_0	涡流区 L_3/d_0	$\eta_{系}$	稳定积料量（g）	阻力系数	料粉分布	$\tau(\mathrm{s})$	σ^2
正锥	100	2	0.87	渐增	2.26	3.18	略高	214	3.4	不均匀	23.8	0.237
双曲	100	2	1.40	恒定	2.57	2.63	略低	106	2.7	较均匀	22.9	0.241

很明显，双曲缩口具有供料均匀，流体阻力小，分散能力强的特点，因而有助于缓和冲料的顽症而改善气固相换热并节约能源。与此同时，其系统分离效率和平均停留时间及返混程度等均与正锥缩口相近。因此，可以认为缩口坡面型式由正锥改为双曲型有利而无害，但其实际效果尚待在生产上验证。

二、关于撒料器

考虑到粉料团块从斜坡上滑落时，具有一定的随机性，因此偶而出现过大的，在下一钵内无法分散的团块，是完全可能的，尤其是在 Krupp 型立筒中这个现象已经被证实是相当严重的。为了克服这种随机性冲料的问题，加装撒料器是一种可取的方法，国外 Krupp 型立筒一般也装有分散装置[11]，也说明是可行的。

根据粉料运动的物理模型来分析，缩口上部气流的核心区是使料块分散的主要区域，加装了撒料器会破坏这一区域的流场，有可能削弱返混与正常分散过程。因此，撒料器宜装在核心区的顶部。另一方面从有效地、及早地击碎大团块来说，也更宜于装在比较靠近落料的地方，即缩口下方。至于撒料器的结构型式、尺寸和安装位置，在下面讨论：

1. 料团滑落的运动方程

在立筒中正锥缩口的剖面如图 12 所示，A 点为缩口剖面的端点，坡面与水平的夹角为 60°，在理想状态下料团离开 A 点的速度 u_t 与团块尺寸无关。根据运动学原理：

$$u_t = \sqrt{2a_0 L}$$

式中　L——料团滑动距离；

a_0——重力引起的滑动加速度，$a_0 = g\cos 30° = 0.866g$；

g——重力加速度。

因此料团离开 A 点的水平及垂直方向的速度分别为：

$$\mu_{水平} = u_t \cos 60° = 0.5\sqrt{1.732gL} = 2.06\sqrt{L}$$

$$\mu_{垂直} = u_t \sin 60° = 0.866\sqrt{1.732gL} = 3.57\sqrt{L}$$

据上两式整理得出料团在立筒钵中的运动轨迹方程为：

$$Z = 1.732X + 1.155X^2/L$$

滑落料团在立筒中的运动轨迹如图 13 所示。

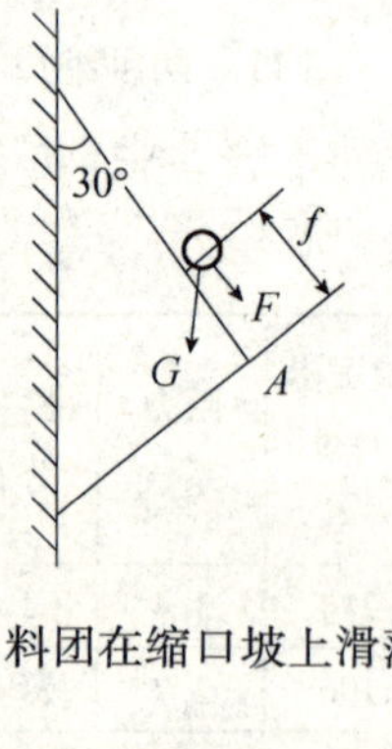

图 12　料团在缩口坡上滑落示意

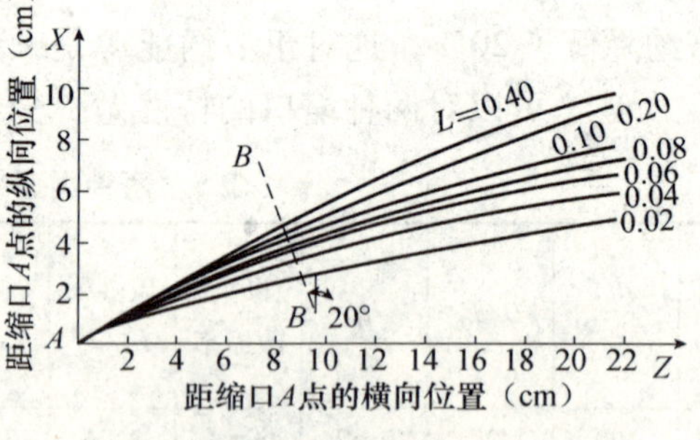

图 13　滑落料团在立筒中的运动轨迹

X——距缩口端点 A 的纵向位置；

Z——距缩口端点 A 的横向位置。

由图 13 可知，料团从缩口斜坡上不同位置滑落后，在空间的运动轨迹是一簇起始于 A 点的曲线，与所有轨迹线保持垂直的可近似地为一直线。从作图可得，在距缩口下面 $1.0d_0$ 处，即为 $B—B$ 线，其与水平夹角 α 约为 20°。从理论上分析，料团以垂直方向撞击在撒料器表面，其撞击程度最剧烈，击碎的效果也最好。因而图 13 中 $B—B$ 线就是理论上的最佳撞击面。

2. 撞击式撒料器的设计

为了有效地击碎大团块所设计的撞击式撒料器，还要求被击碎的中等碎块能在下面气流的核心区被吹散，因此要能“漏过”撒料器。故将撒料器设计成几个套环的形式。图14即为所设计的模型照片。其在钵体中安装的位置示意于图15中。

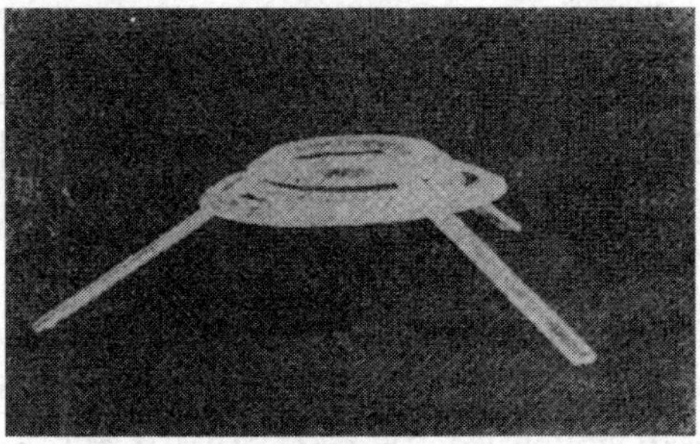

图14　撞击式撒料器

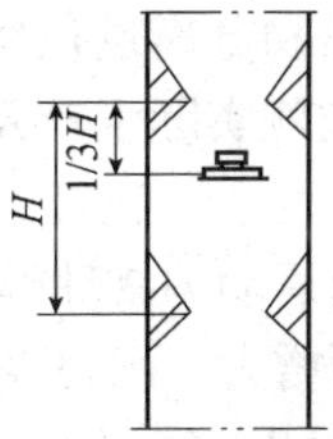

图15　撒料器安装位置示意图

考虑到不希望料粉在撞击面上堆积及架设支撑的方便，取与水平夹角为35°左右为宜。

从料团的运动轨迹来分析，撒料器的最大横断面积与其在立筒中的安装位置有关。当安装在距上一缩口接近时，撒料器的横断面积可以小些，即其总体尺寸可以较小。但装得离缩口太近，会使撞击强度减弱。若装得过低，撒料器的尺寸偏大，且会影响下面气流在高速区的高速运动，减弱了对料团的正常分散作用。因此，我们取距 A 点垂直距离约为钵体的1/3～1/4高。如图15所示。

3. 撞击式撒料器的初步试验结果与分析

在 ϕ200mm 的模型立筒中装设了撞击式撒料器，测定其下方不同高度上横断面粉料相对分布的情况与不装撒料器时进行对比。试验条件：

立筒断面风速：$u_0 = 1.5\mathrm{m/s}$

加料负荷：$\mu = 0.8\mathrm{kg}$ 生料/m^3

取样位置：1—距下缩口 $1.5d_0$；2—距下缩口 $1.0d_0$

如图16所示。试验结果绘于图17中。

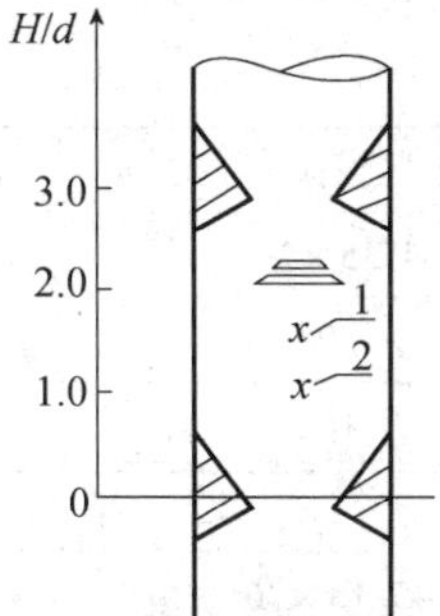

图16　粉料分布试验的取样位置

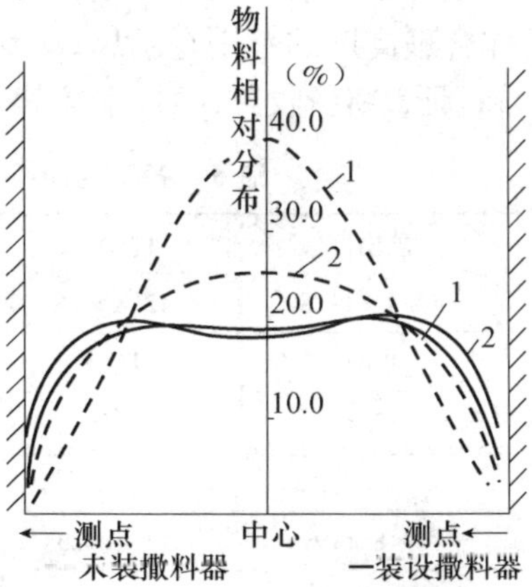

图17　装设撒料器前后立筒钵中不同高度上粉料分布

很明显，未装撒料器时，以团块形式进入立筒钵，因为惯性大多集中在中央部分，粉料分布很不均匀，使中央相对落料量过多的分布得到显著改善，从而克服了过大团块直接冲料的缺点，这对于大直径立筒更为重要。试验初步表明，设计的环形撞击式撒料器可以达到设计要求，拟在热模试验中进一步研究其效果。

三、关于立筒钵体的合理高度

立筒的总高度是由各个钵体的总和而得。与旋风筒相似，每一个钵体单独完成一级同流换热与气固分离的过程。因此每一钵体的合理高度（指两缩口之间的距离），理论上讲应该是完成分散、换热和分离过程所需的最低高度。这个高度完全要通过理论计算，目前还不具备条件。这里只能就实际生产及模型试验的结果，加以讨论，提出一些假说与看法，供进一步试验时参考。

首先根据粉料运动的物理模型来看，斜坡上滑落的料块，其尺寸虽有一定的随机性，但总的趋势是随坡长而增大，试验表明在穿过缩口风速为10m/s的区域时，虽然一瞬即逝，但其表观尺寸必须在 $d_{p表} \geqslant 3\sim4$cm（此时按最疏松的堆积，孔隙率 $\varepsilon \geqslant 0.6$ 计，团块质量约30g）[1]。这种团块一旦通过上一缩口进入下一钵体上部，由于进入了低气速区，沉落速度很快，停留时间很短，因此这个过程的换热量是很有限的，只有继续沉落至下一缩口上的核心区内，再次受到喷射气流的强烈冲击而分散成更细小的团块，才能再次被喷射气流带动作同流向上的运动。在分散、改向的过程中，既暴露了较大的比表面积，又获得较大的气固间相对速度，创造了良好的换热条件，应该是粉料获得热量的主要区域。模型试验及计算结果表明：30g重的疏松料团吹散率达100%时，在核心区的气流中停留时间应在0.26s左右。而被吹散后的颗粒，若直径为100μm时，在温差为300℃左右的同流气流中，充分换热只需0.01s[13]。因此，可以做出这样的设想：即分散和换热过程是可以同时完成的。进一步可以认为分散和换热过程主要在气流的核心区进行。因此钵体的保证高度应为立筒直径的1.1倍。

至于钵体的另一个必须完成的主要过程是气固分离。根据模型试验的结论，分离过程主要在涡流区内进行。而涡流区是一个环形空间，显然空间域愈大，分离的机会愈多，分离效率也愈高。对于小规格立筒，涡流区的环形断面比较小，增大空间域，主要靠高度。而对于大直径的立筒，环形空间的断面积大，因此对于高度的要求相应就低些。瞬验表明，涡流区的高度约为立筒直径的1.5倍。因此可以认为1.5D是立筒单钵高度的上限，超过这个极限，过高的钵体，无论对于分散、换热，还是分离都起不了更多的作用，因而也是不必要的。由此可得立筒每钵合理高度的范围是：$1.1D < H_{单钵} < 1.5D$

为了进一步论证，将所收集到的立筒总高按四钵平均而得到的单体钵高与热耗指标列于表6。

表6　各厂立筒平均单体钵高及热耗指标

厂名	昆山厂	杭州厂	青海厂	武山厂	山东厂
立筒规格（m）	42.4×13.8	42.8×16	2×44.5×20	45.5×25	44×20
H钵/D	1.43	1.43	1.19	1.08	1.25
热耗 kcal/(kg·K)	1278	1278	1580	1162	1339
国　外					
43.5×18	43.8×19	44.4×23	44.9×26	45.15×26	45.6×26
1.29	1.25	1.30	1.28	1.26	1.16
850	840	850	800	760	780

由表6可见，基本上都是在上述范围内。

从经济角度看，钵体高度低一些，更有利一些。只要满足分离要求，应该尽可能偏低取值。因此合理的钵高，是否一定要包含全部涡流区的高度，是值得商榷的。

武山厂系五钵，此处 H 钵/D 按第二钵实际算得。

从双曲缩口的流场分布测定结果，发现其涡流区高度比正锥缩口小，而其系统分离效率并没有明显降低，因此若以双曲缩口涡流区高度 $L_{3双曲}=2.63d_0=1.3D$ 为单体钵高的上限，对于大直径立筒来说是可取的。表 6 所列国外不少立筒窑的实践证明，H 钵 $=(1.1\sim1.3)D$ 时，热耗指标都很好，是可靠的。因此，按前述论点，小直径立筒涡流区的空间域靠高度来给予适当补偿，则我们认为立筒单一钵体的合理高度应为：

对小立筒（$D\leqslant3.0M$），$H_{钵}=(1.3\sim1.5)D$

对大立筒（$D\geqslant4.0M$），$H_{钵}=(1.1\sim1.3)D$

也许还会有这样的顾虑，即在国内目前各厂钵体比较高的情况下，换热效果尚且不理想；若再将高度降低，粉体在钵内停留时间更短，换热效果是否更差？我们认为当前预热器操作指标落后，不是由于高度不够引起的，甚至也不是增加高度所能弥补或克服的。关键问题是逆流落料团块过大，气固接触表面过小所造成的。至于停留时间，模型试验两钵串接系统的实测值已经在 20s 以上，实际生产的大型立筒停留时间将更长久，对于气固换热显然是充裕的，只要团块能分散，换热效果会好的。表 6 所列国外许多立筒钵 H 钵 $<1.3D$，热耗能 <850kcal/(kg·K)，就足以说明，因此顾虑是不必要的。

四、立筒与旋风筒的组合

立筒是通过喷射气流的涡流区进行气固分离的，显然与旋风筒利用离心力分离相比较，效果要差得多。为此，立筒都需要与旋风筒组合而操作，这已是众所周知的。

根据物料平衡：

系统分离效率

$$\eta_{系}=\frac{\eta_{立}}{\eta_{立}+\dfrac{1}{\eta_{旋}-1}}=1-\frac{G_{飞}}{G_{加}}$$

式中　$\eta_{系}$——立筒本身的分离效率；

$\eta_{旋}$——旋风筒分离效率。

由上式可以很明确地看出旋风筒和立筒本身的分离效率对系统分离效率的影响。从工艺要求看，希望 $\eta_{系}$ 高，这样系统的飞损小，不仅可以减轻后续收尘器的负荷，而且减小飞灰带走的热损失。目前，生产中的 $\eta_{系}$ 一般在 85% 左右。设想将其提高至 90%～95%，则在经济上的效果将是明显的。但是要提高 $\eta_{系}$，不外两种途径：一是提高 $\eta_{旋}$，设想 $\eta_{立}=0.4$，$\eta_{系}$ 要求 0.95 则可算得要求：

$$\eta_{旋}=\frac{\eta_{系}}{\eta_{立}-\eta_{立}\eta_{系}+\eta_{系}}=0.98$$

这样高的旋风筒的收尘效率是达不到的。为此，我们建议采用两级旋风筒串连以提高其总的收尘效果，其组合形式如图 18 所示。必须强调：这种组合的Ⅱ级旋风筒只起收尘作用，目的是提高 $\eta_{系}$。

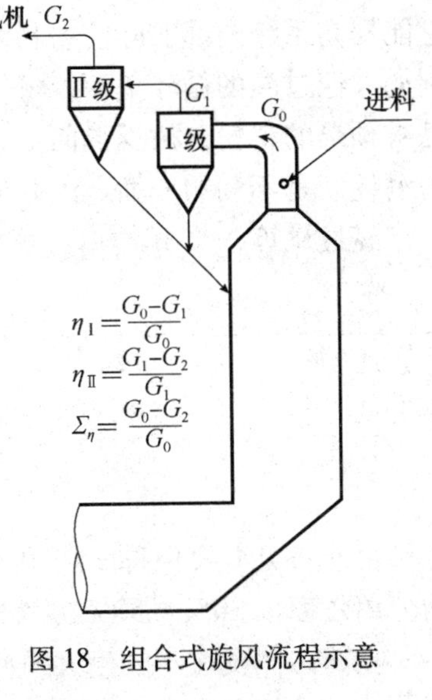

图 18　组合式旋风流程示意

当然提高 $\eta_{系}$ 也还有另一个办法，就是提高 $\eta_{立}$，但实际计算表明，将立筒分离效率提高至极限值即 100%。

根据物料平衡关系式计算，要达至 $\eta_{系}=95\%$，也是很不容易的，为此：

$$\eta_{立}=-\frac{(1-\eta_{旋})\eta_{系}}{(1-\eta_{系})\eta_{旋}}=1.0,\qquad \eta_{旋}=\eta_{系}$$

即旋风筒分离效率也要达到 95%。可见提高 $\eta_{立}$ 并不能缓和对 $\eta_{旋}$ 的要求，何况在实际生产中将 $\eta_{立}$ 提得很高是相当困难，甚至根本不可能的。因此，改善系统的分离效率唯一可行的方案是两极旋风筒串连使用。

为要求系统分离效率达 0.95，旋风筒总收尘效率 $\sum\eta$ 必须达到 0.98，但对每一级旋风筒的收尘效率 η_{I} 与 η_{II} 要求并不高。

已知 $\sum\eta=\eta_{\text{I}}+\eta_{\text{II}}-(\eta_{\text{I}}\eta_{\text{II}})$

∵ $\sum\eta=0.98$，又设 $\eta_{\text{I}}=\eta_{\text{II}}$

则 $\eta_{\text{I}}=\eta_{\text{II}}=0.85$

看来是有可能做到的。

尽管 $\eta_{立}$ 对 $\eta_{系}$ 提高的影响并不敏感，是否可以不作要求，这个问题，还需从另一角度加以考虑，即系统的循环负荷，根据定义：

系统循环负荷：

$$Q=\frac{G_{顺}}{G_{加}} \qquad (图6)$$

可算得：

$$Q=\frac{\eta_{旋}-\eta_{系}}{1-\eta_{旋}}=\frac{\eta_{旋}-\dfrac{\eta_{立}}{\eta_{立}+\dfrac{1}{\eta_{旋}}-1}}{1-\eta_{旋}}$$

整理后求导：

$$\left.\frac{\partial Q}{\partial\eta_{立}}\right|_{\eta_{旋}\text{-常数}}=\frac{-1}{\eta_{旋}\left(\eta_{立}+\dfrac{1}{\eta_{旋}}-1\right)^2}<0\ \text{是减函数}$$

因此 $\eta_{立}$ 在一定程度上决定着循环负荷 Q 的大小。从工艺热工的要求看，Q 是必须的，它能提高系统内部实际的粉料浓度，延长粉料在立筒内的停留时间，对于换热和分离都是有利的。但过高的循环负荷，将使旋风筒的负荷过大，难以保证要求的分离效率，同时过多的已被预热的料粉又被返混向上一级，容易使上一级钵温度升高，增加了热损失，也增大了动力消耗，是不利的一面。因此应该控制 Q 在合适的数值上，这就相应地对 $\eta_{立}$ 有所要求。

经过试算，当 $\eta_{\text{I}}=\eta_{\text{II}}=85\%$，即 $\sum\eta_{旋}=98\%$ 时，$\eta_{立}$、$\eta_{系}$ 与 Q 的关系见表 7。

表 7　$\eta_{立}$、$\eta_{系}$ 与 Q 的关系

$\eta_{立}$ (%)	20	30	40	50	60
$\eta_{系}$ (%)	90.9	93.8	95.2	96.2	96.8
Q (%)	355	210	140	90	60

由此可见，要保持 $\eta_{系}=94\%\sim96\%$，而 Q 又在 100% ~200% 可取的范围内，立筒本身的分离效率以 30% ~50% 最为适宜。

立筒钵体要在不产生大团冲料的前提下，达到这样高的分离效率是很不容易的，尤其是在高缩口风速的情况下，更为困难。这就要求加料负荷适当增大，缩口坡面落料均匀，缩口咽喉短，同时涡流区的空间域要尽可能大些等，这就需要在实际生产中注意调整满足。从而也可说明，立筒直径小，缩口风速取低值，钵体高度宜取高值，目的也是希望创造条件尽量保持较高的立筒分离效率。从而能使系统分离效率高，而循环负荷适中。由于各参数的合理配合，才有可能取得较好的技术经济效果。

应该强调，我们建议加串Ⅱ级旋风筒的目的是提高系统分离效率，调节参数的配合。因此Ⅱ级旋风筒只起分离作用，和有些方案为了增加一级换热器而加串Ⅱ级旋风筒的目的不同，组合流程不同（图19）。我们认为预热效果可以通过立筒结构改造和操作调整来提高，而不宜依靠增加旋风筒来达到。

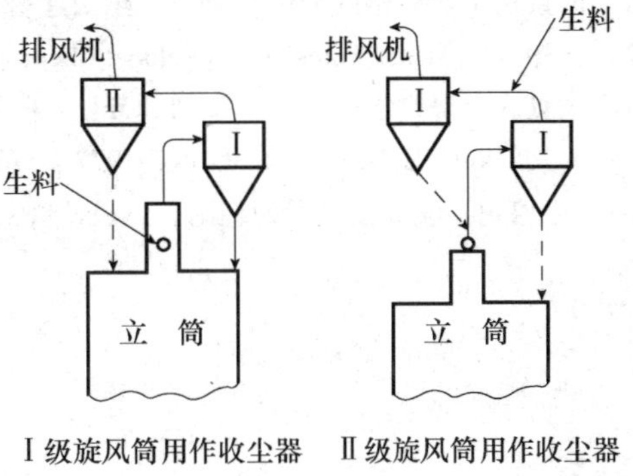

图19　串连Ⅱ级旋风筒的不同方案示意

五、结论

基于气固运动物理模型的理论分析和实际试验，提出了Krupp型立筒预热器结构改进措施，可供有条件工厂进行小型的中间试验，以验证效果。

1. 为了克服立筒正锥缩口常出现大团“冲料”现象而恶化换热效果，经数学推导建议改用坡面收缩率恒定的双曲型缩口。模型试验表明在相同操作条件下，与正锥缩口相比，双曲缩口具有斜坡上稳定积料量少、粉料压实性小、供料均匀与流体阻力小的优点，基本上不影响系统分离效率和物料在系统中的平均停留时间。

2. 根据料块自缩口滑落的运动轨迹而设计的双层环形撞击式撒料器，可以有效地击碎大块料团，有助于克服“冲料”，同时可使碎团比较均匀地分布在钵体空间。对于发挥立筒钵分散、换热与分离功能均可起一定的有利作用。

3. 经过分析比较和论证提出立筒钵体的合理高度范围应在（1.1～1.5）D。结合生产实际初步建议：

对小立筒（$D \leqslant 3.0$m），$H_{钵} = (1.3 \sim 1.5)D$

对大立筒（$D \geqslant 4.0$m），$H = (1.1 \sim 1.3)D$

并且指出，钵体过高会增大建筑费用，但对于改善立筒分离和换热功能作用不会很明显。

4. 为了提高立筒全系统的分离效率，收到较好的经济效益，建议采用两级旋风筒与立筒的串连组合体。强调Ⅱ级旋风筒是为提高旋风筒总收尘效率而设，与一般方案为增加预热级数而串连Ⅱ级旋风筒的出发点不同。本建议必须与立筒内部构结改进相结合，才能取得更为满意的效果。

参考文献

[1] 顾大公. 在Krupp型立筒预热器内气固两相运动规律的研究［D］. 南京化工学院研究生论文，1983.
[2] 戴丽莱. 水泥厂粉体流动性能的测定和改善［J］. 南京化工学院学报，1982，2，70～90.
[3] Lee. Y. Flow of Coal in Bunkers Combustion，1960，7，289.

[4] 苏州电力技术学校．火力发电厂锅炉设备［M］．北京：水利电力出版社，1978，231.
[5] 胡道和．立筒预热器内气固相逆流运动规律的探讨［J］．南京化工学院学报，1981，1.
[6] 南京化工学院窑外分解科研组．昆山建材厂带预热分解立筒回转窑热工测定计算，1979.
[7] J. Szekely. Heaet Transfer in Cyelone. Chem. Eng. Sci，1966，12，596.
[8] 宁晃．燃烧室空气动力学基础［M］．北京：科学出版社，1980.
[9] W. H. Duda. CeMent data BOOK，1977，376.
[10] 徐德龙．喷旋预热器的理论和试验研究［D］．南京化工学院研究生论文，1983年.

喷射气流中粉料逆向运动的物理模型

顾大公　胡道和

（南京化工学院）

【摘　要】 本文基于气体在Krupp型立筒中喷射运动研究的基础上，对粉料的运动机制进行了实验，观察分析和归纳。提出了描述粉料运动的分散—分离—堆积—滑落的物理模型，阐明了Krupp型立筒中粉料的宏观逆流运动是由分级的同流运动组合形成的新观点，并且指出该物理模型可以作为分析生产操作和改进立筒预热器结构的理论依据。

THE PHYSICAL MODEL FOR THE FLOW OF RAW MATERIALS IN KRUP PREHEATER

Gu Dagong　Hu Daohe

（Nanjing institute of Chemical Technology）

【Abstract】 Based on the study of the jet stream in Krupp preheater, a "dispersion-seperationpiling-slipping" physical model is proposed for the mechanism of the flow of raw materials through experiments, observation and analysis. A new concept that the macroreverse flow of materials in Krupp preheater is formend by the combination of several streams in the same direction in various stages is also given. The physical model can be used as a theoretical basisi for analyzing the operation of the preheater and improving its internal construction.

Krupp型立筒预热器对于我国中小型干法水泥窑的改造很适用，故近年来发展较快。为了对立筒的设计和操作以及提高立筒换热效率提供依据，本文通过模型试验，对Krupp型立筒内气固两相运动的机制进行较深入的探讨。

试验是在ϕ200mm×1360mm有机玻璃制的立筒中进行的，立筒的缩口尺寸为ϕ100mm，坡角为60°，附有四个ϕ100mm×340mm小旋风筒，用两级闪动阀锁气。为探明粉料的分散程度还采用了规格为200mm×20mm×1000mm的二维床，缩口宽100mm，并用高速摄影机拍摄了运动形貌。试验参数的选取尽量接近生产实际。

一、试验内容与结果

（一）立筒中气体的喷射运动

根据理论分析和实测证明[2]，在Krupp型立筒中，气体经过缩口是一种低速度、低动量、在限制性较大空间中的射流运动。

在$D^*/d_0=2.0$的特定条件下，所测速度场经过整理可以划分为五个区域（图1）即：

核心区——气速与方向保持不变的圆锥体区域；

喷注区——中心风速不断衰减但气流方向不变的区域；

涡流区——射流与外边界气体质点动量交换，气流无一定方向；

回流区——近壁处气流反向运动；

稳定区——射流影响范围以外的区域。

试验结果还表明，在喷注区 $x/x_{0.5}<0.9$ 的范围内，距缩口不同高度截面上速度分布都具有高斯正态分布的特点（图2）。其自模化曲线可拟合为：

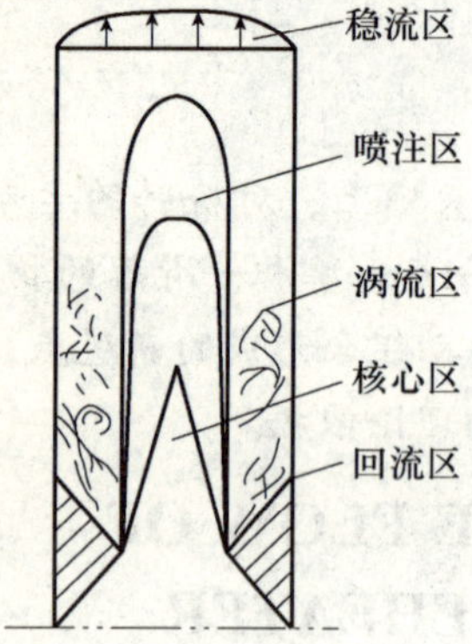

图1 立筒中射流运动分区示意

Fig. 1 Regions of the spouting flow in a shaft

1—Steady flow region; 2—Spouted region; 3—Vortex region; 4—Core region; 5—Back flow region

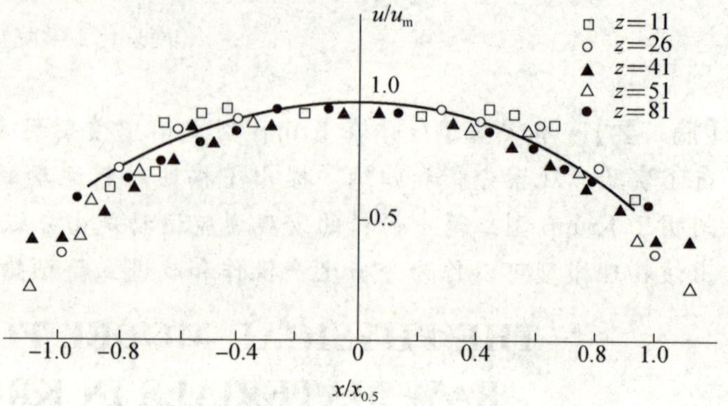

图2 立筒中不同高度五因次速度分布

Fig. 2 Distribution of dimensionless velocities for different heights in a shaft

$$\frac{u}{u_m}=1-0.433\left(\frac{x}{x_{0.5}}\right)^2 \tag{1}$$

喷注区中射流中心风速衰减曲线（图3）公式为：

$$\frac{u_m}{u_0}=\frac{1}{5.98\dfrac{az}{d_0}-0.002} \quad (\sigma=0.0001) \tag{2}$$

a 为喷口系数，轴对称时取0.07。

核心区 $H_1/d_0=2.2$；

喷注区 $H_2/d_0=8.6$；

涡流区 $H_3/d_0=3.0$。

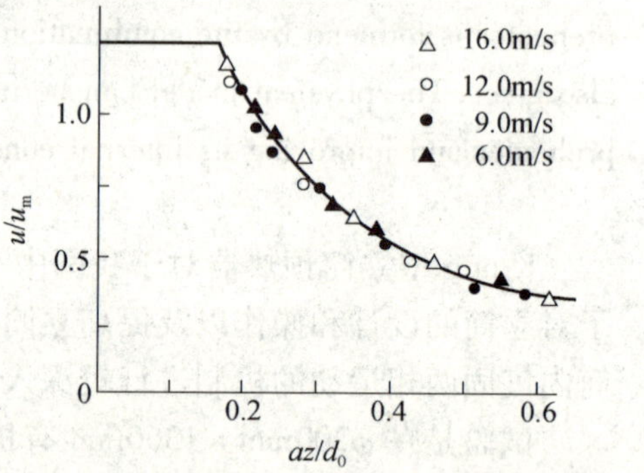

图3 正锥缩口中心风速衰减曲线

Fig. 3 Attenuation curve for velocity at the center of the conical inlet constriction

由于立筒射流运动的特殊性，表现了上述流场的复杂性，而复杂的流场对于微小粉体（10～30μm）的运动将起极其重要的作用。

（二）立筒中粉料的运动过程与规律

从立筒预热器的功能看[3]，为强化换热，粉料必须充分分散，但从逆流运动的要求来看，粉料又必须聚集成团块，否则在允许的操作风速（2～3m/s）下是沉降不下来的。因此在每一个钵（两个缩口之间）内，在复杂流场作用下，粉体应该既有分散又有聚合的过程，反复循环才能满足换热和逆流运动的双重要求。下面分别进行讨论。

1. 聚合团块在喷射气流中分散

供给立筒中每个钵的粉料往往是聚合团块，为研究其在限制性喷射流场中被分散的过程，进行了二维床的分散试验。团块被分散的程度由沉落量体现，沉落前后的差值定义为吹散率f。即

$$f = \frac{G_1 - G_2}{G_1} \times 100\% 。$$

所用团块特征为：

体积（mL）	质量（g）	当量直径（cm）	密度（g/mL）
16.5	15	3.2	0.91
23.1	21	3.9	0.91
33.0	30	4.0	0.91
37.4	34	4.1	0.91

（1）在稳定区中的分散

由试验结果（图4）可知，在无缩口的立筒中，当料团质量小于15g、$u_{av} < 4.0$m/s时，团块的吹散率$f < 10\%$。而实际生产中立筒断面u_{av}在2.0m/s左右，因此可认为粉料团块在稳定区中难以分散。

（2）在喷射流中的分散

①缩口风速、料团尺寸对料团分散程度的影响

当固定落料高度$\frac{H}{d_0} = 4.1$时，改变缩口风速和料团尺寸，所得结果如图5所示。同一团块，吹散率与缩口风速基本呈直线关系，随料团增大，曲线变陡。当$u_0 > 8.0$m/s，料团质量小于15g时，则经过$H/d_0 = 4.1$的高度，料团可以被完全吹散，即无法以沉降方式通过缩口落入下一钵。

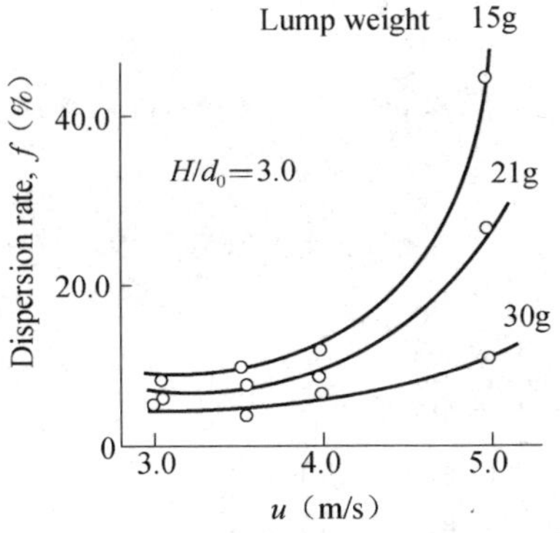

图4　稳流区的平均风速和料团尺寸对料团分散程度的影响

Fig. 4　Effects of the gas velocity and lump weight on the dispersion rate

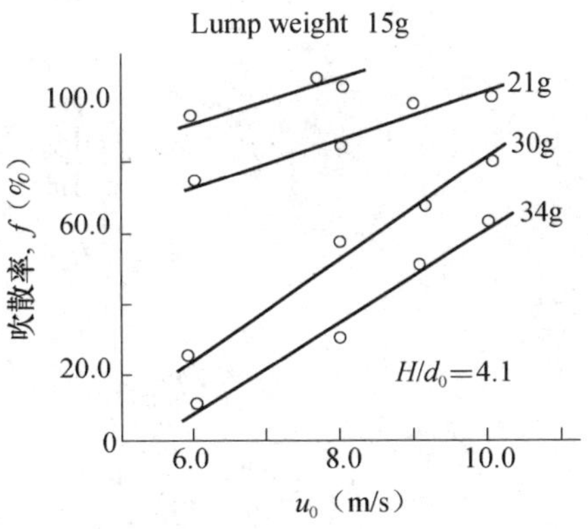

图5　缩口风速和料团尺寸对料团分散程度的影响

Fig. 5　Effects of velocity at the constriction and lump weight on the dispersion rate

②落料高度对团块分散程度的影响

试验结果（图6）表现出出乎意料的趋势，即落料点愈高，吹散率反而降低。不同缩口

风速时，均具有同样的规律。这可以从团块经过核心区停留时间的长短加以解释。因此，首先作两个假设：

a. 料团在逆向气流中沉落，分散过程是由外向内逐层剥落，本身密度不变；

b. 料团的剥离只与其迎风面积 F_0 有关。

基于此，可推得料团沉落方程：

$$-m\frac{du_s}{dt}=C_0F_0\frac{\rho_a u_t^2}{2}-mg \tag{3}$$

在试验中以料团当量直径计的 Re≫500，故 C_0 可视为常数，根据两个假设可以认为剥离过程中不改变料团的沉降运动，将式（3）化简为：

$$-\frac{1}{g}\cdot\frac{du_s}{dt}=\frac{C_0\rho_a u_t^2}{2H\rho_s g}-1 \tag{4}$$

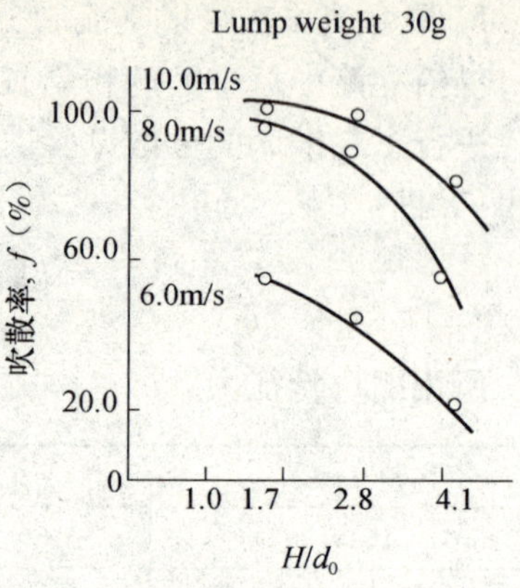

图 6　沉落高度与缩口风速对料团分散程度的影响

Fig. 6　Effects of the falling height and velocity and velocity at the constriction on the dispersion rate

当达到虚拟终端速度 u_i 时，应有如下关系：

$$C_0F_0\frac{\rho_a}{2}u_i^2=F_0H\rho_s g \tag{5}$$

所谓虚拟终端速度是考虑其不变的沉降运动必可保持初始料团可能达到的终端速度，所以

$$u_i^2=\frac{2H\rho_s g}{C_0\rho_s} \tag{6}$$

将式（6）代入式（4）得：

$$-\frac{1}{g}\cdot\frac{du_s}{dt}=\left(\frac{u_\tau}{u_i}\right)^2-1 \tag{7}$$

当料团在核心区开始沉落时，可整理出无因次方程

$$\begin{cases}\dfrac{d\phi}{dT}=\psi-\dfrac{(1-\phi)^2}{\psi}\\ \phi|_{T-0}=0\end{cases} \tag{8}$$

$$\begin{cases}\dfrac{d\phi}{dF}=\dfrac{\psi^2}{\phi}-\dfrac{(1-\phi)^2}{\phi}\\ F_{=0}=0\end{cases} \tag{9}$$

分别解得：

$$T_1=\frac{1}{2}\ln\frac{(\psi+1)(\psi-1+\phi)}{(\psi-1)(\psi+1-\phi)} \tag{10}$$

$$F_1=\frac{1}{2}\ln\frac{\psi^2-1}{\psi^2-(1-\phi)^2}+\frac{1}{2\psi}\ln\frac{\psi^2+\phi(1+\psi)-1}{\psi^2+\phi(1-\psi)-1} \tag{11}$$

T_1 代表 $\phi|_{T=0}=0$时料团运动的无因次时间；

F_1 代表 $F|^{T=0}_{\phi=0}=0$时料团运动的无因此距离。

若料团在喷注区内开始沉落，则抵达核心区应具有 u_s 的初速度，因此初始条件为：

$$\phi|_{T=0}=\phi_1, F|^{T=0}_{\phi=0}=0$$

同样可解得：

$$T_2 = \frac{1}{2}\ln\frac{(\psi+1-\phi_1)(\psi-1+\phi)}{(\psi-1+\phi_1)(\psi+1-\phi)} \tag{12}$$

$$F_2 = \frac{1}{2}\ln\frac{\psi^2-1(1-\phi_1)^2}{\psi^2-(1-\phi)^2} + \frac{1}{24}\ln\frac{(\psi+1-\phi_1)(\psi-1+\phi)}{(\psi-1+\phi_1)(\psi+1-\phi)} \tag{13}$$

T_2 表示当 $t=0$ 已有初速 u_s 时的无因次时间；

F_2 表示当 $t=0$ 已有初速 u_s 时的无因次距离。

在试验条件下，当料团质量为30g 时：

$$u_i = 5.45\sqrt{\frac{d_s(\rho_s-\rho_a)}{\rho_a}} = 30\mathrm{m/s}$$

缩口核心区风速为 10m/s 时，$\phi=\frac{u_i}{u}=3.0$，二维床模型上核心区高度为 0.304m，故 $F=\frac{gl}{u_0^2}=3.3\times10^{-3}$，用计算机算出料团通过核心区的停留时间与其初速 u_s 的关系见表 1。

由表 1 可知，料团通过核心区时的初速度越小，则在核心区的停留时间越长，被吹散的程度越高。也就是说，料团在核心区以外运动过程越长，进入核心区时的初速度愈大，吹散率反而降低。这就说明核心区对料团分散所起的重要作用，也说明从分散的角度看立筒每一钵的高度应以核心区的高度为度。

表 1　料团通过 0.304m 高的核心区时其停留时间与初速度的关系

Table 1　Relationships between the beginning velocity and the retention time as $H_1=30.4$cm

Beginning velocity before entering the core region (m/s)	Retention time in core region (s)
0.0	0.255
1.0	0.166
2.0	0.116
2.0	0.089
4.0	0.068

2. 分散的微粒从喷射气流中分离

团块在喷射气流中被吹散成微粒，随着高速气流同流向上，由于中心流速与外边界气体质点进行动量交换的结果，涡流区内气流的不定方向是造成气固分离的原因。

试验中将缩口间距改变，测定全系统的分离效率，结果如图 7 所示。图 7 说明在涡流区（$H/d_0=3.0$）以上，增加缩口间距并不能明显提高分离效率，从而也证明涡流区是气固分离的主要区域。

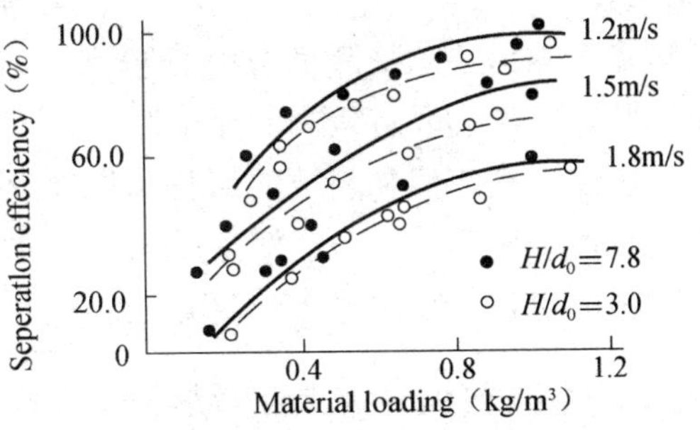

图 7　系统分离效率和立筒断面风速及加料负荷的关系

Fig. 7　Relationships of the separation efficiency to superficial velocity and the material loading

3. 分离料粉的堆积

微粒在不定向气流的作用下，可能向各个方向移动，只有移向近壁才会自气流中分离，分离出来的微粒在近壁面处汇集，在重力作用下沉落到缩口的斜坡上。为了说明堆积现象，采用截捕法[5]测定了缩口斜坡上的稳定积料量。试验结果列于表2。

表2　缩口斜坡上稳定积料量与加料负荷及缩口风速的关系

Table 2　Relationships between piling of raw materials, material loading and velocity at constriction

u_0	Material loading（kg/kg）			
	0.23	0.34	0.45	0.60
	Piling material（g）			
5.0	—	212	230	208
7.0	211	200	223	211
8.0	203	200	235	213
10.0	212	208	216	216

可见缩口结构一定时，堆积在缩口斜坡上的料量并不因缩口风速高、受到托力而增多。也不因立筒内粉料浓度大、分离料多而加厚，基本是个恒定值。因此可以认为，粉料堆积情况主要取决于粉料本身的物性及缩口的几何特征。

4. 堆料在缩口斜坡上的滑落

水泥生料粉的流动性很差，其休止角在46°～55°之间，刮铲角在68°～77°之间[6]，在高温下，由于内部粘聚力增大，其流动性更差。另一方面，由于立筒中缩口的斜坡为正锥直线（图8），其坡面方程为：

$$z^2 = kr^2 \tag{14}$$

缩口的几何特征还可以用断面收缩率 C 表示[3]，其物理意义是单位横断面积上缩口高度对面积的变化率，根据推导：

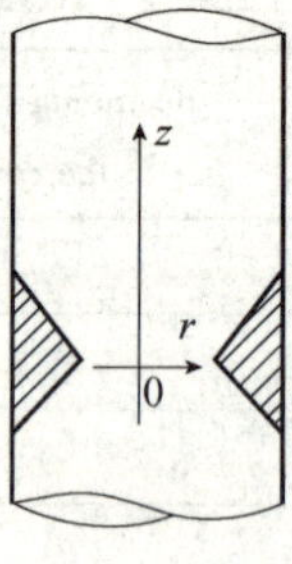

图8　正锥缩口示意图

$$C = \frac{dA}{A dz} = \frac{2}{z} \tag{15}$$

即愈近缩口原点处断面收缩率愈大。有资料表明[8]，逐渐增大的断面收缩率引起堆积其上的料粉在滑动时有较高的流动摩擦力，不利于料粉迅速从斜坡上滑落，虽然滑块的大小有一定的随机性，但和斜坡的形状和长度及料粉特性有关，这方面尚待进一步探明其规律。但有一点值得提出，堆料的滑落是向下一钵供料，产生宏观逆流所必需，而在现有操作气速下，滑块的质量不宜超过15～30g；否则会破坏立筒的正常操作，恶化立筒换热功能。

二、喷射气流中粉料运动物理模型

为了更清晰地观察料粉在立筒喷射流中运动的形貌，以200幅/s的高速摄影机直接拍摄料粉在二维床内的运动。影片显示出进入立筒的粉料在缩口处被喷射气流迅速吹散，同流上升，在涡流区有大量颗粒被推向周围，在近壁区纷纷沉落下形成明显的类似流化床的回流运动，不断堆积在缩口斜坡上，并随机地成团滑落。还可观察到，滑落的团块较小时，会被缩口处高速气流吹散夹带返回上一钵，只有较大的团块才会冲过缩口，落入下一钵，完成宏观逆流落料的任务。

基于模型试验和高速摄影直接观察，可将粉料的喷射气流中的运动过程归纳为这样的物理模型加以描述：团块分散—气固分离—粉料堆积—呈团块状滑落—至下一钵再被分散（图9）。

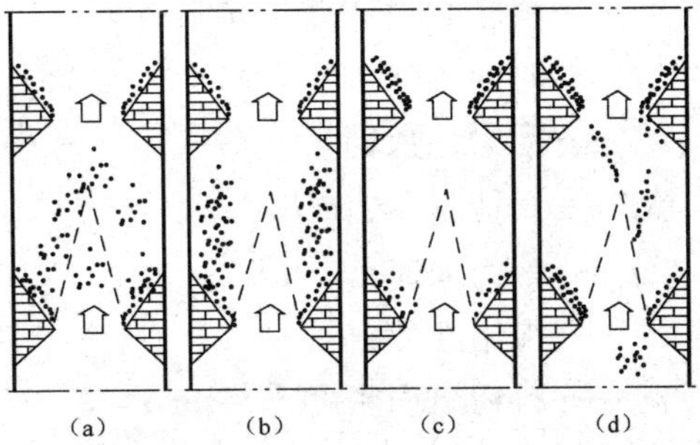

图9　Krupp立筒中料粉运动的物理模型

Fig. 9　Physical model for the flow of raw materials in Krupp shaft

三、结束语

立筒中物料运动是一种稀相悬浮态的复杂运动，对预热器功能的发挥具有十分重要的作用。经过分析归纳提出的粉料在立筒预热器的喷射气流中运动的物理模型，是从气体流场分布出发，以粉料运动试验为根据，并应用高速摄影直接观察而给以佐证，因此是比较可信的。其特点是强调了喷射流畅对微粒的作用，认为粉料在立筒中既有分散后的同流流动，也有宏观的逆流效果。

根据这一模型理论，可以认为立筒内气固换热和逆流输送的功能只有在结构合理、操作适应的条件下才能兼而满足。可以此物理模型为出发点，进一步分离现有立筒生产操作中的特性指标以及探讨改进立筒内部结构的各种建议[9]，从而使理论工作能为工业生产服务。

符号说明：

D——立筒的直径，cm；

d_0——缩口处直径，cm；

x——以立筒中心线为原点的径向坐标，cm；

$x_{0.5}$——立筒中某点风速为同截面中心风速0.5倍时该点的径向坐标，cm；

z——距缩口高度，cm；

u——风速，m/s；

u_m——某截面上的中心风速，m/s；

u_0——缩口处风速，m/s；

u_{av}——以立筒横截面计的平均风速，m/s；

a——喷口系数；

σ——方差；

H_1——核心区高度，cm；

H_2——喷注区高度，cm；

H_3——涡流区高度，cm；

H——落料高度，cm；

f——吹散率，%；

G_1——料团沉落前的质量，g；

G_2——料团沉落后的质量，g；

F_0——料团的迎风面积，cm^2；

m——料团的质量，g；

u_0——料粉颗粒速度，m/s；

t——时间，s；

C_0——阻力系数；

ρ_0——气体密度，g/cm^3；

g——重力加速度，m/s^2；

Re——雷诺准数；

ρ_0——料粉堆积密度，g/cm^3；

u_1——虚拟终端速度，m/s；

ϕ——料团速度与气速之比值；

T——料团运动的实际时间与料团虚拟自由降落时间比；

F——料团运动的实际路程与料团虚拟自由降落路程比；

I——定型尺寸，m；

ψ——料团虚拟终端速度与气速比；

d_0——料团直径，m；

k——坡面方程的常数项；

C——缩口截面收缩率，1/m；

A——缩口净空截面，m^2；

r——缩口处半径，m。

参考文献

[1] 杨德，水泥，1981，1，1.

[2] 顾大公. 在 Krupp 型立筒中气固两相运动规律的研究 [D]. 南京化工学院研究生论文，1983.

[3] 胡道和. 对提高立筒预热器热效率的浅见. 南京化工学院，1981.

[4] 上淹贝贞. 粉粒体空气输送. 日刊新闻出版社，1974，108－118.

[5] J. Szenkely. Chem. Eng. Sci，1966，12，57.

[6] 戴丽莱. 南京化工学院学报，1981，2，70.

[7] M. C　Kmobhkoba. emehm，1974，5，12.

[8] Y. Lee，Combusition，1960，7，289.

[9] 胡道和，顾大公，李昌勇. 硅酸盐学报，1987，2，15 (97).

稀相输送床中气固两相运动及换热特征

徐德龙　胡道和

【摘　要】本文针对输送床颗粒加速段气固两相对流换热系数和温度都连续变化的实际，建立了毕渥准数小于0.1时的群颗粒非稳态对流换热数学模型，可求解气固有效换热时间，结合颗粒运动方程，能确定出有效换热管的高度。

数学模型的理论计算、热模试验及现场实测均表明，水泥生料粉和高温气流的换热主要发生在加速段的起始区，其距离不超过20cm，时间不大于0.03s。强调降低各级预热器输送管的长度，增加预热器的级数，是提高热效率的重要途径。

在化工、冶金、硅酸盐等领域中，粉体物料和高温气流之间的传热有时是在输送床中完成的。水泥旋风预热器就是突出的一例。由于颗粒加入输送床后，首先加速运动，而后进入等速运动段，在两个不同的阶段，气固之间的换热特征也不同。在加速段，随着颗粒被加速，气固相对运动速度不断减小，对流换热系数也连续地由大变小；而在等速段由于气固相对运动速度不再变化，对流换热系数也基本保持恒定。但无论在加速或者等速段，随着换热过程的进行，气固之间的温差会不断减小。

由于在加速段，气固两相具有对流换热系数大、温差大、传热面积大等优点，故传递速率较快。加速段在传递过程中的积极作用早已引起了人们的注意和研究[1~4]。鉴于在加速段尚缺乏一整套非级数的颗粒运动模型解析解和数学处理上的困难等原因，前人在建立气固两相换热模型时，对流换热系数往往取加速段始末的算术平均值，也有的取对数平均值，在求解模型时把变数当常数看待。这种作法显然与实际情况出入较大，有碍于深入研究加速段内的气固换热规律。

本文借助 Martin（1976 年）[5]给出的球体摩阻公式，导出了垂直稀相输送床中颗粒加速运动模型的全部非级数解析解结合该解析解，采用 Rowe（1965 年）[6]给出的球体对流换热公式，在考虑了对流换热系数、温差都连续变化的实际后，建立了加速段球体非稳态对流换热数学模型，求得了全部解析解。针对水泥预热器进行计算，提出了水泥生料粉在输送床加速段起始区换热的机理，并通过热模试验和生产设备的现场测定对上述机理进行了验证。

一、稀相输送床加速段的颗粒运动

因为气固之间对流换热系数值，主要取决于它们之间的相对速度 V。所以，欲解决换热问题，必先求解颗粒加速段的运动模型。

Martin 归纳的球体摩阻系数 C_D 表达式为：

$$Re_p \leqslant 10 \qquad C_D = (24/Re_p) + 2 \tag{1}$$

$$10 < Re_p \leqslant 700 \qquad C_D = 0.344 + \frac{67.3}{Re_p} - \frac{287.4}{Re_p^2} \tag{2}$$

$$Re_{p} > 700 \qquad C_{D} = 0.44 \tag{3}$$

颗粒在加速段所经历的时间、距离和气固相对运动速度的关系为：

$$t = \int_{v_0}^{v} \frac{dV}{g - (3\rho_g C_D V^2 / 4d_p \rho_p)} \tag{4}$$

$$l = \int_{v_0}^{v} \frac{(v - V)dV}{g - 3\rho_g C_D V^2 / 4d_p \rho_p} \tag{5}$$

$$dV/dt = g - 3\rho_g C_D V^2 / 4d_p \rho_p \tag{6}$$

假设 $t=0$ 时颗粒加入换热管的初速度 $v_{po}=0$，气体以常速 U 向上运动，此刻气固之间的相对运动速度 $V=U$。将式（1）～式（3）分别代入式（4）、（5）两式，可得球体加速段运动模型的解析解：

适用范围	加速运动时间（s）	加速运动距离（m）	各参数意义
$Re_p \leqslant 10$	$t_1 l = \frac{1}{4AC_1} \times$ $\ln\left(W_1 \frac{V_1 + B_1 + C_1}{V_1 + B_1 - C_1}\right)$ (7)	$L_1 = \frac{1}{4A}\ln\left\{\left(\frac{V_1^2 + 2B_1V_1 - g/2A}{V_{01}^2 + 2B_1V_{01} - g/2A}\right) \times \left[W_1\left(\frac{V_1 + B_1 + C_1}{V_1 + B_1 - C_1}\right)\right]^{\frac{U+B_1}{C_1}}\right\}$ (10)	$A = 3\rho_g/(4d_p\rho_D)$ $B_1 = 6v/d_D$ $C_1 = \sqrt{B_1^2 + g/2A}$ $W_1 = \frac{V_{01} + B_1 - C_1}{V_{01} + B_1 + C_1}$
$10 <$ Re_p $\leqslant 700$	$t_2 = \frac{1}{0.344AC_2} \times$ $\ln\left(W_2 \frac{2V_2 + B_2 + D_2}{2V_2 + B_2 - D_2}\right)$ (8)	$L_2 = \frac{1}{0.688A}\ln\left\{\left(\frac{V_2^2 + B_2V_2 - C_2}{V_{02}^2 + B_2V_{02} - C_2}\right) \times \left[W_2\left(\frac{2V_2 + B_2 + D_2}{2V_2 + B_2 - D_2}\right)\right]^{\frac{2U+B_2}{D_2}}\right\}$ (11)	$B_2 = 159.64v/d_D$ $C_2 = 835.47\frac{v^3}{d_p^2} + \frac{28.55}{A}$ $B_3 = \sqrt{B_2^2 + 4C_2}$ $W_2 = \frac{2V_{02} + B_2 - D_2}{2V_{02} + B_2 + D_2}$
Re_p >700	$t_3 = \frac{1}{2\sqrt{g}B_3} \times$ $\ln\left(W_3 \frac{\sqrt{g} + B_3V_3}{\sqrt{g} - B_3V_3}\right)$ (9)	$L_3 = \frac{1}{2B_3}\ln\left\{\left(\frac{B_3^2V_3^2 - g}{B_3^2V_{03}^2 - g}\right)^{\frac{1}{B_3}} \times [W_3 \frac{\sqrt{g} + B_3V_3}{\sqrt{g} - B_3V_3})]^{\frac{U}{\sqrt{g}}}\right\}$ (12)	$B_3 = \sqrt{0.44A}$ $W_3 = \frac{\sqrt{g} - B_3V_{03}}{\sqrt{g} + B_3V_{03}}$

将式（1）、式（2）、式（3）分别代入式（6），取 $dV/dt=0$，可得换热管中颗粒等速度段速度（终端速度）V_t：

$$Re_p \leqslant 10 \qquad V_t = \frac{2_u}{\rho_g d_p}\left(\sqrt{9 + \rho_g \rho_p d_p^3 g / 6\mu^2} - 3\right) \tag{13}$$

$$10 < Re_p \leqslant 700 \qquad V_t = \frac{4.8\mu}{\rho_g d_p}\left(\sqrt{477 + \rho_g \rho_p d_p^3 g / 6\mu^2} - 20.4\right) \tag{14}$$

$$Re_p > 700 \qquad V_t = \frac{24}{d_p}\sqrt{\pi d_p^3 \rho_p g / 6\rho_g} \tag{15}$$

二、输送床加速段气固两相非稳态对流换热

在稀相输送床加速段中气固之间的换热问题是一个非稳态的对流和导热问题，由于颗粒浓度极稀，直径又很小，颗粒内部的传导热阻力比起外部的膜热阻往往可以忽略不计，它可用集总热容法[6]来处理，只要保证 $B_t \leqslant 0.1$，则“略去内热阻所引起的计算温度分布的误差小于5%[1]”。

假设：①球体颗粒和热气流之间的对流换热系数遵从 Rowe 教授[8]提出并为人们普遍接受的关联式：

$$Nu = 2 + 0.69 P_\tau^{\frac{1}{3}} Re_p^{\frac{1}{2}} \tag{16}$$

②输送过程是稳定的，$\frac{\partial z}{\partial t}=0$，平均粒径为 d_p。

③输送床保温良好，可视为绝热。

则颗粒群和热气流间有如下的热平衡关系：

$$\rho_p V_p C_p \frac{dT_P}{dt} = A_p \alpha (T_g - T_p) \tag{17}$$

单位时间内加入床中平均粒经为 d_p 的颗粒数为：

$$n = 6M_p / \pi d_p^3 \rho_p = M_p / \rho_p V_p \tag{18}$$

与每个颗粒所对应的气体量为：

$$M_{g/n} = M_g V_p \rho_p / M_p = V_D \rho_p / z \tag{19}$$

由假设③可知在 $\triangle t$ 时间内气体放出的热量完全被固体颗粒群所吸收，则：

$$V_g \rho_g C_g (T_{go} - T_g) = \rho_p V_p C_P (T_p - T_{po})$$

$$T_g = ZC_P (T_{Po} - T_P) / C_g + T_{go}) \tag{20}$$

化简得：

将式（20）代入式（17）有：

$$dT_D/dt = \frac{6\alpha}{\rho_p C_P d_p} \left[\frac{ZC_p}{C_g} (T_{Po} - T_P) + T_{go} - T_p \right] \tag{21}$$

由于在输送床加速段中 $\alpha = f(v) = f(Re_p) = f(t)$，由式（7）、式（8）、式（9）可归纳得：

$$V_l = [e^{Elll} F_l - G_4] / [W_4 - (-1)^f e^{Elll}] \tag{22}$$

当 $Re_p \leqslant 10$ 时，$i=1$，$j=2$；$10 < Re_p \leqslant 700$ 时，$i=1$，$j=2$；$Re_p > 700$ 时，$i=3$，$j=1$。其中

$$E_1 = 4AC_1, \quad F_1 = B_1 - C_1, \quad C_1 = W \cdot (B_1 + C_1);$$

$$E_2 = 0.344AC_2, \quad F_2 = (B_2 - C_2)/2, \quad C_2 = W_2 \cdot (B_2 + C_2)/2;$$

$$E_3 = 2\sqrt{g} B_3, \quad F_3 = \sqrt{g}/B_3, \quad G_3 = W_3 F_3$$

将式（22）代入式（16）有：

$$N = 2 + 0.69 \rho r^{\frac{1}{3}} \left[\frac{d\rho (e^{E_l t_l} F_4 - G_4)}{v(W_1 - (-1)^g e_1^E t_1)} \right]^{\frac{1}{2}} \tag{23}$$

因为 $\alpha_l = N_{ut} K_g / d_p$，再令：$I = ZC_P / C_P$，$H = 6\lambda g / \rho_g C_p d_p^2$，将 I、H、α_l 代入式（21）得：

$$\frac{dT_{pt}}{T_{got} + IT_{pot} - T_{pt}(1+1)} = H \left[2 + 0.69 \rho r^{\frac{1}{3}} \left(\frac{d_p}{v} \right)^{\frac{1}{2}} \left(\frac{e^{E_1 t_1} F_1 - G_1}{W_4 - (-1)_i e^{E_1 t_1}} \right)^{\frac{1}{2}} \right] dt$$

$$T_{gt}\Big|_{ti=0} = T_{gol} \quad ; T_{pt}\Big|_{ti=0} = T_{pol}$$

$Re_p \leqslant 10$ 时，$i = 1, j = 2$；$10 < Re_p \leqslant 700, i = 2, j = 2$

$Re_p > 700$ 时，$i = 3, j = 1$。

方程组（24）为输送床加速段颗粒群非稳态对流传热微分方程组。它揭示了加速段颗粒温度和换热时间的关系，其特点是考虑了换热系数、气固温度都随时间连续变化的实际。

求解式（24）可得：

$$T_{pl} = \frac{1}{I+1}\left\{T_{nol} + IT_{pol} - (T_{gol} - T_{pol})e - (I+1)H(2t_1 + 0.61\frac{ql}{El}\left[\ln\frac{(1+ml)(1-nl)}{(1-ml)(1+nl)}\right.\right.$$

$$\left.\left. + 2p_1(t_g{}^{-1}plml - t_g{}^{-1}plnl)\right]\right\} \tag{25}$$

其中：

$$ml = \mathrm{sintan}^{-1}\sqrt{\frac{F_1(e^{E_1t_1} - W_1)}{F_1W_1 - (-1)^1G_1}} \qquad p_1 = \sqrt{\frac{(-1)^l - (G_1)}{F_1W_1}}$$

$$nl = \mathrm{sintan}^{-1}\sqrt{\frac{F_1(1 - W_1)}{F_1W_1 - (-1)^1G_1}} \qquad q_1 = \sqrt{\frac{-F_1d_p}{v}}$$

式（25）为颗粒群暂态对流传热模型的解析解，在给定的条件下指定任一时刻 t，就可得到颗粒的瞬间温度 T_p，在使用时应注意：

①须是稀相同流加速换热，且 $B_1 \leqslant 0.1$；

②λ_g、λ_p、v、ρ_g 取始末温度的算术平均值。

三、水泥生料粉在输送床加速段的换热特征

水泥生料粉的平均粒径一般为40μm左右。但在输送床中由于颗粒之间的凝聚作用，相当一部分生料粉往往不是以单颗粒存在，而是凝聚成数百微米的球团水泥生料粉由石灰石、黏土、铁粉等组成，其中石灰石的导热系数为最小，因此可取石灰石作为研究的对象。对于550μm以下的石灰石颗粒，当风速为20m/s的情况下，其 B_1 数小于0.1. 自然铁粉、黏土的 $B_1 \ll 0.1$。

举例：设气流温度为306℃，速度为22.2m/s；石灰石颗粒的密度 $\rho_p = 2500\mathrm{kg/m^3}$，比热 $Cp = 920\mathrm{J/kg \cdot K}$，固气比 $Z = 0.60$。当物料温度从20℃升温到205.7℃，气温从306℃降到207.7℃（即气固两相完成99.5%的换热量）时，石灰石颗粒的换热时间（称有效换热时间），可用式（25）求得，结果如图1所示。

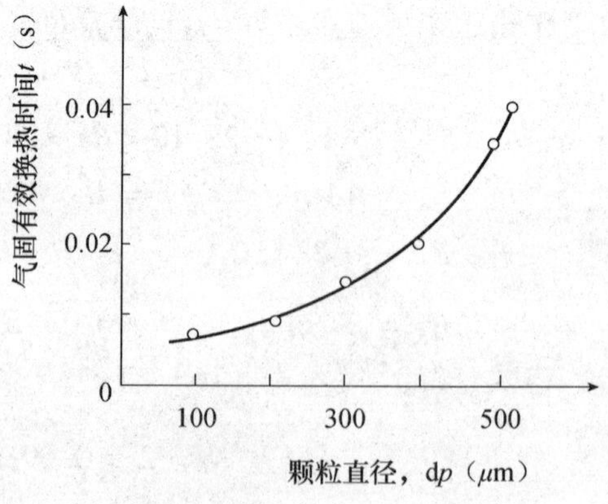

图1　颗粒群直径和有效换热的时间

有效换热距离的计算得到：无论是500μ还是100μ的群颗粒，它们与气流的有效换热距离均小于100mm。而100μ的石灰石颗粒在上述条件下，整个加速段所需要的时间为0.36s，所走过的距离为6.69m。

理论计算表明石灰石颗粒与热气流的换热是瞬间实现的，这与苏联学者彼·季明特关于

“100μ 水泥生料粉颗粒换热所需的时间仅为百分之二到百分之三秒”[9] 的提法比较一致。同时说明，气固两相之间的换热量有 99.5% 是在占整个颗粒加速段的 1% 的床层内，用 9% 的整个颗粒加速运动的时间完成的。也就是说水泥生料粉和高温气流的换热主要发生在颗粒加速运动段的起始区。

为了验证上述认识的正确性，我们在如图 2 所示的试验装置上，使用不同粒径的生料粉进行了热模试验，并在郑县水泥厂生料粉悬浮预热器上进行了现场实测，测温使用了我们专门研制的捕集式气流和粉体同步测温装置。测温点：气流流量测试控制器，测试结果见表 1。

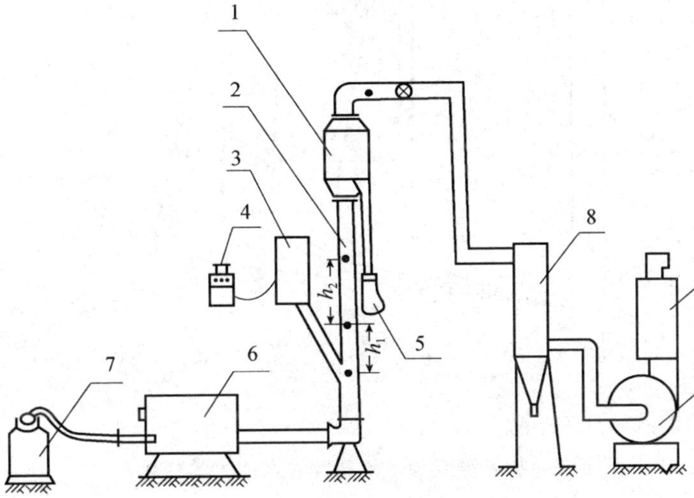

图 2　热模试验装置及流程示意图

1—分离器；2—输送床换热管；3—密封电振喂料器；4—定量下料控制器；5—接料器；6—燃烧炉；7—煤气罐；8—袋收尘器；9—消音器；10—风机

表 1　邳县水泥厂管道换热现场实测结果

序号	Tg_1（℃）	Tg_2（℃）	Tg_3（℃）	Tm_0（℃）	Tm_3（℃）
1	570	560	330	30	310
2	585	580	340	30	320

试验结果指出：在输送床换热管中，物料经从加料点到第一测点短短 18cm 后，两者温度十分接近，气固之间的换热速率已经很小。故理论分析和试验结果是一致的，即水泥生料粉和高温气流之间的换热主要发生在颗粒加速运动段的起始区，并非整个加速段，更非整个输送床。现场实测结果表明，从测点 2 到测点 3 短短 0.7m 的距离中，气体温度从 570℃下降到 330℃，而物料温度一下子由 30℃升到 310℃，这进一步证明了上述认识的正确性。

过长的输送床换热管只能增加壁面的热损失。从图 3 可见，物料温度和气流温度在距下料口 18cm 以上有同时沿管下降的趋势。它反映了气固两相在温度接近后，一起向外壁散失自身的热量换热管过长，只能使热量白白地耗散于管道壁面而浪费掉，对气体和颗粒之间的热交换并无益处。因而，在尽可能的情况下，降低水泥生料粉换热管的高度、增加级数是提高热效率的重要途径。

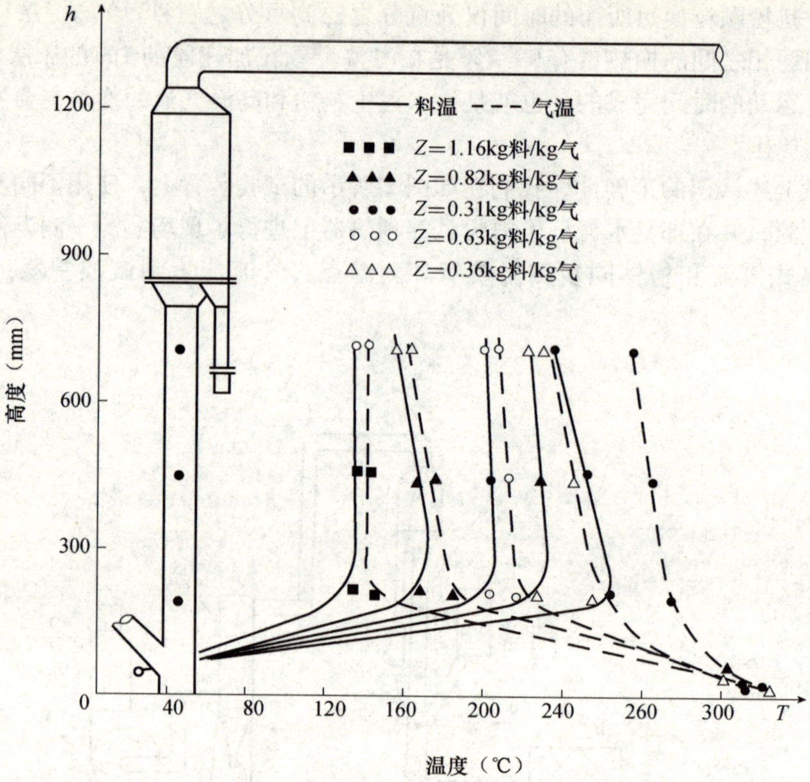

图3　物料温度和气流温度输送床中的变化

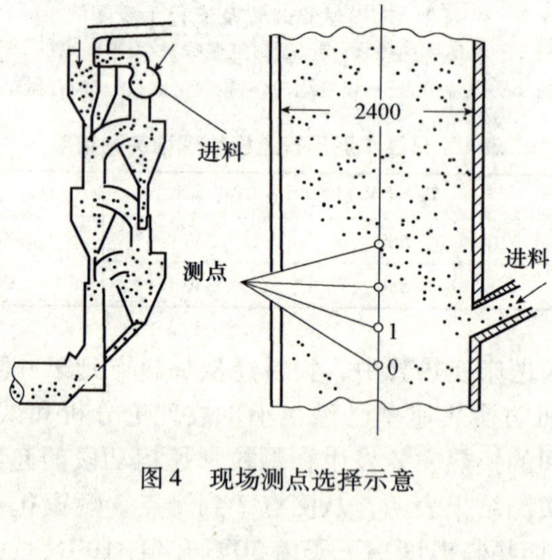

图4　现场测点选择示意

四、小结

1. 本文针对输送床颗粒加速运动段气固两相对流换热系数和温度都连续变化的实际，建立了 $B_1 \leqslant 0.1$ 时的群颗粒暂态对流换热数学模型，用它可求解气固加速段有效换热时间，结合运动模型解析解、可确定有效换热管的高度。

2. 数学模型的理论求解，热模试验及现场实测均表明，水泥生料粉和高温气流的热交换主要发生在输送床加速段的起始区，其距离不超过20cm，其时间不大于0.03s。因而设法降低换热管的高度、增加级数，是提高热效率的重要途径。

符号说明：

符号及其意义	单位
V——气固相对运动速度	m/s
L——颗粒运动距离	m
U——气流的运动速度	m/s
Bi——毕渥准数	/
Z——固气比	kg 料/kg 气
O——表示起始状态的角码	/

＊其他符号沿用1980年国际流态化会议统一标记，不另说明。

致谢：本文承蒙谢舜韶教授的指导，谨此致谢。

参考文献

[1] 桐荣良三（日）. 气流干燥装置. 日刊新闻社，1960.

[2] Prem. Chard. Pneumotransport 2，5th-7th，Sep. 1973，C2-15.

[3] 郭慕荪，庄一安. 流态化垂直系统中均匀球体和流体的运动［M］. 北京：科学出版社，1963.

[4] 夏诚意. 化学世界，1965，8，273.

[5] Martin. Crawford. Air Pollution Control Theory［M］. Mc. Graw-Hill，1976.

[6] J，P. Holman. Heat Transfer［M］. Mc. Graw-Hill，1976.

[7] 王补宣. 工程传热传质学. 上册［M］. 北京：科学出版社，1982.

[8] P. N. Rowe. Trans. Inst. Chem Eg，1965，43，14.

[9] 钮一民. 预热器预分解过程中的管道悬浮换热（内部资料），1981.

各级预热器特性对系统热效率影响的计算与分析

李昌勇　胡道和

【摘　要】 本文通过热平衡与物料平衡所建立的数字模型，用计算机对同流式水泥生料预热器进行了理论计算与分析。结果表明，顶部旋风筒的分离效率对系统热效率具有决定性影响。立筒预热器如此。通常情况下，Krupp 立筒系统的热效率低于四级旋风预热器，只有当 $\eta_e \geqslant 95\%$ 时，才有可能与旋风预热相媲美。各级的漏风量与散热量的影响则以最下面一级最大。适当提高固气比 μ 可以提高热效率，但 μ 过高则入窑料温太低，要达到预热效果，需考虑入预热器的气体热焓。一般说来，增加预热器级数既能提高系统热效率，又能提高卡路里效率，但对五级预热器再增加级数只能起很小的作用。

水泥生料预热器都是由几级预热单体——指完成分散、换热、分离、排尘这样一个完整过程的基本单元——串连而成的。在同流型的悬浮预热器系统中，即使预热器内部气固充分换热，但由于每级单体在系统中的位置不同，其操作特性如分离效率、漏风量、散热量也会对系统的热效率、分离效率、卡路里效率等指标产生不同的影响。因此，为了深入探讨问题，必须对各级单体的操作特性影响系统指标的程度有比较清楚、透彻的了解，以便在进行预热器系统设计时能有所遵循，进而争取达到最佳的经济效果。

回转窑加装悬浮预热器的目的之一是降低水泥生产的能量消耗，提高系统热回收效率。为了达到这一目的，首先要求气固相之间能充分换热。这一点对于结构合理、操作正常的悬浮预热器来说应该能够达到的。国外的一些生产数据表明，每一级预热器气固分离以后，气固相温差（$T_0 - T_m$）可以达到 30 ~ 40℃[1,2]。但生产实践也表明，换热充分是获得高系统热效率的的必要条件，但还不是充分条件。要保证预热量也在不同程度上影响着系统的热效率。因此，本文的基本目的就是希望通过物料平衡与热量平衡关系建立的数学模型，用微机计算每一级单体的操作特性对同流预热器系统热效率的影响程度，从而进行定量分析和比较，为今后预热器系统设计的优化提供依据。

一、系统数学模型的建立

首先，在进行系统的物料平衡与热量平衡计算时，将每一级预热单体均视为一个集中参数的整体，以便于探讨各级特性的影响。

计算基准，以 1kg 水泥熟料为基准而计算得到的系统的物料量。

简化假设：1. 各级预热单体的分离效率、漏风量和散热量计算时均设为定值。气体与物料的热容 C_g 与 C_m 也近似设为常数。取 $C_g = 0.375$kcal/(Nm^3 · ℃)，$C_m = 0.26$kcal/(kg · ℃)；

2. 设碳酸钙分解在最下面一级单体中进行，入窑分解率取为 20%；

3. 不考虑窑尾飞灰、生料水分蒸发等过程所耗热能及产生的气体；

4. 每级换热基本完成时气体与颗粒相差——恒定温差 $\Delta T = T_g - T_m$。

预热器系统物料平衡与热平衡框图如图 1 所示。

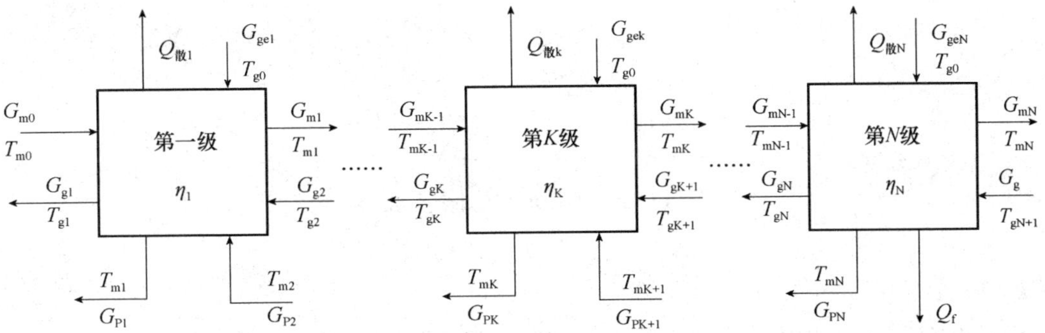

图 1　同流预热器系统物料平衡与热平衡框图

图中各符号的物理意义：

N——预热器级数；

G_{mk}，G_{pk}——第 K 级单体分离下的物料量飞灰量，kg/kg－k；

T_{mk}，T_{gk}——第 K 级单体的物料温度与排气温度，℃；

G_{gk}，G_{gek}——第 K 级单体的排气量与漏风量，Nm^3/kg－k；

$Q_{散k}$——第 K 级单体的散热损失，kcal/kg－k；

G_g，T_{gN+1}——窑尾气体量，Nm^3/kg－k，与窑尾气温，℃；

I_{ok}——第 K 级单体的漏风系数，$I_{ok} = \dfrac{G_{glk}}{G_g}$；

η_k——第 K 级单体的分离效率，%；$K = 1$，2，…，N；

T_{m0}，T_{g0}——喂料温度与漏风温度，℃；

G_{m0}——加入系统的生料量，kg/kg－k；

G_{gt}，l_{ot}——$CaCO_3$ 分解产生的气体量，Nm^3/kg－k，及其占窑尾气体量的成数率 $l_o = G_{gf}/G_g$；

Q_t——$CaCO_3$ 分解耗热，kcal/kg－k。

1. 物料衡算

根据稳定操作条件下物料平衡的关系得到：

$$G_{pN} = G_{mN}(1 - \eta_N)/\eta_N \tag{1}$$

$$\vdots$$

$$G_{mN-k} = G_{mN-k}(1 - \eta_{N-k})/\eta_{N-k} \tag{2}$$

$$k = 1,2,\cdots,N-1 \tag{3}$$

$$G_{m0} = G_{m1} + G_{p1} - G_{p2} \tag{4}$$

定义 μ 为加料固气比，即

$$\mu = G_{m0}/G_g \tag{5}$$

则：

$$G_g = G_{m0}/\mu \tag{6}$$

$$G_{gk} = G_g(1 + l_{o1} + \sum_{i=k}^{H} l_{ot})$$

$k = 1$，2，…，N。

2. 热量平衡

令 $I_g = G_g \cdot G_g$，经平衡计算可以得到：

$$T_{mk} = \frac{C_m(T_{mk-1} \cdot G_{mk-1} + T_{mk+1} \cdot G_{pk+1}) + T_{gk+1} \cdot I_g \cdot \left(1 + l_{ol} + \sum_{1=k}^{N} l_{ot}\right) + T_{go} \cdot l_{ok} \cdot I_g - Q_{散k} - I_g \cdot \Delta T \cdot \left(1 + l_{ot} + \sum_{1=k}^{N} l_{ot}\right)}{C_m(G_{mk} + G_{pk}) + I_g\left(1 + l_{ot} + \sum_{1=k}^{N} l_{ot}\right)} \tag{7}$$

$$T_{pk} = T_{mk} + \Delta T \tag{8}$$

$k = 1, 2, \cdots, N-1$。

设最下面一级单体中 $CaCO_3$ 分解产生的气体温度与物料温度相等，则有

$$T_{mk} = \frac{T_{gN+1} \cdot l_g + G_{mN-1} \cdot T_{mN-1} \cdot C_m + l_{oN} \cdot l_g \cdot T_{go} - Q_{散N} - Q_f - I_g \cdot \Delta T \cdot (1 + l_{oN})}{C_m \cdot G_{mN-1} + I_g(1 + l_{ol})} \tag{9}$$

$$T_{gN} = T_{mN} + \Delta T \tag{10}$$

设给定 $G_{mN} = 1.5$kg/kg－k，生料粉中 $CaCO_3$ 含量为75%，则 $CaCO_3$ 分解耗热量为：

$$Q_1 = 1.5 \times 20\% \times 396 \times 75\% = 89.7 \text{kcal/kg} - \text{k}$$

分解产生气体量： $G_{gt} = 0.054 \text{Nm}^3/\text{kg} - \text{k}$

根据上述公式计算出各级单体中的物料量与气体量，并用迭代法算得诸 T_{mk} 与 T_{gk} 即可求出下列操作指标：

系统分离效率：
$$\eta_{系} = G_{mN}/G_{mo} \tag{11}$$

系统热效率：
$$\varphi_{系} = \frac{G_m \cdot (T_{mN} \cdot G_{mN} - T_{mo} \cdot G_{mo})}{I_g \cdot T_{gN+1} + T_{mo} \cdot G_{mo} \cdot C_m} \tag{12}$$

系统卡路里效率：
$$\phi = \frac{T_{mN} - T_{mo}}{T_{gN+1} - T_{mo}} \tag{13}$$

由理论推导得到的公式编制出 BASIC 语言计算程序，我们用微型电脑进行了一系列计算，并将计算结果进行了归纳与分析。

二、理想换热时预热器级数与固气比对系统热效率的影响

理想换热，在这里指的是系统中不存在散热与漏风、每级热交换完成时气固相达到温度相等即 $T_m = T_g$ 的换热情况。系统热效率 φ 系是指生料粉吸收的热量占气固两相带入系统中的总热量的成数。虽然理想换热实际系统不可能达到，但由此理想模型出发，同样能探讨出热效率变化的一些规律性，而其计算程序则可以大大简化。

计算中取值，入预热器的气体温度：$T_{gN+1} = 1050$℃；入预热器物料温度：$T_{mo} = 50$℃。

以旋风预热器为例，分别假设各级分离效率均为100%或90%，以便探讨系统效率与与预热器级数的关系及分离效率的影响。根据计算结果绘得热效率 $\varphi_{系}$ 与级数 N 的关系，如图2所示。其中曲线Ⅰ和Ⅱ是加料固气比 $\mu = 1.2 \text{kg/Nm}^3$、各级分离效率分别为100%和90%时的计算结果；曲线Ⅲ是 $\mu = 1.0 \text{kg/Nm}^3$ 的计算结果。显然，各条曲线均具有完全相同的变化规律。

从图2中可以看出，预热器系统级数越少，增加级数效益越显著。而当 $N \geqslant 5$ 时，增加

级数对提高系统热效率仅能起较小的作用。例如各级分离效率均为100%，当$\mu=1.2kg/Nm^3$时，系统由1级增加到2级，$\varphi_{系}$可提高11.6%；而由5级增加到6级，则$\varphi_{系}$仅提高1.4%，其效果相差8倍以上。因而从经济的角度来看，旋风预热器的级数不宜超过五级。其次，由图2还可以看出，在一般固气比范围内（$\mu=1.2kg/Nm^3$），即使是理想换热、理想分离（$\eta=100\%$），系统热效率的最高极限值也只有78%左右。

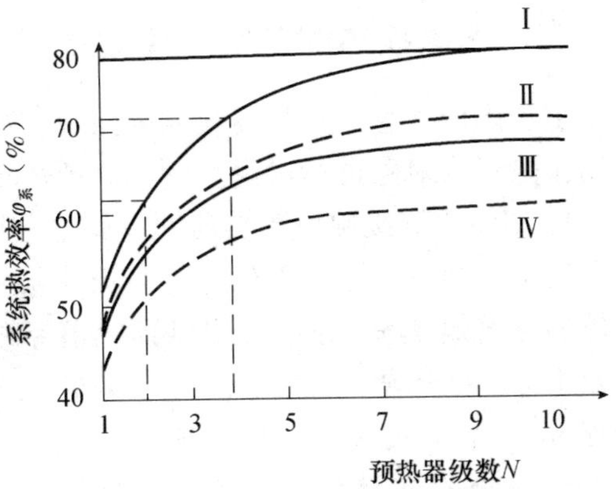

图2　系统热效率与预热器级数的关系
各级$\eta=100\%$，90%

根据计算，增加预热器级数也有助于提高卡路里效率，即能提高入窑生料的预热程度。但随级数的增加，对卡路里效率的作用也是递减的。（表1）。

表1　增加预热器级数对入窑料温的影响

增加级数	由2级到3级	由3级到4级	由4级到5级	由5级到6级
物料温度变化（℃）	641～719	719～762	762～791	791～809
入窑料温提高（℃）	78	43	29	18

由图2还可以得到一个启示，似乎加料固气比的提高是提高$\varphi_{系}$的有效办法。在所设条件下，经过计算求得当$\mu=3.45kg/Nm^3$时，$\varphi_{系}$可以接近极限100%（图3）。但结合实际来考虑，固气比并不是一个独立的变量，它一方面受单位产量的料耗与热耗（相应地受气体量）的制约。一方面又受入预热器系统的气体热焓的限制。在本设计前提条件下，即$T_{gN+1}=1050℃$时，则又受入窑物料温度的制约，μ高，则T_{mN}低（图4）。在允许的T_{mN}条件下（一般700～850℃），则可取的μ值范围为1.0～1.4kg/Nm³（图4中阴影部分）。μ再高，必然造成预烧程度差，从而降低窑的生产能力。

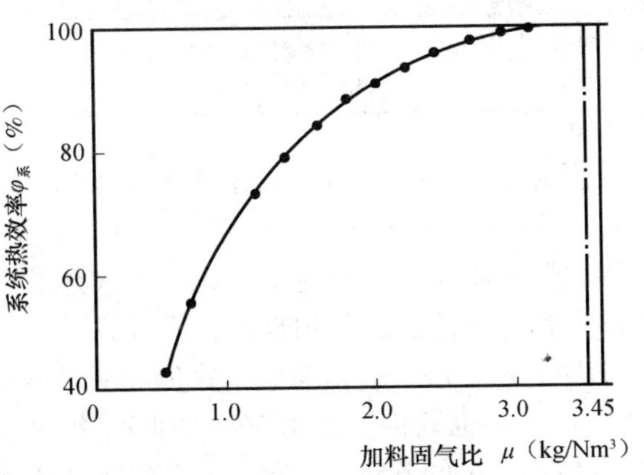

图3　固气比对$\varphi_{系}$的影响（$N=4$）

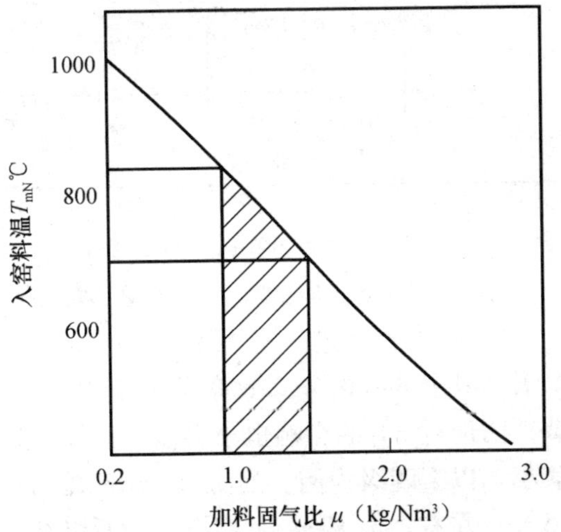

图4　固气比对入窑物料温度的影响

三、理想换热时各级分离效率对系统热效率的影响

鉴于国内外悬浮预热器一般为四级或五级，本文也以四级和五级旋风预热器以及 Krupp 立筒预热器为对象进行讨论。所选取预热单体分离效率的变化范围 60% ~100%。

1. 四级与五级旋风预热器的计算与分析

设定 $\eta_2=\eta_3=\eta_4=85\%$，计算第一级预热单体的分离效率 η_1 对四级旋风预热器系统的热效率 $\eta_系$ 的影响。然后，设 $\eta_1=92\%$，分别考查 η_2、η_3 和 η_4 对 $\eta_系$ 的影响。计算结果表明，$\eta_系$ 与各级单体的分离效率均呈较好的线性关系（图 5），将数据加以线性回归，得到表 2 的一系列线性方程。

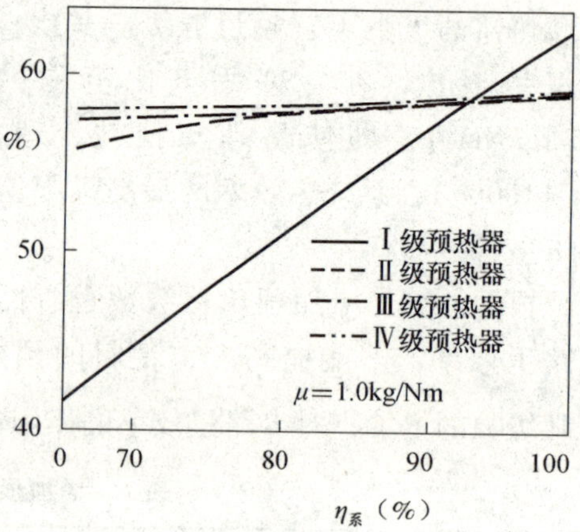

图 5　各级分离效率对 $\eta_系$ 的影响

（$\mu=1.0\text{kg/Nm}^3$）

由表 2 及图 5 可以看出，各级单体的分离效率对 $\eta_系$ 的影响程度相差很大，其中 η_1 的影响最显著，其余各级依次递减。图 6 是各级单体影响程度（即各直线的斜率）的比较。显然，η_1 的影响是决定性的。在所设条件下，当 $\mu=1.2\text{kg/Nm}^3$、η_1 提高到 100% 时，计算得极限热效率 $\eta_系$ 为 71.0%，如其余各级分离效率也由 85% 提高到 100%，$\eta_系$ 仅提高 1.4%，即 72.4%（图 2）。

表 2　四级旋风预热器理想换热计算结果

序号	$\mu=0.8\text{kg/Nm}^3$	斜率比（%）	$\mu=1.0\text{kg/Nm}^3$	斜率比（%）	$\mu=1.2\text{kg/Nm}^3$	斜率比（%）
1	$\eta_系=0.5279\eta_1-0.0282$	100	$\eta_系=0.5279\eta_1+0.0019$	100	$\eta_系=0.5279\eta_1+0.0467$	100
2	$\eta_系=0.0805\eta_2+0.4293$	14.1	$\eta_系=0.0805\eta_2+0.5056$	14.7	$\eta_系=0.0805\eta_2+0.5684$	15.3
3	$\eta_系=0.0270\eta_3+0.4751$	4.7	$\eta_系=0.0270\eta_3+0.5529$	6.0	$\eta_系=0.0270\eta_3+0.6141$	7.2
4	$\eta_系=0.0158\eta_4+0.4848$	2.8	$\eta_系=0.0158\eta_4+0.5740$	4.2	$\eta_系=0.0158\eta_4$ 0.6255	5.3

第一级预热单体的分离效率对 $\eta_系$ 有如此大的影响，其基本原因是由于该级是预热器统与环境进行物质交换的界面。η_1 的数值直接决定了系统分离效率 $\eta_系$ 的大小（图 7）。η_1 小，$\eta_系$ 也低，大量经过一定预热的生料粉逸出预热器，从而带走大批热量而使系统整体热效率降低。其余各级的分离效率发生变化时，主要影响系统内部的循环物料量，或者说主要显著，因而对 $\eta_系$ 的影响也小得多。计算结果同样表明，η_2、η_3、η_4 对系统卡路里效率影响也甚小。以第四级为例，当 η_4 由 60% 增加到 96% 时，$\eta_系$ 也只提高了 1.5%（即 T_{mN} 提高了 15℃）左右，η_2 和 η_3 影响更小。所以说，对组合型式一定的预热器系统，当各级单体均能充分换热时，系统热效率主要取决于第一级预热器的分离效率。

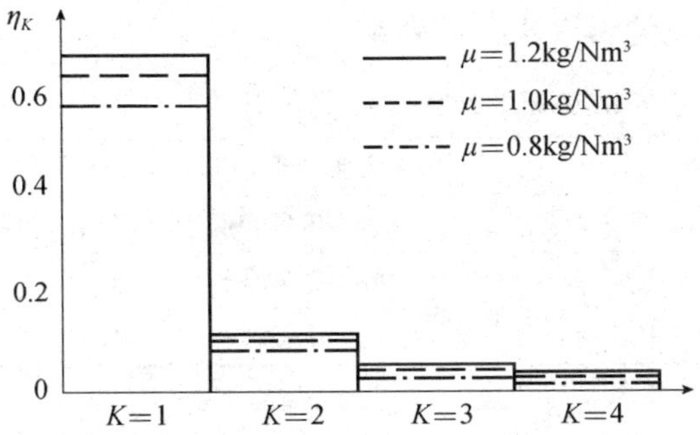

图6　η_K 对 $\eta_系$ 影响程度的比较

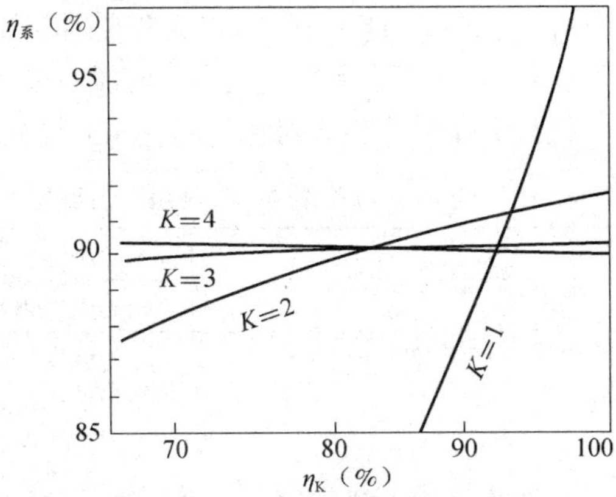

图7　η_K 对 $\eta_系$ 的影响比较

对于五级别预热器系统，我们也进行了类似的处理。结果（表3）表明存在完全相同的规律，并且 η_1 的决定作用更突出一些。

表3　五级旋风预热器理想换热计算结果

序号	$\mu=0.8\text{kg/Nm}^3$	斜率比（%）	$\mu=1.0\text{kg/Nm}^3$	斜率比（%）	$\mu=1.2\text{kg/Nm}^3$	斜率比（%）
1	$\eta_系=0.5931\eta_1-0.0388$	100	$\eta_系=0.6670\eta_1-0.0128$	100	$\eta_系=0.7012\eta_1+0.0332$	100
2	$\eta_系=0.0781\eta_2+0.4397$	13.2	$\eta_系=0.0892\eta_2+0.5232$	13.4	$\eta_系=0.0951\eta_2+0.5940$	13.6
3	$\eta_系=0.0208\eta_3+0.4889$	3.5	$\eta_系=0.0288\eta_3+0.5752$	4.3	$\eta_系=0.0366\eta_3+0.6438$	5.2
4	$\eta_系=0.0091\eta_4+0.4981$	1.6	$\eta_系=0.0168\eta_4+0.5853$	2.5	$\eta_系=0.0242\eta_4+0.6543$	3.4
5	$\eta_系=0.0076\eta_5+0.5001$	1.3	$\eta_系=0.0140\eta_5+0.5880$	2.1	$\eta_系=0.0221\eta_5+0.6568$	3.2

虽然以上的定时计算是在一定操作条件下进行的，但其规律性是普遍的。因此在进行旋风预热器的设计与操作时，努力提高第一级旋风筒的分离效率是提高系统指标的关键之一，必须对此有足够的重视。

2. Krupp 立筒预热器系统的分析与计算

根据已有的研究结果对物料与气流在立筒中的运动过程进行分析，证明 Krupp 立筒预热器内部的热交换过程际实上仍然是同流换热[3-4]。与旋风预热器的根本区别是分离机制与分离效率的差异。因而第一钵也可以视为一级预热单体［图8（a）］，仍可以用上述程序进行系统的分析与计算。

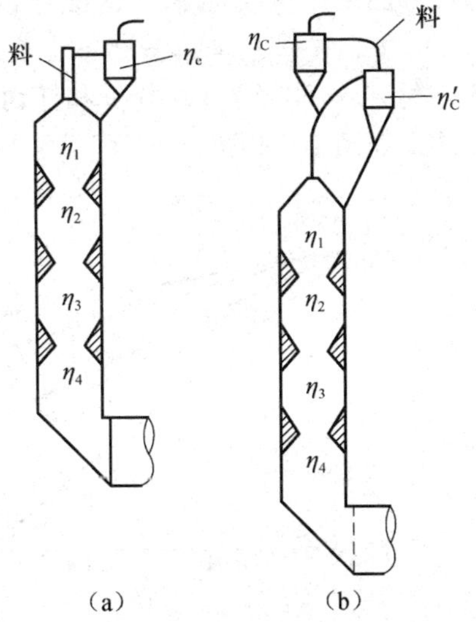

图8　Krupp 立筒预热器各级分离效率

立筒部分分离效率较低，据资料只有53%左右[5]考虑到上钵浓度大、温度低，故设 $\eta_1=70\%$，$\eta_2=65\%$，

$\eta_3=\eta_4=60\%$［图8（a）］，然后考查顶部旋风筒的分离效率 η_e 对系统热效率 $\eta_{系}$ 的影响，结果见表4。同时在表4中还列出了增加一级旋风预热器［图8（b），$\eta_c'=85\%$］时的计算结果。

把计算结果与表2对比，得到 $\eta_{系}$ 与 η_e 关系线的斜率比，见表4。

表4　立筒预热器理想换热时 $\eta_{系}$ 与 η_e 关系的计算结果

μ（kg/Nm^3）	立筒预热器	增加一级顶预热旋风筒
0.8	$\eta_{系}=0.7120\eta_e-0.1819$	$\eta_{系}=0.6206\eta_e-0.0698$
1.0	$\eta_{系}=0.7975\eta_e-0.1767$	$\eta_{系}=0.6951\eta_e-0.0469$
1.2	$\eta_{系}=0.8433\eta_e-0.1512$	$\eta_{系}=0.7290\eta_e-0.0041$

四级旋风预热器对应直线的斜率更大。也就是说，η_e 对立筒预热器系统的热效率影响更显著。之所以如此，是由于立筒部分分离效率低，对 η_e 的依赖性也更大（图9）。这也说明即使换热能够充分进行，立筒顶部也必须装设分离效率很高的旋风筒才有可能获得较高的热得用效率。

由表4还可能看出，增加一级旋风预热器也能提高系统热效率。以 $\mu=1.0kg/Nm^3$ 为例，当 $\eta_e=100\%$ 时，极限热效率可以提高2.74%，较低时提高的幅度更大一点，因而增加一级旋风筒预热单体对提高 $\eta_{系}$ 也是有效的。

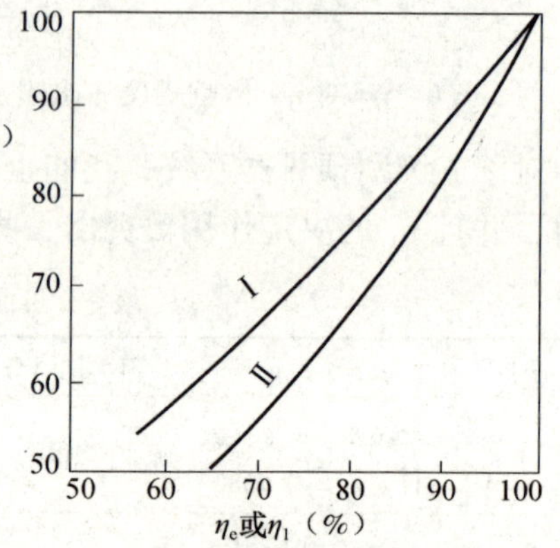

图9　第一级旋风筒分离效率对两种预热器系数分离效率影响的比较

Ⅰ旋风预热器；Ⅱ立筒预热器

四、充分换热时各级散热量与漏风量对系统热效率的影响

在实际预热器系统中，即使是气固换热充分（$T_g=T_m$），散热量与漏风量也是影响系统热效率的两个重要因素，是优化设计所应该考虑的。本文以四级旋风预热器系统为例，设 $\eta_1=92\%$，$\eta_2=\eta_3=\eta_4=85\%$，在加料固气比 $\mu=1.0kg/Nm^3$ 的情况下（由表2可知，理想换热时 $\eta_{系}=58.5\%$），分析和探讨了各级单体的漏风系数及散热量与系统热效率的关系。计算结果如图10和图11所示。

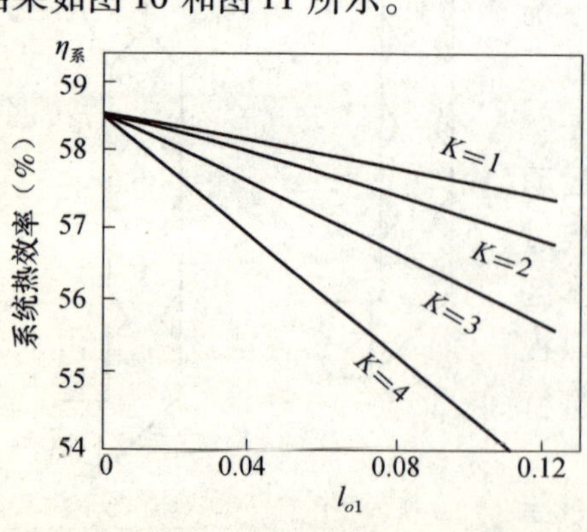

图10　各级漏风系数对 $\eta_{系}$ 的影响

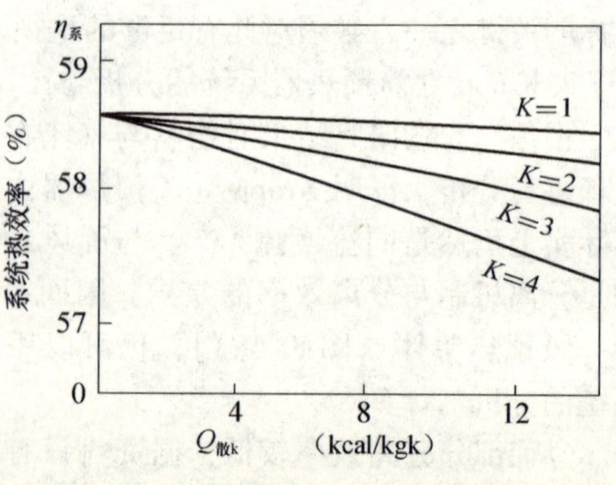

图11　各级散热量对 $\eta_{系}$ 的影响

很明显，就漏风量而言，第一级的影响最小，依次递增，第四级最大，如果以 $\varphi_{系}$ 与 l_{o1} 的关系线斜率为基准，则各级漏风量的相对影响程度之比为：

$$R_{l1}:R_{l2}:R_{l3}:R_{l4}=1.00:1.50:2.33:3.97$$

各级散热量的影响也呈现出类似的规律，第一级最小，依次递增。各级相对影响程度之比为：

$$R_{散1}:R_{散2}:R_{散3}:R_{散4}=1.00:3.00:5.33:10.00$$

可见对于系统来说，必须对最下面一级预热器的密封与隔热效果的要求尽量高一些，才能保证系统热效率。而最下一级预热器温度高，隔热保温比较困难，应该采用适当的措施。但负压较小，堵漏还是很容易的，适当予以重视即可。

五、实际预热器系统各级分离效率对热效率的影响

对于实际预热器系统，参考了太原、邵县、新疆、杭州、武进等水泥厂的热工标定数据与部分设计资料，进行系统参数的选取。其中分离效率与理想换热时所设情况相同。计算时假设气固换热比较充分，$T_g-T_m=40℃$。四级旋风预热器与 Krupp 立筒预热器系统选定的漏风系数与散热量见表5，计算结果分别见表6 与表7。

表5　实际预热器系统的漏风系数与散热量

类别	项目＼级数	1	2	3	4	5
四级旋风预热器	l_{o1}	0.11 *	0.04	0.04	0.05	/
	$Q_{散k}$(kcal/kg－k)	11.0	5.0	6.0	12.0	/
Krupp 立筒预热器	l_{o1}	0.15 *	0.02	0	0	0.035
	$Q_{散k}$(kcal/kg－k)	15	4	4	4	5

* 包括送料风。

表6　旋风预热器系统计算结果

序号	$\mu=0.8kg/Nm^3$	斜率比（%）	$\mu=1.0kg/Nm^3$	斜率比（%）	$\mu=1.2kg/Nm^3$	斜率比（%）
1	$\eta_{系}=0.5073\eta_1-0.0180$	100	$\eta_{系}=0.5587\eta_1+0.0140$	100	$\eta_{系}=0.5796\eta_1+0.0533$	100
2	$\eta_{系}=0.0677\eta_2+0.3915$	13.1	$\eta_{系}=0.0786\eta_2+0.4571$	1.41	$\eta_{系}=0.0843\eta_2+0.5127$	14.5
3	$\eta_{系}=0.0244\eta_3+0.4275$	4.8	$\eta_{系}=0.0338\eta_3+0.4955$	6.0	$\eta_{系}=0.0426\eta_3+0.5483$	7.3
4	$\eta_{系}=0.0207\eta_4+0.4989$	4.1	$\eta_{系}=0.0297\eta_4+0.4989$	5.3	$\eta_{系}=0.0373\eta_4+0.5529$	6.4

表7　Krupp 立筒热器系统计算结果

μ（kg/Nm^3）	Krupp 系统	增加一级预热旋风筒
0.8	$\eta_{系}=0.6517\eta_e-0.1622$	$\eta_{系}=0.5673\eta_e-0.0589$
1.0	$\eta_{系}=0.7232\eta_e-0.1529$	$\eta_{系}=0.6267\eta_e-0.0319$
1.2	$\eta_{系}=0.7565\eta_e-0.1240$	$\eta_{系}=0.6472\eta_e+0.0135$

将计算结果与理想换热时的计算结果加以比较可以发现。在所考虑的情况下，实际预热器系统与理想换热情况具有完全相同的规律性。只是由于漏风及散热等因素的影响，使热效率的实际值比理想换热时的数值要低一些。这说明用理想模型进行简化计算，对于探讨预热器系统内部的规律性是切实有效的，也是合理的。

将四级旋风预热器与 Krupp 立筒预热器系统热效率 $\eta_{系}$ 与顶部第一级旋风热器的分离效率的关系曲线加以对比（图 12），可以看出当最上面一级预热单体具有相同分离效率时，四级旋风预热器系统的热效率也较立筒预热器高一些。只有当 $\eta_e \geqslant 95\%$ 时，Krupp 立筒预热器的效率才可能接近四级旋风预热器的水平。这一方面说明了立筒顶部旋风筒的分离效率 η_e 对 $\eta_{系}$ 的影响显著，另一方面也表明即使立筒内每一钵换热都很充分，立筒系统也必须用提高 η_e 的办法来获得较高的热效率。

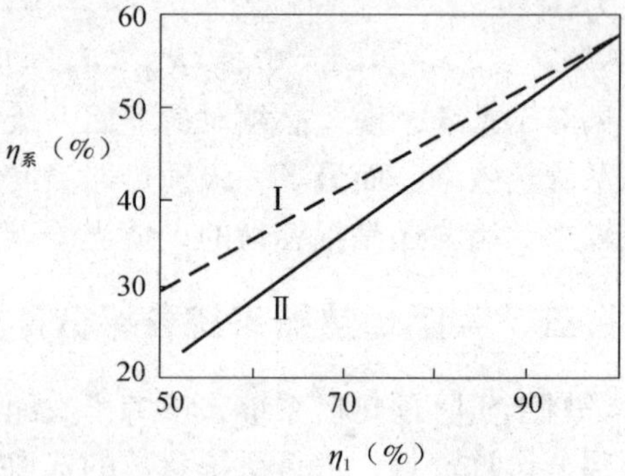

图 12　四级旋风预热与 Krupp 立筒预热器的比较（$\mu=1.0$）

I 旋风预热器；II 立筒预热器

六、结论

通过计算与理论分析表明，在同流预热器系统中第一级预热单体的分离效率对系统热效率具有决定性影响。而对于立筒预热器来说，η_e 的影响尤其显著。通常情况下，立筒系统的热效率低于旋风预热器，只有当 $\eta_e \geqslant 95\%$ 时，Krupp 立筒系统的热效率方可以与四级旋风预热器相媲美，各级散热量及漏风量的影响则是最下面一级最大。适当提高加料固气比可以提高系统效率，但 μ 过高则入窑料温过低，起不到预热的效果，因此系统中固气比有一合适的比值，此值与入预热器的气体热焓有关。增加预热器级数一般来说既能提高系统热效率，又能提高卡路里效率。但对五级预热器再增加数所起作用很小，在经济上未必合算。

基于以上认识，在进行预热器系统的设计时，必须注意尽可能提高第一级的分离效率或采取其他措施保证 η_1 在较高水平上。而其余各级，考虑到要降低阻力、节约能耗，在结构设计上可以不过分强调分离效率。至于保温堵漏，重点应放在最下面一级预热器，对其精心设计，采取适当措施提高其隔热与密封效果，将对保证系统热效率有一定好处。

参考文献

[1] W. Hohenhinnebusch & W. Derks. Warme- und- stromungstechnische- untersuchungen zur Entwicklung des Krunn-Gegenstromwarmetauchers. Z-K-G，1969，2，66.

[2] Z. Zacpal & J. Filous. Entwicklung des Gegenstrom-Schachtauchars System Prerov Machinerg，Z-K-G，1971，5.

[3] 顾大公．在 Krupp 立筒预热器内气固两相运动规律研究［D］．南京化工学院硕士研究生论文，1982，12.

[4] 李昌勇．水泥生料预热器工作原理的研究［D］．南京化工学院研究生硕士论文，1984，9.

[5] 谢明．关于干法预热器一些技术问题的讨论，1974.

卧式旋风预热器的性能研究

金春强　李昌勇　胡道和

（南京化工大学硅酸工程研究所，210029）

【摘　要】 作者用反求工程的方法对1000t/d NKSV预分解系统中五级旋风预热器的卧式旋风筒部分进行了分析研究。通过对气体三维流场、物料停留时间分布、预热器阻力损失及分离效率等的测定、研究，认为卧式旋风筒的阻力损失小，但流场不合理，分离效率低。在进行预分解窑设计时最好采用立式旋风筒，而不宜采用卧式旋风筒。

【关键词】 卧式旋风筒，阻力特性，分离效率，三维流场

一、前言

采用反求工程的方法可对引进设备和技术进行综合研究、分析和评价，从而探讨设备的性能与技术特点，找出操作控制的优化方法及最佳参数，为充分发挥引进技术效益和开发国产化的预分解技术提供借鉴和依据[1]。

本文采用反求工程方法对日本川崎公司20世纪70年代开发的KSV－5预分解系统中的卧式旋风预热器进行了冷模试验及相关的分析研究。本试验反求对象为洛阳水泥厂1000t/d NKSV预分解系统。该系统由五级旋风预热器和KSV分解炉组成，如图1所示。其中C_3、C_4为卧式旋风预热器，且两者结构与功能都较接近，所以我们仅对C_3进行了试验研究。研究范围主要是气固两相运动特点、分离过程以及基本性能，具体研究内容为：气体三维流场、物料的停留时间分布（RTD）、预热器基本性能指标——阻力损失和分离效率等。

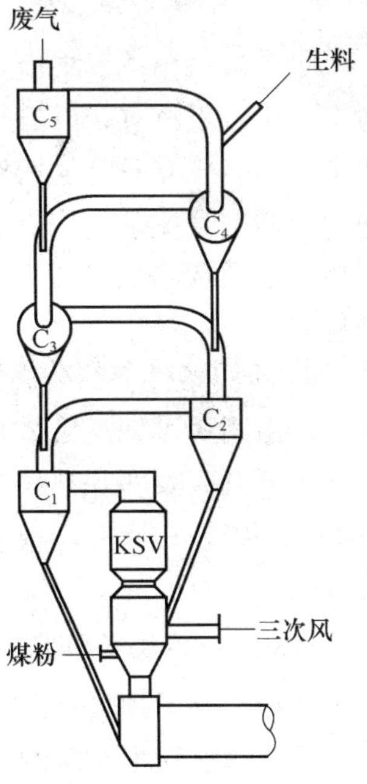

图1　KSV-5预分解系统流程

二、卧式旋风预热器的试验研究

（一）阻力特性研究

阻力损失是衡量旋风预热器的基本性能指标，它反应了预热器的结构特征和操作特性是否处于最佳状态。降低旋风筒压降，节约烧成电耗是近年来开发各类新型旋风预热器的关键。本系统中C_3的空载阻降Δp（静压差）随进口风速U_i的变化规律如图2所示。将这一测试结果无因次化，并与同系列的C_1、C_5阻力系数进行比较，结果见表1。

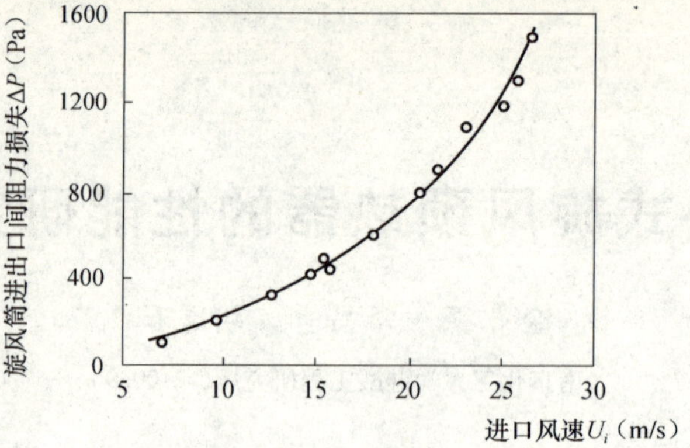

图 2　空载运行 C_3 卧式旋风筒阻力损失

表 1　C_1、C_3、C_5 旋风筒模型实测阻力系数（ξ_{cl}/ξ_{cd}）

C_1	C_5	C_3
15.5/191.0	6.40/126	3.1/22.0

从表 1 可知，卧式旋风筒的阻力系数在数值上要远远低于立式旋风筒，较进出口尺寸相同的立式旋风筒也要低 40% 左右，具有明显的低阻特性，允许处理风量大大高于相同规格的立式旋风筒。

（二）分离效率测定

对于旋风预热器来说，分离效率是最基本也是最重要的性能指标之一。较高的系统分离效率是保证系统有较好热效率的条件。对于每一级旋风预热器来说，不仅对分离效率有一定要求，而且应有一定的操作弹性，即对不同风速、不同固气比条件均能达到较好的分离效率指标，以适应各种正常和不正常的实际生产条件。

C_3 冷模条件下的分离效率测定结果如图 3 所示。由图 3 可知，卧式旋风筒 C_3 阻力损失很低，但分离效率并不理想，模型条件下分离效率仅 50% ~75%，较立式旋风预热器低许多。

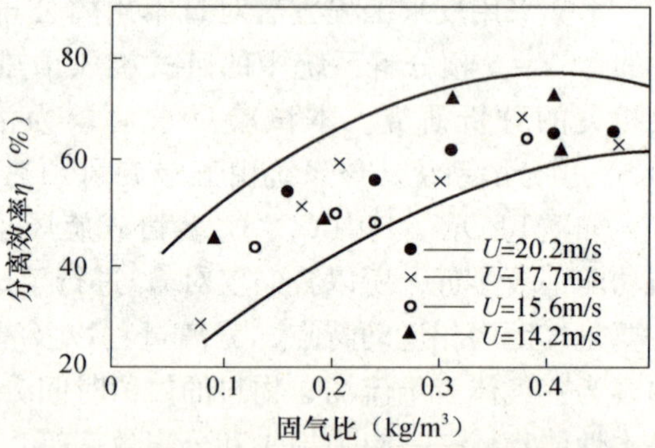

图 3　C_3 旋风筒分离效率测定结果

（三）三维流场研究

物料在旋风预热器内的分离动力由气体提供，气体的流场分布直接决定着分离效果的优劣。由于热态含尘气体的流场尚无可行的测试于段，为此我们用常温净空气来模拟预热器内的高温含尘气体。虽然与实际情况不尽一致，但由于旋风预热器内的料粉浓度相对较低（$<1.0kg/m^3$），并且气固换热在管道内已基本完成，因而冷态模拟试验的结果还是能够反映旋风预热器内气体运动的基本规律的。C_3 的气体三维流场测试结果如图 4 所示，出口附近轴向风速与径向风速的分布如图 5 所示。

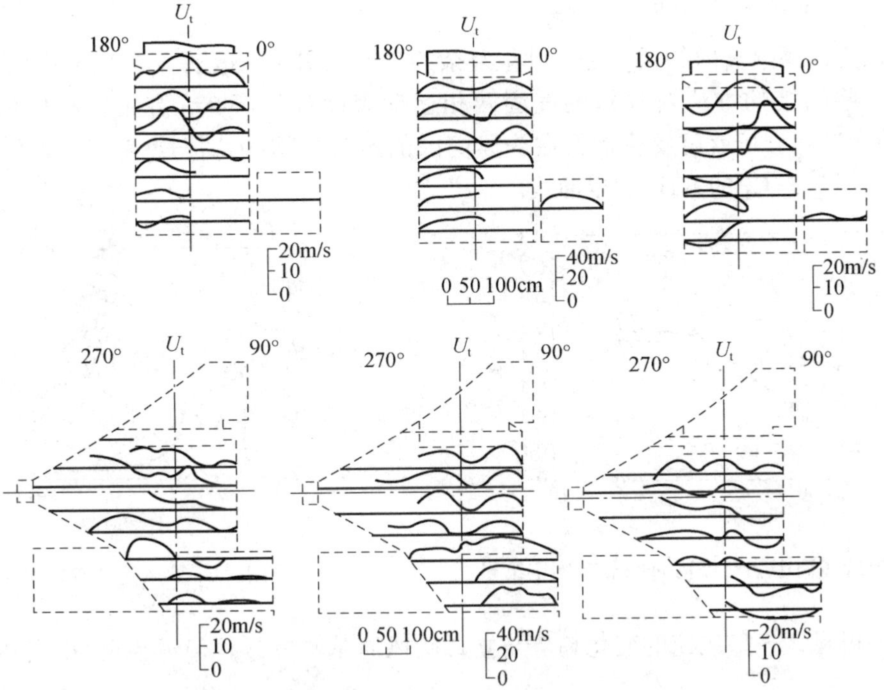

图 4　C_3 旋风筒的气体三维流场

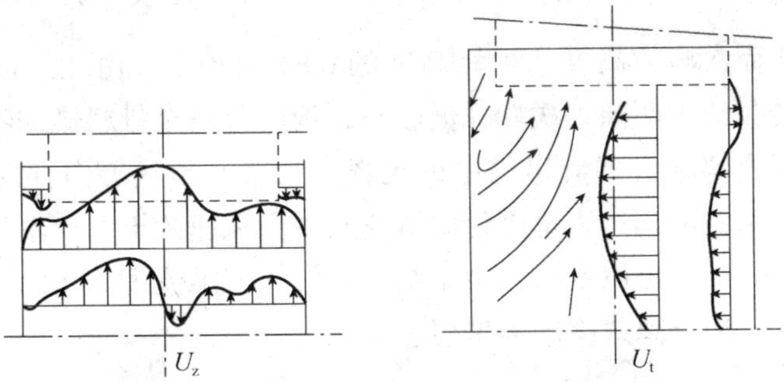

图 5　C_3 旋风筒出口处的气体流场

（1）分析图 4 可知，由于进口尺寸较大，切线风速 U_t 一般不超过 20m/s，较立式旋风筒明显偏低，因而分离能力相对偏低。切线风速的分布大体上仍可分为准自由涡区和强制涡区，但两区的分界面由于流动通道的不对称性而不固定，变化范围较大。

（2）从图 5 数据分析可以看出，轴向风速基本都是流向出口方向，而径向风速则绝大部分是流向中心的汇流，这对分离都将造成不利影响。

（3）*A* 向测面的切线风速 U_t 是携带粉尘向上迁移的，该方向流向出口的轴向风速及流向中心的径向风速将对气固分离产生非常不利的影响。

因此，从气体三维流场的分布规律来看，卧式旋风筒 C_3 只是一种带有旋流的惯性分离装置，流场的分布易于造成二次飞扬与返混，并且飞扬物料极易从卧式旋风筒出口排出，对气固分离不利。因而该卧式旋风筒的分离效率明显低于立式旋风筒。

（四）物料运动规律研究

物料在旋风预热器内的运动是一种很复杂的三维气固两相运动。限于测试手段，目前还只能采用一些间接的方法对物料的气固两相运动规律进行研究，其中物料停留时间分布（RTD）的测定和分析就可反映物料在旋风筒内的运动过程的特征规律。图6为C_3的RTD测试结果，图7为C_3的RTD测定曲线。

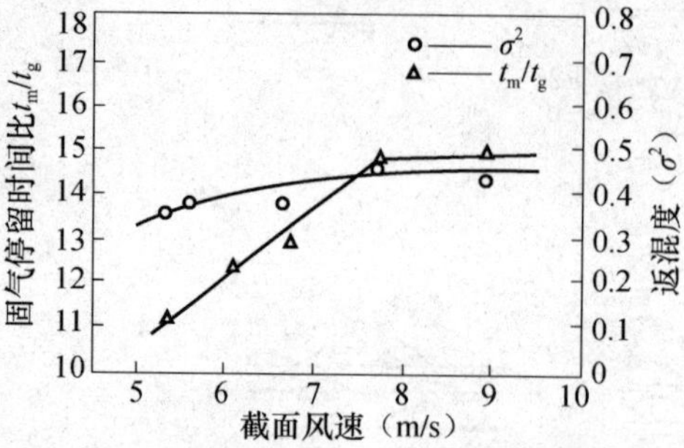

图6 C_3旋风筒中物料停留时间分布测定结果

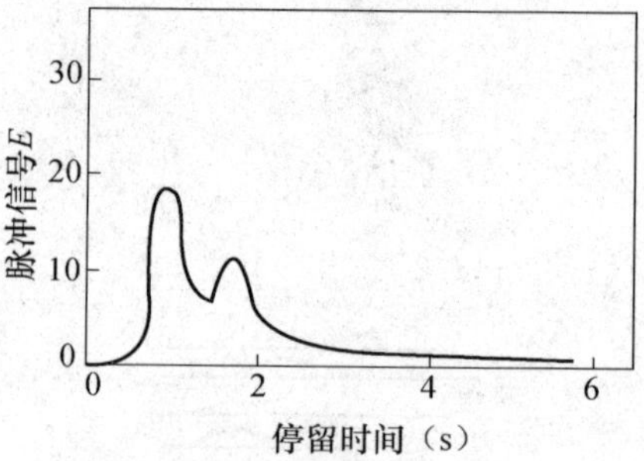

图7 C_3旋风筒的RTD曲线

从图6可见，$\frac{t_m}{t_g}$随风速的变化趋势与立式旋风筒基本一致，但返混度σ^2受风速的影响不明显，基本都在0.38～0.45之间，料气停留时间比值在工作风速下（截面风速U_{av} = 6.7m/s）约为$\frac{t_m}{t_g}=13.4$。从图7来看，出现了典型的双峰现象，说明旋风筒中的物料有并列流动的基本特征。而次峰的高度达主峰高度的60%～70%。由此可以想象，物料在卧式旋风筒内的有效旋转数约为两圈，次峰峰值较高，说明分离至排料锥的物料有相当一部分又重新被气流卷起，即物料在卧式旋风筒中的飞扬量很大。预热器内存反复分离、飞扬的过程，物料在排料锥体重的沉落过程也因径向风速与轴向风速的干扰而不易从排料口排出，反而易于从出风口逸出。因而可以推断，由于结构和气体三维流场分布的不合理，使得这种旋风筒尽管阻力损失低，但分离效率却不理想。

三、结论

（1）卧式旋风预热器具有低阻降、处理风量大的优点，相同截面风速下（按圆柱截面考虑）阻力损失较常规立式旋风筒低50%。

（2）卧式旋风筒内部气体流场不太合理，气流速度分布较为凌乱，切线风速较低，旋汇叠加的区域较大，且轴向风速分布易产生粉尘夹带，基本上属于一种带旋流的沉降室，分离效率不高，一般仅为50%～75%。

（3）RTD的测定结果，曲线出现了典型的双峰，说明旋风筒中的物料有并列流动的基本特征。这一特征造成旋风筒内部的反复分离、飞扬的过程，使旋风筒的分离效率呈较低水平。

（4）卧式旋风筒比同能力的立式旋风筒高度小，但相差也不大，在进行预分解系统设计时最好采用性能优良的立式旋风筒来代替。

参考文献

[1] 胡道和，李昌勇等．反求工程方法在水泥工业中的应用［J］．水泥技术，1990，5.
[2] 徐德龙，胡道和．稀相悬浮床中气固两相运动及换热特征［J］．硅酸盐学报，1987，4.
[3] 钮一民．预热器预分解过程中的管道悬浮换热（内部资料），1981.
[4] 简森夫，李昌勇．新型粉体三维流场智能化测量系统的开发研究［J］．水泥技术，1991（1）.
[5] 简森夫，李昌勇．光点法测定生料停留时间分布，国家“七五”科技攻关项目“新型预热器与分解炉的开发研究”鉴定资料，1990，9.
[6] 乔龄山．水泥生产技术的新进展［J］．水泥技术，1989（6）.
[7] 李昌勇．旋风预热器近期发展特点浅析［J］．水泥技术，1990（4）.
[8] 李昌勇译．回转窑旋风预热器的设计方法［J］．水泥，1990（9）.
[9] 李之光．相似与模拟［M］．北京：国防工业出版社，1982，9.

旋流板分离器的三维流场测定及结构改进

徐德龙　胡道和

（南京化工学院）

【摘　要】 为了增加旋流板分离器的断面气速，减小分离粒径，使其适应水泥生料粉预热器的要求，对分离器空间三维旋转流场进行了测定和分析。根据实测流场的特点，对其结构做了如下改进：加挡板以防止颗粒的二次夹带、加筋以消除灰环，从而使断面气速增加到3m/s，临界分离粒径减小到10～15μm，本文运用流场实测结果所推导的旋流板分离器的临界分离粒径公式及所测压降数据，可供生产上参考。

Rotating-Flow-Plate Separator——Structural Improvement for Three-Dimensional Measurement

Xu Deleng*, Hu Daohe

(Nanjing Instirute of Chemical Engineering)

【Abstract】 In order to improve the rotating-flow-plate separator to remove smaller partieies at higher gas velocities, especially for preheating cement raw mix, a series of three-dimensional measurements were conducted and the experimental results were analyzed. Based on the flow profiles thus elucidated, the following improvements were made: a baffle plate was installed around the rotating-flow-plate to prevent particles from backflow, and a rib along the wall of the separator was added to counteract dust-ring whirling near the wall. These improvements resulted in lowering the critical diameter of the particles separated to 10～15μm at a gas velocity of 3 m/s.

【Key words】 Formulae for critical particle diameters and dam on pressure drop of the improved separator are presented.

水泥生料粉旋风预热器的使用，使窑尾废气温度从700℃降到350℃左右[1]，但存在系统阻力大、结构高、热效率不理想等缺点。本文试图用轴流式分离器代替折流式分离器来改善预热器的总体性能。

因为旋流板分离器是一种低阻力、低气速、粗分离、内返尘的轴流式分离设备[2,3]，将它用于预热器中，就要在取其低阻力之长的同时，克服其断面风速低、分离粒径和解决外部返尘等问题。要突破这些困难，必须在探索旋流板分离器处理水泥生料粉的可能性基础上，再通过流场测定与分析改进旋流板。

一、用旋流板分离水泥生料粉的探索

为了防止因断面风速的增加而导致流体阻力损失的增大，同时考虑到外部料腿返尘的需要，将圆形盲板式旋流板改为带导流的椭圆形旋流板，并在如图 1 所示的有机玻璃两级旋流板分离器模型上，用水泥生料粉进行了冷态探索性试验。

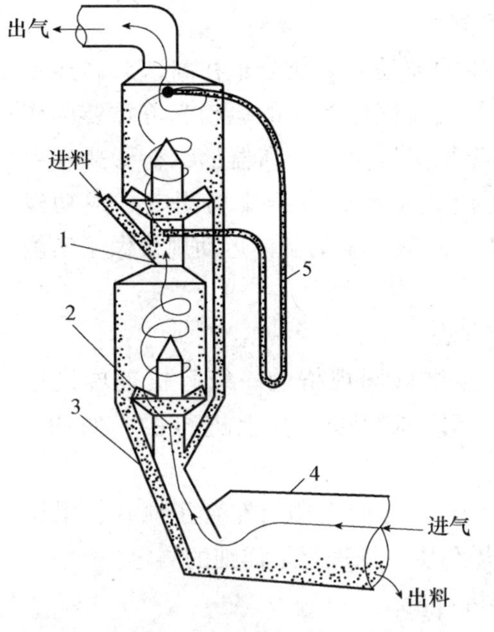

图 1　两级旋流板分离器冷模试验装置示意图

1—换热管；2—旋流板；3—外料腿；4—回转窑；5—压差计

所用水泥生料粉的粒径分布列于表 1。

表 1　生料粉的粒径分布

粒径区间（μm）	>180	180~130	130~100	100~80	80~70	70~60	60~50	50~40	40~30	30~20	20~10	10~0
重量概率（%）	0.00	2.05	1.05	4.00	4.20	4.32	4.50	5.61	9.66	15.26	28.74	20.61

由试验结果发现，外部料腿能自然实现料封。压降随固气比和流速的增加而增加。在试验条件下（$u_0=1.6\sim2.4\text{m/s}$，$Z=0.2\sim0.76$），单级压降 $\Delta P\leqslant294\text{Pa}$。分离效率 η 与断面气速 u_0、固气比 Z 的变化关系如图 2 所示。沿壁旋转向下的颗粒群往往被从旋叶片间直接到外壁上的气流冲起，产生颗粒的二次夹带。灰环的现象是存在的，且随着气速的增大而升高。

试验结果表明：用旋流板分离水泥生料粉是可能的，其阻降仅为折流式旋风分离器的 $\frac{1}{3}\sim\frac{1}{4}$。但当气速增加到时 2.4m/s，分离效率 η 明显下降，分离粒径变粗。针对水泥生料粉预热器处理量很大、颗粒又比较细的现实，从加深对旋流板分离机制的认识入手，采用流场分析的方法，重点探索了其结构改进的途径。

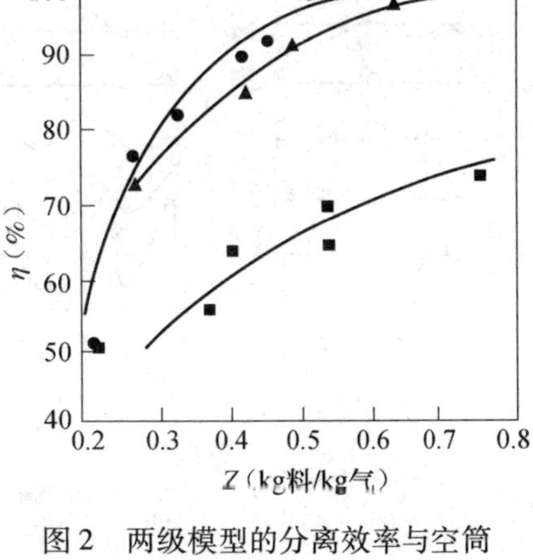

图 2　两级模型的分离效率与空筒气速、固气比的关系

● $u_0=1.60\text{m/s}$；▲ $u_0=2.00\text{m/s}$；■ $u_0=2.40\text{m/s}$

二、椭圆型旋流板分离器三维流场测定及结构改进

（一）流场测定及结果分析

在分离器中微小的固体颗粒是离散地分布在高速旋转运动着的连续气流之中。气相行为对固体颗粒的运动起着重要的作用。而气流运动的方式和类型又取决于分离器的结构形式和系统的操作参数。参考了折流式旋风分离器流场测定的成功经验[4,5]，结合旋流板的特点，对其上空的气体运动规律做了实测和分析。

1. 流场测定的装置和方法

测试是在与前述探索性试验同规格的一级有机玻璃模型（长轴 300mm，短轴 200mm，高 500mm）上进行的，如图 3 所示。

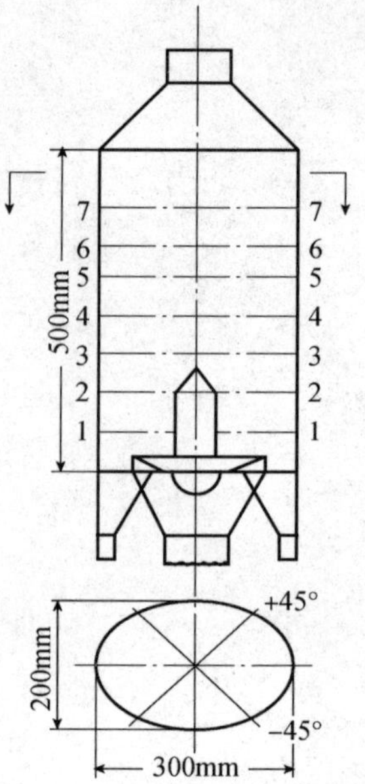

图 3　椭圆形旋流板分离器流场测定装置示意图

模型在七个水平位置、八个方向上均匀布置了测孔，采用五孔球形探针对三维速度场和压力场进行了详细的测定。

2. 流场测试结果及分析讨论

测试时断面气速取 3～3.2m/s。结果如图 4 和图 5 所示。图 6给出第 2 面上各方向速度分布。

对测试结果分析如下：

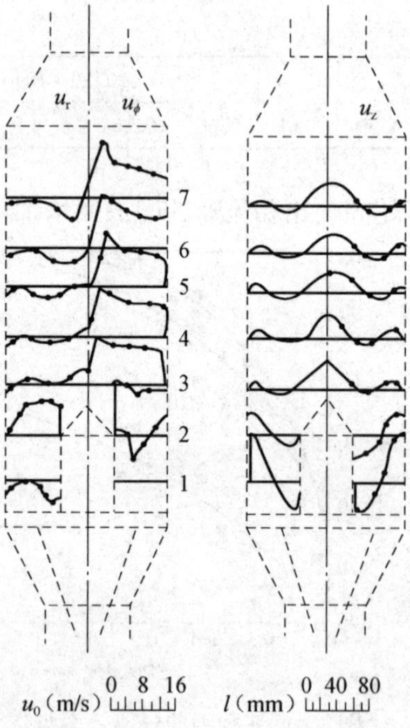

图 4　速度沿短轴径向分布

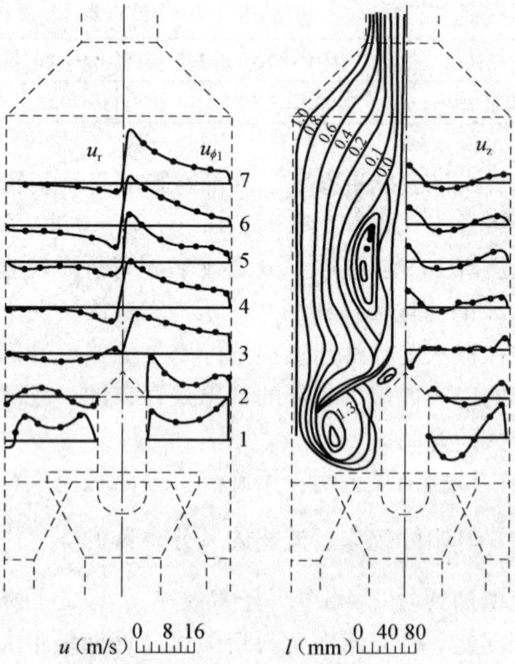

图 5　速度沿长轴径向分布

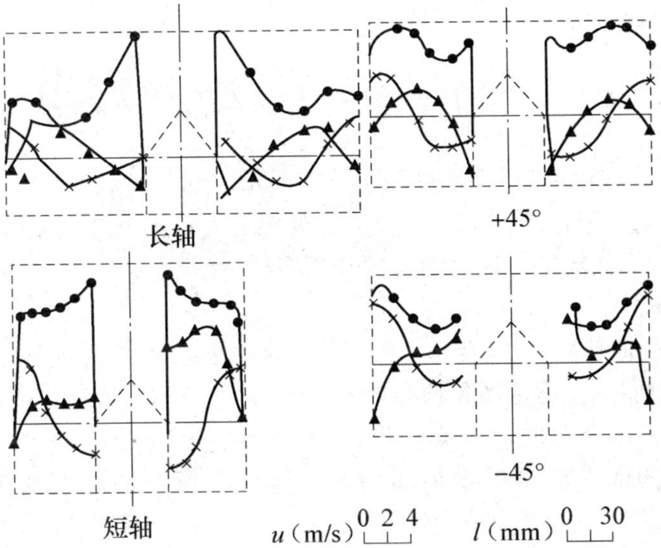

图6　第2面各个方向速度分布

●$u_{\phi i}$　$X-u_z$；▲u_r

（1）速度分布对称性问题

由图3可知，第2面位于导流体的锥角底部，一般说来速度的对称性最差。但由图6可见，即使在这个面的不同方向上各种速度的分布也具有相当好的轴对称性。

（2）切向速度分布规律

切向速度使固体颗粒产生离心加速度$\frac{u_\phi^2}{r}$是颗粒分离的主要动力。它基本符合负幂次方定律[6]：

$$u_\phi = \frac{C}{r^n} \tag{1}$$

式中　C——常数；

n——指数（此处$n=0.5$），组成了平面准自由涡。同时在轴心附近有个小强制涡（$u_\phi=Cr$）[6]存在。

（3）径向速度分布

在旋流空间每个平面内，造成大漩涡流动的切向速度u_ϕ和形成源汇流动的径向速度u_r构成了旋转空间的主流。因此，u_r的大小和方向都对颗粒的分离起着重要的作用。向外的源流当速度大于颗粒的外抛速度时，将会加速颗粒的分离，而向内的汇流只会衰减颗粒向外的推移速度。

短轴方向的第2、3面均为源流（$u_r>0$），而第4面以上是汇流（$u_r<0$）；长轴方向第3面以上都是汇流。为了深入了解，特将主流加以分析。假设：

①颗粒是球形的，满足Stokes定律；

②忽略重力和轴向气流的夹带作用。

取单颗粒进行研究，此时它受离心力、离心浮力和阻力的作用并出于平衡，则：

$$\frac{\pi P_p d_p^3 u_{p\phi}^2}{6r} - \frac{p_g d_p^3 \pi u_{p\phi}^2}{6r} - \frac{\xi p_g \pi v_r^2}{8} = 0 \tag{2}$$

并取 $\xi = \frac{24}{Re}$，整理可得：

$$d_p = \sqrt{\frac{18\mu(\mu_{pr} - u_r)r}{(\rho_p - \rho_g)u_{p\phi}^2}} \tag{3}$$

由式（3）可知，旋流板的分离粒径 d_p 反比于 $u_{p\phi}$，而正比于 $\sqrt{u_{pr} - u_r}$。当 $u_{p\phi}$ 一定时，u_r 越大 d_p 越小，分离效率越高；反之，d_p 会显著地增大。实测结果表明，相当一部分捕集推移区处于旋汇叠加的流场中，这对颗粒的分离不利。

（4）轴向速度 u_z

轴向速度 u_z 和径向速度 u_r 构成一立面次流，它严重地影响着排尘过程。无论在哪个方向上测得的结果都表明，在近壁区和轴心处 $u_z > 0$，即气流向上流动，两区之间 $u_z < 0$。

近壁区轴向向上，径向向内的流动阻止了已分离的颗粒向下沉降，是灰环存在的重要原因。且这种倾向随着流量的增加而增大，这可由灰环的高度随着气体流量的增加而升高的现象得到证明，为了清楚形象地加以了解，按下面方法作出了长轴方向的流线图[5]。

根据轴对称性，对高密度流体，立面上有柱坐标的连续性方程式：

$$\frac{\partial(ru_r)}{\partial r} + \frac{\partial(ru_z)}{\partial z} = 0 \tag{4}$$

对流函数 ϕ，$\psi = \frac{\partial\psi}{r\partial z}$，$u_z = -\frac{\partial\psi}{r\sigma r}$满足式（4）。所以，

$$\psi = -\int_0^r u_z r\mathrm{d}r \tag{5}$$

$$\psi_0 = -\int_0^r u_z r\mathrm{d}r \tag{6}$$

由实测的速度分布值按上式求得 ψ 与 ψ_0，将具有相同$\frac{\psi}{\psi_0}$比值的点连起来就形成流线，由此得到长轴立面上的流线图，如图 5 所示。

流线图比较清晰地反映了流场的总貌：在 1 面和 2 面之间从旋叶片喷出来的气流立即冲到近壁区，故近壁区流线十分密集。沿壁向下的颗粒流被强烈上升的气流卷到 2 面以上，或者使其原地回转，产生颗粒的二次夹带，形成灰环。

总之，颗粒的二次夹带是 u_0 不能提高的根本原因；而降低四周向上的流速，设法将汇流变为源流（尽管这点一时很难作到），是旋流板提高效能的关键。据此，对其结构加以改进。

（二）旋流板分离器的结构改进及其效果

1. 结构改进

根据流场分析和工艺要求，主要改进如下：

（1）将椭圆形旋流空间改为半椭圆形旋流空间，双料腿变为单料腿，以简化排料结构。在长轴方向沿旋流板外沿加一垂直的圆弧形敞口挡板，用它阻止从叶片间喷出来的。

（2）气流直接冲到长轴近壁，并与长轴壁构成气固分离间，使已捕集的颗粒在此与气体彻底分离，以克服颗粒的二次夹带，改善排尘过程。

（3）在长轴近壁面上加一薄筋，使颗粒得以借惯性沉降。因为在灰环中的颗粒也同样

具有三个分速度（$u_{p\phi}$、u_{pr}、u_{ps}），加筋的目的是在颗粒与筋体碰撞后，将其切向速度转化为轴向向下的速度。对筋体的作用原理作如下推论：

设颗粒和筋体之间的碰撞为弹性碰撞，碰撞处附近的微元曲面视为平面，弹性碰撞中机械能守恒。相互碰撞作用示意于图7。则当向下惯性沉降速度最大时，筋体与水平X轴的夹角α为：

$$\alpha = \frac{\pi}{4} + \frac{\beta}{2} \tag{7}$$

式中　β——颗粒碰撞前运动方向与X轴的夹角。

可见对应于每一点颗粒的下旋角β有一确定的筋体上旋角α。改进后的结构如图8所示。

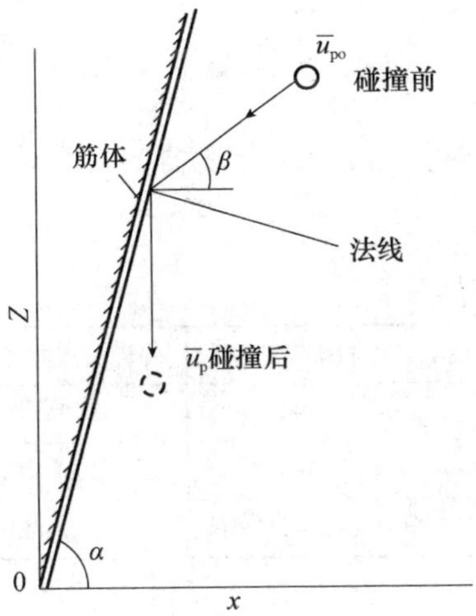

图7　颗粒与筋体的碰撞作用

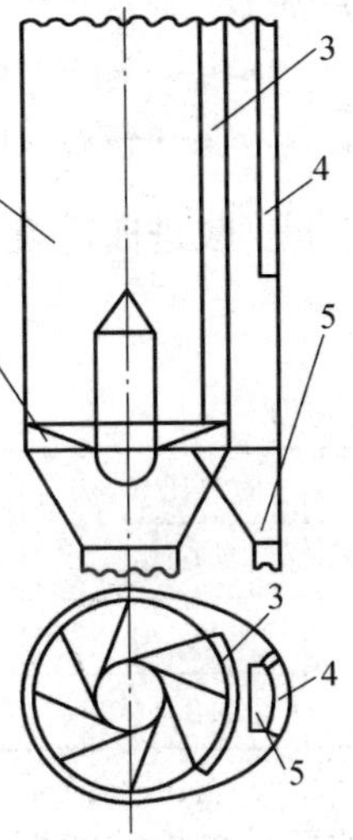

图8　改进后的旋流板分离结构示意图

1—旋流空间；2—旋流叶片；3—挡板；4—筋体；5—料腿

2. 改进后的旋流板分离试验结果及分析

对改进后的旋流板进行了阻降和分离效率试验。同时通过颗粒分析（>88μm 用筛分法，<88μm 用沉降和冲击分析法）分别求得分离前后生料粉的粒径概率分布，从而计算出分级效率。

试验结果如图9、图10和图11所示。

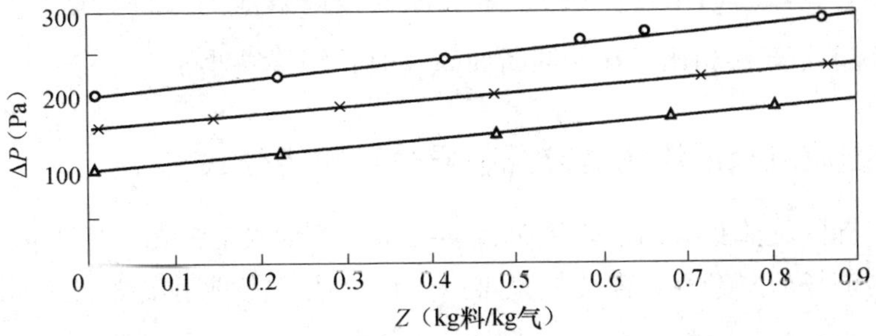

图9　半椭圆旋流板分离器的ΔP和u_0、Z的关系

○—u_0=3.0m/s，×—u_0=2.6m/s；Δ—u_0=2.0m/s

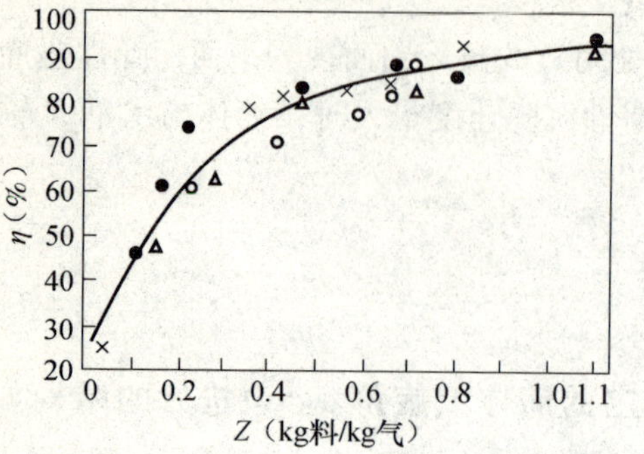

图 10　半椭圆旋流板分离器 η 和 u_0、Z 的关系

●—$u_0=2.0$m/s；×—$u_0=2.4$m/s；

△—$u_0=2.6$m/s；○—$u_0=3.0$m/s

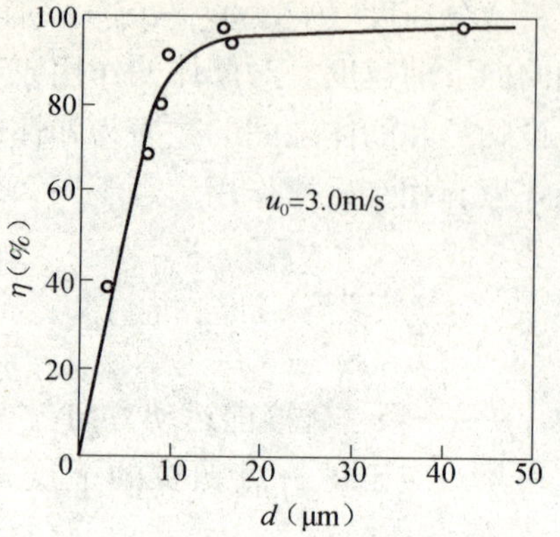

图 11　半椭圆旋流板分离器的分级效率

在可比条件下，改进前后旋流板各项操作指标及与折流式旋风分离器的参考值[7]对比于表2。

表 2　分离器操作指标对比

分离器类型		固气比（%）	断面气速（m/s）	分离效率（%）	阻降（Pa）	临界分离粒径（μm）
旋流板	改进前	0.76	2.4	72	294	—
	改进后	0.70	3.0	86	290	10～15
折流式旋风器		0.3～1.0	3.0～4.0	85～90	686～1176	5～15

试验中还观察到在长轴的挡板和筒壁构成的分离间中，料流的下倾角增加，经筋拦截后成为一股流束，沿筋注入下料口，只有个别的颗粒能跃过筋体继续作旋转运动。灰环的现象基本消除，单料腿比双料腿操作更方便一些。

以上结果说明改进后的旋流板有如下特点：

（1）空筒气速提高到3.0m/s，单级分离效率可达85%以上，基本满足预热器的要求。

（2）分离粒径接近折流式分离器。分离效率试验重复性好，表明分离器的性能趋于稳定。

（3）与折流式分离器相比，在相同断面风速时，阻降减小了$\frac{1}{2}\sim\frac{2}{3}$。

三、半椭圆旋流板的流场特点及临界分离粒径公式

改进后的半椭圆旋流板分离器表现出预期的特性和明显的效果，主要因流场结构发生了变化。鉴于旋转流场的复杂性，简化模型难以确切描述，需要用实测结果加以分析。

（一）半椭圆旋流板分离器的流场测定

改进后的分离器流场测定结果如图12～图15所示。通过与椭圆形的流场实测结果比较，可发现以下两点：

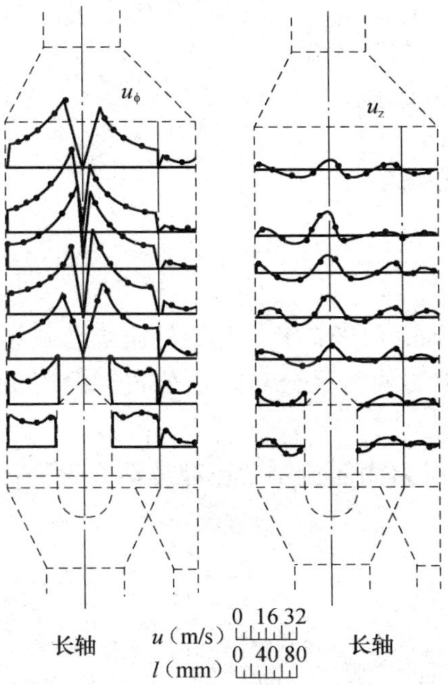

图 12　半椭圆分离器速度径向分布（长轴）

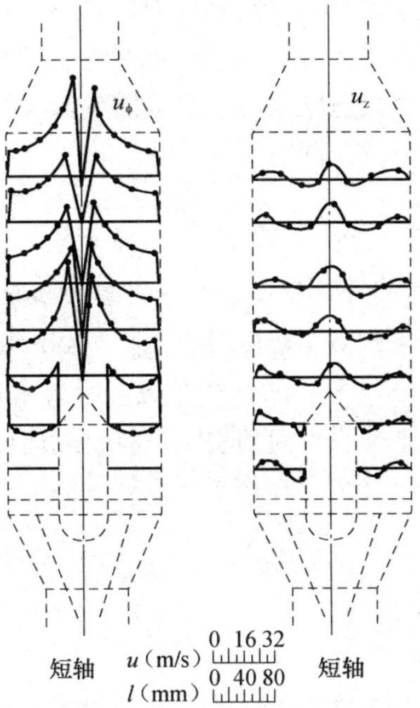

图 13　半椭圆分离器速度径向分布（短轴）

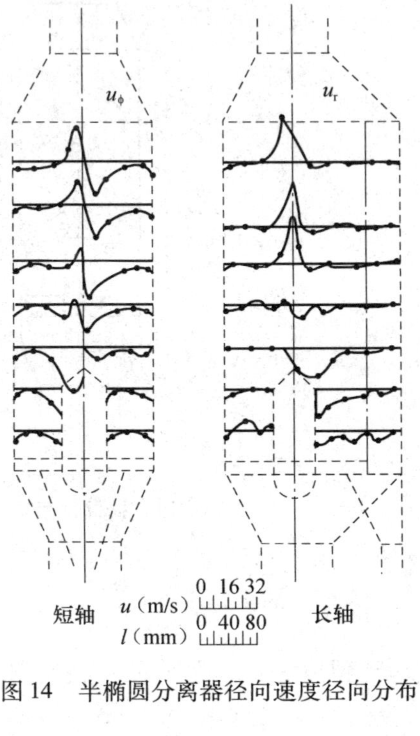

图 14　半椭圆分离器径向速度径向分布

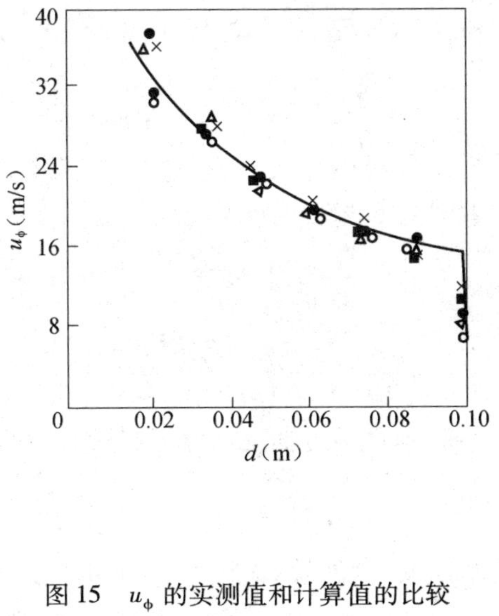

图 15　u_ϕ 的实测值和计算值的比较

——按 $u_\phi = \frac{4.9}{r^{0.5}}$ 计算值

●—3 面实测值；×—4 面实测值；△—5 面实测值；

○—6 面实测值；■—7 面实测值

（1）在相同气速的情况下，加挡板后其内侧接近圆柱形，最大切向速度达 50m/s，比不加挡板时的 15m/s 增大了 3 倍。恢复了圆柱形空间的优点，使分离能力大为提高。

（2）挡板后的分离间内，其轴向速度几乎等于零（图 12），径向速度出现正值（图 14），说明是向外的源流，这些都对克服颗粒的二次夹带起了很好的作用。

根据实测结果可将半椭圆旋流板的平面准自由涡归纳成：

$$u_\phi = \frac{C}{r^\pi} = \frac{4.9}{r^{0.5}} \tag{8}$$

图 15 给出了式（8）与试验值的比较。

（二）半椭圆旋流板分离器的临界分离粒径

关于折流式旋风分离器临界分离粒径的研究从 Rosin（1932 年）开始，至今已陆续进行了半个世纪[7]。1982 年朱以勤[3]等推导了旋流板除尘器的临界分离粒径公式，但由于没有考虑水平准自由涡的实际，故对此还可作进一步探讨。

上淹具贞[8]在作了一系列的假设后，导出的旋转准自由涡流场中颗粒运动方程为：

$$\frac{d^2r}{d\tau^2} + \xi\frac{dr}{d\tau} - \frac{u_\phi^2}{r} + \xi ur = 0 \tag{9}$$

$$\xi = \frac{18\mu}{(\rho_p - \rho_g)}d_p^2 \tag{10}$$

因为在轴心区以外，u_r 一般比 u_ϕ 小一个数量级，可略去，同时忽略径向加速度，即$\frac{d^2r}{d\tau^2}=0$[7,8]，有：

$$\frac{dr}{d\tau^2} = \frac{u_\phi^2}{\xi r} = \frac{ru_\phi^2}{\xi r^2} \tag{11}$$

由实测结果式（8）可知：

$ru_\phi{}^2 = (r^{0.5}u_\phi)^2 = C^2$ 代入式（11）：

$$\frac{dr}{d\tau} = \frac{C^2}{\xi r^2} \tag{12}$$

则颗粒由导流体 r_n 处（图 16）被推移到分离近壁面 R 处所需的时间（抵达最远壁面时间）为：

$$\tau = \int_0^r d\tau = \int_{r\pi}^R \frac{\xi r^2}{C2}dr = \frac{\xi}{3C^2}(R^3 - r_\pi^3)$$
$$= \frac{6\mu R^3}{(\rho_p - \rho_g)C^2d_p^2}\left[1 - \left(-\frac{r_n}{R}\right)^3\right] \tag{13}$$

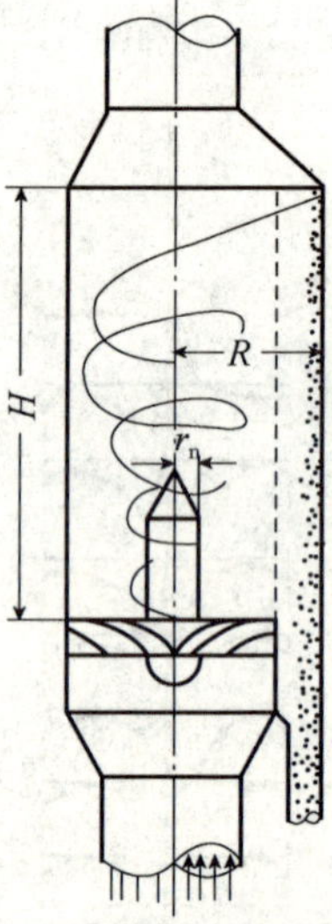

图 16 颗粒分离示意图

颗粒垂直穿过轴流式分离器所经历的时间 τ^* 近似为：

$$\tau^* = \frac{H}{u_{pz}} = \frac{H}{u_u}\left(1 - \frac{r_n}{R}\right)^2 \tag{14}$$

倘若某一粒径的颗粒从 r_n 处进入旋流空间，当它运动到顶部时，恰好到达分离间壁面 R 处，即可认为被分离下来。此时，颗粒所经历的时间应同时满足式（13）、式（14），$\tau = \tau^*$ 有：

$$d_{pcrit} = \frac{\sqrt{6}R}{C}\sqrt{\frac{\mu R\left[1 - \left(\frac{r_n}{R}\right)^3\right]u_0}{H(\rho_p - \rho_g)\left[1 - \left(\frac{r_n}{R}\right)\right]^2}} \tag{15}$$

由式（8）可知 $C = u_{\phi} \cdot r^{0.5} = 0.9$，代入有

$$d_{\text{pcrit}} = 0.500R\sqrt{\frac{\mu R\left[1-\left(\frac{r_n}{R}\right)^3\right]u_0}{H(\rho_p-\rho_g)\left[1-\left(\frac{r_n}{R}\right)\right]^2}} \tag{16}$$

此即为半椭圆旋流板分离器的临界分离粒径公式，它包含有操作参数（u_0），物性参数（μ、ρ_p、ρ_g），几何尺寸（H、R、r）等，可用于分析问题。

例：改进后半椭圆模型的试验参数为：$r_n = 35\text{mm}$，$R = 150\text{mm}$，$H = 500\text{mm}$，$P_p = 2500\text{kg/m}^3$，$u_0 = 3\text{m/s}$，$P_g = 1.205\text{kg/m}^3$，$\mu = 1.81 \times 10 - 5\text{Pa} \cdot \text{s}$，由式（16）可得：

$$d_{\text{pcrit}} = 7.85\mu\text{m}$$

从图 11 可知，对于接近 8μm 的颗粒能分离 90% 左右，故由式（16）所得的理论计算值与模型试验的实测值基本上是吻合的。

四、小结

1. 通过流场测定来认识和改进旋流板分离器是一种行之有效的科学方法。

2. 加挡板以克服颗粒的二次夹带、加筋以消除灰环，使允许气速提高，分离粒径减小，效果是明显的。

3. 改进后的旋流板分离器是一种阻力较低（$\Delta P < 294\text{Pa}$），分离粒径较小（$d_{\text{pcrit}} = 10 \sim 15\mu\text{m}$），允许气速较大（$u_0 = 3\text{m/s}$ 时 $\eta \geqslant 85\%$）的分离设备，对工业应用有参考价值。

4. 本文所推导的临界分离粒径公式和旋流空间筋体夹角公式均可供分析问题参考。

致谢：本文承谢舜韶教授、沈慧贤副教授指导。

符号说明

C——常数

d_p——颗粒直径，m

H——高度，m

P——压强，Pa

R——长轴半径，m

Re——雷诺准数

r——半径，m

u——气流速度，m/s

u_0——截面气速，m/s

u_p——颗粒速度，m/s

u_r——气固相对速度，m/s

Z——固气比，kg 料/kg 气

α——筋体水平夹角

β——料流下倾角

ξ——Stokes 阻力系数

η——分离效率，%

μ——动力黏度，Pa · s

ρ——密度，kg/m³

ϕ——分级效率，%

ψ——流函数

下角标：

g——气体

n——导流体

p——颗粒

ϕ——切向

r——径向

z——轴向

参考文献

[1] WalterhH. Duda. Cement-Data-Book, 2nd Etlition. BAUYERLAG GMBH. Wiesbaden Berlin, 1977, 286.

[2] 清华大学化工系．化学工程，1976，6，79.

[3] 朱以勤，杜有根，谭天恩．化工学报，1982，2，179.

[4] 柳绮年，贾复．力学学报，1978，3，182.

[5] 贾复，张蝶丽．力学学报，1981，1，85.

[6] Stairmand C. J. Trans. Inst. Chem. Eng，1981，29，256.

[7] 陈明绍等．除尘技术的基本理论与应用［M］．北京：中国建筑工业出版社，1981，164.

[8] 上淹具贞．粉粒体空气输送　新版．日刊工业新闻社，昭和 49 年，102.

中国水泥工业的畅想曲

胡道和　蔡玉良

（南京工业大学，中国中材国际总公司）

【摘　要】 本文结合中国水泥工业的发展历程，就其各阶段的特征和人们的习惯性评论作了回顾。同时畅想了水泥工业未来美好的发展方向，特别倡议开发研究利用微藻吸收二氧化碳气体制燃料的新技术，以适应节能减排、低碳经济的发展要求。随着大规模基本建设的减缓，未来水泥工业的功能和产品目标将会发生转移，即以水泥为主要产品转化为以消纳社会各类废弃物和自身资源利用为主、水泥产品为辅的模式。

一、水泥工业在艰难中前行

1. 20 世纪 50 ~ 60 年代，中国的水泥厂，黑烟蔽日、粉尘弥漫，立窑是绝对的主流。数量不多的回转窑以湿法生产为主，指标落后，事故频繁。操作全凭经验，曾出现依靠“窑神”处理事故的神话。

社会普遍认为水泥是以赃、乱、差、粗、笨为特点的行业。

2. 20 世纪 70 ~ 80 年代，我国开始引进了几条湿法生产线，使熟料产量、质量均有所提高。后乘改革开放之风，又引进了各种大型现代化预热预分解窑，并激励了水泥行业消化、吸收先进技术的斗志，焕发了改造与创新的意识。初步改变了生产面貌，但立窑的主流地位仍未动摇。

当时世界舆论有人认为：化工新品不断涌现，未来将用人造新材料（如特种塑料）代替传统的建筑材料（如水泥、混凝土），水泥工业一度被贬为“夕阳工业”。

3. 20 世纪 90 年代，随着改革开放大规模建设的需要而推动了水泥工业的技术进步。大型化、国产化取得了辉煌成果。拥有了大批自主知识产权的新设备、新工艺、新技术。新型干法窑得到了迅速发展，水泥产量连续居世界首位。相应专业人才也得到锻炼、培养并渐趋成熟。

但按照西方统计规律认为：当时我国人均水泥产量已接近饱和，因此没有多大发展空间。加上全行业平均资源和能量消耗都比较大，污染较严重，总体技术经济指标仍然落后，立窑比重仍偏大。

4. 21 世纪第一个 10 年，我国水泥产量突破了西方所谓“饱和”的规律，继续大幅度提高。工程建设更走出了国门，进军中东、欧洲、美洲、非洲等四十余个国家，打出了品牌。尤其引人注目的是先进的新型干法生产线的高速发展，其比重已达到 70% 以上。在回转窑热耗不断降低的同时，又开发了利用废弃物、有害毒物、城市垃圾等替代化石燃料和纯余热发电等新技术，基本改变了我国水泥工业的落后面貌。

但是能源枯竭的预警，温室 CO_2 气体排放使全球气候变暖，自然灾害频发，引起了全人类的关注。作为“用能大户，排放（CO_2）巨人”的水泥工业，自然又成为众矢之的。

新的挑战摆在面前，形势又迫使我们必须继续前行。在新的 10 年来临之际，首先需要的就是要有新的大胆的畅想和不懈的追求。

二、新 10 年的畅想

1. 畅想的动因

毋庸置疑，畅想必然应围绕绿色经济、低碳经济的总方向，以节能减排为目的而开展。鉴于水泥是一种化工产品，其生产必须经过高温煅烧来完成化学反应，过程中除了需要消耗大量热能、因烧煤而排放一定量的 CO_2 气体之外，碳酸盐分解反应还会释放出大量 CO_2 气体。按一般情况：设生料耗为 1.5kg/kg 熟料，干基生料中 CaO 含量为 46%，则 $CaCO_3$ 分解产生 CO_2 量：$1.5 \times 46\% \times \frac{44}{56} \times 100 = 542$kg/t 熟料。因此，水泥烧成所排放 CO_2 总量与烧成热耗之间有相应的关系，即：

$$窑排放\ CO_2\ 总量 = 542 + \frac{q}{7000} \times 2.7 \times 1000\text{kg/t 熟料}$$

式中　q——烧成热耗，kcal/kg 熟料；

7000——标准煤发热量，kcal/kg；

2.7——标准煤产生 CO_2 量，kg/kg（发改委指定值的平均数）。

由此可见，当烧成热耗 $q = 740$kcal/kg 熟料时，窑排放 CO_2 总量 825kg/t 熟料，其中煤燃烧排放 CO_2 量 283kg/t 熟料，只占总排放的 1/3 左右。因此，近年来虽由于技术改进，熟料热耗明显降低，但其 CO_2 减排效果并不明显。同样，焚烧废弃物（如垃圾等）以替代部分燃料的新技术，也得到业内充分肯定。一般节煤 30% 对煅烧质量不会有影响，但因为垃圾燃烧也会排放一定量的 CO_2（资料给出：垃圾每产生 1MJ 热量大约排放 0.08kg CO_2）。相当 1kg 标煤热量的垃圾排放 CO_2 约为 $\left(\frac{7000}{1000}\right) \times 4.18 \times 0.08 = 2.34$kg CO_2，因此减排的作用也不大。

鉴于以上情况，要想在节能的同时达到相应减排目的，改变“排放巨人”的局面，还是很困难的。为此就需要跳出行业惯常的思维方向而另辟蹊径。这就是启动畅想的原因。

2. 畅想的思路

遵循大自然的生存规律，受人类与植物界相互依存关系的启发：人类呼出的 CO_2 被植物吸收通过光合作用转化为植物能量，而其释放的 O_2 又为人类吸收转化为体能并赖以生存，延续生命。世界本来就是相互转化，循环无限而生生不息的。利用植物吸收 CO_2 的想法，早已有之，而且一直是治理温室气体的主导方法之一，原理如图 1 所示。

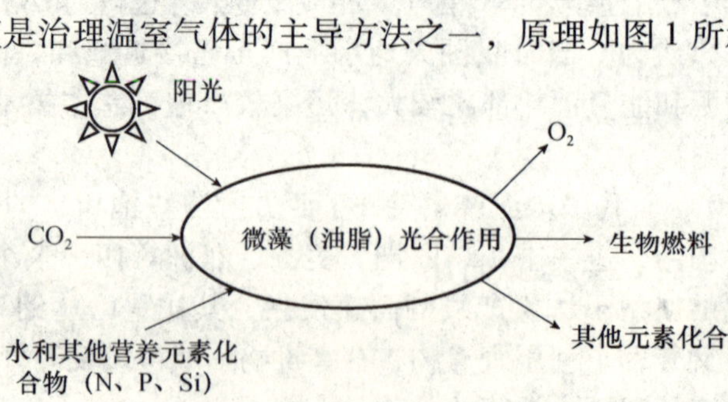

图 1　微藻经光合作用制燃料

（1t 微藻可吸收 2t CO_2，释放 1.3t 藻）

研究表明：植物界中，低等单细胞藻类繁衍生长速度最快（约比一般植物快140～180倍）。有专家估计大自然中40%的CO_2是被藻类所吸收。因此，三十年前就有利用藻类吸收CO_2并制造生物燃料油（如柴油、乙醇等）的想法与实践，并取得了一定进展，但由于种种原因而中断。直到21世纪初才又成为热点的研究课题，也引起了水泥行业的关注。

可以想象，水泥厂采用藻类吸收CO_2的方案是一个一箭双雕的办法。一方面可以有效地解决部分减排问题，另一方面又能获得相应的燃料替代化石燃料，甚至可以对外“供能”。

根据分析，水泥厂引入藻类吸收CO_2制燃料的生物技术，具有许多特殊优势：

（1）CO_2气源丰富、稳定。回转窑尾气中CO_2浓度（可达20%～35%）比火力发电厂废气浓度（10%～15%）高约10%。

（2）尾气状态参数（如温度、压力、浓度、流量等）基本能够通过调控适应藻类生长，调控方便。

（3）藻类培殖成熟后，经采集、脱水、干燥可直接入窑燃烧；也可进一步深加工，生产生物柴油，提高其产品附加值。

（4）藻类燃烧后灰分很少（约2%～3%），对窑的操作、控制和熟料质量均无任何影响。

（5）微藻热值高（蛋白藻一般为4500～5000kcal/kg藻粉，油脂藻为6000～6500kcal/kg藻粉）完全可以取代化石燃料，保证系统热效率。

3. 畅想的方案

以烧成系统为主，设想的具体方案是综合采用四项技术：

（1）降低烧成热耗——节能减排；

（2）焚烧垃圾替代部分燃煤——吸纳废弃物保护环境并节能；

（3）纯余热发电——节能；

（4）藻类制燃料（藻粉）替代全部烧成用煤——减排节能。

如图2所示，畅想方案以日产5000t熟料的新型干法生产线为例加以说明：

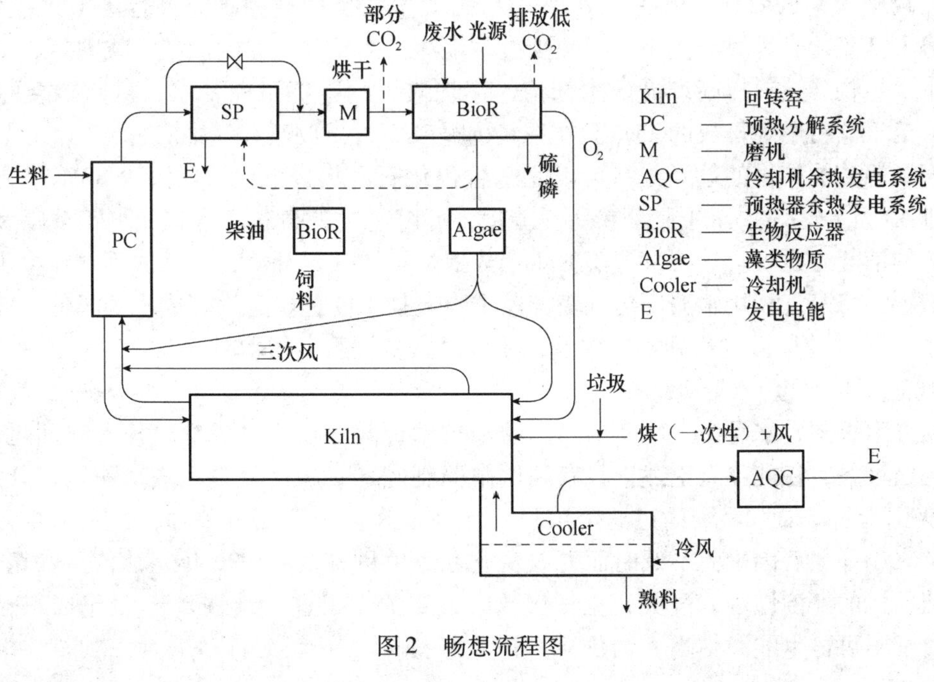

图2　畅想流程图

➢ 假设当前熟料热耗为 740kcal/kg 或 105.7kg 标煤/t 熟料，窑总排放 CO_2 量为 825kg/t 熟料。

➢ 今采取措施节能减排：

①烧成热耗降至 100kg 标煤/t 熟料，相应 CO_2 减排量：

$$(105.7-100)\times 2.7=15.4\text{kg/t 熟料}$$

②30% 热量由焚烧垃圾提供，则相应窑 CO_2 总排放量：

$$542+100\times 70\%\times 2.7+100\times 30\%\times \frac{29260}{1000}\times 0.08=802\text{kg/t 熟料}$$

③若 70% 热量由藻粉提供（有关资料给出：藻粉发热量为 4500 ~ 6500kcal/kg 藻粉，现取 5200kcal/kg），则需藻粉量为：$100\times 70\%\times \frac{7000}{5200}=94.2$kg 藻粉/t 熟料，可处理 CO_2 量 $94.2\times 2.0=188.4$kg/t 熟料

④设余热发电 30kW · h/t 熟料，相应减排 CO_2 量 $30\times 0.942=28$kg/t 熟料

归纳总计，可减少 CO_2 排放量：$15.4+(825-802)+188.4+28=254.8$kg/t 熟料，大约 $\frac{254.8}{825}\times 100\%=30.9\%$。可列表 1 如下：

表 1　未来 5000t/d 规模水泥生产线的 CO_2 排放情况

类别 单位	熟料产量	CO_2 排放量	需藻量	可处理 CO_2 量	减排 CO_2 总量
t/h	208	164	19.5	40	52.3
t/d	5000	4000	475	950	1257
万 t/a	160	128	15	30	40

注：每吨微藻约可吸收（1.8 ~ 2.0）t CO_2；每度电排放 0.942kg CO_2。

显然减排 CO_2 的效果，取决于处理 CO_2 制藻粉的生产规模。如果暂不考虑生物制油，可直接将干基藻粉作为燃料使用，以减少进一步加工的投资。在制油技术成熟后，可再用藻类物质生产生物柴油，提高产品的附加值，实现最佳的经济目标要求，目前多余的 CO_2 仍需排放。至于藻粉燃烧排放的 CO_2 只在系统内循环不再排放至大气中。

近期畅想节能减排的效果是：可以完全替代化石燃料，CO_2 排放减少 30% 左右（该厂全年减排 40 万 t CO_2）。至于制藻粉所耗能量，可以通过提高制藻量和深加工获得利益，以补偿相应的消耗，也可直接将部分藻粉供余热锅炉补燃获得补给，对排放不会产生影响。

相信不远将来，利用水泥厂尾气培养藻类物质技术的进步，生产成本的降低和微藻制油成功，水泥厂的 CO_2 可以达到零排放外，还可以大量供给生物燃料。

4. 畅想不是空想

根据方案可知，水泥窑上所实施的四项新技术，前三项均已成熟，技术层面也无问题，经济性也已过关，在此不做论述。只有利用微藻制燃料一项尚处在引进、研究、开发之中。20 年前美国卡特政府曾经资助过这个项目，计划生产数百万加仑柴油，建立 1.5 万平方英里的藻类农场。最后因采集不及时而失效变质导致项目失败。1996 年，油价下跌至 20 美元一桶，使项目的经济性难以过关，克林顿政府后来关闭了这一计划。21 世纪以来，尤其近年来，由于不可再生能源枯竭，油价飙升以及减排 CO_2 的压力日益增大，欧美许多国家开

始热议并投入大量资金与人力于这一课题，并取得新进展。开发了各类设备，有些公司已生产了相当数量的生物柴油。并在前年圣丹斯电影节上试用了这种柴油驱动汽车，证明油质完全符合要求，市场可以接受。说明用微藻制油技术路线是畅通的，可行性也有进展。关键正在突破，成功是可以期待的。近几年，我国陆续有一些生物工程或新能源公司和高校、研究单位开展微藻选种、培育和制油工艺的实验研究；中材国际也曾做过大量的调查研究与方案评估工作。因此，引进国外成果与经验，组织国内相关单位合作，在水泥厂应用微藻吸纳 CO_2，同时，可用于基藻作燃料，待到后续的各种深加工工序日益成熟，也可进一步提高生物质藻产品的附加值。因此畅想不是空想而是科学的、合理的、可望的。

三、微藻养殖技术的关键问题

1. 优选藻种并深入掌握其生长规律

微藻有很多大类（如油脂藻与蛋白质藻等），其品种达数万种，且有各自组成及习性。脂类藻含油量可达50%以上。国内外生物界已筛选出一些优质油藻株并有商品出售（据称国外售价达250～300美元/立升）。但由于水泥厂尾气中 CO_2 浓度高、温度高，同时营养液（一般为调制液体）的供给等条件对藻类生长速度有较大影响，同时藻类物质经过一段时期的养殖也可能发生变异，因此需要专业技术人员培育和维护品种，必要时还可通过基因技术改造来达到目的。

2. 光生物反应器的开发设计

根据所选定的高油含量的优质藻种及掌握其生长条件的要求，开发设计高效率光生物反应器，使单位容积或占地面积产量最大化，是目前最为艰巨而又十分关键的任务。

藻类培植成长靠阳光直接照射，阳光的透射深度是有限的（一般15cm左右），因此过去采用的跑道池式反应器（图3）占地面积庞大，动辄数十平方公里，纯属农业生产范畴，无法在工业范围内实现，因此必须开发适应工业化生产规模的新型光生物反应器。

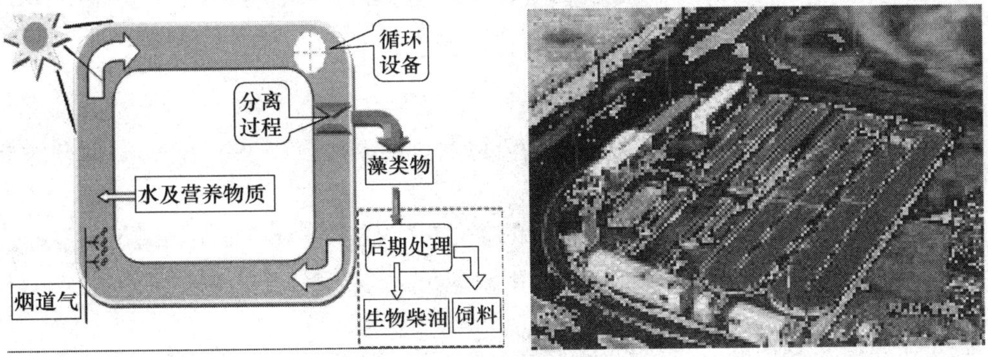

图3　微藻跑道池（Raceway）培养法

多年来，西方已有数十家公司如美国Greenshift公司、Greefuel公司、Solix Biofuels公司、Valcent公司、荷兰Bioking公司、Algaelink公司、以色列Seambiotic公司以及加拿大门诺瓦公司等和我国的新奥能源公司均以快速的工作进度开发了许多不同类型的光生物反应器。例如敞开跑道式、管道式、板式、袋式（图4）、悬浮式、流化床式、填充床式等（由于专利保护，尚不得其详）。值得注意的是加拿大组织了政府和私营公司共同合作开展生物能源的研究项目。又网罗了以太阳能光热技术为专长的门诺瓦公司和三叉戟探测公司联手合作。据报道，门诺瓦公司近期开发设计了一种叫“功率晶石”系统，可使太阳光集中在很小区域，并通过光缆传输到需要的地方，使藻类可以高密度生长。这是否意味着藻类养殖可以从平面走向立体，从而无需占有过多的土地面积。如能实现将是养藻技术上的重大突破。加拿大政府还提出要在今年内开发出能年处理 1 亿 t CO_2 气体的工业化规模的光生物反应器，值得期待。

跑道式　　管道式　　板式　　袋式

图4　部分主要生物反应器的形式

3. 关于成本问题

长期以来，生物制燃料的经济性一直受到质疑。由于占地面积大、工艺复杂、设备投资大、运行费用高等，使柴油成本曾高达 20 ~ 25 美元/立升。因此曾被某些专家认为“用高成本生产低价值产品”是没有竞争力的。但时至今日，形势发生了很大变化：

（1）化石类不可再生资源的日益枯竭，开发各类新能源包括绿色能源，不仅是个经济问题，而是人类生存的必需；

（2）石油价格飙升，油价曾高达 125 美元/桶；

（3）生物化工技术水平近年来有极大的提高，催化了藻类制油的技术开发。如基因科学的应用、太阳能采集传输技术的应用等，会大大加速高效光生物反应器的开发，且已出现多处曙光，使畅想可能提早实现；

（4）低碳经济的政策出台，也是指日可待的，如减碳排放补贴、生物能源生产免税等；

（5）对水泥厂而言，可直接烧藻粉，省略了微藻破壁、提油、炼制等深加工过程，简化流程必将大大降低成本$\left(\text{有资料认为可降低}\frac{2}{3}\right)$；

（6）经深入研究，可能还有若干副产品可以出售，如 O_2 气及磷、藻饼、硫化合物等也可对成本有所补偿。

总之，综合上述有利因素，在规模生产的条件下，成本将有可能大大减低，竞争力大大提升，水泥厂用藻粉做燃料的经济性是有可能过关的。

4. 占地面积问题

这是过去最棘手的问题，显然粗放型的“跑道池”式反应器是不能用于工业化生产的。目前已发表的资料采用新型光反应器其产率也只有 1600 ~ 1800 吨藻/(年 · 公顷)，仍然占地偏大。占地面积直接取决于反应器的产率，最近荷兰的 Bioking 公司报价单列出的产率达到 25 吨/(日 · 公顷)，换算年产量达 9000 吨/公顷，并指出海藻在反应器中只需停留 3. 5h 即可成熟。这说明该公司在藻种和反应器设计开发上均可能有所创新。总之，占地面积虽是个大问题，但随着技术进步是可以解决的。

除此之外，还可利用水泥尾气中 CO_2 来制造其他工业原料，如有机化工原料和石化工业原料等，促进水泥工业逐步进入低碳经济时代。

四、水泥厂的美好远景

实现畅想后的水泥厂将是无粉尘、无废渣、无废水、烧成能源完全自给、吸纳城市垃圾，有效减少 CO_2 排放，提供富 O_2 环境。成为节能、环保、绿色、健康、清洁、美丽的花园工厂。徜徉其间，不仅可以观赏现代化工厂的巨型人工伟绩，还可以享受氧吧，健康身心。多么美妙，多么值得自豪的行业。

未来若干年后，在全国推广这些技术使 CO_2 排放降低到零，为绿色革命做重大贡献。同时还可以利用水泥生产过程中产生的各种资源生产有价值或高附加值的工业产品。到那时水泥厂的功能和产品将从以水泥为主要产品转化为以消纳各类废弃物和自身资源利用为主、水泥为辅的新格局。其经济效益和社会效益均将大幅提升，不仅摘掉“耗能大户、排放巨人”的帽子，还将成为化工、建材、制造业的“骄子”。

五、几点建议

（1）希望全行业对于利用尾气培养微藻生产生物质能源和利用 CO_2 合成工业原料等减排 CO_2 技术方面的课题给予足够的重视。

（2）水泥行业应积极主动参与国家绿色能源和自身资源开发利用等重点课题。本着先易后难的原则，争取项目向水泥行业倾斜，以便得到较多支持。

（3）希望尽快组织起来与相关单位合作，开展微藻粉生产和 CO_2 合成工业原料的有关关键技术的研究开发利用。

（4）希望有条件的水泥厂积极准备成为该项目的先行实践者，为行业创新做出贡献。

第三篇 分解炉的研究

对悬浮式分解炉热工特性的初步分析

胡道和

（窑外分解科研组*）

【摘 要】 本文对悬浮式分解炉的工作原理作了分析，并在SF型和立筒型分解炉的冷态模型、热态模型、燃煤模拟试验及立筒型分解炉燃煤生产性中间试验的基础上，对悬浮式分解炉的某些热工特性作了初步分析讨论。提出悬浮式分解炉充分发挥效能的前提是固体粉料在气流中充分均匀地分散，而关键是燃料的有效燃烧。文中还列出了某些热工参数的试验数据供参考。

一、窑外分解技术的发展

回转窑作为煅烧水泥熟料的设备，主要是完成预烧和烧成两大工艺过程。预烧过程，特别是其中的分解过程，因为耗热量大，主要是要求换热速率高；而烧成过程主要是要求保温一定时间，以待熟料形成反应的完成。就目前的回转窑来看，作为烧成设备，尚可满足要求，但作为换热设备，则存在根本性的缺陷。因为在回转窑内换热的主要方式是大量高温气体，以较快的流速掠过物料的表面，借助于对流和辐射的综合传热而加热物料，同时利用窑缓慢回转使物料翻滚以暴露低温新表面，而使传热过程得以继续。由于预烧过程中，温差不够大，气固相之间接触面积有限，换热时间又短，因此换热效率是很低的，长期以来没有取得突破性的改革。20世纪50年代悬浮预热器窑的出现，强化了预烧过程的传热，有效地改进了回转窑的各项技术经济指标，但是由于生料$CaCO_3$的分解耗热量大，而窑头燃烧带热负荷与出窑废气温度均受到限制，因此还未能充分利用悬浮态换热的优越性，达到更大幅度增产的目的。只有到了20世纪70年代，采用窑尾另加一把火的办法——增设窑外分解炉来提供大量热能，使入窑生料的分解率提高到90%以上，取得了很好的效果，受到各个国家的重视，成为当前烧成技术革新的主要动向。[1]

就近几年来国内外实际发展的情况来看，分解炉的类型很多，各具特点，但归纳为两大主要型式：

1. 沸腾式分解炉：如日本MFC型、KSV型，丹麦的史密斯型等是以沸腾床或喷腾床作为分解炉的主体。

2. 悬浮式分解炉：以稀相悬浮态为特点，又可分为：

（1）顺流式：如日本SF型、RSP型，伯力鸠斯公司的Prepol型，洪堡－维达克公司的Pyroclon型等，悬浮体中气体和固体基本是按同一方向流动的分解炉。

（2）逆流式：如立筒底部加装的分解炉，悬浮体中气体和固体基本按逆向运动的分解炉。

所有这些已投产或正在试验中的各类分解炉都具有如下的特点：

1. 气固相呈流态化。

2. 炉内燃料燃烧，气固传热及生料分解过程是同时进行的。

我国为了促进水泥工业的发展，近年来也在积极试验和推广使用窑外分解新技术，并为适应我国燃料政策的需要，正在各类窑上试验并创新各种结构各具特点的燃煤分解炉，已取得一些可喜的成果，并在此基础上准备在近年内根据生产的需要有计划、有步骤地研究和发展不同流程不同型式的分解炉，包括引进大型的带预热器分解炉窑，半干法、干法窑尾加装分解炉以及湿法生产改干法带分解炉窑等。为了适应需要，做一些基础工作，如对分解炉基本工作过程进行剖析和认识；借鉴国外资料，结合已进行的试验研究结果对于分解炉的热工特性进行分析，以及研究气固悬浮体的动态特征和传热规律等等，将都是非常必要的。根据近两年试验工作结果，本文拟主要针对悬浮式分解炉做一些探讨。

二、悬浮式分解炉的基本工作过程

根据分析，为了强化供热与传热的过程以达到分解的目的，分解炉内需要完成以下几个主要的物理与化学过程：

1. 分散过程

显而易见，原料、燃料颗粒和气流充分而均匀地分散，是完成分解炉总任务的前提，也是有效地发挥分解炉效能的必要条件。因为颗粒分散的好坏不仅会影响分解炉的空间利用率，而且直接关系到燃料燃烧和气固温度分布的均匀性，因而也影响到传热和分解的效果。

用气体去使粉料悬浮，相互间的混合状况主要与分解炉的结构（包括炉体的几何特征，进气、加料的方式和位置及散料装置等）和流体的操作参数（如流速，流向，涡流，扰动及其变化，气体的温度、黏度等）有很直接的关系。但要将这些复杂关系用数学方法来表达，目前还是有困难的。因此在设计新型分解炉时，除了对其分散情况作一些理论分析外，更重要的是利用模型试验进行直接的观察与标定，以掌握其特点与规律。

2. 燃烧过程

作为分解炉的重要任务之一，是要提供足够的热能以满足 $CaCO_3$ 分解反应的需要，因此组织有效的燃烧过程是十分重要的。所谓“有效的燃烧”包括四方面的要求，即迅速、稳定、均匀和完全燃烧。

根据分析，直接对分解炉内燃料燃烧过程有影响的主要因素是：燃料的品种（如煤种及其组成，特别是挥发分含量及煤灰的熔点等）、加工质量（油的雾化质量或煤粉的细度等）；助燃空气的用量、温度及送入条件；燃烧空间的形状、尺寸及炉膛温度；喷燃设备的结构（如油喷嘴的类型和结构、煤粉预燃室的选用等）以及其他条件等，不仅要慎重选择而且要配合适当。

3. 传热过程

在分解炉内稀相悬浮体及浓相沸腾床中气固相之间的传热都是个相当复杂的问题，目前还没有准确可靠的数学模型可以描述。一般来说，燃气作为载热体将热量传给细小的粉料颗粒，在分解炉的特定条件下（炉膛温度不高，气流速度较大，扰动比较剧烈等），其传热方式应以对流为主。但气流中 CO_2 与水蒸气的分压比较高，并且借助炉壁作为中间介质，气固之间的辐射传热也是不可忽视的，因此强化了炉内的传热。特别值得注意的是气固相之间的接触面积与接触时间，对总的传热效果有着重要的影响。由于测试手段的限制，从理论上准确计算传热速率还有困难，因此只能用炉体的换热强度 Q[kcal/(m^3 · h)] 来比较传热的总效果。

4. 分解过程

碳酸盐的分解是个化学反应的过程，资料所载 $CaCO_3$ 的分解温度（指在该温度下其分解压力达到一个大气压）及分解耗热量的测定数据有一定的波动。根据热力学的理论推算，其分解温度为880℃，但实测结果往往在900～920℃之间。实践证明，有些内在、外在因素对于 $CaCO_3$ 的分解反应有着明显的影响，如其本身的结构、颗粒的细分散度、气流中 CO_2 的浓度以及其他杂质的存在等都会影响分解温度和反应速度，因此在分解炉的生产条件下，达到90%左右的分解率所必须保持的最低温度和时间，需要通过试验来确定。

分散、燃烧、传热和分解这四个物理和化学过程，从进程上来看，是有先后顺序的，但从整体来看，却是交叉并行的，在分解炉内完成全过程所需的总时间，在很大程度上取决于进展最慢的环节，这就要求我们对于各个过程的进行速率逐步加深了解和认识，全力去寻找在一定条件下，强化分解炉生产过程的主要矛盾，从而指导对于分解炉的设计和操作，提出克服矛盾的有效措施，逐步提高分解炉的效能，这就是我们当前研究工作的目的。

三、有关悬浮式分解炉的实验研究

针对分解炉的功能和特点，我们先后进行了：

（1）顺流式SF型分解炉冷态模型试验：主要研究SF型分解炉内物料的运动规律和阻力分析。

（2）逆流式立筒型分解炉冷态模型试验：主要研究立筒的结构、操作参数对分离效率和物料分散情况的影响等。

（3）顺流式SF型分解炉热态模型试验：主要研究分解炉热工参数的配合、油的燃烧条件和分解效果等。

（4）烟道内燃烧的模拟试验：摸索在分解炉的模拟条件下煤粉燃烧的条件。

（5）逆流式立筒型分解炉生产性中间试验：检验立筒底部加装分解室的新型分解炉设计的实际生产效果。

各次试验的流程示于图1～图5。

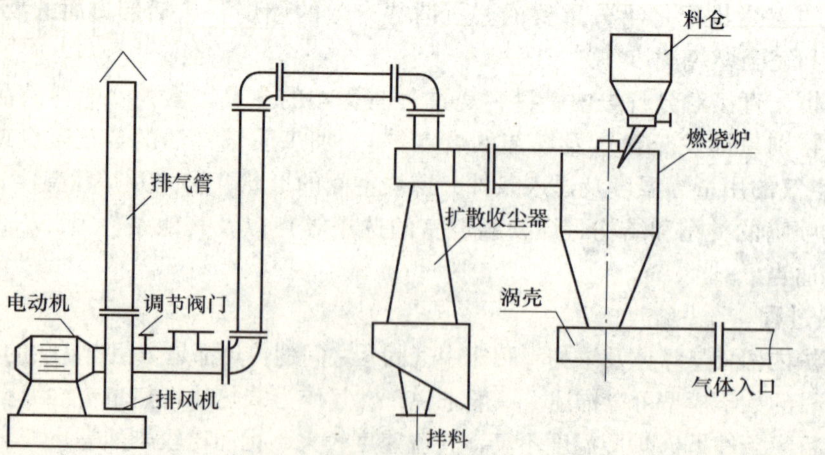

图1　SF型分解炉冷态模型试验流程简图

分解炉尺寸：ϕ200×350mm，使用风量：150～550m^3/h，加料量：～250kg/h

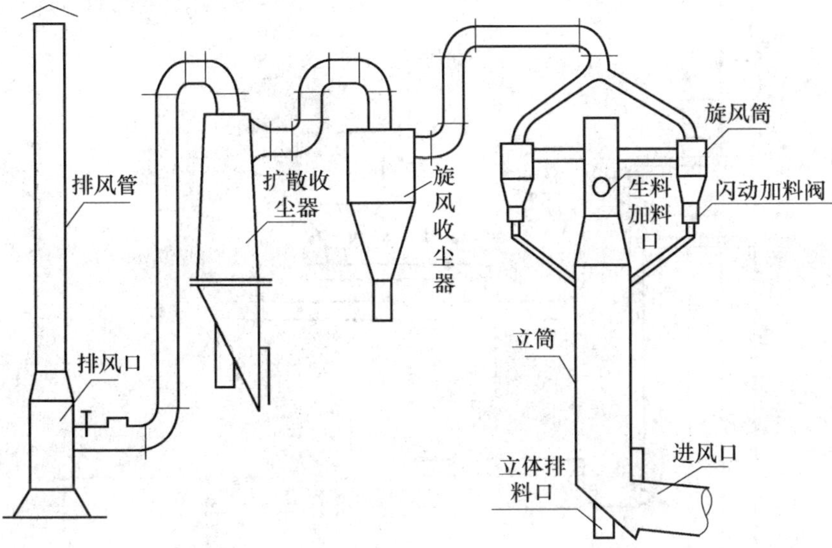

图2　立筒式分解炉冷态模型试验流程简图

立筒寸尺：$\phi200\times740$mm，使用风量：~250m^3/h，加料量：~100kg/h

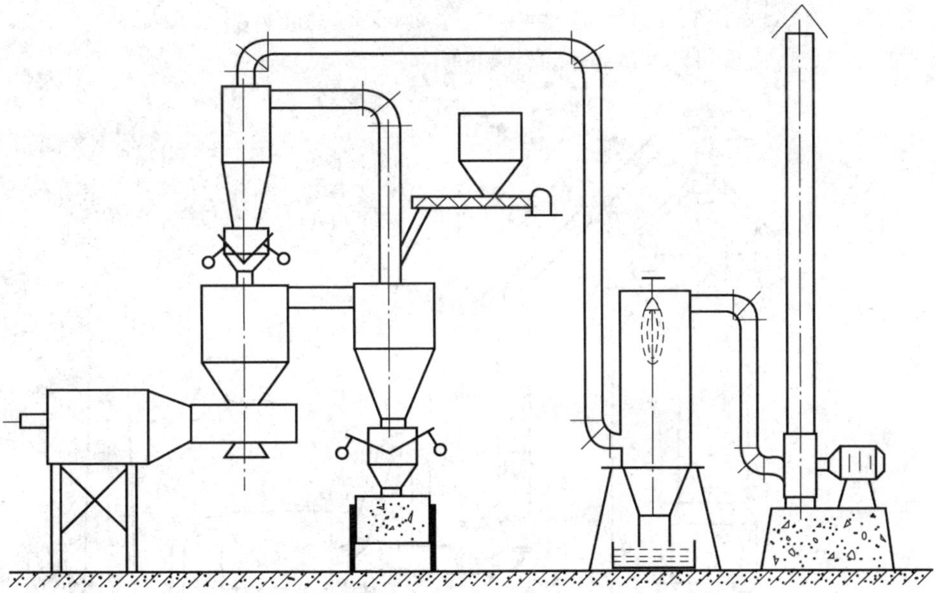

图3　SF型分解炉燃油热态模型试验流程简图

SF型分解炉尺寸：$\phi320\times800$mm，试验用排风量：450~550Nm^3/h，

加料量：~200kg/h，用油量：20~32kg/h

综合以上试验情况，对结果进行归纳整理，参考国内外有关数据，试以分解炉内所进行的基本过程为线索，对其热工特性加以分析，供改进和设计分解炉参考。由于生产性中间试验还在继续进行，文中所引用数据还不够齐全，且限于既定的操作条件，加之水平所限，有些认识可能是片面甚至是错误的，将在今后实践中不断补充、纠正。

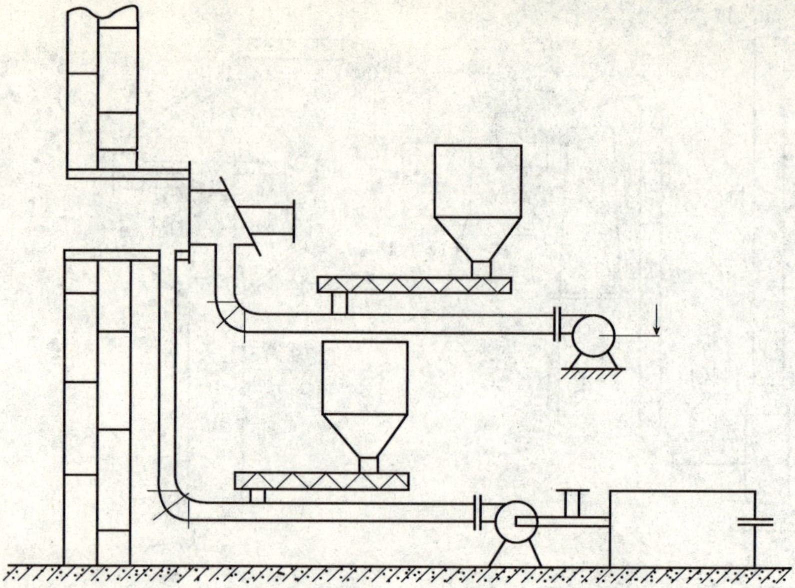

图4　烟道内燃煤模拟试验简图

预燃室尺寸：ϕ480×788mm，容积：0.207m^3，燃煤量：设计540kg/h，
实际~1000kg/h，试验时向预燃室供风：~4000m^3/h，加生料量：~3500kg/h，
使用煤粉：A^f16%、V^f28%、W^f1.5%，细度：15%~30%

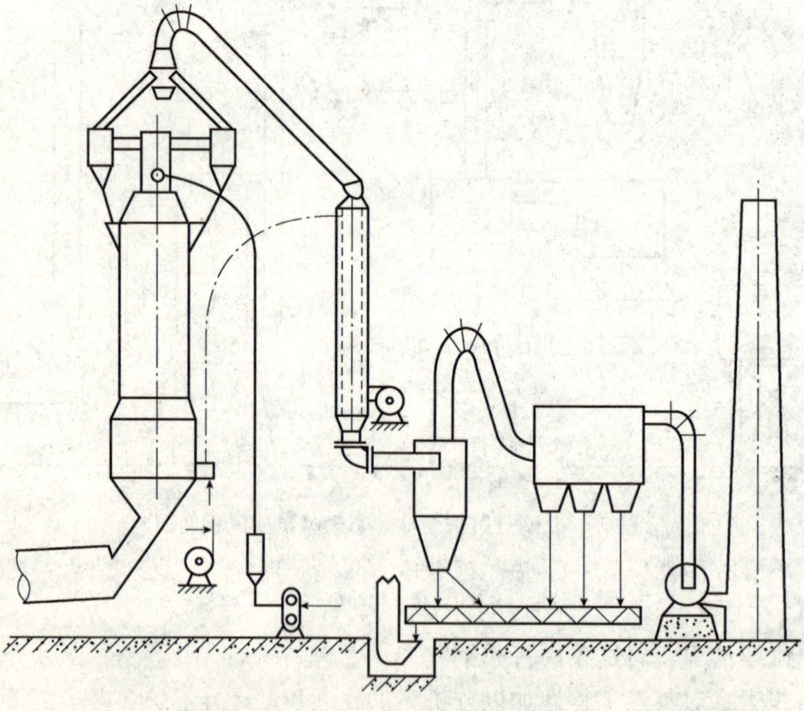

图5　立筒型窑外分解生产性中间试验流程（昆山建材厂）简图

窑的规格：$\phi\frac{1.9}{1.6}\times 32.5$m；立筒预热部分：$\phi$2.4×13.9m；立筒分解部分：$\phi$2.8×4.1m

1. 悬浮式分解炉中气、固相均匀分散问题

根据两组冷态模型试验表明：气、固相之间的充分均匀混合，要求分解炉的结构和操作必须处于最佳的配合。

（1）SF型分解炉内，在所设计的炉内风速和顶部加料的条件下粉料在炉内的运动模型可描述如下[2]：

①旋流状态：下料量少时，粉料的运动轨迹取决于气流的运动流线，因此基本上呈螺线形，难于分散。由于在顶部加料，严重时料粉会走短路，使分解炉容积利用率极差，如图6（a）所示。如将加料口移到炉中下部，短路情况有所克服，但仍呈螺线形，分散不充分，如图6（b）所示。

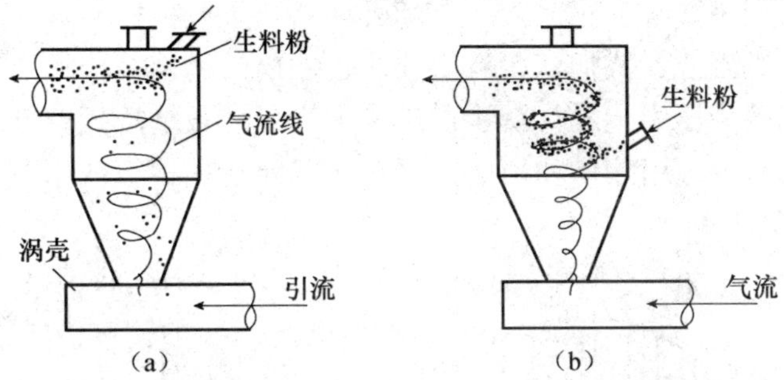

图6　旋流状态

（a）粉料短路；（b）粉料呈螺线运动

②紊流状态：粉料浓度增大，即气流的载荷增大，产生逆气流方向的运动而得以充满空间，利用涡壳缩口的高速气流使料粉最终随气流排出，料粉在炉内停留时间相应较长，分散较均匀，如图7所示。

③沉积流状态：粉料浓度过大，超过缩口最大流速的承载能力，部分生料沉积，造成堵塞，不能正常生产。

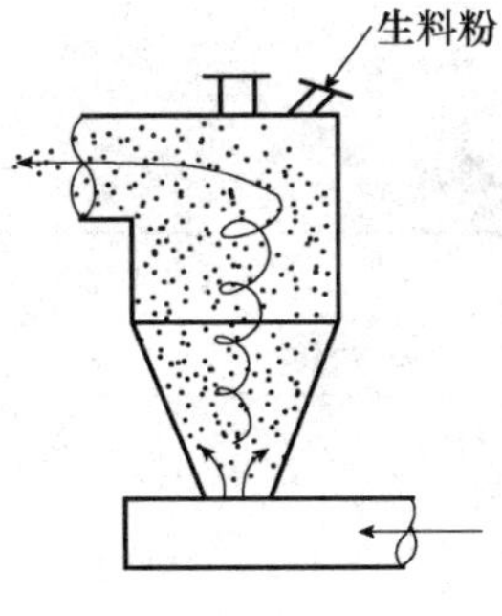

图7　紊流状态

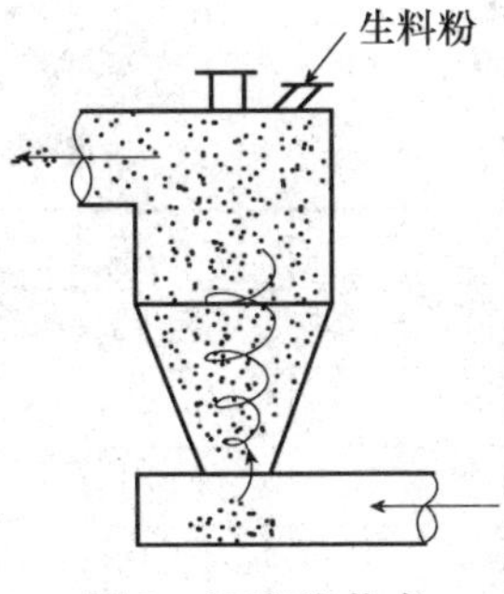

图8　沉积流状态

从上述粉料流动模型可以看出，分解炉内物料分散均匀性除与分解炉的结构直接有关外，操作参数，特别是风料的相互配合，是十分重要的。流速小，浓度大，生料会沉积；流速大，浓度小，生料又会走短路，只有保持稳定的、合适的风料比例，才能使粉料充分分散，使分解炉有效地工作。在所设计的分解炉内断面风速3.0～4.5m/s范围内，粉料浓度须在0.2～0.8kg料/kg气之间。因此，在生产上掌握分解炉的稳定操作条件是非常重要的，一般不宜采用单独改变分解炉的下料量来调整窑的热工制度。

试验曾将加料口移至涡壳下进风管道内，则粉料在炉内不会走短路，分散也有所改善。

(2) 立筒式分解炉冷态模型试验表明：缩口的结构和尺寸，对筒内生料的分散和沉降有极重要的影响。当缩口处最大风速超过 8～10m/s，筒内生料即无法按沉降的方式下落。但由于气体在立筒边壁附近有低流速区存在，因此，有相当一部分粉料沿壁沉落并堆积在缩口的斜坡上，一定时间后，不规则地塌落，破坏气固间正常分散和传热分解，进而引起窑内窜料频繁。由于立筒缩口处气速高，压降显著增大，还会影响窑内通风，从而破坏窑的正常工作。

立筒内缩口处的风速大，使本身的分离效率显著降低，因此循环负荷很大，大量粉料将处于立筒-旋风筒系统内循环，破坏了换热过程。如果因缩口存在而造成堆料，则损失有效换热表面，更会带来不利影响。

在试验和分析的基础上，我们认为有必要改进立筒的内部结构，使生料分散均匀，适当提高分离效率，又能减少压力损耗。初步设想采用三角挡板结构代替二道缩口。挡板结构如图9 所示。在冷态试验中，用缩口和挡板做了对比试验（用挡板或用缩口时两者有效通风面积相等）。试验结果见表 1。

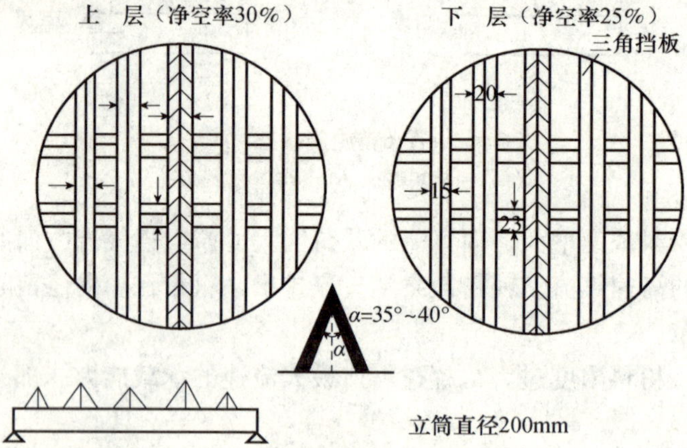

图 9　三角形挡板及其排列

表 1　立筒内装缩口与挡板的对比试验

立筒净空流速	三角挡板（两层）		缩口（两道）	
	分离效率	压降	分离效率	压降
W_0(m/s)	$\eta_{立}$(%)	ΔP(mmH_2O)	$\eta_{立}$(%)	ΔP(mmH_2O)
1.0	61	—	23.6	1～2
1.2	53.4	1	17.8	6～8
1.5	43.9	2	8.8	9～10
1.8	32.8	2	7.5	12～13
2.0	21.5	2	2.0	17～18
2.2	18.5	3	—	—
2.6	12.3	3～4	—	24～26

直接观察和测定生料在断面分布的情况均说明，挡板比缩口更有利于生料的均匀分散，

基本上不出现成团和塌料现象。这是因为挡板改变了立筒断面风速的分布，低速区不只在紧靠筒壁部分而是均匀分布在断面上，因而生料沉落机会多，使立筒的分离效率显著提高。与此同时，颗粒在下落过程中，有比较多的机会碰撞在三角挡板的两侧，因而起了减低料粉沉落速度的作用，在一定程度上可以补偿因分离效率提高而使停留时间缩短的缺陷。

我们认为，悬浮体的动态特征，受炉型结构的影响极大，而在炉型结构一定时，又受操作参数的影响很大，因此难以用统一的规律来说明，需要通过模型试验并在生产中不断摸索掌握。

2. 分解炉内温度的控制与生料分解率

根据气固相反应动力学的一般规律可知：$CaCO_3$ 的分解率受分解温度（T）、气固相接触面积（F）、颗粒内外扩散系数（D 内与 D 外），以及反应时间（τ）等多方面的影响。

在分解炉的具体条件下，究竟需要控制在什么样的温度下，才有可能达到生产所要求的80%～90%的分解率？应从操作的角度看，炉温高，系统热耗可能增大而且容易造成堵塞和结皮。

通过SF型分解炉的热模试验，我们发现，在800～850℃区间操作就有可能得到较高的分解，列举两组数据见表2、表3。

表2　在加料量基本稳定的情况下

控制分解炉内温度（℃）	生料分解率（%）
770	42.5
800	84.0
810	55.6
950	53.7
1040	32.7

表3　在炉温基本稳定的情况下

炉温（℃）	燃油量（kg/h）	生料加入量（kg/h）	生料分解率（%）
810～820	25	150	46.5
		160	38.0
		180	33.5
820～850	27	116	81.8
		158	56.6
		180	47.5
		190	42.4

显然，炉温与分解率之间不存在简单的依存关系，而分散情况和停留时间，可能是更起作用的变量。从热模试验数据还可得出如下结论：

当炉温在820～850℃范围内：

（1）在燃油量固定时，分解率与加料量呈反比，如图10所示。

（2）在加料量一定时，生料所吸收的热量（计算值）与燃油量（以完全燃烧为前提）呈正比，相应地说明生料的分解率随燃油量增加而提高，如图11所示。

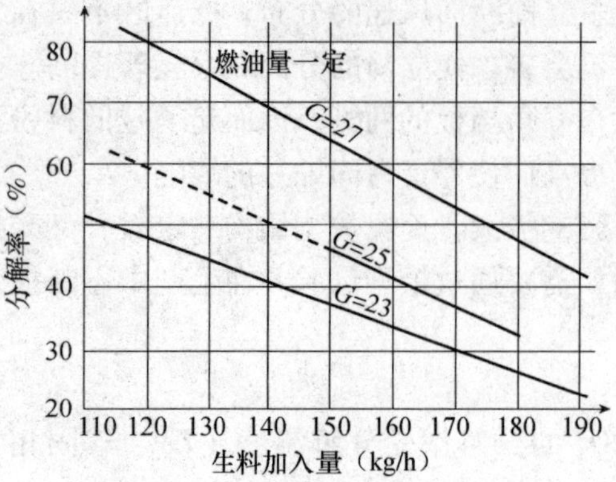

图 10　分解率与生料加入量的关系

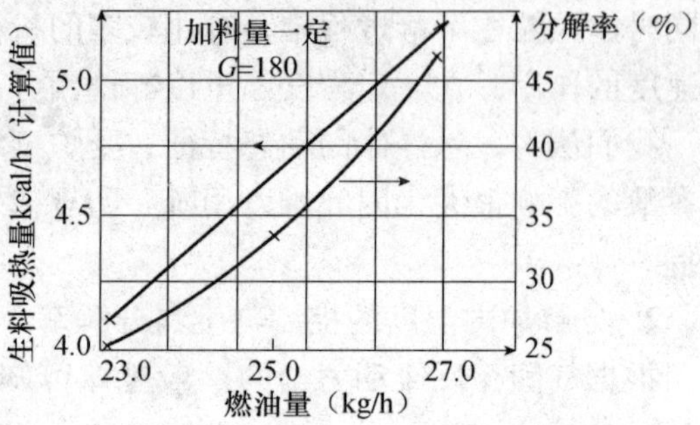

图 11　燃油量与分解率的关系

由此可见，分解炉供热是决定生产强度和分解率的前提，因此，分解炉首先是个燃烧炉。而炉温只要控制在 820 ~ 850℃范围内，就有可能达到生产要求的分解率。这一温度比碳酸钙的理论分解温度低，为什么在短暂的时间内（据推算 $\tau < 1s$）能完成反应的 80% ~90%，其原因是多方面的。其中有：所用生料粉细度 4900 孔筛余 8% ~10%，水分 <1%。

（1）石灰石颗粒的粒度小、分散度高、表面能大，从而提高了同温度下石灰石颗粒的分解压力，或相应地降低其分解温度，有关资料中列出表 4 的数据[3]可以说明。

表 4　碳酸钙的分解压力与温度、粒度的关系

粒度 \ 温度	碳酸钙的分解压力（atm）		
	800℃时	900℃时	1000℃时
高分散度	0. 26	1. 29	4. 9
一般粒度	0. 17	0. 87	3. 4

（2）石灰石颗粒中含有 SiO_2、Al_2O_3、Fe_2O_3 等组分，能有效地降低其分解温度，如 Al_2O_3 的存在能使石灰石分解温度降低 30 ~ 50℃；而 SiO_2 存在时，降低分解温度的作用更显著。

（3）充分分散的悬浮体、气固相之间的接触表面增大（与回转窑内生料堆积的情况相比，可增大千倍以上），因此极大地加快了分解反应的速度。

（4）热气体的湍流程度高，减小了颗粒表面气膜的厚度，从而也减小了 CO_2 外扩散的阻力，加快了反应速率。

多种有利因素的累积，可以保证分解炉的高效率生产。但如果操作不当，使分解率降低，单独采用提高炉温的办法来补偿，当然也会在一定程度上加快反应，但并不是经常有效，特别是考虑到经济和安全操作，过高地提高炉温并不是很可取的措施。

3. 分解炉内的燃烧过程

根据工艺流程和热工过程分析，分解炉内燃料燃烧的条件是比较恶劣的，因为：

①炉膛温度比较低，一般在 850 ~ 900℃以下，燃烧反应速率也相应比较慢。

②气流中 O_2 的浓度比较低，窑内大量燃烧废气及炉内分解反应放出大量 CO_2，使气体中 O_2 的百分含量降低到 12% ~14%。

③分解炉内固体物料浓度大，不利于燃烧的稳定与完全。

为此曾对有效燃烧的必要条件进行了一些试验研究。

（1）过剩空气量的确定

根据燃油模型试验：正常操作条件下，测定和计算过剩空气系数 $\alpha=1.2$ 左右。

根据在昆山建材厂进行的烟道燃煤模拟试验的废气分析结果和 α 值见表5。

表5　废气分析　%

CO_2	O_2	CO	N_2	α
22.6	1.20	0.4	75.8	1.05
21.6	0.40	0.0	78.0	1.02
20.0	2.40	0.4	77.2	1.12

数据表明：无论燃油、燃煤，在正常情况下，α 维持在1.15～1.20就能满足需要，说明尽管助燃氧气在气流中浓度低，但因其绝对数量足以满足反应的需要，因此对于完全燃烧程度没有明显影响。

辰溪水泥厂和昆山建材厂立筒窑外分解炉（燃煤）生产性中间试验的实际操作，也证实了这一点，即 $\alpha=1.15$ 左右，废气中CO含量很少，因此在生产中还有逐渐偏小控制的趋势。

（2）预燃装置及其一二次风的供给

燃油分解炉，喷嘴采用空气雾化，油风的初步混合在喷嘴内可以完成，在炉内容易着火燃烧，而煤粉的燃烧与着火却比较困难，尤其是当挥发分含量低时，更有必要加辅助的点火预燃装置，以保证着火并促进在炉内的燃烧稳定、迅速和完全。

选用的预燃室，结构示意如图12所示。

经验表明，这种预燃室的结构简单，操作方便，控制也灵活。为了输送煤粉及供点火燃烧，预燃室中必需鼓入空气。预燃室操作时，鼓风总量根据炉内要求的 α 来调节。

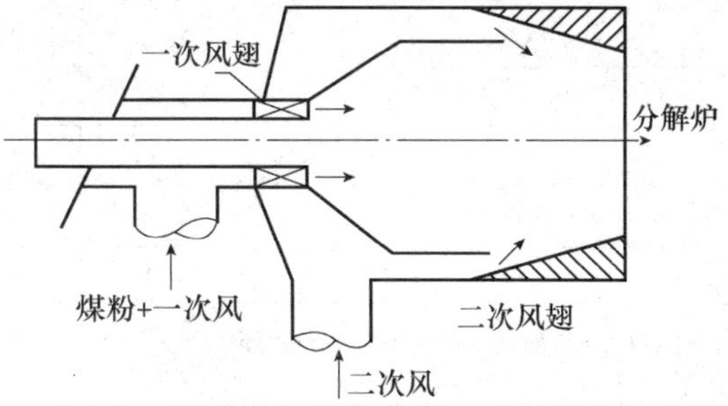

图12　煤粉预燃简图

预燃室分两部分送风：输送煤粉入预燃室的称一次风，其作用还可以调节煤粉在预燃室中的预燃程度。如果一次风翅的旋流程度大，或一次风量增多，会在一定程度上提高预燃程度，即提高预燃室内的温度。但这一变化是有限度的，风量过多则由于受预燃空间的限制，甚至会引起预燃室内温度下降。将数据列于表6。

表6　一次风量与预燃室内温度的相应关系*

一次风量（m^3/h）	370	520	650	790	930	1050	1170	7350
预燃室温度（℃）	900	960	970	990	1040	1160	1140	1120

*　所用煤粉挥发分含量28%，细度4900孔筛余20%左右，试验时用煤量520kg/h，二次风量固定为2560m^3/h。

为了保证点火，又不至在预燃室内结渣，预燃室内温度不宜超过1000℃，一般以900～950℃为宜，并根据此控制一次风用量，一般为理论空气量的20%左右。从预燃室空间后部送入的称二次风，主要供煤粉在分解炉内完全燃烧用，起调节炉内α和促进风煤混合强化燃烧过程的作用，对预燃室温度几乎没有什么影响。

试验还表明：预燃室内只要具有高温燃烧道，一二次风即使不经过预热，也能顺利地将煤粉点着，并迅速达到稳定燃烧。

（3）粉料加入量对分解炉内燃烧过程的影响

在燃油分解炉的试验中，当燃油量一定时，生料加入量增多，即粉料在气流中浓度提高，分解炉的温度相应地降低。但根据分解率计算生料的获热量，却无明显改变，数据见表7。

表7

粉料浓度		分解炉温度（℃）	粉料从气体获热（计算值）(kcal/h)
(g/Nm^3)	(g/m^3)		
240	58	850	4.8×104
330	83	820	4.9×104
395	100	800	4.8×104

在燃烧试验中，测定了不同生料加入量时的废气成分，见表8（炉温在850℃左右）。

表8

生料加入量（kg/h）/ 废弃成分（%）	1840	1840	2450	2450	3350	3350
CO_2	20.8	22.0	22.3	22.8	23.8	25.1
O_2	3.6	0.7	1.7	2.5	1.8	0.7
CO	0.4	0.0	0.4	0.0	0.0	0.4
N_2	75.2	77.3	75.6	74.7	74.1	73.8
α	1.21	1.03	1.08	1.14	1.09	1.03

注：相应的粉料浓度为60～100g/m^3。

数据表明，从生料获热量及废气中CO含量两方面来看，大量粉料加入到燃烧空间，对于燃烧放热和燃烧不完全程度都没有多大影响。

可以设想，粉料对燃烧过程的不良影响有两个方面：一是大量吸热，降低炉温，影响燃烧；二是粉料的存在可能屏蔽了氧气，使燃料与空气隔绝而造成不完全燃烧，甚至熄火。实践证明，前一方面的影响可以调节燃煤量与下料量来加以控制，而后一方面的影响，实际上并不严重，因为即使粉料浓度达到1kg/m^3，生料粉的体积也只占气体体积的万分之几，因此，隔绝氧气的屏蔽作用是微不足道的。

（4）分解炉的燃烧热强度

根据SF型燃油分解炉模型试验的统计资料，分解炉容积燃烧热强度的平均值约为：60×104kcal/(m^3·h)。与国内外有关数据比较如下：

日本秩父水泥厂	SF型燃油分解炉	26.6×10^{4}kcal/(m^3·h)[1]
日本小野田公司	RSP型燃油分解炉	(84～160)×10^{4}kcal/(m^3·h)[4]
四平新生水泥厂	SF型燃油分解炉	24.1×10^{4}kcal/(m^3·h)[5]

江油水泥所　　　　燃煤立式分解炉（试验）　$62.0\times10^4 kcal/(m^3\cdot h)$[6]

看来，由于分解炉结构和操作条件不同，燃烧热强度有较大的波动。

若油的雾化质量好，风油混合强烈而充分，且在较高的燃烧温度下分解炉达到较高的燃烧热强度也还是可能的。但是考虑到分解炉内稀相悬浮体的热工参数比较容易波动，以及下料不均、混合恶化等偶然因素，都会引起燃烧条件的恶化。因此从技术经济全面考虑，设计分解炉时，燃烧热强度不宜选得过高，而应留有余地。从实际情况来看，以 RSP 型分解炉的燃烧热强度最高，这与它有外加混合室的流程结构分不开的。RSP 的混合室可以作为燃烧室的后备空间，来保证完全燃烧，而其他型式已投产的分解炉燃烧热强度都选得比较低，生产也较可靠。

至于燃煤的反应速度比较缓慢，完全燃烬也比油困难一些，在燃烧热强度方面也应略有区别。小野田公司曾指出[4]，对 RSP 分解炉，燃油燃煤可以选用相同的热强度，但他们也承认，燃油时，基本上在分解炉内燃完，而燃煤却要在混合室出口才能烧尽，这也说明燃煤的空间实际上需要比燃油为大。

综合以上分析和试验数据，我们认为，就当前生产水平来考虑，对于有窑尾废气通过的分解炉，在没有辅助用燃烧空间的情况下，为避免增大热损失，分解炉的燃烧热强度不应选得过高，而以下列建议范围较为合适：

燃油　$qv=(20\sim30)\times10^4 kcal/(m^3\cdot h)$

燃煤　$qv=(15\sim20)\times10^4 kcal/(m^3\cdot h)$

根据推导，产量 G、热耗 q 一定时，分解炉内要求发热量也一定，则炉内燃烧热强度 qv 与燃料在炉内的停留时间 τ 以及燃料运动速度 ω 之间有相互制约的关系。对于悬浮式分解炉，为了保证粉料的分散和运动，对气体的流速又是有所限制的，因此往往需要以燃料在分解炉内的停留时间来加以校核，选择合适的燃烧强度。

根据资料[7]，煤粉燃烬所需时间与其颗粒尺寸及燃烧温度有关，见表 9。

表 9

煤粉颗粒直径（μm）	燃烧所需时间（s）	
	900℃	1500℃
40	0.24	—
50	0.34	0.23
60	0.45	—
70	0.60	0.4
80	0.70	0.5
90	0.85	0.6
100	1.0	0.7
200	3.0	2.0

可见，在分解炉的条件下，要使 <100μm 的煤粉燃烬约需 1s 的时间。根据燃煤模拟试验粗略估计，煤粉在烟室中停留约 2～4s，测得废气中基本上不含 CO，最高时也不超过 0.4%。因此，我们认为，为了可靠起见，煤粉在分解炉内的停留时间，也以 2～4s 为合适。至于燃油分解炉，按日本 SF 型分解炉的经验，实际停留时间约需 1s。

4. 分解炉的换热效果与粉料颗粒的升温速率

（1）分解炉内的换热效果

分解炉内的换热量随炉型结构、气体与物料的相对运动速度和分散状况而不同。因此，稀相悬浮态传热长期以来是个争论的问题，难以精确计算。现只能根据有关资料及某些假定估算试验炉内的换热量与试验结果的实际换热相对照。

SF 型分解炉换热的计算，按牛顿公式：

$$Q = \alpha F \Delta t (\text{kcal/h})$$

式中 α——气固间稀相换热系数，kcal/(m^2 · h · ℃)；

F——炉内流过的颗粒与气体接触面积，m^2；

Δt——气固间的平均温差，℃。

根据资料，有部分研究者认为[8]，从设计的角度出发，将稀相悬浮态换热作为单颗粒传热来处理是比较方便而可靠的方法。而单颗粒传热的准数关系式，以 Ranz 和 Marahall[9]公式应用较广泛，即

$$Nu = 2 + 0.54 Re_{相对}^{\frac{1}{2}}$$

式中 Nu——努塞尔数；

Re——相对雷诺准数。

考虑到小颗粒在气流中其运动速度很接近气体流速，因此相对雷诺准数值很小，近似可取 $Nu = 2$[10]。

结合炉内实际参数，可计算而得试验炉的传热量为：

$$Q = 5.0 \times 10^4 \text{kcal/h}$$

为便于比较，采用单位分解炉容积的换热量来表示，则其换热强度为：

$$q_{分解炉} = \frac{5.0 \times 10^4}{0.053} = 9.4 \times 10^5 \text{kcal/(h · m}^3 \text{ 炉)}$$

再根据试验所得生料的分解率，利用热化学数据与热平衡的关系，计算生料所获得的热量反算分解炉的换热效果。结果见表 10。

表 10

试验编号	燃烧炉用油 (kg/h)	分解炉用油 (kg/h)	出分解炉气体温度（℃）	下料量 (kg/h)	生料分解率 (%)	生料吸热 (kcal/kg)	换热量 [kcal/(m^3 · h)] ×10^{-5}	
							按分解炉容积计	按全系统容积计
1223	11.5	11.5	810	110	51.3	320	616	1.17
			780	185	25.2	242	8.4	1.49
			670	190	20.5	226	8.1	1.43
1229	13.0	12.0	820	150	46.5	305	8.6	1.53
			820	165	38.0	275	8.5	1.53
			800	180	33.5	266	9.0	1.60
1103	16.4	10.6	800	190	42.4	290	9.8	1.33
			820	158	56.6	335	9.9	1.74
			850	116	81.8	415	9.0	1.65
平均 8.6								1.55

即：$q_{分解炉}=8.6\times10^5$kcal/(h·m³ 炉)

所得结果在数量级上是一致的，这一数据也说明 SF 型分解炉由于湍流程度高，接触面积大，气固之间的换热能力还是较强的。若分解炉燃烧热强度取 2.5×10^5kcal/(h·m³ 炉)，则炉内换热能力远大于燃烧能力。

（2）颗粒的升温速率

有资料表明[7]：悬浮在气流中的生料升温速度是很快的，并且和颗粒大小与组成有关，如图 13、图 14 所示。

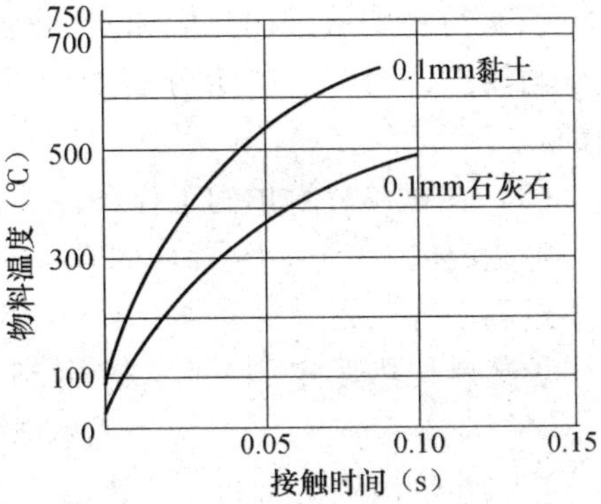

图 13　在悬浮预热器中物料升温曲线

罗马尼亚资料也提供了有关生料在旋风预热器内的升温速率数据[11]，并用图 15 所示。

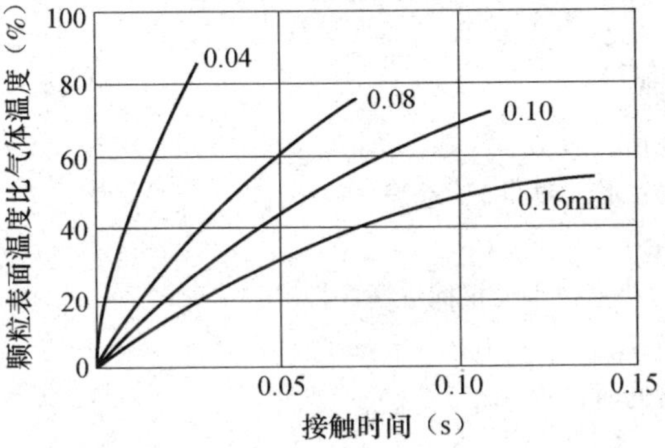

图 14　石灰石颗粒悬浮在气流中加热时间与升温关系

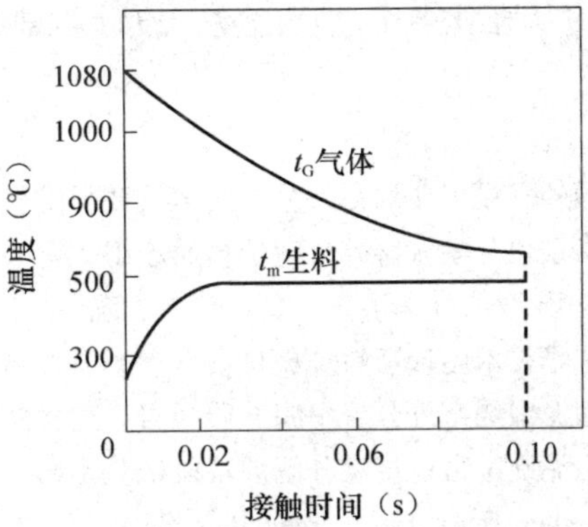

图 15　预热器中气体与生料接触时间和温度的关系

根据上述资料，可以近似估算，80μm 的石灰石颗粒在分解炉内升温和分解 80% ~90% 吸热所需的时间 τ 在 0.5s 以内。

还有资料[12]指出，50μm 的石灰石粉在 900℃气流中分解 80% 需时 0.25s。

尽管由于条件不一，所需时间在数值上不完全一致，但数量级是相同的。因此，可以相信，石灰石粉料在高温气流中受热升温和分解都是很迅速的，可以在 1s 内完成 80% 以上的分解率。这一点在热态模型试验中也是有据可查的。

因此，如果在分解炉内，为了满足燃油和燃煤反应所需的时间分别为 1s 和 2 ~4s 的话，则在此时间内生料受热并完成 80% ~90% $CaCO_3$ 分解反应是完全可能达到的。

物料在预热器内总接触时间 0.104s，其中物料由 668℃加热至 800℃需时 0.0176s，用来分解 20% $CaCO_3$ 需时 0.0864s。

四、对悬浮式窑外分解炉热工特性的初步看法

综合冷态、热态和燃油、燃煤试验结果和上述分析，我们对悬浮式分解炉的热工特性有一些肤浅看法：

（1）悬浮式分解炉充分发挥效能的前提是粉粒在气流中必须充分均匀地分散，因为它对燃烧、传热和分解过程都有直接影响，必须通过冷态模型试验与生产实践去掌握在特定几何形状的分解炉中合理的操作参数。

（2）分解炉从过程分析和实际观察来看，在保证气固均匀分散的条件下，传热与分解速率均较快，因此，决定分解炉效能的关键是燃烧过程。我们认为，分解炉首先是个燃烧炉。

（3）在试验分解炉的工作条件下，正常操作时的热工参数为：

炉膛温度	820～850℃
过剩空气系数	$\alpha=1.15\sim1.20$
炉膛燃烧热强度	燃油 $25\sim30\times10^4$kcal/（h·m^3 炉）
	燃煤 $15\sim20\times10^4$kcal/（h·m^3 炉）
燃料在炉内停留时间	燃油 1s 左右
	燃煤 2～4s

（4）由于分解炉几何形状和内部结构对气固间混合、燃烧、传热和分解都有一定影响，因此应从强化各个过程出发，设计新型的分解炉以不断提高窑外分解技术的收益。

参考文献

[1] 国外水泥工业的窑外分解技术．建材院技术情报研究所，1976.
[2] 南京化工学院窑外分解炉科研小组．窑外分解炉冷模试验小结［J］水泥，1976，2.
[3] C. T. 罗斯托夫采夫．北京钢铁学院译．冶金过程理论．
[4] 来华技术座谈资料——日本 RSP 水泥烧成技术．建材总局技术情报标准所，1977.
[5] 水泥煅烧窑外分解中间试验报告．建材院水泥所，1977.
[6] 水泥旋窑窑外烧煤分解炉阶段试验小结．四川水泥研究所，1977.
[7] Walter. H. Duda：Cement Date Book，1977.
[8] 桐荣良三：（日）气流干燥装置．新化学工学讲座，1960，10.
[9] Ranz D Marshall：Chem. Eng. Prog. 48，141，73（1952）.
[10] Г. Н. ХуДЯКОВ：ОтеДЛообтенеВГазовеси. известЧЯ. А. НССРОтвеЛниеТеχниескυχ НауК，1953.
[11] 水泥干法生产工艺与设备——赴罗马尼亚考察资料．建材院技术情报研究所，1975.
[12] 村上惠一等．石膏和石灰（日），1966，83.

原、燃料特性与分解炉设计

胡道和　考宏涛　李昌勇　张　薇
（南京化工学院硅酸盐工程研究所）

【摘　要】 为更科学地设计水泥分解炉炉型及流程，本文作者汇总近年来的研究成果，对原料分解能力、煤粉燃烧特性和分解炉设计之间的联系作了探讨，在分析原、燃料行为特性的基础上，具体提出了分解炉的选型依据及步骤。
【关键词】 分解炉，分解率，燃烧反应速率，物料停留时间

原、燃料的特性及其在热工过程中的行为表现，理应与分解炉的结构尺寸有着密切联系，才能使分解炉达到比较理想的运行状态。

实际上，由于认识的模糊，或者由于缺乏这种联系的纽带，尤其是无法取得定量的数据关系，目前，大多数水泥厂的分解炉设计不能和原、燃料的行为特征挂起钩来。

本文汇总了近年来所从事的原、燃料悬浮态下反应特征、分解炉结构特征等的研究成果，对分解炉设计的指导原则作初步探讨。内容包括：

（1）原、生料的分解特性；

（2）煤粉的着火和燃烧特性；

（3）煤粉燃烬度测定和分析；

（4）分解炉的基本功能与炉型特征；

（5）分解炉设计选型的依据

①原、燃料在高温悬浮状态下的行为特征；

②分解炉炉型特征。

一、原、生料的分解特性

各个厂石灰石原料与配合生料，由于矿山地质与成矿条件以及配合物等的差异，在受热分解时，其表现是不相同的，尤其是处于分解炉内以悬浮状态存在时，因为反应时间非常快，这种差异的影响就表现得更为明显。图1给出了几个不同矿源的石灰石在悬浮状态下的分解曲线。

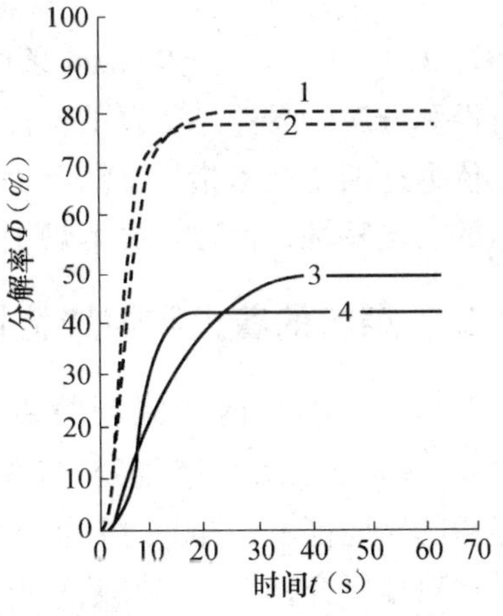

图1　不同矿物源石灰石悬浮的分解曲线
1—900℃顺昌生料；2—900℃柳州生料；
3—850℃顺昌石灰石；4—850℃柳州石灰石

由图1可见，石灰石分解曲线的基本形式是相同的，即随时间延长反应量渐增，反应速率有最大值，这是各种石灰石的共性所在。其间的区别在于曲线在图中的位置是不相同的。表现在反应后期为其所

达到的最大分解率（在此定义为终态分解率 Φ_{end}）有很大差别。这就说明不同矿源的石灰石在相同的条件下达到同一分解率（尤其是高分解率时）的时间是有区别。可以推论在同样的分解炉和工况条件下所能达到的实际分解率也不相同。更值得注意的是，同一种原料其分解进程与工况温度、气氛（CO_2 分压）也有很大关系。

试验表明，石灰石中若掺加了配合生料后（主要是 Al_2O_2、SiO_2、Fe_2O_2 等），对其分解进程有相当的促进作用，这种促进作用也因厂而异[1]。

所有这些都说明了石灰石与配合生料，其分解行为是很有特性的，并非成分相近，行为就一致。这就启示人们：对于不同种类的原料，应该选用不同的设备来加工处理，那么各种原料的特性行为应该如何来表达呢？我们突破了原有的各种化学分析、岩相、光等手段，经过大量试验探讨，提出了高温悬浮态下直接模拟分解炉工况条件两个对比的指标终态分解率 Φ_{end}、易分解指数 Φ_r。

（一）终态分解率 Φ_{end}

鉴于碳酸钙分解是个可逆反应，在一般条件下达到完全平衡所需时间很长，而且对于工业设备来说，热力学上的反应终态是没有意义的。为此，人为确定慢速反应后期，当单位时间（s）内分解率的变化（$\Delta\Phi$）$<0.05\%$ 时，定义为“准终态”，即视为“反应终态”，相应的分解率称为终态分解率 Φ_{end}，这也是生产条件下所能达到的最大分解率。

对于同一石灰石，由于分解温度的不同，所能达到的 Φ_{end} 也不一样，如图 2 所示。

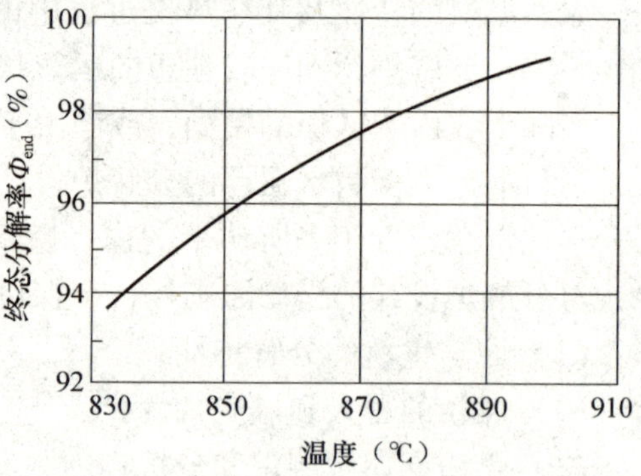

图 2　温度对生料分解特性的影响

（二）易分解指数 Φ_r

易分解指数 Φ_r 的名称是由习惯常用的表达物料特点的易磨性指数、易烧性指数的工业概念引申借鉴而来。综合分解炉的实际工况条件，将生料在一定条件下所能达到的终态分解率作为对比依据而定义的。易分解指数 Φ_r 系指在 900℃、CO_2 分压 $P_{CO_2}=0.2$atm 条件下（一般工况）生料的终态分解率。由于兼顾了原料本身特性和分解炉悬浮态工况的特征，故 Φ_{end} 和 Φ_r 可作为原料基本特征的比较判据。

依据这两个技术指标，结合炉内气氛、温度和反应时间对生料分解性能的影响，揭示出生料的工况特性，使之与分解炉炉型、结构尺寸的选择相互联系。

二、煤粉的着火和燃烧特性

煤粉在分解炉内燃烧的特点，是在悬浮态低温（<1000℃）、低 O_2 含量（14%～16%）、无焰、无特殊燃烧器、高粉尘的环境中进行的，与动力行业中锅炉甚至与回转窑窑头煤粉的燃烧都不一样。分解炉的实际运行特性决定了煤粉的燃烧条件。为此要对煤粉的燃烧做针对性研究，而不能照搬其他行业的资料。

首先，煤粉的着火完全依靠分解炉的热环境，要保证煤粉在分解炉内正常、长期稳定的着火燃烧，必须具备的条件是煤粉本身的着火温度不能过高。因考虑到生产的波动，炉温比实测的着火温度要高 150～250℃，才能保证稳定着火。而分解炉内温度实际上是受限的，因而着火温度也将受到限制。

实际需要测定模拟分解炉条件下的着火温度与规范化的着火温度在定义上有别，在方法上、数值上也都不一样，经过探索，在高温悬浮状态反应试验台上测定其燃烧速率明显加快的温度定义为分解炉内的着火温度，实测几种煤粉的着火温度值见表1。

表1　煤粉着火温度

煤种	A煤	B煤	C煤
悬浮态下煤粉的着火温度（℃）*	638±20	580±20	572±20
根据工业分析计算的着火温度（℃）	625±20	581±20	569±20

*　计算值是参照了动力行业归纳的经验计算式求得的。

由表1可知，实测值与经验计算得到的数值基本相近，这说明其与煤粉组成存在着某些内在联系。

燃烧是一种激烈的氧化反应，其反应速率$\frac{d_m}{d_\tau}$可以用（mol/s）或与之相应值表达，其进程用频直图如图3（a）所示，其累计反应量相当于反应完成度，积分后则可用图3（b）表示。

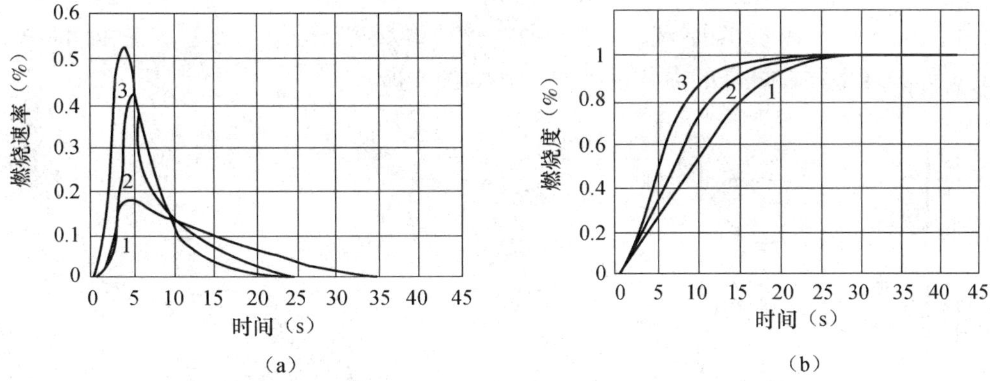

图3　各种温度下煤粉燃烧速率、燃烬度随时间变化关系

1—828℃；2—888℃；3—922℃

显然，不同煤种，其反应的进程即在分解炉模拟工况条件下的燃烧行为也表现出各自不容忽视的特性。类似的表达方式为燃烧反应曲线组，如图4所示。据此可以用两个指标：燃烬度ϕ(%）和易燃性指数Ψ_r(s）表示煤粉在悬浮态下的燃烧特性。

燃烬度ϕ是指在一定条件下，煤粉中期烧掉的可燃组分质量分数，在客观意义上讲就是反应的完全程度。易燃性指数Ψ_r是指在同样条件下（900℃），达到特征燃烬度（85%）（人为约定）的时间参数（s）。在图4中，A、B、C、D煤的易燃性指数分别为15、6、11、9。

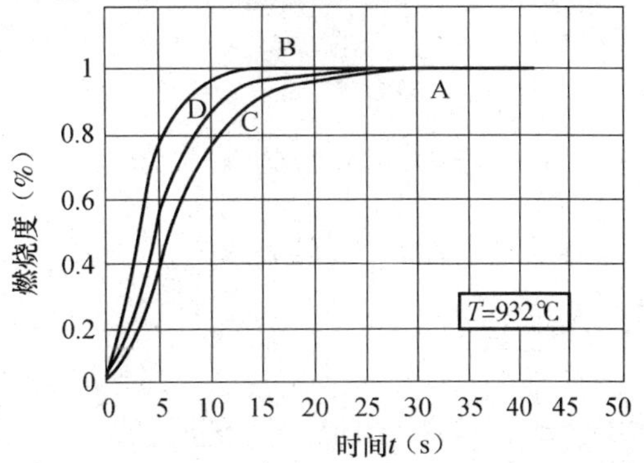

图4　各种煤粉在悬浮态下的燃烧反应曲线组

可见不同煤种易燃性差异很大，其易燃性指数可相差几倍，因此可用之作为煤种反应能力的比较判据。

这两个指标不仅受到煤种的影响，还要受到各自约定条件的制约。其中实际能达到的燃烬度则与煤粉在分解炉内的停留时间、分解炉内气流湍动程度、炉内控制的反应温度等有关，显然也就与分解炉的设计密切相关。

三、煤粉燃烬度的实测与计算

实测煤粉的燃烬度是在模拟分解炉内进行的，可由反应曲线上得到。即使保持与生产相同的操作条件，它也只能在一定程度上反映分解炉内客观实际，而不能全面反映。这是因为分解炉内实际气流的湍流度因炉型而异，无法模拟，因此模拟实测值与生产实际值之间尚存一定的差距，需要做某种程度的修正。

以某 RSP 分解炉 SC 室来说，经测定其湍流度分布如图 5 所示。所谓湍流度是指气体脉动速度的均方根值与平均速度的比值（用百分数表示），它表征了偏离平均速度的湍流脉动数量的大小，与湍流所致的传热、传质过程密切相关。据计算，该 SC 室全容积湍流度积分平均值为 22%，显然比模拟分解炉中湍流度要高，因此其反应速度相应加快，可比条件下生产的燃烬度比模拟实测值高。

另外，从传热、传质的原理，也可对煤粉的燃烬废作过程计算。依据 M. A. Field, D. W. Gill 等的球型颗粒燃烧的简化模型[2][3]，如图 6 所示。

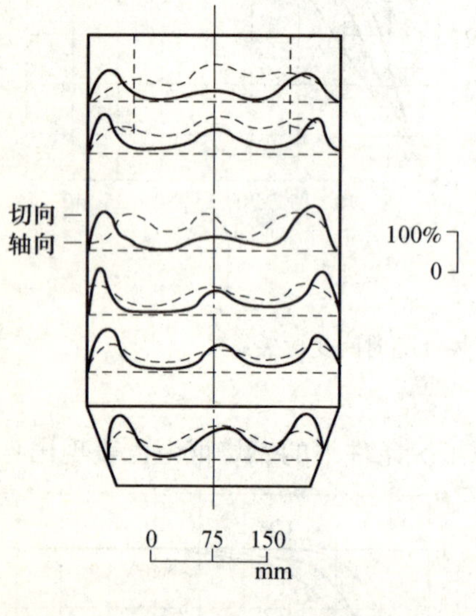

图 5 RSP 分解炉 SC 室湍流度分布的测定结果

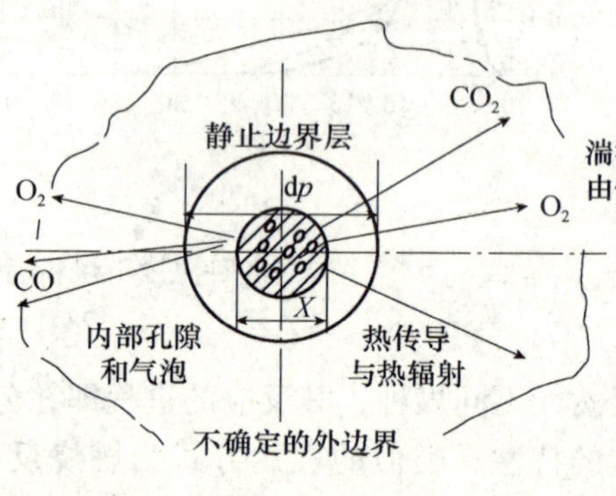

图 6 球形颗粒燃烧的简化模型

其反应进程 $\left(\frac{dx}{d\tau}\right)$ 可表示为：

$$\frac{dx}{d\tau} = \frac{-2q}{p} \tag{1}$$

式中 x——颗粒径向尺寸，cm；

τ——燃烧反应时间，s；

q——煤粉颗粒的燃烧速率，g/(cm^2·s)；

p——颗粒密度，g/cm^3。

对于煤粉颗粒在气流中的燃烧，依据反应速率概念有如下关系：

$$q = \frac{\text{反应推动力}}{\text{反应阻力}} = \frac{P_g}{\dfrac{1}{K_s} + \dfrac{1}{K_D}} \tag{2}$$

式中　P_g——气流中的氧气分压，atm；

K_s——颗粒表面化学反应速率常数，$g/(cm^2 \cdot s \cdot atm)$；

K_D——扩散速率常数，$g/(cm^2 \cdot s \cdot atm)$。

同时根据颗粒表面化学反应和氧的扩散传输方程可得：

$$K_s = A \cdot EXP\left[\frac{-E_g}{(R \cdot T_g)}\right] \tag{3}$$

$$K_D = \frac{24\Psi \cdot D}{(X \cdot R' \cdot T_m)} \tag{4}$$

式中　A——频率因子，$g/(cm^2 \cdot s \cdot atm)$；

E_g——反应活化能，cal/mol；

T_g——颗粒表面温度，K；

Ψ——反应的机理因子；

D——氧的扩散系数，cm^2/s；

R，R'——气体常数

$R = 1.986 cal/(mol \cdot K)$；

$R' = 82.06 atm \cdot cm^3/(mol \cdot K)$；

T_m——气体与颗粒表面平均温度，K。

假定气流中氧气分压不随时间变化，且颗粒密度不变，对式（1）积分，并将式（2）~式（4）代入得：

$$\Psi_{end} = 1 - \{[(m+1)^2 - n]^{\frac{2}{2}} - m\}^3 \tag{5}$$

式中　m、n——分别为有关化学反应与扩散经整理而得的无因次量，即：

$$m = 24\psi \cdot \frac{D}{\left\{d_p \cdot R' \cdot T_m \cdot A \cdot EXP\left[\dfrac{-E_a}{(R \cdot T_g)}\right]\right\}}$$

$$n = 48\psi \cdot D \cdot \tau \cdot \frac{P_g}{(d_p^2 \cdot R' \cdot T_m \cdot P)}$$

式中　d_p——颗粒起始粒径，cm。

结合煤粉燃烧的热量平衡和传热关系，得：

$$q\left[7910\left(\frac{2}{\psi} - 1\right) + 2340\left(2 - \frac{2}{\psi}\right)\right] = 2\lambda(T_s - T_m)d_p + \varepsilon \cdot \sigma(T_s^4 - T_m^4) \tag{6}$$

式中　λ——颗粒周围气体的平均导热系数，$cal/(cm \cdot s \cdot K)$；

ε——颗粒的辐射率；

σ——Stenfan-Boltzmann 常数；

$\sigma = 1.36 \times 10^{-12} cal/(cm^2 \cdot s \cdot K^4)$。

为此，在一定假设的基础上，可计算出分解炉内煤粉的燃烬度。

以某厂 RSP 分解炉 SC 室为例，其计算参数选为：

（1）煤的工业分析测定值见表2。

表2　煤的工业分析（%）及发热量

V^r	$F\cdot C^r$	A^r	W^r	Q_{DW}^y（kJ/kg）
27.79	54.19	17.02	1.00	25949

（2）RSP 分解炉 SC 室设计的状态参数见表3。

表3　SC 室的设计状态参数

类别	风量、料量	温度（℃）
煤风量	0.0393Nm³/kgcl	50
三次风量	0.5624Nm³/kgcl	600
加入煤粉量	0.087kg/kgcl	50
加入生料量	1.593kg/kgcl	780

注：表中加入的生料量是根据物料平衡计算所得到的。

（3）计算的物理参数为生料密度 2500kg/m³，粒径 37×10^{-5}m；煤粉密度 1650kg/m³，粒径 59×10^{-5}m。

据此，代入上面的关联式计算得到在分解炉内 SC 室气体平均温度为 920℃的情况下 $\Psi=40.7\%$，在生产中曾经就相近的操作条件下（SC 室出口气体温度为 920℃左右），实测计算煤粉在 SC 室的燃烬度为 38%左右，与计算结果颇为接近，说明计算方法有一定可信度。

四、分解炉的基本功能和炉型特征

分解炉是窑外分解系统的核心设备，作为高温气固反应器来说，它必须具备如下若干功能：气固输送；气固混合（分散）与均布；气固换热、传质；燃料燃烧；生料分解。

鉴于悬浮态生料颗粒细小，气固传热、传质速率受分散制约，气固输送基本是稀相同流，且在完成反应的同时可以达到输送的目的，因此归纳其主要功能应该是：分散（是基础）、燃烧（是关键）、分解（是目的）。

任何一种分解炉，必须完成这三个主要功能，因而这些功能发挥的优劣，就成为评价分解炉的主要依据。

在深入分析后可以认为，在生产中影响分解炉主功能发挥的实质性条件是：

（1）分解炉内动力场及其分布；

（2）分解炉内温度场及其分布；

（3）物料在分解炉内的停留时间及其分布；

（4）原、燃料的悬浮高温反应动力学规律。

上述条件主要受原、燃料特性，分解炉结构（关系到流型的组合）和操作条件的制约，且三者之间必须相互适应，其中原、燃料特性虽可选择，但毕竟受资源所限制，分解炉的结构和操作条件就成为可调的因素，相对而言，在设计时前者可为主调性因素，运行时则后者为唯一可调因素。

现有的分解炉种类置多，结构各异。但若从反应器的功能要求分析，其炉型结构特征应表现在：

（1）气体流型特征；

（2）固体颗粒运动特征；

（3）单位处理量特征。

更具体地说，炉型特征可以用三维速度场的分布 $U=f(x, y, z)$、湍流程度 Re 和湍流强度 I、有载阻力降 ΔP、固体与气体停留时间比值 $\frac{\tau_m}{\tau_g}$、颗粒的返混度 σ^2、单位产量容积 $\frac{V}{G}$ [$m^3/(t/d)$]等来表达。这是因为合理的速度场和高度湍流可以使细小的料粉得到充分的分散和均匀的分布，而湍流强度大表示质点运动幅度大，能有效地促进化学反应的完成，阻力降表达输送能量的消耗。而 $\frac{\tau_m}{\tau_g}$ 说明比较物料在同容积炉内停留时间的长短，方差 σ^2 表示了颗粒返混的程度，单位产量容积反映了同样生产能力所需分解炉体型的大小。所有这些都与系统的技术经济指标有着最直接的联系。

五、分解炉设计选型的依据

综合以上论述，可以认为分解炉的设计选型的主要依据是：

（一）原、燃料在高温悬浮态下的行为特征

其内容包括：

（1）原料在悬浮态下的反应特性：易分解指数、终态分解率与温度的关系、气氛对反应的敏感性。

（2）燃料悬浮态下的反应特性：着火温度、易燃性指数、燃烬度与温度的关系。

表 4 列出了国内几个工厂的原、燃料特性实测值，表中 CO_2 分压敏感性是指当 CO_2 分压改变 10% 时，生料终态分解率 Φ_{end} 的改变量。

表 4　悬浮态下原、燃料特性测定结果

类别	项目		A 厂	B 厂	C 厂
原料	生料易分解指数（%）		90	89	87
	终态分解率（%）	860℃	97	82	83
		880℃	98	86	89
		900℃	99	94	95
	CO_2 分解敏感性（%）		-2.84	-6.88	-12.1
	着火温度（℃）		638	580	520
	易燃性指数（s）		15	11	6
	燃烬度（%）（$\tau=10s$）	828℃	43	60	63
		888℃	58	70	75
		922℃	65	80	87

（二）分解炉炉型特征

其内容包括：三维流场分布 $U=f(x, y, z)$，炉内平均 Re_m 炉内平均湍流度 I、有载压

降 ΔP、$\frac{\tau_m}{\tau_g}$、$\frac{V}{G}$。

对国内已有的若干分解炉类型，结合有关资料[4-7]，将其炉型特征列于表5。

表5 国内分解炉的炉型特征值

炉型		RSP	RSP①	MFC	SLC	NSF	KSV	DD	RFC
规格（t/d）		2000	1000	4000	3200	4000	1000	2000	2000
分解炉流程		离线②	离线	离线	离线	在线	在线	在线	在线
三维流畅特征描述		SC室为旋流运动，MC室喷旋复合，存在旋流后效应和一个立涡环	SC室为旋流运动，MC室喷旋复合，旋流后效应小	轴向存在回流，正流式由壁向中心的涡旋，对称性好	具有明显喷射流特征，轴、径向速度分布不均匀	为喷腾旋流叠加的复合流场，壁面附件轴向速度较大	缩口以下为外旋内喷的流场，缩口以上速度分布较为均匀	以喷腾为主，存在三个区域，轴向速度为主，无切向分速度	为喷腾旋流叠加的复合流场，旋流较强，顶部有回流区
工况风速下炉内平均 Re_m（$\times10^{-4}$）		24.4	18.1	20.5	20.7	32.6	14.3	32.2	18.0
容积平均湍流度（%）		—	22	—	—	—	—	40	15
Δp③（Pa）	A	630	273	30	—	700	148	89	487
	B	147	112	2430	488	82	104	170	86
$\frac{\tau_m}{\tau_g}$		4.6	4.2	15.6	2.7	5.5	3.7	4.8	3.7
折算热态 τ_m(s)		11.3	16.9	84	8.4	10.5	7.6	9.4	11.6
$\frac{V}{G}$ [m^3/（t/d）]		0.192	0.347	0.193	0.116	0.136	0.169	0.125	0.191

① 表示该厂处于高海拔地区。

② 离线表示三次风先入炉后与窑气混合。

③ A，B分别表示旋流压降和喷腾压降，对MFC炉，A表示悬浮段压降，B表示密相床压降。

一般可以认为，在原料易分解指数比较低，对 CO_2 反应敏感性强，煤粉燃烧性能不良时，流程以选择离线为好，反之则选在线为佳。对离线型分解炉来说，SLC分解炉易造成物料分布不均匀，影响其功能的发挥，而MFC分解炉虽然炉内参数场分布较均匀，但其阻力较高，体型相对较大，且流态化操作不易掌握，故国内不少厂家以RSP分解炉为首选离线分解炉型。这是因为RSP分解炉主燃烧区SC室的热力强度较高，室内煤粉的燃烧在纯空气环境中进行，进而对煤种的适应性较强，而其主分解区MC室可发挥第二分解炉的作用，从而可保证煤粉燃烧和碳酸钙分解的完全。但由于SC室结构与操作间关系规律尚未掌握，不少RSP分解炉系统指标尚不理想，有待具体分析改进。而对在线型分解炉来说，DD炉以其合理的流场分布、适宜的气固停留时间比值和高湍流度、低阻等技术优势可以成为国内目前首选分解炉型。相比之下，KSV分解炉气固停留时间比值偏小，NSF分解炉阻力较高，RFC分解炉操作较为复杂。

但必须强调的是，分解炉是个气固反应器，其流型特征受结构尺寸和操作参数影响十分敏感。因此，在设计选型过程中，除原、燃料悬浮态特性必须事先做细致检测外，初选后的分解炉仍需进行必要的模型试验以探讨操作参数对指标影响的个性规律。

综上所述，分解炉的设计选型步骤可考虑为：

（1）根据原、燃料的反应活性及对气氛敏感程度，确定在线或离线；

（2）根据原、燃料的易分解性和易燃性，初选相应的τ_m、湍流程度以及设计的目标函数、指导思想、选定炉型；

（3）根据着火温度、工况温度、气氛对反应的影响规律，确定操作条件；

（4）根据所选炉型计算其规格尺寸；

（5）配套合适的预热器系统；

（6）进行全系统的预测计算；

（7）考核分解炉功能，论证其指标。

今以C厂为例，参考表4可简单做如下设计考虑，供参考：

（1）其生料和煤粉的反应活性较好，对CO_2分压不甚敏感，故为简化流程可选择在线型。

（2）其生料易分解指数为87%，煤粉的易燃性指数为6s，在900℃下，当炉出口煤粉燃烬度达80%时，需要10s左右，此时生料终态分解率为95%，考虑到湍流度等因素，确定炉型为DD炉，初选$\tau_m=10\sim12s$。

（3）该厂煤粉的着火温度为520℃，当炉内温度为860℃时，其煤粉的燃烬度为70%，生料的终态分解率为83%，结合工厂的实际生产条件可确定其适宜的炉内操作温度为860～900℃。

（4）按DD炉的单位产量容积0.125m^3/d来算，在生产规模为2000t/d的情况下，其分解炉区容积为250m^3，考虑到对原、燃料波动的适应性，炉容积适当放大5%～10%，假若料气停留的时间比值按$\frac{\tau_m}{\tau_g}=5$计，可知$\tau_g=2\sim2.4s$。按产量计，炉内烟气量设为125m^3/s，通过选取适当的截面风速，可确定下来分解炉柱体的直径和高度。

（5）据此可根据需要核算物料停留时间是否能满足并留有多少余地，再确定配套的预热器系统，从而可对整个预分解系统进行预测计算和技术经济指标的论证。

（6）初选炉型与操作参数后，应进行必要的模型试验，以考核系统的特征，估计功能效果及生产波动的适应情况。

六、小结

作为气固高温反应器，分解炉的结构与操作参数设计，理应根据技术经济的主导设计思想，以原、燃料特性为依据来进行。通过近几年工作积累，认为这种方法步骤是可行的，但尚需不断完善。本文希望引起设计厂家对原、燃料工况试验的重视，尤其是对高温悬浮态行为规律的深入研究，能不断积累经验，结合对各类炉型实际特征的定量认识，进而针对性地选择合适的炉型和优化的操作参数，逐步达到科学化设计的目标。

高温、悬浮态气固反应试验台的开发及水泥生料分解动力学的研究

张　薇　简森夫　胡道和　周松林

（南京化工学院，210009）

【摘　要】 作者开发的高温、悬浮态气固反应试验台是目前国内最先进的气固反应试验装置。它能够比较接近生产实际状况地对各种水泥粉料进行悬浮态气固反应动力学研究，试验结果和反应器的形式无关，其规律可用来定量地指导工业反应器——分解炉的设计和操作。在该试验台上，进行了 $CaCO_3$ 分解动力学研究，得到了一些新的结论。

【关键词】 悬浮，分解动力学，气固反应

一、前言

水泥工业预分解技术自20世纪70年代出现后，立即受到世界各国的极大重视，并很快出现了多种各具特色的分解炉。改革开放以来，我国也引进了一些新型干法水泥生产线，大部分均已投产，有的运行得很好，有的则不尽如人意。因此，通过对引进技术的消化吸收，对原有陈旧设备的技术改造，设计制造出适合我国特点的新型分解炉，是我们面临的重要课题。

从反应工程学的角度来看，分解炉实际上是一个高温气固反应。在分解炉内部，既有流动、混合、传热、传质等物理过程存在，也有 $CaCO_3$ 分解、燃料燃烧等化学反应发生。分解炉内部的 $CaCO_3$ 分解反应过程，是这些物理、化学过程综合作用的结果。所以，分解炉的设计和操作，应以工业反应动力学作为理论依据。根据初步研究结果，不同的原料，其反应活性（易分解性）不同，故所采用的分解炉形式和操作参数理应不同。因此，在进行分解炉设计时，应进行原料的易分解性试验，合理地确定分解炉的结构型式和操作温度。

目前，对分解炉内高温气固反应动力学的研究，在我国还很薄弱，特别是悬浮态分解动力学的研究从未见报道。以往的气固反应动力学试验装置，大多数是静态的（如热天平、差热等），即物料均处于堆积状态，或半静态的（如单颗粒悬挂或把物料铺在网板上悬挂在气流中），其试验结果对于生产中常用的粉体（粒径 $<200\mu m$）则有很大差距。20世纪70年代以后，国外的 B. Vosteen，A. Muller，D. Kupper 等先后开发了一些动态反应装置，进行了分解动力学的研究，得到了一些有价值的结论。但是，迄今为止，国内各种分解炉的设计主要还是凭经验，其结构是否合理无法从理论上判断和评价。为此，我们开发了高温、悬浮态气固反应试验台，它不仅能把物料加热到所需的高温，而且能保持物料在反应区域稳定地悬浮，真实地模拟工业反应工况，并能在线实时检测，其结果和反应器的形式无关，只与物料本身的特性有关，所得规律对于评改、改造现有分解炉，设计、制造新型分解炉以及对分

解炉的操作，有重要的指导意义。

二、高温、悬浮态气固反应试验台

作者研制的粉体物料的高温、悬浮态气固反应试验台其流程如图1所示。试验所用的气体经配气混合后进入预热器，被加热到所需的高温，然后从下部送入反应器，反应后的气体从反应器的顶部流出。反应器中的气体温度可控制在100～1400℃之间，以满足不同的需要。粉体物料由反应器的顶部间歇式加入，稳定地悬浮在热气流中进行反应，与反应器出口相连接的多组分气体分析仪可以对反应过程进行在线检测，其结果输送到计算机进行数据处理。反应器内设置多支热电偶以检测、控制反应器的温度，保证反应器内温度的均匀性。试验台还可以随时终止反应，取料进行分析。

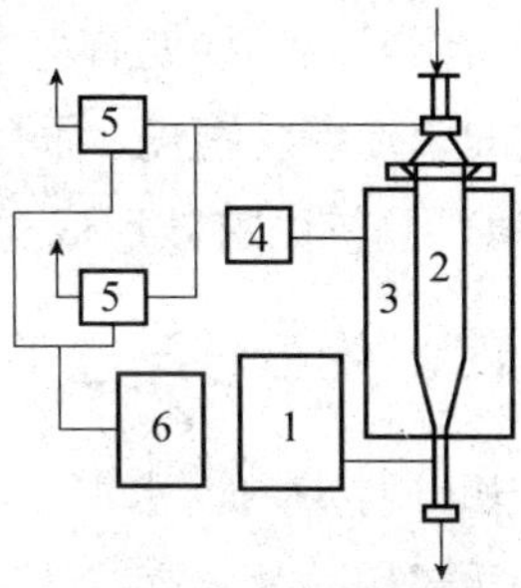

图1　试验装置流程图

1—气源；2—反应器；3—加热器；4—温度控制器；5—气体分析器；6—数据处理系统

在粉体物料气固反应过程中，气体组分发生变化，可通过气体分析仪对反应过程进行在线检测，但检测仪所测得的气体组分的变化还不是反应器中物料的真实变化。因为，反应器容积大，而且反应区到气体检测探头还有一定长度的管道和附属装置，所以气体检测的结果不是实际反应的纯滞后，而是被该反应器、流程和气体检测系统特有的组合滞后歪曲了的信号。我们仔细地研究了本系统的动态特性，用计算机对测量数据进行了动态补偿，获得了较为可靠的瞬时反应曲线。

此试验台操作稳定，功能性强，气体分析系统是自行研制，独具特色，整个测试系统综合误差小于4%。

在高温、悬浮态气固反应试验台上，作者选用几家水泥生产厂的原料，模拟分解炉实际工况进行了反应动力学试验研究，根据试验结果，得到了一些新的结论。

三、关于 $CaCO_3$ 分解反应机理

目前被普遍接受的是 A. Muller、B. Vosteen 等人的界面化学反应控制机理。这种理沦认为，$CaCO_3$ 首先在界面分解成为不稳定的但具有 $CaCO_3$ 晶格的中间产物——活性 CaO^*，然后活性 CaO＊转变为稳定的 CaO。对于较小的颗粒，$CaCO_3$ 分解反应受界面化学反应控制，分解反应速率与界面面积成正比，反应界面向颗粒中心移动的速率与反应进程无关。而从我们的分解曲线上看（图2），应是晶核形成与生长控制。其中 *OA* 段为诱导期段，晶核开始形成，反应速率很慢；*AB* 段为加速期段，这段时期内，晶核在固体表面和内部已广泛形成，并且各晶核均以一定的速率增长，反应速率随时间而加快；*BC* 为衰落期段，反应速率随转化率的提高而逐渐变小，接近反应完全时，反应速率趋于0，这一时期固体内部新相已广泛形成，各新相晶核在生长过程中相遇，而且相互侵并，因此其结晶速率减小，反应速率减慢。用我们的试验结果，把 $\ln[-\ln(1-\psi)]$ 对 $\frac{t}{t_{0.5}}$ 作图，其线性关系很好，斜率 $m=1\sim3$。

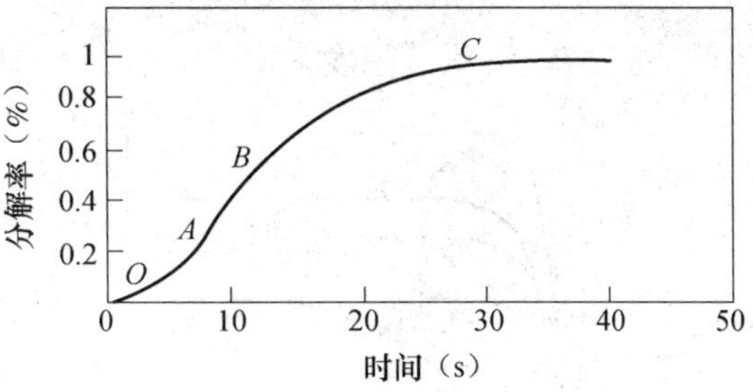

图2　分解曲线

据 T. B. Tang 的理论可以判定，细颗粒在该试验条件下的分解反应受晶核形成与生长控制。用这种理论可以较好地解释一些试验现象。如在反应初期，存在着诱导期，这主要是由于反应初期形成的活性 CaO^* 晶核不够稳定，反应活性很高，极易与周围的 CO_2 反应而形成 $CaCO_3$，因此，活性 CaO^* 的有效形成速率和生长速率比较慢，这和静态条件下颗粒内部传热、传质速率较低而形成的诱导期有着本质的区别。反应温度影响颗粒内部的能态，随着反应温度的升高，反应的诱导期将缩短，而颗粒周围的 CO_2 分压提高后，CaO 与 CO_2 反应速率增大。因此，活性 CaO^* 晶核的有效形成与生长速率将减慢，即反应的诱导期将延长。

四、关于悬浮态下 $CaCO_3$ 的分解反应终态

在分解炉内，水泥生料在悬浮态反应条件下，其反应速率与反应温度、环境中 CO_2 分压、物料组成等有关，其分解反应可用 Avrami-Erofeev 方程描述：

$$[-\ln(1-\psi)]^{\frac{1}{n}} = kt$$

式中 ψ——分解率,%；

k——反应速率常数，1/s；

t——时间，s。

在悬浮态下，水泥生料经快速分解后很快达到反应终态，这一反应终态不同于热力学的反应终态，此时的分解反应仍在进行，只不过反应速率非常小，这一反应终态与温度、压力、CO_2 分压和物料种类有关。从不同温度下物料分解率与时间的关系曲线（图 3）可以看出：随着温度的升高，反应由快速反应到反应终态的过渡时间也缩短，即反应速率由加速段很快地过渡到反应终态，温度越高，过渡的转折点越来越明显，且转折点出现的时间越早。其终态分解率与温度、CO_2 分压的关系为：

$$\psi = A_1(A_2 - P_{CO_2})\exp\left(\frac{-B}{T}\right)$$

式中 ψ——分解率,%

A_1、A_2、B——系数；

P_{CO_2}——CO_2 分压，MPa；

T——反应温度,· K。

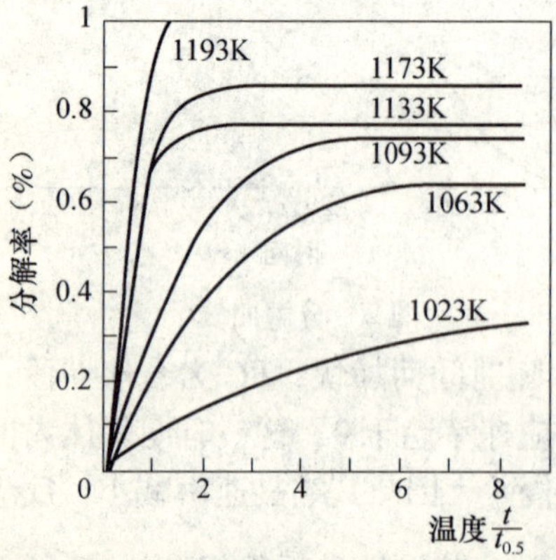

图 3 不同温度下的分解曲线

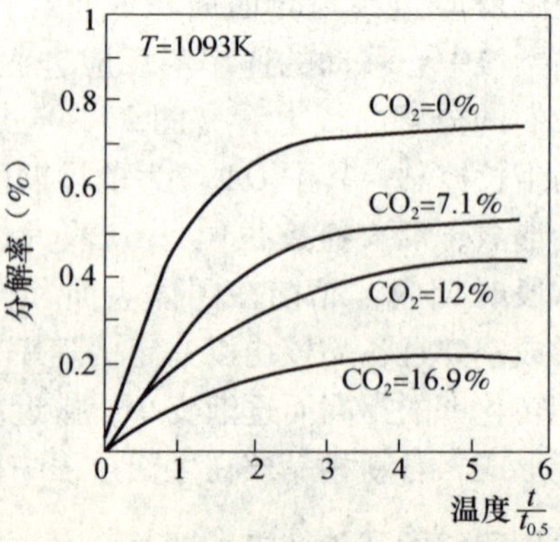

图 4 不同 CO_2 浓度下的分解曲线

物料种类不同，反应速率和反应终态出不同。加入 SiO_2 和 Al_2O_3，其反应速率和终态分解率可以有不同程度的提高。当 $T=1133K$，$P_{CO_2}=17.1$ 时，不同的 SiO_2 和 Al_2O_3 含量与终态分解率的关系如图 5、图 6 所示。

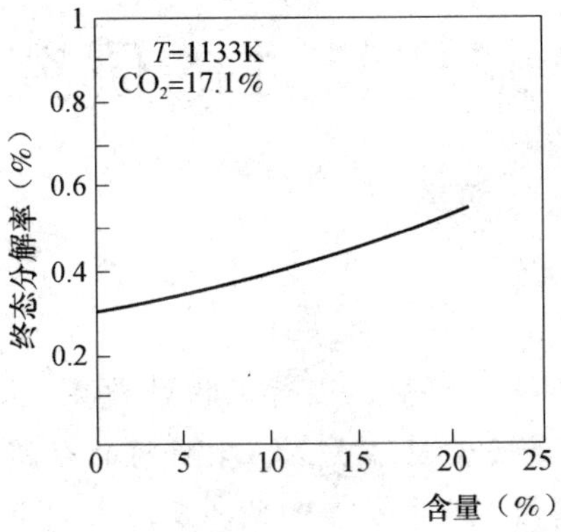

图 5　终态分解率随 SiO_2 含量的变化

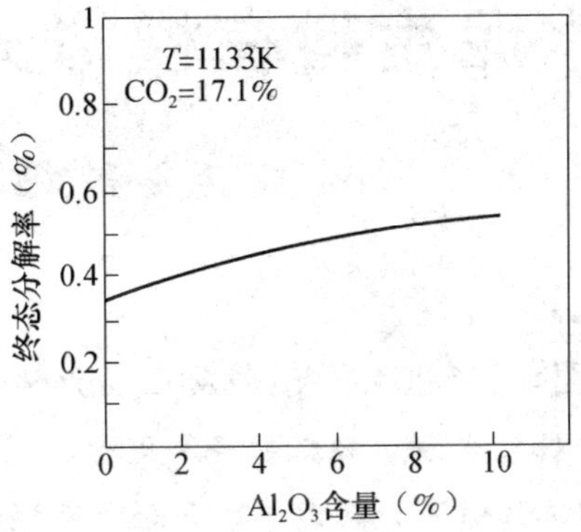

图 6　终态分解率随 Al_2O_3 含量的变化

从以上分析可以看出：提高温度，降低 CO_2 分压，可显著提高水泥生料的分解反应速率和反应终态分解率；温度不变，降低气氛中 CO_2 分压，对提高 $CaCO_3$ 的分解速率和终态分解率具有显著效果。因此，可根据动力学研究的结果进行水泥生料的分解反应器——分解炉的设计和操作。如果物料在分解炉内的分解反应已达到反应终态，再延长物料在分解炉内的停留时间，不会提高物料的终态分解率。反之，如果物料在反应器内尚未达到终态分解率，则应延长物料在分解炉内的停留时间。

五、结论

以上结果表明，我们研制的粉体物料高温、悬浮态气固反应试验台是国内目前最先进的气固反应试验装置。它能够比较接近生产实际状况地对各种水泥粉料进行反应动力学的研究，所得规律可定量地指导工业分解炉的设计和操作。

参考文献

[1] D. Kupper. Entsauerungsverhalten von Zement ROhstoffgemischen Dissertation TU C1auathai，1984.
[2] A. Muller，b，dahm und j. Stark. Zur Kinellk derKal ziumbarbonatzersetzung Silikattechnik，1977，28，1，4.
[3] B. Vosleen. Vorwarmung und vo11kommene Kalzin ation von Zement-Kalk-Gips 1974，9，433 -450.
[4] 葛庆仁. 气固反应动力学［M］. 北京：原子能出版社，1991.
[5] Edmond P. Hyatt. 1van B. Cutlcr. Milton E. Wadsworth. Calcium Carbonate Decomposition in Carbon Dioxide Atmosphere. Journal of the American Ceramic Society. Feb. 1958，vol4，NO. 2，P70.
[6] H. Kainer. E. Specht Die Poren diffusions，Reaktions- und Warmeleitkeoffzienten versehedener Kalksteine und ihr Einfluss auf dic Zersetzungsze it. Zement-Kalk-Gips，1986，5. 259 -268.

水泥生料在模拟分解炉内分解特性的研究

李安平　张　薇　简森夫　胡道和

（南京化工学院材料科学与工程系）

【摘　要】 用悬浮态气-固反应动力学试验装置模拟工业分解炉，进行了物料种类、温度、气氛中 CO_2 含量、颗粒粒径和配合料（SiO_2，Al_2O_3）等因素对石灰石、生料粉的分解特性影响的试验研究。提出了悬浮态下碳酸钙分解反应受晶核形成与生长控制、反应末期存在准终态和终态的分解率、物料分解反应综合指标（即易分解性指数）等新概念，并对动力学参数用于分解炉设计和操作进行了有益的探讨。

【关键词】 水泥生料，模拟分解炉，分解反应，动力学

一、引言

早在20世纪初已有许多学者对碳酸钙分解动力学进行了研究和报道。当时大多数学者的研究都是采用静态方法在热天平上进行的。由于试验条件的局限和方法不规范，试验所得数据相差很大，尤其是其结果不能适用于当今分解炉的工况。例如，堆积态的粉料在静态法测定中，即使炉温在850℃以上，采用接近最高分解率所需时间也达数分钟甚至数小时[1]，因此在分解炉实际生产中根本无法引用或作为参考。20 世纪 70 年代初，Vosteen[2] 和 Muller[3] 及 20 世纪 80 年代 Kuper[4] 等都开始采用动态方法对分解反应做了初步研究，给出了一些有参考价值的结论，但其实验装置和测试手段还有缺陷，尤其是未能结合具体生料和分解炉的工况加以分析，所涉及的影响因素也不够全面，因此其对实际生产的指导作用也受到了一定的限制。本文将针对分解炉内生料悬浮态反应特性做深入的研究，以期对分解炉的设计与操作提供有益的参考。

二、实验装置及实验方法

实验是在南京化工学院近期开发的悬浮态气固反应试验台（即模拟分解炉）内进行的。装置主要由反应器、供气、供热、检测和控制 5 个部分组成。其与热天平的显著区别在于：在该装置中，物料在反应的整个过程中，均处于一定气氛和恒定温度的反应区间中，且始终处于悬浮状态。这种条件与工业分解炉中的工况条件基本相符。

本研究采用动态（即悬浮态）等温动力学的研究方法，$CaCO_3$ 的分解过程用反应器内 CO_2 含量变化来描述。试样均为国内典型水泥厂实际生料或石灰石，经分级处理获得一定粒级范围的物料，利用窄粒级分布的试样模拟单颗粒，从而研究其反应行为。

三、悬浮态下影响 $CaCO_3$ 分解过程诸因素的研究

（一）试验内容、结果及其规律的概念性表述

在分解炉中，由于细的物料分散悬浮在气流中，气固之间的传热、传质速率很快[5]。因而本工作在研究 $CaCO_3$ 分解规律时，忽略了传热与传质的影响。为此归纳出影响 $CaCO_3$ 分解特性的主要因素有：物料种类、分解炉操作温度、分解炉中的 CO_2 分压、颗粒粒径以及配合料中外加组份种类和含量等。下面对上述诸因素分别进行研究。

1. 不同品种的石灰石和生料的分解特性

试验中对各水泥厂的石灰石和生料进行了大量的研究，其规律性基本一致，现取几组具有代表性的数据绘于图 1、图 2。试样的粒径均为 63 ~ 80μm，CO_2 分压为1. 92 ×104Pa。

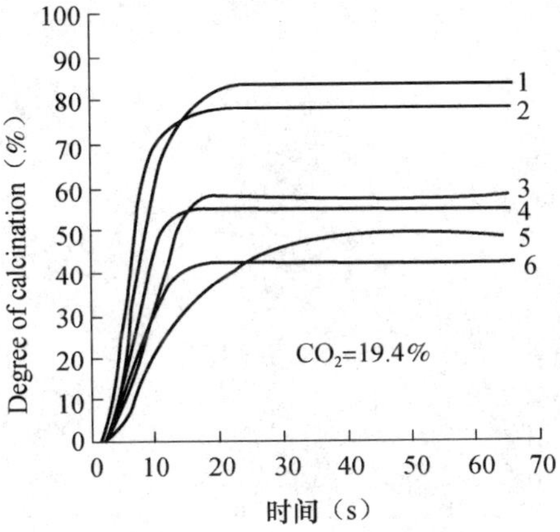

图 1　不同物料的分解率曲线

Fig. 1　Decomposition rate curves of different materials

1—Shunchang cement raw meal at 900℃;
2—Liuzhou cement raw meal at 900℃;
3—Shunchang lime stone at 900℃;
4—Liuzhou lime stone at 900℃;
5—Shunchang lime stone at 860℃;
6—Liuzhou lime stone at 850℃

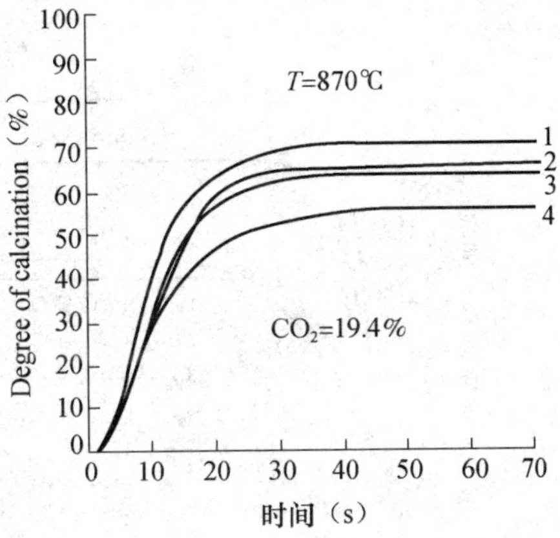

图 2　不同生料的分解率曲线

Fig. 2　Decomposition rate curves of different cement raw meals

1—Ningguo cement raw meal;
2—Wannian cement raw meal;
3—Shunchang cement raw meal;
4—Liuzhou cement raw meal

由图 1 和图 2 可知，工况条件相同或接近时，各水泥厂石灰石或生料的分解特征（表现在曲线的特征值、斜率等）有明显区别，但温度愈高，这种差别就愈小；同样各水泥生料的分解特性也不同，另外用石灰石配制的生料比石灰石本身容易分解。

2. 温度对碳酸钙分解特性的影响

温度是影响 $CaCO_3$ 分解的敏感因素。悬浮态下各生料或石灰石（粒径均为 63 ~ 80μm）的试验结果如图 3 所示。

由图 3 可见，升高温度对分解反应有明显的促进作用，其所能达到的分解率也增大；温度对分解特性的影响程度各有不同，而对生料的作用比对石灰石的作用更显著；一般情况下，850℃以上达到最高分解率的时间仅 10 ~ 15s。

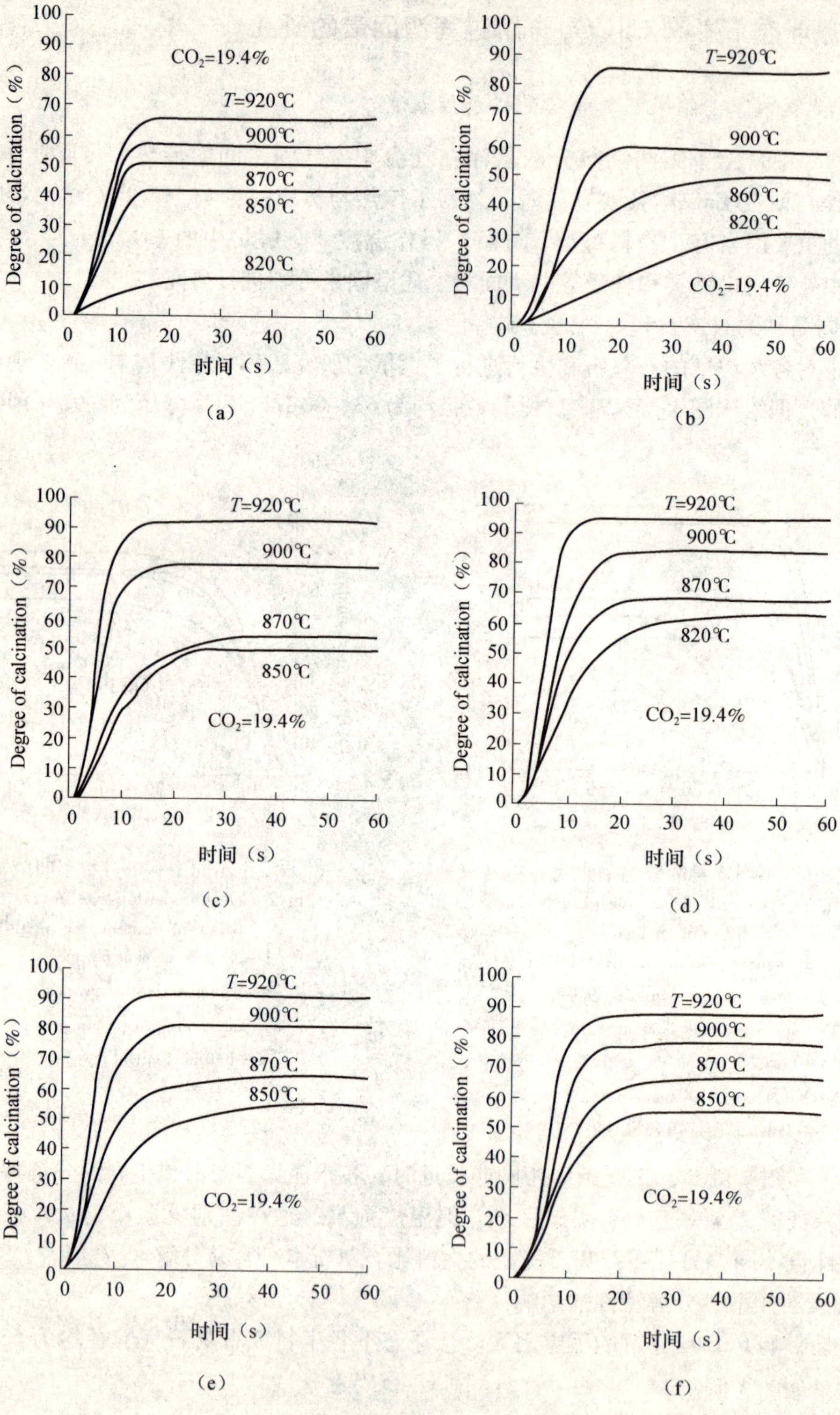

图 3　温度对石灰石和生料分解特性的影响

Fig. 3　Influence of temperature on the decomposition properties of lime stones and cement raw meals

（a）Liuzhou lime stone；（b）Shunchang lime stone；（c）liuzhou cement raw meal；

（d）Shunchang cement raw meal；（e）Ningguo cement raw meal；（f）Wannian cement raw meal

3. 气流中 CO_2 含量对石灰石和生料分解特性的影响

除了反应温度外，反应颗粒周围气体的 CO_2 含量也是影响 $CaCO_3$ 分解的主要因素。柳州水泥厂石灰石和生料（粒径均为63～80μm）在一定温度下，当改变 CO_2 含量时，其悬浮态分解进程如图4所示。

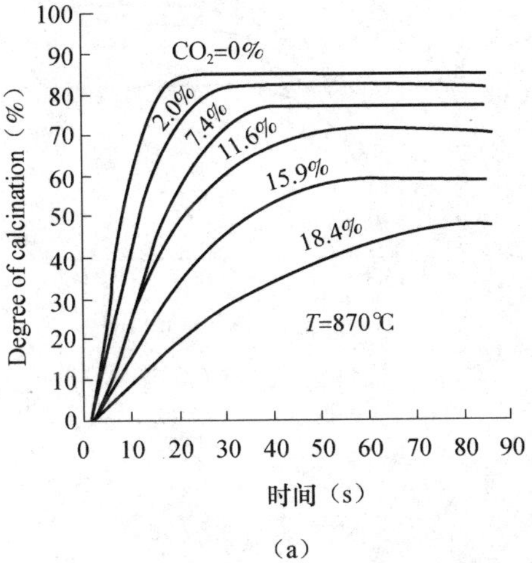

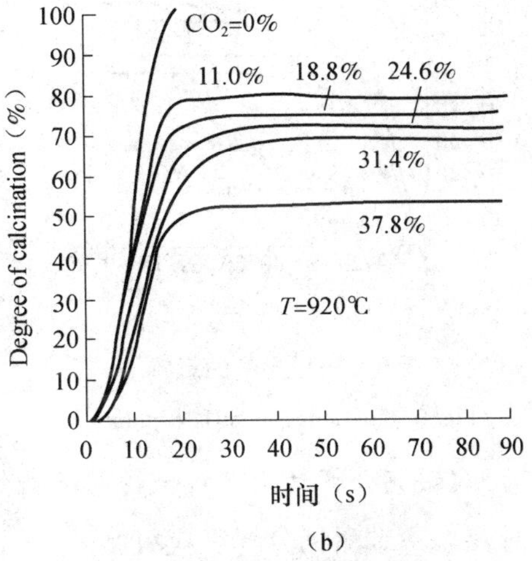

图4　气流中 CO_2 含量对石灰石和生料分解特性的影响

Fig. 4　Influence of the CO_2 content on the deocmposidon properties of lime stone and cement raw meal

（a）Liuzhou cement raw meal;（b）Liuzhou lime stone

由图4可见，气流中 CO_2 的存在明显地抑制分解反应的进行，低温下 CO_2 含量比高温下对 $CaCO_3$ 分解影响更显著，CO_2 对石灰石分解的抑制作用比对生料更明显，CO_2 对不同原料的抑制作用也不同。

4. 试样粒度对分解特性的影响

为了研究分解炉中试样粒度对分解特性的影响规律，本试验在悬浮态下对柳州厂生料的不同粒径在820℃、CO_2 含量为19.4%时进行了详细研究，其试验结果如图5所示。试验分别对48～63μm、63～80μm、80～105μm、105～125μm、125～154μm、154～200μm、200～450μm七个粒级范围的柳州生料进行了研究。

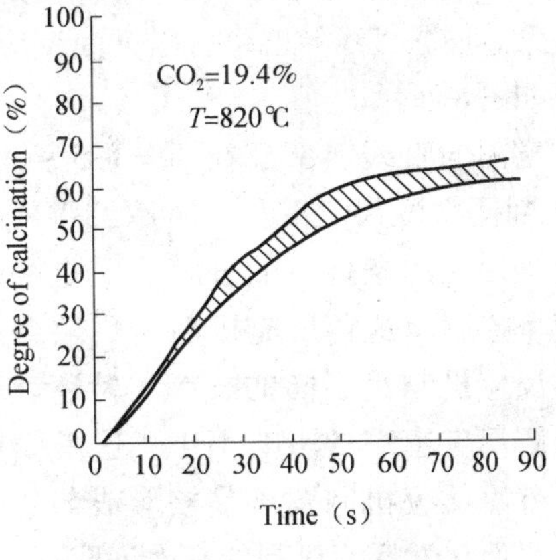

图5　试样粒度对生料分解特性的影响

Fig. 5　Influence of the particle sizes on the de composition properties of cement raw meal

试验表明，不同粒径（48～450μm）的分解曲线重叠在很小的区域内（图5中阴影部分）。可以认为，颗粒粒径小于450μm范围内时，颗粒粒径对其分解特性的影响不显著。

5. 石灰石粉料中掺 SiO_2 和 Al_2O_3 对 $CaCO_3$ 分解特性的影响

在柳州水泥厂石灰石（63～80μm）中分别掺加粒径在63～80μm范围内不等量的 SiO_2 和 Al_2O_3 粉料，其分解试验结果如图6及图7所示。

试验表明：在任何情况下，掺入 SiO_2 或 Al_2O_3，均能促进石灰石的分解；SiO_2 或 Al_2O_3

掺入量愈大，对 $CaCO_3$ 分解的促进作用愈大；相对而言，Al_2O_3 对 $CaCO_3$ 分解的促进作用比 SiO_2 更为明显。

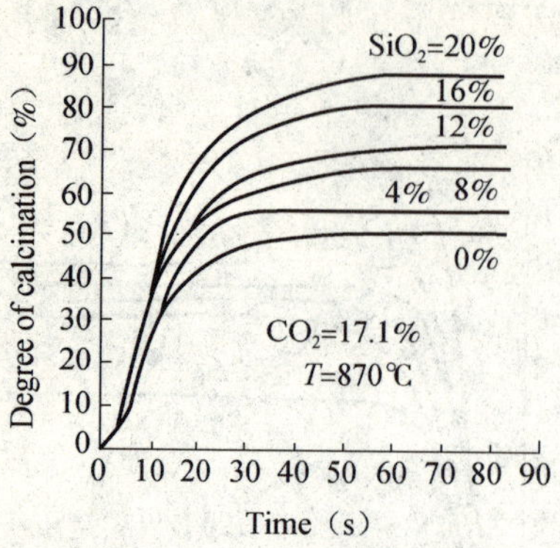

图6 SiO_2 含量的影响

Fig. 6 Influence of SiO_2 contents

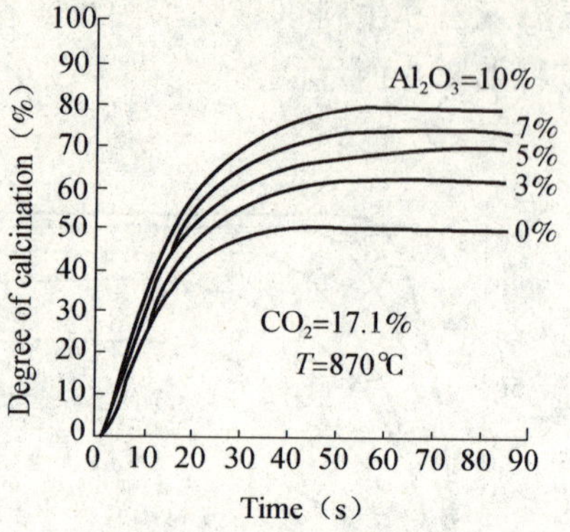

图7 Al_2O_3 含量的影响

Fig. 7 Influence of Al_2O_3 contents

（二）碳酸钙分解动力学特性的若干新概念

1. 悬浮态下碳酸钙分解反应机制

Tang 等[6]研究认为，在等温动力学研究中，对于不同的反应机制，在转化率 $\phi=0.15\sim0.6$ 范围内，以 $\ln[-\ln(1-\phi)]$ 对 $\ln\left(\frac{t}{t_{50}}\right)$（$t_{50}$为转化率达 50% 时所需的反应时间）作图均能获得较好的直线关系。根据直线的斜率可以推断反应机制。本实验结果如图 8 所示。

实测的直线斜率都在 $m=1.5\sim3.0$ 之间。根据 Tang 判据[6]可判定：实验所用细颗粒碳酸钙在近似分解炉工况的条件下的分解反应是受晶核形成与生长速率控制。这种反应机制与目前普遍认为的界面化学反应机制是不同的。本实验还表明，颗粒粒径对分解反应速率的影响很小。这一结论是碳酸钙悬浮态分解反应机制属于晶核形成与生长机制，而不属于界面化学反应机制的有力证明。

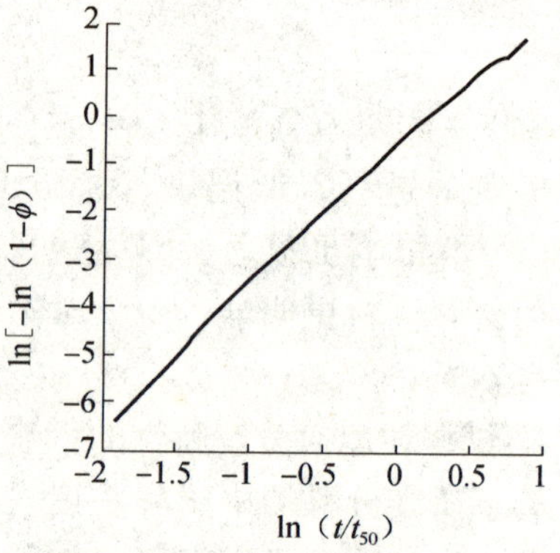

图8 $\ln[-\ln(1-\phi)]$ 与 $\ln\left(\frac{t}{t_{50}}\right)$的关系

Fig. 8 $\ln[-\ln(1-\phi)]$ vs $\ln\left(\frac{t}{t_{50}}\right)$

2. 碳酸钙分解反应的“准终态”与终态分解率

对于工业反应器而言，热力学平衡的反应终态是难以实现的。实验发现。悬浮态的碳酸钙颗粒显著的分解时间一般在 15 ~ 20s 之间，此后分解率随时间的延长而变化很小，而此时并非是热力学平衡状态。因此本文定义：当单位时间（秒）内分解率的变化小于 0.05% 时的状态为“准终态”（简称反应终态），相应的分解率称为“终态分解率” ϕ_{end}。用这一概念作为诸因素对于分解反应影响程度的定量判剧，这也是生产中所可能达到的最高分解率。

3. 易分解性指数

研究表明，不同的物料种类具有不同的分解特性。为了比较各种物料的分解特性，现将生料在一定的条件下所能达到的终态分解率作为对比依据，而定义的“易分解性指数 ϕ_r”，其具体含义是指：“在900℃，CO_2 分压为 2×10^4Pa 的条件下所测得生料的终态分解率”。此值综合了石灰石和配合料的所有分解特征，因此是表征生料对分解炉运行影响的定量指标。表1为部分水泥厂生料的易分解性指数。

表1　部分生料易分解性指数 ϕ_r

Table1　Index of cement raw meal decomposition ability ϕ_r

	Ningguo cement raw meal	Shunchang cement raw meal	Liuzhou cement raw meal	Wannian cement raw meal
ϕ_r(%)	82.19	80.45	75.23	74.90

4. 各主要因素对石灰石、生料分解进程影响的定量规律

（1）温度、CO_2 含量的影响

大量实验表明，温度和 CO_2 含量对碳酸钙分解反应的影响最为显著。由实验结果处理得：

$$\phi_{end} = A_1 \cdot (A_2 - w_{CO_2}) \cdot \exp(-\frac{B}{T}) \tag{1}$$

式中　A_1、A_2、B——分别为与物料有关的系数（表2）；

w_{CO_2}——气流 CO_2 气体百分含量；

T——反应器内气体绝对温度。

表2中系数适用于温度810～920℃，CO_2 含量0～35%。上述关系式表达了两个主要因素对生料分解反应的综合影响，用此式可估计分解炉在生产时的工况条件下所能达到的分解率上限值。

表2　不同生料的各系列数值

Table2　Factors of cement raw meals

	A_1	A_2	B
Ning guo cement raw meal	3.151×10^3	47.74	8175
Liuzhou cement raw meal	349.2×10^3	54.12	14044
Shunchang cement raw meal	13.63×10^3	66.03	10512
Wannian cement raw meal	1.190×10^3	54.84	7409

（2）配合料 SiO_2 与 Al_2O_3 对碳酸钙分解的影响

对实验结果的处理表明：对于柳州水泥厂石灰石（63～80μm）在870℃，$CO_2=17.1\%$ 时，当 SiO_2 掺入量为0～20%或 Al_2O_3 掺入量为0～10%时，其终态分解率的关系式为：

$$\phi_{end} = 50.5 + 1.106 \cdot w_{SiO_2} \tag{2}$$

$$\phi_{end} = 50.5 + 2.03 \cdot w_{Al_2O_3} \tag{3}$$

式中　w_{SiO_2} 和 $w_{Al_2O_3}$ 分别表示掺入的 SiO_2 和 Al_2O_3 的质量百分含量。应该指出，若石灰石中同时掺入 SiO_2 与 Al_2O_3 时，其终态分解率是否存在线性迭加关系还需实验进一步论证。

四、模拟分解炉测试结果的工业应用

（一）确定分解炉结构与尺寸的依据

根据实测模拟工况下的 $\phi(t)$ 曲线上找到与 ϕ_{end} 相对应的 t_R，此 t_R 即为反应的有效时间。本研究表明，当扣除物料预热时间（即进分解炉之前的加热时间），850℃及 CO_2 含量为19.4%时有效分解时间均在10s以上。据有关资料[7]介绍：40～200μm的煤粉颗粒在900℃时的燃烧时间为0.3～3s。一般分解炉（如柳州水泥厂SLC分解炉）内物料停留时间为10s左右。分解炉不仅要进行煤粉燃烧，还发生生料分解反应，因此物料在炉内的停留时间不仅要满足煤粉燃烧的要求，还要满足生料分解的要求。在分解炉设计时，必须要同时考虑生料分解时间和煤粉燃烧时间。

（二）确定分解炉的适宜操作温度

在既定的分解炉生产线上或设计新型分解炉时，根据平衡原理计算要求达到确定的出炉解率，再利用模拟分解炉对生料粉进行试验所得结果，按式（1）确定分解炉操作温度，然后根据煤粉燃烧试验的结果对该温度进行校核，最后确定分解炉的适宜操作温度。

（三）设计生产流程的参考

离线分解炉与在线分解炉相比，炉内不仅 O_2 含量高，而且 CO_2 含量低。这表明离线炉不仅有利于煤粉燃烧，还有利于生料分解率的提高。由式（1）可得，炉内 CO_2 含量降低，其分解率直线上升。一般炉内 CO_2 每降低1%，终态分解率会提高1%～1.5%。对于生料易分解性指数低、煤粉燃烧性能不良时，以选择离线流程为宜。应该指出，由于工业分解炉尺寸较大，炉内物料分散程度及物料停留时间均对生料分解率有影响，同时由于煤粉不断燃烧，使炉内 CO_2 含量在空间上有变化，如何计算生料的分解率尚需作进一步研究。

（四）预分解系统中生料粒度的控制

过去从气固反应的基本概念出发，普遍认为生料分解反应符合界面化学反应机制，即认为生料粒度越细，分解速率越快。本研究表明，悬浮态下细颗粒碳酸钙分解反应符合晶核形成与生长机制，对于小于450μm的碳酸钙颗粒，其粒径对分解反应速率影响不大。换言之，在生料易烧性不发生显著变化和生产允许的范围内，生料粒度可适当放宽。这样对降低粉磨电耗，减少飞灰损失，改善结皮等均能起到有利作用。

（五）提供技术改造的方向

目前，还有一部分已投产的窑外预分解生产线不能达产，需要进行某些技术改造，涉及到强化分解炉生产的问题，往往需要论证，是扩大容积，还是调整操作参数更为现实有效。对此可根据所提供的原料试样进行模拟分解炉分解动力学研究，找出工况条件下有效分解时间 t_R（相应减去诱导期时间），结合实际运行的热工测定数据和相应物料在炉内的平均停留时间 t_R 来进行分析。一般来说，当原分解炉内不存在显著的不完全燃烧时，而 $t_m < t_R$，则扩大分解炉容积有利于提高系统产量；若 $t_m > t_R$，则说明分解炉容积已满足终态分解率的需要，再扩大分解炉容积作用有限，此时只有提高炉温，才能提高生料分解率。然而炉温往往受到其他因素（如热耗、运转率等）的制约而难以提高，此时有可能需要对原标定产量进行再论证或修正，或者采取其他辅助手段（如炉外再循环等）来解决，已经获得实效。

五、结论

（1）模拟分解炉工况所进行的生料分解动力学试验是新型干法水泥生产中掌握原料特性的新方法。对于分解炉的设计、操作和技术改造均有一定的指导作用。

（2）终态分解率是表征工业分解反应动力学特性的重要标志，是比较诸影响分解特性因素的定量判据。

（3）提出易分解性指数的新概念，可作为综合评定原料分解性能的指标，也可作为标定系统产量的参考依据。

（4）炉内温度、CO_2 含量以及生料配合料中 SiO_2 与 Al_2O_3 量是影响生料在炉内分解反应的最重要因素，所提供的定量函数关系，可为系统优化设计作参考。

（5）在悬浮态下，粉状碳酸钙分解过程具有晶核形成与生长机制的新观点，将对深化分解动力学的认识起到一定的指导作用。

参考文献

[1] 杨南如，胡道和，等．硅酸钙分解动力学的初步研究［J］．南京化工学院学报，1980，1：19.

[2] Vosteen B. Vorwarmung und vollkommene Kalzination von Zementroh mehl in einem Sohwebgassystem. Zement-Kalk-Cips，1974，27（9）：443.

[3] Muller A，Dahm B. Stark J. Zur Kinetik Karbonatzersetzung. Silikattechnik，1977，28(1)：4.

[4] Kupper D. Tiggerbaumker F. Beitrag zur Entsauerungsverhalten von Zementrohmehten. Zement- Kalk- Gips，1983，36(5)：275.

[5] Unland G. Verfahrenstechnische Einflubgroben bei Konstruktion den Calcinators. Zemem-Kalk-Gips，1986，39（2）：90.

[6] Tang T B. Chaudhri M M. Analysis of isothermal kinetic data from soid state reactions. J Therm Anal，1980，17（2）：359.

[7] Duda W H. 华新水泥编写组译．国际水泥工艺资料集第一版（中译本）［M］．北京：中国建筑工业出版社，1981.

滇西厂 RSP 分解炉气固两相运动规律

李昌勇　考宏涛　胡道和

（南京化工大学材料科学与工程学院，南京，210009）

【摘　要】 通过冷模条件下的气体三维流场、阻力损失与炉内物料停留时间分布的试验研究，对滇西水泥厂 RSP 分解炉内气固两相运动规律进行了研究，并结合江西水泥厂 RSP 的情况，对比分析了滇西厂 RSP 各室设计的结构和操作参数的合理性，为指导生产操作提供了依据。

【关键词】 分解炉，气体流场，压力损失，停留时间分布

STUDY ON MOVING PATTERNS OF GAS AND SOLID PHASES IN RSP CALCINER OF DIANXI CEMENT PLANT

Li Changyong　Kao Hongtao　Hu Daohe

College of Materials Science and Engineering,

Nanjing University of Chemical Technology, Nanjing, 210009, China)

【Abstract】 The gas flow field, pressure drop and retention time dist ribution of powder material under the condition of cooling model test in RSP calciner in Dianxi Cement Plant were synthetically carried out and the moving patterns of it were discussed. In comparison with the RSP calciner in Jiangxi Cement Plant and other calciners, the design reasonability of parameters of the structure and of the operation of each chamber in RSP calciner in Dianxi Cement Plant were analyzed, and this can provide reference for the practical operation and indust rial design of similar plants.

【Key words】 calciner, gas flow field, pressure drop, retention time dist ribution

滇西水泥厂 1 号窑烧成系统采用从日本小野田水泥公司引进的 RSP 预分解技术，设计熟料产量为 1000t/d。投产以来系统运转情况良好，系统熟料产量可稳定达到 1100t/d 左右。南京化工大学硅酸盐工程研究所根据滇西厂的实际原、燃料条件和预分解系统的结构和工况条件对预分解系统进行了全面的、系统的工程诊断研究。本文介绍诊断预测研究中该 RSP 分解炉系统气固两相运动规律的综合研究部分。

江西水泥厂的 RSP 分解炉的研究表明，这类分解炉的 SC 室内部因过强的旋流效应而使得物料分散状况及均布性都很差，并且强旋流的作用在 MC 室仍然延续，导致方形截面的 MC 室空间利用率降低。在实际生产中导致了相当频繁的结皮堵塞，严重影响了系统运转率和熟料产量。

滇西水泥厂的RSP分解炉系根据引进技术做了部分结构改进后设计的。与原来江西水泥厂分解炉的主要不同点在于MC室改成了圆形截面、分解炉喷煤管结构形式不同、SB室进风结构有差别、增加了MC室的鹅颈管等。结构的不同会导致分解炉性能指标和气固两相运动规律的变化，为此，对滇西水泥厂RSP分解炉进行系统的研究与分析就兼具理论意义和实际应用价值。

一、RSP分解炉各室的气体三维流场

试验根据滇西水泥厂的设计工况，分别在流体第二自模化区[2]测定了SC室和MC室的气体三维流场。

SC室流场测量条件：SC室截面风速5.95m/s。

MC室流场测定工况：SC室截面风速8.19m/s；MC室截面风速6.84m/s。

SC室的气体三维流场测定结果如图1所示。图中U_t、U_r、U_z分别为切向、径向及轴向风速。测定结果与江西水泥厂RSP分解炉SC室的气体流场图[1]基本分布规律一致，也是一比较均匀的旋流流场，除中心区外的大部分区域切向风速U_t大而均匀，且沿轴向的变化量很小。轴向风大多数区域是向下流动的，中心有一小回流区，系旋转气流卷吸所致。这种流场结构，好处是能够在壁面附近形成一个比较厚的低温物料层，有利于保护分解炉内衬，延长耐火衬料寿命，但对生料和煤粉的分散很不利，将影响燃烧和分解反应。并且过强的旋流速度还增大了气流与壁面间的摩擦，加大阻力损失。

MC室气体三维流场测定结果如图2所示。除斜烟道直冲的区域及其上方有一小回流外，基本都是向上的轴向风。SC室的旋流效应在圆形的MC室截面上体现为一种数值很小的切向风速U_t。可以起到一定的物料横向混合作用，有利于物料分散。轴向风基本向上流动，将可能影响物料在炉内的停留时间，降低料气停留时间比值和空间利用效率。因而同采用方形截面的RSP分解炉比较，MC室的分散和均布状况会有所改善，但炉容积利用率仍不理想。

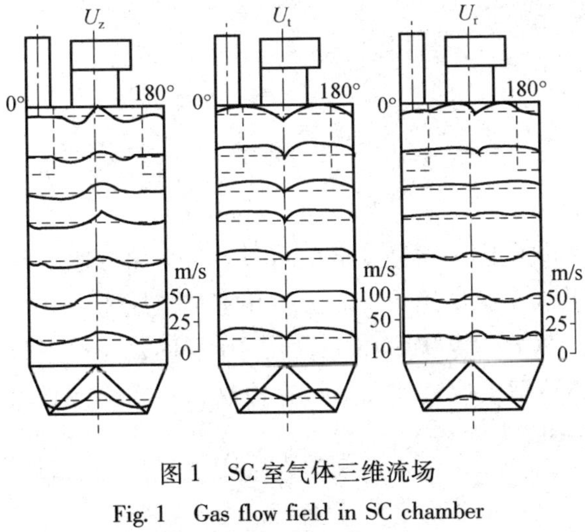

图1　SC室气体三维流场

Fig. 1　Gas flow field in SC chamber

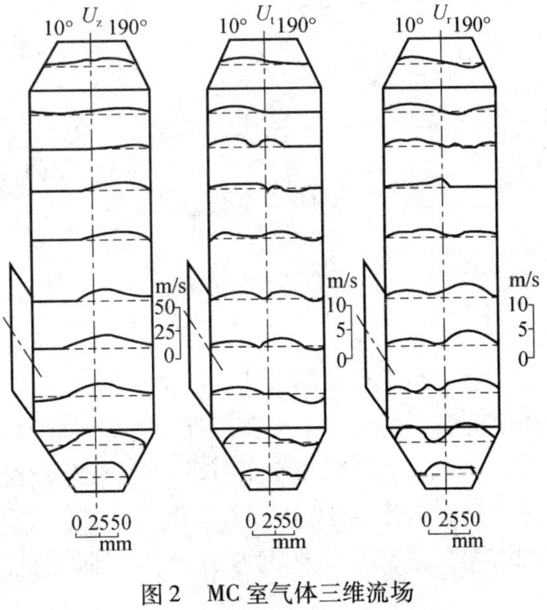

图2　MC室气体三维流场

Fig. 2　Gas flow field in MC chamber

试验测试结果表明鹅颈管内的气体流动基本上是沿轴向的运动，径向及切向分量很小，并且速度分布也较均匀，物料将基本上接近柱塞流动，从而会进一步影响分解炉整体物料停留时间和空间利用率。

二、分解炉阻力特性的研究

分解炉总体的阻力特性测定结果如图 3 和图 4 所示。

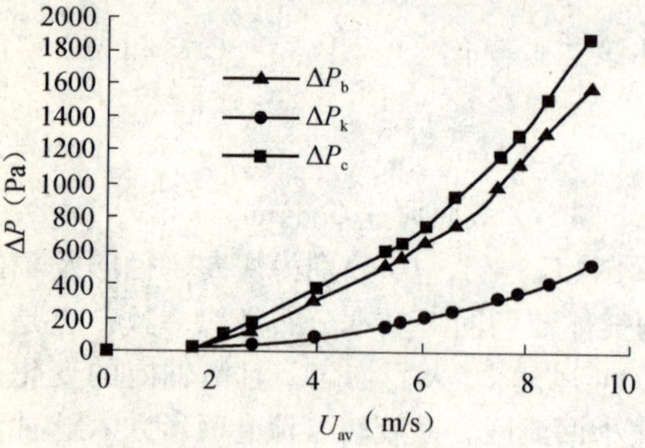

图 3　RSP 分解炉阻力损失

Fig. 3　Pressure drop of RSP calciner

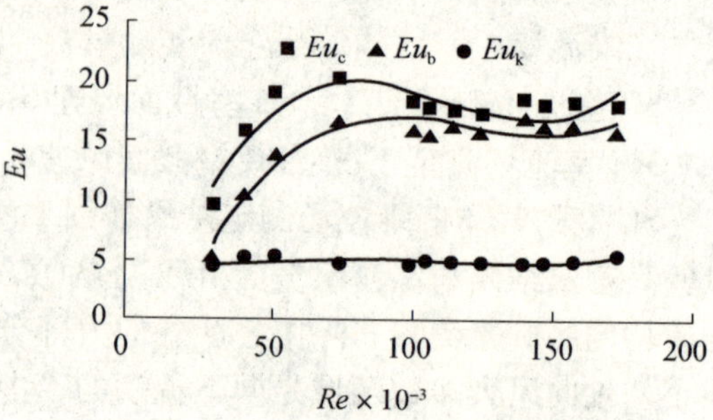

图 4　RSP 分解炉 *Eu* 与 *Re* 的关系

Fig. 4　Relation of *Eu* and *Re* of RSP calciner

图 3、图 4 中　ΔP_b、ΔP_c——分别为 SB 室和 SC 室进风口至 MC 室出口间的压降；

ΔP_k——窑尾缩口至 MC 室出口间的压降；

Eu_b、Eu_c、Eu_k——分别为对应 ΔP_b、ΔP_c 和 ΔP_k，以 MC 室截面平均风速 U_{av} 为基准的欧拉数；

ρ——气体密度。

$$Eu_b = \frac{\Delta P_b}{\rho^{2}_{av}}$$

$$Eu_c = \frac{\Delta P_c}{\rho U^2_{av}}$$

$$Eu_k = \frac{\Delta P_k}{\rho U^2_{av}}$$

与之相对应的阻力系数：

$$\xi_b = 2Eu_b$$

$$\xi_c = 2Eu_c$$

$$\xi_k = 2Eu_k$$

表 1 为几种不同形式分解炉冷态模型试验测定的阻力系数比较。可以看出，滇西水泥厂 RSP 分解炉的阻力损失在几种分解炉中相对较低。工况风速下 SC 室、SB 室三次风入口和窑气入口到分解炉鹅颈管出口的冷态压降分别为 720Pa、490Pa 和 337Pa，阻力系数（经过风速校正）分别为 41.0、39.0 和 15.5。但如果调整闸板位置使缩口风速提高，则阻力系数增加，尤其是 ξ_k 会大幅度增加，窑尾到炉出口的压降大大增大。

表 1　各种分解炉冷模阻力损失

工厂	JD		JX		LY		JX		LZ	DX	
煅烧炉	NSF		RSP		NKSV		RSP		SLC	RSP	
编　号	1	2	1	2	1	2	1	2		1	2
ξ	103	12	152	31	27	19	60	14	94	39	16

三、RSP 分解炉内固体颗粒运动规律及研究

分解炉 SC 室内的物料停留时间分布测定结果如图 5 所示。观察发现，物料从三次风入口上方喂入时基本上贴壁运行，当从中心喷煤管加料时，在 SC 室的上部约三分之一高度上物料分散状况较好，但迅速富集到壁面附近，在中下部分散及均布情况很差。停留时间分布的测定结果表明料气停留时间比值大约为 5.1，从中心喷煤管加料时还要低一些。从表征返混程度的方差 σ^2 看，数值均基本不超过 0.3，属于低返混的流动形式。表明 SC 室内气固相间的混合比较差，煤粉的燃烧情况及生料碳酸盐分解过程都可能完成得不够理想。如果想得到比较高的煤粉燃烬度，只能依靠提高 SC 室上部区域的燃烧温度。因而该室仍然是分解炉的薄弱环节，容积利用效率偏低。

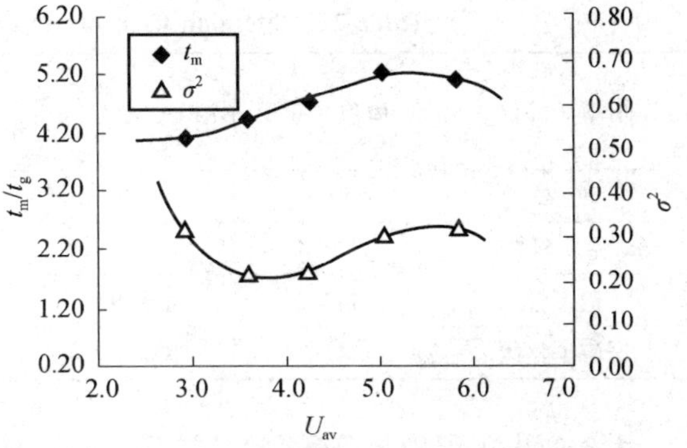

图 5　SC 室物料 RTD 测定结果

Fig. 5　The RTD measuring results of powder in SC chamber

加料口至 MC 室出口的料气停留时间比值在工况风速下大约为 5.45，此比值随风速的变化量比较小（图 6）。至鹅颈管结束的物料停留时间分布测定结果如图 7 所示。料气停留时间比值为 4.2 左右，鹅颈管部分的料气停留时间比值较低，推算结果为 2.4 左右，说明物料在鹅颈管内的运动接近柱塞流动，空间利用率更低一些，与流场分析的结果相吻合。

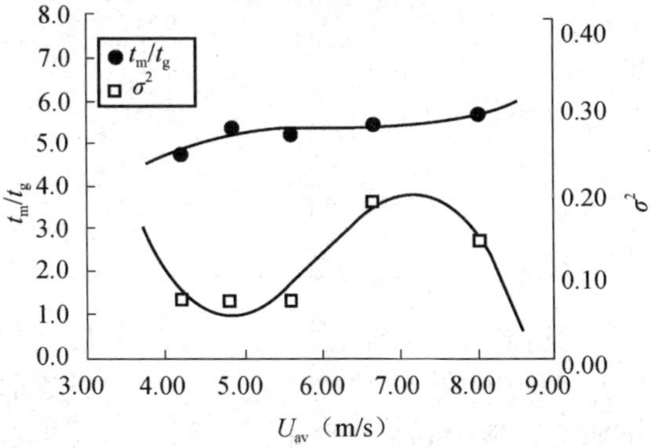

图 6　RSP 分解炉物料 RTD 测定结果（至 MC 室出口）

Fig. 6　The RTD test results of powder in RSP calciner

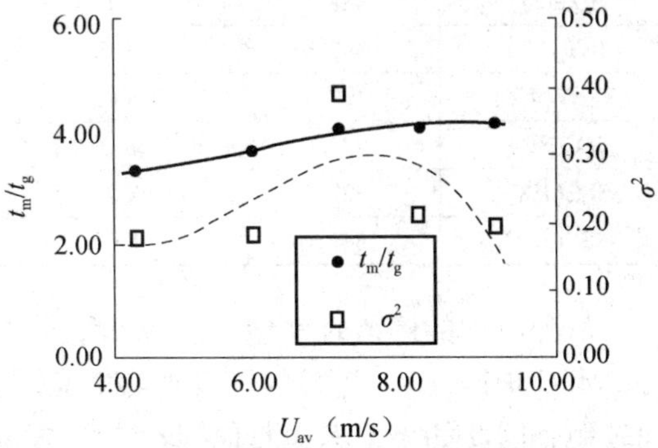

图 7　RSP 分解炉物料 RTD 测定结果（至 C5 入口）

Fig. 7　The RTD test results of powder in RSP calciner

观察表明，分解炉 MC 室内部物料的分散情况比较好，但物料返混情况不够理想，除斜烟道上方看到少量物料的逆向运动外，其他区域物料随着气流很快穿过分解炉。而鹅颈管内

部物料的运动几乎是柱塞流动，因而料气停留时间比值都较低。

1 号窑的整个分解炉区（包括 SC 室、斜烟道、MC 室及鹅颈管）各部分的总体积约为 347. 7m^3，全部分解炉区的气体平均停留时间长达 4. 07s。根据模型试验推算的分解炉各部分气体和物料停留时间的分布见表 2。

从煤粉停留时间的数值看，滇西厂的分解炉能够满足煤粉燃烧的基本要求。而从炉内物料运动情况看，分解炉的空间利用率又明显偏低。也就是说，此分解炉是通过容积的大幅度增加来达到煤粉燃烧和碳酸钙分解所需的时间，虽然目的是达到了，但不经济。不过把 MC 室改为圆柱体以消除旋流后效应对物料均布性的影响，应该说是合理的措施。

表 2 分解炉各部分的物料停留时间

Table 2 Retention time of material in each chamber of calciner

分解炉部位	体积（m^3）	体积比例（%）	气体停留时间 t_g(s)	料气停留时间比值 $\frac{t_m}{t_g}$	物料停留时间 t_m(s)	占总停留时间比例（%）
SC 室	29. 1	8. 37	0. 65	5. 110	3. 3	19. 53
MC 室 + 斜烟道	173. 4	49. 87	1. 90	4. 866	9. 2	54. 44
鹅颈管	145. 2	41. 76	1. 80	2. 450	4. 4	26. 03
分解炉整体	347. 7	100. 00	4. 07	4. 150	16. 9	100. 00

表 3 列出了国内部分预分解系统的分解炉物料停留时间分布实测结果。与正常 RSP（江西水泥厂为例）分解炉容积相比较，即使考虑工厂所在位置的气压的影响后，滇西厂分解炉体积仍增大了 57. 6%。与其他炉型比较，单位容积产量就显得更低了。

表 3 几种分解炉的料气停留时间比值

Table 3 Ratio of retention time of material and of gas in some calciner

分解炉形式	有效容积（m^3）	t_g(s)	t_m(s)	$\frac{t_m}{t_g}$	比容积产量〔$t/(m^3h)$〕
NSF(JD)	542. 0	1. 91	10. 5	5. 5	0. 308
MFC(NG)	488. 6	4. 3	>56. 0	>15. 6	0. 341
SLC(LZ)	371. 6	3. 1	8. 4	2. 7	0. 359
SLC(ZJ)	488. 5	3. 14	8. 6	2. 7	0. 341
RSP(JX)	342. 9	2. 5	11. 3	4. 6	0. 243
NKSV(LY)	122. 1	2. 02	7. 6	3. 7	0. 341
ILC(SC)	431. 0	3. 3	8. 6	2. 6	0. 193
SLC(HX)	322. 5	4. 36	9. 7	2. 22	0. 251
RSP(DX)	347. 6	4. 07	16. 9	4. 15	0. 120

从分解炉的停留时间绝对值来看，煤粉在炉内能达到 16 ~ 17s，是国内各厂中最高的（除 MFC 炉以外）。煤粉的挥发和热值又均比较高，易燃性及燃烬特性均很好，所需燃烬时间较短，因此如果不考虑其他因素，窑熟料产量增加至日产 1200t 甚至更高一些，应该说分解炉也是可以适应的。

四、结论

（1）滇西水泥厂所用的 RSP 分解炉平均料气停留时间比值为 4. 15，在熟料产量 1000t/d

时煤粉在实际分解炉内的停留时间约为16.9s。从效果上看，能够满足所用煤粉燃烧所必需的停留时间，对增加产量也有相当的适应性。

（2）该分解炉的SC室内部物料分散与均布情况很差，且中心大部分区域是物料浓度很低的稀相区。从喷煤管加入的煤粉，总的分散状况不理想，整个SC室的空间有效利用率比较低，物料及煤粉的运动也都基本接近柱塞流。圆柱形截面的MC室使旋流后效应的影响减小，MC室内部物料和煤粉的分散状况比较好，但返混程度偏低。

（3）煤粉及物料在SC室内的固气停留时间比值为5.12，斜烟道及MC室内此比值为4.87，在鹅颈管内此比值仅为2.45。因而此分解炉是虽然能够满足设计产量要求，但设备性能指标却比较差，分解炉空间利用率比较低的炉型。

（4）鹅颈管作为一种原有停留时间明显不足的分解炉的补偿措施是可行和有效的，但新设计分解炉时则不应采取这类低容积利用效率的设施，而应在优化设备结构参数的基础上进行开发性设计或选用更优良的炉型。

参考文献

[1] 李昌勇，胡道和．江西水泥厂RSP分解炉的综合研究及改进．全国预分解经验交流会论文集［M］．北京：中国建材工业出版社，1994，6.

[2] 李之光．相似与模化［M］．北京：国防工业出版社，1982，213~219.

RSP 分解炉 SC 室湍流流动特性对煤粉燃烧的影响

胡道和 考宏涛 缪明烽 叶旭初

（南京化工大学硅酸盐工程研究所）

【摘 要】 本文对 RSP 分解炉 SC 室的湍流动力特性，特别是湍流度、旋流强度等方面进行了研究，通过数值模拟的方法探讨了其对 SC 室煤粉燃烧的影响，为今后 RSP 分解炉的技术改造提供了借鉴。

【关键词】 湍流度，旋流强度，数值模拟，煤粉燃烧

对于 RSP 分解炉而言，SC 室是其主燃烧区，SC 室内煤粉燃烧状况的好坏直接决定了分解炉性能发挥的优劣。而煤粉在 SC 室内燃烧与其流体湍流动力特性，特别是湍流度、旋流强度有着极大的关系。

但就 SC 室喷煤风、SB 室入口风量与 SC 室入口风量的比例等改变时，如何影响炉内湍流度分布，进而影响物料、煤粉的停留时间等宏观特性的，至今仍停留在模型试验的重复测定和经验预测的阶段上，而未能从微观流体流动的角度出发，应用流体力学理论、湍流脉动的观点进行深入的分析。

对 SC 室内湍流运动的研究从工程技术应用的现点看，是探讨其所引起的平均流场的变化，本文借助数值模拟和热线风速仪测定的方法，通过对 SC 室内部湍流度分布的计算、对比，并结合旋流强度讨论其对 SC 室煤粉燃烧的影响，希望为 SC 室运行机理的深入分析提供理论依据，并供实际运行操作时参考。

一、基本原理和方法

SC 室各点的速度都具有脉动性，为表示偏离于时均速度的湍流脉动数量的大小，将三维脉动速度 U' 的均方根值与平均速度 U 的比值定义为湍流度 I，即：

$$I=\frac{\sqrt{\left(\frac{1}{3}\right)\times\left(U_x'^2+U_Y'^2+U_Z'^2\right)}}{\overline{U}}$$

，湍流度的大小与湍流所引起的传热、传质过程密切相关。

在 SC 室，切向进入的气体使物料产生高速旋转，湍流使大颗粒受到剪切、拉伸及高速脉动的作用，从而分散成许多小的微团，粉料颗粒变小。这样，增加了与气体间的接触面积。同时颗粒周围的气体边界层处于高度湍动状态，使气固间相对速度大大增加，因而强化了 SC 室传热和传质过程，有利于 SC 内煤粉与高温烟气的混合和燃烧。

本研究正是在此基础上，以湍流模型和湍流方程组，主要是连续性方程、运动方程为理论基础，依据一定的假设条件，应力采用双方程模型，运用 SIMPLE 数值计算方法及相应软件，结合 RSP 分解炉 SC 室的实际边界条件和工况条件。通过计算，了解 SC 室的湍流度分布情况，以探讨其对煤粉燃烧的影响。

二、计算结果和分析

RSP 分解炉 SC 室的悬浮态煤粉燃烧是在纯空气的条件下进行的。生产中窑的三次风分别从 SB、SC 室切向进入，煤粉由 SB 室的顶部加入，SC 室的结构如图 1 所示。

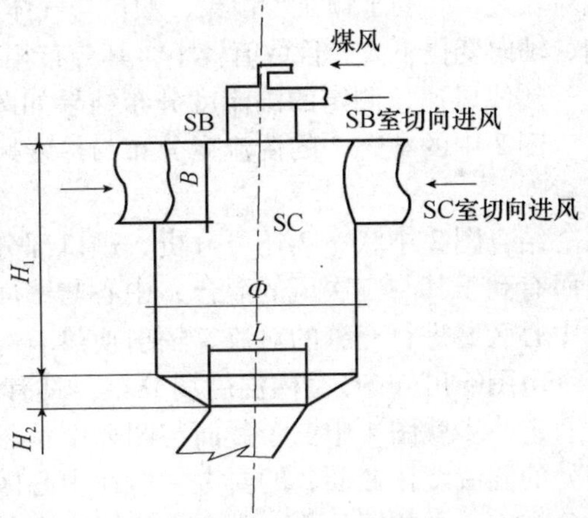

图 1　SC 室的结构

SC 室内气体的运动为典型的轴对称旋流流动，故以下以 SC 室的半边当作研究对象。为了与热线风速仪的测定结果进行对比，研究选取了三种进口条件进行计算（表 1）。表 1 中的总风量 Q_r 等于煤风 Q_c、SB 室的进风量 Q_{SB} 和 SC 室进风量 Q_{SC} 的总和，即 $Q_r = Q_C + Q_{SB} + Q_{SC}$。而热线风速仪测定的模型的进口条件为：$\frac{Q_c}{Q_r}=\frac{7}{100}$，$\frac{Q_{SB}}{Q_{SC}}=\frac{10}{99}$。

表 1　数值模拟计算的进口条件

序号	1	2	3
煤风占总风量的比例 $\frac{Q_C}{Q_r}$（%）	5.00/100	7.5/100	10/100
SB 室进风量与 SC 室进风量的比例 $\frac{Q_{SB}}{Q_{SC}}$（%）	0/100	12.5/87.5	25/75

通过计算，湍流度分布结果如图 2 所示。

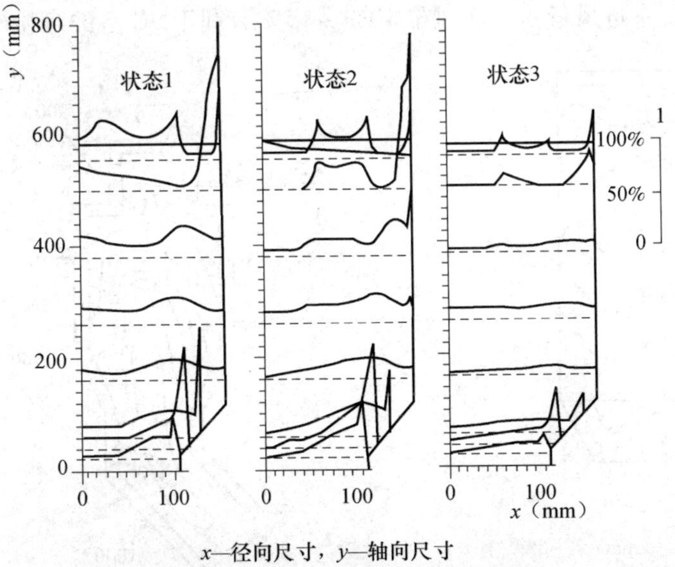

x—径向尺寸，y—轴向尺寸

图 2　SC 室湍流度分布的计算结果

从图 2 可知，三种情况的进出口部分湍流度较大，最大在 60%，其分布形状相似；轴线附近湍流度相对较小，平均为 5%。但状态 1 的中心部分湍流度沿轴向愈来愈小，这与旋流的衰减有关，但其边壁的湍流度不大，这对于边壁富集的颗粒的脉动和换热不利。状态 2 的湍流度径向变化明显，在轴线与壁面之间的区域也有相当的湍流度。与状态 1 相反，其边壁的湍流度相对较大，有利于颗粒与颗粒、颗粒与气体的换热及室内温度场的均匀。状态 3 的湍流度沿径向、轴向变化不大，且数值较小，其分布相对较均匀，这样容易造成 SC 室内较大的温度梯度。

热线风速仪测定的湍流度分布结果如图 3 所示。

图 2 中的状态 2 的湍流变分布与热线风速仪的测定结果较为相似，说明模拟计算有一定可靠性。

结合图 2 中状态 2 还可分析，进口部分较大的湍流度有利于煤粉质点的运动幅度增大，从而有利于其与三次风的混合，中心与壁面区域相当的湍流度有利于较低温度的壁面与高温的中心区域进行充分的对流、辐射换热。

由图 4 可知 SC 室内温度场分布，具有由上到下、由外及内温度愈来愈高的特点。

进一步就图 4 中三个截面与图 2 中状态 2 的三个截面对应起来，可以发现，截面 1 在近壁处的湍流度比截面 2 的要大。但在中心区，截面 1 的要比截面 2 的要小，体现在图 4 温度场分布中，在相同的径向距离上，图 4 中截面 1 近壁处的温度差要小于截面 2 的，但中心区的温度差大于截面 2′。也就是说，截面 1′近壁处的温度梯度小于截面 2′的，中心区的温度梯度要比截面 2′大。这是因为伴随煤粉的混合燃烧，在碳颗粒的周围形成一层气体边界层，这对 O_2、CO_2 的扩散和热量的传递不利。合理的湍流度分布可使气固间相对速度大大增加，这不仅可增加悬浮态煤粉颗粒与气体间的接触面积和接触时间，也有利于气体边界层的变薄，从而强化气固间的传质、传热过程，有利于温度梯度的降低，即有利于温度场均匀分布。因此就对煤粉燃烧的影响而言，对比可知状态 1、状态 3 的湍流度大小与分布没有状态 2 理想，当然在同一状态下，例如状态 2 各处的湍流度大小及分布的不均，对温度场的分布的影响也不是一样的。状态 2 沿径向变化较明显的湍流度的分布和壁面与中心较大的湍流度给热量的载体——气体扩散提供了较大的动力，使 O_2 更容易扩散到碳颗粒的反应界面和产生的 CO_2 逸出，使悬浮态下煤粉的燃烧更加完全，有利于形成一个稳定合理的温度场。这与文献中介绍的 SB 室进风量占三次风量 10% ~15% 有利于 SC 室的煤粉燃烧相吻合。

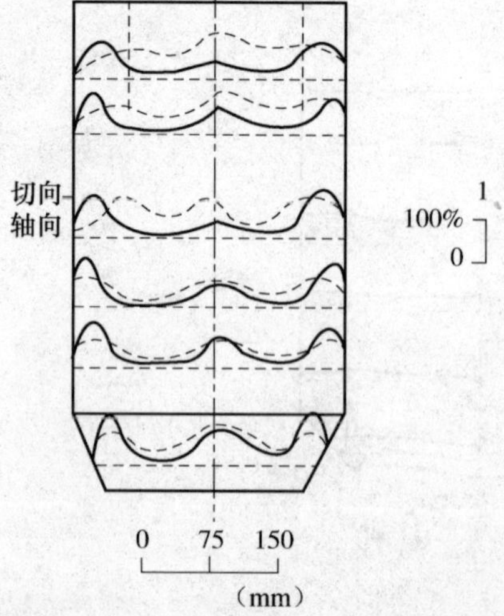

图 3　SC 室湍流度分布的测定结果

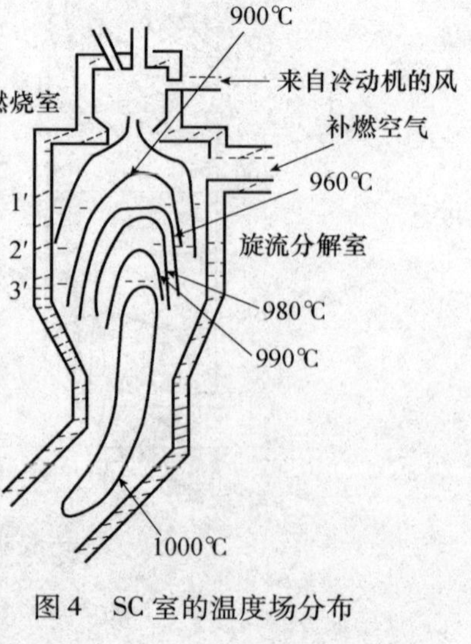

图 4　SC 室的温度场分布

上面讨论的是在等温条件下的单相气流的湍流脉动，而湍流度与温度是相互影响的，据资料介绍其关系如下：

$$\frac{I_f}{I_0} = (\frac{T_f}{T_0})^{3/2}$$

式中　I_f、I_0——分别为对应于温度 I_f、I_0(K) 的湍流度,%。

故温度的升高也会使气相的湍流度变大。同时，对于气固两相流来说，由于固体颗粒的密度比气体密度大得多，故颗粒相的脉动速度和湍流度比气体脉动速度和湍流度要低得多，且不同的物料运动会导致不同的颗粒湍流度分布。因此，SC 室湍流度场、温度场和煤粉颗粒运动的速度场在煤粉燃烧方面是相辅相成的。

三、旋流强度对煤粉燃烧影响的分析

旋流强度 Ω 是旋转气流的旋转动量矩与气流的轴向动量和定性尺寸乘积的比值，定性尺寸一般为反应器出口直径的四分之一。Ω 反映了旋转气流的旋转强弱程度。Ω 值越大，旋转气流的旋转越厉害，回流区就越大，旋转气流与周围介质进行混合的能力就越强。

对于 SC 室旋转气流的流动，旋流强度 Ω 对悬浮态煤粉燃烧的影响也不容忽视，如图 5 的速度矢量场所示。

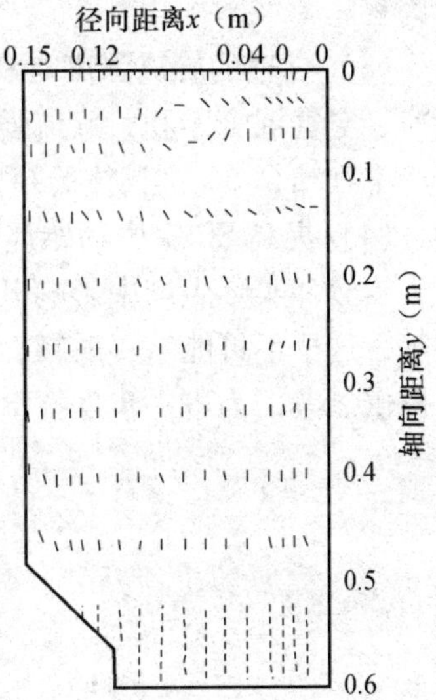

图 5　SC 室的速度矢量场

由于气体旋转进入的结果，在 SC 室中心部分形成一个低于周围介质的负压区，轴向压力差使得周围介质逆向向喷嘴处运动，从而形成回流区。回流区把周围高温烟气卷吸到喷嘴根部来加热煤粉空气的混合物，对稳定煤粉的着火燃烧有利。

随着旋流强度的增大，轴向、切向及径向速度衰减也加快，同时回流区长度、宽度随旋流强度的增加而增长，如图 6 所示。

但过强的旋流强度会使煤粉贴壁运动，从而又恶化 SC 室的燃烧环境。江西水泥厂 RSP 分解炉 SC 室运行初期就出现过类似的问题。但过小的旋流强度，如 $\Omega \leqslant 0.76$，一般又不会产生回流区，同样不利于煤粉的燃烧。

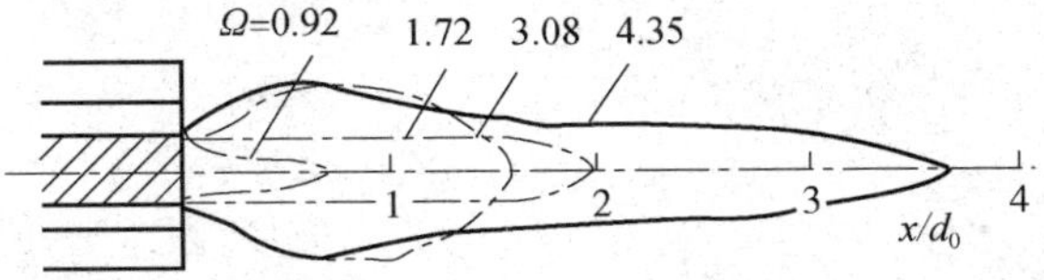

图 6　回流区与旋流强度的关系

对于同样大小的回流区，煤粉化学反应能力越强，燃烧就越快，回流区烟气温度越高，将有利于煤粉的着火。着火温度低的煤，要求回流区尺寸可以小一些，因此，高挥发分的烟煤燃烧要求旋流强度比低挥发分的烟煤要低。对于 SC 室由于其热力强度较高和纯空气燃烧环境，一般说来其对于劣质煤的适应性很强，但在烧劣质煤时必须选定与之相适应的旋流强度。此外，煤粉越细，燃烧越快，着火越稳定，在悬浮态下着火点就可提前，使燃烧往 SC

室上部移动，从而充分利用 SC 室容积和稳定煤粉燃烧。这也是法国 CLE 公司用“五 T 法则”来优选预燃参数，从而努力改善 SC 室煤粉燃烧环境的原因所在。

四、结语

基于以上的研究，可以知道：

（1）煤粉燃烧除与 SC 室的结构参数有关外，还与流体动力特性和煤粉燃烧特性有关。

（2）不同的煤风，SB 室、SC 室进风量的比例使得 SC 室湍流度 I 分布发生改变，从而对煤粉燃烧环境产生一定影响。生产中应控制 SB 室入口风量，以占三次风量 10% ~15% 之间为宜。

（3）合理的旋流强度有利于煤粉的稳定燃烧。旋流强度过小，SC 室不产生回流区，对煤粉、空气混合不利，旋流强度过大，煤粉会贴壁迅速迁移而下，恶化了煤粉燃烧的环境。生产中宜结合 SC 室具体的结构参数加以研究确定。

（4）提高 SC 室内的燃烧温度，优化预燃参数在很大程度上会促进煤粉的着火燃烧。

当然，实际生产中影响 RSP 分解炉 SC 室煤粉燃烧的因素，还有原、燃料特性，炉内气氛等，这里不可能一一兼顾，仅希望通过这一初步探讨，为 RSP 分解炉 SC 室的实际生产操作提供参考，为进一步发挥 RSP 分解炉的技术优势做出贡献。

浅析 RSP 分解炉二次燃烧工艺

考宏涛　李昌勇　胡道和

（南京化工大学硅酸盐工程研究所，210009）

【摘　要】 根据悬浮态下 RSP 分解炉内燃烧与分解反应的特点，计算了 SC 室与 MC 室的煤粉燃烬度和生料分解率，并在此基础上，分析了二次燃烧工艺，为进一步优化 RSP 分解炉燃烧与分解环境提供了必要的基础。

【关键词】 RSP 分解炉，煤粉燃烬度，生料分解率，二次燃烧

一、前言

燃煤的 RSP 分解炉，关键问题是煤粉的燃烧[1,2]。分解炉问世以来，各国为优化煤粉的燃烧环境以保证生料分解的完全，对其进行不断的研究，并对 RSP 分解炉的结果，尤其是 MC 室的结构进行了改造[3,7]，但生产中依然存在煤粉的不完全燃烧现象。为此，法国 CLF 公司研究开发了二次燃烧工艺，即在最低一级旋风筒下料管 A 和回转窑进料管 B 之间增加一个小流化室，利用流态化技术，通过喷入空气（空气量相对于未燃烬的碳能继续燃烧完所需的氧气量），增加固体颗粒的停留时间。对整个分解炉来说，物料（包括煤粉）总的累积停留时间为 100s 左右，使未燃烬的煤粉在悬浮状下二次燃烧，以此达到煤粉完全燃烧的目的。其系统结构如图 1 所示。

由法国 Beaucaire 水泥厂的生产实践可了解到，二次燃烧大大增加了固体颗粒的停留时间，从而在窑尾处煤粉的燃烬度超过 99%。但二次燃烧工艺在我国运用尚未取得预期的效果。本文拟从分解炉煤粉的燃烧特性的角度，对这种工艺做进一步探讨。

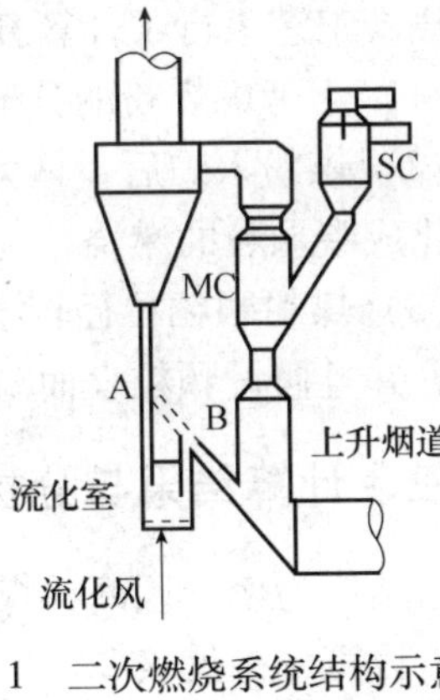

图 1　二次燃烧系统结构示意图

二、主要过程分析及问题简化

分解炉作为高温气固反应器，其内部化学反应十分复杂，从理论上完全模拟其内部的各种过程比较困难。但其主要反应是煤粉的燃烧与生料的分解反应，二者是相互影响、相互制约的。在悬浮下生料的分解反应过程，其基本规律是相同的，即随着时间的延长，其反应量渐增，反应速率有最大值。如图 2 所示，当反应达到一定时间，其生料分解率的增长 $\Delta e < 0.05\%$，即可认为达到反应的假想终态。不过，即使是同一种生料其分解进程与工况温度、气氛（CO_2 分压）等也有很大关系。而悬浮态下煤粉燃烧不一样，不同的煤种，其反应的进程即在分解炉工况条件下的燃烧行为也表现出各自不容忽视的特殊性。但悬浮态下煤粉的

燃烧也有其共同的规律，即开始反应时其燃烧速率很大，随着时间的推移，其煤粉燃烬度 B 几乎不再改变，如图 3 所示。

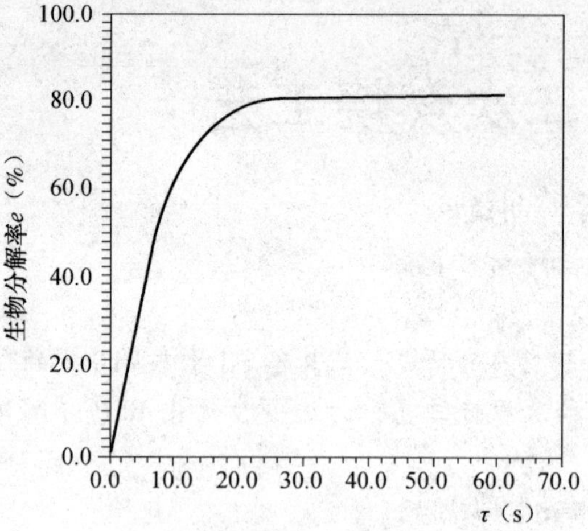

图 2　悬浮态下生料的分解特性

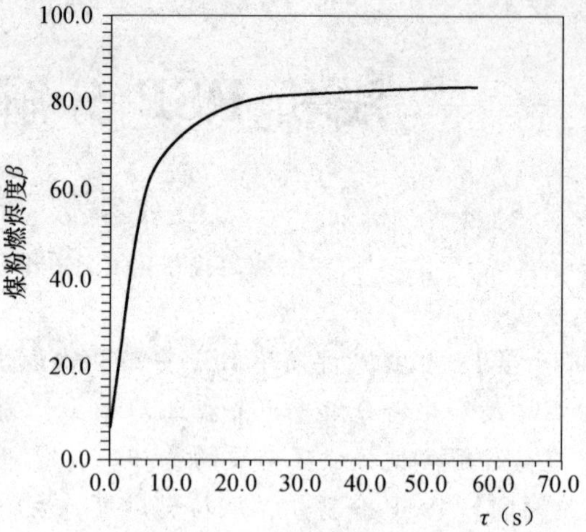

图 3　悬浮态下煤粉的燃烧特性

在 RSP 分解炉内，其实际运行特性决定了煤粉的燃烧状况。也就是说，其煤粉的燃烧要受到各种客观条件的制约，如分解炉内所用煤粉的种类、煤粉的停留时间、分解炉内气流湍动程度及反应实际温度等。为此，可认为 RSP 分解炉和二次燃烧工艺的流化室内主要包括如下几个重要过程：

（1）物料、煤粉与气流的混合换热；

（2）煤粉的着火燃烧；

（3）生料的分解。

本文根据已有的研究成果[8]，利用所建立的数学模型，做如下假设后，结合实例对二次燃烧新工艺进行了计算分析：

（1）不考虑煤粉的分散过程，即认为煤粉在炉内已经充分分散；

（2）煤粉入炉后，认为其预热段及煤粉的挥发、热解过程瞬间完成，从而煤粉的燃烧可简化成碳颗粒的燃烧；

（3）煤粉颗粒粒径较小，可采用集总热容法计算碳颗粒温度，即忽略其内部的温度场分布，并且假设颗粒表面温度与气体温度之差保持恒定。

三、计算结果与分析

以某厂为例，用两种煤粉进行计算，其组成见表 1。结合该厂 RSP 分解炉的结构和技术参数，计算结果见表 2。

表 1　两种煤粉的组成

煤种	W^f（%）	A^f（%）	V^f（%）	$F\cdot C^f$（%）	Q_{DW}（kJ/kg）	着火温度（℃）
A	1.38	14.77	15.08	68.77	28478	638 ± 20
B	1.00	17.02	27.79	54.19	25080	538 ± 20

表 2　SC、MC 室的计算结果

组成	气体温度 T_g(℃)	停留时间 τ(s)	煤粉燃烬度 B_2(%)		生料分解率 e(%)	
			A 煤	B 煤	A 煤	B 煤
SC	920	3.3	32	42	31	36
MC	900	9.6	83	86	81	82

由此可看出，即使用煤种比较好的 B 煤其 MC 室出口仍有 14% 的煤粉没有完全燃烧，生料的分解率只在 82%，还不能令人满意。如果 MC 室的容积加大或在其出口加设较长的鹅颈管，使物料、煤粉停留时间达到 17s，经计算其 A、B 煤粉的燃烬度也只为 87%、91%，相应生料的分解率分别为 86%、88%。也就是说尽管 MC 室增大溶剂，但煤粉的不完全燃烧还是存在的。为此，法国 CLE 公司研究提出了二次燃烧工艺，以此来提高煤粉的燃烬度，其两种布置如图 4、图 5 所示，这两种情况下的数学模拟计算结果如图 6、图 7 所示。

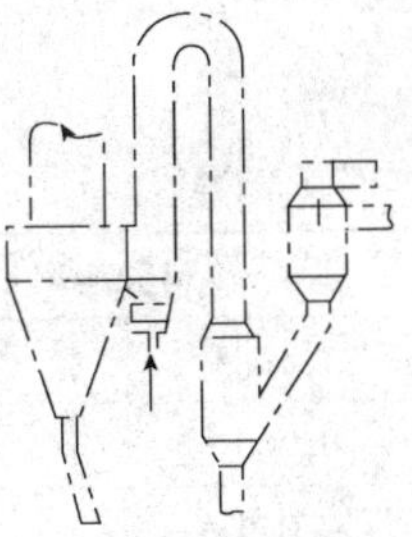

图 4　二次燃烧系统布置方案 1

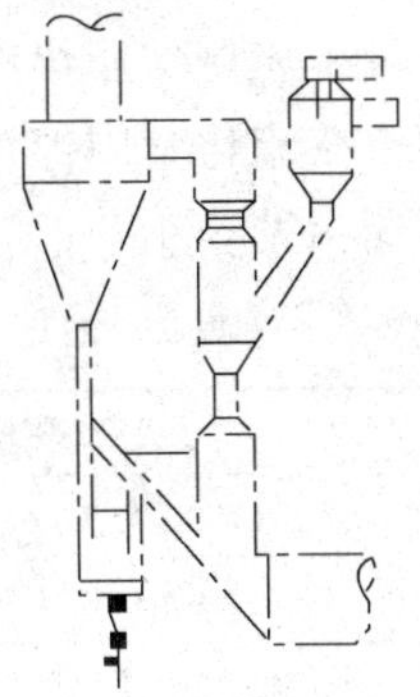

图 5　二次燃烧系统布置方案 2

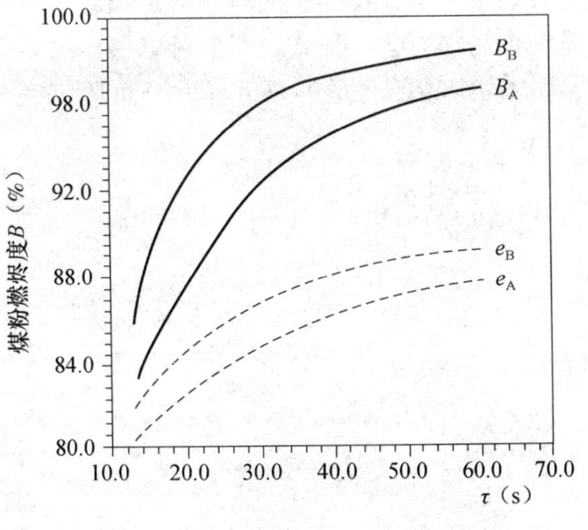

图 6　系统布置方案 1 的计算结果

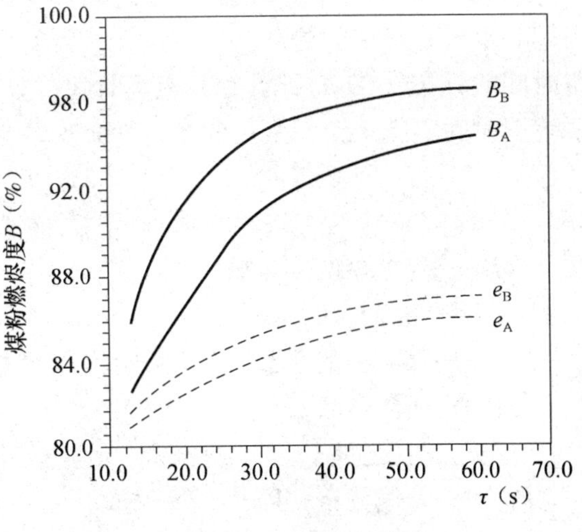

图 7　系统布置方案 2 的计算结果

由图 6、图 7 所示，当固体颗粒停留时间为 60s 时，两种布置下煤粉燃烬度和生料分解率的计算结果见表 3。

表3 两种布置方案下的计算结果

布置方案	煤粉烬度 B(%)		生料分解率 e(%)	
	A(煤)	B(煤)	A(煤)	B(煤)
1号	96.35	98.20	87.55	89.00
2号	94.30	96.50	86.00	87.00

由表3可知，即使用较好的B煤，其两种布置下的燃烬度也只在98.2%和96.5%，也就是说，二次燃烧工艺虽大大延长了颗粒的停留时间，但煤粉的不完全燃烧依然存在。当然，这不仅有结构上的原因，还与操作技术有关。此时一味地延长颗粒停留时间，而不从提高燃烧温度、改善燃烧气氛等因素入手，虽然也可以达到窑尾99%的燃烬度，但并非治本之策。当然，就A煤来说，由于其挥发分较低，燃烧较为困难，出炉煤粉的燃烬度仅为83%。但A煤用于二次燃烧工艺中，当颗粒的停留时间为100s时，其两种情况下的燃烬度可达到99.2%、98.6%。这是由于纯空气的喷入和固体颗粒的停留时间的大大延长，增加了煤粉颗粒与氧分子的接触机会，从而在温度场比较均匀的流化室内强化了煤粉的燃烧，因此二次燃烧工艺对于燃烧劣质煤有其可取之处。

不过，当煤粉在流化室内停留时间大于30s时，两种情况下煤粉燃烬度和生料分解率随时间的变化率不变，见表4。

表4 两种方案下煤粉燃烬度和生料分解率的变化率

布置方案	煤粉燃烬度 B(%/s)		生料分解率 e(%/s)	
	A(煤)	B(煤)	A(煤)	B(煤)
1号	0.090	0.050	0.060	0.051
2号	0.083	0.045	0.045	0.040

由表4可知，此时再延长反应时间，反应曲线趋于平坦，也即反应时间的延长对煤粉燃烬度和生料分解率的提高已没有意义。借助煤粉燃烧的动力学方程式，我们可以根据煤粉停留时间的分布（RTD），计算其燃烬时间，只要考虑固定碳的含量即可，挥发分可假定完全烧烬。对固定碳来说，常用的动力学方程是为：

$$\frac{df}{d\tau} = -f^{2/3} \cdot \frac{K_0}{d_{p_0}} \cdot \exp\left(\frac{-\alpha}{RT}\right) \cdot P_{O_2}$$

式中 f——未燃烬的固定碳；

τ——燃烧时间，s；

K_0——煤品种的系数，与其物理化学性能有关；

R——气体常数；

T——温度，K；

P_{O_2}——氧气分压，Pa；

d_{p_0}——煤粉颗粒的初始粒径，cm。

经计算，两种煤粉的燃烬时间分别为26s、34s(用高温悬浮试验台测定该煤粉的燃烬煤粉的二次燃烧室在纯空气环境下进行的)，且煤粉颗粒的停留时间比较长，但仅仅靠延长固体颗粒的停留时间来提高煤粉的燃烬度，达到生料充分分解的目的，在RSP分解炉的实际运行条件下，并非对所有煤种都能取得很理想的效果。有关煤粉气流的燃烧试验表明：对于$R_{88\mu m}=5\%$的煤粉，而余下的3%的煤粉却要在其余75%的时间内才能燃烬。结合RSP分解炉内煤粉的燃烧过程可知，由于燃烧开始于SC室，且在纯空气环境下进行，而在MC室由于产生大量的CO_2，其燃烧条件较差。同时，研究表明SC室内煤粉的燃烬度决定了生料分解的完全程度，而MC室则相反，其煤粉的燃烧受控于生料的分解反应。故欲强化RSP分解炉的功能，应把SC室变成真正意义上的燃烧室，把MC室变成分解室。MC室容积加大，加设鹅颈管或流化室主要是因为SC室没有完成应有的主燃烧区功能，即把相当一部分燃烧和分解的任务加到了MC室，从而加重了MC室的负担。当MC室不足以胜任时，只好靠增设这些装置来加以弥补。

由此可见，二次燃烧工艺当使用中等的煤种时，就燃烧的经济型来说并不足取，同时二次燃烧采取流态化操作，这种技术不易掌握，系统结构又比较复杂。但当使用劣质燃料时，由于二次燃烧有较长的燃料停留时间和纯空气的燃烧环境，在一定程度上可以强化燃料的燃烧，并为焚烧工业垃圾提供了有意义的前景。

四、结论

（1）不同的煤粉燃烧与生料分解具有不同的特性，生产中改善煤粉的燃烧环境应充分考虑其燃烧特性，单纯延长悬浮态下煤粉的停留时间，当超过煤粉的易燃性指数时，对提高煤粉的燃烬度无明显作用。

（2）优化RSP分解炉燃烧和分解状况时，SC室应重在改善其燃烧条件，而MC室宜在改善其分解环境，二次燃烧工艺并不足取，当使用低级燃料时，这种工艺可提高燃料的燃烬度，从而节约能源。

参考文献

[1] M. Champonnois. Last developments in precalcination-precombustion optimization in reinforced suspension preheater(RSP) and new cement post-combustion precess. Z-K-G, 1983, 4, 136.
[2] 考宏涛. RSP预分解系统的器炉匹配及SC室流体动力学研究［D］. 南京化工学院硕士论文, 1995, 3.
[3] Y. Ueda. Y. Fukuda. Coal firing of reinforced suspension preheater(RSP) proccss. Z-K-G, 1983, 4, 136.
[4] Francois Desmidt. Precalaination for burning line conversion. World Cement, 1987, 12, 1.
[5] F. I. hanowskl etc. Second generation prcalcining with bypass for alkli control. Z-K-G, 1979, 2, 132.
[6] 南京化工学院，等. NSF、MFC、SLC、RSP型分解炉冷态模型试验研究报告（国家“七五”攻关项目资料），1989, 7.
[7] 姜烈刚. 改善RSP炉燃料燃烧状况提高窑的生产能力［J］. 水泥, 1994 (8): 36.
[8] 叶旭初，胡道和. 喷腾分解炉内热态过程的数值模型［J］. 南京化工学院学报, 1993, 7, 15.
[9] 郑琼姣. 燃烧工程［M］. 北京，煤炭工业出版社, 1988, 3.

江西水泥厂RSP预分解系统的综合研究与改进

李昌勇　胡道和

一、引言

RSP型分解炉是日本小野田公司于20世纪70年代初开发的分解炉形式，以增产幅度大、效益显著而为世人瞩目。我国早期开发的燃煤分解炉也基本上是这类结构，以后我们又相继引进了日本小野田公司的RSP预分解技术。到目前为止，这种形式的分解炉仍是我国应用最多的分解炉形式之一。但从使用效果来看，多数RSP分解炉的使用效果不是很理想，存在着煤粉燃烬度低，结皮堵塞严重，严重影响生产正常进行的实际问题，绝大多数未能达到设计产量。为了提高我国预分解技术的水平，充分发挥预分解技术的特点，改善我国此类预分解系统的现状，有必要对RSP预分解系统进行综合全面的研究、分析和评价。

江西水泥厂RSP预分解系统是我国自行设计、制造的第一条大型窑外分解生产线，本文即以该预分解系统为对象进行研究，通过分解炉内气固两相运动规律的综合研究与分析，以及对预分解系统各种参数的反求计算，结合试验观察和实际生产参数，找出其存在问题，为其进一步改进和完善打下基础。

二、研究对象、内容及方法

江西水泥厂RSP预分解系统于1983年开始设计，1987年投产。基本流程如图1所示。该系统的预热器采用2－1－2－1布置，RSP型分解炉由SB室（预燃室）、SC室（分解室）、斜烟道和MC室（混合室）几部分组成，煤粉从SB室顶部的喷煤管加入，从冷却机来的热风的小部分从切向进入SB室助燃，大部分从SC室的顶部侧面的两个切向进风口吹入，物料加在SC室三次风入口处。部分分解的物料和未燃烬的煤粉，通过斜烟道进入MC室，与底部喷入的窑气混合，继续进行燃烧和分解过程，然后从顶部出炉进入四级旋风筒，经气固分离后物料入窑，热气体则进入以上各级预热器加热入系统的水泥生料。

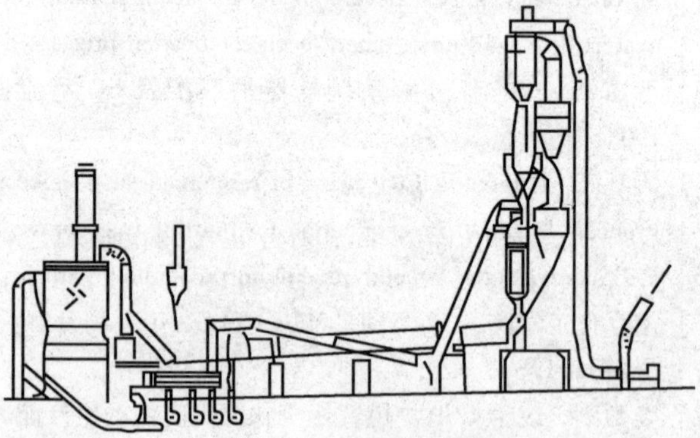

图1　RSP预分解系统流程

该预分解系统自投产以来，经过多次改造，厂里也在结构调整及合理操作方面花费了很大气力，使系统运转率不断提高，熟料产量逐年增加。但由于系统本身固有的问题，以及机械事故较频，至1992年年熟料产量仅为38万t，较设计产量差距很大。

本文所用RSP分解炉的模型结构如图2所示，系江西水泥厂RSP分解炉按几何相似的原则设计制作。

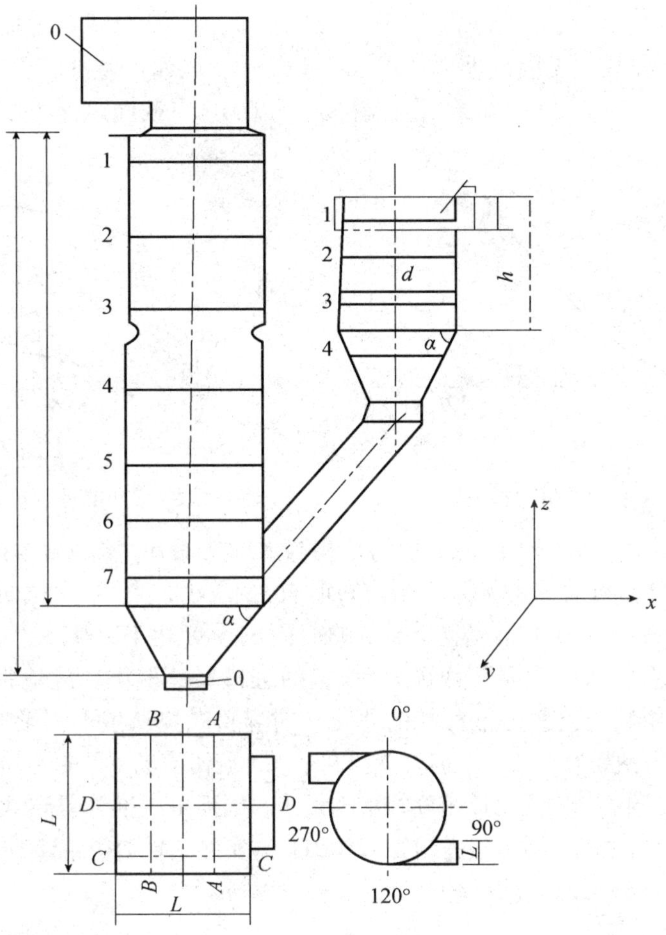

图2　RSP分解炉模型

根据理论与实际情况分析，我们确定了下述研究内容：

（1）RSP分解炉的阻力特性——分解炉主要性能指标之一，用南京化工学院开发的动态压力测量系统测定[1]。

（2）RSP分解炉的气体三维流场——气体及物料运动规律研究和分析的基础，用南京化工学院开发的气体三维流场智能化测量系统进行测量。

（3）分解炉内物料停留时间分布（RTD）——研究物料运动特点和评价分解炉空间有效利用率的重要指标，用南京化工学院开发的粉料停留时间智能化测量系统进行测定[2]。

（4）RSP预分解系统的反求计算及分析——从系统总体上进行分析、研究、探讨全系统各参数及设备的合理性[3]。

三、主要试验结果与分析

（一）RSP分解炉的阻力特性

冷态模型下得到的RSP分解炉的阻力特性测定结果如图3所示。图4为经过无因次处理的测定结果。其中

U_{av}——MC室的截面平均风速（m/s）；

ΔP_1——MC 出口与窑气入口间的压力差，表征喷腾阻力损失；

ΔP_2——SC 室三次风入口至 MC 室出口间的压降，表征总体阻力损失；

Re——雷诺准数，无因次准数，以 MC 室尺寸及风速为基准算得；

Eu_1、Eu_2——分别为对应 ΔP_1 和 ΔP_2 的欧拉数，以 MC 室截面风速为基准算得。

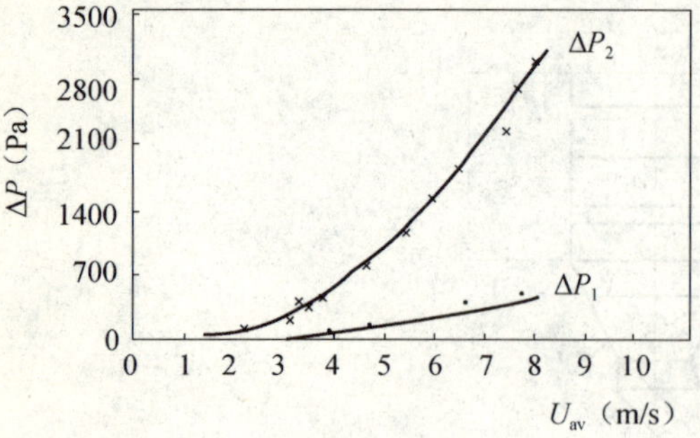

图 3　RSP 分解炉的阻力损失

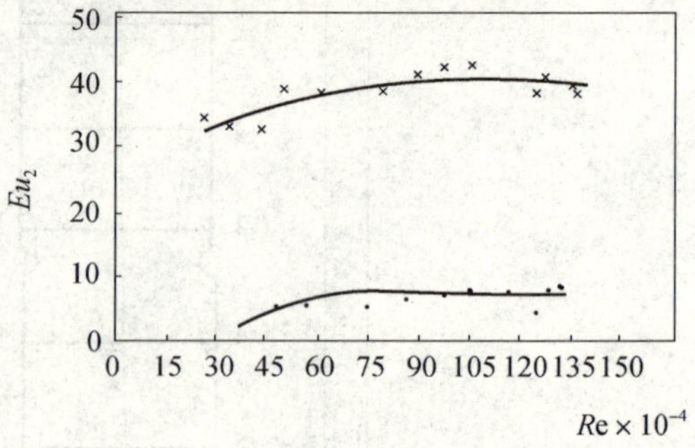

图 4　RSP 分解炉 *Eu* ~ *Re* 关系

从测定结果看，RSP 分解炉的阻力损失是相当大的，而 SC 室的阻力损失尤其大，它占据阻力损失的绝大部分，斜烟道和 MC 室的压降所占比例较小，当 SC 室截面风速为 6.24m/s 时，压力损失达 2770Pa；国外 RSP 分解炉 SC 室的截面风速可达 10 ~ 12m/s，而阻力损失较小。因而从阻力特性来看，江西水泥厂分解炉 SC 室的进口尺寸偏小，旋流强度过大，既造成较大的压降，又导致煤粉与物料分散性能的恶化，对煤粉燃烧产生不利影响。

对应 ΔP_2 的阻力系数为 40.5。根据有关研究结果，旋流流场下的阻力损失主要与气体的密度有关，而喷射流场的阻力损失受气体密度的影响很小。因而可以推算得到 RSP 分解炉自 SC 室三次风入口至 MC 室出口之间的阻力损失约为 1250Pa，与实测结果 1100 ~ 1250Pa 吻合得较好。

（二）RSP 分解炉的气体三维流场

在 SC 室三次风进口风速 $U_i = 32$m/s 的条件下（已处在第二自模化区，接近工况条件）测定了江西水泥厂 RSP 分解炉的气体三维流场，SC 室的测定结果如图 5 所示。从结果看，SC 室的气体流场为一比较均匀的旋流流场，大部分区域切向风速 U_t 较大且均匀，沿程变化很小，只有中心附近略小，径向风速 U_r 的分布与切向风速相似，轴向风速的主流区在壁面附近，中心有的区域有一定回流。

MC 室的测孔布置，测量面及 *x*、*y*、*z* 的方向如图 2 所示。图 6 ~ 图 9 分别对应图 2 中 *A—A*、*B—B*、*C—C* 和 *D—D* 四个立面的气体流场测定结果。可以看到，由于来自 SC 室的气流向下倾斜进入 MC 室，使得图 10 中的轴向风速在靠近 SC 室的侧向下流动（$U_z < 0$）的区域明显增大，并使得来自缩口的窑气喷腾速度的分布规律发生明显改变，中心较均匀的高速喷射区变尖并向右侧偏移。这种偏移在缩口以下的区域越来越突出。在缩口以上的区域变为逆向偏移 *C—C* 截面也呈现类似变化规律。把 *A—A* 和 *B—B* 测面的轴向风速分布规律加以比较可以看出，两图面的 U_z 分布规律完全不同。*B—B* 侧面的轴向风速分布规律甚至与 *D—D* 截面有些相似。这说明 SC 室来的气流不是均匀地进入 MC 室，而是存在严重的旋流后效应。此种后效应从 U_x、U_y 的分布得到进一步证实。从 *B—B* 侧面的轴向风速分布看，气流明显偏向 SC 室的右手方向，且速度差很大。这种偏流极易造成物料的局部富集，从而影响分解炉的空间利用率，对炉内的燃烧和换热造成不利影响。

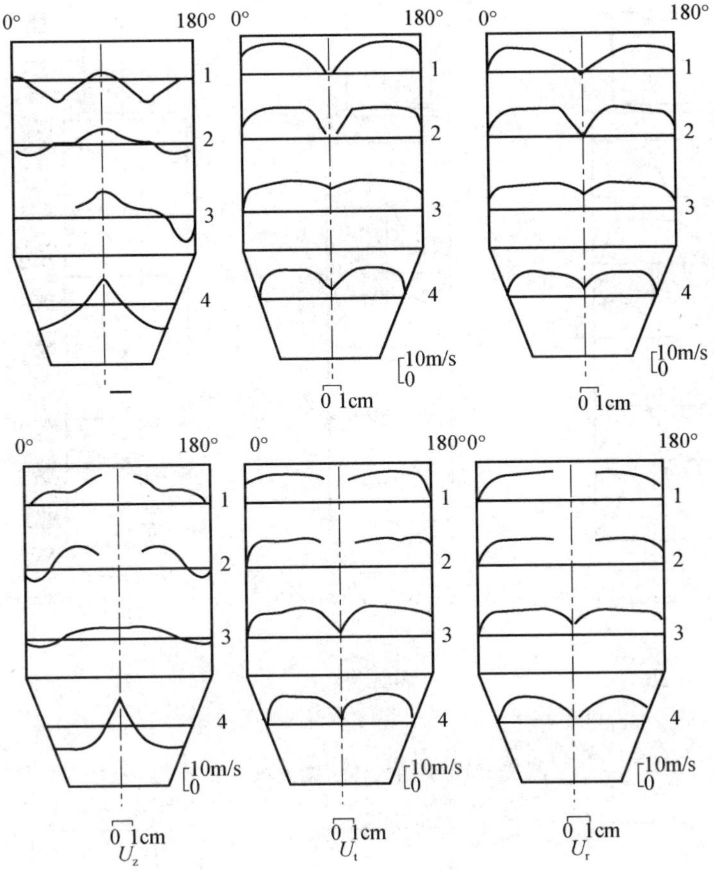

图5　SC 室的气体三维流场

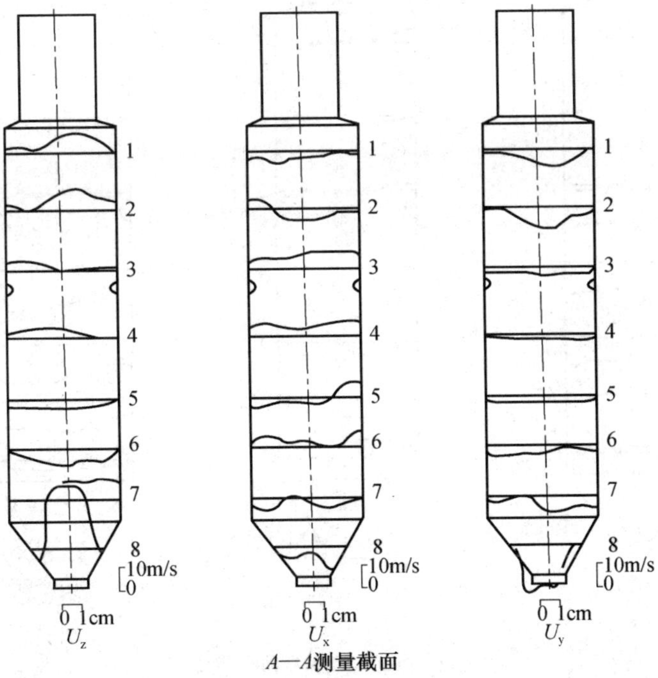

图6　MC 室的气体三维流场（一）

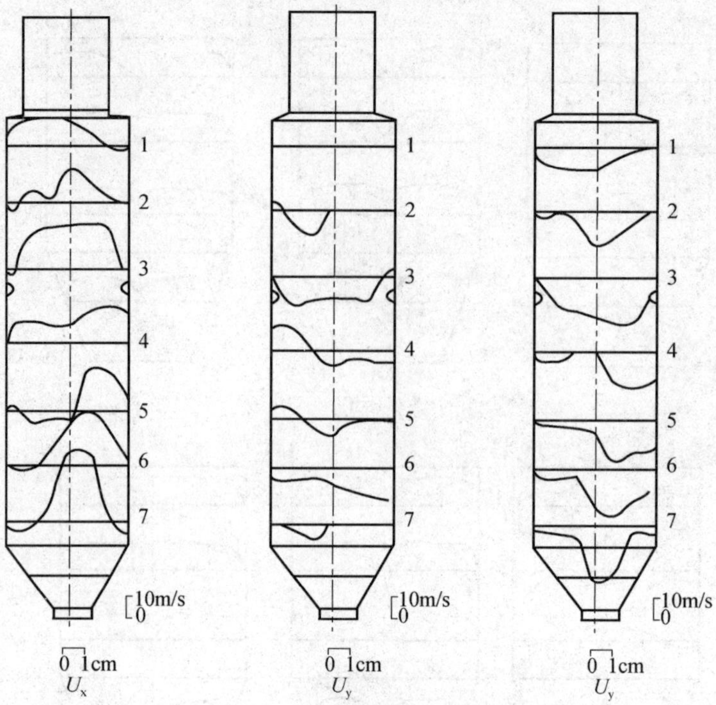

B—*B*测量截面

图 7　MC 室的气体三维流场（二）

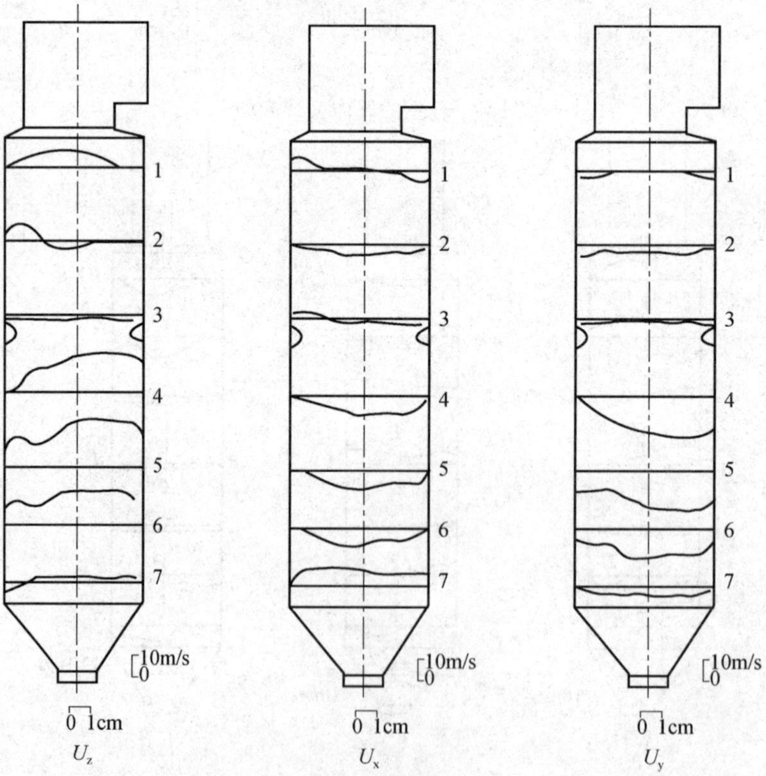

C—*C*测量截面

图 8　MC 室的气体三维流场（三）

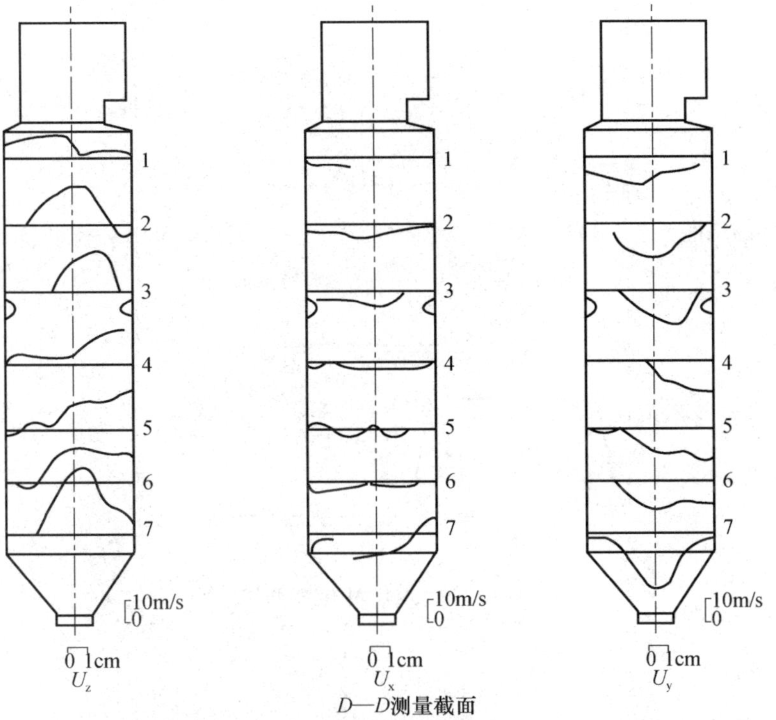

图9　MC室的气体三维流场（四）

(三) RSP分解炉内物料的停留时间分布

图10、图11为SC室物料停留时间分布的测定结果，物料平均停留时间t_m，随着风速的增加而降低，料气停留时间比值$\frac{t_m}{t_g}$也随着风速的提高而下降。这是由于强烈的旋流使得物料贴壁向下运动、返混程度很小的原因造成的。风速越高，从图11可以看出表征返混程度的方差σ^2也越小。不同风速下的物料RTD测定曲线都有一定的相似性——都呈矩形波状(图12)。风速越高，矩形宽度也越窄。这从另一个角度证明了物料在SC室内的运动是在离心力的作用下迅速向壁面聚集并贴壁向下运动。这种运动过程的优点是可以避免SC室壁面温度过高，有保护炉壁的功能，但过强的旋流强度又会严重影响煤粉的分散，对燃烧和分解过程均是不利的。

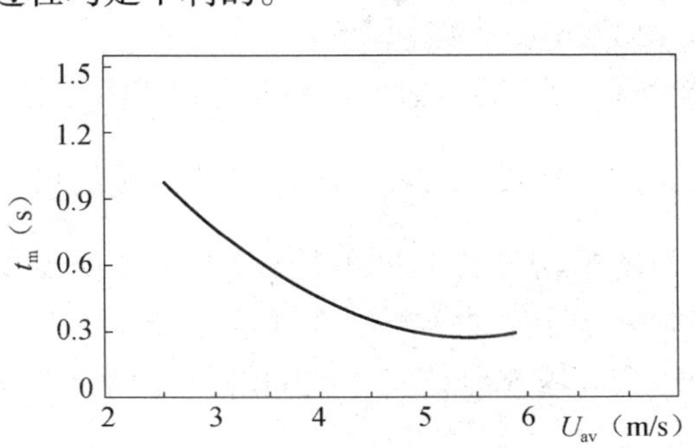

图10　SC室$t_m \sim U_{av}$的关系

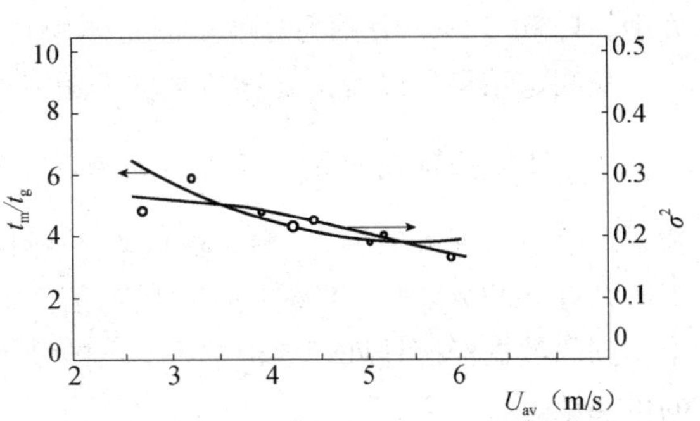

图11　SC室σ^2及$\frac{t_m}{t_g}$与U_{av}的关系

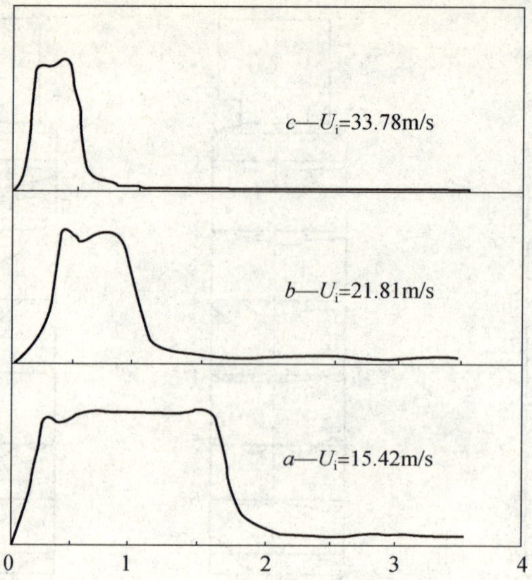

图 12　SC 室物料 RTD 曲线

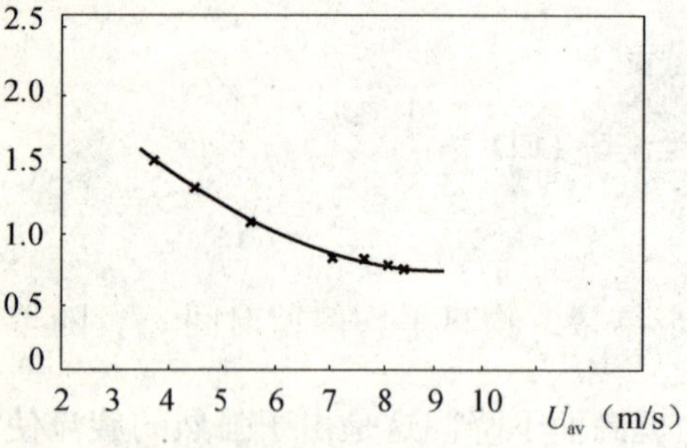

图 13　RSP 分解炉 $t_m \sim U_{av}$ 的关系

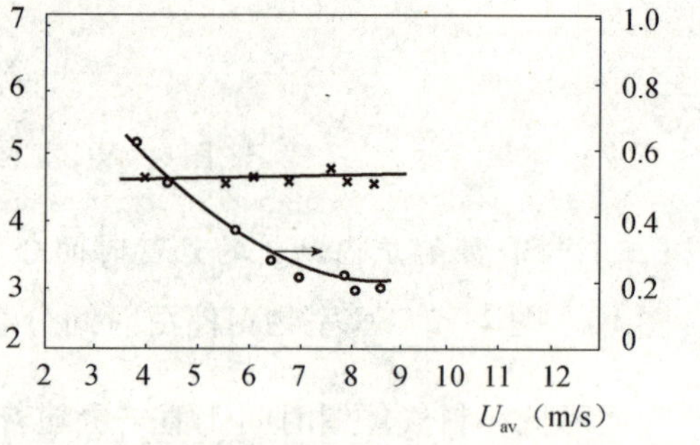

图 14　RSP 分解炉 σ^2 及 $\frac{t_m}{t_g}$ 与 U_{av} 的关系

图 13、图 14 是 RSP 分解炉整体的物料 RTD 测定结果。其中的气体停留时间为各间分气体通过 RSP 分解炉的平均停留时间：

$$t_g = \frac{V_t}{Q_t}$$

式中　V_t 和 Q_t——分别为分解炉的总体积和流经分解炉的总气体体积流量。

从测定结果可以看山，物料平均停留时间虽然随风速提高而降低，但料气停留时间比值 $\frac{t_m}{t_g}$ 基本上不随风速而变化，其比值为 4.6 左右。江西水泥厂的 RSP 分解炉热工测量时的气体平均停留时间大约为 2.45s，由此算得物料及煤粉的平均停留时间大约为 11.3s，明显低于国外较好的分解炉停留时间 15s 的数值。此推测结果与用脉冲示踪法在江西水泥厂实际测定得到的数据经统计处理求得的 11.5s 的结果十分吻合。这充分证实了我们的研究测定方法的可靠性。

从试验观察我们发现下列现象：

（1）SC 室内部物料基本上贴壁运动，中心区域为“特稀浓度区”，基本上看不到明显的物料返混。

(2) 物料出 SC 室刚进入斜烟道时运动，工况有点混乱，但斜烟道的大部分区域物料紧贴右边壁运动，接近柱塞流。

(3) MC 室内大部分物料沿着 SC 室看去的右侧壁面运动，在该面可以看到一个较明显的立状料涡，其高度在缩口以下部分，大部分区域物料浓度稀少，为“特稀浓度区”。缩口上方物料运动情况略有改善，但仍分散很差，效果不显著。

这些现象均与我们流场及物料粉料停留时间的测定结果的分析相一致，充分说明江西水泥厂原有分解炉内空间利用率很低，分散及均布性很差，煤粉燃烧和碳酸盐分解反应环境差，容易造成煤粉的不完全燃烧，并影响分解率，从而影响系统产量和运转率。

四、江西水泥厂预分解系统参数的反求计算

预分解系统反求计算的基本方法在资料[3]中已作过介绍，本文不加赘述。所选用的基本参数，如各部分气体和物料的温度、空气过剩系数、压力、产量、系统的质量、总风量、二次风量、冷却机用风量等可测参数均取自实际生产记录数据和热工标定数据。主要反求计算结果参见表 1。

根据系统风量、废气分析结果反求得到真实分解率的分布为：

分解炉区（包括分解炉全部及四级筒）：84% ~85%；回转窑：15% ~16%。

分解炉实际加煤量为 0.079kg/kgcl，占总用煤量的 55%，但反求得到的燃煤量分部为

分解炉区：0.071kg/kgcl；回转窑：0.071kg/kgcl。

表 1　江西水泥厂预分解系统反求计算结果

项目		单位	2-C1	1-C2	2-C3	1-C4	分解炉	窑尾
空气过剩系数		—	1.358	1.274	1.207	1.166		1.050
风量		$Nm^3/(kg \cdot d)$	1.700	1.614	1.527	1.484	0.607	0.558
		Nm^3/h	148208	140710	133125	129377	52925*	48647
温度		℃	390	600	840	900	920	1200
速度	入口	m/s	16.5	18.1	19.6	20.0		
	出口	m/s	17.6	17.7	19.0	19.2	SC/MC =	
	本体	m/s	3.29	3.77	4.00	4.13	8.1/9.3	50.6
出口含尘		kg/kgcl	0.100	0.228	0.294	0.359		0.268
分离物料		kg/kgcl	1.853	1.903	1.963	1.336		1.336
分离效率		%	94.90	89.30	87.00	78.00		
撒热量		kJ/kgcl	20.93	25.12	33.49		62.80	
		kcal/kgcl	5.00	6.00	8.00		15.0	
换热量		kJ/kgcl	542.5	585.94	393.56		1505.4	—
		kcal/kgcl	129.5	139.95	93.98		259.6	

* 为 SC 室气体量。

即在整个分解炉区煤粉的燃烬度只有 89.9%，说明从分解炉加入的煤粉燃烧很不完全，

经 SB 室、SC 室、斜烟道、MC 室和四级筒后仍有占总用煤量的 5.6% 的煤粉要到回转窑窑尾。在很低的氧含量下去完成燃烧过程，这很容易造成窑尾斜坡的结皮堵塞，同时，大量煤粉在四级筒中的低氧含量燃烧，也是造成该级旋风筒的结皮堵塞，对实际生产的稳定高效运行不利。江西水泥厂 RSP 预分解窑频繁的结皮堵塞证实了这一点。

关于实际旋风筒的尺寸与有关资料推荐尺寸的比较参见表 2。可以看出，各级旋风筒的有效截面积均明显偏大 30% ~50%，因而不能说是令人满意的设计。但鉴于当时我国预热器技术实际水平，所选用的个参数也还应说是基本合理的。

表 2　各级旋风筒有效断面积 m^2

旋风筒级数	C1	C2	C3	C4
江西厂实用值（A）	31.79	34.19	39.25	38.47
按统计公式计算要求值（B）	23.25	22.80	25.71	28.84
$\frac{A}{B}$	1.367	1.500	1.527	1.489

从预热器的阻力损失来看，该预分解系统的压降达 6200h/以上，也明显较大，这是由于当时的国内预热器结构形式不够合理，基本上还是国际上早期的旋风预热器形式，进口结构、出口尺寸及各部分尺寸比例均不够合理，从而导致了比较高的阻力损失。

五、结论

（1）江西水泥厂 RSP 分解炉的气体三维流场不够合理，对于物料的分散和均布性不利，影响了分解炉内气固两相的充分接触，恶化了燃烧和分解反应环境，阻力损失也比较大。

（2）SC 室、MC 室和斜烟道均存在严重的物料分散不好和均布性差的问题，“特稀浓度区”占据了很大体积，分解炉容积利用率较低。

（3）RSP 分解炉的料气停留时间比值约为 4.6，物料及煤粉在炉中的平均停留时间约为 11.3s，较国外较先进的分解炉内 15s 左右的停留时间明显偏低。

（4）日本小野田公司设计该种分解炉的基本意图是通过强烈的旋流使物料贴壁以保护炉壁，从中心喷入煤粉使之在中心区域能形成强烈燃烧火焰以提高燃烧效率。但强烈的旋流离心力也使得煤粉迅速迁移至壁面，反而影响了煤粉的燃烧效果。同时，强烈的旋流后效应还使得 MC 室内物料得不到良好的分散与均布，煤粉也难以充分分散和燃烧，煤质较差时易造成严重的不完全燃烧，不仅影响入窑分解率，而且是三、四级筒较频繁结皮堵塞的基本原因。

（5）根据计算，分解炉区燃煤能力不强，即使在较大容积、较高操作温度下（900℃），也只能烧 50% 左右的煤量，燃烬度仅 89.9%，存在严重的机械不完全燃烧，从而使其分解能力也只有 84% ~85%，由此说明分散状况较差、容积利用率低，使得分解炉的能力发挥不够充分。目前产量指标主要靠窑尾高温区的补偿作用，这种操作状况不利于长期运转，因而不是治本之策，有必要通过分解炉结构的调整来加以提高、完善。

（6）对于新型干法窑来说，就目前技术发展水平评价，江西厂旋风筒结构形式比较落后，压降偏高，尺寸偏大，因此必须保持高产量（2100t/d 左右）才能达到预期的风量、风速，才可能正常运转。这就给分解炉施加了生产上的额外负担和压力，再加上分解炉本身存在弱点，在操作上处于被动局面，亟待改善。新型预分解系统的设计也应配备新型先进的预热器形式。

（7）窑、炉、预热器基本能力是匹配的，且对于2000t/d产量均有富裕。制约因素主要是分解炉的反应能力。从气固流动的角度考虑，关键不是停留时不够长（或容积不够大，而是物料分散不充分，分布不均匀。因此解决措施应从改进结构以调整SC利MC的气体流场分布着手。

六、江西水泥厂预分解系统的改进情况简介

就目前的观点，结合冷模对比实验来看，原RSP的炉型并不十分理想。表现在结构复杂，难于掌握，而生料与气流平均停留时间比值并不很高。虽然从意图上看，有专门的预燃室（SB）提供稳定的着火条件。但实际上，SB加SC甚至加上MC和C4也很难使燃烧和分解反应进行完全。实践证明，这是由结构和操作两方面原因造成的。结构上的缺陷在试验中已充分表现出气固分散不均匀，尤其是方型MC、四角集聚粉料较多，且有贴壁运动的现象。在操作上未能使参数协调，如SD和SC旋流强度大，而且相互迭加，强化了粉体贴壁运动的趋势，以致气体由SC入MC后仍表现出明显的旋流后效应，其悬浮输送的作用被离心分离作用部分替代，这在很大程度上阻碍了气固之间充分接触，造成燃烧、分解反应的不利条件。虽然天津水泥工业设计研究院和江西水泥厂对该系统进行过多次改造，操作人员和厂方技术人员也做了大量工作，但结皮堵塞的现象仍十分严重。1992年单是因三、四级筒结皮堵塞引起的停窑就达四百多小时，由频繁停窑导致的耐火砖损坏等也严重影响生产（烧成带耐火砖的平均寿命仅为三十几天）。尽管工人的操作水平不断提高，但由于预分解系统的一些先天不足和机械事故较多，去年的运转率还仅仅为59.1%，日产量也仅为1750t/d左右，远未达到设计产量。

在对江西水泥厂预分解系统进行综合反求研究的基础上，针对分解炉存在的分散效果差、空间利用率低的问题，1993年上半年南京化工学院与厂方利用大修期间对分解炉系统进行了改造，重新设计了SB室结构，调整了分解炉SC室的旋流强度，提高了湍流度，通过增加必要的内部结构抑制了MC室旋转后效应的影响，强化了喷腾分散效果和固体物料的返混，达到了比较理想的效果。七月份窑系统的运转率创造了75.4%的历史最高记录，月产量超过了4.1万t。目前正常运转时已经可以稳定达到熟料日产量2000t的水平。

我们认为，江西厂预分解系统结构上的一些缺陷已成现实，大的改动显非易事。但在操作上若能进行适当协调，使之得到一定程度的补偿，以缓解矛盾，则是可能的。同时，一些配套技术如高效翻板阀、新型管道撒料器、旋风筒导流叶片及良好窑尾密封系统等的逐步应用，也将会对系统的降低能耗、增加产量、提高运转率起到良好效果，从而使该系统达到比较理想的指标。

参考文献

[1] 简森夫，李昌勇．气体三维流场智能化测量系统的开发研究［J］．水泥技术，1991，1.

[2] 李吕勇，胡道和，等．计算机在硅酸盐反求工程研究中的应用［J］．当代水泥，1993，3.

[3] 胡道和，李昌勇，等．反求工程在水泥工业中的应用［J］．水泥技术，1991，5.

NKSV 分解炉气固两相运动模式的研究

李昌勇　金春强　胡道和
（南京化工大学硅酸盐工程研究所，南京，210009）

【摘　要】 本文系统探讨和分析了洛阳水泥厂 1000t/d NKSV 分解炉的气固两相运动规律及其性能特点。研究结果表明：该炉型虽然压降较低，但是是一种不够完善的气固反应器，其气体流场是一种旋流与喷腾流的简单迭加，不利于物料和煤粉在炉内的均布，粉料在壁面附近的富集比较严重，料气停留时间比值也比较低，这必将影响煤粉燃烧和碳酸盐分解反应的完成程度。加上洛阳水泥厂 NKSV 分解炉容积过小，较严重的煤粉不完全燃烧会导致较频繁的预热器系统结皮堵塞，影响生产的正常进行。

【关键词】 分解炉，气固两相运动，模型试验，煤粉燃烧

STUDY OF MOTION PATTERNS OF GAS-SOLID PHASES IN NKSV CALCINER

Li Changyong　Jin Chunqiang　Hu Daohe
（Nanjing University of Chemical Technology，Nanjing，210009）

【Abstract】 The motion patterns of gas and powder materials in NKSV calciner of Luoyang Cement Plant and its performances were investigated. The results demonstrate that the NKSV calciner is an imperfect reactor for the combustion of pulverized coal although the pressure drop is low relatively. The gas flow field is a simple piling of spout effect and swirl effect，and results in an imperfect distribution of powder in space. Moreover，the volume of the NKSV calciner is too small. These weaknesses result in incompleteness of coal combustion and severely affect the normal production.

【Key words】 calciner，motion patterns of gas-solid phase，model experiment，coal combustion

NKSV 分解炉是日本川崎公司于 20 世纪 70 年代后期在原 KSV 分解炉的基础上改进完善而成的一种旋流喷腾型燃煤分解炉。我国目前有若干台该型式的预分解窑水泥生产线已经投产或在建设中。从我国第一条采用引进技术制造、使用此种分解炉的洛阳水泥厂 1000t/d 新型干法水泥生产线的情况看，效果不够理想，存在不少问题，在相当一段时间内窑尾系统结皮堵塞较严重，严重影响了生产的正常进行。而我国目前已有的若干条采用该技术的预分解窑水泥生产线，总的来说生产情况也不够好。对此类分解炉从机理上进行充分的研究与分析，对于各类不够理想的分解炉系统进行改进，开发更优异的预分解设备，都是非常必要的。

分解炉是预分解系统的核心设备，其性能优劣对全系统影响甚大。作为一种高温多相反

应器，它应该完成物料与煤粉在气流中的分散、煤粉燃烧、气固相间的热交换、碳酸盐分解反应，以及包括对流传质及颗粒内部的扩散传质在内的各种质量传递等一系列物理化学过程。

基于以上功能，本文借助反求工程的研究方法[1-3]，围绕气固两相运动规律，并结合分散、均布情况和气固运动特点对分解炉进行综合分析与评价。

一、主要试验结果及分析

NKSV 预分解系统的流程如图 1 所示。洛阳水泥厂 1000t/d 分解炉的规格为 $\phi3.58m \times 16.8m$（有效尺寸），以此为蓝本按比例缩小制作了有机玻璃模型。在该模型上得到如下试验结果：

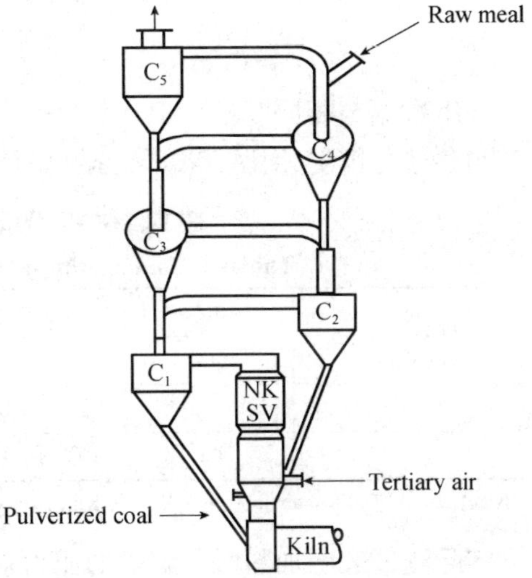

图 1 1000t/d NKSV-5 预分解系统流程

Fig. 1 Flow chart of the 1000t/d NKSV precalcining system

（一）NKSV 分解炉的阻力特性

根据设计资料介绍及实际生产的参数设定了分解炉三次空气与出窑废气的比例，以此为基准测得的 NKSV 分解炉空载阻力特性如图 2、图 3 所示。由于进口与出口风速相差较大，因而各压降数据均考虑了动压补偿。图 2、图 3 中：

U_{av}——（解炉截面平均风速；

ΔP_t——三次风入口至分解炉出口间的压力损失；

ΔP_s——窑气入口至分解炉出口间的压力损失；

Eu_t，Eu_s——分别为对应 ΔP_t 和 ΔP_s 的 Euler 数，其定义为：

$$Eu_t = \frac{\Delta P_s}{\rho U_{av}^2}$$

$$Eu_s = \frac{\Delta P_s}{\rho U_{av}^2}$$

Re——对应截面平均风速的 Regnolds 准数。

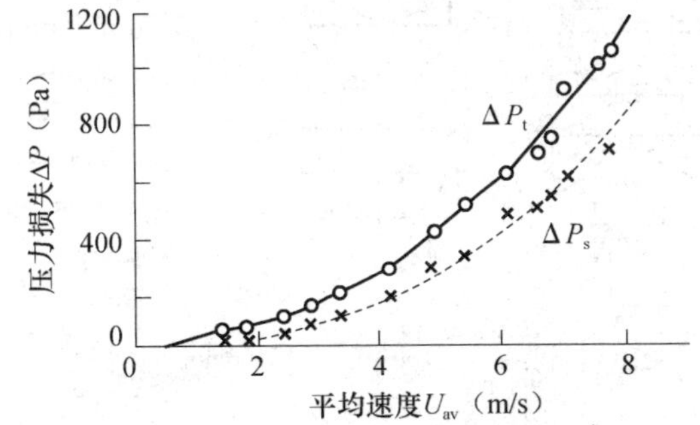

图 2 NKSV 分解炉的压力损失

Fig. 2 Pressure drop test results of NKSV calciner model

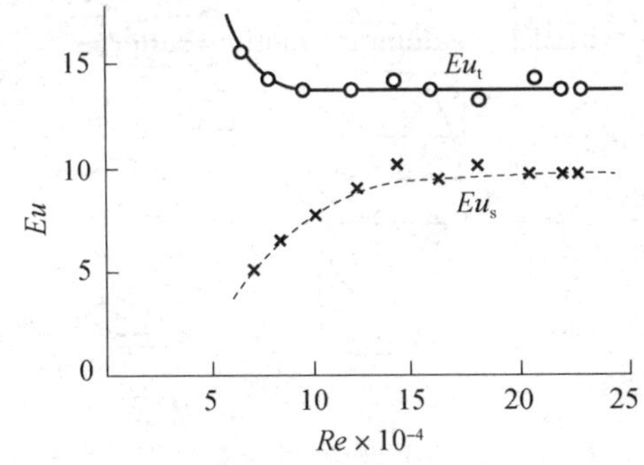

图 3 NKSV 分解炉 Eu—Re 关系

Fig. 3 Relationship of Eu and Re of NKSV calciner

从 Re—Eu 关系曲线可以看出，当 $Re > 13 \times 10^4$，即 $U_{av} > 4.5m/s$ 时，Eu_t、Eu_s 接近一恒

定值，气体流动进入第二自模化区，此时分解炉的阻力系数为：

$$\xi_1 = 2Eu_t = 27$$

$$\xi_2 = 2Eu_s = 19$$

该组数据与相同基准下 RSP、NSF、SLC、RFC、DD 等分解炉型的比较见表 1。可以看出，与其他分解炉相比，NKSV 分解炉具有明显的低阻特性。

表 1　NKSV 分解炉与其他分解炉阻力特性比较

Table1　Comparison of resistance coefficients of some calciners

Plant	LZ	JD		JX		LY		SX		YX	
Calciner	SLC	NSF		RSP		NKSV		RFC		DD	
		1	2	1	2	1	2	1	2	1	2
ζ	94	103	12	60	14	27	19	74	13	6	25.6

Note：1——Tertiary air inlet to exit；2—Kiln riser duct to NKSV exit.

实际测试表明加料时分解炉的压力损失有所变化，ΔP_s 随加料固气比的提高而有较大幅度的增加，ΔP_t 则基本上不随物料浓度而变化。例如当加料固气比从 0 增加到 0.3kg/m^3 时，ΔP_t 仅变化 20～40Pa，ΔP_s 则提高了 200～300Pa。若依此推算实际分解炉的压力损失，考虑气体密度与黏度的区别，则实际分解炉的压降约为 500～700Pa，表观压降要更低一些。

（二）NKSV 分解炉的气体三维流场

为考虑与实际设备内的气体流动规律尽量一致，在第二自模化区范围选择工况进行气体三维流场的测定研究[3]。NKSV 分解炉的流场测量结果如图 4 所示。由图 4 可以看出：

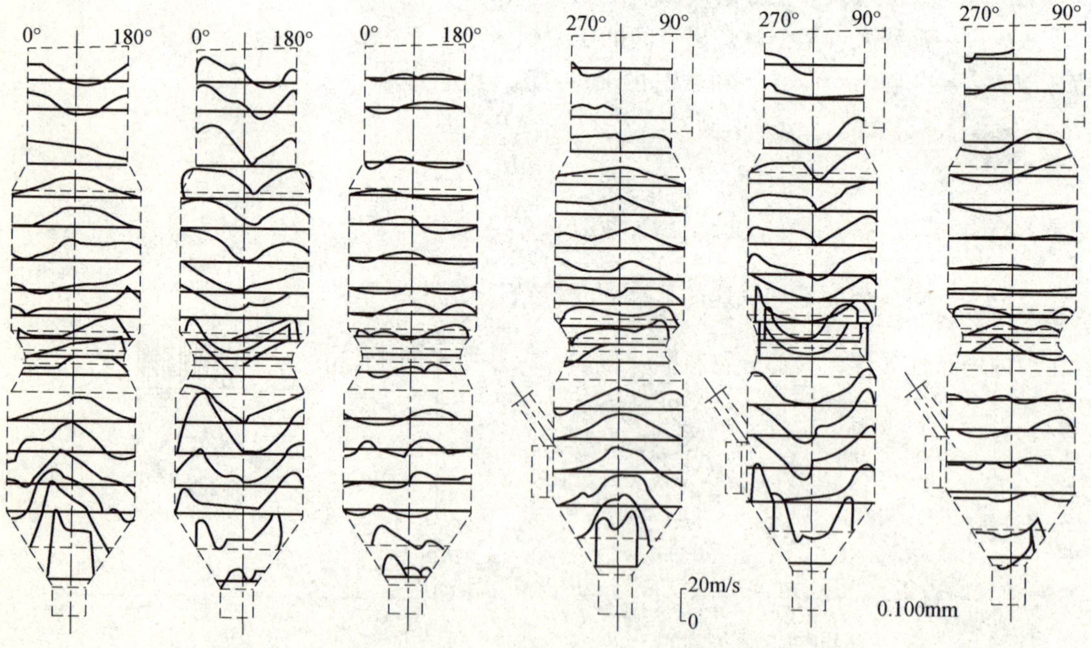

图 4　NKSV 分解炉的流场测量结果

Fig. 4　Flow field of NKSV calciner

（1）分解炉缩口以下区域（下钵）中，喷腾气流与旋转气流基本上是分层流动的，外旋而内喷。中心区喷腾效应明显，轴向风速 U_z 较大且沿程递减，进风口附近类似于 Krupp 立筒的核心区，上部则类似于喷注区。只是由于旋流进风的不对称性而使得 U_z 的分布也呈现出不对称性。切线风速较大但基本只影响近壁区域，对中心区（0~0.5D）则影响微弱。径向风速 U_r 值较小，对物料运动的影响也很小。除切向进风直接冲击的0°方向外，近壁区轴向风速的分布规律仍与纯喷腾流动极为相似，同样表现为近壁区的回流区与涡流区。因而该钵的气流运动相当于水平切向流与垂直喷腾流的简单迭加，两者间的相互干扰较弱。这种流动状态，由于近壁区是回流区且切线风速大，可能会造成一定程度的返混，但切线风速大造成较大的离心力，又对物料的分散与均布产生不利影响，恶化燃烧与反应的环境。中心区轴向风速很大，而径向与切向风速很小，物料被吹散后较难以向壁面迁移，很快便为中心气流携出该钵，而喷腾气流中以窑气为主，氧含量低，因而该钵的燃烧与反应条件是不够理想的。

（2）根据流场测定结果处理而得到的气体流线如图5所示。由图5可以看出，增加缩口仅仅起到了一定的改流作用，而起不到二次喷腾的效果。缩口上方几乎没有回流区。由于缩口的压缩作用，分解炉上钵的流场产生了一定的变化，比较突出的是缩口上方的轴向风速变得比较均匀而近壁区略大，其后 U_z 的分布又逐渐变得中间大而近壁区小。总的来说，U_z 的分布较下钵均匀、平坦一些，对称性沿程逐渐增强。切向风速 U_t 经缩口后有所降低，而径向风速 U_r 仍然很小。因而可以推断，由于基本上没有回流区，而切向风速的分布规律亦无明显改变，所以物料贴壁运动的状况在上钵仍然难以得到明显改变，物料在该钵的返混程度也是很低的。因此，从气体三维流场来看，将可能导致 NKSV 分解炉的物料停留时间较短，物料的均布性也将比较差，从而对煤粉的燃烧和分解反应产生一定的不利影响。

加料运行时发现物料在分解炉内分散情况尚好，基本无明显团块物料，进口斜坡及缩口斜坡不存在积料现象，但物料在炉内均布性欠佳，大部分物料贴壁运动，存在明显的中稀边浓现象，炉内物料很快就随着气流上行逸出，在炉内停留时间较短，返混基本只出现在底部锥体部分，上钵则看不到物料返落现象。这些同我们的气体流场分析结果是一致的。

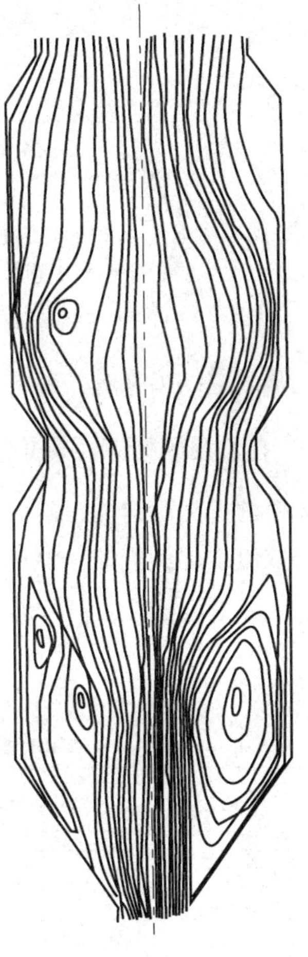

图5　NKSV 分解炉的气体流线图

Fig. 5　The gas streamline picture of NKSV calciner

（三）NKSV 分解炉内物料的停留时间分布

物料停留时间分布是分解炉的重要分布参量，在分散较好的情况下必须保证足够的停留时间，才有可能使煤粉的燃烧和分解反应进行完全。

NKSV 分解炉的物料停留时间分布测定结果如图6和图7所示。图中 t_m 和 $\frac{t_m}{t_g}$ 分别为物料在炉内的平均停留时间及其与气体平均停留时间的比值；σ^2 为停留时间分布曲线的无因次方差，表征物料在设备内的返混程度，其定义为：　$\sigma^2 = \frac{\sigma_t^2}{t_m^2}$

而　$$\sigma_t^2 = \frac{\int_0^\infty t^2 E(t)\,dt}{\int_0^\infty E(t)\,dt} - t_m^2 \approx \frac{\sum_{i=1}^{n} t_i^2 E(t_i)\Delta t_i}{\sum_{i=1}^{n} E(t_i)\Delta t_i} - t_m^2$$

$E(t)$ 为 t 时刻分解炉出口示踪物料瞬时浓度。

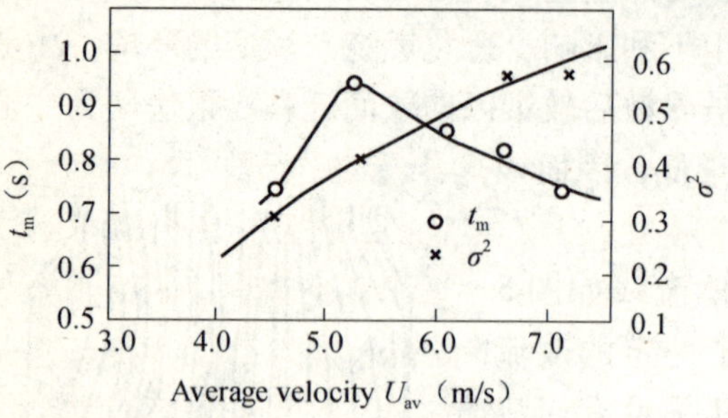

图 6　NKSV 分解炉内物料平均停留时间及方差随风速的变化

Fig. 6　Relationship of t_m—U_{av} and σ^2—U_{av}

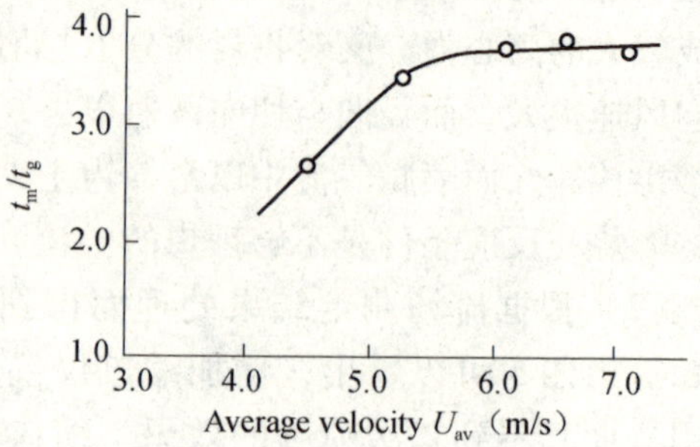

图 7　NKSV 分解炉料气停留时间比值与风速的关系

Fig. 7　Relationship of $\frac{t_m}{t_g}$ and U_{av}

从测定结果来看，物料平均停留时间的绝对值随风速的提高而减少，表征返混程度的方差 σ^2 有上升的趋势，其变化范围在 0.40～0.55。当 $U_{av}<6$m/s 时，料气停留时间比值 $\frac{t_m}{t_g}$ 随着风速的提高而增加，然后基本稳定在 3.7～3.8 之间。与其他型式的分解炉相比（表 2）。这一数值是比较低的。经计算，洛阳水泥厂 NKSV 分解炉体积为 122m³，气体停留时间仅 2s 左右，若以冷模试验的 $\frac{t_m}{t_g}$ 值来推算，物料在炉内的停留时间为 7.5～7.7s。

表 2　几种分解炉料气停留时间比值比较

Table 2　Comparison of RTD of some calciners in China

Plant	NG	LZ	JD	JX	YX	SX	LY
Calciner	MFC	SLC	NSF	RSP	DD	RFC	NKSV
$\frac{t_m}{t_g}$	>15.5	2.7	5.5	4.6	4.8	3.8	3.8
t_m(s)	>60	8.9	10.6	9.7	8.3	11.2	7.7

从分解炉的功能及过程原理来分析，炉内的基本反应是煤粉燃烧与碳酸盐分解反应，在 800～900℃温度范围，由于炉内进行的是低温无焰燃烧，煤粉燃烧速率较慢，所需时间较长，因而是主要控制反应。从煤粉燃烧的过程考虑，保证燃烧完全的基本条件一是分解炉内的反应温度；二是气相中的氧含量；三是足够的煤粉停留时间。

同 RSP 分解炉相比，NKSV 分解炉的分散与均布性要好一些，但气体及物料停留时间则较短；与 SLC 分解炉相比，虽然 NKSV 炉的料气停留时间比值要大一些，但 SLC 炉内气体流速低，物料停留时间绝对值仍比 NKSV 分解炉要长。从反应环境来看，SLC 和 RSP 分解炉内都是纯空气燃烧，而 NKSV 炉内则同 NSF 一样是在三次风与出窑废气的混合气体中燃烧。与设有中间缩口、反应环境比较相似的 NSF 分解炉相比，后者的结构使得料气停留时间比值达到 5.5，在实际炉内的停留时间近 11s。煤粉喷入位置也是在三次风进入的涡壳内，氧含量相对丰富一些。由此来看，NSF 分解炉的结构也较 NKSV 分解炉要优越一些，燃烧环境及燃烧时间的充裕性也明显好一些。这与 NSF 分解炉采用涡壳进口，产生一定的分级效应和旋流返混过程是分不开的，其缩口的收缩比（缩口直径与分解炉圆柱体直径之比）也比 NKSV 分解炉大，能够起到二次喷腾的效果，缩口上方物料的分散与均布性较好。而 NKSV 分解炉的旋流风则未能起到理想的加强返混的效果，反而使得物料存在相当程度的贴壁效应，影响物料的均布性，炉中部缩口也未能真正起到二次喷腾的作用，而仅仅是起了一定的改流作用。

表 3 为国内几种典型分解炉的比较。由表 3 中的数据可以看出，洛阳厂 NKSV 分解炉的容积明显偏小，气体停留时间偏短。而该分解炉的料气停留时间比值又较小，因而 NKSV 分解炉对于煤质较差的燃料适应性比较差，当煤的热值低且挥发分含量少时，很容易产生化学和机械的不完全燃烧，严重时会有相当部分煤要到 C1 旋风筒和窑尾去燃烧，从而容易造成旋风筒和窑尾的结皮和堵塞，影响生产的正常进行。这些已经被实际生产所证实。

表 3　国内几种分解炉有效容积及气体停留时间的对比

Table 3　Comparison of calciner volume and gas retention time of some calciners in China

Plant	SC	NG	LZ	JD	JX	ZJ	LY
Calciner	ILC	MFC	SLC	NSF	RSP	SLC	NKS
Gas into	Mixed	Pure	Pure	Mixed	Pure air	Pure	Mixed
calciner	Gas	air	air	Gas	into SC	air	Gas
Q(t/d)	2000	4000	3200	4000	2000	4000	1000
Volume(m^3)	431	488.6	371.6	542	342.9	488.5	122.1
t_g (s)	3.3	4.3	3.1	1.93	3.2	3.8	1.86
Q_v[t/(m^3·h)]	0.193	0.341	0.359	0.307	0.243	0.341	0.341

综上所述可见，NKSV 分解炉的压力损失比多数分解炉要低，但炉体结构与气体流场不够合理，物料均布性较差，$\frac{t_m}{t_g}$比值较小，燃烧及反应环境不很理想，并且分解炉有效容积明显偏小，气体及物料停留时间过短。因而对于低劣质燃料适应性可能较差，容易产生化学和机械不完全燃烧，从而影响生产的正常运行。

二、对洛阳水泥厂 NKSV 预分解炉的综合与评述

通过试验研究与分析，作者对洛阳水泥厂 1000t/d NKSV 分解炉提出如下评述及改进意见：

（1）同国内现有的一些分解炉相比，NKSV 分解炉具有较明显的低阻特性，其实际压力损失约为 500～600Pa。

（2）该分解炉内气体流场对于物料分散总体上比较有利，物料分散性能较好，但存在旋流强度过大、物料均布性不够理想的问题。炉内大部分物料贴壁运动，中心区域料粉浓度

较低，换热、燃烧及反应条件不够理想，缩口对于改善物料均布所起作用较小，未能起到二次喷腾效果。这会影响分解炉性能指标。

（3）NKSV 分解炉内的物气停留时间比值约为 3.8，分解炉的容积也明显偏小，气体停留时间偏短，推算得煤粉或物料在炉内的停留时间大约为 7.5～8s，只能满足中等以上煤质的燃烧要求。而炉内物料分散与均布性并不十分理想，因而会产生较多的机械不完全燃烧。未燃烬的燃料要到 C1 筒甚至 C2 筒和窑尾才能完成燃烧过程，容易造成 C1 筒和 C2 筒的结皮堵塞。故而在进行新分解炉设计时，炉容积尺寸与结构均应做相应的调整，以保证全系统生产的安全稳定运行。

（4）鉴于目前分解炉的现状，在实际生产操作时应尽可能采用优质原、燃料，分解炉温度适当偏高控制以提高煤粉燃烬度，并适当增加窑头喂煤以减轻容积偏小的分解炉的热负荷，从而保证系统的正常运行。

参考文献

[1] 胡道和，李昌勇，等. 反求工程方法在水泥工业中的应用 [J]. 水泥技术，1990，5.

[2] 简森夫，李昌勇. 新型气体三维流场智能化测量系统的开发研究 [J]. 水泥技术，1991，1.

[3] 李之光. 相似与模拟 [M]. 北京：国防工业出版社，1982，9.

NKSV 分解炉运行机理及其改进

卢　平[1]　李昌勇[2]　胡道和[2]

（1. 南京师范大学动力工程学院，江苏南京，210042；
2. 南京工业大学材料科学与工程学院，江苏南京，210009）

【摘　要】 在系统分析 NKSV 分解炉气固两相运动规律及其性能特点的基础上，指出了 NKSV 分解炉的不足之处，提出了改进方案。结果表明：改进后的分解炉在物料分散、煤粉的燃烧环境、物料停留时间等方面均有较大改善，克服了 NKSV 分解炉存在的旋流强度过大的缺陷，缩口的二次喷腾作用得到了明显的体现，为分解炉的优化设计提供了指导。

【关键词】 分解炉，改进研究，模型试验，煤粉燃烧

Investigation on operation mechanism and improvement of NKSV calciner

LU Ping[1]　LI Changyong[2]　HU Daohe[2]

（1. School of Power Engineering，Nanjing Normal University，Nanjing，210042，China；2. College of Materials Science and Engineering，Nanjing University of Technology，Nanjing，210009，China）

【Abstract】 Based on the analyses of motion mechanism and performance of gas- solid phases in NKSV calciner，the disadvantages of NKSV calciner were presented，and the methods of modifying design are put forward. Results from the test in 2 dicated that the improved calciners are perfect reactors for the distribution and retention time of powder and the combustion of pulverized coal. The stronger vortex effect is weakened，and the spout effect in mixture room is enhanced. This builds the foundation for operation and design.

【Key words】 calciner，improvement study，model experiment，coal combustion

NKSV 分解炉是日本川崎公司于 20 世纪 70 年代后期在原 KSV（Kawasaki spouted and vortex）分解炉的基础上改进完善而成的一种新型旋流喷腾型燃煤分解炉[1]，在世界各国有着较广泛的应用。但从我国第一条采用该引进技术制造的洛阳水泥厂 1000t/d KSV-5 系统（图 1）新型干法水泥生产线的运转情况看，实际效果不够理想，存在不少问题。NKSV 分解炉虽然压降较低，但是一种不够完善的气固反应器，其气体流场是一种旋流与喷腾流的简单迭加，不利于物料和煤粉在炉内的均布，粉料在壁面附近的富集比较严重，易造成窑尾系统结皮堵塞，严重影响生产的正常进行[2]。因此，对于这类分解炉内气固两相运行机理深入分析，并进行合理的改进，以便更好地完善其功能，是非常必要的。

本文在深入分析 NKSV 气固两相运动机理的基础上，从加强物料返混和均布的角度出发，提出了 NKSV 分解炉改进思路，借助反求工程的研究方法[3]，通过对改进分解炉内阻力

特性、炉内物料停留时间分布及气体流场等的实验研究，验证了改进型分解炉的可行性，为分解炉的设计和运行提供了指导。

一、NKSV 分解炉气固运动机理分析

（一）分解炉运行机理

分解炉是预分解系统的核心设备，其性能优劣对全系统影响甚大。作为一种高温多相反应器，它应该完成物料与煤粉在气流中的分散、气固相间的热交换、煤粉燃烧、碳酸盐分解反应，以及包括对流传质及颗粒内部的扩散传质在内的各种质量传递等一系列物理化学过程。

根据 NKSV 分解炉（图 2）的作用可将其分为 4 个区域：喷腾床区域（A 区）、涡流室（B 区）、辅助喷腾床（C 区）和混合室（D 区）。喷腾床由 1 个入口喉管和 1 个圆锥形室形成，在该室内装有几个燃料喷管。三次风从喷腾床的上部切向进入，预热的生料也随三次风同时喷入。由于切向旋流和轴向喷腾的综合效应，气流和物料在此形成涡流。随着气流的上升，物料经缩口的辅助喷腾作用，进入混合室，最后经出口的二次节流作用，由切向流出，完成物料的分解、输送功能。

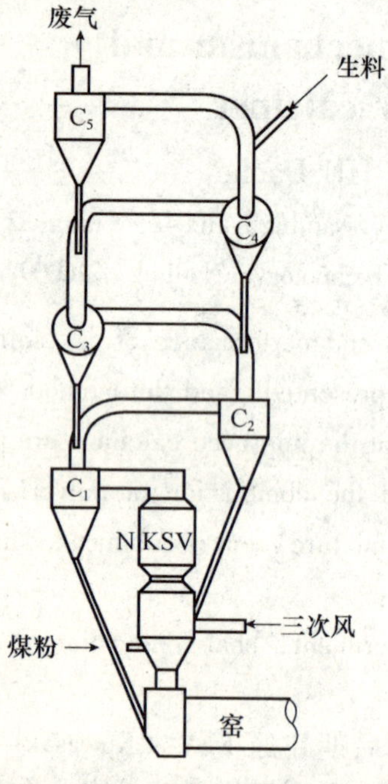

图 1　KSV5 预分解系统流程图

Fig. 1　Flow chart of the 1000t/d NKSV precalcining system

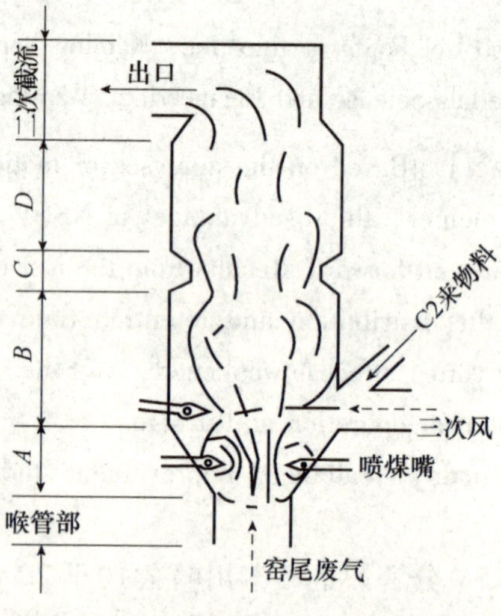

图 2　NKSV 分解炉运行机理示意图

Fig. 2　Schematic diagram of operation mechanism of NKSV calciner

从分解炉的功能及过程原理来分析，炉内的基本反应是煤粉燃烧与碳酸盐分解反应，在 800 ~ 900℃ 温度范围，由于炉内进行的是低温燃烧，煤粉燃烧速率较慢，所需时间较长，因而是主要控制过程。从煤粉燃烧的过程考虑，保证燃烧完全的基本条件有：①分解炉内的反应温度；②气相中的氧含量；③足够的煤粉停留时间。

NKSV 分解炉实验研究表明，分解炉内气流旋流强度过大，炉内大部分物料贴壁运动，物料均布性差，中心区域料粉浓度较低，换热、燃烧及反应条件不够理想，缩口对改善物料

均布所起作用较小，未能起到二次喷腾效果。再加上现有 NKSV 分解炉内的料气停留时间比值较小（约为3.8），分解炉的容积也明显偏小，气体停留时间偏短，炉内煤粉或物料在炉内的停留时间仅为7.5～8s，因而会产生较多的机械不完全燃烧，未燃烬煤燃料在 C1 筒甚至 C2 筒和窑尾的燃烧，容易造成 C1 筒和 C2 筒的结皮堵塞，这一点也得到了实践的验证。

（二）NKSV 分解炉的改进思路

为了完善 NKSV 分解炉的功能，改善其存在的不足，以料气停留时间比值和物料返混与均布为主要依据，提出以下几点改进思路：

（1）改渐变缩口为直角缩口，以加强物料的返混；

（2）适当减小缩口的直径，以改善二次喷腾的效果，加强混合室的返混作用；

（3）增加混合室的高度，延长燃料热分解的时间，以利于大颗粒物料的燃烧与分解；

（4）改切向出口为径向出口，以减弱旋流对混合室的影响。

按照上述思路制作了两种改进分解炉模型 NKSV-Ⅰ和 NKSV-Ⅱ，其模型结构型式如图3所示，其中 NKSV-Ⅰ型仅改变了缩口大小和形式；而 NKSV-Ⅱ型则在 NKSV-Ⅰ的基础上取消了上钵混合室的倒缩口，延长了混合室的高度，并将原来的径向出口改为割向。分解炉系统阻力采用智能化压力测量系统测量；气体三维流场采用智能化三维流场测量系统；物料停留时间采用光电法粉料 RTD 智能化测量系统测量[4]。

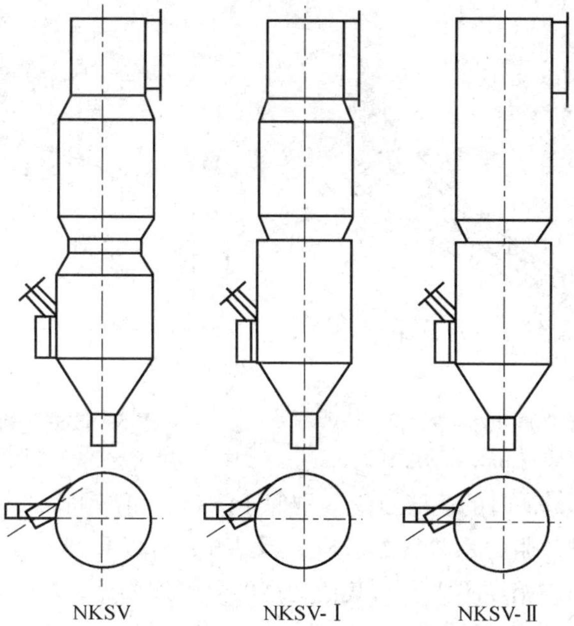

图3　改进分解炉结构示意图

Fig. 3　Schematic diagram of improved NKSV configuration

二、实验结果与讨论

（一）炉内物料运动状态

加料运行时发现物料在分解炉内分散情况尚好，基本无明显团块物料，进口斜坡及缩口斜坡不存在积料现象，三次风以较高速度进入涡流室，形成较强的旋流，随三次风喂入的生料能迅速旋流空气吹散入气流中，分散情况良好，分布基本均匀，未发现象旋风筒中那样料粉被甩向或集中在边壁的旋转的现象，较 NKSV 有明显好转。部分物料特别是较粗料粉在缩口处随气流旋转，喷撞缩口底面后便折向边壁并沿炉壁很快旋转下落一段高度后被风重新卷入气流中，形成循环。在锥部物料有明显的向下流动，物料沿壁滑至窑气入口处又被吹起，形成喷腾效应，造成多次返混。缩口上部有部分物料沿壁下落至缩口处又被吹起。物料随风旋转的强度有所降低，旋转圈数有所增加，分解炉中所有壁面均有机会被物料扫过，炉内不存在积料现象，混合室的偏料现象也不像 NKSV 那样严重。NKSV-Ⅰ和 NKSV-Ⅱ相比较而言，NKSV-Ⅱ又具有一些优点，混合室旋转最弱，表明割向出口具有一定的改流作用。

（二）阻力特性

NKSV-Ⅰ、NKSV-Ⅱ分解炉模型空载阻力特性如图4、图5所示。图中 U_{av} 为分解炉截面平均风速，Re 为对应截面平均风速的 Reynolds 准数，ΔP_t 为三次风入口至分解炉出口间的压力损失，ΔP_y 为窑气入口至分解炉出口间的压力损失，Eu_t、Eu_y 分别为对应 ΔP_t 和 ΔP_y 的 Euler 数，其定义为：

$$Eu_t = \frac{\Delta P_t}{\rho U_{av}^2} \tag{1}$$

$$Eu_y = \frac{\Delta P_y}{\rho U_{av}^2} \tag{2}$$

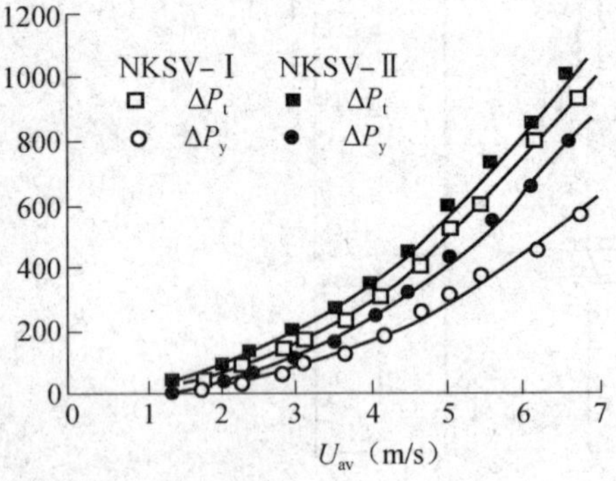

图4 改进分解炉的压力损失

Fig. 4 Pressure loss of improved NKSV

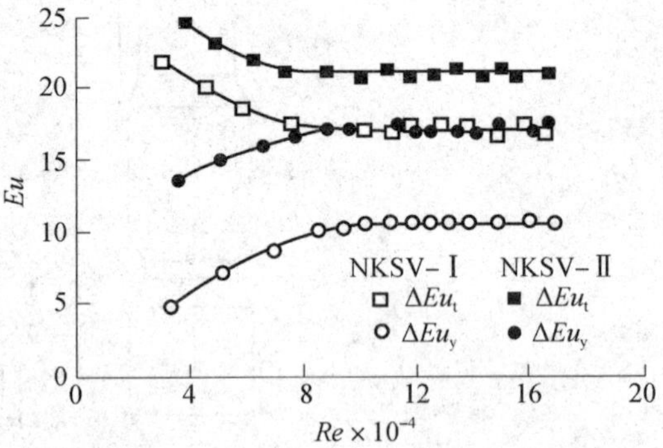

图5 改进分解炉 $Eu \sim Re$ 关系

Fig. 5 Relationshin of Eu and Re of improved NKSV

由图4 可知 $U_{av} = 6$m/s 时的旋流压降分别等于760Pa 和870Pa，较 NKSV 分解炉的620Pa 有所增加，此时分解炉的阻力系数（$\zeta = 2Eu$）见表1，可以看到，改进后的分解炉阻力系数也稍有增加，但其增加的幅度不大。与其他类型的分解炉相比，可以认为改进后的炉型保持了 NKSV 的低阻特性。由图 5 可以看出，当 $Re > 13 \times 10^4$，即截面风速 $U_{av} > 41.5$m/s 时，Eu_t、Eu_y 接近一恒定值，气体流动进入第二自模化区。

表1 改进分解炉与其他分解炉阻力特性比较

Table 1 comparison of resistance coefficient of improved calciners and other ones

厂家	冀东		洛阳		改进型			
炉型	NSF		NKSW					
测点	1	2	1	2	1	2	1	2
ζ	103	12	27	19	34	21	42	34

注：1—三次风至出口；2—窑尾喷腾风至出口。

（三）物料停留时间分布

物料停留时间分布测定结果如图6和图7所示。其中 t_m 为物料在炉内的平均停留时间。

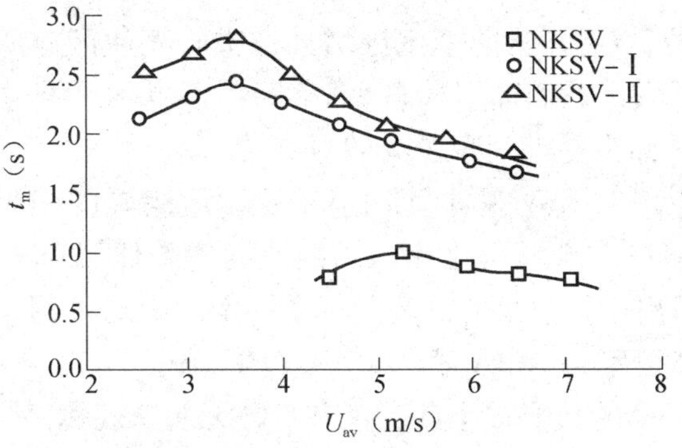

图6　物料停留时间与截面风速的关系

Fig. 6　Relationship of U_{av} and t_m

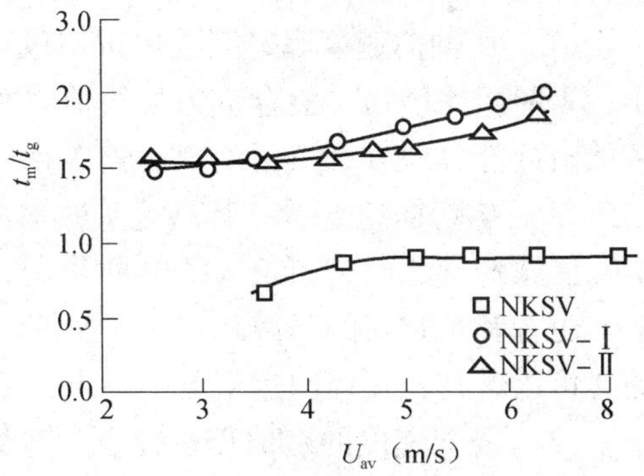

图7　料气停留时间比值与截面风速的关系

Fig. 7　Relationship of U_{av} and $\frac{t_m}{t_g}$

$$t_m = \frac{\int_0^{\infty} tE(t)\,\mathrm{d}t}{\int_0^{\infty} E(t)\,\mathrm{d}t} = \frac{\sum_{i=1}^{n} t_i E(t_i)\Delta t_i}{\sum_{i=1}^{n} E(t_i)\Delta t_i} \tag{3}$$

式中 $E(t)$ 为 t 时刻分解炉出口示踪物料瞬时浓度，$\frac{t_m}{t_g}$为物料在炉内的平均停留时间与气体平均提留时间的比值。由图可知，物料平均停留时间的绝对值 t_m 随风速的提高而降低，且降低幅度递减，而料气停留时间比值$\frac{t_m}{t_g}$随着风速的提高而增加。从3种炉型的 t_m 和$\frac{t_m}{t_g}$对比情况来看，改进后的分解炉明显优于NKSV分解炉，$\frac{t_m}{t_g}$均提高一倍左右，在7～8之间。据此推算，改进后的分解炉物料在炉内的停留时间可达15s左右。

表2给出了改进分解炉与其他型式的分解炉比较。由表2可知，与其他类型的分解炉相比较，这一数值也是比较大的。据此可以初步推断改进分解炉性能是优良的，能够充分满足燃料燃烧、物料分解对时间的要求，而且仍然保留了NKSV分解炉阻力损失低、体积较小的优点。

表2　几种分解炉料气炉停留时间比较

Table 2　Comparison of RTD of several calciners

厂家	宁国	柳州	冀东	江西	洛阳	改进型
炉型	MFC	SLC	NSF	RSP	NKSV	KSV
$\frac{t_m}{t_g}$	15.6	2.7	5.5	4.6	3.8	7～8
t(s)	>60	8.9	8.9	9.7	7.7	15

（四）气体三维流场

在第二自模化区范围选定工况（$U_{av}=6\mathrm{m/s}$，$Re=18\times10^4$）[5]，采用南京工业大学开发的智能化三维流场测量系统[6]，分别对两种改进分解炉进行气体三维流场的测定，流场测量结果如图8、图9所示。由图可以看出，改进分解炉流场与NKSV分解炉流场的基本规律未有太大改变，但存在以下几点不同：

（1）从轴向速度看，三次风进口以下部位，U_z 的负向速度区增加，中心喷注区有所减小，表明回流增强。混合室边壁的轴向速度较大，截面速度分布为中间小，两头大，且中心区域附近部分地方有负值出现，较NKSV的“齐头并进”现象有明显好转。

（2）从切向速度看，其涡流室的切向速度较NKSV基本无明显变化，但缩口的变化对上部区域的旋流起到了很大的削弱作用，经缩口二次喷腾作用，切向速度均降低了40%以上，更有利于物料的分散和均布。NKSV-Ⅱ炉出口的改变对旋流起到了一定的削弱作用，由图9可以看到，其切向速度更为平坦，最大值还不到NKSV和NKSV-Ⅰ的一半。

（3）径向速度的数值仍然较小，对物料运动的影响较小，有正有负，无明显规律。

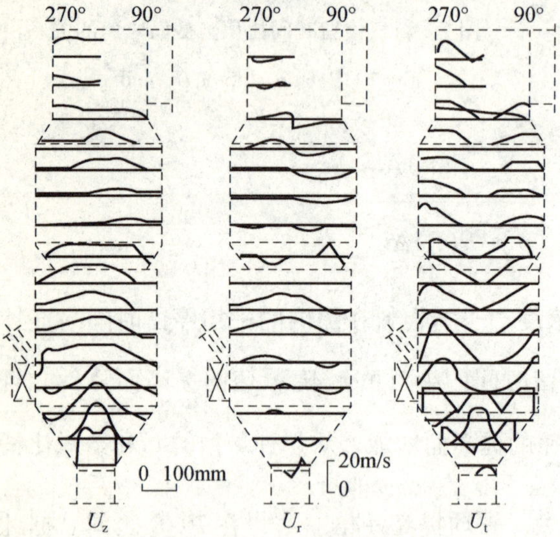

图8　NKSV-Ⅰ流场测量结果

Fig. 8　Flow field of NKSV-Ⅰ calciner

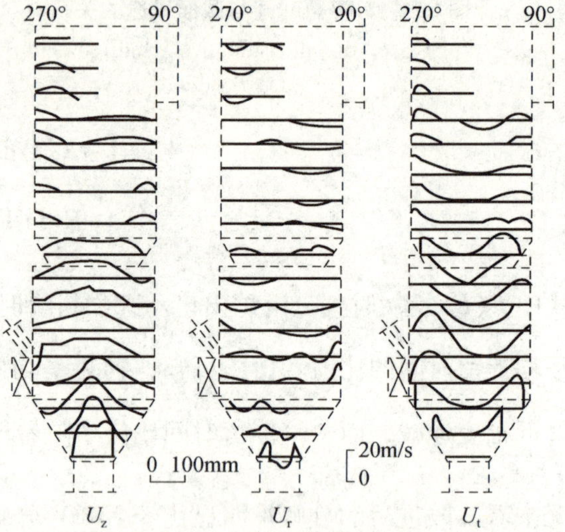

图9　NKSV-Ⅱ流场测量结果

Fig. 9　Flow field of NKSV-Ⅱ calciner

综上所述，改进分解炉的性能得到了很大优化。①下钵区域：喷腾气流与旋转气流虽然还是分层流动，外旋而内喷，回流区域有所增加，中心区喷腾区域减小。物料的返混和均布得到加强，燃烧与反应的环境有所改善。②上钵区域：由于缩口的二次喷腾作用，分解炉上钵的流场产生了较大的变化，比较突出的是缩口上方的轴向风速变得比较均匀而近壁区较大。总的说来，U_z 的分布较下钵均匀平坦一些，对称性沿程逐渐增强。切向风速 U_t 经缩口后大幅度降低。因此，物料贴壁运动的状况在上钵得到明显改观，物料在该钵的返混加强。因此，从气体三维流场推断，改进型分解炉的物料停留时间较长，物料的均布性也将比较好，缩口的二次喷腾作用得到了较好的体现，从而有利于煤粉的燃烧和碳酸盐的分解反应。

三、结论

在分析NKSV分解炉气固运动特点的基础上，从分解炉的缩口、涡流室和出口等方面对其进行改进实验研究，得到以下结论：

（1）改进型分解炉在物料的分散、煤粉的燃烧环境、物料停留时间等方面均有较大改善，且保留了原有 NKSV 分解炉的低阻力损失的特性；

（2）克服了原有 NKSV 分解炉存在的旋流强度过大，特别是上钵旋流强度过大的缺陷，缩口的作用得到了明显的体现，起到了二次喷腾和加强返混的作用；

（3）割向出口的使用，使得混合室上部的流场得到进一步的改善；

（4）NKSV-Ⅰ方案适合于对现有分解炉的改进，而 NKSV-Ⅱ则可以作为新建炉型设计的参考。

参考文献

[1] 李德诚. KSV-5 系统简介及其分解炉运行机理分析［J］. 中国建材装备，1991，(1)：26-28.

[2] 李昌勇，金春强，胡道和. NKSV 分解炉气固两相运动模式的研究［J］. 硅酸盐学报，2000，28(6)：529-533.

[3] 胡道和，李昌勇，周迈，等. 反求工程方法在水泥工业中的应用［J］. 水泥技术，1990，(5)：2-9.

[4] 胡道和，周迈. 水泥生料停留时间分布的测定［J］. 南京化工学院学报，1987，(2)：4-7.

[5] 李之光. 相似与模拟［M］. 北京：国防工业出版社，1982.

[6] 简淼夫，李昌勇. 新型气体三维流场智能测量系统的开发研究［J］，水泥技术，1991，(1)：21-24.

NKSV 分解炉工作原理与特性的研究

李昌勇　金春强　胡道和

一、引言

NKSV 分解炉是一种旋流喷腾型分解炉，是日本川崎公司于 20 世纪 70 年代后期在原 KSV 分解炉的基础上改进完善而成的。目前我国有若干台该型式的预分解窑水泥生产线已经投产或在建设中。从我国第一条采用引进技术制造、使用此种分解炉的洛阳水泥厂 1000t/d 新型干法水泥生产线的情况看，效果还不是十分理想，存在不少问题，在相当一段时间窑尾系统结皮堵塞较严重，严重影响了生产的正常进行。对此类分解炉进行充分的研究分析，对于改进不够理想的分解炉系统，进而开发更优异的预分解系统，都是非常必要的。

分解炉是预分解系统的核心设备，其性能优劣对全系统影响甚大。作为一种高温多相反应器，它应该完成下述功能：

（1）物料与煤粉在气流中的分散过程这是决定燃烧环境与分解率的基本控制因素；

（2）煤粉燃烧过程提供 $CaCO_3$，分解所需的热量；

（3）气固相间的热交换包括对流换热、辐射换热及热传导，以对流换热为主；

（4）$CaCO_3$ 分解过程；

（5）质量传递包括对流传质及颗粒内部的扩散传质。

鉴于以上功能，我们确定了如下研究内容：

（1）气体三维流场——这是决定物料分散与气固换热过程的最基本的物理量场，直接决定了物料分散与均布性的优劣，也决定着换热、燃烧及分解反应的环境条件。

（2）物料在分解炉内的停留时间分布（RTD）——它可以反映物料在炉内运动过程的一些基本信息，是研究物料运动规律的基本方法之一。在分散与均布良好的情况下，物料停留时间越长，则燃烧与分解反应将有可能进行得越充分。

（3）分解炉基本性能指标——阻力损失是分解炉的基本性能指标，我们将结合分散与均布情况及气固两相运动特点对分解炉进行综合分析与评价。

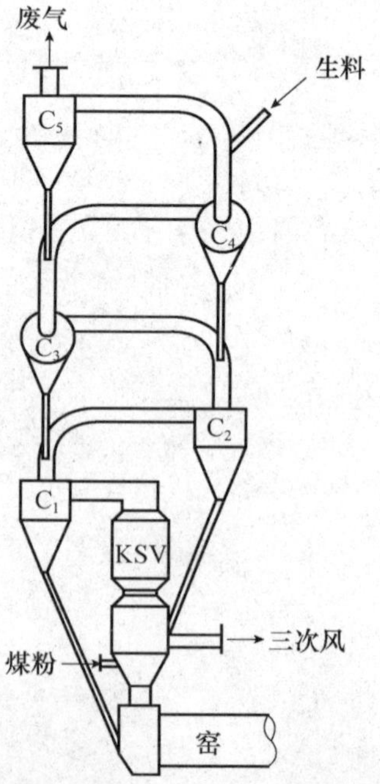

图 1　KSV-5 预分解系统流程

二、主要试验结果及分析

NKSV 预分解系统的流程如图 1 所示。与资料介绍的 NKSV 分解炉的不同点在于采用了三次风单进风口结构。洛阳水泥厂 1000t/d 分解炉的规格为 $\phi3.58m \times 16.8m$（有效尺寸），我们按比例缩小制作了 $\phi400mm$ 的有机玻璃模型。在该模型上我们得到如下试验结果：

1. NKSV 分解炉的阻力特性

根据设计资料介绍及实际生产的参数，我们设定了分解炉三次空气与出窑废气的比例，以此为基准测得的 NKSV 分解炉空载阻力特性如图 2 和图 3 所示。由于进口与出口风速相差较大，因而表中及图中的数据均考虑了动压补偿。

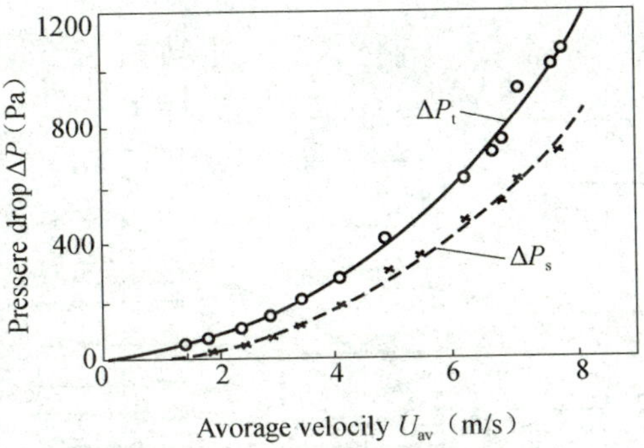

图 2　NKSV 分解炉的阻力损失

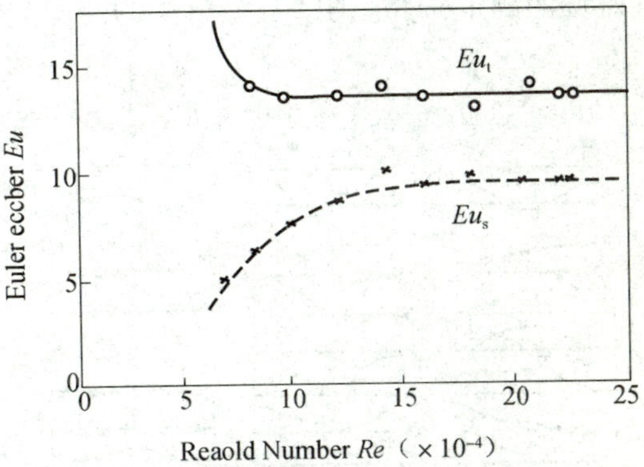

图 3　NKSV 分解炉 $Eu-Re$ 的关系

图 2、图 3 中：

U_{av}——分解炉截面平均风速；

ΔP_t——三次风入口至分解炉出口间的阻力损失；

ΔP_s——窑气入口至分解炉出口间的阻力损失；

Eu，Eu_s——分别为对应 ΔP_t 和 ΔP_s 的欧拉数，其定义为：

$$Eu_t = \frac{\Delta P_t}{\rho U_{av}^2}$$

$$Eu_s = \frac{\Delta P_s}{\rho U_{av}^2}$$

Re——对应截面平均风速的雷诺准数。

从 $Re-Eu$ 关系曲线可以看出，当 $Re>1.3\times10^4$，即 $U_{av}>4.5$m/s 时，Eu_t、Eu_s 接近一恒定值，气体流动进入第二自模化区，此时分解炉的阻力系数为：

$$\xi_1 = 2Eu_t = 27$$

$$\xi_2 = 2Eu_t = 19$$

该组数据与相同基准下 RSP、NSF、SLC 等分解炉的比较见表 1。可以看出，与其他分解炉相比，NKSV 分解炉具有明显的低阻特性。

表 1　NKSV 分解炉与其他分解炉阻力特性比较

炉型	柳州	冀东		江西		洛阳	
	SLC	NSF		RSP		NKSV	
		1	2	1	2	1	2
ξ	94	103	12	152	31	27	19

加料时，该分解炉的阻力损失有所变化，ΔP_s 随加料固气比的提高而有较大幅度的增

加，ΔP_t 则基本上不随物料浓度而变化。例如当加料固气比从 0 增加到 0.3K/m^3 时，ΔP_t 仅变化 20～40Pa，ΔP_s 则提高了 200～300Pa。若依此推算实际分解炉的阻力损失，考虑气体重度与黏度的区别，则实际分解炉的阻降约为 500～700Pa，表观压降要更低一些。

2. NKSV 分解炉的气体三维流场

为考虑与实际设备内的气体流动规律尽量一致，我们选在第二自模化区范围进行气体三维流场的测定研究。NKSV 分解炉的流场测量结果如图 3、图 4 所示。由图可以看出：

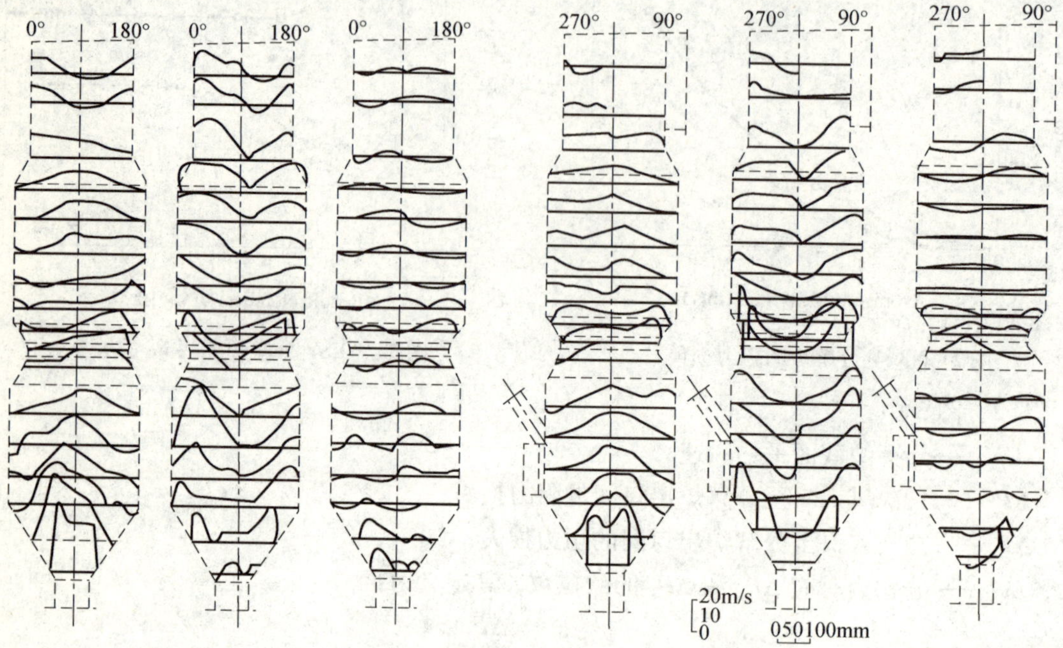

图 4　NKSV 分解炉的气体三维流场

（1）分解炉缩口以下区域（下钵）中，喷腾气流与旋转气流基本上是分层流动的，外旋而内喷。中心区喷腾效应明显，轴向风速 U_z 较大且沿程递减，进风口附近类似于克虏伯立筒的核心区，上部则类似于喷注区。只是由于旋流进风的不对称性而使得 U_z 的分布也呈现出不对称性。切线风速较大但基本只影响近壁区域，对中心区（0～0.5D）则影响微弱。径向风速 U_r 值较小，对物料运动的影响也很小。除切向进风直接冲击的0°方向外，近壁区轴向风速的分布规律仍与纯喷腾流动极为相似，同样表现为近壁区的回流区与涡流区。因而该钵的气流运动相当于水平切向流与垂直喷腾流的简单迭加，两者间的相互干扰较弱。这种流动状态，由于近壁区是回流区且切线风速大，可能会造成一定程度的返混，但切线风速大造成较大的离心力，又对物料的分散与均布产生不利影响，恶化燃烧与反应的环境。中心区轴向风速很大，而径向与切向风速很小，物料被吹散后较难以向壁面迁移，很快便为中心气流携出该钵。而喷腾气流中以窑气为主，氧含量低，因而该钵的燃烧与反应条件是不够理想的。

（2）根据流场测定结果处理而得到的气体流线如图 5 所示。由图 5 可以看出，增加缩口仅仅起到了一定的改流作用，而起不到二次喷腾的效果。缩口上方几乎没有回流区。由于缩口的压缩作用，分解炉上钵的流场产生了一定的变化，比较突出的是轴向风速分布的变化，缩口上方的轴向风速变得比较均匀而近壁区略大。沿程 U_z 的分布又逐渐变得中间大而近壁区小。切线风速 U_t 经由缩口后有一定程度的降低，U_z 的分布较下钵均匀、平坦一些，对称性沿程逐渐增强。径向风速 U_r 仍然很小。因而可以推断，由于基本上没有回流区，而切线风速的分布规律亦无明显改变，故而下钵贴壁运动的物料运动状况在上钵仍然难以得到明显改变，物料在该钵的返混程度也是很低的。因此，从气体三维流场来看，NKSV 分解炉的物料停留时间可能是较短的，物料的均布性也可能较差，从而对煤粉的燃烧和分解反应产生一定的不利影响。

3. NKSV 分解炉内物料运动特点的观察

加料运行时发现：

（1）物料分散情况较好，基本无明显团块物料，进口斜坡及缩口斜坡不存在积料现象。

（2）物料入炉后大部分物料贴壁运动，存在明显的中稀边浓现象，即物料在炉内均布性欠佳。

（3）炉内物料很快就随着气流上行逸出，在炉内停留时间较短，返混基本只出现在底部锥体部分，上钵则看不到物料返落现象。

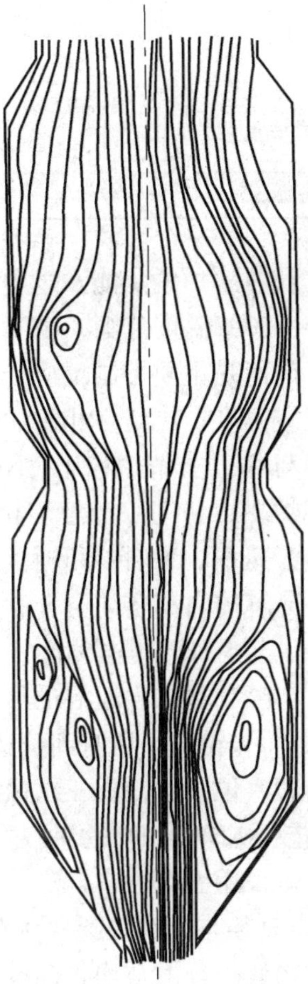

图 5　NKSV 分解炉的气体流线图

4. NKSV 分解炉内物料的停留时间分布

物料停留时间分布是分解炉的重要分布参量，在分散较好的情况下必须保证足够的停留时间，才有可能使煤粉的燃烧和分解反应进行完全。NKSV 分解炉的物料停留时间分布测定结果如图 6 和图 7 所示。从测定结果来看，物料平均停留时间的绝对值随风速的提高而减少，表征返混程度的方差 σ^2 有上升的趋势，其变化范围在 0.40 ~ 0.55。当 $U_{av} < 6$m/s 时，料气停留时间比值 t_m/t_g 随着风速的提高而增加，然后基本稳定在 3.7 ~ 3.8 之间。与其他型式的分解炉相比（表 2），这一数值是比较低的。经计算，洛阳水泥厂 NKSV 分解炉体积为 122m^3，气体停留时间仅 2s 左右，若以冷模试验的 t_m/t_g 值来推算，物料在炉内的停留时间为 7.5 ~ 7.7s。

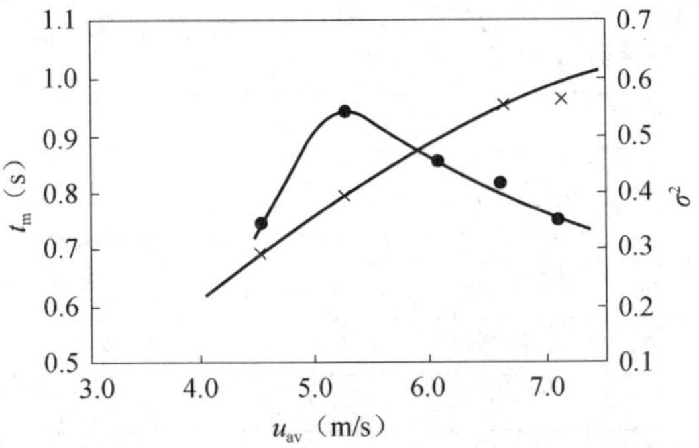

图 6　NKSV 分解炉内物料平均停留

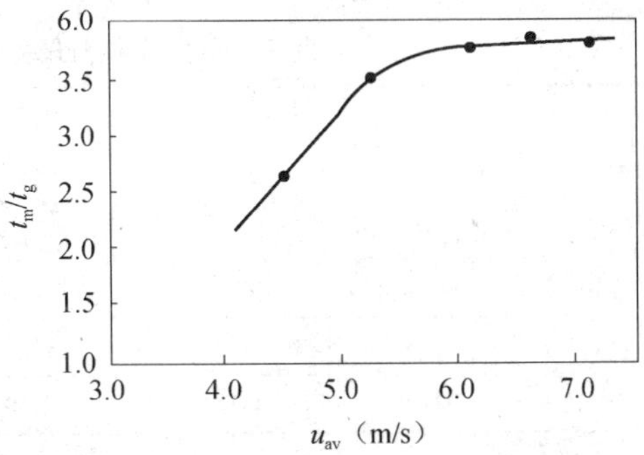

图 7　NKSV 分解炉料气停留时间比值与风速关系

表 2　几种分解炉料气停留时间比值比较

炉型	NG MFC	LZ SLC	JD NSF	JX RSP	洛阳 NKSV
t_m/t_g	>15.6	2.7	5.5	4.6	3.8
t_m(s)	>60	8.9	8.9	9.7	7.7

从分解炉的功能及过程原理来分析，炉内的基本反应是煤粉燃烧与碳酸盐分解反应，在800～900℃温度范围，由于炉内进行的是低温无焰燃烧，煤粉燃烧速率较慢，所需时间较长，因而是主要控制反应。从煤粉燃烧的过程考虑，保证燃烧完全的基本条件一是分解炉内的反应温度；二是气相中的氧含量；三是足够的煤粉停留时间。

与 RSP 分解炉相比，NKSV 分解炉的分散与均布性要好一些，但物料停留时间则比 RSP 分解炉少；与 SLC 分解炉相比，虽然 NKSV 炉的料气停留时间比值要大一些，但 SLC 炉内气体流速低，物料停留时间绝对值仍比 NKSV 分解炉要长。并且从反应环境来看，SLC 和 RSP 分解炉内都是纯空气燃烧，NKSV 炉内同 NSF 一样是在三次风与出窑废气的混合气体中燃烧。与 NSF 分解炉相比，两者有一定的相似性，均是气体入炉混合，均设有缩口以求达到二次喷腾和加强返混的目的，但从效果看，NSF 分解炉的结构使得料气停留时间比值达到5.5，而煤粉的停留时间可达气体停留时间的 8 倍左右，在实际炉内的停留时间达 11s 以上。煤粉喷入位置也是在三次风进入的涡壳内，氧含量相对丰富一些。由此来看，NSF 分解炉的结构较 NKSV 分解炉要优越一些，燃烧环境及燃烧时间的充裕性也明显好一些。这与 NSF 分解炉采用涡壳进口，产生一定的分级效应和旋流返混过程是分不开的，其缩口的收缩比（缩口直径与分解炉圆柱体直径之比）也比 NKSV 分解炉大，起到了二次喷腾的效果，缩口上方物料的分散与均布性也比较好。而 NKSV 分解炉的旋流风则未能起到加强返混的效果，反而使得物料存在相当程度的贴壁效应，影响物料的匀布性，缩口的存在也未能真正起到二次喷腾的作用，而仅仅是起了一定的改流作用。

从分解炉内的气体停留时间来看，洛阳水泥厂 NKSV 分解炉的相对体积也较国内现有的各分解炉明显偏低，表 3 为国内几种典型分解炉的比较。由表中数据可以看出，洛阳厂 NKSV 分解炉的体积明显偏小，气体停留时间偏短。而该分解炉的料气停留时间比值又较小，因而 NKSV 分解炉对于煤质较差的燃料适应性比较差，当煤的热值低且挥发分少时，很容易产生化学和机械的不完全燃烧，严重时会有相当部分煤要到 C1 旋风筒和窑尾去燃烧，从而很容易造成结皮和堵塞，影响生产的正常进行。

表 3　国内几种分解炉有效容积及气体停留时间的对比

炉型	SC ILC	NG MFC	LZ SLC	JD NSF	JX RSP	ZJ SLC	洛阳 NKSV
气体流程	混合气入炉	净空气入炉	净空气入炉	混合气入炉	净空气入 SC 炉	净空气入炉	混合气入炉
容积	431	488.6	371.6	542	342.9	488.5	122.1
t_g(s)	3.3	4.3	3.1	1.93	3.2	3.8	2.02
容积产量	0.193	0.341	0.359	0.307	0.243	0.341	0.341

从研究结果来看，NKSV 分解炉的阻力损失比其他分解炉要低，但炉体结构与气体流场

不够合理，物料均布性较差，t_m/t_g 比值较小，燃烧及反应环境不很理想，并且分解炉有效容积明显偏小，气体及物料停留时间过短。因而对于低劣质燃料适应性可能较差，容易产生化学和机械不完全燃烧，从而影响生产的正常运行。

三、洛阳水泥厂 NKSV 预分解炉的综合评述

通过试验研究与分析，作者认为，洛阳水泥厂 1000t/d NKSV 预分解炉具有下述特点：

（1）同国内现有的一些分解炉相比，NKSV 分解炉具有较明显的低阻特性，其实际阻力损失约为 500～600Pa。

（2）从气体及物料运动规律看，该分解炉内气体流场对于物料分散是比较有利的，物料的分散性能较好，但还存在旋流强度过大、物料均布性不够理想的问题。上部区域的大部分物料贴壁运动，中心区域则料粉浓度较低，换热、燃烧及反应条件不够理想，缩口对于改善物料均布所起作用较小，也未能起到二次喷腾效果。这会影响分解炉性能指标。

（3）NKSV 分解炉内的物料停留时间与气体停留时间的比值约为 3.8，按此推算，煤粉或物料在炉内的停留时间大约为 7.5～8s，从数值上看比较低，只能满足中等以上煤质的燃烧要求。与国内其他类型的分解炉相比，洛阳水泥厂的 NKSV 分解炉体积也明显偏小，气体停留时间偏短，加上物料分散与均布性并不十分理想，因而可能会产生较多的机械不完全燃烧。这部分机械不完全燃烧的燃料可能要到 C1 筒甚至 C2 筒和窑内才能完成燃烧过程，这就容易造成 C1 筒和 C2 筒的结皮堵塞，对生产的连续稳定进行产生不利影响。故而在进行新的类似系统设计时，分解炉尺寸与结构均应做相应的调整，以保证全系统生产的稳定运行。

SLC-S分解炉气固两相运动规律研究

李昌勇　金春强　胡道和

（南京工业大学材料学院，南京，210009）

【摘　要】 通过系统测定分解炉内气体三维流场、分解炉阻力特性和物料停留时间分布等试验研究，结合华新水泥厂煤质研究结果，以及同其他分解炉型的对比，全面地探讨了SLC-S分解炉内气固两相运动的基本规律。研究表明，SLC-S分解炉的气体流场具有明显的受限喷腾床的特征，有利于物料的分散，从而保证了物料停留时间的有效性。但由于缺少必要的横向混合，使得分解炉的容积利用率明显过低。鹅颈管虽能延长物料停留时间，但由于内部物料基本是柱塞流，料气停留时间比值很低，更降低了分解炉整体的空间利用效率。

【关键词】 分解炉，气固两相运动规律，停留时间，喷腾床

Synthetic Study of the Motion Patterns of Gas and Solid Phases in SLC-S Calciner

LI Changyong　JIN Chunqiang　HU Daohe

(College of Materials Science and Engineering,

Nanjing University of Technology, Nanjing, 210009, China)

【Abstract】 The motion patterns of gas andsolid material in SLC-S calciner and its resistant characteristics were investigated and analyzed in detail, through measuring the gas flow field, the retention time distribution of powder in the calciner, and its other characteristics, and being correlated with the combustion character of the coal used in Huaxin Cement Plant. Research resultsshow that the gas flowfield in SLC-S calciner has the typical characters of restrictedspouting bed, and elementally it is good to dispersing powder in it. But the efficiency of volume utility of the calciner is poor because of the lack of transverse mixture. The solid material in the longsyphon is a typical "piston flow" and results poorer efficiency of volume utility of the calciner.

【Key words】 calciner, motion patterns of gas andsolid material, retention time, spouted bed

SLC-S分解炉是丹麦史密斯公司自20世纪80年代开始应用于水泥工业的一种分解炉型式，其基本流程如图1所示。它实际上是把三次风单独入炉的SLC分解炉应用于单系列预热器的一种组合形式。我国上海水泥厂及华新水泥厂4号预分解窑系统等均采用SLC-S分解炉。据史密斯公司介绍，SLC-S分解炉由于采用三次风直接入炉的方式，煤粉燃烧着火环境良好，因而是一种能够适应中等或偏差煤质的分解炉形式。分解炉温度可以通过调节四级筒入分解炉的物料比例来调整，以达到适应不同煤质的要求。从华新水泥股份有限公司4号窑

及上海水泥厂的生产实际来看，SLC-S分解炉总体应用效果较好，熟料产量可以超过设计产量。南京工业大学硅酸盐工程研究所和华新水泥股份有限公司共同对华新4号窑系统进行了全面的运行诊断研究。本文以其SLC-S分解炉为对象，结合原燃料情况、冷态模型试验和热工检测及反求计算结果对其进行系统地综合分析与评述。

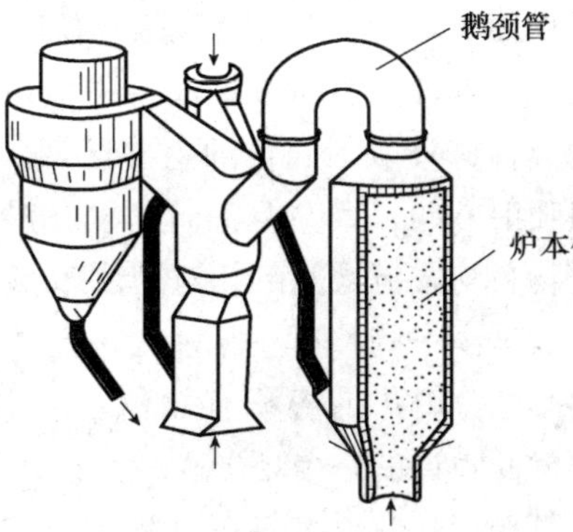

图1　SLC-S分解炉系统结构

一、主要冷态模型试验结果及分析

（一）SLC-S分解炉的气体三维流场

在气体流动的第二自模化区（湍流平方区）利用气体三维流场智能化测量系统[2]对该分解炉进行气体三维流场测定，测定条件为分解炉进口平均风速 $u_i=36m/s$，测量得到的分解炉本体的气体三维流场分布如图2所示。u_z 为轴向速度，u_r 为径向速度，p_t 为总压，p_s 为静压。

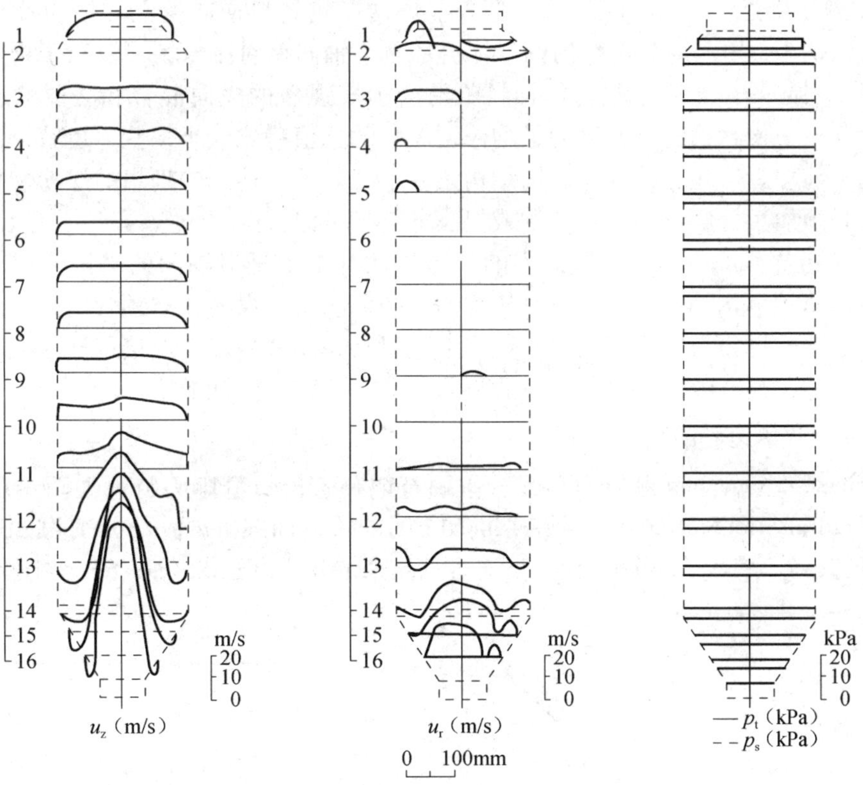

图2　SLC-S分解炉的气体三维流场测定结果

将轴向风速分布与受限喷射流的轴向风速分布[3]比较后，可以看出，SLC-S分解炉内的气体流动，尤其是中下部，基本上仍属受限喷射流，与Krupp立筒预热器内的气体流场相似。其下部区域也可以分为几个区（图3）：

由图3可知，1为喷射区，位于三次风入口上方的一个圆锥形区域，其轴向风速基本保持进口风速。由于风速很高，此区是煤粉及物料分散、混合的主要区域。2为喷注区，其流动方向与入口喷射方向一致，但轴向速度在沿流动方向不断降低。此区域内部物料与气流之间的相对速度较低，对物料分散及物料停留时间的贡献小一些。喷注区过大，容易导致料气停留时间比值偏低，从而影响分解炉的容积有效利用效率。3为回流区，在分解炉中下部壁面附近的一个环形区域。该区域内气体流向与主体流向相反，其作用是造成物料在分解炉内的逆向返混，从而延长物料在分解炉中的停留时间，提高分解炉的容积利用效率。4为涡流区，它是喷注区与回流区之间的区域。该区域中气体流动方向紊乱且多变，速度较低，主要作用是使部分物料由主流区向壁面附近迁移，且这部分物料能在回流区沉落下行，从而造成一定程度的物料返混。

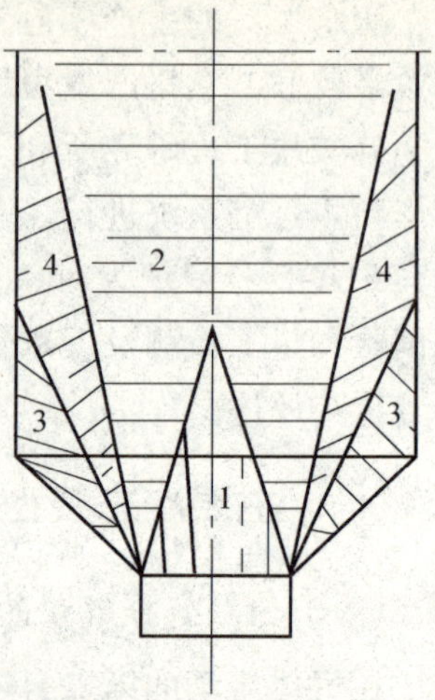

图3　SLC-S分解炉气流分区

与轴向风速相比，径向风速及切线风速数值很小，尤其是中部以上区域，基本上属于柱塞流。从功能上来说，切向及径向风速是分解炉内影响物料逆向返混和横向扰动的基本原因，因而可以认为，SLC-S分解炉内的气体流场属于轴向喷射流流场，较利于物料在纵向的混合。但喷射引起的径向风速很低，物料不易产生较强烈的横向混合和必要的逆向物料返混，因而分解炉中粉状物料与气体的平均停留时间的比值将比较小一些，也就是说分解炉的容积利用率不够理想。在这种气体流场结构条件下，如果要达到较理想的煤粉燃烧及碳酸盐分解效果，必须加大分解炉的有效容积或提高分解炉炉温。

鹅颈管（指分解炉顶部的弯管）内的气体流动基本上是沿轴向的平推流运动，其他方向的速度分量非常小，并且速度分布也较均匀。因而物料及煤粉在鹅颈管内部除进口加速和拐弯处因惯性造成物料与气流之间有一定速度差以外，物料将基本上接近柱塞流动，对燃烧和分解反应只能起很有限的补偿作用，故将影响分解炉整体的性能指标。

（二）分解炉阻力特性的研究

冷态模型试验条件下测得的SLC-S分解炉至鹅颈管出口的阻力特性如图4所示（经过进出口风速校正）。图5为欧拉数与雷诺准数之间的关系曲线。u_i、u_{av}分别为分解炉进口及截面平均风速，m/s；ΔP为分解炉入口至鹅颈管结束位置处的压降，Pa；Re为对应分解炉直径

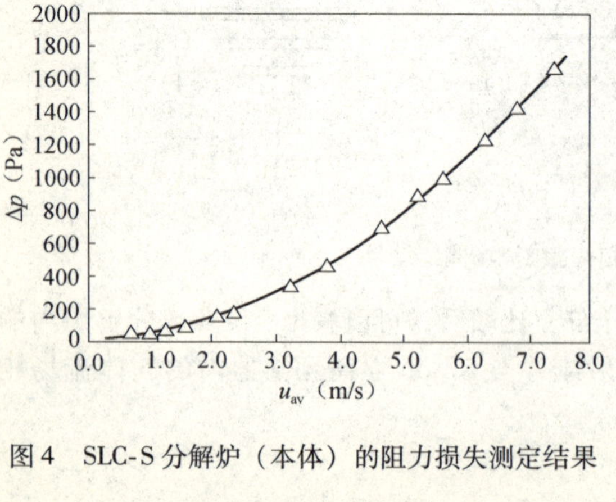

图4　SLC-S分解炉（本体）的阻力损失测定结果

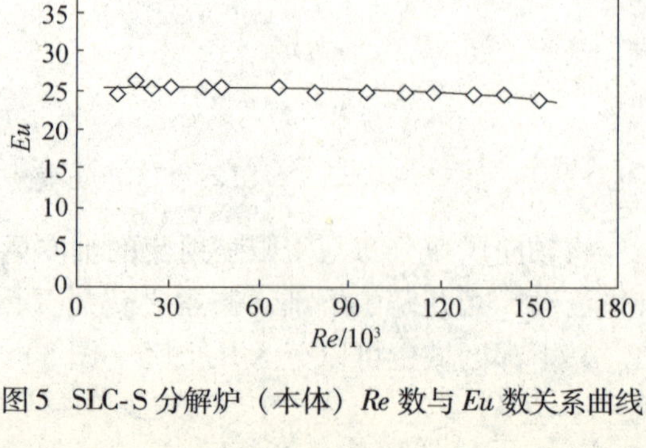

图5　SLC-S分解炉（本体）Re数与Eu数关系曲线

和截面平均风速的雷诺准数，$Re = Du_{av}\rho/\mu$；ρ 为气体密度，kg/m^3；Eu 为以 SLC-S 分解炉截面平均风速 u_{av} 为基准的欧拉数，$Eu = \Delta p/(\rho u_{av}^2)$；与 Eu 对应，阻力系数为 $\xi = 2Eu$。测试结果表明，鹅颈管部分的阻力损失较小，仅数十个帕斯卡，对预分解系统阻降影响很小，可以忽略不计。

SLC-S 分解炉的阻力系数与部分炉型的比较见表 1。与 NSF 和 RSP 分解炉比较，SLC-S 分解炉的阻力系数虽较低，但与 DD 炉等低阻降的分解炉相比又高一些。

表 1　国内部分分解炉阻力系数比较

炉型	NSF		RSP		NKSV		DD		SLC-2
	1	2	1	2	1	2	1	2	
ξ	103	12	152	31	27	19	6	25.6	49

（三）SLC-S 分解炉的物料停留时间分布

物料停留时间分布是反映像分解炉这类反应器内部物料运动基本规律的基本分布参数[4]。在分散良好的前提下，只有满足反应器内各种化学反应所需的基本时间，反应器才能充分发挥其功能。SLC-S 分解炉本体物料停留时间分布测定结果如图 6 所示。t_m 为物料平均停留时间，s；t_g 为气体平均停留时间，s；σ^2 为停留时间分布的方差，表征炉内物料的返混程度。

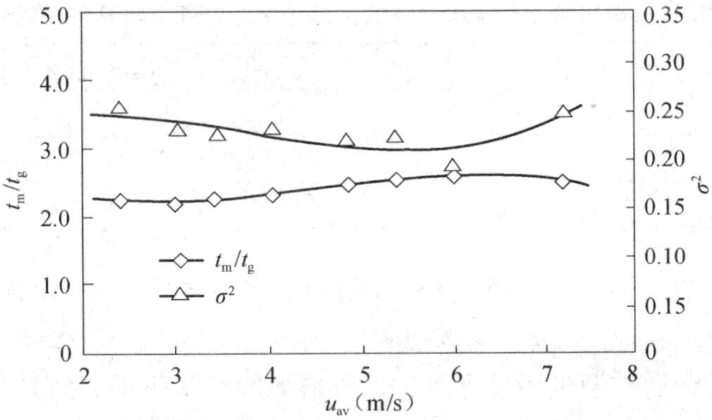

图 6　SLC-S 分解炉本体的物料停留时间分布测定结果

图 7 为包含鹅颈管的分解炉停留时间分布测定结果。从分解炉本体停留时间的测定结果看，分解炉本体的料气停留时间比值随风速变化的幅度很小，在一定范围内基本保持在 2.5～2.6之间。工况条件下，该 SLC-S 分解炉本体的料气停留时间比值与柳州水泥厂的 SLC 分解炉及 ILC 分解炉接近而略低，因而可以认为此类喷腾型分解炉内气固两相运动的规律基本上是一致的。由于本 SLC-S 分解炉的高径比较高，且采用轴向出风结构，因而料气停留时间比值略有降低。

由于气体是单纯喷腾流动，物料缺少断面方向上的混合，表征物料返混程度的方差就比较低，σ^2 低于 0.3。这是由于回流区和涡流区所占比例较小，使物料流动总体上接近平推流所致。

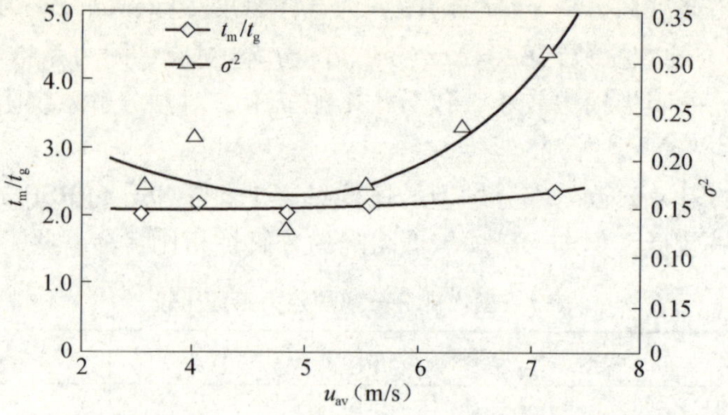

图7　SLC-S 分解炉（含鹅颈管）停留时间分布测定结果

包括鹅颈管在内的分解炉整体的料气停留时间比值降低幅度比较大，只有降低到 2.0 ~ 2.35，才说明鹅颈管内基本上是柱塞流，几乎不存在返混，与气体流场的分析结果相一致。因而这种鹅颈管作为分解炉的一部分从空间利用率来看是不够经济的，对物料及煤粉停留时间的贡献很小，并且使得分解炉的整体性能指标降低幅度较大。

若分解炉内的的气体平均温度为 900℃，分解炉燃料用量近似为 60%，熟料热耗为 3345kJ/kg，炉内物料实际分解量 70%，则计算得到通过分解炉的气体量大约为 76.2m^3/s。算得的分解炉各部分气体及物料的停留时间，见表 2。

表 2　根据模型试验结果推测的实际分解炉各部位物料停留时间

分解炉部位	$V(m^3)$	t_g(s)	t_m(s)	t_m/t_g
SLC-S 炉本体	223.3	2.93	7.50	2.56
鹅颈弯管	109.2	1.43	2.18	1.53
分解炉整体	332.5	4.36	9.68	2.22

可以看出，鹅颈管的存在使分解炉区容积增加了近 50%，但有效停留时间仅提高了 22%。这虽然对改善煤粉燃烧效果和提高出炉生料的分解率有一定作用，同时作为一种弥补措施对于性能欠佳的分解炉型也还是可取的，但增加的时间仅为分解炉区总停留时间的 1/5 左右，效果很不理想。对于改善燃烧效果所起的作用也相对偏低，因而对于新建分解炉的设计而言并不是好的方案，有必要通过对分解炉整体结构的优化来提高分解炉的性能指标。

从表 3 可以看出，与其他炉型比较，SLC-S 炉的 t_m/t_g 数值是最低的。也就是说，分解炉的空间有效利用率不高。华新水泥厂 SLC-S 分解炉的气体平均停留时间长达 4.3s 左右，高于绝大多数分解炉的气体停留时间，以此计算，物料在分解炉内也只有不到 10s 的平均停留时间。考虑到实际分解炉内的回流区绝对值较大、入炉的料团尺寸较大以及颗粒之间的相互作用等，颗粒停留时间会略高于 10s。从燃料的研究结果看，厂方所提供烟煤试样的燃烧特性相对较好，因而这种分解炉内煤粉的停留时间应该说还是可以满足燃烧的基本要求的。悬浮态煤粉易燃性试验表明当炉内平均温度达到 900℃左右时，10s 内煤粉燃烬度可以达到接近 80%。实际分解炉内由于风速高、湍流度大以及物料分散状况良好，煤粉实际燃烬度可以达到 80% ~85%，基本能保持窑系统正常运行，即使适当增加产量，在有限范围内也有一定的适应性。但当煤质较差时，煤粉燃烧速率会有较明显的降低，出炉的燃烬度下降，分解炉燃烧能力不够的问题必将突出出来，从预分解系统出来的废气温度也会有一定上升，熟料热耗增加。这反过来又会进一步影响煤粉的停留时间和燃烬度。此时，唯有提高分解炉温度，才能提高燃烬度和维持生产稳定。

表3　几种分解炉的料气停留时间比值的比较

厂家	炉型	炉容积(m^3)	t_g(s)	t_m(s)	t_m/t_g	比容积产量[$t/(m^3\cdot h)$]
JD	NSF	542.0	1.9	10.5	5.5	0.308
NG	MFC	488.6	4.3	>56.0	>15.6	0.341
LZ	SLC	371.6	3.1	8.4	2.7	0.359
ZJ	SLC	488.5	3.1	8.6	2.7	0.341
JX	RSP	342.9	2.5	11.3	4.6	0.243
LY	NKSV	122.1	2.0	7.6	3.7	0.341
SC	ILC	431.0	3.3	8.6	2.6	0.193
HX	SLC-S	332.5	4.4	9.7	2.2	0.251

试验时，对分解炉模型中的物料分散及运动状况进行了观察，发现该分解炉内物料分散状况良好。物料在分解炉下部呈类似于喷腾床的运动，该区域料粉浓度相对较高，物料返混也明显剧烈一些。但在分解炉的中部和上部，料粉浓度则显著降低，只有下部区域的几分之一，物料运动基本呈柱塞流动，观察不到明显的物料返混作用，因而也从另一方面证明了该分解炉中、上部区域空间利用率低，这是该分解炉料气停留时间比值比较低的基本原因，与流场分析结果一致。

观察表明，鹅颈管内物料基本上是柱塞流动，物料在此部分基本上是一闪而过，对煤粉及物料停留时间的贡献很小，加上此部分气体中的氧含量比较低，因而对改善燃烧和分解反应的作用也是十分有限的。

总体而言，由于SLC－分解炉内缺乏有效的横向混合，料气停留时间比值较小，以其目前的状况还只宜烧中、高质量的煤，对劣质煤的适应性较差。这种分解炉实际上是与五级旋风筒一起构成了“分解带”，但旋风筒内旋流强度大，物料基本上是贴壁运动，燃烧环境很差，因而对煤粉燃烧难以起到有效的补充作用。同时也很可能把分解炉出来的部分机械不完全燃烧的煤粉收集入窑，使之在窑内燃烧，造成窑尾废气温度偏高和氧含量偏低，对实际生产造成不良影响。对于采用低挥发分煤或低质煤作燃料时，这类问题会更加突出，不仅容易导致从预热器出来的废气温度提高，造成热耗的增加和产量的降低，而且有可能影响窑系统的稳定运行。所以有必要从改善炉内物料及气体的运动入手，通过必要的结构改进达到改善物料的分散与均布性，延长煤粉及物料的有效停留时间的效果，提高分解炉的利用效率，从而改善其总体性能指标，增加对低质燃料的适应性。在目前情况下，当煤质较差时，只能通过部分分料进入上升烟道的方法提高分解炉燃烧温度来提高煤粉的燃烬度。

二、结　论

（1）炉型简单、布置方便、阻力损失适中、采用三次风单独入炉并且炉内三次风不与窑气相混是SLC-S分解炉的基本特点。

（2）煤粉喷嘴装在炉柱体与下锥联接处，此部位是气体流场湍动比较剧烈、气固两相混合较充分的区域，有利于煤粉在纯热空气中迅速燃烧。由于该区域煤粉浓度最高，氧含量也接近最高，可能是炉内燃烧反应相对比较剧烈的区域，所以温度也会远高于分解炉内的平均温度及分解炉出口温度。

（3）华新水泥厂4号窑系统所用的SLC-S分解炉（含鹅颈管）平均料气停留时间比值为2.22，在熟料产量2000t/h时，煤粉在实际分解炉内的停留时间约为10s。从效果上看基本能够满足所用煤粉燃烧所必需的停留时间，提高分解炉温度对增加产量也有一定的适应性。

（4）SLC-S分解炉内部气体三维流场比较利于物料的良好分散，因而，分解炉内固体颗粒的停留时间，可认为是真正有效的燃烧及化学反应时间，物料分散效果良好，是保证分散、换热、燃烧和分解反应正常进行的基本前提。

（5）煤粉及物料在SLC炉本体内的固气停留时间比值为2.56，在鹅颈管内比值仅为1.525。鹅颈管的体积占整个分解炉区体积的1/3，而物料停留时间只占总停留时间的22%。因此，该分解炉是基本能够满足设计产量要求而容积利用效率却比较低的炉型，对实际产量的适应性是靠大幅度增加分解炉容积得到的，不够经济。因而该分解炉并不是一种理想的分解炉型式。

参考文献

[1] 陈全德，曹　辰．新型干法水泥生产技术［M］．北京：中华建材工业出版社，1987，165－179.

[2] 简淼夫，李昌勇．新型气体三维流场智能化测量系统的开发研究［J］．水泥技术，1991，1：21－24.

[3] 胡道和，顾大公，李昌勇．立筒预热器工作原理的研究［J］．硅酸盐学报，1987，15（2）：97－105.

[4] 胡道和，李昌勇，蔡玉良，等．反求工程方法在水泥工业中的应用［J］．水泥技术，1990，5：2－9.

NSF型分解炉工作原理的研究与分析

李昌勇　胡道和

（南京化工学院）

【摘　要】 通过模型试验和结合实际生产情况，较详尽地探讨了NSF分解炉内的气固两相运动规律，研究了分解炉各性能指标与实际工况的关系。研究表明，NSF分解炉是一种流场分布较合理，且带有显著分级效应的分解炉形式，这种分级效应使得分解炉内煤粉的停留时间长达15s，比较合理的气体三维流场又使物料分布情况较好，故而煤粉在炉内的燃烬度比较高，物料分解反应进行得比较充分，这是冀东水泥厂预分解窑水泥生产线能够长期达到良好性能指标的基本原因。

【关键词】 分解炉，气固两相运动，反求研究，模型试验

前言

20世纪70年代初期，日本石川岛公司率先将窑外分解技术引入水泥工业，开发了燃油的SF型分解炉，使水泥烧成工艺的发展进入了一个崭新的时代。从此以后，水泥窑外分解技术蓬勃发展，成为该工业领域发展的主导方向。目前，世界上已经用于实际生产形式已有30余种，可谓千峰竞秀，百花争艳。其中SF系列的分解炉炉也不断推陈出新，由燃油的SF炉发展成烧煤的NSF、CSF、CoSF等分解炉，仍是世界上应用数量最多、效果良好的分解炉形式之一[1]。

为了发展我们的水泥工业，我国于20世纪70年代末期引进了一批水泥窑外分解生产线，其中包括冀东水泥厂的NSF预分解窑水泥生产线。该生产线投产至今已经有十几年历史，生产情况一直比较好，去年运转率达到了89%，实际产量也超过了设计指标，取得了极好的经济效益，成为我国水泥工业的一面旗帜。

我国目前已经有近百台各种形式、不同规格的预分解窑，但多数都存在运转率低、达不到设计产量、热耗高的问题。其中有操作、管理方面的原因，也有工艺、设备等方面的因素，与我们对预分解窑特别是各种分解炉、预热器内的气固两相运动规律和基本工作特性缺乏认识不无关系。为了提高我们对窑外分解技术的认识深度，通过已经被证明是效果良好的预分解系统的综合研究来深化我们对引进技术的消化程度，使我们的窑外分解技术在崭新的起点上发展完善，应该说是一条发展我国水泥工业技术进步的良好途径。

近年来，反求工程在我国的水泥工业尤其是水泥预分解窑的研究及一些预分解系统的计算分析中得到了一定的应用。为了充分消化利用引进的技术，加深对这类分解炉的认识，对其进行全面、系统的分析评价，笔者采用试验反求的方法，对冀东水泥厂NSF分解炉内的气体流场、物料停留时间分布和物料运动特点等进行了较为详尽的测定研究，分析了炉内气

固两相运动的基本规律和特点，并探讨其与分解炉性能的关系，以供实际生产、设计和新型预分解炉开发时参考。

一、研究对象与内容

冀东水泥厂的 NSF 分解炉系日本石川岛公司 SF 系列分解炉的第二代产物，其实际流程如图 1 所示。它由上部的圆柱段、圆锥段、下涡壳等部分组成。从冷却机来的三次风由涡壳切向入炉，窑尾废气从分解炉底部喷入，三级筒来的物料分别从圆柱段下部和窑尾废气入炉的上升烟道的两个加料口喂入。煤粉有涡壳顶部的三个喷煤嘴喷入炉内，经过分解的物料与气体一起切向出炉，进入底部旋风预热器。

为便于研究与分析，本文假设：

（1）分解炉内物料浓度较稀（小于 1.0kg/m^3），物料的存在基本不影响气体流动状况。

（2）只考虑分解炉内的平均气体流量与平均温度，不考虑碳酸盐分解过程中气体量的变化梯度。

（3）由于是稀相的气固两相流，不考虑各颗粒之间的相互作用。

在分解炉的工作过程中，气体是热量的携带者和基本传递介质，也是燃烧所需 O_2 的提供者，同时又是物料运动及物料分散所需动力的提供者。换言之，气体的流动特性是决定分解炉工作特性的基本因素。笔者研究了炉内的气体流动的情况。限于条件，测量在常温净空气下进行。虽然常温净空气流场与工作状态下炉内气体流动情况有一定差异，考虑到炉内物料呈稀相悬浮态，气固两相间的换热速度很快，燃烧放热和分解吸热同步进行，炉内温度变化幅度不很大，故用净空气的流场来分析分解炉的气固两相运动过程仍是可取的和有效的。

物料在分解炉中的运动是一种十分复杂的，伴有燃烧和分解反应、气固换热与传质等多种复杂过程的三维运动，难以进行直接的试验研究，只能通过一些简化假设以后，应用一些间接的方法进行测定研究。在各种间接方法中，测量物料停留时间分布是已经被证明行之有效且较易于测定的一种方法。故而测定物料停留时间分布也是我们的主要研究内容之一，同时也是我们分析分解炉容积有效利用效率的重要参考依据。

分解炉的阻力损失是其重要指标之一，我们也将结合气固两相运动的研究加以测定和分析。

本文冷态模型试验所用的分解炉基本上是以冀东水泥厂的分解炉为蓝本，经缩小而成（图 2）。各主要结构尺寸见下表。

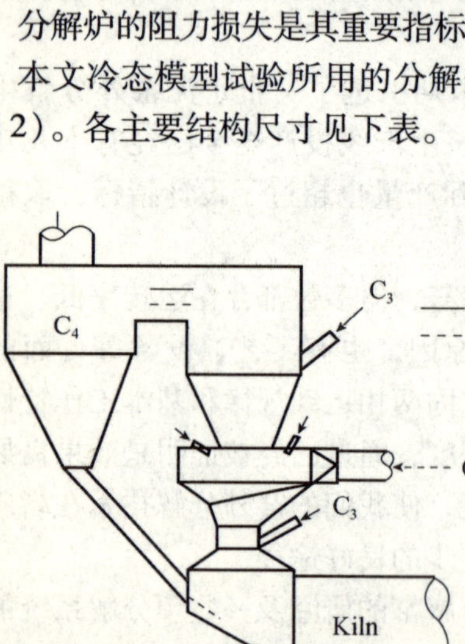

图 1　NSF 分解炉流程
Fig. 1　NSF precalciner

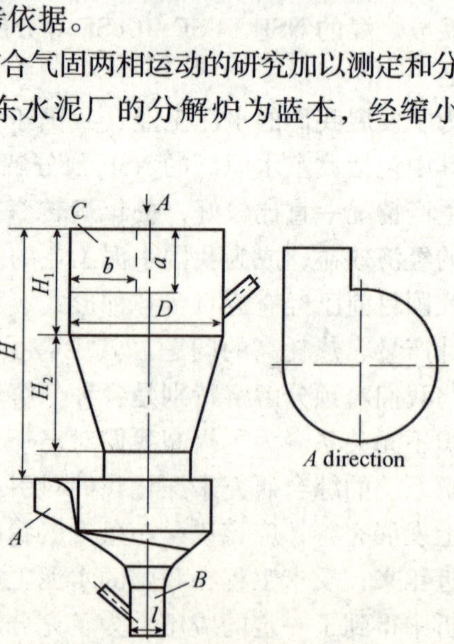

图 2　NSF 分解炉模型
Fig. 2　Model of NSF calciner

NSF 分解炉模型主要尺寸

Principalstructuralsize of NSF model

mm

H	H_1	H_2	D	a	b	l
595	264	200	322	145	145	100

二、主要试验结果及分析

（一）NSF 分解炉的气体三维流场

参照冀东水泥厂的实际工况，我们在第二自模化区选定下述参数进行气体三维流场测试定：

分解炉圆柱段截面平均风速 U_{BV} =6.0m/s。

所得到的气体三维流场的流量结果如图 3 ~ 图 5 所示。

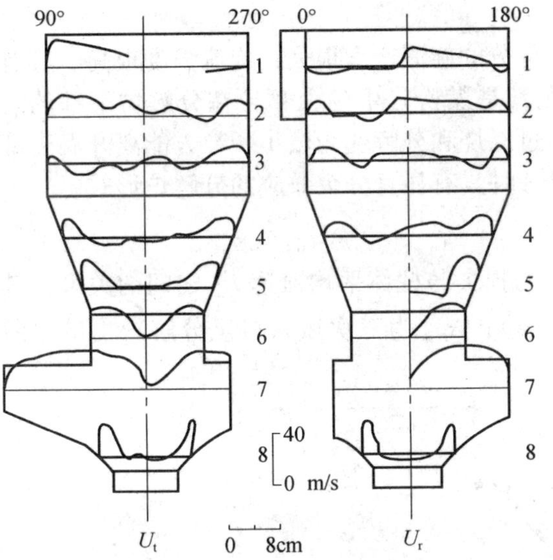

图 3 NSF 分解炉的切向风速分布

Fig. 3 Distribution of tangential gas velocity in NSF precalciner

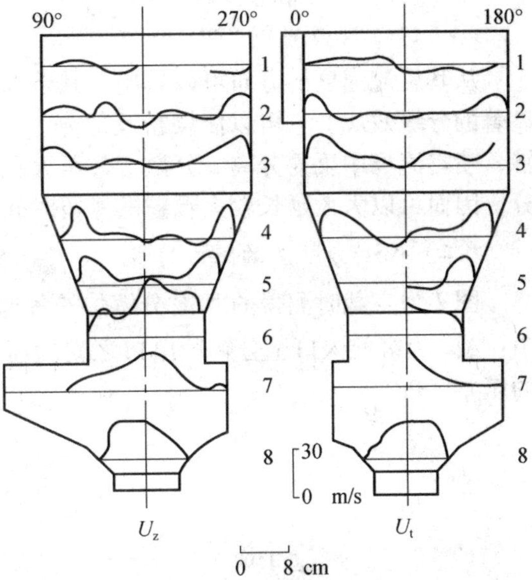

图 4 NSF 分解炉的轴向风速分布

Fig. 4 Distribution of axial gas velocity in NSF precalciner

综观 U_t、U_z、U_r 的分布特点，存在强烈的选留作用，也存在明显的喷腾效应，这在流场测定结果上可以得到反映，从切线风速的分布来看，其分布规律与一般旋风筒的比较完整的兰金涡有很大差距，基本上是在壁面附件才出现切线风速的最大值，而中心区域则旋流速度很小且分布紊乱，个别区域甚至出现逆向旋转。受很大的切线风速的影响，轴向风速产生了明显的偏心分布，而且这种最大轴向风速的偏移沿程不断加剧。这与一般的喷射流动也有本质不同。但在不同截面上，最大轴向风速的递减规律又保持了喷射流基本特征（图 6）。因而在 NSF 分解炉内部的气体流动是一种十分复杂的旋流 - 喷腾迭加的复合流动。其特征将由旋流强度与喷射强度的相对值所确定，其合理性目前还只能由实验结果来分析评价。

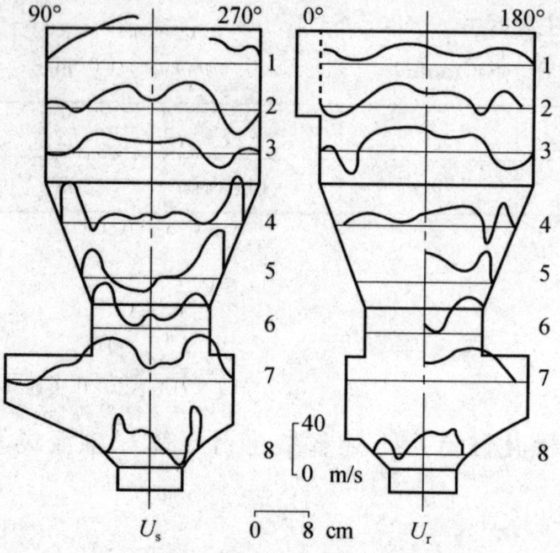

图5　NSF分解炉的经向风速分布
Fig. 5　Distribution of radial gas veloeity in NSF precalciner

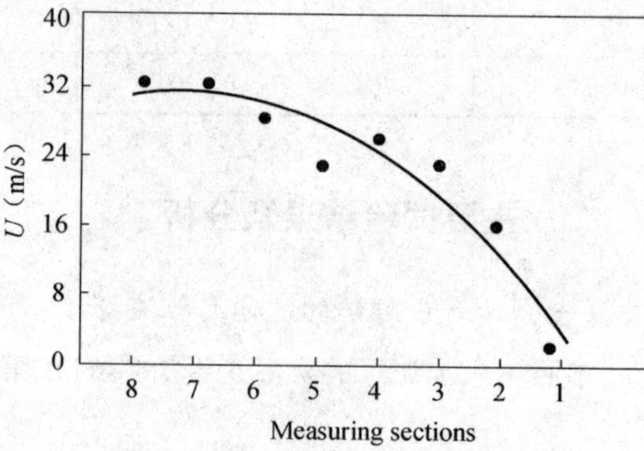

图6　轴向风速沿程变化规律
Fig. 6　Change tendeney of axial velocity

从其旋流速度的分布可以看出，其下部涡壳部分的旋流速度很大，旋流强度很高，具有显著的分级效应。它可以使煤粉及部分生料（尤其是煤粉）中的大颗粒在分解炉下部的旋转，喷腾流场中反复分离、分散，甚至大颗粒通过燃烧和分解变为较小颗粒方能离开涡壳部分，因而可以大大延长较大颗粒的停留时间，是一种具有显著分级效应的分解炉形式。

（二）NSF分解炉的阻力特性

图7为空载时测得的NSF分解炉的各部分阻力损失与柱体平均流速 U_{av} 之间的关系，其中：Δp_1 为窑气入口至分解炉出口之间的压差（Pa）；Δp_2 为三次风入口至分解炉出口之间的压差（Pa）。

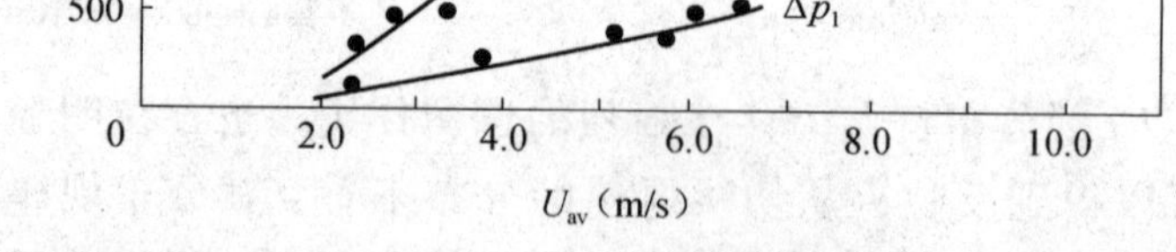

图7　NSF分解炉的阻力损失
Fig. 7　Resistance character of NSF precalciner

图8为整理得到的无因次准数 Eu 与 Re 之间的关系，图中：Re 为雷诺准数，无因次准数，$Re=D\cdot U_{av}\cdot\rho/\mu$（$D$ 为柱体段直径，ρ、μ 分别为气体的密度和黏度）；Eu_1 和 Eu_2 为欧拉数，即

$$Eu_1=\Delta P_1/(\rho\cdot U_{av}^2)$$

$$Eu_2=\Delta P_2/(\rho\cdot U_{av}^2)$$

从测定结果可以看出，在一定风速下，$\Delta p_2\gg\Delta p_1$，在试验的范围内，

$$\Delta p_2/\Delta p_1 \approx 5$$

基本上是一恒定值。

如果采用阻力系数来表示，$\xi = \Delta p/(p \cdot U_{av}^2/2) = 2Eu$，则在自模化区；

$$\xi_1 = 2Eu_1 = 16, \quad \xi_2 = 2Eu_2 = 80$$

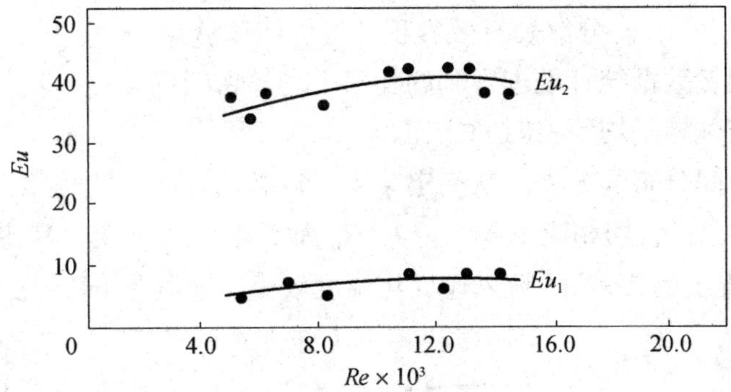

图 8　*Eu-Re* 关系

Fig. 8　Relationship of *Re* vs *Eu*

图 9 与图 10 分别为加料时 Δp_1 和 Δp_2 随加料固气比的变化情况，从中可以看出，在加料固气比 $Z = 0.2 \sim 0.8 \text{kg/m}^3$，$U_{av} = 4.5 \sim 6.5 \text{m/s}$ 的范围内，加料浓度对压降的影响很小，比值 $\Delta p_2/\Delta p_1$ 仍为 4～5。

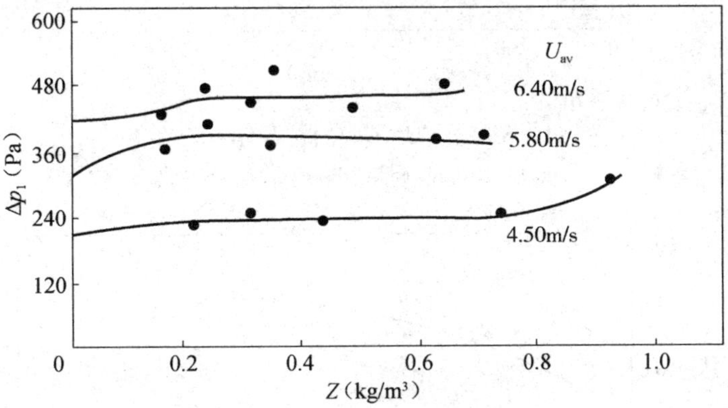

图 9　ΔP_1 随加料固气比的变化

Fig. 9　Relationship of Δp_1 vs Z

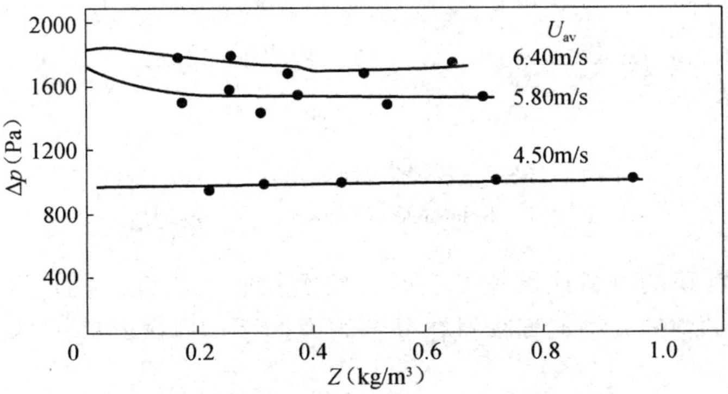

图 10　Δp_2 随加料固气比的变化

Fig. 10　Relationship of Δp_2 vs Z

（三）NSF 分解炉内物料的停留时间分布

由于三级旋风筒入 NSF 分解炉有个下料管，因而我们分别进行了物料停留时间分布测定。图 11 ~ 图 13 为实际测定结果，其中 t_g 为按不可压缩流体根据质量守恒原理求得的气体平均停留时间（s）：

$$t_g = 分解炉有效容积 / 气体体积流量 = V/Q$$

式中 t_m——根据测量数据统计处理得到的物料平均停留时间；

t_m/t_g——物料与气体平均停留时间之比；

σ^2——停留时间分布的方差，从测定结果可以看出存在下述规律：

（1）U_{av} 增大，t_{m1}、t_{m2} 均相应下降，但 t_{m2}/t_{m1} 却近似保持不变，其比值约为 1.8；

（2）表征返混程度的方差 σ^2 随风速变化幅度较小，尤其是 σ_1^2，几乎不随风速而变化。

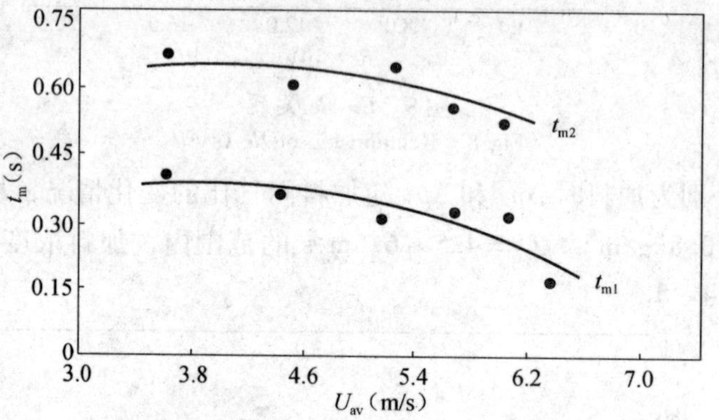

图 11 NSF 分解炉不同加料点 $t_m - U_{av}$ 关系

Fig. 11 Relationship between t_m and U_{av}

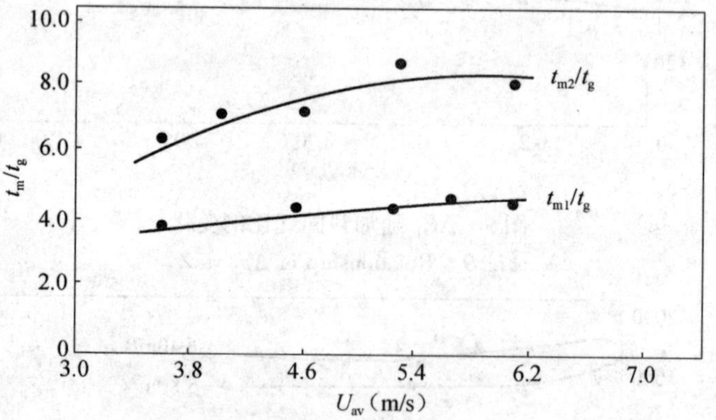

图 12 NSF 分解炉不同加料点 $t_m/t_g - U_{av}$ 关系

Fig. 12 Relationship between t_m/t_g and U_{av}

当上、下两加料口的喂料比保持不变时，按照我们的假设，稀相流中的颗粒相互不干扰，则可以用加权平均的方法求算物料在分解炉内的平均停留时间 t_m 和料气停留时间比值 t_m/t_g，即

$$t_m = Kt_{m1} + (1 - K)t_{m2}$$

根据冀东水泥厂的工况条件，上部喂料量占70%，则 $K=0.7$，由此可以得到图13和图14的结果。

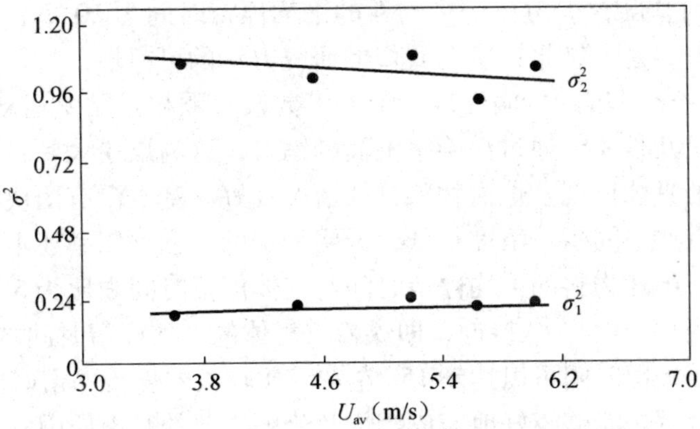

图13　NSF 分解不同加料点 σ^2-U_{av} 关系

Fig. 13　Relationship between σ^2 and U_{av}

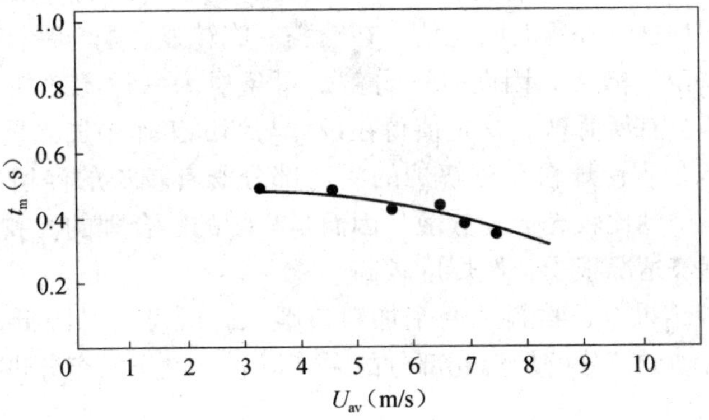

图14　NSF 分解炉 t_m-U_{av} 关系

Fig. 14　Relationship between t_m and U_{av}

很明显，t_m/t_g 随风速的提高增加，但增加的幅度渐趋平缓，当截面风速 $U_{av}\geqslant 5.0$m/s 时，t_m/t_g 基本稳定在5.5左右（图15）。

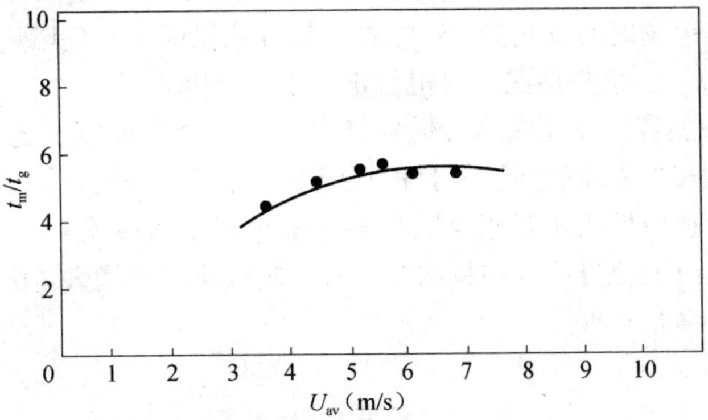

图15　NSF 分解炉 t_m/t_g-U_{av} 关系

Fig. 15　Relationship between t_m/t_g and U_{av}

当熟料日产量为4200t时（热工测定时的产量），根据热耗和空气过剩系数算得冀东水泥厂的分解炉中气体的平均停留时间约为1.91s。假定冷、热态物料运动过程相似，料气停留时间比值相等，则算得NSF分解炉中物料的平均停留时间为10.5s，与实际热态10.4s的测定结果吻合得很好，这一结果证实了我们的研究方法的可靠性。

试验观察发现NSF分解炉内涡壳部分绝大多数较大颗粒是贴壁运动的，滞留时间较长，个别粒子甚至循环十几秒才能通过涡旋室上面的缩口，这为煤粉大颗粒的充分燃烧打下了基础，也是分级效应的具体体现。炉内物料分散情况良好，基本没有团块物料，大部分区域充满了物料，但顶部有些空间料粉浓度很低，说明炉子的容积利用率还不是十分理想。

需要说明的是，虽然物料的平均停留时间与气体停留时间之比为5.5左右，煤粉的停留时间则由于加在涡壳部分而与t_{m2}接近，即煤粉与气体的平均停留时间之比约为8.0，因而煤粉在实际分解炉中的停留时间可以达到15s左右。比较长的煤粉停留时间、比较好的分解与均布状况，这是该分解炉能够较好地完成燃烧及分解任务的基本原因。

三、结论

（1）从旋流－喷腾迭加的综合特征来看，喷腾有助于物料的分散，而旋流则有助于延长物料停留时间和增加料气停留时间比值，在喷腾－旋转强度配合最佳的条件下，可以得到比较理想的“三传一反”效果，因而NSF分解炉可望成为一种高效的高温反应器；但若配合不当，则迭加优势会有所降低，这是值得在设计与调试工作中加以重视的。

（2）煤粉的喷入位置使煤粉在分解炉的涡壳部分既有较长的停留时间，又可在上下两道缩口在喷腾作用下得到比较充分的分散，因而是科学的、合理的。冀东水泥厂的实际运行情况也表明不完全燃烧情况很少，燃烬度较高。

（3）从冷模试验结果看，物料从两个加料口喂入，既可及时降低出窑废气，减少结皮堵塞的危险，又可机动调节分解炉涡壳部分的温度以利于燃烧的充分进行，是一值得借鉴的工艺措施。

（4）NSF分解炉的阻力损失主要来自旋流。在试验范围内分解炉压降对炉内料气比变炉性能比较稳定，对生产参数的波动有比较好的适应性。

（5）实际工况范围料气停留时间比值t_m/t_g趋近于定值5.5，实际NSF分解炉中物料的平均停留时间为10.5s，与实际热态10.4s的测定结果吻合很好。

（6）NSF分解炉的分散、状况良好，使得炉内反应、换热效果都比较好，煤粉从涡壳的部分喷入，使煤粉停留时间延长到15s左右，较好地保证了充分燃烧。这是冀东水泥厂入窑分解率达到95%以上，生产情况一直很稳定的基本原因。

（7）NSF分解炉的容积设计应结合燃料情况与反应性来加以确定，由于NSF分解炉仍然存在一定偏料和均布性方面的问题，容积利用率也并不十分理想，又兼该炉型是混合气体入炉，对低质燃料的适应性也不是很强，CSF分解炉即是NSF分解炉在结构上进一步改进调整的产物，它通过改进使得炉内物料均布性有一定改进，并增大了分解炉体积，从而对煤种的适应性有一定提高。

参考文献

[1] 陈全德，曹辰．新型干法水泥生产技术［M］．北京：中国建材工业出版社，1987，131－138.
[2] 胡道和，李昌勇，蔡玉良，等．反求工程在水泥工业中的应用［J］．水泥技术，1991，（5）：2.

RFC 分解炉的性能研究

陆　雷　考宏涛　金春强　胡道和　韩立发　刘　浙

（南京化工大学材料科学与工程学院，南京，210009）

【摘　要】 分析了 RFC 分解炉内的气固流动、阻力特性以及炉内物料停留时间分布等，研究表明炉内大部分区域气体流动表现出明显的旋流流动特点，炉内湍流强度分布比较均匀，并沿轴向流动方向逐步增强。RFC 分解炉的料气停留时间比值约为 3.7，如果考虑炉出口与 C5 进口之间的垂直连接管道，则物料依次通过分解炉系统的平均停留总时间约为 13.3s。RFC 分解炉的三次风旋流流动的阻力系数为 74，窑气喷腾流动的阻力系数为 13。研究结果与工厂实际生产情况完全符合，为改进分解炉的设计和优化工厂的操作提供参考。

【关键词】 分解炉，气固流动，性能参数

STUDY ON PERFORMANCE OF RFC PRECALCINER

Lu Lei　Kao Hongtao　Jin Chunqiang　Hu Daohe　Han Lifa　Liu Zhe

(College of Materials Science and Engineering,
Nanjing University of Chemical Technology, Nanjing, 210009, China)

【Abstract】 Flow characters of gas-solid phases, pressure drop and the distribution of retention time of particles in RFC calciner were analyzed. Results indicated that air flow insome area of the calciner behaved obviousswirl flow, and the distribution of turbulence degree in RFC calciner was uniformity and intensified along the axial direction. The ratio of retention time of gas andsolid particle was about 3.7. If the vertical connecting duct between the fifthstage preheater and outlet of the calciner, the average retention time of material in RFC calciner was about 13.3s. The resistance coefficient of theswirl flow was 74, and that of thespouted flow was 13. The results were inaccordance well with the actual production of Shanxi cement plant.

【Key words】 calciner, gas-solid flow, functional parameter

短窑的操作对入窑物料的分解率要求较严，一般要大于 90%。但这个指标要受到分解炉内气体流动类型、燃料燃烧、炉温、炉内气氛、物料颗粒大小等因素影响。通过物料再循环入炉途径，可延长煤粉与物料在炉内的反应时间，提高煤粉的燃烬度和物料的入窑分解率，有利于稳定短窑的生产。山西水泥厂 2000t/d FR5(Fuller Recirculatoin—5stage cyclone) 预分解系统系引进原富勒公司技术，其回转窑规格为 ϕ3.962m×2.67m，是短窑与再循环式 RFC 分解炉的组合。该分解炉的本体结构简单，如图 1 所示。它主要由上部柱体、中部短锥体与下部涡旋室组成。其主要设计特点为：

（1）从C4预热器来的热物料加入到分解炉的锥体下部，煤粉由锥体下部从4个方向喷入炉内燃烧，物料经分解后随气流由炉上部切向流出，进入C5预热器被分离下来，再由分料器分料后，将一部分生料通过耐热不锈钢风动斜槽，循环喂入分解炉，另一部分直接入窑。这样部分煤粉和物料可多次通过分解炉，从而大大延长了煤粉和物料在炉内的停留时间，有利于提高煤粉燃烬度和入窑物料的分解率。

（2）三次风以强旋流与上升喷腾窑气在涡旋室混合，形成迭加湍流运动，以强化粉料的分散。

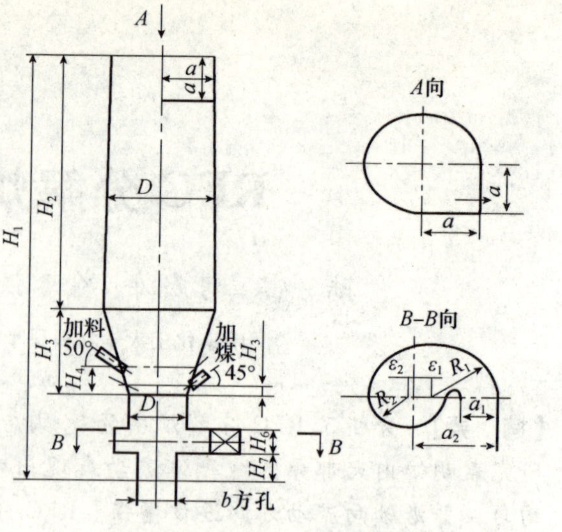

图1 RFC分解炉结构示意图

Fig. 1 Schematic drawing of RFC precalciner

（3）柱体高度较高，炉容积较大，同时出炉粉料经一垂直向下的管道后，再进入C5预热器，有利于延长粉料在热气流中的停留时间。

FR5预分解系统是我国引进的第一条带再循环分解炉的生产线，国外有关FR5系统的报道极少，且采用耐热不锈钢的风动斜槽，在高温下工作并不可靠，操作管理困难，技术并不成熟，工厂在实际生产中一直未能采用循环系统，因而有必要对这种分解炉的单体进行全面的研究、分析与评价。

一、RFC分解炉工作特性

在相似理论的基础上，通过冷态模型试验，可以反映实际分解炉内的气固两相运动规律。为此，对RFC分解炉进行了冷模试验，主要包括RFC分解炉气体流动特性、阻力特性、物料在炉内的停留时间分布、物料在分解炉内流动的直接观察等。

（一）RFC分解炉内气体流动特性

为模拟实际RFC分解炉内的气体流动形态，试验按窑炉设计喷、旋风量为比例，在流体第二自模化区范围内进行流场测试。测定结果如图2～图4所示。

测定表明，RFC分解炉内大部分区域气体流动表现出明显的涡旋流动特点，切向速度较大，某一截面上切向速度的分布规律与旋风筒类似，但旋流涡核较大。沿柱体轴向流动方向，切向速度逐渐衰减变弱，在炉柱体上部的气流出口区域，切向速度已明显降低，分布已无规律。在流场中心区出现的切向速度向上凸起部分，是由于受轴向回流的影响，涡心在轴心附近的随机摆动所造成。

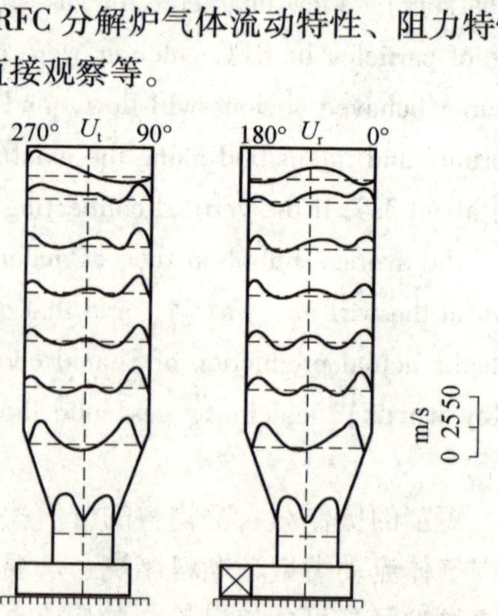

图2 RFC分解炉气体切向速度

Fig. 2 Axial velocity of gas flow in RFC precalciner

从轴向速度看，显然在锥体部分呈现轴心高边壁低的特点。但在柱体部分，最大速度面由下向上逐渐靠近炉壁，其对称性较好，在轴心附近，由于旋涡流的影响，存在一向下的回流，并沿轴向流动方向，回流逐步减弱。在柱体上部由于炉顶反弹和出口的影响，存在较大的回流区。

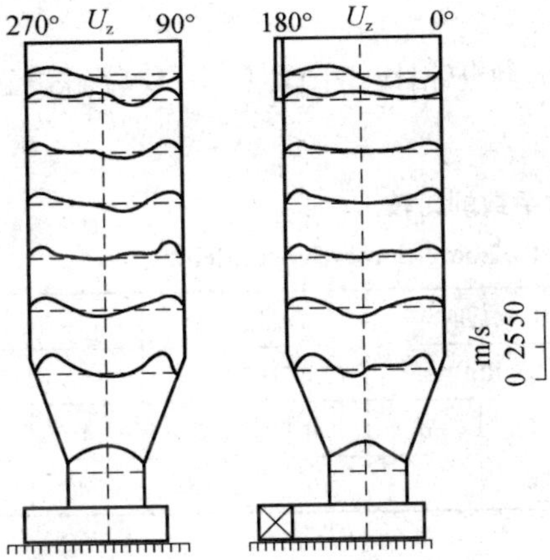

图3　RFC分解炉气体轴向速度

Fig. 3　Tangential velocity of gas flow in RFC precalciner

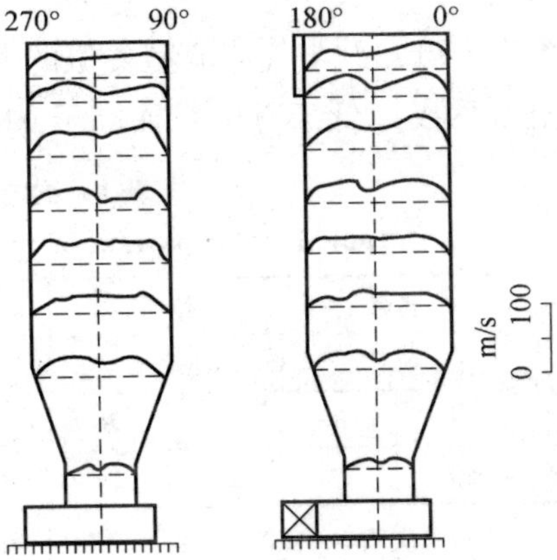

图4　RFC分解炉气体湍流强度

Fig. 4　Turbulivity of gas flow in RFC precalciner

从湍流强度的测定结果来看，RFC分解炉内湍流强度分布比较均匀，并沿轴向流动方向逐渐增大，同一截面上湍流强度峰值一般出现在近壁处，这与最大轴向速度、切向速度所处的位置基本一致。该炉内湍流强度最大可达30%左右，较大的湍流强度有利于小团聚颗粒的分散、传热与传质，可促进燃烧与分解反应的进行。

总体而言，RFC分解炉虽然采用喷旋复合流动形式，有利于物料在径向及轴向的分散与均布。但在炉柱体近壁处，由于切向速度最大，造成物料离心贴壁运动。从该流场分析，此分解炉内物料的停留时间是不长的，与以下实际测定结果是一致的。

（二）RFC分解炉的阻力特性

阻力损失是分解炉基本性能指标之一。根据窑系统实际设计参数，设定窑气和三次风入炉工况风量的比例，并逐步改变入炉总风量，分别测定了窑气（喷腾）压降 ΔP_y 和三次风（旋流）压降 ΔP_s，其结果经动压补偿后，如图5所示。

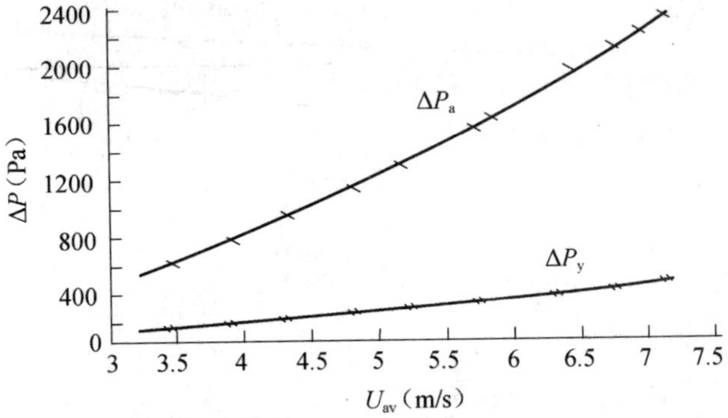

图5　RFC分解炉阻力损失与其截面风速的关系

Fig. 5　Pressure drop of RFC precalciner vs average sectional velocity

由图 5 可见，RFC 分解炉的旋流压降远大于喷腾压降，其旋流流动的阻力系数 ζ_s 为 74，是喷腾流动 ζ_y 的 5.7 倍，主要原因在于三次风入炉风速较大，旋流强度较高。因此该分解炉的阻力特性主要由旋流压降决定。表 1 列举了国内几种不同分解炉冷模试验得出的阻力系数。

由表 1 可知，与气体流型类似的 NSF 和 NKSV 分解炉相比，山西厂 RFC 分解炉三次风旋流阻力系数 ζ_s 低于 NSF 炉而高于 NKSV 炉。

表 1　国内几种分解炉阻力系数的比较

Table 1　Comparison of resistance coefficient ofsome domesticprecalciner

炉型	冀东		洛阳		江西		滇西		耀县		山西	
	NSF		NKSV		RSP		RSP		D-D		RFC	
	A	*B*	*A*	*B*	*A*	*B*	*A*	*B*	*A*	*B*	*A*	*B*
ζ	103	12	27	19	60	14	39	16	6	26	74	13

注：*A* 表示三次风旋流压降 ΔP_s；

B 表示窑气喷腾压降 ΔP_y。

由于分解炉内物料分解及煤粉燃烧的进行，炉内各截面风速逐步增大，若以分解炉进口平均风量计算的截面风速为基准，可推算冷态设计工况下，RFC 分解炉的喷腾压降 ΔP_y 为 320Pa，旋流压降 ΔP_s 为 1.56kPa。经气压、炉温等综合考虑，推得设计产量下，实际热态工况炉本体压降为 520Pa 左右。

（三）RFC 分解炉内物料停留时间分布

分解炉内煤粉的燃烧、碳酸盐分解等过程，均需要一定的时间，测定物料停留时间分布这一分解炉的主要技术参数，在一定程度上可反映煤粉与物料在分解炉内燃烧和分解的效果。图 6、图 7 与图 8 分别为不同风速下，RFC 分解炉内料气停留时间的比值 τ_m/τ_g、物料停留时间 τ_m 与停留时间分布离散度 σ^2 的测定结果。

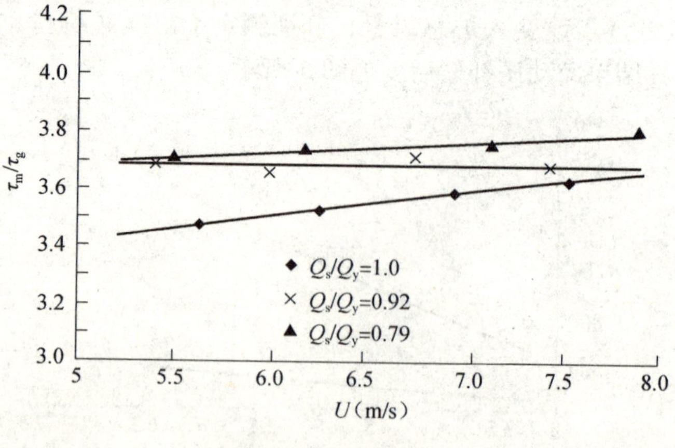

图 6　RFC 炉 τ_m/τ_g 与截面风速的关系

Fig. 6　τ_m/τ_g of RFC precalciner vs average sectional velocity

结果表明，随分解炉截面风速的增加，τ_m/τ_g 和 σ^2 呈上升趋势，而 τ_m 逐步减小。3 种

不同喷旋风量比例 Q_s/Q_y 下，τ_m/τ_g 差别不大，一般在 3.7 左右，与国内大部分分解炉的 τ_m/τ_g 指标比较，这个指标是较低的。根据 RFC 分解炉的设计参数，推算热态下，该分解炉的物料平均停留时间 τ_m 约为 11.6s，属于中等水平。这主要由于 RFC 分解炉设计的容积

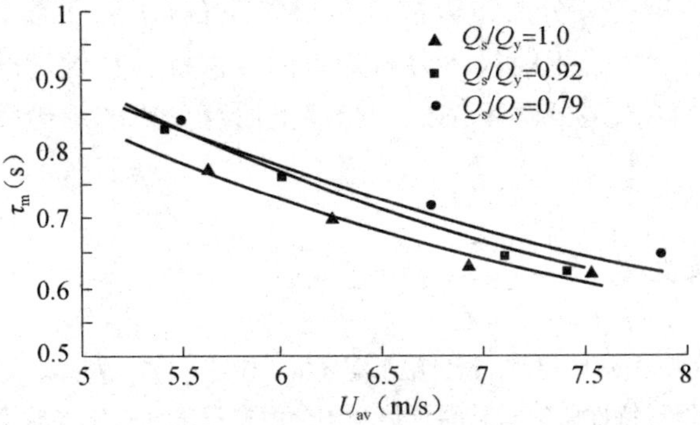

图 7　RFC 炉 τ_m 与截面风速的关系

Fig. 7　τ_m of RFC precalciner vs average sectional velocity

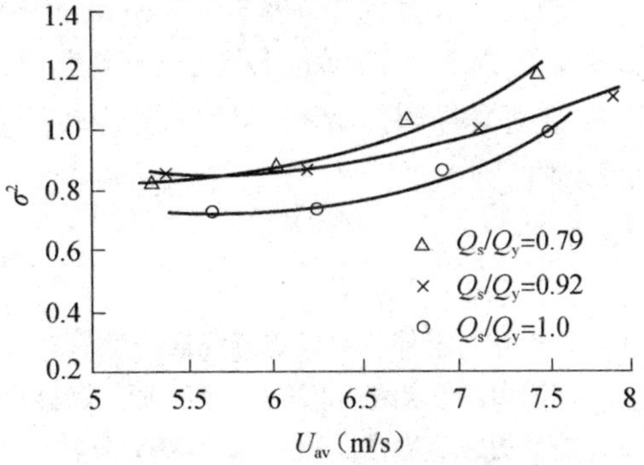

图 8　RFC 炉 σ^2 与截面风速的关系

Fig. 8　σ^2 of RFC precalciner vs sectional velocity

较大，相应延长了物料停留时间。如果考虑分解炉出口至 C5 预热器的垂直管道，其 τ_m/τ_g 以 2.2 计算，推得物料一次通过 RFC 分解炉及垂直管道的 τ_m 为 13.3s。因此工厂选用煤种时，必须考虑这个指标，并与之相适应。当然对于采用分解炉外循环时，随循环量的增加，由于粉料可多次通过分解炉，其在炉内的平均停留时间 τ_m 也会明显提高。

（四）RFC 分解炉内粉料流动与分布的观察与分析

在设定喷旋风量比例下，由 RFC 分解炉有机玻璃模型锥下部加入粉料，观察发现：在强旋流与喷腾流冲击下，加入的粉料被迅速带起扩散在气流中，并随旋转气流迅速旋转起来，物料开始离心甩向四周，沿轴向流动方向，锥体截面逐渐扩大至柱体，粉料逐步开始贴壁旋转，炉内逐渐呈现疏密两区，中部稀边部浓，大部分粉料贴壁旋转几圈后，到达炉上部并随出口气流切向流出。在炉上部区域，由于切向速度减小，旋流强度变弱，部分粉料被轴向气流重新带起和炉顶反弹后，随回流下落一段高度后再次被气流卷起，形成回流循环。观察表明，由锥下部加入的粉料不会引起团块与冲料，也不会冲入下部涡壳。总的来说，RFC 分解炉内存在贴壁现象，粉料分散不均，存在疏密两相与死角，但在炉上部存在顶部反弹与回流循环。直接观察与流场测试的结论是一致的。

二、结论

（1）RFC 分解炉结构简单，炉内大部分区域气体流动表现出明显的旋流流动特点，切向速度较大，存在离心贴壁运动。轴向速度边部高、中部低，在柱体大部分区域具有较好的对称性，而在柱体上部，气体流动由于受炉顶反弹及出口的影响，存在较大的回流区。

（2）炉内湍流强度分布比较均匀，并沿轴向流动方向逐步增强；除喷入口区域外，炉内最大湍流强度可达 30% 左右，同一截面上湍流强度峰值一般出现在近壁处，这与最大轴向速度、切向速度所处的位置基本一致。

（3）RFC 分解炉的三次风旋流流动的阻力系数 ζ_s 为 74，窑气喷腾流动的阻力系数 ζ_y 为 13。该分解炉的阻力特性主要由旋流三次风所决定，推算热态设计工况下，其阻力损失为 520Pa 左右。

（4）RFC 分解炉的料气停留时间比值 τ_m/τ_g 约为 3.7，推算热态设计工况下物料在炉内一次通过的平均停留时间 τ_m 约为 11.6s，如果考虑炉出口与 C5 进口之间的垂直连接管道，则物料一次通过分解炉系统的平均停留总时间约为 13.3s。

（5）山西水泥厂使用的煤粉虽热值较高，但挥发分质量分数低（13%左右），悬浮态下着火温度高，反应活性较差，试生产以来，由于一直未能投入分解炉再循环系统，在设计的正常温度操作时，煤粉不完全燃烧较严重，物料入窑分解率偏低，与以上研究分析的结论完全一致。

参考文献

[1] 胡道和．窑外分解煅烧系统诊断学［J］．水泥，1995（3）：4－8.

[2] 胡道和，考宏涛，李昌勇，等．原、燃料特性与分解炉设计［J］．新世纪水泥导报，1995（1）：17－23.

[3] 李昌勇，金春强，胡道和．NKSV 分解炉工作原理与特性研究．悬浮预热和预分解窑第三届技术经验交流会论文集［M］．北京：中国建材工业出版社，1997，37.

4000t/d MFC 分解炉综合分析与评价

李昌勇 简森夫 胡道和
（南京化工大学硅酸盐工程研究所）

一、引 言

宁国水泥厂日产4000t熟料的MFC预分解窑是我国最早引进的大型新型干法水泥生产线之一。经过工厂十几年的努力，使生产状况不断改善，生产指标不断提高，达到了同类设备的国际先进水平，成为国内水泥行业的排头兵。深入分析，了解该生产线尤其是各关键设备的基本特点，对于提高我国新型干法窑水泥生产的总体水平有着十分重要的意义。

MFC分解炉是日本三菱公司（Mitsubishi）于20世纪70年代开发的一种流态化分解炉。其早期炉型采用单纯的物料溢出式流程，由于流化床工作特点的限制，床层风速低，因而当时仅适用于微增型的预分解窑流程，入窑生料的分解率仅为60%左右。宁国水泥厂20世纪80年代初期引进的是其第二代产品，属气体携出式分解炉[1]。即三次风从分解炉密相流化床层上部入炉，物料由气流带出炉，其基本特点是床层改为以稀相悬浮床与沸腾床的组合代替单一的沸腾床，减少了密相床厚度，同时显著增大床层上部空间，利用三次风的切向引入形成复合床层组合结构，如图1所示。

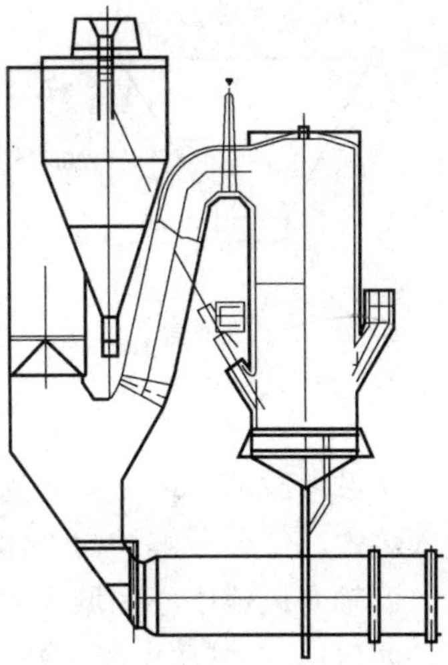

图1 4000t/d MFC 分解炉

在针对该分解炉进行比较全面系统的模拟试验研究的基础上，对该预分解窑系统进行了全面系统的热态检测，并对MFC分解炉进行了反求计算与分析研究。现结合主要分析、研究结果对该分解炉进行综合分析与评述。

二、主要冷态模型试验结果及分析

1. MFC分解炉的气体三维流场

从结构看MFC分解炉炉底为多孔板，用高压风机鼓入流化风（占标况总量的30%左右）建立生料与燃料的密相沸腾床区。煤粉喷嘴设在沸腾床的中上部，生料也是从侧面送入，在沸腾床层内混合和反应非常均匀，物料在此密相区停留较长时间。三次风送到沸腾床的上部，割向进入形成一定旋流，因此能携带流化生料向上形成涡流悬浮床区，提供充足的热空气以使煤粉加速燃烧和促进碳酸盐分解；加强了分散，促进了气固间的换热及反应的进行，提高了反应的完全程度；携物料自顶部排出，与出窑的高温窑气在上升烟道内汇集，继续完成燃烧和分解反应。

MFC分解炉内的气体三维流场测定结果如图2所示。炉内的气体流态，在上部属中等偏弱强度的旋转流，下部是典型的沸腾流，其间过渡区段流型比较复杂。

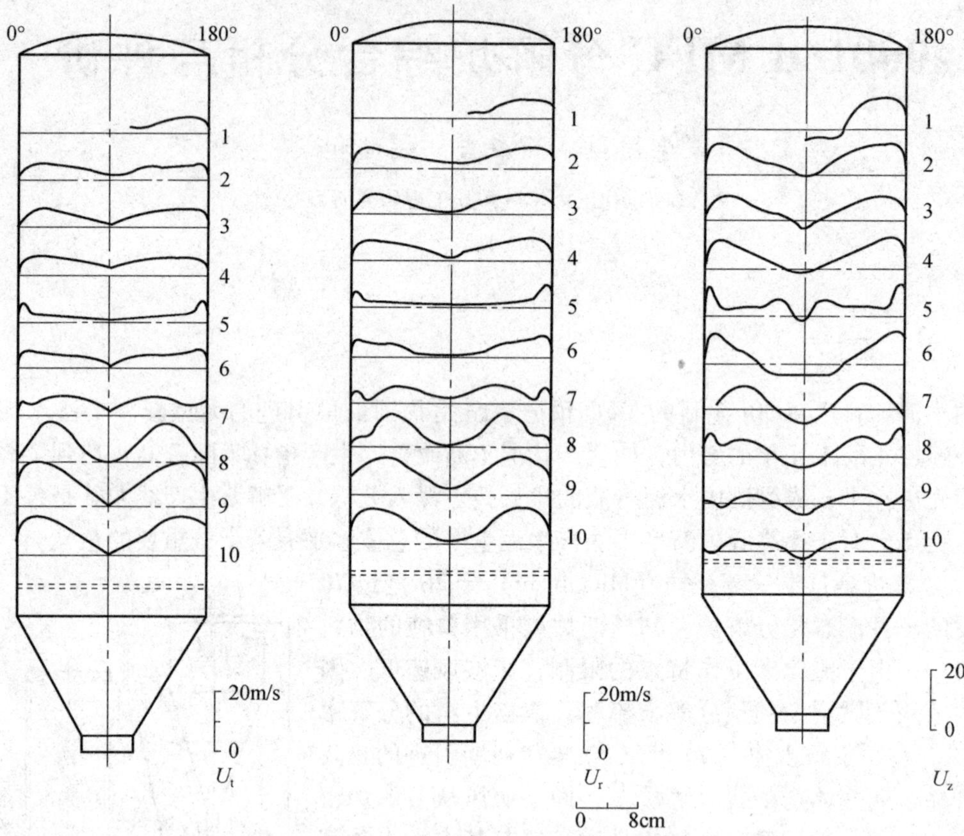

图2　MFC分解炉的悬浮区气体三维流场

从悬浮段的气体三维流场看，由于沸腾床内气流速度分布均匀，而三次风又分四路对称喷入炉内，使得分解炉内气体运动规律性较强，具有良好的对称性。切向风速在壁面附近较大，而轴向风速中心区域为弱回流区，近壁区上升气流速度较高，这是该流场的基本特征。而径向风速 U_r 基本上是汇流，因此在悬浮区内，存在由壁面流向中心的立涡，这对物料分散与均布有利。

MFC分解炉密相床以上的悬浮床区域的阻力系数约为8.0。虽然该数值比较低，但流态化分解炉的压降主要是流化分布板的阻降，其值往往达数千乃至10000Pa以上，造成较大的动力消耗，因而需要配备单独的流化风机。

2. MFC分解炉内物料停留时间分布

在MFC分解炉截面风速 $U_{av}=4.3\text{m/s}$ 时（接近实际工况风速）采用阶跃示踪法测定其停留时间，根据测定得到物料在分解炉内的停留时间分布曲线如图3所示。

该曲线形状比较特殊，存在几个大小不等的峰，最大峰在2s左右，平均停留时间3.82s，无因次方差 $\sigma^2=0.908$。说明炉内存在大量的物料内部循环，流型接近于全混流，这是典型鼓泡床的特征，也是有别于其他炉型的基本特点之一。根据转换计算，$t_m/t_g=$

15.6。鉴于实际分解炉的密相床部分区域在分解炉中所占比例比模型区域的比例高一些，而物料停留时间的绝大部分是在密相床区域，因而实际分解炉内料气停留时间比值应高于模型试验的结果。

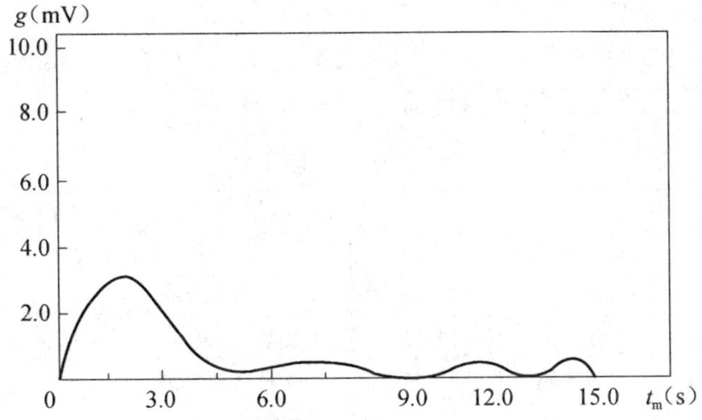

图3　MFC分解炉内物料RTD图

三、MFC分解炉的热工检测及反求研究

宁国水泥厂4000t/d预分解窑的热工检测于1995年8月下旬由厂方和南京化工大学硅酸盐工程研究所共同进行。同时测定了实际分解炉的物料停留时间分布。

1. 窑系统主要热工检测结果及分析

检测时的基本工况及主要指标见表1[2]，窑系统的热平衡计算结果见表2。

表1　基本生产数据与参数

熟料产量	180869t/h	分解炉喂煤	14700t/h(53.8%)
燃煤量	27300t/h	煤粉热值	21580kJ/kg
大气压力	99560Pa	烧成热耗	3266.27kJ/kgcl
三次风量	5331013m³/h，849℃	生料喂料量	288667t/h

表2　宁国水泥厂预分解窑热平衡计算结果

收入热量				支出热量			
项目	符号	[kJ/(kgcl)]	(%)	项目	符号	[kJ/(kgcl)]	(%)
燃料燃烧热	Q_{rR}	3266.27	92.96	熟料形成热	Q_{sh}	1735.61	49.40
煤粉显热	Q_r	11.48	0.33	出冷却机熟料显热	Q_{lsk}	126.22	3.59
生料显热	Q_s	87.32	2.49	预热器出口废气显热	Q_f	794.56	22.61
一次空气显热	Q_{lk}	8.71	0.25	飞灰显热	Q_{fh}	32.65	0.93
入冷却机空气显热	Q_{lk}	127.53	3.63	水分蒸发耗热	Q_{ss}	63.88	1.82
生料带入空气显热	Q_{sk}	6.30	0.18	系统表面散热损失	Q_b	248.92	7.08
系统漏入空气显热	Q_{lok}	6.10	0.17	冷却机排出余风显热	Q_{pk}	531.06	15.11
				冷却机余风排尘显热	Q_{ph}	1.38	0.04
				热平恒偏差	Q_{qt}	-20.58	-0.59
系统总收入热量	Q_{zs}	3513.71	100.00	系统总支出热量	Q_{zc}	3513.71	100.00

从检测结果看，该系统的熟料产量较设计能力提高了8.5%，热耗也达到了国内最佳水平，与同类型的国外预分解窑水平相当。而系统运转率则达到90%以上的高水平，熟料质量优良且性能稳定，具有很好的性能指标和综合经济效益。

2. MFC分解炉的热态检测与反求

根据测定结果对预分解系统进行了系统全面的反求计算，在此基础上对MFC分解炉（包括炉本体和汇流管）进行了热平衡计算。结果见表3。

表3　MFC分解炉热量平衡表

收入热量				支出热量			
项目	符号	[kJ/(kgcl)]	(%)	项目	符号	[kJ/(kgcl)]	(%)
炉燃料燃烧热	Q_{FrR}	1758.76	36.23	出炉生料显热	Q_{sf}	1429.94	29.46
入炉煤粉显热	Q_{Fr}	6.25	0.13	出炉气体显热	Q_{Qf}	1749.51	36.04
C4入炉生料显热	Q_{sF}	1446.54	29.80	生料分解耗热	Q_{ff}	1526.83	31.45
窑尾气体显热	Q_{YQ}	944.69	19.46	分解炉表面热损失	Q_{bf}	7.52	0.15
入炉三次风显热	Q_{3K}	336.29	6.93	不完全燃烧热损失	Q_{bq}	140.70	2.90
窑尾飞灰显热	Q_{kfh}	360.23	7.42	其他热损失	Q_{FQt}	0.09	0.00
入炉送煤风显热	Q_{fsk}	1.82	0.04				
入炉一次风显热	Q_{flk}	8.32					
分解炉总收入热	Q_{Fzs}	4854.68	100.00	分解炉总支出热量	Q_{Fzc}	4854.58	100.00

热工检测期间利用南京化工大学近年来开发的分解炉热态停留时间分布测量系统测定了宁国水泥厂MFC分解炉 < 本体）的物料停留时间分布。在三级筒下料入炉处瞬间投入示踪剂，在MFC分解炉出口取样，得到分解炉的停留时间分布曲线如图4所示。从图4中可以看出，实际工业分解炉内物料的停留时间分布曲线与冷态模型试验测定的曲线具有相似的规律性，都存在几个大小不等的峰，且峰值逐步递减，体现了沸腾床内物料运动的基本特点。

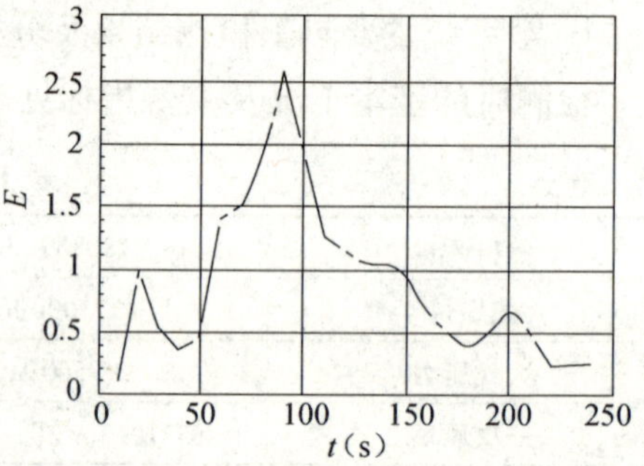

图4　实际MFC分解炉的停留时间分布曲线

根据测定结果得到MFC分解炉内物料的平均停留时间为109.7s，峰值停留时间为88s，表征物料返混程度的方差值 $\sigma^2=0.2291$。由于物料停留时间很长，加上密相床层内的颗粒分级效应及预燃烧过程，为在较低温度下完成煤粉燃烧和部分碳酸盐分解提供了必要条件。

窑尾系统煤粉燃烧量及碳酸盐分解量的分布情况示于表4。

表4　窑尾煤粉燃烧及分解量分布

	C3	C4	MFC炉（含汇流管）	Kiln
分解量分布（%）	4.5	6.8	76.2	12.5
燃烧量分布（%）	1.5	4.5	93.0	0.5

从分解炉的功能发挥看，该MFC分解炉本体与汇流管一起构成了一个性能较优良的高温气固反应器。在该反应器内，煤粉的燃烧反应完成了93%，碳酸盐分解反应完成了76.2%，高于大多数分解炉的水平。而这些是在分解炉温度相对比较低（860℃左右）的情

况下完成的，因而充分说明该分解炉具有优良的综合性能和比较大的富裕能力。

在该分解炉内的密相床区域，由于该区域温度比较低（820～850℃），固体物料浓度很高，而且不论是煤粉燃烧还是碳酸盐分解反应，均产生大量的 CO_2 气体，这些因素均对化学反应过程的进行产生一定的抑制作用。而由于流化床内的剧烈的气固混合，使得无论气相或固体颗粒，其成分或温度都比较均匀，煤粉燃烧和碳酸钙分解同步进行，化学反应的推动力很小，是其不足之处，因而该密相床区域化学反应的完成程度并不很高。但这种沸腾床内，由于平均流化速度比较低，对生料和煤粉有一定的“分级效应”，大颗粒的煤粒或生料颗粒在床内的停留时间明显高于细颗粒，它们在床层内反复翻腾、碰撞、反应，部分大颗粒直至分裂为小颗粒后才离开密相床层，因此对原、燃料的适应能力较强。此外，由于停留时间长，虽然氧含量不足，但仍可保证挥发分的析出并进行如下化学反应：

$$C + CO_2 \xlongequal{} 2CO$$

$$3C + 2O_2 \xlongequal{} C_3O_4 \qquad \text{（络合反应）}$$

$$2C + O_2 \xlongequal{} 2CO$$

而这类反应的气体产物，当氧含量充足时会迅速反应生成 CO_2 和放出热量：

$$C_3O_4 \longrightarrow CO + CO_2$$

$$2CO + O_2 \longrightarrow 2CO_2$$

密相床部分的主要功能不是完成化学反应，而是为煤粉的在较低温度下燃烧提供必要的条件。因而该分解炉实际是由沸腾床、悬浮床以及汇流管三部分构成，由于 MFC 炉内的空气过剩系数比较低，按三次风、一次风及送煤风计算的空气过剩系数为 0.963，因而在 MFC 炉内煤粉和碳酸钙不能完全反应，需在汇流管内利用窑尾气体中的剩余氧继续完成煤粉燃烧和碳酸盐分解反应。因而汇流管实际起第二分解炉的功能，在分解炉区中起着极重要的作用。MFC 炉内利用沸腾床对煤粉进行低温燃烧，在炉内悬浮床利用三次风提高化学反应的完成度，再在汇流管再进一步完成燃烧和分解过程，这种“分步到位”的组合方式，既能充分完成各化学反应，又可以显著降低预热器系统的废气量，降低窑系统的烧成热耗，很值得我们借鉴和仿效。

该分解炉的不足之处是流化风采用的是常温空气，以检测时的一次风量及温度来考虑，若与相同空气量、达到 800℃ 的三次风相比较，二者热焓大约相差 136kJ/kgcl（约 32kcal/kgcl）。如果减少流化面积，假定减少为现有面积的三分之一，流化风速不变，增加三次风用量以达到相同的出分解炉空气过剩系数，三次风温度按 800℃ 计算，则熟料热耗可降低 20kcal/kgcl 以上。按日产熟料 4350t，运转率 90% 考虑，每年可节省标准煤 4083t，按每吨标准煤发热量 260 元计算，折合人民币 106 万元。这正是 NMFC 分解炉指标优于 MFC 分解炉的基本原因。

鉴于该分解炉实际是由炉本体和汇流管两部分构成，该两部分的总容积达 774m^3，单位容积产量的比较见表 5。

表 5　按分解炉总容积（包括管道）计算的部分厂家容积热负荷及容积产量

厂家	JD	LZ	YX	JX	NG
分解炉总容积（m^3）	572.4	371.6	249.8	352	774.1
容积热负荷［$\times 10^{-5}$kJ/($m^3 \cdot h$)］	5.90	7.59	7.7	6.95	4.1

续表

厂家	JD	LZ	YX	JX	NG
单位容积产量［kg/(m^3·h)］	306.4	346.5	335.2	236.75	233.7
容积热负荷相对值（%）	100	128.64	130.51	117.80	69.49
容积产量相对值（%）	100	113.09	109.40	77.27	76.27

从表5中数据可以看出，按包括汇流管的分解炉容积算，宁国水泥厂MFC分解炉的容积热负荷最低，而单位容积熟料产量也最低。若按JD厂的热负荷算，假设热耗不变，分解炉用煤比例不变，则宁国水泥厂的分解炉可以适应6260t/d的熟料产量；若按JD的单位容积产量推算，则可适应的熟料产量应为5703t/d。因而该分解炉实际上还有相当大的潜力，单从容积考虑，至少应能适应5000t/d以上的熟料产量。

但从窑尾高温风机考虑，高温风机的铭牌压力为6867Pa，在检测产量时出预热器的负压已经达到5350Pa，入风机负压估计为5800Pa以上。因而若单位熟料产生的废气量不变，工况不变，达到铭牌压力尚可以提高熟料产量8.8%，也即高温风机能适应的熟料产量大约为4730t/d。因此，可以认为，该预分解系统及高温风机的适应能力约为4600～4700t/d。

四、MFC分解炉的综合分析与评述

（1）MFC分解炉由密相流化床区和悬浮区所组成，密相床层内生料、燃料得到充分混合，温度均一，反应转化率一致，因而燃烧温度较低，流化床兼有“分级效应”，故对原、燃料的适应性比较强。由于燃烧温度较低，易于抑制NO_X的生成量，对环境保护有利，但化学反应的完成程度不高。悬浮区在三次风作用下形成有规律的对称流场，由于向中心汇集的立涡的存在，对换热、反应比较有利。

（2）MFC分解炉的t_m/t_g比值特别高，达15.6以上。实际分解炉内物料停留时间长达109.7s，故对于劣质煤或粗煤粒的燃烧提供了条件。

（3）MFC分解炉实际上由炉本体和汇流两部分构成，炉本体内流化床与悬浮床结合，同步反应，汇流管内则利用窑气余热和过剩的氧气继续提高燃烧和分解反应的完全度。该过程在整个分解炉功能的发挥中起着十分重要的作用，汇流管实际上又起着第二分解炉的功能。这种分步到位的流程，结合了MFC炉的低温燃烧和充分利用窑尾气体中的氧含量，使整个系统的废气量和废气温度都比较低，效率较高，利于降低熟料热耗。

（4）若像NMFC炉那样减少沸腾床流化面积，降低流化风量，对降低能耗有一定效果。

（5）为了充分发挥结构优势，操作控制的原则是空气过剩系数$\alpha \leqslant 1.0$，炉温控制低于850℃，可使NO_X排放量明显低，对环保有利。

（6）宁国水泥厂的MFC炉（含汇流管）容积很大，尚有较大的富裕能力，若系统各设备能完善配套，熟料产量达到4600～4700t/d是可能的。

参考文献

[1] 陈全德，曹辰，等．新型干法水泥生产技术［M］．北京：中国建材工业出版社，1987，12.

[2] 南京化工大学，宁国水泥厂．宁国水泥厂4000t/d预分解窑生产线热工检测报告（内部资料），1995，9.

陕西耀县水泥厂 DD 型分解炉反求研究

胡道和　彭新战　缪明峰　包先诚　王振海　张　超
（南京化工大学，耀县水泥厂）

一、引言

耀县水泥厂 5 号窑设计产量为 2000t/d，为我国“七五”重点建设工程，其回转窑规格为 $\phi 4m \times 60m$，窑尾带有从日本引进的双系列五级悬浮预热器和 DD 型分解炉，于 1991 年底建成投产。

DD 型分解炉是以高效与环境保护为出发点设计开发的一种分解炉（图 1）。炉内设置了脱硝燃烧喷嘴，使分解炉内形成还原气氛，以达到还原 NO_X 有害气体的目的，从而降低排出废气中 NO_X 含量。

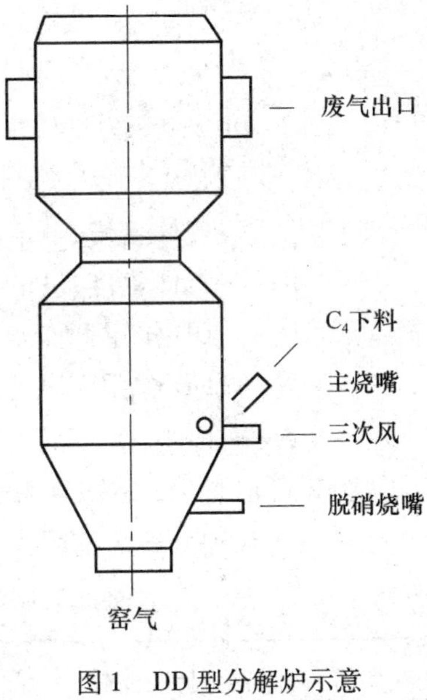

图 1　DD 型分解炉示意

DD 分解炉安装在回转窑与预热器之间的上升烟道上，窑气从 DD 炉底部喷入炉内。三次风在炉中部径向射入，生料加入三次风入炉区域。而燃煤喷嘴共有 8 个，在三次风入口位置及锥体中部两处分别喷入。

国内应用反求研究方法先后对引进的几种主要分解炉进行过研究，取得了一些成果[2]。对几种分解炉的设计意图、工作原理、性能指标以及存在的问题均进行了综合分析与评价，不但提高了国内对窑外分解窑的认识水平，而且以评议研究的成果为指导，先后对柳州水泥厂、江西水泥厂的窑外分解炉进行过改造，均取得了很好的效果。

耀县水泥厂有数年使用 DD 炉的经验，在总结与探索的基础上，厂校合作，采用模型试验及反求计算的科学方法，对耀县水泥厂的 DD 分解炉内的气体流场、物料停留时间及分解炉压降等进行了较为详尽的研究，分析了炉内气固两相运动的基本规律和特点，并探讨其与分解炉性能的关系，以供同类型分解炉生产、设计参考。

二、DD 炉的阻力特性

维持窑气进风量与三次风风量的比值为 1.00（取自生产中风量比值），改变进入分解炉内总风量，测得窑气阻力 ΔP_k、三次风阻力 ΔP_t 与炉截面风速 U_{av} 的关系如图 2 所示。整理其 Eu 数与 Re 数关系如图 3 所示。

在图 3 中：

$$Eu_{k} = \frac{\Delta P_{k}}{\rho U_{av}^{2}},\quad Eu_{t} = \frac{\Delta P_{t}}{\rho U_{av}^{2}},\quad Re = \frac{\rho D U_{av}}{\mu}$$

$$\xi = 2Eu$$

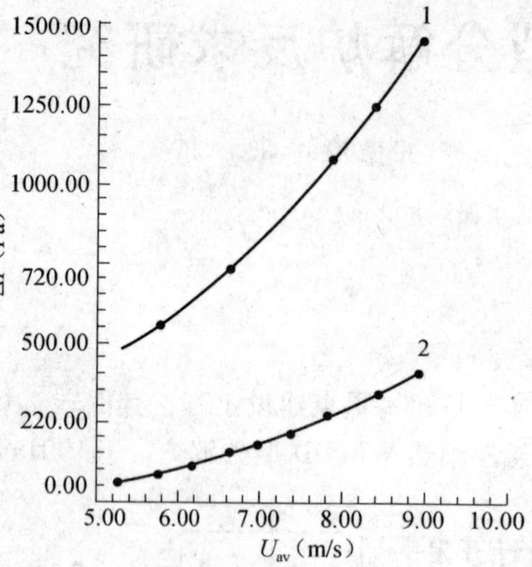

图 2　DD 炉各阻力与 U_{av} 关系
1—窑气；2—三次风

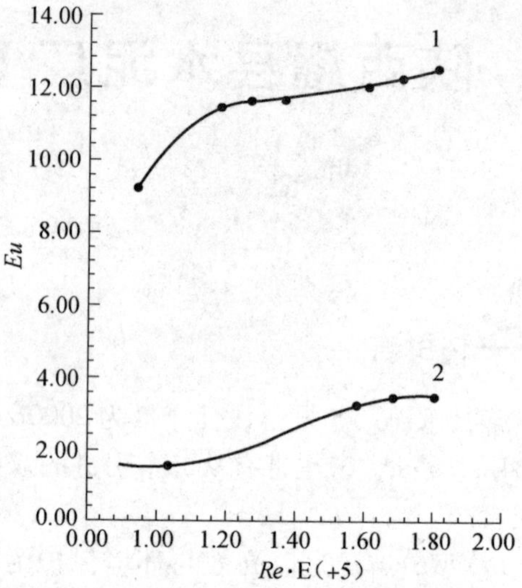

图 3　DD 炉各 Eu 数与 Re 数关系
1—窑气；2—三次风

式中　ρ——气体密度，kg/m^3；
μ——气体黏度，Pa · s；
D——DD 炉主截面直径，m；
U_{av}——DD 炉截面风速，m/s；
ξ——以 U_{av} 为基准的阻力系数。

从图 2 可以看出，在气量相同的情况下，窑气阻力 ΔP_k 远高于三次风阻力 ΔP_t。

比较国内几种分解炉的阻力系数，见表 1。

表 1　各种分解炉阻力特性比较

厂家		LZ	JD	JX(1)	JX(2)	LY	DX(高原带)	耀县
炉型		SLC	NSF	RSP	RSP	NKSV	RSP	DD
ξ	1	94	103	152	60	27	39	6
	2		12	31	14	19	16	25.3

注：1—三次风；2—窑气。

比较发现，耀县水泥厂 DD 分解炉的阻力系数 ζ 相对较低，特别是三次风的阻力最低。这是因为耀县水泥厂 DD 炉的三次风入口为径向，且炉内结构简单，而 NSF、NKSV、RSP 炉均存在很强的旋转流动，特别是 RSP 炉的结构复杂还存在折流流动。从窑气阻力系数的比较看出，DD 炉比 LZ 厂 SLC 纯喷腾分解炉低得多，与 JX 厂改进前的 RSP 炉相当，但比 JD 厂 NSF、LY 厂 NKSV 炉较高一些。而 DD 炉三次风入口的阻力系数特别低，从而使耀县厂 DD 炉总体的阻力很低，DD 炉冷模工况的总阻力为 710.7Pa，热态工况下其阻力仅为

170Pa，这是该炉与其他类型分解炉相比的一个显著特点。

三、DD 炉内物料停留时间

保持窑气风量 Q_k 与三次风风量 Q_t 比为 1.0，测定分解炉内物料的平均停留时间 τ_m、物料与气体停留时间比 τ_m/τ_g 及方差 σ^2。

图 5、图 6 表明，随着风速的加大，物料的停留时间 τ_m 及方差 σ^2 下降。而图 4 表示物料与气体停留时间比 τ_m/τ_g 基本不随风速 U_{av}变化，由此可见，DD 炉内以喷腾为主的气体流动对物料的裹协作用是因气速的增大而增强的。气速增加导致物料停留时间的降低，无论对煤粉燃烧还是对粉料的分解均不利，因此在操作中选取 DD 炉的操作气速 U_{av}不宜过高，也不宜有较大波动。这说明 DD 炉的操作弹性不大。

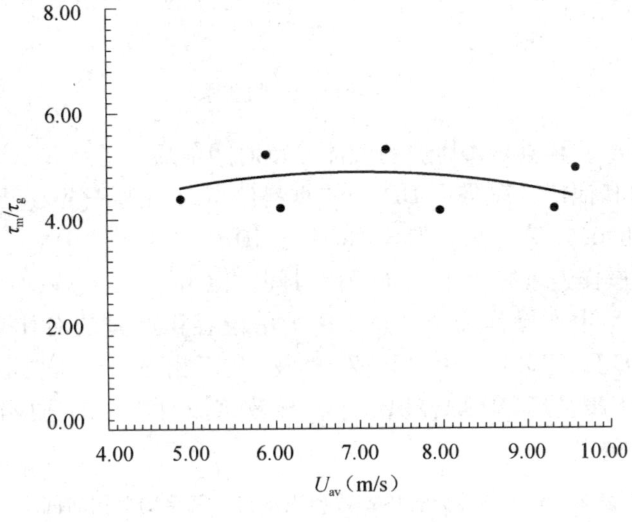

图 4　τ_m/τ_g 与 U_{av}的关系

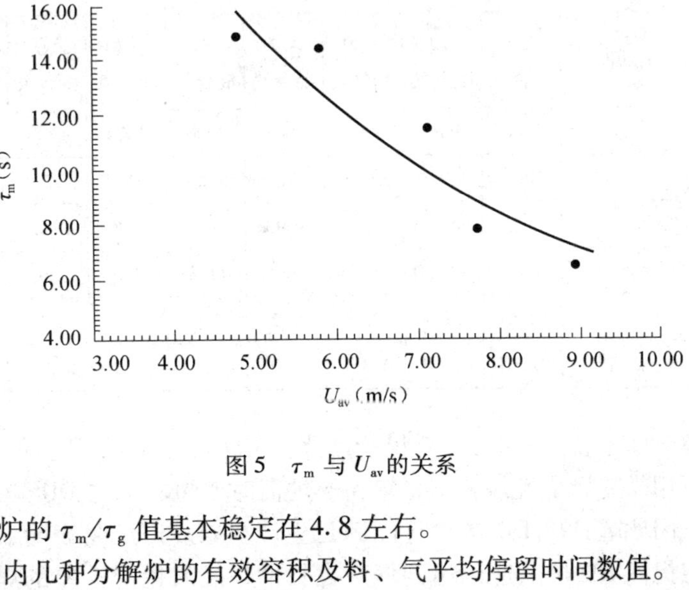

图 5　τ_m 与 U_{av}的关系

试验得出 DD 炉的 τ_m/τ_g 值基本稳定在 4.8 左右。

表 2 对比了国内几种分解炉的有效容积及料、气平均停留时间数值。

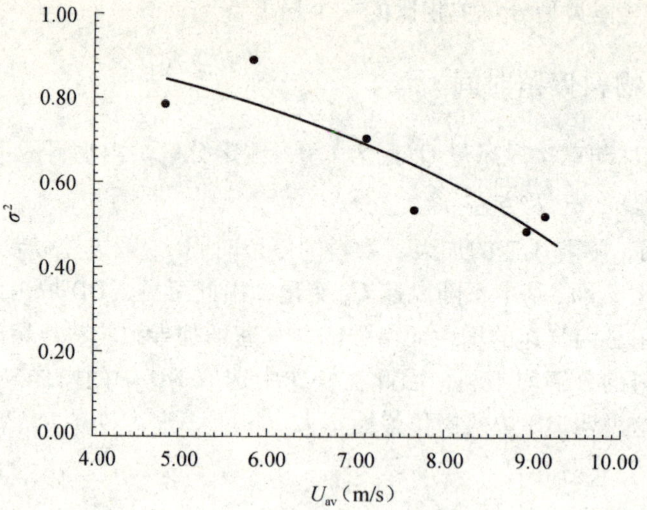

图6　σ^2 与 U_{av} 的关系

从表2中对比看出，耀县厂DD炉的气体停留时间最短为1.958s，与JD厂相当，比LY厂稍低，远低于国内其他厂；耀县厂DD炉的物料停留时间为9.40s，比SC厂（8.6s）、LZ厂（8.4s）、ZJ厂（8.6s）等稍高，但比NG厂、JD厂、JX厂、DX厂及SX厂要低。耀县厂DD炉较高的气体操作速度减少了气体停留时间，但由于 τ_m/τ_g 数值较高，致使物料停留时间不致太低，能满足生产操作需要。从DD炉单位容积产量的对比看，其指标是较先进的，与大型的窑如NG厂、LZ厂、JD厂、ZJ厂及LY厂相当，比同规格的窑如SC、JX、DX及SX等厂要高。由于耀县厂DD炉容积偏小，导致该炉对燃料的适应性较差，这一问题应引起有关生产厂家的重视。

表2　国内各种分解炉有效容积及料、气平均停留时间[3]

炉型	SC ILC	NG MFC	LZ SLC	JD NSF	JX XSP	ZZ SLC	LY* NKSV	DX* RSP	SX* RFC	耀县 DD
气体流程（窑气与三次风）	入炉混合气	入炉净合气	入炉混合气	入炉混合气	入SC炉混合气	入炉净合气	入炉混合气	入SC炉净合气	入炉混合气	入炉混合气
产量（t/d）	2000	4000	3200	4000	2000	4000	1000	1000	2000	2000
炉容积	431	488.6	371.6	542	342.9	488.5	122.1	347.6	383.6	249.8
气体平均停留时间（τ_g）	3.3	4.3	3.1	1.93	3.2	3.8	2.02	4.07	3.15	1.958
物料平均停留时间（τ_m）	8.6	>56.0	8.4	10.5	11.3	8.6	7.62	17.0	11.6	9.40
τ_m/τ_g	2.6	15.7	2.7	5.5	4.6	2.7	3:7	4.15	3.7	4.8
分解炉单位容积产量［t/(h·m³)］	0.193	0.341	0.359	0.307	0.243	0.341	0.341	0.120	0.217	0.334

由于物料停留时间不长（9.4s），对煤粉燃烧及 $CaCO_3$ 分解不利。但原燃料的试验发现耀县厂预分解窑所用煤粉燃烧性能较好，煤粉燃烬需时较短，加之DD炉内存在强烈的湍动有利于燃烧反应，因此耀县厂DD炉设计能满足生产要求。但试验表明，DD炉的操作弹性较小，因此如再想提高DD炉风速以达到增产之目的，或改用活性差的煤种，则煤粉在DD

炉内停留时间就可能满足不了燃烧的要求，会造成煤粉在炉内不完全燃烧，甚至预热器结皮堵塞而影响系统正常操作。因此，说明DD炉的设计指标不但对其生产规模而且在一定意义上对其所用原、燃料品质都有较强的针对性，不容任意变动。

四、DD炉内气体流动分析

由于DD炉的进出口均无产生旋流的动力，测定及计算亦表明DD炉旋流速度很小，因此在分析讨论中不包含切向速度。耀县水泥厂DD炉现有操作条件下炉内气速分布如图7、图8所示。

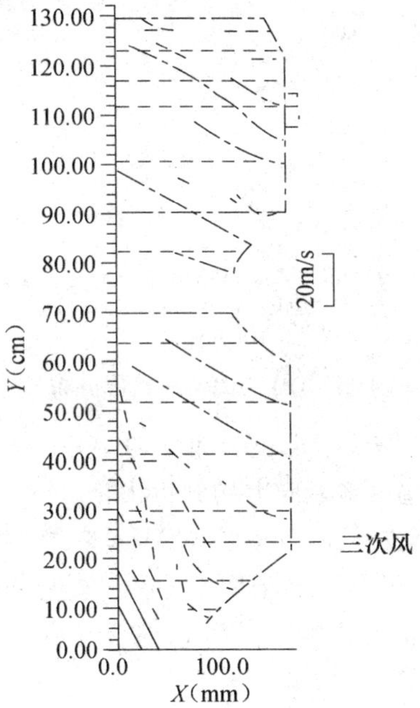

图7　DD炉内轴向速度分布（正向上、负向下）

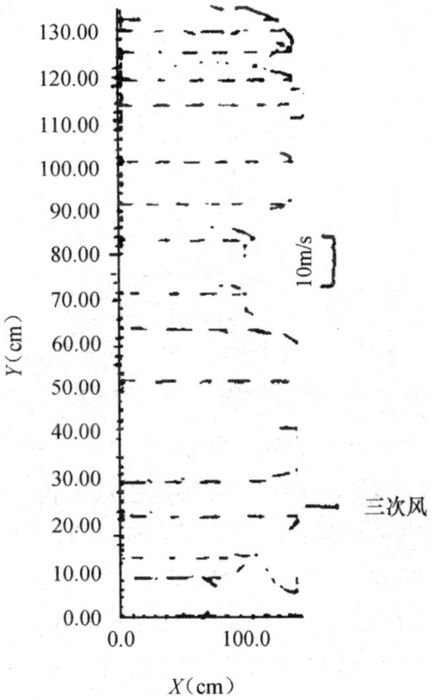

图8　DD炉内径向速度分布（正向外、负向内）

DD炉内气体流动以轴向速度为主，径向速度除进出口区域有相对较高的数值外，其他部位的流动比较平缓。从图7可以看出，DD炉内的轴向速度分布呈中部高、边壁低的特征，由于窑气进口的高速射流效应（速度达27m/s），使炉下部形成了一射流核心，其位置表示在图7中，该射流核心成锥体状衰减顶部到达了炉中部的缩口下端。径向入炉的两股三次风，在炉中对撞后，受下缩口的射流推动向上运动，也减缓了中心射流的衰减速率，同时强化了炉内中部轴向速度高、边壁低的流动特征。

在炉下部锥体位置，由于窑气入口射流的引射作用在锥体的边壁存在一向下的回流，同时，在炉下部圆柱体边壁也有一回流；另外在炉顶部，由于炉顶对气流的弹射作用，在边壁形成区域较大的涡流。图9则清楚地显示了DD炉内涡流的大小及位置，下涡流从三次风入口下部到中心射流的边缘，范围较小。由图7可查得其相应速度值较高，中涡流所包含的区域较大，但速度较低，上涡流的特征最为显著，几乎包含了炉的上部圆柱体且运动速度相对很高，涡流边缘的轴向速度达10m/s左右。图8也表明在炉顶位置径向速度较大，方向基本上均指向边壁。

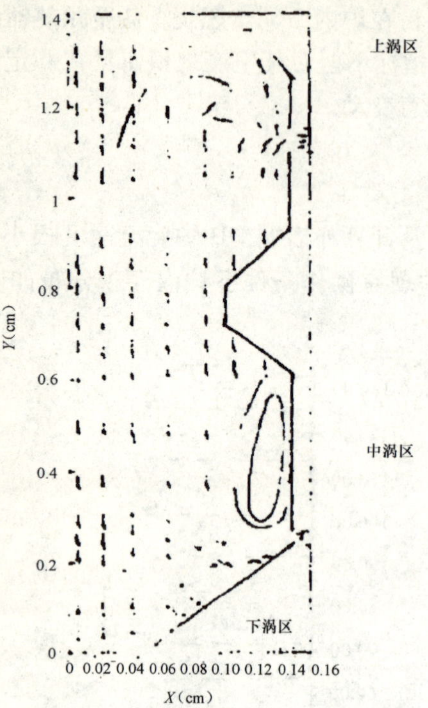

图9　DD 炉内速度分布矢量图

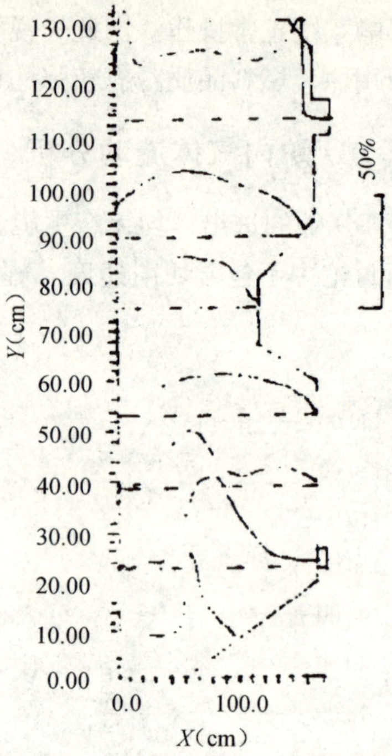

图10　DD 炉内湍流强度分布

DD 炉内以喷腾流动为特征。一方面可使炉内在轴向的浓度、温度分布均匀，另一方面也使炉体阻力较小。而分布在炉内的众多涡流则改善了物料及温度在径向上的分布状况，同时对延长物料在炉内的停留时间十分有利。所以尽管同时是喷腾流动特征的分解炉，SLC 炉的物料与气体停留时间比（τ_m/τ_g）只有 2.7，而 DD 炉的数值达到 4.8，说明气流合理组织是非常重要的。

为了更好地评价 DD 炉内气固间的传递动力，引入湍流强度 ε 的概念进行分析。所谓湍流强度是气体脉动速度均方根与气体平均速度的比值，即：

$$\varepsilon = \frac{\sqrt{\vec{U}^2 + \vec{V}^2/2}}{\sqrt{U^2 + V^3}}$$

式中　ε——气体的湍流强度；

$\vec{U}^2$——轴向速度 U 的脉动量；

$\vec{V}$——径向速度 V 的脉动量；

U——轴向速度 U 的时均值；

V——径向速度 V 的时均值。

湍流强度实际上表示了速度脉动量的大小，可反映气体或气固间的混合强烈程度。从图 10 表示的 DD 炉内湍流强度的分布数值可看出，该分解炉内的气体湍流强度较大，特别在三次风进口区域，ε 值高达 40%，此处正是煤粉、生料及三次风的入口区域，很强的气流湍动利于入炉生料迅速升温，同时使煤粉快速升温，并迅速与氧含量高的三次风混合、燃烧，这对生料分解及煤粉燃烧都很有利。该区域也是 DD 炉内的主反应区，这表明了 DD 炉设计的合理性。

从图 10 还可明显发现，在射流核心区其湍流强度 ε 都很小。这是因为在核心区的速度梯度较小，流体的剪切力较弱。但每一截面的湍流强度沿轴向不断增大，在出口区域达到最大，此处涡流区域也最大，流体的脉动较强。在出口区域的这种流动特性，对保证出炉煤粉的完全燃烧及生料的前期分解起了保证作用。

DD 炉的气体流动以喷腾流动为主，主喷腾区为炉底部的窑气，径向引入的三次风对喷腾流动起强化作用。从流动及湍动强度分布数值综合考虑可以认为，DD 炉内气固流动存在两个显著特点，即强烈湍动及气体回流。观察还表明，物料加入到分解炉三次风入口位置时，立即受到三次风的强烈搅动作用与下部引入的窑气混合，均匀分布在炉内各区，不存在明显的稀薄浓度区。特别在 DD 炉缩口上部的完全反应区，由于缩口的二次喷腾效应与炉顶的气固反射结合，在上部空间形成一个大面积的回流，气固传递的湍动量普遍较高，气固分布更均匀，有利于保证出 DD 炉的煤粉及碳酸盐的反应趋于完全。

在分解炉内存在众多大小不一的回流流动，主要分布在 DD 炉下锥部、中部缩口下端至三次风入口区，以及 DD 炉上部空间。众多回流流动的存在，既可保证物料及煤粉在分解炉内有足够的反应时间，同时也强化了炉内中心区域与边壁区域的传热，使得炉内温度更均匀。

分解炉内均匀的温度分布及合理的气固流动，保证了煤粉及生料在炉内充分的燃烧及分解，可防止因未燃烬气体（或固体）可燃物的后续燃烧行为而引起的旋风筒结皮堵塞问题。这也是耀县水泥厂原料 R_2O 高、氯碱循环比较严重的情况下，系统结皮堵塞不频繁的原因之一。

五、耀县水泥厂 DD 型分解炉生产操作情况

耀县水泥厂新扩建的五号窑设计热耗为 3180.6kJ/kg 热料（760kcal/kg 热料），窑尾为 DD 型分解炉及双系列五级预热系统。1991 年 9 月 23 日一次点火投料成功，同年 12 月 21 日即达到 3d 平均日产熟料 1977t，创同期国内 2000t/d 窑达标的最佳记录。1993 年 12 月该生产线通过国家验收正式生产。几年来的生产表明，该工艺线的设计基本是成功的，尤其是窑尾预分解系统对入窑生料波动的适应性较强，预热预分解效果好，系统结皮堵塞事故较少。该系统正常投料时只需 2～3h 即可达到满负荷运转，说明窑系统性能优良。

预分解系统操作实践表明，系统对煤质变动的适应性较差。由于耀县厂 DD 炉的有效容积偏小（249.8m^3），物料停留时间较短（9.4s），尽管分解炉内流动分布合理，返混较大，湍动强烈，该炉对煤质仍然有较高的要求。耀县厂现用煤的燃烧特性优良，燃烬时间较短，能较好满足生产要求。但在 1994 年 5、6 月份，由于燃烧煤粉中掺入一定量燃烧性能较差的次煤，生产操作中发现炉内煤粉的燃烧不完全，造成煤粉在五级筒、四级筒甚至三级筒内的后续燃烧，使预热系统温度过高甚至温度倒挂，结皮堵塞事故频繁。

表 3 是 1994 年 6 月 20 日一组异常操作时的生产记录数据。

表 3　耀县水泥厂新型干法窑尾系统生产报表（摘录）

时间	喂料量 (t/h)	窑头喂煤 (t/h)	炉喂煤 (t/h)	C_4 出口温度（℃）		C_5 出口温度（℃）		DD 炉出口温度（℃）
				A	B	A	B	
0	120	4.9	7.4	749	809	900	901	897
1	130	4.2	7.4	817	814	890	889	891
2	130	4.7	7.0	820	816	910	915	893
3	130	4.8	6.9	825	820	930	932	910

续表

时间	喂料量(t/h)	窑头喂煤(t/h)	炉喂煤(t/h)	C_4 出口温度（℃）		C_5 出口温度（℃）		DD 炉出口温度（℃）
				A	B	A	B	
4	130	5.0	8.0	816	813	881	888	880
5	130	4.8	7.2	817	816	889	897	890
6	130	4.9	8.1	822	818	907	920	905
7	130	5.0	8.3	825	822	910	915	902

比较 C_4、C_5 及 DD 炉出口温度发现，C_4 及 C_5 的温度均偏高，且 C_5 与 DD 炉还出现了温度倒挂现象，表明煤粉在炉内的燃烧不完全，造成旋风筒内有煤粉燃烧现象，而造成这一现象的主要原因就是煤粉中掺加了一定量的次煤，影响了煤粉的燃烧速率，从而导致出炉煤粉的燃烬度满足不了要求。该现象一方面说明耀县厂的生产用煤不能任意变动，而另一方面也说明耀县厂的 DD 炉对燃料的适应性较差。主要原因是所设计的 DD 炉容积偏小，造成富余能力过少所致，今后设计应重视原、燃料品质的检验，根据实际情况确定合适的炉体尺寸，并留有一定的余地以适应生产波动。

六、结论

（1）DD 炉内存在强烈的气固湍动及回流流动，不但强化了气固传递过程，而且可使 DD 炉内物料浓度及温度分布均匀，气固换热迅速，换热效率高，无局部过热区。

（2）停留时间测定表明，DD 炉的固气停留时间比 τ_m/τ_g 达到 4.8，比同类型的喷腾炉 SLC 高许多，与 RSP、NSF 均接近，指标比较理想。从物料停留时间分布均方根看，其数值在 0.6～0.9 之间，属高度混合的流型，这是 DD 炉内物料停留时间延长的主要原因。DD 炉内众多的回流也延长了物料停留时间，根据耀县厂实际情况推算物料在 DD 炉内停留时间达 9.40s。

（3）试验测定表明，DD 炉阻力系数较低，尤其是三次风的阻力系数更低，ζ_1 仅为 6.0，窑气阻力系数 ζ_k 为 25.6，DD 炉冷模工况的总阻力为 710.7Pa，热态工况下其阻力仅为 170Pa。

（4）DD 炉中部缩口的作用主要强化了炉上部的气体湍动，对保证出炉煤粉及物料的完全反应有利。

（5）耀县厂 DD 炉设计容积偏小，使其操作弹性较小，对煤粉波动适应性不强，应引起重视。

参考文献

［1］陈全德，曹辰，等．新型干法水泥生产技术［M］．北京：中国建材工业版杜，1987，12.
［2］武汉工业大学北京研究生部，等．NSF，MFC，SLC，RSP 型四种预分解窑的技术分析与评价，1990.
［3］南京化工学院，等．云南滇西水泥厂 NSP 系统反求研究与技术分析研究报告，1994，12.

Pyroclon 分解炉的特性研究

Research on the Performance of Pyroclon Precalciner

考宏涛　陆　雷　胡道和　渠　华　程文珍

（南京化工大学，210009；新疆水泥厂，830006）

【摘　要】 本文对 Pyroclon 分解炉的工作特性进行了研究，并分析了这种分解炉的结构和操作参数、与燃煤的适应性以及与短窑匹配的合理性，为今后这种分解炉的稳定运行提供了借鉴。

【关键词】 分解炉，工作特性，煤粉，短窑

一、引言

Pyroclon 分解炉是德国洪堡一维达格公司在 1966 年推出的管道式预分解装置，它是把窑尾的上升烟道大大加高，然后弯曲扩回，延伸至最低一级旋风预热器入口而成。上升烟道的高度可根据燃料燃烧及物料停留时间的需要确定。其加料、加煤方式也根据分解炉的形式不同而不同，常见的加料、加煤方式如图 1 所示。

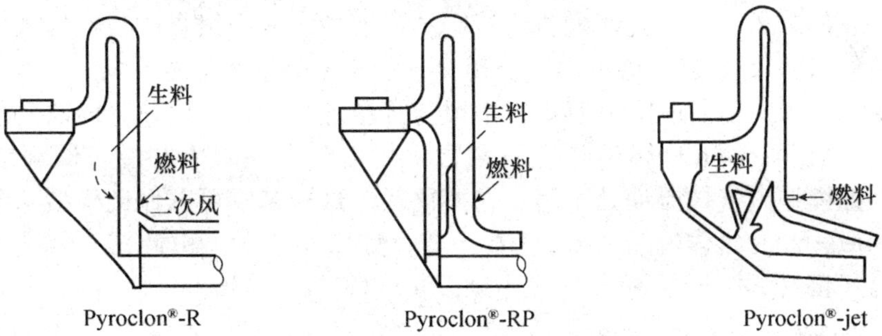

图 1　Pyroclon 分解炉的加料、加煤方式

Pyroelon 分解炉内煤粉燃烬程度与所使用的煤种及分解炉的结构和操作参数有很大关系。洪堡公司对该分解炉内使用块状固体燃料进行过研究。为了降低生产中 NO_X 的排放量，最近，该公司提出了“分解炉炉外循环”的方案，即在 Pyroclon 管道分解炉的鹅颈管顶部装加一个“Pyrotop”旋风筒，如图 2 所示。这样，燃料可分阶段燃烧，避免温度过高形成 NO_X。但其效果实际上是延长了燃料的燃烧时间，从而有助于燃料的完全燃烧。

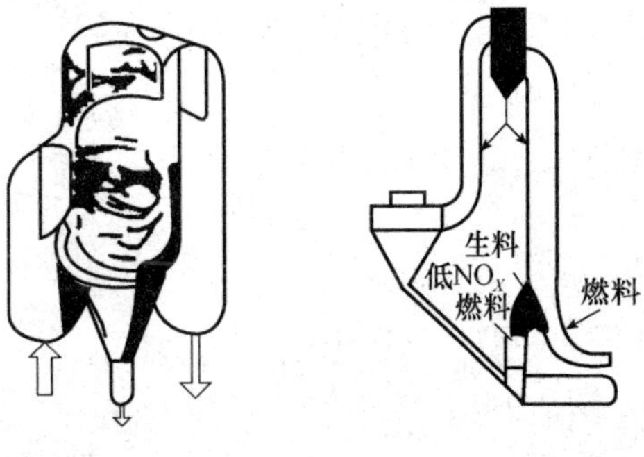

图 2　带 Pyrotop 的 Pyroclon 分解炉示意图

自新疆水泥厂4号窑在国内首次使用Pyroclon预分解超短窑生产线以来，中国湘乡、三德等水泥厂也先后采用了这种工艺，特别是三德水泥厂利用无烟煤煅烧水泥熟料的成功，更增大了这种分解炉的应用前景。低压损五级旋风预热器结合管道式分解炉，配超短窑组成的预分解系统是洪堡公司开发的极具特色的组合，在结构和操作参数上有其特殊性，有必要对这种管道式分解炉的工作原理进行充分的研究分析，从而客观地评价该分解炉的技术性能。

二、主要试验结果及分析

根据新疆厂4号窑Pyroclon分解炉的规格，即 $\phi3.05/\phi3.435/\phi3.895\times66\text{mm}$（有效尺寸），按比例缩小制成模型，在该模型上进行试验，得到了如下的试验结果。

（一）Pyroclon分解炉的气体三维流场

为考虑与实际分解炉内的气体流动规律尽量一致，根据热工标定结果，选取生产工况风速为测定风速条件，即：径向入炉三次风入口速度：$U_t=31.50\text{m/s}$；喷腾入炉的窑气入口速度：$U_k=18.31\text{m/s}$。

测定结果表明，Pyroclon管道式分解炉内部的气体速度主要表现为轴向风速，旋转风速最小。气体运动规律基本上为柱塞流，只在局部，也就是说在三次风入口区域、管道拐弯处存在回流，其他区域几乎全部表现为平推流动，这有利于物料温度等在炉内的均匀分布及降低炉体阻力，但对延长物料的停留时间，提高分解炉的空间利用率是不利的。当然，在三次风与窑气混合的区域内，无论是轴向风速、径向风速还是旋转风速，均大于炉内其他区域的风速，这大大有利于物料、煤粉与热气体的充分混合及气固相间的热传递，同时此区域内氧气含量较为充足，对煤粉的完全燃烧有利，从而可保证生料在分解炉内的充分分解。

（二）Pyroclon分解炉的阻力特性

近年来，各水泥公司为降低生产能耗，纷纷对旋风预热器的结构和操作参数进行优比，推出有自己特点的旋风筒，并且匹配自己特有的分解炉，从而组合成独特的预分解系统，如日本川崎公司的KSV-5系统、德国洪堡公司Pyroclon-5预分解短窑系统。

根据计算的结果，通过改变分解炉三次风与窑尾烟气的入口风速，即改变进入分解炉的总风量，以此分析Pyroclon分解炉在空载和含尘的情况下的阻力特性。试验结果如图3所示。测定中保证模型内气体流动处于第二自模化区，这样基本可以保证模型与实际分解炉内的气体流动相似，此时气体流动的 Eu 基本不变，如图4所示。由此图可知Pyroclon分解炉的阻力系数为：窑气 $Eu_k=1$，$\xi_k=2$；三次风 $Eu_t=19$，$\xi_t=38$。

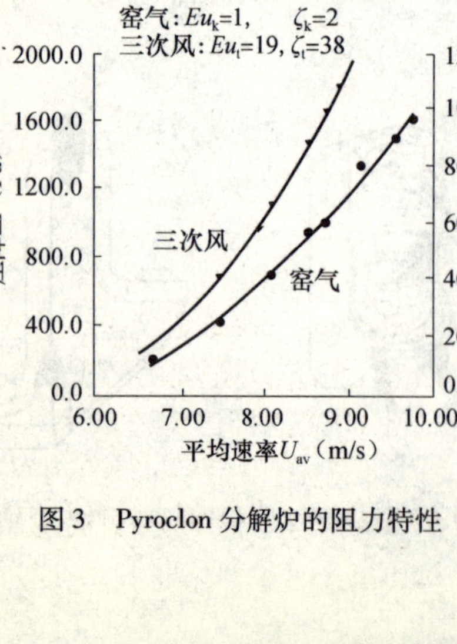

图3 Pyroclon分解炉的阻力特性

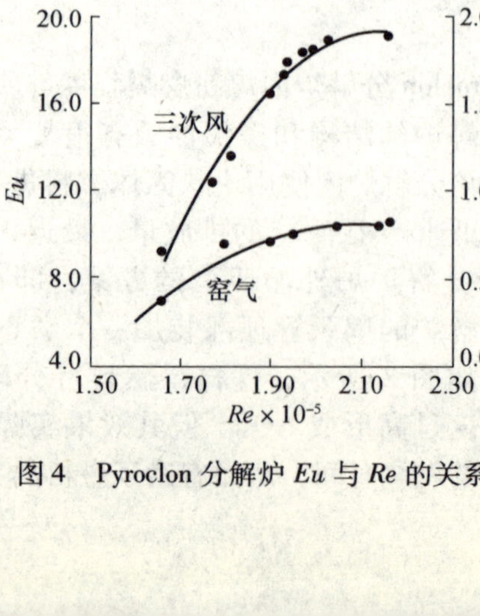

图4 Pyroclon分解炉 Eu 与 Re 的关系

对比国内其他厂家的分解炉的阻力系数（表1）可见，Pyroclon 分解炉的阻力系数相对较低，特别是窑气的阻力最低。这是由于 Pyroclon 分解炉结构简单，窑气入口风速较低，炉内旋流小，而 NSF、RSP 等分解炉均存在很强的旋流流动，故其阻力系数较大，说明低阻是 Pyroclon 分解炉的一个特性。

表1　几种分解炉阻力系数的比较

厂家	柳州	冀东		洛阳		滇西		耀县		山西		新疆	
炉型	SLC	NSF		NKSV		RSP		DD		RFC		Pyroclon	
气流*	—	1	2	1	2	1	2	1	2	1	2	1	2
ξ	94	103	12	27	19	39	16	6	25	22	23	38	2

* 1—三次风；2—窑气。

加料后分解炉的压降略有降低，通过与空载压降进行关联得出下式：

$$\Delta P_c = \Delta P_o \times (1 - 0.051\sqrt{C_i})$$

式中　ΔP_c——含尘压降，Pa；

ΔP_o——空载压降，Pa；

C_i——分解炉的固气比，kg/m^3。

（三）Pyroclon 分解炉内物料停留时间分布 RTD

在各种分解炉内，生料的分解、煤粉的燃烧特性与所选用的分解炉的适应性一直是厂家所关心的问题。分解炉的生产能力一定程度上取决于物料在炉内停留时间的长短，而这不仅与生料、煤粉的反应特性有关，还与分解炉的结构、操作参数等有关。

Pyroclon 分解炉的物料停留时间分布测定结果如图5、图6所示。从测定结果来看，料气停留时间比值 τ_m/τ_g 随风速的提高而增加，但变化不大。工况条件下该分解炉的 τ_m/τ_g 约为2.05，但随着炉体截面风速的增加，物料平均停留时间的数值降低，表征返混程度的无因次方差 σ^2 也有所减小。经过换算，物料在炉内的停留时间约为10.7s，与其他型式的分解炉相比（表2）发现，这个数值是不低的。

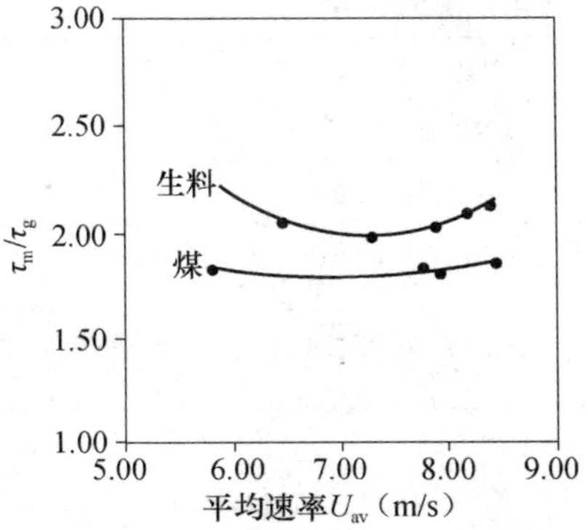

图5　Pyroclon 分解炉料气停留时间比值的测定结果

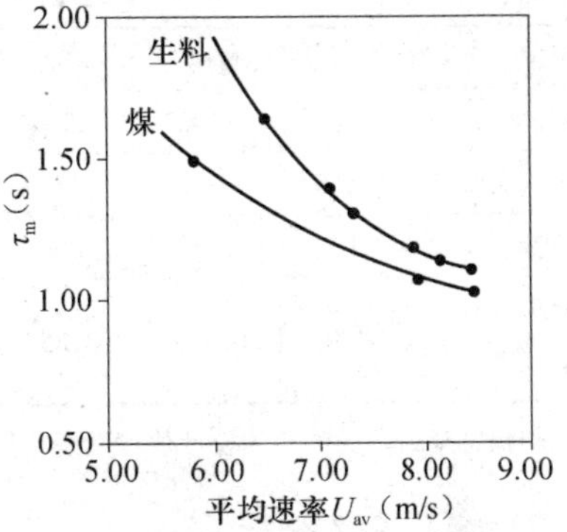

图6　Pyroclon 分解炉内物料停留时间的测定结果

表 2 国内几种分解炉的料气停留时间比值的比较

厂家	设计生产规模（t/d）	分解炉形式	气体停留时间（s）	物料停留时间（s）	料气停留时间比值
冀东	4000	NSF	1.9	10.5	5.5
柳州	3200	SLC	3.1	8.4	2.7
江西	2000	RSP	5.4	12.2	4.8
华新	2000	SLC	3.8	9.8	2.6
顺昌	2000	ILC	3.3	8.6	2.6
山西	2000	RFC	3.2	11.6	3.7
耀县	2000	DD	1.8	8.6	4.8
新疆	2000	PYROCLON	5.2	10.7	2.05
滇西	1000	RSP	4.1	16.9	4.2

三、Pyroclon 分解炉的综合评述

（一）结构参数分析

从上面的试验结果可知，Pyroclon 分解炉内气体流动基本上表现为柱塞流，其阻力不高，但料气停留时间比值 τ_m/τ_g 较低。尽管粉料在炉内的平均停留时间相对来说不低，但这主要是靠增大炉体的有效容积来取得的。新疆水泥厂 Pyroclon 分解炉的有效容积为 680m^3 左右，是同规模江西水泥厂 RSP 分解炉容积的 2 倍，是耀县水泥厂 DD 分解炉的 2.7 倍。国内部分厂家分解炉的单位容积产量对比见表 3。由表 3 可见，此 Pyroclon 分解炉的单位容积产量非常低，与气体入炉方式相近的耀县水泥厂 DD 分解炉相比，其单位容积产量尚不足于 DD 分解炉的一半。原因主要在于 Pyroclon 分解炉内气体流型基本上接近于柱塞流，缺少喷腾或旋流效应，仅仅靠湍流效应难于达到增加物料在炉内停留时间的目的，必须大大增加分解炉的容积，以此延长物料在分解炉内的停留时间，这是该分解炉的一个显著特点。但考虑到该分解炉只是一种管道式分解装置，不应与 NSF、MFC、RSP、FLS 等真正意义上的分解炉相提并论，不过其结构非常简单，可直接利用框架空间布置，阻力又比较小，不失为一种较好的炉型。

表 3 国内部分厂家分解炉的单位容积产量的比较

厂家	宁国	柳州*	江西	华新	顺昌	耀县	新疆*	滇西	南平
产量（t/d）	4340	3200	2064	2029	1880	2010	2000	1149	725
炉容积（m^3）	488.6	371.6	342.9	334.3	431.0	249.8	680.0	347.6	210.7
炉型	MFC	SLC	RSP	SLC	ILC	DD	PYROCLON	RSP	RSP
单位容积产量 [t/(h·m^3)]	0.370	0.359	0.251	0.253	0.182	0.335	0.123	0.138	0.143

* 柳州、新疆厂的产量为设计值，其余各厂的产量为热工标定数值。

（二）操作参数分析

Pyroclon 分解炉是靠增大容积和强化湍动效应达到延长物料停炉时间的目的。截面风速的选取对这种分解炉的操作至关重要。依据判断炉内气体流动状态的雷诺准数 $Re=\rho\cdot D\cdot$

U_{av}/μ 可知，提高截面风速可增大炉内的湍动程度，从而强化炉内料气的混合。但过高的截面风速又导致炉内物料停留时间的急剧降低，不利于生料的充分分解和煤粉的完全燃烧；风速过低又影响到炉内的湍动效应和系统的产量等。因此，过高过低的截面风速都会影响窑系统的正常操作，选取合适的截面风速是保证 Pyroclon 预分解短窑系统高产、低耗的关键所在，经验值为截面风速不小于 12～15m/s。

（三）Pyroclon 分解炉与燃煤的适应性

洪堡公司在 20 世纪 70 年代中期对 Pyroclon 分解炉进行块状固体燃料利用问题的研究表明，该分解炉适于使用块状燃料和其他废料，不过当喂入不同颗粒大小和部分块煤时，可出现几种不同的燃烧相。但研究和生产实践表明：该分解炉要求的煤种相对较为严格，生产中操作控制不好或煤质出现波动易造成分解炉以及最低一级旋风筒等出现煤粉的不完全燃烧现象。新疆水泥厂现用的煤粉其挥发分、低位发热值较高，灰分较低，反应活性好，根据悬浮态模拟分解炉煤粉特性试验，当炉内温度达到 550℃以上时能实现着火，在 600℃以上的环境中可实现稳定燃烧。但如果该分解炉选用较差的煤种，诸如煤粉热值较低、灰分较高等，则分解炉不能保证煤粉的燃烧完全，这在新疆水泥厂的生产实际中已得到了充分的证实，说明该分解炉对使用的煤粉较为敏感。在现有的生产条件下，一般不宜再强化生产，换句话说，今后如有增产必要或原、燃料变化，需要慎重考虑。

（四）Pyroclon 分解炉与短窑匹配的合理性

Pyroclon 分解炉匹配短窑进行操作，这是洪堡公司的特有组合。对于短窑来说，物料在窑内停留时间较短，且短窑对生料的易烧性能及成分均匀性要求较高，短窑的操作要求也比较严，必须严格控制入窑物料分解率，一般要大于 90%，这样才能适应短窑操作的要求，否则极易跑生料或烧成次熟料。同时窑尾废气温度较高（1150～1200℃），此时原、燃料中的碱、氯、硫含量必须严格控制，若生料成分波动，炉内煤粉发生不完全燃烧，则极易在炉内（上升烟道）或预热器部分发生结皮、堵塞，影响短窑的正常生产，这样分解炉的加料方式可进行改变，一部分生料加入到窑气的上升烟道中，另一部分加入到三次风入炉口处。据介绍这样可适当降低上升烟道的温度，减少结皮、堵塞现象的发生。当然也可采用旁路放风形式进行控制。总之这种窑炉结合有其特殊性，但也有其严格的要求。

高效喷旋分解炉 SWC 的开发研究

李昌勇　胡道和

（南京工业大学材料学院，南京，210009）

【摘　要】 在总结几类典型分解炉特点的基础上开发了一种独具特色的高效分解炉 SWC，通过优化研究，使炉内气体的喷腾、旋流效应得到较理想的配合，能够既保证良好的气固混合效果，为煤粉燃烧和碳酸盐分解反应提供良好的环境条件，又具有优良的低阻特性。该炉的料气停留时间比值超过国内现有的各同类炉型，可达到很高的空间利用率，有利于新型干法水泥厂增产降耗。为我国资源状况复杂的实际情况和利用低质燃料提供了一种优良的选择方案，也为性能不理想的分解炉的改造提供了方向。

【关键词】 分解炉，流场，煤粉燃烧，停留时间

DEVELOPMENT OF SWC CALCINER WITH HIGH PERFORMANCES

LI Changyong　HU Daohe

（Department of Building Materials，Nanjing Univerty of Technology，Nanjing 210009，China）

【Abstract】 A new type of calciner with high performances is developed based on thestudy of several typical cement calciners，The gas flow field of the calciner was optimized by adjustiong itsstructure and combining the spouting intensity and the swirling intensity of gas. Raw meal and pulverized coal can be well distributed in gas flow in the calciner for insuring the efficient heat exchange between gas and flow phases and offering better reaction conditions. Gas flow resistance of the caleiner is very low and the volume availability of the calciner is much better than other calciners. The efficient calciner will be used as a good choice to adapt to various poor fuels in cement industry in China and can be used to improve other calciners with weaker performances.

【Key words】 calciner，flow field，coal combustion，retention time

分解炉是新型干法生产系统的核心设备。性能优良的分解炉对于显著降低设备投资、增加对低劣质原燃料的适应性、降低能耗和稳定生产起着十分关键的作用。

近 30 年来，新型干法水泥生产技术发展十分迅速，分解炉种类也已经发展到三十余种。虽然我国的新型干法水泥生产技术发展十分迅速，目前各厂家采用的分解炉形式也已经有十几种，但这些分解炉基本是进口分解炉结构或其仿制品。南京工业大学虽然曾开发了一种新型高效的双喷旋组合式分解炉（DSW），其性能指标远优于现有的各分解炉型[1]，但由于种种原因，其推广应用尚有待时日。

鉴于我国地大物博、资源情况复杂、操作人员素质差异大、水平高低不同等实际情况，

有必要开发各类不同的分解炉来与之相适应和配套。国外现有分解炉形式虽然很多，但也各自存在相应的不足，并非效果最佳。基于同类型分解炉布置比较简便，对于操作人员要求比较低，适应我国大部分预分解窑厂家的实际情况，为此，在开发高效低阻同线型分解炉方面做了些必要的探索工作。

一、分解炉开发的基本研究思路

从功能上讲，分解炉承担预分解系统中的煤粉燃烧、气固换热和碳酸盐分解任务。这些任务能否在悬浮状态下高效、顺利地完成，主要取决于生料与燃料能否在炉内很好地分散、混合和均布；燃料能否在炉内迅速地完全燃烧，并把燃烧热及时地传递给物料；生料中的碳酸盐组分能否迅速地吸热、分解，逸出的二氧化碳能否及时排除。以上这些要求能否达到，在很大程度上又取决于炉内气固流动方式，即炉内流场的合理组织。因此新型分解炉的开发必然要围绕这个中心来进行。

（一）几种典型分解炉的基本特点

从几种典型分解炉气固运动特点及性能指标来看，Smidth 系列分解炉的气体流型为纯喷腾流，结构简单，压力损失偏高，高速喷射流虽有利于生料粉的分散，但单纯的喷腾也容易使粉料短路，物料均布情况不十分理想且在炉内停留时间较短，料气停留时间比值较小，一般在 2.5 ~ 3.4 之间，容积利用效率低。RSP 分解炉的煤粉着火在纯空气中，着火条件稳定，但 SC 室内煤粉的燃烧基本是在中心区域进行，高速旋流产生的巨大离心力使部分煤粉迅速冲向壁面附近，因而燃烧反应和碳酸盐分解反应完成程度不高，需要利用 MC 室（混合室）来补偿 SC 炉化学反应完成度低的不足，炉内化学反应两步到位的组合设计虽然理论上比较合理，但 SC 炉的旋流强度过大，物料和煤粉贴壁现象过分严重，这种强旋流会延伸到 MC 室（混合室），出现旋流后效应、偏料或死角严重现象，使系统运行恶化[2]。SF 系列和 KSV 系列分解炉为旋（流）-喷（腾）复合型分解炉，喷腾有利于纵向分散，旋流有利于横向均布和延长生料的停留时间，二者合理组合能改善分解炉系统的气体流动状态和气固间混合效果；但在 NSF 和 NKSV 炉内的气体流场尚未能合理组合旋流与喷腾两种流动效应，致使物料的均布情况不够理想，操作的敏感性较大，也还存在一定不足[1]。MFC 分解炉是由流化床（密相）和悬浮床（稀相）所组成的复合型分解炉，在流化床中煤粉停留时间长，可以在低炉温和低过剩空气系数（$\alpha \leqslant 1.0$）下操作，进入窑尾上升烟道的出炉气体，利用窑气的剩余 O_2 进行二次燃烧，使生料粉进一步分解，这种串联分步到位的流程可减少系统总的排气量，使总体能耗降低；但密相流化床化学反应的推动力弱，反应完成度很低，且使用高压低温流化风，会造成能耗增加。DD 炉直接装在窑尾烟室上，中间无连接管道，窑气与径向送入的三次风形成交叉流动，其压力损失很小，煤粉喷嘴布置方式使炉内锥体部分具有一定的还原 NO_X 功能，利于环保，由于增加了径向扰动，在达到较好分散和均布效果的情况下达到了比较高的料气停留时间比值（$t_m/t_g = 4.8$），但气体流场仍然基本是喷射流，分解炉的空间利用率还有可能进一步提高[3]。Pyroclon、Prepol 等管道分解炉是大幅度延长窑尾与最下面一级旋风筒之间的上升烟道而成，基本特点是压力损失低，气流速度较高，物料分散良好，压力损失很低，但其气体和物料基本为活塞流，料气停留时间比值很低（一般仅为 1.8 ~ 2.2），空间利用率很差，需要很大的容积才能保证燃烧和分解反应所需的停留时间。

（二）高效分解炉的基本开发原则与思路

高效分解炉的基本开发原则应该是：

（1）强化分散。加强粉状物料在分解炉内的分散与均布是分解炉开发的第一要旨。理论分析和生产实际均充分证明，只有物料的分散效果好，才能达到良好的气固接触状态，煤粉燃烧、碳酸盐分解才可能具有良好的反应环境，才有可能达到比较理想的反应完成程度。

（2）降低压损。国内有不少预分解窑是由于窑尾高温风机的能力不足而影响系统产量提高的。若系统压降过大，也会使熟料烧成的能耗提高，影响系统的整体指标。若降低阻力，相当于提高了高温风机的能力与潜力，利于充分发挥系统各设备功能，增产降耗。而有些分解炉，如 RSP、NSF 等形式的分解炉，由于三次风入口至分解炉出口间的阻力远远高于窑气入口至炉出口间的阻力，为了维持三次风与窑内风量的平衡，不得不在窑尾烟室设置缩口以提高该部分的阻力，从而增加了不必要的压力损失，这也是不可取的。较为理想的情况应该是两路阻力基本匹配或相差较小，在生产实际中略加调节即可满足系统用风，从而降低系统压损和高品位能耗。

（3）优化结构，提高料气停留时间比值 t_m/t_g。在炉内物料均布状况良好的前提下，分解炉内料气停留时间比值的大小反映了分解炉空间利用率的高低。该 t_m/t_g 越高，说明在相同分解炉容积、相同热工条件下物料和煤粉在分解炉内的有效滞留时间越长，化学反应及煤粉燃烧反应的完成程度就会越高，也就越有利于改善整个预分解系统的热工状况，降低系统各部位温度及熟料烧成热耗，从而提高熟料产量。

在上述原则下，开发同线型分解炉的基本开发思路是：①采用同线型流程，分解炉直接由上升烟道扩大而成，结构简单，布置方便，可简化操作，便于点火初期预分解系统的稳定；②通过合理组织分解炉内气体的流场结构，尤其是合理调整旋流动量与轴流动量的比例，达到降低分解炉压损、完善分解炉内的粉料分散与均布效果，提高分解炉的空间利用率。

这样分解炉开发的基本内容之一就变为研究旋流强度与分解炉性能指标的关系研究，以及通过结构参数和操作参数的合理选择来确定合理的旋流强度，从而使分解炉的性能指标达到最优。

通过系统研究、探索，确定了经过优化的高效喷旋分解炉（spout whirl calciner，简称 SWC）的结构。

二、主要试验结果与分析

（一）SWC 分解炉的气体三维流场测试结果与分析

为了了解分解炉内气体运动规律，在第二自模化区对分解炉进行了三维流场的测定，测定结果如图 1 所示（三次风入口在圆柱体下端割向入炉，0°为与之垂直的方向）。

从图 1 中可以看出，在分解炉底部至三次风入口处，轴向速度在中心区域最大，并大致成对称分布，体现出受限喷射流的基本特点。在其他区域，则在三次风不对称引入产生的切向风速的作用下，最大轴向风速移向边壁区域。在三次风入口及以下的锥体部位靠近壁面区域轴向风速 U_Z 出现负值，即存在一定的回流区。在缩口附近，轴向风速 U_Z 明显增大，说明由于缩口截面积减少，产生了比较明显的二次喷腾效果，利于物料分散和改善燃烧以及碳酸盐分解。在缩口上方区域轴向风速最大值又重新经历了向中心的汇聚和向壁面区域迁移的过程。

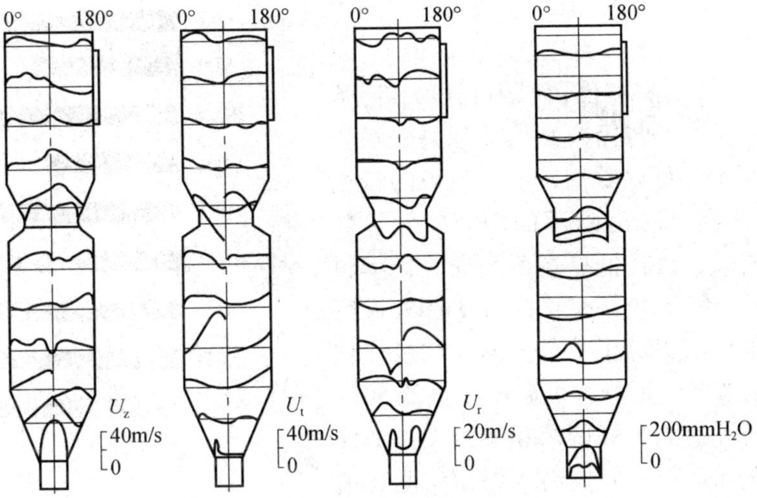

图1　SWC分解炉的气体三维流场

Fig. 1　Gas flow-field of SWC calciner

切向风速 U_t 的分布特点是各断面靠近边壁的值较大，中心区域较小，接近于零，在缩口及出口位置较为紊乱。三次风入口处因进口的影响出现最大值。与轴向风速相比边壁处的切向风速 U_t 接近而略低，说明分解炉有一定的旋流强度，但并不很高，这有利于造成物料的旋转运动从而延长物料的停留时间，但又不会造成严重的物料贴壁现象。从理论上讲比较合理，有利于提高分解炉的空间利用效率。

径向风速 U_r 分布对称性不好，变化紊乱。这是由于喷腾作用和旋风效应交织影响，使径向风速变化剧烈，造成较强的湍流流动，利于粉体物料在分解炉内的充分分散。

总体而言，分解炉的气体三维流场说明该分解炉对加强返混和物料的纵向分散是有利的，也有利于改善物料的均布，延长物料停留时间，提高分解炉的空间利用率。但其实际效果还有待加料试验证实。

（二）物料停留时间测定结果及分析

物料停留时间分布测定结果如图2、图3所示。图中 t_m、t_g 分别为物料和气体在分解炉内的平均停留时间（s）；t_m/t_g 为料气平均停留时间比值；U_{av} 为分解炉截面平均风速（m/s）；σ^2 为物料停留时间分布曲线的方差，可表征分解炉内物料的返混程度。

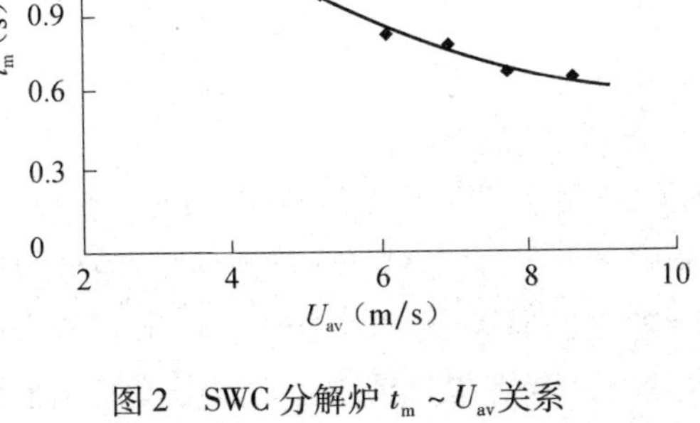

图2　SWC分解炉 $t_m \sim U_{av}$ 关系

Fig. 2　Relationship of $t_m - U_{av}$ of SWC

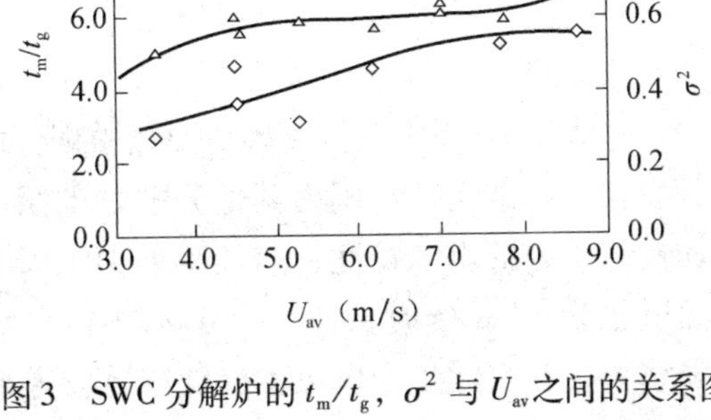

图3　SWC分解炉的 t_m/t_g，σ^2 与 U_{av} 之间的关系图

Fig. 3　Relationship of t_m/t_g，$\sigma^2 - U_{av}$ of SWC

由图2、图3可见，低风速时料气停留时间比值 t_m/t_g 随截面风速 U_{av} 增大而逐渐增大，但 U_{av} 在4.0~8.0m/s之间时，料气停留时间比值 t_m/t_g 基本上保持在6.0左右。与国内其他类型的分解炉的比较如图4所示。可以看出，该分解炉的料气停留时间比值很高。同洛阳厂的NKSV分解炉（$t_m/t_g=3.8$）比较，该比值提高了58%，而物料分散与均布情况均得到较好改善；同Smidth系列分解炉比较，该比值提高了一倍左右，按燃烧化学反应速率控制考虑，则分解炉温度在降低50~70℃的情况下仍可达到相同的煤粉燃烬度；即使同指标较优越的DD炉比较，料气停留时间比值也提高了25%。而且由于物料在炉内的分散和均布性非常好，能够充分保证停留时间的有效性，因而可以认为SWC分解炉是一种空间利用率很高的分解炉，有很好的应用前景。从图4中还可看出，σ^2 随 U_{av} 的增大而不断增大，表明随风速的提高，物料的返混程度在不断加强。

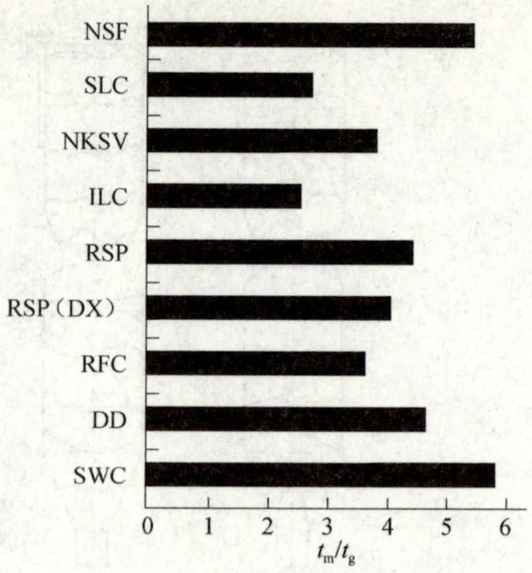

图4　几种分解炉 t_m/t_g 的比较

Fig. 4　Comparison of t_m/t_g of SWC and other type calciners

（三）SWC分解炉的阻力特性

SWC分解炉的阻力特性测定结果如图5所示。

图5中，ΔP_t、ΔP_k 分别为三次风入口和窑气入口至分解炉出口间的压力损失。从图5可以看出，ΔP_t、ΔP_k 两曲线较接近，表明三次风入口至分解炉出口与窑气入口至分解炉出口的压力损失较为相近，易于生产调节。

定义 Eu_t，Eu_k 分别为对应 ΔP_t 和 ΔP_k 的Euler数：

$$Eu_t = \frac{\Delta P_t}{\rho U_{av}^2}$$

$$Eu_k = \frac{\Delta P_k}{\rho U_{av}^2}$$

当对应截面平均风速的Reynolds准数 $Re=\rho U_{av}D/\mu>10.0\times10^4$（$\rho$、$\mu$ 分别为气体的密度和黏度）时，Eu_t、Eu_k 各自接近一恒定值，气体流动进入第二自模化区，此时可得分解炉的阻力系数为：

$$\zeta_t = 2Eu_t = 38$$

$$\zeta_k = 2Eu_k = 34$$

其中，ζ_t 和 ζ_k 分别为对应 ΔP_t 和 ΔP_k 的阻力系数。

在相同基准下，与国内其他分解炉的阻力系数的比较如图6所示。可以看出，SWC分解炉具有很好的阻力特性，与低阻的DD、NKSV分解炉相当而远低于其他炉型。当分解炉截面风速为6.5m/s时，计算得分解炉压降为500Pa左右。且窑气入口至分解炉出口的压力损失略大，在实际生产中可不必在窑尾设置平衡缩口，只需要在三次风管设置必要的调节装置即可。

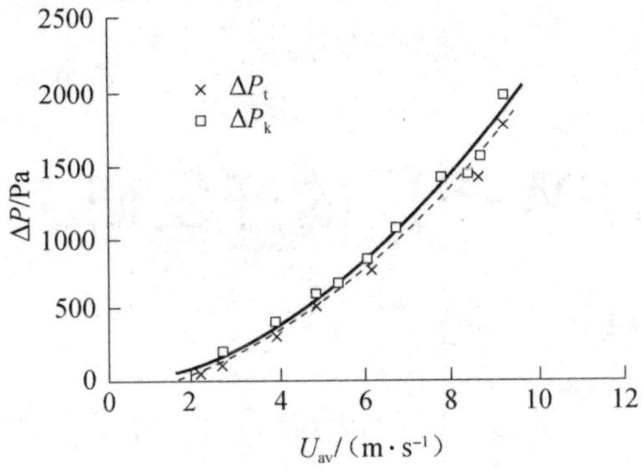

图5　SWC 分解炉压力损失测定结果
Fig. 5　Pressure drop of SWC calciner

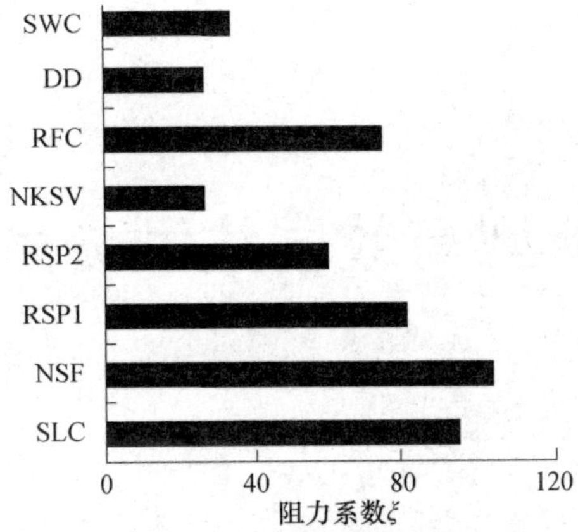

图6　SWC 阻力系数与其他分解炉型的比较
Fig. 6　Comparison of the resistance coefficients of SWC and other type calciners

三、结论与展望

通过上述研究与分析可得出下列结论：

（1）SWC 分解炉是一种性能优异的炉型，通过调整分解炉内的旋流强度使气体三维流场达到了较理想的分布状态，能使物料在炉内充分分散并均布良好，从而能够保证煤粉和生料停留时间的真正有效，为煤粉燃烧和碳酸盐分解反应提供了良好的环境条件。

（2）与国内现有的其他分解炉比较，SWC 分解炉阻力系数比较低，为节省电耗、提高熟料产量提供了可能。

（3）与其他类型分解炉比较，SWC 分解炉内料气停留时间比值很高（$t_m/t_g=6.0$ 左右），分解炉容积利用率好，加上炉内良好的物料分散及均布特性，使该分解炉成为一种性能优异、应用前景良好、很有潜力的炉型。为适应我国地大物博、资源情况复杂的实际情况提供了一种优良的选择方案。

（4）该分解炉也可以较低的投资用于 NKSV、DD、ILC、RSP 或 SLC 等分解炉型的完善与改进。以 NKSV 为例，改造后可使分解炉的物料分散和均布情况得以改善，并使分解炉的物料停留时间延长 50% 以上；对 Smidth 系列分解炉则可延长粉料停留时间 1 倍左右，使 DD 炉粉料停留时间增加 25%，从而显著改善煤粉燃烬状况，为提高入窑生料的分解率和提高熟料产量提供了优良条件。

参考文献

[1] 李昌勇，胡道和．双级新型喷旋分解炉 DSW 的开发研究．悬浮预热器和预分解窑技术经验交流会论文集［M］．北京：中国建材工业出版社，1992：113.

[2] 李昌勇，胡道和．江西水泥厂 RSP 预分解系统的综合研究与改造．悬浮预热器和预分解窑技术经验交流会论文集［M］．北京：中国建材工业出版社，1994：85.

[3] Li Chang yong，JIN Chunqiang，HU Daohe. The study of motion pattern of gas and solidphases in NKSV calciner［A］．In：The 4th BISCC，V01. 1［C］．Beijing：International Academic Publishers，1998.

[4] Li Chang yong，Peng Xinzhan，HU Daohe，et al. Thestudy of the characters and thermal performances of the DD calciner of Yiaoxian Cement Plant［A］．In：The 4th BISCC，Vol，1［C］．Beijing：International Academic Publishers，1998.

新型高效同线型分解炉（SW-S）的开发研究

李昌勇　胡道和

（南京化工大学，21009）

一、引言

分解炉是新型干法生产系统的核心设备。性能优良的分解炉对于显著降低设备投资、增加对低劣质原燃料的适应性、降低能耗和稳定生产起着十分关键的作用。

窑外分解技术在水泥应用于工业的近三十年来，新型干法水泥生产技术发展十分迅速，分解炉种类也已经发展到三十几种。虽然我国的新型干法水泥生产技术发展十分迅速，目前各厂家采用的分解炉形式也已经有十几种，但这些分解炉基本是进口分解炉结构或其仿制品。南京化工大学虽然开发了一种新型高效的双喷旋组合式分解炉（DSW），性能指标远优于现有的各分解炉型[1]，但由于种种原因，其推广应用尚有待时日。

鉴于我国地大物博、资源情况复杂、操作人员素质差异大、水平高低不同等实际情况，有必要开发各类不同的分解炉来与之相适应和配套。国外现有分解炉形式虽然很多，但也各自存在相应的不足，并非效果最佳。基于同线类分解炉布置比较简便，对于操作人员要求比较低，适应我国大部分预分解窑厂家的情况，本文拟在开发高效低阻同线型分解炉方面做些必要的探索工作。

二、新型分解炉开发的基本研究思路

从功能上讲，分解炉承担预分解系统中的煤粉燃烧、气固换热和碳酸盐分解任务。这些任务能否在悬浮状态下高效、顺利地完成，主要取决于生料与燃料能否在炉内很好地分散、混合和均布；燃料能否在炉内迅速地完全燃烧，并把燃烧热及时地传递给物料；生料中的碳酸盐组分能否迅速地吸热、分解，逸出的二氧化碳能否及时排除。以上这些要求能否达到，在很大程度上又取决于炉内气固流动方式，即炉内流场的合理组织。因此新型分解炉的开发必然要围绕这个目的来进行。

（一）几种典型分解炉气固运动特点及性能指标分析

1. F. L. Simdth 系列分解炉

该系列分解炉内部的气体流型为纯喷腾流，结构简单，阻力损失适中，高速喷射流有利于生料粉的分散。但该类炉型单纯的喷腾作用使中心喷注部分气流贯穿，容易使粉体物料短路，致使物料均布情况不十分理想，中稀边浓、上稀下浓现象比较严重，物料在炉内停留时间较短，料气停留时间比值较小，一般在 2.5 ~ 3.4 之间，容积利用效率比较低。因而一般要求分解炉容积比较大。要充分完成低质燃料的燃烧和分解反应，只有通过提高炉温来达到目的。对原、燃料性能波动的适应性不理想，也容易导致不完全燃烧。顺昌水泥厂按史密斯公司方案改进的炉型，分解炉性能有所改善，但容积利用效率仍偏低。史密斯公司通过分料来较大幅度提高分解炉内煤粉燃烧温度以适应低质燃料燃烧要求的方案是可取的和有效的。

2. RSP 分解炉

SB 室起预燃煤粉作用。燃烧空气（三次风）为净空气，着火条件稳定；SC 炉内三次风要承担分散次最下级旋风筒来的热生料和产生旋转气流，使物料贴壁运动以保护炉衬，以及提供助燃空气的作用。但 SC 室内煤粉的燃烧基本是在中心区域进行，高旋流速度产生的巨大离心力使部分煤粉迅速冲向壁面附近，因而燃烧反应和碳酸盐分解反应难以达到很高的程度，所以要利用 MC(混合室）来补偿 SC 炉化学反应完成度低的不足。该分解炉的化学反应是两步到位，组合设计理论上也是比较合理的。由于 SC 室中心区域可采用高温明焰燃烧，因而有可能适应低品位或低挥发分燃料的燃烧。但 SC 炉的旋流强度过大，物料和煤粉贴壁现象过分严重。这种强旋流会延伸到 MC 室（混合室），出现旋流后效应，偏料或死角严重，使系统运行恶化。因而从气体流场的组织看，也并非理想[2]。

3. NSF 型分解炉

为旋（流）-喷（腾）复合型分解炉。有关研究表明，喷腾有利于纵向分散，旋流有利于横向均布和延长生料的停留时间。理论上二者合理组合能改善分解炉系统的气体流动状态和气固间混合效果，起到降低炉温和减少热耗的效果。但在 NSF 炉内气体的气体流场尚未能合理组合旋流与喷腾效应，物料的均布情况不够理想，阻力损失偏大，操作的敏感性较大，也还存在一定不足[1]。

4. NKSV 分解炉

气体流型也为旋流-喷腾流复合型，阻力损失较小。但其旋流强度过大，炉体结构与气体流场不够合理，旋流与喷射气流分层流动，使物料的均布性明显较差，气流携带能力强，料气停留时间比值较小（$t_m/t_g=3.8$），使其对劣质燃料适应性较差，易产生化学和机械不完全燃烧，严重时会有相当部分煤在 C1 旋风筒和窑尾燃烧容易造成结皮和堵塞现象，造成生产不稳定[3]。

5. MFC 系统

该分解炉是由流化床（密相）和悬浮床（稀相）所组成的复合型分解炉，在流化床中煤粉停留时间长，可以在低炉温和低过剩空气系数（$\alpha\leqslant1.0$）下操作。流入窑尾上升烟道的出炉气体，利用其中高温窑气和剩余 O_2，使其中的可燃物二次燃烧，使生料粉进一步分解。分解流程为串联分步到位，这样可大大减少系统总的排气量，并且采取低气体流速，使总体能耗降低。但该炉的密相流化床使用的是低温流化风，会造成热耗增加。流化床部分虽然停留时间长，但化学反应的推动力弱，反应完成度很低，且需要专门的高压流化风机，使熟料电耗增加。

6. D-D 炉

分解炉直接装在窑尾烟室上，中间无连接管道。窑气与径向送入的三次风形成交叉流动，其阻力损失很小。煤粉喷嘴布置方式使炉内锥体部分具有一定的还原 NO_X 功能，利于环保。由于在喷腾气流中增加了径向扰动，在达到较好分散和均布效果的情况下达到了比较高的料气停留时间比值（$t_m/t_g=4.8$）。但气体流场仍然基本是体现出喷射流的特点，分解炉的空间利用率还有可能进一步提高[4]。

7. Pyroclon、Prepol 等管道分解炉

该类分解炉是大幅度延长窑尾与最下面一级旋风筒之间的上升烟道而成。其基本特点是阻力损失比较低，但其气体流型基本为活塞流，气流速度较高，物料分散良好，阻力损失很低，但由于物料也基本是柱塞流动，因而这种分解炉的料气停留时间比值很低（一般仅 1.8～2.2），空间利用率非常低，需要很大的容积才能保证燃烧和分解反应所需的停留时间。

（二）高效分解炉的基本开发原则与思路

我们认为，高效分解炉的基本开发原则应该是：

1. 强化分散

加强固体粉状物料在分解炉内的分散与均布是分解炉开发的第一要旨。理论分析和生产实际均充分证明，只有物料的分散效果好，才能达到良好的气固接触状态，煤粉燃烧、碳酸盐分解反应才可能具有良好的反应环境，才有可能达到比较理想的反应完成程度。

2. 降低压降

国内有不少预分解窑是由于窑尾高温风机的能力不足而影响系统熟料产量的提高的。若系统压降过大，也会使熟料烧成的热耗提高，影响系统的整体指标。若降低压降，相当于提高了高温风机的能力与潜力，利于充分发挥系统各设备功能，增产降耗。而有些分解炉，如 RSP、NSF、NKSV 等分解炉型，由于三次风入口至分解炉出口间的压降远远高于窑气入口至炉出口间的压降，为了维持三次风与窑内风量的平衡，不得不在窑尾烟室设置缩口以提高该部分的压降，从而增加了不必要的阻力损失，这也是不可取的。较为理想的应该是两种压降基本匹配或相差较小，在生产实际中略加调节，从而降低系统压降和高品位能耗。

3. 优化结构，提高料气停留时间比值 t_m/t_g

在炉内物料及均布状况良好的前提下，分解炉内料气停留时间比值的大小反映了分解炉空间利用率的高低。该 t_m/t_g 越高，说明在相同分解炉容积、相同热工条件下物料和煤粉在分解炉内的有效滞留时间越长，化学反应及煤粉燃烧反应的完成程度就会越高，也就越有利于改善整个预分解系统的热工状况，降低系统各部位温度及熟料烧成热耗，从而提高熟料产量。

在上述原则下，我们开发同线型分解炉的基本开发思路是：

（1）采用同线型流程结构，分解炉直接由上升烟道扩大而成，结构简单，布置方便；

（2）有关研究表明，同线或异线型分解炉，达到 85% 的煤粉燃烬度，在悬浮态模拟分解炉内所需的时间仅相差 1s 左右[5]，因而利用窑尾的高温烟气能保证分解炉煤粉的着火，简化操作，便于点火初期预分解系统的稳定，对煤粉燃烬度影响也比较小。

（3）通过合理组织分解炉内气体的流场结构，尤其是调整合理的旋流动量与轴流动量的比例，达到降低分解炉压降、完善分解炉内的粉料分散与均布效果，以提高分解炉的空间利用率。

为了便于理论分析，引入旋流强度的概念。对于喷旋复合类流动，可定义旋流强度为：

$$\Omega = \frac{L_0}{\frac{D}{4K}}$$

式中 L_0——流体切向进入分解炉时，相对于旋转轴（即圆柱体中心）的旋转动量矩；

K——分解炉上部圆柱体断面上的表现平均动量；

D——相应断面直径。

Ω是一无因次量，反映了炉内气流旋转流的相对强弱程度，Ω值大表征分解炉内旋转流的作用强。

这样分解炉开发的基本内容之一就变为探讨旋流强度与分解炉性能指标的关系研究，以及通过结构参数和操作参数的合理选择来确定合理的旋流强度，从而使分解炉的性能指标达到最优。

通过系统研究、探索，确定了经过结构优化的 SW-S 同线型分解炉的结构。现仅将最后定型的 SW-S 分解炉的有关试验研究结果汇总如下。

三、主要试验结果与分析

(一) SW-S 分解炉的气体三维流场测试结果与分析

为了了解分解炉内气体运动规律，在第二自模化区对分解炉进行了三维流场的测定，测定结果如图 1 所示。

从图 1 中可以看出，在分解炉底部至三次风入口处，轴向速度在中心区域最大，并大致呈对称分布，体现出受限喷射流的基本特点。在其他区域，则在三次风不对称引入产生的切向风速的作用下，最大轴向风速移向边壁区域。在三次风入口及以下的锥体部位靠近壁面区域轴向速度 U_z 出现负值，即存在一定的回流区。在缩口附近，轴向风速 U_z 明显增大，说明由于缩口截面积减少，产生了比较明显的二次喷腾效果，利于物料分散和改善燃烧及碳酸盐分解反应的反应条件。在缩口上方区域轴向风速最大值又重新经历了向中心的汇聚和向壁面区域迁移的过程。

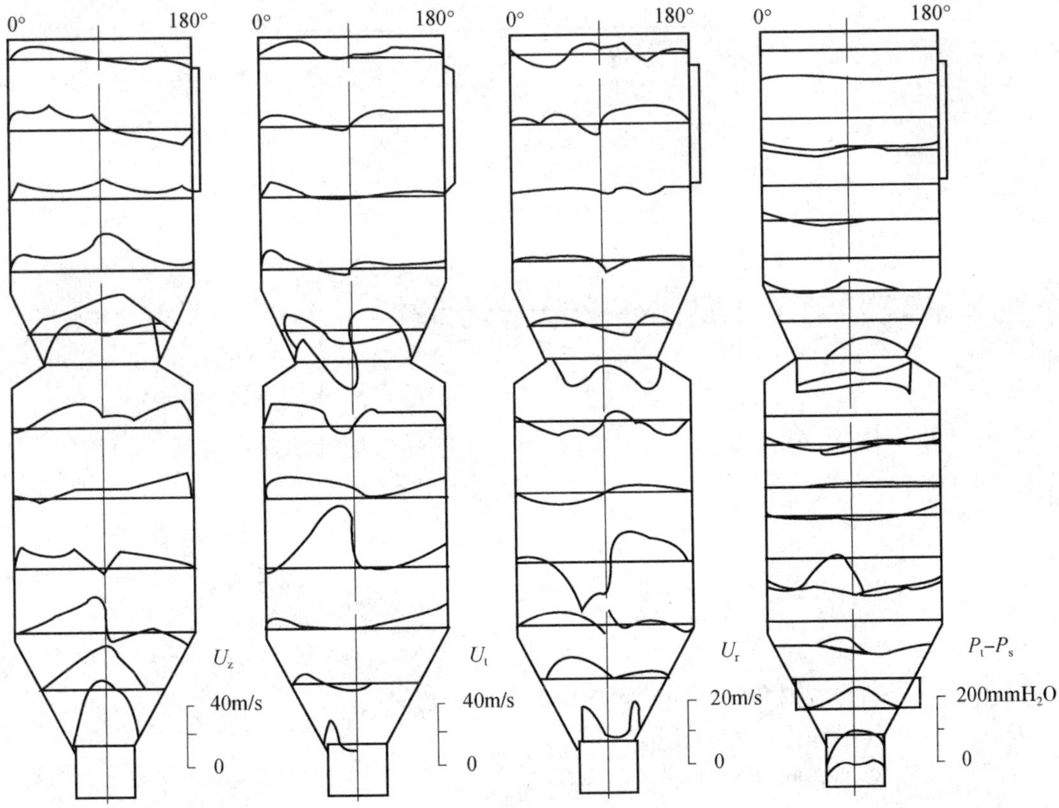

图 1　SW-S 分解炉的气体三维流场

切向速度 U_t 的分布特点是各断面靠近边壁的值较大，中心区域较小，接近于零，在缩口及出口位置较为紊乱。三次风入口处因进口的影响出现最大值。与轴向风速相比边壁处的切向风速 U_t 接近而略低，说明分解炉有一定的旋流强度，但并不很高，这有利于造成物料的旋转运动从而延长物料的停留时间，但又不会造成严重的物料贴壁现象。从理论上讲比较合理，有利于提高分解炉的空间利用效率。

径向速度 U_r 分布对称性不好，变化紊乱。这是由于喷腾作用和旋风效应的交织影响，使径向速度变化剧烈，造成较强的湍流流动，利于粉体物料在分解炉内的充分分散。

总体而言，该分解炉的气体三维流场说明该分解炉对加强返混和物料的纵向分散是有利的，也有利于改善物料的均布效果，延长物料停留时间，提高分解炉的空间利用率。但其实际效果还有待加料试验的证实。

（二）物料停留时间测定结果及分析

物料停留时间分布测定结果如图 2 和图 3 所示。

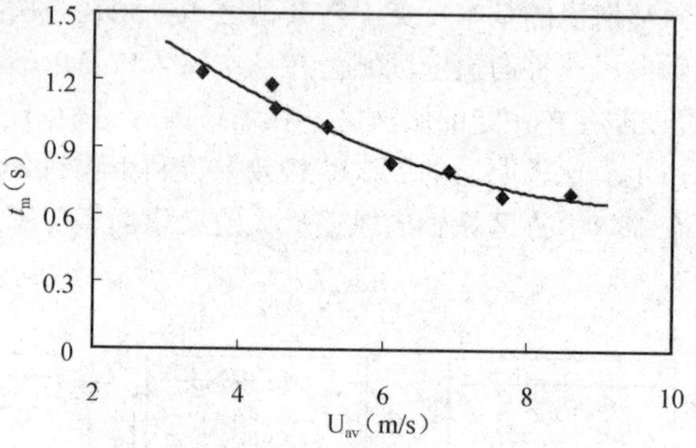

图 2　SW-S 分解炉 $t_m \sim U_{av}$ 关系

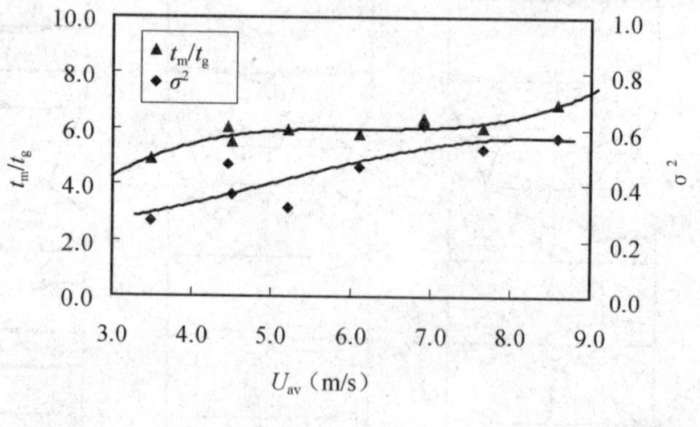

图 3　SW-S 分解炉的 t_m/t_g、σ^2 与 U_{av} 之间的关系图

图中：

t_m、t_g——分别为物料和气体在分解炉内的平均停留时间（s）；

t_m/t_g——料气平均停留时间比值，；

U_{av}——分解炉截面平均风速。

σ^2——物料停留时间分布曲线的方差，可表征分解炉内物料的返混程度。

由图2～图4可见，低风速时料气停留时间比值t_m/t_g随截面风速U_{av}的增大而逐渐增大，但U_{av}在4.0～8.0m/s之间时，料气停留时间比值t_m/t_g基本上保持在6.0左右。与国内其他类型的分解炉的比较如图4所示。可以看出，该分解炉的料气停留时间比值很高。同洛阳厂的NKSV分解炉（$t_m/t_g=3.8$）比较，该比值提高了58%，而物料分散与均布情况均得到较好改善；同史密斯系列分解炉比较，该比值提高了一倍左右，按燃烧化学反应速率控制考虑，则分解炉温度在降低50～70℃的情况下仍可达到相同的煤粉燃烬度；即使同指标较优越的DD炉比较，料气停留时间比值也提高了25%。而且由于物料在炉内的分散和均布性非常好，能够充分保证停留时间的有效性，因而可以认为SW-S分解炉是一种性能空间利用率很高的分解炉，有很好的应用前途。从图中还可看出，σ^2随U_{av}的增大而不断增大，表明随风速的提高，物料的返混程度在不断加强。

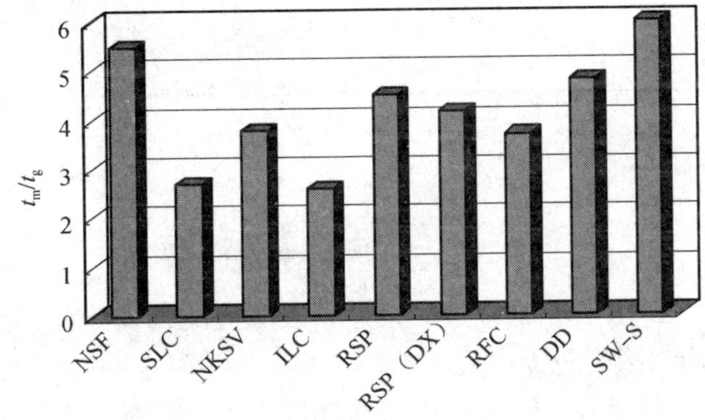

图4　几种分解炉料气停留时间比值的比较

（三）SW-S分解炉的阻力特性

SW-S分解炉的阻力特性测定结果参见如图5所示，图6为计算得到的*Eu*数与*Re*数的关系曲线。

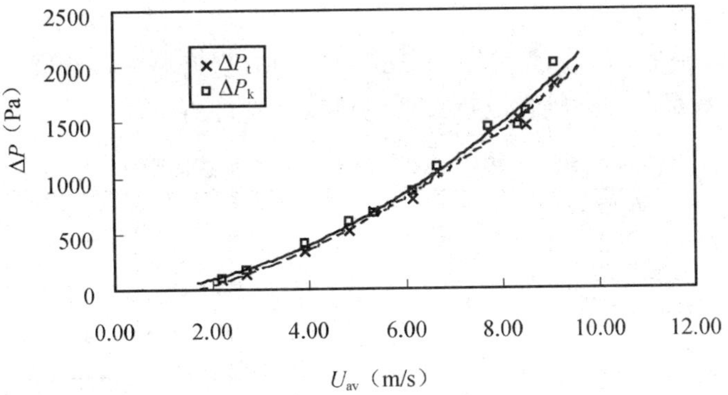

图5　SW-S分解炉阻力损失测定结果

图中：ΔP_t、ΔP_k——分别为三次风入口和窑气入口至分解炉出口间的阻力损失；

Eu_t、Eu_k——分别为对应ΔP_t和ΔP_k的欧拉数，其定义为：

$$Eu_t=\frac{\Delta P_t}{\rho U_{av}^2}\quad Eu_k=\frac{\Delta P_k}{\rho U_{av}^2}$$

Re——对应截面平均风速的雷诺准数，$Re=\dfrac{\rho U_{av} D}{\mu}$；

ρ、μ——分别为气体的密度和黏度。

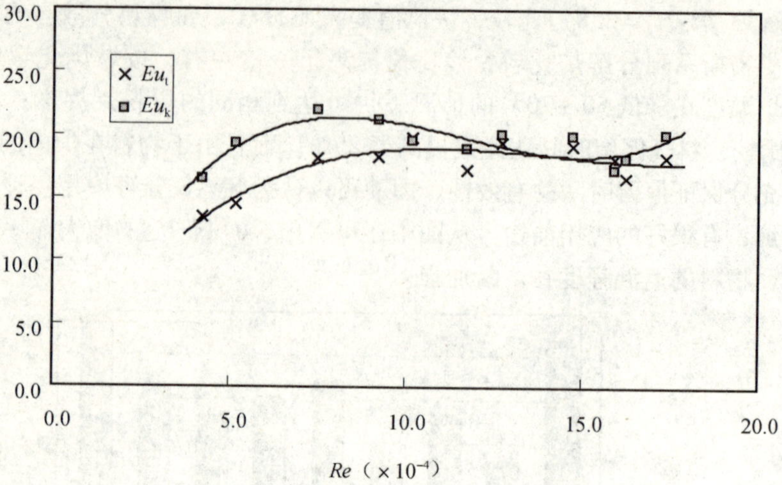

图 6　SW-S 分解炉的 $Re \sim Eu$ 关系

从图 5 可以看出，ΔP_t、ΔP_k 两曲线较接近，表明三次风入口至分解炉出口与窑气管道入口至分解炉出口的阻力损失较为相近。

当 $Re > 10.0 \times 10^4$ 时，Eu_t、Eu_k 接近一恒定值，气体流动进入第二自模化区，此时可得分解炉的阻力系数为：

$$\zeta_t = 2Eu_t = 38$$

$$\zeta_k = 2Eu_k = 34$$

式中　ζ_t、ζ_k——分别为对应 ΔP_t、ΔP_k 的阻力系数。

在相同基准下与国内其他分解炉的阻力系数的比较见表 1。可以看出，与其他分解炉相比，SW-S 分解炉具有比较低的阻力特性。当分解炉截面风速为 6.5m/s 时，计算得分解炉压降为 500Pa 左右。并且窑气入口至分解炉出口的阻力损失略大，在实际生产中不必在窑尾设置平衡缩口，只需要在三次风管设置必要的调节装置即可。

表 1　国内部分分解炉的阻力系数比较

厂家	LZ	JD		JX		LY		山西		耀县			
炉型	SLC	DSF		RSP		NKSV		RFC		DD		SW-S	
		1	2	1	2	1	1	2	2	1	2	1	2
ζ	94	103	12	60	14	27	6	74	19	7.7	28	28	34

四、结论与展望

1. 冷态模型试验证明，SW-S 分解炉是一种性能优异的分解炉形式，通过调整分解炉内的旋流强度使气体三维流场达到了较理想分布，使物料在炉内充分分散并均布性良好，从而能够保证煤粉和生料停留时间的真正有效，为煤粉燃烧和碳酸盐分解反应提供了良好的环境条件。

2. 与国内现有的其他分解炉比较，SW-S 分解炉阻力损失比较低，为节省电耗、提高熟料产量提供了可能。

3. 与其他类型分解炉比较，SW-S 分解炉内料气停留时间比值很高（$t_m/t_g=6.0$ 左右），分解炉容积利用率好，加上炉内良好的物料分散及均布特性，使该分解炉成为一种性能优异、应用前景良好、很有潜力的分解炉形式。对于适应我国地大物博、资源情况复杂的实际情况提供了一种优良的选择方案。

4. 该分解炉也可以较低的投资用于 NKSV、DD、ILC、RSP 或 SLC 等分解炉形式的完善与改进。以 NKSV 为例，改造后可使分解炉的物料分散和均布情况真正得以改善，并使分解炉的物料停留时间延长 60% 以上；对史密斯系列分解炉则可延长粉料停留时间一倍左右，使 DD 炉粉料停留时间增加 25%，从而显著改善煤粉燃烬状况，为提高入窑生料的分解炉和提高熟料产量提供优良条件。

参考文献

[1] 李昌勇，胡道和，等．双级新型喷旋分解炉 DSW 的开发研究［C］//悬浮预热器和预分解窑技术经验交流会论文集．北京：中国建材工业出版社，1992.

[2] 李昌勇，胡道和．江西水泥厂 RSP 预分解系统的综合研究与改造［C］//悬浮预热器和预分解窑技术经验交流会论文集．北京：中国建材工业出版社，1994.

[3] Li Changyong，Jin Chunqiang，Hu Daohe. The study of motion patterns of gasand solidphases in NKSV calciner. in：The 4th BISCC，Vol. 1，International Academic Publicshers，1998，Beijing.

[4] Li Changyong，Peng Xinzhan，Hu Daohe. The study of the characters and thermal performances of the DD calciner of Yiaoxian Cement Plant. in：The 4th BISCC，Vol. 1，International Academic Publicshers，1998，Beijing.

[5] 南京化工大学硅酸盐工程研究所．青海厂 1000#2 窑窑尾系统运行诊断研究报告．1999 年（内部资料）．

离线型分解炉内燃烧气氛对碳酸钙分解的影响

考宏涛 陆 雷 胡道和
（南京化工大学材料科学与工程系，南京，210009）

【摘 要】 在燃烧与分解反应动力学方程的基础上，结合工厂实际的操作参数，定量分析了分解炉内燃烧气氛对碳酸钙分解反应的影响程度，为进一步探讨分解炉内燃烧与分解反应提供了理论参考。
【关键词】 燃烧气氛，分解反应，影响

EFFECTS OF COMBUSTION ATMOSPHERE ON DECOMPOSITION OF CALCIUM CARBONATE IN SEPARATION LINE PRECALCINER

Kao Hong tao　Lu Lei　Hu Daohe
Department of Materials Science and Engineering,
Nanjing University of Chemical Techno logy, (Nanjing, 210009, China)

【Abstract】 Based on the combustion and decomposition kinetic equations, combining with the operating data of cement plant, the effects of combustion atmosphere of precalciner on calcium carbonate decomposition were analyzed quantitatively, and theoretical inference was presented for discussing coal burning and calcium carbonate decomposition reaction in precalciner further.
【Key words】 combustion, atmosphere, decomposition, reaction, effect

在模拟分解炉内，悬浮态下生料的分解反应和煤粉的燃烧反应进程，存在着相似的规律。研究知道[1]分解炉内燃烧与分解过程是交叉进行的，二者相互影响、相互制约。对于离线型分解炉，由于生料的易分解指数较低，且对二氧化碳反应较为敏感，所以探讨燃烧气氛特别是二氧化碳分压对碳酸钙分解反应的影响程度，对于充分发挥分解炉的功能有着重要的意义。

本文拟从煤粉燃烧和碳酸钙分解的动力学方程出发，结合工业分解炉的实际操作参数，从理论上近似分析二氧化碳的分压 $p(CO_2)$ 在碳酸钙分解有煤粉燃烧存在的条件下和在净空气下被加热分解的条件下，其对碳酸钙分解率的影响程度，为进一步优化分解炉的结构和操作参数提供借鉴。

一、基本方程

（一）煤粉燃烧的动力学方程

分解炉内的煤粉燃烧是在悬浮态下中温、低 O_2 含量、高粉尘等环境中进行的，分解炉的实际运行特征决定了煤粉的燃烧条件。根据文献资料有如下的方程[2]。

1. 煤粉燃烧的质量方程

$$q = pO_2/(1/K_D + 1/K_S) \tag{1}$$

$$K_D = A \cdot \exp[-E_a/(R \cdot T_s)] \tag{2}$$

$$K_s = 24\Phi \cdot D(d_c \cdot R \cdot T_{av}) \tag{3}$$

2. 能量方程

$$H_\varepsilon - H_c - H_r = 0 \tag{4}$$

$$H_\varepsilon = q \cdot [7910 \cdot (2/\Phi - 1) + 2340 \cdot (2 - 2/\Phi)] \tag{5}$$

$$H_c = 2\lambda \cdot (T_s - T_m)/dc \tag{6}$$

$$H_r = e \cdot 0 \cdot (T_s^4 - T_m^4) \tag{7}$$

（二）碳酸钙分解的动力学方程[3,4]

碳酸钙分解一般在1000℃以下进行，在此范围内，分解率主要取决于化学反应速率，可用下式表示：

$$e = 1 - (1 - k \cdot t)^3 \tag{8}$$

$$K = \frac{K'(T)}{d_p}\left[\frac{1}{p(CO_2)} - \frac{1}{p^0(CO_2)}\right] \tag{9}$$

分解炉内煤粉燃烧放出的热量主要是用于碳酸钙分解和生料、煤粉以及气体的升温，根据热量平衡有：

$$H_g \cdot S_c \cdot t = q \cdot e + C_m M_m (T^0 - T_m) + C_C M_C (T_c - T^0) + C_f M_f (T^0 - T_f) \tag{10}$$

上述10个方程经整理可得到关于q、e、T、t的方程组，即：

$$\begin{cases} q = q(T) \\ e = e(T, t) \\ T = T(q, e, t) \end{cases} \tag{11}$$

这个方程组相应地可化为$A^{(n)}X = Y$的形式，在给定t的情况下，结合分解炉的实际参数进行编程，采取高斯消去法即可求解。

二、结果分析

研究知道，在不同的温度下，二氧化碳分压对碳酸钙分解率的影响是不同的。温度越低，不同二氧化碳分压下碳酸钙分解特性的差异越大，随着温度的升高，这种差异越来越小。当然，在分解炉内随着碳颗粒的不断燃烧，炉内温度不断变化，二氧化碳分压增大。碳酸钙分解反应速率常数K_C与二氧化碳分压、温度T的关系可用下式来表示：

$$K_C = K''\left(1 - \frac{p(CO_2)}{p^0(CO_2)}\right) \cdot \exp[-Ea'/(R \cdot T)] \tag{12}$$

其中K''为与物料种类有关的综合常数(1/s)，Ea'为表观活化能（kJ/mol）。

由式（12）可看出，碳酸钙的分解反应速率常数随反应的进行在减小（温度T近似认为不变）。此式为计算分解炉中碳酸钙分解率提供了依据，但由于各厂物料的综合常数K''需要在一定的实验条件下测得，从而给定量分析二氧化碳分压对碳酸钙分解率的影响带来了困难。本文经过计算，结果如图1所示。

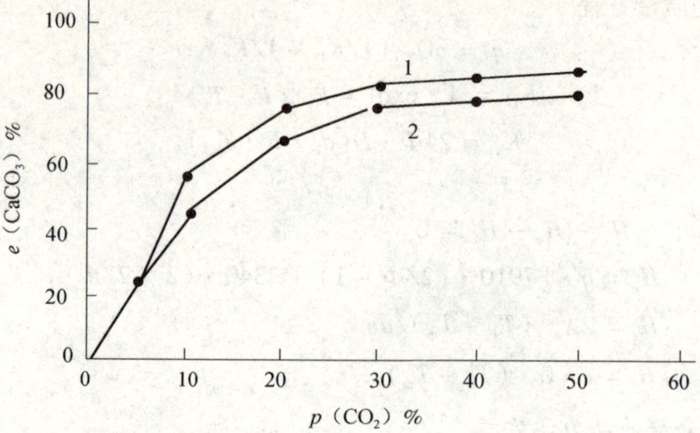

图 1　两种情况下碳酸钙分解率 $e(CaCO_3)$ 的比较

Fig. 1　The comparation of calcium carbonate decomposition rate on two condition

1—纯空气条件；2—煤粉燃烧存在的条件的条件下

1. 煤粉未燃烧阶段

物料、煤粉进入分解炉后，瞬间被三次风分散、加热，刚开始煤粉尚未燃烧，此后，煤粉被加热到着火温度而着火燃烧。

2. 燃烧初期

此时炉内氧气较为充足，燃烧反应速率很大，放出大量的热量迅速被碳酸钙分解吸收，加快了碳酸钙分解进程。而此时二氧化碳分压增加并不明显，其对碳酸钙分解的抑制作用要滞后于燃烧放出的热量对碳酸钙分解的促进作用。表现在图 1 上为 $p(CO_2)$ 在 5% ~10% 这段范围内两条曲线非常接近。

3. 燃烧中期

由于热量的散失以及二氧化碳分压的增大，其对碳酸钙分解的抑制作用明显表现出来。如图 1 所示，在 $p(CO_2)$ 从 10% 增大到 20% 这段时间内，有煤粉燃烧存在的环境下的碳酸钙分解率与纯空气下被加热分解（吸收相同的热量）时的碳酸钙分解率相差较大。

4. 燃烧后期

在这个阶段，$p(CO_2)$ 增大，此时碳酸钙的分解反应速率和煤粉燃烧反应速率与反应初期相比均下降，体现在图 1 上可看出图中曲线的斜率和距离在减小。这种情况下，煤粉燃烧对碳酸钙分解率的影响与 $p(CO_2)$ 从 10% 增大到 20% 这段时间相比，主要表现为促进分解的作用。当到 25% 时，此时两种情况下的碳酸钙分解率之差 Δe 减小到 8%，此后由于煤粉绝大部分燃烬，Δe 基本停留在 6% 左右。

由此可见，分解炉内煤粉燃烧决定了碳酸钙分解。$p(CO_2)$ 增大对碳酸钙的分解不利，但由于分解炉内煤粉的实际燃烧状况，其对碳酸钙分解的影响程度随炉内温度、粉料停留时间等的不同而不同，到了反应末期，炉温有所降低，此时即使再延长粉料在炉内的停留时间，碳酸钙的分解反应基本上不受 $p(CO_2)$ 影响。总的来说，煤粉的燃烧状况决定了 $p(CO_2)$ 对碳酸钙分解的影响程度，在有煤粉燃烧存在的条件下，碳酸钙分解率一般较其在纯空气下被加热分解时的分解率要低 6%，差值取决于分解炉内煤粉的状况，燃烧状况越好，这个差值越小。可以设想，若可以把分解炉内煤粉燃烧与碳酸钙的分解任务分离开来，降低 $p(CO_2)$ 的影响，改善碳酸钙分解的环境，必然会加快碳酸钙的分解进程。

三、结　论

1. $p(CO_2)$ 增大对碳酸钙分解率的影响程度因分解炉内煤粉燃烧状况的不同而异，与炉内温度以及粉料的停留时间等密切相关。温度越高，$p(CO_2)$ 对碳酸钙分解的影响越大；煤粉燃烧中期，$p(CO_2)$ 对碳酸钙分解的影响较大，前、后期 $p(CO_2)$ 影响较小。

2. 在一定范围内，有煤粉燃烧存在的条件下的碳酸钙的分解率比碳酸钙在纯空气下被加热分解的要低6%左右，差值取决于分解炉内煤粉燃烧状况。

符号说明

A　频率因子，kg/(m^2·s·Pa)

$p(CO_2)$　气氛中的 CO_2 分压，Pa

$p^o(CO_2)$　平衡态时 CO_2 的分压，Pa

$p(O_2)$　气流中的氧气分压，Pa

C_m、C_c、C_f　生料、煤粉、气体的比热，J/(kg·℃)

d_c　煤粉的颗粒粒径，m

q　碳颗粒单位几何表面积上的燃烧速率，kg/(m^2·s)

R，　气体常数，8.314J/(mol·K)

dp　颗粒直径，m

S_C　碳颗粒的表面积，m^2

D　氧的扩散系数，m^2/s

t　停留时间，s

e　碳酸钙的分解率，%

T_{av}　气体与物料颗粒表面的平均温度，℃

Ea　反应活化能，J/mol

T_m、T_C、T_f　入炉时生料、煤粉、气体的的温度，℃

H_g　单位面积上热量的生成速率，J/(m^2·s)

H_c　由于导热引起的热量散失速率，J/(m^2·s)

T_S　碳颗粒表面温度，℃

H_r　由于辐射引起的热量散失速率，J/(m^2·s)

T^0　分解反应达到平衡时的温度，℃

K'　化学反应速率常数，一般认为它是温度的函数，Pa·m/s

D　扩散速率常数，kg/(m^2·s·Pa)

Φ　反应的机理因子

$\in$　颗粒的辐射率

λ　气体的平均导热系数，J/(m·s·K)

K_s　颗粒表面化学反应速率常数，kg/(m^2·s·Pa)

σ　Stenfan-Bo ltzmann 数，$\sigma = 5.687 \times 10^{-8}$J/(m^2·s·K^4)

M_m、M_c、M_f　生料、煤粉、气体的质量，kg

参考文献

[1] 胡道和，考宏涛，张薇，等．原、燃料特性与分解炉设计［J］．新世纪水泥导报．1995，1(1)：15～18.

[2] Field M A，Gill D W，Morgan B B，et al. 章明川，许方洁，许传凯译．煤粉燃烧．北京：水利电力出版社，1989：147～159.

[3] Fujisawa T，Do i K，Yatagai N，et al. New cement burning tch- nology 2- stage calcining system. Z- K- G，1989，42(10)：510～514.

[4] 杨南如，胡道和，程麟，等．碳酸盐分解动力学的初步探讨［J］．南京化工学院学报，1980，3(1)：19～34.

[5] 李安平，张薇，简森夫．水泥生料在模拟分解炉内分解特性的研究［J］．硅酸盐学报，1995，23(2)：175～183.

再循环式分解炉的生料分解率

彭新战　胡道和

（南京化工学院硅酸盐工程研究所）

【摘　要】 通过建立再循环式分解炉及预热器的总物料平衡及生料中部分化学组分 CaO 的平衡，推导出分解炉物料循环率对物料最终分解率影响的数学模型。进而分析了循环率及预热器分离效率对物料最终分解率的影响规律。

【关键词】 循环，分解炉，分解率，水泥

CALCINATION DEGREE OF RAW MIX IN CEMENT RECIRCULATING CALCINER

Peng Xinzhan　Hu Daohe

（Research Institute of Silicate Engineering，Nanjing Institute of Chemical Technology）

【Abstract】 The mathematical model for the effect of raw mix recirculation on the calcinations degree is deduced with the help of a series of equations of mass equilibrium and CaO equilibrium based on precalciner system. Through model calculation，the laws concerning the effect of recirculation ratio and separating efficiency of cyclone on the final degree of calcinations are analyzed.

【Key words】 recirculation，cement，calciner，calcinations degree

一、引言

水泥工业分解炉内物料的分解率受反应温度、气相组成、颗粒大小以及炉内气固两相传递过程速率等因素影响。此外，颗粒在分解炉内的停留时间也影响着物料的出炉分解率。通过分解物料再循环入炉途径，可延长物料在炉内的反应时间，从而提高物料的最终分解率。

美国 Fuller 公司 Warshawsky 等[1]1986 年首次发表了他们在水泥分解炉上通过物料循环强化分解效果的试验研究结果；1988 年 Kreisbery[2]回顾了 Fuller 公司循环分解技术的开发应用情况并介绍了分解炉物料循环装置。天津水泥工业设计研究院彭守正[3]则较详细地分析了“炉外循环”的作用机理与具体实施方案。针对循环系统的关键设备，彭新战[4]等人研制了一种新型气控分料器，以实现在高温环境中对循环物料的分配及控制。

但是，目前对分解炉物料再循环技术的认识还只停留在试验结果的分析阶段。对有关物料循环强化分解的规律缺乏定量认识，因此，有必要进行深入工作。本文通过建立分解炉及预热器一系列物料平衡方程式，推导出物料循环率影响分解率的数学模型，进而定量分析其影响关系。

二、物料循环影响分解率的数学模型

（一）研究范围的界定及基本假设

研究对象为水泥循环式分解炉及其预热系统。研究范围为图1所示的两个子系统，其一为分解炉子系统，由分解炉（包括分解炉本体及出口管道）、Ⅰ级预热器及分料器构成；其二为Ⅱ级预热器子系统。同时设定单位时间内各通道的物料流量（以 m_i 表示其无因次量）、物料中 CaO 百分含量（以 C_i 表示）以及物料中 $CaCO_3$ 的分解率（以 e_i 表示）如图1所示。

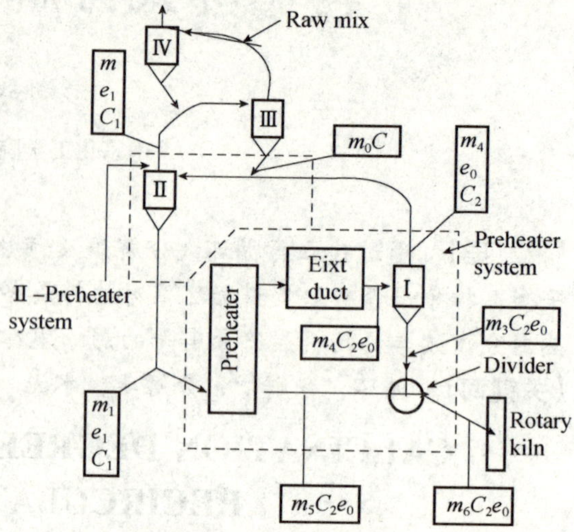

图1　带循环分解炉的水泥窑外分解系统及参数分布

Fig. 1　Cement NSP system with circulating calciner and its parameter distribution

计算基准：以单位时间加入Ⅱ级预热器的物料流量为计算基准，其值取为1。其他各物料流量均为与 m_0 相比而得的无因次量。

基本假定：

（1）系统运行稳定、各参数不随时间变化；

（2）物料分解主要在分解炉本体及其出口管道中完成，在Ⅰ级及Ⅱ级预热器内的分解反应相对分解炉本身及其出口管道而言可忽略不计；

（3）因生料中碳酸盐构成的绝大部分为 $CaCO_3$，物料分解可视作 $CaCO_3$ 的分解反应；

（4）由Ⅲ级筒加入Ⅱ级预热器的物料为脱除物理水及结晶水的干物料。因Ⅲ级预热器内温度一般在500～600℃还不足以使 $CaCO_3$ 分解，且出分解炉的分解物料经Ⅰ、Ⅱ级预热器串连收集后进入Ⅲ级预热器的数量很少，Ⅲ级预热器加入Ⅱ级的物料中 CaO 的百分含量基本与脱结晶水后的生料中 CaO 含量相同。

（二）数学模型的建立

物料循环分解过程实际是通过分解炉反应的物料重新入炉，循环物料中未分解 $CaCO_3$ 的再次分解过程。对物料而言，$CaCO_3$ 分解引起的物料失重反映了 $CaCO_3$ 转化为 CaO 及气相 CO_2 过程，而分解过程中 CaO 的当量是不变化的。通过建立各子系统物料平衡及物料中 CaO 平衡方程组，确定物料参数间（指 m_i，C_i 及 e_i）的关联关系。并以分解炉、全系统的物料失重为基础分别给出物料一次性通过分解炉的分解率 e_{st} 及物料最终分解率 e_0 与各参数的数学表达式。经推导整理可得到循环率 N 影响物料最终分解率 e_0 的数学模型。

首先定义物料循环率 N 为分料器循环回炉物料量 m_s 与入窑物料量 m_6 的比值，并设定Ⅰ预热器的分离效率分别为 η_1，η_{11}。

（1）Ⅱ级预热系统平衡

物料平衡：

$$m_1 = (1 + m_4)\eta_{11} \tag{1}$$

$$m + m_1 = 1 + m_4 \tag{2}$$

物料中已分解的 CaO 平衡：

$$m_4C_2e_0 = (m + m_1)C_1e_1 \tag{3}$$

（2）分解炉系统平衡

物料中总 CaO 平衡：

$$m_1C_1 = m_4C_2 + m_6C_2 \tag{4}$$

Ⅰ级预热器物料平衡：

$$m_2 = m_3 + m_4 \tag{5}$$

$$m_3 = m_2\eta_1 \tag{6}$$

分料器物料平衡：

$$m_3 = m_5 + m_6 \tag{7}$$

（3）全系统总 CaO 平衡

$$C = m_6C_2 + mC_1 \tag{8}$$

（4）物料分解率

以全系统物料失重为计算基础，物料失重所对应的 CO_2 摩尔数与物料中 CaO 摩尔数的比值即为物料最终分解率 e_0：

$$e_0 = \frac{(1 - m - m_5)\cdot M_{CaO}}{C\cdot M_{CO_2}} \tag{9}$$

全系统已分解的 CaO 摩尔数与物料中总 CaO 摩尔数的比值亦为物料最终分解率 e_0：

$$e_0 = \frac{mC_1e_1 + m_6C_2e_0}{C} \tag{10}$$

经过分解炉及出口管道反应后物料的失重所对应的 CO_2 摩尔数与进入分解炉物料中未反应的 CaO 摩尔数比值为物料每次通过分解炉的分解率 e_{st}，即：

$$e_{st} = \frac{(m_1 + m_5 - m_2)M_{CaO}}{[m_1C_1(1 - e_1) + m_5C_2(1 - e_0)]M_{CO_2}} \tag{11}$$

以循环率 $N = m_5/m_6$ 代入式（1）、（2）、（5）、（6）、（7），整理可得以下各物料流量关系表达式如下：

$$m = (1 - \eta_{11}) + \frac{1}{\eta_1}(N+1)(1 - \eta_1)(1 - \eta_{11})m_6 \tag{12}$$

$$m_1 = \eta_{11} + \frac{1}{\eta_1}(1 - \eta_1)(1 + N)\eta_{11}m_6 \tag{13}$$

$$m_2 = \frac{1}{\eta_1}(1 + N)m_6 \tag{14}$$

$$m_3 = (1 + N)m_6 \tag{15}$$

$$m_4 = \frac{1}{\eta_1}(1 - \eta_1)(1 + N)m_6 \tag{16}$$

由式（4）可得：$m_6 = \frac{1}{C_2}(m_1C_1 - m_4C_2)$　　（17）

联立式（13）、式（16），可得：

$$m_6 = \frac{\eta_1\eta_{11}C_1}{(1 + N)(1 - \eta_1)(C_2 - \eta_{11}C_1) + \eta_1C_2} \tag{18}$$

而物料中各 CaO 百分含量间的关系式可通过联立式（8）、（12）、（17）得到：

$$C_1 = \frac{[(N + 1)(1 - \eta_1) + \eta_1]CC_2}{(1 + N)(1 - \eta_1)\eta_{11}C + [(1 + N)(1 - \eta_1)(1 - \eta_{11}) + \eta_1]C_2} \tag{19}$$

即：

$$C_1 = f_1(N, C_2, \eta_1, \eta_{11}, C)$$

由式（3）可得：

$$C_2 = \frac{[\eta_1 + (1+N)(1-\eta_1)m_6]e_1 C_1}{(1+N)(1-\eta_1)m_6 e_0} \tag{20}$$

以上各组关系式的确立为物料分解率的计算提供了条件。推导物料最终分解率如下：

整理式（11）得，

$$e_1 = 1 - \frac{1}{m_1 C_1 e_{st}}\left[(m_1 + m_5 - m_2)\frac{M_{CaO}}{M_{CO_2}} - m_5 C_2(1 - e_0)\right] \tag{21}$$

由式（21）、（9）、（10）联立整理可求解物料最终分解率 e_0：

$$e_0 = \frac{[m(m_1 + m_5 - m_2) + m_1 e_{st}(1 - m - m_6)]\frac{M_{CaO}}{M_{CO_2}} + mm_5 C_2 - mm_1 C_1 e_{st}}{mm_5 C_2 + m_1 m_6 C_2 e_{st}} \tag{22}$$

即

$$e_0 = f_2(\eta_1, \eta_{11}, C, N, C_1, C_2, e_{st}, m_1)$$

设定模型参数（诸如原料中 CaO 百分含量 C，Ⅰ、Ⅱ级预热器分离效率 η_{I}，η_{II} 以及物料一次通过分解炉的分解率 e_{st}），联立式（12）~（22）共 11 个方程即可求解不同循环率条件下物料最终分解率。

计算采用循环迭代法，求出满足方程组的 C_1、C_2 值，从而解出物料最终分解率。计算程序框图如图 2 所示。

（三）数学模型的验证

选取 Warshawsky[1] 等人的部分实测结果作为模型计算结果验证依据。

图 3 是两组计算结果与实测值的对比，可以认为两者的数值比较接近，理论计算值与实测误差小于 5%，表明该计算模型具有较高的可靠性。

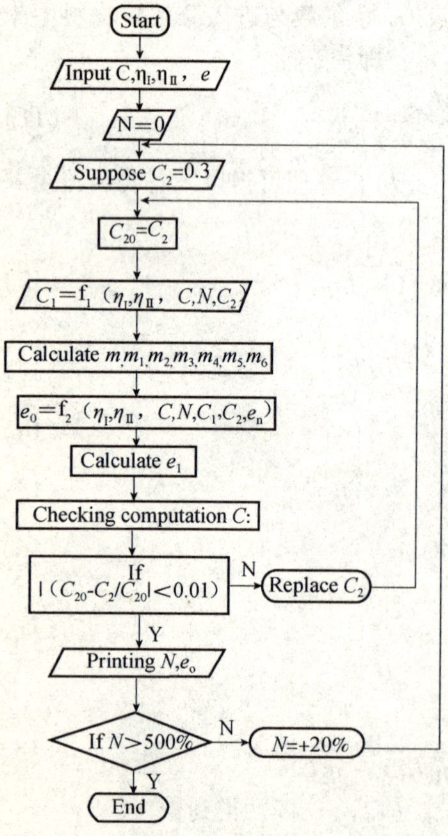

图 2　模型计算框图

Fig. 2　Program chart of model calculation

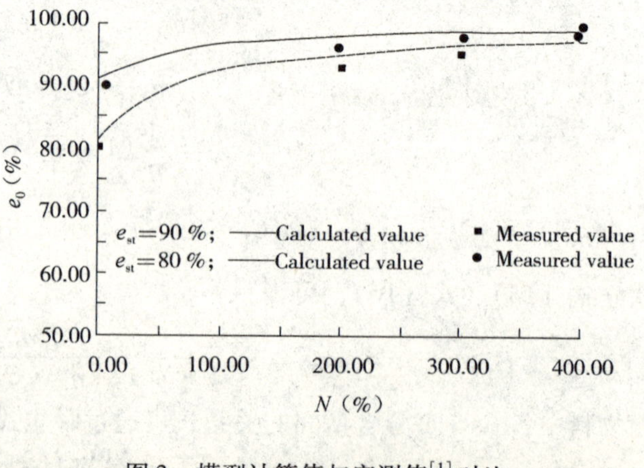

图 3　模型计算值与实测值[1]对比

Fig. 3　Comparison of measured value [1] with calculated value

三、模型计算结果与分析

物料循环强化分解的计算结果如图 4 所示。

图 4 表明，随着循环率增加，物料最终分解率 e_0 将提高，在 0% ~100% 范围循环率 N 的影响最为显著。从 100% 提高到 200% 的区间循环强化分解的效果逐步减弱，而当循环率大于 200% 以上时其对分解率提高的贡献就相对较小了。由此可见，并非循环率愈高愈好，考虑到其强化分解的最佳范围在 0% ~200% 之间，而且循环率增加必然导致动力消耗的提高，因此一般选取循环率在 200% 以下。

总之，物料循环率提高，物料多次通过分解炉分解的机会增加，等于延长了物料在炉内的反应时间，物料分解率将提高。但对不同分解效率的炉子，分解率提高的幅度有所区别。对一次性通过分解率 e_{st} 较低的分解炉，分解率受循环率大小的影响较为显著。计算表明，e_{st} 为 60%，循环率 N 从 0% 增到 100% 时，e_0 提高 22%，而 e_{st} 为 95% 时，循环率增加到 100% 时，e_0 提高仅 2.5%。

计算还归纳了 Ⅰ 级预热器分离效率 η_{I} 变化时物料循环影响分解率的规律，结果如图 5 所示。相同循环率条件下 η_{I} 较低时分解率稍高。计算表明，循环率 N 小于 150% 时，η_{I} 对分解率的影响较为明显；而当 N 大于 150% 之后，Ⅰ 级预热器分离效率 η_{I} 对分解率的影响相对很弱。可见因 Ⅰ 级预热器飞损而产生的分解炉系统外部循环同样会延长物料在炉内的分解时间，从而会提高分解率。只是当循环率 N 大于 150% 以后，因飞损产生的分解炉系统外部循环量相对较小，所以其对分解率的影响就不太明显了。

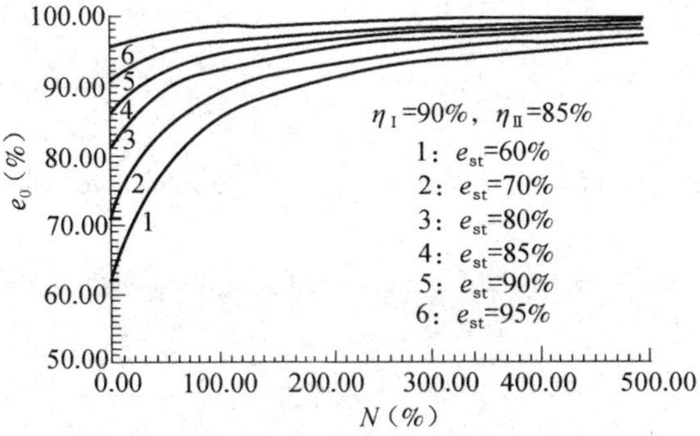

图 4　循环率对物料最终分解率的影响规律

Fig. 4　Effect of circulation ratio on final calcination degree of raw mix

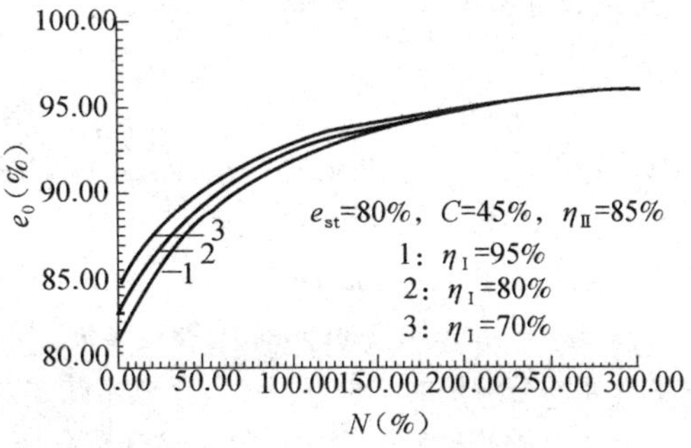

图 5　Ⅰ 级预热器分离效率对物料最终分解率的影响

Fig. 5　Effect of separation efficiency of primary preheater on final calcination degree of raw mix

四、结论

（1）本文所建立的分解炉物料循环率与分解率关系模型具有较高可靠性，计算与实测结果比较吻合。

（2）模型计算表明，物料循环率增加，分解率提高；但当循环率大于 200% 之后，循环率增加对分解率提高的幅度明显减弱；一次性通过分解率 e_{st} 愈低时，循环率对分解率的影响愈明显。

（3）Ⅰ 级预热器分离效率亦影响物料最终分解率，但影响程度相对较小。

符号说明：

m_0——由Ⅱ级加入Ⅱ级预热器的物料量，计算中取值为1；
m——Ⅱ级预热器飞损物料无因次量；
m_1——Ⅱ级预热器进行分解炉物料无因次量；
m_2——分解炉出口通道中物料无因次量；
m_3——Ⅰ级预热器分离物料无因次量；
m_4——Ⅰ级预热器飞损物料无因次量；
m_5——分料器中循环入分解炉物料无因次量；
m_6——入窑物料无因次量；
C_1——Ⅱ级预热器进入分解炉物料中 CaO 的百分含量；
C_2——分解炉分解后物料中 CaO 的百分含量；
C_{20}——程序计算中迭代时 C_2 的初赋值；
C——脱结晶水干生料中 CaO 的百分含量；
e_1——入分解炉的Ⅱ级预热器来料中 $CaCO_3$ 分解率；
e_0——出分解炉物料中 $CaCO_3$ 分解率；
η_{I}——Ⅰ级预热器分离效率；
η_{II}——Ⅱ级预热器分离效率；
N——物料循环率，为 m_s/m_s；
e_{st}——物料一次性通过分解炉的分解率；
M_{CO_2}——CO_2 的分子量；
M_{CaO}——CaO 的分子量。

参考文献

［1］ Warshawsky J, Lawall T. R, Kreisberg A J. Enhancement of flash calcination through recirculation. Zemet-Kalk-Gips, 1996, 39 (3): 119.
［2］ Kreiberg A J. Recirculation improves flash calciner efficiency. In: 29th Cement Industry Technical Conference. San Francisco, Cahfornia, 1987: 416.
［3］ 彭守正．分解炉的“炉外循环”及其实施方案［J］．水泥技术，1989 (1)：8.
［4］ 彭新战，周勇敏，张少明，等．循环流化床新型分料器的性能［J］．南京化工学院学报（增刊），1993，15：78.

第四篇　新型干法窑的研究

窑用新型四通道煤粉燃烧器的初步研究

张树青　喇华璞　周松林　胡道和
（上海建材学院材料工程研究所；南京化工大学硅酸盐工程研究所）

【摘　要】本文根据新型干法窑热端煤粉燃烧器应具备的特点，对德国波力鸠斯公司开发的四通道煤粉燃烧器进行了机理研究，分析了四通道煤粉燃烧器的主要特点。

【关键词】燃烧器，流场，方向关联系数，卷吸率，中心风

一、前言

在整个新型干法窑系统中，窑热端的煤粉燃烧器有着相当重要的作用，因为新型干法窑的特点在于快速烧成。物料在窑内升温速率愈快，能利用的新生态氧化物的活化能愈大，烧成熟料所需的能量愈低，窑的产量就高；而欲提高物料的升温速率，就必须提高火焰温度。在保证熟料中游离石灰符合要求，且其他条件可比的情况下，物料在高温烧成带停留时间愈短，熟料的28d强度愈高，而欲缩短物料在高温烧成带的停留时间，则必须加快窑速，同时提高火焰温度。由此可见，提高火焰温度是相当重要的。而使用合适的煤粉燃烧器是达到提高火焰温度的基本前提。一台性能良好的燃烧器还应具备下列特点：

（1）尽可能降低一次风所占的比率，从而提高高温二次风用量，增加热回收率，降低烧成热耗。目前国外实践已表明，一次风量可降至10%甚至6%。

（2）可以灵活地调节一次风量和各种通道风量比，以调节火焰的形状，使之适应窑的操作要求以及生产不同品种的水泥。

（3）可以适应低挥发分煤或低值煤的燃烧，以扩大资源的利用。在我国东南部分地区尤为缺少优质烟煤，西北地区煤东南运，对运输部门造成很大压力，水泥厂成本因此而升高，因此十分需要扩大本地区低值煤资源的利用。

（4）形成稳定而流畅的火焰，不会出现脉冲（回火）现象，从而保证窑内烧成带窑皮的均匀和稳定，同时也可避免不必要的过多用煤和不必要的低游离石灰。

（5）不需要过多的过剩空气，从而减少了燃烧生成的气体量，相应减少了废气排放量，降低了烧成热耗。

（6）火焰射流中有一定比例的热烟气返混，提高煤粉燃烧的环境温度，增加燃烧速率，降低燃烬时间，同时还应降低火焰射流中的氧浓度，减少了 NO_X 的生成量，有利于环境保护。

根据以上所述，我们对德国波力鸿斯公司开发的四通道煤粉燃烧器进行了机理研究。

四通道煤粉燃烧器是由四个同轴通道所组成（结构如图1所示），由内向外，分别是中

心风通道、煤粉通道、旋转风通道和轴向风通道。与传统的三通道煤粉燃烧器相比，主要的区别是三通道煤粉燃烧器是将煤风通道布置在旋转风通道与轴向风通道之间，而四通道煤粉燃烧器是将煤风通道布置在旋转风通道里面。

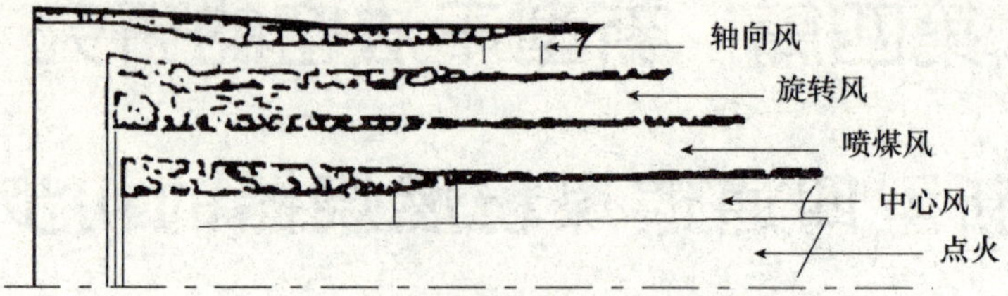

图 1　四通道煤粉燃烧器结构示意图

据国外的生产情况表明（表 1），使用四通道煤粉燃烧器取代三通道煤粉燃烧器，可使一次风比例从 12.5% 下降到 6.9% 左右，同时产量也有一定程度的增加，熟料能耗降低。

表 1　两种燃烧器对回转窑生产效果比较

燃烧器形式	三通道	四通道
熟料产量（t/d）	2995	3100
能耗（kJ/kgcl）	3980	3850
一次风比例（%）	12.5	60.9

二、四通道煤粉燃烧器窑内流场分析

结合资料所提供的四通道煤粉燃烧器的操作参数，根据相似模拟原理，在 1∶10 的四通道煤粉燃烧器与回转窑（窑内直径 $D=500$mm）冷态模型上，采用热线风速仪进行了窑内湍流流场的测试，同时利用数值计算方法，进一步验证计算了工况风速下窑内流场。

（一）窑内气体速度场

1. 三种风速的径向分布

图 2 与资料[1]数据比较接近，即旋转风动量/轴向风动量 = 1.16，旋转风量/轴向风量 = 1 情况下，窑内距离燃烧器出口 $L=0.3d$（d 为燃烧器直径）截面的无因次风速沿径向的分布情况，其中 U 为合速度，U_z 为轴向速度，U_t 为切向速度，V 为燃烧器出口合速度。

由图 2 可见，四通道煤粉燃烧器合速度 U 在窑横截面上的分布是中心区大，周围小，以窑轴线为对称，呈双峰形分布；轴向速度分量很大，与合速度几乎接近；切向速度分量与轴向速度相比很小，仅是轴向速度的 1/5 左右，因此在分析流场规律时，主要分析轴向速度的影响。同时可以看出，在 $L=0.3d$ 截面上，轴向速度与切向速度的峰值均对应于旋转风通道。

2. 轴向速度 U_z

图 3 是在上述情况下，无因次的轴向速度（U_z/V）在窑不同截面上的分布情况。由图 3 可见，轴向速度以窑轴线对称，在上游为马鞍形双峰，峰值位置与燃烧器出口相对应，且距离喷口越近，中心低谷越深，随着射流的发展，中心谷底渐浅，至 $L=4.55d$ 截面后，轴向速度开始呈单峰形分布，射流发展到 $L=10.55d$ 截面之后，窑内速度场基本平稳。

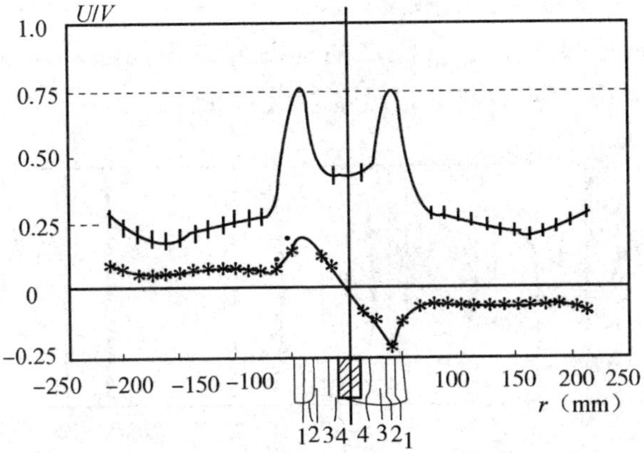

图2　窑内气体速度场的径向分布（$L=0.3d$ 截面）

1—轴向风通道；2—旋转风通道；3—煤风通道；4—中心风通道

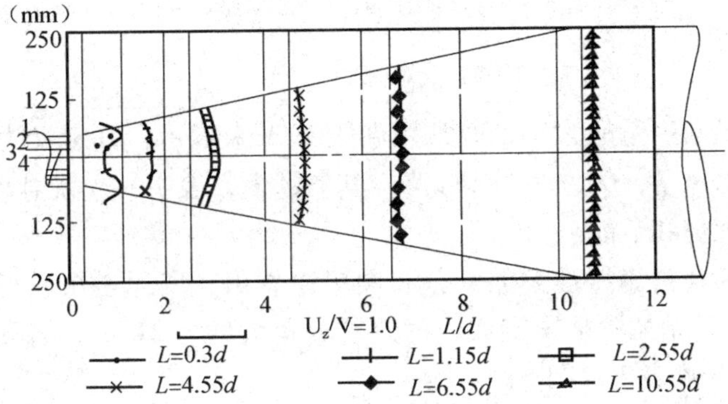

图3　窑内气体的无因次轴向速度（U_z/V）分布

1—轴向风通道；2—旋转风通道；3—煤风通道；4—中心风通道

在距离喷口很近的 $L=0.3d$ 截面上，中心低谷很深，这一方面是由于内风气流受钝体（端面）的阻挡，绕流时，在钝体尾迹中形成旋转回流；另一方面，旋转风气流旋转时，因离心力作用，在中心形成低压区，致使中心气流形成低谷。燃烧器喷嘴中心部位风速较小，一方面避免了火焰抬高，使煤粉更易着火，同时中心低谷与马鞍形双峰之间的大速度差，也有助于加强夹带煤粉的一次风与高温烟气之间的混合。

（二）窑内气体流场的湍流特性参数

方向关联系数是说明脉动速度在不同方向之间的相关程度的量，其数学表达式为：$C_c=\overline{U_z'U'_1}/(\sqrt{U_z'^2}\sqrt{U_t'^2})$，方向关联系数的大小在一定程度上表示了气流在空间的湍流混合情况。方向关联系数越小，则脉动速度向四周脉动的可能性越大，气流混合得也就越均匀。

图4是四通道煤粉燃烧器窑内各截面的方向关联系数分布情况。由图4可见，在距离喷口 $L=0.3d$ 截面上，方向关联系数呈双峰形分布，煤风通道所对应处，方向关联系数最大，出现了明显的峰值，这说明在此截面上，煤风通道所对应处一次风与周围各股风之间以及煤粉之间混合最弱，其他区域相对强一些。随着射流的发展，在 $L=1.5d$ 至 $L=2.55d$ 截面上，整个射流区域内，方向关联系数都很小（<0.15）；而到了 $L=4.55d$ 截面之后，随着射流

逐渐充满整个窑横截面，方向关联系数逐渐增大（0.4 左右），这说明在 $L=1.15d$ 至 $L=2.55d$ 截面上，整个射流区域内各股气流之间的混合最为强烈，到了 $L=4.55d$ 截面之后，混合逐渐减弱，到了 $L=10.55d$ 截面上，已基本没有混合。

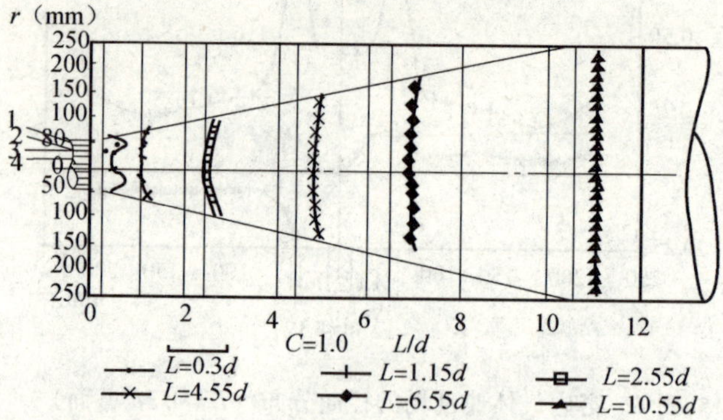

图 4　窑内气体流场的方向关联系数分布

1—轴向风通道　2—旋转风通道　3—煤风通道　4—中心风通道

（三）卷吸率

一次风对二次风卷吸量的大小，通常用卷吸率 N 来表示，其定义为：卷吸率 $N=(Q-Q_1)/Q_1$（式中 Q 为总风量，Q_1 为一次风量），其值越大，表明一次风对高温二次风卷吸的能力越大，越有利于燃烧和节能。

由窑内速度流场及湍流特性参数的分布图可以看出，四通道煤粉燃烧器，轴向射流在 $L=10.55d$ 截面附近开始充满整个窑面，射流扩展角大约为 21.4°，各测孔截面气流的射流流量 Q 以及卷吸率 N 见表 2 及图 5。

表 2　窑内不同截面处的气体射流卷吸情况（一次风 $Q_1=0.07m^3/s$）

测孔	Q（m^3/s）	N
$L=0.3d$	0.308	3.34
$L=1.15d$	0.483	5.80
$L=1.55d$	0.523	6.05
$L=2.55d$	0.621	7.75
$L=4.55d$	0.675	8.50
$L=6.55d$	0.738	9.39
$L=8.55d$	0.774	9.90
$L=10.55d$	0.804	10.32
$L=11.55d$	0.803	10.30

由表 2 及图 5 可以看出，沿着窑长方向，一次风射流对二次风的卷吸量和卷吸率逐渐增大，在 $L<1.15d$ 区域内增长速率较大，而在 $L>1.15d$ 之后增长速率急剧降低，至距离喷口 $L=10.55d$ 截面之后，卷吸率达到 10.3 左右，基本不变。与圆形自由射流相比四通道煤粉燃烧器的前期增长速率更快。

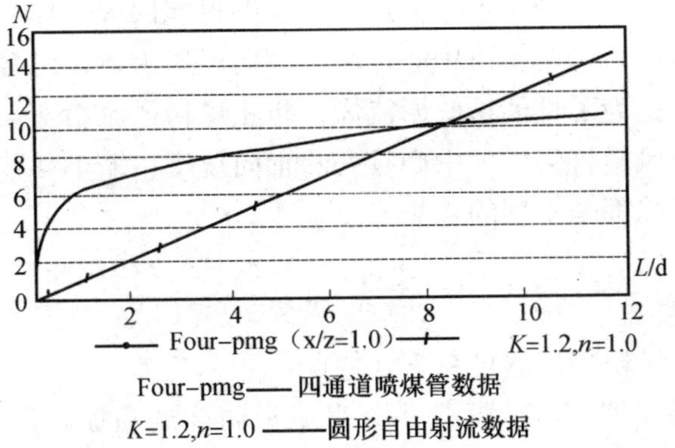

图5　窑内不同截面气体射流卷吸率变化

三、四通道煤粉燃烧器中心风的作用

四通道煤粉燃烧器与传统三通道煤粉燃烧器相比，一个很重要的区别就是：四通道煤粉燃烧器在内部加了一股中心风，但中心风量较小，仅占一次风量的1%左右。为了验证中心风对回转窑内流场的影响，在旋转风动量与轴向风动量比为1.16，旋流角度为15°的情况下，采用数学模型分别计算了有无中心风时窑内流场分布，计算结果如图6(a)～图6(d)所示。

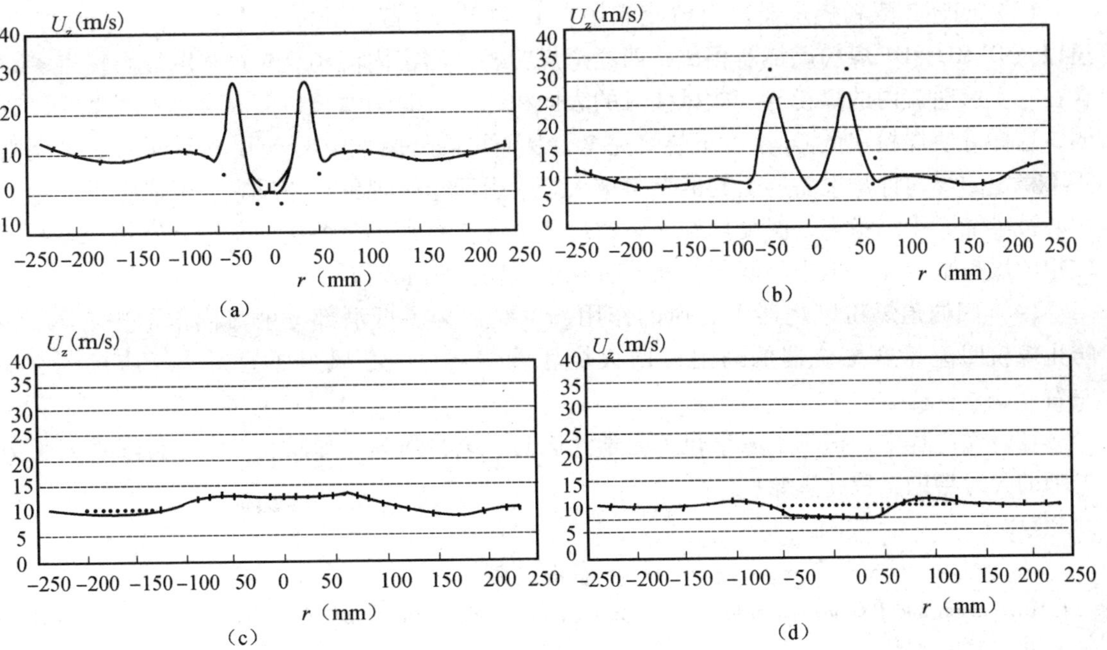

图6　中心风对窑内流场的影响

(a) $L=0.075d$ 截面；(b) $L=0.3d$ 截面 (c) $L=5.0d$ 截面 (d) $L=11d$ 截面

由图6可见，有无中心风时，窑内流场分布基本相同，但在距离喷口很近的 $L=0.075d$ 截面上，无中心风时，中心轴向速度出现负值；有中心风时，中心速度变为很小的正值。四通道燃烧器出口的中心区域，是一个煤粉浓度富集区，如果此区域轴向速度为负，煤粉将有可能回流堵塞燃烧器的通道，同时点燃的煤粉，也有可能回火烧坏燃烧器或发生事故。

由此可见，紧靠煤粉燃烧器出口中心区域，轴向风速为负，对窑内燃烧极为不利。加大了中心风的作用，主要是为了抵消这股回流风，防止煤粉回流堵塞及回火。当然中心风量也不宜过大，过大的中心风量将会增加中心谷底的轴向速度，缩小马鞍形双峰峰值与谷底之间的速度差，对混合和燃烧都是不利的。

四、结论

综上可见，四通道煤粉燃烧器具有下列特点：

（1）四通道煤粉燃烧器窑内流场是一个直流和弱旋流叠加的流场。窑内气流的混合主要发生在燃烧器出口至射流形成单峰形分布（$L=4.55d$）这一段区域，尤其在 $L=1.15\sim2.55d$ 区域，混合最为激烈。在距离喷口 $L=0.3d$ 截面上，射流区域内，旋转风通道对应处，各股风之间的混合能力最强，煤风通道所对应处，各股风之间的混合相对较弱；在 $L=1.15\sim2.55d$ 截面上，一次风与二次风以及高温烟气之间，以及一次风本身内部的混合均很强烈，窑内射流衰减成单峰形分布之后，混合逐渐减弱。

（2）距离喷口较近的 $L=0.3d$ 截面上，射流区域内轴向速度的峰值与二次风之间的速度差最大，同时切向速度最大，因而一次风卷吸二次风的能力也最大，卷吸率增长速度最快，在旋转风动量/轴向风动量 =1.16 时，一次风对二次风卷吸收率在 10.32 左右，即一次风占窑头总用风量的 8.8% 左右。

（3）四通道煤粉燃烧器窑内射流流场在 $L=10.55d$ 截面处才基本稳定，与传统的三通道以及 PYRO-JET 煤粉燃烧器相比，四通道煤粉燃烧器窑内流场衰减过程明显要慢得多，包含在一次风射流内的煤粉与二次风接触的表面积减小，时间增长，但混合激烈程度并没有减弱，这样可使煤粉在低 O_2 浓度下燃烧完全，从而可降低废气中的 NO_X 含量同时还可克服由于不稳定的煤粉计量设备所引起的燃料被火焰吸引而牵延现象。相反它们聚成一束，在火焰中心被燃烧，火焰稳定，温度均匀，不致烧坏窑皮，有利于窑系统的操作。另外，还可延长较粗的煤粉颗粒在火焰中的停留时间，有利于煤粉的完全燃烬。

（4）四通道煤粉燃烧器中心风的作用，主要是为了抵消部分射流内部的中心回流风，防止煤粉回流堵塞燃烧器的通道或回火烧坏燃烧器。中心风量不宜过大，应控制在 1% 左右。

在研究过程中，得到了南京化工大学叶旭初、金春强等老师以及上海建材学院吴亚文等老师的大力帮助，特此感谢！

参考文献

[1] HRosemann and PKunne. Lagerdorf Operating experience with a new type of burner for rotary kiln. ZKG. 1990 (9): 421 - 424.

三通道煤粉燃烧器湍流场热线测试研究

The Detection of Turbulent Flow Pattern of Three Channel Pulverized Coal Burner

叶旭初 缪明烽 胡道和

(南京化工大学硅酸盐工程研究所，210009)

【摘 要】 采用双通道热线风速仪对典型三通道煤粉燃烧器形成的等温湍流场进行了测试研究，给出了轴向、切向平均速度的分布规律，探讨了相应的湍流强度分布曲线，分析了回流区、回流量的变化规律。所得结果对指导煤粉燃烧器的操作，开发新型三通道煤粉燃烧器及加深理解燃烧机理均有一定帮助，并为进一步开展理论研究提供了基础。

【关键词】 三通道煤粉燃烧器，湍流场，热线测试

水泥工业在回转窑中采用煤粉燃烧技术已有很长历史，但早期的煤粉燃烧器多为单通道或带有拔哨的单通道。20 世纪 70 年代至 80 年代，随着干法预分解技术的发展，煤粉燃烧器经历了单通、双通、三通的变迁过程。由于三通道煤粉燃烧器的火焰形状调节性强，比较适合于水泥熟料的煅烧工艺，并且具有相对低的一次冷风用量、热效率高及较低的 NO_X 排放量[1~3]，将成为水泥窑用燃烧器的主流，对其燃烧机理的研究是一项重要课题[4~6]。特别是在20 世纪80 年代末，洪堡公司（1988）在朝鲜祥源水泥厂采用改进的三通道燃烧器使用100%当地无烟煤成功以来[7]，各国加紧了对燃烧劣质煤燃烧器的开发研究，而采用三通道煤粉燃烧器是最主要的途径。

为了强化燃烧，改善传热、传质，三通道煤粉燃烧器采用了强旋转射流与直射流的复合流型，在窑内形成的湍流场相对比较复杂，再加上由于射流明显地依赖于煤粉燃烧器的出口形状，出口结构的任何微小变化（如采用扩口等），都有可能造成初期的湍流流动产生较大的差异，而煤粉在窑内燃烧的时候基本是以毫秒级计算，因此入窑初期的湍流流动对燃烧的影响往往是致命的。为了指导煤粉燃烧器的工程设计及改造现有的煤粉燃烧器，尤其是试图燃用低挥发分煤、无烟煤、劣质煤或其他可以在水泥窑中燃用的燃料，对三通道或多通道煤粉燃烧器开展相应的实验及理论研究是十分必要的[8]。

本文针对特定的三通道煤粉燃烧器，在保持实际操作工况下三个通道之间的动量比相同的前提下（工况相似），采用双通道热线风速仪对其等温湍流流场进行了测试研究，给出了轴向、切向平均速度的分布规律，探讨了相应的湍流强度分布曲线，分析了回流量的变化规律，所得结果对指导煤粉燃烧器的操作，开发新型三通道煤粉燃烧器及加深理解燃烧机理均有一定的帮助，并为进一步开展理论研究提供了基础。

一、实验模型及实验流程

（一）模型结构

三通道煤粉燃烧器的模型结构如图1所示，主要由轴向风管、煤风管、旋流风管和中心管同轴组成，旋流通道出口装有使气流产生旋转的旋流叶片。

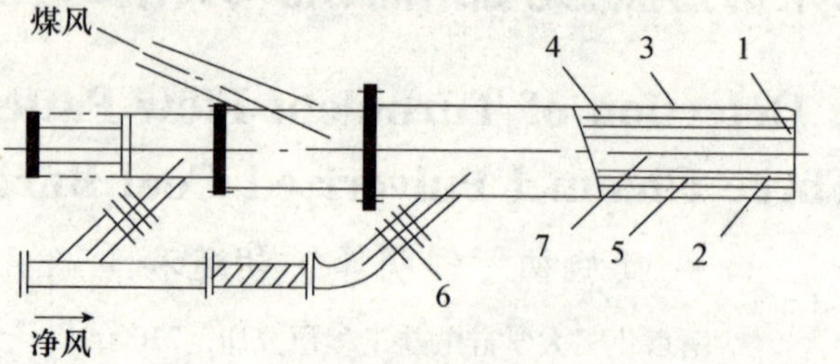

图1　模型三通道煤粉燃烧器

1—端盖；2—旋流叶片；3—外风管；4—煤风管；5—内风管；6—阀门；7—中心管

（二）模型的实验流程

模型的实验流程如图2所示，为了测定煤粉燃烧器附件的湍流场分布特性，在出口附近的测点较密，沿流动方向上轴向测孔的间距分别0.2d、0.5d等，径向测点，依据流场的复杂程度而定，最小间距取5mm。

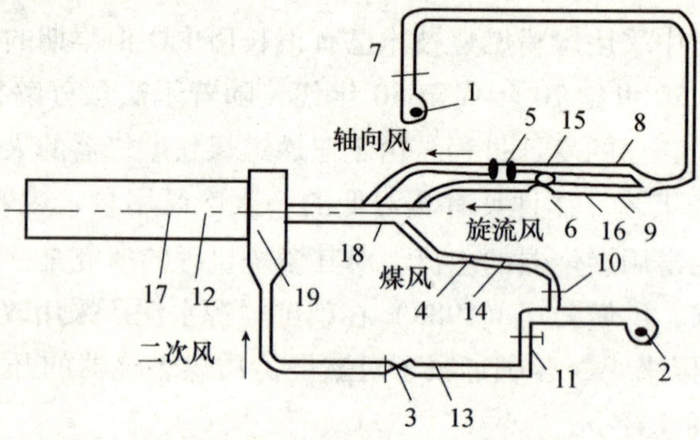

图2　模拟试验流程图

1，2—风机；3，4，5，6—文丘里流量计；7，8，9，10，11—阀门；12—窑体；13，14，15，16—标定测孔；17—测孔；18—煤粉燃烧器；19—窑头罩

（三）热线测量原理

湍流场的测试一直是流体力学中的重要研究领域[9]，本实验中采用的是双通道热线风速仪、热敏探头为X型探针，可以同时测量流动平面内两个方向上的平均速度值及湍流脉动量（湍流强度）。X型探针的结构及流速测量原理如图3所示。由热线测速的原理可知[10]：

$$\left.\begin{aligned} V_{R1} &= K_1 \times V_1 + V_2 \\ V_{R2} &= V_1 + K_2 \times V_2 \end{aligned}\right\} \quad (1)$$

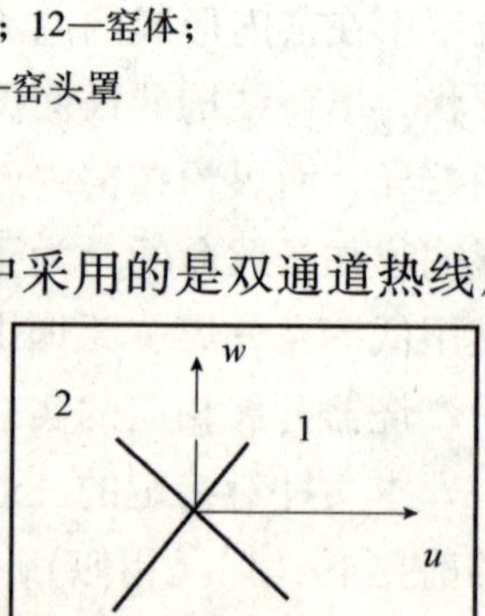

图3　热线流速测量原理图

式中　V_1、V_2——气流速度在垂直于丝1、丝2上的分速度；

k_1、k_2——丝1、丝2的偏航系数；

V_{R1}、V_{R2}——有效冷速度。

有效冷速度 V_{R1}、V_{R2} 与对应于各条热丝上的电桥电压用四方关系描述，即为：

$$\left.\begin{aligned} V_{R1} &= k_A + A_1 \times E_1 + A_2 \times E_1^2 + A_3 \times E_1^3 + A_4 \times E_1^4 \\ V_{R2} &= k_B + B_1 \times E_2 + B_2 \times E_2^2 + B_3 \times E_2^3 + B_4 \times E_2^4 \end{aligned}\right\} \quad (2)$$

式中，A_i、B_i、k_A、k_B 为标定常数

为了确保测量的精度，标定常数的正确性至关重要。本热丝的标定常数如下：

k_1：0.3011	A_4：-0.8054
k_2：0.4021	K_B：-9.7029
k_A：-153.4323	B_1：11.3895
A_1：172.4370	B_2：-4.6664
A_2：71.4749	B_3：0.7315
A_3：12.8162	B_4：0.0342

根据两根热丝上的桥路电压 $E1$、$E2$ 的采样值，联解方程（1）~（2）及必要的矢量转换，可同时测得平均速度分量 u、w（实际流动的轴向及旋转方向的分速度），再经过统计平均，求出流场脉动强度。其测试框图如图 4 所示。

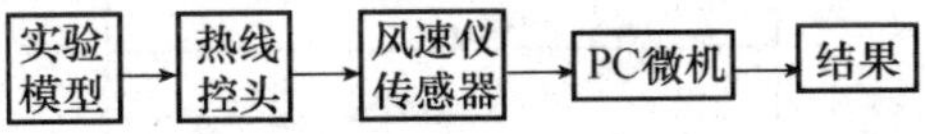

图 4　流场场测试过程框图

二、实验结果与讨论

（一）实验条件

各通道风量、风量比、操作速度及相应的轴向动量比见表 1。

表 1　各通道风量、风量比、操作主风速与动量比

通道	旋转风	煤风	外风
风量（m^3/s）	0.0466	0.0263	0.033
风量比（%）	44	24.8	31.2
风速（m/s）	40	12	30
动量比	6.47	1	3.1

旋流叶片的安装角度为 45°。

（二）无因次速度分布

图 5 是窑内不同截面上的无因次气体轴向速度 u/U 及旋转速度 w/W 的分布曲线，U、W 分别表示出口的最大轴向速度和最大旋转速度；右边表示轴向速度，左边表示旋转速度。$\frac{r}{d}$、$\frac{x}{d}$ 分别表示窑径向、轴向的无因次坐标，d 为煤粉燃烧器的直径。从轴向速度的分布可以看出，在煤粉燃烧器出口附近（$0.2d$），轴向速度分布在窑截面上呈双驼峰型，表示各通道内在出口外的速度差异在该截面上还没有完全消除，从该面上可以明显看出旋流道的轴向风较大，外风次之，煤风最小；在 $0.5d$ 时，由于混合及动量传递的共同作用，三通道之间的速度差已经消失，而主射流区十分明显呈单峰型分布。随后，在湍流脉动及黏性力扩散的共同作用下，窑截面上的轴向速度差异愈来愈小，直至 $x/d=5.8$ 时基本消除。从图 5 中也可看出，在煤粉燃烧器出口附近流体的混合能力最强，从最大速度的衰减情况来看更能说明

这一点。如图 6 所示，在大约 0.1d 的范围内最大速度值接近于直线下降，在 0.1 ~ 0.3 的范围内下降速度稍慢，此后进入缓慢衰减区。从传质的机里可以推知，在煤粉燃烧器出口附近的传质主要是对流混合，而后期的传质是以湍流脉动及黏性扩散为主，中间区域是两种方式共存。起始混合能力对煤粉入窑后初期的传热、传质和着火影响很大，是衡量煤粉燃烧器性能的一个重要指标，达到同样的混合性程度（速度分布均匀程度相同），如果所用的距离愈短，则表明混合性能愈好。混和性能也可以进一步用混和分数来定量表示。中心轴线附近的速度为负值，这主要是由于气流的旋转运动及中心管的钝体作用，使气流产生回流，该回流对煤粉的顺利着火及稳定燃烧至关重要，是煤粉燃烧器研究的一个重要课题[11、12]。

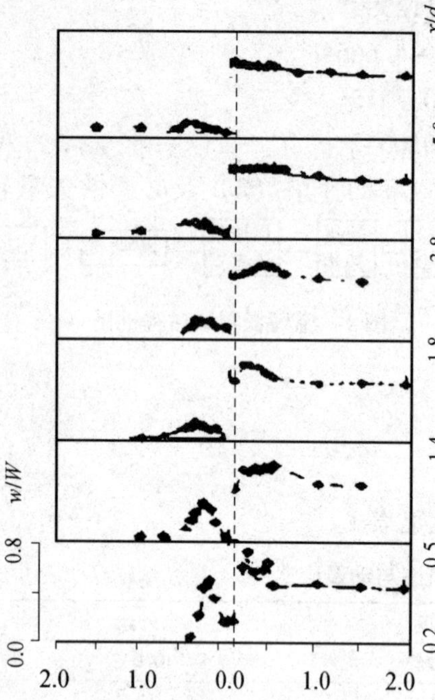

图 5　平均速度测量结果

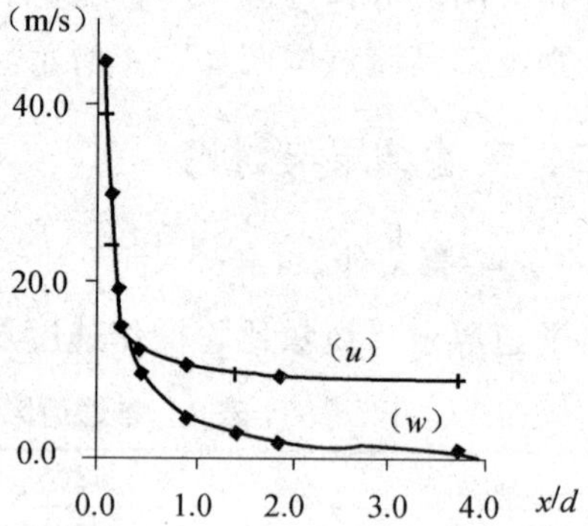

图 6　最大速度衰减规律

从旋转速度的分布曲线可以看出，旋转运动主要局限于燃烧器的中心区，速度分布与一般的旋转运动类似，即可近似地分为中心线附近的刚体旋转及外部的自由涡区域。但是，由于轴向煤风及外风的包裹作用，中心的旋转运动仅局限于射流的核心区，即意味着在主射流区以外的区域几乎没有旋转运动。三通道煤燃粉烧器的实际操作中正是通过调节外风动量的大小来达到抑制旋转运动的目的，使煤粉颗粒主要集中于射流中心燃烧，控制火焰形状。最大旋转速度沿轴向的衰减规律初期与轴向速度相当，只是后期更快。

总之，平均速度的测量结果表明，三通道煤粉燃烧器的流场初期是以对流混合为主，后期是以湍流及粘性扩散为主。

（三）回流区域与回流量

在煤粉燃烧器出口附近，由于运动的不稳定性，使得旋涡的轴线不断地来回波动，回流区域难于掌握，为了确保测试精度，本实验采用了流场显示与热线检测相结合的研究方法，即用流场指示边界，再测定相应的速度值，以测出的负速度及回流区域积分得回流量，并以理论模拟结果作为参考[13]，其回流区域和回流量如图7所示，回流量是回流区中的回流体积流量与一次风体积流量之比。

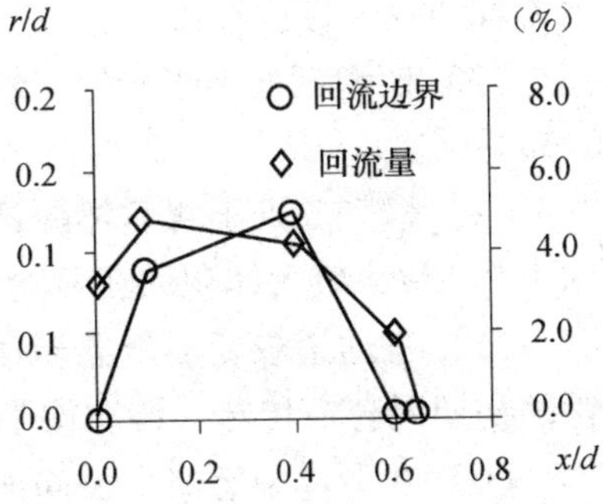

图7　回流区域及回流量

由图7可见，回流区的长度大约为0.6d，与一般燃烧器的黑火头长度基本相当，由此可以粗略地看出回流区在煤粉点火及火焰稳定中所起的作用；回流量的最大体积流量约为一次风量的4.5%左右，一般来说回流量的大小是煤粉燃烧器设计中需要重点考虑的参数，尤其是用于燃烧劣质煤的煤粉燃烧该点更为重要。回流量太小，影响燃烧的稳定性，回流量太大，易于烧坏喷嘴及产生不必要的动压损失，甚至根本不能用。

（四）湍流强度

湍流强度与化学反应的关系尽管仍不太清楚，但肯定是有作用的，早在1976年，Spalding[14]教授在研究气相燃烧的过程中就曾提出了一种极端的想法，即在湍流场中，气相化学反应率与反应动力学无关，而仅取决于湍流因素，并被理论及实验所证实。另一方面，煤粉燃烧时挥发分及碳热解形成的CO气体燃烧放出的热量大约是总燃烧热量的70%[15]左右。由此可见，湍流强度对煤粉燃烧速度的影响至关重要，尤其是对初期燃烧和火焰形状影响甚大。因此，对煤粉燃烧器产生的湍流强度的认识将有助于分析与进一步了解煤粉的燃烧过程，是研究燃烧理论的基础。图8和图9分别表示了测试出的轴向速度及旋转速度湍流动能平均值与入口平均速度动能的比值。从图8、图9中可以看出，初始截面的湍流强度是非常大的，主要集中于主射流区域，最大湍流动能大约是入口平均动能的3倍左右，该结果与文献[8]所报道的前人研究结果比较接近。本文认为，煤粉燃烧器出口附近产生如此大的湍流动能，不一定仅是湍流脉动的小涡所造成的，有可能是初期的混合使该区域内流动极不稳定，从而产生较大的波动，在$x/d=1.8$之后，湍流动能明显下降，一般不到5%～8%。

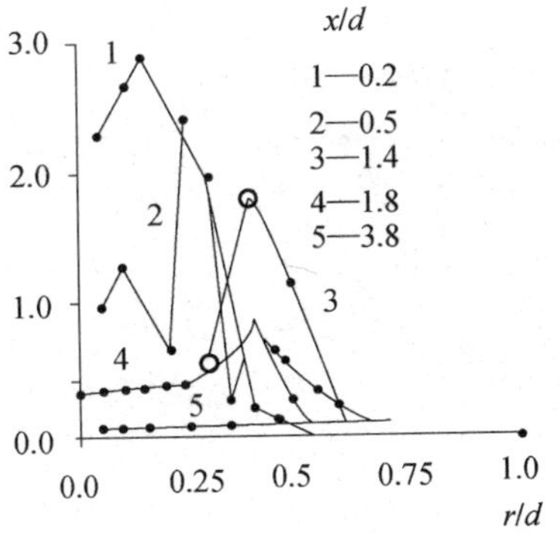

图8　轴向速度湍流强度

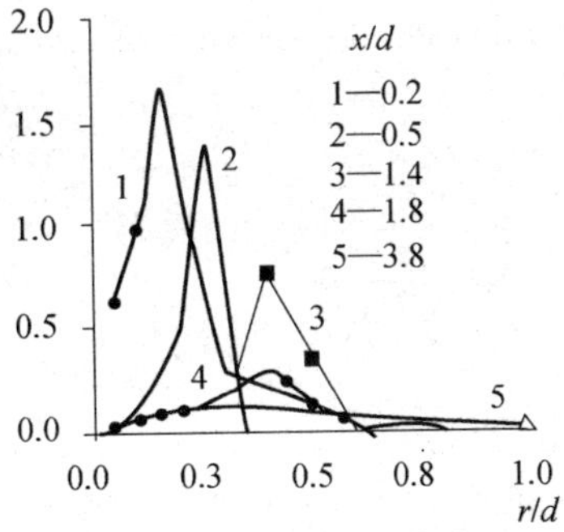

图9　旋转速度湍流强度

三、结　论

（1）热线风速仪是测量三通道煤粉燃烧器复杂旋转湍流场的比较理想的测试仪器，这主要是因为模型煤粉燃烧器比较小，各通道的径向尺度只有数毫米，在煤粉燃烧器附近测量时，只有热线风速仪才能达到理想的空间分辨率；

（2）三通道煤粉燃烧器产生的湍流流动混合过程，初期是以对流混合为主，后期则以湍流脉动及黏性扩散为主；

（3）模型三通道煤粉燃烧器在本实验条件下，最大速度的快速衰减区域长度约为0.2～0.3d左右；

（4）模型三通道煤粉燃烧器在本实验条件下，回流区的长度约为0.5～0.6d，最大宽度约为0.15d，最大体积回流量约为一次风量的4.5%；

（5）三通道煤粉燃烧器初期湍流强度非常大，最大可达平均出口动能的3倍，这对煤粉的初期混合、传热、传质均十分有利；

（6）在测量中忽略了径向速度的影响，主要是因为径向速度一般与轴向及旋转风速至少相差1～2个数量级，在工程研究的测量精度范围内，该误差是可以接受的。

参考文献

[1] W. Collenbush and C. Wakllbauer，Taunnusstein. Zement-Kalk-Gips，1983. No. 9：517～522.

[2] P. J. Mulling，B. C. Jenking，Zement-Kalt-Gips，1987. 40(5)：259-264.

[3] T. M. Lowers，and A. P. Lorimer，et al，1986. 39（4）：69-71.

[4] C. Bauer，World Cement，April，1990.

[5] Gerhard，Endress，World Cement，March，1993.

[6] H. Rosemn and P Kunne . Zenent-Kalt-Gips 1990，43(90)：421-424.

[4] S. Hunder and P. rosholm 94 Nanjing Internation Semlnaron New Cement Technology 1994.

[8] 可法，樊建人．工程气固多相流动的理论及计算［M］．杭州．浙江大学出版社．1990：282.

[9] 盛森芝，许宏庆，徐月亭．北京第五届全国实验流体力学学术会议交流［C］．1995.

[10] 盛森芝，沈熊，舒伟．流速测量技术［M］．北京：北京大学出版社．1987.

[11] Dixon T，F Truelove J，et al. Combust. Sci. and Tech. 1986，vol. 45：167～183.

[12] Temio Suzukl L et al. Combut Sci and Tech，1986，vol 45：167-183.

[13] 缪明烽．硕士研究生毕业论文．南京化工大学，1996.

[14] D. B. Spalding，Combust. Sci. and Tech. 1976. 13. N0. 1/6，3.

[15] Philip J. Smith，Thomash Fletcher，Combust，Sci. and Tech. 1988，vol. 58：59－76.

三通道喷煤管内外风量对火焰形状影响规律的研究

叶旭初　胡道和

（南京化工大学材料学与工程系，210009）

【摘　要】 采用CFD技术研究了水泥窑用三通道喷煤管的内外风量比例对燃烧火焰形状、烟气温度分布、窑内换热总量的影响规律，其结果与现有的实际操作经验基本吻合，对指导水泥窑的现场操作及喷煤管的管理、设计有积极意义。

【关键词】 水泥窑，燃烧，燃烧器，数值计算

一、前言

理论和实践表明，水泥熟料质量的优劣与窑内煤粉燃烧的火焰形状、温度分布有密切关系[1,2]。倘若能比较准确地掌握煤粉在窑内的燃烧特性及有关可调节操作参数对火焰形状、窑内气体温度分布的影响规律，将有助于喷煤管的设计与窑头操作，且一旦当煤粉燃烧性质发生波动时，可以最大限度地调节相应的操作参数，实现窑头的稳定操作，这对保证熟料质量、保护窑皮、延长生产周期均有积极的意义。本文以应用于600t/d预热器窑的典型三通道喷煤管及相应的窑型为研究对象，针对生产中通常采用的通过调节内、外风量方法调节火焰形状的实际情况，以煤粉燃烧数值计算（CFD）模拟通用软件为工具，对窑内火焰温度、形状随内、外风量的变化规律进行了预测研究，其结果对指导窑的操作具有现实意义。

二、喷煤管、窑的结构及操作参数

本研究选取的窑规格为ϕ3.2m×52m，其有效直径为2.8m，三通道喷煤管的结构尺寸如图1所示。

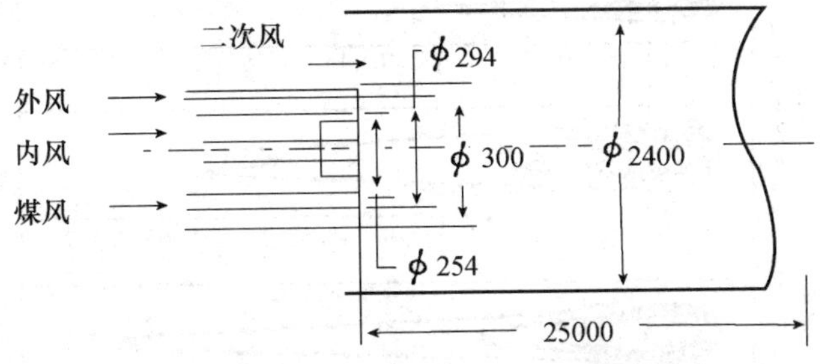

图1　喷煤管结构尺寸及窑内燃烧区域

考虑到烧成带存在窑皮的影响，数值模拟研究中的窑径实取2.4m，燃烧区的长度取25m。计算区域沿轴向取25m。喷煤管的主要操作参数及煤的组成见表1。

表 1　喷煤管操作条件与煤的组成

可燃基（%）					应用基（%）		热值（kJ/kg）
C	H	O	S	N	水分	灰分	低位热值
83.0	4.4	11.1	0.5	1.0	1.18	25.0	23200
理论空气量（m^3/MJ）		一次风比例（%）			空气过剩系数		燃煤量（kg/h）
0.275		16			1.05		3800

注：1. 煤的挥发分为24.6%；

2. 煤粉粒度分布以金陵水泥厂的实际生产中直接取样，用 SKC 颗粒粒度仪鉴定。

数值模拟预测中，分别就6种内、外风量的比例值进行预测分析，其内外风量比例的变化值见表2（以净风量为100%计算）；煤风速度保持不变，窑内壁温度边界条件的设定尽可能与实际煅烧情况相一致。

表 2　不同操作条件下内外风的风量比例　　%

工况	A	B	C	D	E	F
内风量	100	80	60	40	20	0
外风量	0	20	40	60	80	100

三、结果与讨论

图2为工况 A、D、F 三种操作条件下的等温曲线及 CO 组分等值线在窑内轴向剖面上的分布情况（d 表示喷煤管的直径），结合图2，可以看出如下几点规律。

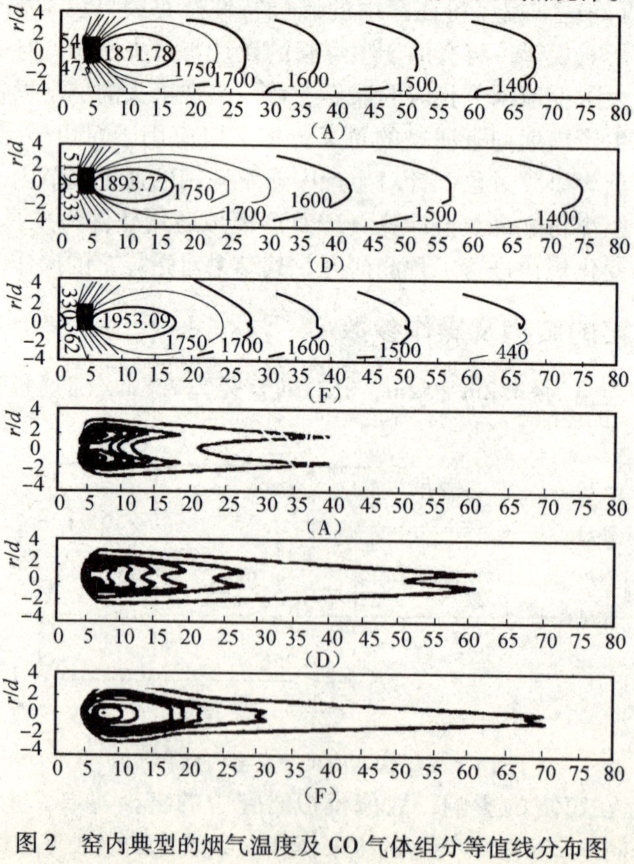

图 2　窑内典型的烟气温度及 CO 气体组分等值线分布图

（1）窑内的烟气温度在轴向的分布明显存在不均匀性。在距喷煤管出口约 70d（约 23.1m）的剖面上，窑横截面上的温度分布值存在较大差异，而温度变化最大的区域一般是在离喷煤管出口约 15d（大约 4.95m）；并且，在不同的操作条件下，各截面上的温度均匀程度差异较大。消除截面温度差异一般取决于燃烧器出口的气流混合程度。对于水泥窑，理想的喷煤管既要有良好的气流混和性能，又不在局部产生高温。

（2）无论是工况 A，还是工况 F，烟气温度为 1700℃的等温线都已达到了模拟“窑皮表面”，即表示此处的烟气温度达到了 1700℃左右，其中，在工况 A 时，达到该温度值的区域沿窑轴向的长度约为 1.65mm；工况 F 时，沿窑轴向的长度约为 2.97m；而工况 D 的模拟“窑皮表面”的烟气温度肯定小于 1700℃。6 种工况下模拟“窑皮表面”上的烟气最高温度范围值及离喷嘴出口处相应的位置、窑轴向的长度见表 3。上述区段一般对应于烧成带。

表 3　窑皮表面最高温度值及离喷嘴处口的位置和区域长度

工况	A	B	C	D	E	F
最高温度（℃）	1700	1600	1600	1600	1700	1700
位置（m）	3.1	3.2	3.3	3.3	4.29	3.96
长度（m）	1.65	7.4	6.6	6.6	1.49	2.97

（3）从图 2 还可以看出，在内、外风量发生改变时（内风逐步减少，外风逐步增加），CO 气体组分的峰值从存在两个区域变到了只存在一个区域。即表示当内风量较大时，煤粒在旋转气流的作用下产生离心力而向外运动，该结果将使得煤粉在离喷射轴线一定距离的环状区域内富集；而外风较强时，煤粒基本是集中在喷射的中心线附近，煤粉的富集状况如图 3 所示。

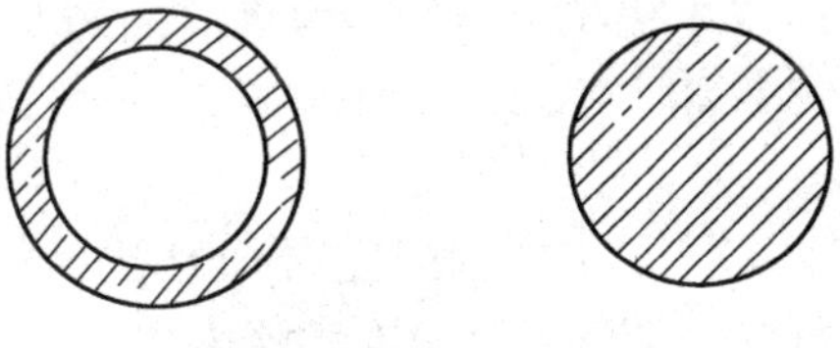

图 3　煤粉富集示意图

（4）结合温度及 CO 组分等值线的分布图，可以粗略也看出在不同的操作条件下火焰形状及火焰长度的变化规律。显然随着内风量的增加，由于气体的旋转运动，使得火焰变粗、变短；而随着外风量的增加，火焰有被拉长的趋势。但是，当外风量增加到一定程度后，在局部区域内，火焰会变得特粗，其后拖着一个细长的尾巴，形似“蝌蚪”，在实际操作中应给予充分注意。不同操作条件下，理论预测的火焰最高温度值及基于 CO 的浓度为 0.1% 计算[3]出的火焰长度近似值见表 4。

表 4　理论预测的火焰最高温度、火焰长度值

工况	A	B	C	D	E	F
火焰长度（m）	13.2	16.5	17.8	19.5	24.8	22.4
最高温度（℃）	1994	1987	2024	2021	2059	2156

（5）以往，我国一般认为，“操作中增加外风量将使火焰变得细而长，增加内风将使火焰缩短变粗”。上述研究结果表明，该观点只在一定的范围内正确，这主要是由于我国在水泥窑内燃烧的煤种基本是优质煤或中等优质煤。因为在喷煤管的结构设计中，内风道的旋流强度比较低，煤粉喷出后的着火不是主要靠旋转气流产生的高温烟气回流（事实上预测研究中没有见到回流），而是主要靠卷吸二次热风来预热煤粉，使之着火燃烧。因此，如果增

加外风量，外通道的冷风则在一定程度上阻止了煤粉颗粒与二次烟气的过早接触，从而延迟了煤粉的点火时间，使火焰拉长、变细。但是，影响煤粉燃烧的因素是多方面的，如果外风量太大，延迟煤粒着火的时间太长，在初始喷射动量的作用下，延迟的时间足以使煤粒在某一区域内富集，点火后产生更集中的燃烧火焰，使得该区域的局部温度急剧升高，火焰反而会在局部变粗，甚至烧坏窑皮，出现红窑事故，这已被金陵水泥厂建厂初期的实际操作情况所证实。至于内风量的增加将使火焰变短、变粗是不言而喻的结果。

（6）对于燃烧优质煤的燃烧器，用于水泥窑内与用于锅炉内的煤粉着火机制完全不同。水泥窑内的煤粉着火主要是靠卷吸二次热风，而锅炉内主要以回流烟气点火。因此本文认为，目前水泥行业以锅炉用喷煤管的点火原理来分析水泥窑用喷煤管的着火机制是值得商榷的。

（7）图4 表示的是火焰对“模拟窑壁”的总传热量（相当于实际生产中热烟气对窑内物料、窑内壁表面的总传热量）随外风量比例的变化规律。从图4 可以看出，随着外风量比例的增加，火焰对物料、窑内壁的总换热量下降。该结果表明，在水泥窑的实际操作过程中，当增加喷煤管外通道的气流量时，烧成带热烟气对物料的传热量将有下降的影响趋势，从而有可能导致窑尾烟气温度升高。该结论与实际操作过程是吻合的。

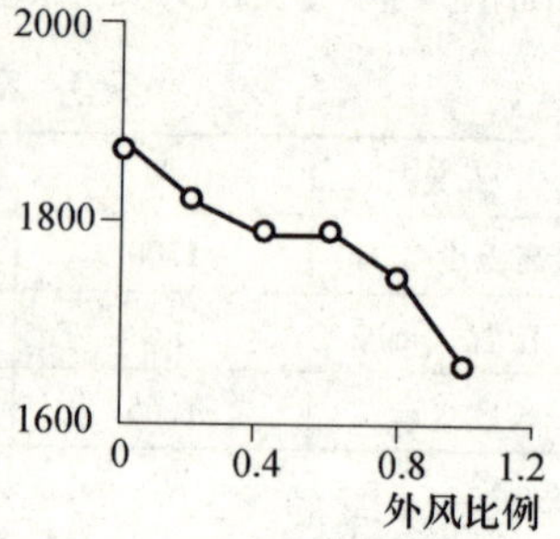

图4　总换热量与外风比例的关系

四、结论

（1）本研究中应用CFD 技术预测研究了典型三通道喷煤管的内外风量比例对燃烧火焰形状、烟气温度分布的影响规律，其结果虽然会与实际生产情况存在一定差距，但一般不超出工程测试的允许误差范围。在相似条件下所得到的规律定性上与实际窑内的煅烧过程是相吻合的。

（2）不同窑型、不同结构的喷煤管与不同煤种在水泥窑内产生的火焰形状、烟气温度分布规律不同，较好地掌握其变化规律，对喷煤管的“合理设计”、稳定窑头热工制度和保护窑皮是很有必要的。

（3）本研究中未考虑生料性质、喷煤管倾斜安装等因素，这些因素对窑内火焰温度、形状的影响尚需要进一步研究。

参考文献

[1] H. Ramesohl. Bergisch-Gladbaok. Z-K-G，1979(5)：272－292.
[2] G. Seidel. Z-K-G，1995(ll)：588－591.
[3] Lows，T. M. et. al，I. F. R. F，4th members conference，Session，1976(1)：2.

PYRO-JET 燃烧器冷模特性的模拟试验研究

叶旭初 胡道和 吕 鸿 丁苏东 王雅琴

（南京化工大学材料科学与工程系）

环境和能源问题越来越受到各国的重视，水泥工业燃烧低品位煤已成为趋势。PYRO-JET 燃烧器是德国洪堡公司推出的一种能够燃烧低品位煤的多通道燃烧器，与传统的燃烧器相比，其特点是外风由 6～18 个安排成环状的小喷口喷出，呈典型的三维结构（图 1）。传统的三通道燃烧器，外风道为环状（图 2）。为研究 PYRO-JET 燃烧器冷模湍流场的特性，本文以具有 6 个小喷口燃烧器模型为研究对象[1～3]。假设模型窑的直径为 500mm，二次风量与一次风量之比为 9:1，旋转风通道的旋流角度为 25°，煤风通道的扩展角为 5°，轴向风道的扩展为 6°，燃烧器的安装轴线与窑中心重合。

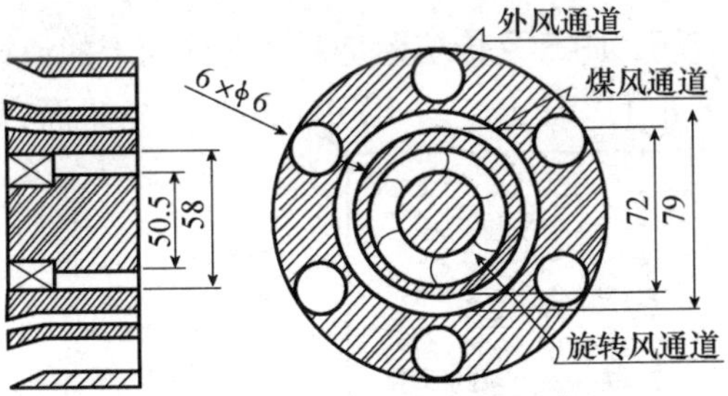

图 1 PYTO－JET 燃烧器模型示意图

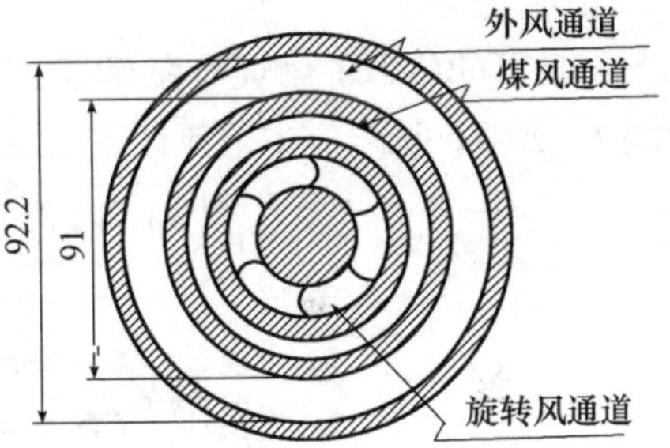

图 2 传统燃烧器模型示意图

自 20 世纪 60 年代以来，计算流体力学（Computational Fluid Dynamics）有了长足的发展，并且与计算传热学、计算燃烧学和计算物理化学等多学科相结合，产生了一门新技术，即 CFD 技术[4,5]，目前已广泛地应用到各种工程领域，比起传统的实验研究方法具有选择性强、速度快、消耗低、信息量大特点。本文以 CFD 为工具[6]，数值模拟研究 PYRO-JET 冷模湍流场，并与传统燃烧器的空气动力学特性进行了比较分析。

一、基本原理

（一）湍流方程

湍流运动微分方程组在圆柱坐标系中的三维湍流运动方程的通用形式为：

$$\frac{\partial}{\partial t}(\overline{\rho\varphi}) + \frac{1}{r}\left[\frac{\partial}{\partial \chi}(r\,\overline{\rho u\varphi}) + \frac{\partial}{\partial r}(r\,\overline{\rho v\varphi}) + \frac{\partial}{\partial \theta}(r\,\overline{\rho w\varphi})\right]$$

$$= \frac{1}{r}\left[\frac{\partial}{\partial \chi}\left(r\Gamma_{\varphi,t}\frac{\partial \overline{\varphi}}{\partial \chi}\right) + \frac{\partial}{\partial \chi}\left(r\Gamma_{\varphi,t}\frac{\partial \overline{\varphi}}{\partial r}\right) + \frac{\partial}{\partial \theta}\left(\Gamma_{\varphi,t}\frac{1}{r}\frac{\partial \overline{\varphi}}{\partial \theta}\right)\right] + \overline{S_{\varphi}}$$

式中 $\overline{\varphi}$——表示速度、压力、湍流功能、湍流耗散等变量的时均值；

$\Gamma_{\varphi,t}$——$\overline{\varphi}$的湍流扩散系数；

$\overline{S}_{\varphi}$——源项，数值求解采用 SIMPLE 方法[7]。

（二）网格划分

一般情况下，窑内流场在离燃烧器 6 ~ 8d（d 为燃烧器外径）后就已充分发展，因此沿轴向流场计算区域取 10d，考虑到 PYRO-JET 燃烧器结构具上有 180°对称性，因此，径向计算区域取 180°。网格划分如图 3 所示，对于传统燃烧器网格划分与此相同。

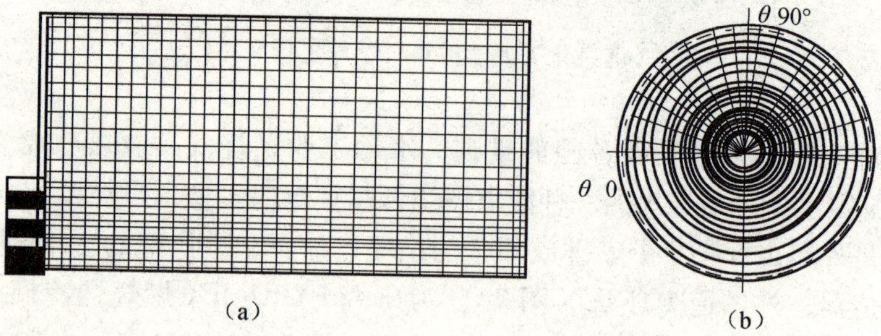

图 3　PYRO-JET 燃烧器的三维流场网格划分

（a）$R-X$ 方向；（b）$R-\theta$ 方向

1. 湍流场持性

图 4 是 PYRO-JET 燃烧器在 60°轴向剖面上的流场，图 5 是传统燃烧器轴向剖面上的流场。比较图 4、图 5，从紧靠主射流区附近的气流速度方向可以看出，对 PYRO-JET 燃烧器而言，

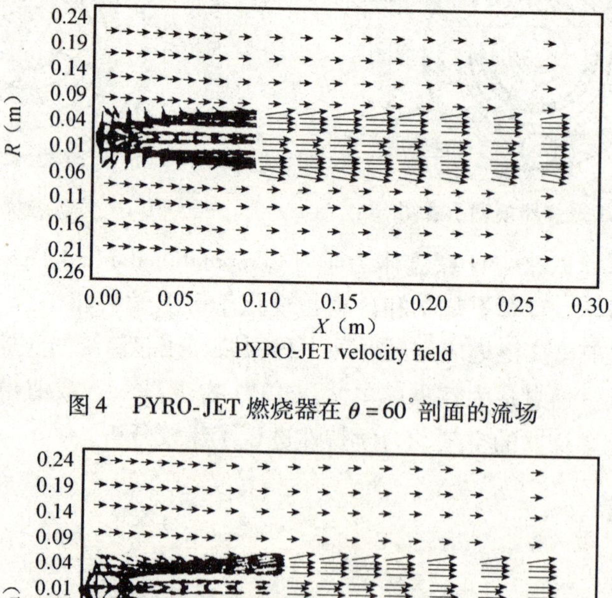

图 4　PYRO-JET 燃烧器在 $\theta=60^{\circ}$ 剖面的流场

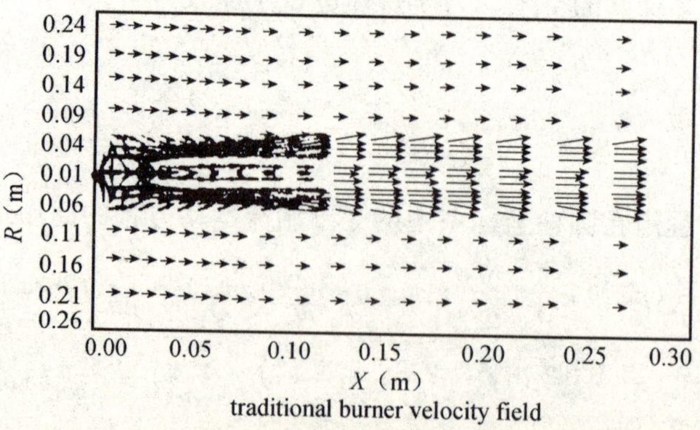

图 5　传统燃烧器的流场

气流速度方向明显偏向射流中心，表明该燃烧器的卷吸现象比传统燃烧器的卷吸现象要强。

2. 卷吸率与中心回流率

卷吸率（卷吸二次风量/喷射总量）反映出燃烧器卷吸二次热风的能力，卷吸率愈大，热能利用率愈高，表明燃烧器的性能愈好。

图 6 是两种燃烧器的卷吸率沿轴向的变化规律，从图 6 中看出，在距燃烧器出口相同的一段距离内，PYRO-JET 燃烧器的卷吸率要比传统燃烧器的卷吸率大，如在 $X=55$mm 处，二者比值约为 1.73。

两种燃烧器的中心回流率（回流总量/喷射总量）随射程的变化如图 7 所示，可见 PYRO-JET 燃烧器的中心回流区的回流量偏低。

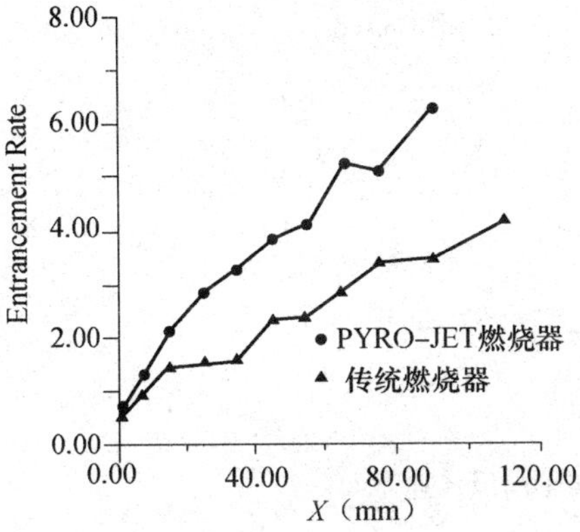

图 6　卷吸率沿轴向的变化

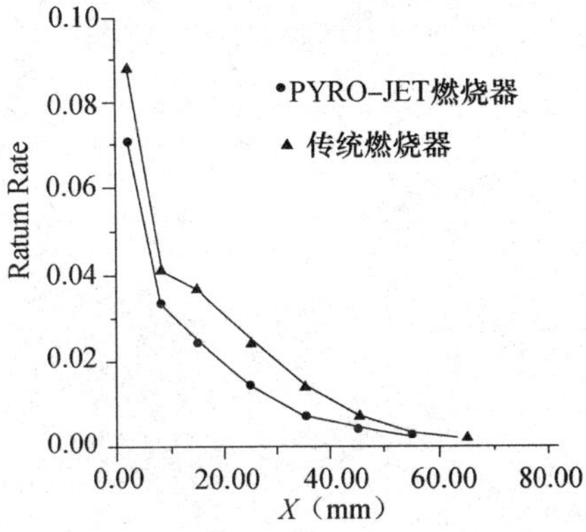

图 7　中心回流率沿射程的变化

三、外风操作风速对卷吸率和回流率的影响

在燃烧器的实际操作中，常用通过调节外风速度来调节火焰形状，准确掌握外风速度对窑内湍流场影响的规律性将有助于指导生产操作。

图 8 是 PYRO-JET 燃烧器外风速度为 150m/s、200m/s、250m/s、300m/s、350m/s 时卷

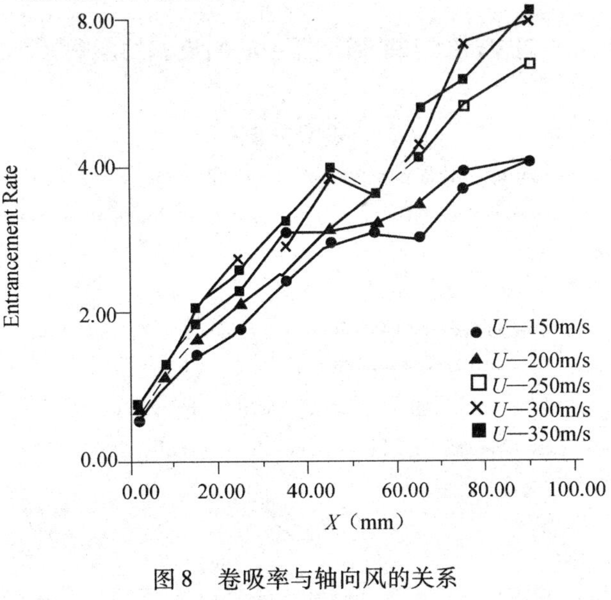

图 8　卷吸率与轴向风的关系

吸率随射程变化规律。结果表明，卷吸率总是随外风速度的提高而提高。但是，当外风速度从300m/s升高到350m/s，其卷吸率变化较小。因此，本文认为该类燃烧器的外风操作速度宜控制在300m/s左右时为最佳。

图9是在不同外风速时中心回流区回流率沿射程变化规律，可以看出，轴向风速变化时中心回流区回流率几乎不变，说明改变PYRO-JET燃烧器外风速对中心回流影响较小。

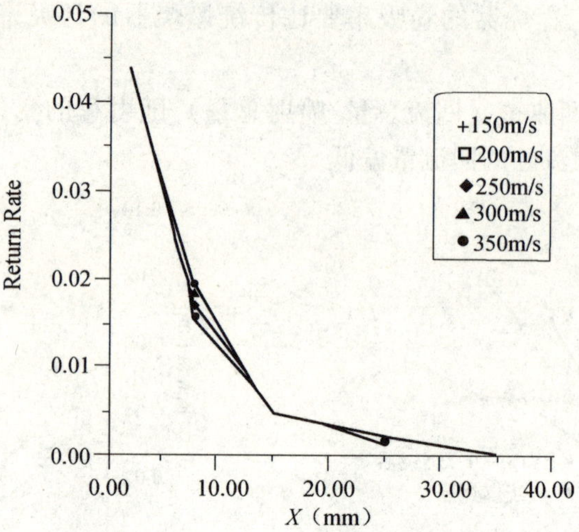

图9 中心回流的回流率与轴向风风速

四、结论

1. PYRO-JET燃烧器的卷吸性能较传统结构的三通道燃烧器为优，从而可有效地改善煤粉燃烧条件，更有利于燃烧低品位煤。

2. PYRO-JET燃烧器的中心回流率比传统燃烧器的中心回流率略低。

3. PYRO-JET燃烧器的卷吸率随着轴向风风速的增大而增加，轴向最佳操作风速为300m/s左右。

4. 轴向风的速度大小对PYRO-JET燃烧器中心回流率的影响较小。

参考文献

[1] Toseman H, Kunne P. Operating with a new type of burner for rotary Kilns. ZKH, 1990, 90: 421-424.

[2] Bauer C. PYTO-JET burners to reduce NOx emissions-current developments and practical experience. World Cement, 1990, 4: 118-124.

[3] 张树青．多通道燃烧器的机理研究．南京：南京化工大学，1994.

[4] Zuu C H, Tzu Hsiangko A numerical study on the three dimentional vortex motion inside-inlet dump combustor AIAA’88. 1988, 7.

[5] 傅德薰．流体力学数值模拟［M］．北京：国防工业出版社，1993.

[6] Patanka S V. Numerical Heat Transfer and Fluid Flow. McCraw-Hill, 1990.

空气过剩系数对窑内煤粉燃烧的影响预测研究

周松林　叶旭初　胡道和

（南京化工大学硅酸盐工程研究所，210009）

【摘　要】 采用CFD技术分析预测了空气过剩系数对水泥窑内的烟气温度、火焰长度、煤粉燃烬率的影响。研究结果表明，空气过剩系数的最佳值是1.05左右。

【关键词】 水泥窑，CFD，煤粉燃烧，空气过剩系数

窑内煤粉燃烧过程是水泥熟料煅烧的重要环节。对于具体的窑型、燃烧器及煤种，掌握有关操作参数影响煤粉燃烧的规律，将有助于窑的选型和操作管理，提高熟料质量，降低能耗。

一、研究方案

本文采用CFD技术分析探讨空气过剩系数（α）对600t/d五级预热器窑内煤粉燃烧的影响规律。CFD技术在各类工程问题中的具体应用研究是20世纪90年代的新课题，是21世纪工程领域内的重要发展方向[1~4]。本研究中的喷煤器结构及窑内燃烧区域尺寸如图1所示。煤的组成及部分操作参数见表1、表2。

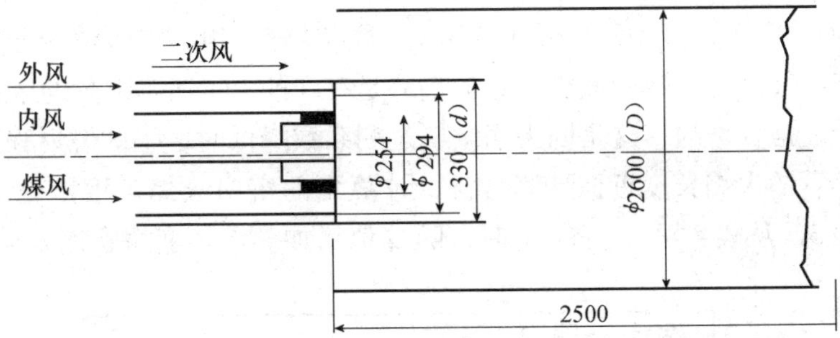

图1　喷煤器结构及窑内燃烧区域尺寸

表1　煤的组成

元素分析（%）					工业分析（%）		低位热值
C^r	H^r	O^r	S^r	N^r	V^r	A^r	23200kJ/kg
83.0	4.4	11.1	0.5	1.0	24.6	25.0	

表2　喷煤器的操作参数

理论空气量	一次风比例	内外风比例	燃煤量
0.275m^3/MJ	16%	1:1	3.8t/h

二、预测结果与分析

通过改变空气过剩系数值，运用 CFD 技术对窑内的实际燃烧状况进行模拟预测，其结果分析如下：

（一）空气过剩系数对窑内温度分布的影响

图 2 是 α 为 0.95(F)、1.05(D)、1.15(A) 时，窑内气体等温线的分布图。由图 2 可知，在三种不同的空气过剩系数操作工况下，接近于“模拟窑壁”的烟气温度值均在 1600℃左右，随着 α 取值的不同，温度为 1600℃的等值线在“模拟窑壁”上起始与终止的位置稍有变化，但差异不大。因此，可以认为，对窑内的生料煅烧而言，当 α 在一定的范围内变化时，烧成带的区段、位置一般情况下变化很小。

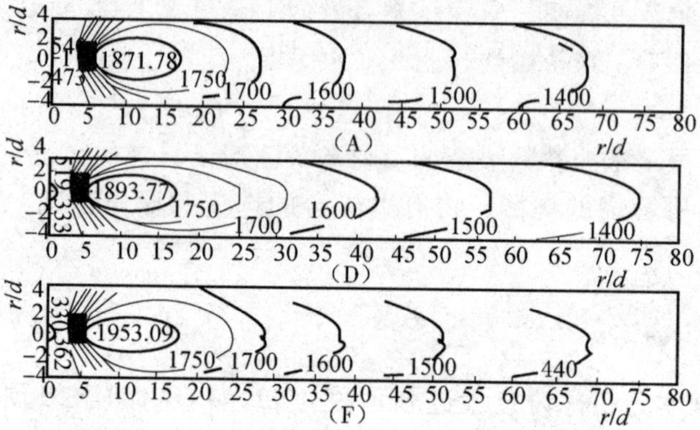

图 2　气体温度等温线在窑内的分布规律

（二）空气过剩系数对火焰长度和 CO 分布的影响

图 3 是值为 0.95(F)、1.05(D)、1.15(A) 时 CO 气体组分的等值线分布图，从图 3 中可以看出，随着空气过剩系数的减少，总的趋势是存在的 CO 气体组分的区段在窑轴方向上延长，该点理论上是合理的，这是因为当空气过剩系数降低时，煤的燃烬程度也有降低的趋势。由文献[5]推荐的火焰长度近似计算方法，计算出的窑内火焰长度随空气过剩系数的近似变化规律见表 3。从表 4 可知，$\alpha>1$ 时，随 α 值增加，火焰变短；而 $\alpha=1$ 时，对应的火焰最长。

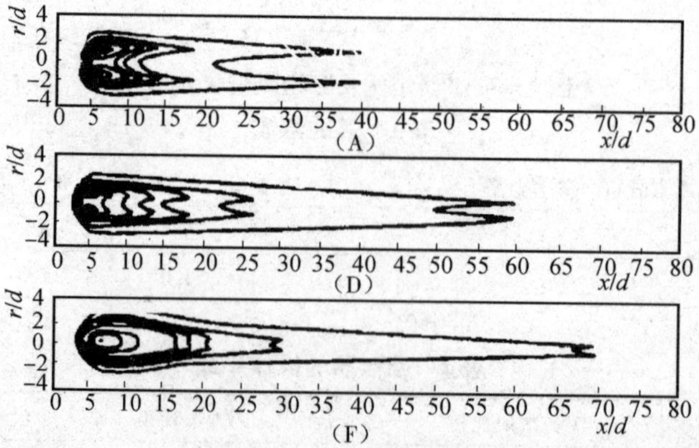

图 3　CO 气体组分等值线（火焰形状）变化规律

表3　火焰长度与空气过剩系数的关系

空气过剩系数	0.95	1.00	1.05	1.10	1.15
火焰长度（m）	19.1	20.1	18.8	17.2	15.5

（三）空气过剩系数对氧气及烟气温度的影响规律

图4表示氧气组分在窑截面上的平均值沿窑轴向的分布规律。由图4可知，在燃烧初始段不同空气过剩系数的操作条件下，窑截面上的平均氧气组分快速下降的规律性基本相同（该区段沿窑的轴向长度约为3.3m），而继续沿着烟气的流动方向，可以明显看出，当提高空气过剩系数时，烟气内氧气含量的百分数就增高。该现象与实际过程相吻合。

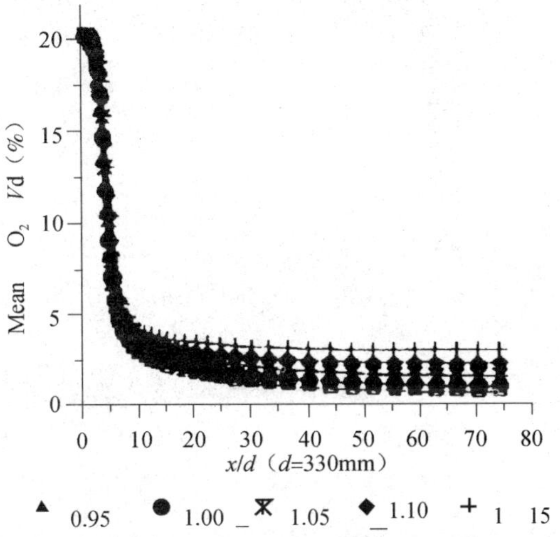

图4　O_2组分的平均值沿轴向的分布

表4是模拟预测的计算区域出口截面上的平均烟气温度随空过气剩系数的变化规律。虽然出口烟气温度随α值的变化不大，但是，如果折算成为用煤量，当空气过剩系数从1.05增加到1.15时，对于本文研究的对象而言，每年多消耗的煤将达400t，如果再考虑到烟气温度的降低对熟料质量的影响以及废气量增加而带来的其他损失，则损失更大。因此，窑内α值不宜控制过高，该点应引起水泥生产厂家的重视。另外，从表4中可以看出，空气过剩系数为1.05时对应的出口处的烟气温度最高，α为0.95时所对应的烟气温度最低。

表4　出口处的平均烟气温度与空气过剩系数的关系

空气过剩系数	0.95	1.00	1.05	1.10	1.15
出口烟气温度（℃）	1357	1374	1387	1376	1362

四、空气过剩系数对煤粉燃烬率的影响规律

不同空气过剩系数操作条件下窑内截面上煤粉平均燃烬率随窑轴向的变化如图5所示。从图5中可以看出，随着α值降低，煤粉的最终燃烬率基本呈下降趋势，由预测结果可知，在本文的研究区段内，当空气过剩系数在1.05以上时，最终的燃烬率比较接近0.974～0.989，而当$\alpha<1$时，最终燃烬率明显降低；如α为0.95时，最终燃烬率只有0.923。由

此可见，窑内的 α 值不能小于 1，否则，燃烧不完全的炭粒将会延伸到窑尾的上升烟道内燃烧，形成窑尾的局部高温，易加剧窑尾烟道的结皮与堵塞现象。另外，窑内出现还原性气氛，还可能影响熟料质量。

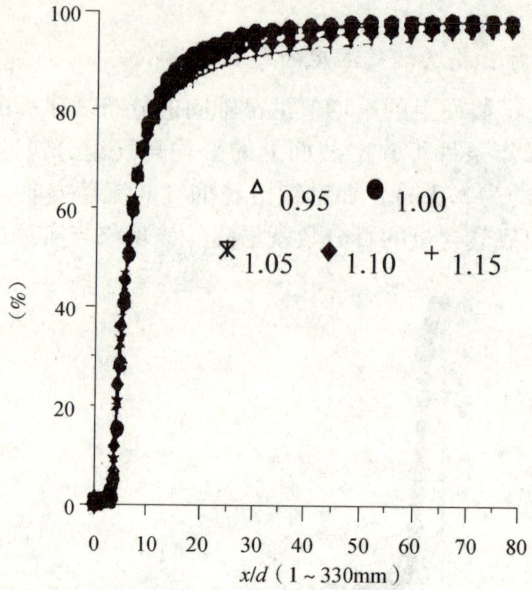

图 5　平均燃烬率沿轴向的变化规律

三、结　论

（1）为确保煤粉在窑内具有良好的燃烧状况和良好的生料煅烧环境，α 的最佳值宜控制在 1.05 左右。α 太低，影响煤的燃烬率；α 过高，燃烧的烟气温度降低，造成不必要的能源浪费。

（2）为确保窑系统的正常操作和熟料质量，空气过剩系数不能小于 1。

（3）在通常情况下，当空气过剩系数在一定的范围内变化时，回转窑烧成带的区段、位置变化很小。

（4）降低空气过剩系数时，将使得窑内煤粉燃烧的火焰拉长。

参考文献

[1] Krupp Polysius. AEA/CFX/008，1996：（6）.

[2] 叫旭初，胡道和．水泥窑喷煤燃烧过程的数值预测研究［J］．水泥技术，1998（8）.

[3] 叶旭初，胡道和．喷煤燃烧器煤粉燃烧过程的数值模拟研究［J］．硅酸盐学报，1998(6).

[4] 叶旭初．新型干法回转窑内煤粉燃烧与生料煅烧热工过程的应用基础研究［D］．南京：南京化工大学，1998.

[5] Kolyfetis E Markaos N C. 空气动力学与煤粉燃烧水泥回转窑烧成带火焰之模拟（2）［J］．国际水泥—石灰—石膏（中文版），1996(2)：69～73.

不同煤质对窑内煤粉燃烧状况的影响

叶旭初　周松林　胡道和

（南京化工大学硅酸盐工程研究所，210009）

【摘　要】 本文以600t/d预热器窑中三通道喷煤器的煤粉燃烧过程为研究对象，采用CFD模拟分析技术，预测了窑内燃烧不同煤质时的烟气温度、火焰长度、煤粉燃烬率等的变化规律。结果表明，采用所研究的喷煤器及操作参数，燃烧无烟煤时将不能满足水泥生料的煅烧要求。

【关键词】 预热器窑，三通道喷煤器，燃烬率，无烟煤

一、前言

水泥窑中如何应用各种品位的煤来煅烧熟料是水泥工业重要的研究课题之一。F. L. Smidth曾分析了窑头及分解炉内的煤粉燃烧机制，研究了燃烧低品位煤、无烟煤和石油焦的规律性，给出了指导性意见，即根据不同的挥发分控制煤粉的颗粒细度。虽然可以采用该方法燃烧低品位煤、无烟煤和石油焦，但是，增加了粉磨电耗和管理的难度，甚至会增加粉磨设备的投资。另一方面，控制煤粉细度如何随不同结构的喷煤器、不同的窑型、不同的煤种等因素而变，对稳定窑头的热工制度至关重要。因此，探讨研究在窑内燃烧不同品质煤粉时的烟气温度、火焰长度、煤粉燃烬率等的变化规律，对开发新的燃烧技术、设计煤粉的粉磨细度及指导窑的操作具有现实意义。

二、研究方案

为探讨窑内燃烧不同煤种影响燃烧进程的规律性，本文采用CFD技术[2~5]进行模拟试验。优质烟煤、贫煤和无烟煤等三种典型煤种的组成如表1所示。为了增加可比性，三种煤热解后的焦炭的反应动力学方程均选用Smidth[6]等人在同样的规范化试验条件下回归而获得的结果。除煤质变化外，保持三通道喷煤器的结构及有关操作参数（表1）不变。

表1　优质烟煤、贫煤、无烟煤的组成与操作参数

煤种	元素分析（%）				工业分析（%）			位热值（kJ/kg）
	C^r	H^r	O^r	S^r	N^r	V^y	A^y	
烟煤	83.0	4.4	11.1	0.5	1.0	24.6	25.0	23200
贫煤	87.4	4.9	5.1	1.0	1.6	14.26	25.0	24459
烟煤	96.0	2.1	1.0	0.5	0.4	3.47	14.0	29662

理论空气量（m^3/mJ）			一次风比例	空气系数	燃煤（t/h）		
烟煤	贫煤	无烟煤	16%	1.05	烟煤	贫煤	无烟煤
0.275	0.265	0.263			3.8	3.2	2.642

喷煤器及窑（ϕ3.2m×52m）的结构如图1所示，窑的有效内径为2.8m，考虑到窑皮及生料的填充，模拟窑的内径取2.6m。煤的入窑水分取1.18%。煤粉的粒度分布是采用SKC颗粒粒度仪对金陵水泥厂的实用煤粉现场取样的测定值。

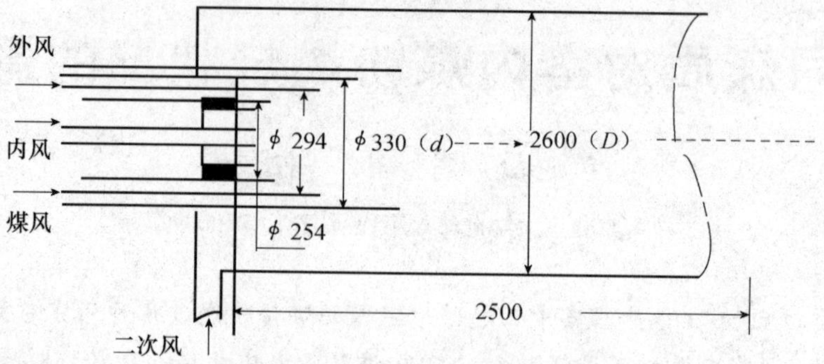

图1　喷煤器结构尺寸及模拟窑内燃烧区域

d—喷煤器外径；*D*—窑内径

三、研究结果与分析

（一）不同煤燃烧时窑内烟气温度和火焰长度的变化规律

优质烟煤、贫煤、无烟煤燃烧时的气体等温线、CO气体组分的等值线在窑内轴向剖面上的分布如图2所示。从图2可知：

（1）当燃烧无烟煤时，煤粉自喷煤器喷出后，着火点的位置明显偏后，黑火头长度近似是优质烟煤的两倍多（3.3m左右），而贫煤的着火位置与烟煤比较接近（1.1m左右）。

（2）随着煤质变差，燃烧火焰核心区域（烟气温度高于1800℃区域）的轴向长度明显加大，如无烟煤的燃烧火焰核心区的轴向长度约为35*d*，而燃烧烟煤时约为12*d*。贫煤与烟煤在火焰核心区内的温度分布也存在明显的差异（20*d*）。火焰核心区拉长，表明火焰的热力强度降低。

（3）煤质变差时，烟气的初始升温速率较小，如燃烧无烟煤时，烟气温度从500～660℃升温到1750℃所需窑长约为13*d*，而烟煤最多不会超过2.5*d*。燃烧后期，无烟煤的烟气温度变化仍不断地进行，而烟煤的温度变化就相对减弱。总之，无烟煤的燃烧过程相对比较平缓。

（4）由CO组分浓度为0.1%[6]的等值线预测出的火焰的近似长度为：无烟煤73*d*，贫煤65*d*，烟煤53*d*。

（5）当燃烧无烟煤时，“模拟窑壁”附近的烟气温度仅能达到1500℃左右，由水泥生料煅烧工艺条件及实际生产经验可知，该温度下是不可能烧出合格的水泥熟料的。而燃烧烟煤、贫煤时窑壁附近的温度都能达到1600℃以上，其区段长度为：烟煤10～30*d*，贫煤13～29*d*。

（二）不同煤粉燃烧时窑内平均温度的轴向分布

窑内燃烧不同煤粉时的断面平均温度沿轴向的变化曲线如图3所示。由图3可知，燃烧烟煤时的温度最高值可达1900℃以上，主燃烧区段内的平均温度在1700℃以上的总长度约为15*d*(4.95m)，而无烟煤的平均温度曲线沿轴向变化比较平坦，最高温点仅约1700℃。由

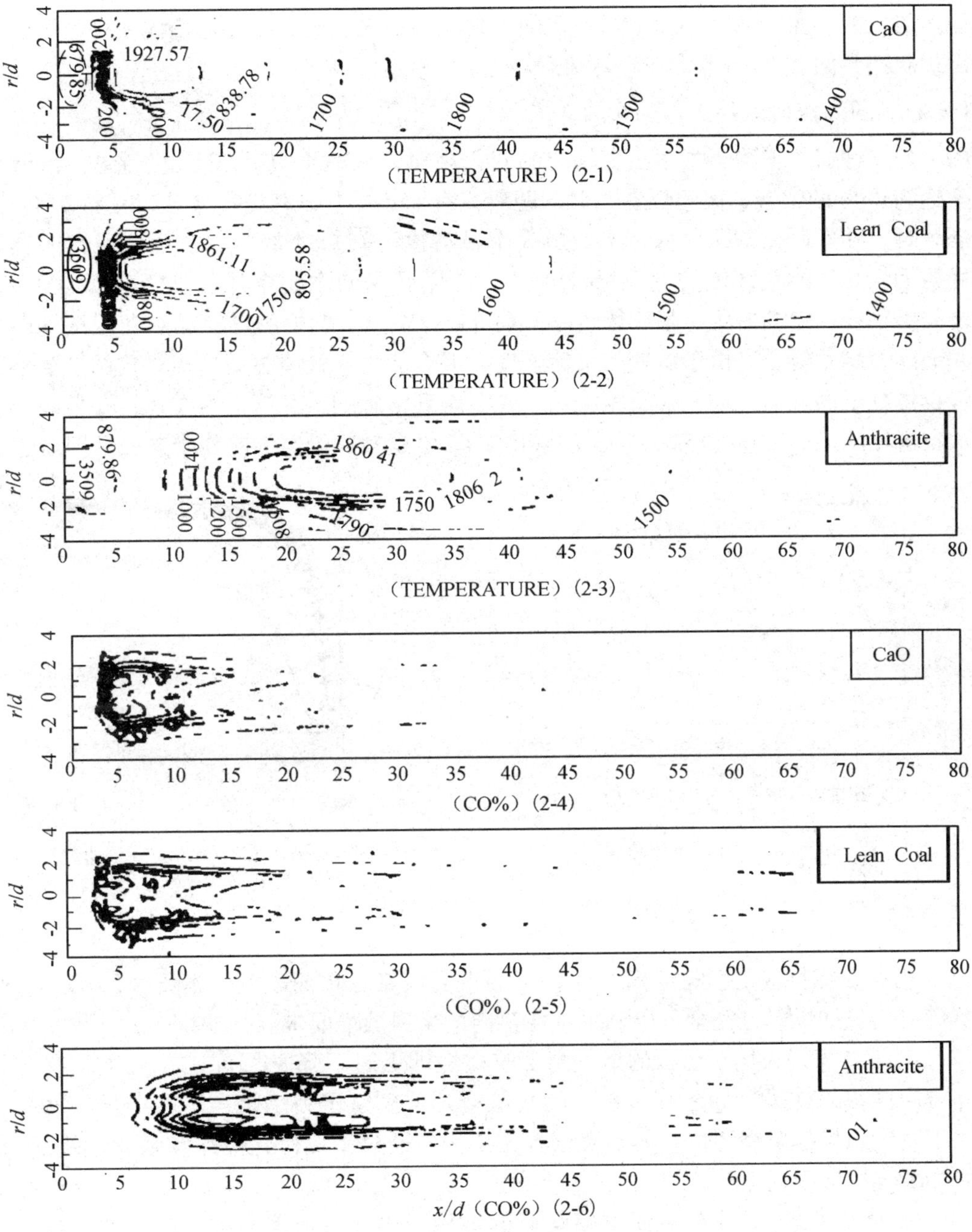

图2　气体等温线、CO组分等值线在轴向剖面上的分布图

预测数据可知，燃烧无烟煤时的平均温度与燃烧烟煤时相差200℃以上。贫煤的变化规律比较接近于烟煤，但是，最高温度点的位置明显偏后，在主燃烧段，平均温度值与燃烧烟煤时相差80℃左右。由水泥熟料的煅烧工艺可知，为了煅烧出高质量的熟料，在窑内至少要有一段的平均烟气温度不低于1700℃。根据本文的研究成果可以推知，如果采用该结构的喷煤器及相应的操作参数，试图燃用无烟煤生产出高质量的水泥熟料是不现实的。至于贫煤，从本研究中模拟预测的结果来看，由于与燃烧优质烟煤产生的温度场差距不大，我们认为在

煅烧中只要注意到高温区有向窑壁、窑尾方向移动及烟气温度稍有降低的特点，通过适当调节喷煤器的位置、操作参数以及采取一定的强化燃烧措施，是有可能运用该喷煤器燃烧贫煤煅烧出优质熟料的。

（三）不同煤粉的燃烬率沿轴向的分布

图4是三种煤的平均燃烬率沿窑轴向的变化规律，从图4中可以看出，在燃烧烟煤时，燃烬率达到85%的位置，离喷煤器出口的距离只有15d左右，燃烧贫煤时却需要20d，而燃烧无烟煤时，在本研究的区段内，平均燃烬率最终也没有超过85%。在预测研究的燃烧带内，优质烟煤几乎能全部燃烧完（98.89%），贫煤后期的燃烬率比较接近于烟煤，但是，两者之间仍存在一定的差距，最终燃烬率只有94.32%。未燃烬的煤粒虽然随着烟气向窑尾流动并继续燃烧，但是，由于后期的气流速度、混合能力、气体温度均相对较低，要燃烬剩余的炭粒将是很困难的，甚至有些粗大的炭粒会跑到窑尾的上升烟道内燃烧，在局部形成高温，加剧窑尾烟道的结皮与堵塞，从而影响窑的正常运转，给窑的操作带来又一困难。

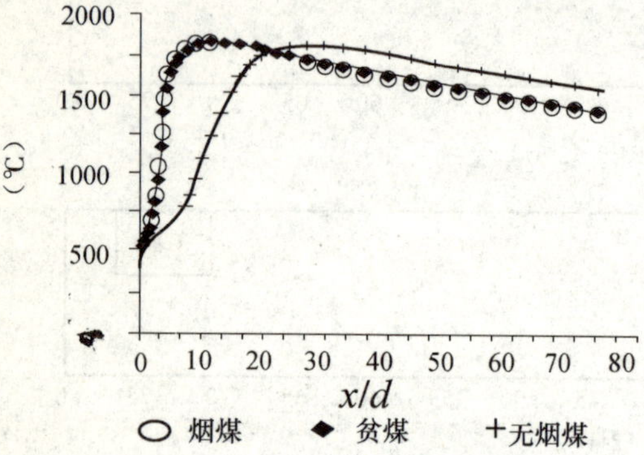

图3　平均温度沿轴向的变化曲线

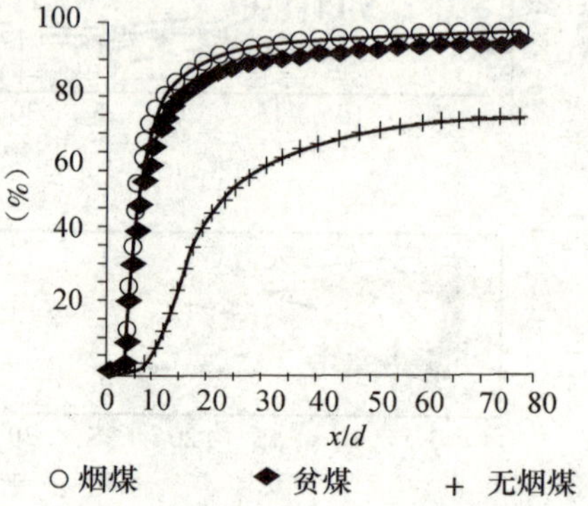

图4　燃烬率沿轴向的变化曲线

四、结论

（1）煤的燃烧特性是影响窑内燃烧状况的重要因素，预测表明，本研究所用的三通道喷煤器燃烧优质烟煤时，完全可以满足水泥窑内的生料煅烧要求。

（2）对于贫煤，火焰高温区的烟气温度较燃烧烟煤时下降80℃左右，且该区有向窑壁及窑尾方向推移的趋势，甚至有些粗大的炭骸会延伸到窑尾去燃烧，引起结皮、堵塞。但是，由于与优质煤的燃烧特性差异不大，本文认为，通过采取优化操作和强化燃烧的措施，也有可能燃烧出优质的熟料。

（3）燃烧无烟煤时，本研究所取喷煤器的结构及操作参数需要进行必要的改进，才能满足水泥生料的煅烧要求。

（4）该三通道喷煤器燃烧优质烟煤时，在预测的区段内（25m长），煤粒基本都能燃烬，而贫煤只能燃烬95%左右，无烟煤的燃烬率低于80%。

参考文献

[1] F. L. Smidth，Combustion of anthracite and petroleum coke，International Cement Review，January 1994.

[2] Kolyfetis E and Markaos NC. 空气动力学与煤粉燃烧—水泥回转窑烧成带火焰之模拟（2），国际水泥—石灰—石膏（中文版），1996(2)：63～73.

[3] Krupp Polysius，AEA/ CFX/008，1996，(6)．

[4] 叶旭初．胡道和．水泥窑喷煤燃烧过程的数值预测研究［J］．水泥技术．1998(6)：5～14.

[5] 叶旭初．胡道和．喷煤喷煤器煤粉燃烧过程的数值模拟研究［J］．硅酸盐学报．1998，126(6)．

[6] Douglas L. Smoot and Philip J. Smith. Coal combustion and gasification，1985，77～110.

预分解窑系统在稳定运行条件下的用风

考宏涛[1]　陆　雷[1]　李　敏[2]　胡道和[1]

（1. 南京化工大学，材料学院，江苏南京，210009；2. 东南大学材料系，江苏，南京，210096）

【摘　要】 根据预分解窑系统煤粉燃烧的特点，结合国内几家预分解窑的实际生产情况，探讨了窑炉在稳定运行条件下的用风量及其风量平衡问题，强调指出烧成系统风、煤、料的合理匹配对系统正常运转的重要性，为指导工厂的实际操作提供了参考。

【关键词】 预分解窑，煤粉燃烧，用风量，平衡

【Abstract】 Based on the characteristics of combustion of the pulverized coal in precalciner kilns. In combination with the actual production of a few domestic cement plants with the precalcining kiln, the gas flow rate and its equilibrium between the kiln and precalciner under the steady condition were discussed. The importance of the suitable arrangement of the gas, coal and raw real used in the sintering system was emphasized. Reference to conduct the actual operation of the plants was presented.

一、引言

作者通过对国内一些厂家实际生产情况的热态检测分析，发现了不少问题，诸如窑炉用风量不平衡、系统总的用风量偏高等。本文从实际生产的数据出发，着重分析了二者的用风及其风量平衡问题，以及烧成系统总的用风量及风、煤、料平衡问题，从而可为工厂的实际操作提供借鉴。

二、窑炉内煤粉燃烧的特点

众所周知，窑内煤粉的燃烧处于物料的烧成带和冷却带区段，强烈的熟料热辐射使煤粉迅速达到着火温度，其燃烧速度主要由煤粉和空气的混合强度所决定，加强气流的扰动将大大加快煤粉燃烧进程。而分解炉内煤粉燃烧则处于物料的分解区段，强烈的吸热反应迅速吸收了燃烧过程中释放的热量，煤粉颗粒升温速度明显比窑内慢，燃烧温度也低得多，在800～950℃范围内。因此要保证生料的充分分解，煤粉颗粒在分解炉内还必须具有适宜的停留时间。当然，也要注意到炉内存在着因物料分解产生的大量二氧化碳，所以炉内煤粉燃烧要差，燃烧中产生的现象也明显不同。不同的窑炉结构及不同的操作条件，致使窑炉内煤粉燃烧的环境也不尽相同，故燃烧所需要的气体量也不相同。

三、窑炉的用风量

过剩空气系数α是燃烧过程中的一个重要参数，可用以判断窑炉的用风量或煤粉和空气

量的比例情况。不过，对分解炉来说，由于炉内煤粉分散的不均齐，局部空间可能存在氧气浓度太低，导致炉内煤粉的不完全燃烧，因此要结合不同分解炉的特点，来考虑炉出口的过剩空气系数 α。

（一）窑内用风

窑内用风主要是其一次风与二次风的用风，当然也包括窑头、窑尾的漏风。二次风量受到一次风量和熟料冷却等的影响。一次风用于窑头煤粉的输送和供给煤中挥发分燃烧所需的氧。低温的一次风量占入窑空气量不宜过多。当一次风量增加到总空气量的10%时，废气温度将上升4℃，相应热耗增加58.5kJ/kg。有人认为，在生产上可考虑将煤中挥发分燃烧所需要的理论空气量近似看作为一次风量，即一次风量比例可控制在大约等于煤的挥发分的百分数。对于较难着火的煤，应采用较低的一次风量，但一次风量太低也会影响煤粉着火后的燃烧需要；对于易着火的煤，一次风量就不宜过小，否则可能使化学和机械不完全燃烧损失增加。

对于预分解窑，其入窑物料的分解程度受到窑废气量的影响，因为物料分解所需热量由分解炉内煤粉燃烧热及窑尾废气所含热量两部分组成。这样通过窑尾的过剩空气系数 α 及气体成分可分析出窑内通风情况。表1列举了国内几个生产厂家实际生产时，窑头一次风率（即一次风量占入窑总空气量的比例）及窑尾气体的过剩空气系数 α 等情况，表中的一次风率不包括窑头送煤风。

表1 窑头一次风率及窑尾气体的过剩空气系数 α

厂家	一次风率（%）	窑尾气体温度（℃）	窑尾气体的 α 及 O_2、CO 含量		
			α	O_2（%）	CO（%）
A	11.11	1180	1.111	1.94	0.07
B	12.59	1095	0.982	0.45	1.70
C	15.18	1250	0.996	0.75	1.66
D	25.17	1055	0.941	0.50	3.80
E	12.01	1046	1.068	1.40	0.10

表1中各厂窑头所使用的煤粉燃烧器均为三通道喷煤管。一般说来，三通道喷煤管的一次风量比例小于15%（含送煤风），国外较先进的可以达到6%～8%，国内一般为10%～15%。从表1中的一次风率来看，A、B、E三厂比较接近这个范围，C厂稍高些。但D厂明显偏高，这主要是由于该厂地处高海拔地区（当地大气压为 0.79×10^5Pa），且一次净风为离心风机送风，为达到合适的火焰长度与形状，在风压不足的情况下只好靠增大一次风量和喷射速度来弥补，但这样阻力会变大，建议可考虑使用高压风机。

而从窑尾气体的 α 来看，A、E两厂较为理想，其他三厂均小于1，尤其是D厂，仅为0.941，CO含量高达3.8%，说明窑内的用风不足，这就难以保证窑内煤粉的完全燃烧，未燃烬的煤粉移动到上升烟道、五级筒甚至四级筒内继续燃烧，生产中此处经常发生结皮堵塞现象。

但从窑尾温度来看，C厂明显偏高（但烧成带温度不高），说明该厂窑内排风量过大，一次风混合不理想，火焰拉长，使火焰的高温部分远离了窑头。

（二）分解炉的用风

实际生产中为了保证炉内煤粉的燃烧完全，对分解炉的用风要求较高，但较为复杂，这不仅与分解炉的炉型、结构特点、操作等密切相关，还要受到窑、冷却机的操作、三次风抽风点的位置等影响。就三次风而言，其气流入炉的起始状态以及在炉内的运动规律对煤粉的着火和生料的起始升温有明显的影响。入炉风与煤粉的充分混合对炉内煤粉的燃烧反应极为有利。目前有的厂家考虑把分解炉的煤粉燃烧器改为三通道喷煤管，也是基于这方面的一个想法。本文仅从入炉三次风量 V_3、煤粉燃烧所需理论空气量 V_a^0、炉出口过剩空气系数 α 及出炉气体 O_2、CO 含量4个方面，对国内几个厂家加以对比分析，见表2。

表2 V_3、V_a^0、炉出口气体的 α 及 O_2、CO 含量（标况）

厂家	三次风量 V_3 (m^3/kg)	煤粉燃烧需理论空气量 V_a^0(m^3/kg)	α	O_2(%)	CO(%)
A	0.295	0.464	1.025	0.5	0.17
B	0.627	0.599	1.071	1.1	0.1
C	0.629	0.752	1.305(1.106)	4.56	0.2
D	0.522	0.491	1.124(1.08)	2.44	0.81
E	0.610	0.434	1.289(1.35)	4.2	0.2

注：表中括号内的数值为 MC 室出口气体的 α，括号外的数值为 SC 室出口气体的 α。

需要指出的是A厂分解炉的三次风量比煤粉燃烧所需的理论空气量要小得多（其流化风量为标况下0.131m^3/kg，加上三次风量、炉用煤风后总风量为标况下0.446m^3/kg，比煤粉燃烧所需的理论空气量稍少），但其分解炉采用的是流态化操作，煤粉在炉内停留时间较长，炉内温度场比较均匀，低温、低 α 操作是流态化分解炉操作的一个特点。表中A厂炉出口的 α 为窑气与炉出口气体混合后的结果，这个数值较为合理。B、D两厂分解炉的用风也比较合适，其三次风量稍大于炉内煤粉燃烧所需理论空气量，加之炉用送煤风，分解炉出口的空气量有一定的富余。但C厂的分解炉内煤粉燃烧所需的空气量比三次风量大，而且不管是从SC室出口气体的 α(1.305）还是从SC室出口气体中氧的含量（4.56%）来看，又都表明炉出口过剩空气比较多，实际生产中SC室出口的气体温度只有833℃也证实了这一点。这只能说明SC室内存在较严重的机械不完全燃烧，大量未燃烬的煤粉到MC室继续燃烧，导致MC室甚至整个窑尾系统出口气体温度偏高，实际生产中MC室出口气体温度为951℃，见表3。不过从其MC室出口气体的 α(1.106）来看，该RSP分解炉整体用风量尚可。E厂分解炉三次风量明显偏大，过多的过剩空气量导致炉出口的气体温度降低，实际生产中SC室出口温度为940℃，低于D厂SC室出口的温度（1011℃）。

由表3中炉出口的物料分解率可以看出，由于A厂分解炉设计的意图是采取反应两步到位，故炉出口的分解率不高，只有39.78%，但该厂把窑尾的上升烟道来作为第二分解炉，充分利用了窑尾废气带入的大量热量，使得入窑的物料分解率达到87.89%，C、D两厂的分解炉也有类似的想法，不过这两厂SC室出口的物料分解率与国外同样炉型的分解炉相比，差了近30%），说明国内该类型分解炉在用风与用煤方面仍有待于提高。

表 3　炉出口的气体温度和物料分解率

厂家	分解炉形式	炉出口气体温度（℃）	炉出口物料分解率（%）
A	MFC	859	39.78(入窑 87.89)
B	DD	874	70.03
C	RSP	833(951)	49.78(90.65)
D	RSP	1011(868)	43.2(83.9)
E	RSP	940(850)	79.8(82.7)

注：表中括号内的数据为 MC 室出口数据，括号外的为 SC 室出口数据。

（三）窑炉用风量的平衡

在预分解窑生产操作中，要求稳定喂入生料量和煤量，还要稳定窑炉用煤的比例，并据此调节好系统用风量，使系统各部分压力和温度相对稳定。操作上可根据窑炉内煤粉燃烧情况，调节好三次风管与窑尾上升烟道的阀门，使系统总风量及窑炉系列风量平衡均达到要求。

但有的厂家为增强烧点火力烧成熟料而增加窑头用煤量，窑头用煤量的增加又会导致窑内煤粉出现不完全燃烧现象，尤其是当喂煤量出现波动时，这种现象更加严重，这时如果窑—炉—末级筒与三次风管系统阻力不平衡，煤粉在末级筒中发生后燃烧现象，产生局部熔融，导致末级筒甚至上一级筒出现结皮堵塞，这在 E 厂 RSP 窑系统发生过多次。

表 4 列举了这 5 个生产厂家窑炉用煤量比例及窑尾、炉出口以及末级筒出口气体的 α 及 O_2、CO 含量。

由表 4 可以看出，除 A 厂外，B、C、D 三厂均存在风量不平衡问题，总体上都表现为三次风量偏大、窑内通风不足。其中 B、C 两厂炉用煤量偏高，尤其是 C 厂。在回转窑用煤量不足 30% 的情况下，窑尾出口气体的 α 还不到 1.0，说明该回转窑内的通风难以保证窑内煤粉的正常燃烧，窑内的还原气氛极容易导致窑尾较频繁的结皮堵塞。其炉用煤量过大，使得实际生产中入窑生料分解率一般都在 95% 以上，很多的时候高达 97%、98% 甚至 99%，这必然过分增加分解炉的负荷，造成窑尾系统整体温度过高，而窑内烧成温度不够，导致熟料升温偏低，游离 CaO 升高，影响熟料质量。

表 4　窑炉用煤量比例及窑尾、炉出口、末级筒出口气体的 α 及 O_2、CO 含量

厂家		A	B	C	D	E
窑炉用煤量比例		46/54	37/63	29/71	46/54	59/41
窑尾出口气体	α	1.111	0.982	0.996	0.941	1.068
	O_2(%)	1.94	0.45	0.75	0.5	1.4
	CO(%)	0.07	1.7	1.66	3.8	0.1
炉出口气体	α	1.025	1.071	1.305	1.124	1.289
	O_2(%)	0.5	1.1	4.56	2.44	4.2
	CO(%)	0.17	0.1	0.2	0.81	0.2
末级筒出口气体	α	1.064	1.257	1.188	1.102	1.397
	O_2(%)	1.14	3.7	2.87	1.83	5.2
	CO(%)	0.1	0.2	0	0.2	0

E厂窑尾的 α 为1.068，说明窑内的通风较为合理，但由于窑用煤量相对较多，窑头烧成带的热负荷相应增加，这也影响了窑的正常使用寿命，且炉内因用煤量偏小而显得三次风量过量，导致炉出口气体温度下降。分解炉的喂煤量应根据预热器来的生料升温及分解所需要的热量及热效率确定，通过控制物料分解率和炉出口气体温度来调节喂煤量；而窑用煤量应根据入窑生料量及分解率来确定，回转窑在此主要起物料的烧结作用。

生产中一方面要根据各级预热器温度、压力、窑尾和一级筒出口的 O_2 含量调节主排风机的转速和冷却机供风量，实现总风量与煤、料的合理匹配；另一方面也要根据窑尾及一级筒出口的过剩空气量，调节三次风管阀门或上升烟道的闸门，实现窑炉用风量的合理分配。

三、系统总用风量

系统总用风量取决于用煤量大小和系统生产能力，而煤又取决于料。风量控制的主要依据是保证煤粉的完全燃烧，而不需要太多的过剩空气量。系统喂料量的控制主要取决于系统温度的高低，使系统内温度与其生产能力相适应。此外，还应结合生料的率值成分加以综合考虑。但在增加喂料量时，应注意预热器和分解炉内料气之比，避免因料荷过大时，气体携带能力下降造成塌料。系统喂煤量的大小与生料喂入量密切相关。当喂料量变化时，烧成系统温度也会随之发生变化，此时需改变窑炉用煤量比例，调整因喂料量变化而引起的温度波动，以重新建立一个平衡的工况。若系统用风量过低，预热器内物料悬浮不起来，达不到充分换热的目的，且容易导致窜料等现象；但若系统用风量过高，不仅使系统阻力变大，电耗增加，而且出口废气量的增大，也会导致系统热耗的增加。因此必须通过合理调整风、煤、料量等来保证三者混合均匀，物料悬浮状态良好，分解充分，煤粉才能燃烧完全。

表5列举了上述5个厂预热器出口气体的 α、总风量及冷却机供风量与系统烧成热耗。

表5 预热器出口气体 α、总风量、冷却机供风量及系统烧成热耗（标况）

厂家	预热器出口气体的 α	预热器出口的总风量（m^3/kg）	冷却机供风量（m^3/kg）	系统风、煤、料比例（m^3: kg: kg）	烧成热耗（kJ/kg）
A	1.217	1.520	2.399	1:0.099:1.05	3257
B	1.472	1.722	3.086	1:0.107:0.948	3568
C	1.388	1.811	2.466	1:0.10:0.902	3996
D	1.336	1.670	0.839	1:0.081:0.988	3485
E	1.586	2.084	2.846	1:0.073:0.784	4031

由表5可见，E厂系统用风量明显偏大，其预热器出口气体的 α 达到1.586。这必然导致预热器出口废气带走热损失增大，系统的烧成热耗增加。资料表明，预热器出口每增加10%过剩空气量时，废气温度将增加16℃，热耗相应增加25kJ/kg，E厂系统用风量较高的原因除冷却机供风量达到2.846m^3/kg外，系统较严重的漏风也是一个原因，尤其是旋风筒锥体膨胀仓的捅灰孔。

表5中D厂的冷却机为单筒冷却机，与其他厂家的篦冷机相比，其入冷却机风量相对要小些。B厂冷却机的风量过大，标况下为3.086m^3/kg，虽然其冷却机的余风排风量也较高（标况下1.96m^3/kg），但仍容易导致系统废气量偏高、二次风温偏低、热效率降低。目前国内不少厂家采用的第三代带空气梁的篦冷机，其充气篦板具有高阻力、高气流穿透性特

点，可减小熟料颗粒大小和料层阻力变化的影响，强化气固换热，使熟料得到有效的冷却，并能提高入窑二次风温与入炉三次风温，有利于窑炉内煤粉的燃烧。

从系统用风、煤、料量比例也明显可以看出，B厂用煤量偏高，这与其使用煤粉的低位热值较低有关。E厂用风量偏大，而C厂无论是用风还是用煤都有些偏高，同时较高的窑尾温度也说明了该厂在实际操作中排风量过大，建议工厂在实践中应逐步加以修正，以达到优质、高产和低耗的目的。

四、结论

预分解窑系统的用风比较复杂，不同窑型、炉型要求的用风也不相同，且不同的窑头用风与分解炉用风对煤粉燃烧的影响也不相同；同时，入冷却机风量以及系统各处的漏风，如预热器系列、窑尾、窑头等的漏风都对窑系统的正常操作及热耗产生影响。生产中要注意风的分配、窑炉用煤量的比例控制，兼顾整个系统的风、煤、料的平衡关系，为工厂优质、高产、低耗打下基础。

参考文献

［1］胡宏泰，朱祖培，陆纯煊．水泥的制造和应用［M］．济南：山东科学技术出版社，1994：234.

［2］Narang KC. Tests relating to the use of solid fuels with low volatile content in precalciner kilns［J］. ZKG，1986，39(8)：462.

［3］周沛．水泥煅烧工艺与设备［M］．武汉：武汉工业大学出版社，1993：202.

［4］王超群，孔学标．三通道喷煤管强化煤粉燃烧机理分析［C］．94南京国际水泥新技术研讨会论文集，1994：237.

［5］Rosemann H，Locher F W，Jeschar R. Fuels energy consumption and operational behavior of rotary kiln plants with precalciner［J］. ZKG，1987，40(10)：493.

［6］王玉峰．浅谈窑外分解窑的合理操作［C］．悬浮预热和预分解窑第三届技术经验交流会论文集．北京：中国建材工业出版社，1997：206.

浅议预分解窑系统的窑头用风

考宏涛　陆　雷　胡道和　李　敏

（南京化工大学材料学院，210009；东南大学材料系，210096）

【摘　要】 窑头一次风量影响着窑内煤粉的着火燃烧，应选择合适的一次风量。结合国内几家预分解窑系统的窑头用风、用煤情况的比较，分析了系统用风量与用煤量之间合理的比例。

【关键词】 预分解窑，用风，燃烧，煤

一、引言

在水泥预分解窑中，系统用风至关重要，它不仅为煤粉的充分燃烧提供足够的氧气，而且还是物料在预热器中充分悬浮所必要的。在窑系统的用风中，一次风量的大小对于窑内煤粉的着火与燃烧起到关键的作用，它在不同程度上影响着窑系统的烧成热耗和熟料的质量。

近几年来水泥窑燃烧器的开发取得了显著进展，主要是为了灵活调节火焰的长度与形状，降低一次风量和有害气体的排放[1,2]。早期回转窑采用单通道燃烧器，一次风完全用来输送燃料，其用量一般为总燃烧空气量的15%～30%，甚至高达40%。20世纪70年代末，法国Pillard公司首先开发出用于煤粉的三通道燃烧器，从而使一次风量降到入窑总空气量的12%～14%（不包括煤粉送风量）。在三通道燃烧器的基础上Pillard公司又开发了新一代Roatflam多通道燃烧器，其一次风量进一步降到5%～7%，KHD公司开发的Pyrojet燃烧器，一次风用量约为5%，FLS公司也在过去的Swirlax燃烧器的基础上开发出Centrax烧器，其一次风量降低到4%[3]。随着一次风用量的降低，相应地提高了高温的二次风量，提高了热回收效率，降低了烧成热耗。然而，国内水泥工业的燃烧技术与国外相比存在着较明显的差距，一次风用量也不尽合理。本文通过对国内几条预分解窑实际生产情况的比较，旨在探讨合理的窑头用风，为国内科研院所开发出适合我国国情的新型煤粉燃烧器提供帮助。

二、一次风的影响

（一）一次风对煤粉着火的影响

一次风的作用是高速输送煤粉进入回转窑内供给煤粉中挥发分进行燃烧。这种高速的一次风喷射入窑，在窑内形成一个低于周围介质的负压区，轴向压力差使得周围介质逆向向喷嘴处运动，从而形成回流区，回流区把周围高温烟气卷吸到喷嘴根部来加热煤粉与空气的混合物，这对稳定煤粉的着火燃烧有利。但如果一次风量过大，则会相应地减少气流中煤粉浓度。煤粉气流中由于一次风量的增加，单位重量煤粉气流的热流量增加，煤粉浓度的减小使得煤粉的析出热量减小，煤粉气流的加热量也就减小，故温度升高变慢，限制了着火过程的发展。此外，还因空气量的增加，使析出后的挥发分与空气组成的气态可燃混合物浓度减小，降低了火焰燃烧温度、燃烧反应速度和火焰传播速度，不利于挥发分的着火燃烧。然而，若一次风量过小，则又会影响着火以后煤粉的燃烧，甚至导致窑内煤粉的不完全燃烧。

至于一次风速，亦不宜过大。因为流速增加会导致通过气流横截面的流量增多，因而对气流的加热将会削弱，使着火时间推延，甚至不能着火。在着火需要时间相同的条件下，一次风速越高，着火距离越远，黑火头就越长。当风速超过一定值后，可能会影响到火焰的稳定和煤粉的燃烬。因此，对较难着火的煤来说，应尽量采用较低的一次风速[4]，但要保证煤粉的气力输送，而且还要避免回火的发生。当然流速亦不能过低，需保证煤粉气流处于湍流状态，否则亦不利于着火。适合的风速需要根据煤粉的燃烧特性、燃烧器的形式、布置等全面考虑。

从燃烧的角度分析，适当减小温度较低的一次风量，增加高温的二次风量，将有利于煤粉的着火和火焰传播速度。如果火焰传播速度过低，而一次风速又选用得过高，着火就不稳定，在异常情况下还会导致灭火。当然，火焰传播速度与煤粉的挥发分、灰分以及煤粉的细度有关。根据实验测定可知，煤的挥发分愈低、灰分愈高、煤粉愈粗，则火焰传播速度愈低[5]。因此，对于国内使用低挥发分煤乃至100%无烟煤，为了保证合理的火焰传播速度，有必要在煤粉细度等方面加以摸索，而国内在开展如何用风以适应窑头低挥发分、劣质煤燃烧的需要方面仍有待于进一步探讨。

（二）一次风对 NO_X 形成的影响

NO_X 分为“燃料 NO_X”和“高温 NO_X”（或称为“热 NO_X”）两种。“燃料 NO_X”是由燃料燃烧中因本身含氮而形成的 NO_X，而“高温 NO_X”则是由燃烧过程中空气中的氮经高温氧化而形成的 NO_X[6]。

研究表明[7]，在挥发分析出和燃烧过程中用最小的一次风量对于减小两种 NO_X 都是有利的。CEMEFLAM 的研究表明，影响 NO_X 排放量的最主要参数是着火点喷射流中的氧含量。根据其研究，一次风量在5% ~7%时最有利于降低 NO_X 的形成。

三、一次风量的大小

（一）一次风量与窑头用煤量

国内厂家由于各自使用的原、燃料及热工设备等的不同，在实际生产中所确定的风、煤、料的比例关系也不同，这三者间配合问题解决的好坏是预分解窑的优点能否充分发挥，优质、高产、低耗的目的能否实现的关键。对窑内的通风来说，一次风量的多寡不仅影响到二次风量的高低，还将对窑内的气体量，即窑内气体流速产生影响。当窑内气体流速增大时，对流传热系数增大，传热速率快，但气体与物料接触时间短，废气温度升高，热耗增加且飞灰大，使料耗增大；相反若流速过低，传热速率低，使产量降低。为了保持窑内有适当的火焰长度，都要求有适当的一次风量。各生产厂家应充分考虑到自己使用的原、燃料的反应特性和设备条件的不同，合理选用一次风量。

表1列举了国内几家预分解窑实际生产时的一次风量，表中的一次风率为一次风用量占入窑总空气量的比例（不包括窑头送煤风）。

表 1　一次风率及窑头用煤量

厂家	A	B	C	D	E	F
窑头用煤量与一次风量之比(kg/kg)	1/1.66	1/1.29	1/1.54	1/1.62	1/2.35	1/1.63
一次风率（%）	11.11	12.59	15.18	10.62	25.17	12.01

由表 1 可见，从窑头用煤量与一次风量之比以及一次风率来看，E 厂的一次风量明显偏高。这主要是由于该厂地处高海拔地区，当在大气压仅为 593mmHg，且窑头一次净风由离心风机（9－19NO. 8D 顺 135 度、风压 15kPa、风量 6594m^3/h）送风，系统为达到合理的火焰长度，在风压不够的基础上只好靠增大一次风量的喷射速度来弥补。但该厂的生产实践表明，通过调整三通道喷煤管的操作参数可以调节火焰的形状和长度，控制熟料的煅烧，熟料质量较好，*f*-CaO 低，烧成带窑皮长度也较合理，说明该厂一次风量在合理使用三通道喷煤管的基础上是可行的。但同时也要指出，这么大的一次风量对其烧成热耗是有影响的。资料表明[7]，当一次风量增加到总空气量的 10% 时，废气温度将上升 4℃，相应热耗增加 58.5kJ/kg 熟料。

表 1 中 D 厂的一次风率小，这主要是因为该厂窑头使用的是低挥发分煤和 Pyrojet 燃烧器（余下各厂均为三通道喷煤管），但该厂一次风率比其设计值 6.3% 要明显偏高，说明该厂在合理使用低挥发分煤与一次风量比例方面仍有待深入探讨。

表 2 把这几个厂家窑尾气体的过剩空气系数 α 及 O_2、CO 含量以及窑尾气体温度进行了对比，可以看出，B、C、E 三厂窑尾气体的 α 均 <1，且窑尾烟气中 CO 含量均比较高，说明窑内通风不好，这容易导致未燃烬的煤粉移动到窑尾上升烟道、末级筒甚至上一级筒内继续燃烧，造成局部高温，出现结皮堵塞现象。如果这些厂家所使用的煤质变差，更易造成煤粉的不完全燃烧。生产中应合理调节三次风管阀门或窑尾缩口的闸门以及高温风机的转速，适当加大窑内通风，合理控制窑炉的用风量比例。

表 2　窑尾气体的 α 及气体组成

厂家	A	B	C	D	E	F
窑尾气体的 α	1.111	0.982	0.996	1.074	0.941	1.068
窑尾气体中的 O_2 含量（%）	1.94	0.45	0.75	1.80	0.50	1.40
窑尾气体中的 CO 含量（%）	0.07	1.70	1.66	0.60	3.80	0.10
窑尾气体温度（℃）	1180	1095	1250	1145	1055	1046

窑尾气体温度与烧成带温度一起，表征了窑内热力分布情况。如果窑尾温度控制得较低，将使窑末段失去有效作用，且窑尾温度过低，不利于窑内传热及化学反应。同时也限制了窑内通风及窑的发热能力，影响高温带长度，减小在预热器及分解炉中可供给物料的热量。但窑尾温度过高，往往容易引起窑尾系统如上升烟道、末级筒的结皮堵塞。

从这几家窑尾的气体温度来看，C 厂的窑尾温度明显偏高，这主要是由于该厂系统排风量过大，把火焰拉长，使火焰的高温部分远离了窑头。同时该厂使用的煤质不好，挥发分不高，灰分大，这样窑内煤粉的燃烧速度慢，导致窑尾温度偏高。生产中应适当关小排风，将火焰缩短，调整风翅的角度，增加风煤的混合和向窑头方向移动喷煤管，从加强一次风的混合，提高煤粉的燃烧速度。A 厂的窑尾温度也比较高，但这主要是该厂在其流化态分解炉设计时，采用反应两步到位，利用窑尾高温烟气所含有的热量和炉出口的过剩空气量，把上升烟道当成第二分解炉，所以该厂的窑尾气体温度较高。

（二）一次风量与煤的挥发分含量

长期以来，人们根据煤块的燃烧认为煤在加热过程中，挥发分首先分解析出，在炉内足够高的温度和氧气存在情况下，挥发分先着火燃烧，形成火焰。挥发分在焦炭周围燃烧，将焦炭加热，当挥发分接近燃烬时，氧气到达焦炭表面，焦炭立即剧烈燃烧，也就是说，挥发分和焦炭的燃烧基本上是分阶段进行的。这样人们认为，合适的一次风量应等于或略大于挥发分燃烧所需的理论空气量。但是由于不同种煤中挥发分的组成非常复杂，目前还没有煤粉火焰加热条件下所得的挥发分的组成数据，虽然 Loison 和 Chanvin 的研究表明[8]，该组分主要为水蒸气、CO、CO_2、H_2、N_2 及各种碳氢化合物，但煤的种类不同，其中挥发分的组成也不相同。挥发分的燃烧计算比较复杂，煤中挥发分与氧气的反应，在气相状态下一旦反应物彼此充分混合，反应就开始了（只要温度和浓度合适），但在窑内煤粉火焰的着火区存在着多种气体（如惰性稀释气体）和水蒸气时，挥发分的燃烧反应就更为复杂，所以很难确切计算出挥发分燃烧所需的理论空气量。近年来的试验研究发现，煤粉的燃烧过程和上述概念不大相同。当加热速度很快时，煤粉很快达到足够高的温度，在挥发分还没有明显分解析出前，氧气已和碳颗粒表面直接接触，煤粉就可能直接着火燃烧，以后挥发分和焦炭燃烧可能同时进行下去。虽然如此，但在燃烧过程初期，挥发分的燃烧速度比焦炭快，挥发分高的煤粉着火容易，初期的燃烧速度也快，因此，对于高挥发分煤粉，一次风量可以多一些。合理的一次风量由试验确定，它随煤粉性质和燃烧设备而变。而水泥工业，各工厂一般根据自己的生产条件，借鉴已有的经验以及和其他厂家的对比，来进行一次风机的选型和一次风量的确定。这里不妨把各厂所用煤粉的挥发分所占的分额与一次风量相比，以此分析一次风量的多寡。表 3 列举了上述厂家实际生产时煤粉的工业分析值。

表 3　煤粉的工业分析

厂家	V_{ad} (%)	A_{ad} (%)	M_{ad} (%)	FC_{ad} (%)	$Q_{net,ad}$ (kJ/kg)	挥发分量与一次风量之比（kg/kg）
A	24.38	29.86	1.18	44.8	21580	1:3.34
B	25.11	31.62	3.07	43.27	19340	1:3.86
C	23.78	30.40	0.53	45.29	22032	1:5.26
D	3.34	14.02	1.47	81.17	28032	1:5.03
E	25.42	22.25	0.72	51.61	25718	1:7.35
F	26.50	19.38	0.50	53.62	26474	1:3.91

需要说明的是 D 厂由于使用的煤粉是挥发分为 3.34% 的低挥发分煤，从其挥发分量一次风量之比来看，似乎显得一次风量过高，其实不然，这主要是由于该厂用煤的挥发分与其他厂家相比相对较低。若按其余 5 厂用煤的挥发分（取 5 厂平均值）来计算，该比值为 1:4.04，与其他厂家接近。但从余下的几个使用烟煤的厂家相比。E 厂一次风量相对偏高，究其原因前面已经分析过，这是不再赘述。

（三）窑头漏风

窑的筒体与窑头接合处存在缝隙，而回转窑是在负压下进行操作的，故要搞好窑头密封以防外界冷空气被吸入。如果窑头密封元件严重磨损或损坏，或者连接螺丝松动脱落、拉紧和悬吊装置的弹簧、支架等不能灵活有效以及看火孔、入孔门等关闭不灵活等，都会造成窑头漏风现象。如果窑头漏入冷空气，则会减少由冷却机入窑的二次风量，并降低二次风温，这不但对熟料冷却不利，而且窑内火焰温度也会降低，从而影响煤粉的完全燃烧，增大热损失。资料表明[7]，窑头的漏风每增加 0.5kJ/kg 熟料，废气中 O_2 含量上升 1.1%，废气温度上升 18℃，热耗相应增加 75.2kJ/kg 熟料，由此可见，窑头的密封对于工厂的热工制度的稳定是很重要的。

四、结束语

在预分解窑系统中，用风量与用煤量之间应合理匹配，它对系统烧成热耗和熟料产、质量的高低有影响。在窑系统用风中，一次风量的大小对于窑内煤粉的着火燃烧至关重要。与国外同等厂家相比，国内的预分解窑生产线的窑头用风不尽合理，一次风量偏大。实际生产中应结合所使用的煤种，逐步摸索出合理的一次风用量。

参考文献

[1] 喇华璞，张树青．新型干法窑热端煤粉燃烧器．94 南京国际水泥新技术研讨会论文集，1994.137.

[2] 叶旭初，胡道和．水泥窑用喷煤燃烧器技术的发展及火焰稳定技术．全国水泥工艺及装备技术学术年会论文集，1996：351.

[3] 朱祖培．水泥窑燃烧技术的进展［J］．水泥，1994，(1)：4.

[4] 何佩娄，赵仲唬，秦裕砚．煤粉燃烧器设计及运行［M］．北京：机械工业出版社，1987.

[5] Narang K C. Tests relating to the use of soild fuels with low volatile content in precalciner kilns，ZKG，1986，39(8)：462.

[6] Bramer E A，Valk M. Nitrons oxide and nitric oxide emission by fluidized bed combustion. Proceeeding of the 11th Int conf on FBC1991. 701.

[7] 胡宏泰，朱祖培，陆纯煊．水泥的制造和应用［M］．济南：山东科学技术出版社，1994：234.

[8] Fied M A，Gille D W，章明川，许方洁泽．煤粉燃烧［M］．北京：水利电力出版社，1989：162.

窑炉用风量的合理匹配

考宏涛[1] 李 敏[2] 李昌勇[1] 胡道和[1]

（1. 南京工业大学材料学院，南京，210009；2. 东南大学材料科学与工程系，南京，210096）

【摘 要】 预分解窑系统窑炉用风量的合理匹配对于稳定系统的热工制度，提高熟料的产量、质量都至关重要。但不同的窑炉结构及不同的操作条件，窑炉内煤粉燃烧的环境也不尽相同，燃烧所需要的气体量也不同。根据预分解窑系统煤粉燃烧的特点，结合国内几家预分解窑的实际生产情况，探讨了窑炉在正常运行条件下的用风量，即一、二、三次风的风量大小。并根据某厂家在生产过程中为强化炉内煤粉的燃烧，而对三次风风门开度进行了两次调整后的现场检测结果，讨论了窑炉用风量的合理匹配问题及其对系统正常运转的重要性。指出生产中一定要注意风的分配、窑炉用煤量的比例控制，并兼顾整个系统风、煤、料的匹配关系。

【关键词】 燃烧，风量，窑炉，预分解窑

RATIONAL MATCHOF GAS FLOW RATE IN KILN AND PRECALCINER

Kao Hongtao[1], Li Min[2], Li Changyong[1], Hu Daohe[1]

(1. College of Materials Science and Engineering, Nanjing University of Technology, Nanjing 210009;
2. Department of Materials Science and Engineering, Southeast University, Nanjing 210096)

【Abstract】 The quantities of gas flow rate , i. e. the primary , secondary , tertiary air flow rate are discussed based on the characteristics of combustion of pulverized coal in precalciner kilns and the actual production of a few domestic cement plants under the normal production condition. According to the measurement results of three openings of the tertiary air control valve in air conduit in a cement plant , where reinforcing coal combustion is needed , the suitable arrangement of the gas flow rate of kiln and precalciner and its important effects on the normal operation of the sintering system are discussed. The arrangement of gas flow rate, the proportion of coal used in kiln and precalciner and the rational match of coal , raw meal and air flow rate are presented.

【Key words】 combustion, gas flow rate, kiln, precalciner

水泥烧成系统的用风历来受到有关人员的重视，尤其是对于预分解窑，既有窑内通风，又有分解炉用风。这些风不仅要为窑炉内煤粉的充分燃烧提供足够的氧气，而且还要保证物料在预热器内充分悬浮和合理的运动。合理匹配窑炉用风量对于稳定系统的热工制度，提高熟料的产量、质量都至关重要。

本文作者通过对国内一些厂家实际生产情况的热态检测分析，发现了不少问题，诸如窑炉用风量不协调等。本工作根据窑炉内煤粉燃烧的特点，从实际生产数据出发，着重分析了窑炉用风及其风量匹配，从而可为工厂的实际操作提供借鉴。

一、窑炉内煤粉燃烧的特点

众所周知，不同的环境条件下，煤粉燃烧的特点是不同的，分解炉内煤粉的燃烧是在低温（750~950℃）、高粉尘悬浮（炉内粉尘浓度接近于常规煤粉燃烧的10倍以上）及伴有生料分解反应使其等特殊条件下进行的。煤粉燃烧处于物料的分解区段，强烈的吸热反应使其迅速吸收了燃烧过程中释放的热量，致使煤粉燃烧速度较慢；同时生料分解时放出的大量二氧化碳、部分化学结晶水及少量的微量气体都制约了炉内煤粉的挥发热解和碳粒表面的燃烧反应。要保证煤粉的燃烬与生料的充分分解，煤粉颗粒在分解炉内还必须具有适宜的停留时间。

窑内煤粉的燃烧相比较而言较为理想。煤粉的挥发热解、碳粒燃烧处于高温“焰区”，即物料的烧成带和冷却带区段内强烈的熟料热辐射使煤粉迅速达到着火温度，燃烧速度主要由煤粉和空气的混合强度所决定，强气流的扰动将大大加快煤粉燃烧进程。不同的窑炉结构及不同的操作条件，炉内煤粉燃烧的环境也不尽相同，燃烧所需要的气体量也不相同。

二、窑炉的用风量

过剩空气系数α是燃烧过程的一个重要参数，可用以判断窑炉的用风量或煤粉和空气量的比例情况。不过，对分解炉来说，由于炉内煤粉分散的不均，局部空间氧气浓度可能太低，这样会导致炉内煤粉的不完全燃烧，因此要结合不同分解炉的特点，来考虑炉出口的过剩空气系数α。

（一）分解炉用风

实际生产中为了保证炉内煤粉的完全燃烧，对分解炉的用风要求较高，但较为复杂，这除与分解炉的炉型、结构特点、操作等密切相关外，还要受到窑、冷却机的操作以及三次风抽风点的位置等影响。就三次风而言，其入炉的起始状态以及在炉内的运动规律对煤粉的着火和生料的起始升温有明显的影响[3]。现仅从入炉三次风量 V_3，煤粉燃烧所需理论空气量 V_a^0，炉出口过剩空气系数α及出炉气体 O_2、CO含量4个方面，对国内几个厂家加以对比分析，见表1。

表1　V_3、V_a^0，炉出口气体的α及 O_2，CO含量

Table1　V_3，V_a^0，α and O_2，CO content of outlet of calciner

Plant	V_3(kg/s)	V_a^0(kg/s)	α	Mass fraction of O_2，CO(%)	
				O_2	CO
A	14.82	30.14	1.025	0.5	0.17
B	18.86	18.02	1.071	1.1	0.1
C	19.43	23.22	1.305(1.106)	4.56	0.2
D	8.98	8.44	1.124(1.08)	2.44	0.81
E	6.62	4.71	1.289(1.35)	4.2	0.2

Note：α in parentheses is that of outlet of MC chamber，out of parentheses is that of SC chamber.

需要指出的是，A厂分解炉的三次风量比煤粉燃烧所需的理论空气量要小得多（其流化风量为 8.51kg/s，加上三次风和炉用煤风后总风量为 28.97kg/s，比煤粉燃烧所需的理论空气量稍少），但其分解炉是流态化炉，炉内煤粉停留时间较长，温度场也比较均匀。低温、低 α 操作是流态化炉的一个特点。表 1 中 A 厂炉出口的 α 为窑气与炉出口气体混合后的结果，这个数值较为合理。B、D 两厂分解炉的用风也比较合适，其三次风量稍大于炉内煤粉燃烧所需理论空气量，加上炉用送煤风，分解炉出口的空气量有一定的富余。C 厂分解炉内的三次风量小于煤粉燃烧所需的空气量，但不管从 SC 室出口气体的 α(1.305) 还是从其中的氧含量（4.56%）来看，又都表明了炉出口过剩空气比较多，SC 室出口的气体温度只有 833℃也印证了这一点，这只能说明其 SC 室内存在较严重的机械不完全燃烧，大量未燃烬的煤粉到 MC 室继续燃烧，导致 MC 室甚至整个窑尾系统出口气体温度偏高，实际生产中 MC 室出口气体温度为 951℃。不过从其 MC 室出口气体的 α(1.106) 来看，该 RSP 分解炉整体用风量尚可。E 厂分解炉三次风量明显偏大，过多的过剩空气导致了炉出口的气体温度降低，实际生产中 SC 室出口的气体温度为 940℃，低于 D 厂 SC 室出口的温度（1011℃）。

由表 2 中炉出口的物料分解率可以看出，由于 A 厂分解炉设计的意图是采取反应两步到位，故炉出口的分解率不高，只有 39.78%，但该厂把窑尾的上升烟道作为第二分解炉，充分利用了窑尾废气带入的大量热量，使得入窑的物料分解率达到了 87.89%。C、D 两厂的分解炉也有类似的情形，不过这两厂 SC 室出口的物料分解率与国外同类型的分解炉相比，差了近 30%，说明国内该类型分解炉在用风与用煤方面仍有待于提高。

表 2 炉出口的气体温度和物料分解率

Tabel 2 Gaseous temperature and decomposition degree of material of outlet of precalciner

Plant	Type of precalciner	Temperature (℃)	Degree of decomposition (%)
A	MFC	859	39.78
B	DD	874	70.03
C	RSP	833(951)	49.78(90.65)
D	RSP	1011(868)	43.2(83.9)
E	RSP	940(850)	79.8(82.7)

（二）窑内用风

窑内用风主要是一次风与二次风，当然也包括窑头、窑尾的漏风。二次风量受到一次风量和熟料冷却等的影响。一次风用于窑头煤粉的输送和供给煤中挥发分燃烧所需的氧。有人认为，在生产上可考虑将煤中挥发分燃烧所需要的理论空气量近似看作为一次风量。对于较难着火的煤，应采用较低的一次风量，但一次风量太低也会影响煤粉着火后的燃烧需要；对于易着火的煤，一次风量就不宜过小，否则可能使化学和机械不完全燃烧损失增加。

对于预分解窑，其入窑物料的分解程度受到窑废气量的影响，因为物料分解所需热量由分解炉内煤粉燃烧热及窑尾废气所含热量两部分组成。这样通过窑尾的过剩空气系数 α 及气体成分可分析出窑内通风情况。表 3 列举了国内几个生产厂家实际生产时，窑头一次风率（即一次风量占入窑总空气量的比例）及窑尾气体的过剩空气系数 α 等情况。

表3中各厂窑头所使用的煤粉燃烧器均为三通道喷煤管。一般说来，三通道喷煤管的一次风量比例小于15%，国外较先进的可以达到6% ~8%左右，国内一般为10% ~15%。从表中的一次风率来看，A、B、E厂比较接近这个范围，C厂稍高些，而D厂则明显偏高。

表3　窑头一次风率及窑尾气体的α和O_2，CO含量

Table3　Ratio of the first air and α，O_2，CO content of end of rotary kiln

Plant	Ratio of the first air (%)	Temperature (℃)	α	Mass fraction of O_2，CO(%)	
				O_2	CO
A	11. 11	1 180	1. 111	1. 94	0. 07
B	12. 59	1 905	0. 982	0. 45	1. 70
C	15. 18	1 250	0. 996	0. 75	1. 66
D	25. 17	1 055	0. 941	0. 50	3. 80
E	12. 01	1 046	1. 068	1. 40	0. 10

从窑尾气体的α来看，A、E两厂较为理想，其他3厂均小于1，尤其是D厂，仅为0. 941，而CO含量高达3. 8%，说明窑内用风量严重不足，这极易导致煤粉的不完全燃烧，而未燃烬的煤粉移动到上升烟道、末级筒甚至上一级筒内会继续燃烧，生产中需常有结皮堵塞现象。从窑尾温度来看，C厂明显偏高（但烧成带温度不高），说明该厂窑内排风量过大，一次风混合不理想，火焰拉长，使火焰的高温部分远离了窑头。

（三）窑炉用风量的匹配

在预分解窑生产操作中，要求稳定喂入生料量和煤量，还要稳定窑炉用煤的比例，并据此调节好系统用风量，使系统各部分压力和温度相对稳定。操作上可根据窑炉内煤粉燃烧情况，调节好三次风管与窑尾上升烟道的阀门，使系统总风量及窑炉两路风量分配均达到要求。

但有的厂家为增强燃烧点火力而过多增加窑头用煤量，导致窑内煤粉出现不完全燃烧现象，尤其是当喂煤量出现波动时，这种现象更加严重，这时如果窑、炉、末级筒与三次风管系统阻力不平衡，煤粉在末级筒中发生后燃烧现象，则可产生局部熔融，导致末级筒甚至上一级筒出现结皮堵塞现象，这在E厂RSP窑系统发生过多次。

表4列举了这5个生产厂家窑炉用煤量比例和窑尾、炉出口以及末级筒出口气体的α和O_2、CO含量。从这些数据可以对比分析各厂家窑炉用风的合理性问题.

表4　窑炉用煤量比例及窑尾、炉出口、末级筒出口气体的α及O_2，CO含量

Table4　Ratio of coal used in kiln and precalciner and α，O_2，CO content

Plant	A	B	C	D	E
Proportion of coal	46/54	37/63	29/71	46/54	59/41
End of kiln					
α	1. 111	0. 982	0. 996	0. 941	1. 068
$w(O_2)$(%)	1. 94	0. 45	0. 75	0. 5	1. 4

续表

$w(CO)$(%)	0.07	1.7	1.66	3.8	0.1
Outlet of calciner					
α	1.025	1.071	1.305	1.124	1.289
$w(O_2)$(%)	0.5	1.1	4.56	2.44	4.2
$w(CO)$(%)	0.17	0.1	0.2	0.81	0.2
outlet of the last preheater					
α	1.064	1.257	1.188	1.102	1.397
$w(O_2)$(%)	1.14	3.7	2.87	1.83	5.2
$w(CO)$(%)	0.1	0.2	0	0.2	0

由表4可以看出，除A厂外，B、C、D厂均存在用风量不当的问题，总体上都表现为三次风量偏大、窑内通风不足。其中B、C两厂炉用煤量偏高，尤其是C厂，在窑头用煤量不足30%的情况下，窑尾出口气体的α还不到1.0，说明该回转窑内通风不足现象十分严重，难以保证窑内煤粉的正常燃烧，窑内的还原气氛极易导致窑尾较频繁的结皮堵塞。其炉用煤量过大，使得入窑物料分解率一般都在95%以上，很多时候高达97%、98%甚至99%，这必然过分增加分解炉的负荷，造成窑尾系统整体温度过高，而窑内烧成温度不够，游离CaO升高，影响熟料质量。

E厂窑尾的α为1.068，说明窑内的通风较为合理，但由于窑用煤量相对较多，窑头烧成带的热负荷相应增加，这也影响了窑衬的正常使用寿命，且炉内因用煤量偏小而显得三次风过量，导致炉出口气体温度下降。分解炉的喂煤量应根据预热器来的生料升温及分解所需要的热量及热效率确定，通过控制物料分解率和炉出口气体温度来调节喂煤量；而窑用煤量应根据入窑物料量及分解率来确定，回转窑在此主要起物料的烧结作用。

生产中一方面要根据各级预热器温度、压力、窑尾和一级筒出口的O_2含量调节主排风机转速和冷却机供风量，实现总风量与煤、料的合理匹配；另一方面也要根据窑尾及一级筒出口的过剩空气量，调节三次风管阀门或上升烟道的闸门，实现窑炉用风量的合理分配。

四、窑炉用风量的匹配试验结果

国内某厂分解炉出口及入窑的生料分解率一直较低，为了强化炉内煤粉的燃烧以改善生料的分解状况，在喂料量（44.17kg/s）、喂煤量（窑用煤量1.60kg/s、炉用煤量2.28kg/s，窑炉用煤比41∶59）以及窑尾高温风机转速等都不变的情况下，单纯进行了调整三次风风门开度的试验。通过现场测定窑尾、炉出口、C5预热器出口的气体温度、成分以及三次风量、生料分解率等数值，了解炉内煤粉的燃烧和生料分解状况。该厂正常运转情况下三次风风门的开度为55%～60%（normal opening），两次调整情况下的开度分别为40%～42%（reduce opening），79%～81%（increase opening）。热态检测结果见表5、表6。

表 5　不同开度下的三次风量、三次风温、生料分解率等

Table 5　Rate and temperature of tertiary air and decomposition degree of material

Measurement item	Reduce opening	Normal opening	Increase opening
Rate of tertiary air(kg/s)	16. 18	19. 60	21. 03
Temperature of tertiary air(℃)	828	748	740
Temperature of shrinkage(℃)	882	884	888
Temperature of gas(℃)			
End of kiln	1071	1070	1050
Outlet of calciner	885	888	886
C5 preheater	876	878	877
Pressure(Pa)			
End of kiln	-376	-450	-532
Outlet of calciner	-1275	-1270	-1226
C5 preheater	-2218	-2415	-2453
C1 preheater	-8040	-8054	-8240
Decomposition degree(%)			
End of kiln	86. 44	89. 83	89. 70
Outlet of calciner	82. 29	82. 66	82. 73

从表 5 可以看出，当三次风风门开度由正常开度减小或增大时，炉出口的生料分解率均变化不大。这主要是由于虽然喷腾风与径向风发生了变化，但根据该炉冷态模型试验的结果，其炉内物料的停留时间变化不大。且从表 6 中炉内缩口与出口气体温度数值也可近似看出，炉内煤粉的燃烧温度也变化不大。但开度减小时，入窑的生料分解率却明显偏低。主要原因是伴随三次风量的减小，进 C5 预热器的气体所携带的热量也相应减小，从而导致 C5 预热器内碳酸钙分解反应所需的热量也相应减小。

三次风风门开度减小，相应地增加了窑内的通风，其 DD 炉锥体的喷腾风速变大。相应地炉体的喷腾风阻力变大。但此时 C1 预热器出口负压与正常情况下的差距不大，而风门由正常情况增大到 79% ~81% 时，C1 预热器出口负压增大了近 2. 2%，即系统的阻力要变大，从这点上看，三次风风门开这么大并没有达到改善炉内煤粉燃烧的目的。

由表 6 可见，三次风风门开度大小对窑尾、炉出口与 C5 预热器出口气体成分的影响程度不同。根据计算，炉内煤粉燃烧所需理论空气量为 19. 13kg/s，三种开度下实际入炉空气量（已考虑了炉送煤风与窑尾过剩空气量）分别为 21. 44kg/s、18. 09kg/s 和 21. 62kg/s。计算得到炉出口过剩空气系数分别为 1. 121、0. 946 和 1. 13，说明三次风风门开度为 40% ~42% 时，由于三次风，风量大幅度减小（与正常运转情况下相比减少了 17. 45%），容易导致炉内煤粉出现较严重的不完全燃烧现象，从炉出口 CO 含量达到 1. 2% 也证实了这一点。但三次风风门开度增大到 79% ~81%，虽然有利于炉内煤粉的燃烧，但导致窑内通风的变差（窑尾气体中 CO 含量为 1. 4%），难以保证窑内煤粉的完全燃烧。

表 6　三种开度下窑尾、炉出口和 C5 预热器出口的气体成分

Table 6　Gaseous content of outlet of kiln , calciner and C5 Preheater

	Reduce opening	Normal opening	Increase opening
$w(CO_2)$(%)			
End of kiln	18.40	17.15	12.68
Outlet of calciner	21.00	22.60	23.30
C5 preheater	31.30	30.54	30.25
$w(O_2)$(%)			
End of kiln	2.00	1.96	0.72
Outlet of calciner	0.40	1.20	2.95
C5 preheater	1.85	2.46	2.60
$w(CO)$(%)			
End of kiln	0.20	0.25	1.40
Outlet of calciner	1.20	0.40	0.15
C5 preheater	0.15	0.18	0.25
$w(N_2)$(%)			
End of kiln	78.40	80.64	85.20
Outlet of calciner	77.40	75.80	73.60
C5 preheater	66.70	66.62	66.90
α			
End of kiln	1.099	1.094	1.001
Outlet of calciner	0.990	1.052	1.172
C5 preheater	1.111	1.154	1.162

由该生产试验的检测结果足以证明窑炉用风匹配的重要性，同时也说明了单纯改变三次风风量难以保证炉内煤粉的完全燃烧。只有合理匹配窑炉系统的风、煤、料比例，保证炉内气流具有合理的运动规律，才能有利于炉内煤粉的完全燃烧。目前该厂正准备把炉用燃烧器改为三通道喷煤管，以此来强化煤粉的燃烧。

三、结论

预分解窑系统的合理用风问题比较复杂，不同窑型、炉型有不同的要求，窑头用风与分解炉用风对煤粉燃烧的影响也不相同，如果二者用风不当，就很容易造成窑炉用风的分配不合理，影响系统热工制度的稳定。同时，入冷却机风量以及系统各处的漏风（如预热器、窑尾、窑头等的漏风）都对窑系统的正常操作及烧成热耗产生影响。生产中要注意风的分配、窑炉用煤量的比例，并兼顾整个系统风、煤、料的匹配关系，为工厂优质、高产、低耗打下基础。

参考文献

[1] 胡宏泰，朱祖培，陆纯煊．水泥的制造和应用［M］．济南：山东科学技术出版社，1994：234.

[2] Narang K C. Tests relating to the use of solid fuels with low volatile content in precalciner kilns［J］. Zement-Kalk-Gips，1986，39(8)：460－462.

[3] Rosemann H，Locher F W，Jeschar R. Fuels energy consumption and operational behavior of rotary kiln plants with precalciner[J]. Zement-Kalk-Gips，1987，40(10)：489－498.

[4] 周沛．水泥煅烧工艺与设备［M］．武汉：武汉工业大学出版社，1993：202.

[5] 王超群．煤的燃烧科学与技术的进展［J］．新世纪水泥导报，2000，(6)：7－10.

[6] 王玉峰．浅谈窑外分解窑的合理操作［C］．见新型干法水泥生产技术研究会编．悬浮预热和预分解窑第三届技术经验交流会论文集．北京：中国建材工业出版社，1997：205－208.

[7] 考宏涛，陆　雷，胡道和．不同喷旋风量比对TD分解炉性能的影响［J］．水泥工程，1999(4)：6－8.

回转窑内生料反应动力学的实验研究

叶旭初　王雅琴　周松林　胡道和

（南京化工大学，210009）

【摘　要】 为了模拟水泥生料在回转窑内的煅烧进程，在恒定升温梯度条件下，分别试验研究了1000～1250℃、1350～1450℃温度段内三种生料的f-CaO的变化规律，给出了相应的反应动力学方程，其结果对指导回转窑的选型和操作具有现实意义。

【关键词】 恒定升温梯度，f-CaO变化规律，生料反应动力学

回转窑内生料的煅烧反应是水泥生产的重要过程，熟料质量与生料的反应动力学特性存在明显的依赖关系。以往对生料反应特性的研究偏重于工艺角度，并直接用这些结果来指导窑的选型与操作或分析生料煅烧进程。从工程应用来看，最终关心的是熟料质量，而熟料质量的重要控制指标之一是熟料f-CaO的含量，因此，f-CaO的吸收程度基本上反映了窑内生料煅烧的进程。从工程应用来看，最终关心的是熟料质量，而熟料质量的重要控制指标之一是熟料总f-CaO的含量，因此，f-CaO的吸收程度基本上反映了窑内生料煅烧的进程。本文认为在窑内复杂的物理化学中，熟料矿物吸收f-CaO的反应是窑内的主要控制反应。为了进一步对窑内的生料锻炼烧进程进行模拟研究，指导回转窑的选型与操作，有必要掌握该主控制反应的动力学规律。

一、生料反应动力学方程的转换

传统反应动力学参数的实验测定大多在恒温条下进行，但由于实际生料在回窑内高温煅烧时一直处在升温状态，并同时发生反应，这就使实验数据偏离了实际。为此R. Blaise[1]首先采用连续升温的方法来进行试验，但动力学参数仍依据传统的动力学方程来求解，所测定的动力学参数也不理想。Sestak[2]提出了新的研究思路，并被B. Carrol[3]所采用，在现行的升温速率条件下，得到了比较接近于生产实际的反应动力学参数。

传统的动力学方程为：

$$\frac{\mathrm{d}a}{\mathrm{d}t} = kf(a) \tag{1}$$

式中　a——反应程度；

$f(a)$——待定的反应函数；

k——反应速度常数；

t——反应时间。

式（1）中，反应速度常数k随温度变化关系可被认为服从Arrhenius定律。设恒定的升温速率为a，则动力学方程可转换为：

$$\frac{da}{f(a)} = \frac{Z \cdot e^{-\frac{Er}{RT}}}{a} \cdot dT \tag{2}$$

式中　Er——活化能；

Z——指前因子

R——气体常数；

T——绝对温度。

对方程（2）两边进行积分得：

$$\left.\begin{aligned} g(a) &= \frac{ZEr}{aR}p(\chi) \\ p(x) &= \left[-\frac{e^x}{x} + \int_{-co}^{x}\frac{e^x}{x}dx\right] \\ x &= -Er/RT \end{aligned}\right\} \tag{3}$$

一般情况下，$p(x)$ 仅能采用近似解，Maccallum 和 Tanner[4] 曾给出了如下的近似方程：

$$\lg[g(a)] = \lg\frac{ZEr}{aR} - 0.48Er^{0.44} - \frac{0.45 + 0.22Er}{T \times 10^{-3}} \tag{4}$$

适用条件为 $T < 673$K，$Er > 58.6$kJ/mol。

显然，该近似方程不能运用于水泥的煅烧过程，为此，J. A. Imlach［5］将方程扩展为：

$$\lg[g(a)] = \lg\frac{ZEr}{aR} + 0.887 - 0.623\ln Er + \frac{0.891 + 0.231Er}{T \times 10^{-3}} \tag{5}$$

适用范围扩大到：1273K≤T≤1723K。

反应程度可以用任一瞬时的 f-CaO 的绝对值或相对值 $(f'\text{-}f_{CaO})/f'$ 来表示，本研究取相对值 $(f'\text{-}f_{CaO})/f$，其中 f 表示 f-CaO 的最大值。

二、实验方法与测试结果

本研究中采用的原料来自 A、B、C 三家水泥厂，原料与煤灰的比例分别为100:3.35、100:1.41、100:2.27，混合生料的化学组成及率值分别见表 1、表 2。生料压制成规范的圆柱试样，置于高温炉内连续升温加热，在 1000～1200℃的温度段，升温速度严格控制在 5℃/min；在 1250～1450℃温度段，升温速度控制在 2℃/min，每升温 50℃就取出一组样品，每组 3 个试样，碾碎并通过 80μm 筛，采用 GB 176 法测定试样中 f-CaO，结果见表 3。

表 1　生料的化学组成质量分数

厂名	烧失量	CaO	SiO_2	Al_2O_3	Fe_2O_3	MgO
A	34.93	42.20	14.49	3.48	2.00	1.22
B	34.50	43.15	14.65	3.53	2.35	0.37
C	34.05	43.39	14.52	3.34	2.45	0.57

表2　生料的率值

厂名	*KH*	*SM*	*IM*
A	0.88	2.64	1.74
B	0.89	2.49	1.50
C	0.91	2.51	1.36

表3　*f*-CaO 质量分数的测定结果　%

厂名	煅烧温度（℃）									
	1000	1050	1100	1150	1200	1250	1300	1350	1400	1450
A	66.8	65.4	58.4	51.9	29.1	10.5	4.66	2.48	0.92	0.82
B	66.0	50.5	42.1	40.9	20.5	15.0	9.01	5.69	3.09	2.44
C	65.6	49.5	36.5	24.5	14.6	9.14	4.07	1.52	0.81	0.34

f-CaO 随温度的变换规律如图1所示。其中图1（左）表示温度在1000～1250℃范围内的测定值，图1（右）表示温度在1300～1450℃范围内的测定值。由图1可以看出，*f*-CaO 随温度的变化规律比较接近于直线分布，这与 J. A. Imlach 的研究结果基本相近。由图1还可以看出，不同厂家的生料，其反应动力学特性存在一定的差异。在烧结带，C厂生料的易烧性较好，A厂与C厂比较接近，而B厂生料的易烧性相对较差；在固相反应带，C厂、B厂生料的反应特性比较接近，A厂生料的反应特性比较接近，A厂生料的反应特性相对较差。

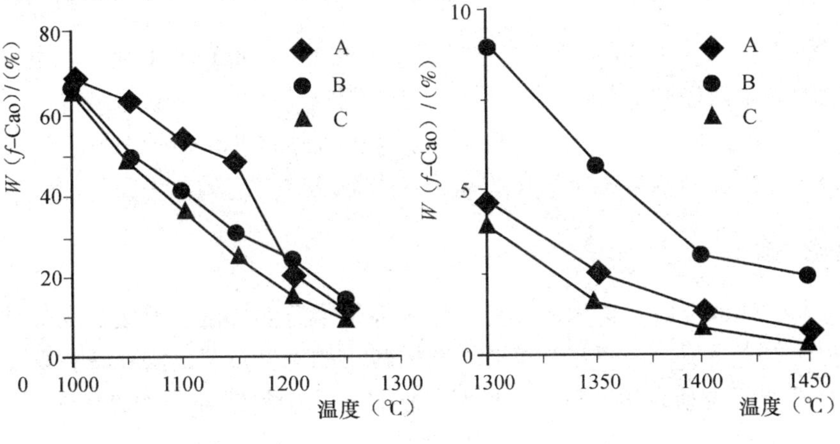

图1　*f*-CaO 随温度的变化规律

三、数据分析与讨论

为了求解相应的生料反应动力学参数，本研究依据动力学反应方程（5）进行回归分析，首先是反应函数 $g(a)$ 的选择，黄文熙等对众多的反应函数进行了比较全面的分析，认为 Glinstling 方程式最为合适[6]，即：

$$g(a) = 1 - \frac{2}{3}a - (1 - a)^{2/3} \tag{6}$$

图 2 是 $-\lg[g(a)]$ 随温度 $1/T$ 的变化规律。从图 2 可看出，无论是固相反应还是烧结反应，$-\lg[g(a)]$ 与 $1/T$ 的关系都比较接近于线行关系。固相反及烧结反应的活化能及指前因子见表 4。

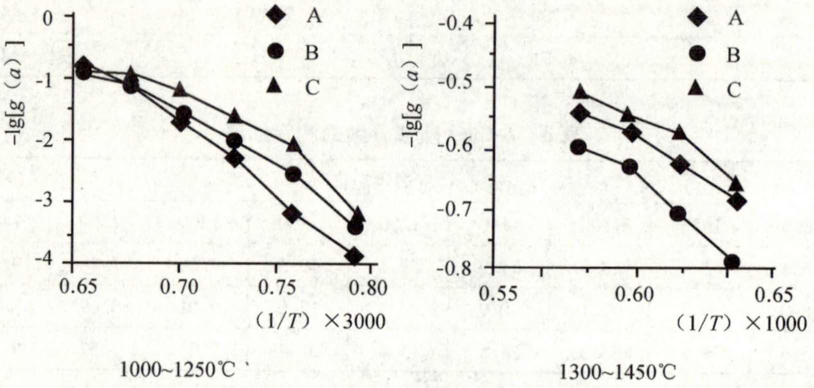

图 2　$-\lg[g(a)]$ 与温度 $1/T$ 的关系

表 4　活化能及指前因子

	固相反应（1000～1250℃）		烧结反应（1300～1450℃）	
	活化能	指前因子	活化能	指前因子
A	102.99	1.48×1013	7.11	1.04×10^{-2}
B	73.02	4.32×108	7.38	1.25×10^{-2}
C	78.36	1.76×109	11.31	4.13×10^{-2}

由表 4 可以看出，在 1000～1250℃ 温度段及 1300～1450℃ 温度段的活化能相差较大，产生该差异的原因是两段的主体反应产物不同。在固相反应段，主体反应的产物是 C_2S，在烧结段，主体反应的产物是 C_3S。本文测定的结果与 T. K. Chatterjee（1980）[9] 给出的活化能比较相近，表明本研究中测定的化学反应动力学参数具有一定的参考价值。

四、结论

（1）吸收 *f*-CaO 的反应是窑内的主控反应，在恒定升温梯度下测定的反应动力学参数接近与窑内的实际生产情况，其研究结果对指导回转窑的选型及窑的操作具有现实意义。

（2）生料煅烧反应动力学方程是理论模拟回转窑内生料煅烧进程的基础。

参考文献

[1] R. Blaise，N. Musikas and H. Tiedrez REv. Mat. Constr. 1971(674/75)：287.

[2] J. Sestak. Thermal Analysis. 2. Proceedings Thir ICTA，1971(3).

[3] B. Carrol and J. P. Manche，Thermochim. Acta 1972：449.

[4] J. R. Maccallum and J. Tanner，European Ploymer Journal，1970(6):1033.

[5] J. A. Imlach，Non-Isothermal Investigation of The Kinertics of Reactions Occcurring During Clinker Formation，Cement and Concrete Research，1976(6):747.

[6] 黄文熙．快速升温熟料形成的动力学研究．第四届水泥学术会议论文选集，1989：428.

预分解窑熟料热耗的影响因素和降低的途径

考宏涛　陆　雷　韩立发　胡道和

（南京化工大学材料科学与工程学院，210009）

【摘　要】 通过大量的实际生产和热工标定数据，分析了国内部分预分解窑熟料热耗高的原因，提出了从减小烧成系统漏风、散热损失等方面入手，利用废气余热、燃烧可燃废料等技术，降低预分解窑的熟料热耗。

【关键词】 熟料热耗，漏气，散热损失，余热

【Abstract】 Through large quantities actual production and heat process measuring data, analyzing the reason of high heat consumption of precalciner kiln clinker, to solve the problem of reducing the heat consumption of precalciner kiln clinker start with the measures of diminishing the air leakage of dissipated heat loss, utilizing waste gas heat and combustible waste materials and so on techniques.

【Key】 Words heat consumption of clilnker, air leakage, dissipated heat loss, waste heat

一、引言

建材工业是我国的耗能大户，其中水泥生产占全国建材能耗的35%。国内水泥生产的平均热耗和发达国家相比高达65%～70%。而作为先进水泥生产技术的分解窑，国内许多厂家仍存在诸多问题。以RSP预分解窑为例，据统计，至1996年，在国内的三十多条预分解窑水泥生产线中，稳定达产达标的厂家不过七八家，仅占20%左右。其主要问题是系统热耗普遍较高，结果堵塞现象严重，加之设备故障频繁，从而导致窑的运转率不高。面对日益紧张的煤炭资源和即将枯竭的矿山资源，如何降低水泥的熟料热耗，实施水泥工业可持续发展战略，现实地摆在每个水泥工作者的面前。

二、系统熟料热耗高的原因分析

国外水泥厂家通过采用低阻高效的多级预热器系统、新型篦式冷却机和多通道喷煤管等先进技术装备，利用窑系统的低温废气余热发电，回收使用二次能源等先进工艺，降低了水泥生产的熟料热耗。表1、表2分别为国内外部分水泥厂家熟料热耗、预热器出口废气热损失及系统漏风量的对比。国内生产厂家的熟料热耗较国外高出较多，以RSP预分解窑为例，G厂、C厂和F厂的热耗分别比日本RSP窑高出31%、30%和13%。众所周知，国内生产厂家热耗高的原因有三个方面。

（一）预热器出口废气热损失大

国内厂家预热器出口废气热损失占系统熟料热耗的26%左右，有的近30%，平均比国外厂家高出约4%，而国内这些厂家在我国还算是较好的水泥企业。造成如此高的废气热损失主要原因在于预热器出口废气量大、废气温度较高、系统存在较严重的漏风。国外较先进的带五级预热器的预分解窑的预热器出口废气温度一般为290~310℃，如果国内厂家预热器出口废气温度能降至这个水平，则其预热器出口废气热损失可降低许多。以G厂为例，若其预热器出口废气温度由目前的370℃降至300℃，则废气带走的热损失将由目前的每千克熟料1119kJ降至903kJ，降幅为19.3%；如果此时其出口废气量再降低，比如系统漏风量由目前的每千克熟料0.389kg降为0.195kg，即降低一半，则废气量由每千克熟料2.898kg降至2.704kg。其他条件不变，此时预热器出口废气热损失又将降到842kJ，降幅为6.7%，这种情况下系统的熟料热耗将由目前的4031kJ/kg降为3254kJ/kg，降幅为19.3%。表2中A厂、D厂和E厂烧成系统漏风量较少，多数厂家系统漏风量占物料总收入的比例为日本DD窑的2.5倍，有的厂家甚至高达6倍。如果用系统漏风量占预热器出口废气量的百分比来看，多数厂家约为15%，有的竟高达23%。由此可见，系统漏风问题在部分厂家仍没有引起高度重视，但系统漏风造成的损失却是显而易见的。一方面增大了系统废气量，增加了热损失和风机电耗；另一方面由于漏风降低了气体温度，进而降低了气固换热效率。特别是各级预热器下部翻板阀及下料管的内、外部漏风，将使旋风筒分离效率急剧降低，从而造成高温物料向上级低温旋风筒返混，扰乱系统正常生产，其热耗必然增加。

表1　国内外部分厂家熟料热耗、预热出口废气热损失的比较

厂家	熟料热耗（kJ/kg）	预热器出口废气热损失（kJ/kg）	预热器出口废气热损失占熟料热耗的比例（%）	备注（数据来源时间、预热器级数）
A厂	3265.4	789.3	24.2	1995、四级
B厂	3648.1	862.8	23.7	1992、四级
C厂	399.6	1136.1	28.4	1995、四级
D厂	3501.7	817.7	23.4	1995、四级
E厂	3568.2	929.8	26.1	1996、四级
F厂	3484.8	804.2	23.1	1997、五级
G厂	4031.0	119.0	27.8	1998、五级
H厂	3827.7	1086.9	28.4	1995、五级
RSP窑	3075.2	752.8	24.5	日本、五级
UMFC窑	2992.9	553.0	18.5	日本、五级
DD窑	3136.2	703.3	22.4	日本、五级
SLC窑	3191.2	724.0	22.7	丹麦、四级

表2　国内外部分厂家预热器出口废气量及系统漏风量的比较

厂家	实际生产能力（t/d）	预热出口废气量（kg/kg）	预热出口废气温度（℃）	系统漏风量（kg/kg）	系统漏风量占物料总收入的百分比（%）
A厂	4341	2.193	349	0.331	0.62
B厂	3636	2.315	367	0.434	6.87

续表

厂家	实际生产能力（t/d）	预热出口废气量（kg/kg）	预热出口废气温度（℃）	系统漏风量（kg/kg）	系统漏风量占物料总收入的百分比（%）
C厂	2064	2.547	424	0.434	7.65
D厂	2009	2.270	349	0.209	3.79
E厂	2029	2.407	366	0.131	2.13
F厂	1149	2.344	329	0.245	7.11
G厂	725	2.898	370	0.389	6.29
H厂	751	3.095	335	0.716	17.35
日本DD窑	2000	1.848	325	0.144	2.82

当然，国内厂家预热器出口废气量即使扣除系统漏入的空气量，其数值也多在2.1kg/kg左右，而日本DD窑扣除后仅为1.7kg/kg。国内预热器出口废气量大的主要原因除热耗高、燃烧产生的烟气量大外，系统用风量方面仍值得深入探讨。

（二）烧成系统的散热损失较大

数据对比见表3。

表3　国内外部分厂家烧成系统的散热损失　kJ/kg

厂家	回转窑	预热器	分解炉	三次风管	冷却机	合计	系统形势量占熟料热耗的百分比（%）
A厂	197.6	98.8	7.5	38.9	4.8	347.6	10.7
B厂	218.2	133.7	11.3	25.4	6.2	.94.9	11.7
C厂	207.9	213.7	36.7	57.3	18.2	533.8	13.4
D厂	246.7	164.3	46.0	25.4	15.1	497.5	14.2
E厂	256.6	67.5	14.7	12.5	15.6	366.9	10.3
F厂	317.5	177.6	28.0	68.1	353.0	944.2	27.1
G厂	404.2	192.4	40.1	105.2	9.7	751.6	18.6
H厂	286.7	179.8	43.7	39.6	36.9	586.7	15.3
日本DD窑	167.7	50.2	7.2	19.2	30.9	275.2	8.77

注：1. E厂测定的散热损失数据受到天气影响较大；

2. F厂冷却机为单筒冷却机，其余各厂为冷却机。

由表3可见，就系统各部分散热损失大小而言，回转窑最大，以下依次为预热器、三次风管、分解炉、冷却机（篦式冷却机），其中回转窑、预热器两者散热损失之和要占系统总散热量的80%～90%。除去二者的外表面积较大的原因外，设备的表面温度较高也不容忽视，特别是回转窑。

造成国内水泥生产厂家烧成系统散热损失高不仅有内衬材料选择的原因，而且有生产操作上的原因。如耐火材料的选择不当，使用时间较长，隔热效果不够理想以及窑头、分解炉两把火用煤量不尽合理，使烧成系统的整体温度普遍较高等。在耐火材料配套设计和施工、窑速变化及碱等挥发性组分的侵蚀对耐火材料的影响等方面重视也不够[1]。另外还有设备设计选型上的原因。国内在设计中小型预分解窑系统时，可能本着设备留有适当富余能力、缓冲操作上的困难等种种原因，设备选型往往偏大。以回转窑为例，国内外部分厂家的比较见表4。

表4 国内外部分厂家回转窑的规格及产量

1家	窑规格（m）	预热器级数	回转窑有效容积（m^3）	设计产量（t/d）	窑单位容积产量［（t/d·m^3）］	窑单位截面积产量［（t/d·m^2）］
A厂	ϕ4.7×75	4	1089.2	4000	3.672	275.4
J厂	ϕ4.7×74	4	1074.6	4000	3.722	275.4
L厂	ϕ4.55×68	4	1114.6	3200	3.479	436.6
C厂	ϕ4.0×60	4	610.7	2000	3.275	196.5
E厂	ϕ3.96×59	5	587.3	2000	3.405	200.9
F厂	ϕ3.3×50	5	330.3	1000	3.028	151.4
G厂	ϕ3.0×48	5	254.8	700	2.835	131.8
H厂	ϕ3.0×46.5	5	246.9	700	2.747	131.8
泰国西姆水泥公司	ϕ5.6×82	5	1741.5	7500	4.307	353.2
德国Bernburg厂	ϕ4.8×76	6	1155.6	5000	4.327	328.8
丹麦最新史密斯型	ϕ4.88×73	5	1150.7	5000	4.345	317.2
德国Bernburg厂	ϕ4.8×76	6	1155.6	5000	4.327	328.8
丹麦最新史密斯型	ϕ4.88×73	5	1150.7	5000	4.345	317.2
德国Lagerdorf厂	ϕ4.8×65	3	988.3	4500	4.553	295.9
印度Raj厂	ϕ4.4×60	6	754.0	3700	4.907	294.4
菲律宾共和水泥公司	ϕ4.4×52	5	653.4	3300	5.050	262.6
马来西亚Pahang厂	ϕ4.4×60	5	754.0	3200	4.244	254.6
印度Visaka厂	ϕ4.4×60	5	610.7	2500	4.093	245.6

注：表中国内厂家窑单位春积产量和窑单位截面积产量均是按照窑有效的尺寸来进行计算的。

通过对比可以看出，就窑的单位容积产量而言，国内回转窑明显要低于国外厂家，从某种程度上来说，也就意味着国内回转窑（超短窑除外）规格的设计仍值得探讨。以ϕ4m×

60m 的回转窑为例，印度 Visaka 水泥公司的窑的设计生产能力为 2500t/d，而国内只有 2000t/d，两者差值竟然高达 25%。生产实践指出，对于同一规格的回转窑，会因预热器与分解炉等的规格匹配、原燃料的品质种类、窑炉燃料的用量比、配料的率值、化学成分的稳定性及操作而影响其台时产量[2]，但当热负荷的主体碳酸盐分解，部分或大部分从窑内移到窑外时，决定系统能力的因素也理应由回转窑移到预热器和分解炉系统[3]。目前国外厂家在保证预分解程度高且稳定，回转窑具有一定潜力的基础上，纷纷缩小窑的规格，比如超短窑。这样可适当降低窑的散热损失，减小耐火材料的用量，有利于节能。与国外相比，国内在这方面还存在提高认识的问题。在设计新的水泥生产线时，应具体考虑到工厂使用的原、燃料品质，操作管理水平等，充分做到设备选型合理、优化，功能匹配得当，否则生产中产量的提高会使窑系统平衡变得极为敏感，有时遇到小小的波动亦难以调整。

由表 3 可以发现，分解炉的散热损失占系统总散热损失的比例较小，适当增大分解炉的有效容积，对系统散热损失影响不大，但可延长粉料在炉内停留时间，对煤粉燃烧与生料分解反应有利。目前新型分解炉的设计，除了注重改变燃料入口位置、燃料、生料、三次风分布方式外，还存在着增大炉体体积的趋势。

通过表 4 还可以看出，规模大的厂家的窑的单位截面积产量大于规模小的厂家。同时研究也表明，对于不同规模的预分解窑，规模大的预分解窑的单位容积的耐火材料用量比规模小的预分解窑要少，而且在国内各种规模的预分解窑系统中，没有达产达标的以中小型窑居多。因此，本着工厂的技术经济指标考虑，国内在新建预分解窑时，在资金允许的条件下以采用大中型预分解窑为佳，日本及东南亚一些国家纷纷建造大型的水泥预分解生产线也足以证明这一点。

（三）冷风机拿风带走热量

冷却机余风带走热量较大也是导致系统热耗高的一个原因，见表 5。

表 5　各厂冷却机的热回收率、出冷却机熟料温度及二次风温等的比较

厂家	热回收效率（%）	出冷却机熟料温度（℃）	二次风温（℃）	出冷却机余风风量（kg/kg）	出冷却机余风风温（℃）
A 厂	59.2	158	1050	2.192	238
B 厂	67.7	143	980	1.876	221
C 厂	55.4	148	960	1.956	332
D 厂	60.6	135	873	2.003	206
E 厂	66.4	135	926	2.535	198
F 厂	56.6	168	720	—	—
G 厂	73.9	187	820	1.983	138
H 厂	58.2	—	725	1.720	250
日本 DD 窑	67.0	98	1013	2.009	213

注：表中二次风温为各厂的测定值，因二次风温测量误差较大，故仅供参考。

由表 5 可知，若从出冷却机余风风量、风温两项指标来看，国内厂家与国外水平还比较接近。但国内厂家冷却机热回收效率、入窑二次风温明显偏低，出冷却机熟料温度偏高，这些都说明了国内的篦式冷却机与国外厂家相比，在冷却风利用率、提高窑系统二次风温等方面尚存在较大差距。

三、降低系统熟料热耗的途径

从前面叙述中可以知道，国内厂家熟料热耗高的原因虽主要在于预热器出口废气热损失、系统散热损失及冷却机余风热损失三大热损失较高，但具体到各项热损失仍有其根本原因。目前，降低系统热耗的途径有多方面，本文归结如下。

（一）优化系统设计和生产操作

1. 优化原料配方

原料的性质及其配料方案对水泥生料易烧性有着重要的影响，它与烧成系统设备，如分解炉等的设计、操作密切相关。生产中理应对不同的原料，通过优化配比，为实现节能降耗打下基础[4]。

2. 采用多级新型旋风预热器系统

造成预热器出口废气热损失较高的原因有预热器系统换热效率不高，厂家忽视了系统漏风对水泥生产的影响等。实践证明只有选用多级低阻高效旋风预热器系统，彻底改进预热器本身的性能，才能提高预热器系统的换热效率，降低预热器出口废气温度，生产中还应严格注意设备的密封堵漏，从而降低系统的熟料热耗。但对目前已建成投产的预分解窑，还可以针对其较高的预热器出口废气温度和出冷却机余风温度，通过低温废气余热发电，从而为降低系统熟料热耗做出贡献[5]，这在鲁南、琉璃河、宁国等厂已取得了成功。

3. 应用新型高效的篦式冷却机

新型篦式冷却机应力求以最少的冷却风冷却尽可能多的热熟料，使冷却风与热熟料充分地进行热交换，提高入窑系统的二、三次风的温度，从而达到高效、低耗的目的[6]。

1990 年新型的控流式篦式冷却机投放市场以来，很快以其节省熟料热耗、提高窑系统的运转率和可靠性，以及延长篦板寿命与减少维修量等优点，在国外得到了广泛的运用，获得了显著的经济效益[7]。目前，我国水泥工业也正积极推广带阻力篦板空气梁垫的新型高效篦式冷却机。

当然，除上述三点之外，正确合理地选择耐火材料和保温材料对水泥生产也至关重要，水泥生产中理应引起高度重视，以求实现窑系统及不同部位衬里的长寿命和低散热。

（二）开发新型水泥烧成工艺，发展高性能水泥

英国、美国、法国及日本等国已率先利用工业可燃废料来生产水泥。他们通过水泥工业可以回收利用的可燃废料和含可燃质的原料作为二次燃料，结合循环流化床技术，进行水泥新烧成工艺的开发，已取得了初步成功[7,8]。国内在此方面尚未见到报道，但国内已着手进行新型干法窑燃无烟煤生产水泥技术的研究开发，同时不少单位已从节能降耗和环保角度出发，开展对具有低的钙硅比、低的烧成温度和高的水硬活性、高的水化率的高性能水泥的研究，以期达到降低生产能耗、减少资源消耗、减轻环境负荷的目的，促进我国水泥工业的结构性调整。

（三）结论

1. 国内水泥厂家熟料热耗高的原因主要在于三大热损失较高，其中预热器出口废气量大、废气温度高、系统漏风严重、耐火材料使用不尽合理、冷却机热回收效率低等原因是导

致系统热耗高的直接原因。同时回转窑规格的设计等也值得进一步探讨。

2. 降低系统热耗的途径有多方面。一是从原料入手，优化原料配方。二是优化系统设计和生产操作，通过采用多级低阻高效旋风预热器系统，或充分利用预热器出口废气热量和出冷却机余风热量，通过低温废气余热发电技术，为降低熟料热耗做贡献。三是应用新型高效的篦式冷却机，通过提高冷却风的利用率，降低出冷却机的熟料温度，以此降低系统热耗。

3. 耐火材料和保温材料的正确合理的配套选择、使用和管理等对降低系统热耗至关重要。

4. 最大限度地将水泥工业可以回收利用的可燃废料和含可燃质的原料，乃至人类社会活动中排出的工业废弃物和生活废弃物作为二次燃料，加以有效利用，积极开发新型水泥烧成工艺，发展高性能水泥，实现我国水泥工业的可持续发展战略，并使水泥工业成为环境协调型产业体系。

参考文献

[1] 蒋金然．新型干法窑水泥窑内耐火材料选材配套设计原则［J］．新世纪水泥导报，1997［3］.

[2] 陈久丰．对预分解窑能力的思考［J］．新世纪水泥导报，1966［2］.

[3] 赵乃仁．论新型干法生产线回转窑生产能力的发展趋势［J］．水泥工程，1966［1］.

[4] 刘顺妮．乔秀臣，林宗寿．水泥熟料快速烧成的最佳配方研究［J］．水泥，1988［6］.

[5] 唐金泉．董兰起，张富．我国水泥窑预余热发电技术［J］．水泥技术，1997［3］.

[6] 林修文．悬浮余热和预分解窑第三届技术经验交流会论文集［M］．北京：中国建材工业出版社，1997：265～270.

[7] 高长明．现代水泥工业的节能与二次能源回收技术［J］．水泥，1998［3］.

[8] 考宏涛．李昌勇，胡道和．浅析 RSP 分解炉二次燃烧工艺［J］．水泥技术，1966［4］.

新型干法窑煅烧系统运行检测

胡道和　邵正明

（南京工业大学，210009）

【摘　要】本文主要介绍新型干法窑煅烧运行检测的内容、计算内容、评述内容和检测报告内容。

【关键词】新型干法窑，煅烧系统，运行，检测

一、前言

热工标定是检验水泥窑炉的能耗指标、系统热工性能的主要方法，曾对水泥工业的节能及技术进步发挥了一定的作用。随着以窑外分解为特征的新型干法水泥生产技术的迅速发展，原有热工标定的内容与方法开始显现出一系列的不足之处。

现行的水泥热工标定是按照国家标准 GB 4179—84《水泥回转窑热平衡、热效率、综合能耗计算方法》进行的。该标准基本上是以湿法回转窑、干法长窑为对象而制订的热工标定方法，对于新型干法窑则仅仅是它标定的范围增加到包括预热器和分解炉，并未针对新型干法窑特有的过程进行检测与分析，以掌握预热器窑和预分解窑的本质特征。实践表明该标准仅以评述窑系统的总体热工性能指标为特征，限于体现热能分布一即所谓“三大热损失”。对于系统中各个设备内部的热工参数分布情况、相互匹配、具体运行实况及存在问题的分析等则不能提供足够的信息。因而还不能很好地适应新型干法水泥生产技术发展的需要。

国内多数新型干法厂的实际运行情况不是十分令人满意，存在这样那样的问题，能达产达标的生产线比较少。亟需诊断系统内外存在的主要问题，以求改善提高；对少数指标优良的生产线也迫切需要提供足够的技术信息以进行全面客观的评价，达到认识规律、总经经验的目的，从更深层次上掌握新型干法水泥生产技术特点，促进行业进步。为了解决这一类问题，特提出对新型干法窑进行运行实况检测。根据系统热工过程分析的需要增加或补充新的测试项目，更新开发新的测试手段，借助计算机过程计算，对整个预分解窑这样一个多元系统进行综合研究，以求对各子系统的实际运行状况，对系统配套的合理性及存在的问题有个比较完整的认识，从而对全系统进行多方位的全面评述，促进新型干法窑煅烧系统生产水平的提高。

二、新型干法窑煅烧运行检测的内容

新型干法窑煅烧系统与其他窑型的基本区别是水泥生料的预热和大部分碳酸盐分解过程都是以悬浮态在预热器和窑尾专设的分解炉内进行。在详细分析原有的热工标定内容及方法

的基础上，针对新型干法水泥生产线的特点，拟订完整的运行检测内容。其基本思路是

(1) 划分多元子系统；

(2) 多方式（检测与计算）、大信息量；

(3) 多点检测物理量场分布；

(4) 多方位进行技术评述。

具体详述如下：

(一) 子系统的划分

根据工厂实际情况，可考虑将整个新型干法窑煅烧系统分为下述八个子系统：

(1) 预热器——窑尾系统的四级或五级旋风筒；

(2) 连接管道——指各旋风筒之间的连接管道；

(3) 分解炉——指分解炉、燃烧装置及三次风管；

(4) 回转窑——回转窑本身、窑头喷煤管和动力装置；

(5) 冷却机——篦式冷却机及风机、收尘系统或单筒冷却机；

(6) 增湿塔——包括增湿塔喷头和供水系统；

(7) 电收尘——包括电收尘及其连接管道和供电系统；

(8) 排风机——包括排风机、管道及其动力设备。

也可作适当增减或合并。

(二) 检测项目

1. 常规检测项目

(1) 温度测量：一般预分解系统的中控室内都有专门的仪表显示部分预热器、分解炉和其他设备的气体和物料温度，这对于过程控制是必要的。为了便于分析和反求计算，运行检测时将校验测定所有各级旋风筒的出口物料温度和出口气体温度、风机、增湿塔、电收尘前后的气固温度，以及回转窑火焰温度、冷却熟料温度等。

(2) 压力测定；包括窑头、窑尾、分解炉进出口、各级预热器进出口、风机、增湿塔、电收尘、三次风管、冷却机各室及冷却机电收尘系统和风机前捕捉气体压力测定。

(3) 表面温度测定：包括各子系统的表面温度测定，以确定各子系统的散热损失，并为推测回转窑内的窑皮厚度和温度的分布情况提供基础数据。

(4) 废气分析：废气分析不仅反映系统的用风情况，而且也直接表征着系统各部位的漏风情况及燃料燃烧反应的进行状况。因而我们将测定预热器各级出口和窑尾、出分解炉及窑尾风机前等部位的废气成分，以便系统全面地评价和考察系统用风、漏风及煤粉在相应子系统中的实际燃烧进程。

(5) 风量测定：包括入窑二次风量、入分解炉的三次风量、出预热器系统的废气量、喷煤管一次风、内外流风、送煤风、冷却机各室风量及排放废气等，提供风量平衡所需的有关数据。

(6) 含尘量测定：主要是出预热器及冷却机的气体含尘量测定，要求用与风量测定类似的等面积环法尽可能准确地确定所测部位的气体实际含尘量，为物料平衡计算提供可靠的基础数据。

(7) 喂煤量、喂料量和熟料产量的确定，通过对在线的仪表进行校定，由实际生产的

有关仪表进行有关物料量的计量。

（8）功率测定：系统各用电设备的功率测定。分析全系统能量利用状况及合理性，提供系统平衡所需数据。

2. 新增加或需开发的测试项目及测试方法

（1）分解炉内物料停留时间分布的测定

煤粉燃烧和碳酸盐分解反应均需要一定的时间。因而在分散状况较好的前提下保证物料和煤粉在炉内的实际停留时间满足所用煤粉燃烧反应和生料分解反应的需要是对分解炉最基本的要求。并且物料停留时间分布测量也是研究设备内部物料运动情况最基本的方法，对于分析和评述分解炉结构的合理性有着重要参考价值。其测定方法有下述两种：

①化学示踪剂法：以钛白粉、硫酸铜或类似化学物质作为示踪剂，用抽气采样的方法在分解炉出口收集物料，再用化学分析的方法确定示踪剂含量，继而进行有关数据的统计处理。

②电磁示踪法：以磁粉作为示踪剂，在分解炉出口用连续抽气的方法，采用电磁转换装置和计算机在现场连续在线测定粉尘物料中示踪剂的实际含量，直接得出有关统计结果。此方法在冷模试验中效果较好，在热态设备上的应用尚有待进一步开发。

（2）分解炉各部位煤粉燃烬度和生料分解率的测定：这是探索实际分解炉中化学反应完成过程的重要测试内容，迅速可靠地采集所需的分析料样是本项测定内容的关键。为此需开发专用的取样管。

（3）预分解系统中碱、氯、硫循环量的测定：通过生料中、各级预热器及入窑物料中碱、氯、硫含量的测定分析结果计算系统碱、氯、硫的循环量和循环主要区域。对于结皮比较频繁的部位对结皮物料也进行相关的测定分析。

（4）气固混合流中物料温度及气体温度的同步测定：主要是测定分解炉内部及各级旋风筒间的上升管道等部位的料温及气温，作为评价换热效果的依据。测定分解炉有关部位的温度场，便于分析分解炉及换热管道中气固换热过程的实际状况。此方法尚有待开发完善。

（5）分解炉内物料浓度场分布测定：了解分解炉内的容积有效利用情况。此方法有待开发。

（6）风机特性曲线、各子系统阻力分布、负荷特点的确定及分析风机实际工况。

（7）其他测定内容；如增湿塔雾化用水量、雾化效果、收尘效率和电收尘器的收尘效率及冷却机内温度分布、风量分布及料层厚度分布等。

三、计算内容

1. 各过程参数计算

①各级预热器的分离效率 η_1、换热量 Q、换热效率 η_C、漏风量 L_1；

②系统温度场分布、各部位的分解率 ε、燃烬度 R、各子系统压降 ΔP 等；

③回转窑高温带温度分布、烧成带窑皮形状。

2. 系统物料平衡和风量平衡计算

3. 系统热平衡、能平衡（包括压力分布）分析

4. 系统平衡计算与分析

5. 系统误差分析

四、评述内容

综合各厂原料和燃料组成及悬浮态和堆积态反应特征，可进行以下诸方面评述：

（1）原料、燃料、生料与本厂生产系统的适应性；

（2）各子系统运行特征；

（3）子系统自身功能发挥程度；

（4）各子系统之间的匹配合理性；

（5）对各子系统结构、操作进行评价；

（7）对全系统进行综合评价；

（8）从热能分配、设备结构、操作参数、传热传质特征、反应完全度等诸方面找出系统薄弱环节，提出改进意见。

五、检测报告内容

（1）各子系统运行参数分布图：包括温度 t、压力 P、压降 ΔP、空气过剩系数 α、物料量 G_m、含尘量 c、气体量 V_g、分离效率 η、漏风量 L_1 等；

（2）各子系统换热量、换热效率；

（3）分解炉内煤粉燃烧进程图；

（4）分解区内分解过程分布图；

（5）分解炉内物料停留时间分布图；

（6）窑皮厚度图；

（7）物料平衡表；

（8）热平衡表及热流图；

（9）平衡表；

（10）综合分析与评议；

（11）建议。

目前，南京化工大学硅酸盐工程研究所正致力于这一课题的研究，已经开发出专用测量方法与仪器的测量、计算软件，并在此思路指导下，已经对宁国水泥厂、耀县水泥厂等厂家进行了运行检测。通过对大量补充数据的测定与平衡计算以及计算机反求，不仅可以得到各设备的热量利用情况，还可以了解窑及其子系统的诸多运行特征。这对于评价系统及设备的广度和深度上加深了有关设备和整个系统的认识。随着实践的积累、仪器设备的更新和相关软件的开发完善，相信这一课题的研究，必能促进我国水泥行业的技术进步，促进新型干法窑煅烧系统生产水平的提高。

参考文献

[1] 国家标准．GB 8490—87　水泥回转窑热平衡测定方法．

[2] 国家标准．GB 4179—84　水泥回转窑热平衡、热效率、综合能耗计算方法．

[3] 内部资料．气固系统测试技术与方法研究．

[4] 内部资料．新型干法窑系统运行诊断学．

滇西水泥厂 $1^{\#}$ 窑系统运行预测综合研究

胡道和　陆　雷　考宏涛　李昌勇　周松林

（南京化工大学硅酸工程研究所，210009）

【摘　要】 本文结合原、燃料的特性及冷态模型试验研究，参照滇西厂的设计资料，在反求计算的基础上对滇西厂 1#窑的生产情况进行了综合预测研究，提出了生产高强度等级水泥的生料配料方案和窑尾系统主要操作参数等，为滇西厂达标达产提供借鉴；并通过与该厂实际生产数据的对比证实了综合研究的正确性和可靠性，对推动我国预分解窑技术发展大有帮助。

【关键词】 生料配料，操作参数，综合研究

滇西水泥厂 1000t/d RSP 预分解窑（$1^{\#}$窑）是我国在高海拔地区建设的第一条窑外分解水泥生产线。工厂在建期间，委托南京化工大学硅酸盐工程研究所对预分解窑系统的运行进行预测研究，希望通过原、燃料的特性及冷模试验研究等，在反求计算的基础上，预测生产高强度等级水泥的生料配料方案、窑尾系统主要操作参数、原燃料与所选设备的适应性及系统设备配套的合理性，从而为工厂的投产提供借鉴和依据。

一、原、燃料特性的研究

该厂提供的原、燃料种类共 12 种，特别是提供的七种硅质原料中，厂方优先考虑的剥离土和风化土的 SiO_2 含量均较低，硅率只有 1.21 ~ 1.60，三组分配料不能满足生产要求，必须增加硅质校正原料，采用四组分配料方案。

根据工厂生产普通硅酸盐水泥和大坝水泥的要求，结合该厂 RSP 预分解窑生产特点，我所对原、燃料和生料特性进行了全面检测和多种配料方案的计算对比和试验研究，优选出三种配料方案，并通过对这三种方案的易磨性、易燃性、易分解性、易烧性、综合热分析、X－衍射分析和岩相分析、碱含量及一次挥发度测定、液相量计算等大量的综合试验研究工作，充分证实了三种配料方案是切实可行的。根据今后市场的实际需要，配制了两种普通硅酸盐水泥生料方案（方案 1、2）和一种大坝水泥生料方案（方案 3），见表 1。

原、燃料试验表明三种配料方案的生料易分解性和易烧性均较为理想，在模拟分解炉内生料出分解炉的表观分解率可达到 90% 以上，满足入窑生料分解指标，且三种配料的熟料矿物组成与液相量满足水泥生产的技术要求，*f*-CaO 少。因此可以预测，在实际生产中，按上述三种方案配制的生料可以煅烧出高质量的熟料。同时，燃料特性试验证实了滇西厂两种煤粉的挥发分含量、热值都较高，着火温度较低，预测在分解炉内 600℃ 以上能实现着火，在 700℃ 以上环境中均能实现稳定燃烧。因此均能满足新型干法水泥生产用煤的要求。

表 1　滇西水泥厂生料配料方案

项目		硅酸盐（方案 1）	硅酸盐（方案 2）	硅酸盐（方案 3）	备注
熟料热耗（kJ/kg cl）		3.64×10^3	3.64×10^3	3.64×10^3	
煤低热值（kJ/kg）		2.72×10^4	2.72×10^4	2.72×10^4	
煤灰掺入量（kJ/kg el）		2.09	2.09	2.09	
设计	*KH*	0.89 ±0.01	0.89 ±0.01	0.86 ±0.01	
熟料	*SM*	2.50 ±0.10	2.50 ±0.10	2.00 ±0.10	
率值	*IM*	1.50 ±0.05	1.50 ±0.05	1.00 ±0.05	
熟料矿物组成（%）	C_3S	56.98	57.13	48.58	
	C_2S	21.17	21.22	26.54	
	C_3A	8.18	8.04	5.28	
	C_4AF	10.89	11.02	16.75	
	其他	2.78	2.59	2.84	
熟料液相量（%）	$L_{1400℃}$	24.7	24.7	29.4	计算时已考虑碱含量和 MgO 的影响
	$L_{1450℃}$	25.1	25.1	29.9	
熟料化学组成（%）	CaO	65.89	66.01	64.10	
	SiO_2	22.38	22.44	22.04	
	Al_2O_3	5.37	5.35	5.51	
	Fe_2O_3	3.58	3.62	5.51	
	MgO	0.57	0.54	0.61	
干原料配比（%）	石灰石	78.88	79.45	76.32	混合土为剥离土与风化土混合而成
	剥离土	12.43	—	12.97	
	混含土	—	12.25	—	
	砂岩	7.91	8.30	7.48	
	铁粉	0.79	—	3.24	

为了给工厂提供掌握生产条件波动对生料易烧性的影响，针对生料细度的变化进行试验。结果表明大坝水泥生料的反应完成度对温度和细度均不敏感，说明烧成范围比较宽。为了不使液相量过大产生结圈，烧成温度可偏低取值，且生料细度可根据需要放宽。但对普通硅酸盐水泥而言，方案 1 的易烧性敏感程度相对于方案 2 要小一些，烧成温度和细度的要求可相对宽松一些。如采取方案 2，则烧成温度应尽可能控制在物料温度 1450℃左右，而对生料细度的放宽应采取更为审慎的态度。

该生产线依据我所优选的配料方案煅烧出的熟料 28d 天抗压强度稳定在 65MPa 以上，为达标达产奠定了坚实的基础。这也充分肯定了预测研究工作的正确性和可靠性。

二、预分解系统的性能研究

滇西厂处在高原地区，其当地年平均大气压仅为585.4mmHg。由于该地区气体密度大幅度降低，因此必须在设计时对预热器和分解炉的单体设备的规格和能力进行校正处理。但校正后设备的单体性能及系统配套的合理性都值得深入研究。

（一）预热器系统

滇西厂旋风预热器系小野田水泥公司根据原有的洪堡型旋风预热器存在的问题经过一定改进的产物。按2-1-1-2-1系列组成了五级预热器系统。其主要特点是预热器规格尺寸较大，多数预热器安装了进出口导流叶片；除C_1级外，各级预热器的结构都几乎没有圆柱段，锥体高度相对较高；进口部分为防止物料堆积采取了比较特殊的结构等等。

冷态模型试验表明滇西厂预热器系统流场合理，阻力不高，而分离效率并不低，冷模试验条件下都在91%以上，C_1级预热器分离效率超过95%，这保证了系统能够较好地防止物料无效循环和出预热器飞灰的热损失，有利于提高系统热效率，对增产节能有利。从实际生产条件下热态运行检测可知该系统在1150t/d熟料产量下总压降为4830Pa，除C_3级预热器由于内筒安装偏心等原因致使其压力损失较其他各级要大外，其余各级压力损失均较低，说明滇西厂的预热器是一种技术性能较为优良的预热器形式。

（二）RSP分解炉系统

滇西厂RSP预分解系统系在小野田公司20世纪80年代技术基础上，对小型分解炉上增加长的鹅颈管以延长煤粉停留时间等措施后的第二代产物，其目的是改善煤粉的燃烧状况，保证系统的生料分解率。

冷态模型试验表明滇西厂RSP分解炉平均料气停留时间比值为4.15，煤粉在炉内停留时间能达到16.9s左右，在国内当前各厂中是属于最长的。现场热态实际测定物料停留时间为18s，与冷模预测的较为接近。同时工厂所选用的煤粉挥发分和热值又比较高，此分解炉是可以适应该预分解窑系统的。表2为实测的滇西厂RSP炉的燃烧与分解进程。

表2　滇西厂RSP分解炉的燃烧与分解进程

项目	C_4出口	斜烟道出口	MC室出口	鹅颈管出口	C_5出口
燃烬度（%）	—	65	84	95	—
表观分解率（%）	14.1	43.2	83.9	92.4	93.7

由表2可以看出，SC室出口（即斜烟道出口）煤粉的燃烬度和生料的分解率分别为65%、43.2%，指标是较先进的。对于SC室来说，因其热力强度较高和纯空气的燃烧环境，加之滇西厂目前所用煤质较好，同时较高的三次风温等，都保证了SC室燃烧的主要功能。而MC室内完成了19%的煤粉燃烬度和40.7%的生料分解率。在MC室由于大量分解、燃烧产生的CO_2存在，煤粉的燃烧环境没有SC室理想，故燃烬度不高，但由于窑尾废气带入了大量热量，给生料的分解带来了有利条件，从而可达到MC室作为分解区的目的。

根据冷模研究报告，鹅颈管部分物料停留时间仅为整个分解炉物料停留时间的25%，其容积却占分解炉系统容积的42%，从理论上讲，加鹅颈管使系统空间利用率降低，但其利用空间布置，并不影响框架高度，且延长了物料的停留时间，有利于增加煤粉燃烬度和较高的生料分解率，作为对 RSP 分解炉系统基本功能不足的一种补偿，还是合理的。

三、原、燃料的反应特性与 RSP 分解炉的适应性

基于生料的易分解指数 Ψ 较高，在各温度下终态分解率 Φ_{end} 也较高，但对气氛比较敏感，煤粉的易燃性比较好，在 900℃以上达到特征燃烬度所需时间也相对较短，因此，采取低 CO_2 分压的 SC 室作为第一分解炉不失为一种明智的选择。

根据冷模试验，滇西厂 RSP 分解炉的料气停留时间比值 τ_m/τ_g 为 4.15，粉料在 SC 室、MC 室（含斜烟道）、鹅颈管的停留时间 t_m 分别为 3.3s、9.2s、4.4s，总计可达 16.9s 左右。由煤粉悬浮态燃烧特性可知，滇西厂所用的煤在 920℃模拟分解炉内，当其燃烬度达到 80%、90%、100%时所用的时间分别为 9.8s、14s、28s，也就是说，煤粉的燃烬度和其在炉内的停留时间具有一定的对应关系。由此可以预测，在实际生产中，根据滇西厂煤粉在 RSP 分解炉内的实际停留时间，其出 MC 室、鹅颈管的燃烬度应分别大于 80%、90%，这表明滇西厂所用的煤与该 RSP 分解炉是相适宜的。而且三种配料方案的生料的分解特性都比较好，其中方案 1、2 生料的分解特性比较接近，在炉温为 900℃上下、炉内 CO_2 分压为 0.25～0.30bar，以及生料分散良好、煤粉燃烧正常的条件下，三种生料在分解炉内可望达到分解率为 90%。也就是说，滇西厂原、燃料与其分解炉能相互适应，完成入窑生料分解率的要求。实际热态测定证明了这一点。本次热态检测中滇西厂煤粉出 MC 室、鹅颈管的燃烬度分别为 84%、95%，出鹅颈管生料的分解率为 92.4%，这充分说明了我们预测研究的可靠性。

四、系统参数的反求计算及其与实测数据的对比

我所一直从事新型干法水泥生产技术的研究与开发工作。其工作的主要特点是以化学工程基本理论为主，以生产工况为研究条件，以掌握规律为主要目的。曾经就原、燃料常规和悬浮态特性，预热、预分解单体或组合体的冷态模型试验，系统参数间的反求计算以及综合分析、评议、预测与诊断等诸多方面进行了研究。

滇西厂系统参数间的反求计算主要是根据原、燃料及冷态模型试验的结果，参照国内外新型干法厂的部分实际数据，利用“三传一反”的基本原理建立各项相关参数的数学模型，预测计算滇西厂 1 号窑系统的生产和操作数据，提供作为滇西厂试生产参考。表 3 为 1 号窑窑尾预分解系统各部位反求预测计算温度与现场实测数据的对比。

表 3　部分预测计算温度与实际测定的数据对比

测定位置	项目	投产前预测计算	投产后实际测定	备注
窑尾	气体温度（℃）	1040～1090	1055	
SC 室出口	气体温度（℃）	920	1011	斜烟道出口处
MC 室出口	气体温度（℃）	870～890	868	
鹅颈管出口	气体温度（℃）	870～880	875	
C_5 入口	气体温度（℃）	860～880	875	
C_1 出口	气体温度（℃）	320～340	329	

由表 3 可见，反求计算预测的生产参数与实际测定值非常接近，说明本所建立在原、燃料特性，冷态模型试验及反求计算等基础上的综合预测研究是成功的。

五、结语

通过以上原、燃料特性试验，冷模试验和反求计算我们可以看出，对滇西厂预分解窑系统的运行预测研究基本符合实际热态检测情况，说明预测研究是成功的，具有科学性和可靠性。建议可把预测研究作为工厂投产前生产准备的主要内容之一，为工厂的达标生产提供帮助，并有助于推动水泥生产技术进步，提高工厂经济效益。

第五篇　数学模型的应用

用高新技术武装传统（水泥）工业

胡道和
（南京工业大学材料科学与工程学院）

一、高新技术与传统产业

对于一个国家来说，社会生产的协调与可持续发展是非常必要的，所谓协调与可持续发展，从广义上讲包括：

（1）工、农业协调发展；

（2）传统工业与高新技术的协调发展；

（3）工农业生产与服务业、生态环境、资源利用的协调发展；

（4）生产发展与人才资源开发的协调发展等。

只有广义上的协调才能使国民经济总体得到可持续、健康的发展，最终达到提高人类生存和生活质量的目标。

如仅就工业生产的范畴来看，也就是从狭义上来理解，可以认为：

（1）传统产业是人类赖以生存的基础产业。包括粮食、钢铁、石油、轻工等满足生活基本所需的各类产品，是不可一日缺少的。也包括化工、建材等行业。

（2）高新技术产业是人类赖以发展进步的新兴产业。包括电子、信息、生物、空间、海洋、新材料等，是提高生产、生活质量的新技术、新产品。

我国传统产业的现状是：发展缓慢，进入低价格、低利润、成本相对较高的时期；产品的市场相对萎缩与我国庞大的生产队伍之间的矛盾将会愈来愈突出，资本积累困难。因此，改造与更新任务很重。而新建项目需要更省的投资，大幅度降低生产成本、提高效率，才有更强的生命力、更强的抵抗市场风险的能力。

而新兴高科技产业的现状是：产品瞬息万变，利润暴涨，资本积累神速。

在利益的驱动下，使人们在认识上存在误区，目前，普遍重视高新技术，而忽略传统产业，其后果是可以预见的。因此，当前迫切的问题是正确认识和处理两者相辅相成的关系，以求共同发展，即：传统产业支撑高新技术、高新技术武装传统产业。

这是时代的呼唤，不以人的意志为转移，也是我国处于新经济时代前夕所必须作的准备工作，否则将付出代价，阻滞经济全局的健康发展。

二、水泥工业技术发展现状和新世纪的要求

1. 20 世纪 70 年代以来，水泥工业技术有突破性发展的具体标志

（1）窑外分解技术——技术日趋成熟；

（2）新型粉磨技术——立磨、辊压机；

（3）优化换热技术——新一代冷却机、预热器；

（4）自动化控制——操作、管理自动化；

（5）大型化生产线——在建10000t/d生产线，显现规模效益，低投资，建设快，成本下降，利润增长；

（6）优化设计、优化生产——降低成本，提高生产效率。

2. 新世纪（“十五”）规划的要求

（1）高品质、特殊功能与结构要求的新材料，包括耐火、高强绿色材料；超细粉、纳米材料；改性材料等——满足工程要求；

（2）低成本——市场经济要求；

（3）低污染，包括NO_x、SO_x（CO_2）、颗粒粉尘等——满足环保要求；

（4）自然资源利用充分，包括土地资源、动力资源、矿产资源、水资源等——可持续发展的要求；

（5）充分利用人力资源——创新发展的要求。

综观现状与规划要求的矛盾，惟一解决的方法是加速培养高素质的人才，掌握高新技术的基础知识，通过借鉴、嫁接、移植、消化吸收并加以利用，大力开展本行业的技术新创，有针对性地攻关突破。

创新精神是当代知识界的重要素质。袁隆平同志说：“创新靠知识、汗水和灵感”。倡议行业内老、中、青三代技术人员，努力学习新知识，取长补短，共同创造水泥工业的新辉煌。

三、关于CFD技术及其在水泥工业中的应用前景

（一）什么是CFD和CFD技术

CFD是Computational fluid dynamics缩写，意即计算流体动力学。它本是流体理论的一个分支。最初是试图用计算方法解决流体动力学的相关问题，但由于流动的复杂性，长期以来进展不大。直到数值模拟方法开发和计算机技术的出现，才使这门新兴学科得到充实并有可能逐步延拓到工程技术上加以推广应用。从而获得了突破性延展，并得到广泛的关注。

现在更将与流动有关的工程问题，如传热、传质、燃烧、化学反应及多相流等的数值模拟计算和工程应用均归纳在内，并简称为CFD技术。

显而易见，CFD技术是随数值模拟方法和计算机技术的发展而发展的，因此，它具有如下特点：

（1）具有高科技属性；

（2）可以计算出很多精细的结果，使诸多工程问题得以量化；

（3）可适用于复杂形状的几何区域和边界条件；

（4）已有若干商业软件可供选用。

（二）CFD技术在工业上的应用

经过近年来的探索，主要解决了CFD应用在某些工程领域的可行性与可靠性，并逐步在实践中得到验证。它所涉及的领域有：

国防工业（尖端武器的研制）、流体机械（设计与制造）、航天航空（飞行器的设计）、气象（中、长期天气预报、海浪预报）、石油化工（反应釜设计）、动力（涡轮叶片设计）、原子能工业（核爆炸）、水利、环保、冶金（高温冶炼）等。

总之与流动有关的工业过程，均有应用前景，关键是要与各自的专业相结合，并受到实践数据的检验。

（三）CFD 技术在水泥工业中的应用前景

在新型干法水泥生产中，与流动有关的过程很多，如燃烧、分解、预热、烘干、煅烧、冷却、两相流输送、分离、分级、均化、混合等。故应用 CFD 技术的空间很大。

CFD 技术作为一种高科技的研究手段，可以为上述过程解决如下的各类问题：

（1）综合性能评估；

（2）问题诊断；

（3）创新、改造效果等的先期预测、指导实施；

（4）优化方案；

（5）创新开发。

以上均是工业生产中需要探讨的重要问题，其成果必然具有很强的实用性、经济性和先进性，是完成水泥工业改造创新目标的有力武器之一，理应成为热点的研究方向，具有广泛的应用前景。这方面的开拓工作已经开始，希望得到各方面的支持与配合，共同促进水泥工业向新型现代化方向发展。

喷腾分解炉内热态过程的数值模型

叶旭初　胡道和

（南京工业大学，材料科学与工程系）

【摘　要】 分析了分解炉内热态情况下的主要宏观过程，在此基础上，根据流动、反应特点提出了喷腾型分解炉内燃烧、分解、气固流动的方程组及有关的化学反应模型，为进一步的数值模拟研究提供了必要的基础。

【关键词】 预分解窑，湍流二相流，燃烧，数值模型

分解炉是预分解技术的关键，自20世纪70年代日本首先推出窑外分解技术以来，各国就竞相开发和研究分解炉。我国主要从20世纪80年代初开始研究、引进窑外分解技术，南京化工学院（1988年）与有关单位合作，对几种类型的分解炉的冷模进行了流动阻力、流场速度分布的测试研究，为我们认识分解炉内的流动特点提供了一定的基础。为了进一步地掌握分解炉的热态性能，提高控制分解炉的水平，本文对分解炉的热态进行了理论模型的研究。KolyfetisE 等人利用活塞流模型模拟研究了 SLC 型分解炉的煤粉燃烧及碳酸钙的分解过程[1]，由于活塞流模型不能反映出各物理参数在截面上的客观变化情况。本文拟利用二维模型研究喷腾型分解炉，探讨描述气固流动、燃烧、分解的基本方程组及模型，为进一步的数值研究提供基础。

一、主要过程分析及问题简化

分解炉内的气固流动，化学反应等现象是十分复杂的过程，属于多组分、多相、化学反应流体力学的范畴。由于各种因素之间的相互干扰、相互作用，特别是在高温情况下的气固流动，化学反应过程变量甚多。例如，烟气是多组分气体，煤粒的燃烧、碳酸钙的分解速率不仅仅是温度的函数，而且也是组分的函数；气－固之间作用力的具体表达形式，粉体的质量扩散、动量扩散、热量传递等都是彼此之间有联系的。另一方面，由于分解炉内燃烧与分解共存，因此，分解炉既有别于燃烧锅炉，又有别于单一的分解反应器，一般的锅炉燃烧总存在着明显的火焰区，煤粒的着火、燃烧多发生在火焰区，而分解炉内现在普遍认为煤粒是无焰燃烧；同理，单纯碳酸钙的分解性能在分解炉内能否继续适用，所有这些都有必要进行一定的研究。总之，试图从理论上完全地模拟分解炉内的各种现象是十分困难的，但是，如果能在众多的复杂因素中忽略某些次要现象，而针对炉内的一些重要过程展开模拟研究，在模型中引入必要的待定常数，利用热态实验或实际生产参数进行标定，在现阶段是可以实现的。分解炉内主要包括如下几个重要过程：

（1）气——固多相流动（传质），且气体是多组分；

（2）气相燃烧；（挥发分的燃烧等）；

（3）固相燃烧（煤热解后的固态碳的燃烧）；

（4）传热过程（对流、导热）；

（5）辐射；

（6）硅酸盐的分解过程（其中碳酸钙的分解是主要过程）。

本文同时研究了上述几个主要过程。因此，在理论模型中进行了如下几个重要简化：

（1）不考虑粉体的分散过程，即认为粉体在炉内已经充分分散，忽略粉体颗粒与气流之间的速度差，该简化在分解炉内的大部分区域是适用的，这主要是因为粉体颗粒较细，跟随性好。但是，在分解炉的底部及下料口的附近与实际情况存在一定的差距。

（2）煤粉入炉后，忽略预热段及煤粉的挥发、热解过程，即认为煤粉挥发分的燃烧与碳粒燃烧并存。气相温度与碳粒表面温度差值为常数。

（3）生料分解简化为单纯的碳酸钙分解，忽略入炉的预热段，碳酸钙颗粒的表面温度与气相的温度差值为常数。

（4）暂不考虑辐射过程。

（5）忽略固体颗粒表面的气相扩散过程。

二、模型方程组

分解炉内的基本过程是气－固多相流动，描述多相流的通用模型较多[2]，选用时需要具体问题具体分析。依据假设（1）结合分解炉内的主要反应特点，可以导出如下的方程组——气相连续方程：

$$\frac{\partial}{\partial x}(\rho u) + \frac{1}{r}\frac{\partial}{\partial r}(r\rho v) = S \tag{1}$$

气相动量方程：

$$\begin{aligned}\frac{\partial}{\partial x}(\rho uu) + \frac{1}{r}\frac{\partial}{\partial r}(r\rho uv) &= 2\times\frac{\partial}{\partial x}\left(\mu_{\mathrm{eff}}\frac{\partial u}{\partial x}\right) + \frac{1}{r}\frac{\partial}{\partial r}\left(r\mu_{\mathrm{eff}}\frac{\partial u}{\partial r}\right)\\ &\quad + \frac{1}{r}\frac{\partial}{\partial r}\left(r\mu_{\mathrm{eff}}\frac{\partial v}{\partial x}\right) - \frac{\partial p}{\partial x} + S\cdot u\end{aligned} \tag{2}$$

$$\begin{aligned}\frac{\partial}{\partial x}(\rho uv) + \frac{1}{r}\frac{\partial}{\partial y}(r\rho vv) &= \frac{\partial}{\partial x}\left(\mu_{\mathrm{eff}}\frac{\partial v}{\partial x}\right) + \frac{2}{r}\frac{\partial}{\partial r}\left(r\mu_{\mathrm{eff}}\frac{\partial v}{\partial r}\right)\\ &\quad + \frac{\partial}{\partial x}\left(\mu_{\mathrm{eff}}\frac{\partial u}{\partial r}\right) - \frac{\partial p}{\partial r} - \frac{2\mu_{\mathrm{eff}}v}{r^2} + S\cdot v\end{aligned} \tag{3}$$

其中源项 $S = \sum S_{pi}$

湍流模型及有关方程参见文献[3~5]。

滞止焓方程：

$$\frac{\partial}{\partial x}(\rho uh) + \frac{1}{r}\frac{\partial}{\partial r}(r\rho vh) = 0 \tag{4}$$

其中滞止焓 h 的具体表达式为：

$$h = C_{p总}T + \rho_{\mathrm{m}}(u^2/2 + k)/\rho + (Q_c\sum f_{pi} - Q_{\mathrm{CaO}}f_{\mathrm{CaO}})\rho_{\mathrm{m}}/\rho + Y_{\mathrm{CO}}Q_{\mathrm{CO}} \tag{5}$$

式中　$C_{p总}$为混合比热；Q_C 为煤的热值；Q_{CaO} 为 $CaCO_3$ 的分解热；Q_{CO}为挥发分热值；k 为湍流动能。

O_2 组分方程：

$$\frac{\partial}{\partial x}(\rho u Y_o) + \frac{1}{r}\frac{\partial}{\partial r}(r\rho v Y_o) = -\frac{8}{3}W_o - \frac{4}{7}W_{CO} \tag{6}$$

挥发分的组分方程：

$$\frac{\partial}{\partial x}(\rho u Y_{CO}) + \frac{1}{r}\frac{\partial}{\partial r}(r\rho v Y_{CO}) = -W_{CO} \tag{7}$$

CO_2 组分方程：

$$\frac{\partial}{\partial x}(\rho u Y_{CO_2}) + \frac{1}{r}\frac{\partial}{\partial r}(r\rho v Y_{CO_2}) = \frac{11}{7}W_{CO} + \frac{11}{3}W_c + 0.44W_{CaO} \tag{8}$$

式中 W_o、W_{CO}、W_{CaO}分别表示单位时间，单位体积内碳、挥发分的燃烧量及碳酸钙的分解量［$kg/(m^3 \cdot s)$］。

粉体颗粒浓度方程（共7个）：

$$\frac{\partial}{\partial x}(\rho u f_{pi}) + \frac{1}{r}\frac{\partial}{\partial r}(r\rho v f_{pi}) = S_{pi} \tag{9}$$

式中 $i=1$、2、3 表示碳颗粒的不同尺寸组；

$i=4$、5、6 表示 $CaCO_3$ 颗粒的不同尺寸组；

$i=7$ 表示 CaO 颗粒组；

S_{pi}表示该尺寸组颗粒的生成量［$kg/(m^3 \cdot s)$］。

S_{pi}颗粒由颗粒群统计守恒方程导出，即：

对碳粒燃烧：

$$S_{pi} = -\frac{d(d_p^2)}{dt}\rho_m\left(\frac{f_{pi}}{d_{pi}-d_{pi+1}} + \frac{f_{pi+1}}{d_{pi+1}-d_{pi+2}} - \frac{3}{2}f_{pi}/d_{pi}\right) \tag{10}$$

对碳酸钙颗粒：

$$S_{pi} = -\frac{d(d_p)}{dt}\rho_m\left(\frac{f_{pi}}{d_{pi}-d_{pi}+1} + \frac{f_{pi+1}}{d_{pi+1}-d_{pi+2}} - 3f_{pi}/d_{pi}\right) \tag{11}$$

上述方程组中没有固相动量方程，这是因假设气－固之间不存在速度差的缘故。

三、化学反应模型

式（1）～式（11）是不封闭的，源项 S_{pi}与具体的化学反应（化学反应模型）有关，有必要建立相应的补充方程。

（一）气相燃烧

气相（煤可燃挥发份）的燃烧模型采用快速反应（反应速率假设为无穷大），即表示气相燃烧仅依赖于扩散，化学反应瞬间完成而达到局部都平衡，考虑到气相分方程式是非守恒型方程，模型中引入混合函数：

$$f = \frac{4}{7}Y_{CO} - \frac{8}{3}\rho_m/(\rho\sum^{3}f_{pi}) \tag{12}$$

设 $P(f)$ 是 f 的概率密度函数，则 f 的平均值 f 和方差 g 分别为：

$$\bar{f} = \int_{f_{min}}^{f_{max}} fp(f)\,df \tag{13}$$

$$g = \int_{f_{min}}^{f_{max}} f(\bar{f}-f)^2\,df \tag{14}$$

平均值$\bar{f}$及方差 g 的模拟方程为[5]：

$$\frac{\partial}{\partial x}(\rho u\bar{f}) + \frac{1}{r}\frac{\partial}{\partial r}(r\rho u\bar{f}) = \frac{\partial}{\partial x}(\frac{\mu_{eff}}{\sigma_f}\frac{\partial\bar{f}}{\partial x}) + \frac{1}{r}\frac{\partial}{\partial r}(r\frac{\mu_{eff}}{\sigma_f}\frac{\partial\bar{f}}{\partial r}) \quad (15)$$

$$\frac{\partial}{\partial x}(\rho ug) + \frac{1}{r}\frac{\partial}{\partial r}(r\rho vg) = \frac{\partial}{\partial x}(\frac{\mu_{eff}}{\sigma_g}\frac{\partial g}{\partial x}) + \frac{1}{r}\frac{\partial}{\partial r}(r\frac{\mu_{eff}}{\sigma_g}\frac{\partial g}{\partial r}) \quad (16)$$

$$C_{g1}\mu_{eff}\left[(\frac{\partial\bar{f}}{\partial x})^2 + (\frac{\partial\bar{f}}{\partial x})^2\right] - C_{g2}\rho\varepsilon g/k$$

其中：$\sigma_f = \sigma_g = 0.7$，$C_{gl} = 2.8$，$C_{g2} = 2.0$.

式（15）、式（16）可以代替方程式（6）、式（7）。

（二）固相反应

分解炉内的固相反应主要是碳粒燃烧及碳酸钙颗粒的分解，采用缩核模型及颗粒近似呈球型的假设，运用反应速率方程，可以导出颗粒直径随时间的变化速率对碳颗粒[6]：

$$d(d_p^2)/dt = -64/(3\times\rho)\mu_{eff}Y_{O_2} \quad (17)$$

对碳酸钙颗粒[1]：

$$d(d_p)/dt = -2\times T_A/\rho_{CaCO_3}) \quad (18)$$

其中 $T_A = 73\times[4\times10^7 Exp(-20200/T_p) - P_{CO_2}]/T_p$。

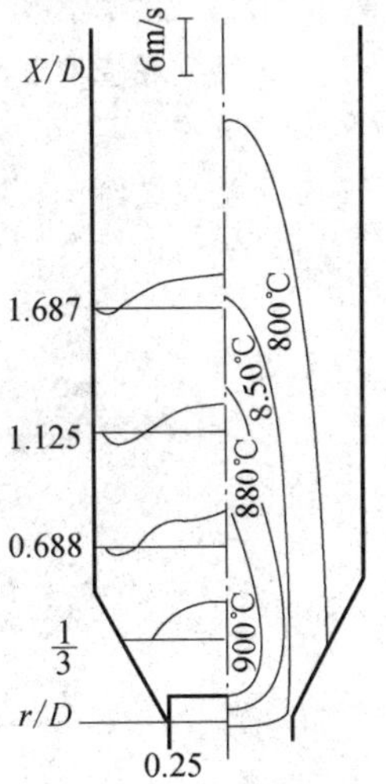

图 1　轴向速度分布和等温曲线

四、数值条件及计算结果

数值条件主要包括进口条件和边壁条件，具体如下：

（1）进口条件：气流速度分布（30m/s）；

（2）气流、物料温度 850℃；

（3）组分浓度（如：O_2 浓度 0.19）：不同尺寸组的颗粒质量分布。

（4）边壁条件：无滑移条件、热传导条件（绝热）。

括号中的参数是本文算例中采用的部分条件。

本文运用上述模型方程组及 SIMPLE 数值方法[7]进行了数值试验，部分结果如下：图 1 是热态分解炉的时均速度分布的轴向速度分布及等温曲线分布图。从图 1 中左边可以看出，在主流区的轴向速度沿轴向是逐步增加的，这主要是生料分解，煤粉燃烧生成的二氧化碳气体并入主流的缘故。右边的等温曲线上的各点的温度差的绝对值小于 5℃。从图 1 中可以看出，在分解炉的大部分区域内，温度是非常均匀的，入口附近处的最大温度差与出口附近的温度之差在 100℃左右，图 2 是实测温度曲线[1]，比较两图可知，本文的数值模拟结果与实验在定性上是比较吻合的，从而说明了软件在一定的范围内是可信的。

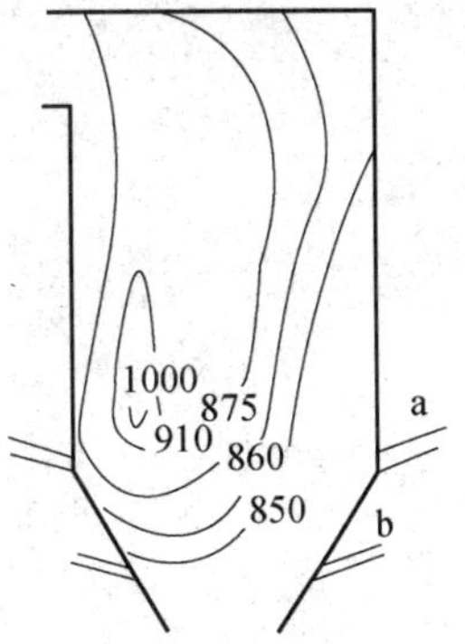

图 2　实测等温曲线

五、结论

1. 本文依据对分解炉内宏观过程的分析，提出相应的理论模拟方程组及化学反应模式，为进一步的数值研究提供了必要的理论基础。

2. 由于对分解炉的理论研究刚刚起步，其中的过程、反应机理都十分模糊，本文提出的方程与模型与实际情况可能存在较大差距，有待于进一步地改进。

3. 气－固多相流理论发展较快，除本文采用的无滑移模型之外，还有小滑移连续介质模型、滑移扩散颗粒群模型等，到底是什么样的模型更适用于分解炉，需要具体问题具体分析。

4. 组模型中引进较多的常数，必须通过热试、中试或实际生产参数进行标定和调整，因此，要使我国对分解炉的机理研究提高到一个新的水平，热态试验、数值模拟研究是十分必要的。

参考文献

[1] Kolyfoas Athens E, Vayennas C G. Mathematical Modeling of Separate Line Preealciners(scc) Z K G 1988; 559－563.

[2] 周力行．湍流两相流动与燃烧的数值模拟［M］北京：清华大学出版社，1991：7－79.

[3] 叶旭初，胡道和．硅酸盐学报，1990 6(18)：495－500.

[4] 叶旭初．化工学报，1992；43（1）：113－116.

[5] 周力行．燃烧理论和化学流体学［M］．北京：科学出版社，1985：286－322.

[6] 傅维，张永廉，王清要．燃烧学，470－481.

[7] 儆可法，樊建人．工程气固多相流动的理论及计算［M］．杭州：浙江大学出版社，1990：67－87.

SLC 分解炉内燃烧、分解的数值模拟研究

叶旭初　胡道和

（南京化工学院材料科学与工程系）

【摘　要】 运用气、固无滑移流动模型及燃烧、分解的化学反应方程组，数值模拟了 SLC 型分解炉内的气－固流动场、温度场、颗粒浓度场及气体组分场，开发出通用计算软件。数值预估的温度场与实验较为吻合。结果表明，当炉内粉体充分分散时，从入口至 1.1～1.5D 的范围内，将有 80% 以上的煤燃烧尽及生料分解。分析了炉内的热态性能。

【关键词】 预分解窑，气－固二相流，燃烧，数值模拟

一、引言

SLC 分解炉是丹麦史密斯公司 20 世纪 70 代推出的，Kolyfetis 等人[1]利用活塞流模型研究了 SLC 分解炉内的燃烧与分解特性，但是，模型比较简单。本文拟根据二维模型的模拟方程组及必要的化学反应补充方程[2]数值模拟研究 SLC 炉。尽管这些方程从目前看来有许多方面仍有待改进，但在研究初期，尤其是在对分解炉的热态了解较少的情况下；将有一定的普遍意义，可以认为它们是对分解炉进行理论研究的必要基础。由于模拟方程组是非线性的，试图用这些方程组去模拟分解炉的各种工况（理论模拟试验）只能采用数值解法[3]。数值方法主要有有限差分法、有限元法和 Taylor 级数展开法。因为有限元法难以确定复杂流动的边界条件，Taylor 级数展开法又无法在高 Peclet 数情况下应用，故对于求解复杂的湍动多相流（包括燃烧分解）。常用的数值方法是有限差分法。有限差分法已被广泛应用于流体力学、气体动力学、气相燃烧、锅炉煤粉燃烧[1～6]。有些通用软件也已成为工程辅助设计以及新工艺、新型设备开发的辅助工具，成为由小试过渡到生产装置的重要环节，并已取得了明显的经济效益及社会效益。窑外分解炉内不仅仅有煤粉燃烧过程，而且还有大量水泥生料粉的分解过程，由于每燃烧 1kg 的煤放出的热量几乎可以分解 10kg 左右的生料粉，换句话说，如果分解炉内燃烧的煤粉量与同等容积的燃烧炉相同，由于生料粉的存在，分解炉内的固相浓度可能是锅炉内的十几倍。总之，分解炉内的气、固相间的相互作用远比单纯的煤粉燃烧更复杂。虽然，目前人们已对燃烧炉内的煤粉燃烧做了大量的数值模拟研究工作，得到了许多可借鉴的、有价值的结果，但是可以预料，分解炉内的煤粉燃烧、分解过程及其交互作用将有更多的未知现象需要去探讨和研究。至今尚未见国内外对分解炉进行数值模拟研究的报道，其难度可以想象。

本文运用 SIMPLE 方法数值模拟研究了 SLC 分解炉的二维气、固流动，燃烧以及炉内的 $CaCO_3$ 分解过程，开发调试出通用的工程应用性数值软件。运用该软件可以分别模拟各类操作参数（如：加煤量、煤的热值、煤的燃烧性质、生料的加料量、生料的分解特性、空气过剩系数、气流操作参数、气固比等）对分解炉的工作情况（分解率、阻力特性、温度等

宏观参数）的影响程度。该软件将成为分解炉热态试验、工业性中试或指导实际生产操作的辅助工具，以减少试验、生产调试中的盲目性，并能给出热态状况下分解炉内的气流速度场、温度场、颗粒浓度场及气相组分场等分布值，是研究分解炉的内部特征、研究分解炉改造的重要手段之一，可望节约工业开发或技术改造的投资及周期。

二、数值计算原理

（一）数值方法

应用文献[2]提供的理论模型方程组，将所有的方程以通用的形式表示为：

$$\frac{\partial}{\partial x}(pu\varphi)+\frac{1}{r}\frac{\partial}{\partial r}(rpv\varphi)=\frac{\partial}{\partial x}\left(\Gamma\frac{\partial\varphi}{\partial x}\right)+\frac{1}{r}\frac{\partial}{\partial r}\left(r\Gamma\frac{\partial\varphi}{\partial r}\right)+S_{\varphi}+S_{d}$$

式中 φ 代表任一物理量，如速度分量（u、v）、滞止焓（h）、颗粒浓度（煤粉颗粒、$CaCO_3$ 颗粒，各分为3种尺寸组）、组分浓度（O_2、挥发分、CO_2 三个组分）等；ρ 对气相场取气体密度（ρ_g），对颗粒场取混合密度 ρ_m（$\rho_m=\rho_g+\Sigma\rho_{pk}$）；$S_\varphi$ 是源项，S_d 是由于颗粒相的反应而产生的气体源项。方程及数值模拟中涉及的通用常数参见文献［7］，运用模拟方程组，从理论上可以求出分解炉内的流动场、温度场、颗粒浓度场、气体组分场，从而预估出热态分解炉内的工作特性，增加对分解炉工作机理的认识，提高操作分解炉的水平，为改进分解炉提供依据。现分别将所有方程化为差分方程组——数方程组，对流项采用混合格式，数值流程如图1所示。

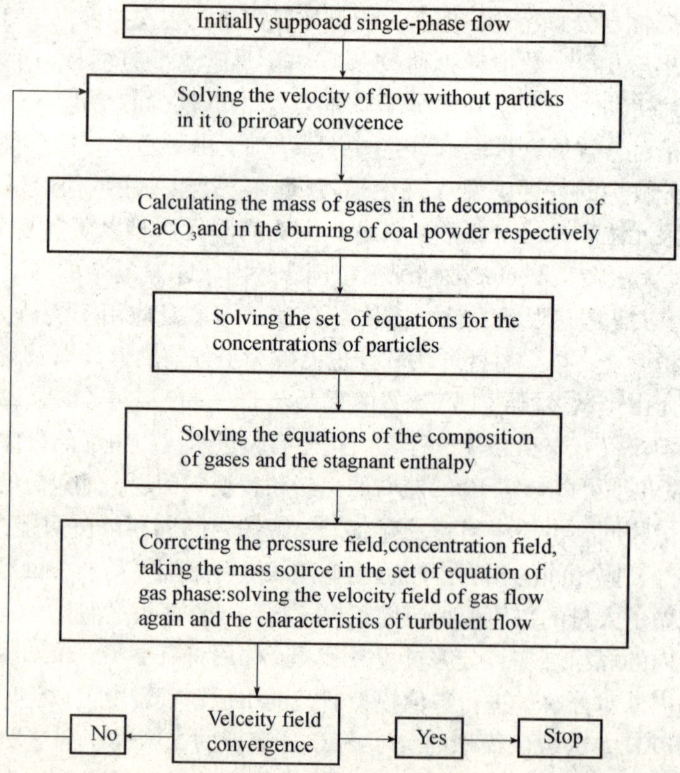

图1　计算流程框图

Fig. 1　Flow chart of computation

（二）计算区域

本文所计算的系 SLC 分解炉（图 2），其特点是分解炉近似具有轴对称性。因此按二维处理虽与实际流动可能存在一定的差距，但基本可取。分解炉的直径 D 为 1250mm，高度 H 为 6875mm，$H/D=5.5$。

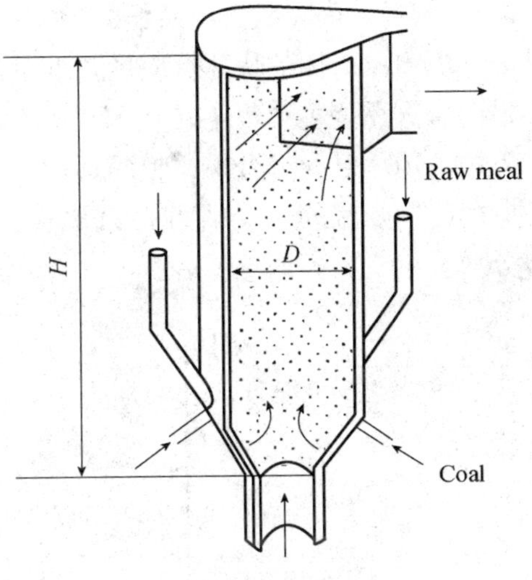

图 2　SLC 型分解炉
Fig. 2　SLC precalciner

（三）数值计算条件

数值计算条件包括边界条件及必要的特征参数。边界条件是数值模拟的重要参数，主要由分解炉的入口条件（如气流速度、气流温度、气体组分、煤粉及生料颗粒尺寸分布、颗粒浓度等）、固壁条件及出口条件所组成，这些条件直接影响到计算结果的可靠性。对实际生产状况进行模拟研究时，可以运用部分实际测到的参数。本文计算中的主要进口条件为：

（1）气流经缩口速度：30m/s

（2）气流温度：850℃

（3）煤粉量：89kg/h（热值 23.4kJ/kg）

（4）生料量：1118kg/h（分解热：1.80kJ/kg）

三、数值模拟结果及探讨

根据上述数值原理，编制出相应的计算软件，通过反复调试、修正，得到了重复性较好、结果稳定的数值解，主要结果如下：

图 3 是热态分解炉的时均速度分布场的轴向速度的径向分布（左）和流线谱（右），从图 3 中可以看出，在主流区，轴向速度沿轴向是逐步增加的，近分解炉的入口段增加得较快，到 0.3D 长时，最大速度比入口气速增加了 16% 左右，以后增势渐减，这主要是因为生料分解，煤粉燃烧生成的 CO_2 气体并入主流及温度升高、气体膨胀的缘故。因回流区细而长，回流区内最大回流速度为 1m/s 左右。之所以产生这种情况，主要是因为在炉的入口附近，粉煤燃烧产生的高温使气体急剧膨胀，挤压回流区及生料反应生成的气体综合作用的结果，同时气体的黏度增加也会减弱回流效应，与冷模相比，热态的回流区及回流强度都相应减弱。以往经验表明，回流能延长物料停留的时间及强化粉体的分散。因此，在冷模条件下优选出的操作参数、几何参数在热态情况下不一定完全适用，可能需作适当的修正。

图 4 表示炉中的等温曲线分布图，每条等温线上的各点温度差的绝对值小于 5℃。从图 4 中可以看出，在分解炉内的大部分区域内，温度是均匀的，入口附近的最高温度与出口附近的温度之差为 100℃左右。图 5 是实测温度曲线[1]，数值模拟结果与实验值在变化趋势上是一致的。

图 6 是煤粉、生料粉颗粒密度分布曲线。图 7 是计算所得 O_2 及 CO_2 气体和组分含量的径向分布曲线。图 8 是煤粉燃烬度及 $CaCO_3$ 的分解率随温度的变化曲线。比较图 6、图 7 可以看出，在径向速度及回流的作用下，粉体随气流入炉后，迅速向炉壁附近扩散，从而使得回流区的粉体浓度比主流区高，结合数值计算结果分析知，生料粉向边壁的扩散过程大约在

0.5*D* 的区域内完成，随后粉体颗粒进入快速化学反应区。煤粉在 0.3*D* 左右的区域内完成分散。$CaCO_3$ 粉体的快速反应区长度约为 0.5*D*～1.5*D*，随后的分解速度就逐步趋于平稳，煤粉的着火燃烧主要集中在 0.3*D*～1*D* 以内。之所以有这样的结果，是因为本文在计算中假设入炉的粉体已充分分散，换句话说，只要能使煤粉、生料粉体充分分散，完全燃烧，分解反应的时间是极短的，因此，试图提高分解炉单位容积产量的关键是保证分解炉内粉体的分散。

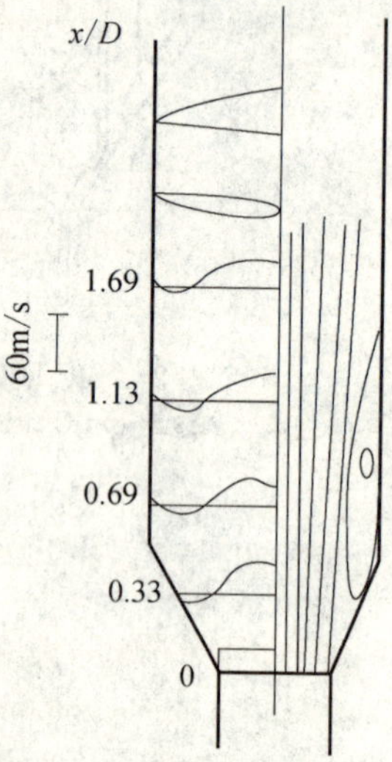

图3　轴向速度的经向分布及流线

Fig. 3　Radial distribution of axial velocity and streamlines

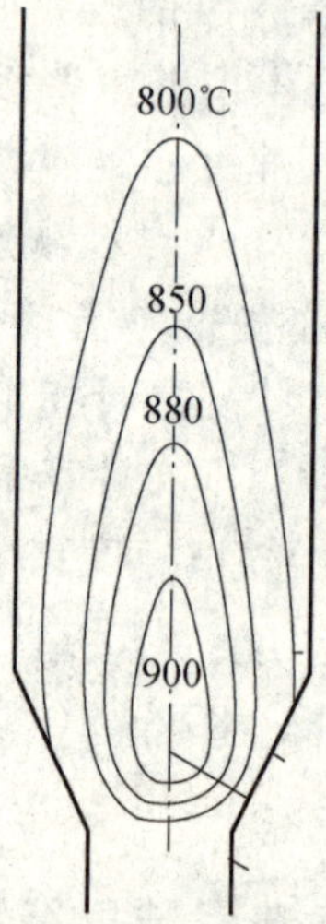

图4　等温线分布图

Fig. 4　The distribution of numenedl constant temperarure lines

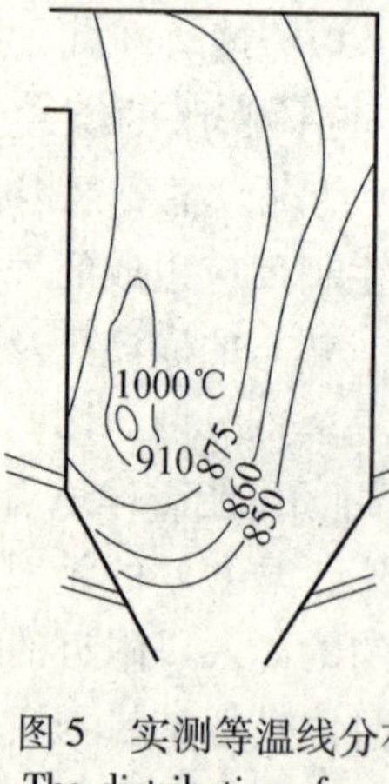

图5　实测等温线分布

Fig. 5　The distribution of experimental constant temperature lines

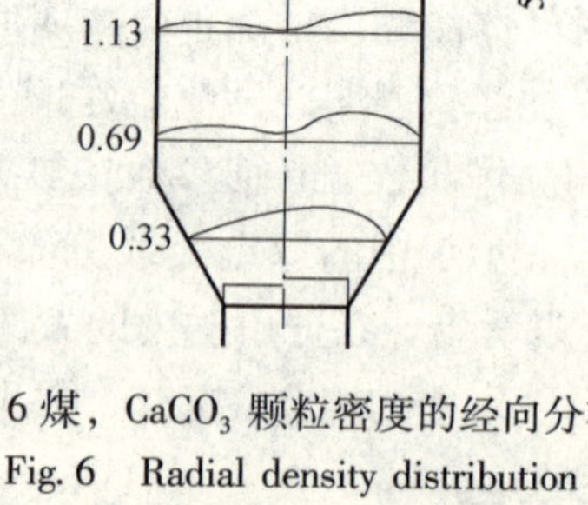

图6 煤，$CaCO_3$ 颗粒密度的经向分布

Fig. 6　Radial density distribution of coal and $CaCO_3$ particles

图7的左半边是 O_2 组分含量曲线，曲线分布为双峰型，在主流区存在峰及回流区存在峰，双峰中间的 O_2 组分密度为0。结合轴向流速分布曲线图可以看出，O_2 组分为0的区域正好处于回流区与主流区交界处。作者认为，产生上述现象的主要原因：一是由于碳燃烧速

率与有效动力扩散系数 $D_{eff}(D_{eff}=\mu_{eff}/\sigma_D)$ 有关，由于主流区与回流区交界处的湍流脉动较强，μ_{eff}的值最大，因此，加快了碳的燃烧速率，较回流区及主流区更多地消耗 O_2；二是由于该区域的对流扩散效应比较剧烈。从而强化了氧气与碳颗粒的相互接触，较其他两个区域更易于燃烧，在碳充足的前提下，则氧气有可能首先消耗掉。柳州水泥厂的热工计算显示炉列四级筒的出口不仅有氧（含量4%），而且有较多的 CO 气体。从氧气组分的分布曲线可以解释这一现象，由于氧气组分的分布不均匀，局部为0值，该区域的 CO 气体不能完全燃烧，而峰值区存在使氧气过剩并最终被带出炉外。

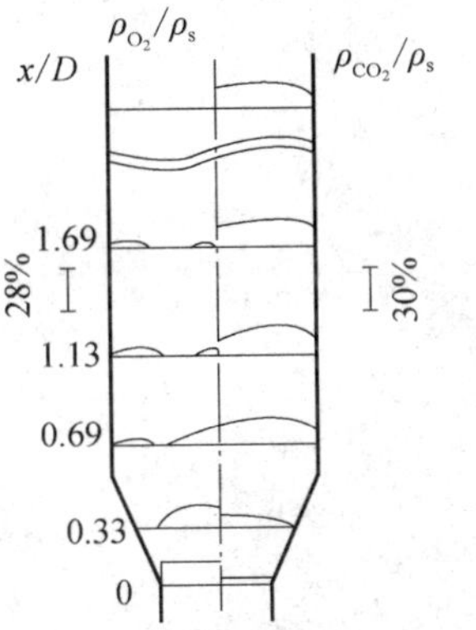

图7　O_2，CO_2 组分含量的经向分布

Fig. 7　Radial distribution of the compositions of O_2，CO_2

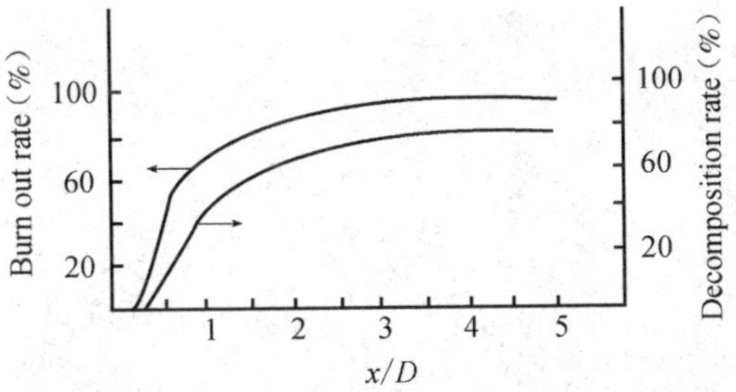

图8　煤粉燃烬度及 $CaCO_3$ 的分解率随温度的变化曲线

Fig. 8　The change curves of burn out rate of coal and decomposition rate of $CaCO_3$

四、结论

（1）本文开发的数值模拟软件所预估的参数场与分解炉实际情况变化趋势比较吻合。应用该软件可以模拟计算出分解炉在各种工况下热态运行状态，可作为热模、中试甚至实际生产调试的主要辅助工具。但是，由于模型作了各种简化假设，计算结果在数值上与实际状况尚存在一定的差距。

（2）数值模拟软件是建立在粉体充分分散的基础上，从数值计算结果可以推知，如果粉体充分分散，则反应动力学速度是控制因素。煤粉燃烬度、生料分解率约在 1.1*D*～1.5*D* 就达到80%以上；而实际生产中的分解炉达到同样燃烬率、分解率，其实际长度要高于上述预估值。

（3）从粉体颗粒浓度分布曲线看，SLC 分解炉主流区的浓度比较稀，分解的 $CaCO_3$ 浓度更稀，与回流区相比，至少相差到2～3个数量级。其原因可能是主流区气流速度大、物料停留时间短，因此改进 SLC 分解炉特征性能的主要途径是改变主流区的气流流型，即采用复合流型。

（4）为了提高 SLC 分解炉的分解能力，常用的方法是增大炉的高度。参照数值计算结果可知，炉体高度应有合适的值，根据计算 SLC 炉的分解率，较适合的高径比（*H/D*）大约为2～2.5。超过此值再增加炉体高度，对提高分解率的作用很有限。

（5）本文开发的数值软件原则同样可以用于预估 RSP、NSF 等悬浮式分解炉。

参考文献

[1] Kolyfetis E, Vayenac G. Mathematical modeling of separate line prealcners. Zement- Kalk- Glps. 1988;

41：559.

［2］叶旭初，胡道和．喷腾分解炉内热态过程的教值模型．南京化工学院学报硅酸盐增刊.

［3］儆可法．樊建人．工程气固多相流动的理论及计算［M］．杭州：浙江大学出版杜，1990：67.

［4］王应时，范维澄，周力行．燃烧过程数值计算［M］．北京：科学出版社，1986.

［5］周力行．燃烧理论和化学流体力学［M］．北京：科学出版杜，1986.

［6］Khalil E E，Spalding D B. The calculation of local flow properties in two-dimensional furnaces. Int J Heat Mass Transfer，1975；（18）：775.

［7］叶旭初．硅酸盐分解两相流的数值计算［M］．化工学报，1992 43（1）：113.

喷旋管道式分解炉内燃烧、分解过程的 CFD 模拟

叶旭初　李祥东　胡道和

（南京工业大学材料科学与工程学院，江苏，南京，210009）

【摘　要】 针对水泥分解炉内煤粉燃烧、生料颗粒分解过程共存的特点，提出了相应的计算模型与方法，以 CFX4 为基础，采用用户软件，二次开发出模拟该现象的工程计算软件，并以工业化中实际使用的5500t/d 的喷旋管道分解炉为对象，计算分析了炉内的煤粉燃烧、生料分解率在空间上的变化规律，探讨了炉内的湍流速度场及高温火焰燃烧区域、空气组分、颗粒体积浓度等的空间分布特征，指出了进一步优化的方向。

【关键词】 计算流体动力学，煤粉燃烧，生料分解，数学模型，计算软件，水泥窑外分解

CFD simulation of combustion and decomposition process inside a ejecting-revolving pipe precalciner

YE Xu-chu　LI Xiang-dong　HU Dao-he

（College ofMaterials Science and Engineering，Nanjing University of Technology，Nanjing 210009，China）

【Abstract】 Aiming at the coexistence of pulverized coal combustion and raw meal granule decomposition in cement precalciner，the governing model and computationalmethod were put forward. Based on CFX4 and user's interface software，a working computational program was developed to simulate the above phenomenon. Taking the 5500t/d ejecting-revolving pipe precalciner as a actual example，the rate of pulverized coal combustion and the raw meal decomposition in the precalcinerwere calculated and analyzed. The space distribution characteristics of turbulent flow and speed field，high-2temperatured burning flame field，air composition，particle volume concentration and the influence trend in precalcinerwere discussed and the direction for further optimization was pointed out.

【Key words】 computational fluid dynamics，pulverized coal，combustion，decomposition，mathematical model

现代分解炉的结构表现出了多种分解炉的复合性，研制和开发一种能够符合各种工业要求的高效分解炉，有必要利用现代工程理论知识从各个方面综合分析、试验研究，最后通过实践反复改进和优化才能实现[1]。到目前为止，人们对分解炉的认识也仅停留在感性和经验的基础之上，近年来，计算流体力学（CFD）和数值模拟方法在工程研究中的应用得到了长足的发展，该技术在水泥生产的工业过程中取得了初步的应用[2~5]。

本研究在 CFX4[6] 的基础上，采用用户软件，二次开发出适合于模拟研究分解炉内煤粉燃烧、生料分解现象的工程模拟软件。以 5500t/d 喷旋管道炉为对象，研究了炉内实际操作工况条件下的湍流、温度、组分场、煤粉燃烧、生料分解等的变化规律，理论研究与实际工程在线的检测值基本吻合，为分解炉的优化设计提供了基础。

一、分解炉模型及工况条件

喷旋管道式分解炉物理模型的基本尺寸及外形如图 1 所示。将炉内计算区域采用分块网格技术[7]进行六面体划分，划分方案是根据结构化网格系统的要求以及炉的结构特点制定的。它要求每个单元体都具有六面体结构，且尽可能地与三维坐标下质量、动量以及能量的传输方向一致，使其具有良好的初始网格结构（如图 1 表面上的线表示的分块方法），再在此基础上进行细致的网格划分，生成具有较高网格质量的贴体坐标下的六面体拼块式结构化网格系统，如图 2 所示，本研究中的内网格总数为 863496 个。计算条件根据生产中的实际工况操作参数，见表 1。

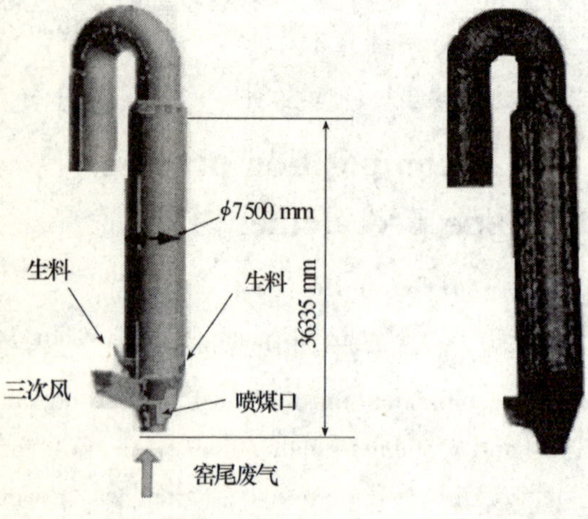

图 1　喷旋管道式分解炉外形效果图

Fig. 1　External form of ejecting 2 revolving pipe precalciner

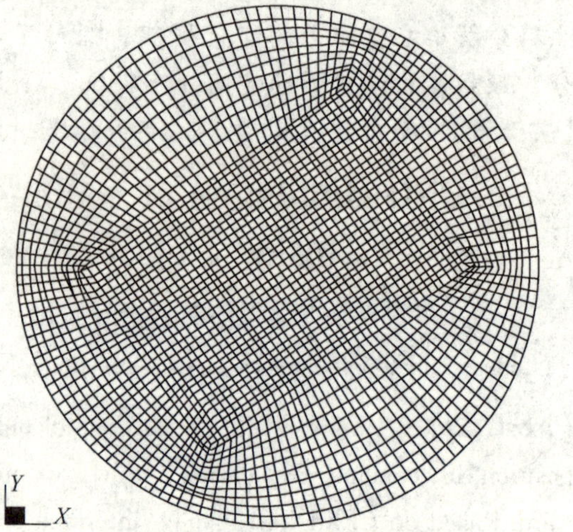

图 2　计算域分块网格方案

Fig. 2　Scheme of computational space grid

表 1　喷旋管道炉的计算条件

Table 1　Computational parameters for ejecting 2 revolving pipe precalciner

名称	数量	名称	数量
熟料产品（t/d）	5500	煤粉热值（kJ/kg）	23470
窑尾废气量（Nm^3/kg）	0.459	煤粉量（t/h）	16.50
窑尾废气温度（℃）	1150	煤粉温度（℃）	50
三次风量（Nm^3/kg）	0.458	生料量（kg/kg）	1.354
三次风温度（℃）	880	生料温度（℃）	745

二、基本原理

（一）气相方程组

气相方程包括连续性方程、动量方程及湍流模型方程，分别为：

$$2 \cdot (\rho U) = 0 \tag{1}$$

$$2 \cdot (\rho U \otimes U) - 2 \cdot (\mu_{eff}{}^2 U) = -2p' + 2 \cdot (\mu_{eff}(2U)^T) + B \tag{2}$$

式中　p′、ρ 和 U 分别表示修正压强、流体的密度和速度；上标 T 表示转置；μ_{eff} 为有效黏度，其定义式为：

$$\mu_{eff} = \mu + \mu_T,$$

μ_T 为湍流黏度，对于 k-ε 模型，假定 $\mu_T = C_\mu \rho \frac{k^2}{\varepsilon}$，B 表示质量力。

对于气体湍流 k-ε 模型，湍流动能 k 和湍流耗散率 ε 的定义式分别为：

$$2 \cdot (\rho U k) - 2\left(\left(\mu + \frac{\mu_T}{\sigma_k}\right)2k\right) = P + G - \rho\varepsilon \tag{3}$$

$$2 \cdot (\rho U \varepsilon) - 2\left(\left(\mu + \frac{\mu_T}{\sigma_\varepsilon}\right)2\varepsilon\right) = c_1 \frac{\varepsilon}{\kappa}(P + C_{3max}(G,0)) - C_2 \rho \frac{\varepsilon^2}{\kappa} \tag{4}$$

其中，P 和 G 的定义分别为：

$$P = \mu_{eff}{}^2 U(2U + (2U)^T) - \frac{2}{3} 2 \cdot U(\mu_{eff}{}^2 \cdot U + \rho\kappa) \tag{5}$$

$$G = G_{buoy} + G_{rot} + G_{res} \tag{6}$$

式中　G_{buoy}、G_{rot} 和 G_{res} 分别代表浮力、旋转和阻力的作用。

（二）化学组分平衡方程组

设化学组分 Xi（i=1，2，…，NS）间发生一系列反应，其中第 j 个化学反应式可以表达为：

$$a_{r1j}X_1 + a_{r2j}X_2 + L \Leftrightarrow a_{p1j}X_1 + a_{p2j}X_2 + L$$

式中　a_{r1j} 和 a_{p2j} 分别表示反应物和生成物的化学计量数。

设 Yi 表示反应过程中组分 i 的质量分数，则组分 i 的质量平衡关系式为：

$$\frac{\partial}{\partial \tau}\rho Y_i + 2 \cdot \left(\rho U Y_i - \left(\Gamma_i + \frac{\mu_T}{\sigma}\right)2Y_i\right) = S_i \tag{7}$$

在 N_R 个反应中产生的组分 i 的质量源项的产率 S_i 为：

$$S_i = \sum_{j=1}^{N_R} n_{ij} R_j \tag{8}$$

式中　R_j 表示该反应的反应常数，$R_j = \frac{1}{n_{ij}} P_{ij}$，$P_{ij}$ 表示组分 i 在反应 j 中的产率。

（三）焓方程

对反应流的能量描述需要考虑化学反应热的影响，焓方程表达式如下：

$$\frac{\partial}{\partial \tau}\rho H + 2\left(\rho U H - \left(\frac{\lambda}{C_P} + \frac{\mu_T}{\sigma_H}\right)2H\right) = \frac{\partial_P}{\partial_\tau} + Q_R \tag{9}$$

式中　H 为焓；λ 为传热系数；C_p 为定压比热；Q_R 为化学反应热源项，受化学反应类型的影响：

$$Q_R = -\sum_{1}^{N_R} R_j \Delta H_{R_j} \tag{10}$$

（四）煤、生料颗粒运动与化学反应

煤、生料颗粒运动的动力学模型采用随机轨道模型[8]，煤燃烧过程中挥发热解采用双挥发反应模型[9]，碳粒燃烧采用 Gibb[10] 方法，该方法考虑了氧气在焦碳颗粒的孔隙中的扩散，比较符合实际情况。对于生料颗粒分解反应，考虑到生料成分的复杂性，采用综合分解率来表达，如：

$$1-(1-X)^{\frac{1}{3}} = \frac{m}{r_p \rho_p}(P_e(T_0) - P_0)\cdot \kappa \cdot \tau$$

式中　τ 为反应时间；X 为分解率；m 为生料混合摩尔质量，kg；r_p 为直径，m；ρ_p 为颗粒密度，kg/m^3；P_0 为炉内环境中 CO_2 气体的分压，Pa；$Pe(T_0)$ 为温度 T_0 时 CO_2 气体的平衡分压，Pa；k 为反应常数，$mol/(m^2 \cdot s)$，$k = A\exp\left(-\frac{E}{RT_p}\right)$。

三、结果与讨论

计算是在 Dell 450Precision™Work Station 工作站上完成的，颗粒迭代总次数为 30 次，计算结束时，质量平衡最终的相对误差是 0.61%，表明数值结果的收敛性较好。

（一）煤粉燃烬率、生料分解率沿分解炉高度方向的变化规律

图 3 是煤燃烬率、生料分解率沿分解炉高度方向 z 的分布曲线。从图 3 中可以看出，煤燃烬率在达到 80% 之前，煤颗粒处于挥发快速燃烧段，对应的分解炉的轴向高度约为 13m，燃烬率从 80% 增加到 90% 的区段内，主要对应于碳粒的燃烧，需要的炉高度约为 10.5m。而生料的分解率，其分解特性的变化规律基本与煤相同，只是滞后了一段距离。从图 3 中可以看出，煤的最终燃烬率达到了 98% 左右，生料分解率达到了 92% 左右。

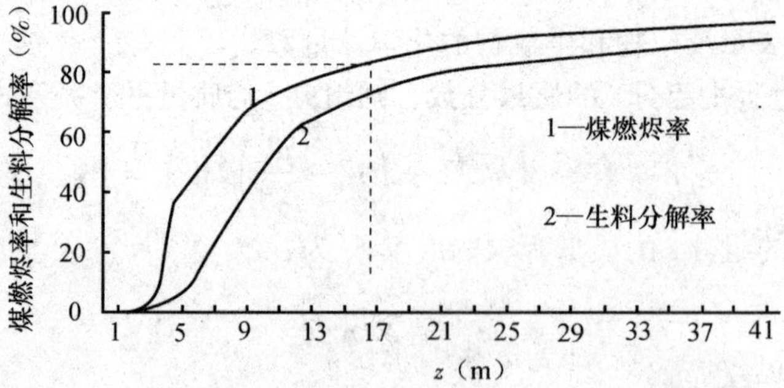

图 3　煤燃烬、生料分解率沿炉轴向上的分布曲线

Fig. 3　Axial distribution burning out of coal, decomposition rate

（二）速度场分布图

图 4 为窑废气、三次风、喷煤口、生料入分解炉处的中心剖面上的速度场分布局部放大图。从图 4 上可以看出，在生料入炉附近的区域内，由于撒料板的存在及生料的下滑作用，在该区域内产生了 2 个明显的旋涡，且靠三次风管一边的旋涡偏大。另外，窑尾烟气和三次

风撞击处，也形成了一个旋涡，所有这些旋涡的存在，都有利于颗粒的分散及气体之间的混合。该区域内的最大速度值在35m/s左右，一般情况下的速度值为7～10m/s。数值结果表明，在分解炉的上部，分解炉内的气流速度较均匀，基本表现为整体向前推进的流动（管道流），平均速度在10m/s左右。

（三）分解炉中心线上温度分布规律

图5表示分解炉中心线上的温度分布规律，图5中可以看出，温度变化规律是从初始接近窑尾废气的温度（1159℃），与三次风混合后，温度有所下降，其后，随着煤粉的着火燃烧，烟气温度快速回升，最高温度达到了1648℃。在生料入炉口的附近，由于生料的突然集中分解，烟气温度急剧下降到859℃左右。再往下游，当轴向高度为29m后的烟气温度达到了煤粉燃烧与生料分解的“供热、吸热基本平衡阶段”，烟气温度趋于稳定，接近出口处的温度值为857℃，实际生产中在线热检测的平均温度约为861℃，两者基本吻合。

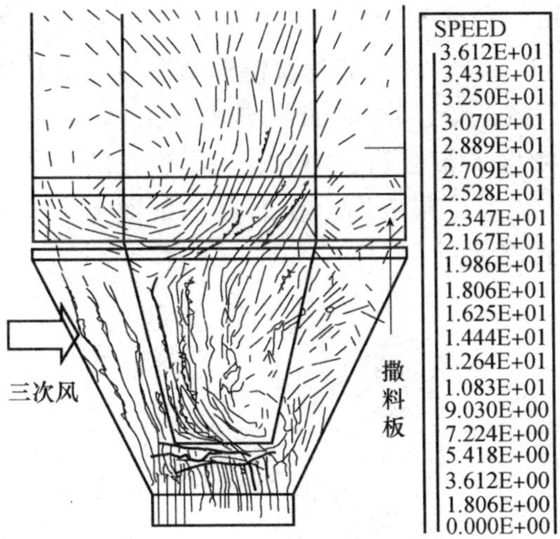

图4　速度矢量图

Fig. 4　Velocity vector distribution

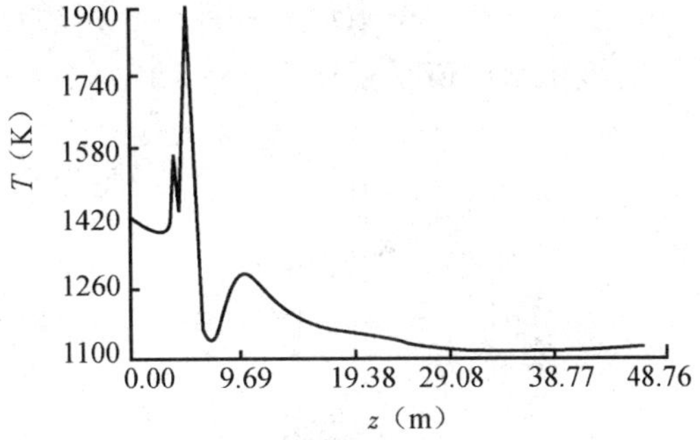

图5　轴线上的温度分布规律

Fig. 5　Temperature distribution on axial direction

（四）高温区的空间位置

在分解炉内的主燃烧区内出现高温区，对煤粒的燃烧是有利的，它是保证煤粉稳定着火、提高燃烧效率的重要因素，特别在燃烧无烟煤时，该点更为重要。但是，现有的生产经验表明，分解炉内出现“下雨”现象，高温是主要原因之一，如果生料颗粒落在高温区内的停留时间太长，就有可能产生熔融，熔融颗粒在随机运动过程中，与其他颗粒相撞，就会产生黏附，黏附颗粒不断长大，最终因沉降速度过高而出现“下雨现象”。由此可见，对分解炉内的高温区的掌握，是分解炉优化设计的重要组成部分。图6是温度大于1300℃的高温火焰燃烧区域在炉内的空间位置，可以看出，火焰燃烧区所处的

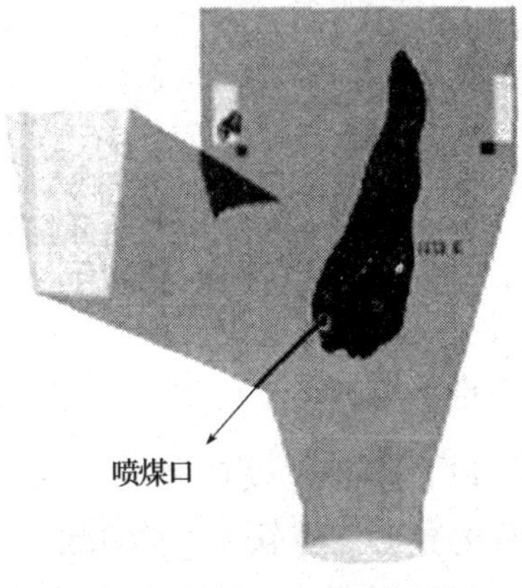

图6　高温区域的位置

Fig. 6　Place of high temperature

位置从喷煤口的下方一点开始向上延伸，基本是处于分解炉的中心位置，离分解炉壁面最近的距离接近 2.0m。火焰燃烧区的形状近似呈锥体，锥体的底部直径约为 2.1m，高约为 518m。数值结果表明，高温区中的最高温度值约为 1670℃，实际生产结果表明，炉内存在明显的火焰燃烧区。

（五）空气组分、颗粒体积浓度分布规律

图 7 表示空气组分浓度在轴向高度为 7m、10m、15m 对应的水平剖面上的分布曲面（图中显示出了水平剖面的位置）。从图 7 中可以看出，在 7m 的剖面上，方框 *A* 的位置是在三次风管内，对应的浓度值为 100%，而炉内剖面上的空气浓度分布出现较明显的峰值（如 *B* 点），对应的峰值浓度为 85% 左右，另外，剖面上最黑的部分是在三次风进口的对面上，空气组分浓度值偏低。在 10m 的剖面上，空气浓度峰值已不存在，分布曲面趋于平坦，但是，剖面上仍存在较明显的低浓度区。在 15m 的剖面上时，相应的空气浓度分布情况得到部分改善。

图 8 表示颗粒体积浓度在轴向高度为 7m、10m、15m 对应的水平剖面上的等值线（每个封闭曲线上的体积浓度值相等），等值线密度愈高，表示该处的颗粒体积浓度愈高。从图 8 中可以看出，在 7m 的剖面上，颗粒浓度最高处是在下料口的下方（撒料板上），中心区域几乎没有颗粒。在 10m 和 15m 的剖面上，颗粒浓度分布已趋于均匀，表示颗粒的分散能力较好，但是，在边壁附近，颗粒体积浓度偏高。数值结果表明，在 15m 的剖面上，大部分区域的体积浓度值是处在 $2.456\times10^{-5}\sim1.46\times10^{-4}$ 之间。

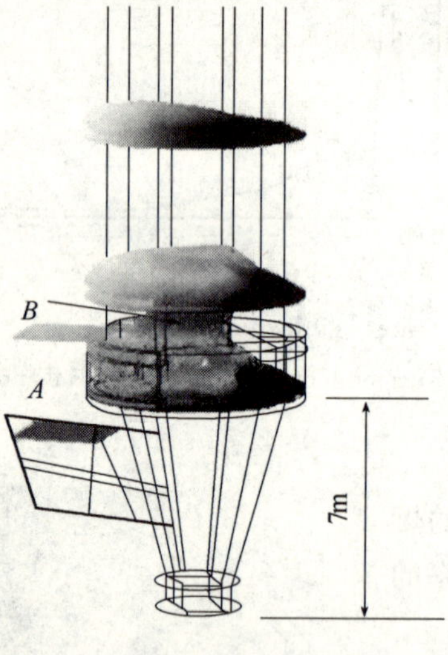

图 7　空气组分分布

Fig. 7　Distribution of air components

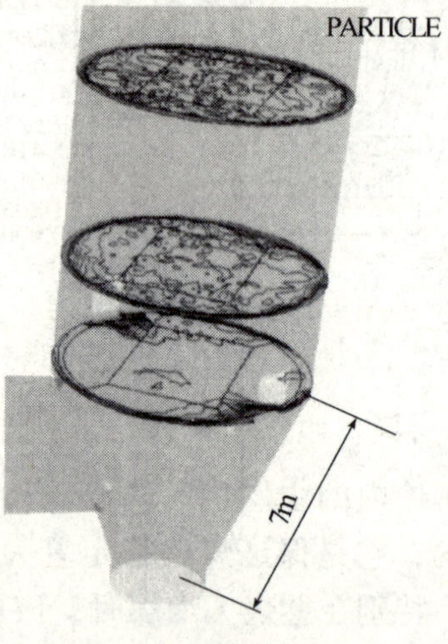

图 8　颗粒体积浓度分布

Fig. 8　Distribution of particle volume conentrations

四、结论

（1）本研究以 CFX4 为基础，采用用户程序，开发出模拟分解炉内煤粉燃烧、生料反应过程的数值计算软件，为评价分解炉的特性、优化设计提供了一种新的途径。

（2）对于本研究的实际分解炉和操作条件，煤的最终燃烬率达到了 98% 以上，生料分解率达到了 92% 左右。

（3）在窑尾废气、三次风、喷煤口、生料入分解炉处的中心剖面上，存在3个明显的旋涡。在分解炉的上部，分解炉内的气流速度较均匀，平均速度在10m/s左右，表现出管道流的特征。

（4）在分解炉的下段，炉内存在大于1300℃的高温火焰燃烧区域呈锥体形状，所处的位置是从喷煤口的下方开始向上延伸，离分解炉壁面最近的距离接近2.0m，锥体的底部直径约为2.1m，高约为5.8m；高温区中的最高温度值约为1670℃。

（5）在炉内的部分区域内，空气浓度在剖面上的分布均匀性仍有待于提高，而颗粒的分散情况良好。

参考文献

[1] 陈全德．全国第四届悬浮预热和预分解窑技术经验交流会论文集［C］．北京：中国建材工业出版社，2000.

[2] 赵蔚临，吴波．分解炉内湍流流场数学模型的建立［J］．山东建材学院学报，2002，15（1）：26－29.

[3] 黄来，陆继东．旋喷结合分解炉内的流场模拟［J］．燃烧科学与技术，2003，9（3）：274－279.

[4] 吴君棋、陆继东．旋喷结合分解炉的流场模拟［J］．硅酸盐学报，2002，30（6）：702－706.

[5] Giddings D，Eastwick C N，Pickering S J，et al. Computational fluid dynamics app lied to a cement precalciner［J］. Proceedings of the Institution of Mechanical Engineers，Part A：Journal of Power and Energy，2000，214（3）：269－280.

[6] Koh P T L，Nguyen T V，Jorgensen F R A. Numerical modelling of combustion in a zinc flash smelter［J］. Applied Mathematical Modelling，1998，22（11）：941－948.

[7] 张立东，李椿萱．结构型网格分块生成技术［J］．计算物理，2001，18（4）：325－328.

[8] 叶旭初，胡道和．气固多相双通道同轴射流湍流场的数值模拟［J］．南京化工大学学报：自然科学版，1998，20（2）：26－28.

[9] Johnson，James Lee. Kinetics of coal gasification［M］. New York：Wiley，1979.

[10] Gibb L，David T Pratt. Pulverizedcoal combustion and gasification［M］. New York：Plenum Press，1979.

喷煤燃烧器煤粉燃烧过程的数值模拟研究

叶旭初　胡道和　吕　鸿

（南京化工大学材料科学与工程系）

【摘　要】 采用 CFD 方法，研究并开发了喷煤燃烧过程的数值模拟应用软件。运用该软件预测的煤粉燃烧的温度分布场、主要气体组分分布场与实际燃烧过程相吻合，相对误差小于10%，该模拟软件是进行燃烧工程研究的重要分析工具。

【关键词】 喷煤燃烧器，煤粉燃烧，数值模拟

流体动力学数值计算（CFD）技术在工程问题的应用是工程领域的重要发展方向，CFD 技术在各种尖端武器的设计、中长期天气预报、化学反应器的设计、动力燃烧[1]、水泥窑外分解技术[2,3]等领域已取得了大量成功的先例。Polysius 公司（1996 年）已将 CFD 技术应用于低阻高效旋风预热器的开发设计研究。本工作针对喷煤燃烧过程，根据描述煤粉燃烧的基本数学方程组及燃烧反应动力学的有关补充方程，开发出相应的数值计算软件，理论模拟预测出的温度分布场、湍流速度场及各主要气体成分组分分布规律与 Lockwood（1988 年，1989 年）[5,6]获得的大尺度燃烧炉的实测值基本吻合。

一、基本原理

（一）数学方程

理论模拟煤粉燃烧过程中的气体湍流运动、焓、气体组分等守恒偏微分方程组的通用表达形式为：

$$\frac{\partial}{\partial x}[(1-\alpha)\rho_g u_g \phi] + \frac{1}{r}\frac{\partial}{\partial r}[(1-\alpha)r\rho_g v_g \phi]$$

$$= \frac{\partial}{\partial x}[(1-\alpha)\Gamma_\phi \frac{\partial \phi}{\partial x}] + \frac{1}{r}\frac{\partial}{\partial r}[(1-\alpha)r\Gamma_\varphi \frac{\partial \varphi}{\partial r}] + S_\phi + S_{pd}$$

其中，φ 分别表示气体在三维方向的速度分量 u，v，w，热焓 H 及各气体组分（CO_2、CO 等）的 Γ_φ，S_φ，S_{pd}的具体表达式（见文献[7]）；α 表示煤粉颗粒相所占的体积分数，煤粉颗粒的喷射运动采用随机轨道模型[8]。

（二）煤粒燃烧模型

煤粒燃烧中的挥发热解模型采用双挥发反应模型。假定在燃烧过程中，挥发物的混合组分不变；挥发物的气相燃烧反应采用旋涡耗散反应模型，并考虑了煤粉燃烧过程中挥发物的产生与消耗的动态过程；炭核的非均相燃烧采用动力扩散模型。

（三）数值方法

气体湍流场的计算采用 SIMPLE 数值方法，考虑到气流场的强旋转运动，引入了 Richard-Son 数对 $k-\varepsilon$ 双方程湍流模型进行了修正，颗粒热焓及运动方程组分别由二阶和四阶 Runge-Kutta 方法求解。

二、结果与讨论

为了验证本研究中开发的煤粉燃烧软件数值预测结果的可靠性，将以 Lockwood 等人从事煤粉燃烧试验研究中的大尺度煤粉燃烧炉为研究对象，炉内燃烧区域的直径为 0.6m，长度为 3m，喷煤器为双通道（外旋），外径为 56mm，炉体是垂直放置的，射流的旋流强度可以调整。计算区域内的网格数为 36×45。烟煤的燃烧性质、颗粒分布、操作参数同原研究报告[5,6]，颗粒轨迹数为 200 条。

图 1 是理论预测的中心轴线上的温度值沿轴向的分布规律与实测值的比较曲线。从图 1 中可以看出，在两种旋转数操作条件下，数值预测的温度值与实测值是基本吻合的，相对误差值一般小于 10%，基本在原试验测定值的误差范围内，在燃烧室的后段，预测值比实测值稍有偏高。

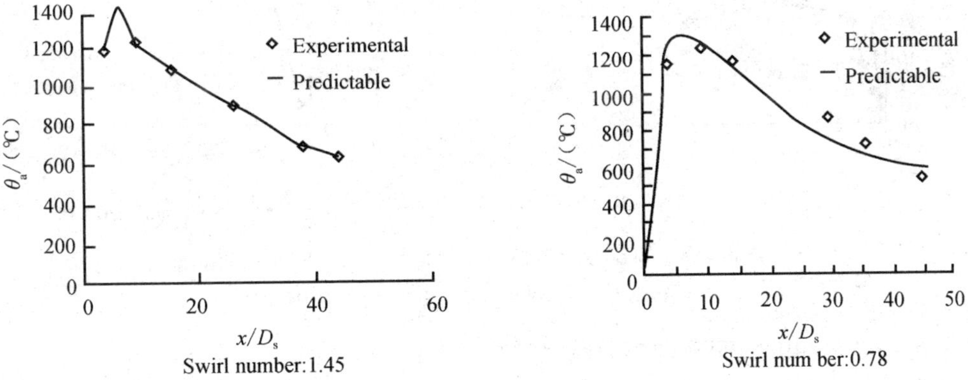

图 1　中心轴线上的温度值分布规律与实测值的比较曲线

Fig. 1　Axial distribution of temperature

图 2、图 3 是表示中心轴线上的 O_2、CO、CO_2 三种气体体积分数沿轴向（x 坐标）的分布规律的实测值与预测值的比较曲线。从图 2 中可以看出，O_2 的体积分数的理论预测值与实测值的相对误差基本在 8%～10%；存在 CO 气体组分的轴向长度的理论预测值稍偏小，其值大约是实测轴向值的 0.85～0.95 倍，但是，数量峰值较实测值偏高。可以认为，理论预测的 CO 组分值偏高可能更接近于实际情况，因为以往的研究经验表明，当在试验研究中通过采样的方法测量 CO 组分时，一般情况下检测的 CO 体积分数有偏低的趋势；另一方面，在主燃烧区，理论预测的 CO、O_2 组分共存与试验现象是完全吻合的。比较两图可以看出，无论是实测值还是模拟预测值，在旋流数为 0.78 时，CO 的组分值较旋流数是 1.45 时为大，这是因为当旋流数小时，燃烧区内的混合性能下降，CO 气体组分的偏大是完全可以理解的。从图 3 中可以看出，CO_2 组分的理论预测值在大部分的区域内与试验实测值基本一致，但是，在火焰燃烧核心区内，理论预测结果存在峰值。可以认为，该现象可能更接近于实际情况，实测中虽然没有出现，有可能是取样点太少所致。

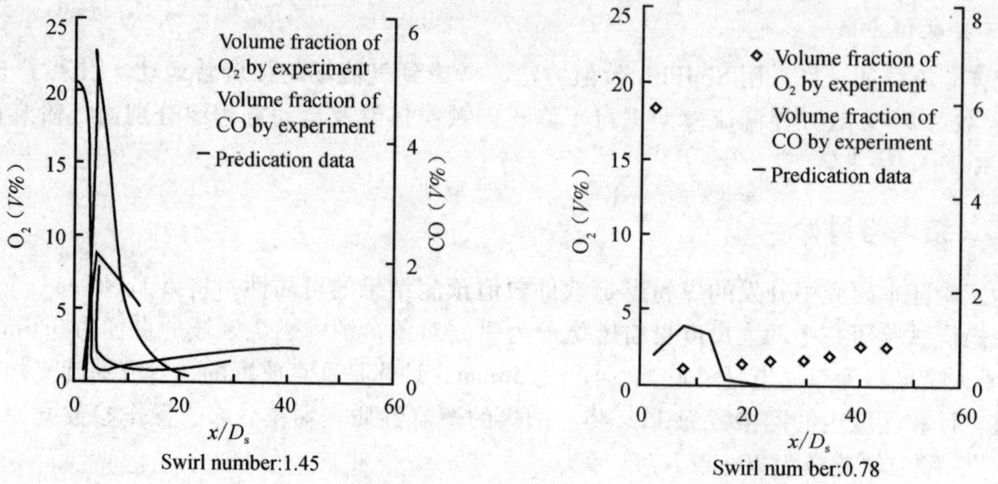

图2　O_2，CO 气体组分沿轴向的分布与实测值的比较曲线

Fig. 2　Axial distribution of O_2 and CO volume fraction

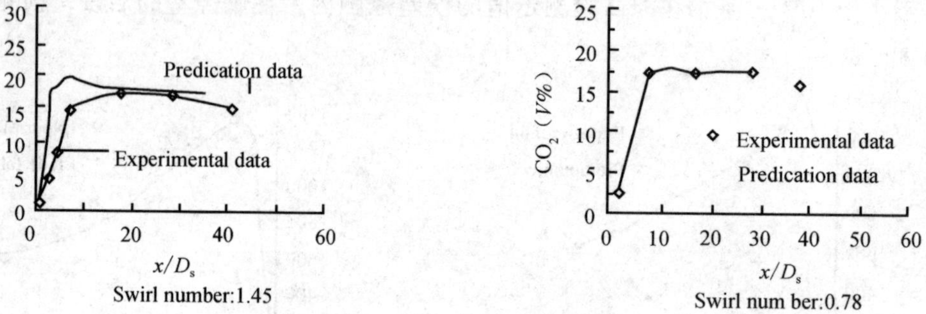

图3　CO_2 体积分数沿轴向的分布与实测值的比较曲线

Fig. 3　Axial distribution of CO_2 volume fraction

图4是理论预测的截面平均煤粒燃烬率与实测值的比较曲线，从图4中可以看出，在两种旋转数工况操作条件下，煤粒的截面平均燃烬率的理论预测值与实测值是一致的。

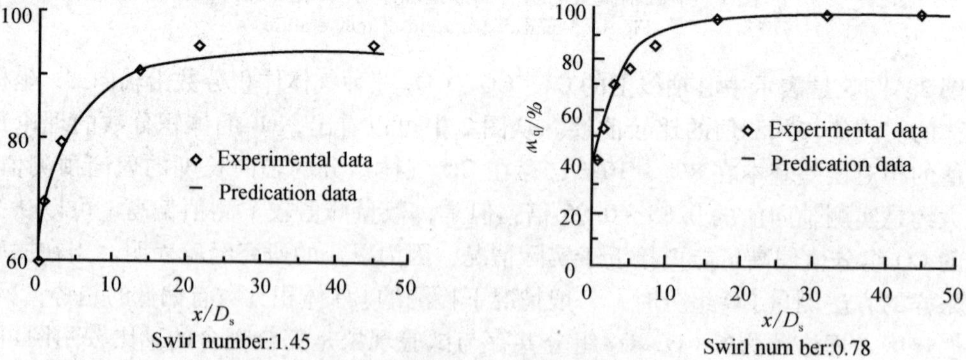

图4　截面平均燃烬率 *Wb* 随轴向的变化规律

Fig. 4　Axial distribution of burning out rate

图5是旋转数为1.45时在径向不同剖面上实测和理论的温度分布曲线。从图5中可以看出，在离喷煤器较近的剖面上（$\frac{x}{D_s}=0.07$），温度值的理论预测值与实测值的差距较大，

但是，在燃烧区内的其他剖面上，理论预测值与实测值的相对误差基本小于10%，从图6上的O_2、CO_2体积分数在不同的剖面上随径向的分布规律与实测值的比较曲线可以看出，理论预测值与实测值的相对误差也基本小于10%，结合温度和气体组分分布曲线，理论预测与实测值相差最大的区段出现在离喷煤器出口较近的截面上，产生如此差异可能是由于煤粉固体颗粒的轨道模型所致。实际操作过程中，由于煤粒的随机运动，煤粉从喷煤器喷出后，有些煤粒就偏离主射流区，扩散到主射流的外围燃烧，在长时间的燃烧试验过程中，该现象有可能使得炉体的上方主燃烧区外围气体的温度偏高，而在理论模拟预测中，该现象难于完全模拟。

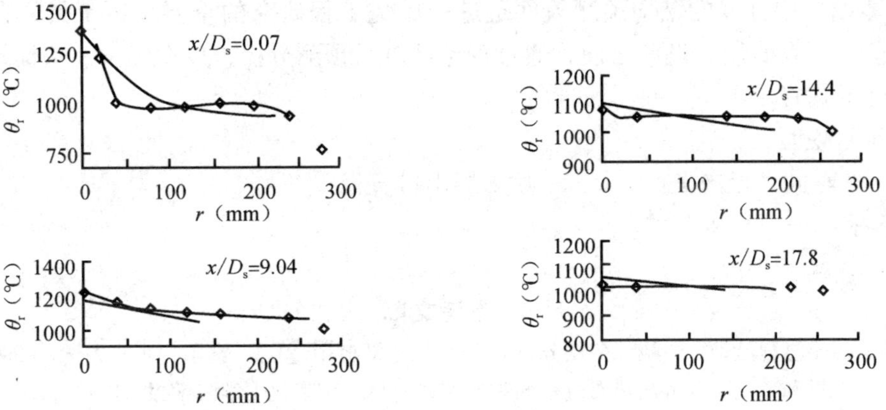

图5　不同径向剖面上温度

Fig. 5　Radial profiles of temperature

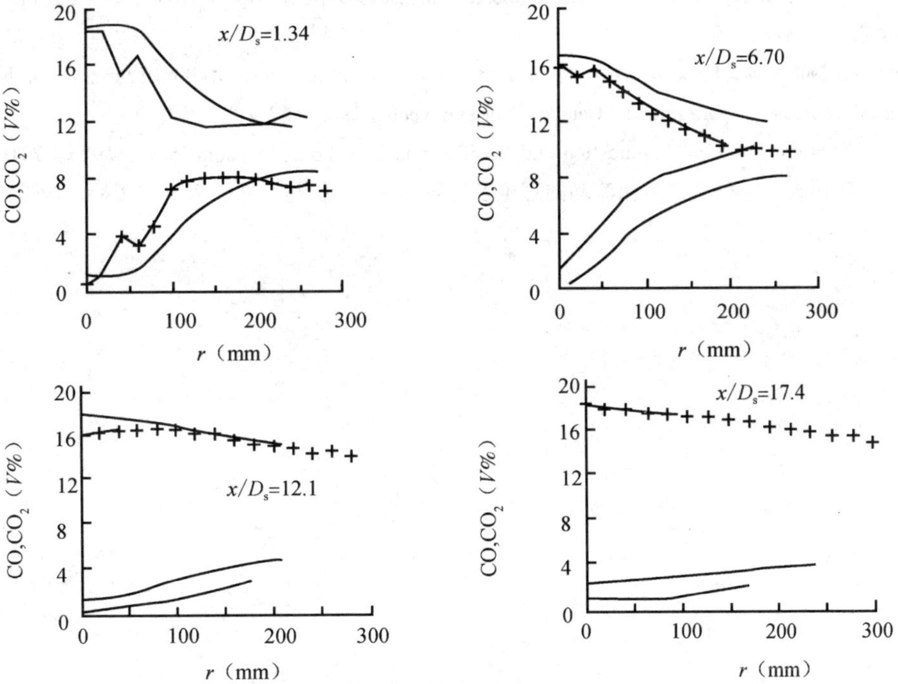

图6　不同径向剖面上的气体组分

Fig. 6　Radial profiles of mean gas species concentration

◆，+——Volume fraction of O_2 and CO_2 respectively obtained by experiment

Solid line ——Volume fraction of O_2 and CO_2 respectively obtained by predication

三、结论

（1）本研究采用CFD方法开发的喷煤燃烧的数值模拟软件预测的温度分布，O_2、CO、CO_2体积分数及煤的燃烬率的分布规律与实测值的相对误差基本小于10%，在一般工程测试误差的范围内。

（2）理论预测与实测值误差相对较大的区段是在离喷煤器出口较近的区域内，产生该结果的主要原因可能是描述颗粒相的随机轨道模型有待于进一步的改进。

（3）本研究中开发的燃烧预测软件是进行燃烧工程研究的重要分析工具，在进行燃烧装置的改造、开发研制、设计之前，通过理论计算、预测分析，以便经济、快捷地寻求达到目的的最佳的途径。

主要符号说明

x，r——轴向、径向坐标；D——喷煤器出口直径；

g（下标）——气体。

参考文献

[1] 盛东源．冶金过程流动、燃烧、传热分析中CFD技术的应用［D］．沈阳：东北大学，1996.

[2] 叶旭初，胡道和．喷腾分解炉热态过程的数值模拟［J］．南京化工学院学报，1993［15（增刊）］24.

[3] 叶旭初，胡道和．SLC分解炉内燃烧分解的数值模拟研究［J］．硅酸盐学报，1994 22（4）：325.

[4] Krupp Polysius，AEA/CFX/008（6/96）.

[5] Godoy S G，Hirji K A，Lockwood F C. Combustion measurements in a pulverised coal-fired furnace. Combust Sci and Tech，1988；59（3）：165.

[6] Godoy S G，Ismail M，Lockwood F C. Measurements in a cylindrical pulverized coal furnace，influence of swirl number on combustion performance. Combust Sci and Tech，1989；67（1）：59.

[8] Smoot L D，Smith P J. Coal Combustion and Gasification. New York：Plenum Press，1985：241.

[9] 岑可法，攀建人．工程气固多相流动的理论及计算［M］．杭州：浙江大学出版社，1990：468－472.

窑内多通道喷煤燃烧器的旋转射流场的数值模拟

叶旭初 胡道和 缪明烽

（南京化工大学材料科学与工程系，南京，210009；江苏省建材研究设计院设计所，南京，210009）

【摘 要】 以气流湍流运动的偏微分方程组为基础，数值模拟研究了多通道喷煤旋流燃烧器在回转窑内形成的湍流场，由于采用 $k-\varepsilon$ 双方程湍流模型模拟旋转湍流场尚存在不足。本文通过对湍流耗散率方程修正的方法，开发出了能预测多通道喷煤燃烧器旋转射流湍流场的数值模拟软件，其预测结果与实测值吻合较好。

【关键词】 喷煤燃烧器，旋转湍流，数值模拟，回转窑

近代水泥生产中使用的喷煤燃烧器多为三通道喷煤燃烧器，它是一种旋转射流和直流射流相组合的燃烧器。由于各通道的几何尺寸、喷嘴形状、各通道的操作风量及风速、旋转风的旋转强度等[1~3]，均会对喷煤燃烧器组合旋转射流场产生影响，从而影响燃烧特性。如果仅用实验的方法来研究这些因素对喷煤燃烧器性能的影响，其工作量是相当大的。而数值模拟方法对解决这类复杂的工程技术问题提供了新的途径，它既可以避免一些客观条件的限制，又具有适应范围广、投资少的优点。

湍流场的数值模拟方法在水泥行业已有了一定的应用，可采用的湍流模型是 $k-\varepsilon$ 模型[4,5]。然而 $k-\varepsilon$ 湍流模型的适用范围是有限制的，它仅对弱旋流气体流动的湍流场进行预测才较为可靠，而当气体具有较强旋转运动时，预测出的气体流场与实验值偏差较大[6]，主要反映在预测气体出口处的回流区偏小，而回流区对实现稳定燃烧来说是至关重要的，回流区的存在，可以卷吸燃烧的高温烟气，形成稳定的点火源，起到火焰稳定的作用。由于目前水泥行业使用的多通道喷煤燃烧器，其旋流通道中的旋流强度较大，如果采用 $k-\varepsilon$ 模型则势必导致喷煤燃烧器出口处的回流区预测不准，不能准确地反映旋流风对窑内湍流场的影响。

基于上述情况，本文拟以气体湍流方程组及原有的 $k-\varepsilon$ 模型软件为基础，充分考虑了气体旋转运动对湍流耗散率的影响，开发出能够预测多通道喷煤燃烧器射流场的数值模拟软件（$k-\varepsilon-d$ 模型），为对喷煤燃烧器的进一步开发和研究提供一种手段，并为工程的设计和研究以及实际生产中的喷煤燃烧器参数的调节提供依据。

一、理论基础

（一）基本方程组

对于不可压缩、恒温、稳定流动的气体运动，描述其湍流运动的偏微分方程组可用一个通用方程来表示，即：

$$\frac{\partial}{\partial x}(Pu\varphi)+\frac{1}{r}\frac{\partial}{\partial r}(r\rho v\varphi)=\frac{\partial}{\partial x}\left(\Gamma\varphi\frac{\partial\varphi}{\partial x}\right)+\frac{1}{r}\frac{\partial}{\partial r}\left(r\Gamma\varphi\frac{\partial\varphi}{\partial x}\right)+S\varphi \tag{1}$$

式中　φ 分别代表着速度 u、v、w 及湍流动能 k 和湍流耗散率 ε 等变量；$S\varphi$ 代表源项，其所对应的方程式见表1。

表1　轴对称旋转流动通用守恒方程

Table 1　Conservation Equations for axial symmetry swirling flows

方程	φ	$\Gamma\varphi$	$S\varphi$
连续方程	1	0	0
轴向动量	u	μ_e	$-\frac{\partial_\rho}{\partial x}+\frac{\partial}{\partial x}\left(\mu_e\frac{\partial_1}{\partial x}\right)+\frac{1}{r}\frac{\partial}{\partial x}\left(r\mu_e\frac{\partial_v}{\partial x}\right)$
径向动量	v	μ_e	$-\frac{\partial_\rho}{\partial x}+\frac{\partial}{\partial x}\left(\mu_e\frac{\partial_1}{\partial x}\right)+\frac{1}{r}\frac{\partial}{\partial r}\left(r\mu_e\frac{\partial_v}{\partial x}\right)$ $-2\mu_e\frac{v}{r^2}+p\frac{w^2}{r}$
切向动量	w	μ_e	$-\frac{Pvw}{r}-\mu_e\frac{w}{r^2}-\frac{w}{r}\frac{\partial v\mu_e}{\partial r}$
湍流动能	k	μ_e/σ_k	$G_k-p\varepsilon$
湍流动能耗散率	ε	μ_e/σ_k	$\frac{\varepsilon}{k}\left(C_1G_k+C_3\rho\frac{k^2w\partial v}{\varepsilon r\partial r}-C_2\rho\varepsilon\right)$

式中

$$G_k=\mu_e\left[2\left(\frac{\partial u}{\partial\chi}\right)^2+2\left(\frac{\partial v}{\partial\chi}\right)^2+\left(\frac{\partial u}{\partial\chi}+\frac{\partial v}{\partial\chi}\right)^2\right]+\left(r\frac{\partial}{\partial r}\left(\frac{w}{r}\right)\right)^2+\left(\frac{\partial w}{\partial\chi}\right)^2+2\left(\frac{v}{r}\right)^2$$

$$\mu_e=\mu+\mu_T$$

$$\mu_T=C_D\rho k^2/\varepsilon$$

各通用常数为：

$$C_D=0.09,\ C_1=1.44,\ \sigma_k=1.0,\ C_\varepsilon=1.3$$

（二）$k-\varepsilon-d$ 湍流模型

已有的研究表明[6~7]，$k-\varepsilon$ 湍流模型在预测旋转射流时存在着缺陷，这主要是因为旋转射流的湍流结构具有明显的各向异性[8]，而 $k-\varepsilon$ 模型是建立在湍流性质各向同性的假说上的。但是如果完全根据旋转流动的各向异性来建立湍流模型，模型的计算将变得十分复杂。工程上常采用的方法是在 $k-\varepsilon$ 模型的基础上考虑到旋转流动的特点，对 $k-\varepsilon$ 模型进行适当的修正。方法之一就是修正影响湍流黏性系数值的湍流能量耗散率 ε，使得修正后湍流模型中更能体现旋转运动的特点，即充分考虑旋转运动对气体物质的离心力作用，具体修正方法为：

原 $k-\varepsilon$ 模型中的耗散率方程的源项 S_ε 为：

$$S_\varepsilon=\frac{\varepsilon}{k}(C_1G_k-C_2\rho\varepsilon) \tag{2}$$

当气体有旋流运动存在时，在耗散率方程的源项中引入由于气流旋转而产生的附加项 S_d，即修正后的耗散率方程的源项为：

$$S_\varepsilon=\frac{\varepsilon}{k}(C_1G_k+S_d-C_2\rho\varepsilon) \tag{3}$$

根据文献[9]提供的修正公式，可将 S_d 写成：

$$S_d = C_3\rho\frac{k_2}{\varepsilon}(\frac{w}{r}(\frac{\partial w}{\partial r})) \tag{4}$$

修正后的耗散率方程的源项 S_ε 可写为：

$$S_\varepsilon = \frac{\varepsilon}{k}(C_1G_k + C_3\rho\varepsilon\frac{k^2w\partial w}{\varepsilon r\partial r} - C_2\rho\varepsilon) \tag{5}$$

（三）数值方法

数值模拟计算时，首先对流动区域进行网格划分，采用交错网格，通过控制容积法将微分方程组离散化，建立差分方程，并用 TDMA 方法迭代求解。

二、计算条件

计算时采用的喷煤燃烧器、窑示意如图 1 所示，并假设其流动具有中心对称性，故而在计算和分析时取其$\frac{1}{2}$为计算区域。以气体的流动方向为 x 方向，窑半径方向为 r 方向，喷煤燃烧器出口处的中心点为计算原点 0。

模拟喷煤燃烧器选用三通道喷煤燃烧器，各通道位置如图 2 所示，其直径 $d=100$mm，窑半径 $R=250$mm。喷煤燃烧器出口气体速度分别为：轴向风速为 30m/s，煤风速度为 12m/s，旋流风速为 31m/s，旋流叶片角度为 $\alpha=35°$。

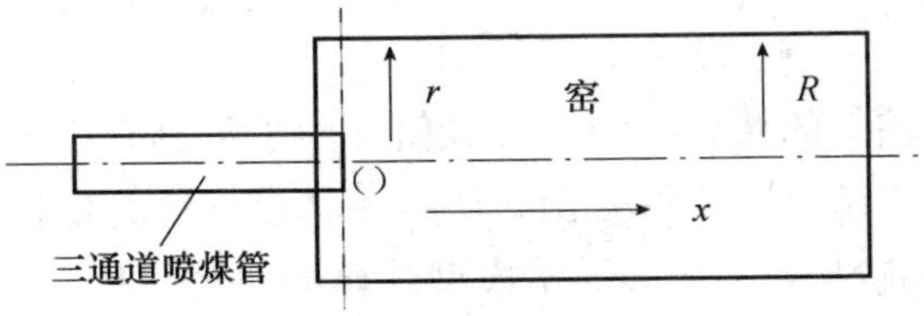

图 1　计算区域示意图
Fig. 1　Computation domain

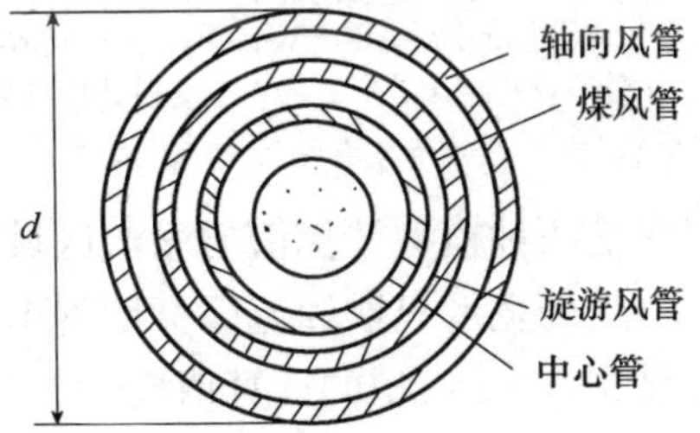

图 2　燃烧器端面示意图
Fig. 2　Burner end face

三、计算结果及分析

根据上述条件及参数，采用 $k-\varepsilon-d$ 模型及 $k-\varepsilon$ 模型就 5 种旋流工况进行了数值模拟及热线测试研究，并将计算结果同热线风速仪实测值进行比较[9]，典型结果如图 3 所示。W_{max}、U_{max}分别表示喷煤燃烧器出口处的最大切向速度和轴向速度。从图 3 中可看出，约在 $x/d=0\sim1.225$ 的区域内，两种模型所预测的速度值之间存在一定的差异，即在离喷嘴较近的区域内有一定的差异。

从图 3 右半部的轴向速度分布来看，$k-\varepsilon-d$模型所计算的中心回流速度明显比 $k-\varepsilon$ 模型计算值要大，与实验值更接近。结合图 4 可看出两种模型所计算最大回流速度在数值上的差异，$k-\varepsilon$ 模型计算的最大回流速度 u/U_{max} 约为 0.1，而 $k-\varepsilon-d$ 模型计算值约为 0.186，实验值约为 0.2。可见 $k-\varepsilon$ 模型的相对误差约为 50%，而 $k-\varepsilon-d$ 模型计算的相对误差仅为 7% 左右，明显优于 $k-\varepsilon$ 模型。对照图 3 中左右部分的轴向速度分布及切向速度分布可看出，在气体切向速度较小的区域里（即离出口较远处），两种模型的计算值相差甚微，在这些区域内切向速度几乎趋向零，则修正项 $S_d \to 0$，对湍流耗散率源项的影响可以忽略。同时可看到 $k-\varepsilon$ 模型对切向速度计算值与实验值相差较大，这主要是因为 $k-\varepsilon$ 模型不能更准确地反映出旋转气流自身的切向动量与轴向动量之间的交换，以及旋流风的切向动量与其相邻的煤风之间的交换，导致计算的切向速度曲线既窄又高，而 $k-\varepsilon-d$ 模型的计算值则更接近实验值。

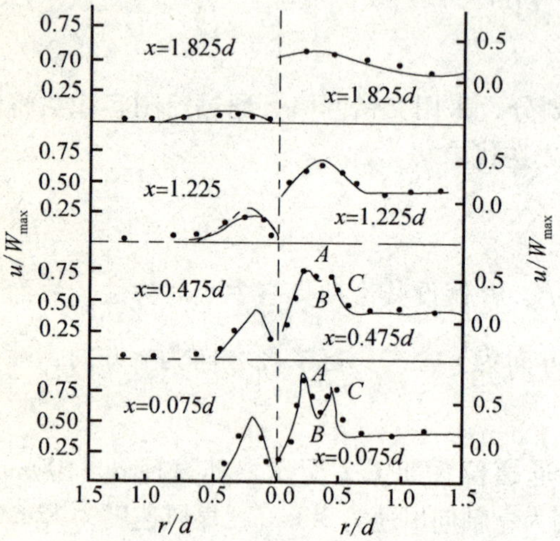

图 3　切向速度及轴向速度分布

Fig. 3　Axial and swirling velocity radial profiles

$k-\varepsilon$ 模型计算结果；—$k-\varepsilon-d$ 模型计算结果；

• 实验结果

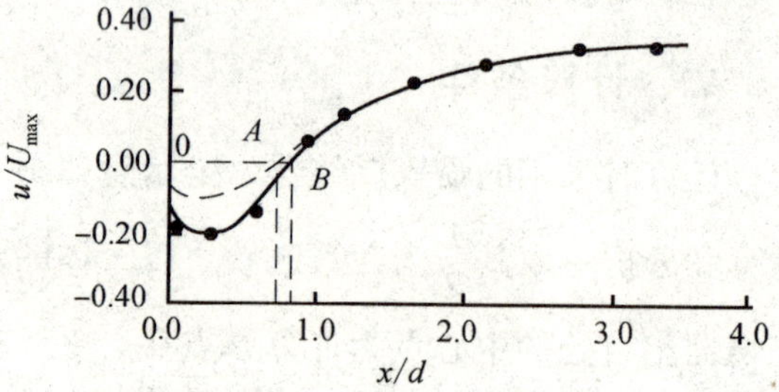

图 4　中心轴线上的轴向速度分布

$k-\varepsilon$ 模型计算结果；—$k-\varepsilon-$d 模型

计算结果；• 实验结果

图 5 是两种模型计算值的回流区域外边界随轴向的变化曲线及实验值，由于窑具有中心对称性，故而宽度只取回流区宽度的 1/2 来分析。结合图 4 可看出，$k-\varepsilon-d$ 模型计算的回流区明显比 $k-\varepsilon$ 模型的计算值要大，与实验值比较接近，$k-\varepsilon-d$ 模型计算的回流区长度 L 约为 0. 8 ~0. 75d（如图 4 中的 OA 段，相对误差可达 40% ~50%）。

图 6 是沿流动方向上回流量与实验值的比较曲线，Q_h 为回流的体积流量，Q_1 为喷煤燃烧器一次风的体积流量。从图 4 ~ 图 6 中可以看出：$k-\varepsilon-d$ 模型的计算值更接近实验测定值。

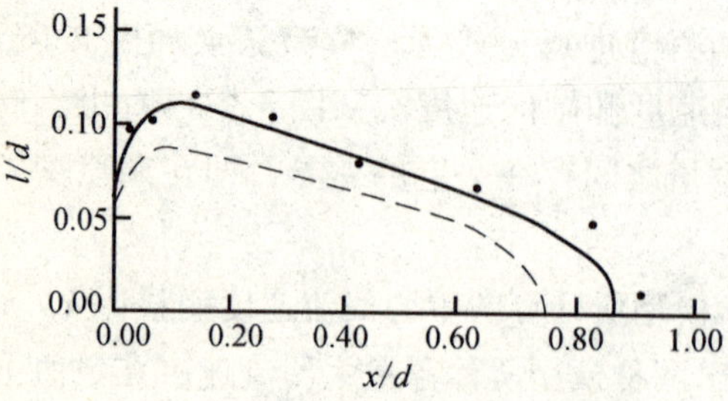

图 5　回流区域外边界随轴向的变化

Fig. 5　Backflow region axial profiles

$k-\varepsilon$ 模型计算结果；—$k-\varepsilon-$d 模型

计算结果；• 实验结果

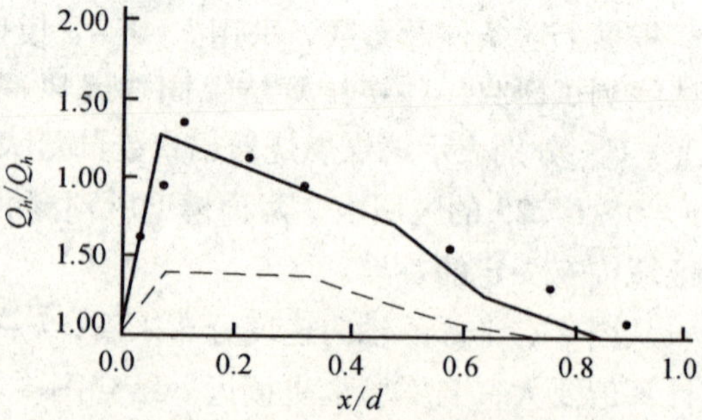

图 6　回流量随轴向的变化

Fig. 6　Backflow rate profiles

$k-\varepsilon$ 模型计算结果；—$k-\varepsilon-d$ 模型

计算结果；• 实验结果

四、结论

1. $k-\varepsilon-d$ 湍流模型与 $k-\varepsilon$ 湍流模型在预测模拟水泥窑用多通道喷煤燃烧器湍流场时，其主要差异是发生在喷煤燃烧器出口附近，该区域的流动特性对煤粉的燃烧、火焰形状影响最大。$k-\varepsilon-d$ 模型的预测结果比 $k-\varepsilon$ 模型的预测值更接近热线仪的测量值。

2. $k-\varepsilon-d$ 湍流模型预测的最大回流速度值与实测值的相对误差小于10%，而 $k-\varepsilon$ 模型的预测的相对误差达40%～50%。

3. $k-\varepsilon-d$ 湍流模型预测三通道喷煤燃烧器湍流场的误差在工程允许误差的范围内，是可以接受的。该软件是进一步研究水泥回转窑内煤粉颗粒运动及煤粉燃烧的基础。

符号说明

u，v，w	分别为轴向速度、径向速度、切向速度
S_d	湍流耗散率附加项
C_1、C_2、C_3	系数
k	湍流动能
μ_e	湍流黏性系数
ε	湍流耗散率
μ	气体黏性系数
d	喷煤燃烧器直径
R	水泥回转窑模型的半径
α	喷煤燃烧器旋流叶片的旋流角度
Q_h	该截面上回流的流量
S_φ	源项
Q_l	喷煤燃烧器一次风流量
l	回流区径向长度

参考文献

[1] Rosemann H, Kunne P, L agerdo rf. Operating experience with a new type of burner for rotarykilns, ZKG. 1990, 43 (9): 421～424.

[2] Gerhard Endres. U tilization of advanced combustion technology in kilns. World Cement, 1993, 24 (3): 34～38.

[3] Bauer C. PYRO 2JET burners to reduce NOx emissions- current developmentsand p ractical experience. World Cement, 1990, 21 (4): 118～122.

[4] 叶旭初，胡道和．轴对称型预热器湍流场的数值计算［J］．硅酸盐学报，1990，18（6）：495～500.

[5] Ye Xuchu, Hu Daohe. N umerical simulation of burning and decompsition in the SLC p recalcing. International Cement Review, 1995, 10: 88～92.

[6] 周力行．燃烧理论与化学流体力学［M］．北京：科学出版社，1985.

[7] Smoo t L D, Sm ith J P. Coal combustion and gasfication. New York: Plenum Press, 1985.

[8] 南京工学院．粘性流体力学［M］．北京：高等教育出版社，1987.

[9] 缪明烽．窑用喷煤管射流流场的数值模拟与实验研究［D］．南京：南京化工大学，1996.

水泥窑喷煤燃烧过程的数值预测

叶旭初　胡道和

（南京化工大学硅酸盐工程研究所，210009）

一、前言

水泥生料的分解、煅烧、烘干等设备中，喷煤燃烧是重要过程。燃烧质量的好坏、热效率的高低，直接影响到经济效益。虽然，水泥工业是燃料消耗大户，但是，关于燃烧机理的研究却开展得较少，对燃烧设备的操作、调试、开发与制造大多是建立在经验的基础上，与国际先进水平相比，无论在燃烧效率，适用煤种的范围，控制污染的程度，还是在设备的制造技术方面，都存在较大的差距。传统的工程开发研究方法基本是以实验为主，投资大，周期长。随着近代对工程中的传热、传质、流体动力、化学反应机理研究的不断深入以及计算机的普及和数值方法的逐步完善，使得采用 CFD 技术（计算流体动力学）来研究解决该类工程问题进入实用阶段，且投资少、见效快。Polysius 公司（1996 年）已将 CFD 技术应用于低阻高效旋风预热器的开发研究[1]。E. Kolyfetis（1996 年）等对窑内的燃烧火焰进行过模拟预测分析[2]，叶旭初等（1994 年）对分解炉内的燃烧、分解进行过类似的研究，在一定范围内取得了成功[3]。总之，应用 CFD 技术是工程研究领域的重要发展方向。

本文针对喷煤燃烧过程，提出了相应的数学模拟方程组，并开发出数值计算软件，理论预测的定性、定量结果与大尺度燃烧炉的实测值基本吻合。该软件具有实用性，能根据燃烧器、燃烧炉的几何结构及相应的操作参数，模拟或预测其燃烧过程中的温度场、湍流速度场及气体组分分布场，探讨有关因素之间的相互影响规律，以求达到优化的效果。

二、数值预测的基本原理

对燃烧过程的数值模拟，主要包括描述烟气流动、煤粉颗粒运动的动力学方程、煤粉燃烧反应动力学模型、相关的传热与传质模型以及必要的数值计算方法和软件的开发、调试与验证。目前用于燃烧的数值预测模型主要有两大类，一类是将煤粒当成气相来处理，认为与气体具有同样的速度、同样的扩散性质等[4]（如无滑移模型）；另一类是将煤粉视为由不同颗粒级组成的群体，用轨迹来描述各个颗粒群的速度、温度、质量变化等状态以及与气体之间进行的热量交换和动量交换，即轨道模型（如确定性轨道模型、随机轨道模型等），国际上的主流倾向于轨道模型。

（一）气体运动方程组、湍流模型及数值方法

描述气体湍流运动、气体热焓、气体组分等的偏微分方程组的通用表达形式为：

$$\frac{\partial}{\partial x}[(1-\alpha)\rho_g u_g \varphi] + \frac{1}{\gamma}\frac{\partial}{\partial r}[(1-\alpha)\gamma\rho_g v_g \varphi]$$

$$= \frac{\partial}{\partial x}[(1-\alpha)\Gamma_\varphi \frac{\partial_\varphi}{\partial x}] + \frac{1}{\gamma}\frac{\partial}{\partial r}[r(1-\alpha)\Gamma_\varphi \frac{\partial_\varphi}{\partial x}] + S_\varphi + S_{pd} \quad (1)$$

其中，φ 分别表示气体在三维方向的速度分量 u、v、w，气体焓 H、各气体组分（CO_2、CO、混合分数等），Γ_φ、S_φ、S_{pd}的表达式随具体的 φ 而变[4]，α 表示煤粉颗粒相所占的体积分数。

气体的湍流模型采用 $k-\varepsilon$ 双方程湍流模型，同时，考虑到喷燃器产生的气体强旋转运动，引入了 Richardson 数以对其进行修正；气体湍流场的计算采用 SIMPIE 数值方法[5]。

（二）颗粒运动、热焓的轨道模型及数值方法[5]

轨道模型认为颗粒由一定的初始位置出发，且沿各自的轨迹运动，在可用单颗粒运动方程来代表颗粒群运动的情况下，其运动方程如下：

$$\begin{aligned}
\frac{du_p}{dt} &= \frac{3}{4}c_D \frac{\rho_g}{\rho_g d_p}|\vec{u}_g - \vec{u}_p|(u_g - u_p) \\
\frac{dv_p}{dt} &= \frac{3}{4}c_D \frac{\rho_g}{\rho_g d_p}|\vec{u}_g - \vec{u}_p|(v_g - v_p) + \frac{w_p^2}{T} \\
\frac{dw_p}{dt} &= \frac{3}{4}c_D \frac{\rho_g}{\rho_g d_p}|\vec{u}_g - \vec{u}_p|(w_g - w_p) + \frac{v_p w_p}{T}
\end{aligned} \quad (2)$$

其中，$|\vec{u}_g - \vec{u}_p|$表示气流与颗粒的相对速度，为了表征气体脉动对颗粒运动的随机影响，在气体速度中引入了波动值－随机轨道模型，C_D 为颗粒的阻力系数。

颗粒群的温度变化情况由热焓守恒方程描述：

$$m_p c_p \frac{dT_p}{dt} = Q_{cp} + Q_{rp} + Q_{bp} \quad (3)$$

其中，C_p 为颗粒比热；T_p 为颗粒的温度；Q_{cp}为颗粒与烟气的对流换热；Q_{rp}为颗粒的辐射换热；Q_{bp}为颗粒干燥、挥发热解、燃烧等反应吸收或放出的热量。

颗粒的热焓及颗粒的运动方程组分别由二阶和四阶龙格——库塔方法求解。

（三）煤粒燃烧模型

煤粒燃烧模型主要包括煤的挥发热解、挥发物的气相燃烧及炭骸的非均相燃烧模型[6]。本研究中，挥发热解采用的是双挥发反应模型，并假定在燃烧过程中，挥发物的混合气体组分不变，挥发物的气相燃烧反应采用旋涡——扩散模型；炭骸的非均相燃烧采用动力扩散模型。

（四）辐射换热

辐射换热是燃烧过程中的主要换热现象，影响火焰热辐射性质的因素很复杂，本研究中采用热流法。

三、数值预测结果的验证与讨论

利用上述基本原理，开发调试出通用软件，为了验证预测结果的可靠性，将理论预测值与有关试验实测结果进行比较，调试中以一组试验参数（$s=1.45$）为依据，修正模型常数，用另一组试验数据作为考核。图 1 是大尺度的实测试验炉示意图，双通道煤粉喷燃器的喷口直径为56mm，内道一次风（$\phi 22$），外道旋转热风；上段 1.5m 长，用耐火材料保温，下段 1.5m 长，在耐热钢壳外直接用水冷却。测试方法、误差分析、燃煤特性、操作参数等见文献[7、8]。

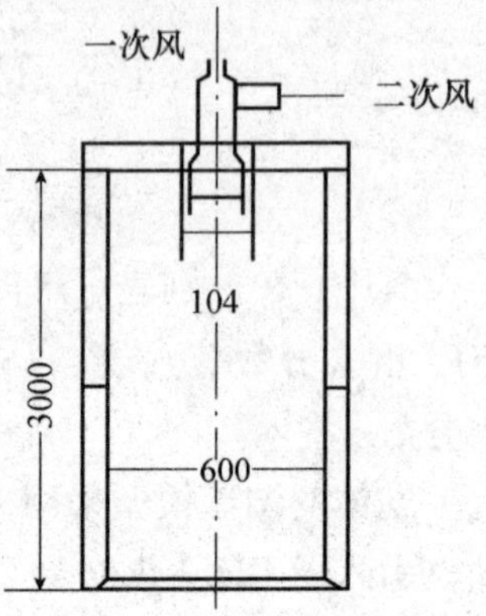

图 1　煤粉燃烧炉示意图

图 2 示两种操作条件下（改变旋转强度）模型预测的中心轴线上的温度值沿轴向的分布曲线与实测值的比较，可以看出，随操作参数旋转强度改变，预测温度峰值（$s=1.45$ 时偏高）的变化趋势与实测值是相同的，即表示定性上是与实际吻合的；定量上数值预测的温度值与实测值的相对误差一般不超过 10%，基本在试验的测试范围内。

图 3、图 4、图 5 是表示中心轴线上的 O_2、CO、CO_2 三种气体质量。

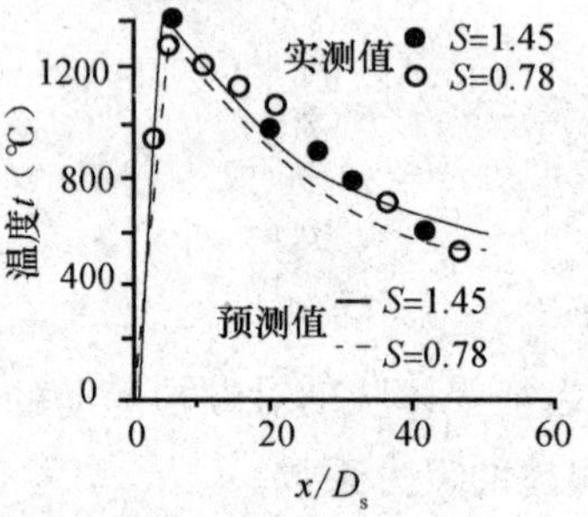

图 2　轴线上的温度分布曲线

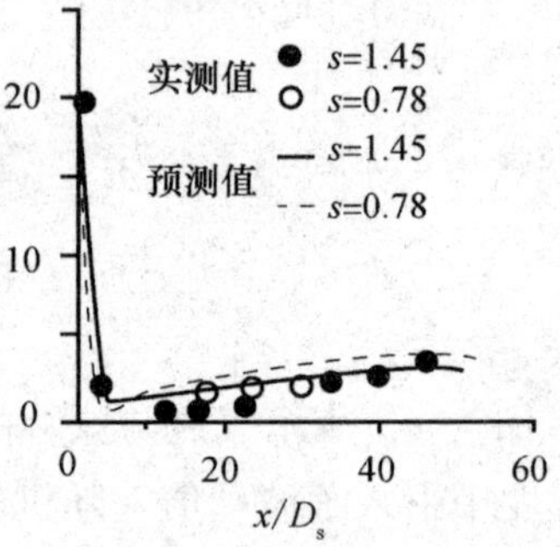

图 3　O_2 组分的轴向分布

组分沿轴向（X 坐标）预测的分布曲线与试验值的比较，结合图 3、图 5 可以看出，旋流数为 0.78 时，在燃烧初始段，实测的 O_2 组分值偏高、CO_2 组分偏低，这是因为旋流数低时，混合性能下降，燃烧速率变慢，相对耗氧少，产生的 CO_2 量也很少，理论预测值也反映出同样差异（虚线）。从图 4 的 CO 组分的分布规律中也能看出由于混合能力降低，s 为 0.78 时，主燃烧区的 CO 组分明显偏高。由此，理论预测值在定性上与实测值完全吻合；定量上，除 CO 组分相对误差较大外，O_2、CO_2 的相对误差基本在 8% ~ 10%。本文认为，由于 CO 组分的含量较少（实测1% ~ 2%），因此，测量误差也可能较大。

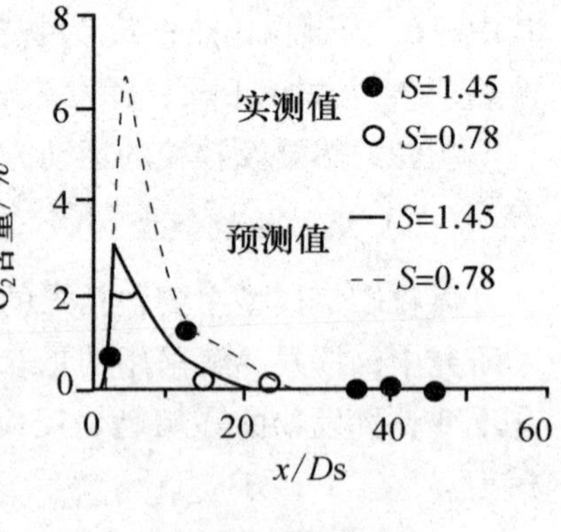

图 4　CO 组分的轴向分布

图 6 是煤粒的截面平均燃烬率沿轴向的变化曲线，从图 6 中可以看出，在初始段，旋流数低时（$s=0.78$），煤粒的截面平均燃烬率低，理论与实测定性上是吻合的，定量上也基本重合，表示对于平均性能，理论与实际更趋于一致。

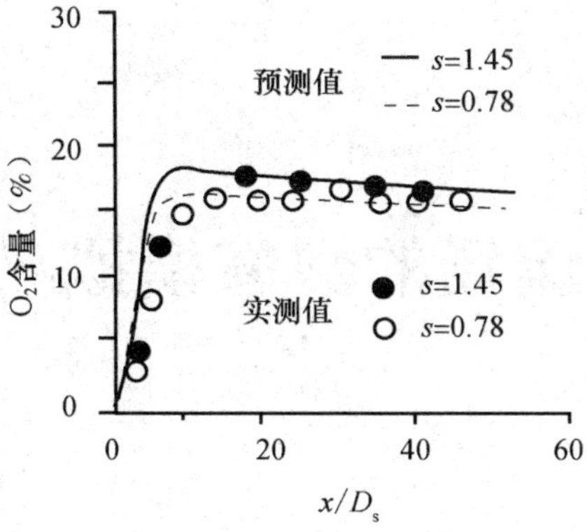

图5　CO_2 组分的轴向分布

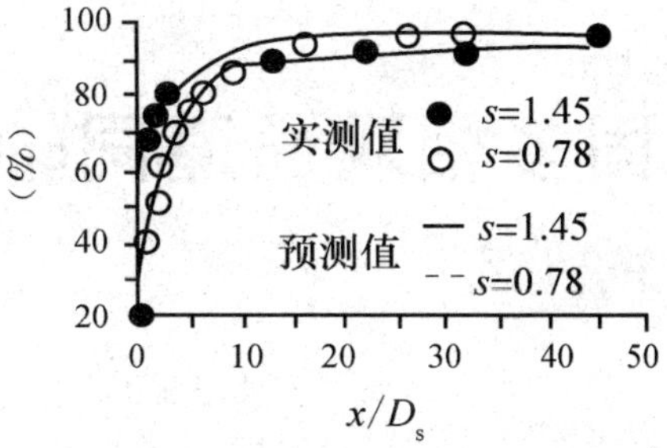

图6　截面平均燃烬率沿轴向的变化规律

四、结论

1. 本研究用 CFD 技术开发的水泥窑喷煤燃烧数值模拟软件，在预测炉内温度分布、O_2、CO_2 等组分的分布规律定性上与实际过程是相吻合的，定量上相对误差基本小于 10%，在一般工程测试误差范围之内。

2. 理论预测的截面平均燃烬率基本与实测值一致。

3. 燃烧预测软件是进行燃烧工程研究的重要分析工具，在进行燃烧炉系统的改造、燃烧器的开发与设计之前，通过理论预测分析，可降低盲目决策的程度，较进行试验经济、快捷。

气固多相双通道同轴射流湍流场的数值模拟（1）

叶旭初　胡道和

（南京化工大学材料科学与工程系，南京，210009）

【摘　要】 以气体湍流运动方程组、$k-\varepsilon$ 双方程湍流模型及颗粒群运动的轨道模型为基础，气体湍流场的计算采用 SIMPLE 数值计算方法，颗粒群的运动方程采用 Runge-Kutta 方法求解，开发研制出相应的通用计算软件，可以理论模拟预测工程气固流动中的气体湍流场的速度分布、颗粒运动速度场及颗粒的空间运动轨迹等。

【关键词】 气固多相流，射流，湍流流动，数值模拟

在工业化生产中，经常遇到粉体颗粒在气流中的运动现象，如水泥生产中，窑内生料的煅烧是通过多通道喷煤燃烧器将煤粉直接喷入窑内燃烧。现有的生产经验表明，煤粉的运动状况对火焰形状、火焰的升温以及煤粉燃烧的完全程度有密切的关系。因此，在给定的操作条件下，给出各种尺度颗粒的运动轨迹及运动状况，掌握各自的最大射程，将有助于选择最佳的喷煤速度，保持合适的停留时间。同时，该研究也是理论上进一步研究煤粉燃烧过程的基础。

由于气固运动的复杂性，对气固的运动规律至今还不能说已有全面的了解，特别是实验测试研究方面，尽管激光测速仪在气固多相流的测试方面能够独树一帜，但是由于测速原理上的弱点，对来自各种不同尺寸颗粒的速度信息及气体运动本身的信息区分上常有一定的模糊性以及测量过程中的随机性，对测量结果的可靠性必然会带来影响，而且只能应用于某些具有典型结构的测量。可以说，目前对于大量的具有气固多相流的工程应用问题的研究中，一是研究其宏观性质，如压力损失、综合停留时间等，二是以数值模拟研究为基础，提供更仔细的内部运动信息，以加深对过程的理解，达到对设备改进的目的[1~4]，如 AEA 模拟仿真技术。

由于气固相之间的相互作用，数值模拟研究粉体颗粒在气流中的运动规律，有必要耦合求解气体湍流运动方程组和颗粒运动方程组，即分别求解气相运动速度、颗粒运动速度，同时还要考虑到气－固之间的动量交换。本研究对气相运动的理论描述采用欧拉方法，对颗粒相的运动模拟采用拉格朗日法－轨迹模型。该模型的可靠性及预测精度，Shuen. J. S[5] 在管内气固二相流及 Adeniji-fashola. A[6] 在气固二相自由喷射流中与实测值进行了大量的比较研究，结果表明，该方法在工程应用研究中是可以接受的，同时也指出，理论预测结果与实验的比较也是必要的。

本文在气固多相流理论描述方程组的基础上，采用了相应的数值方法，开发研究了气固

多相流的数值模拟软件。模型中考虑了气体湍流脉动对颗粒的曳引作用，引入了颗粒的随机扩散现象[7]，从而使得预测的颗粒运动状况更接近于实际过程，改善了预测精度。

一、气相方程组

气固多相流中描述气相湍流运动的基本方程及湍流扩散方程可通用方程表示为：

$$\frac{\partial}{\partial x}[(1-\alpha)\rho_g u_g \phi]+\frac{1}{r}\frac{\partial}{\partial r}[(1-\alpha)r\rho_g v_g \phi]$$
$$=\frac{\partial}{\partial x}\left[(1-\alpha)\Gamma_\phi\frac{\partial\phi}{\partial x}\right]+\frac{1}{r}\frac{\partial}{\partial r}\left[(1-\alpha)r\Gamma_\phi\frac{\partial\phi}{\partial r}\right]+S_\phi+S_{pd} \quad (1)$$

式中 Γ_ϕ，ϕ，S_ϕ，S_d 的具体含义见表1，α 表示颗粒相所占的体积分数。其中：

$$G_k=\mu_e\left[2\left(\frac{\partial u}{\partial x}\right)^2+2\left(\frac{\partial v}{\partial r}\right)^2+\left(\frac{\partial u}{\partial r}+\frac{\partial v}{\partial x}\right)\right.$$
$$\left.+\left(r\frac{\partial}{\partial r}\left(\frac{w}{r}\right)\right)^2+\left(\frac{\partial w}{\partial r}\right)^2+2\left(\frac{v}{r}\right)^2\right] \quad (2)$$

表1　圆柱坐标下轴对称流动通用方程各源项含义

Table1　Source terms and turbulent diffusion coefficients for gas phase consercation equations

	ϕ	Γ_ϕ	S_ϕ	S_{pd}
连续方程	1	0	0	0
轴向动量	u	μ_e	$-(1-a)\frac{\partial p}{\partial x}+\frac{\partial}{\partial x}[(1-\alpha)\mu_e\frac{\partial u}{\partial x}]$ $+\frac{1}{r}[r(1-\alpha)\cdot\mu_e\frac{\partial \nu}{\partial x}]$	$\Sigma f_{k,x}$
径向动量	ν	μ_e	$-(1-a)\frac{\partial p}{\partial r}+\frac{\partial}{\partial x}[(1-\alpha)\mu_e\frac{\partial \nu}{\partial x}]$ $+\frac{1}{r}\frac{\partial}{\partial r}[r(1-\alpha)\mu_e\frac{\partial \nu}{\partial x}$ $2(1-\alpha)\mu_e\frac{\nu}{r^2}]+(1-\alpha)\rho\frac{w^2}{r}$	$\Sigma f_{k,y}$
切向动量	w	μ_e	$(1-\alpha)\frac{\rho v w}{r}-(1-\alpha)\mu_e\frac{w}{r^2}-\frac{w}{r}$ $\frac{\partial}{\partial r}[r(1-\alpha)\mu_e]$	$\Sigma f_{k,\theta}$
湍流动能	κ	μ_e/σ_k	$G_k-\rho_\varepsilon$	0
湍流动能耗散率	ε	μ_e/σ_k	$\frac{\varepsilon}{k}(C_1G_k+C_3\rho k^2\frac{w}{r^2}\frac{\partial}{\partial r}(rw)-C_2\rho\varepsilon)$	0

气体湍流模型采用双方程模型[8]，即

$$\left.\begin{aligned}\mu_\varepsilon&=\mu_l+\mu_t\\ \mu_t&=C_D\rho k^2/\varepsilon\end{aligned}\right\} \quad (3)$$

各通用常数为：$C_D=0.09$；$C_l=1.44$；$\sigma_k=1.0$；$\sigma_\varepsilon=1.3$。

其中 $\Sigma f_{k,x}$、$\Sigma f_{k,y}$、$\Sigma f_{k,\theta}$ 分别表示单位体积中颗粒群受的各种力之和的3个分量，本研究仅考虑颗粒对流体运动的阻力，即

$$\left.\begin{aligned} f_{k,x} &= -\frac{1}{\tau_{rk}}\left(u_g - u_{p,k}\right), f_{k,y} = -\frac{1}{\tau_{rk}}\left(v_g - v_{p,k}\right) \\ f_{k,\theta} &= -\frac{1}{\tau_{rk}}(w_g - w_{p,k}) \end{aligned}\right\} \tag{4}$$

对流项采用混合格式将偏微分方程组离散构成差分方程，气相湍流场的计算采用 SIMPLE 方程。

二、颗粒运动的轨迹模型

一般情况下颗粒在气流中运动会存在动力不平衡现象，颗粒的运动速度不等于流体的速度，轨迹模型假设颗粒由一定的初始位置出发，且沿各自的轨迹运动，互不干扰，可用单颗粒的运动方程来代替颗粒群的运动状况[9]，其方程如下：

$$\left.\begin{aligned} \frac{du_p}{dt} &= \frac{3}{4}C_D\frac{\rho_g}{\rho_s d_p}|u_g - u_p|(u_g - u_p) \\ \frac{dv_p}{dt} &= \frac{3}{4}C_D\frac{\rho_g}{\rho_s d_p}|u_g - u_p|(v_g - v_p) + \frac{w_p^2}{r} \\ \frac{dw_p}{dt} &= \frac{3}{4}C_D\frac{\rho_g}{\rho_s d_p}|u_g - u_p|(w_g - w_p) - \frac{v_p w_p}{r} \end{aligned}\right\} \tag{5}$$

其中，$|u_g - u_p|$表示气流与颗粒的相对速度，C_D 为颗粒的阻力系数。

颗粒轨迹方程采用 Runge Kutta 法求解。方程（5）中的气体速度如果仅采用由欧拉方程求解出的时均速度，而不考虑气流的脉动，这种轨迹模型称之为确定性轨道模型，显然，这与实际流动情况是不相符合的，为此，在气流速度中引入了脉动速度，即气体速度的瞬间值为：

$$\begin{aligned} u_g &= \bar{u}_g + u'_g \\ v_g &= \bar{v}_g + v'_g \\ w_g &= \bar{w}_g + w'_g \end{aligned} \tag{6}$$

其中，$\bar{u}_g$、$\bar{u}_g$、$\bar{w}_g$ 是由 $k-\varepsilon$ 湍流模型方程组求出的时间平均速度，而 u'_g、v'_g、w'_g 是脉动速度，并假设脉动速度的值与气流湍流动能的均方根成正比，即设：

$$\sigma = \left(\frac{2}{3}k\right)^{\frac{1}{2}} \tag{7}$$

k 是由湍流动能方程求得的湍流动能。则令：

$$\left.\begin{aligned} u'_g &= \zeta_1\sigma \\ v'_g &= \zeta_2\sigma \\ w'_g &= \zeta_3\sigma \end{aligned}\right\} \tag{8}$$

而 ξ_1、ξ_2、ξ_3 的值由正态分布的随机函数给出。

为了体现湍流运动对颗粒运动轨迹的影响，轨迹积分时间必须是取小于颗粒与湍流涡团相互作用的时间 τ_{int}，即

$$\tau_{int} = \min(\tau_e, \tau_R) \tag{9}$$

其中，τ_e 为随机涡团生存期，由湍流理论可知：

$$\tau_e = \frac{l_e}{(\overline{u}'^2)^{\frac{1}{2}}} \tag{10}$$

l_e 为随机涡团尺寸，即

$$l_e = \frac{\left(c_\mu^{\frac{3}{4}} k^{\frac{3}{2}}\right)}{\varepsilon} \tag{11}$$

所以

$$\tau_e = \frac{\left(\sqrt{\frac{3}{2}} c_\mu^{\frac{3}{4}} k\right)}{\varepsilon} \tag{12}$$

τ_R 为颗粒穿过随机涡团的时间，取为：

$$\tau_R = -\tau_r \ln\left(1 - \frac{l_e}{\tau_r \left| u_g - u_p \right|}\right) \tag{13}$$

其中，τ_r 为颗粒弛豫时间。

三、数值计算程序

根据基本方程及相应的差分方程、计算方法，首先计算无颗粒的气流场，达到初步收敛，然后分别计算颗粒群在流场空间内的运行轨迹及在各计算单元体内的停留时间、颗粒相与气流相的动量交换源项 S_{pd}，然后再代入气流方程组，反复迭代，联合计算求解，其计算框图如图 1 所示，最终可以分别解得气体速度分布场、湍流场、颗粒运动轨迹状况及相应的颗粒速度分布场。

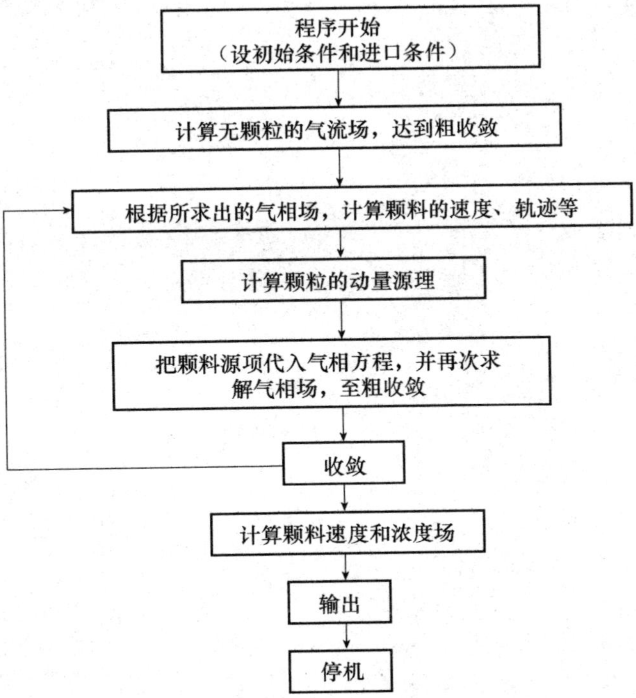

图 1　气固多相流数值模拟计算框图

Fig. 1　Flow chart of gas solid multiphasicflow

四、结论

本文针对双通道气固同轴射流，给出了气体湍流场，颗粒的随机轨道模型方程组，数值计算方法及相应的程序设计方法，为进一步的数值模型研究提供了基础。

参考文献

[1] Philip J, Smith. Measurements in a cylindrical pulverized coal furnace. Combust Sci Tech, 1989, 67(13): 59.
[2] Mostafa A A. Modeling of densely loaded two-phase flows. Numerical Heat Transfer, 1991, part A, 20: 317.
[3] Mostafa A A. Mongia H C. On the modeling of turbulent evaporaing sprays: Eulerian Versus Lagrangian Approach. Int J Heat Transfer, 1987, 30(12): 2583.
[4] 叶旭初，胡道和. SLC 分解炉内燃烧、分解的数值模拟研究［J］. 硅酸盐学报，1994，22(4)：325.
[5] Shuen J S, Solomon A S P. Modeling of confined turbulent fluid-particles. AIAA J, 1986, 24(1): 101.
[6] Adeniji-fashola A, Chen C P. Flow using Eulerian and Lagrangian. Int J Heat Transfer, 1990, 33(4): 691.
[7] 岑可法，樊建人. 工程气固多相流动的理论及计算［M］. 杭州：浙江大学出版社，1990：467.
[8] 叶旭初，胡道和. 轴对称型立筒预热器内湍流场的数值方法研究［J］. 硅酸盐学报，1990，18(6)：495.
[9] Boysan F W. A fundament mathematical modeling approach to cyclone design. Trans Int Chem Eng, 1982, 60(4): 222.

气固多相双通道同轴射流湍流场的数值模拟（2）

叶旭初　胡道和
（南京化工大学材料科学与工程系，南京，210009）

【摘　要】 运用气固多相流数值模拟软件对双通道同轴气固射流湍流场进行了数值模拟研究，预测结果与 LDV 激光测速仪测得的固体颗粒速度分布值进行了比较，结果表明，吻合较好。该软件为气固多相流工程设备的快速、经济的开发研究提供了相应的辅助工具，同时，也是理论研究气固多相化学反应流的基础。

【关键词】 气固多相流，射流，湍流流动，数值模拟

NUMERICAL SIMULATION STUDY OF ENGINEERING GAS SOLID TURBULENT FLOW BY TWO CHANNEL EFLLUX（2）

Ye Xuchu，Hu Daohe
（Department of Materials Science and Engineering，
Nanjing University of Chemical Technology，Nanjing，210009，China）

【Abstract】 The gas-solid turbulent flow produced by two-channel efllux was studied by numerical simulation. The numerical result s were found to be in line with result s obtained from LDV measurement. The calculation program could be used as the auxiliary aids in developing new equipment with gas-solid multiflow.

【Key words】 gas-solid flow，efllux，turbulent flow，numerical simulation

为了检验开发的工程气固多相双通道同轴射流湍流场的数值模拟软件的可靠性[1]，本文以古畑朋彦从事气固两相流速度场激光（LDV）测试研究中采用的实验模型为算例[2]，并与实测的颗粒速度值进行比较，结果表明，预测模拟软件在工程的应用范围内是可以接受的。

一、计算区域与操作条件

（一）计算区域

计算区域的几何尺度如图 1 所示。喷射器为双通道，粉体颗粒由一次风中心管喷出，外通道内有既可喷射直射流，也可通过装有的旋转叶片形成旋转射流，模型区域的全长为 2m，内径（*D*）为 0.5m，求解中采用圆柱坐标。

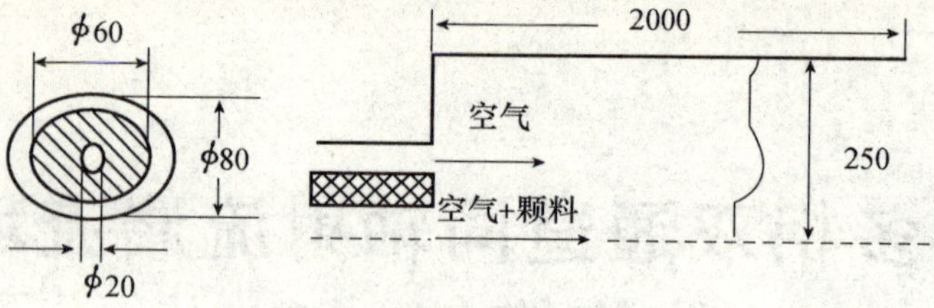

图1　计算模型的区域几何尺度

Fig. 1　Configuration of computation section

相应网格划分为轴向网格42，径向网格30，共计网格点为42×30，流动复杂区域的网格相对较密。

（二）射流操作条件

喷射器中心射流的流量为40m³/h(标准状态下)，环道射流流量为260m³/h(标准状态下)，颗粒流量均为38.7kg/h，颗粒密度为1190kg/m³。颗粒的平均粒径分别为30μm与70μm，气流的平均出口速度由通道截面来求出，颗粒的速度与中心射流的气流速度相等，软件调试中，首先以30μm颗粒的流动工况条件为基础，修正模型常数，用70μm的流动工况数据进行校核，使得在两种工况条件下，预测值与实测值尽可能吻合，确保软件的外延性；另外，在保证精度的前提下，考虑到计算时间的限制，计算的轨迹数取为500条。

（二）数值预测结果与讨论

图2是数值模拟预测及实测的30μm的颗粒相速度随径向的无因次分布规律曲线，其中U表示颗粒相射流的出口最大速度，图中实线表示数值模拟计算所预测的结果，星点及点画线表示实验曲线。从图中可以看出，在3个不同的剖面上$\left(\frac{x}{D}=0.07、0.46、1.19\right)$，数值模拟所预测的颗粒相的速度值结果与实验测量值基本是吻合的，个别点的最大相对误差在30%左右，大部分点的相对误差小于5%～10%，模拟预测的速度分布曲线在个别点上存在不连续现象，这主要是由于轨道模型的不连续性造成的。一般来说，只要轨道取得足够多，这种现象是可以消除的。

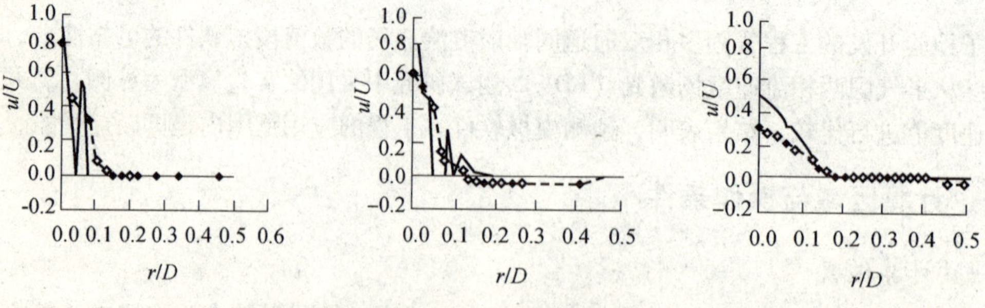

图2　颗粒无因次轴向速度的径向分布规律（$D_p=30\mu m$）

Fig. 2　Radial distribution of partical axial velocity

图3是70μm的颗粒在3个不同的剖面上轴向无因次速度随径向的分布规律，其中实线是计算模拟的预测值，从图中可以看出，在$\frac{x}{D}=0.07$及0.46的两个界面上，模拟值与实测值是比较吻合的，而$\frac{x}{D}=1.19$时，误差相对较大。对照30μm在同样的剖面上也有类似的现象，即表明数值模拟的速度值在流动下游有偏大的趋势，分析其原因，可能是实际的流动在射流的出口处，由于宏观流动的不稳定性，两股射流之间的混合能力较强，而在模拟计算中很难考虑该现象。因此，模拟计算中的颗粒扩散比实际的扩散过程偏慢，从而造成下游的颗粒速度预测值偏大，如何使吻合更好，将有待于进一步的开展工作。

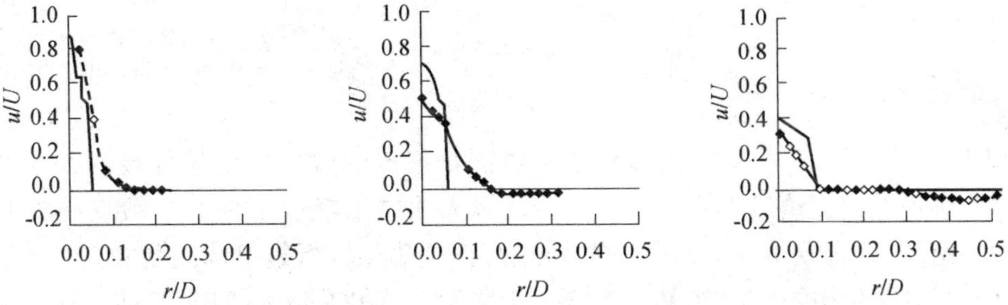

图3　颗粒的无因次轴向速度的径向分布规律（$D_p=70\mu m$）

Fig. 3　Radial distribution of partical axial velocity

图4、图5分别表示30μm及70μm的颗粒的空间运动轨迹分布图，由于计算机基本内存的限制，只能输出50条轨迹，轨迹中存在折点也是该原因。从两图中可以看出，30μm的颗粒的射流产生的扩散现象较70μm的颗粒大，如30μm的颗粒，在3*D*左右处，颗粒的扩散就变得很明显；而70μm的颗粒到4*D*之后扩散还较少，30μm的颗粒受回流气流的影响也十分明显。70μm的颗粒的运动轨迹几乎不受回流气流的影响，这是因为大颗粒具有更大的惯性，在相同的初始射流速度作用下，大颗粒运行距离将更远，另外，根据气固多相流的基本原理可知，脉动气流对小颗粒产生的扩散影响比对大颗粒影响更强烈，即表示小颗粒更容易扩散，该预测结果与客观现象定性上是吻合的。

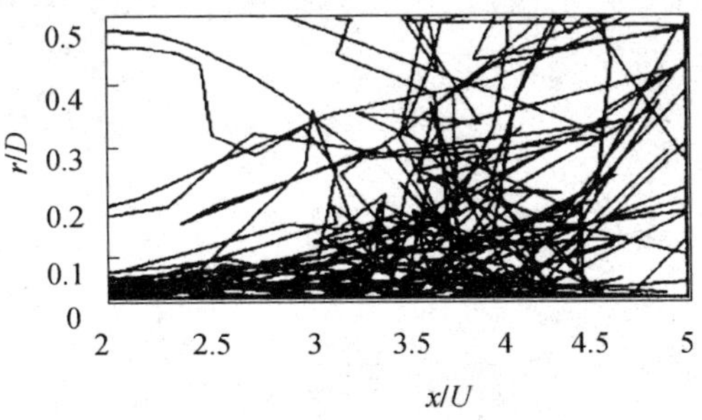

图4　30μm颗粒同轴射流的运动轨迹分布图

Fig. 4　Partical trajectories in no. 2 swirl in jet calculated by lagrangian method (30μm)

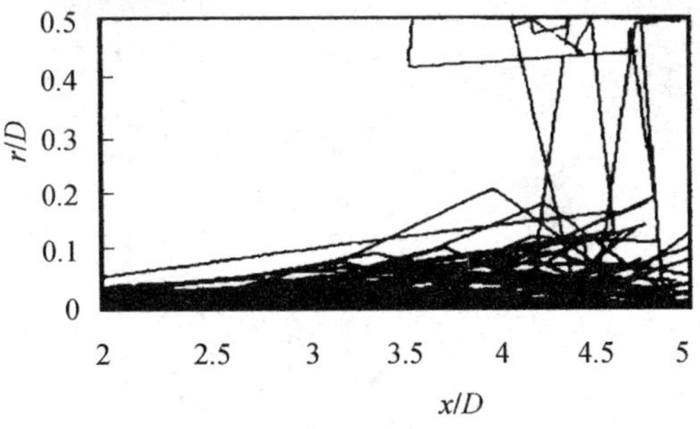

图5　70μm颗粒同轴射流的运动轨迹分布图

Fig. 5　Partical trajectories in no. 2 swirl in jet calculatedy Lagrangian method (70μm)

三、气相流场

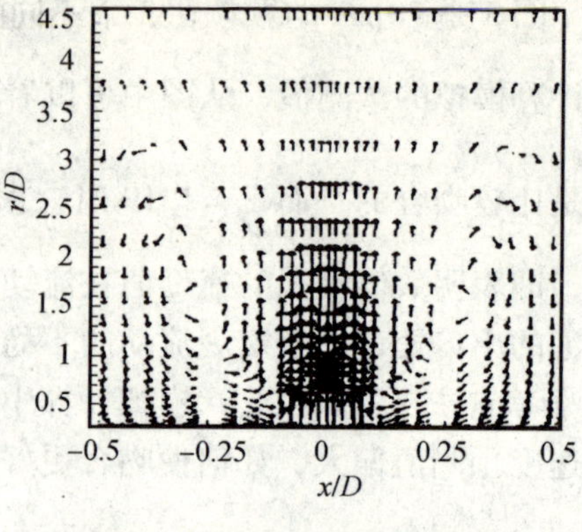

图6　气相流动速度矢量场

Fig. 6　Velocity vector field of gas flow

气相流场的气体速度矢量分布对于两种颗粒来说，其分布规律基本类似，在此给出了30μm颗粒的气相流场分布图，如图6所示，图中仅给出速度场变化比较明显的初始段。从图中可以看出，主射流区的速度值矢量比较大，分布规律具有明显的射流特征；在主射流的周围形成了两个对称的旋涡流，旋涡的方向是从中心向四周，涡流区的长度大约1.2D(600mm)。

四、结论

1. 运用本文研究中开发的气固多相双通道同轴射流的数值模型软件预测的颗粒相的速度值与LDV测得的速度值基本吻合，个别点的最大误差不超过30%，一般点小于10%，在工程气固多相流问题的研究中，应用该软件进行模拟预测分析是可以接受的。

2. 为了模拟颗粒相的扩散现象，本研究中采用了随机轨迹模型的思路，从数值模拟的结果来看，该方法对描述湍流现象的随机过程不失为是一种切实可行的方法。但是，如何使模型研究中给出的气体脉动值更加符合实际运动状态，以求所预测的结果精度更高，仍有待于进一步地开展研究。

3. 气固多相流模拟计算软件是模拟研究气固化学反应过程的基础。

参考文献

[1] 叶旭初，胡道和. 气固多相双通道同轴射流湍流场的数值模拟 [J]. 南京化工大学学报，1998，20(2)：26.

[2] 古畑朋彦. 喷雾燃烧. [学位论文]东京：东北大学工学部化学系，1994.

轴对称型立筒预热器内湍流场的数值方法研究*

叶旭初　胡道和*
（南京化工学院）

【摘　要】 采用湍流方程组及 SIMPLE 数值计算方法，调试出能够计算各种轴对称型立筒预热器内湍流场的程序。多次数值试验表明，该程序完全可用来根据立筒的实际尺寸和边界条件，计算立筒内的时均速度场、压力分布等运动参数，并且直接绘出流线谱图，从而减轻或替代测试工作，同时也可为已经投产的立筒顶热器优化操作参数，并为新设计预热器选型。作为算例，本文计算了 Krupp 型正锥缩口预热器内的湍流流动，并与实测值进行了比较，吻合较好。

【关键词】 轴对称型立筒预热器，湍流，数值模拟，Krupp 型悬浮预热器

RESEARCH ON NUMERICAL METHOD OF TURBULENT FLOW FIELD INSIDE AXIAL SYMMETRY TYPE SHAFT PREHEATER

Ye Xuchu　Hu Daohe
（Nanjing Institlute of Chemical Technology）

【Abstract】 This paper presents a computing program for tubulent flow field inside axfal symme-try type precheater. Based on turbulence equations and SIMPLE procedure. The predicted Results show that the distributions of velocity, by the programs based on the size of shaft rehealer and boundary condions. so that test work can be reduced or repla-Ced. In addition, the program also presents data for the oplimal operation of the oxist-Ing preheater and the seloction of models of a nwe preheater in design. As an example, we have calculated the turbulent flows inside Krupp preheater, and the pre-dictod results agree with the measured results very well.

【Key words】 axial symmetry shaft preheated, turbulent flow field, numerical Simulation, Krupp suspension preheater

一、引言

悬浮预热技术是水泥烧成技术的重要发展，其中立筒预热器在生产中也发挥了重要作用。由于立筒预热器具有结构简单、投资少、建设快、对原料的适应性强等特点，较适合于中小型工厂生产的需要。我国曾先后投产了许多日产量分别为 170t、340t 和 900t 的带立筒预热器的水泥窑，但是，其中大多数的生产状况尚未达到设计准标。

文献[1~3]曾进行过大量模拟试验，对 Krupp 型正锥缩口立筒预热器的工作原理作过认真探讨，提出了许多有价值的概念和改进意见，并在实际应用中取得了明显的效果。但是，由于立筒预热器的固有弱点及其他多种原因，预热效果一直不理想。对某些弱点的充分了解和认识将有助于掌握和改进预热器或设计新型预热系统。同时，人们对气流的脉动强度如何影响气固相间的传质与传热、它们之间又如何相互作用等问题，至今仍不很清楚。根据要求，立筒预热器应具有双重功能，即在进行气 - 粉换热的同时，还要将已经预热好的粉体分离出来。以往的工作表明，立筒中气体与充分分散的粉体之间的换热所需时间很短（ $<0.045s$ ），可以认为，进入立筒内的粉体团在分散的同时也就完成了换热过程。换句话说，影响立筒预热效率的主要因素不是气—粉之间的换热，而是粉体的分散程度和立筒本身收集已经预热好的粉体的能力。提高粉体的分散程度可以通过加撒料器，提高断面风速和湍流强度等措施实现。由实验和颗粒运动规律的分析可知，增加断面风速，生料分散程度及立筒的涡环分离效率能够提高，但是，重力沉降能力却下降；反之，重力沉降就强化。就提高生产效率而言，对于已投入生产的立筒预热器，必定存在一个最佳工作速度范围，但在实验中难于确定。鉴于上述种种原因，作者认为很有必要更进一步从理论和实验上对立筒预热器的工作原理进行深入研究。但是，由于实验条件和经费的限制，在实验室内得到与生产条件完全相同的结果是不可能的。为此，作者认为可用理论研究给以补充和完善，借助于相近专业提供的理论、数学方法和大型计算机，可从理论上实现对工厂实际生产状况的模拟计算，以指导生产，优化操作参数的方法是可取的。

经验表明，立筒预热器内的传热和传质过程与气体的湍流运动紧密相关。因此，本文将以湍流模型和湍流运动方程组为基础，采用 SIMPLE[4,5] 数值方法开发出能够计算各种轴对称型立筒预热器内湍流场的通用程序。在各种条件下进行了多次数值试验，以保证所得通用程序根据立筒的实际尺寸及边界可以计算出筒内湍流流动的时均速度场和湍流脉动场，并能直接绘出流线谱图，提供分析传热、传质和反应过程的依据，减轻或替代测试工作。同时还可反求已经投产的立筒预热器内的湍流场，提供分析和改进的思路或达到优化操作参数的目的，同时也可为设计新型的立筒预热器提供设计参数。

二、基本原理

（一）湍流方程组

立筒预热器的典型流程如图 1 所示。

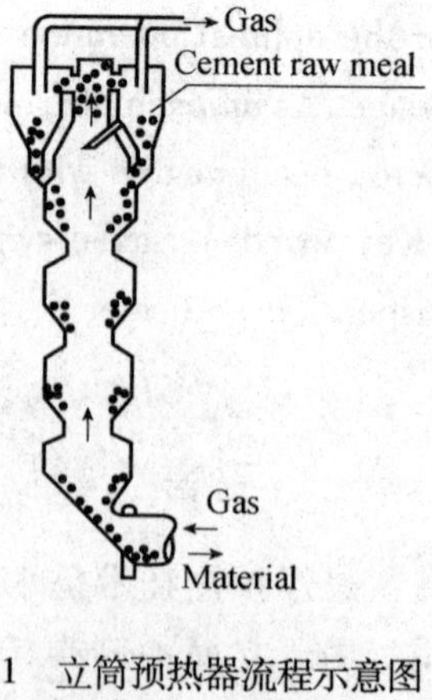

图 1　立筒预热器流程示意图

Fig. 1　Schematic diagram of shaft preheater

在正常生产情况下，立筒内部的气体流动可近似作为轴对称型湍流流动处理。描述运动的方程组是：

连续方程

$$\frac{\partial}{\partial x}(pu) + \frac{1}{r}g\frac{\partial}{\partial x}(rpv) = 0 \qquad (1)$$

运动方程

$$p\left(u\frac{\partial u}{\partial x} + v\frac{\partial u}{\partial r}\right) = \frac{\partial p}{\partial x} + \frac{\partial}{\partial x}\left(\mu_1\frac{\partial u}{\partial x}\right) + \frac{1}{r}g\frac{\partial}{\partial r}\left(r\mu_1\frac{\partial v}{\partial r}\right) - \left[\frac{\partial}{\partial x}(p\,\overline{u'u'}) + \frac{1}{r}g\frac{\partial}{\partial r}(rp\overline{u'v'})\right] \qquad (2)$$

$$p\left(u\frac{\partial v}{\partial \chi}+v\frac{\partial v}{\partial r}\right)=-\frac{\partial p}{\partial r}+\frac{\partial}{\partial \chi}\left(\mu_1\frac{\partial v}{\partial \chi}\right)+\frac{1}{r}.\frac{\partial}{\partial r}\left(r\mu_1\frac{\partial v}{\partial r}\right)$$
$$-\mu_1\frac{v}{r^2}-\left[\frac{\partial}{\partial \chi}(p\,\overline{u'v'})+\frac{1}{r}g\frac{\partial}{\partial r}(rp\,\overline{u'}\,\overline{v'})\right] \tag{3}$$

方程中 Reynold 应力依据 Boussinesq 假说[6]，即认为 Reynold 应力和变形率呈线性关系，一般形式为：

$$-p\,\overline{v'u'}=\mu_t\left(\frac{\partial u}{\partial r}+\frac{\partial v}{\partial \chi}\right) \tag{4}$$

式中　”μ_t 为湍流动力黏性系数，形式上与流体的真实黏性系数 μ_1 类似。μ_t 值可由双方程模式（$k-\varepsilon$ 模型）[6]确定，即：

$$\mu_t=p\frac{C_D k^2}{S} \tag{5}$$

式中　k——湍流脉动动能，$k=\frac{\overline{u^2}}{2}+\frac{\overline{v^2}}{2}$；

C_D——湍流模型常数（表 1）；

S——湍流动能耗能率。

考虑到 μ_t 与 μ_1 具有完全类似的性质，可将剪切应力与 Reynold 应力组合成一项，令

$$\mu_{eff}=\mu_t+\mu_1 \tag{6}$$

至于 k 和 ε 值，将由湍流动能方程及耗散率方程决定[8]，湍流动能方程如下：

$$p\left(u\frac{\partial k}{\partial \chi}+v\frac{\partial k}{\partial r}\right)=\frac{\partial}{\partial \chi}\left(\frac{\mu_{eff}}{\sigma_k}.\frac{\partial k}{\partial \chi}\right)+\frac{1}{r}.\frac{\partial}{\partial r}\left(r\frac{\mu_{eff}}{\sigma_k}.\frac{\partial k}{\partial r}\right)+G_k-\rho\varepsilon \tag{7}$$

湍流耗散率方程如下：

$$p\left(u\frac{\partial \varepsilon}{\partial \chi}+v\frac{\partial \varepsilon}{\partial r}\right)=\frac{\partial}{\partial \chi}\left(\frac{\mu_{eff}}{\sigma_k}.\frac{\partial \varepsilon}{\partial \chi}\right)+\frac{1}{r}.\frac{\partial}{\partial r}\left(r.\frac{\mu_{eff}}{\sigma_k}.\frac{\partial \varepsilon}{\partial r}\right)+\frac{\varepsilon}{k}(C_1G_k-C_2p\varepsilon) \tag{8}$$

其中：

$$G_k=\mu_{eff}\left\{2\left[\left(\frac{\partial u}{\partial \chi}\right)^2+\left(\frac{\partial v}{\partial r}\right)^2+\left(\frac{v}{r}\right)^2\right]+\left(\frac{\partial u}{\partial r}+\frac{\partial v}{\partial \chi}\right)^2\right\} \tag{9}$$

σ_k、σ_8、C_1、C_2 为湍流常数（表 1）。

表 1

Table 1

Constant	C_D	σ	σ_8	C_1	C_2
Datum	0.09	1.0	1.2	1.44	1.92

（二）边界条件

1. 进口条件

$$\left.\begin{aligned}u&=u_0(r)\\v&=v_0(r)\\k&=k_0(r)\\\varepsilon&=\varepsilon_0(r)\end{aligned}\right\} \tag{10}$$

式中 $u_0(r)$、$v_0(r)$、$k_0(r)$、$\varepsilon_0(r)$ 可根据实际生产时的进口速度分布及湍流特性确定。

2. 固体壁面条件

$$u = v = 0 \tag{11}$$

3. 对称轴条件

$$\left.\begin{aligned}\frac{\partial\varphi}{\partial r} &= 0\\ v &= 0\end{aligned}\right\} \tag{12}$$

式中 φ 分别代表 u、k、ε 和 p。

在数值计算中，为避免在壁面附近仔细地划分网格和计算，可采用壁面函数方法[7]，其原理是，假定紧靠壁面的网格点充分远离壁面，湍流 Reynold 数 $\left(\frac{\rho k \frac{1}{2}}{\mu_1}\right)$ 远大于 1，即该点完全处于湍流区，因此，网格点 P 附近区域内的速度分布采用对数公式（图 2）；另一方面，假定该区域内的剪切应力近似为常数，湍流动能的产生与耗散相抵消，所以

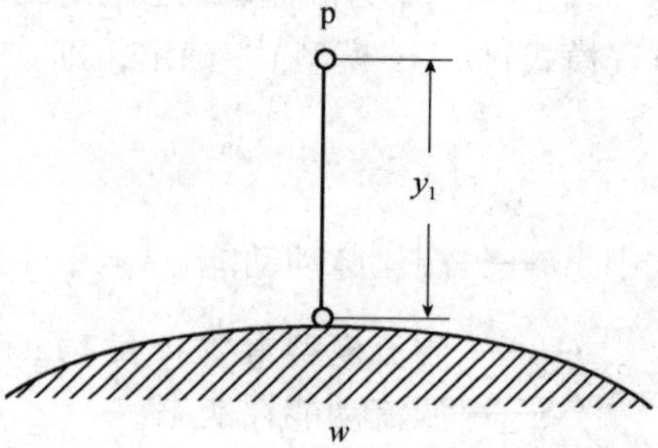

图 2　壁面条件
Fig. 2　Near-wall nodes

$$u_{\mathrm{p}}\frac{\left(C_u^{\frac{1}{4}}k_p^{\frac{1}{2}}\right)}{\left(\frac{\tau}{p}\right)_w} = \frac{1}{k}\ln\left(EC_{\mathrm{D}}^{\frac{1}{4}}k^{\frac{1}{2}}y_{\mathrm{p}}\frac{p}{\mu}\right) \tag{13}$$

$$\tau_w = C_{\mathrm{D}}^{\frac{1}{2}}p_{\mathrm{p}}^{k} \tag{14}$$

式中下脚标 w 表示在壁面上取值，下脚标 p 表示在网格点 p 上取值。

至于壁面附近的湍流耗散率 ε，假定它与垂直于壁面的距离 y_p 成反比：

$$\varepsilon_{\mathrm{p}} = \frac{C_{\mathrm{D}}^{\frac{3}{4}}k_{\mathrm{p}}^{\frac{3}{3}}}{Ky_{\mathrm{p}}} \tag{15}$$

表 2
Table 2

Constant	K	E
Datum	0.42	9.79

K、E 是对数分布公式中的常数（表 2），运用方程（13）~（15）可分别确定壁面附近网格点上的速度、湍流强度以及湍流耗散率的边界值。

（三）数值方法

分别将方程（1）、（2）、（3）、（7）、（8）按文献[5,8]提供的方法将方程组化成差分方程代数方程组，系数用混合格式确定，差分方程用 TDMA 方法迭代求解。

（四）计算区域和网格划分

由于微分方程属于椭圆型方程，求解时必须给出所在涉及边界上的边界值，如进口条件、对称轴条件、壁面条件、出口条件。前面三个条件的给出，原则上不存在问题。考虑到出口条件很难正确确定，因为出口条件如果提的不合适，就有可能与进口条件不相容。因此，作者采用的实际计算区域如图 3 所示。即在立筒的出口处等直径延长一段距离，在延长

后的出口边界上，可以认为所有的物理量沿轴向不发生变化$\left(\frac{\partial\varphi}{\partial X}=0\right)$，且径向速度为零。多次数值试验表明，延长距离只要大于或等于1.2～1.5d，腔内的数值结果就几乎不随延长的距离而变化。采用该方法，解决了出口边界条件难于正确确定的问题。

网格划分如图3所示，网格点共有34(轴向)×24(径向)个，网格距离非等值，流动复杂处网格距离就小；反之，就相对长些。

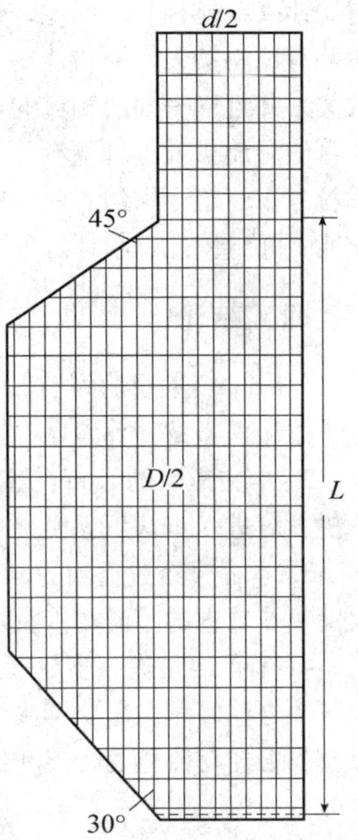

图3　计算区域和网格划分
($L=300$，$D=200$，$d=100$)
Fig. 3　Computation domain and grid distribution

三、Krupp型立筒预热器的数值结果与讨论

利用上述数值方法及一定的计算程序，作者对许多问题进行了数值试验。作为算例，本文仅提供Krupp型正锥缩口立筒预热器内湍流场的计算结果，几何条件和进口条件与文献[1]所述相同。图4是气流流动方向和轴向速度（u）的分布曲线，对称轴左边各向量仅表示该点气流的流动方向。由图4可见，立筒内存在一个涡环区。对称轴右边是计算所得的轴向速度分布曲线，△表示实测速度值。由图4可见，立筒的中心区域（主流区）的计算值与实测值基本重合，而在边壁附近，测量速度的绝对值有规律地偏大。经分析认为，这可能是五孔探针的测量系统误差所致。比较左右两部份可知，涡环区的速度值与主流区的速度值几乎相差一个数量级，即表示涡环强度很弱。因此，立筒中旋涡分离粉体的能力是比较弱的。

图5是流线谱与速度矢图，对称轴左部是流线图，主流区的流线可由计算机直接绘出，结果与实验给出的流线谱基本相似。而对称轴右边是速度分布图，分别表示该点上气体的流动方向和大小。

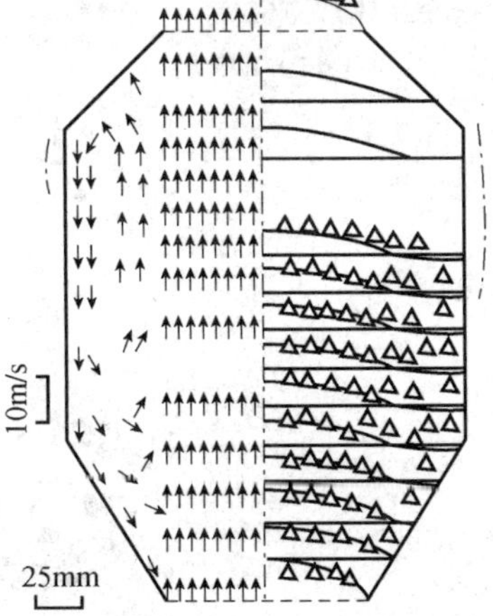

图4　流速方向与轴向速度

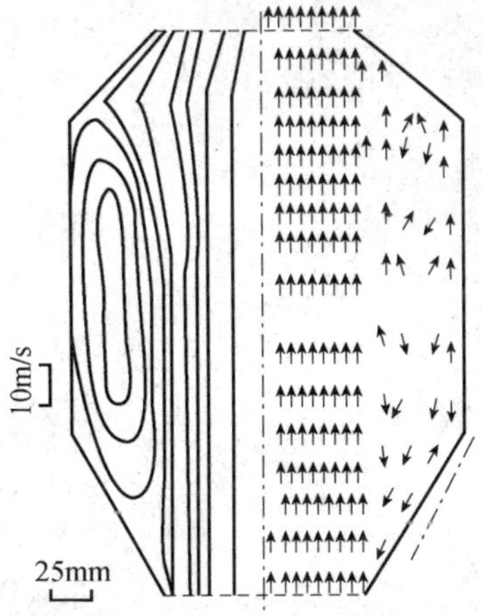

图5　流线谱与速度矢图

另一方面，湍流强度的数值计算结果表明，涡环区的湍流动能在数量级上几乎与当地的

时均速度动能相等。因此，作者认为涡环区的粉体分散的大部分能量来源于脉动。如果立筒中装有撒料器，能使粉体集中在湍流强度较高的区域内，将有利于粉体的分散、对流换热和收集。并且气—固两相流的理论及实验表明，颗粒的浓度分布取决于气体的湍流扩散和颗粒本身的湍流扩散，且颗粒的湍流扩散落后于气体的湍流扩散[9]，亦即气体湍流越强的区域，颗粒分布越趋于均匀。由数值计算结果可知，在立筒的出口附近，湍流强度较大，即湍流扩散能力强，因此，粉体浓度分布较均匀，这与实验结果是一致的。

四、结论

1. Krupp 型立筒预热器内湍流场的时均速度的数值计算结果与实验值基本吻合，从而验证了湍流模型的计算程序、迭代方法、数值技巧等是可行的。

2. 本文提供的 Krupp 型立筒预热器内气体流动的时均速度分布及湍流强度分布特性的分析，对进一步认识立筒预热器中粉体的分散、换热、分离等机理有一定的指导意义。

3. 本程序经过适当的修改与调整，可以进一步开拓应用于计算装有轴对称型撒料器的立筒预热器内的湍流场以及多体联运情况下的湍流流动。

4. 本程序是进一步从理论上研究加入粉体后，气－固换热机理的基础。但是，要全面地解决这些问题，需要解决一些相关的难题，如滑移下落中的粉体团的吹散速率、换热强度以及当粉体与流体混合流动后 $k-\varepsilon$ 模型是否与实际吻合较好等，有待于今后进一步研究。

参考文献

[1] 胡道和，顾大公，李昌勇．硅酸盐学报，1987，15（2）．

[2] 顾大公．在 Krupp 型立筒预热内气固二相运动规律的研究［D］．南京化工学院，1983.

[3] 李昌勇，胡道和．水泥技术，1989，5.

[4] 马铁犹．计算流体动力学［M］．北京：北京航空学院出版社，1986：340－343.

[5] S. V. Patankar and D. B. Spalding，Int J. Heat Transfer，19(1972) 1787.

[6] 南京工学院，华中工学院，重庆大学，等．黏性流体力学等［M］．北京：高等教育出版社，1987：309－378.

[7] B. E. Launder and D. B. Spalding，Computer Methods in Appl. Mech. Eng. 3(1974)269.

[8] S. E. Elghobashi，W. M. Pum，and D. B. Spalding，Chem. Eng. Sci. 32(1977)161.

[9] 周力行．燃烧理论和化学流体力学［M］．北京：科学出版社，1986：419－420.

叶轮式颗粒流量计工作过程的数值模拟

肖国先[1]　徐德龙[1]　胡道和[2]　时　钧[2]　Yu A B[3]

（1. 西安建筑科技大学，西安 710055；2 南京工业大学，南京 210009；
3. Univevsity of New SouthWales，Sydney 2052，Australia）

【摘　要】 用颗粒离散法数值模拟循环流化床中测定物料流率的叶轮式流量计工作过程。数值模拟结果表明颗粒质量流率与叶轮转速基本呈线性关系，这与实验所得到的结果相吻合。研究了叶轮的叶片数目和角度对颗粒质量流率与叶轮转速关系的影响。

【关键词】 数值模拟，颗粒流动，叶轮，流量计

在循环流化床中，物料的循环料流量是重要参数之一。刘景源等开发了一种特殊的叶轮式颗粒转子流量计[1]，将叶轮悬挂在下料管的中心线上，颗粒料流经下料管时以移动床形式向下流动，通过测定叶轮的转速可推算出颗粒的流量。作者通过用颗粒离散元法数值模拟料管中的叶轮工作过程，揭示了叶轮的工作机理和参数对叶轮转动过程的影响，为流量计的参数优化和工业放大提供参考。

一、数值模拟方法

颗粒离散法是一种适用于解决非连续介质力学问题的数值计算方法，已在结构工程、岩土工程、散体力学以及爆炸力学等领域得到了成功应用，取得了一些令人瞩目的研究成果[2]。颗粒离散法的基本原理是将散粒体分离成离散单元的集合，利用牛顿第二定律建立每个颗粒单元的运动方程，求得颗粒群的整体运动状态。颗粒离散法是由 Cundall P A[3] 于 1971 年提的出，经过近 30 年的发展，其原理和计算方法日趋成熟，应用也越来越广。颗粒离散法的基本思想是把颗粒单元间的相互作用力模拟为弹性力、阻尼力和摩擦力，用弹性、阻尼及摩擦滑移等机理模型来计算，如图 1 所示。当两颗粒产生接触时，其法向（即两圆心连线方向）的相互作用可简化为弹簧阻尼器，切线方向的相互作用可简化为弹簧阻尼器和

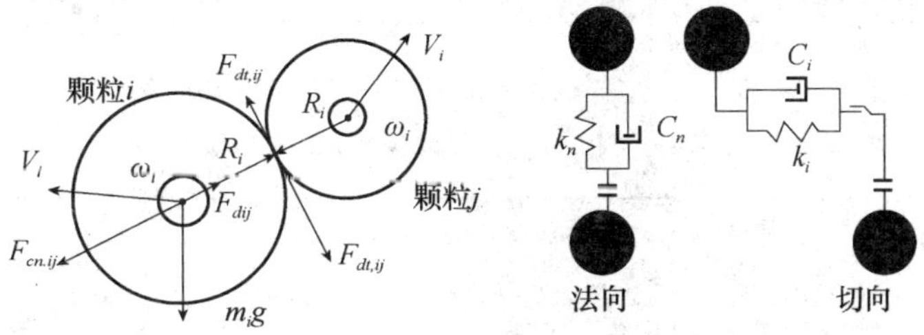

图 1　两颗粒接触力模型及其示意图

滑动摩擦器，当两颗粒之间的切向摩擦力大于最大静摩擦力时，滑动摩擦器起作用，弹簧阻尼器不起作用。颗粒的运动采用迭代法计算，时间步选得非常小，任何一时间步内均假设速度和加速度为常量。在每个时间步内，挠动只能从一个颗粒同时传播到与它相邻的颗粒单元，一个颗粒所受的接触合力可以由与之接触的所有颗粒单元的作用之和唯一确定。根据颗粒所受的合力和力矩，可以计算颗粒在不同时刻的位置、速度等参数。

当颗粒 i 与周围颗粒或壁及叶轮相接触时，产生微小变形，相互间存在接触力，接触力的理论模型采用被广为接受的公式[4,5]，力的表达式见表 1。颗粒 i 在这些接触力的合力及自身重力作用下发生平动和转动。颗粒的牛顿运动方程为：

$$\frac{R_{\&}}{\lambda} = \overset{\rho}{F}_c + \overset{\rho}{F}_{\frac{g}{m}} \tag{1}$$

颗粒受到接触力产生旋转，其旋转运动方程为

$$I_t \frac{\mathrm{d}\overset{\rho}{w}}{\mathrm{d}\underset{\rho}{t}} = \sum_{j=i}^{k_j} \overset{\rho}{R}_{cj} \times \overset{\rho}{F}_{cj} \tag{2}$$

式中，ω 为颗粒的角速度，I_t 为颗粒绕其轴线的转动惯量。

对于悬挂于容器中的叶轮，当颗粒与叶轮的叶片发生碰撞或接触时，产生力矩而使叶轮绕其轴线旋转。假定叶轮系统的摩擦相对于颗粒对叶轮的作用很小，可以忽略不计。叶轮的转动方程为

$$I_y \frac{\mathrm{d}\overset{\rho}{w}}{\mathrm{d}\underset{\rho}{t}} = \sum_{j=1}^{l} \overset{\rho}{R}_{cj} \times \overset{\rho}{F}_{cj} \tag{3}$$

式中，$\overset{p}{\omega}$为叶轮的旋转角速度，I_y 为叶轮绕其轴线的转动惯量。

表 1　作用于颗粒 i 上的力和力矩分量

力		符号	方程
法向力	接触力	$\overset{\rho}{F}_{cn}$，ij	$-\frac{4}{3}E^* \sqrt{R*}\delta_n^{\frac{3}{2}} \overset{p}{n}$
		$\overset{\rho}{F}_{dn}$，ij	$-cn(\overset{\rho}{V}_{ij} * \overset{\rho}{n})\ \overset{\rho}{n}$
	衰减力		$\frac{\mu_s F_{cn\,ij}}{\lvert \delta_t^p \rvert}\left[1-\left\{1-\frac{\min(\lvert \delta_t^p \rvert . \delta_{max})}{\delta_{t.\,max}}\right\}^{\frac{3}{2}}\right]\delta_t^p$
切向力	接触力	$\overset{\rho}{F}_{ct}$，ij	$c_t(\overset{\rho}{V}_{ij} * \overset{\rho}{n} \times \overset{\rho}{n}$
		$\overset{\rho}{F}_{dt}$，ij	$\overset{\rho}{R}_i \times (\overset{\rho}{F}_{ct,ij} + \overset{\rho}{F}_{dt,ij})$
	衰减力		$m\,i\overset{\rho}{g}$
转动	力矩	$\overset{\rho}{T}_i$	
整体重力	$\overset{\rho}{F}_{gi}$		

其中：$\frac{1}{R*} = \frac{1}{R_i} + \frac{1}{R_j}$，$E^* = \frac{E}{2\ (1)}$，$\overset{\rho}{n} = \frac{\overset{\rho}{R}_i}{R_i}$，$V_{ij}^{\rho} = \overset{\rho}{V}_i - \overset{\rho}{V}_j + \overset{\rho}{\omega} \times \overset{\rho}{R}_j - \overset{\rho}{\omega} \times \overset{\rho}{R}_i$

（二）模拟条件

为编程和计算方便，数据用简化单位制。简化单位制是取颗粒直径 d、颗粒质量 m、重力加速度 g 为单位值，其他物理量的数值依据这关系计算。例如，对于颗粒直径为 10mm 的

球，当取数值模拟下料管的直径为20（简化单位制）时，其实际尺寸为颗粒直径的20倍，下料管的实际直径尺寸为200mm。实际时间（SI制）=简化单位制的时间×$\sqrt{\frac{L_{ref}}{g}}$。若简化单位制的时间步长为0.001，则实际时间步长为3.2×10^{-5}s（SI制）。数值模拟的基本初始数据见表2。

表2　主要模拟参数（简化单位制）

颗粒数目	颗粒形状	物料密度	弹性模量	泊松比	内摩擦系数	壁摩擦系数
10000	球形	100	40000	0.3	0.3	0.3
叶片数目	叶片直径	叶片厚度	叶片倾角	下料管直径	下料管高度	时间步长
2、3、4	4、5、6	1	15、30、45、60、75	20	100	0.001

三、结果与讨论

（一）颗粒卸料质量流率对叶轮转动的影响

数值模拟计算在不同颗粒质量流量下的叶轮转速，获得叶轮转速与颗粒质量流率的关系。如图2所示，叶轮转速随颗粒质量流率增加而增大，两者的关系基本呈线性关系，这与刘景源[1]等试验观察到的现象相一致。因为颗粒质量流量增大，颗粒向下的动量通量也增大。在初始加速期内，对叶轮的作用力矩也大，致使叶轮在稳定段的转速较高。虽然数值模拟所用的颗粒物性与试验所用材料有所不同，但两者叶轮的工作机理相同，所模拟的过程与实际情况相近，因此数值模拟的结果认为是可靠的。

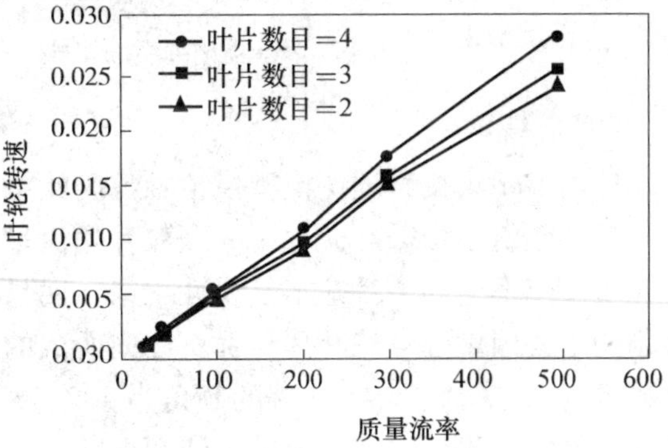

图2　叶轮转速与颗粒质量流率和叶片数目关系

（二）叶片几何参数对叶轮转动的影响

影响颗粒质量流率与叶轮转速关系的因素有叶轮直径和叶片倾角，为了分析这些因素是如何影响的，特进行数值模拟试验。模拟试验结果给出了这些参数对叶轮转动的影响规律。

1. 叶片数目和叶片直径的影响

图2显示了叶片数目对叶轮转速与颗粒流率关系的影响。当叶片数目等于3或4时，两者产生的转速随颗粒流率改变基本相似，差别不大。虽然叶片数目增加，颗粒对叶轮产生的作用力矩大，但叶轮的转动惯量和它阻碍颗粒流动的面积也大，其转速变化并不明显。若叶片数目过少，则颗粒作用的力矩小，叶轮转速低，叶轮的敏感性低。因此，适宜的叶片数目为2~3片。

图3显示叶片直径对颗粒流率与叶轮转速关系的影响。叶片直径大，在相同的颗粒质量流率下，叶轮转速愈快。因为叶片的直径大，颗粒作用面积大，颗粒流产生的力矩大，使叶轮旋转速度加快。叶轮直径小，对颗粒流动的脉动较为敏感。但直径不宜过小，否则，颗粒流动产生的旋转力矩不能使叶轮有效转动。

2. 叶片倾角的影响

数值模拟试验中选用叶片倾角 A 分别为15°、30°、45°、60°、75°，其他参数保持相同。叶片倾角 A 对颗粒流率与叶轮转速的关系如图4所示。当 α 较大时，(90° $-A$) 小于物料的休止角，则叶片上方的颗粒移动困难，易形成滞留区，同时会阻碍颗粒顺利向下流动，其叶轮转速较低。而当 α 过小，颗粒与叶片的接触机会减少，对叶轮的作用力小，从而导致叶轮旋转的力矩小，难以驱动叶轮转动，其转速也较小。叶片倾角 α 在30°~60°，颗粒流率与叶轮转速的关系的斜率随 α 增加而降低。因此，叶片适宜的倾角为30°~60°。

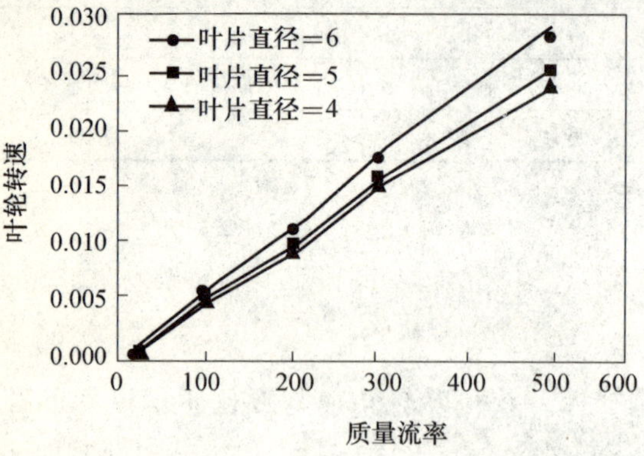

图3 叶片尺寸对叶轮转速与颗粒流量关系的影响

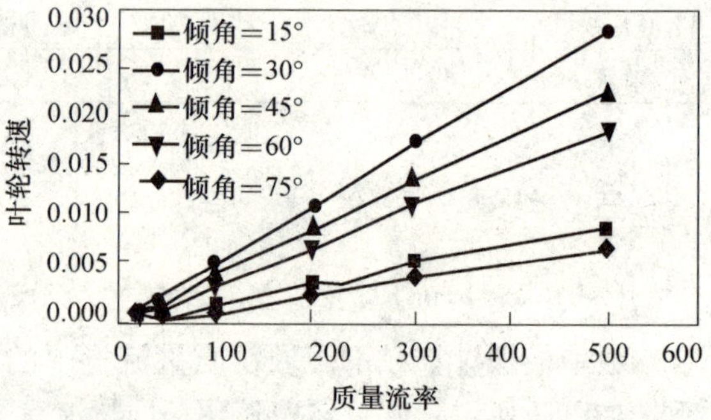

图4 叶轮旋转速度与叶片倾角的关系

（四）结论

使用Hertzs接触理论模型模拟颗粒间接触力，牛顿运动方程用来计算颗粒的运动，用颗粒离散法数值模拟循环流化床的颗粒叶轮流量计的工作过程。数值模拟结果表明叶轮转速与颗粒质量流率之间关系基本呈线性关系，而且该关系与实验所观测到的现象相吻合。对关系影响的主要因素是叶轮叶片与垂直方向所成的角度，而叶片数对其关系影响不大。适宜的叶片数目为2~3片、叶片适宜的倾角为30°~60°。颗粒流量与叶轮旋转速度之间的关系，为叶轮式颗粒流量计的开发提供了依据。

参考文献

[1] Liu Jingyuan, Huan Boven. Turbine Meter for the Measurement of Bulk Solids Flow rate [J]. Pow der Technology, 1995, 82 (2): 145~151.

[2] 王永嘉. 离散单元法及其在岩土力学研究中的应力 [M]. 沈阳: 东北工学院出版社, 1991, 1.

[3] Cundall P A, Strack O D L. A D iscrete N umericalModel for Granular A ssemblies [J]. Geotechnique, 1979, 29: 47~65.

[4] Zhou Y C, W righ t, B D, Yang R Y, et al. Rolling F riction in theDynam ic Simulation of Sandp ile Formation [J]. PhysicaA, 1999, 269: 536~553.

[5] Xu B H, Yu A B. N umerical Simulation of the Gas Solid F low in a F ludized Bed by Combining D iscrete ParticleM ethodW ith Computation F luid Danam ics [J]. Chem ical Engineering Science, 1997, 52: 2786~2809.

数值模拟分析叶轮式颗粒流量计的工作机理

肖国先[1]　徐德龙[1]　胡道和[2]　时　钧[2]　A. B. Yu[3]

（1. 西安建筑科技大学材料科学与工程学院，陕西，西安，710055；2. 南京工业大学材料科学与工程学院，江苏，南京，210009；3. School of Materials Science & Engineering University of New South Wales，Sydny 2052，Australia）

【摘　要】 用颗粒离散法数值模拟循环流化床中测定物料流率的式流量计工作过程。数值模拟结果表明叶轮的工作过程分为加速旋转阶段和等速转动阶段，加速段的终端速度取决于流动颗粒的流率；在等速阶段，叶轮转速基本恒定。颗粒质量流率与叶轮转速基本呈线性关系，这与实验所得到的结果相吻合。

【关键词】 数值模拟，颗粒流动，叶轮，流量计

Numerical analysis of working mechanism of a bulk turbine meter

XIAO GuoXian[1]，XU DeLong[2]，HU DaoHe[2]，SHI Jun[2] and A. B. Yu[3]

（1. Department of Materials Science & Engineering，Xian Univ. of Architecture and Technology，Xián，710055，Shanxi，China；2. Department of Materials Science & Engineering，Nanjing Univ. of Technology，Nanjing，10009，Jiangsu，China；3. School of Materials Science & EngineeringUniv. of New South Wales，Sydney 2052，Australia）

【Abstract】 The turbine meter used for metering solids recirculating flowrate of Circulating Fluidized Bed is firstly numerically simulated by the Discrete Element Method. The numerical model for describing the turbine performance is proposed，and an equation for govtruing the flow of particles and rotation of the turbine is obtained by analyzing the movement of solids and that of turbine. The simulation results indicate that the working process of the turbine is divided into two stages：the acceleration stage and the steady rotationstage. The final rotation velocity of the turbine at the end of the acceleration stage depends on the velocity of flowing panicles. Duringthe steady stage，the rotation velocity of the turbine is almost constant. Also，the relationship between solids mass flow rate and the rotation rate of the turbine is almost linear，and the relationship is well predicted by observation.

【Key words】 numerical simulation，particle flow，turbine，flow meter

循环流化床是化工、能源、材料等工业领域的重要反应装置，流化床运行质量的好坏直接影响到产品得率和产品质量。循环流化床的循环料流量是循环流化床操作、稳定运行的重要依据，但循环颗粒料流的直接测定比较困难。尽管已有一些物料流量计应用于此领域，但由于其结构和操作上的明显缺陷，其应用范围受到较大限制。刘景源[1]等开发了一种特殊的叶轮式颗粒转子流量计，如图1所示。将叶轮悬挂在循环料管的中心线上，当颗粒料流

经下料管以移动床形式向下流动时，颗粒的运动将推动叶轮发生转动，叶轮的转动快慢与颗粒的流动速度大小有关。通过测定叶轮的转速可直接反映出颗粒的流量大小。刘景源[1]通过一系列试验，揭示出颗粒的流量与叶轮转速。线性关系，影响其关系的主要因素为叶片的直径和倾角；研究表明该装置有在线检测、敏感、可以放大、可靠和容易标定等优点。那么，叶轮转速大小为什么能反映颗粒流量的变化、叶轮如何工作、颗粒与叶轮如何作用等难以用试验手段获得，需要借助其他分析方法从微观的角度加以描述。数值模拟技术已被广泛应用于研究散粒体流动、气固两相流运动，是揭示内部运动规律的重要手段。本文用颗粒离散元数值模拟方法，分析颗粒与颗粒、颗粒与叶片作用，建立颗粒和叶轮的运动模型，编制计算程序，数值模拟料管中的叶轮式颗粒流量计的工作过程，着重分析叶轮转动的运动过程，从微观的角度分析叶轮的工作机理，为流量计的参数进一步优化和工业设计提供理论依据。

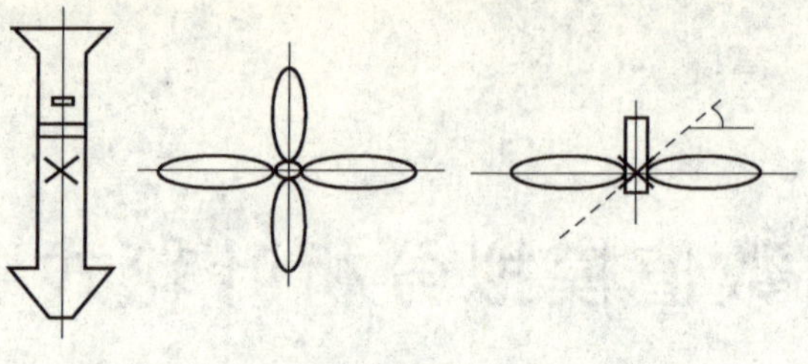

图 1　叶轮式转子流量计的结构示意

Fig. 1　A schematic view of the turbine meler

一、数值模拟方法

颗粒离散法是由 P. A. Cundall[2]于 1979 年提出的，经过近 30 年的发展，其原理和计算方法日趋成熟，应用也越来越广。颗粒离散法是一种适用于解决非连续介质力学问题的数值计算方法，已在结构工程、岩土工程、散体力学以及爆炸力学等领域得到了成功应用，取得了一些令人瞩目的研究成果[3]。颗粒离散法的基本原理是将散粒体视为离散颗粒单元的集合，颗粒单元间的相互作用力模拟为弹性力、阻尼力和摩擦力，利用牛顿第二定律建立每个颗粒单元的运动方程，以求得颗粒群的整体运动状态。两颗粒接触示意和接触力模型如图 2 所示，当两颗粒发生接触时，其法向相互作用可简化为弹簧阻尼器，切向相互作用可简化为弹簧阻尼器和滑动摩擦器，当两颗粒之间的切向摩擦力大于最大静摩擦力时，滑动摩擦器起作用，弹簧阻尼器不起作用。颗粒的运动采用迭代法计算，时间步选得非常小，任何一时间步内均假设速度和加速度为常量。在每个时间步内，挠动只能从一个颗粒传播到与它相邻的颗粒单元，一个颗粒所受的接触合力可以由与之接触的所有颗粒单元的作用之和唯一确定。根据颗粒所受的合力和力矩，可以计算颗粒在不同时刻的位置、速度等参数。

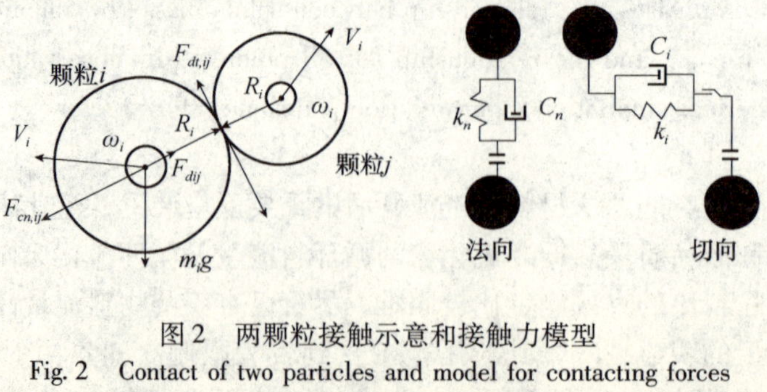

图 2　两颗粒接触示意和接触力模型

Fig. 2　Contact of two particles and model for contacting forces

当颗粒 i 与周围颗粒或壁及叶轮相接触时，产生微小变形，相互间存在接触力，接触力的理论模型采用被广为接受的公式[4,5]，力的表达式如表 1 所示。颗粒 i 在这些接触力的合力及自身重力作用下发生平动和转动。颗粒的牛顿运动方程为：

$$\vec{\tau} = \frac{\left(\vec{F}_{\tau} + m\,\vec{g}\right)}{m} \tag{1}$$

颗粒受到接触力矩产生旋转，其旋转运动方程为：

$$I_i \frac{\mathrm{d}\vec{w}}{\mathrm{d}t} = \sum_{j=1}^{k_l} \vec{R}_{cj} \times \vec{F}_{cj} \tag{2}$$

表 1　作用于颗粒 i 上的力的和力矩分量

Table1　Components of forces and torque acting on particle i

力		符号	方程
法向力	接触	$\vec{F}_{cn,ij}$	$-\frac{4}{3}E*\sqrt{R*\delta_n^{\frac{3}{2}}\vec{n}}$
	衰减	$\vec{F}_{dn,ij}$	$-c_n\,\vec{V}_{ij}\mathrm{g}\,\vec{n})\vec{n}$
切向	接触	$\vec{F}_{et,ij}$	$-\frac{\mu_s F_{cn,ij}}{\lvert\vec{\delta}_s\rvert}\left[1-\left(1-\frac{\min\lvert\vec{\delta}_s\rvert\delta_{t\cdot\max}}{\delta_{t\cdot\max}}\right)^{\frac{3}{2}}\right]\vec{\delta}_{\mathrm{t}}$
	衰减	$\vec{F}_{dt,ij}$	$c_{\mathrm{t}}(\vec{V}_{ij}*\vec{n})*\vec{n}$
转动	力矩	$\vec{T}_i$	$\vec{R}_i\times(\vec{F}_{et.ij}+\vec{F}_{dt.ij})$
整体	重力	$\vec{F}_{gl}$	$m_i\vec{g}$

＊其中：$\frac{1}{R^*}=\frac{1}{R_i}+\frac{1}{R_j}$，$E^*=\frac{E}{2(1-\upsilon^2)}$，$\vec{V}_v=\vec{V}_i-\vec{V}_j+\vec{\omega}_j\times\vec{R}_j-\vec{\omega}_i\times\vec{R}_i$，$\vec{n}=\frac{\vec{R}_i}{R_i}$

对于悬挂于容器中的叶轮，当颗粒与叶轮的叶片发生碰撞或接触时，产生力矩而使叶轮绕其轴线旋转。假定叶轮系统的摩擦相对于颗粒对叶轮的作用很小，可以忽略不计。叶轮的转动方程为：

$$I_i \frac{\mathrm{d}\vec{\omega}}{\mathrm{d}t} = \sum_{j=1}^{k_l} \vec{R}_{cj} \times \vec{F}_{cj} \tag{3}$$

二、模拟条件

为编程和计算方便，数据用简化单位制。简化单位制是取颗粒直径 d、颗粒质量 m、重力加速度 g 为单位值，其他物理量的数值依据这些关系计算。例如，对于颗粒直径为 10mm 的球，当取数值模拟下料管的直径为 20(简化单位制）时，其实际尺寸为颗粒直径的 20 倍，下料管的实际直径尺寸为 200mm。实际时间（SI 制）= 简化单位制的时间 × $\sqrt{\frac{L_{\mathrm{ref}}}{\mathrm{g}}}$。若简化单位制的时间步长为 0.001，则实际时间步长为 3.2×10^{-5}秒（SI 制）。表 2 给出程序中所涉及的物理量的单位［简化单位制（RI）］及简化单位制与国际单位制之间的转换因子 factor。数值模拟的基本初始数据见表 3。

表 2 简化单位制与国际单位制之间的转换关系

Table 2 Relationship between the international unil system and the reduced unit system

物理量	国际单位（SI）	简化单位（RI）	转换系数（factor）
长度	M	RL	I/L_{ref}
质量	kg	RM	$\frac{6}{(\pi L_{\text{ref}}^3 p_{\text{ref}})}$
时间	S	RT	$\sqrt{\frac{g}{L_{\text{ref}}}}$
密度	kg/m^3	$\frac{RM}{RL^3}$	$\frac{6}{(\pi p_{\text{ref}})}$
力	N	$\frac{(RM\ RL)}{RT^2}$	$\frac{6}{(g\pi L_{\text{ref}}^3 p_{\text{ref}})}$
力矩	Nm	$\frac{(RM\ RL^2)}{(RT^2)}$	$\frac{6}{(g\pi L_{\text{ref}}^4 p_{\text{ref}})}$
速度	m/s	$\frac{RL}{RT}$	$\frac{1}{\sqrt{gL_{\text{ref}}}}$
加速度	m/s^2	$\frac{RL}{RT^2}$	$\frac{1}{g}$

*注：从简化单位制（RI）转换为国际单位制（SI）需除以转换系数 Factor。

表 3 主要模拟参数（简化单位制）

Table3 Principal simulation date(reduced units)

颗粒数目	颗粒形状	物料密度	弹性模量	泊松比	内摩擦系数	壁摩擦系数
10000	球形	100	40000	0.3	0.3	0.3
叶片数目	叶片直径	叶片厚度	叶片倾角	下料管直径	下料管高度	时间步长
4	4	1	45	20	100	0.001

三、结果与分析

当向底部封闭的容器中装填颗粒时，颗粒以一定的初速度从容器顶部向下运动，颗粒在下落的过程中，除相互碰撞外，还与器壁间发生碰撞，也与位于容器中部处于静止状态的叶轮叶片发生碰撞。后一种碰撞驱使叶轮转动。同时旋转的叶轮与下落的颗粒碰撞，阻碍叶轮的转动。随着加入物料量的增多，叶轮逐渐被物料所浸没，叶轮受到颗粒的阻尼作用不断增强，其转速不断下降，直至最终处于静止状态。为了控制颗粒排料流率，数值模拟采用的排料方式是通过在一定时间间隔内从容器底部抽取一定数量的颗粒。在抽取颗粒之前，容器内的物料都处于静止状态。这时位于叶片上方的颗粒对叶片上侧的接触作用力与处于叶片下面的颗粒对叶片下侧的接触作用力相平衡。当抽料开始时，叶片下方的颗粒向下运动，致使作用于叶轮的力失去平衡，这不平衡力产生正力矩使叶轮产生转动。同时叶轮在转动过程中会与叶片下侧的颗粒发生碰撞，碰撞力对叶轮产生负力矩，阻碍叶轮旋转。在叶轮刚开始旋转时，负力矩不足以抵消正力矩，叶轮不断加速旋转。随着叶轮转速的提高，由于底部的抽料速度保持恒定。颗粒的下落速度基本不变，因此颗粒与叶轮的相对速度增大，产生的负力矩也相应增大。当达到正、负力矩趋于相等时，转速趋向恒定。图 3 描述了作用于叶轮合力矩计算值随时间变化的情况。如图 3 所示，在底部刚开始抽取颗粒时，叶轮所受的合力矩大于零，叶轮呈加速转动趋势。经过一段时间后，合力矩发生脉动，平均值接近于零，叶轮进入稳定转动阶段。

叶轮转速随时间变化的计算结果如图 4 所示。在叶轮开始旋转后，转速随时间增加而增加。但经过一段时间后，转速围绕某一值波动，该值与物料的下料量有关，叶轮呈现出无规律性地加速或减速，但总体上保持稳定的转速。出现该现象的原因在于运动中的叶轮所受的合力矩围绕零值发生波动。当叶轮受到的合力矩大于零时，叶轮加速转动；当叶轮受到的合力矩小于零时，叶轮减速转动。图 5 显示叶轮转过的角度随时间的变化情况。结果表明，叶轮的整个工作过程可分为两个阶段，即加速段和恒速段。在加速段叶轮转过的角度增加比恒速段快；在恒速段，叶轮转过的角度随时间线性增长。

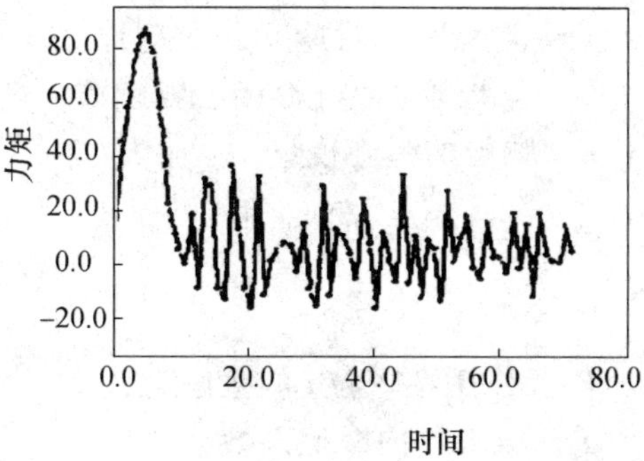

图 3　叶轮受到的总力矩随时间变化
Fig. 3　Variation of forque applied to the turbine with time

取叶轮在恒速段转速的平均值作为叶轮的转速。计算不同颗粒质量流量下的叶轮转速，可获得叶轮转速与颗粒质量流率的关系，图 5 为计算结果。叶轮转速随颗粒质量流率增加而增大，两者的关系基本呈线性关系。这与刘景源等试验观察到的现象相一致。因为颗粒质量流量增大，颗粒向下的动量通量也增大，在初始加速期内，对叶轮的作用力矩也大，致使叶轮在稳定段的转速较高。虽然数值模拟所用的颗粒物性与试验所用材料有所不同，但两者叶轮的工作机理相同，所模拟的过程与实际情况相近，因此数值模拟的结果认为是可靠的。

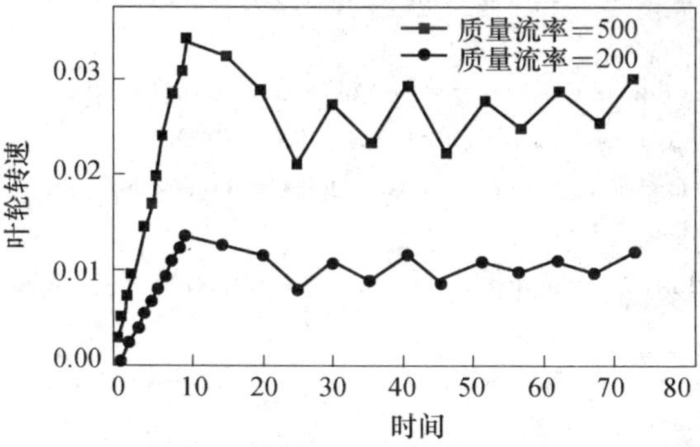

图 4　叶轮旋转速度随时间变化
Fig. 4　Variation of turbine rotation speed with the time

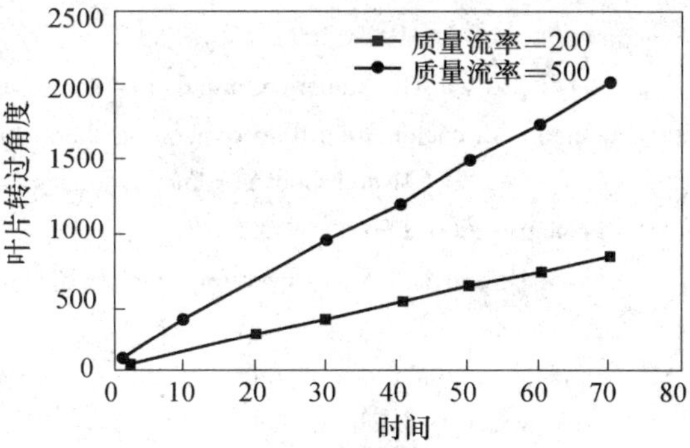

图 5　叶片旋转所转过的角度随时间变化
Fig. 5　Angle of blades rotated with the time

四、结论

使用 Hertzs 接触理论模型模拟颗粒间的接触力，牛顿运动方程用来计算颗粒的运动，用颗粒离散法数值模拟循环流化床的颗粒叶轮流量计的工作过程。数值模拟结果表明叶轮的工作过程分为加速旋转阶段和等速转动阶段，加速段的终了速度取决于流动颗粒的速度。在等速阶段，叶轮转速基本恒定。叶轮转速与颗粒质量流率之间关系基本呈线性关系，而且该关系与实验所观测到的现象相吻合。通过揭示颗粒流动推动叶轮的工作机理和颗粒流量与叶轮旋转速度之间的关系，为叶轮流动时内部规律的研究奠定理论基础，为叶轮式颗粒流量计的开发提供依据。

符号说明

$\vec{x}$　颗粒的位置；　　I_j　叶轮的转动惯量；

$\vec{V}_v$ 颗粒间相对速度；

k_1 与颗粒 i 或叶片接触颗粒数；

E 颗粒的弹性模量；

$\vec{\omega}$ 颗粒的转动角速度；

R 颗粒的半径；

$\vec{F}_{cj}$ 作用在颗粒 i 的接触力；

μ_s 颗粒的内摩擦系数；

$\vec{V}$ 颗粒的平动速度；

I_i 颗粒的转动惯量；

C_a、C_i 法向、切向黏性系数；

δ_1 颗粒接触切向位移量；

m 颗粒质量；

$\vec{F}_\tau$ 颗粒受到的接触合力；

$\vec{\omega}_1$ 叶轮的旋转角速度；

t 时间；

g 重力加速度；

υ 泊松比；

δ_a 颗粒接触法向位移量

References

[1] Liu Jingyuan and Boven Huan, et al. Turbine meter for the meas- urement of bulk solids Howrate. Powder Technology, 1995, 82: 145 -151.

[2] Cnnde l PA and Straek ODL. A discrete numerical model for granular assemblies. Geotechnique, 1979, 29: 47 -65.

[3] Wan8 YJ, el al. Discrete Element Method and itg Application Study in Rocky Mechanics. Shenyang: Northeast InstituTe of Technology. Press, 1991.

[4] Zhou YC, Wright BD and Yang RY, et al. Rolling frietion in the dynamics simulation of sandpile formation. Physica A, 1999. 269: 536 -553.

[5] Xu BH and Yu AB. Numerical simulation of the gas solid flow in a fluidi: red bed by combining discrete particle method with computation fluid dynamics. Chemical Engineering Science, 1997. 52: 2786 -2809.

[6] Chen XG, Xu CM and Guo YC. Establishment on the model of dynamics of particles. Computers and Applied Chemistry. 2000. 17 (6) : 505 -508.

[7] Chenot JL and Bay F. An overview of numerical modelling tech- niques. J Materials Process Technology. 1998, 80: 8 -15.

[8] Masson S and Maninez J. Effect of particle properties on silo flow and stres from distinct element simulations. Powder Technology. 2000, 109: 164 -178.

[9] CundaU PA. A computer model for simulating progressive, large scale movements in blocky rock systems. Proc lnt Syrup on Rock Fracture. Nancy. France. 1971.

[10] asson S and Maninez J. Multiscale simulations o | the mechanical behavior of an ensiled granular material. Mech Cohes Frict Mater, 2000, 5: 425 -442.

[11] lwashita K amd Ods M. Rolling resislance al contacts in simulationof shear band development by DEM. J Engrg Meeh ASCE, 1998, 124 (3): 286 -292.

[12] Oda M amt lwashita K. Study on couple stress and shear hand development in granular media based on numerical analyses. J Engrg Sci, 2000, 38: 713 -1740.

附中文参考文献

[3] 王泳嘉，等．离散单元法及其在岩土力学研究中的应［M］．沈阳：东北工学院出版杜．1991.

[6] 陈新国，徐春明．郭印诚．颗粒动力学模型的建立［J]，计算机与应用化学，2000，17（6)：505 -508.

第二部分

磷石膏联产水泥与硫酸生产技术

磷石膏分解炉的研究与开发进展

彭新战　胡道和

（南京化工学院）

一、引言

采用磷石膏为原料生产硫酸和水泥已近一个世纪，到目前为止，世界上若干国家拥有规模较大的工业化生产装置。就我国而言，从20世纪60年代开始便进行磷石膏制酸技术的应用研究工作。目前，国内已有云南磷肥厂和山东鲁北化工总厂两套成功的装置。1991年山东鲁北化工总厂国产化“三、四、六”装置通过国家验收，近几年内还将有若干套类似装置上马。

但是，目前磷石膏联产水泥和硫酸的生产技术水平较低，原料的分解及熟料烧成均在同一回转窑内进行，存在以下问题：

（1）窑气中 SO_2 浓度偏低，体积浓度一般仅在7%～8%。

（2）回转窑热利用率低，单位熟料热耗高达10600kJ/kg，且窑单位容积产量低。

（3）回转窑内热工制度难以稳定，因为分解带要求维持微还原气氛，而氧化带要求微氧化气氛，调节难度大，操作不易于掌握。

（4）联产水泥的强度等级低，质量不易保证。

将磷石膏的分解过程从回转窑内分离出来，使之在流化床内分解，分别得到回转窑废气和流化床富气（富含 SO_2）两列气体，组成磷石膏窑外分解系统，是近40年来国内外努力的方向。这一技术不仅可以大幅度提高产量，降低热耗，稳定操作，而且可相应提高 SO_2 气浓度达14%～16%，因而受到国内外的普遍重视。

本文主要针对磷石膏分解的技术核心——磷石膏分解炉，综述国内外研究的进展。

二、磷石膏分解炉的研究概况

早在20世纪50年代，美国T. D. Wheelock[1~4]等人便开始探讨磷石膏还原分解的途径。40年来，美国、前苏联、德国等许多国家的研究者在研究开发磷石膏流化床分解炉方面做了大量的工作。

1968年美国某大学和KEETFEEDS公司联合研究开发了磷石膏流化床分解的新工艺，提出的流化床分解炉结构如图1所示。

流化床分解炉分成上下两个床层，均以低速流态化操作，下层流化床进行燃烧及分解反应，上层流化床则用于预热物料。物料加入上层流化床，经层间物料溢流管流入下层流化床，分解之后物料经下层溢流管排出。以天然气为燃料，提供不足量的空气燃烧产生还原气氛。分解流化床温度控制在1200℃。采用该装置可将燃料供热过程及还原分解过程集中在同一流化床内进行，与之类似的装置有Martin等人采用的直径为254mm(10英寸）磷石膏分解炉和其他类似的装置。

在该类双层流化床装置中分解磷石膏，为防止生成过多CaS的副产物，必须严格限制还原气体浓度，同时应尽可能提高温度。从磷石膏分解动力学研究可知，还原气体浓度过低，反应速度相应降低，虽然升高温度能同时起到降低副产率和加速反应的作用，但其升高值又受到液相出现温度的限制。故此，该类流化床分解层操作的温度必须严格控制，物料在分解炉内停留 1 ~2h 后排出，分解气体中 SO_2 浓度可达 12. 6%。

1966 年美国磷产公司田纳西分部也着手开展了从石膏提取硫的技术研究工作，其使用的分解炉形式与上述类似（图 2）。

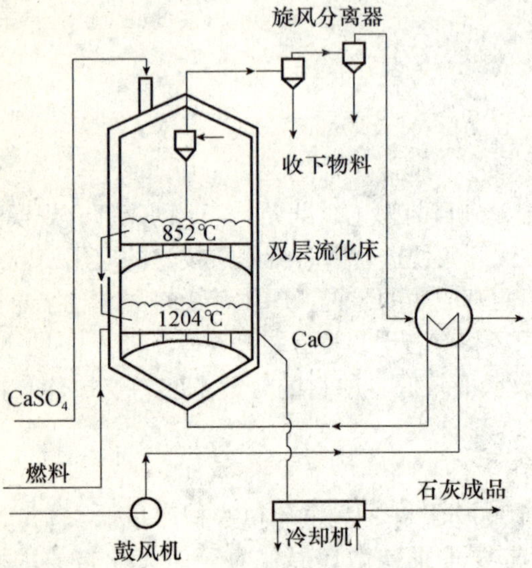

图 1　美国某大学双层分解炉

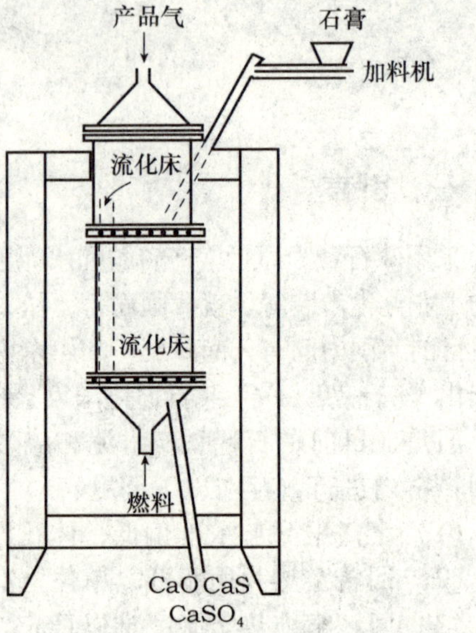

图 2　美国田纳西磷产公司石膏制硫装置

前苏联在研究磷石膏分解流化床方面进行了大量工作，有较多的研究思路都是在同一流化床内控制弱还原气氛以较高的温度分解。弱还原气氛是由燃料不完全燃烧提供，一般选取燃烧空气比例系数为 0. 75 ~0. 85，控制反应温度在 1100 ~1200℃，气体中 SO_2 体积含量 8%。

采用单气氛流化床分解炉时，要求严格控制温度和还原气体浓度，同时照顾 CaS 副产率和液相粘结这对矛盾，过程反应速度较低。针对单气氛反应机制存在的问题，T. D. Wheelock 等人提出在同一流化床内双气氛分解磷石膏的新思路。在双气氛分解炉内，一部分区域维持氧化气氛，而另一部分区域维持还原气氛，由于颗粒在流化床内循环，磷石膏在还原区部分分解成 CaO、SO_2，同时也副产 CaS。进入氧化区后，副产的 CaS 被氧化成 CaO 和 SO_2，或转变成 $CaSO_4$，然后回到还原区再次分解。经多次还原及氧化分解后，将达到高于 97% 的分解率。其过程反应机制如图 3 所示。

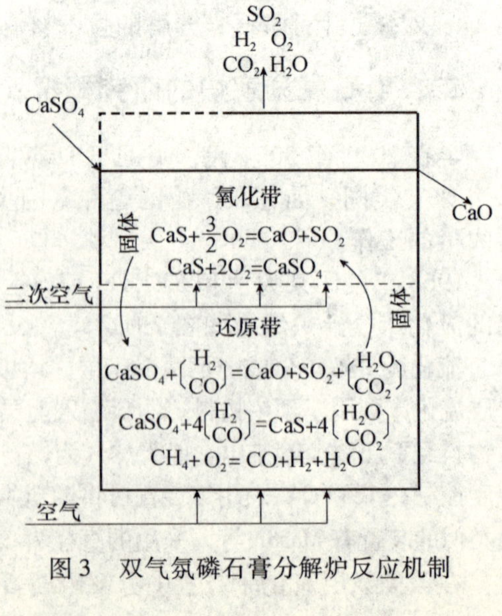

图 3　双气氛磷石膏分解炉反应机制

从双气氛分解反应机制可知，因氧化区可将副产 CaS 转化成 $CaSO_4$ 再次进入还原区分解，或者将其直接转化为成品，所以，还原区可不必过多考虑 CaS 的副产量。基于这一前提，可以采用较高的还原气体浓度以加速反应，从而可以避免因温度过高引起的颗粒粘结。双气氛分解炉克服了单气氛反应的局限性和技术难度，操作控制易于进行。

图 4 是 T. D. Wheelock 等人研制的双气氛磷石膏分解炉结构。从 1975 年开始一直在进行中试研究。试图将装置应用于生产，但由于经济和原料放射性的原因未能实现，分解炉所用燃料可以是天然气或煤，助燃空气分两部分从流化床底部和中部加入，使炉内形成底部还原及上部氧化气氛。炉内温度维持在 1100～1200℃，产生的 SO_2 气体浓度在 8%～16% 之间。系统有余热回收利用时 SO_2 气体浓度可达 16%，当无余热回收利用时，其气体浓度偏低，一般仅在 8% 左右。

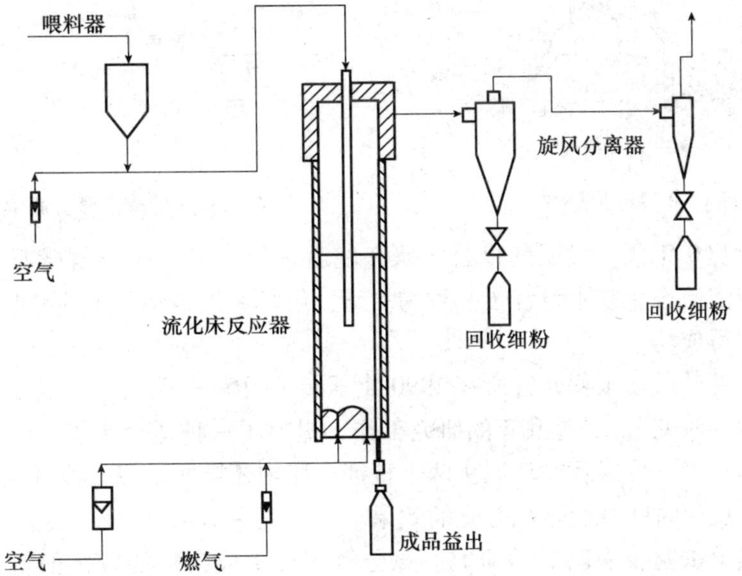

图 4　某大学双气氛磷石膏分解炉

该双气氛分解炉操作为低速流态化，氧化区和还原区均处在浓相床内，经多次还原氧化分解后由氧化区溢流管排出。

双气氛分解炉克服了单气氛炉的缺陷，因而受到普遍重视。前苏联也在 20 世纪 80 年代初期研制了类似操作的分解炉，分解炉操作温度均在 1100～1200℃。

T. D. Wheelock 等人提出的双气氛思想以及大量的试验研究工作确证了磷石膏流化床分解技术的可行性。但是，随着流态化技术的发展，快速流化床技术成为发展的方向，在众多行业得到较广泛应用，显示了工程应用的优越性。所以，以快速流态化技术为基础，提出适宜的磷石膏分解护是近几年国内外努力的方向。

1985 年德国公司推出一种循环流化床（CFB）磷石膏分解炉并完成了日处理 10t 磷石膏的中间试验，分解炉及中试流程如图 5、图 6 所示。

CFB 石膏分解炉仍采用双气氛反应机制，物料除炉内循环反复经过还原及氧化区外，还依靠炉外循环，由分料器完成部分循环入炉反复分解过程。以煤粉为燃料，并以不完全燃烧方式提供还原气氛。氧化气氛则依靠外加二次空气实现，成品由分料器排出。在热模装置上分解炉的操作温度为 1000℃，磷石膏分解率达 99%，SO_2 气浓度为 15%。

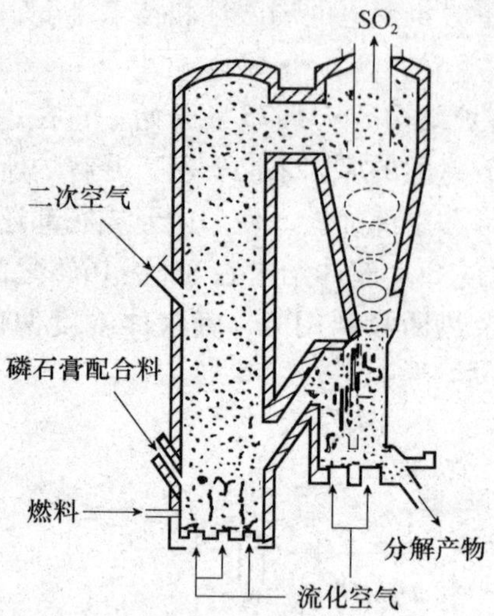

图 5　Lurgi 的 CFB 磷石膏分解炉

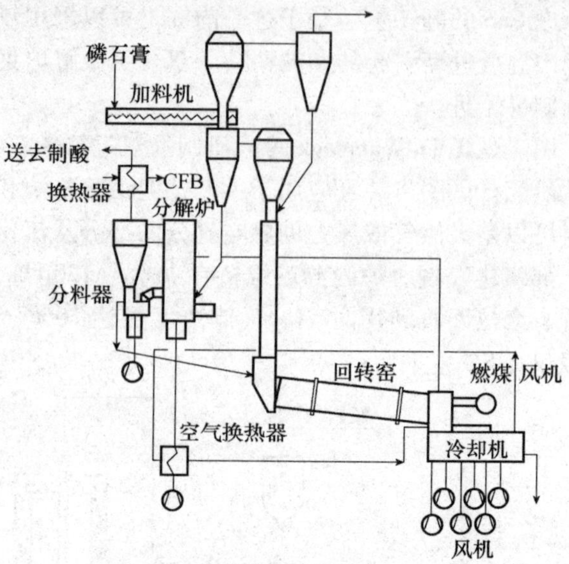

图 6　Lurgi 的磷石膏分解中试流程

早在 20 世纪 60 年代，我国南化公司研究院就进行过流化床分解磷石膏的试验研究工作。他们采用鼓泡流态化技术设计了一种磷石膏分解炉，但因磷石膏的高温结渣、粘结现象严重，试验未取得成功。

南京化工学院硅酸盐工程研究所在 1990 年承接了国家“八五”重点攻关项目——“磷石膏分解新技术的研究”。经过几年的研究工作，提出了一种适合于磷石膏分解的新型流化床。该流化床具备气氛分区及循环流化两个特征。床内还原区采用分段进风及锥体结构相结合，以达到延长反应时间及稳定流态化的效果。目前正在山东鲁北化工总厂进行该种新型磷石膏分解沪的热模试验及中间试验研究。该分解炉可望成为性能较优的新一代磷石膏分解炉型。

三、磷石膏分解技术研究的最新动向

随着工业的飞速发展，国内外对磷石膏综合利用的要求更加迫切。据报道，1985 年美国 FCS 能源公司和佛罗里达矿石粉碎公司的董事长 F. Browne Gregg 向国会提交了一份关于在该州建立磷石膏循环利用大型工厂的报告，拟采用的技术方案仍为回转窑分解，仅物料的升温预热采用流化床技术，物料进预热流化床前需进行作成球处理。系统产生的高温废气用于产生蒸汽作为联合发电的热源。

1986 年美国佛罗里达州的 Davy Mckee 公司和磷酸盐研究所（FIPR）联合开发了一种环形炉箅烧结法，分解磷石膏制取建筑骨料和硫酸，并计划建设 2500t/d 骨料的工业化装置。

美国矿产公司和佛罗里达州磷酸盐研究所一直在进行流化床分解磷石膏的中试研究。

1990 年美国联合矿物公司宣布投资 10 亿美元建设当今世界最大的磷石膏制硫酸和水泥装置，并计划 1992 年破土动工，其生产规模为 2500kt/d。磷石膏的分解在燃煤流化床中进行，其操作温度为 1040℃，分解后的固相产物入窑烧制水泥。

Bromwell&Carrier 公司也在佛罗里达州建设磷石膏循环分解，联产水泥、硫酸，并集余热发电为一体的生产装置。

四、结束语

现存的中空窑分解磷石膏制硫酸和水泥装置自出现至今已有近百年的历史，而流化床分解石膏技术也已研究了四十多年，虽然流化床分解磷石膏技术本身在不断地发展和完善，但是一直未能实现工业化应用，这也在一定程度上反映了该技术本身的难度。

回顾磷石膏制酸技术的研究和发展，认为实现磷石膏窑外分解技术的工业化应用指日可待。在前人研究开发的基础上，深入研究新一代分解炉，使之成功地应用于工业化生产，将是该技术的发展方向。

参考文献

[1] Wheelock, T D. Industrial and Engineering Chemistry, 1960, 52(3) .

[2] Wheelock, T D. Chemical Engineering Progres, Vol. 64, No. 11. 1968.

[3] Wheelock, T D. Boylan D R. US Patent 3037750, 1963 -4 -30.

[4] Wheelock, T D. Boylan D R. US Patent 3260030, 1966 -7 -12.

[5] Martin D A et al. U. S. Bur. Mines Pept. Invest No. 6236, 1963: 15.

[6] Kite R P et al. Chem. Eng. Sci. , 1947; (18): 112.

[7] Evans P et al. J. Appl. Chem. (Suppl. lssuel), 1952, s33.

[8] Herod B C. Pit and Queery, 1936; 18(11): 122.

[9] Shafer Maurics. Speech at AIChE. Buffalo, 1963.

[10] Lister R. U. S. Phosphoric Product' s Project Report, 1968 -12 -27.

[11] Epifanov V. S. Khim. Prom- st. (Russ), 1986, (10) .

[12] Kuusik R. Kompleksn Ispul' z Miner Syr' ya, 1985; (3) .

[13] Khin. Prom- st(Moscow), 1982; (9): 641 -642.

[14] Willium M. Switt el at. Ind. Eng. Chem. Process Des. Dev. , 1975: 114 (3) .

[15] Wheelock T D et al. US Patent 4102989.

[16] Wheelock, T D et al. Presented at 2nd International Symp. on Phosphogypsum Maimi, 1986.

[17] Morris C E. AIChE Symposium Series, 83 (255) .

[18] U. S. S. R Patent 990646, 1983 -1 -23.

[19] U. S. S. R Patent 941232, 1982 -1 -07.

[20] DE Patent 3622688, 1988 -1 -14.

[21] Kuehle K H et al. Pressented at the 2nd International Symp. on Phosphogypsum, Miami, 1986.

[22] Robort McGinty, Chemical Week, 1985, (10) 9.

[23] 顾志强译. 环形炉篦法磷石膏制硫酸工艺介绍 [J], 硫酸工业, 1986 (1) .

[24] Wheelock T D. Desulfurization of Phosphogypsum, Pressented at the 1st symposium on phosphogypsum, Florida, 1980.

[25] 周玉昆. 磷石膏综合利用技术进展 [J] . 现代化工, 1991 (1) .

[26] Phosphorus Potassium, 1991; (4 -5); 28 -32.

磷石膏分解新技术进展

彭新战 周松林 胡道和

（南京化工学院）

【摘 要】 本文综述了国内外利用磷石膏生产硫酸和水泥的工业技术进展。通过对磷石膏分解反应机理和影响磷石膏分解反应动力学的各种影响因素的分析，提出采用循环复合流化反应器分解磷石膏的新思想，旨在与国内外同行们交流与共同探讨。

【关键词】 磷石膏，分解，循环复合流化床

Exploration the New Technology of Phosphogypsum

Decomposition in Fluidized-Bed

Peng xinzhan Zhou Songling Hu Daohe

【Abstract】 The industrial advance was reviewed on the tcechnology of Decompositing phosphogypsum for the oroduction of sulfur aeid and cement all Reound the world。On the basis of analysis of reaction mechanism of phosphogypsum Decomposition and the factors which offect on the decomposition process of phos-Phogypsum a new idea has been proposed for the phophogypsu decomposition with Cireulationg compound fluidized-bed(CFG) .

一、引言

众所周知，磷石膏是湿法磷酸生产过程中排放的工业废渣，其主要化学分为 $CaSO_4 \cdot 2H_2O$，还有高达20% ~30%的物理水和少量的 SiO_2、Al_2O_3、Fe_2O_3、P_2O_5 以及氟化物等杂质。据统计，每1t磷酸需要消耗约2t硫酸，同时产生约5t磷石膏，由此可见，化工工业中排放的磷石膏数量很大。随着磷肥工业的发展，磷酸的消耗量迅速增加，必然带来磷石膏废渣处理和硫酸需求量剧增两大问题。目前，国内外被人们利用的磷石膏数量极少，一方面绝大部分的磷石膏堆放着或排放入海，造成了严重的环境污染和土地浪费。另一方面世界上许多国家特别是我国已探明的硫铁矿品位低，储量分散，这势必限制了硫酸和磷肥工业的发展。因此开发综合利用磷石膏的新途径显得十分迫切。

追溯历史，早在20世纪初人们就想到将磷石膏加热分解后的气态产物 SO_2 和固态产物 CaO 分别用来生产硫酸和水泥，既解决了磷石膏废渣的处理问题，又为硫酸工业开拓了新的硫资源，同时生产出水泥，渴望形成磷肥生产中无废渣排放的良性循环。然而将近一个世纪以来，由于传统生产技术上的问题，至今未能实现大规模的工业化生产。这是由于传统工艺（无论是中空式还是带立筒预热器的回转窑）存在气固换热效率低、传递速率慢现状，故存

在热耗高（高达10450kJ/kg熟料），水泥质量差，产量低以及制酸气体中浓度低等弊端，因此这种传统生产工艺的技术经济指标无法满足工业化生产的需要，难以大规模推广应用。为此，国内外相继提出采用流化床反应器分解磷石膏联产硫酸和水泥的新技术方案，即把磷石膏的分解和水泥熟料的煅烧过程分别在流化床和回转窑内完成，使富含 SO_2 的炉气和回转窑排放的窑气分开，既强化了吸热量最大的分解过程的传热和传质，又提高了制酸气体中的 SO_2 浓度（可达14%～16%）。此外，还有利于生产过程的操作与控制。开发这种新技术不失为改进传统生产工艺的有效途径。

20世纪60年代末，美国IOWA州立大学T. D. Wheelock等提出在两层流化床内以还原气氛预热和分解磷石膏的技术方案[4]，可谓磷石膏分解新技术研究的萌芽。20世纪70年代中期，国外一些学者根据磷石膏分解反应机理的研究成果，又将两层流化床改进成为单层双气氛区流化床，即在床层中划分成还原区和氧化区[5~7]，开展了大量的试验工作。1985年，德国Lurgi公司[8,9]首次将循环流化床技术引入磷石膏分解工艺过程中，使这项新技术的开发研究取得重大进展。然而目前国内外这项新技术的开发尚未能实现工业化生产的目标，还有许多技术难题有待深入研究试验，鉴于此，本文在综述国内外关于磷石膏分解反应动力学研究成果的基础上，提出采用循环复合流化床分解磷石膏的新思路，旨在与国内外同行们交流与共同探讨。

二、磷石膏分解反应机理与动力学影响因素分析

磷石膏的主要成分是 $CaSO_4$，据文献[10,11]介绍，纯 $CaSO_4$ 在高达1410℃才缓慢分解。但是磷石膏内含有的 SiO_2、Fe_2O_3 等其他成分可以促进分解过程，尤其是还原性介质（如焦碳、CO、H_2 等）的存在可使分解反应温度降低（可降至1100℃以下），并且显著提高分解反应速速率，从而使磷石膏分解过程具有工业应用价值。大量的反应动力学试验研究结果表明，磷石膏分解过程包括主反应和副反应，在不同的还原性介质中，磷石膏按如下方程式进行分解：

（1）焦炭与 $CaSO_4$ 的固-固反应[11~14]

主反应：$CaSO_4 + 2C \xrightarrow{1000℃} CaS + 2CO_2$

$3CaSO_4 + CaS \xrightarrow{1200℃} 4CaO + 4SO_2$

副反应：$3CaS + CaSO_4 \longrightarrow 4CaO + 4S$

$CaS + 2SO_2 \longrightarrow CaSO_4 + 2S$

（2）CO与 $CaSO_4$ 的气—固反应[4~7][15]

主反应：$CaSO_4 + CO \longrightarrow CaO + CO_2 + SO_2$

副反应：$CaSO_4 + 4CO \longrightarrow CaS + 4CO_2$

分解过程的副产物CaS在高温弱氧化气氛下可以氧化成CaO、SO_2 或 $CaSO_4$[5~7]

$$CaS + \frac{3}{2}O_2 \longrightarrow CaO + SO_2$$

$$CaS + 2O_2 \longrightarrow CaSO_4$$

综上可见，磷石膏分解反应很复杂，影响分解反应动力学的因素很多，诸如物料性质、化学组成、颗粒大小、加热温度和还原性气体组成及其浓度都会影响分解反应速率和分解产

物的组成。国内外大量的研究工作表明，在诸多影响因素中，温度和还原性气氛的影响作用最显著，以下就这两个主要影响因素作简要的分析。

（一）加热温度对磷石膏分解的影响

热力学研究表明，除了生成CaS的副反应外，磷石膏的分解是强吸热反应过程，故提高加热温度可使分解反应加速进行。I Gruncharov[4]采用热重分析法研究了不同温度下磷石膏的分解反应动力学规律，结果表明在950～1100℃范围内，温度愈高，失重速率愈快，即磷石膏的分解愈迅速。T. D. Wheelock[5]在流化床反应器中研究了磷石膏在悬浮态下进行分解反应时的脱硫速率与温度的关系，结果如图1所示。由图1可见，随加热温度升高，脱硫速率近似地呈线性加快，但是当温度超过1220℃时，由于出现液相使脱硫速率大幅度地下降。

加热温度不仅影响分解反应速率，而且影响分解产物的组成。I Gruncharov[7]认为在较低温度（≤950℃）下分解磷石膏时会生成较多的CaS_2，而在较高温度（≥950℃）下则生成CaS的数量较少，相应地脱硫率较高。T. D. Wheelock[15]研究副产物CaS的生成量与加热温度的关系，结果如图2所示。由图2可见，随着加热温度升高，产物中CaS含量百分率急剧下降，当温度达到1200℃时，产物中只含不足2%的CaS。

综上所述，为加快磷石膏分解过程和尽可能提高脱硫率，必须选择适宜的加热温度。

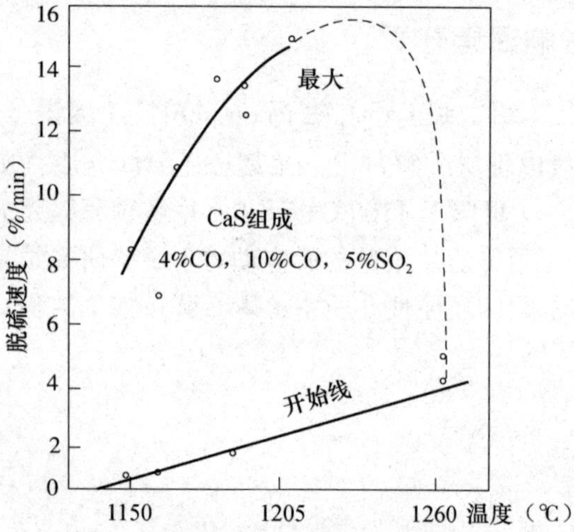

图1　磷石膏的脱硫速率与加热温度的关系

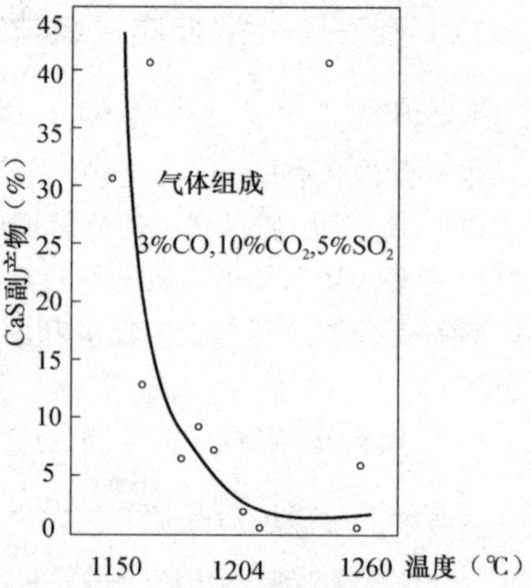

图2　CaS副产物与加热温度的关系

（二）还原性气氛对磷石膏分解的影响

T. D. Wheelock[15]研究了CO气体浓度对磷石膏分解速率的影响，结果如图3所示。当CO浓度为5%时，分解速率随CO浓度加大而呈现线性地加快，但是当CO浓度大于5%时，分解速率的加快逐渐趋向平缓。

同时应当指出，CO浓度提高又会使CaS副产物的生成量增加。进一步研究发现CaS副产物的生成量还受到CO与CO_2气体的比例即所谓还原势的影响[15、17]，CO_2气体具有抑制CaS生成的作用，提高CO_2的浓度使CaS生成量减少，如图4所示。最新研究结果表明[18]，在1150℃，当$\frac{P_{CO}}{P_{CO_2}} \leqslant 0.10$时，经足够长的停留时间，流化床反应器内的$CaSO_4$将全部转化成 CaO，而当$\frac{P_{CO}}{P_{CO_2}}=0.35$时，分解产物中将出现大量的 CaS。因此控制反应器内气体介质的 CO、CO_2 浓度，使还原势处于较适宜范围，对磷石膏分解过程的速率和分解产物的组成具有重要意义。

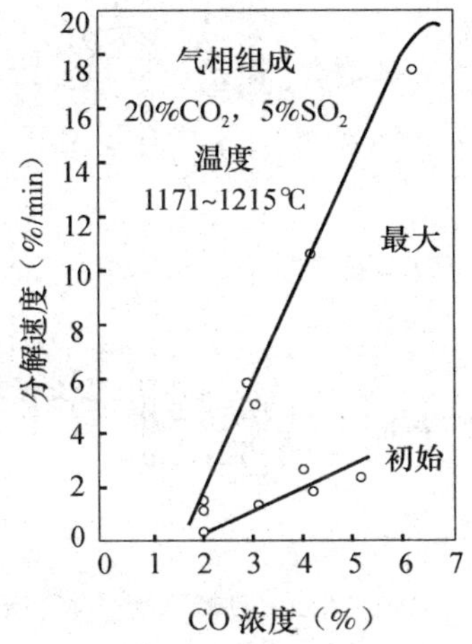

图 3　CO 浓度对分解速率的影响

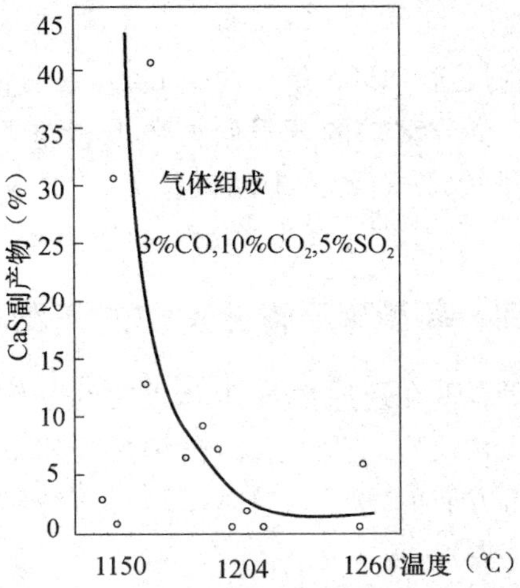

图 4　CO、CO_2 浓度对 CaS 副产品率的影响

三、磷石膏分解炉研究进展

加热温度和还原势都显著地影响着磷石膏分解反应动力学和产物的组成。一般说来，为保证足够快的分解反应速率和尽可能脱除磷石膏中的全部硫，必须选择较高的加热温度和适宜的还原势，但是还要兼顾到分解过程中不能出现液相和维持正常工业生产的可能性。因此，有必要通过分解反应动力学研究找出最佳的磷石膏分解反应条件，为磷石膏分解炉的开发研究提供理论依据。

T. D. Wheelock[5,6] 等在 1975 年设计了一处双气氛区流化床反应器，即床层的下半部形成还原性气氛，以利加速磷石膏的还原性分解过程。通过补充二次空气使床层的上半部转变成氧化气氛，以便副产物 CaS 氧化成 CaO，在该区域新生成的部分 $CaSO_4$ 与原先尚未分解的 $CaSO_4$ 通过物料循环重新进入还原区继续分解。中间试验用的流程如图 5 所示。

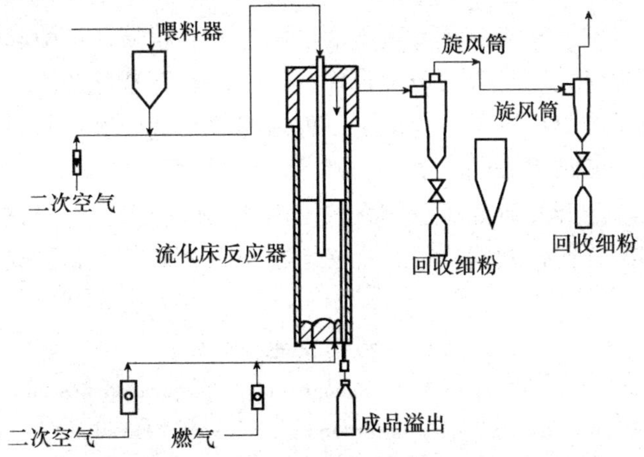

图 5　磷石膏分解炉中间试验流程示意图

双气氛区流化床反应器采用了传统的鼓泡床结构，气固传递过程速率较低，而且稳定操作的难度较大。通过提高气速和采用物料循环措施可以强化气固传热与传质过程，延长物料停留时间，使这种流化床反应器作为磷石膏分解炉应用具有工业生产意义。

据报道，1985 年在德国 Lurgi 公司将循环流化床用作磷石膏分解炉的开发研究已取得重要进展，建成了日处理 10t 磷石膏的中间试验流程[8,9]。其分解炉如图 6 所示。但是迄今尚未见到工业规模装置投产的报道。

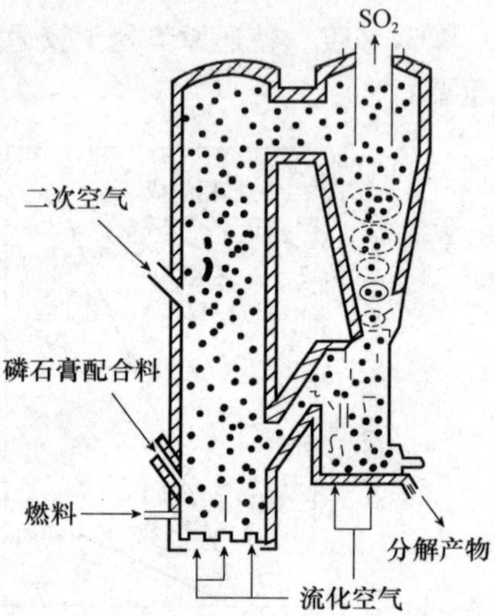

图 6　Lurgi 型磷石膏分解炉示意图

四、新型磷石膏分解炉的开发思路

磷石膏在还原性气体介质中的分解反应是很复杂的气固相反应。为了适应分解反应机制、热工和生产工艺等方面的需要，对新型磷石膏分解炉的开发应考虑下述要点：

1. 分解炉的的基本形式为快速流化床；
2. 分解炉内划分成燃烧区、还原区和氧化区三部分；
3. 物料在反应区内应具有足够长的停留时间，开发出独具特色的复合流化床，使之形成不同气固流动形式的组合；
4. 操作参数的选取能保证磷石膏配合料良好的流化和操作稳定。

基于上述要点，提出一种新型磷石膏分解炉——循环复合流化床反应器，命名为 CFG 分解，该分解炉的特点可归纳为：

1. 还原气氛与氧化气氛组合；
2. 湍动流态化与稀相输送组合；
3. 低负荷率下仍然满足提高物料浓度的要求；
4. 低速区具有较高的气固传递动力，并且稳定操作。

五、结束语

磷石膏分解新技术的开发研究具有重要的经济与社会意义，已引起国内外普遍重视。南京化工学院硅酸盐工程研究所与有关单位合作，从探讨磷石膏分解反应动力学规律入手，借鉴水泥窑外分解新技术的研究成果，提出了一种新型磷石膏分解炉的设计思路，并且开展了冷态模型试验。开发研究结果表明，这种 CFG 型分解炉可望成为独具特色的新型磷石膏分解炉。鉴于该项新技术的开发研究难度较大，国内外大体同步开展研究，尚无成功经验可资借鉴，需要各方密切配合协作共同攻关。本文旨在与有关专家一起交流与探讨。

参考文献

[1] The British Sulphor Co，ltd，Getting rid of Phosphogypsum，Phosphors&Poiessium，1977；(89) 5/6.
[2] R. S. Gallagher&E. Charlton，Sulfurio Acid and Prtland Cement from Anhydrite，Pit and Quarry，April，1969.
[3] Bhattbcharya，Produotion of Sulphruric acid and Cement from Phosphogypsum Using the OSW-Process，Chemi-

cal Age of india 1976，27（12），12.

[4] T. O. Whecioek，Switt acid From caleium sulfate，Chemical Engineering Progress，1968；64（11）.

[5] Whuium M Switt，Decomposition of calcium sulfate in a two-zone reactor，Ind. Eng chem Process Des，Dev，1975，14（3）.

[6] US Patent 4，102，989，Simaltaneous in a two-zone fluidized bcd reactor of calcium sulfate in the same fluidized bed.

[7] C. E. Morris，Processing waste gypsum in a tuo-zone fluidized bed reactor，AlchE sym ser. No. 255. 83.

[8] K. R. 克诺赛尔．磷石膏加工成硫酸和水泥熟料的新技术．中国硫酸学会．

[9] DE Patent 3，622，688，Verfahren Zur Herstellung Von Zement Klinker and so2-halting Abgasem.

[10] 戴长文．硫酸盐热分解温度的原子势标度［J］．化学通报，1986（11）.

[11] Iv. Gruncharov，Effect，of some additive on the thermochemical decomposition of phosphogypsum，Gypsum &Lime，1986，No. 205.

[12] William Q. Hull，Sulfuric acid from andydrite，indusrial And Engineering Chemistry，1957，49（8）.

[13] Raw I Remires，Gypsum finds ncw rolw role in easing sulfur shortage，Chemical Engineering，1968，11.

[14] B. G. Mandelik，New source for sulfur，Chemical Engineering Process，1968，64（11）.

[15] T. D. Wheelock，Reductive Decomposition of Gypsum by Carbon Monoxide，Industrial and Engincering Chemistry，1960，52（3）.

[16] I. Gruncharov，Thermochemical decomposition of Phosphogypsum under H_2-CO_2 – H_2O-Ar atmosphere，Thermochimica Acta，1985（93）.

[17] I，Gruncharov，Isothermal gravimetrical Kinetic study of the decomposition of phosphogypsumunder $CO - CO_2$ – Ar atmophere，Thermochimica Acta，1985（92）.

[18] Jae seung oh and T，D. Wheelock，Reductine Decomposition of calcium sulfate with Carbon Monoxide，Reacting Mechanism Ind Eng Chem，res，1990（29），540 – 550.

磷石膏分解反应机理及影响因素浅析

周松林　胡道和　肖国先

（南京化工大学，21009；西安建筑科技大学，710055）

【摘　要】 综合分析了磷石膏分解反应机理和影响分解过程主要因素的作用规律，对磷石膏炉的开发设计和生产操作具有理论指导意义。

一、引言

磷石膏是湿法磷酸生产中排放的废渣，国内外至今尚未合理解决它的综合利用问题，大量的磷石膏均采用陆地堆放或直接排放入海的方式处理，造成浪费土地和污染环境的严重后果。

磷石膏的主要化学成分是 $CaSO_4 \cdot 2H_2O$，若将硫酸钙热分解产物 SO_2 和 CaO 分别用作制造硫酸和水泥，则不仅可以回收利用资源，还可防止非生产性的占用耕地，减少环境污染。因此，人们早在 20 世纪初就开展了利用磷石膏制硫酸联产水泥的试验研究。1915 年 Muller 最先提出了以碳为还原剂，掺 Al_2O_3、SiO_2 和 Fe_2O_3，在高温下分解石膏的方法，后来 Kuhnc 进一步研究并应用于试验工厂。此后英国、法国、奥地利、波兰国、印度和巴基斯坦等国也相继建厂，除用天然石膏或无水石膏外，前苏联等国还研究用磷石膏生产硫酸和水泥。早先出现的 Muller-Kuhne 流程是在中空式回转窑内完成硫酸钙分解和水泥熟料煅炼过程的，后来在最早应用磷石膏为原料的伦兹化学公司（Chemie Ling AG）和克虏勃（Krupp）的合作下，于 1966 年提出 O. S. W-Krupp 流程，则改进成带立筒预热器的回转窑生产工艺，两种流程至今仍被少量采用，但是存在气固换热效率低、热耗高、产量低、水泥质量差和制酸气体中 SO_2 浓度低等问题，故其技术经济指标不能满足工业化生产的要求，难以大规模推广应用。因此，国内外相继提出采用流态化技术分解磷石膏制硫酸联产水泥的新思路，近年来，这项磷石膏分解新技术的研究已经日益受到重视。毫无疑问，任何一门新技术的诞生都离不开基础理论研究的成果，磷石膏分解新技术研究就是在磷石膏分解反应动力学研究、流态化技术以及水泥窑外分解技术的基础上提出来的，本文仅就磷石膏分解反应动力学研究的最新进展作综合介绍，重点论述分解反应机理和影响磷石膏分解过程主要因素的作用规律，它是新型磷石膏分解炉的开发设计和生产操作控制的理论依据，具有现实指导意义。

二、磷石膏分解反应机理

（一）固-固反应机理

20 世纪初 Muller 以碳为还原介质研究了石膏在高温下的分解反应，发现固体还原介质（焦炭）的存在可以大幅度地降低分解温度并提高分解反应速率，认为 $CaSO_4$ 与焦炭通过固一固反应生成 CaS，多余的 $CaSO_4$ 再与中间产物 CaS 继续反应生成 CaO 和 SO_2，与此同时还存在生成 S 和 $CaCO_4$ 的副反应。

主反应：$CaSO_4 + 2C \xlongequal{900\sim1100℃} CaS + 2CO_2$　　(1)

$3CaSO_4 + CaS \xlongequal{1150\sim1200℃} 4CaO + 4SO_2$　　(2)

副反应：$3CaS + CaSO_4 = 4CaO + 4S$　　(3)

$CaS + 2SO_2 = CaSO_4 + 2S$　　(4)

在反应（2）和反应（3）中生成的 CaO 随后在接近 1400℃ 的高温下再与 SiO_2 和 Al_2O_3 等反应生成水泥熟料。反应（2）吸热量很大，高达 928kJ/mol，在平衡条件下，其反应速率很慢，因此它成为整个反应的控制步骤。

基于这一理论，用中空式回转窑和带立筒预热器窑分解磷石膏的生产工艺存在许多局限。首先，流程较复杂；其次，以固相接触的反应物料呈堆积态，不利于传热、传质过程的进行，影响分解反应的速率和窑的产量，废热不能被充分利用，热耗也较高。在寻求新的生产工艺时必然要求反应动力学研究提供理论依据，这就推动了反应机理研究向前发展。

（二）气-固反应机理

人们在分析 C 与 $CaSO_4$ 反应的机制后，认为并非焦炭直接与 $CaSO_4$ 反应，而是首先将 C 气化成 CO，然后再与 $CaSO_4$ 反应，即反应（1）是通过中间产物 CO_2 与 CO 完成的。

$$C + CO_2 \longrightarrow 2CO \quad (5)$$

$$CaSO_4 + 4CO = CaS + 4CO_2 \quad (6)$$

因为反应（1）受碳介质活性的影响，所以反应（5）是反应速率的控制步骤，同时提出了反应（2）是借助于 CaS 与 $CaSO_4$ 分解的中间产物——气态的 SO_3 的反应完成的。在随后的研究工作中提供了进一步的试验证据，表明反应（2）包含着下述步骤：

$$CaSO_4 = CaO + SO_3 \quad 7)$$

$$CaS + 3SO_3 = CaO + 4SO_2 \quad (8)$$

按气-固反应机理，在流化床反应器内还原同时进行分解反应，反应方程如下：

主反应：$CaSO_4 + CO \xlongequal{1100℃} CaO + CO_2 + SO_2$　　(9)

副反应：$CaSO_4 + 4CO = CaS + 4CO_2$　　(10)

反应（9）是吸热反应，故高温和弱还原气氛有利于主反应的发生；反应（10）是放热反应，故低温和强还原气氛有利于副反应的发生。通过控制流化床反应器内气体介质的还原势（以分压$\frac{P\,CO}{P\,CO_2}$表示）和反应温度，从热力学和动力学角度来分析是可以保证主反应的进行，同时可抑制副反应。20 世纪 60 年代初，美国 Lowa 州立大学的 Wheelock 等在实验室小型反应器中研究了反应（9）的动力学特点，探讨了各种因素对磷石膏分解的影响规律。其后 Robbins 在他的博士论文中提出关于 $CaSO_4$ 分解的反应机理，认为 CO 与 $CaSO_4$ 反应生成一种不稳定的中间产物，随后气体脱附产生 CO_2 和 SO_2。

$$CaSO_4 + CO = CaO \cdot SO_2 \cdot CO_2 \quad (11)$$

$$CaO \cdot SO_2 \cdot CO_2 = CaO \cdot SO_3 + CO_2 \quad (12)$$

$$CaO \cdot SO_2 = CaO + SO_2 \quad (13)$$

反应（13）中 SO_2 的脱附和 CaO 的成核速率控制了诱导期的初始反应速率。同时它也对 CaS 的形成机理作出了解释，即在反应（11）和反应（12）之后，紧跟着发生了反应（14）和反应（15）。

$$CaO \cdot SO_2 + 2CO \longrightarrow CaO \cdot S + 2CO_2 \quad (14)$$

$$CaO \cdot S + CO \longrightarrow CaS + CO_2 \quad (15)$$

20世纪60年代初，Pechkovskii 和 Ketow 提出反应的中间产物是亚硫酸钙 $CaSO_3$，并且对生成 CaS 的机理作出解释如下：

$$CaSO_4 + CO \longrightarrow CaSO_3 + CO_2 \quad (16)$$

$$CaSO_3 \longrightarrow CaO + SO_2 \quad (17)$$

$$SO_2 + 2CO \longrightarrow 0.5S_2 + 2CO_2 \quad (18)$$

$$CaO + 0.75S_2 \longrightarrow CaS + 0.5SO_2 \quad (19)$$

20世纪80年代末，Jac Senug Oh 和 Wheelock 的研究结果表明上述两种反应机理可以用来说明 $CaSO_4$ 与 CO 的气固分解反应过程。并已证明 $CaSO_4$ 分解的中间产物是 CaO，而不是 CaS，并且证明 $CaSO_4$ 转化成 CaO 的反应在初始段是在整个反应试中同时发生的，因此试样的内部扩散不是整个反应的速率控制步骤。但是当反应进入最后阶段，CaO 转变成 CaS 的反应在试样表面开始，逐渐地向内部推进，通过产物层的内部扩散成为后期的反应速率控制步骤。这说明 $CaSO_4$ 与 CO 的分解反应的初始阶段与最后阶段的控制步骤不同。

三、磷石膏分解反应影响因素分析

由上述研究可见，在还原性气体介质中磷石膏分解是十分复杂的物理化学过程，影响因素很多，除物料种类和化学组成外，温度、气氛和粒径等都直接影响到磷石膏分解速率和产物组成，以下仅就最重要的温度和气氛两个影响因素作一些分析。

（一）温度对磷石膏分解反应的影响

温度是影响磷石膏分解过程的最重要的因素，温度越高，化学反应速率越大，分解反应也越快。Gruncharov 采用热重分析法研究了磷石膏在不同温度下的失重速率，结果表明，在还原性气体介质中（1% H_2、10% CO_2、20% H_2O、69% Ar）和 950～1100℃范围内，温度越高，试样的失重速率越大，说明分解速率越快，如图1所示。

Wheelock 等采用实验室小型悬浮反应器研究了磷石膏的分解过程，结果表明，在还原性气体介质中（4% CO、10% CO_2、5% SO_2、81% N_2），随着温度升高，脱硫速率增快，但当温度超过 1220℃ 左右时，由于开始出现液相，最大脱硫速率便迅速跌落。在 1150～1200℃范围内最大脱硫速率为（8%～14%）/min，如图2所示。温度还直接影响到分解产物的组成，因而影响着脱硫率的高低。

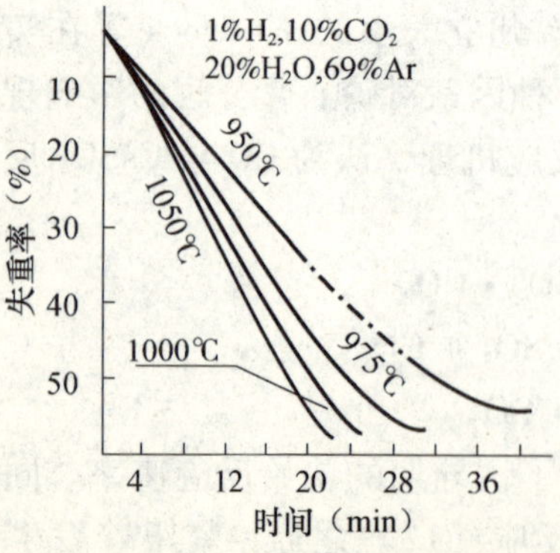

图1　磷石膏分解热量分解曲线

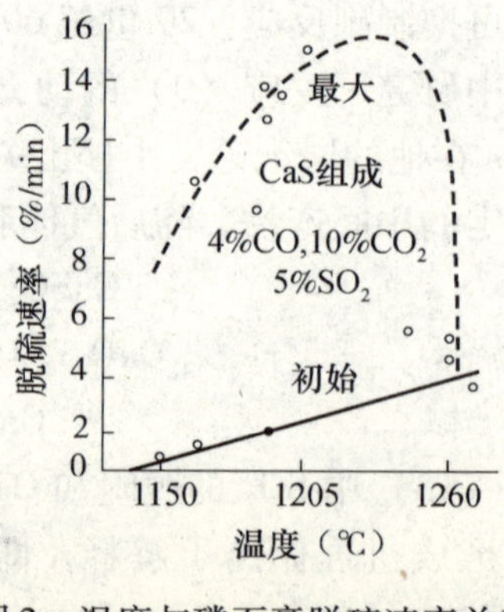

图2　温度与磷石膏脱硫速率关系

Gruncharov 认为，在较低温度（<950℃）下分解磷石膏时产物中 CaS 的量较多，而在较高温度（>950℃）下分解时产物中 CaS 量较少。Wheelock 对磷石膏分解反应的最终脱硫率与温度的关系研究结果表明，在1204℃下，最终脱硫率接近100%，而在1154℃下的最终脱硫率只能达到88%，产物中的 CaS 的含量显著增加，如图3和如图4所示。

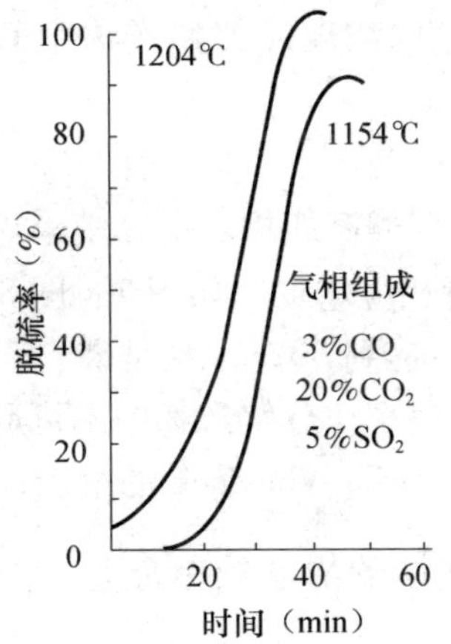

图3　磷石膏的最终脱硫率与温度的关系

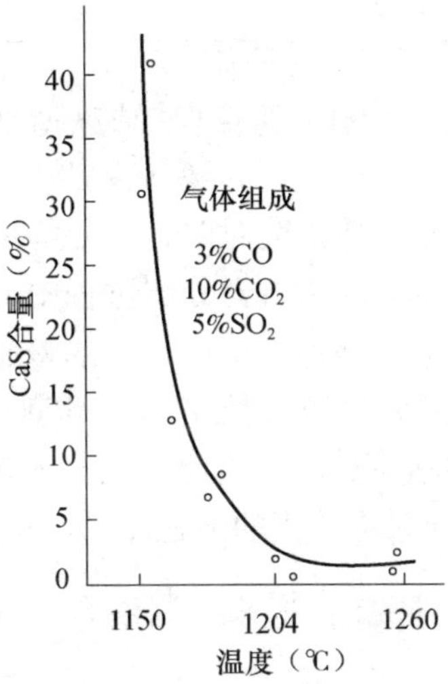

图4　产物中 CaS 的含量与温度的关系

（二）气氛对磷石膏分解反应的影响

还原性气体介质的组成也是影响磷石膏分解反应的重要因素，其中 CO（或 H_2）、CO_2 和 SO_2 气体对于分解反应速率和产物组成的影响各不相同，分别综述如下：

1. CO 气体浓度对磷石膏分解反应的影响

采用 CO 作还原性介质时，随着 CO 气体浓度的增加，磷石膏的初始分解速率和最大分解速率都呈线性增快，但是当 CO 浓度高于5%时，两者的关系逐渐偏离线性，如图5所示。这是 Wheelock 在流化床反应器中的还原性气体介质（20% CO_2，5% SO_2，其余为 N_2 和 CO）和1170～1210℃范围内实验研究的结果。后来 Gruncharov 改用 H_2 作还原性气体，对磷石膏分解的热重试验研究也得出相同的结论，如图6所示。

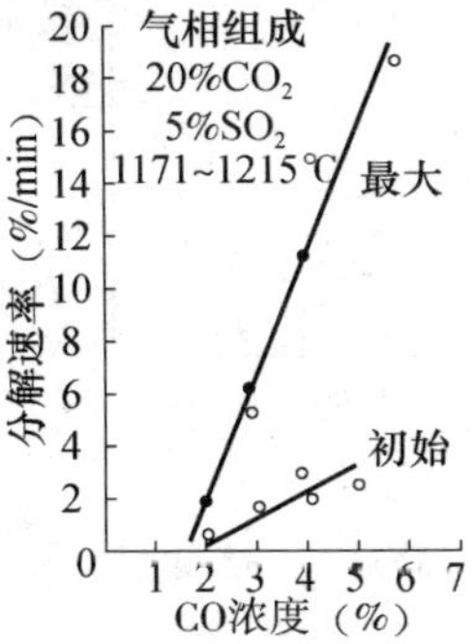

图5　CO 浓度对磷石膏分解速率的影响

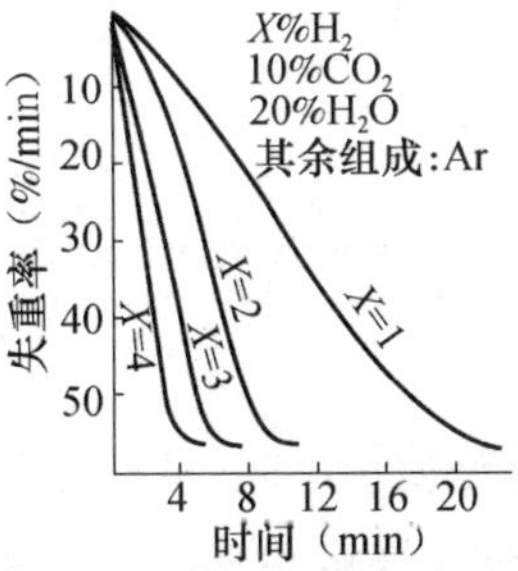

图6　H_2 浓度对磷石膏失重速率的影响

由此可见，提高还原性气体（CO 或 H_2）浓度，对加快磷石膏的分解反应速率有利，但是也会使产物中 CaS 的含量大幅度地上升，见表1。

表 1　CO 浓度与产物中 CaS 含量的关系

CO（%）	产物中 CaS 含量（%）		
	10% CO_2	15% CO_2	20% CO_2
3	5	0	0
4	7	6.8	0

由表 1 可知，随着 CO 浓度增加，必须相应地提高 CO_2 浓度才能使产物中 CaS 的含量减少。

2. CO_2 气体浓度对磷石膏分解反应的影响

CO_2 气体对磷石膏分解过程中形成的 CaS 的副反应具有抑制作用。研究结果表明，随着 CO_2 气体浓度增加，生成 CaS 的量减少，而生成 CaO 的量相应增加，如图 7、图 8 所示。当 CO 浓度为 5% 时，为使产物中出现 CaS，则 CO_2 浓度必须达到 30%，这是磷石膏分解炉的工况条件达不到的。因此，为保证磷石膏具有适宜的分解速率，分解产物中不可避免地出现 CaS，必须采取适当的措施使 CaS 进一步分解。Jae Seung Oh 和 Wheelock 的最新研究结果表明，采用还原势$\frac{P_{CO}}{P_{CO_2}}$来控制混合气体介质中 CO 与 CO_2 气体的浓度较为合适。在 1150℃ 下 CO、CO_2、SO_2 和 N_2 混合气体中和低还原势$\left[\frac{P_{CO}}{P_{CO_2}}=0.10\right]$下，经过足够长的时间后，$CaSO_4$ 将完全转化成 CaO；在中等还原势$\left[\frac{P_{CO}}{P_{CO_2}}=0.20\right]$下，$CaSO_4$ 首先迅速转化成 CaO，然后 CaO 再缓慢地转化成 CaS；在高还原势$\left[\frac{P_{CO}}{P_{CO_2}}=0.35\right]$下，$CaSO_4$ 将大量地转化成 CaS。

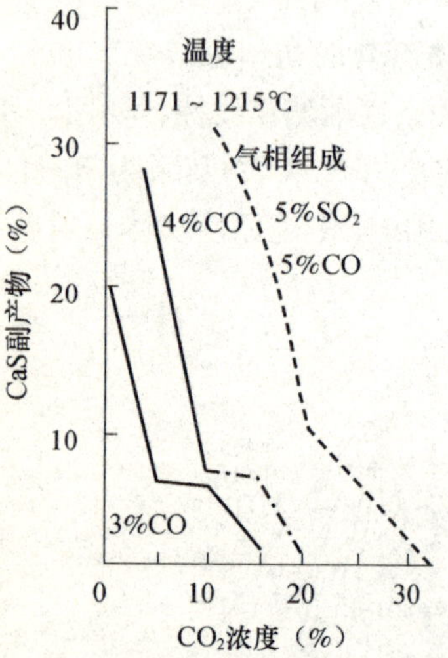

图 7　CO_2 浓度与 CaS 含量的关系

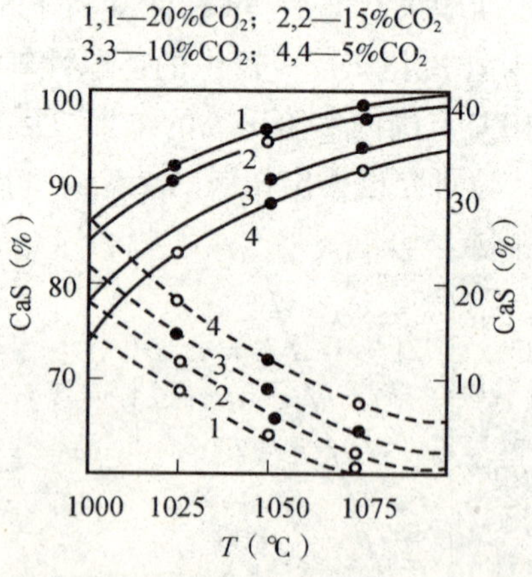

图 8　CO_2 浓度与 CaO 及 CaS 含量的关系

3. SO_2 气体浓度对磷石膏分解反应的影响

研究表明，SO_2 气体主要影响到磷石膏分解的初始反应速率，提高 SO_2 气体浓度，使初始分解反应速率降低，反之则提高。当混合气体中 CO 的浓度达到 4% 时，即使 SO_2 浓度高达 7% 都不会影响磷石膏的分解反应速率，可能是 CO 对分解过程的加速作用超过了 SO_2 气体对分解过程的抑制作用。

四、结束语

磷石膏分解反应动力学研究是一项重要的基础研究课题，也是磷石膏分解新技术开发过程中首先要解决的关键性研究课题。鉴于磷石膏分解反应的特点，使试验研究工作具有较大难度，20 世纪初以来，尽管这个领域的研究工作不断取得进展，但是仍有大量的工作有待进一步研究，以便掌握磷石膏分解的工业反应动力学规律并应用于生产实践。

参考文献

[1] Bhattacharya. Production of Sulphuric acid and cement from phosphogpsum using the OSW- Proeess. Chemical Age of India 1976，27（12）.

[2] Gruvcharov. Effect of some additive on the thermochemical decomposition of phosphogypsum. Gypsum & Lime. 1986，205.

[3] Wheclock T D. Sulfuric acid from calcium sulsfatc. Chemical Engineering Progress，1968，64（11）.

[4] Jae Seung Oh，Wheelock T D. Reduetive Deeomposition of Caleium Sulfate with Carbon Monoxisd：Rcaction Mechanism. Ind. Eng. Chem. Res. 1990，29：544～550.

磷石膏分解工业反应动力学的研究

周松林　胡道和　张　薇　简森夫　肖国先

（南京化工学院硅酸盐工程研究所，210009）

【摘　要】 为开发磷石膏分解新技术，在模拟工况操作特性的模拟试验装置中先进行了磷石膏分解的工业反应动力学试验，研究了温度、气氛、停留时间、生料化学组成、焦炭等不同影响因素以及“还原气氛-氧化气氛”区对磷石膏生料分解反应动力学的作用规律。结果表明，在1060～1100℃的弱还原气氛和1100℃的弱氧化气氛中分别停留3～5min，磷石膏生料的脱硫率可达到95%以上。对比水泥生料中$CaCO_3$的悬浮态分解结果可以预测在同等条件下，悬浮态的磷石膏生料只需在分解炉内停留1min左右，便可达到相同的分解和脱硫效果。

【关键词】 磷石膏分解，模拟试验，工业反应动力学，脱硫

一、引言

磷石膏是湿法磷酸生产过程中排放的工业废渣，每生产1t磷酸需消耗2tH_2SO_4，同时产生5t左右的磷石膏废渣。因此磷肥工业的迅速发展必然带来H_2SO_4需求量的增加和磷石膏废渣的处理问题。

利用磷石膏联产水泥和硫酸，是将$CaSO_4$在工业条件下分解成CaO和SO_2分别作为制水泥和硫酸的主要原料，它既能减少环境污染、节约堆放场地，又能综合利用资源。长期以来，该项技术为世界各国所关注。20世纪中叶，曾有利用中空回转窑和带立筒预热器回转窑生产的实例，但由于技术经济指标不理想，生产控制复杂，气体中SO_2含量不稳定等原因，发展缓慢。近年来由于流态化技术和水泥窑外分解技术的启发和对磷石膏分解规律认识的提高，国内外对开发磷石膏流化床分解新技术都产生浓厚的兴趣。德国鲁奇公司开发了一套窑外分解磷石膏的新工艺并给出了一些说明性材料，但涉及专利保密问题，难以获得可直接引用的资料，且至今也无投入工业使用的实例。为此，我国立足国内，自行组织力量开发这一新技术，并列入国家“八五”科技攻关重点项目。

磷石膏分解新技术的开发涉及工艺流程、设备开发、操作参数的选定和质量估计等一系列十分具体的问题，因此该攻关课题有相当的难度，需要多方协作。为了克服盲目性，进行磷石膏分解反应动力学的研究，探明影响$CaSO_4$分解的各因素及因素间的交互作用，论证工业化生产的可行性等问题，就成为该项新技术开发研究中必不可少的重要的应用基础研究工作。

二、有关石膏分解理论与技术文献综述

（一）石膏分解反应机理研究

1. 固-固反应[1~4]

据研究，石膏与焦炭共存可促进分解，其反应为：

主反应：　$CaSO_4 + 0.5C = CaO + SO_2 + CO_2 - Q$

副反应：　$CaSO_4 + 2C = CaS + 2CO_2 + Q$

$3CaSO_4 + CaS = 4CaO + 4SO_2$

因此，早期在水泥生料中掺入焦炭在回转窑内煅烧，控制好$\frac{C}{S}$比，可以最大限度地得到SO_2气体。但因反应热耗大，存在气体中SO_2含量不稳定且偏低，使制酸过程的设备庞大等。同时水泥熟料热耗高，质量差且生产难于控制，生产方法不甚理想。

2. 气-固反应[5~8]

20 世纪 60 年代 T. D. Wheelock 提出还原性气体 CO（或H_2）同样能促进石膏的分解：

主反应：　$CaSO_4 + CO = CaO + SO_2 + CO_2 - Q$

副反应：　$CaSO_4 + 4CO = CaS + 4CO_2 + Q$

在高温气氛气氛中，则：　$CaS + \frac{3}{2}O_2 = CaO + SO_2$

也会有部分：　$CaS + 2O_2 = CaSO_4$[6~8]

磷石膏气固反应理论的出现为使用流化床作分解反应器提供了依据。1990 年 Wheelock 又提出来 CaO 是中间产物的说法[9]，即球形颗粒$CaSO_4$在 1150℃条件下、还原气氛中，首先转化成 CaO，接着可以转化成 CaS。在生产中为了尽量减少 CaS 的量，就必须严格控制好反应条件。但由于不同学者对中间产物的说法和控制步骤等问题尚未取得共识，对于石膏分解反应的影响因素虽探讨了某些规律，但因实验方法的缺陷，无论在数值上还是方法上都难以引用，作为开发新技术、新设备的依据尚嫌不足，为此仍需做大量工作。

（二）磷石膏悬浮分解技术的研究

1. T. D. Wheelock 的 *s* 双气氛炉方案[6,7]

T. D. Wheelock 在长期从事磷石膏分解理论研究的基础上，在采用气体作还原介质研究了 CO 含量对$CaSO_4$分解速率的影响后，肯定了其有效的促进作用，但相应大大增加了 CaS 副产物，并发现CO_2含量对 CaS 的生成同样有影响，其结果见表 1。这就使生产出现难以克服的障碍。1968 ~ 1976 年之间陆续明确采用双气氛的办法来解决，初步作了双层沸腾床的设想，后又改为双气氛单层流化床，但仅限于实验室小型试验。由于欧美硫资源丰富，考虑经济上的原因，并未向工业化方向深入，因此结合实际生产条件，考虑若干制约因素后觉得开展研究还很不够，但其在分解机理和动力学规律性，研究方面的成果，具有一定的指导作用。

表 1　CO 浓度与 CaS 副产百分率的关系

CO（%）	产物中 CaS 含量（%）		
	CO_2 浓度 10%	CO_2 浓度 15%	CO_2 浓度 20%
3	5	0	0
4	7	6.8	0
5	32	24	9

2. 鲁奇公司的专利方案[10、11]

Lurgi 公司和 Bacock 公司合作，集中各自优势开发了磷石膏循环流化床新技术，在小规模装置上（400kg/h 石膏）进行过实验，表明分解炉温在 1060℃ 时石膏分解率可达 99%，并试图寻找合作伙伴，继续扩大中试规模。在小试基础上，提出了整个生产流程设想，但并未付诸实施。而对脱 P_2O_3、脱 F 等问题提出了解决办法，其总体设想具有启发性。由于保密，其公开资料中很少有可供参考的具体数据。

（三）$CaSO_4$ 分解技术与 $CaCO_3$ 分解技术的比较（表2）

表2　$CaSO_4$ 分解技术与 $CaCO_3$ 分解技术的比较

名称	$CaSO_4$ 分解技术	$CaSO_3$ 分解技术
分解温度（炉温）（℃）	>100	800~900
分解热（kJ/mol)	288	159
气氛要求	弱还原气氛下可促进分解	无特殊要求
分解反应机理	复杂，有主、副反应	较单一
中间产物	CaS	无
气相产物	SO_2、CO_2	CO_2
气相可利用成分要求	SO_2 含量愈高愈好	气体产物未利用，无要求
反应转化率判据	分解率 φ 和脱硫率 ψ	分解率 φ
工业对转化率要求	$\varphi=\psi\rightarrow 99\%$	$\varphi=95\%$
反应不完全对后续工序的影响	造成环境污染影响水泥质量	在回转窑内自动补偿

由此可见，磷石膏悬浮分解难度远比普通石灰石的分解要大得多，需要作深入的研究并解决工业上的一系列实际问题。

三、研究的基本思路

鉴于研究的目的性十分明确，为此归纳本课题的基本研究思路如下：

1. 所开展的是工业反应动力学的研究，因此针对性要很强，力争数据直接引用。试验所选原料应是中试厂实际的磷石膏及磷石膏配合的水泥生料（简称磷石膏生料），而且重点放在磷石膏生料的反应动力学规律的研究上。

2. 要结合工业生产的可行性条件来进行试验，要力求先进科学、经济合理。如炉温不宜过高（材料、工艺均有困难）、炉内压力分布合理（便于密封）、采用煤粉为燃料、气氛可调安全等。

3. 借鉴水泥工业 $CaCO_3$ 分解炉的成功经验，采用类比方法，由实验数据向工业生产过渡。

4. 要求工业反应动力学的研究数据能指导新技术的开发，包括流程、设备和操作参数的选定以及调节控制等。

四、研究方法和主要内容

（一）方法

化学动力学研究常用的方法是热天平法，包括静态和动态方法，都是在不同温度下等温或非等温的外部条件，检测失重率或转化率φ与时间τ的关系曲线，并通过转换求得相应的动力学参数值。但上述各种在热天平上进行的实验，对于$CaSO_4$，工业分解动力学的研究均不能符合要求，过去类似条件下所得数据，都无法引用。其原因主要有两点：一是对天气固反应来说，颗粒的暴露表面在一定范围内对反应过程具有决定性影响，因此试样的装载情况至关重要。热天平中的试样只能装载于试样容器中，无法反映真实反应能力。二是加热条件与实际悬浮炉有很大区别，无法摸拟。

为此，我们除应用热天平作参考实验外，主要是采用自行设计的两类实验装置。流程如图1所示。

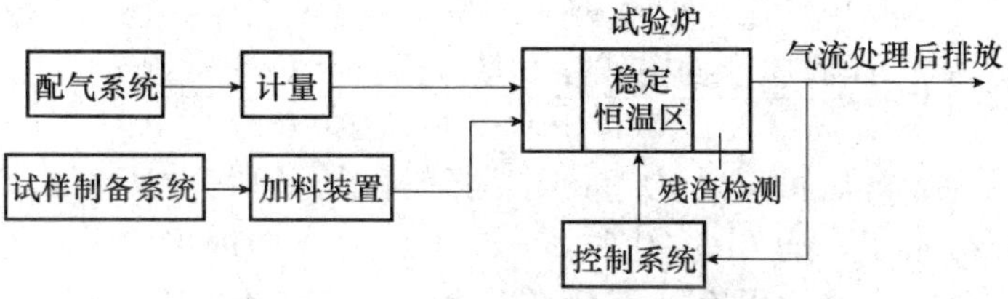

图1　分散态试验炉简单流程图

1. 分散态试验炉

2. 悬浮态试验炉

其目的是逐步逼近模拟工况的堆装状和升温条件。

（1）分散态试验炉的特点：

①物料呈分散状态；

②等温（可调）加热、快速切换；

③炉内气氛可控、可调；

④气体介质连续稳定流动，炉内气速可测；

⑤自动控制炉内温度，恒温区位置恒定；

⑥固体产物成分可用常规方法检测，数据可靠；

⑦试样瞬时一次性进入高温区，可模拟工业炉加热情况。

（2）悬浮态试验炉特点：

①反应区内温度分布均匀；

②通入反应器的气体成分根据要求可以改变；

③粉料悬浮稳定，在一定的粒径范围内，可以克服细粉逸出和粗粉沉落的干扰；

④反应器内温度随时间波动小；

⑤反应后气体成分可在线检测。

本文试验除一部分分解操作条件筛选采用热天平法以外，大多数试验在分散试验台上进行。

（二）石膏分解进程的判据

由于石膏分解存在主、副反应，仅用单一的分解率，难以表达其分解为SO_2、CaO的完全程度，帮提出用两个转化率的概念。

1. 分解率φ

指试样中$CaSO_4$已经分解成主副产物CaO、CaS的部分占原有$CaSO_4$量（或按残留与分

解 $CaSO_4$ 量计）的百分率。

$$\varphi = \frac{(CaO + CaS)\text{相当于}CaSO_4\text{量}}{\text{试样中}CaSO_4\text{总量}}$$

$$= (1 - \frac{\text{残留}CaSO_4\text{量}}{\text{试样中}CaSO_4\text{总量}}) \times 100\%$$

2. 脱硫率 ψ

指 $CaSO_4$ 试样中 S 被脱去的百分率。

$$\psi = \frac{(\text{脱出的S量})\text{相当于}CaSO_4\text{量}}{\text{试样中}CaSO_4\text{总量}}$$

$$= \left[1 - \frac{(\text{固体产物中残存S量})\text{相当于}CaSO_4\text{量}}{\text{试样中}CaSO_4\text{总量}}\right] \times 100\%$$

当 $CaSO_4$ 转化为 CaS 后可以认为 $CaSO_4$ 是分解了，但其中所含的 S 并未脱出进入气相，只有当 $CaSO_4$ 分解了，而 CaS→0 时 $\varphi = \psi$ 才是工业上理想的反应结果。因此用 φ 与 ψ 不仅可以表达 $CaSO_4$ 分解的程度，而且可以表征 CaS 的存在及数量，也才能综合判断生产上达到的水平。对工业分解炉，既不希望残存 $CaSO_4$ 也不希望残存 CaS，故 φ 与 ψ 都要很高。

（三）实验主要求及内容

动力学实验需要解决某些概念性问题及某些定量关系，如：

（1）磷石膏分解时气氛条件：CO 对 $CaSO_4$ 分解促进作用，CO_2 的抑制作用及综合效果，有焦炭存在时对 $CaSO_4$ 分解的影响；

（2）磷石膏配制的水泥生料中某些成分对分解进程的影响；

（3）CaS 脱硫的条件；

（4）工业石膏分解炉的气氛控制及炉温选择的适当范围；

（5）借鉴 $CaSO_4$ 分解炉，预估工业条件下物料在炉内需要停留的时间范围；

（6）综合实验结果，对磷石膏分解新技术从流程到设备以及操作提出设计原则的具体建议。

实验以××厂磷石膏配合生料（烧制水泥熟料的生料）及磷石膏作为试验样本，其化学成分（%）见表3。

表3　化学成分

SO_2	CaO	烧失量	SiO_2	Al_2O_3	Fe_2O_3	MgO	其他
41.6	30.18	15.37	9.12	1.00	0.52	0.99	1.22

平均粒径 $dp = 40\mu < 88\mu$ 占 78% 以上未作进一步处理

其中 P_2O_5 含量≪1%，放射性不超过国家标准，对熟料质量经××厂实验无影响。本实验不包括这部分内容。

五、实验结果与讨论

（一）热天平堆积态操作条件筛选试验结果

采用准等温热重法和正交试验设计对石膏生料分解条件大范围搜索筛选结果：

（1）反应温度是最主要因素，气氛影响显著，粒径在所选范围内无显著影响

（2）操作参数幅度

$t = 950 \sim 1100$℃

$CO = 3\% \sim 7\%$

$CO_2 = 15\% \sim 35\%$

$d_p < 105\mu m$

（二）温度对 $CaSO_4$ 分解的影响（图3）

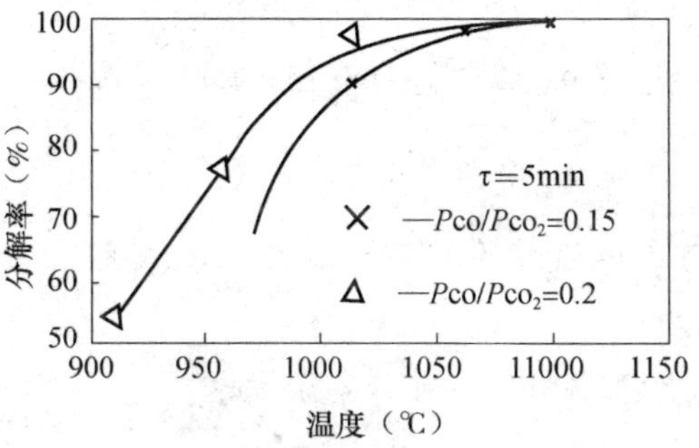

图2　温度对分解率的影响

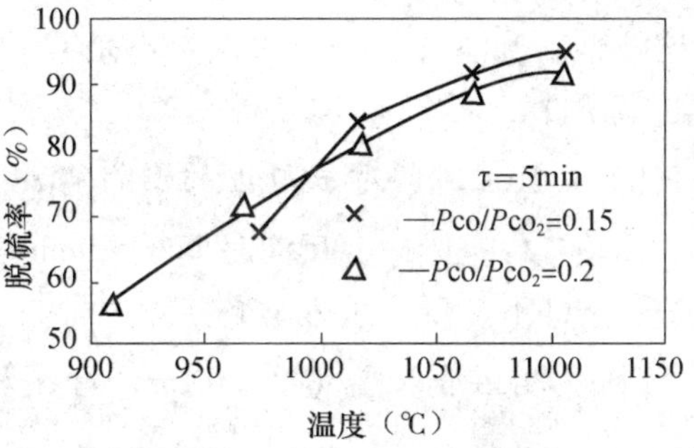

图3　温度对脱水率的影响

由图2、图3可见，高于1000℃，弱还原气氛效果好（3% CO）。

同一气氛下，温度提高，φ、ψ 均提高，但曲线斜率随温度增加而趋于平缓。$t >$ 1060℃，对 φ 提高效果已很小，而脱硫曲线却仍呈上升趋势，说明对脱硫率 ψ 来说，温度与气氛可以互补。

温度对反应速率的影响，由于完全分解所需时间很长，因此人为设定 φ 达到97（工业生产能接受的最低分解率）所需时间 τ_e 作为反应速率的比较基准，其结果如图4所示。

由图5可知，$\frac{\psi}{\varphi}$随温度升高而增加，在950～1100℃范围内其升高趋势逐渐明显。

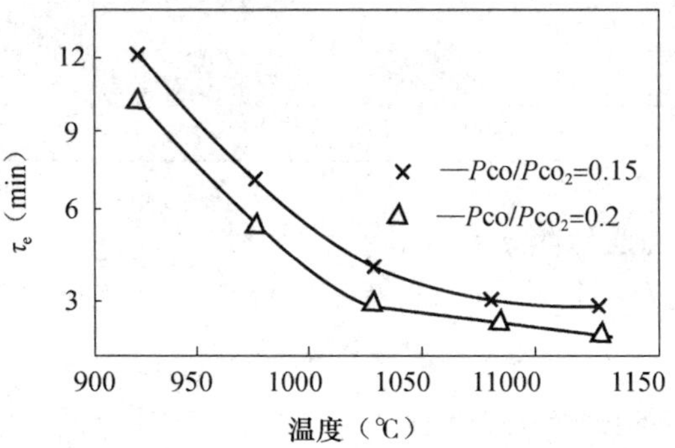

图4　温度对 τ_e 的影响

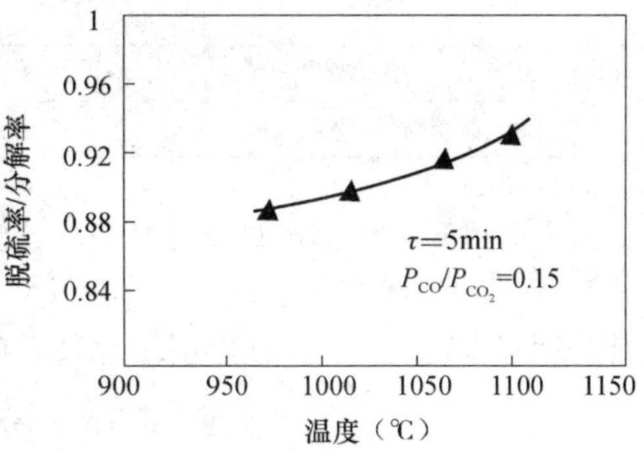

图5　温度对脱硫率/分解率的影响

（三）气氛的影响

考虑到主、副反应无涉及到 CO 和 CO_2 两种气体成分，为了表示共同的影响，提出用还原势 $R\left(=\frac{P_{CO}}{P_{CO_2}}\right)$来表示影响的最终效果。

应该指出所用磷石膏生料中配有6%焦炭，试验结果如图6所示。图6说明，高温（>1000℃）下φ不受R的影响，但ψ随R的提高而降低。但ψ绝对值都随温度增加而提高，即R与温度的影响可适当互补，说明介质在弱还原势下，较为有利。

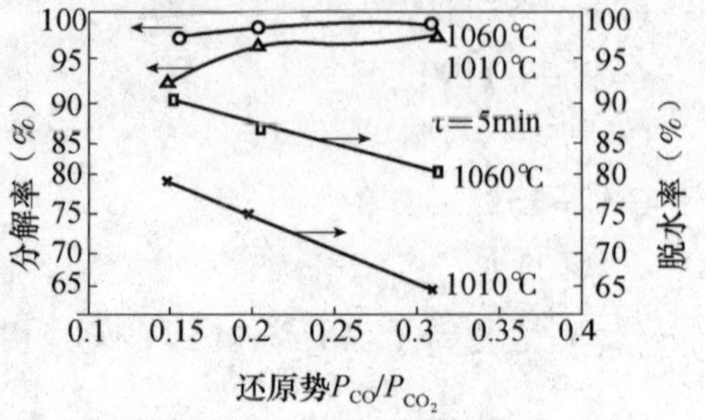

图6　还原势对分解率和脱硫率的影响

为了探明焦炭的存在是否必需，曾经选用无焦炭的试样进行对比试验。结果表明，焦炭（6%）在反应初期促进了φ与ψ的提高，但是后期这种影响就消失了，说明焦炭不是$CaSO_4$分解的必需条件。

（四）反应时间对φ与ψ的影响

实验条件范围内，反应时间$\tau>5$min后，φ与ψ的变化率均趋于减小，尤其是在大于1000℃条件下，反应过程不必持续过长。

（五）磷石膏粒度（<100μm）对φ与ψ的影响很不明显，可以不予考虑

（六）生料组成对分解进程的影响

1. 试验室用石膏配合生料A炼制的熟料计算组成见表4。

表4　配制磷石膏配合生料A炼制熟料的组成与率值

组分	CaO	SiO_2	Al_2O_3	Fe_2O_3	*KH*	*SM*	*IM*
%	66.42	22.48	6.34	4.76	0.86	2.0	1.3

A生料与纯$CaSO_4\cdot 2H_2O$对比试验，结果见表5。

表5　A生料与纯$CaSO_4\cdot 2H_2O$分解特性的对比试验

指标 / 试样	分解率（%）	脱硫率（%）	试验条件 $T-1060$℃
$CaSO_4\cdot 2H_2O$	31.8	31.4	$\frac{P_{CO}}{P\ CO_2}=0.15$
生料A	95.0	81.8	$\tau=5$min

由表5可知，外加物对促进$CaSO_4$分解率φ与脱硫率ψ的提高极为有利。

2. 工厂提供磷石膏生料B，试验说明这种生料可能不利于回转窑的煅烧，为此作适当调整后配制生料C（换算成熟料组成见表6）。

表6　磷石膏生料炼制熟料的化学组份及率值

原料	CaO	SiO_2	Al_2O_3	Fe_2O_3	*KH*	*SM*	*IM*
B生料	70.14	21.19	2.32	1.21	1.17	6.0	1.9
C生料	67.09	20.27	8.92	5.72	0.95	1.6	1.2

B、C的生料成分调整对分解率影响不大，脱硫率ψ有明显降低，但在高温下，这种不利影响可以缓解。

（七）CaS 的置换反应条件

表 7　调整前后两种配合料分解特性比较

试样 \ 指标	分解率（%）	脱硫率（%）	试验条件
调整前的磷石膏生料 B	92.9	61.1	$\frac{P_{CO}}{P_{CO_2}}=0.20$ $T=970℃$ $\tau=7min$
调整后的磷石膏生料 C	95.7	40.9	
调整前的磷石膏生料 B	99.2	90.62	$\frac{P_{CO}}{P_{CO_2}}=0.18$ $T=1060℃$ $\tau=5min$
调整后的磷石膏生料 C	99.1	82.6	

在弱还原气氛下生成 CaS 副产物，如何进一步转换成 CaO 是工业生产上极为关心的问题。根据化学计量表明

$$CaS+\frac{3}{2O_2}=CaO+SO_2\quad \text{固体失重}$$

$$CaS+2O_2=CaSO_4\quad \text{固体增重}$$

通过试验探明，低温高 Po_2 条件下生成 $CaSO_4$，高温低 Po_2 条件下生成 CaO。在高温低氧条件下，其脱硫率增高，见表 8。

表 8　CaS 的脱硫率　%

停留时间（min）		3	4	5	6
温度（℃）	1060	56.5	58.1	64.4	67.8
	1100	—	63.6	65.4	68.4

由此可知，如在合适条件下使石膏生料 $\varphi=99\%$，$\psi=95\%$。若要进一步减少产物中 CaS，可使之转入弱氧化气氛，适当提高温度，则脱硫率 ψ 可能得到保证。

（八）双气氛试验结果

对于给定原料，综合所有有适宜条件，在双气氛下试验结果见表 9、图 7。

表 9　磷石膏生料在双气氛（还原－氧化）的分解试验结果

还原介质 $\frac{P_{CO}}{P_{CO_2}}=0.15$ $\tau=5min$	氧化介质 $O_2$2.8% $\tau=5min$	指标	
还原温度（℃）	氧化温度（℃）	分解率（%）	脱硫率（%）
1010	1100	88.9	88.4
1060	1100	66.2	95.6
1100	1100	95.7	95.3

由此可见：

（1）双气氛对提高 ψ 效果显著；

（2）双气氛使 φ 值略有降低；

（3）优选双气氛条件为：

①还原带：$t=1000\sim1060$℃

②氧化带：$t=1100$℃

ψ、φ 可达到 90% ~96%

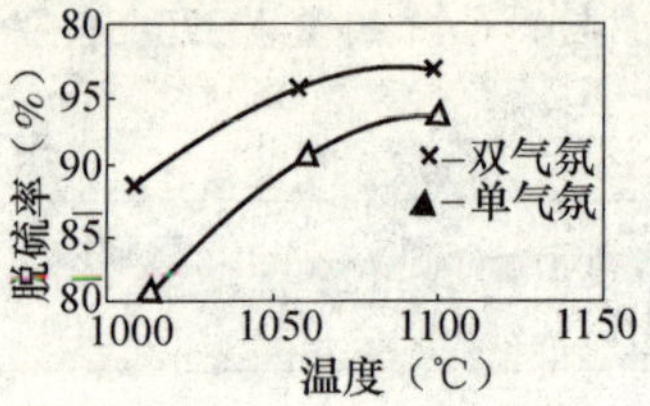

图 7　磷石膏生料在单气氛和双气氛下的脱硫率比较

（九）悬浮态与分散态对反应时间影响的对比试验

在悬浮试验台上，曾进行过大量的 $CaSO_3$ 分解试验，有过许多不同于分解态的试验数据可供参考。

表 10　石灰石生化学成分　%

试样	CaO	L. I.	SiO_2	Al_2O_3	Fe_2O_3	其他
石灰石生料 *A*	45. 23	35. 29	12. 08	2. 69	2. 74	1. 97
石灰石生料 *B*	44. 10	35. 48	12. 7	2. 68	2. 13	0. 48

这两种生料数据如下：

分散态下：900℃，5min，$\varphi=81\%$

悬浮态下：900℃，15s，$\varphi=80\%$

由此可见，在分解率相同的情况下，堆装状态不同分解时间比 K，$K=5\times\frac{60}{15}=20$ 倍。

同样将磷石膏生料在分散态与悬浮态下进行试验，结果因石膏分散条件复杂难于控制得完全一致，K 值略有不同，但与上述值接近。

（十）综合××厂提供的磷石膏生料，在分散态试验的结果为

分解条件：

还原区：$t=1000\sim1060$℃

$P_{CO}=3\%\sim5\%$

$R=0.15\sim0.25$

$\tau=5$min

氧化区：$t=1000$℃

$CO_2=2\%\sim4\%$

$\tau=5$min

可得：$\varphi=\psi=90\%\sim96\%$

反应时间大于 5min 后，分解增长不明显。

磷石膏生料粒度 <100μm 时，对分解进程无影响。

生料中配合适量 SiO_2、Al_2O_3、Fe_2O_3 可大大促进磷石膏的分解和脱硫，但其成分受熟料质量的制约，不可任意调节。

按类比法可知，悬浮态比分散态反应速率快近 20 倍。

六、对于开发磷石膏分解新技术落后的若干重要建议

（1）为了提高气体产物中 SO_2 浓度，（回转）窑气与（分解）炉气在流程中应尽可能

分流。

（2）为了降低总体热耗，炉气（>1000℃）、窑气（>900℃）均应利用余热烘干，预热生料。

（3）磷石膏原料以取烘干二水石膏为经济、合理。

（4）磷石膏分解炉的基本设计原则。

以复合式悬浮床（下部沸硫床，上部悬浮床）较理想；复合床可设计成双气氛区；复合床设计物料在床内停留时间为1min左右。

（5）石膏分解床可以煤粉为燃料提供热源，用空气分段送入调节和控制气氛；在还原区还能保持少量固定碳作为分解反应的促进剂。

（6）参考借鉴$CaSO_3$分解炉系统分解率分布经验，考虑到$CaSO_4$分解后φ、ψ要求比$CaSO_3$高，且达到环保的严格要求，如果必须，分解炉可设计再循环系统。至于循环率的最佳值有待中试确定。如原系统的循环率（约10%）可以满足φ与ψ要求，最好不另加再循环设备。

（7）配合工艺上还要求配套开发高温下气固分离器和气固分料专用装置，要求分料装置能灵活控制和调节循环率，以适应生产条件波动，并保证入窑生料φ、ψ合格。

（8）磷石膏生料的配料，主要是受热料烧成和质量要求制约，其对分解反应的促进作用难以作为调节手段。

以上结论是针对性××厂原料而给出的，已被中间工业性试验所采用。由于工业反应动力学规律受反应物特性的影响很显著，故不同原料应做专门分析与试验，不宜随意引用所给的数据。

参考文献

[1] William Q，Hull，Industrial And Engineering Chemistry，1957，49（8）.

[2] Rawl Remires，Chemical Enginecring，Nov.，1968.

[3] B. G. Mandelik，Chemical Engineering Prcocess，1968，64（11）.

[4] Bhattacharya，Chemical Age of India，1967，27（12）.

[5] T. D Wheelock，Industrial and Engineering Chemistry，1960，52（3）.

[6] T. D. Wheelock，Chemical Engineering Progress.，1988，64（11）.

[7] Willium M. Switt，Ind Eng. Chem. Procedd Des. Dev.，1975，14（3）.

[8] C. E. Morris. AichE，Vo183，1983，No. 255.

[9] Jae Seung Oh &T. D. Wheelock. Ind，Eng. Chem. Res.，1990，No. 29.

[10] K. R 克诺赛尔. 磷石膏加工成硫酸和水泥熟料的新技术. 中国硫酸学会（内部资料）.

[11] DE Patent 3，622，688，Verfahren Zur Herstellung Von Zement Klinker and SO_2-haltigen Abgasen.

悬浮状态下磷石膏分解规律的研究

张　薇　简森夫　周松林　胡道和*

（南京化工学院材料科学与工程系，南京，210009）

【摘　要】 在对分散态磷石膏分解反应动力学研究的基础上，根据悬浮态分解反应的试验结果，探讨了磷石膏物料的分解规律，进一步验证了分散态试验的研究结论，阐述了温度、气氛及物料的停留时间对分解过程的影响，对磷石膏分解反应器——分解炉的设计和操作，具有一定的指导意义。

【关键词】 磷石膏，分解反应，悬浮体

磷石膏是磷酸生产过程中的副产品，其排放量极大，每生产1t磷酸，可副产5t磷石膏。根据预测，到20世纪末，我国湿法磷酸产量将达到3Mt/a，副产品磷石膏将达到15Mt/a[1]，它的堆放和污染是一个大问题，同时，这也是一项可观的硫资源。发展磷石膏制酸联产水泥的工艺新技术已作为国家“八五”攻关项目提到议事日程上，因此，研究磷石膏的分解反应动力学规律，在这项新技术开发过程的应用基础理论研究中是十分重要的。

利用磷石膏联产硫酸和水泥，是将磷石膏中的$CaCO_4$，在工业条件下分解成SO_2和CaO，作为制酸和生产水泥的主要原料，它既可以解决磷石膏废渣的排放问题，又可以综合利用资源。所以，长期以来，该项技术一直为世界各国所关注。20世纪中叶，就有利用中空回转窑和带立筒预热器回转窑生产的实例。但由于技术经济指标不理想，生产控制复杂，气体中SO_2含量不稳定等原因，发展缓慢。近年来，由于流态化技术和水泥窑外分解技术的启发以及对磷石膏分解规律认识的提高，国内外对磷石膏流化床分解新技术、新工艺产生了浓厚的兴趣，作了大量的工作。我国也把这一技术的研究工作，列入了国家“八五”科技攻关项目。

作者曾经利用热天平和管式炉对磷石膏粉料进行了分解动力学的研究，初步掌握了磷石膏物料在堆积态和分散态情况下的分解规律。本文通过悬浮态试验研究，进一步论述在悬浮状态下，磷石膏的分解反应规律。

一、磷石膏的分解反应机理

磷石膏的分解反应机理比较复杂。它主要的化学成分是硫酸钙（$CaSO_4$），其热稳定性强，升温到1470℃才能够分解，这样高的温度对流态化分解炉十分不利。据文献[2]报道，加入适量的添加剂如SiO_2、Fe_2O_3，可以提高分解速率或降低分解温度，但效果不显著。而利用中间介质可以加速分解速率，降低分解温度。实践表明固体或气体还原介质的存在有利于磷石膏的分解。归纳起来，有下面两种反应机理。

（一）固-固反应机理

该理论认为，石膏与焦炭共存可促进分解，其反应为：

主反应：$CaSO_4 + 0.5C = CaO + SO_2 + CO_2 - Q$

副反应：$CaSO_4 + 2C = CaS + 2CO_2 + Q$

$3CaSO_4 + CaS = 4CaO + 4SO_2$

由于反应是在固相接触条件下进行，需采用成球煅烧工艺。流程复杂，其次以固相接触的反应物料呈堆积状态，不利于传热传质的进行，且由于废热不能充分利用，热耗也较高。

（二）气-固反应机理

该理论认为不需要借助固体还原介质，气体还原介质如 CO，在适当的高温下（1100℃左右）与固相 $CaCO_4$ 接触时，气固之间发生传热传质的同时进行以下分解反应：

主反应：$CaSO_4 + CO = CaO + CO_2 - Q$

副反应：$CaSO_4 + 4CO = CaS + 4CO_2 + Q$

在高温氧化气氛中，副产物 CaS 进一步氧化成 CaO：$CaS + 3/2O_2 = CaO + SO_2$

也会有部分 CaS 又重新被氧化成 $CaSO_4$：$CaS + 2O_2 = CaSO_4$

磷石膏气固反应理论的出现使采用流化床作为磷石膏的分解反应器成为可能。

二、研究方法和试验内容

依据磷石膏气－固反应理论，进行了磷石膏悬浮态反应动力学试验。反应动力学研究常规的方法是综合热分析，包括静态和动态方法，都是在不同温度下用等温或非等温的外部条件，检测转化率和时间的关系，求得相应的动力学参数。但这种方法，与 $CaSO_4$ 的工业分解条件，特别是工业流态化分解炉的条件差距较大，其数据和规律无法直接引用。为此，我们除应用热分析数据作参考外，还自行设计了两类试验装置：一种是分散态试验炉（流程如图 1 所示），物料散布在反应皿表面上，气体从物料表面上流过进行气固、反应。第二种是悬浮态试验炉[3]，物料悬浮在流动的气体中，与气体进行气固反应，流程如图 2 所示。试验所需的一定组分的气体进入预热器，被加热到所需的高温，粉体物料由反应器的顶部间歇式加入，稳定地悬浮在热气流中进行反应。在磷石膏粉料气固反应过程中，由于磷石膏的气、固反应过程复杂，既有主反应，也有副反应，气体产物中既有 CO 和 CO_2，又有 SO_2，固体产物有 CaO、CaS，采用通常的气体分析仪进行在线检测，难度很大，所以采用在线监测和常规化学分析相结合的方法，用自行开发的气体分析仪检测 CO、CO_2 和 SO_2 的总含量随时间的变化，从而确定反应时间，用化学分析方法来确定反应终态的固体产物组成。

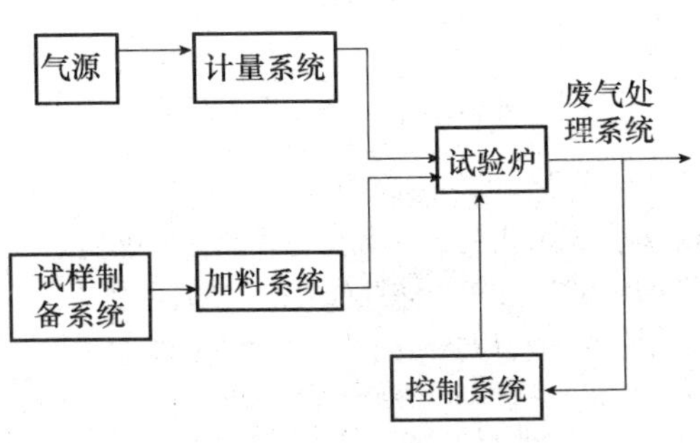

图 1　分散态试验流程图

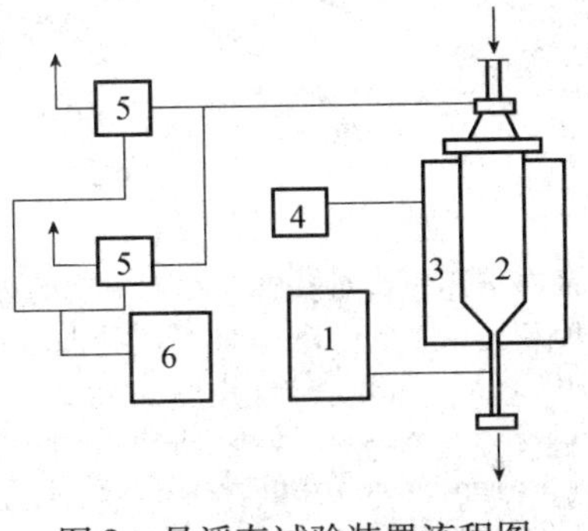

图 2　悬浮态试验装置流程图

1—气源；2—反应器；3—加热器；4—温度控制器；5—气体分析器；6 数据处理系统

三、悬浮态磷石膏分解规律

由于磷石膏分解存在主、副反应，仅用单一的分解率，难以表达两种反应的完全程度，故使用两个转化率的概念。

1. 分解率 φ

指试样中 $CaSO_4$ 已经分解成主、副反应产物中 CaO、CaS 的部分占原有 $CaSO_4$ 总量的百分率。

$$\varphi = \frac{(CaO + CaS)\text{相当于}CaSO_4\text{的量}}{\text{试样中}CaSO_4\text{总量}}$$

2. 脱硫率 ψ

指 $CaSO_4$ 试样中 S 被脱去的百分率。

$$\psi = \frac{(\text{脱出的}S\text{量})\text{相当于}CaSO_4\text{的量}}{\text{试样中}CaSO_4\text{总量}}$$

在分散态试验基础上，选用国内某厂的磷石膏生料，进行了悬浮态分解反应动力学试验，初步探讨了悬浮状态下，磷石膏物料的分解反应动力学规律，其部分结果如下。

（一）磷石膏分解率及脱硫率和气相组成的关系

根据分散态试验的结果，气氛对磷石膏生料的分解反应影响显著，从图 3 可以看出，在 CO = 3% ~ 7%，T = 950 ~ 115℃范围内，当还原势[4] $\frac{P_{CO}}{P_{CO_2}}$较小时，分解率较低，但脱硫率较高，随着$\frac{P_{CO}}{P_{CO_2}}$的增加，分解率先是增加，然后基本不变，但脱硫率明显降低，悬浮态试验也得出类似的规律（图 4）。试验结果表明，反应器内还原势不但影响磷石膏的分解率，而且影响其脱硫率，在一定的反应温度下，选择合适的$\frac{P_{CO}}{P_{CO_2}}$，可以获得较高的磷石膏分解率与脱硫率。

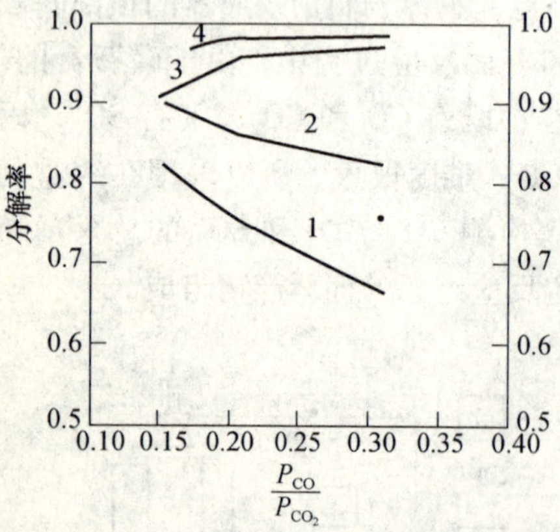

图 3　分散态下还原势对分解率和脱硫率的影响
1—1010℃脱硫曲线；2—1060℃脱硫曲线；
3—1010℃分解曲线；4—1060℃分解曲线

Fig. 3　Influence of reductive force on the percentage of decomposition and the percentage of desulphidation phosph- gypsum decomposion in dispersed state

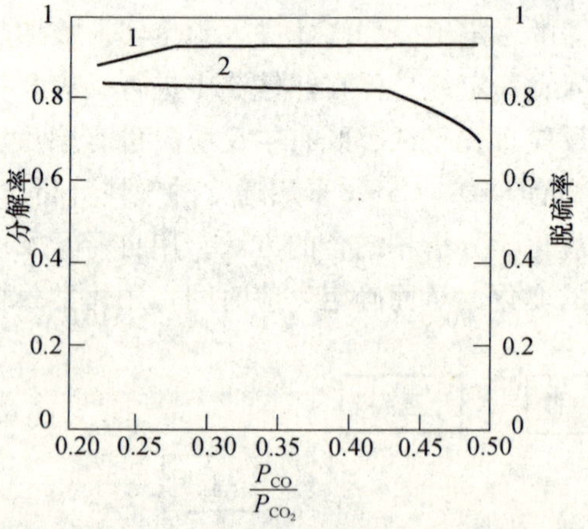

图 4　悬浮态下还原势对分解率和脱硫率的影响
T = 1010℃；1—分解曲线；2—脱硫曲线

Fig. 4　Influence of recluctive force on the percentage of decomposition and the percentage of desulphidation phopsph- gypsum decomposion in suspension state

（二）磷石膏分解过程和物料停留时间的关系

从表1可以看出，磷石膏物料的分解比较困难，其分解时间远大于 $CaCO_3$ 的分解时间（4～10s），所以其在分解炉内的停留时间应远大于 $CaCO_3$ 的停留时间（15s），在 $\frac{P_{CO}}{P_{CO_2}}$ 一定时，物料在反应器内的停留时间越长，其分解率越高，而停留时间相同时，温度越高，则反应速度越快。但当反应达到反应终态时，再延长物料的停留时间，则分解率不会再提高。如当温度等于1010℃时，$P_{CO}/P_{CO_2}=0.25$ 时，磷石膏的停留时间超过135s，其分解率也不会再有明显提高。要提高分解率，只能升高温度或改变气氛。但由于温度越高，待分解物料中的液相越多，致使分解炉的操作越困难，所以生产中不宜采用单纯升高温度的方法来提高分解率和脱硫率。

根据对分散态的研究结果（表2），采用双气氛分解炉（下部还原气氛，上部氧化气氛）比较合适，其优选条件为还原区：1000～1060℃，氧化区：1100℃，可使分解率和脱硫率达到90%～96%。

表1　悬浮态磷石膏分解率和物料停留时间的关系

反应温度（℃）	气相组成 P_{CO}/P_{CO_2}	停留时间（s）	分解率（%）
970	0.15	20	41.2
970	0.15	75	58.0
970	0.15	180	87.2
1010	0.15	20	53.0
1010	0.25	40	67.0
1010	0.25	55	77.1
1010	0.25	135	87.8

表2　磷石膏生料在双气氛（还原-氧化）时的分解试验结果（分散态）

还原介质 $P_{CO}=0.03$，$P_{CO_2}=0.20$	氧化气氛 $O_2=2.8\%$	指标	
还原温度（℃）	氧化温度（℃）	分解率（%）	脱硫率（%）
1010	1100	88.9	88.4
1060	1100	66.2	95.6
1100	1100	95.7	95.3

四、结论

从以上磷石膏分解反应动力学的研究结果可以看出，温度和气氛是影响磷石膏分解反应过程的主要因素，考虑到分解炉操作的稳定，应将分解炉的操作温度控制在1100℃以下，并应使磷石膏物料的停留时间大于水泥生料的停留时间，其具体数值应由试验确定。

参考文献

[1] 汤桂华. 磷石膏制硫酸的工艺特点 [J]. 硫酸工业，1992，2：3.

[2] 周松林，胡道和，张薇. 磷石膏分解工业反应动力学的研究 [J]. 化肥工业，1994，2：16 ~ 32.

[3] Zhang Wei. Jian Miaofu. Application of test apparatus for high temperature suspension gassolid reaction. In：Edited by organizing commitee of CJF- 5. Fluidization ′94 science and technology. Beijing；Chemical Industry Press. 1994，305 ~ 312.

[4] Jae Seung Oh，Wheclock T D. Roductiv ~ decomposition of calcium sulfate with carbon monoxide：reaction mechanism，lnd Eng Chem Res，1990，29：544 ~ 550.

磷石膏在还原-氧化双气氛下的分解反应

肖国先 周松林 胡道和

（西安建筑科技大学材料系，710055；南京化工大学材料系）

【摘 要】 在分散态试验装置上，研究硫化钙及磷石膏还原分解产物在 O_2-N_2 的混合气体中的高温氧化特性，对磷石膏分解炉的研究开发有指导意义。

【关键词】 磷石膏，还原，氧化，分解，反应动力学

【Abstract】 By means of dispersed-state experimental device, the research was made on the high temperature oxidation properties of products in O_2-N_2 mixed gas . The products are produced from the reduction and calcination of calcium sulphate and phosphosgypsum. The research has instructive significance to the study and development of phosphogysum calciner.

【Key words】 phosphogypsum, reduction, oxidation, calining, reaction kinetics

一、引言

磷石膏是磷酸生产过程中排放的工业废渣，主要成分是硫酸钙，每生产 1t 磷酸需要消耗 2t 硫酸，同时产生 5t 磷石膏。磷肥工业的迅速发展必然带来硫酸需求量增加和磷石膏废渣处理的两大问题，综合利用磷石膏已成为当今世界日益关注的研究课题。

在 20 世纪初，德国 Müller[1] 最先提出以焦炭还原剂，掺加黏土、铁粉在中空回转窑内完成硫酸钙分解和水泥熟料煅烧过程。后来伦兹化学公司与克虏伯公司联合开发 O. S. W - Krupp 流程，将中空窑改进成立筒预热器回转窑生产工艺。这两种工艺存在热效率低、产量低、水泥质量差和制酸气体中浓度低等问题。1954 年，美国 Lowa 州立大学[3~5] 根据磷石膏分解特点，提出用流化床（划分为还原区和氧化区的双气氛流化床）分解炉实现磷石膏分解。国内外对磷石膏在 CO 还原分解动力学特性研究比较系统，基本上掌握其高温分解动力学规律。磷石膏生料在适宜的高温和一氧化碳浓度时，大多数转化为 CaO，但伴有少量的 CaS 生成，降低了脱硫率，减少制酸气体中 SO_2 浓度，其反应式为：

主反应： $$CaSO_4 + CO \longrightarrow CaO + SO_2 + CO_2$$

副反应： $$CaSO_4 + 4CO \longrightarrow CaS + 4CO_2$$

为此，提出在分解炉中建立氧化区，使磷石膏还原分解产物中的 CaS，再经高温氧化转化成 CaO，提高其脱硫率。关于 CaS 的氧化动力学，Lynch[6] 曾在差热分析仪上对 CaS 球形颗粒在 O_2-Ar 的混合气体进行高温动力学研究，发现 CaS 的氧化是一个复杂过程。其产物与试验条件有关，高温低氧浓度有利于生成 CaO 的主反应，而低温高氧有利于生成 $CaSO_4$ 的副反应，其反应式为：

主反应：$2CaS + 3O_2 \longrightarrow 2CaO + 2SO_2$

副反应：$CaS + 2O_2 \longrightarrow CaSO_4$

但对 CaS 的高温氧化反应规律性研究不够深入，而磷石膏生料在还原-氧化双气氛下反应特性研究尚未见报道。为开发双气氛流化床反应器提供理论依据，本课题进行了磷石膏生料在 CO 还原分解和产物再经高温氧化的动力学特性研究。

二、试验方法及试验装置

固体反应动力学研究的经典方法是在热天平上进行热重分析，但物料呈堆积态和慢速升温，与工业分解炉的实际工况差别较大，其动力学数据不能直接用于分解炉的研究开发，并且试样量少，难以用常规方法进行化学成分分析，为此开发了如图 1 所示的分散态试验装置。

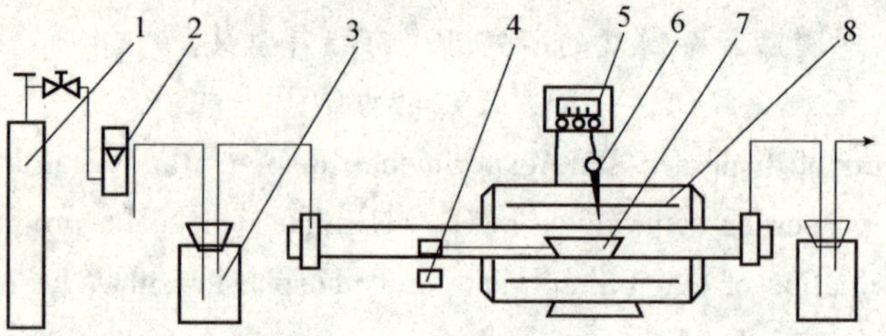

图 1 分散态试验装置

1—储气瓶；2—流量计；3—稳压瓶；4—磁铁；5—控制箱；6—热电偶；7—石英舟；8—硅碳棒

试样在石英舟中铺展成很薄的料层，达到分散态，以增加气固接触面积，并满足试样快速加热至反应温度的要求，模拟分解炉内工况。反应气体根据道尔顿气体定律，按设计的气体组成配制混合气体，并用分析仪校核后贮存于钢瓶中备用。固体产物用碘量法测定其残存的 CaS 和生成的 $CaSO_4$ 量。试验所用的磷石膏生料化学组成见表 1。

表 1 磷石膏生料的化学组成 %

Loss	SO_3	CaO	SiO_2	Al_2O_3	Fe_2O_3	MgO	其他
15.37	41.60	30.18	9.12	1.00	0.52	0.99	1.22

一般来说，硫化钙在高温下氧化主要转化为氧化钙，同时发生副反应生成硫酸钙，为此用转化率和脱硫率两个指标评价反应进行的程度。

转化率——试样中已转化的 CaS 与原有的 CaS 量之比，表明 CaS 转化为 CaO、$CaSO_4$、SO_2 的程度。

脱硫率——试样中已脱除的硫与原有的硫之比，表明 CaS 转化成 CaO、SO_2 的程度。

三、试验结果分析与讨论

（一）分散态的 CaS 氧化特性

1. 化学纯 CaS 试样在空气中的试验

在 1010℃ 的空气（21% O_2）中，进行 CaS 的高温氧化，发现试样重量增加，经 5min 后，增重率达 22%。这是由于 CaS 已吸收了空气中的 O_2 而生成 $CaSO_4$，致使试样重量增加。表明在较低温度和较高氧气浓度的条件下，CaS 不会转化为 CaO，而只能转化成 $CaSO_4$。

2. 化学纯 CaS 在弱氧化气氛（3% O_2）中的试验

在试验温度范围选取时，注意到氧化区和还原区共存于一个炉体中，氧化区的温度比还原区高。但当温度高于 1100℃，工业上分解炉的材质和操作都会发生困难，温度过高对工程无实际意义。所以选择最高试验温度不超过 1100℃，试验结果如图 2 所示。

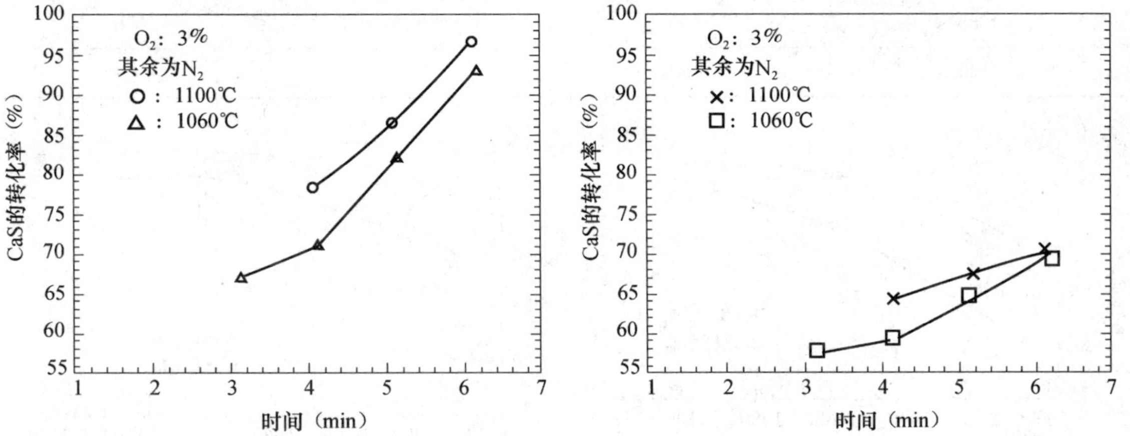

图 2　CaS 在高温下的氧化特性

由图 2 可见，提高反应温度或延长物料在高温区的停留时间，CaS 的转化率和脱硫率都增加。停留时间超过 6min，转化率可达 90% 以上，脱硫率在 65% ~68%。据此结果分析，若磷石膏生料在 1050 ~1100℃、CO3% ~5% 下完全分解，其中 $CaSO_4$ 转化成 CaO 的脱硫率为 90%，有 10% $CaSO_4$ 转化成 CaS。若 CaS 再经高温氧化区后，其中 CaS 转化成 CaO 的脱硫率为 70%，则出流化床分解炉的物料最终脱硫率可高达 97%。当然仍有少量 CaS 转化为 $CaSO_4$，转化回去的 $CaSO_4$ 可通过炉外物料部分循环再次进入还原区进行还原分解。在两带流化床分解炉中，通过在床中部补充少量的空气，形成适宜的氧化气氛，并使进入氧化区的 CO 燃烬，放出热量，使氧化区的温度高于还原区的温度，从而保证了 CaS 的氧化效果。由试验结果可知，CaS 在合适的温度和气氛下，可以氧化生成 CaO，这表明双气氛流化床的技术路线是可行的。

（二）磷石膏生料在"还原-氧化"双气氛下的分解特性

将在不同温度的还原条件下分解的磷石膏产物，重新置于高温氧化性气体介质中进行 CaS 的氧化反应试验，揭示磷石膏生科在还原-氧化条件下的分解动力学特性，试验结果如表 2、表 3、图 3、图 4 所示。

表 2　磷石膏生料还原分解（P_{CO}/P_{CO_2} =0.15，停留 5min）

温度（℃）	分解率（%）	脱硫率（%）
1010	89.6	80.1
1060	99.2	90.6
1100	99.6	93.7

表3　磷石膏生料还原-氧化分解

还原介质 $P_{CO}/P_{CO_2}=0.15$ 停留5min	氧化介质 O_2：3%，停留5min	指标	
还原区温度（℃）	氧化区温度（℃）	分解率（%）	脱硫率（%）
1010	1100	89.6	80.1
1060	1100	99.2	90.6
1100	1100	99.6	93.7

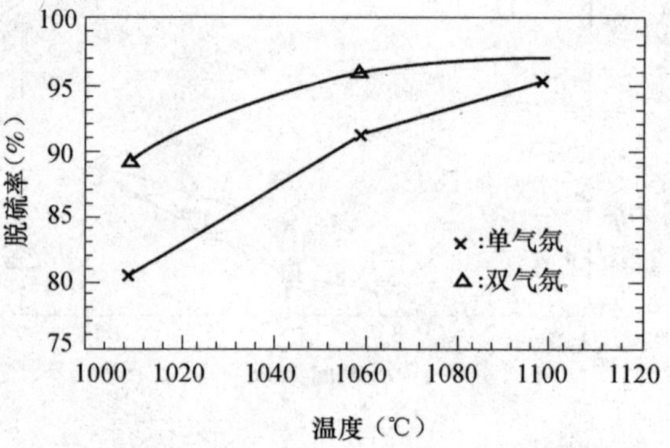

图3　磷石膏生料在单气氛和双气氛下的脱硫率比较

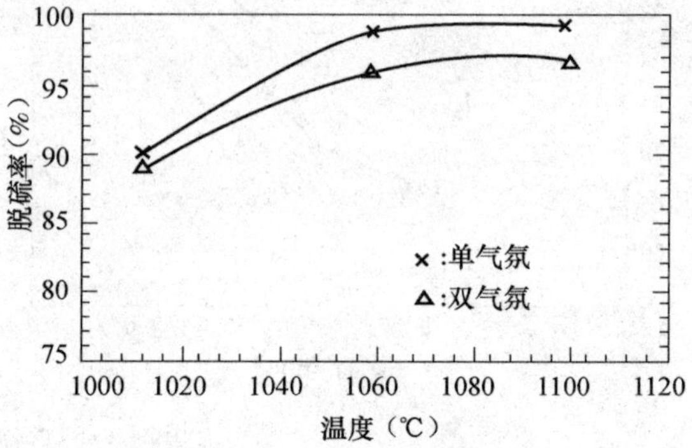

图4　磷石膏生料在单气氛和双气氛下的分解率比较

由图3，磷石膏生料在还原气氛下分解的产物再度经高温氧化，脱硫率均提高了，最大可增加10%，产物的最终脱硫率可达到95%左右。表明还原分解产物中 CaS 大部分转化成 CaO，提高了脱硫率。因此将流化床分解炉划分成还原区和氧化区是必要的、可行的，符合磷石膏的分解特点。此外，在1010℃下的磷石膏生料还原分解，因温度低，尚有10%的 $CaSO_4$ 未分解，这样即使再经过高温氧化，脱硫率也不会很高（最高为90%）。因此即使在双气氛情况下，炉温不宜过低，宜控制在1060～1100℃，否则脱硫率会低于95%。当然通过实现炉外物料循环，可放宽物料一次通过分解炉体的分解要求，适当降低还原区的温度。由表3看出，经过双气氛后的脱硫率与分解率趋于一致，表明经氧化取代反应的产物中基本上没有 CaS。

由图4可知，双气氛的分解率比单气氛的分解率有所下降，这是由于还原分解产物中的少量 CaS 经高温氧化生成 $CaSO_4$，导致物料终分解率有所下降。在工业分解炉中，由于采用炉外物料循环措施，出炉产物部分再次进入还原区和氧化区后，入窑物料可以接近完全分解和脱硫，从而使制酸气体中 SO_2 浓度达到14%～16%。

四、结论

（1）磷石膏生料还原分解的副产物 CaS 在高温低氧浓度的氧化性介质中，发生氧化反应能够转化成 CaO。在磷石膏分解炉中划分还原区和氧化区，对于提高入窑物料的最终分解率和脱硫率是完全必要和切实可行的。

（2）温度升高，CaS 的转化率和脱硫率增加，有利于生成 CaO 的主反应，对生成 $CaSO_4$

的副反应有抑制作用。

（3）磷石膏生料在1050℃、$P_{CO}/P_{CO_2}=0.1\sim0.2$（CO3%～5%）的分散态高温炉下停留3～5min，分解率可达到98%，脱硫率达80%以上。还原产物再度进入1100℃，3% O_2 的氧化气氛中，停留5min，脱硫率达90%以上。通过炉外物料循环，入窑物料可以接近完全分解和脱硫，制酸气体中 SO_2 浓度达到14%～16%。

（4）磷石膏生料的分解炉应是炉外物料循环和带还原区—氧化区的流化床复合分解炉，还原区的操作温度宜控制在1050℃左右。氧化区的操作温度宜控制在1100℃。

参考文献

[1] DE Patent 3，622，688 Verfahren zur Henstllung Von Zement Kilnker und SO_2—haltigen Abgasen.

[2] Bhattacharya. Production of Sulphuric Acid and Cement from Phosphogypsum using the OSW – Process. Chemical Age of India，Vol 27（12），1976.

[3] T. D. Wheelook，D. R. Boylan. Reductive Decomposition of Gypsum by Carbon Monoxide. Ind. Eng. Chem，1960，52，215 – 218.

[4] US Patent 4，102，989 Simultaneous Reductive and Oxidative Decompasition of Calcium Sulfate in the Same Fludized Bed.

[5] C. E. Morris，Processing Waste Gypsum in a Two – Zone Fludized Bed Reactor. Aiche Sym，ser. Vol 83（255）.

[6] D. C. Lynch，J. F. Elliof Analysis of the Oxidation of CaS Metallurgical Transactions B Vol 11B，Sept. 1980，413，415.

磷石膏还原分解动力学研究

肖国先　周松林　胡道和

（西安建筑科技大学材料系，南京，710032；南京化工大学材料系，南京，210055）

【摘　要】 在分散态试验装置上，研究磷石膏生料在CO还原性气体介质中，反应温度对其分解率、脱硫率、分解速率及主、副反应的影响规律，同时探讨了还原势对其还原分解过程的影响，研究结果对磷石膏分解炉的研究开发提供理论依据。

【关键词】 磷石膏，还原，分解，反应动力学

一、引言

磷石膏是磷酸生产过程中排放的工业废渣，主要成分是硫酸钙，每生产1t磷酸需消耗2t硫酸，同时产生出5t磷石膏，综合利用磷石膏已成为当今世界上日益重视的研究课题。

利用高温使磷石膏分解成SO_2和CaO，分别用作制硫酸和水泥的原料，不仅可以回收利用工业废渣，而且减少环境污染。

20世纪初，德国Müller最先提出以焦炭做还原剂，掺加黏土、铁粉在中空回转窑内完成$CaSO_4$分解和水泥熟料煅烧过程。后来伦兹化学公司与克虏勃公司联合开发O. S. W—Krupp流程，将中空窑改进成立筒预热器回转窑生产工艺。以上两种工艺存在热效率低、产量低、水泥质量差和制酸气体中SO_2浓度低等问题。1954年，美国Lowa州立大学根据磷石膏分解特点，提出在流化床上用CO还原分解磷石膏，并将流化床划分为还原区和氧化区。1985年原西德Lurgi公司开发循环流化床分解炉，把磷石膏的分解和水泥熟料的煅烧过程分别置于流化床分解炉和回转窑中完成。国外对磷石膏动力学研究通常在热天平上进行，其结果对工业流态化分解炉的开发指导意义不大。本文在自行开发的分散态试验装置上，研究分散态下磷石膏分解反应的动力学规律，为磷石膏分解炉的开发、设计提供理论依据。

二、试验方法及试验装置

研究固体热分解动力学的经典方法是在热天平上进行热重分析研究，但物料呈堆积态和慢速升温，与工业分解炉的实际工况差别较大，且试样量少，难以用常规方法进行化学分析，动力学数据不能直接用于分解炉的研究开发，为此开发了分散态试验装置（图1），模拟磷石膏生料在分解炉的工况。

试样（成分见表1）在石英舟中铺展成很薄的料层。达到分散态，增加气固接触面积，并满足试样快速加热至反应温度的要求。反应气体按设计的气体组成配制混合气体，并用分

析仪校核后贮存于钢瓶中备用，固体产物用碘量法测定其残存的 $CaSO_4$ 和生成的 CaS 量。

磷石膏生料的分解实际上是 $CaSO_4$ 的分解。一般来说，$CaSO_4$ 在高温下还原分解主要转化为 CaO 同时发生副反应生成 CaS，为此用分解率和脱硫率两个指标评价反应进行的程度。

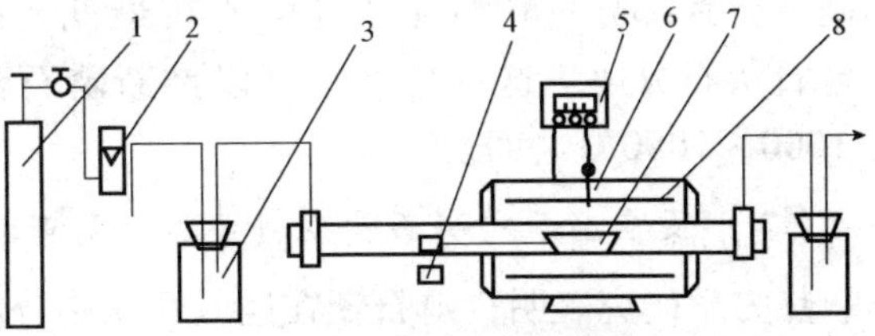

图1　分散态试验装置

1—储气瓶；2—流量计；3—稳压瓶；4—磁铁；5—控制箱；6—热电偶；7—石英舟；8—硅碳棒

分解率：试样中已分解的 $CaSO_4$ 与原有 $CaSO_4$ 量之比，表明 $CaSO_4$ 转化为 CaO、CaS、SO_3 的程度。

脱硫率：试样中已脱除的硫与原有的硫之比，它表明 $CaSO_4$ 转化为 CaO、SO_2 的程度。

表1　试验原料（磷石膏生料）化学组成　%

烧失量	SO_3	CaO	SiO_2	Al_2O_3	Fe_2O_3	MgO	其他
15.37	41.60	30.18	9.12	1.00	0.52	0.99	1.22

三、试验结果分析与讨论

（一）　温度对磷石膏生料分解率、脱硫率的影响

如图2、图3所示，在相同的气氛和停留时间下，提高反应温度、磷石膏生料的分解率和脱硫率都随之增加，尤其在1000℃以下，温度影响更加显著，而当温度低于970℃，其分解率和脱硫率 $<70\%$，不能满足工业要求。在1060～1100℃，试样趋于完全分解，而脱硫率在90%左右，表明其中有部分 $CaSO_4$ 分解转化为 CaS。若分解产物再经高温氧化，使其中的 CaS 氧化生成 CaO，则脱硫率可进一步提高，接近完全脱硫。

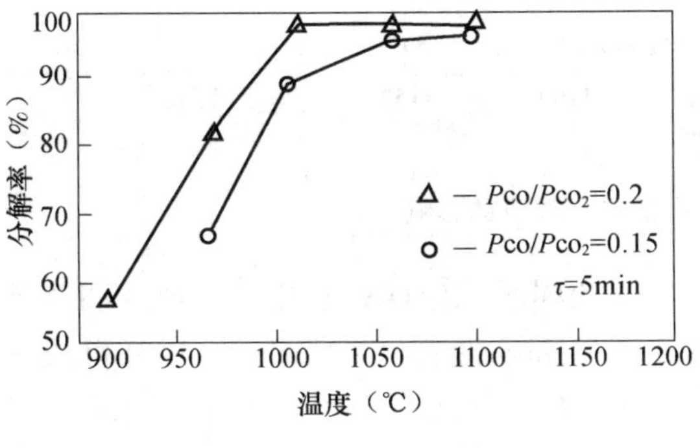

图2　温度对磷石膏生料分解率的影响

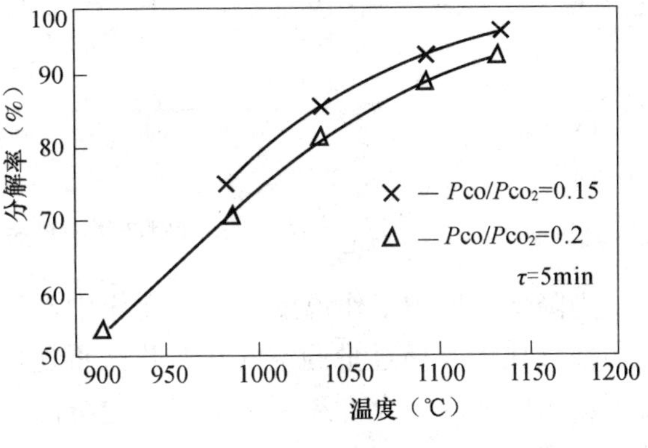

图3　温度对磷石膏生料脱硫率的影响

本试验仅从非耦合的简单因素出发，物料呈分散态，未考虑物料的循环分解作用，而在循环流化床分解炉中，物料呈悬浮态，加上炉外物料循环，则要求一次通过分解炉本体的分解率相应降低，从而降低对炉温的要求，经循环分解后入窑物料仍可接近完全分解。若将悬浮态、停留时间延长和循环效率增加的相互耦合作用一并考虑，均会极有效地加速磷石膏生料分解反应的进程，也就是可望明显地降低对分解温度的要求。以石灰石生料分解为例，石灰石生料在堆积态的适宜分解温度为900℃左右，而在工业分解炉

中，石灰石生料在810～820℃也就满足分解要求。这是由于最低一级旋风筒的分离效率不高，导致部分物料循环，也可能在最低一级旋风筒中继续分解，从而提高了分解率。借鉴石灰石分解炉这一特点，可以推断磷石膏生料分解炉的还原区实际工作温度宜控制在1000～1050℃之间。

（二）反应温度对磷石膏生料还原分解产物组成的影响

热力学研究表明，磷石膏在还原介质中分解时，发生主、副反应，其热效应不同：

主反应；$CaSO_4 + CO \rightarrow CaO + SO_2 + CO_2 - Q$

副反应；$CaSO_4 + 4CO \rightarrow CaS + 4CO_2 + Q$

主反应是吸热反应，副反应是放热反应，提高反应温度对主、副反应的影响不同，现以磷石膏生料完全分解时产物中达到的最大CaS量或CaO量作为考察指标，产物中达到的最大CaS量或CaO量等于产物中CaS或CaO百分含量与分解率之比。如图4所示。随温度升高，产物中CaS含量降低，CaO含量增加，说明高温有利于主反应进行，对副反应有抑制效果。但即使在温度高达1100℃、低P_{CO}/P_{CO_2}、$CaSO_4$完全分解时，产物中仍有5.3% CaS存在；温度低于1100℃，则CaS量更多。表明在还原气氛下，在主反应进行的同时，不可避免地发生生成CaS的副反应。若分解炉仅设置还原区，则为减少CaS的生成，势必要求较高的反应温度，造成分解炉操作温度控制过高，会降低物料流动性，易发生分解炉结皮、堵塞等现象。

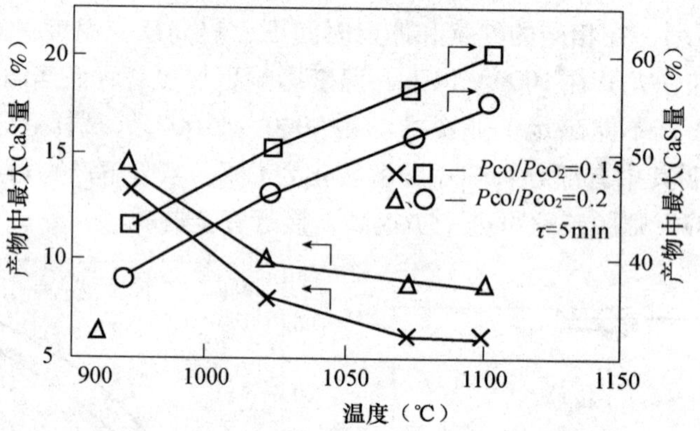

图4　温度对产物中最大CaS量和CaO量的影响

为降低分解炉工作温度，在流化床中设置还原区的同时，应增设氧化区，通过调节燃料与空气比例，使过量的空气在氧化区将还原区生成的CaS再氧化生成CaO，这样可放宽对还原区的要求，允许还原区形成一定量的CaS，再通过氧化区时即可实现完全脱硫之目的，设置还原区－氧化区双气氛分解炉比单气氛的还原分解炉更符合磷石膏生料的分解特点。

（三）反应温度对磷石膏生料还原分解速率的影响

反应温度不仅影响产物组成，而且影响分解反应速率。若以分解率达97% h，磷石膏生料在高温停留时间τ_e作为衡量反应快慢的标志。图5反映温度对τ_e的影响，随温度升高，τ_e迅速降低，表明分解反应速率加快。在910℃磷石膏生料分解率达到97%，则需要15min以上；在970℃需要8min；而在1060～1100℃不到3min。据此趋势，说明温度继续升高，τ_e

更小，分解速率更快。但如果温度增至使生料中出现液相，生料粉结团，传质阻力增加，分解速率反而下降。从分解速率角度考虑，反应温度不宜高于出现液相的温度。另外分解炉温度高于1100℃，分解炉的材质选用和操作均困难，所以磷石膏生料在1100℃以下的分解规律才具有实际意义。

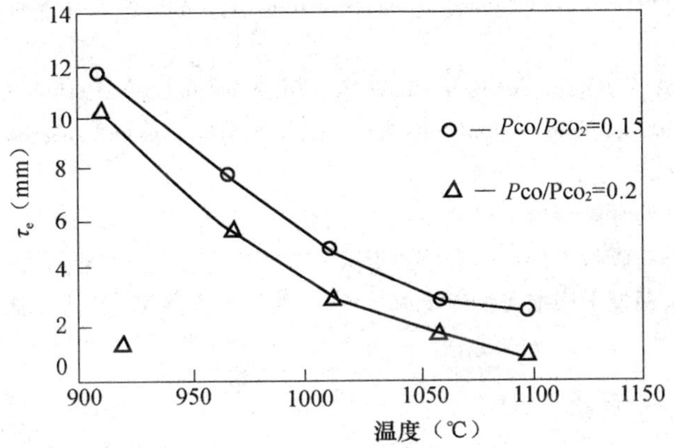

图5　温度对 τ_e 的影响

（四）还原势 P_{CO}/P_{CO_2} 对磷石膏生料还原分解过程的影响

由前述的反应式知，CO、CO_2 浓度变化对主、副反应影响程度不同，用还原势 P_{CO}/P_{CO_2} 表示还原性介质组成对分解的影响（图6）。在不同 P_{CO}/P_{CO_2}，$CaSO_4$ 接近完全分解，但脱硫率随 P_{CO}/P_{CO_2} 减小而增加。在1010℃和 $P_{CO}/P_{CO_2}=0.15h$，由于还原性气体介质中，CO浓度较低，导致分解率下降。为保证较高的分解率，CO浓度不宜低于3%，同时 P_{CO}/P_{CO_2} 控制在0.1～0.2，这样在适宜的温度下，磷石膏生料趋近完全分解，脱硫率在85%以上。

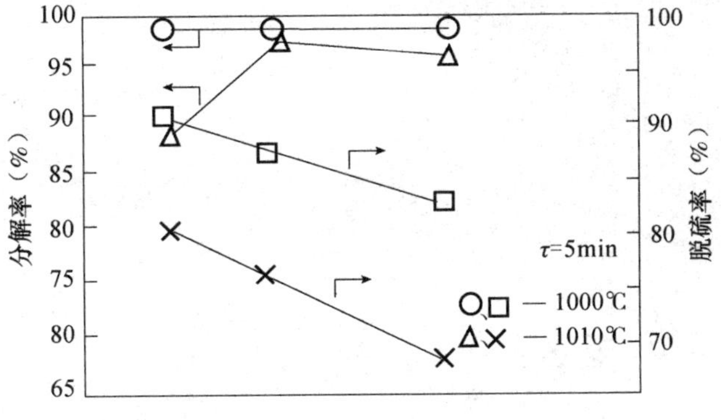

图6　还原势 P_{CO}/P_{CO_2} 对磷石膏生料分解率与脱硫率影响

四、结论

（1）温度升高，磷石膏生料的分解率和脱硫率都显著提高。

（2）温度升高，分解反应速率和脱硫速率加快，有利于生成CaO的主反应，对生成CaS的副反应有抑制作用。

（3）磷石膏生料的分解炉应是炉外物料循环和带还原区-氧化区的流化床分解炉。

（4）分散态下还原区的操作温度在1050℃左右，$P_{CO}/P_{CO_2}=0.1\sim0.2$（CO3% ~5%），停留3 ~5min，磷石膏生料的分解率可达到98%，脱硫率85%以上。

参考文献

[1] T. D. wheelock；D. R. Boyklan，Reductive Decomposition of Gypsum by Carbon Monoxlde. lnd. Eng. Chem. 1960，52，215 ~218.

[2] DE Patent 3. 622，688 Verfahren zur Herstellung Von Zemenl Kilnker und SO_2 – hahtigen Abgasen.

[3] Bhatla charya. Production of Sulphuric Acid and Cement from Phosphe gypsum Using the OSW-Process. Chemical Age of India. 1976，12. 217.

[4] 肖国先．分散态磷石膏分解动力学研究［D］．南京：南京化工大学（硕士学位论文），1992.

[5] 杨南如，胡道和，等．碳酸钙分解动力学初步探讨［J］．南京化工学院学报，1980（1）：19 ~35.

[6] 陈全德，曹辰，等．新型干法水泥生产技术［M］．北京：中国建材工业出版社．1987.

循环流化床新型分料器的性能

彭新战　周勇敏　吴石福　胡道和　张少明　王　辉
（南京工业大学材料科学与工程系）

【摘　要】 研制了一种新型分料器，用于循环流化床分料的调节与控制。该分料器采用纯气动控制适用于高温、粉体操作环境。在直径为400mm、高9060mm的循环流化床模型试验台上，研究了分料器的调节性能，并分析了循环系统压力平衡以及立管、分料器内压力分布规律。

【关键词】 分料器，循环流化床，立管

PROPERTIES OF A NEW TYPE OF POWDER DIVIDER IN CFB

Peng Xinzhan　Zhong Yongmin　Zhang Shaoming　Hu Daohe Wu Shifu Wang Hui
(Department of Material Science and Engineering)

【Abstract】 A new type of powder divider has been developed, which is applied to CFB (circulating fluidized bed) for adjusting and controlling the powder dividing. By using compressed - air operalion, the divider could be suitable to high temperature dusty circumstance. The adjusting properties of the divider has been studied. The pressure distribution in standpipe and divider, and the balance of pressure in the whole circulating system have been analyzed on the basis of CFB experimental system, with the fluidized bed being 9060mm high and 900mm ID.

【Key words】 divider, CFB, standpipe.

固体颗粒连续稳定的循环是气固循环流态化过程实现工业化的关键。而对某些循环流态化操作，不仅需要颗粒稳定循环，而且颗粒还必须作为产品连续稳定地从循环系统排出。料腿中的分料器正是实现这种操作的关键设备。

分料器工作状态的优劣直接影响全系统的运行。但多年来，分料器的研制工作进展缓慢。美国 Fuller 公司 Warshawsky J 等人[1,2]开发了几种应用于水泥工业循环分解炉上的分料器，均为采用机械挡板位置变化来分配排料量与回料量。这些类型的分料器由于存在运动构体，易出现设备卡死，高温环境下烧蚀等故障。彭守正[3]曾提出两级串联旋风分离器的分料方案，第一级物料全部循环，第二级旋风筒收集物料则作为产品排出。但其分料量无法调节，且第一级旋风筒收集物料反复循环易出现粗颗粒“死循环”恶果，客观上制约了其应用范围。

单纯用作颗粒循环的非机械调节阀的种类较多且应用较好[4]。借鉴其设计思想，结合分料器的具体要求，本文开发了一种新型气动分料器，采用气动分料控制替代机械挡板方式，可广泛应用于工业循环流化床装备。

一、新型分料器结构及操作特点

新型分料器采用纯气动控制，内部无机械运动部件。由回料阀与排料阀紧密结合组成分料器，其结构如图1所示。

分料器内存在两个物料通道，其一是回料通道，由回料阀及分料器上部立管组成；其二是排料通道，由排料立管及排料阀组成，一定数量的物料经立管落至分料器内，首先由分料器内隔板对回料量和排料量进行预分配。落入回料阀的物料在回料风的吹动下呈流化流动状态，以“自平衡”方式流回流化床，而落入排料阀的物料则由松动风根据要求控制的排料量进行调节。如果分料隔板预分配给排料阀的量大于实际控制的排料量，则物料在排料立管中积累直至流向回料阀，从而实现分料控制调节之目的。

二、新型分料器的性能研究

（一）试验装置及方法

试验装置如图2所示。物料从流化床进入第一级旋风分离器，收集后物料经1#立管落入分料器，分料后回料流回流化床而排料则由提升管送入第二经旋风分离器收集，再由U型料腿返回流化床。

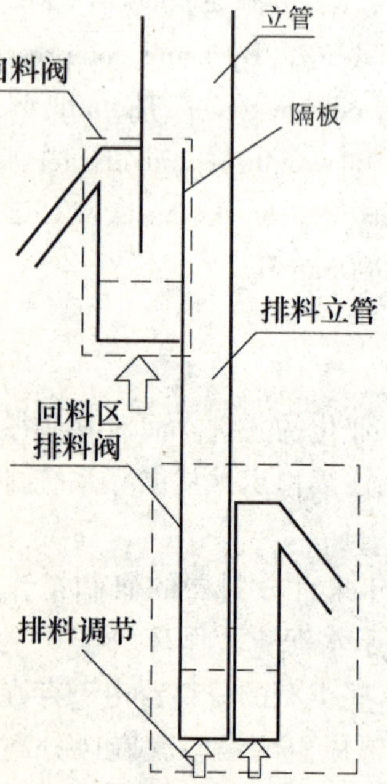

图1　新型分料器结构

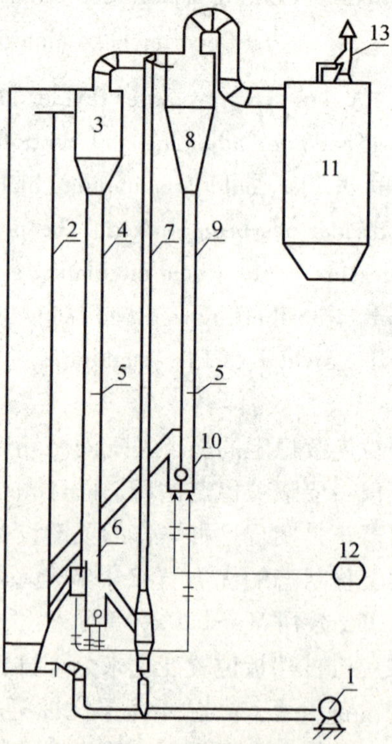

图2　试验流程图

1—鼓风机；2—流化床；3—第一级旋风分离器；4—1#立管；5—蝶阀；6—分料器；7—提升管；8—第二级旋风分离器；9—2#立管；10—U形阀；11—清灰除尘系统；12—罗茨风机；13—引风机

试验物料为磷石膏，属 Geldart A 类物料。颗粒平均径为 47.1μm。堆积空隙率 ε_0 为 0.71. 起始流比速度为 0.09m/s。

各点压力采用高灵敏度压力传感器配套计算测量，能同时测量 32 路压力信号。采样频率可达 200Hz。

循环率 G_s（单位时间内流出流化床物料质量）及排料率 G_{pl}（单位时间内由分料器排料口流出的物料质量）均采用瞬时停止返料方法通过测量相应立管内物料的堆积速率后换算而得。而回料率 G_{hl}（单位时间内由分料器流回流化床的物料质量）则是循环率与排料率之差。

（二）新型分料器的调节性能

图 3、图 4、图 5 分别表示了回料风 V_{hl} 排料调节风 V_{ps} 及排料风 V_{pl} 对分料调节的影响规律。图 3 表明，在总循环量 G_s 一定的条件下（为 0.17kg/s），保持排料阀内松动风不变且使排料阀内物料处于流化状态，回料风从 0.06m/s 增至 0.15m/sh，回料率 G_{hl} 有明显增加；但当回料风速超过 0.15m/s 时，回料率基本保持不变。

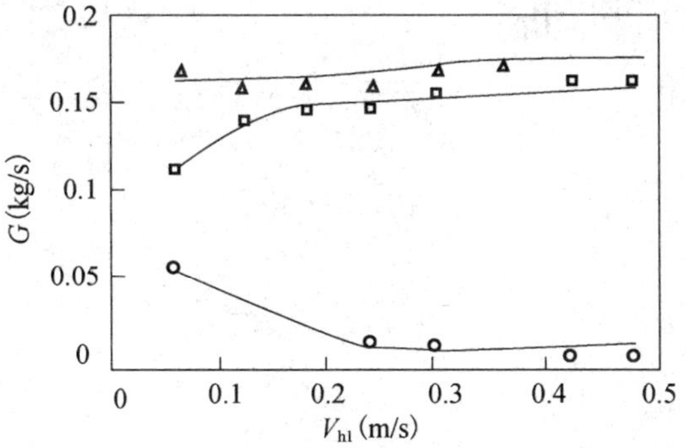

图 3 回料风对分料的调节规律

（V_{ps} = 0.22m/s，P_{pl} = 0.08m/s）

△—G_s；□—G_{hl}；○—G_{pl}

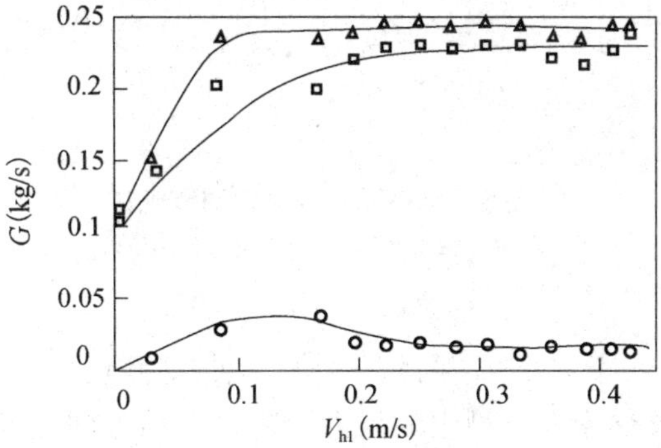

图 4 排料调节风对分料的调节规律

（V_{hl} = 0.17m/s，V_{pl} = 0.08m/s）

△—G_s；□—G_{hl}；○—G_{pl}

回料风对分料比（排料率与回料率之比值）的调节作用主要取决于回料阀内物料流动状态。当回料阀内物料处于移动床阶段，松动风对回料量有明显调节作用，而一旦处于流化状态，流出回料阀的量便不再受松动风大小的影响而基本处于“自平衡”调节状态。

图 4、5 则分别显示了排料阀内两股松动风速的变化对分料比的影响。图 5 表明，当回料阀及排料立管内物料均处于流化状态时，排料风 V_{pl} 对分料比基本不产生作用。从图 4 可得到排料调节风 V_{ps} 对分料比的调节规律。当排料立管内物料处于非流化状态（V_{ps} < 0.1m/s），排料调节风 V_{ps} 直接决定着排出物料的多少。当 V_{ps} 为 0 时，排料阀处于关闭状态。由于物料在排料阀内的积聚导致循环率 G_s 降低。V_{ps} 增加，排料阀内积聚物料空隙率增大，使得 G_s 回升。但当 V_{ps} 大于 0.1m/s 后，排料阀内物料处于流化状态，其空隙率不再随风速而变化，排料阀以“自平衡”方式运行，测试显示 G_s、G_{hl}、G_{pl} 基本保持不变的趋势。

（三）料器及循环系统压力分布

试验测定了循环系统及分料器内压力分布，结果如图6、图7所示。

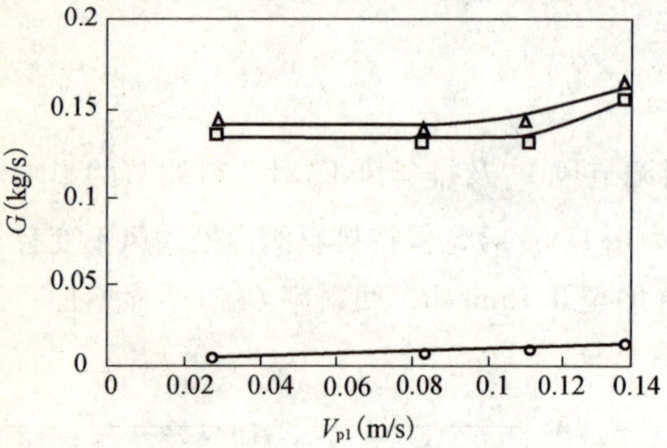

图5　排料风对分料的调节规律

（V_{ps} = 0.22m/s，P_{hl} = 0.17m/s）

△—G_s；□—G_{hl}；○—G_{pl}

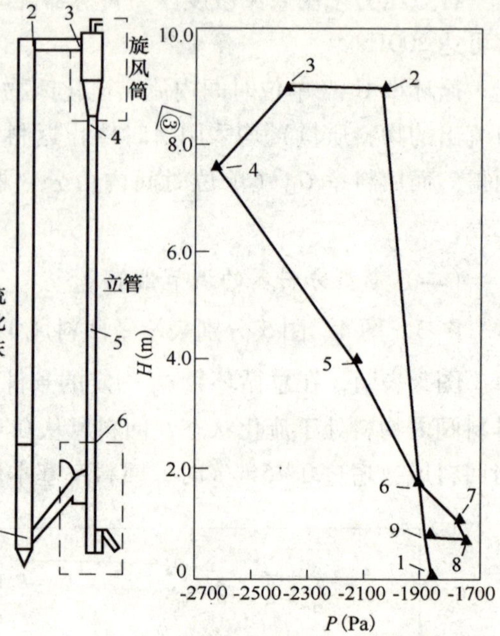

图6　循环系统压力分布

图6循环系统压力平衡曲线可以看出，流化床与立管内的压力沿物料流动方向上其变化趋势通过相反。立管内压力在物料流动方向上逐渐递增以克服流化床内的压降，说明立管在循环系统中是实现“料封”的关键部件。

图7则显示了分料器内压力分布状况。立管底部的压力虽然高于回料口压力，但仍低于排料口压力，因而排料立管的作用就在于实现了排料通道的料封。

分料器内回料通道阻力（100Pa）远低于排料通道阻力（1700Pa），因而在运行时，实际回料率远高于隔板的预分配量。

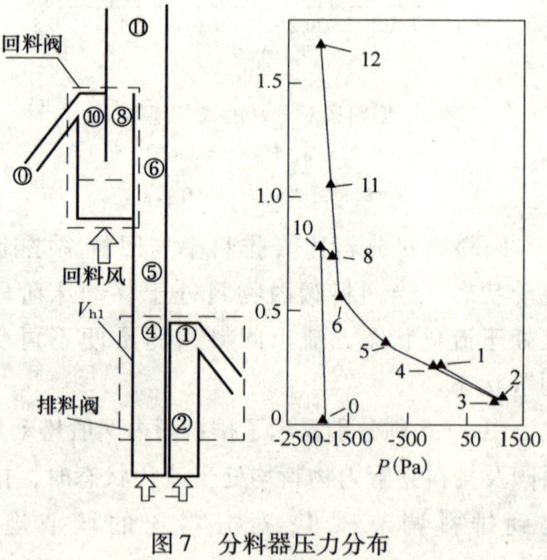

图7　分料器压力分布

（四）立管内压力分布

立管是循环系统中实现“料封”的关键设备。试验测定了各路松动风对立管压力分布的影响规律，结果如图8、图9、图10所示。

立管压力分布曲线均表明，立管内物料流动符合流化流动特征，且属于空隙率接近于1的稀相流动方式。

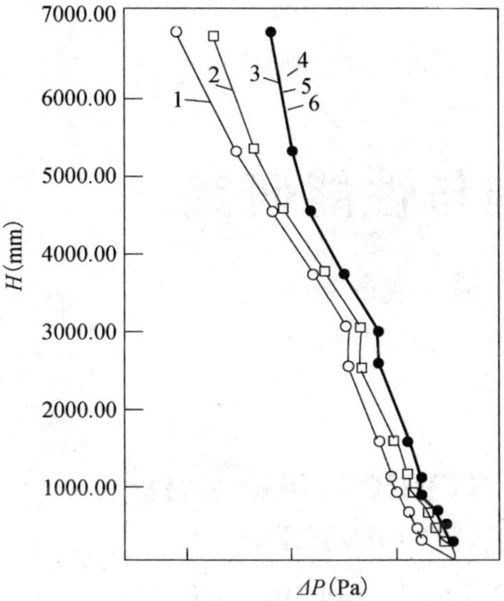

图8　回料风速对立压管压力分布影响

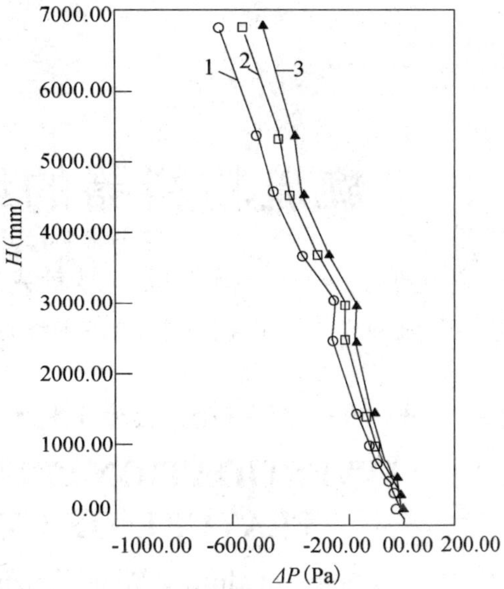

图9　排料调节风对立管压力分布影响

图8表明，回料风速 V_{hl} 增加，立管内物料空隙率增大，至使立管上下压差降低。但当回料风增至0.18m/s后，向上流动的气体足以使立管内物料完全处于流化状态。此时空隙率便不再是松动气量的函数。立管压差不再发生变化。图9显示的排料调节风速对立管压力分布的影响有类似的趋势。表明调节风有部分向立管流动，直接影响立管内压力分布。而图10则说明排料风不流向分料器，主要是随物料流出分料器，故对立管内压力分布基本不产生影响。

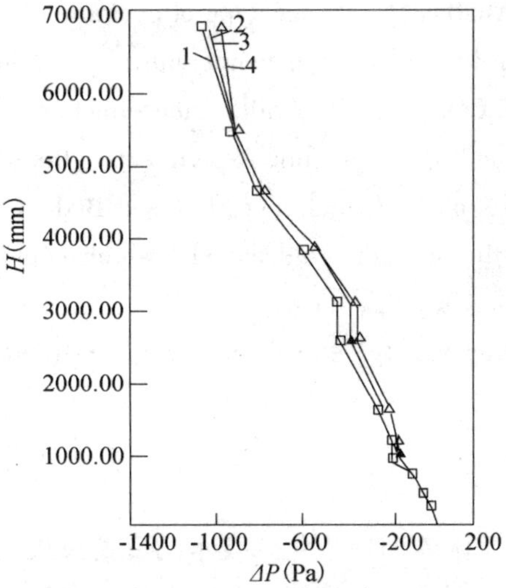

图10　排料风过对立管压力分布影响

三、结论

1. 本文研制的新型分料器以纯气动实施操作控制，具有结构简单、调节灵活、控制可靠、高温适应性强等一系列优点，是一种性能优良的分料器型式。

2. 在气速小于0.15m/s的范围（即非流化区），回料风及排料调节风对分料比有良好的调节作用，而排料风基本上对分料比不产生影响。

3. 立管内物料流动为空隙率接近1的稀相流动。回料风 V_{hl} 或排料调节风 V_{ps} 增加都使立管内物料空隙率增大，立管压差降低。

参考文献

[1] Waishawsky J. Lawall TR，Krisbrg AJ. Zemcnt - Kalt - Gips，1986，39（3）；119 ~ 121.

[2] Kreisberg A J. ln：29th Cement Industry Technical Coference：Recurculation improves flash calciner efflciency. San Francisco. Califournia，1987：116 ~ 127.

[3] Liu D L. Liu X G，Kwauk M S. Fluidization，NewYork：plenum Press，1980：185 ~ 192.

旋流粉料器的结构与性能研究

周勇敏　彭新战　吴石福　胡道和
（南京化工学院硅酸盐工程研究所，南京，210009）

【关键词】　旋流分料器，结构，操作性能

INVESTIGATION ON THE STRUCTURE AND FEATURE OF CYCLONIC DIVIDER

Zhou Yonglnin　Peng Xinzhan　Wu Shifu and Hu Daohe
（Research Center of Silicate´Engineering，Nanjing Institute of Chemical Technology，Nanjing 210009）

【Abstract】　A new type of cyclonic divider has been developed to adjust and control powder dividing adapted to high temperature operation environment. On the basis of the experimental studies of the unit cyclonic divider，the effects of divider's structural parameters on the dividing ratio were obtained. In the on-line experiments，the structure of the divider was modified to fit the special conditions of the Circulating Fluidized Bed（CFB）. The performance of the divider was also investigated in the on – line cold model，which could provide the reliable basis for hot model experiments and practical uses.

【Key words】　cyclonic divider，structure，operability.

一、引言

随着循环流化床技术的日益发展，许多生产工艺均采用外部循环的方式来提高粉料成品的合格率，在这些生产工艺中（如水泥生产），一部分固体粉料要循环返回反应器，另一部分则作为成品排出循环系统。分料器是实现这一目的的关键设备。在水泥生产中，使用较多的分料装置有：安装在窑尾的溅料扬撒分料装置、溜管分料装置及输送分料装置[1,2]，它们的共同特点是靠机械部件的运动来调节所分配的两路物料量之比。由于水泥生产具有高温的特点，降低了使用机械运动部件的可靠性和寿命。为此，彭新战、周勇敏等开发了气动分料器[3]，达到了高温下无机械运动部件分料的目的，但各路调节风受到初始流化速度限制，故调节范围小，灵活性较差。本文在上述工作基础上，研究既能适应高温操作要求，又能在较大调节范围内较灵活可靠地调节分料的旋流分料器。

二、试验装置及方法

（一）旋流分料器的结构

旋流分料器结构如图 1 所示。旋流分料部分是分料器的主体，根据旋流风能改变原有截面空隙率分布的原理而将整个通道沿径向分成回料区域（外部环形区域）和排料区域（中心圆形区域）。回料部分和排料部分分别采用“L”阀和“U”阀，既能保证流动通畅，又能遏制窜风。通过在分料部分由旋流喷嘴引入少量可调节的旋流风来调节分料比（回料率 G_h 与排料率 G_p 之比）。在单体实验中，为了能说明旋流风对截面空隙率的影响能力，采取物料沿截面均布的形式；在在线冷模实验中，由于实际物料在下行管中存在严重贴壁现象，因而加设了如图 1 中的缩口，以使物料尽量聚集到中心排料区域，从而加大旋流风对分料比的调节范围。

（二）实验流程及方法

旋流分料器的单体实验和在线冷模实验的流程分别如见图 2 和图 3 所示。

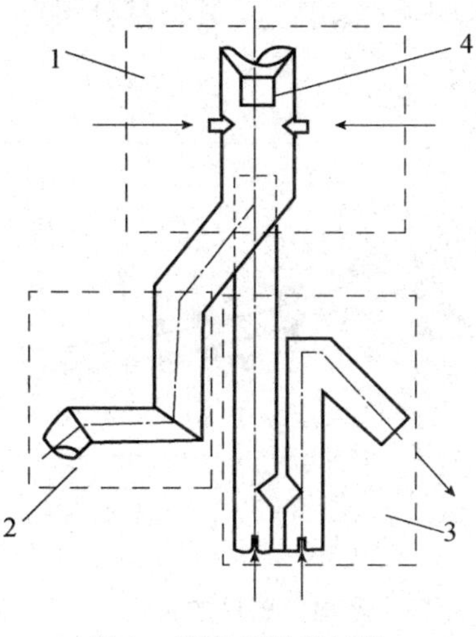

图 1　旋流分料器结构

Fig. 1　The structure of cyclonic divider

1—分料部分；2—回料部分；3—排料部分；4—缩口

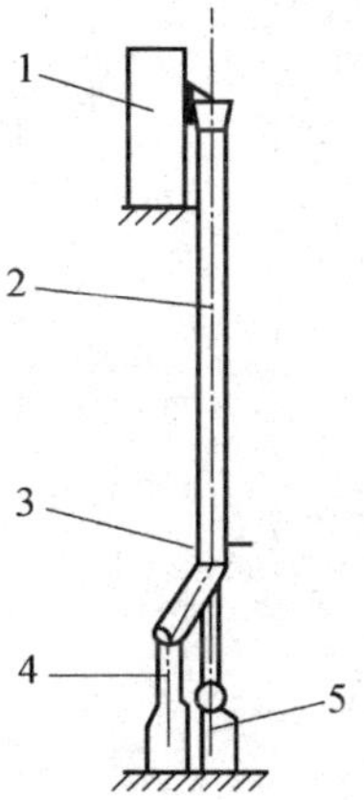

图 2　单体试验流程图

Fig. 2　The flow chart of unit experiment

1—振动喂料机；2—下料管；3—旋流分料器；4—回料集料箱；5—排料集料箱

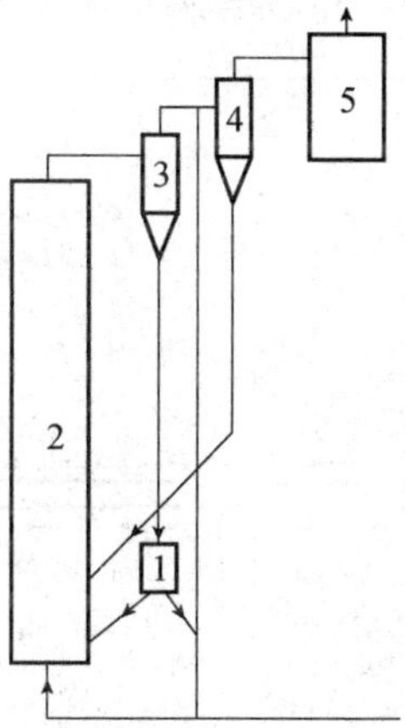

图 3　在线冷模试验流程图

Fig. 3　The flow chart of on-line coldmodel experiment

1—旋流分离器；2—循环流化床；3——级旋风分离器；4—二级旋风分离器；5—收尘袋

在单体实验中，旋流风由罗茨风机通过喷嘴切向送入分料器内，物料由振动喂料机加入下料管中，经过分料器分成两部分（回料部分和排料部分），回料量和排料量由 2 个接料桶收集而测得。通过改变分料部分结构参数（喷嘴个数、进风方式等）来改变分料比。

在在线冷模实验中，将单体实验所得较优化结构的分料器连接在中 ϕ400mm × 9000mm 的循环流化床上。为了连续稳定操作，系统设计成为能使物料闭路循环的形式，采用瞬时停止返料，测得一级和二级旋风分离器下料管内下料速率而分别间接测得回料率和排料率。各路调节风量的大小均由转子流量计测得。实验物料采用平均粒径为 47.1μm 的磷石膏粉料，其真密度为 2460kg/m^3，堆积空隙率为 0.71。

三、实验结果与分析

（一）物料沿截面的预分配特性

图 4 示出分料器预分配特性。图中曲线 2、曲线 3 分别示出单体实验时实测和理论预分料比（未加旋流调节风时的分料比）随循环率 G_s 的变化规律。G_s 越小时，实际分料比偏离理论分料比越大，说明贴壁现象越明显，曲线 1 是在线冷模实验时分料器未加缩口时的预分

料比随循环率 G_s 的变化规律，表明在线冷模实验时，贴壁现象更加明显，曲线 4 示出加缩口后分料器的预分料比变化较小，有利于旋流风的调节。

（二）旋流分料器单体实验结果与分析

衡量分料器性能的重要指标是分料比的大小及其调节的灵活性。

1. 喷嘴个数对分料比 m 的影响　在旋流总风量不变的情况下，选择喷嘴个数 n 分别为 2、3、4 的条件下进行实验。由图 5 看出，$n=4$hm 较大，说明其调节性能较好。这是由于采用 4 只喷嘴时，旋流分料区内流场较均匀，对分料区内物料所产生的离心作用较强。

2. 喷嘴出口角度 α 对 m 的影响　在采用 4 只喷嘴的基础上对喷嘴出口角度进行了实验研究。由图 5 可见，在不同 G_s 条件下，均在 α 为 150°时 m 呈现最大值，说明此时分料区内的流场分布较有利于物料向壁面运动。

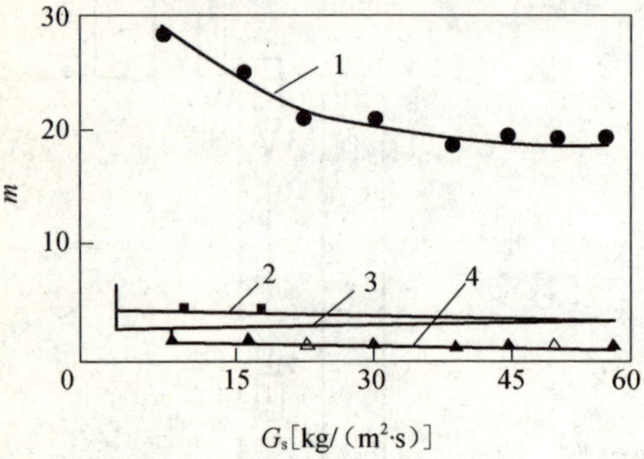

图 4　分料器预分配特性

Fig. 4　The character of pre-dividing for cyclonic divider

1—改进前在线情况；2—单体实测拟合曲线；3—单体理论情况；4—改进后在线情况

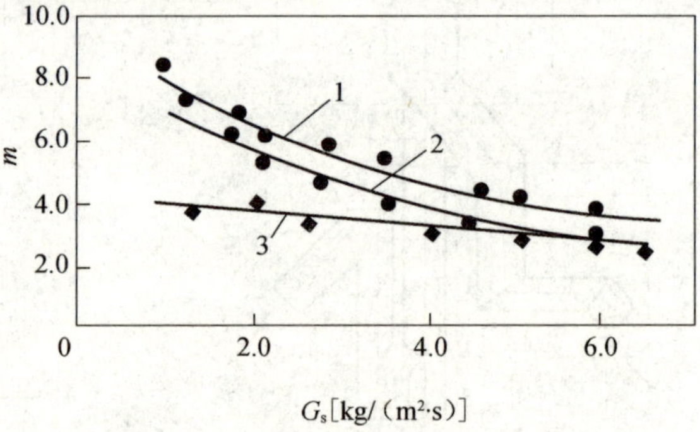

图 5　喷嘴个数对分料比的影响

Fig. 5　The effects of nozzle's number on dividing ratio

n：1—4；2—3；3—2

3. 喷嘴轴向位置对分料比的影响　由图 7 可见，在 $H/D=1.0\sim1.5$ 时，m 变化较小，且达到最大值，故建议取 $H/D=1.0\sim1.5$。

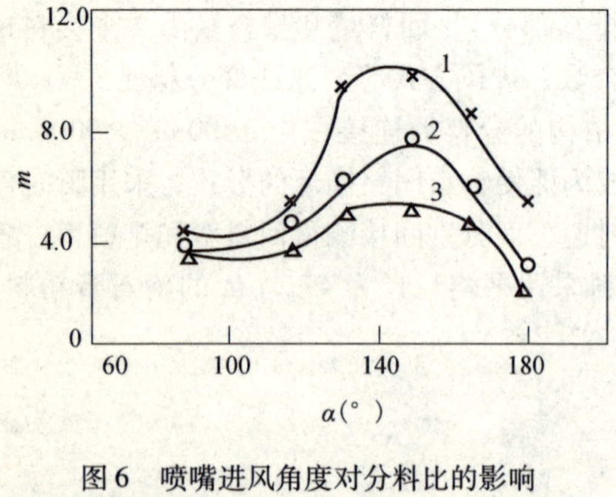

图 6　喷嘴进风角度对分料比的影响

Fig. 6　The effects of nozzle's angle on dividing ratio

G_s[kg/(m^2·s)]：1—2.95；2—5.90；3—23.58

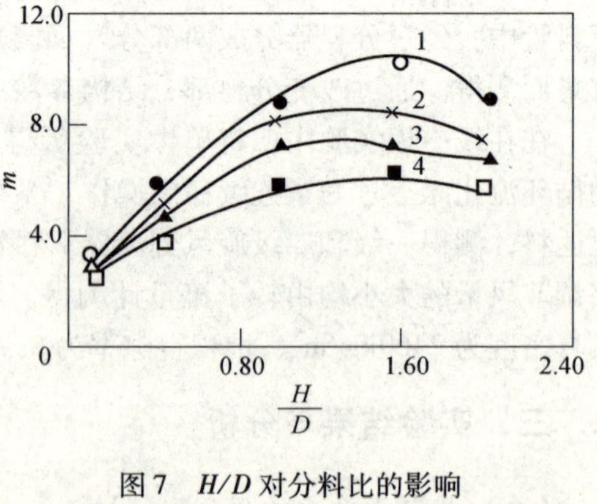

图 7　H/D 对分料比的影响

Fig. 7　The effects of H/D on dividing ratio

G_s[kg/(m^2·s)]：1—2.95；2—5.90；3—17.68；4—23.57

4. 喷嘴进风切圆半径对分料比的影响　通过改变喷嘴伸入长度而改变进风切圆半径 R_c。

图 8 说明，取较小的 R_c，对提高 m 有利，故建议在线冷模实验时取 $R_c=20$mm。

（三）旋流分料器在线冷模实验结果与分析

由于在在线冷模实验中分料器结构作了改进，故需对有关结构参数对分料器分料调节性能的影响作进一步验证。经过对喷嘴个数、喷嘴出口角度、进风切圆半径及喷嘴进风轴向位置对在线分料器的实验测试，发现喷嘴出口角度和进风切圆半径的较优值仍分别为：$\alpha=150°$ 和 $R_c=20$mm，与单体实验结果一致，而喷嘴个数和进风轴向位置略有变动。

1. 喷嘴个数对在线分料调节性能的影响。采用 2 只喷嘴和 4 只喷嘴进行分料器在线调节性能比较，结果如图 9 所示，由图发现，2 只喷嘴时调节范围较 4 只喷嘴时大，这说明使用 2 只喷嘴对中心集中下料时的物料向壁面运动较有利，而且结构简单。

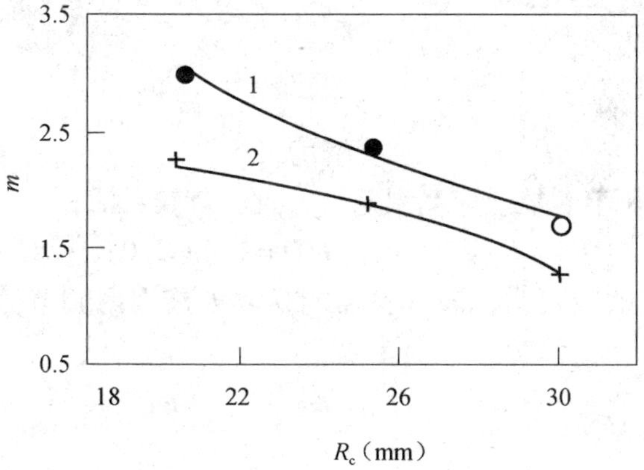

图 8　切圆半径对分料比的影响

Fig. 8　The effects of rotating radius on dividing ratio

G_s[kg/(m^2·s)]：1—5.90；2—11.80

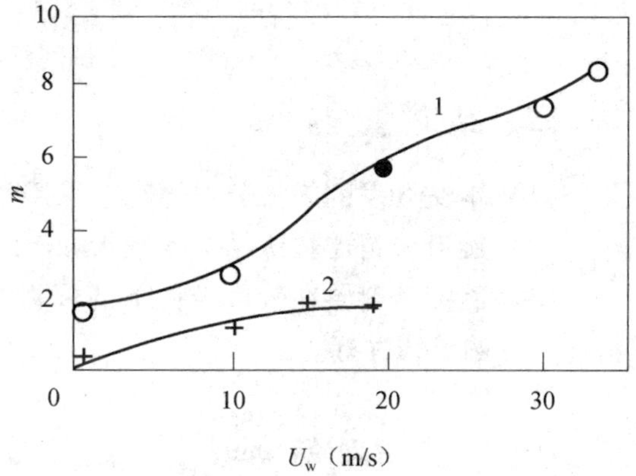

图 9　喷嘴个数对粉料调节的影响

Fig. 9　The effects of nozzle's number on the character of adjusting dividing

n：1—2；2—4

2. 喷嘴与下料管口距离对分料调节性能的影响。图 10 表示出在 $G_s=26.2$kg/(m^2·s) 时，4 种风速 U_w 情况下，m 随 H/D 的变化关系。在 $H/D<1.0$ 时，m 较小且随 H/D 的的变化较大，说明 H/D 对 m 影响较大；当 $H/D>2.0$ 时，曲线趋向平坦，m 随 H/D 的增大而增大的趋势已不明显，这说明继续增大 H/D 值对分料器的调节性能改善很小，为了结构紧凑，取 H/D 为 1.0～2.0 较为合理。

3. 较优化的在线分料器结构的在线调节性能。图 11 示出 $H=1.67D$ 及 $H=D$ 时旋流分料调节性能，从图看出 U_w 在 0～35m/s 范围内时，能使 m 分别在 2～14 及 1～14 之间灵活调节，且调节线性好，能满足在线分料的要求。

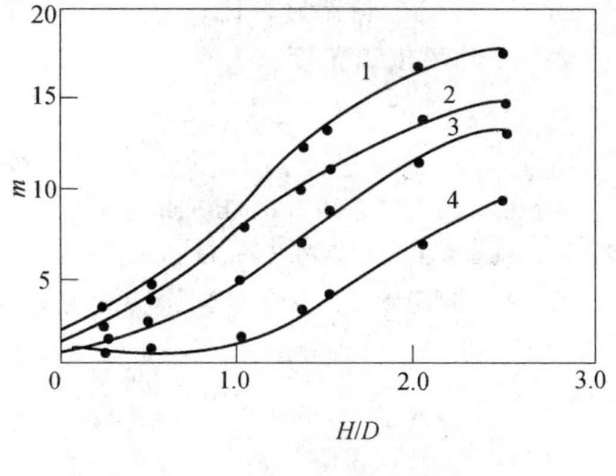

图 10　H/D 对分料比的影响

Fig. 10　The effects of H/D on dividing ratio

[$G_s=26.2$kg/(m^2·s)]

U_w(m/s)；1—27.06；2—18.04；3—9.02；4—0

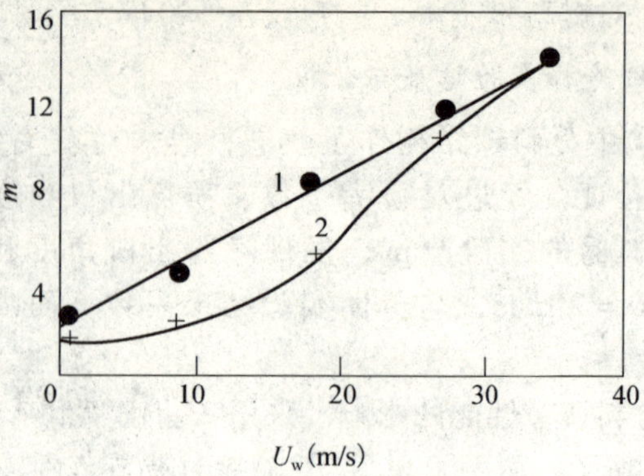

图 11　旋流分料器调节性能

Fig. 11　The operabilities of cyclonic divider

H/D: 1—1.67; 2—1.0

四、结论

（1）本文开发的旋流分料器完全采用气动调节，能适应高温条件，且调节较灵活；

（2）旋流分料器较优结构参数为 $n=2$、$\alpha=150°$、$R_c=20$mm、$H/D=1.0\sim2.0$；

（3）旋流分料器在较优结构下的分料调节试验表明，该分料器能在较大范围内调节分料比，且调节线性好。

符号说明：

D——下料管直径，mm；

n——引入旋流风的喷嘴个数；

G_h、G_p、G_s——分别为物料回料率、排料率、循环率，kg/(m^2 · s)

R_c——喷嘴进风切圆半径，mm；

H——喷嘴与下料管口距离，mm；

U_w——旋流风出喷嘴风速，m/s；

m——旋流分料器分料比；

α——喷嘴出口角度,°。

参考文献

[1] Warshawsky J, Lawall T R, Kreisberg A J. Z-K-G, 1986, 39 (3): 119 ~ 121.

[2] Kreisberg A J, In: 29th Cement Indudtry Technical Conference, San Francisco California 1987. 416 ~ 427.

[3] 彭新战，周勇敏，张少明，等. 南京化工学院学报，1993 (15)（增刊）: 78 ~ 82.

第三部分

其　　他

浅谈“硅酸盐工程学”与“硅酸盐工程专业”

胡道和 周松林 刘亚云

（南京化工学院）

【摘 要】 本文从我国硅酸盐学科的历史和现状两方面简要阐述并探讨了创建“硅酸盐工程专业”的必要性和可行性。着重介绍了“硅酸盐工程专业”的性质、特点和主要教学内容等。同时简要介绍了南京化工学院硅酸盐工程系在建设“硅酸盐工程专业”中的若干具体做法。

工科类院校如何深化教改，使学生能较快地把专业知识转化为专业技能，用于国家建设，对于孕育高、新科技的我国硅酸盐工业至关重要。

南京化工学院胡道和教授等积多年教学经验，对硅酸盐类专业的设置提出了新的看法。我们在“硅酸盐教学”栏内刊出本文，希望广大读者，特别是设有硅酸盐学科的院校和用人单位，围绕这一主题开展讨论。

一、引言

在原国家建材总局和化工部的领导和支持下，南京化工学院硅酸盐工程系（简称硅工系）经长期酝酿和反复论证，开展了硅酸盐工科高等教育改革试点，在国内率先创建了“硅酸盐工程专业”，并于1984年正式列入国家高等院校工科专业目录，1986年起招收本科生从此我国硅酸盐高等教育领域增添了一个新型的“工程类”专业，改变了“工艺类”专业一枝独秀的局面。同时提出了具有工程特色的专业理论体系，基本形成一门综合性的工程应用型学科——“硅酸盐工程学”。

二、硅酸盐工科高等教育改革的必要性与可行性

1. 历史的回顾

硅酸盐工业在国民经济中的重要性是不言而喻的，然而在历史上我国硅酸盐工业生产技术曾长期停滞在以手工操作和凭经验生产为主的“技艺”阶段，对生产过程的机理和规律缺乏深入、系统的研究，既未能形成一门硅酸盐学科，也未能建立起硅酸盐专业，所需高级技术人才均来自化工或相近专业。1952年全国高等学校院系调整后，在南京工学院（现东南大学）化工系（南京化工学院前身）等院校建立了国内最早的硅酸盐专业。按分工各校在水泥、陶瓷、玻璃、耐火材料等方面各有侧重，其后逐渐演变成相应的专业。“文革”期间片面追求实用，一度出现过以产品命名的狭窄专业，使专业建设走进“死胡同”。直到1977年才开始纠正这种偏差。通过修订教学计划、改编教材，加强了基础理论教学。有部分院校参照国外模式建立了“无机非金属材料科学”、“无机非金属材料工程”等专业。但

是在培养目标和教学计划等方面基本上保留了原有“工艺类”专业的传统模式，其特点就是以生产工艺为线索组织专业教学。

2. 对传统专业教学模式的初步分析

毋庸置疑，传统专业教学模式在培养“工艺类”人才中发挥过巨大作用，将来还要继续存在下去。但是随着科技进步和生产发展，尤其是改革开放以后我国面临世界范围内的新技术革命挑战和国际技术市场的激烈竞争，单一的专业教学模式已经不能完全适应现代工程科学技术发展形势，无法满足对工程技术人才多方面的需求。鉴于此，我们认为将传统的单一专业教学模式转化为兼有工程类特征的教学模式，可以弥补传统模式在以下五个方面的不足，提出来与同行们共同探讨。

首先，专业划分过细不利于专业人才的成长。硅酸盐工业产品种类繁多，加工工艺各异，但是生产过程都是由单元操作（流动、传质、传热、干燥、粉碎等）和高温非均相化学反应过程组成的。按工程观点，各种硅酸盐材料和制品的生产具有共性规律。专业划分过细，使学生仅了解一种产品的生产，“只见树木，不见森林”，造成知识视域狭窄，工作适应性差。纵观国外高等工程教育，专业面宽，学生的现代工程理论基础扎实，一般经短期熟悉专业工艺过程便可迅速成长为技术骨干。这不能不引起我们的思索。当然我们的国情不同，不能生搬硬套国外的做法，而应针对我国的实际，在保留原有“工艺类”专业的同时，从长计议，跟踪国外高等工程教育发展趋势，不失时机地创建具有我国特色的“硅酸盐工程专业”，形成“工艺类”与“工程类”两种模式共存的格局，以利于我国硅酸盐学科的发展和工程技术人才的培养。

第二，基础理论与专业教学联系不密切，致使学生缺乏扎实的理论功底。例如“硅热工”和“硅机”等专业课没有与“工程数学”等基础课有机地结合，学生运用数学工具分析问题和寻求规律，运用理论指导专业实践不够，甚至处在“凭经验和直觉作向导”的较低层次的水平上。

第三，专业课的部分理论内容陈旧，不利于对学生进行现代工程理论、研究方法和测试技术的教学。自改革开放以来，引进了许多先进技术和成套设备，要求工程技术人员加以消化吸收，进一步开发创新。为此必须掌握先进的工程测试技术（例如流场、浓度和温度场的测试）和科学的工程研究方法（例如数学模型数字模拟法）我们只有本着“充实（基础）、更新（知识）、进入（学科前沿）”的精神加强现代工程理论教学，才能适应工程学科和生产发展形势。

第四，与相关学科和专业的横向联系较欠缺，不利于硅酸盐工程学科的发展。现代科技发展的重要特点之一便是学科的高度分化和综合。解决某个工程问题常涉及跨学科的多种专业的通力配合。硅酸盐工业生产过程与化工、冶金等工业存在诸多相似之处，通过借鉴移植“化学工程”和“冶金工程”等学科中较成熟的理论和方法，并努力结合硅酸盐工业生产实际，组成了“硅酸盐热工工程”、“硅酸盐反应工程”、“硅酸盐工程热力学”、“硅酸盐工程测试技术”等新专业课程，再加上“粉体工程学”和“硅酸盐工程工艺学”，就可能形成一门新的工程应用型学科——“硅酸盐工程学”。

第五，实践性教学环节薄弱，学生工程概念不够强，实践能力弱。在实验、实习、结业作业等环节上，一定程度存在内容陈旧，手段落后和脱离实际等缺陷，对学生的工程实践能力的培养不够。

通过上述分析，我们深感有必要改革单一的传统专业教学模式，为培养工程型人才而创建“硅酸盐工程”新专业不失为改革的途径之一。

3. 创建“硅酸盐工程专业”的可行性

我国硅酸盐工科高等教育历经三十余年，积累了丰富的开办“工艺类”专业的经验，硅酸盐工业的迅猛发展也为专业教育改革奠定了坚实基础。近几十年来现代，化工理论、应用数学和计算机的迅速发展，尤其是化学工程等相关学科趋于成熟，为硅酸盐工业生产从“技艺型”向“工程型”转变提供了可能。某些国外工程教育模式也使我们有所借鉴。上述诸方面都为专业教育改革准备了条件。南京化工学院硅工系近十余年来采取在职提高、出国进修考察，邀请外国专家讲学、培养工程型研究生和人才流动，以及承担国家重点科技攻关项目等措施，培养造就了一支富有开拓创新精神、基础理论较深厚、能够适应硅酸盐工程理论与实践教学的师资队伍，这是实施改革的人力保证。自1983年着手筹建新专业以来，已在制订专业教学计划、专业课程、教材和实验室建设、培养研究生和开展工程型科学研究等方面取得初步成果。为此，1991年荣获江苏省1989~1990年度优秀教学质量集体一等奖。实践证明，硅酸盐工科高等教育改革不仅是必要的而且也是可行的。

三、“硅酸盐工程学”与“硅酸益工程专业”简介

1.“硅酸盐工程学”的性质及内容

“硅酸盐工程学”是“硅酸盐工程专业”的主干学科。它以现代化工理论为基础，研究硅酸盐工业生产过程与设备的共性规律，是一门基于化学工程和硅酸盐工艺过程相结合的边缘学科，也是一门新的工程应用型学科。它包括六门主干课程：

（1）“硅酸盐热工工程”——研究“三传”基本原理及其在干燥、燃烧和烧成等热工过程中的应用。从工程角度阐述典型硅酸盐热工设备的特性。

（2）“硅酸盐反应工程”——研究宏观反应动力学规律和反应设备的特性。包括工业反应动力学，反应装置操作解析，典型反应设备的传递过程和反应过程及其数学模型以及工程放大与最优化基本方法。

（3）“硅酸盐工程热力学”——研究工程热力学规律，探讨硅酸盐热工设备的热力学特性以及节能潜力与方向。

（4）“粉体科学”——研究粉体几何学、粉体力学和其他物理特性的基本理论与两相流动规律。

（5）“粉体工程”——研究粉体机械加工过程中粉碎分离、分级、均化、输送和贮存等单元操作过程规律与设备工作原理及其选型计算。

（6）“硅酸盐工程测试技术”——研究现代工程测试理论在硅酸盐领域中的应用，包括非常规测试技术、仪器与数据采集处理方法。

2.“硅酸盐工程专业”的培养目标与规格

（1）“培养目标”——旨在培养德、智、体全面发展，掌握硅酸盐工业生产过程共同规律，获得工程基本训练的高级工程技术人才，毕业生面向工业生产、教学、科研和设计单位，主要从事生产、管理、设计和科学研究与技术开发等工作。

（2）“培养规格”——四年制“硅酸盐工程专业”本科生在业务上应当达到下列基本要求：

①系统掌握本专业所需现代工程科学基础理论和“硅酸盐工程学”的专业知识。具备一般性工程技术、技术经济和企业管理知识。了解本专业的科技发展动态和最新科技成果。

②具备本专业所需的工程制图、运算、实验、测试和计算机应用等基本技能。

③具有一定的动手能力、自学能力、分析解决一般工程问题的能力。

④具有参加硅酸盐工业生产过程及设备的开发研究和优化设计的初步能力。同时，具有一定的工程经济观点和工程优化的思想。

⑤初步掌握一门外语，能够比较顺利地阅读本专业的外文资料。

3. “硅酸盐工程专业”的理论课程与实践性环节

（1）理论课程设置及其特点

①“公共基础课”——按国家教委统一规定执行。

②“技术基础课”——加强了计算数学和计算机应用等技术基础课程的教学。

③“专业课”——前述的“硅酸盐工程学”六门主干课程和“硅酸盐工程工艺学”。

④“专业模块课”——按社会对人才需求的变化而设的选修课程主要介绍与生产实际紧密结合的应用性或提高性的专业理论知识。

综上可见，专业理论课的体系和内容都有了根本性的变化，突出了工程学科的特点充实了现代工程技术理论知识，并使专业课与基础课更紧密地衔接起来。大量开设选修课，拓宽学生的知识面，调动学生的学习主动性。

（2）实践性教学环节的安排及其特点

①“实验”——绝大多数课程都安排了教学实验，尽可能地结合计算机应用。将陆续开出综合性实验与设计性实验，以加强实验技能训练。

②“课程设计（或论文）”——除“机械零件课程设计”外，还安排了“专业课程设计或论文”，时间各为三周。旨在配合理论课程教学，培养学生综合运用课堂知识的能力，使学生初步了解工程设计和研究的方法与过程。例如“隧道窑热工测定”、“实验设计与仪器调试”等结合实际的课题。

③“实习”——“金工实习”和“专业认识实习”各为三周。“毕业实习”四周。旨在使学生获得金属加工知识和机械加工操作技能训练。了解硅酸盐工厂的生产过程与设备，综合运用“硅酸盐工程学”理论知识对加工过程进行评述，提出改进措施，同时为毕业作业收集资料。

④“结业作业”——包括毕业设计和论文两种形式。旨在训练学生综合运用所学知识和技能去分析解决工程实际问题的能力。时间 13 ~ 14 周。选题力求体现工程特色，围绕生产过程与设备。尽可能结合计算机应用，体现工程优化和工程经济思想，例如“旋风预热器结构优化”、“水泥窑系统参数反求计算”、“悬浮态反应动力学试验台研制”、“磷石膏分解反应动力学研究”、“辊压磨粉碎机理研究”、“水泥窑和陶瓷窑的火用平衡计算与分析”、“喷雾干燥塔热工计算与系统工艺设计”等结业课题都是按照工程类专业的教学要求确定的。

四、“硅酸盐工程专业”建设的现状

从 1983 年起，我们教研室按照上述思路已经历了新专业的全部教学过程，开出上述六门主干专业课程，新编出硅酸盐工程专业的“热工工程”、“反应工程”、“工程热力学”、

“测试技术”、“工程实验”等五门教材，改编了粉体工程教材，共约200余万字。新建了热工工程、粉体工程、反应工程和测试技术四个实险室，可开出30～40个新实验。建设了一座300㎡的试验中心和专用计算机房，基本满足教学与科研需要。安排了工程类型的专业课程设计（或论文）与结业作业，培养了配套师资队伍，取得较好效果。我们的体会是专业建设必须配套进行，例如教学与科研、基础与专业、本科生与研究生培养都要密切结合。教材与实验室建设要同步。要特别重视学科渗透和青年教师的培养工作。

五、结束语

“硅酸盐工程学”的诞生和“硅酸盐专业”的创建是现代工程科学技术和硅酸盐工业发展的必然产物，它顺应了硅酸盐学科的发展方向，具有较强的生命力和广阔的发展前景。

南京化工学院硅工系的专业教育改革试点已经初见成效，但是还有待调整充实，逐步趋向完善。硅酸盐工程学科及其专业的建设任务还相当艰巨，我们真诚地渴望得到所有硅酸盐同行们和有志于硅酸盐工科高等教育改革的同志们的指教，这就是撰写本文的目的所在。

窑外分解是水泥煅烧技术的一大突破

胡道和

（南京化工大学硅酸盐工程研究所）

【摘　要】 本文以窑外分解技术发展为契机，指出培养一代新型技术人员已刻不容缓。

20世纪以来，尤其是第二次世界大战后的近五十年来，科学技术的发展，突飞猛进。飞机、宇航、电视、通讯、微电子、计算机、生物工程等不胜枚举，其成果不仅极大地丰富了人类的物质生活，加速了社会进步，而且正向着扩大人类生存空间的目标迈进。

为了适应社会生产力的发展，21世纪仍将是以混凝土作为主要建筑材料的时代，因而水泥工业也正面临着大发展的局面。生产规模大型化和节能成为技术进步的两大课题。就水泥煅烧技术而言，在20世纪50年代受流态化技术的启发，回转窑出现了带悬浮预热器的高效热回收装置，形成了SP窑系统；20世纪70年代又借鉴了石灰配料而开发了窑外分解窑。出现了NSP窑系统，从而使回转窑的单机产量达到了10000t/d，而单位熟料烧成热耗可降至3000kJ/kg以内。在很短的时间内，无可辩驳地成为水泥煅烧技术的发展方向，并为世界各国所公认。

窑外分解是水泥煅烧技术的一项重大的突破，它推动了水泥生产技术的全面发展。对于水泥煅烧技术而言，窑外分解的出现，具有极重要的意义。有人比拟为：相当于电子管向晶体管转变、螺旋浆式发动机向喷气式发动机的转变、自然繁殖向生物工程指导下的人工繁殖的转变。因而引起了举世瞩目的反响。

1. 使回转窑的大型化成为现实

节约能耗使技术经济指标有了很大的提高，体现出规模效益好，NO_X 排放量减少，有利于环境保护。

2. 熟料煅烧过程回转窑的操作均发生了变化

窑系统中预烧和烧成在两个设备以不同状态分别完成。预烧包括了生料预热和分解，是在悬浮态下完成的。由于预热器和分解炉串联组合，因此生料反复经历了分散、换热（反应）、分离等过程，如图1、图2所示。入窑生料含有大量新生态的CaO，反应能力强，在回转窑内进行烧成所需时间相应较短。

基于以上过程特点，在窑的操作上也就不同于老式的中空窑。首先窑内各带的分布，取决于预烧的程度。因此必须首尾兼顾，对稳定热工制度的要求更高，并应有相应的检测与控制手段。其次，由于生料易烧性改善，要求窑操作时相对短焰急烧，快转落料。每分钟转速控制在2～3r为宜，与老式窑60～80s/r的情况相比大不相同。同时在预分解窑系统中，原料、燃料的有害成他 R_2O、Cl及S等易于循环富集，不仅影响窑的操作（结皮堵塞），而且会降低水泥的质量，往往成为生产中出现的新问题。

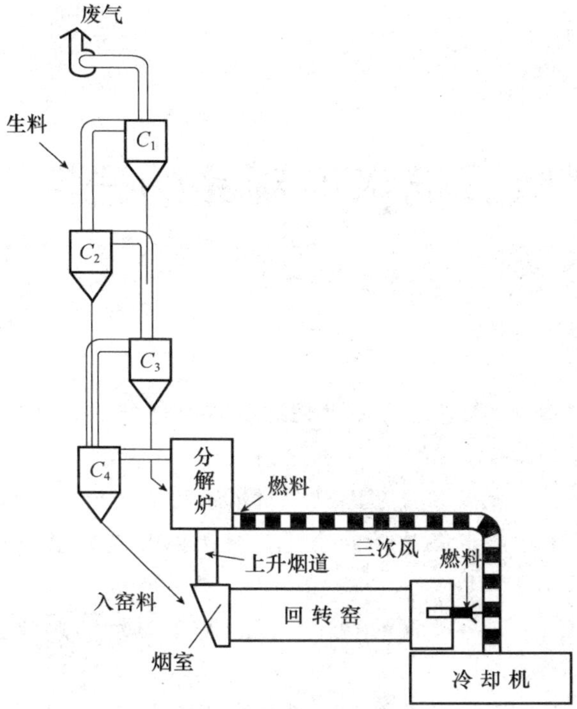

图1 预分解窑基本流程

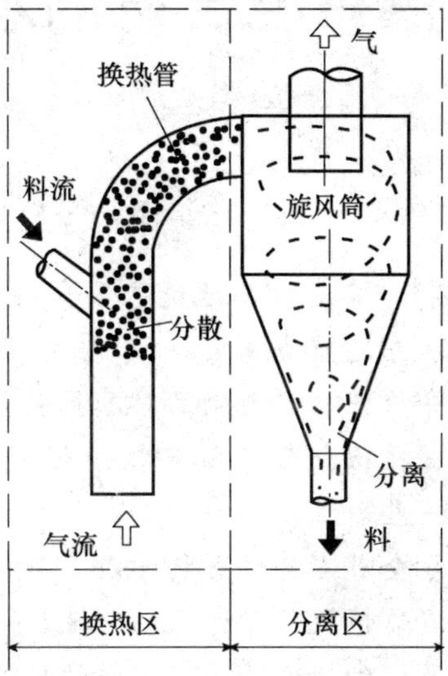

图2 旋风预热器功能分析图

3. 系统的科学化与复杂化同时存在，因而子系统的组合匹配与总体优化，就成为新技术进一步完善的主要方向

相对于过时的回转窑系统，只有简单的冷却筒与之配合，当前窑外分解系统，则根据功能分析，可划分为若干个自独立又相互组合匹配的子系统，如预热器、分解炉、燃烧器、回转窑和冷却机，五者各司其职，相互制约。任何一个环节薄弱，全系统的能力就无法充分发挥。从概念上说，现代化的煅烧系统，不宜追求单一子系统的完善，而应着眼于总体指标最佳。这就给与新系统的开发以更为宽广的余地，也是当前预分解窑系统炉型与组合方式众多的主要原因。

4. 窑外分解新技术本身涉及到多技术门类、多学科的组合

它是在流化技术、粉体技术、高温焙烧技术、工程检测技术、自动控制技术、煤粉燃烧技术、电子计算机、系统工程等科学技术成就的基础上发展起来的。因此要求将诸多技术综合加以运用于水泥生产，达到最佳的生产效果，这是有相当难度的。

还需要特别强调的是，随着煅烧技术的突破性发展，推动了水泥生产技术的全面革新。近年来的生产实际就充分体现了这一万马奔腾的技术革命的态势。首先在粉磨技术上，先后出现立式磨、辊压磨。1993 年 FCB 公司又开始推出最新的水平辊磨（Horomill），其次在分级技术上，继离心式选粉机、旋风式选粉机之后又出现了多种高效选粉机，（如 Osepa 选粉机等）。最近 KHD 公司又开发了用于辊压机的 V 形分级机。为了适应稳定高产的需要，在煤粉燃烧器上的革新更是层出不穷，从单通道、双通道乃至三通道、四通道，Pyro-jet（KHD 公司）以及 RotaFlam（Pillard 公司）等，都对于稳定火焰，增强对煤种适应性以及降低能耗等诸方面，有显著改进效果。此外蓖式冷却机已推出了第四代产品，在均化技术、输送设备、计量设备、控制技术、检测显示技术等更新换代改革，更是不胜枚举。面临着这样日新月异的新工艺、新技术、新设备的形势，培养一代新型的技术人才，自然是刻不容缓的任务。

用掺有混合材的水泥制造石棉水泥制品的研究

胡道和

（南京工学院化工系）

【摘　要】 本文摘要地说明了国内石棉水泥工业生产中，对原材料质量要求进行系统研究的步骤和它的重要意义。

在分析石棉水泥制品对原材料要求的基础上，阐明3使用渗混合材水泥的缺点和克服的方法，并提出利用“标定极限强度”作为初步评定水泥质量的意见。对制品强度的理解，提出了一些看法。

对于全苏石棉水泥科学院（Внииасбесцемент）所推荐的研究方法，作了详细的比较，并结合具体情况作了适当的修改。

实验详细地检验了原材料的性能，并以小试体湿空气养护28d强度为评定水泥质量的基本指标。通过热化学参数的测定和蒸汽处理的试验，进一步肯定渗混合材的水泥用于制品生产的可能性。利用无水酒精脱水的方法，停止制品水化，并利用显微镜观察、差热分析、脱水曲线及X射线分析等方法来研究制品的水化过程和粘结情况。

实验结果认为：渗有混合材的水泥就其强度及其水化过程产物和与石棉的粘结等各个方面来考虑，都具备了作为制片原料的基本条件，但作为促进其硬化过程及克服生产过程中的困难，尚需根据混合材的特点，制定合适的生产工艺制度。

一、绪言

在生产石棉水泥制品时，对于水泥质量的要求，按照国外资料，必须使用除石膏外在不掺任何混合材的普通硅酸盐水泥（砂质水泥除外）[1]，П. Н索科洛夫还对其各个时期的极限强度提出了要求[2]。这对于保证产品质量和操作稳定是有好处的。但我国目前还不具备这种条件。在水泥工业中，为了提高产量，除特许需要外，不生产未掺加任何混合材的净水泥。因此，无法满足石棉水泥制品工厂的这种要求。以吉林和沈阳两石棉瓦厂为例，自1952年以来，所使用的，几乎都是掺有各种不同产品和不同数量的混合材的水泥。这几年来，石棉水泥制品虽然在产量和品种方面有很大的提高和发展，但在质量上，由于原材料的品种质量和操作条件波动等多方面的影响，还很难保持稳定。为了进一步分析生产中的问题，研究各项影响质量的因素，本文拟就水泥中掺有不同种类混合材后，对制品性质的影响，作初步的试验和探讨。

水泥品种对制片的生产和质量，可能产生以下的影响：

（1）石棉水泥生产时，需要制备大量悬浮液料浆。而各组分在水介质中相互分散的均匀程度，对于制品质量有很大影响，掺有混合材的水泥由于混合材和熟料的比重不同，容易造成分散不均匀的现象。

（2）混合材在水泥中发挥强度，主要有赖于水泥水化的二次反应。同时，在一般情况下，要消耗熟料水化后的产物 $Ca(OH)_2$。这一方面使制品早期强度的增长缓慢；另一方面，由于水泥中 $Ca(OH)_2$ 数量减少，影响了水泥石和石棉的粘结力。

（3）某些混合材本身保水能力高，造成过滤和脱水过程的困难，影响成型机的产量，也可能引起其他工艺操作上的困难。

（4）某些掺混合材的水泥本身所具有的缺点，如：耐冻性差、透水性高等，都可能影响制品质量，从而缩短制品的寿命。

显然，在这些影响中间，有些是可以通过改进工艺操作而得到解决的，重要的问题是掺了混合材后的水泥所生产的制品质量，能否得到保证。本文拟选用普通净水泥、火山灰水泥、矿渣水泥和页岩水泥四种比较常用的品种，从下列几个方面进行试验研究。

（1）制品的基本质量指标——抗折强度、抗冲击强度等。

（2）不同品种水泥的水化过程的比较及其与石棉纤维的相互作用。

（3）不同制品的促硬方法。

（4）制品的其他性质，包括耐冻、耐热、吸水率等。

（5）关于生产工艺上某些问题的讨论。

二、理论部分

水泥本身的硬化过程是个复杂的问题[3]，在加入了能引起物理 - 化学作用的石棉以后，作用就更加复杂了。因此，要在了解水化机理的基础上，提出对水泥品种的要求，目前还很困难。

苏联科学家 T. M. 别尔科维奇认为[4,5]，石棉水泥料中，水泥的配比很高，因此，可以引起很显著的热效应，所以建议采用测定石棉水泥试体热化学参数的方法，作为评定水泥质量的标准；并且用实验方法求出了制品的早强率（$K=\frac{R_1}{R_{28}}\times 100\%$）和各个参数间的关系，从而提出了用于制品生产的水泥的各个参数值的波动范围。这个看法，在一定程度上，对于实际生产可能起些作用，但是很显然，要想把制品硬化这样的复杂过程，无遗地表现在这个简单关系中，还是相当困难的。因此，所指定的关系，是存在很大的局限性，对于普遍应用，只能作为辅助指标来参考。

对于制品来说，根本的、综合的质量指标，还应该是强度。

制品的强度，应该有占据破坏界面面积的石棉纤维和水泥石来共同负担。如果机械地来分析，它受三个因素影响：石棉的强度、水泥石的强度和石棉与水泥石的粘结程度。显然，在棉种、加工过程和用棉量相同的条件下，水泥的质量直接影响了水泥石的强度和水泥石的粘结强度。在用掺有混合材的水泥，如果强度等级符合要求，水泥石的强度可以得到保证。但由于水泥石中 $Ca(OH)_2$ 量减少了，是否会影响石棉和水泥石的粘结强度，就成为值得重视的问题。

关于石棉和 $Ca(OH)_2$ 间的相互作用的机理，至今还没定论。根据对石棉性能的研究，说明石棉纤维具有吸附细小颗粒的特点，尤其对 $Ca(OH)_2$ 吸附能力特别强。早在 1928 年，

П. Н. 沙柏勒京[6]就认为石棉在水泥中的作用和酸性混合材具有完全相似的性质，可以和水泥水化后的产物—主要是 $Ca(OH)_2$ 缓慢地成生化学变化而生产水化硅酸盐。随着研究的深入，至1932年以后，E. H. 基他也夫通过了实验工作，否定了石棉和 $Ca(OH)_2$ 产生化学变化的任何可能。因为石棉的结构在碱性介质中的稳定性很高，会经用浓热 KOH 溶液处理石棉，也未发现有任何可溶硅酸存在。那么在 $Ca(OH)_2$ 的介质中，就更难想像有化学作用发生了。后来茹拉夫廖夫和 Ю. Г. 施介因贝尔格对酸性混合材结构和性能的进一步研究，证明结晶硅酸可以通过晶体内部吸收的作用和 $Ca(OH)_2$ 发生化学变化。石棉也可能有类似的作用，尚待进一步的研究。无论如何，石棉吸附 $Ca(OH)_2$ 的作用，是有利于提高石棉和水泥石间的粘结程度。还可以设想，这种吸附作用会使石棉和水泥石的晶格相互交叉，是水泥石中的水化物能以此交接面上的晶体作为中心而逐渐长大，因而可以提高粘结强度。掺入混合材的水泥，一方面熟料量相对地减少，另一方面混合材又需要消耗一部分的 $Ca(OH)_2$，这就使得水泥石中 $Ca(OH)_2$ 的数量大大地减少。如果在肯定 $Ca(OH)_2$ 对制品中石棉和水泥石粘结力的积极作用的基础上，掺入混合材所可能产生的影响，有必要进一步分析。这里作一个概略的计算。

设以100g石棉和水泥干料为计算基准，石棉和水泥的配比为15：85，则干料中有85g水泥。设使用的是掺有40%混合材的水泥，则其中熟料量为：

$$85 \times 60\% = 51g$$

又设数量中 C_3S 含量为50%，并按下式水解而得 $Ca(OH)_2$：

$$C_3S + aq \longrightarrow C_2S \cdot aq + Ca(OH)_2$$

则85g水泥中所可能析出的 $Ca(OH)_2$ 的总量为：

$$85 \times 0.6 \times 0.5 \times \frac{74}{228} = 8.3g$$

掺入的混合材，设其活性为100mgCaO/1g混合材，则共需 $Ca(OH)_2$ 量为：

$$85 \times 0.4 \times 0.1 \times \frac{74}{56} = 4.5g$$

而15g石棉所需吸收 $Ca(OH)_2$ 的量，根据“温石棉吸收 $Ca(OH)_2$ 的性质和动力学的研究”[6]一文中所记载的资料，在有石膏介质存在时，经充分松解的石棉，30d所吸收的 $Ca(OH)_2$ 最高量为74.5mg/g石棉，则共需吸收 $Ca(OH)_2$ 的量为：

$$15 \times 0.075 = 1.1g$$

可见，石棉所可能吸附的 $Ca(OH)_2$ 的量是有限的，即使在掺有混合材后，水泥活性降低的情况下，也是可以得到满足的。因此，认为掺混合材的水泥会影响石棉和水泥石的粘结强度，是缺乏根据的。但是应该承认，掺混合材的水泥，由于本身硬化比较慢，早期强度可能较低，这对于制品的生产可能会造成困难。根据经验，用适当的热处理方法，是可能克服这一缺点的。应当指出，加热促硬的方法应根据不同品种水泥的硬化特点，通过实验，得出相适应的硬化制度，包括升温、降温的问题，最高温度和维持的时间等等。

根据以上看法，可以认为，在制品生产中，使用掺有混合材的水泥，是有可能得到良好的结果的，须要通过试验研究以及生产实践，加以证实。

此外，混合材的质量也是值得注意的问题，如页岩必须经过适当的热处理后才能使用，否则有机质过多，会造成生产上的困难和制品质量的下降，甚至限制了它在制品工业中应用的可能性。

三、实验部分

1. 实验方法的选择

试验方法基本上采用了全苏石棉水泥科学研究院（Вниивасбестцемент）所推荐的小试体成型法[7]。

本方法的特点是：设备较简单，操作容易，试验的步骤和生产工艺过程相适应。但其主要缺点是制品的试验生产中，钢柱体抄坯所得的纤维定向的作用，这里无法表示。

对于实验操作和影响结果的因素，做了比较详细的分析和实践工作，并结合国内生产和实验室条件，做了适当的修改。制定了操作规程。实验的误差一般在5%范围内。

试验的操作指标如下：

配比：石棉∶水泥＝15∶85；

料浆浓度，6%（清水调浆）；

石棉松解，轮碾机处理后再经松解机松解10min；

石棉浸润，用自来水浸10～30min；

料浆搅拌，机械搅拌石棉浆15min，加入水泥后连续搅拌15min，叶片ϕ50mm，两层；

过滤，真空吸虑；

脱水，油压机加压，压力50kg/cm^2；

料坯水分，压后水分在26%左右（与工厂实际情况符合）；

试条尺寸，30mm×130mm×（4.5～6）mm。每组六条；

破型，用无杠杆抗析仪，或单杠杆抗析仪；

强度计算，按下式：

$$R=\frac{3\cdot p\cdot l\cdot k}{2bh^2}$$

式中　R——抗析极限强度　kg/cm^2

P——破坏载荷，kg；

l——支点距离，cm；

k——杠杆臂比；

b——试条宽度，cm；

h——试条厚度，cm。

所得强度数值和实际生产成品的强度数值间还没有确切的换算关系，故本文数据只能相对比较，不能直接引用。

2. 原材料的检定

（1）水泥：共选用了四种水泥，其特点见表1。

表1

品种	编号	细度，4900孔筛筛余（%）	石膏*，掺入量（%）	混合材掺入量
普通净水泥	A	7.5	3.59	0
火山灰水泥	B	6.0	2.0	32
矿渣水泥	C	6.2	4.0	33
页岩水泥	D	6.1	2.38	2.0

*系二水石膏。

粉磨石在 ϕ500mm×500mm 的实验室小球磨中进行。混合材系分别磨细至相同细度，然后在水制球磨中按一定比例配合而得。

水泥均用软细1:2胶砂定其强度（表2）。

表2

编号	抗压强度（kg/cm^2）			抗折强度（kg/cm^2）			标号
	3d	7d	28d	3d	7d	28d	
A	72.7	126.3	335	24.4	38.4	67	500
B	45.0	99.6	207	16.6	29.6	48	400
C	37.7	83.6	214	14.9	25.4	56	400
D	75.0	133.0	211	22.0	35.9	56.4	400

水泥的凝结时间和安定性（表3）。

表3

编号	初凝时（h：min）	终凝时（h：min）	安定性
A	1：35	4：00	良好
B	2：30	3：50	良好
C	1：10	4：50	良好
D	—	—	良好

熟料和混合材的化学分析（表4）。

表4

名称	П.П.П	SiO_2	Al_2O_3	Fe_2O_3	CaO	MgO	其他
净水泥熟料*	0.25	22.0	6.38	4.52	65.80	0.65	
火山灰水泥熟料	1.52	21.6	5.79	4.39	65.68	0.76	—
页岩水泥熟料	1.12	21.5	6.10	3.9	3.84	—	CaO_F = 0.78
火山灰	9.96	58.96	17.11	4.31	65.8	0.82	活性50~80 mg/g
矿渣（水淬）	37.20	10.91	2.69	7.57	42.84	—	SO_3 = 0.30 MnO = 0.77
页岩	不溶物（HCl）93.22	2.59	2.30	0.53	0.97	0.39	—

*矿渣水泥熟料同此。

熟料的计算矿物组成及各率（表5）。

表5

名称	C_3S	C_2S	C_3A	C_4AF	n	p	KH
净水泥熟料	51.8	23.0	9.4	13.8	2.28	1.40	0.873
火山灰水泥熟料	54.1	21.1	7.9	13.3	2.12	1.32	0.886
页岩水泥熟料	45.83	26.9	59.5	11.98	2.13	1.53	0.854

（2）石棉：选用了两种棉：涞源棉和大连棉。

石棉的化学成分见表6。

表6

名称	SiO_2	$Al_2O_3+Fe_2O_3$	CaO	MgO
大连棉	48.7	25.8	57.19	45.86
涞源棉	42.0	54.09	17.19	36.21

根据对国内十几种石棉进行X光分析的结果，并参考化学分析数据，可以肯定大连棉和涞源棉都是属于蛇纹石类石棉（即温石棉）。从外观上看，大连棉针状纤维较多，可能系半硬性石理。而涞源棉纤维较软，属软性石理（但因缺乏标准样品比较，尚难最后肯定）。

石棉的筛析是在加拿大筛分仪上进行，其结果见表7。

表7

名称	在下列孔径（cm）筛上之筛余（%）			通过1.6mm筛之（%）	粉尘+砾石（%）	其中砾石（%）
	12.7	4.8	1.6			
大连棉	0	39.5	7.8	52.71	9.4	0
涞源棉	0	34.7	39.3	26.0	12.3	3.0

石棉经轮碾机处理后，再取100g在松解筒上松解10min，然后放在“石棉结构指数测定仪”凹槽上，测其松散体积。其结构指数即以100g石棉所占的松散体积的毫升数来表示。为了进一步表示松散的程度，又取50g石棉加500mL清水，充分搅拌均匀后，静置，测其体积沉降的速度。其数据说明见表8。

表8

名称	结构指数（mL/100g）	松散度（原体积500mL）			
		置15min后体积	占原体积（%）	置1d后体积	占原体积（%）
大连棉	1650	175	35	160	32
涞源棉	1670	460	92	350	70

为进一步说明石棉纤维的性质，会将松散过的石棉置于饱和$Ca(OH)_2$溶液中浸泡，并不时搅动，经15d、90d测其吸收$Ca(OH)_2$量，其结果见表9。

表 9

名称	浸 15d 吸收 $Ca(OH)_2$ 量 mmCaO/g 石棉	浸 90d 吸收 $Ca(OH)_2$ 量 mmCaO/g 石棉
大连棉	4.53	11.70
涞源棉	4.84	12.93

石棉样品的水分均在 3.0% 以下。

综合以上实验结果，可以看出，两种石棉均系石棉水泥工业中使用的原料，如与苏联牌号相比：

大连棉：相当于　　Π－6－45　　（或 M－6－50）；

涞源棉：相当于　　M－5－70。

其中涞源棉松散的情况更好，平均纤维长度也比较长，但缺点是砾石较多。置于 90d $Ca(OH)_2$吸收值，两种棉均较为接近，说明总的比表面积相差不多。

3. 实验内容、结果和讨论

制品的最基本质量指标，是抗折极限强度。如果以 20d 湿空气养护的强度作为比较的标准，并称之为“标定极限强度”，即可以看出制品所可能达到的强度。当其他原料和操作条件固定的情况下，这个指标，可以反映所用水泥的质量。当然，早期强度的发展，也是很值得重视的问题。

按照小试体方法，取不同品种水泥作原料而制得试体，在 20℃ 的饱和湿空气及在水中养护。测其不同时期的极限强度，结果见表 10。

表 10　不同品种水泥和不同养护条件时，石棉水泥试体的强度

编号*	水泥品种	养护条件	抗折强度（kg/cm^2）		
			3d	7d	28d
棉种：大连棉					
1	净水泥	湿空气/水中	149.4/179.6	236.7/289.6	370/349
3	火山灰水泥	湿空气/水中	148.0/157	248.0/236	286/255
5	废渣水泥	湿空气/水中	110/97	200/180	309/301
7	页岩水泥	湿空气/水中	224/174	295/266	338/313
棉种：涞源棉					
2	净水泥	湿空气/水中	198.2/188.6	317.6/289.6	381/373
4	火山灰水泥	湿空气/水中	156/150	240/232	331/310
6	废渣水泥	湿空气/水中	118/140	249/219	340/310
8	页岩水泥	湿空气/水中	197/174	249/219	327/317

* 以后编号均同此。

为了进一步比较强度增长的速度，以湿空气养护为例，设 28d 强度为 100%，分别标出各个时期强度增长的百分率，如图 1 所示。

制品在受冲击的情况下，所能承受的应力，也是十分重要的性质。取在湿空气中养护

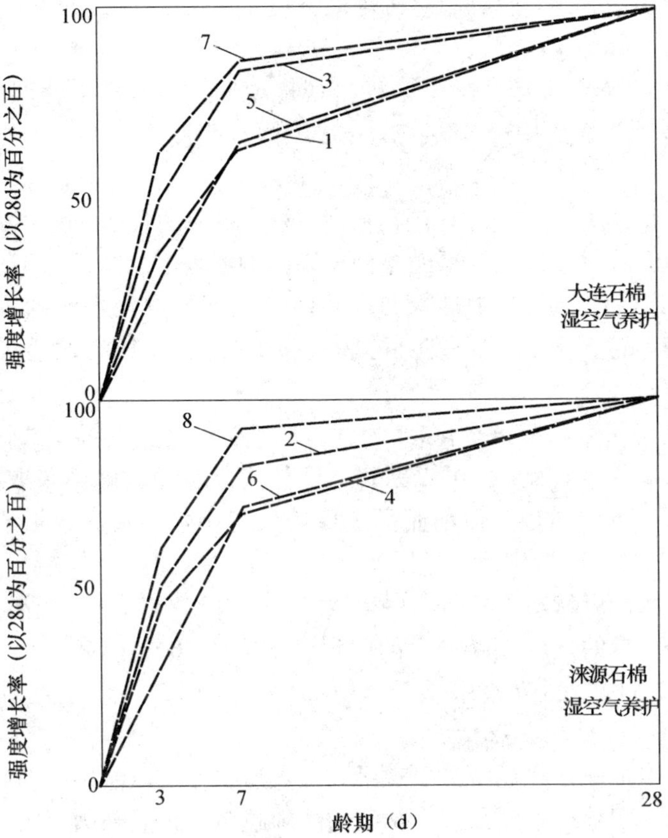

图1 不同品种水泥所得缺口的强度增长率

7d 的试体，在摆锤式冲击仪上测其抗冲击的强度，并以净水泥所得制品为 100%，所得相对数值见表 11。

表 11 不同品种水泥所得制品抗冲击强度的相对值*

编号	7d 抗冲击强度的比率		7d 抗折强度比率
	一次冲击	二次冲击**	
1	100	80	100
3	93.4	70	104
5	87.5	64.5	84.5
7	—	—	—

* 以#1 样品为 100，

** 所谓二次冲击，系指试体已经过一次冲击折断后的破片，再进行抗冲击试验，所得强度数值有显著降低。

说明：

（1）制品在饱和湿空气中养护，较之在同温度的水中养护所得强度较高。说明湿空气的环境，能满足强度发展的要求，在水中养护，可能使水化产物 Ca(OH_2) 部分溶解，形成空隙而降低强度。

（2）如以“标定极限强度”来比较各种水泥的质量，则可发现，掺混合材的水泥 28d 强度有所降低，这是由于净水泥的标号较高的缘故。如果考虑了标号的差异、则结果很一致。也就是说，水泥标号是保证达到要求强度的基本条件，与是否渗入混合材关系不大。

（3）从强度增长的速度来看，图 1 中很清楚地说明，净水泥并不具有特殊的优越性。相反的，页岩水泥强度发展倒是比较快，这和水泥本身强度发展的速度有关（页岩中活性氧化铝较多）。

（4）抗冲击强度，因掺混合材而有所降低，这和制品的抗折强度的降低现象相一致，如考虑了净水泥和掺混合材水泥间标号的差别，则抗冲击强度的降低是不显著的。

（5）由表 10 可以看出，制品中加入石棉，使其抗折强度较水泥砂浆提高 3.5 ~5 倍，而涞源棉的效果尤好。这从涞源棉长度、松散度和吸收 $Ca(OH)_2$ 数值等方面都不难得到解释。

（6）制品的强度增长率，即以硬化 3d 为例，都不能满足制品拆模的强度要求（须达到要求成品强度 60% ~70%），因此，可以断言，即使用净水泥，如不采取有效的促硬方法，也无法满足生产要求，也就是说，目前制品工厂为加速拆模，蒸汽养护的过程还是必不可少的。

对各种水泥制品水化后特点，进行一些比较：

取湿空气养护 28d 后的试样，破型后的碎片，平均约 10g，碾碎，用无水酒精浸泡 5d，然后将酒精倾泌。在 110℃ 的烘箱中烘 2 ~3h 取出，再研碎，烘至恒重，以终止其水化作用。

取此制备好的粉末试样，在显微镜下观察其外观形状，可以看出，粉料的颗粒是紧密地围绕在纤维的四周。特别是纤维越细散，粘结的物料越多，虽然强力研磨，也不易脱开。水泥品种的改变，对于这种粘结的现象，没有显著的影响。

经过 28d 水化后试料的水化程度，可以用测结合水的方法来说明。将终止水化的试料放在 950℃ 马弗炉中灼烧至恒重，计算其结合水量[8]：

$$\text{水泥结合水含量(\%)} = \frac{\Pi.\Pi.\Pi. - (a \times \Pi a + b \times \Pi b)}{b} \times 100\%$$

式中　Π. Π. Π. ——石棉水泥试料的灼烧损失量；

a——试料中含石棉的量；

b——试料中含水泥的量；

Πa——石棉的灼烧损失，%；

Πb——水泥未水化前的灼烧损失，%。

表 12 所示即为所得结果：

表 12　水化 28d 后制品的结合水量

编号	水中养护		湿空气养护	
	试料 Π. Π. Π. （%）	结合水量（%）	试料 Π. Π. Π. （%）	结合水量（%）
1	15.81	15.0	15.28	14.5
3	14.80	11.9	14.77	11.9
5	13.70	12.3	13.47	12.1
7	16.13	14.8	15.84	14.4

续表

编号	水中养护		湿空气养护	
	试料 П. П. П. （%）	结合水量（%）	试料 П. П. П. （%）	结合水量（%）
2	15.38	14.3	15.61	14.6
4	14.28	10.9	14.62	11.4
6	14.08	12.5	14.50	13.0
8	16.18	14.6	16.57	13.015.0

比较这些数值，可以看出，在棉种相同时，结合水的含量越多，制品的强度也越高，关系很一致。再取试料进行 X 光分析和差热分析。

差热分析系用等量的试料做试验，以 Al_2O_3 作为中性体，曲线上热峰的大小，可以说明相对的量的关系。由差热曲线上（图 2）可以看出，在 450～550℃之间，都出现吸热效应，这虽然是 $Ca(OH)_2$ 的脱水效应[9]，而 660～760℃之间的吸热峰，可能是水化碳酸钙脱去剩余的水分[10]。其他的热峰均系石棉所具有的特征。比较这些吸热峰的大小就会发现 1 号和 2 号样品所含的 $Ca(OH)_2$ 和水化硅酸钙的量均较多。

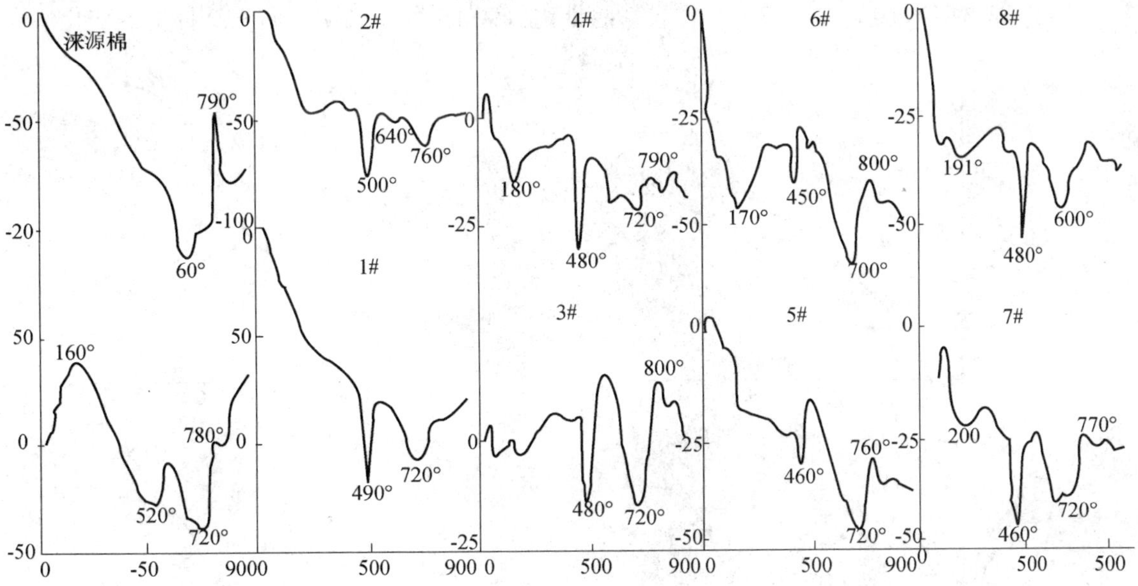

配 比：　石棉15%　石棉15%　龄期：　水泥28d

编号：　大连棉　1#　普通净水泥　3#　火山灰水泥　5#　废渣灰水泥　7#　页岩水泥

　　　　涞源棉　2#　普通净水泥　4#　火山灰水泥　6#　废渣灰水泥　8#　页岩水泥

横坐标：加热温度（℃）；坐标：偏差刻度；中性体：Al_2O_3

图 2　水化后石棉水泥差热分析曲线

因水泥水化后胶粒较多，难以拍摄清晰，但可以看出石棉的线条，由于样品中石棉量较少而线条变弱。在 2 号中出现有 $Ca(OH)_2$ 和 $C_2S \cdot aq$ 的线条。4 号和 6 号也同样有 $Ca(OH)_2$ 晶体，8 号中除 $CaCa(OH)_2$ 外还有 $C_3A \cdot aq$。为了说明石棉和 $Ca(OH)_2$ 的作用，会将大连棉经饱和 $Ca(OH)_2$ 溶液浸泡 90d 后，照 X 光分析，如图 13 所示，石棉结杆未引起任何变化。

为了进一步说明差热分析上的现象，会选了几种样品做脱水分析，曲线如图3所示。其脱水过程大致如下[2]、[10]、[11]：

室温～100℃：主要吸附水脱去。

100～200℃：主要为水化物的机械结合水脱去。

200～400℃：主要水化铝酸钙脱水。

500～600℃：主要水化产物 $Ca(OH)_2$ 脱水。

650～800℃：主要石棉中硅酸美及水化硅酸盐脱去剩余水分。

水化硅酸二钙和水化铁酸钙具有沸石水性，在各个温度都会脱去部分水分。

很明显，1号样品中 $Ca(OH)_2$ 的量最高，4号样品的铝酸盐水化物少，而硅酸盐水化物多，6号样品 $Ca(OH)_2$ 含量较少，而8号样品铝酸盐的水化物较多。这可能是页岩水泥强度发展较快的原因。

综合以上实验，可以认为：

（1）不同品种水泥所得制品水化后，均有 $Ca(OH)_2$ 晶体存在。但数量略有不同。

（2）各种水泥制品中，水化产物的数量有所差别（结合水量不同）。但从标定极限强度来看，也存在着这种差别。

（3）$Ca(OH)_2$ 吸附在石棉上，在较短时期内（90d）并不致引起石棉结杆上的变化。

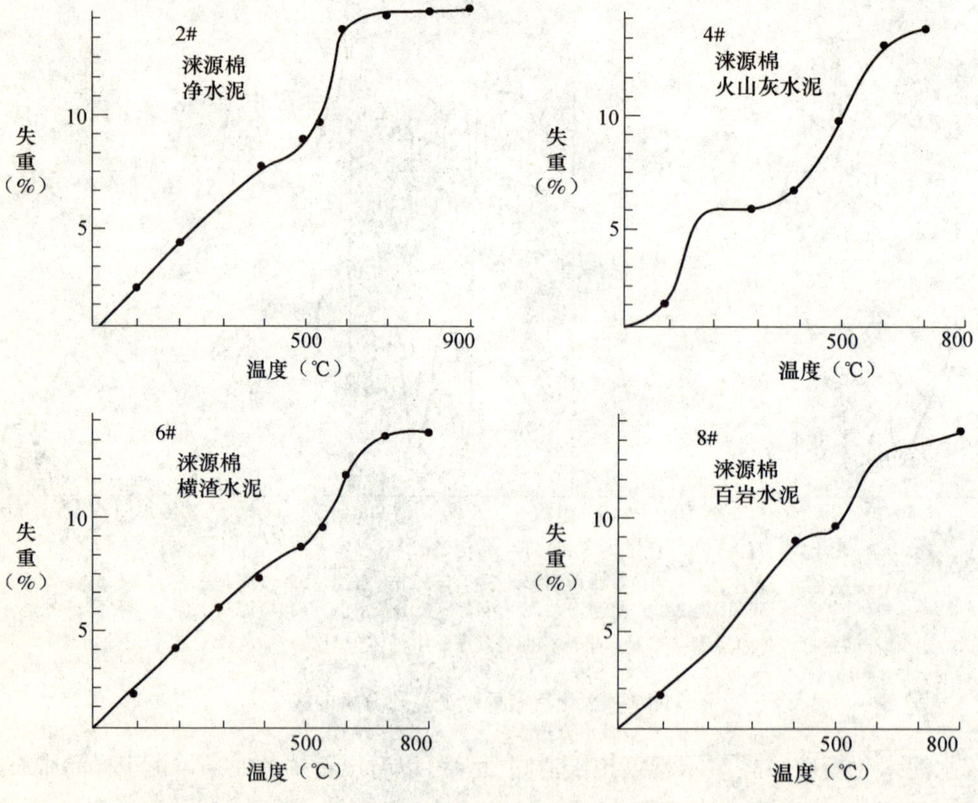

图3　不同品种水泥所制得石棉水泥料水化28d后脱水曲线

下面将根据石棉水泥试料的热化学特点来说明水泥的质量，试验系根据苏联科学家T. M. 别尔科维奇和A. H. 华西列娃所建议的方法进行的。即按小试体成型法在55±5min内完成全部操作，并即时将六条试体一同放入在恒温水槽中保持外圈温度为 20℃的绝热杜瓦瓶（即保温瓶）中，封好软木塞，并自具有 1/10℃刻度的温度计上读取温度，以后每隔一定时间记取一次读数，以求出热化学的各个参数。

热化学的参数是与水泥水化的过程相适应的[9]。开始时，水化作用进行得很剧烈，温度不断上升。接着，由于水化产物的薄膜包裹了未水化的颗粒，因而使作用自动制止。这时由于散热，温度略有降低。这第一个高峰，别尔为科维奇称第一点为“真正的初凝”，第三点“为真正的终凝”。典型的温度变化曲线如图 4 所示。

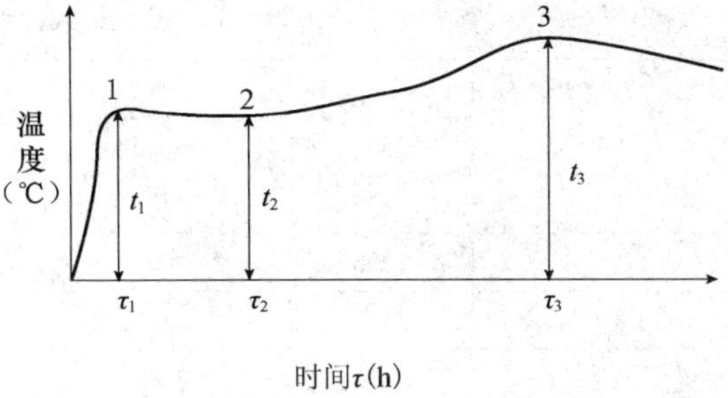

图 4 石棉水泥料热化学变化的典型曲线

T. M. 别尔科维奇[4]认为热化学的参数（τ_2，τ_3，t_1/t_3 等）是和早强率 K（$\frac{R_1}{R_{28}}\times 100\%$）存在一定的关系。根据实验数据，提出了石棉水泥制品所要求的水泥应符合下列要求：

$$t_1/t_3 = 1.6 \sim 2.5;$$
$$K = 15\% \sim 30\%;$$
$$\tau_3 = 23 \sim 32\text{h}。$$

本试验所得数据见表 13。

表 13 各种品种水泥所得制品的早强率及热化学参数

编号	1d 强度（kg/cm²）	早强率 K（%）	热化学参数		
			t_1/t_3	τ_2（h：min）	τ_3（h：min）
1	73.5	19.9	1.85	9：00	31：00
2	78.7	20.6	1.90	8：00	31：00
3	47.0	16.4	1.65	15：00	29：00
4	64.0	19.3	2.01	3：00	32：00
5	52.0	16.8	1.64	16：00	32：00
6	71.2	20.8	2.04	13：00	31：00
7	76.0	22.5	1.99	14：00	31：00
8	74.0	22.9	2.45	7：00	32：00

火山灰水泥和废渣水泥的 K 值比较接近于下限，但都能符合要求。页岩水泥表现的质量较好。

关于制品的促硬方法，是个专门的问题，这里只选择了六种不同的蒸汽养护制度，来说明掺混合材的水泥是否可以在早期达到拆模的要求强度。试验系在自动控制的蒸汽养护箱中进行（实验室自行装配的）。升温速度利用变压器来控制。

六种养护制度的特点是：

室温～最高温，1.5d；

维持最高温度，3～5h；

冷却，为自然冷却。

制品成型后，经湿空气养护 4 ~ 6d 后蒸汽处理，冷却后至 24d 试其强度见表 14。

表 14　制品在不同养护制度下的 1d 强度

养护制度（h）／温度（℃）	1d 强度（kg/cm^2）					
	95°/8	95°/5	80°/3	80°/5	60°/3	60°/5
1	237	240	250	229	156	158
2	200	259	201	256	169	133
3	170	172	178	190	751	15
4	152	228	173	207	136	121
5	200	181	168	184	120	141
6	192	217	171	220	150	132
7	181	263	210	258	104	—
8	214	263	204	221	169	—

如果取最高的强度为可能达到的强度，即蒸汽处理的效果可以用表 15 来说明。

表 15　制品经蒸汽处理后的效果比较

编号	正常养护 1d 强度（kg/cm^2）R_1	蒸汽处理后经 1d 强度最高值（kg/cm^2）$R^{汽}_{max}$	效率 $\eta = -\frac{R^{汽}\ max}{R_1}$	效率 $\eta = -\frac{R^{汽}\ max}{R_{28}}$
1	73.5	250	3.4	B0.7
2	78.7	259	3.3	B0.7
3	47.0	190	4.0	B0.7
4	64.0	228	3.6	B0.7
5	52.0	200	3.9	B0.7
6	71.2	220	3.1	B0.7
7	76.0	263	3.5	>0.7
8	74.0	266	3.6	>0.8

由热化学特点和蒸汽促硬的效果来看，掺有混合材的水泥完全可以满足制品生产上的要求。

对于制品的其他物理机械性质，也进行了一些实验。

耐冻性：水化 28d 试体经 25 次 -17℃ ~ 室温反复冻融后，无任何异状。如以强度来表示耐冻性，用水化 7d 试条经 15 次反复冻融后强度相比较，结果见表 16。

表 16　水化 7d 制品耐冻性比较

编号	经 15 次冻融后较未冻前强度降低（%）
1	0
3	5.3
5	7.1
7	9.6

试验结果显示都在10%的范围以内，这与混合材种类应有密切关系。

耐热性：水化28d试体在110℃烘干1h，置于20℃水中浸10min，如此反复25次，均完好。

表观密度和吸水率：将水化28d试体，浸水24h，擦干表面，在空气中称重为a，在水中称重为b，再以110℃烘至恒重为c。

$$\text{则吸水率} = \frac{a-c}{c} \times 100\%$$

$$\text{表观密度} = \frac{c}{a-b}$$

所得结果示于表17中。

表17　水化28d制品的容重和吸水率

编号	表观密度（g/cm^3）		吸水率（%）	
	水中养护	湿空气养护	水中养护	湿空气养护
1	1.410	1.548	31.5	23.3
2	1.645	1.680	24.1	20.9
3	1.376	1.421	32.1	26.8
4	1.526	1.595	28.4	24.8
5	1.388	1.423	33.9	28.6
6	1.526	1.590	29.4	24.9
7	1.358	1.476	32.6	26.6
8	1.428	1.549	32.2	26.3

养护方法对表观密度、吸水率影响很大，在水中由于部分$Ca(OH)_2$溶解，同时由于体积所长大，干后会形成空隙，故表观密度较小。同时这对于耐冻性也有影响。

关于使用掺混合材的水泥在生产中存在的问题，尚有待实际经验总结验证。就石棉水泥悬浮液的过滤和脱水性质而言，根据资料[12]说明主要影响因素是纤维状物料，试验中也证明，水泥品种改变对压型后料坯的保水能力无显著影响。如以1号样品的含水量为100%。则可得表18的数值；

表18　不同品种水泥所得试体加压后相对水分含量

编号	相对水分（%）	编号	相对水分（%）
1	100	5	103
2	109	6	117
3	105	7	102
4	114	8	114

根据多次实验数据的累计统计，不同品种水泥的出品率的相对数据见表19。

表 19 不同水泥所得制品的相对出品率*

编号	相对出品率	编号	相对出品率
1	100	5	103
2	94.0	6	94.5
3	101.5	7	101.5
4	95.5	8	97.0

* 相对出品率系指单位重量原料所能制得成品的体制比率。

因此，在棉种固定的情况下，使用掺混合材的水泥，不致增高制品的原料消耗定额。

四、结论

（1）掺有混合材的水泥，从标定极限强度、抗冲击强度、水化过程与产物以及石棉和水泥的粘结情况来看，都能满足制品的要求，因此，具备作为制品原料的基本条件。

（2）蒸汽处理掺有混合材的水泥制品，效果很好，可以很快达到脱模强度，保证正常生产。

（3）混合材的品种，对其制品的性质会产生不同程度的影响，一般来说，对耐冻性、吸水率等都会有不良影响。但就所研究的几种混合材而言，这种影响都不显著。

（4）工艺上的问题，尚须通过具体生产数据的积累和分析来肯定。但就过滤和脱水的情况来看。掺入混合材对保水能力的影响有限，也不致提高其原料的消耗定额。

致谢本文协作过程中承南京工学院王国宾教授给以指数，实验工作得到南京工学院水泥制品实验许荣誉及水泥实验室王德发等同志协助，特此致谢。

上店土之研究

上店土电子显微镜照相

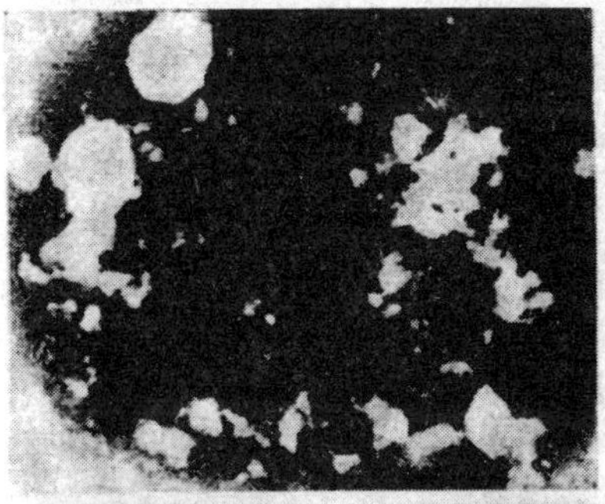

a×7000

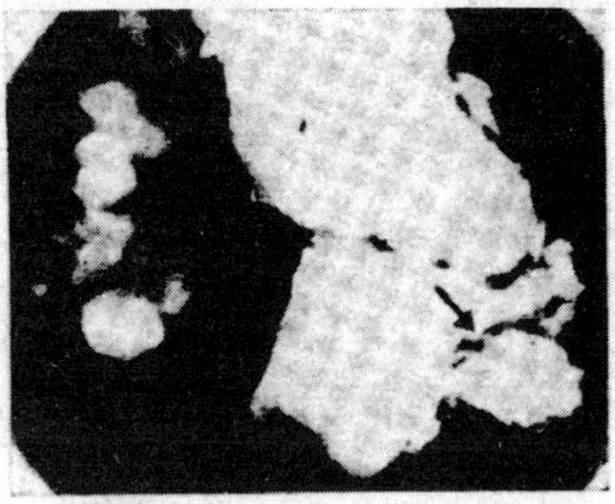

b ×4500

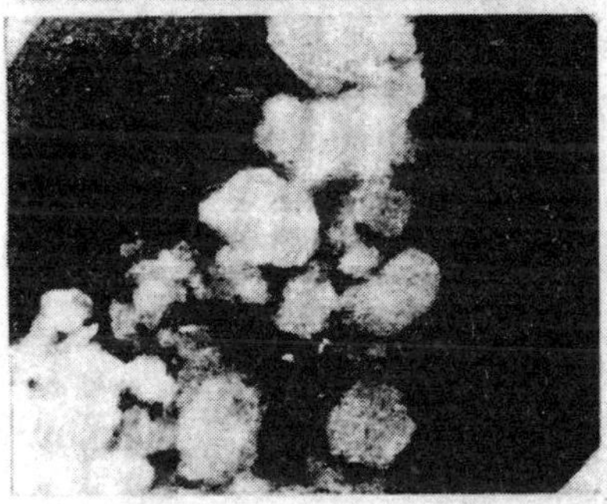

c ×4500

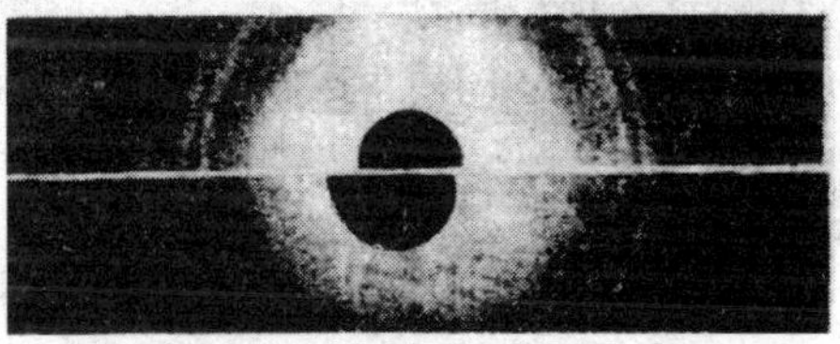

a) 上店土

b) 乔其亚高巍

上店土X射线衍射圆案

铜钇，不用滤光器 电压40kV 电流10mA 曝光2h

用掺有混合材的水泥制造石棉水泥制品的研究

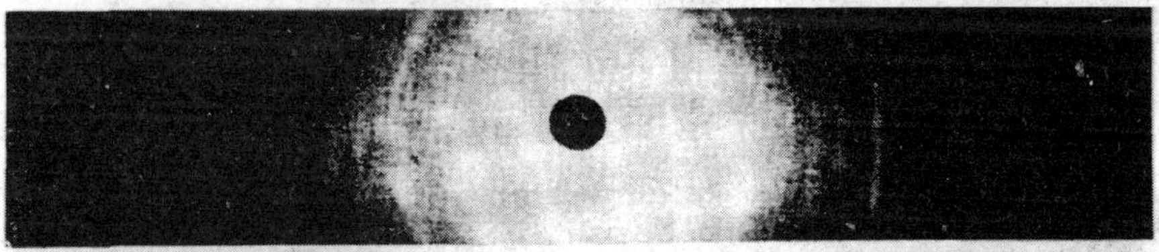

涞源棉

Co

30kV

转动，1.2/m

2×45min

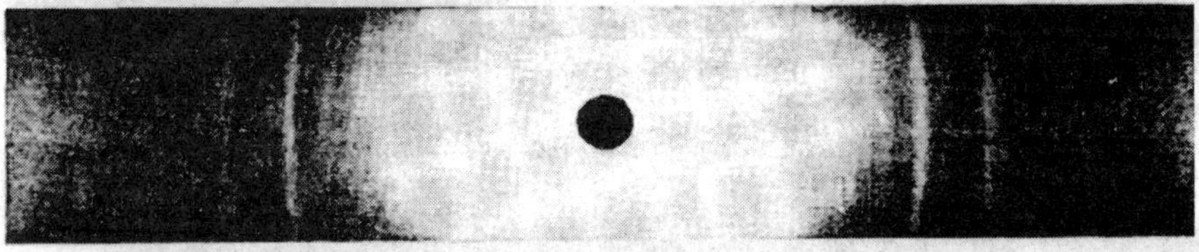

大连棉

照法同上

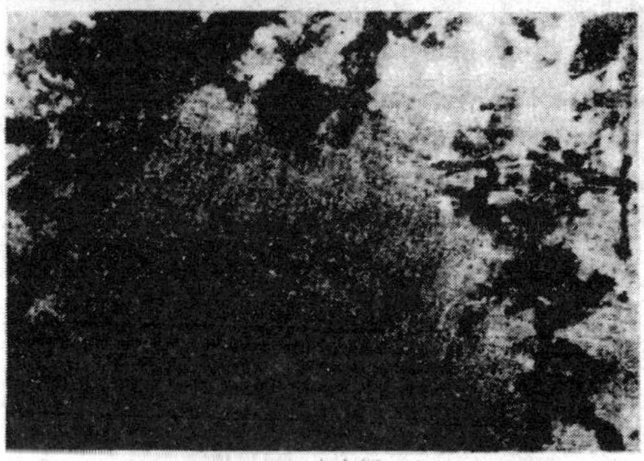

15%涞源棉+85%净水泥，水化28d研碎试样显微镜照相（×110）。粘附了水泥及水化物的颗粒，并有相当数量大颗粒（未完全水化）存在。

15%涞源棉+85%净水泥，水化28d研碎试样显微镜照相（×110）。未充分松散，四周粘附的粘附的粉斜较少，而细小纤维粘附物料较多。

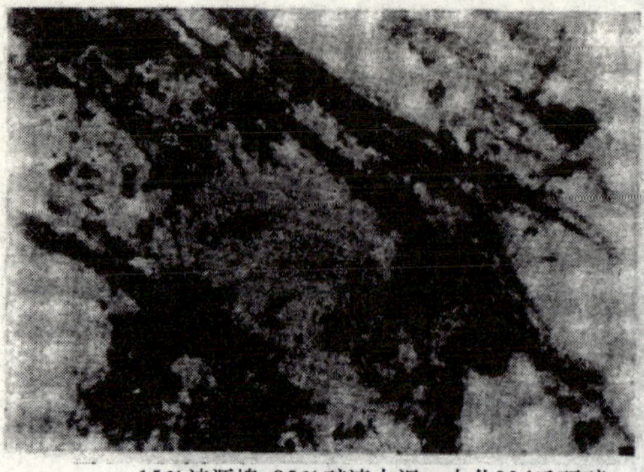

15%涞源棉+85%矿渣水泥，水化23d后研碎试样显微镜照相（×110）。粘附物的量就多，说明充公松懈石棉的重要性。

15%涞源棉+85%矿渣水泥，水化23d后研碎试样显微镜照相（×110）。未消化的大颗粒很少，粘结也很好，没这种试样所具有强度也较高。

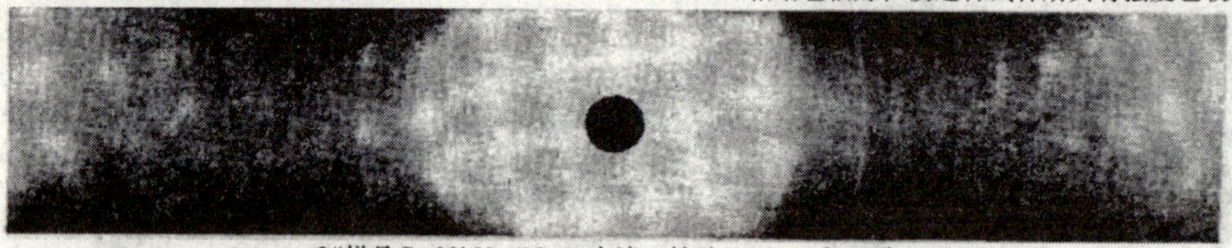

2#样品Co,32kV，10mA未滤，转动，1.2mm²×45分
石棉线条变淡，出现$Ca(OH)_2$各C_{2S}·aqR的线条。

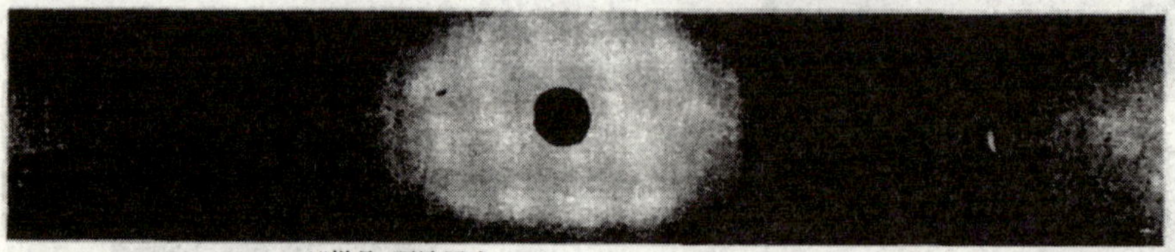

4#样品 照法同上
石棉线条例，有$Ca(OH)_2$及CaS_2·aq。

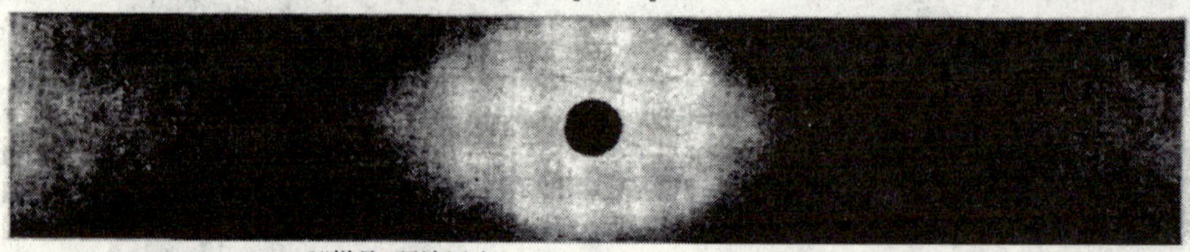

6#样品 照法同上
线条不清晰，但看出有$Ca(OH)_2$。

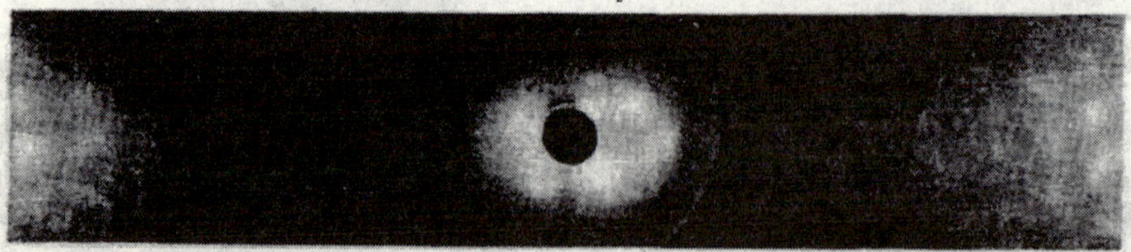

8#样品 照法同上
除$Ca(OH)_2$有CaS_2·aq各C_3。A·aq线条。

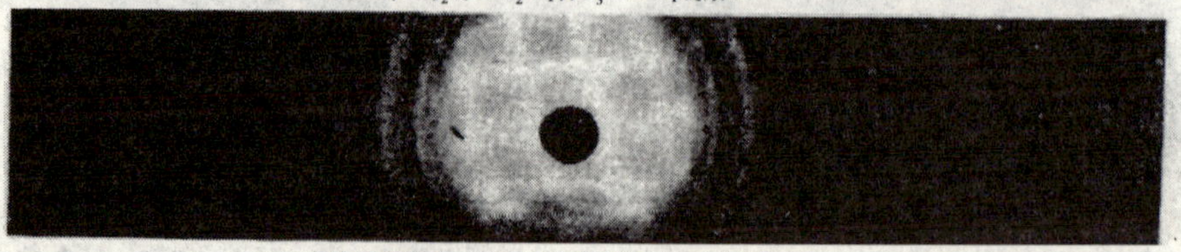

大连棉在饱和$Ca(OH)_2$溶液中浸90d后 照法同上
石棉结构完整。

硅酸盐水泥矿物组成对石棉水泥制品产质量的影响

生产石棉水泥制品时，水泥的化学－矿物组成及其比表面积对制品的质量和成型机的产量有很大的关系。

石棉与水泥的粘结强度，石棉水泥试样的抗折和抗张强度与硅酸盐水泥的化学－矿物及颗粒组成的关系，可用下式表示：

$$R_x = K_x \frac{KH^3}{d_u} g \frac{\tau}{\tau + a_\chi}$$

式中 R_x——强度极限，kg/cm²

K_x——决定于石棉的松解度和石棉水泥中石棉含量的系数；

KH——水泥的饱和系数；

d_u——水泥颗粒的平均直径，μm；

τ——水泥硬化的时间，d；

a_χ——系数，决定于试验方法。当以抗张强度测定石棉和水泥的粘结强度时 $a_\chi = 4.7$，以抗折强度试验时 $a_\chi = 3.0$。

用 C_3S 含量高、铝酸盐含量低的水泥所制得的石棉水泥制品，后期强度（90d）高。C_4AF 比 C_3A 能得到较高的后期强度，因此，生产石棉水泥制品时，最好采用铝酸盐主要以铝铁酸四钙形态存在的水泥。

用不同化学—矿物粗成的水泥试样进行的试验研究证明：降低 C_2S 和 C_3A，提高 C_3S 含量，同时增加水泥比表面积，都有助于改善石棉水泥的重要性质，如提高石棉水泥制品的强度，降低吸水率和挠曲。

根据 T. M 斯拉文的研究，C_3A 含量增加时，无论 C_3S 含量多少，均会降低石棉水泥制品的抗冻性。用 C_3A 含量为 14.5% 和 C_3S 含量为 40% 的水泥所制得的样品几乎完全不耐冻。

为明了水泥组成对成型机产量和产品物理－化学性质的影响，在网筒直径 1000mm 的三网箱成型机上进行了试验。成型机上装有辅助加压辊，毛布的运行速度为 40m/min。

成型板材用混合棉，含 П－5－50 号棉 40%、M－5－60 号棉 40%、П－6－45 号棉 20%。石棉水泥中石棉含量为 14%，水泥含量为 86%。

石棉纤维用水润湿（45% 重量）后在轮辗机上辗压 15min，此时石棉的松解度约 30%～35%。最后在打浆机中使纤维的松解度达 90%～95%。然后将石棉与水泥混合 5min，水和石棉水泥悬浮液的温度为 25～30℃，试验用水泥掺有 5% 的石膏，水泥的比表面积为 3150～3200cm²/g。试样（板材）用成型筒和辅助加压辊，以最大压力成型。

石棉水泥波瓦在养护室中硬化3d、7d和14d以后，测其纵向抗折强度、吸水率和表观密度。不同矿物组成水泥所制得的产品（硬化7d后板材）的试验结果列于表1。

从表1试验数据可看出，降低水泥中 C_2S，提高 C_3S，而 C_3A 和 C_4A 不变就可增加薄层厚度，提高成型时的毛布速度，减少废水中的沉淀物，从而降低原料消耗。

增加水泥中 C_3S 含量，加强了水化水泥颗粒与石棉纤维表面的粘结，有利于降低石棉水泥薄层中的水分、加强脱水和加压过程，从而得到致密、坚固的产品，提高成型机的生产能力。

T. M. 别尔科维奇和Д. A. 罗韦科夫工程师研究了用各种不同化学—矿物组成的水泥制得的石棉水泥悬浮液的过滤性质。这些性质用溶胶效应 $K_П$（石棉水泥悬浮液制成后水泥比表面积增加的%）和过滤效应 $K_Д$ 来表示。试验结果列于表2。

表1

矿物组成（%）				*KH*	废水沉淀（%）	加压（kg/cm²）		层厚（mm）	水分（%）	产量（标准瓦/h）	纵向抗折强度（kg/cm²）	吸水率（%）	表观密度（g/cm³）
C_3S	C_2S	C_3A	C_4AF			成型筒	辅助辊						
35.3	40.0	10.0	10.3	0.80	2.0	30	10	0.6	26.9	2495	134.5	29.5	1.43
40.1	35.2	9.8	10.0	0.82	1.5	35	10	0.7	25.5	2825	140.2	29.0	1.45
45.2	30.7	10.0	10.0	0.85	1.0	40	12	0.8	25.0	3175	150.1	28.0	1.48
50.5	24.5	10.0	10.0	0.88	0.8	45	12	1.0	24.3	3750	157.3	27.6	1.50
56.1	18.2	10.2	10.0	0.90	0.5	50	14	1.1	23.5	4216	162.6	27.0	1.52
61.7	16.6	10.1	9.8	0.92	0.3	55	14	1.2	23.0	4684	169.1	25.0	1.55

由表2数据可知，当水泥中 C_3A 含量增加，溶胶和过滤液效应都提高，说明悬浮液过滤性质变坏了。

表2

矿物组成				$K_П$	$K_Д$
C_3A	C_4AF	C_2S	C_3S		
2.0	17.7	21.8	55.7	39.3	16.7
6.5	11.4	23.6	52.5	—	17.6
8.8	9.6	23.2	54.8	41.2	19.8
10.5	10.4	14.2	59.5	49.5	21.0
10.7	9.0	23.9	53.8	56.1	21.3
11.3	8.5	31.8	45.6	62.7	26.7
12.8	9.0	25.1	51.5	63.8	26.3
13.6	9.9	3.7	66.5	66.2	30.7

铝酸三钙含量对于石棉水泥制品成型过程和质量的影响，曾在工厂条件下进行过研究，所用水泥的比表面积为 3150～3200cm²/g。

上述组成的水泥，随其胶结性能的改变使石棉水泥板成型的工艺条件也相应地有所改变。表 3 系波瓦硬化 7d 后的试验结果。

表 3

矿物组成（%）				*KH*	废水沉淀（%）	加压（kg/cm）		层厚（mm）	板材水分（%）	成型机小时产量（标准板/h）	板材抗折强度极限（kg/cm²）	板材吸水率（%）	表观密度（g/cm³）
C_3A	C_3S	C_2S	C_4AF			成型筒	辅助辊						
3.0	61.7	20.0	10.4	0.92	0.2	55	14	1.31	22.0	5100	200.5	24.0	1.66
7.3	60.6	18.2	10.3	0.92	0.2	50	14	1.24	22.5	4850	181.8	25.0	1.62
10.1	61.7	16.6	9.8	0.92	0.3	45	12	1.20	23.0	4684	169.1	26.0	1.55
13.0	58.0	18.9	8.8	0.90	1.0	40	12	1.13	25.0	4400	150.2	28.0	1.51
17.0	60.4	19.0	8.9	0.91	2.0	30	10	1.05	27.0	4100	135.2	30.0	1.45

水泥组成中所有的化合物以 C_3A 水化作用进行最剧烈，而形成胶体水化铝酸钙。C_3A 的存在加速了 C_3S 和水的相互作用，随之产生胶体新生成物。

当水泥中 C_3S 含量此较高时，如提高 C_3A 含量，会使石棉水泥悬浮液中胶体新生成物的数量增加，使其过滤性质变坏。

用这种水泥成型制品，必然使网筒上料层和毛布上的石棉水泥薄层厚度减小，降低成型机的产量，还使半成品的水分增高、致密度降低、吸水率提高。

之后又研究了水泥的比表面积对成型机产量和所制得波瓦质量的影响。试验用 *KH* 为 0.8、0.85 和 0.90 熟料制成几种比表面积不同的水泥。

结果证明，胶疑材料比表面积的增加有助于提高用该种材料所制得的石棉水泥在塑性状态下的强度（表 4）。因此，当水泥的比表面积增加，可考虑将真空度从 300mm 汞柱提高至 400mm 汞柱，成型轮压力由 25kg/cm² 提高到 50kg/cm²，辅助轮压力由 10kg/cm² 增至 14kg/cm² 来强化薄层和半成品的脱水及紧密过程。其余工艺参数保持不变。

表 4

KH	水泥比表面积（kg/cm²）	废水沉淀（%）		加压（kg/cm²）		薄层厚（mm）	板材水分（%）	成型机小时产量（标准板/h）	板材纵向抗折强度极限（kg/cm²）	板材吸水率（%）	表观密度（g/cm³）
				成型筒	辅助辊						
0.80	2800	3.0	25	10		0.51	28.7	2150	125.7	31.5	1.40
0.80	3515	1.7	35	10		0.70	26.0	2800	141.3	28.1	1.44
0.80	4120	1.0	45	12		0.95	24.0	3600	155.4	28.0	1.47
0.85	2760	2.0	35	10		0.71	26.5	2880	141.2	30.0	1.45

续表

KH	水泥比表面积（kg/cm²）	废水沉淀（%）		加压（kg/cm²）		薄层厚（mm）	板材水分（%）	成型机小时产量（标准板/h）	板材纵向抗折强度极限（kg/cm²）	板材吸水率（%）	表观密度（g/cm³）
				成型筒	辅助辊						
0.85	3520	0.8	45	12		0.90	24.0	3500	154.9	27.1	1.47
0.90	2810	1.5	40	12		1.00	25.0	3820	155.9	28.0	1.49
0.85	3530	0.5	50	14		1.20	23.0	4420	166.7	27.0	1.53
0.85	4200	0.3	55	14		1.30	22.0	4850	135.5	26.0	1.57

铝酸三钙和铝铁酸四钙含量固定的水泥，当增加比表面积时可以提高成型机的产量，减少废水中的沉淀物，降低原料损失。

当胶凝材料中 C_3S 含量较低时，提高水泥比表面积对提高成型机的产量和产品质量的作用更为显著。

水泥中 C_3A 含量高时，比表面积对成型机操作和板材质量的影响却是另一种情况。关于这一点，可以由用 C_3S – 38.4%、C_2S – 28.6%、C_3A – 14.4%，C_4AF – 12.9%，$KH=0.84$的 γ 熟料所制得的水泥生产板材所得数据来证明（表5）。

表5

比表面积（cm²/g）	废水沉淀（%）	薄层水分（%）		加压（kg/cm²）		薄层厚（mm）	板材水分（%）	成型机小时产量（标准板/h）	纵向抗折强度（kg/cm²）	板材吸水率（%）	表观密度（g/cm³）
		真空箱前	真空箱后	成型筒	辅助辊						
2800	3.5	55	47.0	30	10	0.51	27.9	2100	126.0	31.0	1.40
3500	2.0	46	40.0	40	12	0.63	25.0	2600	141.7	27.7	1.45
4150	2.0	50	45.0	35	10	0.56	26.5	2300	130.6	30.6	1.40

含 C_3S 相当多的水泥，比表面积增加有助于提高产品质量，但有一定限度(3500cm²/g)，继续提高比表面积，石棉悬浮液中胶体新生成物的数量增加，使其过滤性质恶化，不但降低成型机的产量，而且降低产品质量。

水泥中 C_2S 和 C_3A 含量适当，而 C_3S 含量高时，比表面积大的各种水泥能保证石棉水泥中石棉纤维和已硬化的水泥颗粒牢固地结合。

如果用 C_3S 含量约60%、C_2S 不大于20%和 C_3A 不大于7%的水泥，则可在成型机产量最高时得到质量最好的产品，最合适的比表面积是3500～4000cm²/g。

用阿里特水泥可以在毛布高速运行（35～40m/min）和薄层厚度1.1～1.2mm 时操作。

C_3S 含量不高的水泥，当 C_3A 含量提高，只有在毛布速度低（22～24m/min）时，才能自较薄的料层（0.5～0.6mm）制得制品。

由此可见，生产石棉水泥制品时，为了达到高产优质低耗，必须选用恰当矿物组成和比表面积的水泥，并尽可能使其质量稳定，这样制品的质量也就稳定。

高温悬浮态气固反应试验台的开发及含硫铜精矿氧化焙烧动力学的研究

张 薇 简淼夫 胡道和

(南京化工学院硅酸盐工程研究所，南京，210009)

【摘 要】 高温、悬浮态气固反应试验台能够比较接近生产实际状况地研究各种粉状物料的悬浮态气固反应动力学。利用它对含硫铜精矿进行氧化焙烧动力学研究，所得规律可用来定量地指导工业反应器——焙烧炉的设计和操作。

【关键词】 高温，悬浮，气固反应，反应动力学，试验装置，开发研究

一、前言

许多粉状物料的高温热处理过程，如矿石的焙烧、水泥生料和磷石膏粉料的分解及煤粉的燃烧，都属于悬浮态气固反应的范畴。由于在悬浮态气固反应器中，既有粉状物料的流动、传热和传质等物理过程存在，也有气固和固固之间的反应等化学过程发生，加之固体粉料本身的分散、凝并等随工艺过程的不同是多种多样的。固体粉料的这些特征必然会影响反应体系的动力学特性。所以悬浮态气固反应与气液、液液反应相比，更为复杂。

悬浮态气固反应器的设计和操作，应以工业反应动力学作为理论依据，主要是指固体物料的反应速度，即包括传递过程在内的宏观综合反应速度与温度、固相转化率、气相反应物浓度和颗粒外部传质条件的定量关系。以往的气固反应动力学试验装置，大多是静态的（如热天平、差热等），物料均处于堆积状态或半静态（如单颗粒悬挂或把物料铺在网板上悬挂在气流中），其试验结果和生产中常见的粉体（粒径 $<200\mu m$）悬浮在气流中所进行的反应有很大差距。20 世纪 70 年代年代以后 VosteenB.[1]、MullerA.[2] 和 KupperD.[3] 等先后开发了一些动态反应装置，进行了分解动力学的研究，得到了一些有价值的结论。然而，这些研究工作在研究方法和测试手段上还不够完善，其结果的应用受到一定的限制。而在绝大多数场合，人们采用热模试验来进行不同物料的反应特性测定[4~6]，因此不同反应器和不同的要求往往需要不同的热模装置。为此作者开发研制了粉体物料高温、悬浮态气固反应试验台，它不仅能保持高温而且以保持粉体物料稳定地悬浮在成分一定的气体中进行悬浮态气固反应，实时检测出反应的进程，进行真正的悬浮态气固反应动力学试验，因而其结果和反应器的形式无关，只与物料本身的特性有关，可减少或免去热模试验，直接用来定量地指导工业反应器的设计。

二、高温、悬浮态气固反应试验台简介

作者研制的粉状物料的高温、悬浮态气固反应试验台流程如图 1 所示试验所用的气体经配气混合后进入预热器，被加热到所需的高温，粉状物料由反应器的顶部间歇加入。稳定地悬浮在热气流中进行反应，与反应器出口相接的多组分气体分析仪可对反应进行在线检测，其结果输送到计算机进行数据处理。在特制的反应器内物料可以充分地进行气固反应，其他影响可以忽略，因此试验的结果与反应器无关。反应器内设置多支热电偶以检测、控制反应器的温度，从而保证反应器内温度的均匀性。

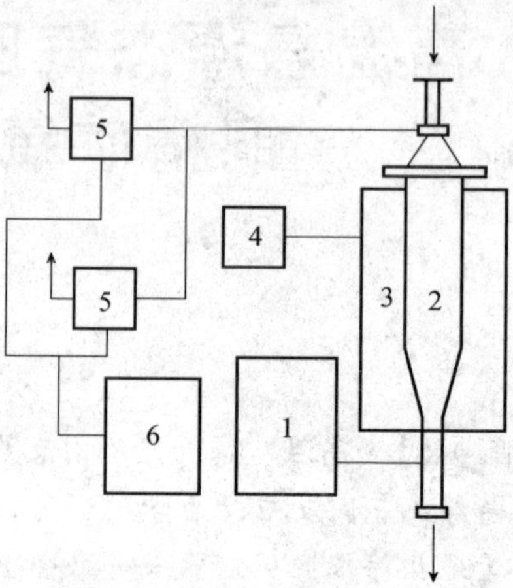

图 1　试验装置流程图

1—气源；2—反应器；3—加热器；4—温度控制器；5—气体分析器；6—数据处理系统

在物料气固反应过程中，气体组分发生变化，可通过气体分析仪对反应进行在线检测但检测仪所测得的气体组分变化还不是反应器中物料的真实变化。因为，反应器容积大而且反应区到气体检测探头还有一定长度的管道和附属装置，所以气体检测的结果不是实际反应的纯滞后，而是被该反应器、流程和气体检测系统特有的组合滞后歪曲了的信号。我们仔细研究了本系统的动态特性，并用计算机对测量数据进行动态补偿，获得了较为可靠的瞬时反应曲线。整个测试系统综合误差小于 4%。

三、含硫铜精矿氧化焙烧动力学研究

硫铁矿、含硫铜精矿是硫酸工业中制取硫酸的原料由于产地不同，各种矿石的化学组成和矿物结构差异很大。在设计沸腾焙烧炉时，应对原料进行焙烧动力学的研究，以确定最佳的焙烧温度和适宜的操作条件。由于硫铁矿、含硫铜精矿的焙烧具有反应速度快、反应热效应大、反应温度高，且反应过程中有强腐蚀性气体生成等特点。所以，在这样的反应环境下进行测定，要求样品能够快速地送入反应器，并能实时检测反应进程[7]。作者的粉状物料高温、悬浮态气固反应试验台完全可以满足这样的试验要求。为此，我们选用某厂的两种含硫铜精矿，在高温、悬浮态气固反应试验台上，进行了氧化焙烧动力学试验研究。

两种原料的矿物组成见表 1。

表 1　原料的矿物组成

矿物	原料 A（%）	原料 B（%）
FeS_2	4.9	22.9
SiO_2	13.4	2.8
$CuFeS_2$	61.1	28.9
$CuCl_2$	2.5	
$CuAlS_2$		20
$Ni_3Si_4[OH]_2$		43.4

根据试验结果，铜精矿的培烧有一个最佳的温度范围，对于原料，应控制在820～870℃，温度过高，虽然残渣含硫量降低，但结渣严重，操作困难。

从残渣含硫量和温度的关系曲线上（图2）看：原料A在820℃以前，曲线变化平缓，说明反应速度很慢，820～840℃曲线斜率负值增大，残渣中硫含量迅速降低，反应速度很快，温度再升高，反应速度又降低；而原料B在810℃以前，曲线变化平缓，810～830℃曲线斜率负值增大，反应加快，然后又趋于平缓。这说明原料B的焙烧温度低于原料A，但从图中可见，其残渣含硫量高于A。另外，试验过程中发现，原料A的开始结渣温度（约820℃）比原料B（约840℃）低，可见不同种原料其焙烧特性不同。

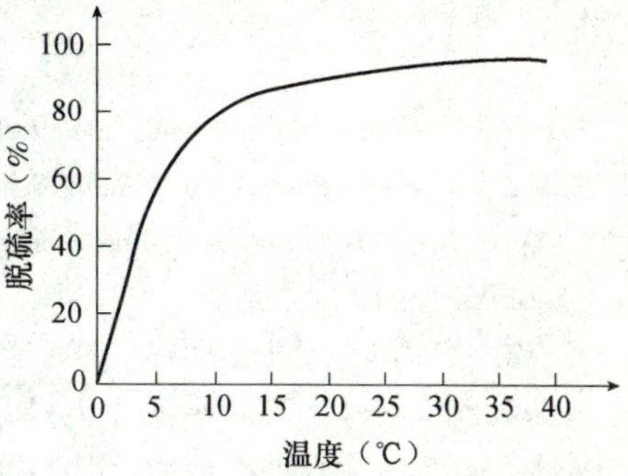

图2　残渣中硫含量和温度的关系

表2是静态（物料呈堆积状态）下物料残渣含硫率和反应时间的关系。从静态实验结果来看，物料接近反应终态约需一个小时，与实际焙烧炉流化床中情况相差很大；图3是铜精矿动态（物料悬浮态）反应动力学曲线，从曲线上可以看出铜精矿的氧化反应时间很短，大约在十秒后就可以接近动力学的反应终态。这说明静态和动态的结果差异很大，从试验过程来看延长停留时间对提高铜精矿的脱硫率无明显的效果，且停留时间越长，结渣越致密，出渣越困难。

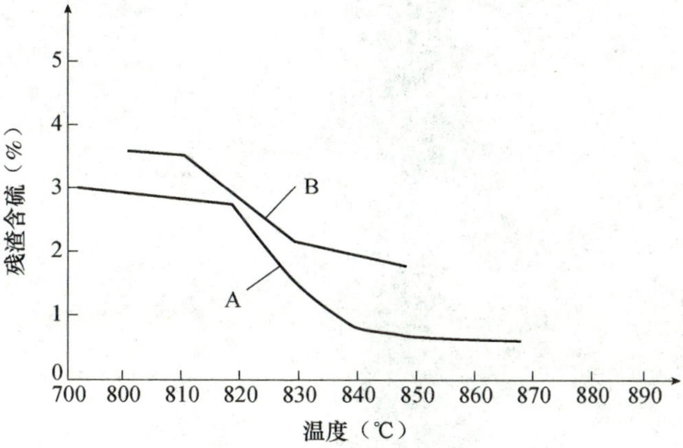

图3　残渣中硫含量和温度的关系

表2　静态下物料残渣含硫率和反应时间的关系（860℃）

时间（min）	A矿（%）	B矿（%）
20	8.91	9.04
40	3.18	6.42
60	2.97	6.418

四、结论

我们研制的粉状物料高温、悬浮态气固反应试验台，是目前国内较先进的气—固反应动力学试验装置，它能够比较接近生产实际状况地对含硫铜精矿进行氧化焙烧动力学的研究。试验结果只与物料本身的特性有关，所得规律可定量地指导焙烧炉的设计和操作。

参考文献

[1] Vosteen B. Vorwarmung und vollkommene Kalzination von Zement-Kalk-Gips，1974，9；433～450.

[2] Müller A. Dahm B. Stark J. Zur Kinetik der Kalziumbarbonalzersetzung Silikattechnik，1977. 28（1）：4.

[3] Kupper D. Entsauerungsverhalten von Zement – Rohstoffgemischen . Deutsche Universitats- bibliothek Clausthal，1984.

[4] 葛庆仁 . 气固反应动力学［J］. 原子能出版社，1991，192～295.

[5] Hyatt E P. Cutler I B . Wadsworth M E. Calcium Carbonate Decompositionin Carbon Dioxide Atmosphere. Journal of the American Ceramic Society，1958，14（2）；70.

[6] Kainer H. Specht E. Die Poren Diffusions. Reaktions – und Warmeleitkeoffizienten Verschiedener Kalksteine und ihr Einfluss auf die Zersetzungszeit，Zement – Kalk – Gips，1986. 5. 259～268.

[7] 刘世斌，吴菊贤 . 硫铁矿焙烧动力学［J］，硫酸工业，1990.（2）：10～18.

第四部分

外　　文

NUMERICAL SIMULATION OF BURNING AND DECOMPOSITION IN THE SLC PRECALCINER

Ye Xuchu Hu Daohe

(Nanjing Institute of chemical Technology, china)

Research at the Nanjing Institute of Chemical Technology in China has allowed scientists to model the thermal and velocity charaaeristics ofthe SLC precalciner. Their results, suggest several methods for improving the yield and efficiency of this equipment.

The burning and decomposition in the precalciner was studied by means of numerical simulation. The nonslip model was applied to the burning of coal and decomposition of $CaCO_3$ in the gas flow. A generalpurpose software used in computation was developed. The temperature field predicted by numerical result showed that, when the powder in the precalciner is fully dispersed, 80 percent of coal will be burned completely and also $CaCO_3$ be decomposed between the inlet and 1.1 D ~ 1.5D length of the precalciner. The thermal performance in the precalciner were also analysed in the paper.

SLC precalciner was developed by the F. L Smidth Co. of Denmark in the 1970s. Kolyfetis and others[1] have made a study on the characteristics of burning and decomposition in the SLC precalciner by using the piston flow model. However, this model is rather Simple. This paper is aimed at studying SLC precalciner by numerical simulation in accordance with the simulation equations of two-dimensional model and with the necessary chemical reaction supplementary equations(2). Though these equations remain to be improved on many aspects at present, they are of a certain universal significance in the initial stage of the study, especially in case of less understanding on the hot state of precalciner. It can be considered that they are essential foundations for the theoretical study of the precalciner. Since the simulation equations are nonlinear, only the numerical solution[3] can be used to try to simulate the working conditions of the precalciner by means of these equations theoretical simulation test). The numerical technique mainly includes: the finite difference method, the finite element method and the Taylor series expansion method. The finite element method is difficult to determine the boundary conditions of the complicated turbulent flow, while the Taylor series expansion method cannot be applied under the condition of high Pedet number, so for the solution of the complicated turbulent multiphase flow (including burning and decomposition) , the commonlyused numerical method is the finite difference method. It has been widely applied in fluid mechanic aerodynamiCS, gasphase burning and coal powder burning in boiler[4~6].

Some common software have also become the auxiliary aids of the engineering aided deSign, and the development of new technology and new equipment, it becomes an important link from a small scale test to a commercial scale equipment, and has achieved remarkable economic and social benefits. In the precalciner, there is not only burning process of coal powder, but also decomposing process of large quantity of raw meal. Due to the fact that the amount of heat released from burning of each kilogram of coal can almost decompose about 10kg of raw meal, it is dear that when the quantity of coal powder burnt in the precalciner is equal to that in a combustion furnace of equivalent volume, due to the presence of raw meal, the solidphase concentration in the precalciner may be more than 10 times that in the boiler. In a word, the interaction between gas phase and solid phase in the precalciner is far more complicate than the burning of coal powder alone. Though a lot of study work have been made on the burning of coal powder in the boiler by numerical simulation and achieved many valuable results that can be used for reference, however, it can be anticipated that there will be even more unknown phenomena relating to the processes of burning of coal powder and of decomposition of raw meal in the precalciner and their interaction have to be explored and studied. Since there is no report so far on the study of precalciner by numerical simulation at home and abroad, so the difficulty of this approach can be imagined.

In order to study by numerical simulation the twodimensional gassolid flow, the burning of coal and the decomposition of $CaCO_3$ in the SLC precalciner, the SIM. PLE procedure has been adopted and a general-purpose numerical software for engineering application has been developed and debugged. By applying this software, the degree of influence of the operational parameters (such as the quantity of feeding coal, calorific value of coal, burning property of coal, feeding quantity of raw meal, decomposition characteristic of raw meal, excess air coefficient, operational parameters of gas flow, gassolid ratio etc.) on the working conditions of the precalciner (macroscopic parameters such as rate of decomposition, resistance characteristic, temperature etc.) can be simulated respectively. This software will become an auxiliary aid in the hot state test and pilot test of the precalciner and directing the practical production and operation, so as to reduce the blindness in the test, and production. In addition, it can give out the distribution values of gas flow velocity field, temperature field, particle concentration field and gasphase composition field in the precalciner under hot conditions.

Therefore, it is one of the important means in studying the internal characteristics and the modification of the precalciner, and saving in cost and times refined for technical can be expected.

Principle of Numerical Computation

The equations of theoretical model provided by the reference[2] are used to express all, equations in general forms as:

$$\alpha/\alpha\chi(\rho\upsilon\rho) + 1/\tau.\ \alpha/\alpha\tau(\tau\rho\upsilon\varphi) = \alpha/\alpha\chi\{\tau.\ \alpha\varphi/\alpha\chi\} + 1/\tau.\ \alpha/\alpha\tau\{\tau.\ \alpha\varphi/\alpha\tau\} + S\varphi + S\delta$$

where q > represents any physical quantity such as velocity component (u, v), stagnation enthalpy (h), particle concentration (particles of coal powder and $CaCO_3$ each divided into 3 groups of size), composition concentration (°2, volatile and CO_2 compositions) etc; p is the density, pg is that for the gasphase field and the mixed density is pm(pm = pg +1:p PK) for the particle field; Scp is the source item, Sd is the gas source item resulted from the reaction of the particle field The universal constants related to the equations and numerical simulation are the same as the reference[2].

By applying the simulation equations, we can theoretically determine the flow field, temperature field, particle concentration field and gas composition field in the precalciner, thus predicting the performance of the precalciner under hot state, deepening the understanding of the operating mechanism, improving the operation and providing bases for further improvement of the precalciner Now all equations are reduced to difference equations algebraic equations respectively, mixed formats are adopted for the convective items and the numerical flow is shown in Fig. 1.

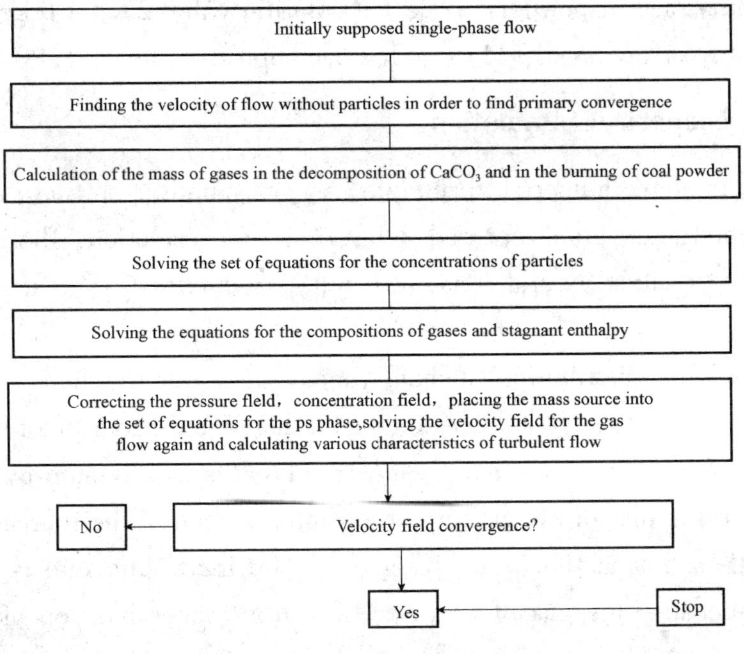

Fig. 1 Flow chart of computation

Computation area

What this paper predict is a precalciner (Fig. 2), which is characterised by an approximate axial symmetry. Therefore, if it is dealt with twodimensional treatment, there may exist certain deviation from the actual flow, but it is basically permissible desirable. The diameter D of the precalciner is 1200mm, its height H is 6875 mm and $H/D = 5.5$.

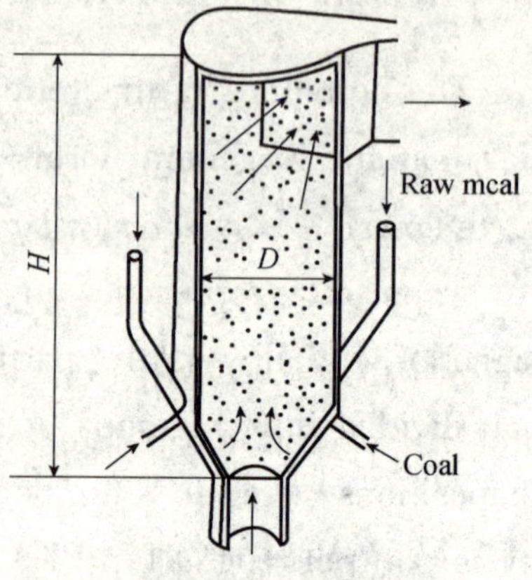

Fig. 2　the SLC precalciner

The conditions for numerical computation include the boundary conditions and necessary characteristic parameters. The boundary conditions are important parameters in numerical simulation, they mainly consist of inlet conditions (such as gasflow velocity, gasflow temperature, gas composition, particle size distribution of coal powder and raw meal, particle concentration etc.), wall. conditions and outlet conditions which have direct influence on the reliability of the computation results. In conducting the simulation study of the actual production, a part of actually-measured parameters may be used. The main inlet conditions for the computation in this paper are:

- Gas velocity at inlet = 30m/s
- Gasflow temperature at inlet: 850°C
- Quantity of coal powder: 89kg/h (calorific value 23.1 kJ/kg)
- Quantity of raw meal: 1118kg/h (decomposition heat: 1.80 kJ/kg)

Results of Numerical Simulation

According to above numerical principle, a corresponding software used in computation is developed and, after repeated debugging and correction, the numerical solutions with better repeatability and constant results are obtained. The main results are as follows:

Fig. 3 shows the distribution of axial timeaverage velocity field (left) and flow streams (right) field in the precalciner under the hot state. From this figure we can see that in the main flow region, the axial velocity increases axially step by step. The amplitude of increase is that in the vicinity of the inlet section of the increased is about 16 per cent more than that at the inlet. After that, the increasing rate is slowing down. This is mainly because the gas of CO_2 resulting from decomposition of raw meal and burning of coal powder has been merged into the main flow and became the rise of temperature and expansion of gas volume have happened. The backflow region is long and thin where the maximum backflow velocity is about 1m/s. This is mainly because the high temperature resulted from the burning of coal in the vicinity of inlet of the precalciner, causes the gas to sharply expand and thus squeeze the backflow region in combination with the action of gas generated from the reaction of raw meal. At the same time, the increase of viscosity of gas can also weaken the backflow effect. By comparison with the cold model, the backflow region under hot state and the intensity of the backflow will been weakened correspondingly. The previous experience show that the backflow can prolong the retention time of material and intensify the dispersion of powder. Therefore, the operational parameters and algebraic parameters optimised under cold state of model can not be applied to hot state and perhaps certain revisions have to be made.

Fig. 4 shows the isothermal curves in the precalciner The absolute value of temperature difference at each point of each isothermal line is below 5°C. From this figure we can see that the temperature difference between the maximum temperature in the vicinity of inlet and the temperature in the vicinity of outlet is about 100°C. Fig. 5 shows the measured temperature curves. The results of numerical simulation agree with the experimental values in the general trend trend of change.

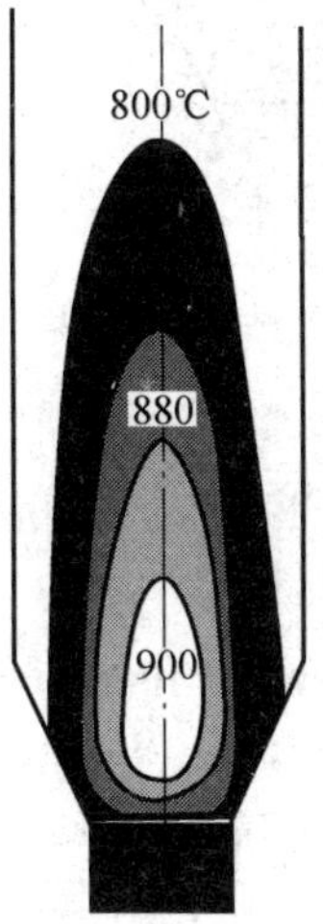

Fig. 3 Radial distribution of axial velocity and streamlines

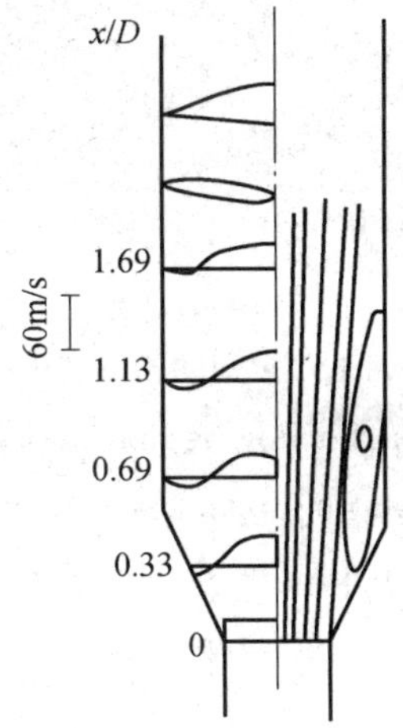

Fig. 4 Distribution of isothermal lines

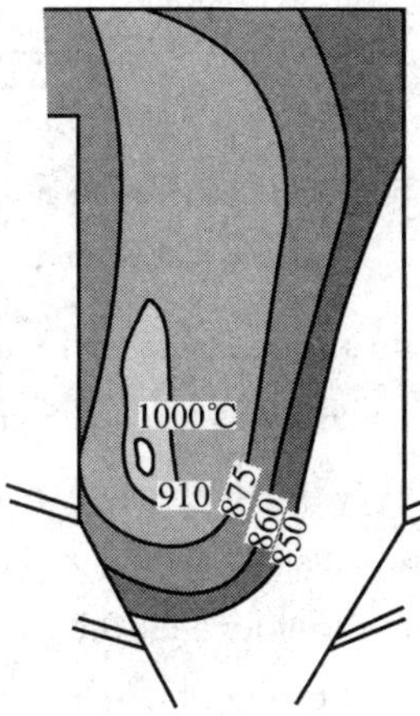

Fig. 5 Distribution of measured constant temperature lines

Fig. 6 shows the distribution curves concentrations of coal and raw meal particles. Fig. 7 shows the curves of O_2 and CO_2 contents in the gas obtained from the computation. Fig. 8 shows the axial-change curves of the sectional average values of burn out rate of coal and decomposition rate of raw meal. By comparing Fig. 6 with Fig. 7 we can see that by the action of the radial velocity and the backflow, when the powder flowing into the precalciner with to gas, it diffuses rapidly to the side wall of the precalciner, so the concentration in backflow region is higher than that in the main flow region. By analysis on the basis of the results of numerical computation, we can see that the diffusion of raw meal to the side wall is ended within the area of about 0.5 D and then the powder and particles enter fast chemical reaction region. The length of fast reaction region is about 0.5D ~ 1.5D. The coal powder is completely dispersed within the area of about 0.3D and the decomposition rate then becomes gradually stable and the ignition and burning of coal powder take place mainly within 0.3 D ~ 1. D. Such results are obtained, because this paper assumes in the computation that the powder in the precalciner has been fully dispersed. In other words, so long as the coal powder and raw meal powder can be fully dispersed, the time for complete burning and for decomposition reaction is very short. The key to the raising of specific volume output of the precalciner is to ensure a complete dispersion of powder in the precalciner.

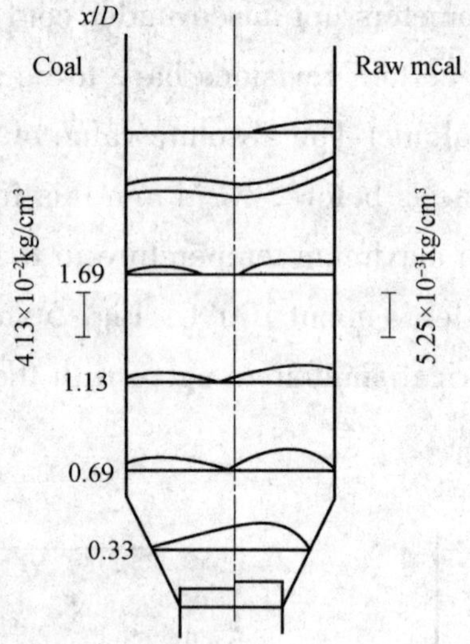

Fig. 6　Radial concentration distribution of coal and $CaCO_3$ particles

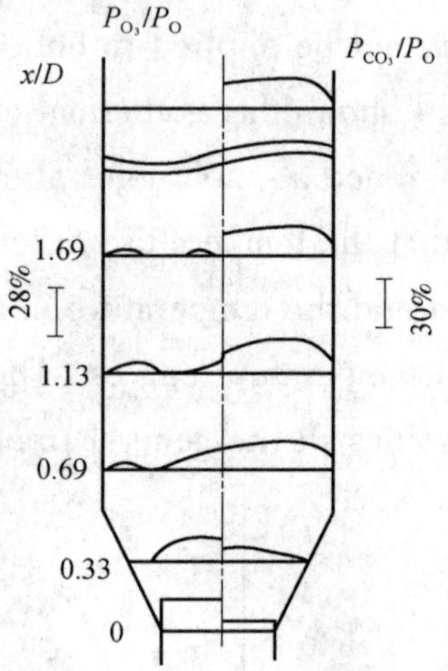

Fig. 7　Distribution of O_2 and CO_2

On the left side of Figure. 7 are the radial distribution curves of O_2 content. The curves are of doublepeak type with one peak in the main flow region and another in the backflow region. The O_2 content between two peaks is zero. From the axial velocity curves in Fig. 3, we can see that the region of zero O_2 content is just at the juncture of the backflow region and the main flow region. The authors consider that the main reasons for the above phenomena are: (1) the burning rate of carbon is related to the effective dynamic diffusion coefficient D_{eff} ($D_{eff} = \mu_{eff}\sigma D$) as the turbulent pulsation at the juncture of the main flow region and the backflow region is stronger, so the value of μ_{eff} is the greatest, thus accelerating the burning rate and consuming more O_2 than those in the main flow and backflow regions[2]. The convective diffusion effect in this region is rather drastic, thus intensifying the mutual contact of oxygen with carbon particles to make them easier to bum than in the other two regions. So long as, there is enough carbon, the oxygen will be the first to be used up. The pyrologicaJ computation of Liuzhou Cement Plant shows that at the outlet of the fourth stage cyclone of the precalciner string, there is not only oxygen (4 percent), but also a lot of CO gas. The distribution curves of O_2 composition can be used to explain this phenomenon. Due to the nonuniform distribution of O_2 composition, there is none in some places where CO gas cannot be fully burnt, while in the peak regions O_2 is in excess and finally is brought out of the precalciner.

Conclusion

The parameter field predicted by the numerical simulation software developed by the author is found in accordance with the actual conditions of the precalciner in general trend. By using this software, we can compute by simulation the thermal running state of the precalciner under various working conditions. It can be used as a main auxiliary aid for thermal simulation, pilot test and even production and commissioning. However, due to the assumptions made by the model for simplicity, there still exist certain deviations between the computed numerical results and the actual conditions.

The numerical simulation software is based on the full dispersion of powder. From the computed numerical results we can infer that if the powder is fully dispersed, the burnout rate of coal and decomposition rate of raw meal will be more than 80 per cent at $1.1D \sim 1.5D$, while the actual length is greater than the predicted value if same bumout rate and decomposition rate are to be achieved in the precalciner.

As seen from distribution curves of particle concentration, the concentration in the main flow region of the SLC precalciner is relatively low and that of the decomposed $CaCO_3$ is even lower. By comparison with that in the backflow region, they differ by at least 2 ~ 3 magnitude orders. It may be attributed to the too high gas velocity of gas and too short retention time of material in the main flow region. Therefore, the main way for improving the performance of the SLC precalciner is to change the flow pattern of the gas flow in the main flow region, that is, to adopt a compound flow pattern.

In order to improve the decomposing capability of the SLC precalciner, the usual way is to heighten the precalciner. By reference to the computed numerical results, we can see that height of the precalciner should have an appropriate value accordance with the decomposition rate of the SLC precalciner, appropriate height-diameter ratio (HID) is about 2 ~ 25. Heightening of the precalciner in excess of this value will have very limited effect in raising the decomposition rate.

The numerical software developed by this paper is applicable to the prediction of RSP, and NSF, etc, suspension precalcinerin principle.

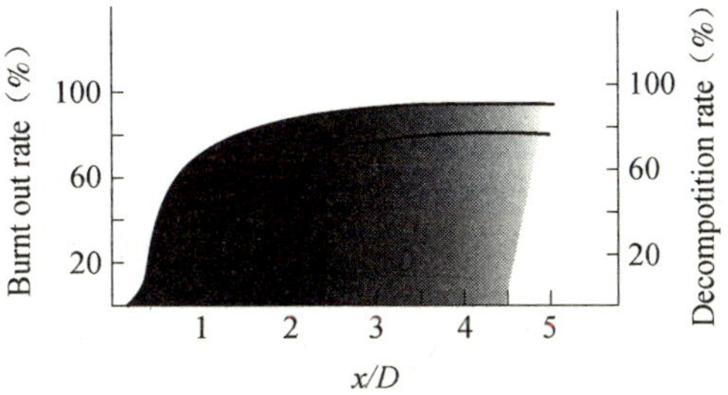

References

[1] Kolyfotis Athens E, Vayennes C G Mathematical Modelling of separate Line Precalciner ,Z K G 41 ,1988 ,559.

续表

题名	作者	来源刊名	发表时间	本论文集页码
卧式旋风预热器的性能研究	金春强　李昌勇　胡道和	水泥工程	1998/04	165
旋流板分离器的三维流场测定及结构改进	徐德龙　胡道和	化工学报	1986/01	170
中国水泥工业的畅想曲	胡道和　蔡玉良	水泥工程	2010/06	181
对悬浮式分解炉热工特性的初步分析	胡道和	化工学院学报	1979/01	188
原、燃料特性与分解炉设计	胡道和　考宏涛　李昌勇　张　薇	新世纪水泥导报	1995/01	203
高温、悬浮态气固反应试验台的开发及水泥生料分解动力学的研究	张　薇　简森夫　胡道和　周松林	水泥技术	1994/05	212
水泥生料在模拟分解炉内分解特性的研究	李安平　张　薇　简森夫　胡道和	硅酸盐学报	1995/02	216
滇西厂 RSP 分解炉气固两相运动规律	李昌勇　考宏涛　胡道和	南京化工大学学报(自然科学版)	1999/06	224
RSP 分解炉 SC 室湍流流动特性对煤粉燃烧的影响	胡道和　考宏涛　缪明烽　叶旭初	水泥工程	1996/01	230
浅析 RSP 分解炉二次燃烧工艺	考宏涛　李昌勇　胡道和	水泥技术	1996/04	235
江西水泥厂 RSP 预分解系统的综合研究与改进	李昌勇　胡道和	悬浮预热预分解窑技术经验交流会论文集	1994/06	240
NKSV 分解炉气固两相运动模式的研究	李昌勇　金春强　胡道和	硅酸盐学报	2000/06	250
NKSV 分解炉运行机理及其改进	卢　平　李昌勇　胡道和	南京工业大学学报(自然科学版)	2004/01	257
NKSV 分解炉工作原理与特性的研究	李昌勇　金春强　胡道和	悬浮预热和预分解会议技术经验交流会议论文集	1997/09	264
SLC-S 分解炉气固两相运动规律研究	李昌勇　金春强　胡道和	燃烧科学与技术	2003/03	270
NSF 型分解炉工作原理的研究与分析	李昌勇　胡道和	上海建材学院学报	1994/02	277
RFC 分解炉的性能研究	陆　雷　考宏涛　金春强　胡道和　韩立发　刘　浙	南京化工大学学报(自然科学版)	2001/01	285
4000t/d MFC 分解炉综合分析与评价	李昌勇　简森夫　胡道和	全国第四届悬浮预热和预分解窑技术经验交流会论文集	2000/08	291
陕西耀县水泥厂 DD 型分解炉反求研究	胡道和　彭新战　缪明峰　包先诚　王振海　张　超	新世纪水泥导报	1996/01	297
Pyroclon 分解炉的特性研究	考宏涛　陆　雷　胡道和　渠　华　程文珍	水泥技术	1999/02	305
高效喷旋分解炉 SWC 的开发研究	李昌勇　胡道和	硅酸盐学报	2003/02	310
新型高效同线型分解炉(SW-S)的开发研究	李昌勇　胡道和	全国第四届悬浮预热和预分解窑技术经验交流会论文集	2000/08	316

续表

续表

题名	作者	来源刊名	发表时间	本论文集页码
水泥窑喷煤燃烧过程的数值预测	叶旭初　胡道和	水泥技术	1998/05	434
气固多相双通道同轴射流湍流场的数值模拟(1)	叶旭初　胡道和	南京化工大学学报(自然科学版)	1998/02	438
气固多相双通道同轴射流湍流场的数值模拟(2)	叶旭初　胡道和	南京化工大学学报(自然科学版)	1998/04	443
轴对称型立筒预热器内湍流场的数值方法研究*	叶旭初　胡道和	硅酸盐学报	1990/06	447
叶轮式颗粒流量计工作过程的数值模拟	肖国先　徐德龙 胡道和　时　钧	武汉理工大学学报	2003/08	453
数值模拟分析叶轮式颗粒流量计的工作机理	肖国先　徐德龙 胡道和　时　钧	计算机与应用化学	2004/03	457
磷石膏分解炉的研究与开发进展	彭新战　胡道和	硫酸工业	1993/05	465
磷石膏分解新技术进展	彭新战　周松林　胡道和	材料科学与工程学报	1993/02	470
磷石膏分解反应机理及影响因素浅析	周松林　胡道和　肖国先	新世纪水泥导报	1998/05	476
磷石膏分解工业反应动力学的研究	周松林　胡道和　张　薇 简森夫　肖国先	化肥工业	1994/02	482
悬浮状态下磷石膏分解规律的研究	张　薇　简森夫 周松林　胡道和	南京化工大学学报	1994/S1	492
磷石膏在还原-氧化双气氛下的分解反应	肖国先　周松林　胡道和	水泥	1997/08	497
磷石膏还原分解动力学研究	肖国先　周松林　胡道和	水泥技术	1998/04	502
循环流化床新型分料器的性能	彭新战　周勇敏　吴石福 胡道和　张少明　王　辉	南京化工学院学报	1993/S1	507
旋流粉料器的结构与性能研究	周勇敏　彭新战 吴石福　胡道和	化工学报	1994/05	512
浅谈"硅酸盐工程学"与"硅酸盐工程专业"	胡道和　周松林　刘亚云	硅酸盐通报	1992/01	519
窑外分解是水泥煅烧技术的一大突破	胡道和	江苏建材	1996/01	524
用掺有混合材的水泥制造石棉水泥制品的研究	胡道和	硅酸盐学报	1957/02	526
硅酸盐水泥矿物组成对石棉水泥制品产质量的影响	胡道和	中国建材	1963/09	543
高温悬浮态气固反应试验台的开发及含硫铜精矿氧化焙烧动力学的研究	张　薇　简森夫　胡道和	硫酸工业	1995/04	547
NUMERICAL SIMULATION OF BURNING AND DECOMPOSITION IN THE SLC PRECALCINER	Ye Xuchu　Hu Daohe	CEMENT · TECHNOLOGY	1995/10	553